D1691539

Integrative Klinische Chemie und
Laboratoriumsmedizin

herausgegeben von Harald Renz

Integrative Klinische Chemie und Laboratoriumsmedizin

Pathophysiologe · Pathobiochemie · Hämatologie

herausgegeben von
Harald Renz

Walter de Gruyter
Berlin · New York 2003

Herausgeber

Prof. Dr. med. Harald Renz
Klinikum der Philipps-Universität Marburg
Klinische Chemie und Molekulare Diagnostik
Baldingerstraße
35033 Marburg
renzh@post.med.uni-marburg.de

Das Werk enthält 316 Abbildungen, 238 Tabellen sowie einen mehrfarbigen Bildanhang.

ISBN 3-11-017367-0

Bibliografische Information Der Deutschen Bibliothek

Die Deutsche Bibliothek verzeichnet diese Publikation in der Deutschen Nationalbibliografie; detaillierte bibliografische Daten sind im Internet über <http://dnb.ddb.de> abrufbar.

∞ Gedruckt auf säurefreiem Papier, das die US-ANSI-Norm über Haltbarkeit erfüllt.

© Copyright 2003 by Walter de Gruyter GmbH & Co. KG, D-10785 Berlin. – Dieses Werk einschließlich aller seiner Teile ist urheberrechtlich geschützt. Jede Verwertung außerhalb der engen Grenzen des Urheberrechtsgesetzes ist ohne Zustimmung des Verlages unzulässig und strafbar. Das gilt insbesondere für Vervielfältigungen, Übersetzungen, Mikroverfilmungen und die Einspeicherung und Verarbeitung in elektronischen Systemen. Printed in Germany.

Wichtiger Hinweis: Der Verlag hat für die Wiedergabe aller in diesem Buch enthaltenen Informationen (Programme, Verfahren, Mengen, Dosierungen, Applikationen usw.) mit Autoren und Herausgebern große Mühe darauf verwandt, diese Angaben genau entsprechend dem Wissensstand bei Fertigstellung des Werkes abzudrucken. Trotz sorgfältiger Manuskriptherstellung und Korrektur des Satzes können Fehler nicht ganz ausgeschlossen werden. Autoren bzw. Herausgeber und Verlag übernehmen infolgedessen keine Verantwortung und keine daraus folgende oder sonstige Haftung, die auf irgendeine Art aus der Benutzung der im Werk enthaltenen Informationen oder Teilen davon entsteht.
Die Wiedergabe von Gebrauchsnamen, Handelsnamen, Warenbezeichnungen und dergleichen in diesem Buch berechtigt nicht zu der Annahme, dass solche Namen ohne weiteres von jedermann benutzt werden dürfen. Vielmehr handelt es sich häufig um gesetzlich geschützte, eingetragene Warenzeichen, auch wenn sie nicht eigens als solche gekennzeichnet sind.

Satz und Druck: Tutte Druckerei GmbH, Salzweg.
Bindung: Buchbinderei „Thomas Müntzer" GmbH, Bad Langen-Salza.
Einbandgestaltung: +malsy, Kommunikation und Gestaltung, Bremen.

Vorwort

Die **laboratoriumsmedizinische Diagnostik** hat in der letzten Dekade eine enorme Weiterentwicklung erlebt. Die Erkenntnisse über die **Pathophysiologie** und **Pathobiochemie** vieler Erkrankungen sind heute größer als noch vor wenigen Jahren. Hieran hat die Entwicklung neuer Methoden und Verfahren, wie z. B. der Molekularbiologie und Genetik, einen nicht unerheblichen Anteil. Aus dem verbesserten Verständnis für die Zusammenhänge und Mechanismen vieler akuter und chronischer Erkrankungen hat sich eine Vielzahl neuer labordiagnostischer Ansatzpunkte ergeben. Diese finden in der Prävention, Diagnostik und Verlaufsbeurteilung ihre Anwendung. Das Repertoire der laboratoriumsmedizinischen Parameter ist zwischenzeitlich auf mehrere tausend Analyte angewachsen.

Die laboratoriumsmedizinische Diagnostik stellt somit heute eine zunehmend unentbehrliche Säule im differenzialdiagnostischen Prozess dar. Aufgrund der Vielfalt und Komplexität der Möglichkeiten ist es daher unumgänglich, laboratoriumsmedizinische Diagnosestrategien zu entwickeln, die eine **rationale und rationelle** Diagnostik eröffnen.

Im Rahmen der **neuen Approbationsordnung** für Ärzte nimmt die Laboratoriumsmedizin einen festen Bestandteil in der Medizinerausbildung ein. Eine engere Verknüpfung der vorklinischen und klinischen Ausbildungsinhalte in diesem Zusammenhang erfordert eine synoptische und integrative Darstellung der Pathophysiologie und Pathobiochemie einerseits und der sich daraus entwickelnden Diagnosemöglichkeiten andererseits. Ziel des vorliegenden Buches ist es, diese neuen Entwicklungen und Konzepte im Sinne der neuen Approbationsordnung für Ärzte integrativ darzustellen und so aufzubereiten, dass sie sowohl im vorklinischen als auch im klinischen Ausbildungsabschnitt das Erlernen einer klinik- und patientennahen **Laboratoriumsmedizin** mit **Klinischer Chemie** und **Hämatologie** erleichtern. Aber auch den in der Weiterbildung befindlichen Medizinern wird dieses Buch die Möglichkeit geben, in knapper und übersichtlicher Form den aktuellen Stand der Pathophysiologie und Pathobiochemie sowie der laboratoriumsmedizinischen Möglichkeiten zu reflektieren.

Damit befindet sich dieses Buch in der unmittelbaren und langjährigen Tradition des „Buddecke und Fischer", welches über einen langen Zeitraum hinweg die Maßstäbe für diese Fächer gesetzt hat. Das vorliegende Buch konnte nur erarbeitet werden, indem es gelang, ausgewiesene Experten auf den jeweiligen Gebieten und Feldern zur Mitarbeit zu gewinnen. Hierfür möchte sich der Herausgeber ganz besonders und ausdrücklich bei allen Autoren bedanken. Dem Verlag de Gruyter sei an dieser Stelle ganz besonders gedankt: Herr Dr. Kleine, Frau Dr. Bach, Frau Dr. Meyer und Frau Dobler, haben dieses Projekt über den gesamten Zeitraum hinweg immer mit viel Enthusiasmus und Engagement unterstützt. Herausgeber, Autoren und der Verlag freuen sich, wenn das vorliegende Buch vielfältig zur Hand genommen wird und eine breite Benutzung erfährt. Kritik, Anregung und Verbesserungsvorschläge sind jederzeit herzlich willkommen.

Marburg, September 2003 *Harald Renz*

Autorenverzeichnis

Prof. Dr. V. W. Armstrong
Georg-August-Universität
Zentrum Innere Medizin
Abteilung Klinische Chemie
Robert-Koch-Straße 40
37075 Göttingen
varmstro@med.uni-goettingen.de

Prof. Dr. Dr. Max G. Bachem
Universitätsklinikum Ulm
Zentrale Einrichtung Klinische Chemie
Robert-Kochstraße 8
89070 Ulm
max.bachem@medizin.uni-ulm.de

PD Dr. M. F. Bauer
Krankenhaus München-Schwabing
Institut für Klinische Chemie, Molekulare
Diagnostik und Mitochondriale Genetik
Kölner Platz 1
80804 München

Dr. Georg Martin Fiedler
Universitätsklinikum Leipzig
Institut für Laboratoriumsmedizin,
Klinische Chemie und Molekulare Diagnostik
Liebigstr. 27
04103 Leipzig

Prof. Dr. K.-D. Gerbitz
Krankenhaus München-Schwabing
Molekulare Diagnostik und
Mitochondriale Genetik
Kölner Platz 1
80804 München
klausd.gerbitz@lrz.uni-muenchen.de

Univ. Prof. Dr. Dr. h.c. (RCH)
A. M. Gressner
Universitätsklinikum Aachen
Institut für Klinische Chemie und Pathobiochemie
Zentrallaboratorium
Pauwelsstraße 30
52054 Aachen
agressner@ukaachen.de

Prof. Dr. Dr. Dr. h.c. A. Grünert
Vorsitzender der Akademie für Wissenschaft,
Wirtschaft und Technik an der
Universität Ulm e. V.
Villa Eberhardt
Heidenheimer Straße 80
89081 Ulm
adolf.gruenert@medizin.uni-ulm.de

Prof. Dr. Walter G. Guder
St. Veit-Straße 25a
81673 München
W.G.Guder@extern.lrz-muenchen.de

Priv.-Doz. Dr. W. Hofmann
Krankenhaus München-Neuperlach
Institut für Klinische Chemie und
Immunologie
Oskar-Maria-Graf-Ring 51
81737 München

Dr. Anja Kessler
Universitätsklinikum Bonn
Institut für Klinische Biochemie
Sigmund-Freud-Str. 25
53105 Bonn
akessler@uni-bonn.de

Prof. Dr. J. D. Kruse-Jarres
Katharinenhospital
Institut für Klinische Chemie und
Laboratoriumsmedizin
Kriegsbergstraße 60
70174 Stuttgart

Prof. Dr. med. Joachim Kühn
Universitätskinikum Münster
Institut für Medizinische Mikrobiologie/
Klinische Virologie
Von-Stauffenberg-Straße 36
48151 Münster
kuehnj@uni-muenster.de

Prof. Dr. med. W. R. Külpmann
Medizinische Hochschule Hannover
Abteilung Klinische Chemie
Carl-Neuberg-Straße 1
30625 Hannover
kuelpmann.wolf@mh-hannover.de

Prof. Dr. Karl J. Lackner
Johannes Gutenberg Universität
Institut für Klinische Chemie
und Laboratoriumsmedizin
Langenbeckstraße 1
55101 Mainz

Ao. Univ.-Prof. Dr. Johannes Mair
Universitätsklinik für Innere Medizin
Klinische Abteilung für Kardiologie
Anichstraße 35
A-6020 Innsbruck
Austria
Johannes.Mair@uibk.ac.at

Dr. G. Malchau
Klinikum der Universität zu Köln
Institut für Klinische Chemie
Joseph-Stelzmann-Straße 9
50931 Köln

Prof. Dr. D. Müller-Wieland
Direktor der Abteilung
Klinische Biochemie und Pathochemie
Deutsches Diabetes-Forschungsinstitut
Leibniz-Institut an der Heinrich-Heine-
Universität Düsseldorf
Auf'm Hennekamp 65
40225 Düsseldorf
mueller-wieland@ddfi.uni-duesseldorf.de

Prof. Dr. Andreas Neubauer
Klinikum der Philipps-Universität Marburg
Klinik für Innere Medizin mit Schwerpunkt
Hämatologie, Onkologie, Immunologie
Baldingerstraße
35033 Marburg
Neubauer@med.uni-marburg.de

Prof. Dr. Michael Neumaier
Universitätsklinikum Mannheim
Institut für Klinische Chemie
Theodor-Kutzer-Ufer 1–3
68167 Mannheim
michael.neumaier@ikc.ma.uni-heidelberg.de

Dr. Peter Nollau
Universitätsklinikum Hamburg-Eppendorf
Institut für Klinische Chemie/Zentral-
laboratorien
Zentrum für Klinisch-Theoretische Medizin I
Martinistraße 52
20246 Hamburg
nollau@uke.uni-hamburg.de

Prof. Dr. Dr. h.c. Michael Oellerich
Georg-August-Universität Göttingen
Abteilung Klinische Chemie / Zentrallabor
Zentrum Innere Medizin
Robert-Koch-Straße 40
37075 Göttingen
moeller@med.uni-goettingen.de

Dr. M. Ossendorf
Laborantpraxis im Bürgerhospital
Nibelungenallee 37–41
60318 Frankfurt
ossendorfm@bioscientia.de

Dr. Dirk Peetz
Johannes Gutenberg Universität
Institut für Klinische Chemie und
Laboratoriumsmedizin
Langenbeckstraße 1
55101 Mainz

Prof. Dr. B. Puschendorf
Leopold. Franzens-Universität
Institut für Med. Chemie und Biochemie
Fritz-Pregl-Straße 3
6020 Innsbruck
Österreich
bernd.puschendorf@uibk.ac.at

Prof. Harald Renz
Klinikum der Philipps-Universität Marburg
Abt. für Klinische Chemie und Molekulare
Diagnostik – Zentrallaboratorien
Baldingerstraße
35033 Marburg
renzh@med.uni-marburg.de

Prof. Dr. H. Schmidt-Gayk
Labor Limbach
Im Breitspiel 15
61926 Heidelberg
prof.schmidt-gayk@docnet.de

OA Dr. Matthias Schwab
Dr. Margarete Fischer-Bosch Institut
für klinische Pharmakologie
Auerbachstraße 112
70376 Stuttgart
matthias.schwab@ikp-stuttgart.de

Prof. Dr. Lothar Siekmann
Rheinische Friedrich-Wilhelms-Universität
Institut für Klinische Biochemie
Sigmund-Freud-Straße 25
53127 Bonn
lothar.siekmann@ukb.uni-bonn.de

Dr. Daniel Teupser
Universitätsklinikum Leipzig
Institut für Laboratoriumsmedizin,
Klinische Chemie und Molekulare Diagnostik
Liebigstraße 27
04103 Leipzig

Prof. Dr. Joachim Thiery
Universitätsklinikum Leipzig
Institut für Laboratoriumsmedizin,
Klinische Chemie und Molekulare Diagnostik
Liebigstraße 27
04103 Leipzig
thiery@medizin.uni-leipzig.de

PD Dr. Hayrettin Tumani
Rehabilitationskrankenhaus Ulm
Neurologische Abteilung
Oberer Eselsberg 45
89081 Ulm
Hayrettin.Tumani@medizin.uni-ulm.de

Prof. Dr. Claus Franz Vogelmeier
Klinikum der Philipps-Universität Marburg
Klinik für Innere Medizin
mit Schwerpunkt Pneumologie
Baldingerstraße
35033 Marburg
Claus.Vogelmeier@med.uni-marburg.de

Prof. Dr. Christoph Wagener
Universitätsklinikum Hamburg-Eppendorf
Institut für Klinische Chemie/Zentral-
laboratorien
Zentrum für Klinisch-Theoretische Medizin I
Martinistraße 52
20246 Hamburg
wagener@uke.uni-hamburg.de

Prof. Dr. K. Wielckens
Institut für Klinische Chemie
Klinikum der Universität zu Köln
Josef-Stelzmann-Straße 9
50931 Köln
klaus.wielckens@uni-koeln.de

Prof. Dr. Hermann Wisser
Hindenburgstr. 15
70825 Stuttgart-Korntal
H.Wisser@t-online.de

Dr. Bernd Zawta
Tannhäuserweg 86
68199 Mannheim
Bernd.Zawta@roche.com

Inhalt

1	Die Qualität diagnostischer Befunde	1
1.1	Präanalytische Variable	1
	W. G. Guder, H. Wisser, B. Zawta	
1.2	Qualitätskontrolle der Analytik	12
	A. Kessler, L. Siekmann	

2	Molekularbiologische Methoden	19
	M. Neumaier	
2.1	Systematische Grundlagen	19
2.2	Grundzüge der molekularbiologischen Diagnostik	20
2.3	Präanalytik und Probenvorbereitungsverfahren	21
2.4	Untersuchungsmethoden	23
2.5	Indirekte Untersuchungsverfahren; Nachweis und Charakterisierung von Amplifikationsprodukten	25

3	Aminosäuren	37
	A. Grünert	
3.1	Biochemische und pathobiochemische Grundlagen	37
3.2	Störungen des Aminosäurenstoffwechsels	40
3.3	Diagnostische Verfahren	41

4	Kohlenhydratstoffwechsel	45
	D. Müller-Wieland	
4.1	Einleitung	45
4.2	Übersicht über den Kohlenhydratstoffwechsel	45
4.3	Störungen des Kohlenhydratstoffwechsels	51
4.4	Diabetes mellitus	55

5	Lipide und Störungen des Lipoproteinstoffwechsels	67
	J. Thiery, D. Teupser, G. M. Fiedler	
5.1	Pathophysiologie und Pathobiochemie	67
5.2	Klinische Klassifikation von Störungen des Fettstoffwechsels	75
5.3	Laboratoriumsmedizinische Stufendiagnostik und Therapie	83

6	Hydratationsstatus	97
	A. Grünert	
6.1	Allgemeine Grundlagen – Dynamik und Regulationen	97
6.2	Klinisch-chemische Bestimmungen	100

7	Säuren und Basen	107
	A. Grünert	
7.1	Biochemische Grundlagen	107
7.2	Pathobiochemie	109
7.3	Kinisch-chemische Bestimmungen	116

8	Endokrinologie	119
	K. Wielckens, G. Malchau	
8.1	Grundlagen der Endokrinologie	119
8.2	Hypothalamus-Hypophysen-Wachstumshormon-System	122
8.3	Hypothalamus-Hypophysen-Prolaktin-System	125
8.4	Hypothalamus-Hypophysen-Schilddrüsen-System	127
8.5	Hpothalamus-Hypophysen-Glukokortikoid-System	134
8.6	Renin-Angiotensin-Aldosteron-System	141
8.7	Nebennierenmark	145
8.8	Hypothalamus-Hypophysen-Testis-System	147
8.9	Hypothalamus-Hypophysen-Ovar-System	152

9	Erythrozyten	157
	M. Ossendorf	
9.1	Pathophysiologie und Pathobiochemie	157
9.2	Wichtige Krankheitsbilder	165

10	Leukozyten	185
	A. Neubauer	
10.1	Pathobiochemie und Pathophysiologie	185
10.2	Wichtige klinische Beispiele mit für den Studenten relevanten Krankheitsbildern sowie Laborparameter, die für die Diagnostik der Erkrankungen relevant sind	193

11 Hämostaseologie 209
K.J. Lackner, D. Peetz

11.1 Mechanismen der Hämostase und
      Fibrinolyse 209
11.2 Pathophysiologie der Hämostase und
      Fibrinolyse 218
11.3 Gerinnungshemmende Therapie 225
11.4 Laboratoriumsmedizinische Gerinnungs-
      diagnostik 225

12 Immunsystem 245
H. Renz

12.1 Akute Entzündung 245
12.2 Chronische Entzündungen 254
12.3 Autoimmunerkrankungen 262
12.4 Allergische Erkrankungen 267
12.5 Immundefekte 274

13 Infektionsdiagnostik 285
J. Kühn

13.1 Virale Hepatitis 286
13.2 Humane Immundefizienz-Viren Typ 1
      und 2, HIV-1, HIV-2 305
13.3 Humanes Zytomegalievirus (HCMV) ... 310
13.4 Epstein-Barr-Virus (EBV) 314
13.5 Treponema pallidum, Syphilis 317
13.6 Lyme-Borreliose 320

14 Malignes Wachstum 323
P. Nollau, C. Wagener

14.1 Begriffsbestimmung, Epidemiologie und
      Tumorentstehung 323
14.2 Auslösefaktoren des malignen Wachstums 325
14.3 Mechanismen des malignen Wachstums .. 334
14.4 Tumormarker 346
14.5 Paraneoplastisches Syndrom 355

15 Gastrointestinaltrakt 357
M. G. Bachem

15.1 Magen und Duodenum 357
15.2 Pankreas 362
15.3 Dünn- und Dickdarm 381

16 Leber 387
A. M. Gressner

16.1 Pathophysiologie und Pathobiochemie .. 387
16.2 Pathobiochemische Partialreaktionen der
      geschädigten Leber 390
16.3 Akute Virushepatitiden 394
16.4 Autoimmune Lebererkrankungen 398
16.5 Alkoholische Lebererkrankungen und
      Leberzirrhose 401
16.6 Primäres Leberzellkarzinom 408
16.7 Toxische Lebererkrankungen 411
16.8 Hereditäre Erkrankungen der Leber am
      Beispiel des Bilirubinstoffwechsels .. 412
16.9 Gallensäurestoffwechsel und
      Cholanopathien 415

17 Kreislauf 425
J. Mair, B. Puschendorf

17.1 Kreislaufregulation 425
17.2 Arterielle Hypertonie 428
17.3 Arterielle Hypotonie 432
17.4 Schock 433
17.5 Störungen der Mikrozirkulation ... 439
17.6 Störungen der arteriellen Durchblutung ... 440
17.7 Störungen der venösen Durchblutung 441
17.8 Störungen des Lymphabflusses 442

18 Herz 443
J. Mair, B. Puschendorf

18.1 Koronare Herzkrankheit 443
18.2 Myokarditis 453
18.3 Herzinsuffizienz 454
18.4 Kardiomyopathien 461

19 Niere und ableitende Harnwege 465
W. G. Guder, W. Hofmann

19.1 Pathobiochemie und Pathophysiologie als
      Basis rationaler Nierendiagnostik .. 466
19.2 Klinisch-chemische Diagnostik 475
19.3 Spezielle Krankheitsbilder und
      diagnostische Strategien 488

20 Atmung 497
C. Vogelmeier

20.1 Analyse der Ventilation 497
20.2 Symptome der respiratorischen
      Insuffizienz 505
20.3 Wichtige Erkrankungen 507

21 Knochen, Binde- und Stützgewebe ... 525
H. Schmidt-Gayk

21.1 Kalziumstoffwechsel, Hyper- und
      Hypokalzämie 525

21.2 Phosphatstoffwechsel, Hyper- und
     Hypophosphatämie 529
21.3 Hormonelle Regulation des Knochen-
     und Kalziumstoffwechsels 531
21.4 Marker des Knochen- und Knorpelstoff-
     wechsels 543
21.5 Defekte der extrazellulären Matrix
     (Osteogenesis imperfecta) 546
21.6 Mukopolysaccharidosen 547
21.7 Niacin (Nicotinsäure) 548

22   Störungen des mitochondrialen
     Energiestoffwechsels 549
     M. F. Bauer, S. Hofmann, K.-D. Gerbitz

22.1 Grundlagen der mitrochondrialen
     Energiegewinnung 549
22.2 Genetik und Pathobiochemie mitochon-
     drialer Erkrankungen 554
22.3 Aktuelle Diagnostik bei Verdacht auf
     mitochondriale Erkrankungen 560

23   Pathophysiologie und Pathobiochemie
     des Liquor cerebrospinalis 567
     H. Tumani, K. Felgenhauer †

23.1 Formation des Liquor cerebrospinalis
     und Bestimmung der intrathekalen
     Proteinsynthese 567
23.2 Liquorparameter 576
23.3 Spezielle Erkrankungen des Nerven-
     systems 580

24   Mikroelemente (Spurenelemente
     und Vitamine) 595
     J. D. Kruse-Jarres

24.1 Pathobiochemie der Spurenelemente 595
24.2 Bedeutung essenzieller Spurenelemente
     im Einzelnen 597
24.3 Analytik der Spurenelemente 599
24.4 Vitamine 604

25   Metabolismus von Xenobiotika und
     Drug Monitoring 615
     V. W. Armstrong, M. Schwab, M. Oellerich

25.1 Metabolismus von Xenobiotika 615
25.2 Drug Monitoring 624

26   Toxikologie – Vergiftungen/
     Drogenscreening 633
     W. R. Külpmann

26.1 Allgemeines 633
26.2 Spezieller Teil 636
26.3 Drogenscreening 644
26.4 Giftige Pflanzen 651
26.5 Giftige Pilze 652

Bildanhang 657
Register 665

1 Die Qualität diagnostischer Befunde

1.1 Präanalytische Variable

W. G. Guder, H. Wisser, B. Zawta

Der diagnostische Prozess kann in drei Phasen, **die präanalytische, analytische und postanalytische Phase** eingeteilt werden. Unter präanalytischer Phase werden alle Vorgänge zusammengefasst, die sich zwischen der Wahl der zu untersuchenden Messgröße beim Patienten und dem Beginn der Analytik abspielen. Dazu gehören:
- Patientenvorbereitung
- Gewinnung des Untersuchungsmaterials
- Transport und Aufbewahrung der Probe
- Probenvorbereitung

In allen Prozessen können biologische, analytische und technische Variablen das Messergebnis in diagnostisch relevanter Weise beeinflussen. In einer jüngsten Analyse über Fehlerquellen von Laboratoriumsbefunden wurde festgestellt, dass über 60 % der Fehler in der Laboratoriumsdiagnostik ihre Ursache in der präanalytischen Phase haben.

Die Qualität der Analytik medizinischer Laboratoriumsuntersuchungen wird durch die Erfassung zufälliger und systematischer Fehler (gemessen als Impräzision und Unrichtigkeit) ermittelt. Dagegen fehlen zur Definition der Qualität der präanalytischen Phase solche Kenngrößen. Technische Normen beschränken sich auf die Definition von Antikoagulantien, Nadeln, Probengefäßen und Geräten wie z. B. Zentrifugen. Die medizinischen Aspekte der Präanalytik wurden in den vergangenen Jahren in Form von Empfehlungen veröffentlicht.

Dabei ist Grundvoraussetzung für aussagekräftige laboratoriumsmedizinische Untersuchungen, dass der in der untersuchten Körperflüssigkeit in vivo vorhandene Zustand der Messgröße unverändert in den analytischen Prozess transferiert wird. Die damit verbundenen Einflüsse bei Blutentnahme, Transport und Lagerung von Proben können ebenso Ursache der Messwertveränderung sein, wie Einflussgrößen im Patienten vor der Blutabnahme; außerdem Störfaktoren, die entweder aus der Probe (z. B. Medikamente) oder durch Kontamination von außen in der präanalytische Phase eingebracht werden. Im Folgenden sollen einige wichtige Aspekte der Präanalytik dargestellt werden.

1.1.1 Einfluss- und Störgrößen

Einflussgrößen nennt man alle Mechanismen, die zu einer Veränderung der Konzentration der Messgröße in der Probenmatrix führen. Im weiteren Sinne wären auch alle durch Krankheiten verursachten Veränderungen Einflussgrößen. Im engeren Sinne versteht man darunter jedoch

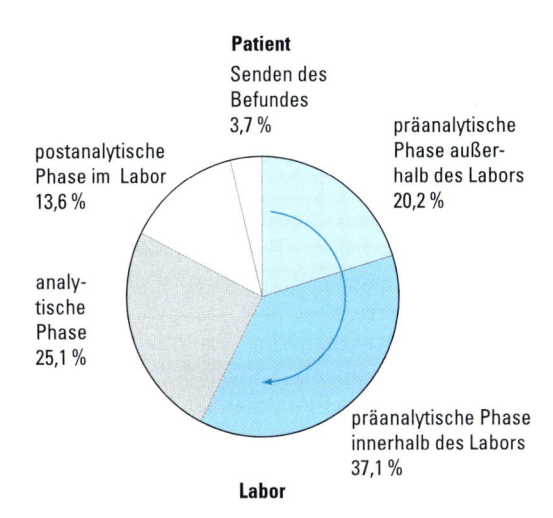

Abb. 1.1: Die präanalytische Phase im diagnostischen Prozess. Die Phasen sind in % der Gesamtzeit des diagnostischen Prozesses angegeben (modifiziert nach: Guder WG, Narayanan S, Wisser H, Zawta B; Proben zwischen Patient und Labor; Darmstadt, GIT; 1999).

Tabelle 1.1: Definition und Eigenschaften von Einfluss- und Störgrößen.
Patientenvorbereitung → Probennahme → Probentransport → Analyse, Lagerung

Einflussgrößen	Störgrößen
In-vivo-Einflussgrößen entstehen in Patienten und verändern die Konzentration des gemessenen Analyten.	Störgrößen sind vom Analyten verschieden, als Bestandteil der Matrix interferieren sie mit der Analytik
unveränderlich, unbeeinflussbar: Geschlecht, Rasse, genetische Varianten	*ex-vivo-endogen:* Antikörper, Hämolyse, Lipämie, Ikterus
veränderlich, unbeeinflussbar oder beeinflussbar: Alter, Höhe über dem Meeresspiegel, Diät, körperliche Tätigkeit, Körperlage, Genussgifte, zirkadiane Rhythmen, Gravidität, Menstruation	*ex-vivo- und in vitro-exogen:* Medikamente, Kontaminationen, Antikoagulantien, Stabilisatoren
In-vitro-Einflussgrössen: Veränderung durch Lagerung, Metabolismus der Blutzellen	
Maßnahmen zur Vermeidung unerwünschter Einflüsse und Störungen	
Konsiliardienst, Meldesystem für unerwartete Laboratoriumsergebnisse	Klärung des Störmechanismus
Standardisierung der Präanalytik	Wahl einer spezifischeren Methode

biologische Einflüsse ohne Krankheitswert. Dies möge folgendes Beispiel verdeutlichen:

Die Erhöhung der Triglyceridkonzentration im Blut auf über 400 mg/dl wird als Hinweis auf eine Störung des Lipidstoffwechsels gesehen, wenn das Blut am nüchternen Patienten gewonnen wurde. Die gleiche Veränderung findet sich jedoch postprandial nach einer fettreichen Mahlzeit. Die Mahlzeit stellt eine Einflussgröße dar, die bei der Probengewinnung und der Interpretation des Messergebnisses zu berücksichtigen ist.

Unter den Einflussgrößen unterscheidet man solche, die unveränderlich sind wie Alter, Geschlecht und Rasse von solchen, die veränderlich sind wie Nahrungseinnahme, körperliche Aktivität, Körperlage bei der Probengewinnung, aber auch diagnostische und therapeutische Maßnahmen. Sie können wiederum in nicht beinflussbare und beinflussbare Einflussgrößen unterteilt werden. Nur diese letzten können Gegenstand präanalytischer Standardisierung sein.

Als Beispiel sei der **Einfluss der Körperlage** auf die Konzentration verschiedener Messgrößen dargestellt (Abb. 1.2).

Bedingt durch die Verschiebung von intravasalem Wasser in den Extravasalraum steigt die Konzentration von Zellen und Proteinen sowie proteingebundenen Analyten im Plasma an, wenn sich ein Patient von der liegenden in die stehende Position begibt. Dieser Unterschied tritt verstärkt bei Patienten mit Herzinsuffizienz auf. Durch Einhalten einer konstanten Position über ca. 15 min (z. B. durch Ruhen auf einer Liege oder Sitzen) vor der venösen Blutabnahme kann diese Variable reduziert werden.

Ähnliche Effekte wie die aufrechte Haltung hat zu langes **Stauen der Vene**. Auch hier werden durch Erhöhung des Venendrucks kleinmolekulare Bestandteile mit Wasser in den Extravasalraum verlagert. Bei Beschränkung des Stauzeit auf unter zwei Minuten ist dieser Einfluss minimiert.

Wird die Konzentration des Analyten nach der Probengewinnung verändert, spricht man von einer In-vitro-Einflussgröße. So tritt durch zu langes **Lagern von Vollblut** Kalium aus den Blutzellen in das Plasma über, während die Glukose durch den weitergehenden Stoffwechsel der Blutzellen laufend abnimmt. Zunächst überrascht dabei, dass eine Verminderung der Temperatur zwar den Glukoseverbrauch senkt, die Kaliumzunahme aber eher steigert. Dies ist durch Hemmung der zellulären Na,K-ATPase bei niedrigerer Temperatur bedingt (Abb. 1.3).

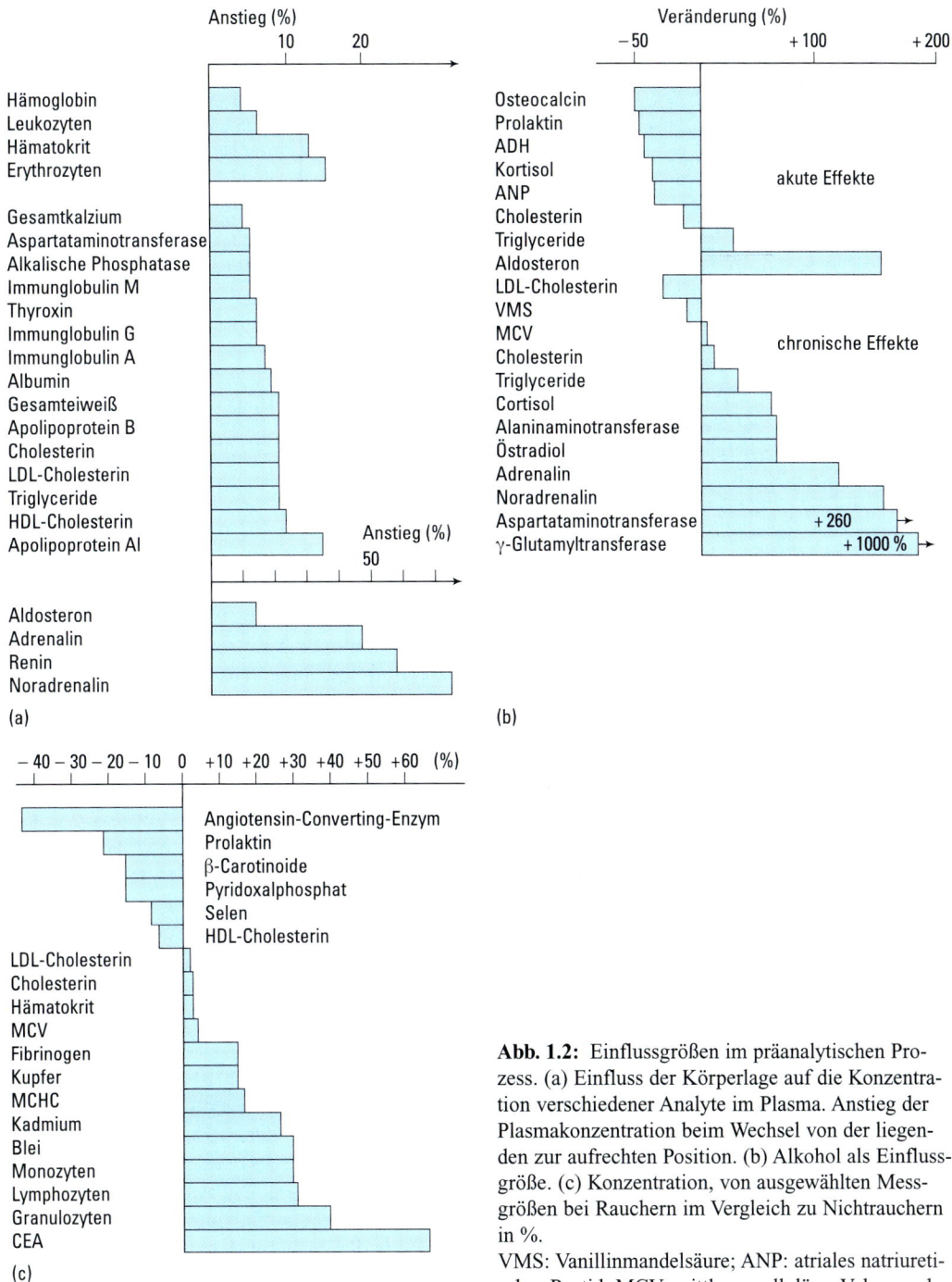

Abb. 1.2: Einflussgrößen im präanalytischen Prozess. (a) Einfluss der Körperlage auf die Konzentration verschiedener Analyte im Plasma. Anstieg der Plasmakonzentration beim Wechsel von der liegenden zur aufrechten Position. (b) Alkohol als Einflussgröße. (c) Konzentration, von ausgewählten Messgrößen bei Rauchern im Vergleich zu Nichtrauchern in %.
VMS: Vanillinmandelsäure; ANP: atriales natriuretisches Peptid; MCV: mittleres zelluläres Volumen der Erythrozyten; MCHC: mittlere zelluläre Hämoglobinkonzentration (modifiziert nach: Guder WG, Narayanan S, Wisser H, Zawta B; Proben zwischen Patient und Labor; Darmstadt, GIT; 1999).

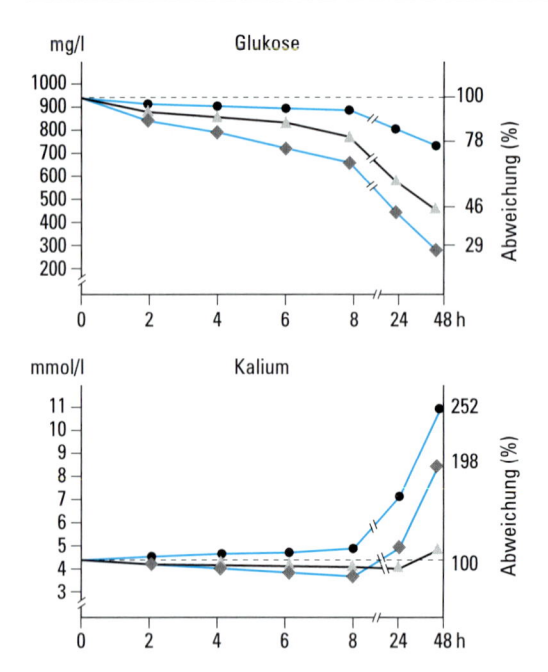

Abb. 1.3: Einfluss von Temperatur und Zeit auf die Konzentration von Glukose und Kalium im Vollblut.
●—● + 4 °C, ▲—▲ + 23 °C, ◆—◆ + 30 °C.
(modifiziert nach: Guder WG, Narayanan S, Wisser H, Zawta B; Proben zwischen Patient und Labor; Darmstadt, GIT; 1999).

Gibt diese Beobachtung einen ersten Hinweis auf die Bedeutung der Transportzeit und Temperatur, so ist ein anderer Artefakt von genereller Bedeutung. Wegen der Schwierigkeit, die Gerinnung des Blutes während der Blutabnahme standardisiert zu verhindern, wurde Serum zur meist verwendeten analytischen Probe bei der Untersuchung von Blut.

1.1.2 Wahl des Antikoagulans

Die Punktion des Blutgefäßes aktiviert Thrombozyten und Gerinnungsfaktoren. Bei Verwendung von Probengefäßen ohne Antikoagulantienzusatz schreiten diese Prozesse weiter fort. Das dabei entstehende Serum stellte lange Zeit das bevorzugte Untersuchungsmaterial zur Bestimmung extrazellulärer Konzentrationen von Analyten im Blut dar.

Tabelle 1.2: Definition analytischer Proben aus Blut (Untersuchungsmaterialien).

Material	Definition
Vollblut	Venös, arteriell oder kapillär entnommene Blutprobe, welche die Konzentrationen und Eigenschaften zellulärer und extrazellulärer Bestandteile gegenüber dem in-vivo-Zustand möglichst unverändert enthalten. Dies ist durch in-vitro-Antikoagulation möglich.
Serum	zellfreier Überstand des Blutes nach Abschluss der Gerinnung und Zentrifugation.
Plasma	nahezu zellfreier Überstand des mit Antikoagulans versetzten Blutes nach Zentrifugation

Durch den Einsatz von Antikoagulantien, die den Probengefäßen zugesetzt sind, können gerinnungsbedingte Veränderungen einiger Messgrößen weitgehend vermieden werden. In der 1996 erstmals erschienenen internationalen Norm wurden die in venösen Blutproben verwendeten Antikoagulantienarten und -konzentrationen definiert. Diese sind die Grundlage für weltweit einheitliche Plasmaproben.

Tabelle 1.2 gibt die derzeit verwendeten Proben aus Blut und Tabelle 1.3 die in der Diagnostik verwendeten Antikoagulantien, deren Konzentration, die üblichen Farbkodes und Anwendungsbereiche wieder.

1.1.2.1 Antikoagulantien

Antikoagulantien stellen Zusätze dar, die das Ziel haben, die zu bestimmende Messgröße durch Hemmung der Gerinnung des Blutes möglichst unverändert bis zum analytischen Prozess zu erhalten. Die Antikoagulation wird durch Bindung von Kalziumionen (EDTA, Zitrat) oder durch Antithrombinaktivität (Heparinat, Hirudin) erreicht. Hierzu ist es notwendig, dass das Blut während oder unmittelbar nach der Probennahme mit festem oder gelöstem Antikoagulans unter Einsatz der in Tabelle 1.3 angegebenen Konzentrationen gemischt wird.

Tabelle 1.3: Antikoagulantien, ihre Konzentrationen und Anwendungsbereiche.

Antikoagulans	Konzentration (Farbcodes)	Anwendungsbereiche
EDTA Salze der Ethylendiamintetraessigsäure. In Europa wird Dikalium-EDTA bevorzugt.	1,2 bis 2,0 mg/ml Blut (4,1 bis 6,8 mmol/l Blut), bezogen auf wasserfreies EDTA. (lila oder rot)	Hämatologische Untersuchungen, EDTA-Plasma zur Stabilisierung durch Hemmung von Metalloproteinasen (z. B. Proteohormonmessungen)
Zitrat Trinatriumzitrat	0,105 bis 0,136 mol/l Zitronensäure. Gepuffertes Zitrat pH 5,5 bis 5,6: 84 mmol/l Trinatriumzitrat plus 21 mmol/l Zitronensäure. 0,109 mol/L (3,2 %) wurde zur Erreichung der Standardisierung empfohlen (Blut + Zitrat 9+1 hellblau oder grün), (Blut + Zitrat 4+1 schwarz oder malvenfarben).	Für Gerinnungsuntersuchungen wird eine Mischung von 1 Volumenanteil Zitrat mit 9 Volumenanteilen Blut empfohlen. Zur Bestimmung der Blutkörperchensenkungsgeschwindigkeit werden 1 Volumenanteil Zitrat mit 4 Volumenanteilen Blut gemischt.
Heparinate Natrium-, Lithium- oder Ammoniumsalze von so genanntem unfraktionierten Heparin mit einem Molekulargewicht von 3 bis 30 kD	12 bis 30 internationale Einheiten/ml Blut zur Gewinnung von Heparinplasma. Für die Bestimmung von ionisiertem Kalzium wird kalziumtitriertes Heparin empfohlen in einer Konzentration von 40–60 IU/ml Blut bei Trockenheparinisierung und 8–12 IU/ml Blut bei Flüssigheparinisierung (grün oder orange)	Klinisch-chemische Untersuchungen, ionisiertes Kalzium
Hirudin Ein Antithrombin aus Blutegeln, das gentechnisch in reiner Form als Antikoagulans erprobt wird, bindet Thrombin zu einem 1:1-Hirudin-Thrombin-Komplex.	10–70 mg/l	Alternative für Heparin
Oxalat/Fluorid	1–3 g/l K-Oxalat 2–4 g/l NaF	Kombination zur Hemmung der Glykolyse (Glukose und Laktat)

1.1.2.2 Plasma oder Serum?

Vorteile bei der Verwendung von Plasma

Die folgenden Aspekte werden als Gründe für eine Bevorzugung von **Plasma** gegenüber **Serum** in der Laboratoriumsmedizin genannt.
– Zeitgewinn: Im Gegensatz zur Verwendung von Serum, bei der der Gerinnungsvorgang nach 30 min abgeschlossen ist, kann eine Zentrifugation von Plasmaproben direkt nach der Probennahme erfolgen.
– Höhere Ausbeute: Gegenüber der Verwendung von Serum kann bei gleich hoher Blutmenge 10 bis 15 % mehr Plasma gewonnen werden.
– Vermeidung von Störungen durch Gerinnung: Unabhängig von gerinnungsbedingten Veränderungen in der Blutzusammensetzung (siehe unten) wird durch Gewinnung von Plasma eine postzentrifugale Gerinnung im Primär- und Sekundärgefäß verhindert, die zu Störungen der Analytik führen kann (z. B. Verstopfen der Probennadel im Analysensystem).
– Vermeidung von gerinnungsbedingten Veränderungen: Durch den Gerinnungsprozess

werden in der extrazellulären Flüssigkeit die Konzentrationen mehrerer Metaboliten über die maximal zulässige Messabweichung hinaus verändert. Dies wird durch folgende Mechanismen verursacht:
(a) Zunahme von Bestandteilen der Thrombozyten im Serum gegenüber Plasma (z. B. Kalium, Phosphat, Magnesium, Aspartataminotransferase, Laktatdehydrogenase, Serotonin, neuronenspezifische Enolase, Zink), Freisetzung von Amid-NH_3 aus Fibrinogen unter Einwirkung von Faktor XIII.
(b) Verminderung der Konzentration von Messgrößen im Serum durch den Gerinnungsprozess (Gesamteiweiß, Thrombozyten, Glukose).
(c) Aktivierung der Zelllyse von Erythrozyten und Leukozyten im unkoagulierten Blut (freies Hämoglobin, Zytokine, Rezeptoren).

Abbildung 1.4 zeigt einige Plasma-Serum-Unterschiede von klinischer Relevanz.

Aufgrund dieser Tatsachen ergeben einige Bestimmungen nur bei Einsatz von Plasma Messergebnisse, die dem in vivo-Zustand entsprechen (z. B. neuronenspezifische Enolase, Serotonin, Ammoniak).

Nachteile von Plasma gegenüber Serum

Einige Methoden können durch Antikoagulantienzusatz gestört oder die gemessenen Analyten in ihrer Konzentration verändert werden:
- Kontamination mit Kationen: Ammonium, Lithium, Natrium, Kalium, je nach Antikoagulans.
- Störung der Messung durch Bindung von Metallen an EDTA und Zitrat (z. B. Hemmung der alkalischen Phosphatase durch Bindung von Zink, Hemmung von Metalloproteinasen, Hemmung von metallabhängigen Zellaktivierungen bei Funktionstesten, Bindung von Kalzium (ionisiert) an Heparin.
- Störungen durch Fibrinogen bei heterogenen Immunoassays.
- Hemmung von metabolischen oder katalytischen Reaktionen durch Heparin: z. B. Taq-Polymerase bei der PCR.
- Störung der Verteilung von Ionen zwischen Intra- und Extrazellulärraum (z. B. Cl^-, NH_4^+) durch EDTA, Zitrat.
- Serumelektrophorese kann nur nach Vorbehandlung mit Protaminsulfat durchgeführt werden.

1.1.3 Wahl des optimalen Probenvolumens

Durch die technische Weiterentwicklung der labordiagnostischen Analytik sind die benötigte Probenmengen während der vergangenen 20 Jahre drastisch gesunken. Diese Entwicklungen finden nicht immer ihre parallele Entsprechung bei der Anpassung der Probenröhrchen und führen damit oft zur Entnahme überflüssiger **Probenmengen**. Nach einer Untersuchung in amerikanischen Kliniken werden während eines stationären Aufenthalts auf einer Allgemeinstation im Schnitt 42 Untersuchungen aus 208 ml Blut durchgeführt, auf Intensivstationen 125 Untersuchungen aus 550 ml Blut. Dies wurde weiter differenziert, indem die Abhängigkeit der

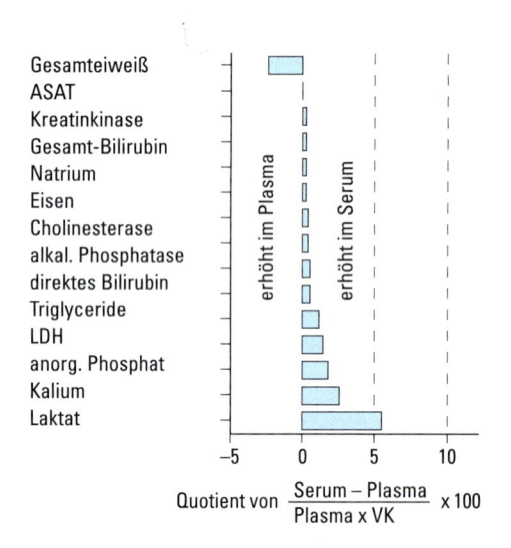

Abb. 1.4: Unterschiede in der Analytkonzentration zwischen Plasma und Serum.
Die Abbildung stellt den Quotienten zwischen Serum-Plasma/ Plasmakonzentration dividiert durch die Variationskoeffizienten der analytischen Präzisionskontrolle dar.
ASAT: Aspartataminotransferase (modifiziert nach: Guder WG, Narayanan S, Wisser H, Zawta B; Proben zwischen Patient und Labor; Darmstadt, GIT; 1999).

Blutmenge vom Fachgebiet und von der Liegezeit ermittelt wurde. 26 % der entnommenen Gesamtblutmenge wurden für hämatologische, 17 % für hämostaseologische und 45 % für klinisch-chemische Untersuchungen benötigt. Bei der Hälfte der Patienten, die eine Bluttransfusion benötigten, wurde mehr als 180 ml Blut für Laboratoriumsuntersuchungen abgenommen. Während das Problem der „iatrogenen Anämie" durch Blutentnahme ein alltägliches Phänomen in der Pädiatrie darstellt, scheint es in weiten Bereichen der Akutmedizin bei Erwachsenen nicht genügend bewusst. Aus diesem Grunde wurden Empfehlungen erarbeitet, wie man den Blutbedarf bei einem gut organisierten Laboratorium ermitteln kann (Tab. 1.4).

Bei Annahme eines Hämatokrits von 0,5 und einem Sicherheitsbedarf für Wiederholungen und Folgeuntersuchungen vom Doppelten des analytischen Probenvolumens kann bei Verwendung von Plasma oder Serum das 4fache des analytischen Probenvolumens als in den meisten Fällen ausreichend angesehen werden. Bei Verwendung moderner Analysengeräte werden für die Untersuchungen folgende Standardblutmengen empfohlen:
– Klinische Chemie: 4–5 ml (bei Verwendung von Heparinplasma: 3–4 ml)
– Hämatologie: 2–3 ml EDTA Blut
– Gerinnungsuntersuchungen: 2–3 ml Zitratblut
– Immunoassays, Proteine etc: 1 ml Vollblut für 3–4 Immunoassays
– Blutsenkung: 2–3 ml
– Blutgase: kapillär 50 µl, arteriell und venös in einer Spritze 1 ml Heparinblut

Diese Blutvolumina sollten in 95 % der Fälle ausreichen, um die aus dem jeweiligen Material angeforderten Untersuchungen durchzuführen.

Maßnahmen, die zur Verringerung der benötigten Blutmenge führen

Zur Verminderung der benötigten Blutmenge können folgende organisatorischen Maßnahmen des Labors beitragen:
– Einführung der Primärröhrchenlesung
– Vermeidung von Sekundärgefäßen und Verteilung
– Verwendung von Röhrchen mit geringem Durchmesser
– geringes Testvolumen
– Aufbewahrung der Probe im Primärröhrchen, z. B. durch Verwendung von Separatoren bei Serum und Plasma
– Verwendung von Plasma statt Serum (ca. 10–15 % höhere Ausbeute).

Wichtiger als alle organisatorischen Maßnahmen ist jedoch der verantwortliche und bewusst sparsame Umgang mit dem Blut des Patienten. Dies ist vor allem durch Vermeidung unnötiger Untersuchungen und Wiederholungen sowie durch bewusste Auswahl der Messgrößen mit Zusammenfassung mehrerer Untersuchungen in einer Blutentnahme zu erreichen.

Reihenfolge der Probennahme

Bei Füllung mehrerer Röhrchen wird zur Vermeidung der Kontaminationen folgende Reihenfolge empfohlen:

Tabelle 1.4: Definition der benötigten Blutmenge.

Die für eine Laboratoriumsuntersuchung benötigte Blutmenge (Vol b) wird bestimmt durch:
– das analytische Probenvolumen (Vol a),
– das Totvolumen im Analysengerät (Ta), gemessen in ml Plasma/Serum,
– das Totvolumen des Primärgefäßes (Tp), gemessen in ml Blut,
– das Totvolumen von Sekundärgefäßen (Ts), gemessen in ml Plasma/Serum,
– den Bedarf von Rückstellungen für Wiederholungen und Folgeuntersuchungen als Vielfaches der Summe von Vol a und T a (R),
– die Plasma/Serumausbeute (entsprechend dem Hämatokrit).

Unter Berücksichtigung dieser Faktoren und Annahme einer Plasma/Serumausbeute von 50 % der Blutmenge lässt sich die benötigte Blutmenge wie folgt berechnen:

Vol b = 2x [R × (Vol a + Ta) + Ts] + Tp

1. Blutkultur
2. Serum. Bei Verwendung des Serumröhrchens als erstem Röhrchen ist mit dem Anstieg einiger Analyte durch zelluläre Bestandteile zu rechnen.
3. Zitrat
4. Heparinat
5. EDTA
6. Röhrchen mit zusätzlichen Stabilisatoren (z. B. Glykolyseinhibitoren)

Eine ausreichende Mischung mit dem Antikoagulans ist durch mehrmaliges Schwenken ohne Schütteln unter Vermeidung von Schaumbildung direkt nach Füllung des Röhrchens zu sichern. Zur Gewinnung des Serums aus Vollblut von nicht antikoagulierten Patienten ist die entnommene Probe mindestens 30 min bei Raumtemperatur zu belassen. Diese Zeit kann durch Gerinnungsaktivierung verkürzt werden. Die Zeit bei Raumtemperatur sollte die zur Stabilität von Vollblut angegebene Dauer nicht übersteigen.

1.1.4 Stabilität der Messgröße in der Probenmatrix

Ziel einer klinisch-chemischen Untersuchung ist es, den zum Zeitpunkt der Probennahmen in einer Körperflüssigkeit vorhandenen Wert einer diagnostisch relevanten Messgröße bei der in vitro Analyse unverfälscht zu ermitteln. Dies setzt voraus, dass die Zusammensetzung der zu diesem Zweck entnommenen Proben sich während der präanalytischen Phase (Probennahme, Transport, Aufbewahrung, Probenvorbereitung) nicht verändert.

1.1.4.1 Definition der Stabilität

Unter **Stabilität** wird die Fähigkeit eines Probenmaterials verstanden, bei Lagerung unter definierten Bedingungen den anfänglichen Wert einer zu messenden Größe für eine definierte Zeitspanne innerhalb festgelegter Grenzen konstant zu halten. Anzustreben ist eine Stabilität, welche die Gesamtstreuung der Methode nicht oder nur minimal vergrößert.

Als **maximal zulässige Instabilität** wird eine Abweichung definiert, die der maximal zulässigen relativen Unpräzision der Analytik entspricht. Die Stabilität während der präanalytischen Phase wird von der Temperatur, der mechanischen Belastung und der Zeit bestimmt.

Als **maximal zulässige Lagerungszeit** wird die Zeitspanne definiert, bei der die Stabilitätsforderung von 95 % der Proben nicht verletzt wird. Dies ist eine Mindestforderung, da unter pathologischen Bedingungen die Stabilität eines Analyten in der Probe erheblich verkürzt sein kann.

Die **Lagerungszeit** wird in geeigneten Zeiteinheiten (Tage, Stunden, Minuten) angegeben. Dabei wird unterschieden zwischen Lagerung der Primärprobe (Blut, Urin, Liquor) und Lagerung der analytischen Probe (z. B. Plasma, Serum, Sediment, Blutausstrich).

In Tabelle 1.5 sind für 20 Messgrößen die Zeiten angegeben für
– Lagerung der Primärprobe bei Zimmertemperatur (teilweise auch gekühlt)
– Lagerung der Analysenprobe bei Zimmertemperatur (20–25 °C), Kühlschranktemperatur (4–8 °C) und tiefgefroren (–20 °C).

1.1.4.2 Empfehlung zur Qualitätssicherung der relevanten präanalytischen Zeiten

Um die jeweiligen Zeiten zu überwachen, ist die präanalytische Zeit zu ermitteln. Diese wird definiert als die Zeit
– von der Blutentnahme bis zur Annahme der Probe im Laboratorium und
– von der Ankunft im Labor bis zur Durchführung der Analyse.

Diese präanalytischen Zeiten entsprechen bei guter Organisation ca. 50 % der gesamten Zeit der Durchführung der labordiagnostischen Untersuchung (sog. Turnaround time, TAT). Sie werden durch Dokumentation der Blutabnahmezeit, der Probenankunftszeit im Labor und der Analysenzeit ermittelt.

1.1.4.3 Maßnahmen bei Überschreitung der maximal zulässigen präanalytischen Zeiten

Wird die maximal zulässige Lagerungszeit der Probe überschritten, ist von einer medizinisch relevanten Verfälschung des Ergebnisses auszu-

Tabelle 1.5: Stabilität der Analyte im Vollblut und Plasma/Serum.

Analyte	Proben-material	Stabilität				
		Stabilität im Blut bei Raumtemperatur	Stabilität im Serum/Plasma			Stabilisatoren
			−20 °C	4−8 °C	20−25 °C	
Alaninaminotransferase (GPT)	Plasma/Serum	4 d ↘	7 d	7 d	3 d	
Albumin	Plasma/Serum	6 d 14 d (2−6 °C)	4 m	5 m	2,5 m	
Aldosteron	EDTA-Plasma	1 d ↘	4 d	4 d	4 d	EDTA
Alk. Phosphatase − gesamt − Knochenisoenzym	Heparinplasma	4 d ↘ 4 d	2 m 2 m	7 d 7 d	7 d 7 d	
Ammoniak (NH_4^+)	EDTA-Blut	15 min ↗	3 w	3 h	15 min	Serin 5 mmol/L + Borat 2 mmol/L
Amylase − pankreatisch − gesamt	Plasma/Serum	4 d ↘ 4 d ↘	1 y 1 y	7 d 7 d	7 d 7 d	
Antithrombin III − funktional − immunologisch	Zitratplasma EDTA-Plasma	8 h 2 d**	1 m 1 y	2 w 8 d	2 d	**nach Zentrifugation
Apolipoprotein A1, B	EDTA-Plasma		2 m	3 d	1 d	
ApoE Gentypsisierung	EDTA-Vollblut	1 w (4−8 °C)	3 m	1 w		
Aspartataminotransferase (GOT)	Heparinplasma	7 d ↘	3 m	7 d	4 d	
B-typ (Brain)-natriuretisches Peptid (BNP) − pro BNP	EDTA-Plasma EDTA-Plasma	4−5 h 3 d	5 d 1 y	5 d 5 d	5 d 2 d	EDTA
Corticotropin ACTH	EDTA-Plasma	instabil ↘	6 w	3 h	1 h	Aprotinin 400−2000 KIU/mL, Mercaptoethanol 2 µL/mL
C-Peptid	EDTA-Plasma	6 h	2 m	5 d	5 h	EDTA
D-Dimer	Zitratplasma	8−24 h	6 m	4 d	8 h	
Elektrophorese (Protein-)	Serum		3 w	3−7 d	1 d	
Ethanol	Heparinplasma	2 w ↘	6 m	6 m	2 w	verschließen
Glukose	Kapillarblut/ Hämolysat stabilisiert	10 w ↘	1 d	7 d	2 d	Fluorid, Mannose, Monojodazetat
Laktatdehydrogenase	Heparinplasma	10−54 h	6 w	4 d	7 d	
Troponin I	Serum			4 w	3 d	methodenabhängig bei Heparinplasma vermindert.

Stabilität in Minuten (min), Stunden (h), Tagen (t) oder Monaten (m) und Jahren (y).

gehen. Es obliegt der Fürsorgepflicht des Laborleiters, die aus solchen Proben gewonnenen Ergebnisse mit entsprechenden Hinweisen zu versehen oder die Untersuchung zu verweigern. Letztere Maßnahme ist vor allem dann anzuraten, wenn aus dem Ergebnis für den Patienten nachteilige medizinische Schlüsse gezogen werden können.

1.1.5 Zentrifugation

Mit dem in der **Zentrifuge** erzeugten Vielfachen der Erdbeschleunigung (relative Zentrifugalbeschleunigung RZB) kann man in kurzer Zeit die festen Blutbestandteile vom Serum/Plasma trennen. RZB und Umdrehungen pro Minute (rotations per minute, rpm) können unter Zuhilfenahme des Rotorradius r (die Strecke zwischen Rotorachse und dem Röhrchenboden in mm) aus folgender Formel oder mit den bereits in Zentrifugen integrierten Rechnern ermittelt werden:

$$RZB = 1{,}118 \times r \left(\frac{rpm}{1000}\right)^2$$

Es empfiehlt sich, Blutabnahmegefäße in 90°-Ausschwingrotoren zu zentrifugieren, da nur so die Sedimentoberfläche einen rechten Winkel zur Röhrchenwand bildet. Nur so ist eine einwandfreie (kontaminationsfreie) Pipettierung durch Analysengeräte möglich.

Serum: Nach Abschluss der Gerinnung sollte die Probe mindestens 10 min bei mindestens $1500 \times g$ zentrifugiert werden.

Plasma: Um zellfreies Plasma zu erhalten, ist das antikoagulierte Blut (Zitrat-, EDTA- oder Heparinblut) mindestens 15 min bei 2000 bis $3000 \times g$ zu zentrifugieren.

Bei der Gewinnung von Serum und Plasma sollte die Temperatur in der Regel nicht unter 15 °C sinken und nicht über 24 °C ansteigen.

1.1.6 Die hämolytische, lipämische und ikterische Probe

Medizinische Laboratoriumsuntersuchungen können durch endogene und exogene Bestandteile der Probenmatrix gestört werden. Einige dieser Störgrößen können in der präanalytischen Phase durch farbliche Veränderungen erkannt werden, während andere (z. B. Arzneimittel) nur durch konkrete Informationen und/oder gezielte Analytik festzustellen sind. Zur Arzneimittelinterferenz liegen ausführliche Nachschlagewerke vor. Störungen durch Hämolyse, Trübungen (Lipämie) und Bilirubin (Ikterus) unterliegen wegen der methodischen Abhängigkeit ständigen Veränderungen durch Weiterentwicklung der Reagenzien und Analysensysteme.

Erkennung der Störgröße, Behandlung der Probe und der Anforderung

Jede eingetroffene Probe wird sofort oder (bei Blutproben) nach der Zentrifugation visuell geprüft und eine wahrgenommene potentiell störende Verfärbung oder Trübung dokumentiert und im Befund mitgeteilt. Durch Vergleich mit anderen gleichzeitig eingetroffenen Proben vom selben Patienten kann meist eine in vivo vorhandene Störung von einer in-vitro-Störung (**Hämolyse** oder Kontamination) unterschieden werden.

Von den angeforderten Untersuchungen werden solche, die nicht gestört werden, wie bei unauffälligen Proben durchgeführt. Bei Annahme einer Störung wird nach Möglichkeit durch Probenvorbehandlung der Störfaktor eliminiert oder eine nicht störanfällige Methode gewählt. Ist eine klinisch relevante Störung zu erwarten und nicht durch Vorbehandlung oder Methodenwahl zu eliminieren, sollte die Analyse nicht durchgeführt und der Einsender benachrichtigt werden. Die Probe ist ebenso lange wie unauffällige Proben aufzubewahren.

Ist eine Methode klinisch relevant gestört und lässt sich die Störung nicht eliminieren, erfolgt statt Befund die Mitteilung „gestört durch ...".

1.1.6.1 Die hämolytische Probe und der Einfluss von therapeutischen Hämoglobinderivaten

Als Hämolyse wird die Freisetzung intrazellulärer Komponenten der Erythrozyten und anderer Blutzellen in den extrazellulären Raum des Blutes bezeichnet. Sie kann in vivo (z. B. beim Transfusionszwischenfall und bei Malaria durch Zerfall der infizierten Erythrozyten) sowie in allen Phasen der Präanalytik in vitro (Probengewinnung, Probentransport und -lagerung) auftreten.

Nach der Abtrennung der Blutzellen wird die Hämolyse im Serum oder Plasma durch die Rotfärbung erkannt. Bei einer extrazellulären Hämoglobinkonzentration von über 300 mg/l (18,8 mmol/l) ist eine Hämolyse durch die rote Färbung von Serum oder Plasma mit dem Auge erkennbar. In letzter Zeit wurde eine Reihe von therapeutischen Hämoglobinderivaten (sogenannte Blutersatzstoffe, HbOC = haemoglobin based oxygen carriers) als Sauerstoffträger entwickelt, die in einer Konzentration bis 50 g/l im Plasma der so behandelten Patienten vorkommen können. Diese Stoffe verursachen eine besonders starke Rotfärbung des Plasmas/Serums.

Im weiteren Sinne kann die Probe auch durch den Zerfall anderer Blutzellen (Leukozyten- und Thrombozyten) kontaminiert sein. So ist der Zerfall von Thrombozyten bei der Gerinnung für die höheren Konzentrationen intrazellulärer Bestandteile im Serum gegenüber dem Plasma verantwortlich (z. B. Kalium, LDH, Phosphat).

In-vivo-Hämolyse

Freies Hämoglobin wird in vivo rasch durch Haptoglobin gebunden und aus dem Kreislauf eliminiert (z. B. bei hämolytischer Anämie).

Die Messung der Verminderung der Konzentration des Haptoglobins erlaubt eine Aussage über eine abgelaufene Hämolyse (Ausnahmen sind angeborene und erworbene Haptoglobindefizite und Neugeborene). Auch die Messung von Hämopexin und/oder Methämoglobin/Albumin wurde als Charakteristikum der in-vivo-Hämolyse beschrieben. Der Anstieg des indirekten Bilirubins und der Retikulozyten ist Ausdruck einer abgelaufenen Hämolyse mit reaktiver Neubildung von Erythrozyten. Andere Folgen der in-vivo-Hämolyse, wie Verschiebung im LDH-Isoenzym-Muster, sind wegen der geringen Empfindlichkeit für die Erkennung der Hämolyse nicht geeignet.

In-vitro-Hämolyse

Neben der Konzentration des freien Hämoglobins im Serum/Plasma sind bei vollständiger Hämolyse alle Bestandteile der Erythrozyten parallel erhöht. Dazu gehören Kalium, Phosphat, Laktatdehydrogenase und Aspartataminotransferase. Dagegen ist die Konzentration von Haptoglobin im Plasma/Serum hämolytischer Proben, die in vitro entstanden sind, noch unverändert. Allerdings erfassen einzelne immunchemische Haptoglobinbestimmungsmethoden den Hämoglobin-Haptoglobinkomplex weniger sensitiv als freies Haptoglobin.

Verhalten bei hämolytischen Proben

Jedes medizinische Laboratorium sollte dokumentieren, welche und in welchem Umfang die von ihm durchgeführten Untersuchungen gestört werden. Das Vorgehen bei hämolytischen Proben ist im Qualitätshandbuch festzuhalten.

Dabei muss die Hämoglobinkonzentration, ab der keine Analyse mehr durchgeführt wird, festgehalten sein.

Jede hämolytische Probe wird registriert und die Tatsache der Hämolyse als Befund mitgeteilt.

Betrifft die Hämolyse alle Proben eines Patienten, muss von einer in-vivo-Hämolyse ausgegangen werden, die sofort dem Einsender mitgeteilt werden sollte. Bei diesem Gespräch sind gegebenenfalls die Ursachen der Hämolyse oder die mögliche Rolle synthetischer Hämoglobinderivate abzuklären.

Nach Abschätzung des Hämolysegrades ist die Analytik durchzuführen. Die Befundmitteilung richtet sich nach dem Störungsgrad:
– Methode nicht klinisch relevant gestört: Befundmitteilung wie bei Proben ohne Störung.
– Methode gestört, aber durch Methodenvorbehandlung eliminiert: Befund nach Vorbehandlung erstellt.
– Methode klinisch relevant gestört: statt Befund ist mitzuteilen: „gestört durch Hämolyse". Eine Korrektur auf der Basis des gemessenen Hämoglobinwertes ist nicht zu empfehlen, da die Veränderung je nach Mechanismus variieren kann.

1.1.6.2 Die lipämische Probe

Definition

Unter **Lipämie** wird eine mit dem Auge sichtbare Trübung einer Serum- oder Plasmaprobe verstanden, die i. d. R. oberhalb einer Triglyceridkonzentration von 300 mg/dl (> 3,4 mmol/l) zu beobachten ist. Hierzu ist ein ausreichend transparentes Probengefäß Voraussetzung. Die Erkennbarkeit ist darüber hinaus von der Art der Triglyceride abhängig. Je niedriger die Dichte der triglyceridhaltigen Lipoproteine ist, um so eher ist die Trübung visuell sichtbar: Chylomikronen > VLDL > LDL > IDL.

Ursachen einer Lipämie

Die häufigste Ursache für lipämische Proben ist eine Erhöhung der Triglyceride im Plasma. Diese kann durch Nahrungsaufnahme, eine Fettstoffwechselstörung oder durch Infusion von Lipiden bedingt sein.

Nach der Resorption liegen die Triglyceride über 6 bis 12 h in Form von Chylomikronen und ihren Abbauprodukten vor.

Zur Klärung der Frage, ob ein Patient „nüchtern" oder „nicht nüchtern" zur Blutentnahme sein sollte, wurde der Einfluss unterschiedlicher Frühstücksarten auf klinisch-chemische Analyten untersucht. Die Ergebnisse zeigen, dass u. a. die Triglyceride schon bei einem „normalen" Frühstück massiv ansteigen. Da dies eine Trübung der Probe über mehrere Stunden hervorruft, sollte der Patient für die Blutentnahme nüchtern sein, wenn Untersuchungen geplant sind, die durch eine Lipämie gestört werden. Darüber hinaus können folgende Ursachen der Trübung vorliegen:

Fettstoffwechselstörungen mit Hypertriglyceridämie, Infusionslösungen, Kälteagglutinine und monoklonale Immunglobuline sowie Nachgerinnungen von Serumproben, z. B. bei heparinisierten Patienten.

Erkennen einer Lipämie

Eine Trübung der Serum- oder Plasmaprobe ist mit dem Auge feststellbar.

Zur Erkennung der Trübung sind transparente Probengefäße zu verwenden.

1.1.6.3 Die ikterische Probe

Vorkommen verschiedener Bilirubinspezies

Bilirubin liegt im Plasma in lockerer physikalischer oder fester kovalenter Bindung an Albumin sowie als wasserlösliches Konjugat in Form der Mono- und Diglukuronide vor.

Im Urin tritt konjugiertes Bilirubin auf, wenn im Plasma eine pathologisch erhöhte Konzentration von Bilirubinkonjugaten vorliegt. Bei Proteinurie kann auch an Albumin gebundenes Bilirubin ausgeschieden werden.

Nach intrazerebralen Blutungen mit Durchbruch in das Ventrikelsystem oder in den Subarachnoidalraum von Makrophagen gebildetes Bilirubin liegt im Liquor cerebrospinalis in unkonjugierter Form vor und bewirkt die visuell erkennbare Xanthochromie. Bei gesteigerter Durchlässigkeit der Blut-Hirnschranke oder bei sehr hohen Plasmakonzentrationen tritt zusammen mit Albumin auch glukuronidiertes Bilirubin in das Liquorkompartiment über.

Erkennung/Erfassung von erhöhten Bilirubinkonzentrationen in klinischen Proben

Die visuelle Erkennung von **Hyperbilirubinämien** ist oft nicht ausreichend sensitiv und insbesondere bei gleichzeitiger Verfärbung durch andere Pigmente (z. B. Hämoglobin und dessen Derivate) nicht ausreichend spezifisch. Bei Verwendung von Primärgefäßen erschweren zudem aufgeklebte Etiketten die visuelle Inspektion.

Die Messung der Absorption bei etwa 450 und 575 nm bei geeigneten Probenverdünnungen lässt Hyperbilirubinämien sicher erkennen. Bei vermehrter Zufuhr von Karotin oder Karotinoiden wird die aus derartigen Extinktionsmessungen abgeleitete Bilirubinkonzentration systematisch zu hoch bestimmt.

1.2 Qualitätskontrolle der Analytik

A. Kessler, L. Siekmann

1.2.1 Grundlagen

Die Zuverlässigkeit labordiagnostischer Verfahren ist eine wichtige Voraussetzung für die Beurteilung der Analysenergebnisse, die in Diagnose und Therapiekontrolle Anwendung finden. Jedes Analysenergebnis besitzt eine **Messunsicherheit**. Es ist Aufgabe des Labors, diese Messunsicherheit so gering wie möglich zu halten und damit – entsprechend den medizinischen Erfordernissen – eine zuverlässige Grundlage für die Diagnose und Therapiekontrolle zu schaffen.

Zur Qualitätskontrolle verwendet das Labor sogenannte **Kontrollproben**, die in Einzelabfüllungen von z. B. 2 ml eines großen Pools des zu untersuchenden Materials (z. B. 40 l Humanserum) von Kontrollprobenherstellern bezogen werden können.

Zur Messunsicherheit eines Analysenergebnisses können **zufällige und systematische Fehler** beitragen. Ausdruck für zufällige Fehler eines Messergebnisses ist die **Impräzision**, die sich in der Form statistischer Kenngrößen aus Wiederholungsmessungen ermitteln lässt. Allgemein üblich ist die Berechnung einer Standardabweichung s aus Wiederholungsmessungen.

$$s = \sqrt{\frac{\Sigma(\chi_i - \bar{x})^2}{n-1}}$$

wobei:

s = Standardabweichung,
χ_i = Einzelmesswert,
$\bar{x}$ = Mittelwert,
n = Anzahl der Messwerte

Die Standardabweichung kann beispielsweise aus den Ergebnissen von 10 aufeinanderfolgenden Analysen derselben Probe in einer Serie ermittelt werden.

Die berechnete Standardabweichung ist ein Maß für die Impräzision „in der Serie". Es handelt sich dabei um die Impräzision unter Wiederholbedingungen. Ein realistischeres Bild über die Impräzision von Laborergebnissen erhält man, wenn die Standardabweichung aus den Messergebnissen für eine bestimmte Probe errechnet wird, die in verschiedenen Messserien analysiert wird, z. B. „von Tag zu Tag". Man spricht dann von einer Impräzision unter Reproduzierbarkeitsbedingungen.

Neben dem zufälligen Fehler kann auch ein **systematischer Fehler** zur Messunsicherheit von Analysenergebnissen beitragen. Als ein Maß für den systematischen Fehler (auch als Unrichtigkeit bezeichnet) wird die Abweichung eines Analysenwertes vom **Zielwert** angesehen. Man unterscheidet zwei unterschiedliche Arten von Zielwerten, die Referenzmethodenwerte und die verfahrensabhängigen Sollwerte:

Nach Möglichkeit sollten **Referenzmethoden** zur Zielwertermittlung in Kontrollproben eingesetzt werden. Es handelt sich hierbei um zum Teil sehr aufwendige Verfahren (z. B. Isotopenverdünnungs-Massenspektrometrie), die sich durch ein besonders hohes Maß an Präzision und Richtigkeit auszeichnen. Wegen des großen messtechnischen und personellen Aufwandes können Referenzmethoden nicht unmittelbar in der täglichen Routinearbeit eingesetzt werden; sie werden vielmehr in wenigen, als „Kalibrierlaboratorien" akkreditierten Institutionen angewandt.

Eines der Anwendungsgebiete von Referenzmethoden ist die Validierung von Routineverfahren. Am Beispiel der Validierung von verschiedenen Routinemessverfahren zur Bestimmung von Cortisol in Humanserum sei die Anwendung eines Referenzmessverfahrens beispielhaft demonstriert (Abb. 1.5): 50 Patientenproben wurden mit der Routinemethode A und der Referenzmethode (Isotopenverdünnungsmassenspektrometrie) vermessen und die Ergebnisse in eine Graphik eingetragen. Bei völliger Übereinstimmung der Resultate hätten alle 50 Messpunkte auf der gepunkteten Identitätsgeraden (Winkelhalbierenden) liegen müssen. Es zeigte sich jedoch, dass mit der Routinemethode A durchweg höhere Ergebnisse (ca. 30 %) erhalten werden als mit der Referenzmethode. Die Regressionsgerade (blau) zeigt daher eine deutliche Abweichung von der Identitätsgeraden. Die Abweichungen von durchschnittlich ca. 30 % vom wahren Wert, wie sie diese Methode zeigt, sind aus medizinischer Sicht nicht akzeptabel. Bei der Routinemethode B zeigt sich eine wesentlich bessere Übereinstimmung der Ergebnisse mit der Referenzmethode. Hier sind die Abweichungen vom Referenzmethodenwert durchschnittlich kleiner als 10 %. Eine solche Unrichtigkeit ist im Hinblick auf eine medizinische Beurteilung akzeptabel.

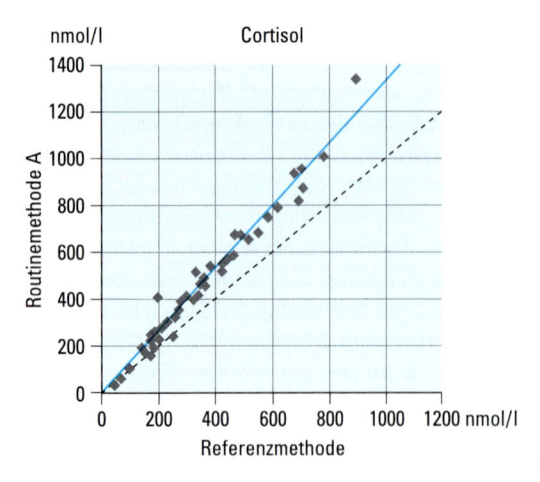

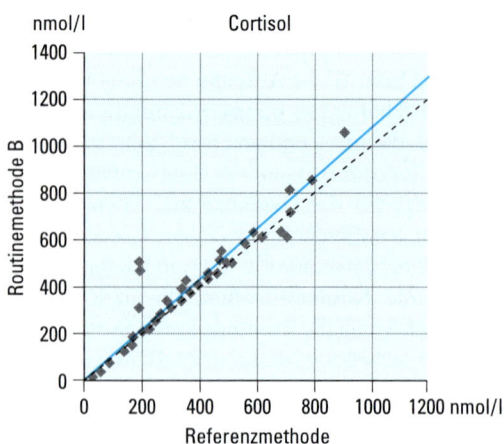

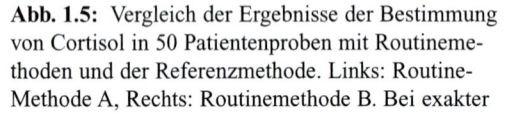

Abb. 1.5: Vergleich der Ergebnisse der Bestimmung von Cortisol in 50 Patientenproben mit Routinemethoden und der Referenzmethode. Links: Routine-Methode A, Rechts: Routinemethode B. Bei exakter Übereinstimmung der Resultate müssten alle Punkte auf den gestrichelten Identitätslinien liegen (Winkelhalbierende). Die aus den Messpunkten errechneten Regressionsgraden sind als blaue Linien dargestellt.

Die Validierung von Routinemethoden dient den Reagenzienherstellern von diagnostischen Tests zur Beurteilung der Messverfahren und dürfte – bei konsequenter Anwendung – die Zuverlässigkeit der Analytik verbessern. Methodenvalidierungen mit Referenzmethoden sind sehr aufwendig und daher wenigen spezialisierten Referenzlaboratorien vorbehalten.

Eine breite Anwendung der Referenzmethoden liegt in der Ermittlung von methodenunabhängigen Zielwerten in Kontrollproben, die für die interne und externe Qualitätskontrolle jedem medizinischen Laboratorium zur Verfügung stehen. Die Referenzmethoden sind grundsätzlich unabhängig von den zum Teil sehr unterschiedlichen Routinemessverfahren, die von kommerziellen Herstellern angeboten werden. Das Konzept der **Rückführbarkeit** fordert, dass die Ergebnisse der Routineverfahren innerhalb zu definierender Toleranzgrenzen (Messunsicherheiten) mit den methodenunabhängigen Referenzmethodenwerten höherer Ordnung übereinstimmen. Auf diese Weise sind die Ergebnisse von Routinemessverfahren an nationale und internationale „Normale" (Referenzmaterialien und Referenzmethoden) angeschlossen. Ziel dieser Anstrengung ist eine verbesserte Vergleichbarkeit der Resultate zwischen verschiedenen Laboratorien (national und international) auch über längere Zeiträume.

Eine Grundvoraussetzung für die Rückführbarkeit von Ergebnissen in der Routinediagnostik ist die **Spezifität** der angewandten Verfahren. Nur wenn ausschließlich die zu analysierende Komponente entsprechend der Definition des Analyten erfasst wird, kann man „richtige" Ergebnisse erwarten. Viele Routinemessverfahren weisen Mängel hinsichtlich ihrer Spezifität auf; dies wird besonders deutlich, wenn sehr kleine Substanzkonzentrationen – beispielsweise von Hormonen – in menschlichen Körperflüssigkeiten quantitativ bestimmt werden sollen. Viele der gebräuchlichen immunologischen Testverfahren erweisen sich als nicht ausreichend spezifisch, sodass auch Metabolite und andere Komponenten aus der biologischen Matrix miterfasst werden. In der Qualitätskontrolle macht sich ein solcher Mangel an Spezifität durch Abweichungen vom Referenzmethodenwert bemerkbar, die je nach den Toleranzgrenzen nicht akzeptiert werden können.

Wenn keine Referenzmessverfahren zur Verfügung stehen, müssen die Zielwerte in den

Kontrollproben mit den unterschiedlichen in der Routineanalytik angewandten Messverfahren ermittelt werden. Es handelt sich dann um **verfahrensabhängige Sollwerte**. In der Regel gibt es für eine Kontrollprobe und eine bestimmte Messgröße in Abhängigkeit von den unterschiedlichen Messverfahren auch unterschiedliche verfahrensabhängige Sollwerte. Mit solchen Zielwerten ist dann nur die Kontrolle einer „relativen Richtigkeit" in Bezug auf das jeweils angewandte Messverfahren möglich nicht jedoch auf einen objektiven Referenzmethodenwert, der eine gute Abschätzung des „wahren Wertes" darstellt.

In Deutschland ist die Qualitätskontrolle in der Laboratoriumsdiagnostik durch das Medizinproduktegesetz und die ‚Richtlinie der Bundesärztekammer zur Qualitätssicherung quantitativer Labormedizinischer Untersuchungen (RILIBÄK)' festgelegt. Die Richtlinie hat Gesetzeskraft; ein Nichtbeachten stellt eine Ordnungswidrigkeit dar und kann entsprechend geahndet werden. Die Richtlinie enthält ein Regelwerk sowohl zur laborinternen als auch zur laborexternen Qualitätskontrolle. Hierin sind die Minimalanforderungen für ca. 60 verschiedene Messgrößen in Serum/Plasma/Vollblut, Urin und Liquor beschrieben. Ein gut geführtes Labor wird jedoch für alle Messgrößen, die es anbietet, ein analoges Qualitätssicherungssystem einrichten.

1.2.2 Interne Qualitätskontrolle

Die Richtlinie der Bundesärztekammer sieht vor, dass zur **aktuellen Beurteilung der Zuverlässigkeit der Messsysteme** in jeder Analysenserie mindestens eine Kontrollprobe zu messen ist. Eine **Analysenserie** besteht in der Regel aus allen Messungen, die innerhalb einer Arbeitsschicht durchgeführt werden. Von Analysenserie zu Analysenserie sind Kontrollproben in unterschiedlichen Konzentrationsbereichen einzusetzen. Es müssen daher mindestens zwei verschiedene Kontrollproben regelmäßig abwechselnd analysiert werden. Kontrollproben mit geeigneten Zielwerten für alle relevanten Messgrößen können von industriellen Herstellern bezogen werden.

Zur Beurteilung der Kontrollprobenmessungen muss jedes Labor zunächst Toleranzgrenzen selbst ermitteln: Zur Festlegung dieser laborinternen Fehlergrenzen wird aus 20 Kontrollprobenmesswerten aus 20 aufeinanderfolgenden Arbeitsschichten der arithmetische Mittelwert sowie der Variationskoeffizient und die 3fache Standardabweichung (Toleranzgrenze) errechnet. Der laborintern ermittelte Mittelwert und die Toleranzgrenzen sind jedoch nicht beliebig; sie müssen innerhalb von Maximalgrenzen liegen, die in der Anlage 1 der RILIBÄK wiedergegeben sind.

Für jede einzelne Messgröße und jede Kontrollprobe wird eine **Kontrollkarte** angelegt. Abbildung 1.6 zeigt beispielhaft eine Kontrollkarte für die Qualitätskontrolle der Bestimmung von Natrium im Serum. Das Labor führt zum Beispiel arbeitstäglich zwei Analysenserien für die Natriumbestimmungen durch. Es muss daher an jedem Tag mindestens ein Kontrollprobenmesswert für die Kontrollprobe A eingetragen werden, für die Kontrollprobe B ist eine gesonderte Kontrollkarte anzulegen. Als Stammdaten enthält die Kontrollkarte den vom Laboratorium in der ersten Kontrollperiode über 20 Analysenserien errechneten Mittelwert, den Mittelwert zuzüglich und den Mittelwert abzüglich der 3fachen Standardabweichung als laboratoriumsinterne Fehlergrenzen (laboratoriumsinterner 3s-Bereich, blaue Linien). Darüber hinaus soll auch der Zielwert und die in Anlage 1 der RILIBÄK darstellten Maximal-Toleranzen angezeigt werden (schwarze Linien).

Jeder Kontrollprobenmesswert wird in die vorbereitete Kontrollkarte eingetragen. Das Ergebnis jeder Messung darf nicht außerhalb des laboratoriumsinternen 3s-Bereiches liegen, wie dies beispielsweise bei der Kontrollmessung am 15. Messtag zu beobachten ist.

Zur Beurteilung der zufälligen Messabweichung (Impräzision) wird am Ende eines jeden Monats für jede Messgröße und für jede Kontrollprobe aus den Ergebnissen der Kontrollprobenmessungen die Standardabweichung berechnet. Diese darf nicht größer sein als ein Grenzwert, der für jede einzelne Messgröße in der Anlage 1 der RILIBÄK festgelegt ist.

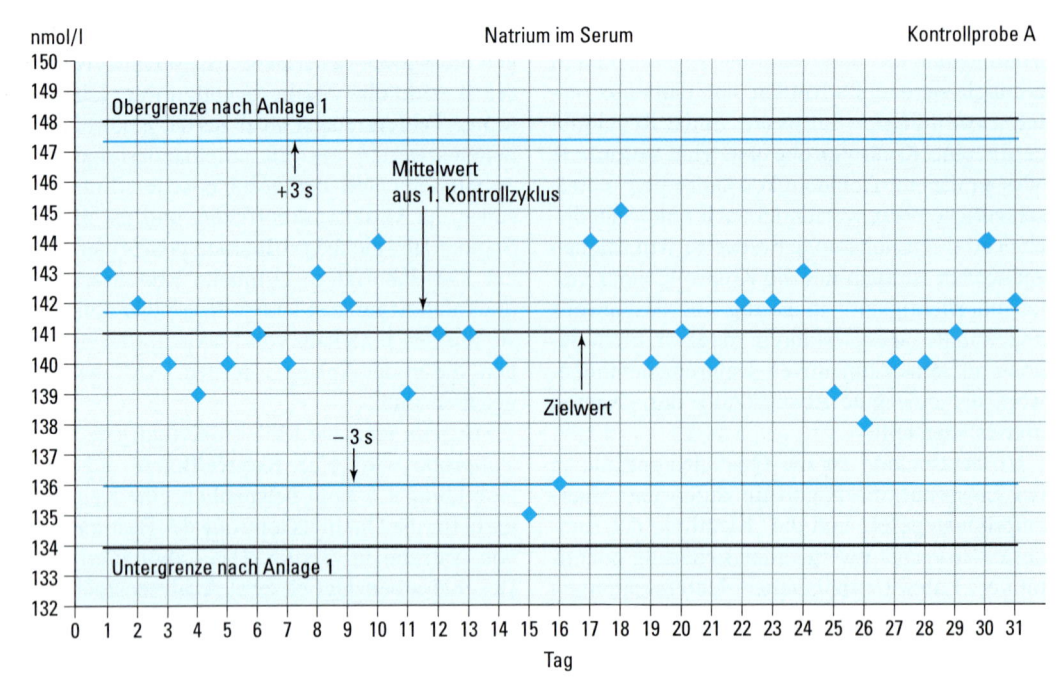

Abb. 1.6: Kontrollkarte für die interne Qualitätskontrolle der Bestimmung von Natrium im Serum. In jeder Analysenserie (hier Messtag) wird das Ergebnis der Bestimmung von Natrium in einer Kontrollprobe A in die Kontrollkarte eingetragen (blaue Raute). Die horizontalen blauen Linien zeigen den Mittelwert und die +/− 3s-Grenzen (dreifache Standardabweichung) an, die im ersten Kontrollzyklus ermittelt wurden. Zusätzlich werden als schwarze horizontale Linien der Zielwert und die Ober- und Untergrenze eingetragen. Es handelt sich um Maximaltoleranzen, deren Werte aus der Anlage 1 der Richtlinie der Bundesärztekammer zu entnehmen sind.

Zur Beurteilung der **systematischen Messabweichung (Unrichtigkeit)** wird am Ende eines jeden Monats für jede Messgröße und für jede Kontrollprobe aus den Ergebnissen der Kontrollprobenmessungen der Mittelwert berechnet. Die Differenz zwischen dem Mittelwert und dem für jede Kontrollprobe und Messgröße bekannten Zielwert ist die systematische Messabweichung. Diese darf Akzeptanzgrenzen, die in der Anlage 1 der RILIBÄK festgelegt sind, nicht überschreiten.

Eine **Dokumentation** aller Ergebnisse der Qualitätskontrolle zusammen mit den entsprechenden Berechnungen nach den Kontrollzyklen (Arithmetisches Mittel, Standardabweichung, Differenz zwischen Mittelwert und Zielwert) und den Bewertungen sowie den Protokollen der Maßnahmen beim Überschreiten von Fehlergrenzen sind 2 Jahre aufzubewahren und auf Anforderung den Überwachungsbehörden vorzulegen.

Die interne Qualitätskontrolle wird als offene Kontrolle durchgeführt, d. h. die Zielwerte sind dem Laboratorium bekannt. Die Beurteilung eines Kontrollprobenmessergebnisses in jeder Analysenserie ermöglicht eine zeitnahe Überwachung der Messsysteme und kann verhindern, dass falsche Messergebnisse an Patientenproben freigegeben werden. Die retrospektiv, am Ende eines jeden Monats durchgeführte Präzisions- und Richtigkeitskontrolle aus statistischen Daten (Standardabweichung und Abweichung des Mittelwertes vom Zielwert) erlaubt eine Überwachung der Messunsicherheit in Bezug auf zufällige und systematische Fehlerkomponenten.

1.2.3 Externe Qualitätskontrolle

In Ergänzung zur internen Qualitätskontrolle muss jedes Labor – entsprechend der Richtlinie der Bundesärztekammer – in jedem Quartal einmal an einer externen Qualitätskontrolle teilnehmen. Es handelt sich hier um eine „blinde" Kontrolle, bei der die Zielwerte den Laboratorien nicht bekannt sind. Zum Zweck der externen Qualitätskontrolle werden von Referenzinstitutionen, die von der Bundesärztekammer bestellt wurden, **Ringversuche** durchgeführt. Hierbei werden den teilnehmenden Laboratorien zwei unterschiedliche Kontrollproben zugesandt. Nach einem festgelegten Zeitraum müssen die Ergebnisse an die Referenzinstitutionen übermittelt werden.

Die Referenzinstitution stellt allen Laboratorien ein Zertifikat aus, wenn die Messergebnissen für beide Kontrollproben innerhalb von Toleranzgrenzen liegen, die in der Richtlinie der Bundesärztekammer in Anlage 1 festgelegt sind. Die Toleranzgrenzen entsprechen den Maximalgrenzen für die Festlegung der selbst ermittelten Akzeptanzgrenzen in der internen Qualitätskontrolle (s. o.).

Darüber hinaus erstellt die Referenzinstitution eine Zusammenfassung aller Ergebnisse der Laboratorien, beispielsweise in der Form von Diagrammen nach YOUDEN.

Abbildung 1.7 zeigt ein solches Diagramm, das im Anschluss an einen Ringversuch für die Bestimmung von Cortisol im Serum angefertigt wurde. Insgesamt 370 Laboratorien haben an diesem Ringversuch teilgenommen. Jeder Punkt in dem Diagramm stellt die beiden Messergebnisse eines Laboratorium dar, wobei das Ergebnis für die Probe A auf der Abszisse und das Ergebnis für die Probe B auf der Ordinate abgelesen werden kann. Der schwarze Punkt genau in der Mitte des Diagramms zeigt die beiden Referenzmethodenwerte für die Proben A und B an. Als Quadrat in der Mitte des Diagramms sind die Bewertungsgrenzen dargestellt. Nur solche Laboratorien, die für beide Kontrollproben Ergebnisse innerhalb dieser Akzeptanzgrenzen erzielen konnten und deren Punkte innerhalb des Quadrates liegen, erhalten von der Referenzinstitution ein Zertifikat.

In den YOUDEN-Diagrammen sind die Ergebnisse aller Teilnehmer dargestellt, sodass die Punktwolke nicht nur die individuellen Streuungen der Teilnehmer wiedergibt, die das-

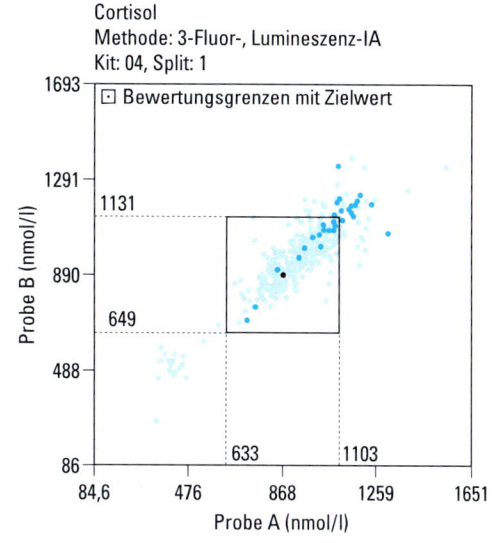

Teilnehmer (ausgewählt/alle)	31/370	
Zielwert (RMW)	A = 868	B = 890
Mittelwert	1068	1094
Standardabweichung	125	131
Variationskoeffizient %	11,7	11,9

Abb. 1.7: YOUDEN-Diagramm zur Darstellung aller Teilnehmerergebnisse nach Durchführung eines Ringversuches für die Bestimmung von Cortisol im Serum. Es wurden jedem teilnehmenden Labor zwei unterschiedliche Kontrollproben A und B zur Verfügung gestellt. Die Ergebnisse wurden an die Referenzinstitution übermittelt. Jeder Punkt in diesem Diagramm zeigt die beiden Messergebnisse eines Labors an, wobei das Ergebnis für die Probe A auf der Abszisse und für die Probe B auf der Ordinate abgelesen werden kann. Im Zentrum des Diagramms sind die Zielwerte (Referenzmethodenwerte) als schwarzer Punkt dargestellt. Das Quadrat in der Mitte des Diagramms zeigt die Bewertungsgrenzen an, wie sie nach der Richtlinie der Bundesärztekammer (Anlage 1) vorgeschrieben sind. Nur Teilnehmer, die mit ihren beiden Messergebnissen innerhalb der Bewertungsgrenzen liegen, erhalten ein Zertifikat der Referenzinstitution. Die blau hervorgehobenen Punkte repräsentieren die Ergebnisse, die mit einem bestimmten kommerziellen Routine-Testverfahren (Test-Kit 04) erhalten wurden.

selbe kommerzielle Routinemessverfahren anwenden, sondern auch die systematische Abweichung der unterschiedliche Routinemethoden gegeneinander. Für Laboratorien, die das Messverfahren eines bestimmten Herstellers (Test-Kit: 04) angewandt haben, sind die entsprechenden Messpunkte blau markiert hervorgehoben. Aus dieser Darstellung kann ein einzelnes Laboratorium ablesen, wie seine Messergebnisse in Bezug auf die Resultate anderer Laboratorien liegen, die dasselbe Testverfahren angewandt haben. Zum anderen wird deutlich, wie groß die systematische Abweichung der Ergebnisse eines bestimmten kommerziellen Testverfahrens von den Referenzmethodenwerten ist und wie stark die Ergebnisse dieses speziellen Verfahrens untereinander streuen. Dies könnte Grundlage für einen Laborleiter sein, das Testverfahren eines bestimmten Herstellers für die Routineanalytik auszuwählen. Aus den blau hervorgehobenen Messpunkten in der Abbildung 1.7 ist beispielsweise erkennbar, dass ein Großteil der teilnehmenden Laboratorien, die den Routine-Test-Kit 04 anwenden, mit ihren Messergebnissen außerhalb der Bewertungsgrenzen liegen und daher kein Zertifikat von der Referenzinstitution erhalten.

Entsprechende Darstellungen der YOUDEN-Diagramme mit einer Hervorhebung der Messpunkte kann für die unterschiedlichen kommerziellen Routine-Testverfahren aus dem Internet abgerufen werden (www.dgkc-online.de).

2 Molekularbiologische Methoden

M. Neumaier

Unter molekularbiologischer Diagnostik (syn.: **molekulare Diagnostik**, genetische Diagnostik) wird die Untersuchung komplexer Nukleinsäuren verstanden. Hierzu zählen die hochmolekularen doppelsträngigen DNA des Zellkerns und des Mitochondriums sowie im wesentlichen die hiervon abgeleiteten proteinkodierenden Transkripte (mRNA, messenger RNA).

Viele der in den letzten 15 Jahren meist in Zusammenhang mit wissenschaftlich-experimentellen Fragestellungen entwickelten molekularbiologischen Verfahren haben eine technische Robustheit erreicht, die sie für den Einsatz im medizinisch-klinischen Laboratorium qualifizieren. Aus dieser Tatsache resultiert eine rasch wachsende Zahl diagnostischer Tests, die sich durch eine geeignet hohe Qualität und eine vergleichsweise einfache Handhabung für den Einsatz in der Routinediagnostik empfehlen.

Auch in Folge der Verfügbarkeit nimmt die Menge der durch genetische Tests erhobenen Befunde in der Diagnostik gegenwärtig rasch zu. Diese Tendenz wird durch die sogenannten multiparametrischen Analysen (syn.: DNA-Array, DNA-Chip), welche die Bestimmung vieler molekulargenetischer Merkmale gleichzeitig in einem einzigen Untersuchungsgang ermöglichen, in naher Zukunft stark beschleunigt werden. Diese Entwicklungen stellen sowohl an die Technik molekulardiagnostischer Verfahren als auch an die ärztliche Indikationsstellung bzw. Befundinterpretation hohe Ansprüche.

2.1 Systematische Grundlagen

2.1.1 Aufbau der DNA

Genomische DNA liegt als Träger der genetischen Information in allen Körperzellen vor. Mit Ausnahme der Zellen der Keimbahn ist die diploide genetische Ausstattung der somatischen Zellen praktisch immer identisch. Daher ist die aus genomischer DNA erhaltene Information unabhängig vom untersuchten Gewebe.

DNA ist ein Makromolekül, dessen Einzelbausteine Nukleotide darstellen. Diese bestehen jeweils aus einer Base, einer Desoxyribose und einem Phosphatrest (Abb. 2.1). Es existieren nur

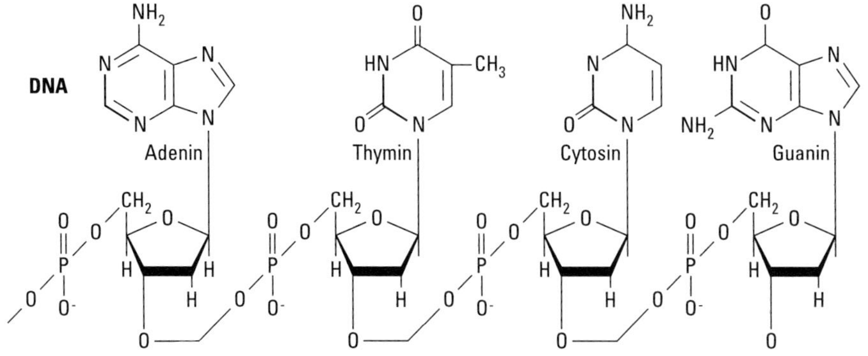

Abb. 2.1: Chemische Struktur der vier DNA-Basen. Beachte die unterschiedlichen Ringstrukturen der Purine Adenin und Guanin bzw. der Pyrimidine Cytosin und Thymin

vier verschiedene Basen in der DNA: Adenin (A), Cytosin (C), Guanin (G) und Thymin (T). Die lineare Verknüpfung der Nukleotide erfolgt durch Phosphodiesterbindung; es resultiert ein einzelsträngiges Molekül, dessen Nukleotidsequenz durch die Abfolge der Basen definiert ist. Die Doppelsträngigkeit der DNA (DNA-Doppelhelix) resultiert durch eine Wasserstoffbrückenbindung zwischen zwei komplementären Einzelsträngen (genannt Hybridisierung), wobei die Komplementarität beider Stränge durch folgende zwei Gesetzmäßigkeiten festgelegt ist:
1. Die Basen „A" und „T" sind jeweils zur Ausbildung von zwei, die Basen „C" und „G" von jeweils drei Wasserstoffbrücken befähigt, woraus sich im Einzelstrang ein „Muster von möglichen Wasserstoffbrücken" ergibt.
2. Zur Bildung eines Basenpaars können die Purine („A" oder G") immer nur mit den Pyrimidinen („C" oder „T") hybridisieren.

Durch die Gleichzeitigkeit beider Umstände ist zwingend gewährleistet, dass sich in der Doppelhelix immer nur die komplementären Basen „A" und „T" bzw. „C" und „G" gegenüberliegen. Für die molekularbiologische Analytik bedeutet dies auch, dass die Sequenz eines DNA-Stranges stets die (komplementäre) Sequenz des anderen Stranges bedingt. Diese zentralen Eigenschaften sind die wesentliche Grundlage der sequenzspezifischen Hybridisierung und ermöglichen letztlich die Perpetuierung der genetischen Information eines Organismus bei DNA-Reparatur und Zellteilung. Per Konvention wird eine DNA-Basensequenz stets vom 5´-Ende in Richtung auf das 3´-Ende gelesen.

2.1.2 Aufbau der mRNA

Die **mRNA** einer Zelle verhält sich zu ihrer DNA wie ein aktives Programm gegenüber der Gesamtzahl der gespeicherten Programme zum Beispiel auf einem Computer. Das Vorliegen einer mRNA beweist die Aktivität des entsprechenden Gens. Die Gesamtheit der mRNA-Spezies einer Zelle spiegelt ihre Zugehörigkeit zu einem Gewebe, einem Differenzierungsgrad oder Aktivierungszustand wider. Sie ist auf der Ebene der Transkription ein Maß für den Funktionszustand der Zelle, der durch geeignete Verfahren untersucht und quantifiziert werden kann.

Die Untersuchung der mRNA ist auch aus einem strukturellen Grund gelegentlich der des jeweiligen Gens überlegen: Die meisten eukaryontischen Gene liegen im Zellkern als kodierende Sequenzen vor, die durch teilweise viele tausend Basenpaare lange, nicht kodierende Sequenzen (**Introns**) unterbrochen sind. Im Gegensatz zum Gen besitzt eine mRNA keine Introns, sondern besteht in Folge einer posttranskriptionellen Prozessierung (sog. RNA-Splicing) aus der ununterbrochenen Folge der Exone des transkribierten Gens. Die mRNA ist somit zum größten Teil ein „Kondensat der proteinkodierenden Gensequenz" und lässt sich mit weniger Aufwand analysieren. Auch für die Identifikation von Splicing-Defekten ist die Untersuchung der mRNA hilfreich.

2.2 Grundzüge der molekularbiologischen Diagnostik

Das erste grundlegende molekularbiologische Prinzip lässt sich mit dem Begriff der **sequenzspezifischen Hybridisierung** (die eindeutige Basenpaarung zwischen den Einzelsträngen der DNA-Doppelhelix, s. o.) fassen. Da durch die Sequenz eines DNA-Strangs die Sequenz seines komplementären DNA-Abschnitts eindeutig definiert ist, kann man z. B. ein einzelsträngiges DNA-Fragment bekannter Sequenz als markierte DNA-Sonde (engl.: DNA probe) nutzen, um durch Hybridisierung mit der aus einer Untersuchungsprobe gewonnenen DNA die Anwesenheit der jeweilig gesuchten komplementären DNA-Sequenz in dieser Probe nachzuweisen.

Das zweite wesentliche Prinzip molekularbiologischen Arbeitens beruht auf der Verwendung von Enzymen für die in vitro **DNA-Polymerisation**. Die verwendeten Polymerasen nutzen einen DNA-Einzelstrang als Matrize, um die Sequenz des komplementären Gegenstrangs zu synthetisieren. Die enzymatische Polymerisation erfolgt grundsätzlich von der 5´-Richtung in die 3´-Richtung. Zentrale Verfahren wie die DNA-Sequenzierung oder die Polymerase-Kettenreaktion (syn.: Polymerase Chain Reaction,

PCR) beruhen auf der Nutzung der Erkenntnis, dass DNA-Polymerasen, ausgehend von einer an einen DNA-Einzelstrang hybridisierenden Sonde (Primersonde), eine komplementäre Kopie der Sequenz der Matrize herstellen.

Die beiden genannten grundlegenden Prinzipien finden in den modernen molekular-diagnostischen Verfahren meist eine kombinierte Anwendung. Dabei wird zunächst von einer Zielsequenz mittels PCR eine geeignet große Zahl von DNA-Kopien erzeugt. Diese werden anschließend charakterisiert und hierfür z. B. mit geeigneten DNA-Sonden auf ihr Hybridisierungsverhalten untersucht, durch Restriktionsendonukleasen (syn: Restriktionsenzyme) in spezifische Fragmente zerlegt oder durch Verwendung eines Startprimers sequenziert. Generell gilt, dass routinefähige molekular-diagnostische Verfahren zur DNA-Charakterisierung ohne die vorherige Verwendung enzymatischer Amplifikationstechniken – meistens PCR (s. Abschnitt 2.5) – heute undurchführbar wären.

Die DNA-Analytik richtet sich im wesentlichen auf den Nachweis von Veränderungen der DNA-Sequenz wie Basenaustausch und die Insertion oder Deletion von Nukleotiden in einem DNA-Abschnitt; es handelt sich eher um eine qualitative Analytik. Im Gegensatz hierzu steht hinter der Untersuchung von mRNA-Transkripten häufig die Frage nach der Höhe der mRNA-Expression als Ausdruck der entsprechenden Genaktivität, wofür sich eher die Verwendung quantitativer Methoden eignet. Daneben bietet sich die mRNA-Analytik durch das Fehlen der Intronbereiche für die Untersuchung großer Gene an. Schließlich erlauben die modernen leistungsfähigen Methoden, auch die Untersuchung von epigenetischen Phänomenen im Erbgut wie z. B. die DNA-Methylierung, welche für die Modifikation der Genexpression eine zunehmend als wichtig erkannte Rolle spielen.

In Abhängigkeit von der Fragestellung müssen in einer molekularen Diagnostik unterschiedliche Ansprüche an die analytische und diagnostische Sensitivität gestellt werden.

Es stehen eine Vielzahl von Methoden zur Verfügung, um molekularbiologische Diagnostik zu betreiben und genetische Veränderungen zu erfassen. Für die Wahl der geeigneten Verfahren gelten verschiedene Kriterien, die zunächst durch die Fragestellungen bedingt sind. Hierbei liegt eine Vorgehensweise darin, die zu untersuchende „molekulare Ebene" zu definieren. Tabelle 2.1 gibt einige Hinweise zu diesem Zusammenhang, wobei Verfahren, welche bisher eine breitere Routineanwendung gefunden haben, kursiv gesetzt sind und im Folgenden näher behandelt werden.

2.3 Präanalytik und Probenvorbereitungsverfahren

Der Erfolg molekularbiologischer Untersuchungen wird durch präanalytische Faktoren wesentlich beeinflusst. Sensitivität und Spezifität des Untersuchungsergebnisses hängen entscheidend von der Probengewinnung, Probenhandhabung, -vorbereitung und Transport ab. Klinisches Material enthält häufig inhibitorische Substanzen, welche die nachgeschalteten Präparations- und Analyseschritte behindern kann. Besonders kritisch sind die Eignungskriterien einer Probe zu prüfen, die mit quantitativen molekulardiagnostischen Methoden untersucht werden soll. Die zunehmende Verwendung standardisierter kommerzieller Abnahme- und Präparationssysteme kann zur Erhöhung der Qualität beitragen, sie schließt Fehler in der präanalytischen Phase des Untersuchungsgangs jedoch nicht aus.

Die Wahl des Probenaufarbeitungsverfahrens bestimmt wesentlich die Effizienz molekularbiologischer Methoden. Generell geht mit der Steigerung der DNA-Qualität eine erhöhte Effektivität nachgeschalteter enzymatischer Schritte wie z. B. die PCR einher. Umgekehrt ist für einfache molekulare Tests wie die Bestimmung von krankheitsassoziierten Allelen oder von **Polymorphismen** (syn.: Single Nucleotide Polymorphism, **SNP**) die Qualität der DNA eher unkritisch. Insgesamt gilt: Je empfindlicher der Nachweis sein muss, desto höhere Ansprüche sind an die Qualität der zu untersuchenden Nukleinsäure zu stellen. Für viele medizinische Fragestellungen wie den Nachweis genotypischer Allele reicht die aus wenigen Mikrolitern Blut extrahierbare Menge an DNA aus, da in einem Mikroliter normalerweise zwischen 5.000 und 10.000 Kopien des menschlichen

Tabelle 2.1: Indirekte Untersuchungsverfahren.

Molekulare Ebene	Anwendung	Verfahren
Genom	genome-wide-Scan*	Chiptechnik
Chromosom	Genverlust oder Amplifikation, große Deletionen/Insertionen, Translokationen	*FISH*, CGH, Chromosomen-Chip*
Transkriptionseinheit und Strukturen	Single nucleotide polymorphism (SNP), Mutation, kleine Deletionen/Insertionen, Untersuchung von Regulatorsequenzen, Promotor-Silencing	**Screening-Tests** *SSCP* *Heteroduplexanalyse* (TGGE, DGGE, DDGGE) Protein Truncation Test (PTT) Chemische Spaltung **Definitive Verfahren** *Allelspezifische Amplifikation* Methylierungsspezifische Amplifikation *RFLP-Analyse* *Allelspezifische Oligohybridisierung* (ASO) Oligonucleotide-Ligation-Assay (OLA) *Southern Blotting* *DNA-Sequenzierung* Chipsequenzierung *SNP-Chip* *MALDI-TOF* Massenspektrometrie (SNP-Verifizierung)
Transkript	Komparative bzw. differenzielle Genexpressionsanalytik, multiparametrisches Profiling,	*reverse Transkriptase-PCR (rt-PCR)* Expressionschip Quantitative Amplifikationstechniken PCR-ELISA Nucleic acid sequence-based amplification (NASBA) *Real-time PCR (LightCycler, TaqMan)* Northern Blotting

FISH: Fluoreszenz-in-situ-Hybridisierung; CGH: Comparative Genom Hybridisierung; *) in Entwicklung, bisher im diagnostischen Einsatz nicht verfügbar; die kursiv gesetzten Methoden sind im Text näher dargestellt.

Tabelle 2.2: Durchschnittlicher Gehalt von Nukleinsäuren in Säugerzellen.

Gesamt-DNA	5 Picogramm
Gesamt-RNA (Durchschnitt)	30 Picogramm
mRNA	1–5 % der Gesamt-RNA
Zahl der zytoplasmatischen mRNA-Moleküle (durchschnittlich 1.500 Basen Länge)	7×10^5
hnRNA* Moleküle (durchschnittlich 6.000 Basen Länge)	$1,6 \times 10^5$

* primäre Transkripte vor Prozessierung in mRNA.

Genoms (Leukozyten-DNA) vorhanden sind. Tabelle 2.2 gibt einige Eckdaten zum Gehalt verschiedener Nukleinsäuren in Säugerzellen.

Die Freisetzung von Nukleinsäuren aus zellulärem Material geschieht häufig unter Verwendung einer Kombination aus einem Detergens und einer Proteinase. Alternativ werden bevorzugt hochmolare chaotrope Reagenzien eingesetzt, welche zelluläre Strukturen sofort auflösen und intrazelluläre oder verschleppte nukleinsäureabbauende Enzyme (**Nukleasen:** DNasen und RNasen) sofort beseitigen. Der letztgenannte Aspekt ist von entscheidender Bedeutung, wenn im Anschluss mit der gegenüber ubiquitären RNasen sehr empfindlichen mRNA gearbeitet werden soll. Erfahrungsgemäß eignet sich für klinisches Material, welches für die Untersuchung einer mRNA-Spezies versandt werden muss, nur die Verwendung von stabilisierendem Chaotrop, um die Integrität der Probe für die Dauer des Transports zu gewährleisten.

Bezüglich der vor analytischen Schritten notwendigen Aufreinigung von DNA und RNA unterscheidet man Verfahren, welche eine Fällung der freigesetzten Nukleinsäuren verwenden von solchen, welche die polyanionische Natur der Nukleinsäuren zur Adsorption an positiv geladene Festphasenmaterialien nutzen. Während die Nukleinsäuren gebunden sind, lassen sich die kontaminierenden Bestandteile der Probe durch Waschschritte abreinigen, bevor man die Nukleinsäuren durch Elution vom Festphasenträger rückgewinnt. Interessanterweise führen die einfachen Detergens/Proteinase-Methoden häufig zu größerer Langzeitstabilität als die chromatographischen Adsorptionsverfahren. Dies mag daran liegen, dass die Nukleasen mit dem ersten Verfahren enzymatisch abgebaut, mit dem zweiten Verfahren chromatographisch abgereichert werden und verbleibende Spuren dieser aktiven Proteine für die häufig beobachtete geringere Langzeitstabilität verantwortlich sind. Umgekehrt erscheint die Reinheit der **Nukleinsäurepräparation** in den Adsorptionsverfahren höher.

Schon diese Beispiele zeigen, dass sich die Ansprüche, die an eine Probe, ihre Freisetzung/Stabilisierung und ihre Nukleinsäurepräparation zu stellen sind, in Abhängigkeit von der nachgeschalteten Verwendung unterscheiden müssen.

2.4 Untersuchungsmethoden

Im Folgenden werde Untersuchungsmethoden ohne vorherige Amplifikation (direkte Methoden) von denen unterschieden, die vor der Charakterisierung einen Amplifikationsschritt erfordern (bezeichnet als indirekte Methoden); siehe hierzu auch die Übersicht in Abbildung 2.2.

2.4.1 Direkte Untersuchungsmethoden

Die Häufigkeit der Anwendung direkter Methoden zur Untersuchung von Nukleinsäuren hat in den vergangenen Jahren stark abgenommen. In der medizinischen Laboranalytik nehmen diese Methoden inzwischen nur noch in besonderen Fällen eine wichtige Position ein.

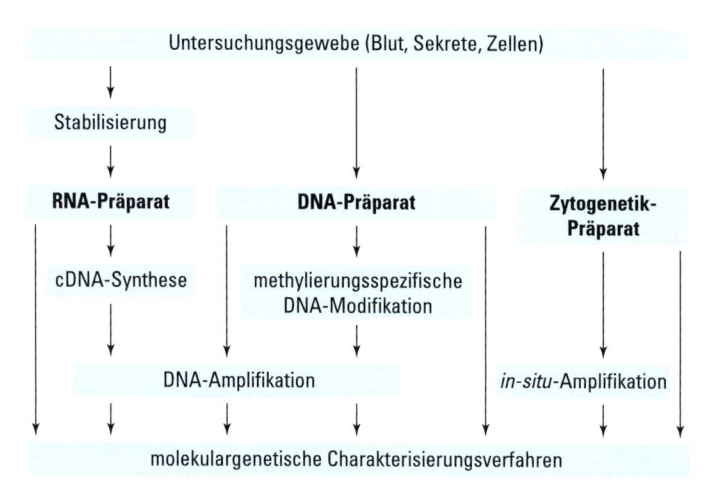

Abb. 2.2: Schematische Darstellung der Untersuchungsgänge bei Proben aus verschiedenen Gewebe und deren Prozessierung im Verlauf von Probenpräparation und Analyse.

2.4.1.1 Southern Blotting

Benannt nach dem Molekularbiologen E.M. Southern, der als Erfinder des DNA-Blots (**Southern Blot**) gilt. In ursprünglicher Anwendung handelt es sich um eine Untersuchung von nativer DNA, welche nach der Präparation mit Hilfe von Restriktionsenzymen geschnitten wird. Die hierdurch entstandenen DNA-Fragmente der Probe werden anschließend auf einem nicht denaturierenden Agarosegel elektrophoretisch der Größe nach getrennt (Abb. 2.3). Die aufgetrennte DNA wird im Gel durch Inkubation mit Natriumhydroxidlösung in Einzelstränge denaturiert und anschließend als ein Abdruck auf einen Membranfilter übertragen (engl.: Blotting), wobei die aufgetrennten und denaturierten DNA-Moleküle auf der Membran fixiert werden. Im Anschluss findet eine Hybridisierung mit der markierten DNA-Sonde statt. Die spezifische Bindung der Sonde an ein komplementäres DNA-Fragment kann anschließend für radioaktiv markierte Sonden durch Autoradiographie, oder im Fall nicht radioaktiv markierter Sonden durch sekundäre Nachweisschritte als DNA-Bande sichtbar gemacht werden, wobei im letzteren Fall enzymmarkierte anti-Hapten-Antikörper und chromogene oder lumineszierende Enzymsubstrate zum Einsatz kommen. Die Methode wurde ursprünglich häufig zur Kartierung von Gensegmenten im Genom genutzt. Heute werden in der medizinischen Diagnostik zum Southern Blotting auch PCR-Fragmente eingesetzt, wenn krankheitsassoziierte repetitive Elemente im Genom nachgewiesen werden sollen. Als ein Beispiel sei die Analyse der repetitiven CpA Dinukleotide genannt, deren Amplifikation zum Beispiel für die Chromosomenbrüche beim Fragile-X-Syndrom (hereditärer frühkindlicher Schwachsinn) verantwortlich ist. Die Methode ist besonders bei Verwendung nativen nicht amplifizierten Materials zeitlich aufwendig.

2.4.1.2 Northern Blotting

Der Name ist ein Wortspiel (siehe Southern Blot). Beim **Northern Blot** handelt es sich um eine Untersuchung von mRNA-Spezies eines Gewebes durch Hybridisierung mit genspezifischen Sonden, die entweder radioaktiv markiert oder mit einem Hapten modifiziert sind. Für die Northern-Blot-Analyse wird die RNA-Präparation ohne vorherige Amplifikation auf einem denaturierenden Gel elektrophoretisch der Größe nach aufgetrennt. Vom Gel wird anschließend ein Abdruck auf einen Membranfilter gemacht (engl.: Blotting), wobei die zuvor aufgetrennten RNA-Moleküle auf die Membran übertragen und fixiert werden.

Im Anschluss findet eine Hybridisierung mit der markierten Sonde statt. Die spezifische Bindung der Sonde an eine mRNA kann anschließend für radioaktiv markierte Sonden durch Autoradiographie. Nicht radioaktiv markierte Sonden müssen durch sekundäre Nachweis-

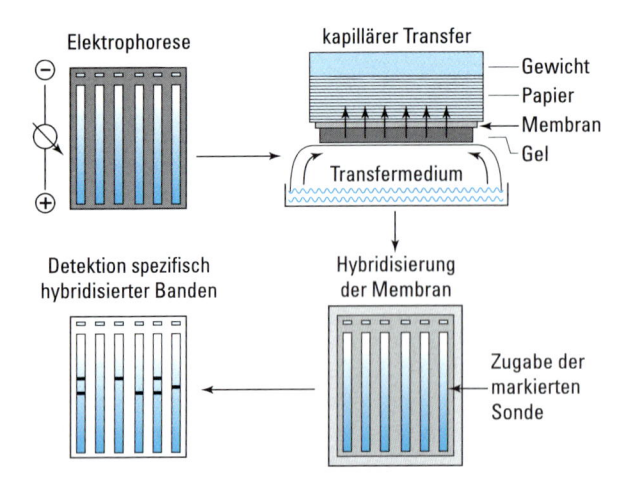

Abb. 2.3: Der DNA-Blot nach Southern als Beispiel einer klassisch-molekularbiologischen Methode. Nach Elektrophorese wird die aufgetrennte DNA durch kapillaren Flüssigkeitstransport auf eine Membran übertragen und dort gebunden. Auf die Hybridisierung der Membran mit markierten DNA-Sonden folgt nach Waschschritten zur Entfernung unspezifischer Bindungen die Detektion spezifisch hybridisierender Fragmente als Bandenmuster.

schritte als mRNA-Bande sichtbar gemacht werden, wobei im letzteren Fall enzymmarkierte anti-Hapten-Antikörper und chromogene oder lumineszierende Enzymsubstrate zum Einsatz kommen. Der Vorteil des Northern Blottings liegt in der Möglichkeit der bedingt quantitativen Auswertung mehrerer Zielsequenzen gleichzeitig. Zudem handelt es sich um authentische Signale, die nicht durch mögliche Unterschiede in der Amplifikationseffizienz der einzelnen Targetsequenzen beeinflusst sind. Die Methode ist jedoch zeitlich aufwendig und technisch anspruchsvoll und wird am ehesten noch für wissenschaftliche Zwecke verwendet.

2.4.1.3 Fluoreszenz-in-situ-Hybridisierung (FISH)

Bei der **Fluoreszenz-in-situ-Hybridisierung** handelt es sich um ein Verfahren aus der Zytogenetik, bei dem fluoreszenzmarkierte Sonden unterschiedlichen Emissionsspektrums gleichzeitig eingesetzt und somit verschiedene chromosomale Genloci untersucht werden können. Es können sowohl Metaphase- als auch Interphase-Chromosomen eingesetzt werden. Die Auswertung erfolgt mikroskopisch durch Imageanalyse oder durchflusszytometrisch. Die Methode eignet sich zum Nachweis chromosomaler Verluste, Amplifikationen und Translokationen in Körperzellen.

2.5 Indirekte Untersuchungsverfahren; Nachweis und Charakterisierung von Amplifikationsprodukten

Alle im folgenden beschriebenen Methoden verwenden zunächst grundsätzlich eine Amplifikation der Zielsequenz vor der eigentlichen molekularen Charakterisierung. Hierdurch wird die Untersuchungsdauer drastisch reduziert und gleichzeitig die Sensitivität erheblich gesteigert. Erst die DNA-Amplifikation hat den Durchbruch der heute medizinisch eingesetzten Analyseverfahren ermöglicht. Generell nutzen praktisch alle in Tabelle 2.1 genannten Methoden inzwischen DNA-Amplifikationsschritte entweder zur Herstellung von markierten Gensonden oder zur Amplifikation der nachzuweisenden Zielsequenzen im Vorfeld der eigentlichen Charakterisierung mit weiteren molekularbiologischen Methoden. Entsprechend der Bedeutung der Amplifikationsverfahren soll stellvertretend kurz auf die Funktionsweise der **Polymerasekettenreaktion** (syn.: Polymerase Chain Reaction, **PCR**) eingegangen werden, die als die primäre Technik bezeichnet werden muss. Bei der PCR handelt es sich um ein temperaturabhängiges Verfahren unter Verwendung hitzestabiler DNA-Polymerasen. Es existieren andere temperaturabhängige Methoden wie die LCR (Ligase-Kettenreaktion). Diese verwendet ein der PCR ähnliches Prinzip, das auf der Nutzung eines DNA-Strangbrüche verbindenden Reparaturenzyms (hitzestabile Ligase) beruht. Auch Verfahren, die ohne aufwendige Temperatursteuerung auskommen (sog. isotherme Amplifikationsmethoden) sind erdacht worden (Qbeta Replicase, TMA etc.), haben aber bisher bei weitem nicht die Verbreitung der PCR erreicht.

Die PCR ermöglicht eine nahezu logarithmische Amplifikation praktisch jeden beliebigen Genorts, wenn folgende Voraussetzungen erfüllt sind:

1. der zur Diagnostik zu amplifizierende Genort und seine nähere flankierende Umgebung müssen hinsichtlich der DNA-Sequenz bekannt sein.
2. zwei gegenläufige rund 20–25 Basen lange und für die flankierenden Regionen der Zielsequenz spezifische synthetische Oligonukleotide (sog. Primer) müssen bei der PCR in der Reaktion vorliegen. Das Design der Primer ist so gewählt, dass sie den zu untersuchenden Genort flankieren, wobei der eine Primer an den kodierenden, der andere an den komplementären Strang hybridisiert (Abb. 2.4).
3. eine hitzestabile DNA-Polymerase, welche auch unter den Bedingungen schneller und extremer Temperaturschwankungen enzymatisch aktiv bleibt. Klassischerweise wird hierzu die **Taq-Polymerase** eingesetzt. Es sind aber auch andere Polymerasen aus hitzstabilen Organismen bekannt, von denen einige je nach Reaktionsbedingungen auch die Aktivität einer „reversen Transkriptase" (RT) besitzen und somit mRNA direkt zu cDNA

umschreiben können. Dies vereinfacht die Abläufe der RT-PCR für die Untersuchungen von mRNA erheblich, da dasselbe Enzym für beide Polymerisationen verwendet werden kann.

4. Eine schnelle Temperatursteuerung des Reaktionsansatzes über einen Bereich zwischen rund 50 °C und 95 °C. Hierfür werden üblicherweise programmierbare Heizblöcke (syn. Thermocycler, PCR-Maschinen), welche die Reaktionsgefäße aufnehmen, eingesetzt.

Der Reaktionsansatz enthält neben der DNA des zu untersuchenden Materials die Polymerase, die Primer und alle vier Nukleotide sowie Hilfsreagenzien (Puffer, Magnesium etc.). Die Reaktion läuft wie folgt ab (Abb. 2.4):

1. ein anfänglicher Temperaturschritt auf 95 °C denaturiert die Doppelhelix.
2. es folgt eine anschließende schnelle Absenkung auf die sog. **Annealingtemperatur**. Die Höhe der Temperatur hängt vom Primerdesign ab und erlaubt den Primern, an die denaturierten DNA-Stränge zu binden. Für jedes Primerpaar existiert ein Temperaturoptimum, bei dem einerseits ein noch effektives Priming am spezifischen Locus erfolgt, während gleichzeitig unspezifische Bindungen verhindert werden.
3. es folgt der „Synthese" genannte Schritt (72 °C). Die DNA-Polymerase erkennt die während der Annealingphase hybridisierten Primeroligonukleotide und bindet an deren 3′-Enden. Ausgehend von diesen Primeren wird die Zielsequenz während der Elongationsphase kopiert. Auf dem komplementären DNA-Strang geschieht dasselbe.

Mit jedem Zyklus der PCR entsteht damit eine Verdopplung der zu Zyklusbeginn vorliegenden amplifizierten DNA-Fragmente (engl.: **Amplicon**). Theoretisch liegen nach 20 Zyklen 1 Million Kopien (2^{20}) der ursprünglichen Gensequenz vor (Abb. 2.5). Da die Menge an eingesetztem Enzym sowie Nukleosidtriphosphaten konstant ist und mit der wachsenden Zahl der Zyklen die Menge inhibierender Nebenprodukte wie z. B. Pyrophosphate zunimmt, erreicht die Reaktion ein Plateau. Dennoch ist die Zahl der in einer PCR-Reaktion synthetisierbaren DNA-Kopien groß genug, um eine einfache nachfolgende Charakterisierung zu ermöglichen.

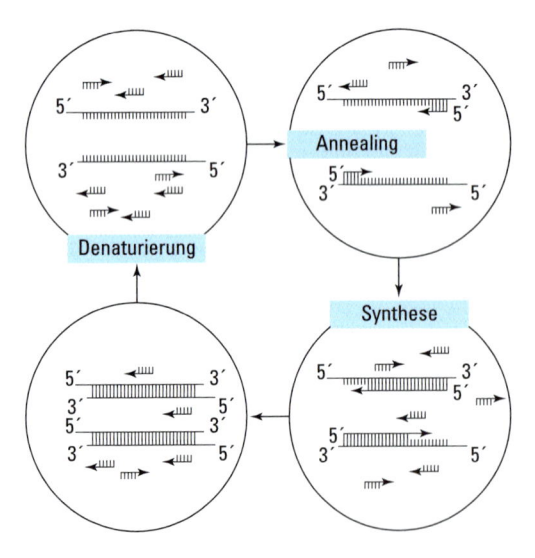

Abb. 2.4: Schematische Darstellung des Prinzips eines PCR-Zyklus. Es resultiert am Ende des Syntheseschrittes die Verdopplung der ursprünglich vorliegenden Kopienzahl. Die repetitive Wiederholung des Zyklus führt zu einem nahezu logarithmischen Anwachsen der Zahl der PCR-Fragmente.

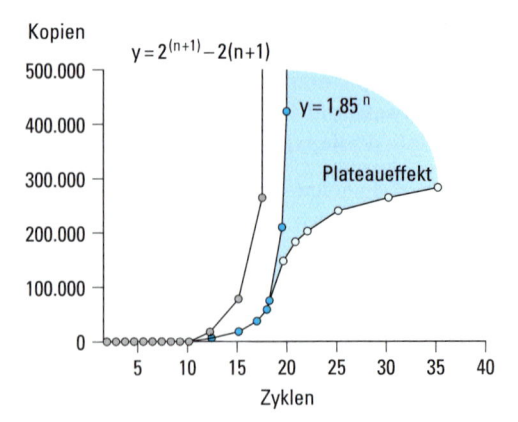

Abb. 2.5: Vergleich der theoretischen und der praktisch beobachteten Amplifikationsleistung einer PCR-Reaktion. Die tatsächliche Amplifikationseffizienz liegt bei $y = 1{,}85^n$. Der Plateaueffekt entsteht durch die Erschöpfung der Reaktion.

Nachweis und Charakterisierung von Amplifikationsprodukten

Man unterscheidet den Einsatz von Screeningverfahren von Methoden, welche auf den Nachweis bekannter Mutationen zielen. Eine Übersicht über die hier im wesentlichen abgehandelten Methoden gibt Abbildung 2.6.

2.5.1. Screeningverfahren

Screeningverfahren werden eingesetzt, um unbekannte Mutationen in einer Probe zu identifizieren. Beispiele sind somatische Mutationen, die im Rahmen von Tumorentstehung oder -progression auftreten (z. B. BRCA1/2 k-ras, p53, APC, etc.) oder Defekte des für die Mukoviszidose verantwortlichen Gens CFTR (Cystic Fibrosis Transmembrane Regulator). Für diese Gene sind teils hunderte von verschiedenen Mutationen beschrieben. Screeningverfahren dienen dazu, die Anwesenheit von Mutationen in größeren Genabschnitten einzugrenzen und in dem identifizierten Bereich die genaue Position anschließend durch DNA-Sequenzierung zu charakterisieren. Es lassen sich einige Verfahren verwenden, die entweder auf mutationsbedingten Konformationsänderungen der DNA beruhen, oder die Position der Veränderung durch Spaltung der mutationsbedingten Basenfehlpaarung (engl. Mismatch) nachweisen.

2.5.1.1. Konformationsabhängige Verfahren

Single Strand Conformation Polymorphism (SSCP)

Die Nukleotide in einzelsträngigen DNA-Molekülen können unter definierten Bedingungen Sekundärstrukturen in Form von Wasserstoffbrücken bilden, wobei haarnadelartige Moleküle entstehen (Abb. 2.7). Sequenzveränderungen (hier durch Mutation) ändern die Sekundärstruktur, was sich in einem veränderten elektrophoretischen Laufverhalten bemerkbar macht. Der Nachteil der Methode liegt in der vergleichsweise begrenzten Größe der PCR-Fragmente (< 200 Basen), die untersucht werden können. Strenge Versuchsbedingungen sind Voraussetzung für ein interpretierbares Ergebnis. Da nicht alle Mutationen sicher eine Verän-

molekulargenetische Charakterisierungsverfahren

Screeningverfahren (unbekannte Mutationen)

konformationsabhängige Verfahren
SSCP
Heteroduplexanalyse
DGGE/DDGGE
TGGE

Spaltungsmethoden
RNase-Spaltmethode
Chemische Spaltung
Enzym-Mismatch-Spaltung

translationsabhängige Verfahren
Protein Truncation Test (PTT)

definitive Verfahren (bekannte Mutationen)

DNA-Fragmentnachweisverfahren
allelspezifische Amplifikation (ASA)
RFLP

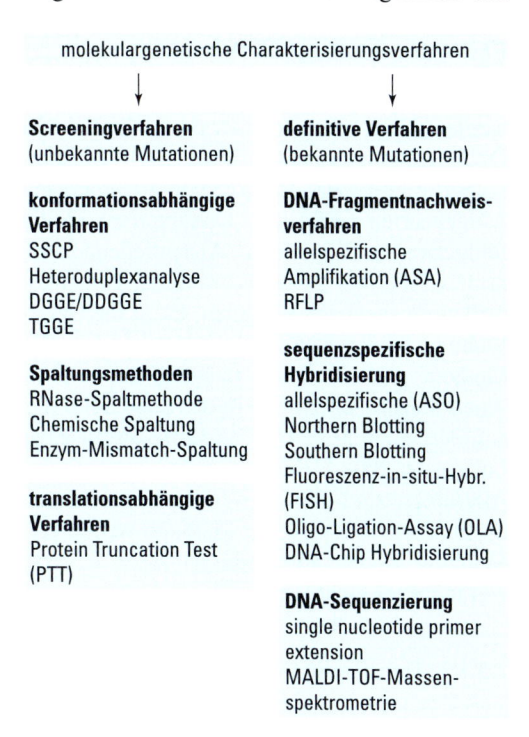

sequenzspezifische Hybridisierung
allelspezifische (ASO)
Northern Blotting
Southern Blotting
Fluoreszenz-in-situ-Hybr. (FISH)
Oligo-Ligation-Assay (OLA)
DNA-Chip Hybridisierung

DNA-Sequenzierung
single nucleotide primer extension
MALDI-TOF-Massenspektrometrie

Abb. 2.6: Molekulargenetische Charakterisierungsverfahren geordnet nach diagnostischen Fragestellungen.

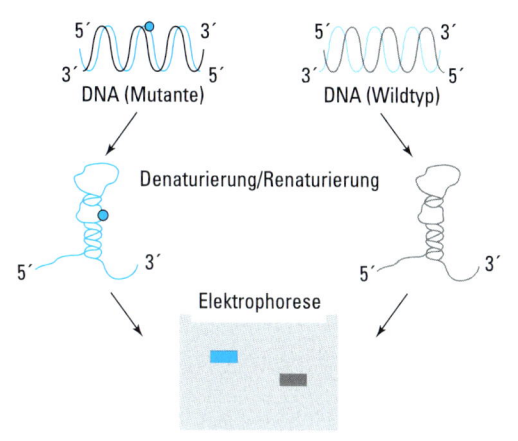

Abb. 2.7: Schematische Darstellung der Systematik der SSCP-Analyse als Beispiel einer Screeningmethode. Die Mutation (Kreis im Strang des linken DNA-Moleküls) führt zu einer veränderten Konformation des Einzelstrangs, welche elektrophoretisch sichtbar gemacht werden kann.

derung der Konformation bedingen, und daneben die Position der Mutation innerhalb des PCR-Fragments eine Auswirkung auf die Konformation besitzt, entgehen bis zu rund 20 % der Fälle der Detektion. Die Technik ist nicht standardisiert.

Heteroduplexanalyse

Die Amplifikation eines heterozygoten Genotyps führt zu PCR-Fragmenten, welche beide Allele repräsentieren. Durch Denaturierung und anschließende Hybridisierung werden Homoduplices (beide Stränge entweder Wildtyp oder mutiertes Allel) sowie Heteroduplices (DNA-Fragment, welches einen Strang des normalen und einen des mutierten Allels enthält). Elektrophoretisch unterscheiden sich die Laufverhalten von Homo- und Heteroduplices. Aus Gründen, welche denen bei der SSCP vergleichbar sind, wird der Anteil der Mutationen, die durch Heteroduplexanalyse erfasst werden insgesamt auf rund 80 % geschätzt. Der Vorteil der Heteroduplexanalyse ist die einfache Handhabung und Robustheit der Methode.

TGGE und DGGE

Es handelt sich um Methoden, bei denen das Schmelzverhalten der Doppelhelix untersucht wird. Doppelsträngige DNA besitzt Regionen, welche sich in ihrer Stabilität gegenüber einer Denaturierung in Einzelstränge unterscheiden (sog. Schmelzdomänen). Generell geht man davon aus, dass die Stabilität der doppelsträngigen DNA eine Funktion der Basensequenz und -zusammensetzung ist. Änderungen der Basensequenz durch Mutation beeinflussen unter bestimmten Bedingungen das Verhalten von Schmelzdomänen. Trennt man DNA-Fragmente in einem denaturierenden Temperaturgradienten (Temperaturgradienten-Gelelektrophorese, TGGE) oder einem chemischen Denaturierungsgradienten (Denaturing Gradient Gel Electrophoresis, DGGE), so zeigen sich in Abhängigkeit von der Sequenz Unterschiede in der Stabilität der doppelsträngigen Moleküle. Das Auseinanderweichen der Doppelstränge im Gradienten ist mit der Änderung des elektrophoretischen Wanderungsverhaltens verbunden. Die Sensitivität der Methode ist hoch. Angeblich werden nahezu 100 % der Mutationen richtig erkannt.

5.1.2. Spaltungsmethoden

RNase-Spaltmethode und Enzym-Mismatch-Spaltung

Die Verfahren beruhen auf der Fähigkeit von Enzymen, Mismatche in doppelsträngigen Nukleinsäuremolekülen zu erkennen, und einen Strang an der Position der Basenfehlpaarung zu schneiden. Die veränderten Fragmente lassen sich mit verschiedenen Methoden nachweisen. Die Methoden besitzen den Nachteil, dass die Enzymaktivität häufig zu unspezifischer Spaltung führt. Die Empfindlichkeit wird mit nur rund 70 % angegeben. Die enzymatischen Verfahren haben bisher keine breite Anwendung gefunden.

Chemische Spaltung (Chemical Cleavage)

Basenfehlpaarungen in Heteroduplexmolekülen werden durch chemische Reaktion ähnlich der DNA-Sequenzierungsmethode nach Maxam-Gilbert modifiziert. Hydroxylamin reagiert mit fehlgepaarten Cytosinen, Osmiumtetroxid mit fehlgepaarten Thyminen. Anschließend wird mittels Piperidin an der Position der Basenmodifikation chemisch gespalten. Es ist die Untersuchung beider DNA-Stränge notwendig. Die Methode gilt als sicher bezüglich der analytischen Sensitivität und ist in der Lage, alle Mutationen, auch in DNA-Fragmente bis zu einer Länge von 2000 Basenpaaren zu identifizieren. Allerdings sind die verwendeten Substanzen hochtoxisch, weshalb die Methode wenig Verwendung findet. Eine automatisierte Lösung wurde bisher nicht vorgestellt.

2.5.1.3 Translationsabhängige Verfahren

Protein-Truncation-Test (PTT)

Der Protein-Truncation-Test wird für die Analyse von Tumorsuppressorgenen verwendet. Mutationen in diesen Genen führen sehr häufig zu Terminationskodons. Ein Beispiel ist das Gen der Adenomatosis polyposis coli (APC), dessen Defekte für rund 75 % aller polypösen kolorektalen Karzinome verantwortlich gemacht werden. Über 98 % aller APC-Mutationen führen zu Stop-Kodons und somit zu einem Abbruch der Translation der mRNA. Damit entstehen vom defekten APC-Allel keine vollständigen Genprodukte. Tatsächlich ist die Größe der APC-Peptide, welche vom mutanten Allel translatiert werden können abhängig von der Position des durch die Mutation entstandenen vorzeitigen Stopkodons.

Im PTT werden Gen-Fragmente zunächst amplifiziert und dann anschließend in-vitro in eine mRNA umgeschrieben. Diese wird dann in eine in-vitro Translationsreaktion eingesetzt, in der die entstehenden Proteinfragmente gleichzeitig markiert werden. Die anschließende Elektrophorese zeigt im Falle einer Genmutation ein im Vergleich zum Normalgen verkürztes diagnostisches Proteinfragment.

Die Methode ist aufwendig, aber sehr spezifisch und entdeckt Terminationskodons sicher. Missense-Mutationen, welche lediglich den Austausch einer Aminosäure nach sich ziehen können, werden definitionsgemäß nicht erfasst, da sie die translatierbare Länge der mRNA nicht beeinträchtigen.

2.5.2 Definitive Verfahren

Der Nachweis bekannter Genmutationen, zum Beispiel im Rahmen der Untersuchung einer Erbkrankheit, ist mit den zur Verfügung stehenden Methoden heute sehr einfach zu bewerkstelligen und hochspezifisch möglich. Tatsächlich zeigen Erhebungen, dass bei externen Qualitätskontrollen die Fehlbestimmungsquoten unter den teilnehmenden Laboratorien unter 3 % liegt, die hierbei zum Einsatz kommenden Methoden also grundsätzlich routinefähig sind.

Im Fall einer bekannten Mutation können die Positionen von Primern sowie das Testdesign so auf das zu untersuchende Allel abgestimmt werden, dass eine Aussage über das Vorliegen homo- oder heterozygoter Genträger ermöglicht wird.

Im Folgenden sind die gebräuchlichsten Methoden kurz dargestellt.

2.5.2.1 DNA-Fragmentnachweis

Die einfachste Form der Charakterisierung von PCR-Produkten liegt im Nachweis eines DNA-Fragmentes der korrekten Länge, da das Amplifikat durch die Wahl der Primerpositionen definiert ist. Die Größe wird allgemein üblich mit einer einfachen Elektrophorese im Agarosegel bestimmt. Andere technisch aufwendige Verfahren wie z. B. die chromatographische Trennung der PCR-Ansätze über Kapillarelektrophorese sind zwar in der Größenbestimmung wesentlich präziser, jedoch mit hohen Investitionsaufwand verbunden. In gut charakterisierten Untersuchungssystemen ermöglicht die elektrophoretische Auftrennung der PCR-Fragmente im Agarosegel und die Größenbestimmung mittels DNA-Längenstandard eine sichere diagnostische Aussage. Ein weiterer Vorteil dieses preiswerten Verfahrens ist, dass gleichzeitig eine Beurteilung der PCR-Qualität in Bezug auf eventuell vorhandene unspezifische Amplifikationen und Effizienz der Amplifikation möglich ist. In Zusammenhang mit der Durchführung der allel-spezifischen Amplifikation (s. u.) belegt der direkte Fragmentnachweis die Anwesenheit des gesuchten Allels.

2.5.2.2 allelspezifische Amplifikation (ASA)

Im Design eines Tests zur ASA (Abb. 2.8) wird ein Amplifikationsprimer in seiner Position so gewählt, dass die Base an seinem 3´-Ende mit der komplementären Base des gesuchten Allels hybridisiert, nicht jedoch mit der Base des anderen Allels. Besitzt beispielsweise ein mutantes Allel an der Position der Mutation ein „G", während das Normalallel ein „T" aufweist, so kann der allelspezifische Primer für den mutierten Genotyp auf das komplementäre „C" enden. Hybridisierung dieses mutationsspezifischen Primers erfolgt zwar auch an das normale Allel.

Jedoch hängt in diesem Fall die 3´-Base „in der Luft" und kann von der DNA-Polymerase nicht für die Extension innerhalb des Synthese-

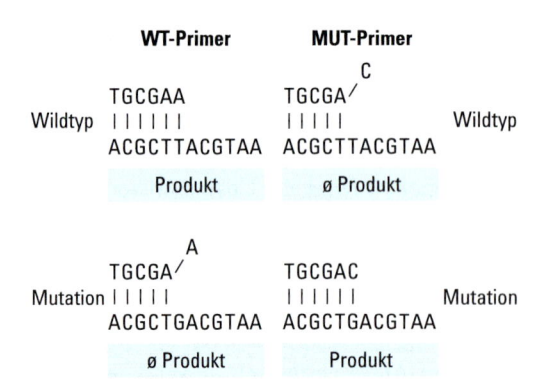

```
           WT-Primer           MUT-Primer
                                   C
            TGCGAA              TGCGA╱
Wildtyp     ||||||              |||||           Wildtyp
            ACGCTTACGTAA        ACGCTTACGTAA
              Produkt              ø Produkt


                 A
            TGCGA╱              TGCGAC
Mutation    |||||               ||||||          Mutation
            ACGCTGACGTAA        ACGCTGACGTAA
              ø Produkt            Produkt
```

Abb. 2.8: Schematische Darstellung der Systematik der allelspezifischen Amplifikation (ASA) als Beispiel einer definitiven Methode zum Nachweis einer bekannten Mutation. Dargestellt ist das normale (Wildtyp) sowie das mutante Allel und das Hybridisierungsverhalten dieser Allele mit allelspezifischen Amplifikationsprimern. Bei Fehlhybridisierung entsteht kein PCR-Produkt.

schrittes genutzt werden. Das umgekehrte Design gilt für die Amplifikation des normalen Genotyps. Dieses Prinzip wird auch als „amplification refractory mutation system" (**ARMS**) bezeichnet, weil der Primer mit dem 3′-Mismatch refraktär für die Amplifikation ist.

2.5.2.3 RFLP

Es ist eine seit langem bekannte Tatsache, dass aufgrund von genetischer Variabilität zum Beispiel zwischen Individuen Sequenzunterschiede in der nukleären DNA existieren. Wenn es sich hierbei um einzelne Basenaustausche handelt, spricht man von „single nucleotide polymorphisms" (SNPs, im Jargon „SNiPs" gesprochen). SNPs können die Ursache für das Auftreten von veränderten Restriktionsmustern in der DNA sein, wenn durch die Basenänderung eine Restriktionsschnittstelle geschaffen oder auch beseitigt wird. Restriktionsenzyme sind meist

Enzym	Herkunftsorganismus	Erkennungssequenz *)
Mbo I	Moraxella bovis	G´ATC
Fnu4H I	Fusobacterium nucleatum 4H	GC´NGC
Sma I	Serratia marcescens	CCC´GGG
Eco R I	Escherichia coli RY 13	G´AATTC
Bam H I	Bacillus amyloliquefaciens H	G´GATCC
Rsr II	Rhodopseudomonas sphaeroides	CG´GWCCG
Sfi I	Streptomyces fimbriatus	GGCCNNNN´NGGCC

*) N: Base hat keinen Einfluß auf die Restriktion; W: Base kann ein Adenin (A) oder ein Thymin (T) sein; ´gibt die Schnittposition an.

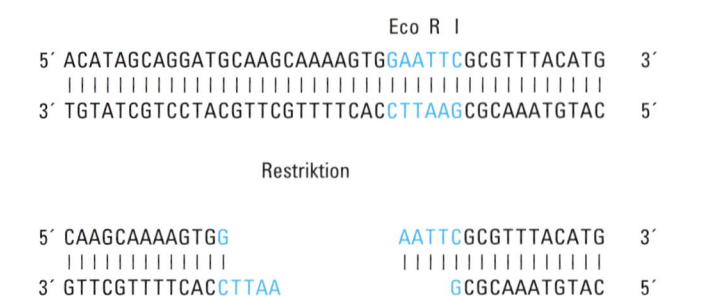

```
                                    Eco R I
        5´ ACATAGCAGGATGCAAGCAAAAGTGGAATTCGCGTTTACATG    3´
           |||||||||||||||||||||||||||||||||||||||||
        3´ TGTATCGTCCTACGTTCGTTTCACCTTAAGCGCAAATGTAC    5´

                                  Restriktion

        5´ CAAGCAAAAGTGG                 AATTCGCGTTTACATG   3´
           |||||||||||||                 ||||||||||||||||
        3´ GTTCGTTTCACCTTAA                  GCGCAAATGTAC   5´
```

Abb. 2.9: Beispiele für Restriktionsendonukleasen nach Acronym, Herkunft und Erkennungssequenz. Der untere Teil der Abbildung gibt als Beispiel das Schnittmuster für das Enzym EcoRI wieder.

aus Bakterien gewonnene oder rekombinant hergestellte Proteine, welche DNA sehr sequenzspezifisch verdauen können (Abb. 2.9). Zum Beispiel schneidet das Enzym EcoRI die Sequenz G^AATTC zwischen G und A. Andere Enzyme wie SmaI schneiden die Sequenz CCC^GGG zwischen C und G. Heutzutage sind mehrere hundert Enzyme bekannt und kommerziell erhältlich. In vielen Fällen in der Literatur lässt sich durch Verdauung mit einem Restriktionsenzym der Basenaustausch am betroffenen Allel nachweisen. Dabei kann entweder eine neue Schnittstelle entstehen oder eine normalerweise vorhandene durch Mutation entfallen, wobei die Interpretation vom Vergleich mit einem als „Gesund" definierten Allelotypen abhängt.

Diese Technik des Nachweises genetischer Veränderungen wird entsprechend als **Restriktionsfragmentlängenpolymorphismus** (**RFLP**; im Jargon „RiFlip" gesprochen) bezeichnet.

RFLP-Analyse wird im Anschluss an eine PCR angewandt, wobei zunächst der interessierende Locus amplifiziert und der Ansatz anschließend verdaut wird. Die Untersuchung des Fragmentmusters geschieht im allgemeinen wiederum im bereits genannten Agarosegel (Abb. 2.10). Nicht immer beschert eine genetische Veränderung einen diagnostischen RFLP. In solchen Fällen greift man zu einem Trick beim Primerdesign: Die Base, welche das mutante Allel definiert, ist dabei ein Bestandteil der Primersequenz. Zusätzlich wird der Primer so gestaltet, dass er eine geeignete eigene Mutation aufweist, die zusammen mit der genetisch vorliegenden Veränderung eine Restriktionsstelle schafft. So wird eine künstliche Restriktionsstelle geschaffen, die den Basenaustausch in der DNA anzeigt und sich wie ein natürlicher RFLP analysieren lässt. Das Primer-Mismatch destabilisiert die PCR-Amplifikation in der Regel nicht in kritischem Maße. Lag in der Untersuchungsprobe ein mutantes Allel vor, besitzen alle amplifizierten PCR-Fragmente primerbedingt nun an einem Ende die künstlich definierte Schnittstelle. Somit beweist die im Anschluss an die PCR durchgeführte RFLP-Analyse das Vorliegen des mutierten Allels.

Mit geeigneten Bedingungen untersucht, weisen sowohl natürlich als auch künstlich eingeführte Schnittstellen eine praktisch 100%ige Spezifität auf. Jeder Basenaustausch ist nachweisbar, sofern ein natürlicher RFLP existiert oder ein solcher künstlich eingeführt werden kann.

2.5.2.4 Nachweis durch sequenzspezifische Hybridisierung

Die Verfahren, welche zum Nachweis bekannter Mutationen verwendet werden, greifen häufig auf das Prinzip der sequenzspezifischen Hybridisierung zurück. Grundsätzlich wird hierbei zunächst ein Genlokus amplifiziert und anschließend auf die gesuchte Mutation durch Bindung allelspezifischer Oligonukleotide (einer üblichen Länge von 18–22 Basen) analysiert (ASO, s.u.). Ein alternatives Nachweisverfahren (OLA, s.u.) verwendet ähnlich der ASA die sequenzspezifische Hybridisierung als Voraussetzung für die Entstehung diagnostischer PCR-Fragmente.

Allelspezifische Oligonukleotidhybridisierung (ASO)

Es existieren eine Vielzahl von Verfahren, welche die Charakterisierung durch allelspezifische Oligonukleotidhybridisierung nutzen.

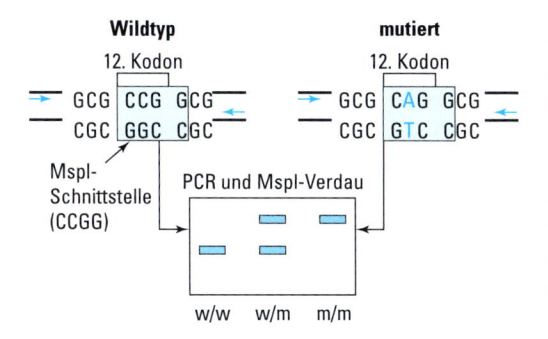

Abb. 2.10: Schematische Darstellung einer RFLP-Analyse am Beispiel des Ras-Protoonkogens, dessen natürlich vorhandene MspI-Schnittstelle durch Mutation am Kodon 12 verloren geht. Der RFLP kann durch elektrophoretische Trennung der Fragmente sichtbar gemacht werden und erlaubt die Diagnose des mutierten Onkogens.

Die Diskriminierung zwischen den Allelen, die sich ja in der Regel nur durch einen einzelnen Basenaustausch unterscheiden, geschieht durch die genaue Kontrolle der Hybridisierungsbedingungen (Salzgehalt sowie Temperatur der Hybridisierungslösung). Die Fehlpaarung eines einzelnen Nukleotids eines Hybrids zwischen DNA-Fragment und Oligonukleotid (Mismatch) führt je nach Untersuchungsbedingungen und Sequenzcharakteristik in der Umgebung der Mutation zu einer Verminderung der Schmelztemperatur von bis zu 6 °C. Ein Mismatch ist also thermodynamisch deutlich instabiler als ein perfekte Doppelhelix aus Oligonukleotid und hybridisiertem DNA-Fragment. Der Nachweis der Oligonukleotidbindung bei einer für das stabile Hybrid charakteristischen Temperatur erlaubt damit die Aussage über die DNA-Sequenz am untersuchten Genlocus.

Es ist möglich, markierte Oligonukleotidsonden in Lösung einzusetzen, wobei entweder die radioaktive Markierung oder die nicht radioaktive Modifikation eines Sondenendes mit einem Markermolekül notwendig ist. In letzerem Fall kommen Fluorochrome, Haptene oder Biotin zum Einsatz, die auf unterschiedliche Weise detektiert werden können. Aus Platzgründen kann hier nicht auf die Sekundärreaktionen eingegangen werden. Sie lehnen sich verfahrensmäßig jedoch häufig an Methoden an, die in der Immunchemie seit langem Standard sind.

Oligo-Ligation-Assay (OLA)

Zwei Oligonukleotide, welche unmittelbar benachbart auf einem DNA-Strang hybridisieren, lassen sich mit einer DNA-Ligase kovalent verbinden. Es ensteht ein Fragment der Größe der zwei Oligonukleotide. Voraussetzung ist die vollständige Hybridisierung beider Sonden an der „Nahtstelle". Im Falle eines mutationsbedingten Mismatches kann die Ligation nicht erfolgen. Die geeignete Positionierung der Sonden über einer nachzuweisenden Mutation erlaubt also den Nachweis der Anwesenheit oder Abwesenheit des mutanten Allels. Wenn ein Oligonukleotid an einer Festphase gebunden wird, lässt sich nach Zugabe des zu untersuchenden PCR-Fragments das zweite (hierfür markierte) Oligo durch die OLA-Reaktion an die Festphase binden. Der Ligationserfolg ist nach Entfernung aller unligierten Moleküle anschließend einfach z. B. in einer enzymatischen Färbereaktion nachweisbar.

Wenn eine thermostabile DNA-Ligase verwendet wird, lässt sich ähnlich der PCR eine nahe logarithmische Amplifikation von Ligationsprodukten erreichen (Ligation-Chain-Reaction). Die Technik wurde erstmals 1988 als Konkurrenztechnologie zur PCR erdacht; auch eine automatisierte Variante ist beschrieben worden. Die LCR hat sich aber nicht durchgesetzt.

DNA-ChipHybridisierung

Für diese neue Technologie werden viele unterschiedliche Gensonden auf eine geeignete Silikaoberfläche gebunden. Es entsteht eine gitterförmige Anordnung (**DNA-Array**) unterschiedlicher Genloci oder Allele, genannt **DNA-Chip**, bei der jede der verwendeten Oligonukleotidsonden eine definierte Koordinate im zweidimensionalen Gitter besitzt. DNA einer Untersuchungsprobe, die während der Amplifikation z. B. mittels Biotin markiert wurde, kann anschließend mit dem Array hybridisiert werden. Nach entsprechenden Waschschritten zur Entfernung der nicht vollständig gebundenen DNAs bzw. fehlgepaarter Stränge wird das Array in einer Detektionsreaktion (biotinbindendes, an Peroxidase gekoppeltes oder fluoreszenzmarkiertes Streptavidin) entwickelt. Es ergibt sich ein zweidimensionales, schachbrettartiges Muster aus Hybridisierungssignalen, welches nun die gleichzeitige Beurteilung vieler Genloci ermöglicht (sog. Multiparametrische Testung). Neben derartigen SNP-Chips existieren auch Expressions-Chips, mit welchen sich Anwesenheit und Stärke der Expression von mRNAs aus einem Untersuchungsgewebe messen lassen. Die Chips mit der zur Zeit höchsten Komplexität erlauben die Untersuchung von mehr als 50.000 genetischen Einzelpunkten (Features) auf der Fläche einer Briefmarke. Diese werden vollautomatisch entwickelt und z. B. über eine CCD-Kamera ausgelesen und mit geeigneter Software identifiziert.

Man erhält eine Fülle von Daten. Naturgemäß ist die aus DNA-Chipexperimenten resultierende Datenmenge wegen der Komplexität des biologischen Hintergrunds heute noch wenig beherrschbar. Entsprechend kommt ihr bisher, auch aufgrund der damit verbundenen Kosten, noch keine klinische Bedeutung zu. Die Entwicklung geeigneter Methoden der **Bioinformatik** ist Voraussetzung für die Verarbeitung derartig komplexer Datensätze und ist unabdingbar für die Beurteilung der medizinischen Relevanz derartiger Hybridisierungsergebnisse.

2.5.2.5 Sequenzierungsverfahren

DNA-Sequenzierung

Es wurden in der Vergangenheit mehrere molekularbiologische Methoden der **DNA-Sequenzierung** beschrieben, von denen sich nur die Methode nach Sanger und Coulson durchgesetzt hat. Diese Methode wird auch als Kettenabbruchverfahren bezeichnet und soll aufgrund ihrer überragenden Bedeutung z. B. bei der Durchführung des humanen Genomprojektes kurz dargestellt werden (Abb. 2.11).

Der der Sanger-Sequenzierung zugrunde liegende Gedanke ist, dass DNA-Polymerasen, welche aus einer einzelsträngigen DNA während des Kopiervorgangs einen komplementären Strang erzeugen und so die Doppelhelix wiederherstellen, hierzu als „Bausteine" die vier Desoxy-Nukleosid-Triphosphate (dATP, dCTP, dGTP und dTTP) benötigen. Bietet man dem Enzym ein Didesoxy-NTP (ddATP, ddCTP, ddGTP und ddTTP) an, so wird dieses zwar ebenfalls eingebaut, eine weitere Kettenverlängerung ist anschließend aber nicht möglich. Es resultiert ein Kettenabbruch, und der bis dahin kopierte Strang kann nicht weiter verlängert werden.

Grundsätzlich hybridisiert man in einer Sequenzierungsreaktion zunächst das zu sequenzierende DNA-Molekül (häufig ein PCR-Produkt oder ein kloniertes DNA-Fragment) mit einem Oligonukleotid (sog. Sequenzierungspri-

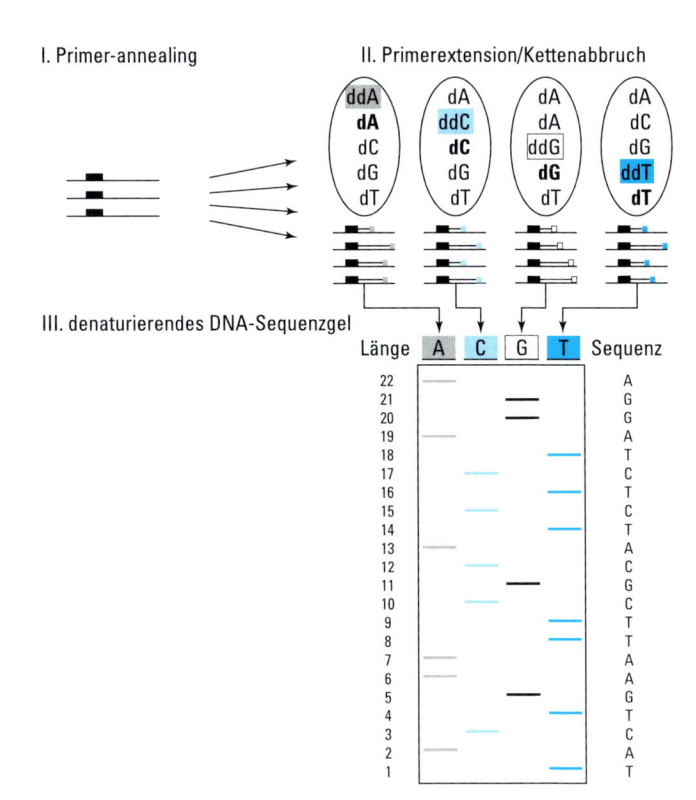

Abb. 2.11: Schematische Darstellung der DNA-Sequenzierung nach Sanger und Coulson. Nach der Sequenzierungsreaktion können die Ansätze auf ein denaturierendes Sequenzierungsgel aufgetragen werden, auf welchem die DNA als Einzelstrang migriert. Das Gel wir von unten nach oben abgelesen. Die Sequenz der 22 Basen des abgebildeten Sequenzmusters ist auf der rechten Seite dargestellt.

mer) und Puffersubstanzen. Der Ansatz wird auf vier Röhrchen aufgeteilt, welche dann die Polymerase sowie folgende Nukleosidmischungen erhalten: Das erste Röhrchen enthält neben den 4 dNTPs auch ein ddATP, das zweite, dritte und vierte Röhrchen jeweils ein ddCTP, ddGTP bzw. ein ddTTP. Die Didesoxymoleküle sind durch unterschiedliche Fluoreszenzfarbstoffe markiert (engl.: Dye Terminatoren). Ausgehend vom Primer beginnt die Polymerase ihren Kopiervorgang, wobei in Abhängigkeit von den dNTP/ddNTP Konzentrationsverhältnissen die durch ddNTP-Einbau verursachten Kettenabbrüche erzeugt werden. Die Kette wird dadurch gleichzeitig fluoreszent markiert. Am Ende der Reaktionszeit haben die entstandenen Moleküle alle das durch den Primer definierte identische 5´-Ende und enden in den Röhrchen 1, 2, 3 und 4 auf A, C, G bzw. T. Trennt man die vier Ansätze elektrophoretisch in einem Polyacrylamidgel auf, so unterscheiden sich die einzelsträngigen in der Reaktion erzeugten Moleküle in der Größe immer um eine Base. Da die kleinen Ketten schneller wandern als die großen Ketten, liest man ein Sequenzgel von unten nach oben (Abb. 2.11). Die Markierung mit unterschiedlichen Fluorochromen erlaubt auch die Trennung in einer einzigen Elektrophoresespur; dabei erfolgt die Identifikation der am Detektor vorbeilaufenden Base über die emittierte Fluoreszenz.

Single nucleotide primer extension

Diese Methode stellt eine Kombination der Sequenzierung nach Sanger und der allelspezifischen Amplifikation dar (syn.: **Minisequenzierung**). Sie wird verwendet, um mittels einer DNA-Polymerase einen Primer um ein einzelnes markiertes Nukleotid zu verlängern, wenn die dem 3´-Ende des Primers angrenzende Base zum markierten Nukleotid komplementär ist. Die Methode ist grundsätzlich zum Nachweis aller möglichen Mutationen einsetzbar und ist automatisierbar.

MALDI-TOF-Massenspektrometrie

Eine moderne Anwendung hat die „Primer extension" in der DNA-Massenspektrometrie gefunden, wo sie sehr hohe Probendurchsätze erlaubt (siehe oben). Dabei wird ein PCR-Produkt einer Minisequenzierung mit Didesoxynukleosiden unterzogen. Durch die enzymatische Reaktion kommt es zu einer in Abhängigkeit vom vorliegenden Allel definierten Verlängerung einer Gensonde, was einen Massenzuwachs der Sonde verursacht. Das Reaktionsprodukt wird anschließend auf einen Chip aufgebracht. In einem Massenspektrometer vom Typ **MALDI-TOF** (Matrix-Assisted-Laser-Desorption-and-Ionisation-Time-of-Flight) wird die DNA vom Chip heruntergebrannt und in einen Massendetektor gerissen. Die „Flugzeit" bis zum Aufprall auf dem Detektor ist ein Maß für die Molekülmasse und kann sehr genau bestimmt werden. Sogar DNA-Sequenzierungen lassen sich in sehr begrenztem Maße mit dieser Technologie durchführen. Die Methode ist mit erheblichen Investitionen verbunden und bisher nur für Hochdurchsatzverfahren geeignet.

2.5.2.6 Quantitative Verfahren

Quantitative Verfahren haben mit der Einführung der sog. **Real-time-PCR** einen Durchbruch erzielt. Der Grundgedanke der real-time Quantifizierung ist die Beobachtung, dass eine PCR-Reaktion nicht über die gesamte Zyklenzahl einen logarithmischen Kopienzuwachs aufweist, sondern vielmehr in eine Plateauphase übergeht (s. Abb. 2.5). Daher kann am Reaktionsende nicht mehr bestimmt werden, wann die logarithmische Phase erschöpft war. Somit gibt die Menge des erhaltenen Produktes keine Auskunft über die Zahl der ursprünglich zur Amplifikation kommenden Nukleinsäuremoleküle. Mit der real-time PCR ist es möglich geworden, die Reaktion kontinuierlich zu verfolgen und im Bereich der logarithmischen Phase abzulesen. Hierzu setzt man ein fluoreszentes Schwellenwertsignal der frühen Logphase der Reaktion fest, welches wenn überschritten den spezifischen Amplifikationsvorgang anzeigt. Der PCR-Zyklus, in dem dieser Schwellenwert (engl.: threshold) erreicht wird, ist der „cycle of threshold" (ct). Die Menge der Ausgangsmoleküle ist umso höher, je früher in der PCR-Reaktion der ct-Wert überschritten wird.

Die Detektion geschieht mittels verschiedener Technologien, deren gemeinsames Merkmal es ist, neu entstehende PCR-Fragmente während des Temperaturzyklus´ nachzuweisen (Abb. 2.12). Zu den gebräuchlichsten gehört die 5´-Exonukleasetechnik. Hierbei wird neben den Amplifikationsprimern eine Detektionssonde verwendet, welche mit einem Fluoreszenzfarbstoff sowie am anderen Ende mit einem sog. **Quenchermolekül** ausgestattet ist. Fluoreszenzanregung führt zu keinerlei Lichtemission, solange sich der Quencher (engl.: Auslöscher) in räumlicher Nähe befindet. Während der Fragmentsynthese greift die DNA-Polymerase über ihre 5´-Exonukleaseaktivität diese Sonde an, wodurch der Fluoreszenzfarbstoff aus dem Einflussbereich des Quenchers befreit wird und Licht emittieren kann. Die Signalstärke ist ein Maß für die Zahl der PCR-Moleküle, die während dieses Zyklus´ produziert wurde. Eine zweite Technik stellt die FRET-Technik dar (Fluoreszenz-Resonanz-Elektronen-Transfer). Hierbei werden zwei Sonden verwendet, die mit einem kurzwelliges Licht emittierenden Fluoreszenzfarbstoff (Donor) bzw. mit einem langwelliges Licht emittierenden Farbstoff (Akzeptor) gekoppelt sind. Beide Oligosonden hybridisieren benachbart auf dem durch PCR entstehenden spezifischen Amplicon. Wird die Reaktionslösung mit Licht der kürzeren Wellenlänge des Donors bestrahlt, so resultiert eine Lichtemission auf der Akzeptorwellenlänge dann, wenn beide Farbstoffe aufgrund der Sondenhybridisierung räumlich benachbart sind. Hingegen ist die Akzeptorsonde „stumm", solange sie sich ungebunden in Lösung befindet. Auch hier ist die Signalstärke ein Maß für die Zahl der synthetisierten Moleküle. Eine weitere Variante stellen die sog. Molecular Beacons dar. Hier ist ebenfalls Fluoreszenz- und Quenchermolekül gemeinsam auf der Sonde fixiert. Das Design des Oligonukleotids verursacht eine Hybridisierung der Sondenenden, sodass er als Quencher wirken kann. Bei Hybridisierung an den spezifischen Strang werden beide Moleküle räumlich soweit getrennt, dass eine Fluoreszenz emittiert werden kann. Die Fluoreszenzsignale werden ausserhalb der Reaktionsgefäße durch Photomultipliertechnik registriert. Insgesamt erlauben es alle Techniken, über ein Fluoreszenzsignal das Anwachsen der Signalstärke (und damit der Molekülzahl) von Zyklus zu Zyklus zu verfolgen und damit die Phase der logarithmischen Amplifikation zur Bestimmung des ct-Wertes exakt zu identifizieren.

Die Messergebnisse werden mit einem Kalibrator verrechnet und erlauben so die quantitative Auswertung. Verwendet wird diese Technik insbesondere für Fragen zur Höhe der mRNA-Expression von Genen in Untersuchungsproben.

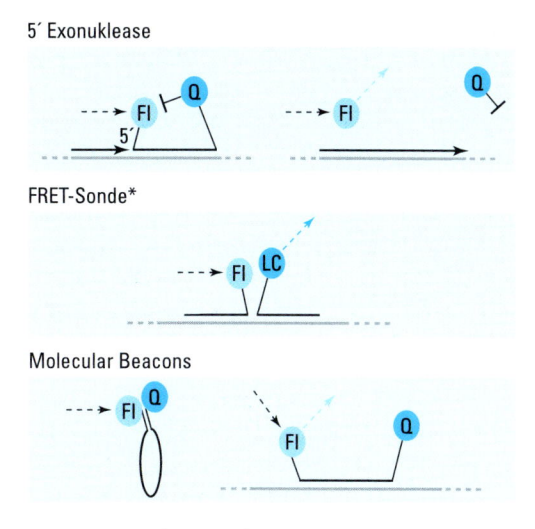

Abb. 2.12: Schematische Darstellung verschiedener Detektionsverfahren, welche sich in der Real-time PCR durchgesetzt haben. Diese ermöglichen die quantitative molekularbiologische Analytik z. B. der Genexpression auf mRNA-Ebene.

3 Aminosäuren

A. Grünert

Die Aminosäuren als Bausteine sowie die daraus aufgebauten Peptide und Proteine haben als Substanzklassen eine Eigenschaft, die sie von den anderen Substanzklassen prinzipiell unterscheidet. Im Gegensatz zu den für die Energieversorgung primär wichtigen Kohlenhydrate und Lipide, werden weder die **Aminosäuren als Grundbausteine**, noch die daraus entstehenden **Peptide** und **Proteine** in Depots im Körper vorgehalten. Der Bestand an Aminosäuren im Körper ergibt sich aus einem sehr dynamischen Gleichgewicht zwischen Zufuhr und Verbrauch, das für die Physiologie und Pathophysiologie entscheidend ist.

3.1 Biochemische und pathobiochemische Grundlagen

3.1.1 Aminosäuren

Aminosäuren sind organische Säuren mit zwei Arten funktioneller Gruppen, nämlich einerseits der **Karboxylgruppe** und andererseits der **Aminogruppe**. Beide Gruppen sitzen am sogenannten α-C-Atom. Der am α-C-Atom gebundene Rest R bestimmt die Individualität der einzelnen Aminosäuren (Abb. 3.1).

Ein wesentliches Charakteristikum der Aminosäuren ist ihre Säuren-Basen-Eigenschaft. Im physiologischen pH-Bereich zwischen 7,34 und 7,44 liegt die Karboxylgruppe dissoziiert als Anion vor, während die Aminogruppe protoniert als Kation vorliegt und das Gesamtmolekül nach außen als sogenannter Ampholyt

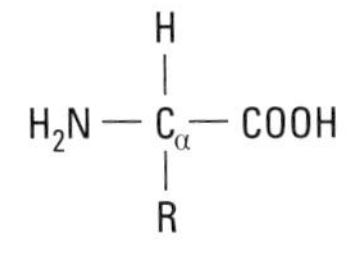

$$H_2N - C_\alpha - COOH$$
(mit H oben und R unten am C_α)

Abb. 3.1: Aufbauprinzip von Aminosäuren.

elektrisch neutral ist. Dadurch ergeben sich starke Polaritäten, die auch nach dem Einbau in die Aminosäurenketten der Proteine noch die Eigenschaften des entstehenden Proteins wesentlich beeinflussen.

Wir unterscheiden zwei große Kategorien von Säuren-Basen-Zuständen:

In der **Azidose** bei einem pH-Wert unter 6 liegen die Aminosäuren als Kationen vor, bei einer **Alkalose** mit pH-Werten über dem sogenannten pI (meist über 7,4) liegen die Aminosäuren als Anionen vor.

Das Strukturbild aller Aminosäuren geht aus Abbildung 3.1 hervor. Die einzelnen Aminosäuren sind genetisch kodiert. Das bedeutet, dass für jede Aminosäure ein bestimmtes Kodon – im Genom transkribiert als sogenanntes Transfer-RNA-Molekül – letzten Endes bestimmt, in welcher Reihenfolge die Aminosäuren entsprechend der Kopie der Desoxyribonukleinsäure (DNA) ein Protein entsprechend der Basensequenz der Boten-RNA (m-RNA) an den Ribosomen aufbauen.

3.1.2 Peptidbindung

Die zentrale Bedeutung für die Proteinsynthese kommt der **Peptidbindung** zu, die sich aus zwei Aminosäuren durch Wasserabspaltung aus der Karboxylgruppe und der Aminogruppe bildet (Abb. 3.2). Die Substanzklassen werden eingeteilt nach Anzahl der Aminosäuren in **Dipeptide** (Glycylalanin), **Tripeptide** (Abb. 3.3), Oligopeptide, Polypeptide. Mit mehr als 40 Aminosäuren werden sie als **Proteine** bezeichnet.

3.1.3 Metabolismus

Aminosäuren, Peptide und Proteine werden nicht als Vorrat gespeichert. Die Versorgung er-

Abb. 3.2: Die Bildung eines Dipeptids (Glycylalanin) aus Glycin und Alanin.

Abb. 3.3: Tripeptid aus Glutamat, Cystein und Glycin.

Tabelle 3.1: Essenzielle (fett) und nicht essenzielle Aminosäuren.

Aminosäuren	Drei-Buchstaben-Abkürzung	Ein-Buchstaben-Abkürzung
Alanin	Ala	A
Arginin	Arg	R
Asparagin	Asn	N
Asparaginsäure	Asp	D
Asparagin oder Asparaginsäure	Asx	B
Cystin	Cys	C
Glutamin	Gln	Q
Glutaminsäure oder Glutaminsäure	Glx	Z
Glycin	Gly	G
Histidin	**His**	**H**
Isoleucin	**Ile**	**I**
Leucin	**Leu**	**L**
Lysin	**Lys**	**K**
Methionin	**Met**	**M**
Phenylalanin	**Phe**	**F**
Prolin	Pro	P
Serin	Ser	S
Threonin	**Thr**	**T**
Tryptophan	**Trp**	**W**
Tyrosin	Tyr	Y
Valin	**Val**	**V**

folgt durch Nahrungszufuhr. Es werden **essenzielle** und **nicht essenzielle Aminosäuren** unterschieden. Essenzielle Aminosäuren sind solche, die der humane Stoffwechsel entweder überhaupt nicht oder nicht in ausreichendem Maße synthetisieren kann (Tab. 3.1).

Das Schema der Abbildung 3.4 gibt einen groben Überblick über die **Proteinversorgung**. Es ist erstaunlich, dass aus dem kleinen verfügbaren Pool freier Aminosäuren von 70 g die hohen Durchsätze der Proteinsynthese versorgt werden.

Aus den Nahrungsproteinen werden nach Hydrolyse die Aminosäuren in einem aktiven, d. h. energieabhängigen Prozess im Dünndarm aufgenommen, wobei im überwiegenden Maß Einzelaminosäuren, aber auch mit abnehmenden Anteilen Di- und auch Tripeptide resorbiert werden. Der Leber kommt in der Konstanthaltung der Aminosäurenversorgung über das Blut

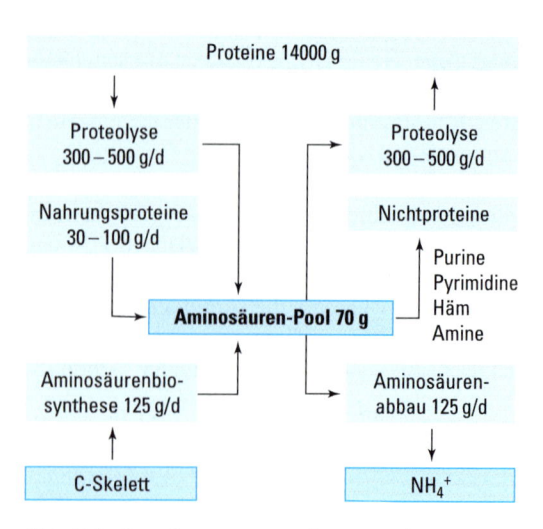

Abb. 3.4: Proteinversorgung eines erwachsenen Menschen.

für die einzelnen Zellen eine zentrale Bedeutung zu. Mit einer sehr hohen Kapazität metabolisiert sie die über die Nahrung einfließenden Aminosäuren durch oxidative Prozesse in dem Maße, dass sich im Blut weder die Konzentrationsbereiche der Gesamtkonzentration, noch das sogenannte Profil, d. h., die prozentualen Anteile der einzelnen Aminosäuren am Gesamtgehalt ändern. Dieser oxidativen Korrektur der Leber kommt eine hohe Bedeutung zu: die „Beurteilung" der Eignung oder der **biologischen Qualität eines Proteins**. Die Leber muss um so mehr Aminosäuren oxidativ abbauen, je weniger die aufgenommene Nahrung in der Aminosäurenzusammensetzung den Anforderungen der körperlichen Proteinsynthese entspricht. Als ein Maß für die Korrekturleistung der Leber gilt dabei die erforderliche **Harnstoffproduktion**, die um so höher steigt, je ungeeigneter oder ungünstiger zusammengesetzt die zugeführten Proteine in der Nahrung sind.

Pathophysiologisch werden die Aminosäuren durch einen umfangreichen Katalog von pathologischen Störungen charakterisiert, die detailliert in dem Kapitel **„Mitochondrialer Aminosäuren-Stoffwechsel"** abgehandelt werden. Grundsätzlich ist festzuhalten, dass vor allem die Aminoazidurien als Symptome darauf hindeuten, dass

1. bei bestehenden Imbalanzen einzelne Aminosäuren die Nierenschwelle überschreiten können und so ausgeschieden werden,
2. renale Störungen der Transportsysteme – entweder kongenital oder erworben – dafür verantwortlich sind, dass der Rückresorptionsprozess in den Tubuli nicht funktioniert,
3. bei angeborenen Stoffwechseldefekten die exzessiv entstehenden Konzentrationsanstiege der nicht metabolisierten vor dem angeborenen Stoffwechseldefekt liegenden Aminosäuren bei Überschreiten der Reabsorptionskapazität in den Tubuli ebenfalls ausgeschieden werden.

Die Aminosäuren werden also vor allem in den oxidativen Korrekturprozessen der Leber aus den Nahrungsproteinen und aus dem Proteinabbau des Körperproteins metabolisiert. Die Leber ist das einzige Organ, in dem das hochtoxische Ammoniak als Endprodukt des Aminosäurenstoffwechsels in den untoxischen **Harnstoff** umgewandelt werden kann. Harnstoff wird in großen Mengen bis zu 30 g/Tag produziert. Deswegen ist seine Synthese auch mit einer hohen anspruchsvollen Energieversorgung ein zentraler Prozess, der bei Leberstörungen in charakteristischer Weise in Mitleidenschaft gezogen wird. Die Harnstoffsynthese in der Leber ist ein mitochondrial-zytoplasmatischer Vorgang, der von fünf Enzymen gesteuert wird, die ihrerseits wiederum spezifische Stoffwechseldefekte in diesem für das Leben außerordentlich wichtigen **Entgiftungsprozess** aufweisen können und so typische indikative Anhäufungen von nicht metabolisierten Zwischenprodukten zur Folge haben können. Die Aminosäurenbiosynthese, die am Tag etwa 125 g ausmacht, wird für das metabolische Gleichgewicht durch den Aminosäurenabbau, der auch in der Größenordnung von 125 g/Tag liegt, im Gleichgewicht gehalten. Der Aminosäurenabbau endet letztlich mit der Bildung von Ammoniak und dem Kohlenstoffgerüst. Das Kohlenstoffgerüst selbst wird entweder zu CO_2 abgebaut oder – vor allem in der Leber und der Niere – in der Glukoneogenese in die Resynthese von Kohlenhydraten und im Überschuss auch von Fetten eingeschleust. Die Entsorgung von Ammoniak als Harnstoff ist auch für die Säuren-Basen-Regulation von Bedeutung, wobei durch die Bildung von Carbamylphosphat aus CO_2 und Ammoniak die beiden Hauptendprodukte des Stoffwechsels detoxifiziert und ausscheidungsfähig gemacht werden. Der Transport des bereits im mikromolaren Konzentrationsbereich zytotoxischen Ammoniaks erfolgt aus der Peripherie (vor allem Muskulatur) mit hoher Kapazität als Alanin (aus Pyruvat und Ammoniak) und als Glutamin (aus Glutamat und Ammoniak) in die Leber, die – wie dargestellt – mit hoher Kapazität und unter hohem Energieaufwand die Harnstoffsynthese spezifisch durchführt. Ein Großteil des Ammoniak wird dabei vor allem über das Glutamin, als einer der Hauptregulatoren der Säuren-Basen-Homöostase, in der Niere ausgeschieden.

Die Proteine sind die wesentlichste Substanzklasse nicht nur für Strukturen, sondern auch für die biochemischen Funktionen, wobei am prominentesten die Katalysatoreigenschaften der Enzyme herausragen. Die Proteine sind die eigentlichen Zielsubstanzen für die im Genom niedergelegten und über die Nukleotidtripletts kodierten Informationen. Die physiologischen Funktionen der Proteine sind neben den Enzymeigenschaften zahlreich: Sie reichen von der **Volumenregulation** bis zu den Puffervorgängen. Der Anteil an der **Pufferkapazität** des Vollblutes liegt für Proteine bei 14–15 %. Sie sind auch in hohem Maße an Transportprozessen beteiligt, so z. B. für den **Transport von hydrophoben Substanzen** wie Lipiden und Medikamenten. Sie dienen in spezifischen Molekülen der Infektabwehr und bestimmen im komplexen Stoffwechsel aller Substrate als Enzyme, Hormone und Struktureinheiten die hochleistungsfähigen Umsetzungen in den biochemischen Abläufen der Lebensprozesse.

Ein Mangel an diesen Makromolekülen in den extrazellulären Flüssigkeiten macht sich meist durch physikalische Veränderungen der **Hydratationsgleichgewichte** bemerkbar, die dann als Ödeme imponieren und deren globale Auswirkungen mit dem **kolloidosmotischen Druck** erfassbar sind. Spezielle Proteine haben ganz zentrale Aufgaben in den Transportfunktionen, so vor allem das Albumin, welches als kleines Protein hydrophobe Substanzen transportiert und somit eine wesentliche Funktion beim Transport des Bilirubin, der Nichtester-Fettsäuren bei der Versorgung von Zellen aus den Fettdepots, als Hormon- und Medikamententransporteur, wie auch als Transporteur für Kalzium, Zink, Harnsäure und viele andere erfüllt. Als eine Rarität zwar, aber dennoch als eine erwähnenswerte Besonderheit soll festgehalten werden, dass es Menschen mit Analbuminämie gibt, die trotz fehlenden Albumins im Blut in erstaunlicher Weise nicht durch besondere Ödemneigung oder ausgeprägte Transportdefizite auffallen.

3.2 Störungen des Aminosäurenstoffwechsels

3.2.1 Angeborene Störungen

Die angeborenen Störungen betreffen meist Schlüsselenzyme und gehen aus dem Schema der wesentlichen Stoffwechselbereiche der Aminosäuren als Defekte hervor. Aus der Muttersubstanz Phenylalanin ergeben sich durch verminderte pathologische Enzymaktivitäten, Unterbrechungen der Stoffwechselprozesse, die zu den einzelnen Krankheitsbildern führen (Abb. 3.5).

Besonders betroffen sind die Aminosäuren:
– Phenylanin
– Tyrosin
– Cystin
– Homocystin
– Histidin und die verzweigtkettigen Aminosäuren Valin, Leucin und Isoleucin.

In Abbildung 3.5 sind die Enzymdefekte im Stoffwechsel der erwähnten Aminosäuren aufgelistet.

3.2.2 Phenylketonurie

Die bedeutendste Erkrankung ist dabei die **Phenylketonurie** durch eine defekte oder nicht ausreichend verfügbare Phenylalaninhydroxylase mit den Symptomen der mentalen Retardierung und der wichtigsten Diagnose im neonatalen Screening. Mit einem mikrobiologischen Suchtest (Guthrie-Test) oder mit chromatographischen Verfahren werden die pathologisch hohen Phenylalaninkonzentrationen als Stau vor dem Enzymdefekt erfasst.

3.2.3 Tyrosinämien

Tyrosinämie Typ I ist die eine wesentliche Stoffwechselstörung der Tyrosinosis mit hepato-renal bedingter Tyrosinämie mit hohen Ausscheidungen von Dihydroxyphenylalanin (DOPA).

Tyrosinämie Typ II ist der Defekt der hepatischen Tyrosin-Aminotransferasen mit Augendefekten, Hautschäden und auch mentaler Retadierung. Die Diagnose wird auch hier durch die Chromatographie im neonatalen Screening aus dem Plasma gestellt.

3.2.4 Alkaptonurie

Als Ursache dieser Erkrankung gilt eine defekte Umwandlung der Homogentisinsäure in letzten Endes Fumarsäure. Diese Erkrankung wird

1. Enzymstörungen

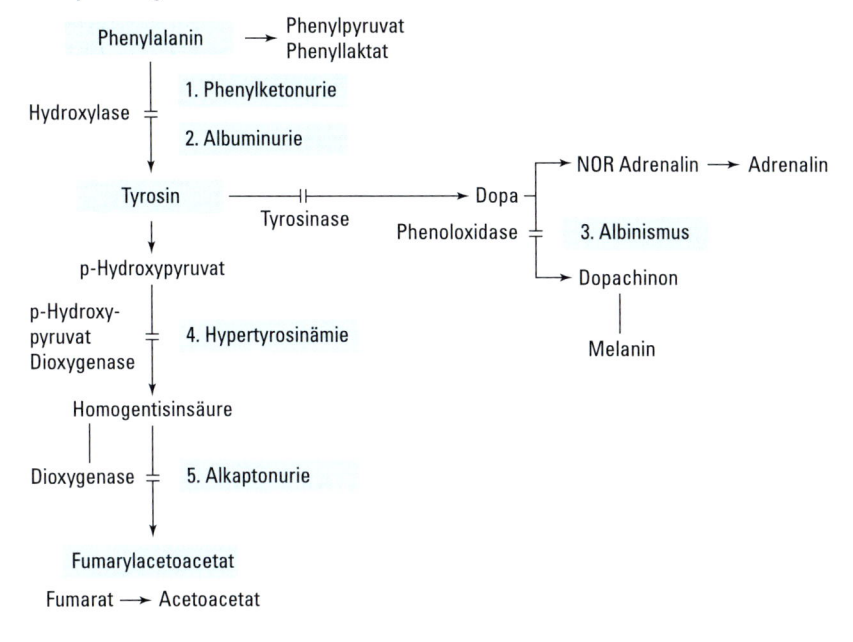

```
                    Phenylpyruvat
    Phenylalanin →  Phenyllaktat
         │    1. Phenylketonurie
Hydroxylase ╪
         │    2. Albuminurie
         ↓
                                              → NOR Adrenalin → Adrenalin
      Tyrosin ────╫────────→ Dopa ─┤
         │    Tyrosinase   Phenoloxidase ╪  3. Albinismus
         ↓                             │
  p-Hydroxypyruvat                     └→ Dopachinon
p-Hydroxy-  │                                 │
 pyruvat   ╪  4. Hypertyrosinämie          Melanin
Dioxygenase │
         ↓
   Homogentisinsäure
         │
Dioxygenase ╪ 5. Alkaptonurie
         ↓
   Fumarylacetoacetat
   Fumarat → Acetoacetat
```

2. Transportstörungen

HARTNUP-Disease Kombination enteral
                                renal
Zystinurie

Abb. 3.5: AS-Metabilismus angeborener Störungen.

meist aufgrund der Pigmentierung des Knorpels erst spät entdeckt, wenn sie zu einer degenerativen Arthritis führt.

3.2.5 Cystinurie

Cystinurie ist die häufigste angeborene Transportstörung für Aminosäuren in allen aminosäurenaustauschenden Membranen, vor allem der Niere. Dieser Defekt führt durch den Reabsorptionsdefekt zu einer massiven Ausscheidung von Cystin, Lysin, Arginin und Ornithin im Urin.

3.2.6 Homocystinurie

Homocystin hat wegen der Bedeutung als Risikofaktor für kardiovaskuläre Degenerationen und Thromboseneigung zunehmend großes Interesse. Die häufigste Ursache ist dabei der Mangel an Cystathionin-β-Synthase. Dadurch kummulieren Homocystein und seine Vorläufer bis zum 100fachen des physiologischen Wertes.

Es gibt auch bei dieser Krankheit keine Neugeborenensymptomatik. Die Diagnose wird meist durch den zunehmenden Defekt im Alter mit Linsentrübung, Glaukom u. a. gestellt.

3.3 Diagnostische Verfahren

Die heutigen Instrumente für die Proteindetektion reichen von hochwirksamen physikalischen Methoden bis zu sehr spezifischen immunchemischen Methoden. Die klassische Trennung und Darstellung der Proteine des Blutes erfolgt immer noch mit der **Elektrophorese**, die eine grobe Trennung in die Klassen Albumin, α-1, α-2, β-1, β-2, eine Prä-β und das Konglomerat der γ-Fraktionen mit allen Immunglobulinen möglich macht. Die klassische Methode der Proteinbestimmung über den **Stickstoffgehalt im Kjeldahl-Verfahren** ist nur noch von historischem Interesse. Die photometrische Bestimmung der Gesamtproteinkonzentration erfolgt immer noch mit der Farbreaktion von Cu-Ionen in der Biuret-Bildung im alkalischen Bereich, wo die so entstehenden Farbstoffe bei 456 nm quantitativ erfassbar sind. Neben der historischen Salzfällung und der erwähnten Elektrophorese ist die Immunpräzipitation mit dem Fluoreszenzimmunoassay letzten Endes noch am empfindlichsten im Radioimmunoassay möglich. Die verschiedenen Methoden sind unterschiedlich empfindlich mit Bestimmungsgrenzen bei der Extinktion bei 210 nm aufgrund der Peptidbindung von 0,5 µg über Folin-Biuret mit 1 µg, der Kjeldahl-Veraschung mit 10 µg und letzten Endes der Biuret-Peptidbindung mit 100 µg.

Für das Verständnis der komplexen Fragestellungen bei physiologischen und pathologischen Konstellationen der Aminosäurenversorgung ist es hilfreich, die Aminosäurenprofile im Plasma zu erfassen und zu interpretieren. Wir unterscheiden dabei die mikromolaren Konzentrationen, die in abfallender Größe sortiert, das sogenannte mikromolare Aminogramm darstellen (Abb. 3.6). Dem gegenüber ist es erforderlich, für die Interpretation pathologischer Auswirkungen die prozentualen Anteile der einzelnen Aminosäuren am Gesamtgehalt der Aminosäuren im Plasma zu ermitteln und diese wiederum in abfallender Folge als prozentuales Aminogramm aufzustellen (Abb. 3.7).

Die Profile haben dabei einen außerordentlich starken Einfluss auf die zelluläre Versorgung, da die Aminosäuren meist in energieabhängigen Transportprozessen in die Zellen aufgenommen werden, wobei die 20 Aminosäuren sich auf 7 bzw. 8 Transportsystemen Konkurrenz machen und durch den kompetitiven Charakter dann pathologische Verhältnisse von Aminosäurenaufnahmen eintreten, wenn die physiologischen prozentualen Verteilungen „vor der Membran" nicht vorliegen (Abb. 3.8; 3.9). Die pathologischen Veränderungen können auf diese Weise sehr viel einfacher erfasst werden, als aus den verwirrenden Auflistungen mikromolarer Konzentrationen. Als Beispiel ist in Abbildung 3.8 und 3.9 sowohl das mikromolare als auch prozentuale Aminogramm einer beginnen-

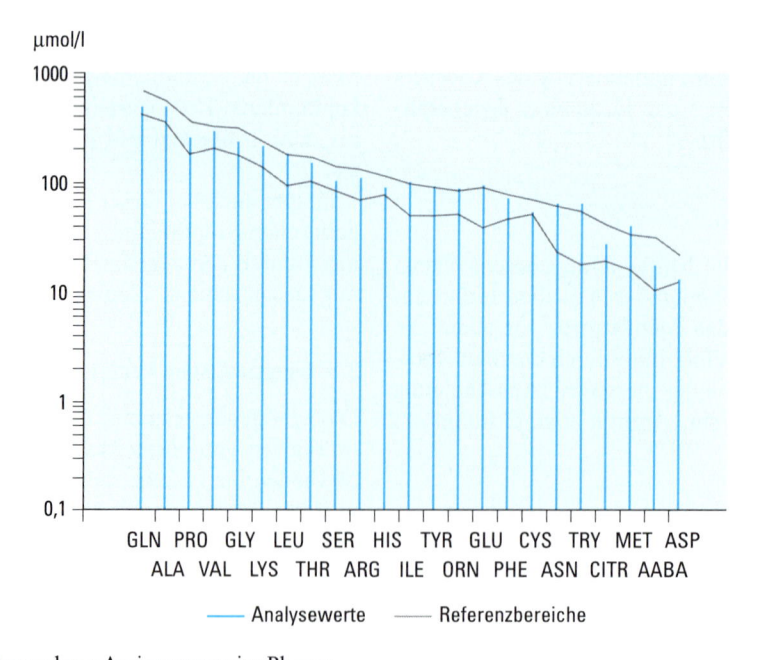

Abb. 3.6: Mikromolares Aminogramm im Plasma.

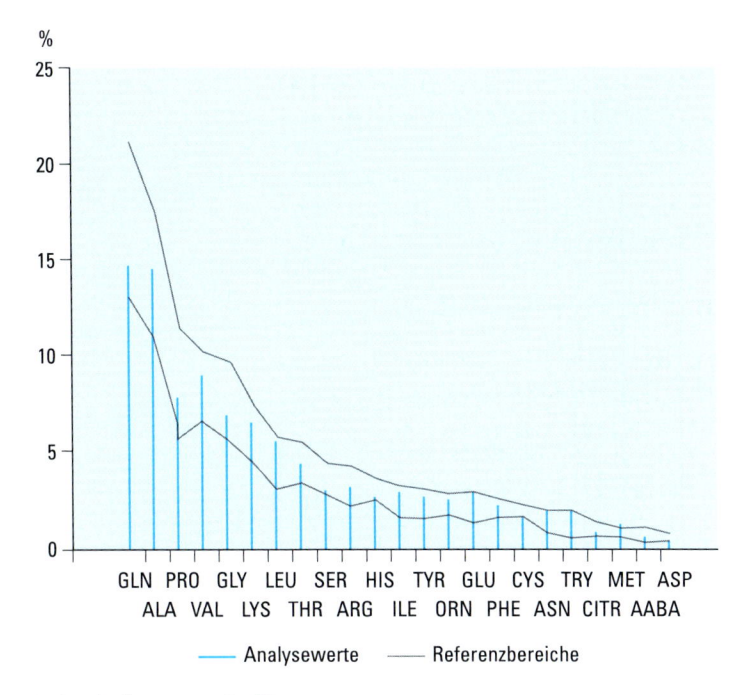

Abb. 3.7: Prozentuales Aminogramm im Plasma.

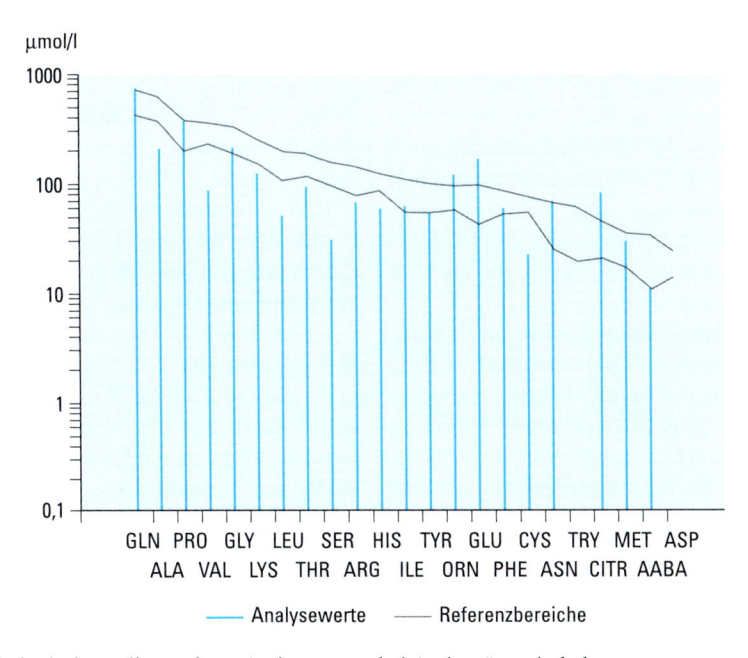

Abb. 3.8: Pathologisches mikromolares Aminogramm bei Aminosäurenimbalanz.

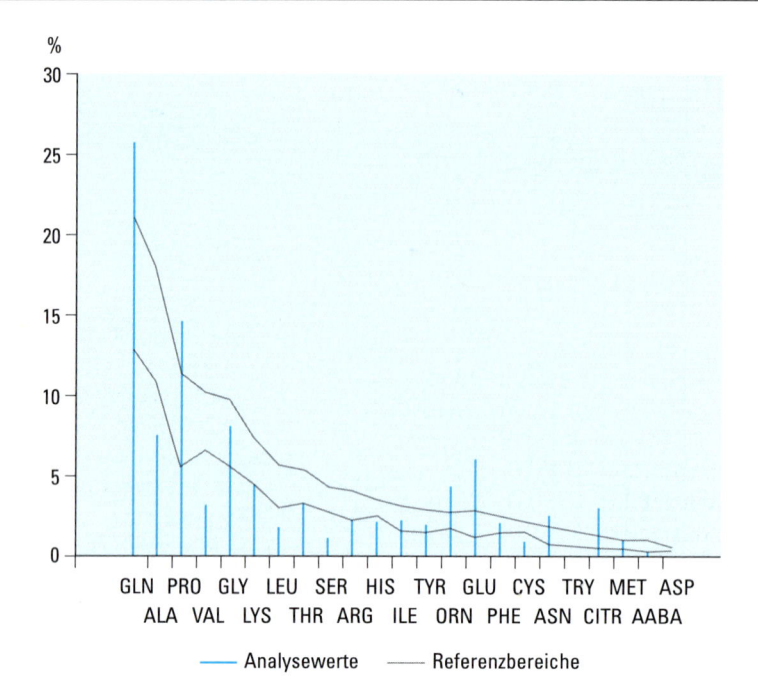

Abb. 3.9: Pathologisches prozentuales Aminogramm bei Aminosäurenimbalanz.

den hepatogenen Enzephalopathie dargestellt, wo sich durch die relative Zunahme der aromatischen Aminosäuren und die niedrigen Konzentrationen der in der Muskulatur weiterhin metabolisierten verzweigtkettigen Aminosäuren Valin, Leucin, Isoleucin das Verhältnis von aromatischen zu verzweigtkettigen Aminosäuren stark erhöht. Pathologische Mengen an aromatischen Aminosäuren gelangen über die Blut-Hirn-Schranke ins Gehirn und bestimmen durch toxische Folgeprodukte die Pathologie, die bis zum Koma führen kann.

Die Aminosäurenkonzentrationen im Blut unterliegen **zirkadianen Schwankungen**, die erhebliche Ausmaße annehmen können und unter physiologischen Bedingungen etwa 30 % ausmachen. Es findet sich ein Minimum der Konzentrationen in den frühen Morgenstunden und ein Maximum in den späten Nachmittagsstunden.

Als Screeningverfahren kommt immer noch die ein- oder zweidimensionale **Dünnschichtchromatographie** zum Einsatz. Spezielle mikrobiologische Tests haben sich als vorgeschriebene Screeningtests bei Neugeborenen etabliert. Diese Tests sind meist **halbquantitative mikrobiologische Tests**, z. B. mit Bazillus subtilis und aminosäurenspezifischen Hemmstoffen.

Heutige Standardverfahren sind für die Diagnostik die **Kapillarelektrophorese** und die **Chromatographie mit quantitativer Auswertung** durch Ankopplung von massenspektrometrischer Detektion. Standardmethode der Aminosäurenanalytik ist die Hochdruck-Flüssigchromatographie (HPLC) mit Ionenaustauscherharzen und pH-Gradienten mit anschließender Detektion nach Farbderivatisierung entweder mit Ninhydrin bei 440 nm bzw. 570 nm oder fluorimetrischen Nachweisverfahren.

4 Kohlenhydratstoffwechsel

D. Müller-Wieland

4.1 Einleitung

Alle lebenden Organismen benötigen Energie, um zu leben. Beim Menschen ist die Energiequelle **Adenosin-Tri-Phosphat (ATP)**, welches durch den **Intermediärstoffwechsel** aus **Nahrungsbestandteilen** gebildet wird. Da Nahrung nur intermittierend zugeführt wird, ist die Speicherung von Energie in Form von Protein, Fett und Kohlenhydraten sowie die zwischenzeitliche Bildung von ATP aus diesen Metaboliten die vitale Rolle des Intermediärstoffwechsels. Der Intermediärstoffwechsel unterliegt der Kontrolle eines komplexen interagierenden Netzwerkes, welches aus neurogenen, hormonellen und metabolischen Regulationsmechanismen besteht.

Aus diesem Grund wird im Folgenden zunächst eine Übersicht über den Intermediärstoffwechsel der Kohlenhydrate gegeben und seine Regulation durch Hormone und Veränderungen während der Nahrungsaufnahme und des Hungerns dargelegt. Anschließend werden verschiedene klinisch relevante Störungen skizziert, die die Zuckeraufnahme, Speicherung und Verwertung von Glukose betreffen. Letztere ist im Wesentlichen durch das Hormon Insulin vermittelt.

Ein Mangel von Insulin ist die Ursache für den **Diabetes mellitus Typ 1**. Eine gestörte Insulinwirkung oder Insulinresistenz ist ein Schlüsselphänomen des **Diabetes mellitus Typ 2**. Der Typ-2-Diabetes ist die häufigste endokrin-metabolische Störung und nimmt epidemieartig zu. Spätfolgen einer Diabetes-bedingten Hyperglykämie sind Veränderungen der kleinen arteriellen Gefäße (Mikroangiopathie), wie z. B. einer Neuropathie, Retinopathie und Nephropathie. Die Retinopathie ist die häufigste Ursache für Neuerblindung in diesem Land, und fast 50 % aller Patienten, die mit einem Nierenersatzverfahren behandelt werden (chronische Hämodialyse), erhalten dieses als Folge einer diabetesbedingten Nierenstörung. Zudem ist eine Insulinresistenz mit einem 3–5fach erhöhten Risiko für kardiovaskuläre Komplikationen (Makroangiopathie), wie z. B. Schlaganfall und Herzinfarkt, assoziiert.

4.2 Übersicht über den Kohlenhydratstoffwechsel

Aus quantitativer Sicht repräsentiert Fett die Hauptenergiequelle (Tab. 4.1). So hat z. B. eine 70 kg schwere Person mit Idealgewicht ca. 12 kg Triglyceride im Fettgewebe gespeichert. Würde man dieses Fett komplett oxidieren entständen ca. 110.000 kcal (9,5 kcal/g Fett), d. h. bei einem durchschnittlichen Energieverbrauch von 2000 kcal/Tag würde diese Energiequelle für 55 Tage reichen. Glykogen und Protein hingegen ergeben nur ca. 4 kcal/g und werden zudem im Gegensatz zu Fett nicht anhydriert gelagert, sondern pro Gramm noch mit ca. 3 g Wasser. Wird die Hydrierung mit berücksichtigt werden 8,5 kcal Energie in jedem Gramm Fett gespeichert, wohingegen nur ca. 1 kcal pro Gramm Protein oder Glykogen. In anderen Worten, würde die 70 kg schwere o. a. Person die angegebenen Energiereserven nicht in Fett, sondern in Protein oder Glykogen speichern, würde sie 196 kg wiegen.

Tabelle 4.1: Effizienz verschiedener Energiespeicher aus quantitativer Sicht bei einer 70 kg schweren Person mit Idealgewicht.

Fettgewebe	Triglyceride	12.000 g	110.000 kcal.
Muskulatur	Protein	6.000 g	24.000 kcal.
	Glykogen	400 g	1.600 kcal.
Leber	Glykogen	80 g	320 kcal.

4 Kohlenhydratstoffwechsel

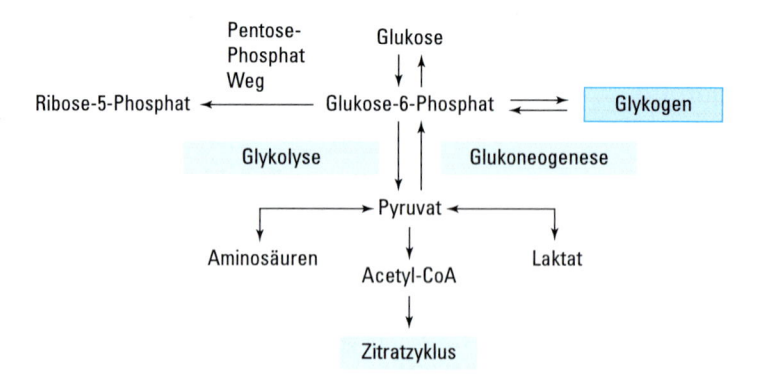

```
                  Pentose-      Glukose
                  Phosphat        ↓ ↑
                    Weg
  Ribose-5-Phosphat ←——— Glukose-6-Phosphat ⇌ [Glykogen]
                                  ↓ ↑
              [Glykolyse]     [Glukoneogenese]
                                  ↓
                    ┌———————→ Pyruvat ←———————┐
                    ↓             ↓            ↓
               Aminosäuren    Acetyl-CoA     Laktat
                                  ↓
                             [Zitratzyklus]
```

Abb. 4.1: Übersicht über die Stoffwechselwege der Glukose. Glukose wird nach Aufnahme in der Zelle zu Glukose-6-Phosphat phosphoryliert. Dieser Metabolit ist das Ausgangsprodukt entweder für die Bildung von Glykogen oder den Pentose-Phosphat-Weg. Wesentliche Stoffwechselwege der Glukose sind die Glykolyse bzw. Glukoneogenese und die Einschleusung in den Zitratzyklus zur Generierung von Energie-Äquivalenten. Auf die einzelnen Stoffwechselwege wird im Text näher eingegangen.

Obgleich Kohlenhydrate nicht die optimalen Strukturen für eine Energiespeicherung darstellen, ist Glukose die einzige Energiequelle für das Gehirn und Nervengewebe; als Ausnahme kann bei längerem Hungerzustand zum Teil dieser Bedarf durch Ketonkörper ersetzt werden. Dies ist ein Grund dafür, dass die Konzentration von Glukose im Blut möglichst konstant gehalten wird. Demzufolge ist es auch vital, dass es schnell mobilisierbare Speicher wie Glykogen gibt und Glukose im Rahmen der Glukoneogenese neu gebildet werden kann.

Abbildung 4.1 gibt eine Übersicht über die Stoffwechselwege der Glukose, auf die im Folgenden näher eingegangen wird.

4.2.1 Glykolyse und Glukoneogenese

Eine Übersicht über die Schlüsselschritte der Glykolyse und Glukoneogenese sind in Abbildung 4.2 dargestellt. Die **Glykolyse** ist der Eingang zum Kohlenhydratstoffwechsel, bei dem Glukose via anaeroben Weg zu Laktat, oder via aerober Glykolyse zu Pyruvat abgebaut wird. Dieser Stoffwechsel- oder auch sog. Embden-Meyerhof-Weg befindet sich im Zytoplasma aller Zellen des menschlichen Organismus. Energetisch ist die Glykolyse ein energieliefernder Prozess, bei dem vier ATP gebildet und zwei investiert werden, sodass die Nettobilanz zwei ATP sind.

Bestimmte Stoffwechselschritte sind kinetisch und regulativ von besonderer Bedeutung, nämlich die der **Hexokinase-Reaktion** sowie die der **Phospho-Fruktokinase** und **Pyruvatkinase**. Die Hexokinase ist nicht sehr spezifisch, d. h. sie phosphoryliert auch Mannose oder Fruktose. Die Michaeliskonstante ist sehr klein (<0,1 mM), sodass physiologischerweise das Enzym unter Sättigungsbedingungen arbeitet. Die Glukokinase hingegen, d. h. das Isoenzyme der Hexokinase in der Leber und den isulinproduzierenden beta-Zellen des Pankreas, ist substratspezifisch und hat eine ca. 50fach höhere Miachaeliskonstante (K_M ca. 5 mmol/l). Demzufolge reagiert die Glukokinase in der Leber und den β-Zellen direkt auf Veränderungen der Blutzuckerkonzentrationen und fungiert daher u. a. als Glukosesensor der Insulinsekretion. Die Phosphofruktokinase des Muskels ist ein tetrameres Enzym (360 kDa), welches reversibel in zwei Dimere dissoziieren kann. Allosterische Aktivatoren dieser Dissoziation sind AMP, ADP und Fruktose-1,6-biphosphat; entsprechende Inhibitoren sind ATP und Zitrat. Hierdurch ist die Glykolyse u. a. and den Energiestatus der Zelle und den Zitratzyklus (s. u.) gekoppelt. Die Pyruvat-Kinase ein Integrator zum Abbau der

4.2 Übersicht über den Kohlenhydratstoffwechsel

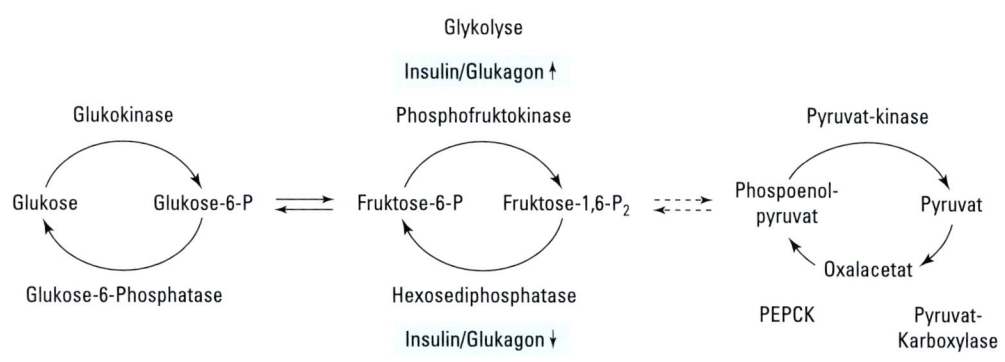

Abb. 4.2: Schlüsselschritte der Glykolyse bzw. Glukoneogenese. In der Leber ist die Glykolyse im Wesentlichen hormonell durch den Insulin-/Glukagon-Quotienten reguliert. Die Glukoneogenese ist bei einem niedrigen Insulin-/Glukagon-Quotienten aktiviert, wie er z. B. im Hungerzustand vorliegt oder bei einem Insulinmangel, z. B. im Rahmen einer diabetischen Ketoazidose.

Fettsäuren hin. Dieses Enzym wird von ATP, Acetyl-CoA und Fettsäuren inhibiert. Acetyl-CoA ist ein Produkt des Abbaus von Fettsäuren, sodass die Zelle dann die Energiegewinnung via Glykolyse reduziert.

Die **Glukoneogenese** ist im Gegensatz zur Glykolyse kein ubiquitärer Stoffwechselweg, sondern eine spezifische Leistung der Leber und zu einem geringen Teil auch der Niere. Die Glukoneogenese der Leber ist von entscheidender Bedeutung zur Aufrechterhaltung der Konzentration des Blutzuckers. Dieser Stoffwechselweg ist nicht nur ggf. vital, sondern auch aus energetischer Sicht „teuer". Es werden vier ATP, zwei GTP und zwei Moleküle NADH-H$^+$ als Energielieferanten in der Atmungskette verbraucht. Regulativ wichtige Enzyme sind die **Phosphoenolpyruvat-Karboxykinase**, die **Fruktose-1,6-biphophatase** und die **Glukose-6-phophatase**. Bemerkenswert ist, dass die Skelettmuskulatur keine Glukose-6-Phosphatase besitzt. So kann beim Abbau von muskulärem Glykogen nicht Glukose selbst aus der Skelettmuskulatur freigesetzt werden. Bei muskulärer Belastung oder sonstigen Mangelzuständen wird in der Muskulatur Glukose bis zum Laktat oder Protein bis zum Alanin abgebaut. Laktat und Alanin werden dann durch den Blutstrom zur Leber transportiert und als Substrat in die Glukoneogenese eingeschleust.

4.2.2 Glykogenstoffwechsel

Die chemische Struktur von **Glykogen** ist bereits weiter oben dargestellt worden. Glykogen findet sich als Granula in der Leber sowie Skelettmuskulatur. Es entspricht der „Speicherform" von Glukose. Die Glykogenreserven der Leber sind nach ca. 12 bis 24 Stunden aufgebraucht. Die wesentlichen Stoffwechselwege werden im Folgenden kurz dargestellt. Glukose-6-Phosphat wird zunächst in Glukose-1-Phosphat durch die Phosphoglukomutase isomerisiert, welches dann an UTP durch UTP-Glukose-Pyrophosphorylase gekoppelt wird. UTP-Glukose ist jeweils der „neue Glukoserest" für eine α-(1–4)-Bindung. Die Glykogen-Initiator-Synthase synthetisiert eine „Starter"-Glykogenkette, die aus mindestens 4 Glukoseresten besteht. Die eigentliche sukzessive Verlängerung der entsprechenden Glykogenkette in der α-(1–4)-Bindung erfolgt durch die Glykogen-Synthase. Verzweigungen werden durch die Amylo-(1,4)–(1,6)–Transglykosilase hergestellt, welches auch „Branching Enzyme" genannt wird. Es löst einen endständigen 6–7 Monosaccharidrest ab und überträgt ihn auf die Hydroxylgruppe in der Position 6 und weiter innerhalb des Polymers liegenden Glukoserestes. Das entscheidende Enzym des Glykogenabbaus ist die Phosphorylase. Sie ist der Gegenspieler zur Glykogensynthase. Sie spaltet sukzessiv Glukosereste ab. So entsteht unter anderem

Glukose-1-Phosphat, das wiederum durch die o. a. Phosphoglukomutase-Reaktion zu Glukose-6-Phosphat isomerisiert wird, welches dann durch die Glukose- 6-Phosphatase in der Leber zu Glukose dephosphoryliert in das Blut abgegeben wird. Die Phosphorylase kann nicht α-(1–6)-Bindungen spalten. Ihre Aktivität stoppt daher vier Glukosereste vor einer solchen Verzweigung. An dieser Stelle wird die Reaktion durch eine Oligo-(α 1,4–α 1,6)-Transglykosylase aktiviert, die ein Fragment mit drei Glukoseresten abspaltet. Diese Trisaccharid wird wieder an ein anderes, nicht reduzierendes Ende angeknüpft. Das noch verbleibende α 1–6 gebundene Glukosemolekül wird von einem dritten Enzym, der Amylo-(1, 6) Glukosidase hydrolytisch abgespalten, sodass phosphorylierte Glukose entsteht. Nach dem Abbau dieser Verzweigung führt die o. a. Phosphorylase die Spaltung der α 1–4 glykosidischen Bindung fort. Die entscheidenden Regulationsschritte des Glykogenstoffwechsels sind demzufolge die Phosphorylase und die Glykogensynthase. Regulationsprinzip dieser beiden Enzyme durch Phosphorylierung sind in Abbildung 4.3 dargestellt.

4.2.3 Zitratzyklus und Atmungskette

Der **Zitratzyklus** (Abb. 4.4) ist im Wesentlichen der Integrator des Intermediärstoffwechsels, hier werden die Stoffwechselwege der Kohlenhydrate, Fett- und Aminosäuren zusammengeführt. Seinen Namen erhielt er durch den Biochemiker Hans Krebs, der bereits 1937 annahm, dass organische Moleküle in einem zyklischen Stoffwechselweg oxidiert werden. Dieser Zyklus ist in der Matrix der Mitochondrien lokalisiert. In diesem Zyklus wird Acetyl-CoA zu CO_2 und Wasserstoff abgebaut, der in Form von NADH und FADH 2 anfällt. Diese dienen dann wiederum als Substrat für die Atmungskette, in der aus Wasserstoff und Sauerstoff Wasser gebildet wird und gleichzeitig Energieäquivalente als ATP synthetisiert werden. Die **Atmungskette** befindet sich in der inneren Mitochondrienmembran.

4.2.4 Regulationsprinzipien des Kohlenhydratstoffwechsels

Grundsätzliche Prinzipien der Regulation von Stoffwechselwegen ist die Kompartmentalisierung verschiedener Wege, die Substratspezifität, die Gewebeverteilung der verschiedenen Enzymmuster, die unterschiedliche Affinität von Isoenzymen sowie die Regulation der Abundanz, z. B. auf genregulatorischer Ebene, die Kontrolle ihrer Aktivität durch allosterische Aktivatoren und Inhibitoren sowie durch Phosphorylierung und Hormonsignale.

Ein Beispiel für die **Kompartmentalisierung** ist z. B., dass die Glykolyse im Zytoplasma lokalisiert ist, wohingegen der Zitratzyklus inkl. der Beta-Oxidation zum Teil in den Mitochondrien stattfindet. Die Gluconeogenese sowie die Glykogenbildung und der entsprechende -abbau ist wiederum im Zytoplasma lokalisiert. Ein Beispiel für die unterschiedliche Gewebeverteilung von Stoffwechselenzymen ist die Glukose-6-Phosphatase, auf die bereits oben eingegan-

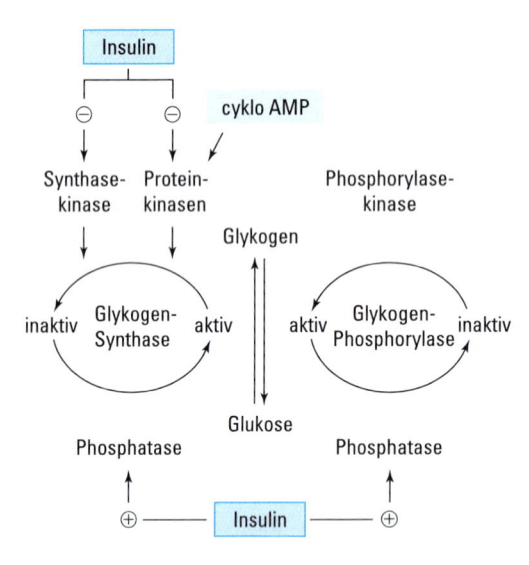

Abb. 4.3: Schlüsselschritte bei der Glykogenbildung und den Glykogenabbau. Die Glykogensynthase wird durch Phosphorylierung inaktiviert, wohingegen die Glykogenphosphorylase durch Phoshphorylierung aktiviert wird. Die entsprechenden Kinasen und Phosphatasen werden durch Insulin oder cykloAMP, dem Second Messanger von z. B. Glukagon, hormonell reguliert.

4.2 Übersicht über den Kohlenhydratstoffwechsel

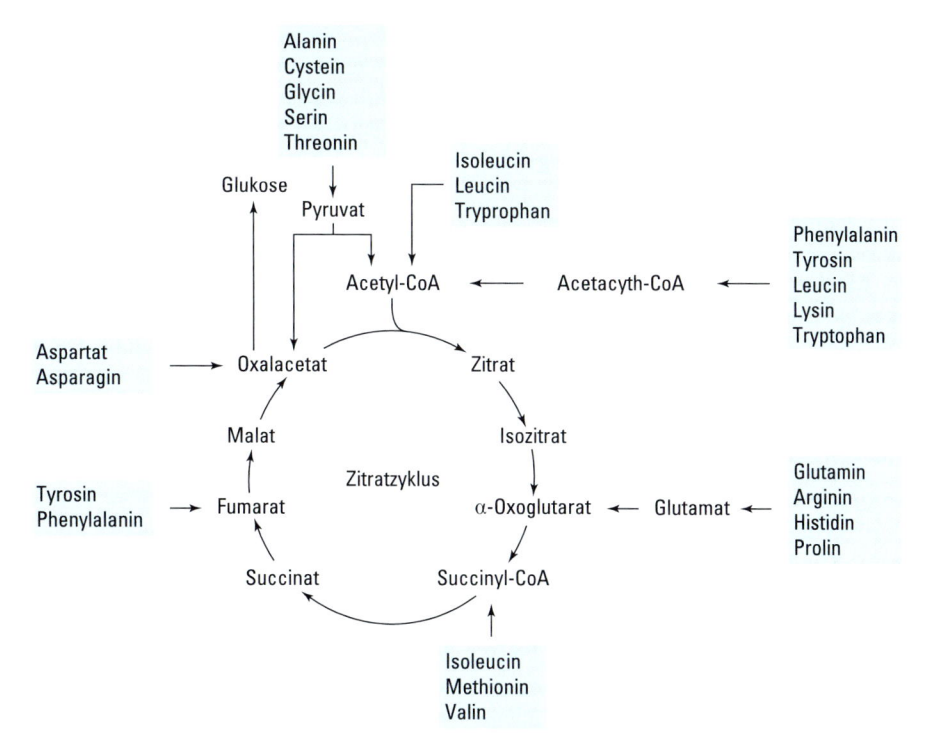

Abb. 4.4.: Schematische Übersicht über den Zitratzyklus. Ferner zeigt diese Abbildung die wesentlichen Stoffwechselschritte, bei denen glukoplastische Aminosäuren eingeschleust werden. Die quantitativ wichtigste glukoplastische Aminosäure ist Alanin. Alanin wird zu Pyruvat konvertiert, welches dann über die Glukoneogenese via Oxalacetat in Glukose umgewandelt werden kann (siehe auch Abb. 4.2).

gen worden ist. Die Skelettmuskulatur z. B. hat keine Glukose-6-Phosphatase, sodass sie im Wesentlichen keinen wirklichen Beitrag zur Glukoseneubildung leisten kann. Andere Beispiele sind gewebespezifische **Isoenzyme**, z. B. im Glykogenstoffwechsel. Hierdurch kann es auch zu unterschiedlichen klinischen Manifestationen bei den Glykogenosen, siehe Abschnitt 4.3.2, kommen. Ferner spielt eine entscheidende Rolle die **Affinität** und **Spezifität** von Enzymen. Wie bereits darauf hingewiesen ist die Substratspezifität der Hexokinase relativ gering, die der Glukokinase hingegen sehr hoch. Die Affinität der Glukokinase ist aber ein Faktor 50fach geringer als die der Hexokinase. Demzufolge wird in der Leber und den Betazellen der Bauchspeicheldrüse Glukose konzentrationsabhängig aufgenommen und verstoffwechselt. Wesentliche Schritte der Regulation sind die **Genregulation** und der posttranskriptionalen Modifikation z. B. durch **Phosphorylierung**. Gerade in der letzten Zeit sind verschiedene Transkriptionsfaktoren identifiziert worden, die eine entscheidende Rolle bei der Genregulation von glukoneogenetischen Enzymen spielen. Die Arbeitsgruppe von Spiegelmann konnte kürzlich PPARγ-Koaktivator (PCG) 1α als einen entscheidenden Transkriptionsfaktor identifizieren, der die inhibitorische Wirkung von Insulin auf transkriptionaler Ebene reguliert. Klassisches Beispiel der posttranskriptionalen Modifikation ist das Prinzip der Phosphorylierung. Am besten ist dieses am Beispiel des Glykogenstoffwechsels weiter oben dargelegt. Grundsätzlich kann man davon ausgehen, dass die Enzyme, die an synthetischen Stoffwechselwegen beteiligt sind, durch Phosphorylierung aktiviert werden, wohingegen durch Dephosphorylierung wiederum die katabolen Stoffwechselwege aktiviert werden. Demzufolge ist der Phosphorylierungsstatus von Enzymen eine entscheidende Schnittstelle in der anabolen und katabolen hormonellen Regulation. Die Phosphorylierung und Dephosphorylierung wird durch entsprechende Kinasen und Phosphatasen vermittelt, die wiederum an intrazelluläre Mediatoren, wie z. B. den Second Messenger zyklo-AMP im Falle von Glukagon gekoppelt sind.

4.2.5 Regulation durch Hungern und Nahrungsaufnahme

Unter normalen Bedingungen beträgt die Blutzuckerkonzentration 65–105 mg/dl (3,6–5,8 mmol/l). Unter basalen Bedingungen verteilt sich auf die insulinunabhängigen Gewebe, wie z. B. das Gehirn (50–60%) und die Organe (20–25%), der Großteil des gesamten Glukoseverbrauchs. Die Muskulatur als insulinabhängiges Gewebe verbraucht ca. 20–25% im nüchternen Zustand. Diese basale Rate des Glukoseverbrauchs durch das Gewebe wird genauestens durch eine äquivalente Rate der Glukoseproduktion der Leber (80–85%) und Niere (15–20%) ausgeglichen. Durch Aufnahme von Glukose wird dieses Gleichgewicht zwischen hepatischer Glukoseproduktion und Glukoseverbrauch im Gewebe verändert. Die Glukosehomöostase hängt im gefütterten Zustand von drei Mechanismen ab, die simultan und koordiniert funktionieren. Dies sind eine stimulierte Insulinsekretion als Antwort auf einen Glukoseanstieg, eine erhöhte Glukoseaufnahme in die Organe bzw. Gewebe und eine Suppression der hepatischen Glukoseproduktion.

Die Regulation der basalen hepatischen Glukoseproduktion wird durch eine Summe verschiedener neuronaler, hormoneller und metabolischer Stimuli vermittelt, manche wirken stimulatorisch, andere inhibitorisch. Die hepatische Glukoseproduktion ist gegenüber kleinen Veränderungen der Plasmakonzentration von Insulin sehr sensitiv. Bereits ein geringer Anstieg um z. B. nur 5–10 µU/ml verursachen bereits eine schnelle Suppression der Glykogenolyse, wohingegen die Inhibition der Glykogenese nicht so sensitiv ist. Im Gegensatz dazu erhöht bereits eine geringe Abnahme der Plasmainsulinkonzentration (z. B. nur 1–2 µU/ml) die hepatische Glukoseproduktion. Diese sehr sensitive Interaktion zwischen Leber, Stoffwechsel und Insulin spielt eine entscheidende Rolle in der Erhaltung des Nüchternglukosespiegels. Reduzieren sich die Glykogenmengen, z. B. durch längeres Hungern, kommt es zu einer Abnahme der Insulinsekretion und einer Stimulation der Glukosefreisetzung. Die resultierende Hypoinsulinämie enthemmt die insulinvermittelte Suppression der Lipolyse und die Plasmaspiegel an freien Fettsäuren steigen an. Die freien Fettsäuren gehen konzentrationsabhängig in alle Zellen des Körpers, z. B. auch der Leber und der Skelettmuskulatur. Eine erhöhte Oxidation der freien Fettsäuren durch die Hepatozyten vermittelt genügend Energie, um die Glukoneogenese zu stimulieren, nämlich das Endprodukt der Beta-Oxidation, Acetylcoenzym A (Acetyl-CoA) stimuliert das erste entscheidende Enzym, nämlich die Pyruvatkarboxylase des glukoneogenetischen Stoffwechselweges. Die Kombination der Hypoinsulinämie, Hypoglykämie und erhöhte frei Fettsäuren sowie eine erhöhte Konzentration von Aminosäuren stimuliert die Glukoneogenese (Abb. 4.5). Im peripheren Gewebe erhöht sich die Oxidation von freien Fettsäuren zu Ketonkörpern und spart hierdurch den Glukoseverbrauch ein, d. h. der Bedarf an Kohlenhydraten für den Energiehaushalt wird minimiert.

Ferner kommt es durch die Hyperinsulinämie im Hungerzustand zu einer Stimulation der Proteolyse. Die Proteolyse erhöht die Ausscheidung von Aminosäuren aus der Skelettmuskulatur, insbesondere Alanin. Die wesentliche Quelle für die Alaninfreisetzung aus der Skelettmuskulatur während des Hungerzustandes (50% des gesamten freigesetzten α-Amino-Stickstoffes) kommt von der Transaminierung von Pyruvat, welches aus der Glykogenolyse und zirkulierenden Glukose gebildet wird. Die Skelettmuskulatur kann nicht Glukose direkt freisetzen, da die Glukose-6-Phosphatase in diesem Gewebe nicht vorhanden ist. Das freigesetzte Alanin wird über das Blut zur Leber transportiert, wo es wiederum in Glukose konvertiert

4.3 Störungen des Kohlenhydratstoffwechsels

Störungen des Kohlenhydratstoffwechsel mit klinischer Bedeutung betreffen die intestinale Aufnahme, die Speicherung (z. B. Glykogenosen) und die insulinabhängige Verwertung. Zuviel an Insulin führt zur teils lebensbedrohlichen Unterzuckerung (Hypoglykämie). Die verschiedenen Zuckerkrankheiten, die durch einen zu hohen Blutzuckerspiegel in Folge einer verminderten Bildung oder Wirkung von Insulin entstehen, werden in folgenden Unterabschnitten dargelegt.

4.3.1 Störungen der Aufnahme

Die Bürstensaummembran des menschlichen Dünndarms enthält sieben Glykosidasen, welche zur Freisetzung von Monosacchariden durch die Spaltung diätetisch zugeführter Disaccharide und Oligosaccharide führt, Produkte der Alpha-Amylase. Die vier Maltasen kommen als zwei Heterodimäre vor, der Beta-Glykosidasekomplex besteht aus einem einzigen Polypeptid mit zwei katalytischen Stellen. Die Trehalase besteht aus einer einzigen Untereinheit. Die Glykolysidasen, mit Ausnahme der Trehalase, werden als sehr lange Vorläuferketten synthetisiert, jedes mit einem Molekulargewicht von 200.000 bis 250.000.

Verschiedene primäre und sekundäre Mangelzustände dieser **Glykosidasen** sind bekannt, die zu einer **Malabsorption** und Intoleranz der entsprechenden Disaccharide, aber nicht Monosaccharide führen können. Die Diagnose hängt von der Bestimmung einer entsprechenden Enzymaktivität durch die Entnahme von Dünndarmbiopsien und/oder einem oralen Toleranztest mit den entsprechenden Disacchariden ab. Ein Mangel der Sukrase/Isomaltase ist außerordentlich selten und genetisch heterogen. Die genetischen Varianten der intestinalen Disacchariden sind monokausal und autosomal. Die häufigste polymorphe Variante betrifft die **Laktaseaktivität**.

Die diätetische Laktose wird durch die Laktase im Bürstensaum der Enterozyten des Dünndarms hydrolysiert. Die Laktaseaktivität ist während der Kindheit hoch, insbesondere wenn

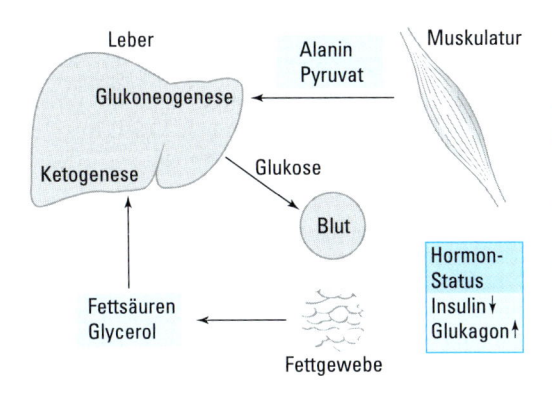

Abb. 4.5: Im Hungerzustand besteht ein hormoneller Status, der durch einen niedrigen Insulinspiegel und einen relativ hohen Glukagonspiegel gekennzeichnet ist. Hierdurch wird in der Peripherie, d. h. in der Muskulatur vor allem Protein abgebaut, welches z. B. über Alanin in die Glukoneogenese eingeschleust wird. Im Fettgewebe ist die Lipolyse aktiviert, die normalerweise sehr sensitiv durch Insulin supprimiert wird. Durch die aktivierte Lipolyse entstehen erhöhte Spiegel von freien Fettsäuren, die in der Leber bei einem niedrigen Insulin-/Glukagon-Quotienten in die Ketogenese eingeschleust werden. Da die Leber Gluko-6-Phosphatase besitzt, kann die Glukose-6-Phosphat, die im Rahmen der hepatischen Glukoneogenese gebildet wird, als freie Glukose freigesetzt werden.

wird (Glukose-Alanin-Zyklus). Die Einschleusung gelucoplastischer Aminosäuren in den Intermediärstoffwechsel ist in Abbildung 4.4 dargestellt. Der Glukose-Laktat-Zyklus (Cori-Zyklus) ist ebenfalls wichtig für die Glukoneogenese während des Hungerns. Die Insulinopenie erhöht den Abbau von Glykogen und führt zu einer Akkumulation von Pyruvat. Da der Krebszyklus durch die axellerierte Beta-Oxidation von freien Fettsäuren inhibiert ist, wird Pyruvat entweder zu Alanin transaminiert oder zu Laktat konvertiert und in die Zirkulation freigesetzt. In der Zirkulation wird es zur Leber transportiert, wo es wiederum zu Glukose synthetisiert wird. Aus quantitativer Sicht spielt der **Cori-Zyklus** ca. zwei Drittel, wohingegen der **Alaninzyklus** zu einem Drittel rekrutiert wird.

Milch ein wesentlicher Nahrungsbestandteil ist. In anderen Säugetieren fällt die Laktaseaktivität nach der Abstillphase ab und bleibt relativ niedrig für den Rest des Lebens. In anderen Menschen persistiert eine hohe Laktaseaktivität. Individuen mit einer nicht persistierenden Laktaseaktivität haben eine niedrige Laktosedigestionskapazität. Die verschiedenen erwachsenen Laktasephänotypen können durch eine Dünndarmbiopsie und einen **Laktosetoleranztest** diagnostiziert werden. Die Laktasephänotypen werden im Wesentlichen genetisch bestimmt, wahrscheinlich durch zwei autosomale Allele. Das Laktasepersistenzallel ist gegenüber dem Nicht-Persistenzallel dominant. Individuen mit einer niedrigen Laktosedigestionskapazität sind homozygot für das Nicht-Persistenzallel. Die Verteilung der Laktasephänotypen in der humanen Population ist sehr variabel. In den meisten tropischen und subtropischen Ländern sowie in den ostasiatischen Populationen ist die Laktase-Non-Persistenz prädominant. In der alten westlichen Welt prädominiert die Laktasepersistenz, nämlich insbesondere in den nordwestlichen Europäern und den milchabhängigen Nomaden der afroarabischen Wüstenzone. Eine genetisch bedingte Herunterregulation der Laktaseexpression könnte eine Rolle bei der Malabsorption und abdominalen Beschwerden insbesondere jüngerer Kinder spielen. Genetische Sequenzanalysen haben jedoch bisher gezeigt, dass es keinen Defekt gibt, der für eine veränderte Struktur der Laktase kodiert. Am wahrscheinlichsten ist eine veränderte regulatorische Komponente verantwortlich für den unterschiedlichen Phänotyp der Laktaseaktivität.

4.3.2 Störungen der Speicherung

Die **Glykogenspeicherkrankheiten** sind angeborene Störungen, die den Glykogenstoffwechsel beeinträchtigen. Die wesentlichen Glykogenosen sind in Tabelle 4.2 zusammengefasst. Alle Proteine, die in der Synthese oder dem Abbau des Glykogens und seine Regulation involviert sind, können verschiedene Typen der Glykogenspeicherkrankheiten verursachen. Das Glykogen, welches bei diesen Störungen gefunden wird, ist entweder in seiner Quantität, Qualität oder beidem verändert. Die verschiedenen Formen der Glykogenspeicherkrankheiten können zum einen in der chronologischen Reihenfolge ihrer identifizierten Enzymdefekte kategorisiert werden. Die häufigsten sind die Glykogenspeicherkrankheiten I, II, III und VI, die mehr als 90 % aller klinischen Fälle ausmachen. Die Klinik wird vom Schweregrad der Beeinträchtigung beeinflusst, d. h. z. B. ob hetero- und homozygote Störungen vorliegen; ferner ob Regulatoren oder gewebespezifische Isoformen der Enzyme beeinträchtigt sind. Beim klinischen Bild stehen die Leber und Muskulatur ganz im

Tabelle 4.2: Glykogenosen.

Nr.	Organ	Enzymdefekt	Symptome
I	Leber	Glukose-6-Phosphatase Untertypen: Transportsysteme im ER	schwere Hypoglykämie, Laktatazidose, Hyperurikämie, Hyperlipidämie, Hepatomegalie
II	Muskel	saure α-Glukosidase	progrediente Muskelschwäche, Herzinsuffizienz, Respiratorische Insuffizienz
III	Leber	4α-Glukoanotransferase und Amino-1,6 Glukosidase	Hepatomegalie, Tendenz zur Hypoglykämie gerner als bei Typ 1
IV	Leber	Amylo-1,4-1,6-transglukosidase	Leberzirrhose im Kindesalter
V	Muskel	Muskelphosphorylase	Muskelschwäche und Krämpfe nach kurzer intensiver Muskelarbeit
VI	Leber	Leberphosphorylasekinase	Hypoglykämie, Hepatomegalie, Kombination mit Muskelsymptomen ist möglich
VII	Muskel	Phosphofruktokinase	ähnlich wie Typ V

Vordergrund, da sie die größte Menge Glykogen gewöhnlicherweise speichern. Demzufolge führen die Glykogenosen I, II und VI, die im Wesentlichen die Leber betreffen, klinisch zu einer **Hepatomegalie** sowie zu einer **Hypoglykämie**. Im Gegensatz dazu wird das Glykogen in der Muskulatur im Wesentlichen zur Generierung von ATP für die entsprechende Kontraktion gebildet. Störungen in diesen Stoffwechselwegen sind daher mit einer Schwäche und insbesondere Muskelkrämpfen assoziiert. Im Folgenden werden kurz die wesentlichen verschiedenen Speicherkrankheiten in ihrer numerischen Reihenfolge dargestellt.

Die **Typ-I-A Glykogenspeicherkrankheit** oder Gierkes-Krankheit betrifft einen Mangel der Glukose-6-Phosphataseaktivität in der Leber, Niere und intestinalen Mukosa mit exzessiver Akkumulation von Glykogen in diesem Organ. Das gespeicherte Material in der Leber beinhaltet sowohl Glykogen wie Fett. Die klinische Manifestation ist eine Wachstumsstörung, Hepatomegalie, Hypoglykämie und Laktatazedämie, Hyperurikämie sowie Hyperlipidämie. Eine klinische Variante (Typ I B) wird verursacht durch einen defekten Transport von Glukose-6-Phosphat. Diese Patienten haben zusätzlich noch eine Neutropenie und eine verminderte neutrophile Funktion, die klinischerseits wiederum zu rekurrierenden bakteriellen Infektionen und Ulzerationen der oralen und intestinalen Schleimhaut führen.

Die **Typ-II-Glykogenspeicherkrankheit** bzw. Pompe wird verursacht durch einen Mangel der lysosomalen sauren Alpha-Glukosidase (α_1-Hyglukosidase) und ist der Prototyp einer angeborenen lysosomalen Speicherkrankheit. Die Klinik ist eine dramatische Atem- und Herzinsuffizienz aufgrund der mangelnden ATP-Generierung.

Die **Typ-III-Speicherkrankheit** (Cori oder Forbes) wird bedingt durch einen Mangel der Verzweigungsaktivität von Glykogen. Ein Mangel an diesem Verzweigungsenzym (Amylo-1, 6-Glukosidase) vermindert die Freisetzung von Glukose aus Glykogen, beeinträchtigt aber nicht die Glukosebildung und Freisetzung aus der Glukoneogenese. Demzufolge ist wahrscheinlich das klinische Bild weniger ausgeprägt als bei der Glykogenose Typ I. Die meisten Patienten mit einer Typ III Erkrankung haben Störungen in beiden, der Leber und der Muskulatur (Typ IIIa). Einige Patienten jedoch (ca. 15%) haben nur eine Manifestation in der Leber (Typ IIIb). Während der Kindheit können die Typ IIIa und Typ IIIb kaum von der Typ-I-Erkrankung unterschieden werden, da auch diese sich im Wesentlichen mit einer Hepatomegalie, Hyperglykämie, Hyperlipidämie und Wachstumsstörungen manifestieren. Bei der Typ III kommt es jedoch zu einem Ansteigen der Laktat- und Harnsäurespiegel im Blut sowie die Erhöhung der Transaminasen erscheint prominent. Die Lebersymptome verbessern sich meist mit zunehmendem Alter und verschwinden nach der Pubertät. Eine progressive Leberzirrhose mit entsprechender Insuffizienz im Erwachsenenalter ist bei einigen Patienten beschrieben worden. Patienten mit Typ III haben häufig natürlich auch eine gewisse Muskelschwäche und eine ventrikuläre Hypertrophie des Herzens.

Die **Typ IV Erkrankung** wird ebenfalls durch einen Mangel eines Verzweigungsenzyms verursacht, welches in der Akkumulation von Glykogen mit unverzweigten langen äußeren Armen bzw. Ketten in den Geweben führt. Diese Form der Glykogenspeicherkrankheit manifestiert sich üblicherweise im ersten Lebensjahr mit einer Hepatosplenomegalie und einer gewissen Antriebsarmut. Eine Hypoglykämie wird sehr selten beobachtet. Eine progressive Leberzirrhose mit einer portalen Hypertension, Ascites, Oesophagusvarizen und Tod kommt üblicherweise vor dem 5. Lebensjahr vor.

Die **Typ-V-Erkrankung** (McArdel-Erkrankung) ist Folge eines Mangels der muskulären Phosphorylaseaktivität. Die Symptome verschwinden üblicherweise im Erwachsenenalter und sind durch eine Belastungsintoleranz mit Muskelkrämpfen sowie intermittierenden Myoglobinurien charakterisiert.

Die **Glykogenspeicherkrankheit Typ VI und Typ IX** repräsentieren eine heterogene Gruppe von Krankheiten, die durch einen Mangel des Leberphosphorylasesystems bedingt sind. Die Typ-VI-Erkrankung betrifft die Leberphosphorylase selbst. Typ IX betrifft eine der vier Untereinheiten der Phosphorylasekinase.

Die letztere, nämlich Typ IX, wird in der Literatur synonym mit der Speicherkrankheit VI A und VIII verwendet. Die Patienten sowohl mit einer Phosphorylase- als auch mit einer Phosphorylasekinase-Defizienz fallen klinisch in der frühen Kindheit mit Hepatomegalie und Wachstumsstörungen auf. Eine Hypoglykämie und Hyperlipidämie ist variabel und häufig nur milde ausgeprägt. Es besteht keine Laktatazidose oder Hyperurikämie.

Die **Typ-VII-Speicherkrankheit** wird durch einen Mangel der muskuären Phosphofruktokinase-Aktivität bedingt. Die klinischen Zeichen entsprechen der Typ-V-Glykogenspeicherkrankheit.

4.3.3 Veränderungen der Insulinabhängigen Verwertung von Glukose

Eine **Hypoglykämie** wird durch den laborchemischen Nachweis eines Blutzuckers unter 50 mg/dl definiert, die mit einer klassischen Symptomatik (Tab. 4.3) einhergeht. Man unterscheidet grundsätzlich die **Nüchternhypoglykämie** von einer **reaktiven Hypoglykämie**. Die Ursachen ist häufig klinisch offensichtlich, ggf. sollte sie durch die Bestimmung der Plasmaglukose des Insulinspiegels, der C-Peptid-Konzentration und der Konzentration von Sulfonylharnstoffen verifiziert werden. Medikamente (Tab. 4.4) sind die häufigste Ursache von Hypoglykämien, insbesondere Insulin oder die Sulfonylharnstoffe. Andere Substanzen sind z. B. Alkohol, Pentamidin, Chinin und selten Salicylate und Sulfonamide. Alkohol inhibiert die Glukoneogenese, weil die Verstoffwechselung zum Acetaldehyd und Acetat die hepatischen Nikotinamid-Dinukleotid-Spiegel deplettiert, die wiederum ein kritischer bzw. ein entscheidender Kofaktor für die Einschleusung von Vorstufen in den glukoneogentischen Stoffwechselweg sind. Ferner inhibiert Ethanol die gegenregulatorische Wirkung von Cortisol, Wachstumshormon und verzögert die von Adrenalin. Die gegenregulatorische Antwort von Glukagon ist im Wesentlichen unbeeinträchtigt. Andere Ursachen einer Hypoglykämie, insbesondere bei hospitalisierten Patienten, sind schwere Erkrankungen der Leber, des Herzens und der Niere sowie z. B. Sepsis.

Eine hepatogene Hypoglykämie entsteht erst, wenn ein extensiver Leberschaden vorliegt, meistens bei einer schnellen und massiven Zerstörung, z. B. bei einer toxischen Hepatitis oder einer fulminanten viralen Hepatitis. Eine Hypoglykämie ist bei den häufigen Formen einer Zirrhose oder einer unkomplizierten Hepatitis eher ungewöhnlich. Häufiger jedoch kann eine Hypoglykämie bei Patienten mit einem primären hepatischen Tumor vorkommen, wohingegen eine Hypoglykämie bei Lebermetastasen ungewöhnlich ist. Ferner wird eine Hypoglykämie gelegentlich bei Patienten mit einer schweren Herzinsuffizienz beobachtet, möglicherweise als Folge einer Leberstauung. Typische Ursache für eine Hypoglykämie ist ein **Insulinom** mit einer einhergehenden endogenen Hyperinsulinämie. Insulinome sind selten und

Tabelle 4.4: Häufige medikamentöse Ursachen einer Hypoglykämie.

häufig eingesetzte Medikamente:	Insulin, Sulfonylharnstoffe, Alkohol
	Hypoglykämie selten: Salicylate, Sulfonamide
selten eingesetzte Medikamente:	Pentamidine, Quinine

Tabelle 4.3: Symptome einer Hypoglykämie.

– Heißhunger, Übelkeit, Erbrechen
– Schwäche, Unruhe
– Schwitzen, Tachykardie, Tremor
– Mydriasis
– Hypertonus
– Kopfschmerzen, Psychosyndrom (Verstimmung, Reizbarkeit, Konzentrationsschwäche, Verwirrtheit)
– Koordinationsstörungen, primitive Automatismen (Grimassieren, Schmatzen), Halbseitenlähmungen
– Doppelbilder
– Krampfanfälle, Somnolenz, Koma, Atem- und Kreislaufstillstand

kommen in beiden Geschlechtern in jedem Lebensalter vor. Zu ca. 99 % befinden sich die Insulinome im Pankreas und haben meist einen Durchmesser von 1–2 cm. Die klinische Erstsymptomatik ist meist eine Hypoglykämie. 5–10 % der Insulinome sind maligne. Neben Insulin können sie auch andere Hormone produzieren, z. B. HCG, ACTH, Serotonin, Gastrin, Glukagon, Somatostatin und pankreatisches Polypeptid.

Das typische Phänomen ist, dass die Insulinsekretion bei einer Erniedrigung der Plasmaglukosespiegel nicht reduziert wird. Dementsprechend besteht eine relative Hyperinsulinämie. Neuroglykopenische Symptome sind meist offensichtlich und manifestieren sich meist am frühen Morgen.

4.4 Diabetes mellitus

Der Diabetes mellitus ist die häufigste endokrin-metabolische Erkrankung und betrifft ca. 5 % der westlichen Bevölkerung. Spätkomplikationen in Form der Mikro- und Makroangiopathie stellen ein großes gesundheitspolitisches Problem dar.

4.4.1 Klassifikation und laboratoriumsmedizinische Diagnostik

Die neue ätiologisch orientierte Klassifikation des Diabetes mellitus besteht aus vier Kategorien:

1. **Typ-1-Diabetes**, bedingt durch eine Zerstörung der Insulin-produzierenden β-Zellen, die immunologisch oder idiopathisch bedingt sein kann,
2. **Typ-2-Diabetes**, bei dem überwiegend eine Insulinresistenz und/oder relativer Insulinmangel vorliegt,
3. **andere spezifische Typen** und
4. der **Gestationsdiabetes**.

Die Klassifikation bezieht sich auf den Zeitpunkt der Diagnosestellung. Das bedeutet, dass eine Patientin zu einem Zeitpunkt einen Gestationsdiabetes haben und später einen Typ-2-Diabetes bekommen kann (für weitere Einzelheiten des Gestationsdiabetes siehe Spezialbücher).

Die neuen diagnostischen Kriterien für den Blutzucker sind in Tab. 4.5 dargestellt. Ein Diabetes mellitus besteht, wenn die klassischen Symptome wie **Polyurie**, **Polydipsie** und **Gewichtsverlust** mit einem Gelegenheits-Blutzuckerwert über 200 mg/dl bestehen. Bei einem Gelegenheits-Blutzuckerwert von über 200 mg/dl ohne Symptome sollte zunächst zur Diagnosebestätigung ein Nüchternwert abgenommen werden. Eine Nüchtern-Plasma-Glukose über 126 mg/dl (7,0 mmol/l) bestätigt die Diagnose. Neu ist u. a., dass die „**pathologische Glukosetoleranz**" nicht nur über den **oralen Glukosetoleranztest** definiert wird, sondern auch durch den Blutzuckerspiegel im Nüchternzustand, d. h. „**impaired fasting glucose**". Für diesen Bereich wird die Nüchternglukose zwischen 110 und 126 mg/dl angegeben. Dementspre-

Tabelle 4.5: Diagnostische Richtwerte zur Feststellung eines Diabetes mellitus nach Empfehlungen der Amerikanischen Diabetes-Gesellschaft (Diabetes Care 1997) und WHO (Diabet. Mel. 1998). Es werden die Nüchternwerte sowie die Werte im Rahmen eines oralen Glukosetoleranztests (75 g) für Plasma dargestellt. Für kapilläres Vollblut beträgt der Nüchternwert 110 mg/dl statt 126 mg/dl und der normale Grenzwert < 100 mg/dl.

Stadium	Nüchternplasmaglukose	Gelegenheitsblutzucker	oraler Glukose-Toleranz-Test (oGTT)
Diabetes mellitus	≥ 126 mg/dl (7,0 mmol/l)	> 200 mg/dl (11,1 mmol/l) und Symptome	2-Std.-Wert ≥ 200 mg/dl (11,1 mmol/l)
gestörte Glukose-Homöostase („impaired fasting glucose")	≥ 110 < 126 mg/dl (6,1–7,0 mmol/l)		pathologische Glukosetoleranz 2-Std.-Wert ≥ 140 bis < 200 mg/dl (7,8 mmol/l)
normal	< 110 mg/dl (6,1 mmol/l)		< 140 mg/dl (7,8 mmol/l)

Tabelle 4.6: Durchführung des 75 g OGTT oraler Glukosetoleranztest nach WHO-Richtlinien.

Testdurchführung am Morgen
- nach 10–16 Stunden Nahrungs- (und Alkohol-) Karenz
- nach einer ≥ 3-tägig kohlenhydratreichen Ernährung (≥ 150 g KH/d)
- im Sitzen oder Liegen (keine Muskelanstrengung); nicht rauchen vor oder während des Tests

Zum Zeitpunkt 0 Trinken von 75 g Glukose (oder äquivalenter Menge hydrolysierter Stärke) in 250–300 ml Wasser innerhalb von 5 Minuten.
Kinder 1,75 g/kg KG (max. 75 g)
Blutentnahme 0 und 120 min.
Sachgerechte Probenaufbewahrung und -verarbeitung

Test kontraindiziert bei interkurrenten Erkrankungen, bei Z. n. Magen-Darm-Resektion oder gastrointestinalen Erkrankungen mit veränderter Resorption oder wenn bereits eine erhöhte Nüchternglukose (Plasmaglukose ≥ 126 mg/dl bzw. ≥ 7,0 mmol/l) oder zu einer beliebigen Tageszeit eine Blutglukose von ≥ 200 mg/dl bzw. ≥ 11,1 mmol/l gemessen und damit ein Diabetes mellitus belegt wurde.

chend bekommt der Nüchternwert eine größere Gewichtung für die Diagnosestellung und sein diagnostischer Grenzwert ist von 140 auf 126 mg/dl abgesenkt worden. Ferner ist neu, das Fenster zwischen 110 und 126 mg/dl als „impaired fasting glucose" zu bezeichnen. Zum reinen „Screenen" des Diabetes mellitus bzw. für epidemiologische Untersuchungen empfiehlt die amerikanische Diabetes-Gesellschaft, sich auf die Nüchternglukose zu beschränken, wohingegen die WHO auch weiterhin den oralen Glukosetoleranztest berücksichtigt. Beide Tests sind in ihrer diagnostischen Wertigkeit überlappend, aber nicht identisch. Die Erniedrigung der Nüchternglukose wurde u. a. vorgenommen, da bereits bei Nüchternplasmakonzentrationen von 126 mg/dl und höher häufig bereits mikroangiopathische Spätkomplikationen vorliegen. Der orale Glukosetoleranztest (zur Durchführung siehe Tab. 4.7) hingegen scheint insbesondere bei Individuen mit erhöhtem Risiko für das „Metabolische Syndrom" oder Diabetes mellitus Typ 2 ein sensitiverer Parameter als der alleinige Nüchternblutzucker für die Diagnosestellung und das einhergehende kardiovaskulare Risiko zu sein. So empfehlen beide Gesellschaften in dieser Situation beides, nämlich die Nüchternbestimmung sowie den oralen Glukosetoleranztest (Tab. 4.7).

Das Blut für Plasmaglukose sollte nach einer mindestens 8-stündigen Hungerperiode über Nacht entnommen werden. Das Plasma sollte innerhalb von 60 Minuten von den Zellen separiert werden. Falls dieses nicht gewährleistet werden kann, sollte ein entsprechendes Blutentnahmeröhrchen mit einem Inhibitor der Glykolyse, z. B. Natriumfluorid, verwendet werden. Das Blut sollte morgens entnommen werden, da die Nüchternglukose am Nachmittag niedriger ist. Die Glukosekonzentration nimmt ex vivo mit der Zeit aufgrund der Glykolyse ab; die Rate der Glykolyse beträgt ca. 5–7 % oder 10 mg/dl/Stunde. Die Glykolyserate kann durch die Hemmung der Enolase durch Natriumfluorid (2,5 mg Fluorid pro ml Blut) oder auch Lithiumjodoacetat gehemmt werden. Diese Reagenzien können allein oder zusammen mit Antikoagulantien, wie z. B. EDTA, Zitrat oder Lithiumheparin verwendet werden. Nach vier Stun-

Tabelle 4.7: Risikofaktoren für einen Typ-2-Diabetes.

Alter ≥ 45 Jahre
Übergewicht (BMI ≥ 25 kg/m^2)
positive Familienanamnese
körperliche Inaktivität
gestörte Glukosehomöostase
Gestationsdiabetes
Kind mit Geburtsgewicht > 4500 g
Hypertonie (≥ 140/90 mmHg)
HDL-Cholesterin ≤ 35 mg/dl (0,90 mmol/l)
Triglyceridspiegel ≥ 250 mg/dl (2,82 mmol/l)
PCO-Syndrom
kardiovaskuläre Erkrankung

Screening sollte bei Individuen mit mindestens einem dieser Risikofaktoren alle 3 Jahre mittels der Bestimmung der Nüchternglukose und bei negativem Befund mit dem oralen Glukose-Toleranz-Test erfolgen (Empfehlung der Amerikanischen Diabetes-Gesellschaft [ADA] 2003).

den bleibt die Glukosekonzentration im Vollblut bei Raumtemperatur für 72 Stunden in der Gegenwart von Fluorid stabil. In Serum ohne Fluorid bleibt die Glukosekonzentration für 8 Stunden bei 25° und 72 Stunden bei 4° stabil. Zur Diagnosestellung wird aufgrund der höheren Reproduzierbarkeit die Bestimmung der Glukose im Plasma empfohlen. Obgleich die roten Blutkörperchen im Wesentlichen kompett für Glukose permeabel sind, ist die Wasserkonzentration im Plasma 11 % höher als im Vollblut. Dementsprechend ist die Glukosekonzentration im Plasma 11 % höher als im Gesamtblut, vorausgesetzt der Hämatokrit ist normal. Im heparinisierten Plasma ist die Glukose 5 % niedriger als im Serum.

Glukose wird üblicherweise ausschließlich durch enzymatische Methoden bestimmt. Hierbei ist die Hexokinase oder Glukoseoxidase die Methode der Wahl.

Die Selbstmessgeräte für die Blutzuckerkonzentration basieren im Wesentlichen auf trockenchemischen Reaktionen. Patienten sollen in die Handhabung dieser Glukometer einschließlich einer Qualitätskontrolle instruiert werden. Insbesondere zu Beginn einer selbst gesteuerten Verlaufsbeobachtung sollten die selbst gemessenen Werte mit einem Referenzlaborwert verglichen werden. Generell sollte die Abweichung nicht höher als 15 % sein.

Zur Verlaufskontrolle der Stoffwechseleinstellung eignen sich die Selbstkontrolle des Blutzuckers sowie ggf. die Bestimmung der Glukose und der Ketonkörper im Urin. Zur längerfristigen Überprüfung der Einstellung sollte das Ausmaß der Glykolyierung des Hämoglobins oder Fruktosamins analysiert werden.

Die Selbstkontrolle des Blutzuckers durch die Patienten kann durch die Blutzuckerbestimmung im Kapillarblut mit Hilfe von Teststreifen in ausreichender Genauigkeit erfolgen. Die Patienten müssen aber in der Handhabung bzw. Durchführung und Auswertung visuell oder durch Geräte ausführlich geschult und durch Referenzbestimmungen kontrolliert werden. Die Ergebnisse sollten protokolliert und zu den Arztbesuchen mitgebracht werden. Eine Bestimmung des Blutzuckers sollte bei Patienten, die mit Insulin behandelt werden, möglichst vor jeder Injektion erfolgen, in besonderen Situationen (Insulintherapie, s. u.) auch häufiger. Die Bestimmung der Glukoseausscheidung im Urin, die bei Überschreitung der „Nierenschwelle" (150–180 mg/dl) positiv ausfällt, erlaubt nur eine grobe Abschätzung der Stoffwechseleinstellungsqualität. Sie kann aber bei älteren Patienten mit Typ-2-Diabetes und geringem Hypoglykämierisiko hilfreich sein und ggf. die Selbstkontrolle des Blutzuckers (BZ), z. B. zur Abschätzung der postprandialen Zeiträume, ergänzen.

Die Bestimmung der Ketonkörper im Urin mit Teststreifen ist bei Hyperglykämie (z. B. mehrmals über 250–300 mg/dl) und Stoffwechsels (fieberhafter Infekt, Übelkeit, Erbrechen, Bauchschmerzen, vor Sport) indiziert. Eine ge-

Tabelle 4.8: Hämoglobine und ihre glykierten Derivate.

HbA	(95–97 %)	Hämoglobin A
HbA_{1c}	(90 %)	Unglykierte HbA-Fraktion
HbA_1	(5–7 %)	Glykiertes Hämoglobin A_0 ($\alpha_2\beta_2$)
– HbA_{1a}		Glykierte β-Ketten des HbA_1
HbA_{1a1}		Glykierung mit Fruktose-1,6-diphosphat
HbA_{1a2}		Glykierung mit Glukose-6-phosphat
– HbA_{1b}		HbA_1 mit unbekanntem Reaktionspartner
– HbA_{1c}		75–80 % des HbA_1, Glykierung mit D-Glukose am N-terminalen Valin der β-Kette
– l-HbA_{1c}		labile HbA_{1c}-Form (Aldimin-Form)
– s-HbA_{1c}		stabile HbA_{1c}-Form (Ketoamin-Form)
HbA_2	(< 3 %)	Hämoglobin A2 (α_2, δ_2)
HbF	(< 1 %)	Hämoglobin F (α_2, γ_2)

Das affinitätschromatographisch bestimmte glykierte Hämoglobin wird als Gesamt-Glykohämoglobin bezeichnet.

ringe Ketonurie findet sich auch bei längerer Nahrungskarenz.

Die chromatographische Auftrennung der Hämoglobine zeigt, dass ca. 5–7% durch Zuckerreste modifiziert sind (HbA_1). Das HbA_{1c} (normalerweise 4–6%) repräsentiert den Anteil, der Glukose gebunden hat (zur Modifikation und Nomenklatur der verschiedenen gylkierten Hämoglobine siehe Tab. 4.8). Das Ausmaß der irreversiblen, nichtenzymatischen Glykierung des Hämoglobins der Erythrozyten hängt ab von ihrer Lebensdauer (im Mittel 120 Tage, cave bei Hämolyse) und der Höhe des Blutzuckers. Dementsprechend reflektiert das HbA_{1c} die Qualität der Blutzuckereinstellung über die letzten 6 bis 8 Wochen vor der Blutentnahme, während die letzten ein bis drei Wochen eher durch das Ausmaß der Glykierung von Serumproteinen (Fruktosamin) repräsentiert werden.

Auf Möglichkeiten zur weiteren klinischen und laborchemischen Diagnostik kardiovaskulärer Risikofaktoren sowie mikro- und makroangiopathischer Veränderungen wird in den folgenden Abschnitten eingegangen.

Die Deutsche Diabetes-Gesellschaft empfiehlt in ihren Praxisleitlinien die in Tab. 4.9 dargelegten laborchemischen Kontrolluntersuchungen sowie die in Tab. 4.10 dargelegten Zielwerte für Blutglukose und HbA_{1c}.

4.4.2 Diabetes mellitus Typ 1

Nach der neuen Klassifikation ist der Diabetes mellitus Typ 1 durch einen absoluten Insulinmangel, der durch eine Zerstörung der β-Zellen bedingt ist, definiert. Die Zerstörung der β-Zellen kann immunvermittelt oder idiopathisch sein. Die letztere Form ist selten und wird hier nicht weiter besprochen werden.

Die **immunmediierte Form des Typ-1-Diabetes** wurde bei den früheren Klassifikationen als insulinabhängiger (insulin-dependent) Diabetes mellitus (IDDM) oder auch als Typ-I-Diabetes bezeichnet. Die meisten Patienten haben

Tabelle 4.9: Laborchemische Untersuchungsempfehlungen der DDG.

erste Konsultation	vierteljährlich	jährlich
vollständige körperliche Untersuchung insbesondere auf chronische Komplikationen (neurologische Untersuchung, angiologische Untersuchung, Untersuchung der Füße, Belastungs-EKG; augenärztliche Untersuchung)	Gewicht, Blutdruck, Blutzucker, HbA_{1c}, Lipide (nur wenn zuvor pathologisch), Urin auf Albumin (nur wenn pathologisch) kontrollieren, Fußinspektion durchführen.	vollständige körperliche und klinisch chemische Laboruntersuchung wie bei der ersten Konsultation
Durchführung biochemischer Tests (Blutglukose, HbA_{1c}, Triglyceride, Gesamt-Cholesterin, HDL-Cholesterin und LDL-Cholesterin, Kreatinin, Elektrolyte, Urinuntersuchung auf Glukose, Albumin, Ketone und mikroskopische Untersuchung)		

Tabelle 4.10: Zielwerte für Blutzucker und HbA_{1c} nach DDG.

Indikator Blutglukose	Zielwertbereich in mg/dl (mmol/l)	
	venös	kapilläres Vollblut
nüchtern/präprandial	90–120 (5,0–6,7)	90–120 (5,0–6,7)
1–2 h postpranidial		130–160 (7,2–8,9)
vor dem Schlafengehen	110–140 (6,1–7,8)	110–140 (6,1–7,8)
HbA_{1c}-Wert	6,5% oder niedriger. Bei Typ-1-Diabetikern nur niedriger, wenn dies nicht durch häufigere Hypoglykämien erkauft wird.	

ihre klinische Erstmanifestation im Kindesalter. Bei der autoimmunen Destruktion der β-Zellen spielen die genetische Prädisposition, Umweltfaktoren sowie zahlreiche Immunphänomene eine Rolle.

Die genetische Prädisposition macht ca. 30% der Suszeptibilität für einen Typ-1-Diabetes aus. Zahlreiche unterschiedliche Regionen im humanen Genom zeigen eine Verbindung (linkage) mit der Erkrankung. Die stärkste Verbindung besteht mit dem **humanen Leukozytenantigen (HLA)- Genen** in der Region des Histokompatibilitätskomplexes (MHC), der auf dem kurzen Arm des Chromosoms 6 liegt (Abb. 4.1). Dieser Lokus wird als IDDM-1 bezeichnet. HLA Klasse-II-Antigene spielen eine entscheidende Rolle bei der Präsentation von Antigenen gegenüber T-Lymphozyten und damit bei der Initiierung der Autoimmunantwort. Wesentliche genetische Loki der HLA Klasse-II-Antigene werden als DP, DQ und DR bezeichnet. Die HLA-Haplotypen scheinen Marker für bisher unbekannte Suszeptibilitätsorte zu sein. Die Haplotypen DR3 und/oder DR4 prädisponieren für die Entstehung eines Typ-1-Diabetes.

Wesentliche Umweltfaktoren sind Viren, Nahrungsbestandteile und möglicherweise Stress. Es wird diskutiert, ob bestimmte Nahrungsbestandteile und bestimmte Stressformen immunregulatorische Mechanismen modulieren, die zur Entwicklung und Manifestation eines autoimmunen Diabetes beitragen. Die Hypothese, dass Viren bei der Entstehung des immunmediierten Typ-1-Diabetes beteiligt sind, beruht u. a. auf tierexperimentellen Untersuchungen sowie auf epidemiologischen bzw. geographischen Beobachtungen, die Assoziationen zwischen der Diabetesinzidenz und dem Auftreten von viralen Infektionen bei neumanifestierten Patienten beschreiben. Die am meisten diskutierten Viren sind das Rötelnvirus, Coxsackie-B-Viren (insbesondere B4), aber auch Echo-Viren, das Zytomegalievirus und Herpes-Viren.

Autoantikörper gegen Strukturen der Inselzelle sind klinisch relevante Marker der immunen Zerstörung von β-Zellen. Mindestens einer von diesen Antikörpern ist in ca. 85 bis 90% aller Patienten zum Zeitpunkt der Erstdiagnose vorhanden. **Inselzell-spezifische Antikörper (ICAs)** sind in 60 bis 90% der neu diagnostizierten Patienten mit Typ-1-Diabetes im Serum nachweisbar, hingegen nur bei ca. 0,5% nicht diabetischer Kontrollpersonen. Das Antigen dieser Antikörper ist noch nicht bekannt und wahrscheinlich heterogen.

Bei den meisten Patienten verschwinden die ICAs innerhalb von zwei bis drei Jahren. In 10 bis 15% der Patienten sind diese Antikörper länger als zwei bis drei Jahre im Serum nachzuweisen und sind dann auch mit einem erhöhten Risiko für andere autoimmunbedingte Endokrinopathien assoziiert. Antikörper gegen die **Glutamatdekarboxylase (GAD)** sind zunächst bei Patienten mit „Stiff Man Syndrome" beobachtet worden, bei denen ein Typ-1-Diabetes gelegentlich auftritt. Antikörper gegen GAD könnten einen hohen Wert für das Screening haben, da sie weniger schwanken, bereits bis zu 10 Jahre vor klinischem Beginn des Diabetes mellitus vorhanden sein können und nicht so schnell abfallen. **Insulinautoantikörper (IAA)** sind in bis zu 50% der Patienten mit neudiagnostiziertem Typ-1-Diabetes im Alter unter 5 Jahren zu finden. Die IAA-Titer fallen im Gegensatz zu den ICA-Titern im Alter ab. Es gibt noch zahlreiche andere beschriebene Autoantikörper gegen potentielle Autoantigene (z. B. gegen die Karboxypeptidase H, Heat Shock Protein 65, Peripherin, Glut2, P69). Bei diesen letzteren Autoantikörpern ist aber weder ihre klinische Bedeutung noch der prädiktive Wert z. Zt. bekannt. Ob spezifische Antikörper bzw. eine bestimmte Titerhöhe einen prädiktiven Wert für die Entwicklung eines Typ-1-Diabetes hat, wird zur Zeit in wissenschaftlichen Studien geprüft. Ziel ist es, z. B. bei Verwandten von Patienten mit klinisch manifestem Typ-1-Diabetes, Hochrisikoindividuen durch einen Antikörperstatus zu identifizieren (z. B. ICA und/oder IAA positiv), um eines Tages eventuell eine präventive Therapie (z. B.: Insulin, Immunsuppression, Impfung?) durchzuführen.

Zahlreiche Befunde weisen darauf hin, dass der immunvermittelte Typ-1-Diabetes aber eine im Wesentlichen **T-Zell-mediierte Autoimmunerkrankung** ist. Hierfür sprechen u. a. die o. a. Assoziationen mit HLA-Markern und die beobachtete inflammatorische Zellinfiltration von **Langerhansinseln**, genannt Insulinitis, die im Wesentlichen zytotoxische und Suppressor-T-Lymphozyten zeigt. Nicht jede Entzündung der Langerhans'schen Inseln im Pankreas geht aber mit einer Zerstörung der insulinproduzierenden β-Zellen einher. So wird eine „benigne" von einer „destruktiven" Insulinitis unterschieden. Es konnte gezeigt werden, dass bestimmte T-Zellen (CD4 oder T-Helferzellen) wiederum durch die Art der Zytokine, die sie freisetzen, unterschieden werden können. Sogenannte Th1-Zellen produzieren vornehmlich Interferon (IFN)-gamma und Interleukin (IL)- 12, Th2-Zellen IL-4 und -10. Die Th1-Zytokine scheinen im Wesentlichen eine destruktive und die Th2-Zytokine eine benigne Insulinitis zu vermitteln. Dies könnte ein pathophysiologischer Ansatz sein, unterschiedliche Manifestations- sowie Krankheitsverläufe eines Typ-1-Diabetes besser zu verstehen und neue Therapie- bzw. Präventionsstrategien zu entwickeln.

4.4.3 Diabetes mellitus Typ 2

Auch wenn der Typ-2-Diabetes meist erst im Alter über 40 Jahren auftritt und mit einem körperlichen **Übergewicht** assoziiert ist, spielen bei der klinischen Manifestation des Typ-2-Diabetes **genetische Faktoren** eine ganz entscheidende Rolle. Es ist gezeigt worden, dass die Konkordanzrate eineiiger Zwillinge fast 100 % beträgt. Das heißt, dass eineiige Zwillinge, die in unterschiedlichen Elternhäusern und sozialen Umgebungen aufwachsen, mit hoher Wahrscheinlichkeit später einen klinisch manifesten Typ-2-Diabetes entwickeln. Dies bedeutet, dass Umweltfaktoren nur eine modulierende Funktion haben, wohingegen eine genetische Disposition die entscheidende pathophysiologische Rolle spielt. Der klinisch manifeste Typ-2-Diabetes ist durch drei pathophysiologische Phänomene charakterisiert:
1. erhöhte hepatische Glukoneogenese,
2. Funktionsstörung der β-Zelle mit relativem Insulinmangel und
3. verminderte Insulinsensitivität bzw. Insulinresistenz.

Zahlreiche epidemiologische Studien verschiedenster Kollektive zeigen, dass die erhöhte **hepatische Glukoneogenese** mit erhöhten Nüchtern-Blutzuckerwerten das späteste Phänomen und damit ein Charakteristikum des bereits klinisch manifesten Typ-2-Diabetes ist. Ihre Ursache liegt höchstwahrscheinlich in einem veränderten Insulin/Glukagon-Quotienten, der entscheidend den Leberstoffwechsel reguliert, begründet. Hierdurch ist die Glukoneogenese gegenüber der Glykolyse deutlich gesteigert.

Normalerweise ist die **Insulinsekretion** der β-Zelle nach Glukosereiz durch zwei Phasen charakterisiert, nämlich einer schnellen Freisetzung von Insulin, die dann von einer langsameren und kontinuierlichen Insulinfreisetzung gefolgt wird. Die Art der Insulinfreisetzung erfolgt „pulsatil". Das Fehlen des ersten Peaks der Insulinsekretion sowie eine Veränderung der Pulsatilität sind früheste Zeichen einer Funktionsstörung der β-Zelle. So konnte gezeigt werden, dass bereits vor klinischer Manifestation des Typ-2-Diabetes eine unterschiedliche Frequenz und Amplitude der Insulinfreisetzung bestehen. Ein Charakteristikum der Funktionsstörung der β-Zelle ist das Entstehen eines relativen Insulinmangels. Wie bei der Herzinsuffizienz spricht man auch hier von einer „Starling"-Kurve der Bauchspeicheldrüse. Bei steigenden Blutzuckerwerten, z. B. in Folge einer verminderten Insulinwirkung (s. u.), kommt es kompensatorisch zu einer vermehrten Insulinsekretion. Dieser vermehrten Insulinsekretion sind aber bei Patienten mit Typ-2-Diabetes „Grenzen" gesetzt. Dementsprechend kann die Bauchspeicheldrüse nicht weiter kompensieren und der Blutzucker steigt an. Die steigenden Blutzuckerwerte tragen zur verminderten Insulinsekretion bei, was als „Glukosetoxizität" für die β-Zelle bezeichnet wird.

Eine verminderte **Insulinempfindlichkeit bzw. Insulinresistenz** ist die von den drei o. a. pathophysiologischen Mechanismen früheste detektierbare Störung in der Entwicklung eines Typ-2-Diabetes. In einer prospektiven Untersuchung wurden alle 5 Jahre die Insulinsekretion und -sensitivität bei Kindern von Familien untersucht, in denen beide Elternteile einen klinisch manifesten Typ-2-Diabetes hatten. Es zeigte sich, dass eine verminderte Insulinwirkung bereits 20 Jahre vor klinischer Manifestation des Diabetes nachweisbar war, wohingegen Störungen der Insulinsekretion erst relativ spät auftraten. Beides, eine Insulinresistenz und verminderte Insulinsekretion, muss aber vorliegen, damit ein Diabetes mellitus Typ 2 klinisch manifest wird. Zahlreiche Studien haben gezeigt, dass die Insulinresistenz nicht nur ein Schlüsselphänomen bei der Entwicklung einer Glukosetoleranz bzw. bei zusätzlicher Störung der β-Zelle eines Diabetes mellitus Typ 2, sondern auch bei anderen kardiovaskulären Risikofaktoren, wie z.B. Adipositas, Fettstoffwechselstörungen und essenzieller Hypertonie (siehe Metabolisches Syndrom), ist. Eine reduzierte Insulinsensitivität wird klinisch meist durch eine verminderte insulinstimulierte Glukoseaufnahme nachgewiesen.

4.4.3.1 Molekulare Grundlagen der Insulinwirkung und Insulinresistenz

Zellbiologisch ist eine Insulinresistenz allerdings durch eine verminderte zelluläre Antwort auf Insulin definiert, die nicht nur die insulinstimulierte Glukoseaufnahme, sondern jeden intrazellulären Signalweg betreffen kann. Unterschiedliche Defekte bzw. **Störungsmuster dieser Signalwege** in verschiedenen Zellen bzw. Geweben können sich wahrscheinlich zeitlich und klinisch different manifestieren und tragen zu den heterogenen klinischen Phänotyp des metabolischen Syndroms bei. Die zellbiologische Identifizierung und klinische Charakterisierung dieser unterschiedlichen Störungen werden zu neuen Subklassifizierungen sowie diagnostischen und therapeutischen Ansätzen führen.

Das Verständnis der Insulinsignalwege und ihre Veränderungen bei Insulinresistenz setzt die Kenntnis über die molekularen Wechselwirkungen des Insulinrezeptors mit Substraten und Effektorsystemen voraus, die letztlich die multiplen, insulinspezifischen physiologischen Antworten bewirken. Jedes an der Signalübertragung von Insulin beteiligte Protein stellt einen potentiellen Kandidaten für regulatorische und genetische Defekte bei verschiedenen Formen der Insulinresistenz dar (Abb. 4.6).

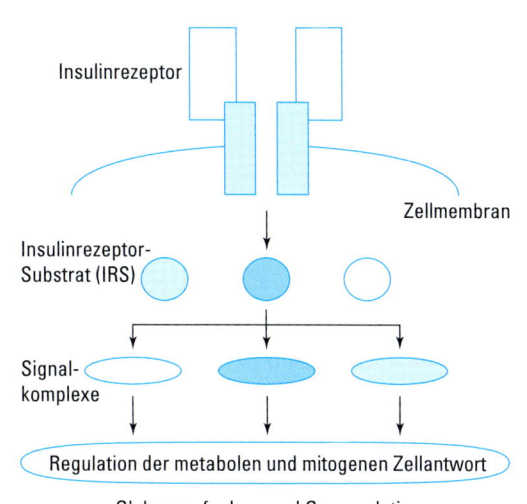

Abb. 4.6: Prinzipielle Mechanismen der Signalübertragung durch den Insulinrezeptor. Der Insulinrezeptor gehört zur Familie der rezeptorassoziierten Tyrosinkinasen, die nach Bindung durch das Hormon intrazellulär autophosphoryliert werden und hierdurch ihre intrinsische Tyrosinkinaseaktivität stimulieren. Hierdurch kommt es zu einer Interaktion mit unterschiedlichen Insulinrezeptorsubstraten (IRS), die wiederum nachgeschaltete Signalproteine binden können. Es entstehen verschiedene Signalkomplexe, die die metabolischen und mitogenen Effekte in der Zelle vermitteln. Dieses Signalnetzwerk wird z.B. durch posttranslationale Modifikationen (z.B. Phosphorylierung), Protein-Protein-Wechselwirkungen, subzelluläre Lokalisation der Proteine sowie durch ihr stöchiometrisches Verhältnis zueinander (Abundanz) reguliert.

4.4.4 Spezifische Typen des Diabetes mellitus

Andere spezifische Typen des Diabetes mellitus betreffen nach der neuen Klassifikation Diabetesformen, die im Zusammenhang mit genetischen Störungen der Insulinsekretion und -wirkung auftreten, auf die im Folgenden kurz eingegangen wird, sowie Diabetes, der im Zusammenhang mit Erkrankungen des exokrinen Pankreas, Endokrinopathien, Medikamenteneinnahmen, Infektionen und anderen seltenen Immunreaktionen auftritt oder mit anderen genetischen Syndromen vergesellschaftet ist.

4.4.4.1 Mitochondrialer Diabetes

Bei einer Reihe von Patienten mit dem klinischen Bild eines Typ-2-Diabetes sind Mutationen in der DNA von Mitochondrien gefunden worden. Die häufigste ist eine Punktmutation (G→A) an der Stelle 3243 in der tRNA für Leucin. Da die mitochondriale DNA nur mütterlicherseits vererbt wird, haben diese Patienten einen charakteristischen Stammbaum. Ferner scheinen genetische Störungen der Mitochondrien überwiegend in den Zellen zu einem Funktionsverlust zu führen, in denen sie relativ zahlreich vorhanden sind, z. B. Nervenzellen. Charakteristischerweise haben diese Patienten eine verminderte Hörleistung. Welche direkte pathogenetische Bedeutung die mitochondrialen Mutationen für die Entwicklung des Diabetes haben, ist völlig unbekannt. Andere klinische Störungen, die mit einer identischen Veränderung der Mitochondrien assoziiert sind, wie z. B. das MELAS-Syndrom (mitochondriale Myopathie, Enzephalopathie, Laktatazidose und schlaganfallähnliches Syndrom) haben keinen klinisch manifesten Diabetes. Interessanterweise haben Patienten mit einer Friedreich-Ataxie genetische Störungen des Frataxingens und häufig einen Diabetes mellitus Typ 2. Das Frataxingen kodiert für ein Eiweißmolekül, das ebenfalls eine entscheidende Rolle im mitochondrialen Stoffwechsel spielt. Veränderungen dieses Gens können auch mit einem erhöhten Risiko für den Typ-2-Diabetes verbunden sein.

4.4.4.2 Insulinresistenzsyndrome

Das klinische Bild der Patienten mit genetischen Syndromen der Insulinresistenz wird im Wesentlichen durch das Ausmaß der Störung der Insulinsignaltransduktion bestimmt, sodass wahrscheinlich auch andere Störungen neben dem Insulinrezeptor dazu beitragen. So haben z. B. Geschwister der gleichen genetischen Mutation im Insulinrezeptor ein unterschiedliches klinisches Bild. Patienten mit **Typ-A-Syndrom** der Insulinresistenz haben meist eine heterozygote Mutation in der Kinasedomäne des Insulinrezeptors und eine milde bis schwere Hyperinsulinämie bzw. Hyperglykämie. Die meisten dieser Patienten haben eine **Acanthosis nigricans** (Dunkelfärbung der Haut, insbesondere in den Achselhöhlen und des Nackens), die mit dem Ausmaß der Insulinresistenz korreliert. Weibliche Patientinnen sind meist virilisiert und besitzen **zystische Ovarien**.

Patientinnen mit **Leprechaunismus** oder dem **Rabson-Mendenhall-Syndrom** sind sehr selten und erkranken im Kindesalter. Es liegen meist homozygote oder zusammengesetzt heterozygote Mutationen des Insulinrezeptorgens mit einer ausgeprägten Insulinresistenz vor. Diese Patienten haben auch Störungen des Wachstums, ein vermindertes subkutanes Fettgewebe sowie oft eine Hepatomegalie. Patienten mit Rabson-Mendenhall-Syndrom haben charakteristischerweise auch geänderte Gesichtszüge, mehrere Zahnreihen und Veränderungen der Nägel.

Bis jetzt sind keine Insulinrezeptordefekte bei Patienten mit kongenitaler **Lipoatrophie** gefunden worden. Es gibt jedoch direkte zellbiologische Hinweise für Postrezeptorstörungen, insbesondere genregulatorische Mechanismen. So könnte ein genetischer Defekt in einem Signalschritt, der die Expression zahlreicher Gene bzw. die Differenzierung und Anlage des Fettgewebes reguliert, zu einem komplexen klinischen Phänotyp führen. Ein ähnliches klinisches Bild der Lipoatrophie kann im Rahmen der Einnahme von Proteaseinhibitoren bei der Therapie einer HIV-Infektion beobachtet werden. Kürzlich gibt es erste Studien, die eine Verbesserung der metabolischen Phänomene nach Gabe von Leptin beschreiben.

4.4.4.3 Maturity Onset Diabetes of the Young (MODY)

MODY repräsentiert eine Gruppe von klinisch und genetisch heterogenen familiären Störungen, die in ihrem klinischen Bild dem des klassischen Typ-2-Diabetes ähnelt. Die wesentlichen klinischen Phänome sind ein nichtketotischer Diabetes mellitus mit einer Manifestation im Alter von jünger als 25 Jahre, autosomal dominanter Vererbung, fehlender Adipositas sowie dem Fehlen autoimmuner Phänomene. Ein primärer Defekt scheint in der Betazellfunktion des Pankreas zu liegen, die gewöhnlicherweise eine milde Hyperglykämie aufgrund einer reduzierten Insulinsekretion verursacht. In den meisten Fällen sind Mutationen in sechs verschiedenen Genen identifiziert worden, die auch im Wesentlichen unterschiedlichen klinischen Verläufen zugeordnet werden können. Eins dieser Gene kodiert für die Glukokinase (MODY 2), den Glukosesensor der Betazelle. Die anderen kodieren für Transkriptionsfaktoren und spielen eine Rolle bei der Entwicklung und Funktion von pankreatischen Beta- und Inselzellen. MODY-2 und MODY-3 sind die häufigsten, MODY-1 und MODY-4 bis –6 sind selten.

In **MODY-2** sind bereits 130 Mutationen des **Glukokinasegens** beschrieben worden. Diese genetischen Defekte beeinträchtigen die Glukosesensorfunktion dieses Enzyms in der Betazelle und vermitteln eine Erhöhung der Plasmaglukoseschwelle für die Stimulation der Insulinsekretion. Demzufolge ist die Nüchtern- und postprandiale Hyperglykämie mild und wird meist durch rein diätetische Maßnahmen gut kontrolliert. Es sollte noch betont werden, dass diese Patienten insbesondere keine Zunahme des Gewichtes haben sollten und von regelmäßiger körperlicher Aktivität besonders profitieren. Ungefähr die Hälfte der weiblichen Träger präsentieren sich erstmalilg mit einem Gestationsdiabetes. Der **MODY-3** ist ebenfalls häufig und repräsentiert im Prinzip bis zu zwei Drittel aller Fälle. MODY-3 wird verursacht durch Mutationen in dem Transkriptionsfaktor genannt Hepatocyte nuclear factor **(HNF) 1α**; mehr als 120 Mutationen sind in diesem Gen bekannt. Trotz leichter Erhöhungen in der Nüchternglukosekonzentration, vergleichbar mit denen der Patienten mit MODY-2, ist der Blutglukosespiegel zwei Stunden nach Belastung deutlich höher. Da HNF 4α die Expression von der HNF-1α reguliert, ist der klinische Phänotyp des seltenen MODY-1-Subtypes, welcher durch Mutation ein HNF-4α-Gen verursacht wird, ähnlich dem des MODY-3. Im Gegensatz zu MODY-2 entwickelt sich die Hypoglykämie und der Diabetes mellitus deutlich schneller und der klinische Verlauf ist aggressiver. Demzufolge ist eine besonders enge Kontrolle dieser Individuen wichtig. Zusätzlich haben Patienten mit MODY-3 eine reduzierte tubuläre Reabsorption von Glukose und eine erniedrigte Nierenschwelle für Glukose.

MODY-4 bis –6 sind selten. Ein Fünftel aller europäischen Individuen jedoch, die sich mit typischen klinischen Symptomen eines MODY präsentieren, haben keine Mutation in den sechs bisher bekannten Genen. Dies weist darauf hin, dass weitere MODY-Gene in der nahen Zukunft noch identifiziert werden.

4.4.5 Komplikationen

Es werden akute Komplikationen des Stoffwechsels von späten Komplikationen, z. B. der Gefäße unterschieden.

4.4.5.1 Akute Stoffwechselkomplikationen

Die häufigsten lebensbedrohlichen akuten Stoffwechselkomplikationen des Diabetikers sind die Hypoglykämie mit Bewusstseinsverlust, die diabetische Ketoazidose und das hyperosmolare Koma. In allen Fällen handelt es sich um einen Notfall, bei dem die Zeit zur Vermeidung von Komplikationen oder Dauerschäden eine entscheidende Rolle spielt.

Die **diabetische Ketoazidose** ist durch Hyperglykämie, Ketonämie, metabolische Azidose und erhöhte Anionenlücke charakterisiert und muss von einer Laktazidose (beim Diabetiker insbesondere durch eine Biguanid-Intoxikation und/oder Alkohol bedingt) differenzialdiagnostisch abgegrenzt werden. Die Ursache einer diabetischen Ketoazidose ist ein absoluter Insulinmangel (Abb. 4.7). Durch den Insulinmangel kommt es zu einer gesteigerten Lipolyse und damit zu einem Anstieg freier Fettsäuren im Blut. Die freien Fettsäuren gehen konzentrationsabhängig in die Leber, wo der Stoffwechsel durch einen reduzierten Insulin/Glukagon-Quotienten auf Ketogenese umgestellt ist. Glukagon bei absolutem Insulinmangel führt zu einer Erhöhung der intrazellulären cyclo-AMP-Spiegel und damit u. a. zu einer Hemmung der Glykolyse mit verminderter ATP-Bildung und reduzierter Fettsäuresynthese aus Acetyl-CoA. Hierdurch wird auch weniger Malonyl-CoA gebildet, welches ein konstitutiver Inhibitor der Car-

Diagram

Insulin/Glukagon ↓

- Glukoseaufnahme ↓
- Glukoneogenese ↑
  → **Hyperglykämie**
  → Glukosurie
  → Polyurie, Polydipsie, Muskelschwäche, Gewichtsverlust

- Lipolyse ↑
- Ketogenese ↑
  → **freie Fettsäuren Ketonkörper**
  → metabolische Azidose
  → Kußmaul'sche Atmung, Azetonfötor, Erbrechen, Stupor bis Koma, abdominelle Beschwerden

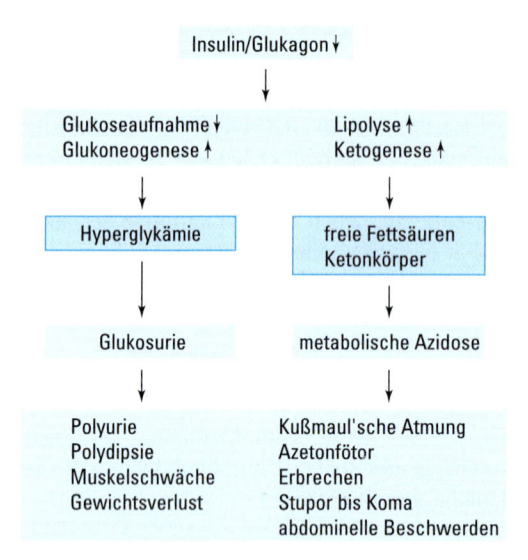

Abb. 4.7: Entstehung der diabetischen Ketoazidose. Durch einen Insulinmangel kommt es in der Periphere zu einer verminderten Insulin-stimulierten Glukoseaufnahme und zu einer gesteigerten Lipolyse. Durch den niedrigen Insulin-/Glukagon-Quotienten ist die Stoffwechsellage der Leber so geschaltet, dass die Glukoneogenese aktiviert ist und die freien Fettsäuren, die konzentrationsabhängig in die Leber gehen, in die Ketogenese eingeschleust werden. Demzufolge entsteht eine Glukosurie und eine metabolische Azidose. Die klinischen Zeichen sind damit eine Polyurie mit konsekutiver Polydypsie, Muskelschwäche und Gewichtsverlust sowie eine Kussmaul'sche Atmung zur Kompensation der metabolischen Azidose mit Azetonfötor, Erbrechen, zerebraler Eintrübung und abdominellen Beschwerden.

nitin-Palmitoyl-Transferase I an der äußeren Seite der inneren Mitochondrienmembran ist. Somit ist der Transport der freien Fettsäuren in die Mitochondrien und die Ketonkörperbildung und -sekretion ins Blut gesteigert. Hierdurch kommt es zu einem pH-Abfall bzw. zur metabolischen Azidose und respiratorischen Kompensation, die klinisch als Kussmaul'schen Atmung imponiert. Der absolute Insulinmangel führt auch zu einem Abbau der Proteine (Muskelabbau) aus denen via des Cori-Zyklus glukoplastische Aminosäuren als Substrate für die Glukoneogenese bereitgestellt werden. Die Hyperglykämie entsteht durch verminderte Glukoseaufnahme in die Organe und gesteigerte hepatische Glukoneogenese. Die Hyperglykämie ist in der Regel ausgeprägt, und die Blutglukosewerte betragen durchschnittlich um 500 mg/dl. Die Streuung ist jedoch groß. Die Ketonämie ist durch die Ketonkörper Aceton, β-Hydroxybuttersäure und Azetessigsäure bedingt, deren Konzentration in der diabetischen Ketoazidose per definitionem über 5 mmol/l beträgt. Die metabolische Azidose kann durch das gleichzeitige Vorliegen einer Hyperchlorämie verstärkt werden. Die Hyperglykämie und die Ketonämie, die für die Azidose ausschlaggebend ist, führen zu der für die diabetische Ketoazidose charakteristischen osmotischen Diurese. Zusammen mit Glukose und Ketonkörpern werden große Mengen an Flüssigkeit und Elektrolyten wie Natrium, Kalium und Phosphat im Urin ausgeschieden. Die Behandlung der diabetischen Ketoazidose umfaßt daher die Gabe von Insulin, Flüssigkeit, Elektrolyten und Bikarbonat sowie Allgemeinmaßnahmen.

4.4.5.2 Spätkomplikationen

Seit der breiten Anwendung von Insulinen sowie der Verbesserung der medizinischen Versorgungsmöglichkeiten akuter Komplikationen ist das Ziel der Behandlung des Diabetes mellitus heute daher, die Folgeschäden zu verhindern. Prinzipiell werden zwei Formen von Folgeerkrankungen unterschieden: diabetischspezifische Folgeerkrankungen bzw. Mikroangiopathien und nicht diabetischspezifische Folgeerkrankungen, d. h. die Komplikationen der Makroangiopathie.

Mikroangiopathie

Die genauen Mechanismen, wie es zur Entstehung der diabetesspezifischen Folgeerkrankungen kommt, sind noch weitgehend ungeklärt, doch scheint allen hiermit assoziierten Erkrankungen die Schädigung kleinster Gefäße, nämlich Mikroangiopathien, zugrunde zu liegen. Pathogenetische Faktoren, die diskutiert werden, sind u. a. eine endotheliale Dysfunktion (erhöhte Permeabilität, Adhäsivität, Thrombogenität mit reduzierter endothelabhängiger Vasodilatation), eine Struktur- und Funktionsänderung von Proteinen (z. B. im Serum und/ oder der Basalmembran) durch gesteigerte **Glykosylierung** mit Bildung von irreversiblen „advanced glycosylation end products" (AGE), eine Aktivierung der intrazellulären Aldosereduktase mit Akkumulation von Sorbit, eine veränderte Hämostase, erhöhter oxidativer Stress und vermehrte lokale Freisetzung verschiedener Wachstumsfaktoren.

Das Ausmaß und die Dauer der Hyperglykämie spielt bei der Entstehung der Mikroangiopathie eine entscheidende Rolle. Aufgrund großer epidemiologischer, aber nicht prospektiver Untersuchungen wurde vermutet, dass das Auftreten von Folgeerkrankungen in einem engen Zusammenhang mit der Qualität der Stoffwechseleinstellung bzw. Blutzuckerkontrolle steht. Diese Vermutung konnte jedoch erst vor kurzem anhand von großen Studien bewiesen werden.

Als Folge eines Diabetes mellitus kann es zu Veränderungen der Retinagefäße kommen. Die Entwicklung der diabetischen **Retinopathie** ist sehr eng mit der Qualität der Stoffwechseleinstellung assoziiert. Veränderungen der Netzhaut haben nach ca. 15 Jahren Diabetesdauer über 90% der Patienten mit Diabetesbeginn vor dem 30. Lebensjahr.

Störungen des peripheren Nervensystem sind häufig (Prävalenz in Querschnittsstudien 25–60%) und mit der Dauer und Qualität der Stoffwechseleinstellung verbunden. Bei noch undiagnostiziertem Typ-2-Diabetes kann sie das initiale zum Arzt führende Symptom sein. Die distal-symmetrischen **Neuropathien** mit und ohne autonomen Störungen stehen im Vordergrund des allgemein-klinischen Alltags.

Das **diabetische Fußsyndrom** ist u. a. die Ursache für die häufig durchgeführten Amputationen der unteren Extremität, und es werden grundsätzlich zwei verschiedene Formen unterschieden. Auf der einen Seite kommt es zu Ulzera-ähnlichen gangränösen Läsionen der Füße, die im Wesentlichen durch eine periphere arterielle Verschlusskrankheit bzw. Makroangiopathie bedingt sind und zum anderen zum neuropathischen Fuß, der insbesondere durch eine veränderte Sensomotorik bedingt ist und durch entsprechende konservative Therapie eigentlich immer abheilt.

Ca. 30 bis 40% aller Diabetiker entwickeln in ihrem Leben eine diabetische **Nephropathie** nach 20–30 Jahren Diabetesdauer. Die erste klinisch fassbare teils reversible Funktionsstörung der Niere und damit diagnostischer Marker einer (beginnenden) diabetischen Nephropathie ist die **Mikroalbuminurie** der diabetischen Nephropathie. Durch eine Reduktion der negativen Ladung an der Basalmembran des Glomerulum (z. B. durch Verminderung negativ geladener Heparanproteoglykane) und einer konsekutiven Zunahme der glomerulären Porengröße bei gleichzeitig gesteigertem intraglomerulären Druck sowie Hyperperfusion kommt es zunächst zu einer relativ selektiven Ausscheidung von Albumin (normalerweise auch retiniert durch negative Ladung und damit elektrostatischer Abstoßung an der negativ geladenen Basalmembran) und dann größerer Proteine (Proteinurie). Damit ist der Nachweis einer Mikroalbuminurie (30–300 mg/24 Std. oder 20–200 µg/min. bzw. > 20–200 mg/l im 1. Morgenurin) der früheste klinische Nachweis einer diabetischen Nephropathie. Bei der Entwicklung und Progression der diabetischen Nephropathie spielt nicht nur die Qualität der Blutzuckereinstellung eine Rolle, sondern auch eine genetische Prädisposition.

Makroangiopathie

Früher war die Haupttodesursache der Patienten mit Diabetes mellitus die metabolische Entgleisung. Mit Einführung der Insulintherapie und Zunahme des Diabetes mellitus Typ 2 versterben die meisten Patienten an den Komplikationen kardiovaskulärer Erkrankungen. Patienten mit Diabetes mellitus haben per se ein ca. 3 bis 5fach erhöhtes Risiko der **kardiovaskulären Mortalität**. Kürzlich hat eine prospektive Studie gezeigt, dass Diabetiker ohne Myokardinfarkt das gleiche kardiovaskuläre Mortalitätsrisiko haben wie Nicht-Diabetiker mit Infarkt. Demzufolge muss bei der Prävention und Therapie des kardiovaskulären Risikos neben der Blutzuckereinstllung ein besonderer Wert auf die Kontrolle der „klassischen" koronaren Risikofaktoren gelegt werden, wie z. B. den Fettstoffwechselstörungen und der Hypertonie, die meist im Zusammenhang mit dem der Insulinresistenz assoziierten **Metabolischen Syndrom** stehen.

Verschiedene prospektiven Studien an nicht diabetischen, normotensiven, nicht adipösen Individuen haben gezeigt, dass die Probanden mit hohen Insulinspiegeln als Marker einer Insulinresistenz im Vergleich zu den Personen mit niedrigen Insulinspiegeln eine signifikant erhöhte Inzidenz haben, eine klinisch manifeste Hypertonie, eine Dyslipidämie (hohe TG und niedriges HDL-Cholesterin) und einen Typ-2-Diabetes zu entwickeln. Diese Studien zeigen, dass der Typ-2-Diabetes, die arterielle Hypertonie, Fettstoffwechselstörungen sowie die viszeral betonte Adipositas koronare Risikofaktoren sind, die Teil des metabolischen Syndroms sind, welches durch einen verminderte Insulinsensitivität mit kompensatorischer Hyperinsulinämie charakterisiert ist. Dementsprechend wird empfohlen, bei entsprechenden Zeichen des metabolischen Syndroms einen oralen Glukosetoleranztest durchzuführen, um nach einem Diabetes mellitus Typ 2 oder Glukoseintoleranz zu fahnden (Tab. 4.7).

5 Lipide und Störungen des Lipoproteinstoffwechsels

J. Thiery, D. Teupser, G. M. Fiedler

5.1 Pathophysiologie und Pathobiochemie

5.1.1 Lipide und Lipoproteine

Die Lipide des Plasmas umfassen **Triglyceride, Cholesterinester, Cholesterin, Phospholipide** und **freie Fettsäuren**. Sie sind wasserunlöslich und benötigen daher im Blut spezifische Trägerproteine. Albumin dient als Bindungsprotein für freie Fettsäuren. Die anderen Plasmalipide werden in **Lipid-Protein-Komplexe**, sogenannte **Lipoproteine**, eingebunden. Hierbei handelt es sich um große, kugelförmige Partikel, die einen mizellaren Aufbau zeigen (Abb. 5.1). Ihre polaren Bestandteile (Phospholipide, freies Cholesterin und Apolipoproteine) bilden einen Mantel um die im Kern gelegenen unpolaren, lipophilen Cholesterinester und Triglyceride. Die Funktion der **Plasmalipoproteine** besteht im Transport der Lipide zu den verschiedenen Geweben und Organen. Die Lipide dienen hier der Energieversorgung, dem Membranaufbau, der Produktion von Steroidhormonen und der Bildung von Gallensäuren. Die Eiweißanteile der Lipoproteine, die **Apoproteine**, wirken als Kofaktoren oder Aktivatoren von lipolytischen Enzymen und vermitteln als Liganden die Bindung der Lipoproteine an spezifische Zellrezeptoren. Sie besitzen eine wichtige Funktion in der Resorption und im Transport fettlöslicher Vitamine (E, D, K, A).

Die Plasmalipoproteine werden nach ihrer Flotation im Dichtgradienten der Ultrazentrifuge in

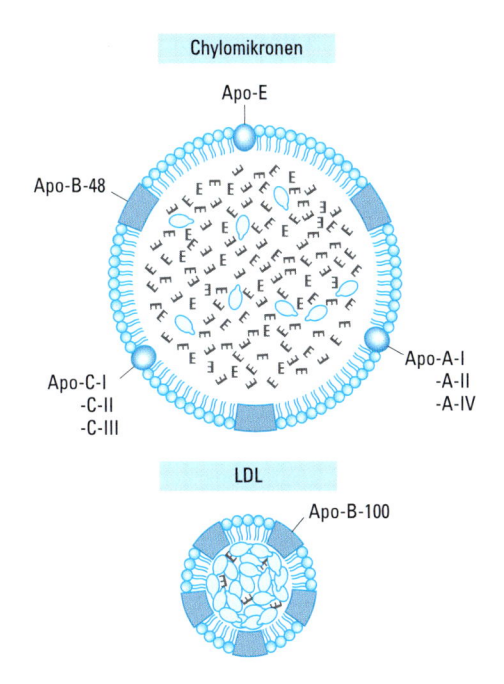

Abb. 5.1: Aufbau der verschiedenen Lipoproteine (modifiziert nach Oberman A, Kreisberg RA, Henkin Y: Principles and Management of Lipid Disorders. Baltimore, Wiliams & Wilkins, 1991, S. 87–105).

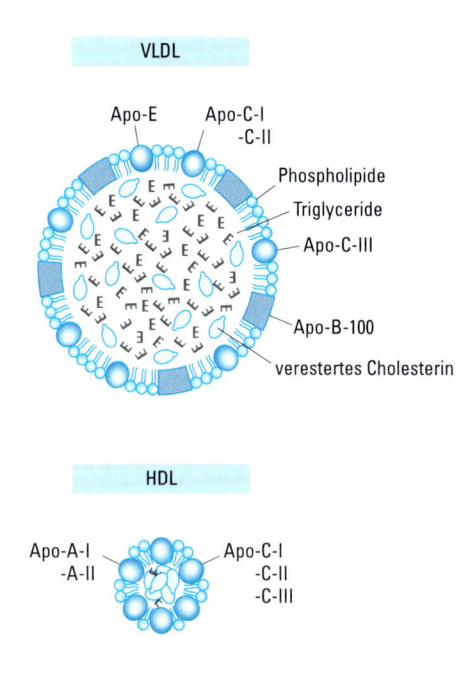

fünf Hauptklassen unterteilt: **Chylomikronen** (< 1.0 g/ml), VLDL (< 1.006 g/ml), IDL (1.006 – 1.02 g/ml), LDL (1.02 – 1.063 g/ml), HDL (1.063 – 1.21 g/ml; HDL_2 1.063 – 1.125, HDL_3 1.125 – 1.21 g/ml). Darüber hinaus ist eine zusätzliche Unterteilung möglich. Eine weitere Möglichkeit zur Auftrennung bzw. Charakterisierung der Lipoproteine ergibt sich durch die unterschiedliche Mobilität in der Elektrophorese. Die charakteristische Oberflächenladung der Partikel verursacht ein spezifisches Wanderungsverhalten im elektrischen Feld.

- **Chylomikronen** – **Chylomikronen** sind sehr große Partikel (< 10^4 nm), die in der Darmmukosa gebildet werden und die Nahrungslipide transportieren. Sie bestehen zu 90 % aus Triglyceriden, zu 3 % aus Gesamtcholesterin und 5 % aus Phospholipiden. Der Proteinanteil macht nur 1 – 2 % aus und ist sehr heterogen zusammengesetzt (A-I, A-II, A-IV, B-48, C-I, C-II, C-III, und E).
- **Very low density Lipoproteine (VLDL)** – VLDL sind große Partikel (50 nm), die in der Leber gebildet werden. Sie bestehen aus endogen gebildeten Triglyceriden (55 %), zu einem geringen Anteil (20 %) aus Cholesterin und Cholesterinester sowie aus Phospholipiden (15 %) und Apoproteinen (10 %). Die wichtigsten Apoproteine der VLDL sind B-100, C-I, C-II, C-III, and E.
- **Intermediate density Lipoproteine (IDL)** – IDL (30 nm) entstehen im Plasma als Intermediärprodukt bei der Hydrolyse der VLDL. Sie transportieren Triglyceride (20 %), Cholesterin (9 %), Cholesterinester (34 %) sowie Phospholipide (20 %) und Apoproteine (17 %). Die wichtigsten Apoproteine der IDL sind B-100, C-III, and E.
- **Low density Lipoproteine (LDL)** – LDL (21 nm) bilden das Endprodukt des VLDL- und IDL-Stoffwechsels und transportieren hauptsächlich Cholesterin (11 %) und Cholesterinester (41 %). Der Triglyceridanteil beträgt nur 4 %, Phospholipide 21 % und der Proteinanteil 23 %. Die einzige Apoproteinkomponente ist B-100.
- **High density Lipoproteine (HDL)** – HDL (8 – 10 nm) werden in der Leber und durch Makrophagen gebildet. Eine wichtige Quelle der HDL-Entstehung ist der Stoffwechsel triglyceridreicher Lipoproteine im Plasma. HDL enthalten ca. 13 % Cholesterinester, 5 % freies Cholesterin, 5 % Triglyceride und 35 % Phospholipide. Der Proteinanteil beträgt 42 %. Die wichtigsten Apoproteine der HDL sind A-I, A-II, C-I, C-II, C-III, D, und E. HDL sind sehr heterogen und lassen sich in noch unreife HDL_3 (Cholesterinakzeptoren) und reife HDL_2 Partikel unterscheiden.

5.1.2 Apolipoproteine

Zum Verständnis der herausragenden Funktion der Apolipoproteine bei Störungen des Lipoproteinstoffwechsels ist es notwendig, die Funktionen der einzelnen Apolipoproteine genauer zu beschreiben.

- **A-I**: Strukturprotein der HDL, Aktivator der Lezithin-Cholesterin-Acyltransferase (LCAT).
- **A-II**: Strukturprotein der HDL, Aktivator der hepatischen Lipase (HL).
- **A-IV**: Aktivator der Lipoproteinlipase (LPL) und LCAT.
- **B-100**: Strukturprotein für VLDL, IDL, LDL, und Lp(a). Maßgeblicher Ligand bei der zellulären Aufnahme von LDL über den **LDL-Rezeptor** und essenzielles Protein für den Aufbau und die Sekretion von VLDL durch die Leber.
- **B-48**: essenzielles Protein für den Aufbau und die Sekretion von Chylomikronen durch den Darm. Es wird nicht von der Leber gebildet und bindet nicht an den LDL-Rezeptor.
- **C-I**: Aktivator von LCAT.
- **C-II**: essenzieller Kofaktor für die Aktivierung von LPL.
- **C-III**: Hemmung des Apo-E vermittelten Abbau triglyceridreicher Lipoproteine durch Zellrezeptoren. Hemmung der Triglyceridhydrolyse durch Inhibition der LPL oder HL.
- **D**: potentieller Kofaktor für das Cholesterinester-Transferprotein (CETP).
- **E**: wichtigster Ligand der hepatischen Chylomikronen- und VLDL-Remnantrezeptoren. Vermittlung des schnellen Abbaus von Chylomikronen- und VLDL-Remnant Partikeln durch die Leber. Apo-E liegt beim Menschen in 3 verschiedenen Allelen vor: E2 (Cystein

an Position 112 und 158), E3 (Cystein an Position 112 und Arginin an Position 158), E4 (Arginin an Position 112 und 158). Das Apo-E3 Allel findet sich bei etwa 60–80 % der Bevölkerung. Aus den 3 Allelen bilden sich Isoformen für Apo-E, die kodominant vererbt werden. Im Vergleich zu Apo-E3 zeigt Apo-E2 eine verminderte Affinität und Apo-E4 eine erhöhte Affinität zu dem LDL- (Apo-B/E-) Rezeptor. Die Isoformen besitzen eine klinische Bedeutung. Apo-E2 ist mit der familiären Dysbetalipoproteinämie (verlangsamte Elimination von VLDL- und Chylomikronen-Remnants) und Apo-E4 mit einem erhöhten Risiko für Hypercholesterinämie und Koronare Herzerkrankung assoziiert.
- **Apo(a):** Strukturprotein für Lipoprotein(a) (Lp(a)). Inhibitor der Plasminogenaktivierung.

5.1.3 Lipoproteinstoffwechsel

Der Lipoproteinstoffwechsel lässt sich in einen **exogenen** und **endogenen** Stoffwechselweg unterscheiden.

5.1.3.1 Exogener Lipoproteinstoffwechsel

Der exogene Stoffwechselweg beginnt mit der intestinalen Absorption von Cholesterin und Fettsäuren. Der Mechanismus der Absorption von Cholesterin im Darm ist bisher nicht genau aufgeklärt. Die molekulare Analyse von genetischen Störungen des exogenen Fettstoffwechsels und die Entwicklung neuer Medikamente (Ezetimib) tragen jedoch zu einem zunehmend besseren Verständnis der komplexen Prozesse der intestinalen **Sterolresorption** bei. Im Darmlumen bilden Cholesterin, Pflanzensterole (Phytosterole wie z. B. Sitosterol und Campesterol) gemeinsam mit Gallensäuren Mizellen (Abb. 5.2). Diese werden über einen bisher nicht bekannten Transportmechanismus in die Enterozyten aufgenommen. Ein geringer Teil des Cholesterins wird wieder über einen **Cholesterintransfermechanismus** (ABCA1) aus dem Enterozyten in das Darmlumen ausgeschleust („Reendozytose"). Im Gegensatz zum Cholesterin werden die absorbierten Phytosterole von den Enterozyten mithilfe von ABCG5 und 8 fast vollständig wieder in das Darmlumen ausgeschleust und nur ein sehr geringer Anteil tritt in das Plasma über. Bei der **Phytosterolämie (Sitosterolämie)**, einer autosomal rezessiven Erkrankung, kommt es aufgrund einer genetischen Störung der für die Reendozytose verantwortlichen Transfermechanismen im Enterozyten (ABCG5 und 8) zu einer Hyperabsorption von Phytosterolen. Diese seltene Erkrankung führt frühzeitig zu einer schweren Atherosklerose und zu ausgeprägten Sehnenxanthomen. Typischerweise zeigen die Patienten mit Phytosterolämie oft normale oder sogar reduzierte Cholesterin- und Triglyceridkonzentration im Plasma. Die Diagnosestellung erfordert spezielle Untersuchungsmethoden zur Bestimmung von Sitosterol, Campesterol, Cholestanol, Sitostanol und Campestanol mittels Massenspektrometrie.

Innerhalb der Enteroyzten werden freie Fettsäuren mit Glycerin zu Triglyceriden, bzw. Cholesterin zu Cholesterinestern aufgebaut.

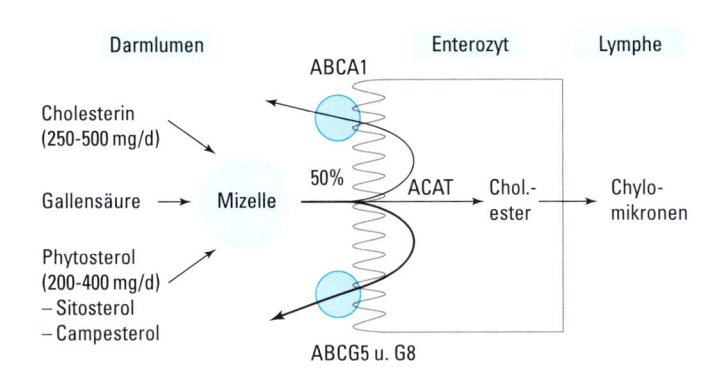

Abb. 5.2: Exogener Cholesterinstoffwechsel.

Dieser Prozess wird durch die **ACAT** (Acyl-CoA-Cholesterin-Acyl-Transferase (SOAT)) vermittelt. Eine aus Tiermodellen bekannte ACAT-Defizienz führt zu einer massiven Reduktion der Cholesterinresorption. Triglyceride und Cholesterinester, sowie freies Cholesterin werden im Enteroyzten weiter zu **Chylomikronen** zusammengebaut. Vor Abgabe in die Zirkulation werden Apo-B48, Apo-CII und Apo-E in die Membran der Chylomikronen eingefügt. Apo-B48 vermittelt die Lipidlöslichkeit, bindet jedoch nicht selbst an den LDL-Rezeptor. Hierdurch wird eine vorzeitige Elimination der Chylomikronen aus der Zirkulation verhindert. In der Zirkulation vermittelt die LPL mit ihrem enzymatischen Kofaktor Apo-CII die **Hydrolyse von Triglyceriden** und damit die Freisetzung von freien Fettsäuren aus dem Kern des Lipoproteinpartikels. Dadurch kommt es zu einer fortschreitenden Verkleinerung der Chylomikronen. Die freien Fettsäuren werden direkt als Energiequelle von verschiedenen Organen (z. B. Muskulatur) genutzt, zum Teil aber auch wieder zu Triglyceriden aufgebaut (z. B. Leber) oder als Triglyceride gespeichert (Fettgewebe). Das Endprodukt des Chylomikronenstoffwechsels sind **Chylomikronen-Remnants**, die nur noch einen kleinen Lipidkern enthalten, der durch eine jetzt übergroße Hülle aus Phospholipiden, Cholesterin und Apoproteinen umgeben ist. Der Membranüberschuss schnürt sich ab und dient nach der Triglyceridhydrolyse unter anderem der Bildung von HDL. Die Chylomikronen-Remnants können über Apo-E als hochaffinen Liganden an **hepatische Chylomikronen-Remnant-Rezeptoren** binden und somit von der Leber aufgenommen werden.

5.1.3.2 Endogener Lipoproteinstoffwechsel

VLDL: Der endogene Lipoproteinstoffwechsel beginnt mit der Synthese triglyceridreicher VLDL in der Leber (Abb. 5.3). VLDL enthalten in ihrem Kern Triglyceride (60 % der Gesamtmasse) und Cholesterinester (20 % Gesamtmasse). Im Zytoplasma der Hepatozyten werden zunächst die Triglyceride vermittelt durch das **mikrosomale Triglyceridtransferprotein** (MTP) in das endoplasmatische Retikulum (ER) transportiert. Im ER werden die verschiedenen Lipidkomponenten gemeinsam mit **Apo-B100** zu VLDL aufgebaut. Die reifen VLDL werden von der Leber in die Blutzirkulation abgegeben. Die VLDL-Hülle reifer VLDL enthält neben Apo-B100 auch Apo-CII, Apo-CIII und Apo-E. Apo-CII wirkt als Kofaktor für die LPL, während Apo-CII das Enzym inhibiert. Apo-B100 und Apo-E wirken als Liganden des LDL-Rezeptors (Apo-B/-E-Rezeptor). In der Zirkulation wird der Triglyceridanteil der VLDL durch die endotheliale LPL hydrolysiert. Durch die Lipolyse wird der Kern der VLDL verkleinert. Es entstehen **VLDL-Remnant-Partikel** (sogenannte IDL). Der hierbei auftretende Membranüberschuss der VLDL-Remnants (Phospholipide, freies Cholesterin, Apo-A, -C und -E) wird auf HDL übertragen. Ein großer Teil der VLDL-Remnants wird durch den **LDL-Rezep-**

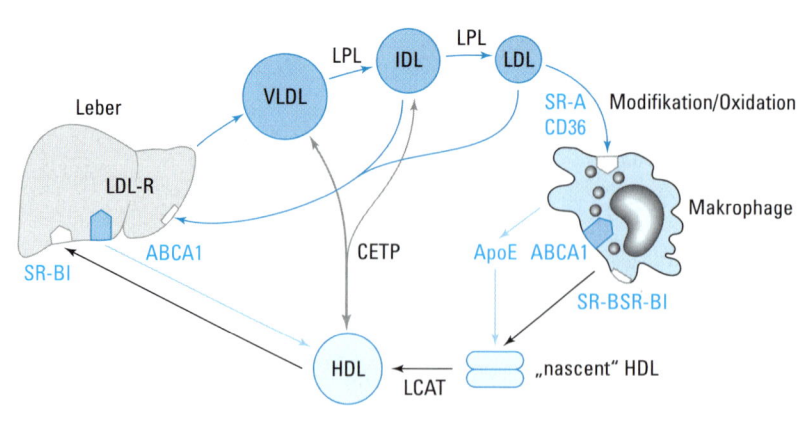

Abb. 5.3: Endogener Cholesterinstoffwechsel.

tor oder einen **Remnant-Rezeptor** direkt von der Leber aus der Zirkulation geklärt. Ein Teil der Remnants kann jedoch auch durch die **hepatische Lipase (HL)** weiter zu LDL abgebaut werden. Hierdurch kann die HL die Größe und die Zusammensetzung der LDL beeinflussen. Für den Promotor der HL sind 4 Genpolymorphismen bekannt. Der häufigste Polymorphismus ist eine C→T Substitution. Die Anwesenheit des C-Allels ist mit einer erhöhten Aktivität der HL verbunden. Dies führt zu kleineren, dichteren und höher atherogenen LDL-Partikeln.

LDL: LDL-Partikel bestehen in ihrem Kern zum überwiegenden Anteil aus Cholesterinestern mit nur noch einem geringen Anteil an Triglyceriden. Sie besitzen nur eine Apolipoprotein-Komponente, das **Apo-B100** und transportieren etwa 80 % des gesamten Plasmacholesterins. LDL werden zu etwa 70 % über den **LDL-Rezeptor** aus der Blutzirkulation entfernt, etwa 30 % werden über einen vom LDL-Rezeptor unabhängigen Weg eliminiert. Das zentrale Organ der LDL-Rezeptor vermittelten Aufnahme ist die Leber. Sie ist daher ganz entscheidend für die Regulation des Plasmacholesterins verantwortlich. Die Leber kann das LDL-Cholesterin zu **Gallensäuren** umwandeln oder direkt über die Galle in den Darm ausscheiden. Von den nicht hepatischen Geweben kann das LDL-Cholesterin für die Produktion von Steroidhormonen und für den Aufbau von Zellmembranen benutzt oder als Cholesterinester gespeichert werden. Die über den LDL-Rezeptor vermittelte Aufnahme von LDL in die Zelle unterliegt einer negativen Feedback-Kontrolle, die von dem Cholesterinbedarf der Zelle abhängig ist. So wird beispielsweise die LDL-Rezeptor-Produktion in Zellen mit einer positiven intrazellulären Cholesterinbilanz heruntergeregelt. Umgekehrt kommt es jedoch zu einer Stimulation der LDL-Rezeptor-Produktion, wenn im Falle einer **Hemmung der HMG-CoA-Reduktase** (z. B. Statine), dem Schlüsselenzym der intrazellulären Cholesterinsynthese, die intrazelluläre Cholesterinkonzentration absinkt. Die erhöhte LDL-Rezeptor-Aktivität führt zu einer gesteigerten hepatischen LDL-Aufnahme aus der Zirkulation und damit zu einem Abfall des Plasmacholesterins. Die zentrale Bedeutung des LDL-Rezeptors in der Regulation des endogenen Cholesterinstoffwechsels wird heute durch eine Vielzahl von tierexperimentellen und klinischen Befunden belegt. So kann die Hypercholesterinämie in LDL-Rezeptor defizienten Mäusen durch eine transgene Expression des LDL-Rezeptorgens vollständig normalisiert werden. Der LDL-Rezeptormangel ist die molekulare Ursache der familiären Hypercholesterinämie des Menschen. LDL-Partikel, die nicht über den LDL-Rezeptor geklärt werden, können durch einen nicht regulierten Weg über Multiligandenrezeptoren (**Scavengerrezeptoren, CD36, LOX**) aus der Zirkulation entfernt werden. Voraussetzung hierzu ist jedoch eine **Modifikation des LDL-Partikels** (z. B. Oxidation, enzymatische Modifikation, Aggregation). Die Aufnahme von modifizierten LDL über diese nicht regulierten Wege kann zu einer Akkumulation von Cholesterin in Makrophagen und zur Ausbildung von Schaumzellen führen (Abb. 5.3). Dieser Prozess trägt entscheidend zur Entstehung einer **atherosklerotischen Plaque** bei.

HDL: Die Cholesterinhomöostase des Körpers wird nur zu einem Teil über den LDL-Rezeptor reguliert. Da Cholesterin unabhängig vom LDL-Rezeptor in Form von oxidierten oder modifizierten LDL kontinuierlich von Scavengerzellen (Makrophagen, Endothelzellen) aufgenommen wird, müssen alternative Eliminationsmechanismen für die **Aufrechterhaltung der zellulären Cholesterinhomöostase** vorhanden sein. Säugetierzellen sind nicht in der Lage den Sterolring des Cholesterins abzubauen. Daher muss der Überschuss an Sterolen über die Galle und den Darm aus dem Körper eliminiert werden. Dies ist nur durch Akzeptoren für überschüssiges Gewebecholesterin möglich. In diesen „**reversen Cholesterintransport**" sind die HDL eingebunden (Abb. 5.3).

An der Bildung der HDL sind mehrere Stoffwechselprozesse beteiligt. Von der Leber und dem Darm werden kleine, unreife HDL-Partikel („**nascent HDL**") in die Zirkulation abgegeben, die aus Phospholipiden und Apolipoproteinen bestehen. Eine weitere Quelle der HDL-Bildung sind Membrankomponenten (Phospholipide, Cholesterin und Apolipoproteine), die nach Triglyceridhydrolyse der Chylomikronen und

VLDL im Überschuss auftreten. Die noch unreifen HDL-Partikel (HDL_3) sind in der Lage freies Cholesterin aus dem Gewebe und von anderen Lipoproteinen aufzunehmen. Bei diesem Prozess spielt das Apo-AI an der Oberfläche der HDL eine entscheidende Rolle. Es besitzt Signalwirkung für die Mobilisierung von Cholesterinestern aus dem intrazellulären Cholesterinpool. Nach der Übertragung (per Diffusion) von freiem (unverestertem) Cholesterin auf die HDL wird das Cholesterin in den HDL durch LCAT verestert. LCAT ist ein Plasmaenzym, das primär durch Apo-AI aktiviert wird. Durch einen ähnlichen Prozess kann HDL als Akzeptor für Cholesterin dienen, das bei der Lipolyse triglyceridreicher Lipoproteine freigesetzt wird.

Ein kürzlich entdecktes Protein, das den Cholesterinefflux aus der Zelle wesentlich regelt, besitzt ebenfalls eine herausragende Rolle in der Übertragung von Zellcholesterin auf HDL-Partikel (Abb. 5.3). Es fördert den Transfer von intrazellulärem Cholesterin zur Zellmembran. Mutationen im Gen dieses Proteins **(ABCA1)** sind mit niedrigen HDL-Konzentration assoziiert und sind Ursache der niedrigen HDL-Konzentration bei Patienten mit familiärer HDL-Mangel-Erkrankung **(Tangier-Erkrankung)**.

Eine neue Klasse von intrazellulären, lipidbindenden Transkriptionsfaktoren ist direkt in die Regulation der Cholesterinhomöostase der Makrophagen eingebunden. Es handelt sich hierbei um sogenannte **Leber-X-Rezeptoren**, von denen insbesondere LXR-alpha in der Cholesterinhomöostase von Leber, Darm und Makrophagen eine wichtige Rolle spielt. **LXR-alpha** induziert die Expression von ABC-Transportern, die Expression von Apo-E in Makrophagen und die Synthese von freien Fettsäuren, die für die Veresterung des Cholesterins notwendig sind. **Apo-E** ist als **Cholesterinakzeptor** und Schrittmacher des Cholesterinefluxes für die zelluläre Cholesterinhomöostase der Makrophagen von größter Bedeutung. HDL-Partikel können an einer bestimmten Klasse von Scavengerrezeptoren binden (**Scavengerrezeptor-BI**, SR-BI). Hierdurch kann Cholesterin leichter aus der Membran der Makrophagen durch HDL aufgenommen werden bzw. Cholesterin von den HDL an die Leberzelle abgegeben werden. Bei bestimmten Tierspezies (z. B. Hamster) wird die Nebenniere für die Steroidhormonsynthese wesentlich über diesen SR-BI vermittelten HDL-Cholesterinweg mit Cholesterin versorgt.

HDL-Cholesterin kann durch Transferproteine auf andere Lipoproteinklassen übertragen werden. So wird durch das **Cholesterinestertransferprotein (CETP)** der Transfer von Cholesterinester der HDL auf Apo-B enthaltende Lipoproteine (VLDL, IDL, LDL) erleichtert. Dieser Transferweg kann der Cholesterinversorgung für die Steroidhormonsynthese oder der Cholesterinspeicherung dienen. CETP ist jedoch auch für einen Austausch von Cholesterinestern der HDL mit Triglyceriden der VLDL verantwortlich, wie dies charakteristischerweise bei einer diabetischen Stoffwechselstörung mit Hypertriglyceridämie und niedrigen HDL-Spiegeln beobachtet wird. Für das CETP ist klinisch ein **TaqIB-Polymorphismus** von Bedeutung, der die Proteinkonzentration an CETP und damit auch die Plasma-HDL-Cholesterinspiegel wesentlich beeinflusst. Dies kann auch Auswirkungen auf den klinischen Erfolg einer Therapie mit Statinen (Pravastatin) haben (REGRESS-Studie). So scheinen Patienten mit dem TaqIB-Polymorphismus besonders von der Statintherapie zu profitieren.

Lipoprotein(a) (Lp(a)): Lp(a) ist ein spezieller LDL-Partikel dessen Proteinanteil aus einem Molekül Apo-B100 besteht, an das über eine Disulfidbrückenbindung ein „**assoziiertes" (a) Protein** gekoppelt wird (Abb. 5.4). Die Lp(a) Bildung wird durch LCAT moduliert. Das Apo(a) Protein enthält 5 Domänen, die als Kringle bezeichnet werden und eine hohe Strukturähnlichkeit zu Plasminogen besitzen. Heute sind eine große Zahl verschiedener Lp(a)-Allele bekannt, die für 12 bis über 40 Kringle-IV-Domänen kodieren. So enthält die Kringle-IV-Domäne Homologien mit der **Fibrinbindungsdomäne des Plasminogens**. Aufgrund dieser strukturellen Nähe zum Plasminogenmolekül kann Lp(a) bei der Fibrinolyse interferieren. In vitro lässt sich eine Kompetition von Lp(a) mit Plasminogen um die Bindung an Plasminogenrezeptoren, Fibrinogen und Fibrin beobachten. Dies kann zu einer gestörten Plas-

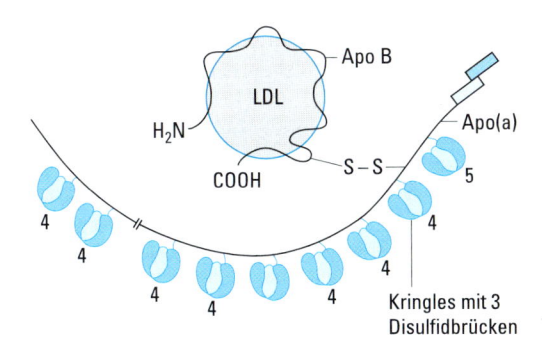

Abb. 5.4: Lipoprotein(a). Schematische Darstellung eines Lp(a)-Partikels mit einem LDL-Partikel in der Mitte. Das Apo-B100 des LDL-Partikels ist über eine Disulfidbrücke an Apo(a) gekoppelt. Das abgebildete Apo(a) enthält mehrere „Kringle-IV-Strukturen" und eine „Kringle-V-Struktur". Apo(a) ist ein Glykoprotein (Adapted from Scanu AM, Fless GM: Lipoprotein(a): heterogeneity and biological relevance. J Clin Invest 85: 1709–1715, 1990.) W.B. Saunders Company items and derived items copyright by W.B. Saunders Company.

minogenaktivierung, zu einer verminderten Plasminbildung an der Thrombusoberfläche und somit zu einer verminderten Thrombolyse beitragen. Lp(a) kann auch an Makrophagen über hochaffine Rezeptoren binden und möglicherweise hierdurch zur Schaumzellbildung und Atherosklerose beitragen. Die Konzentration von Lp(a) wird unter anderem vom Genotyp (Anzahl der Kringle-IV-Domänen) und auch von der Akut-Phase-Reaktion bestimmt.

Die physiologische Rolle von Lipoprotein(a) ist jedoch nach wie vor ungeklärt. Es wird unter anderem darüber spekuliert, dass Lp(a) die Fibrinolyse inhibiert und dass es aufgrund seines Aktivierungspotentials für TGF-β, sowie der Bindung an Fibrin bei der Wundheilung eine Rolle als Wachstumsfaktor bzw. Cholesterindonor spielen könnte.

5.1.4 Lipoproteine und Atherosklerose

Eine Störung des Lipoproteinstoffwechsels, insbesondere des LDL-Stoffwechsels, gilt als wichtigste Ursache für die Entstehung einer Atherosklerose. So weisen beispielsweise etwa 70 % der Patienten mit einer vorzeitigen Koronarsklerose eine Störung des Lipoproteinstoffwechsels auf.

LDL und Atherosklerose

LDL ist eine kausale Voraussetzung für die Entstehung der **Atherosklerose**. Initial kommt es zu einer subendothelialen Akkumulation von Apo-B100-Lipoproteinen an der extrazellulären Matrix und an Proteoglykanstrukturen der Gefäßwand. Diese unspezifische Retention von LDL wird durch die elektronegative Ladung des Apo-B vermittelt. So entwickeln Mäuse mit einer defekten Proteoglykanstruktur signifikant weniger Atherosklerose als der Wildtyp. In der Intima der Gefäßwand kommt es zunächst zu einer chemischen Modifikation der LDL durch oxidative, enzymatische und strukturelle Prozesse sowie durch Glykosilierung. Hierdurch wird eine **inflammatorische Reaktion des Endothels** induziert, die zur Ausbildung von Zelladhäsionsmolekülen (z. B. VCAM-1) und Chemokinen (z. B. MCP-1) führt (Abb. 5.5). Unter dem Einfluss von M-CSF aus den Endothelzellen transformieren die eingewanderten Monozyten zu Makrophagen. Diese exprimieren verschiedene **Scavengerrezeptoren** (SR-A, SR-BI, CD36, CD68 und SR für Phosphatidylserin), die modifizierte Lipoproteine binden und aufnehmen können. Scavengerrezeptoren sind Multiligandenrezeptoren. Sie binden Polyanionen und eliminieren wahrscheinlich physiologischerweise pathogene Stoffe und Organismen (z. B. Endotoxinen, Bakterien) sowie apoptotische Zellen. Als gemeinsamer Ligand von ox-LDL und apoptotischen Zellen werden oxidierte Phospholipide diskutiert. Die Oxidation der LDL führt zu einer Modifikation der Lysinbindungsstellen des Apo-B. Hierdurch entsteht eine hohe Affinität als Ligand für die Scavengerrezeptoren. Die **LDL-Oxidation** wird durch alle Zellen der Gefäßwand vermittelt. Der genaue Mechanismus der zellvermittelten LDL-Oxidation ist allerdings noch nicht genau aufgeklärt. Als mögliche Kandidaten, die eine LDL-Oxidation vermitteln können, werden Lipoxygenasen (LO), Myeloperoxidase (MPO), induzierbare NO-Synthase (iNOS) und NADPH-

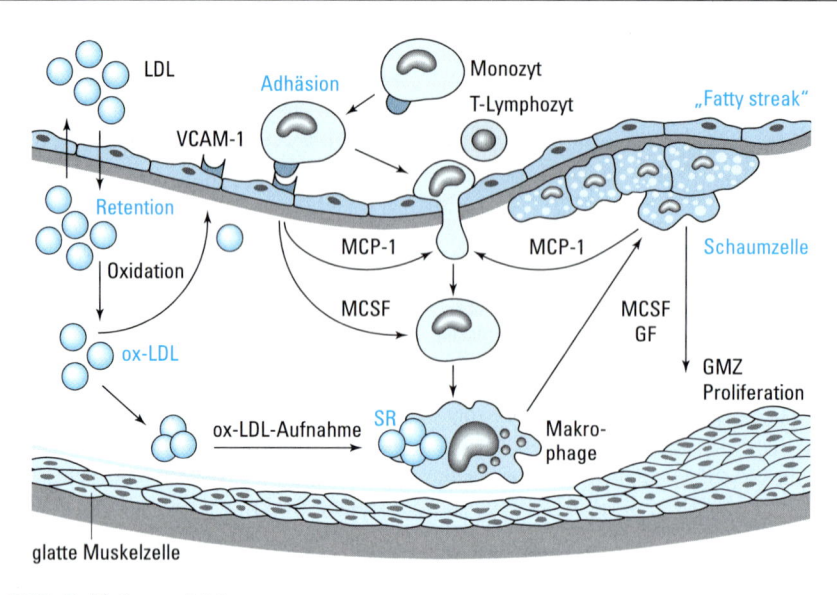

Abb. 5.5: LDL-Oxidation und Atherogenese.

Oxidase angesehen. Diese Enzyme werden in atherosklerotischen Läsionen beim Menschen exprimiert und führen in vitro zur LDL-Oxidation. Die Oxidation von LDL führt zur Bildung von **Isoprostanen**. Es handelt sich dabei um chemisch stabile, durch freie Radikale katalysierte Produkte des Arachidonsäurestoffwechsels, die strukturelle Ähnlichkeit zu Isomeren der Prostaglandine aufweisen. Die Isoprostane reflektieren somit das Ausmaß der Lipidperoxidation und können als Marker für oxidativen Stress bei der Hypercholesterinämie und der Atherosklerose betrachtet werden. Isoprostane finden sich vermehrt in der atherosklerotischen Läsion sowohl in den Schaumzellen als auch in der extrazellulären Matrix. Asymptomatische Patienten mit Hypercholesterinämie können im Vergleich zu normocholesterinämischen Kontrollpatienten eine erhöhte Urinausscheidung von F2-Isoprostanen aufweisen. Erhöhte Plasmakonzentrationen an **oxidierten LDL (ox-LDL)** werden bei Patienten mit koronarer Herzerkrankung gefunden. Es besteht jedoch kein Unterschied zwischen Patienten mit stabiler Angina pectoris und akutem Koronarsyndrom. Daher geben ox-LDL im Plasma keinen Hinweis auf eine mögliche Plaqueinstabilität. Die beschriebenen Plasmaspiegel von ox-LDL sind vermutlich auf eine Rückdiffusion von ox-LDL aus der Gefäßwand zurückzuführen. Eine endogene Hemmung der oxidativen Modifikation der Lipoproteine z. B. durch **Paraoxonase** der HDL ist mit einer geringeren Rate an Koronarerkrankungen assoziiert. Cholesterinreiche Makrophagen oder Schaumzellen können in einem atherosklerotischen Plaque rupturieren. Hierbei setzen sie ox-LDL, intrazelluläre Enzyme und Sauerstoffradikale frei. Dies führt durch die Aktivierung weiterer **Inflammationsmediatoren** und durch eine Hemmung der Matrixproduktion zu einer weiteren Schädigung der Gefäßwand. Ox-LDL induzieren auch die Apoptose glatter Muskelzellen und über die Aktivierung einer CPP32-like-Protease die Apoptose von Endothelzellen. Sie können auch einen Defekt der Endothelauskleidung der Gefäßwand verursachen und über eine verminderte Freisetzung von Stickstoffoxid (Mediator der endothelvermittelten Vasodilatation) eine **Endotheldysfunktion** induzieren. Unter Stressreizen kann es bei einer Endotheldysfunktion zur Gefäßkontraktion kommen. Diese kann wiederum im Bereich eines lipidreichen, weichen Atheroms zu einer Ruptur der dünnen fibrotischen Deckplatte führen. Hierdurch kommt es zum Kontakt von Blut mit dem hochthrombogenen

Inhalt des Lipidkerns. Die Folge ist eine plötzliche Thrombusbildung mit Okklusion des Gefäßes und nachfolgendem Infarkt. Oxidierte LDL führen somit zu einer Progression der Atherosklerose. Die inflammatorische Antwort und die Immunantwort auf oxidierte LDL sind genetisch determiniert. Dies konnte an verschiedenen Inzucht-Mausstämmen und auch bei zwei Kaninchenlinien beobachtet werden, die bei gleicher Cholesterinbelastung aufgrund der genetischen Prädisposition unterschiedlich stark Atherosklerose ausbilden.

Ox-LDL und modifizierte LDL sind nach heutigem Wissensstand kausal an der Entstehung eines atherosklerotischen Plaques beteiligt. Therapeutische Interventionsstrategien mit **Antioxidantien** (Vitamin E, Vitamin C und β-Karotin) haben in kontrollierten Studien jedoch im Gegensatz zu in vitro Befunden und erfolgreichen tierexperimentellen Studien bisher keinen Nutzen in der Prävention der Atheroskleose beim Menschen erbracht. Daher zielen die zur Zeit untersuchten antioxidativen Therapieansätze vielmehr auf eine direkte Beeinflussung der Aktivität und Regulation der verschiedenen Oxidationsenzyme und ihrer Produkte. Darüber hinaus fokussieren sich aktuelle experimentelle Strategien in der Atheroskleroseprävention besonders auf den intrazellulären Cholesterinstoffwechsel, die Cholesterineffluxmechanismen, die inflammatorische Antwort von Gefäßwandzellen und die Stabilisierung einer atherosklerotischen Läsion.

5.2 Klinische Klassifikation von Störungen des Fettstoffwechsels

Im klinischen Sprachgebrauch werden Fettstoffwechselstörungen oft noch nach ihrem Lipoproteinphänotyp entsprechend der alten Klassifikation von Donald Fredrickson bezeichnet.
- **Fredrickson Typ I** – massive Erhöhung der Triglyceridkonzentration im Plasma aufgrund einer Akkumulation von Chylomikronen. Ein Kennzeichen ist ein „Aufrahmen" von Chylomikronen im Nüchternplasma.
- **Fredrickson Typ IIa** – Erhöhung des Plasmacholesterins aufgrund einer Akkumulation von LDL. Das Nüchternplasma ist klar.
- **Fredrickson IIb** – Erhöhung von Cholesterin und Triglyceriden im Plasma aufgrund einer Akkumulation von LDL und VLDL. Das Nüchternplasma kann trübe sein.
- **Fredrickson III** – Häufig gleichförmige Erhöhung von Cholesterin und Triglyceriden im Plasma aufgrund einer Akkumulation von IDL (Chylomikronen und VLDL-Remnants). Das Plasma ist trübe.
- **Fredrickson IV** – Erhöhung der Triglyceride durch eine Akkumulation von VLDL. Das Plasma ist trübe.
- **Fredrickson V** – Massive Hypertriglyceridämie aufgrund einer Akkumulation von Chylomikronen und VLDL im Plasma. Das Plasma ist milchig.

Diese klassische Einteilung wird den pathophysiologischen Grundlagen heute nicht mehr gerecht. Es setzen sich daher zunehmend präzisere Beschreibungen der unterschiedlichen Krankheitsbilder entsprechend ihrer molekularen Ursache durch. Die verschiedenen Phänotypen können durch eine Vielzahl unterschiedlicher genetisch definierter Krankheitsbilder des Fettstoffwechsels und durch sekundäre Fettstoffwechselstörungen verursacht werden.

5.2.1 Genetische (primäre) Fettstoffwechselstörungen

Bei den genetischen Ursachen der Fettstoffwechselstörungen handelt es sich in seltenen Fällen um „monogene" Defekte mit einem definierten Phänotyp (z. B. familiäre Hypercholesterinämie). Wesentlich häufiger liegen „polygene" Defekte vor. Polygene Fettstoffwechselstörungen entwickeln oft erst einen Phänotyp durch die Interaktion mit multiplen Faktoren (z. B. Alter, Geschlecht, Gen-Gen-Interaktion, Lebensstil).

Prinzipiell lassen sich folgende Störungen unterscheiden:

- primäre LDL-Hypercholesterinämien
- Abetalipoproteinämie
- primäre Störungen des reversen Cholesterintransports
- primäre Hypertriglyceridämien

- gemischte Hyperlipidämien
- Hyper- und Hypoalphalipoproteinämie (HDL-Hyper- und Hypolipoproteinämie)
- Lipoprotein(a) – Hyperlipoproteinämie

Tabelle 5.1: Genetische (primäre) Fettstoffwechselstörungen.

Lipoprotein	Gen
LDL	
familiäre Hypercholesterinämie	LDL-Rezeptor
familiärer Defekt des Apolipoprotein B-100	Apo-B
Abetalipoproteinämie	mikrosomales Triglyceridtransferprotein
Hypobetalipoproteinämie	Apo-B
Lp(a)	
familiäre Lp(a)-Hyperlipoproteinämie	Lp(a)
Remnant-Lipoproteine	
Dysbetalipoproteinämie III	Apo-E
hepatische Lipase Mangel	HL
trigyceridreiche Lipoproteine	
Lipoproteinlipase	LPL
Apo-CII-Mangel	Apo-CII
familiäre Hypertriglyceridämie	polygenetisch
familiäre Hyperchylomikronämie	?
familiär kombinierte Hyperlipidämie	polygenetisch
HDL	
Apo-A-I-Mangel	Apo-A-I
familiärer HDL-Mangel (Tangier-Erkrankung)	ABCA1/CERP
familiäres LCAT-Mangel-Syndrom	LCAT
CETP-Mangel	CETP

5.2.1.1 Primäre LDL-Hypercholesterinämien

Familiäre Hypercholesterinämie

Die **familiäre Hypercholesterimie (FH)** ist eine monogene familiäre Stoffwechselstörung, die durch Defekte im kodierenden Gen für den **Apo-B/E- (LDL) Rezeptor** verursacht wird. Durch Fehlen oder Funktionsdefizienz der LDL-Rezeptoren kommt es zu einer verminderten Elimination von LDL aus der Zirkulation mit der Folge eines Anstiegs des LDL-Cholesterins im Plasma. In sehr seltenen autosomal rezessiven Formen der FH ist ein Adaptorprotein für den LDL-Rezeptor gestört. Die Mutationen im LDL-Rezeptorgen werden in vier Allel-Klassen unterteilt. Klasse-1-Mutationen: kein LDL-Rezeptor vorhanden, **Synthesedefekt**. Klasse-2-Mutation: gestörter intrazellulärer Transport vom endoplasmatischen Retikulum zum Golgi-Apparat, **Transportdefekt**. Klasse-3-Mutation: das LDL-Rezeptorprotein wird synthetisiert und zur Membranoberfläche transportiert, aber die Bindungsdomäne für LDL ist gestört, **Bindungsdefekt**. Klasse-4-Mutation: das LDL-Rezeptorprotein wird an der Zelloberfläche exprimiert und bindet LDL, die Rezeptoren bildet jedoch kein Cluster in den „coated pits" zur Endozytose von LDL, **Internalisationsdefekt**.

Die LDL-Rezeptordefekte werden auf zellulärer Ebene unterteilt in Defekte einer gestörten RNS-Synthese, instabile RNS-Synthese, abnorme Proteinfaltung, intrazellulärer Proteinabbau, gestörtes Recycling des Rezeptors und eine gestörte Bindungsaffinität zu dem Liganden. Bis heute wurden weit über 200 Mutationen im LDL-Rezeptor-Gen entdeckt. Daher ist eine molekulare Diagnostik für die routinemäßige Abklärung des Defektes nicht geeignet. Die Bestimmung der LDL-Rezeptoraktivität an geeigneten Zellsystemen (z. B. kultivierte Hautfibroblasten) kann jedoch für die Bestätigung der Diagnose herangezogen werden.

Bei der homozygoten Form (Häufigkeit 1:1.000.000) fehlen funktionsfähige LDL-Rezeptoren vollständig. Bei Heterozygotie (Häufigkeit 1:500) ist die Aktivität der LDL-Rezeptoren um 50% vermindert. LDL können daher nicht in ausreichendem Umfang von der Leber aufgenommen und verstoffwechselt werden. Die fraktionierte Klärrate für LDL (FCR) ist bei Heterozygoten um 27% und bei Homozygoten um 53% erniedrigt.

Als Konsequenz steigt das LDL-Cholesterin im Blut der homozygoten Patienten bis auf 600–1000 mg/dl (15,5–25,8 mmol/l), bei der heterozygoten Form auf Werte von 350–650 mg/dl (9,0–16,8 mol/l) an. Bei der homozygoten Form kommt es unbehandelt bereits im Kindesalter zu einer schweren Atherosklerose, Aortenstenose und Herzinfarkt. Bei der heterozygoten Form tritt, wenn keine ausreichende Behandlung erfolgt, der erste Herzinfarkt bei Männern zwischen dem 30. und 40. Lebensjahr, bei Frauen 8 bis 10 Jahre später auf. Im Alter von 60 Jahren haben 70 % der noch lebenden Männer und 45 % der noch lebenden Frauen klinische Zeichen einer koronaren Herzerkrankung.

Bei der familiären Hypercholesterinämie handelt es sich also um eine Störung, die nahezu bei jedem Betroffenen zum Auftreten der koronaren Herzkrankheit führt. **Sehnenxanthome** mit Verdickung der Strecksehnen (Metacarpophalangealgelenke und Achillessehnen), **Hautxanthome** im Bereich der Streckseite über den großen Gelenken und Interdigital sowie ein **Arcus lipoides** und **Xanthelasmen** können bei der klinischen Untersuchung auf das Vorliegen dieser Fettstoffwechselstörung aufmerksam machen. Meist findet sich eine positive Familienanamnese für die koronare Herzkrankheit.

Familiärer Defekt des Apolipoprotein B-100 (FDB)

Apolipoprotein B-100 ist das einzige Apoprotein des LDL und als Ligand für die Bindung an den LDL-Rezeptor verantwortlich. Bei einem familiär defekten Apolipoprotein B-100 können LDL-Partikel nur mit einer verringerten Affinität (ca. 20–30 %) von dem normal funktionierenden LDL-Rezptor aufgenommen und verstoffwechselt werden. Die abnorme Ligand-Rezeptor-Interaktion wird durch verschiedene Mutationen im Apo-B-Gen verursacht. Zu den häufigsten Mutationen zählt der Apo-B3500-Defekt. Seltener findet sich ein Apo-B3531-Defekt. Bei **der Apo-B3500-Mutation** kommt es zu einem Austausch von G→A in Exon 26 des Apo-B-Gens an der Nukleotidposition 3500. LDL-Partikel mit defektem Apo-B haben eine 3–4fach verlängerte Halbwertszeit als normale LDL-Partikel. Dadurch erhöht sich das Risiko für eine oxidative Modifikation. Betroffene Patienten können LDL-Cholesterinkonzentrationen von bis zu 400 mg/dl (10,3 mmol/l) aufweisen. In vielen Fällen finden sich jedoch auch normale Plasmakonzentrationen. Die Ursache für die Variabilität der Cholesterinkonzentrationen im Plasma ist bisher nicht geklärt. Die Prävalenz der FDB liegt bei 1:50 bis 1:20. Im Apo-B-Gen können weitere Mutationen auftreten, die jedoch meist nur von geringer klinischer Bedeutung sind. Eine Unterbrechung des Apo-B-Moleküls nahe des Aminoterminus kann jedoch eine schwere Funktionsstörungen des Apo-B verursachen. Das klinische Bild ähnelt der Abetalipoproteinämie.

In der Regel liegen heterozygote Formen (Häufigkeit 1:750) vor, sodass etwa die Hälfte der LDL-Partikel noch normal an den LDL-Rezeptor binden können. IDL werden, da sie im Gegensatz zu LDL noch Apolipoprotein E enthalten, normal abgebaut. Die LDL-Cholesterinkonzentration im Serum variiert sehr stark. Das kardiovaskuläre Risiko wird wahrscheinlich durch die Höhe des LDL-Cholesterins bestimmt, obwohl exakte Daten bezüglich des Auftretens einer koronaren Herzerkrankung noch nicht vorliegen. Die Familienanamnese für eine koronare Herzkrankheit ist jedoch in der Regel positiv.

Polygenetische Hypercholesterinämie und Apo-E-Polymorphismus

Die polygenetische Hypercholesterinämie zeigt eine familiäre Häufung und führt klinisch zu einer mäßiggradigen Hypercholesterinämie und vorzeitiger koronaren Herzerkrankung. Das Lipoproteinprofil einer isolierten Hypercholesterinämie mit gleichzeitig normalen Serumtriglyceridkonzentrationen kann dem Bild einer familiären Hypercholesterinämie ähneln. Im Gegensatz zur FH finden sich bei diesen Patienten jedoch keine Xanthome.

Der genetische Hintergrund einer polygenetischen Hypercholesterinämie ist bisher nur wenig verstanden. Es scheinen eine Vielzahl von Polymorphismen und Stoffwechselabweichungen zur Hypercholesterinämie beizutragen. Dazu zählen beispielsweise geringe Funktionsdefekte des LDL-Rezeptors, Defekte im Apolipoprotein B-100, eine gesteigerte Synthese von Apo-B und der Apo-E4-Phänotyp.

Apo-E spielt eine wichtige Rolle in der Rezeptor vermittelten hepatischen Aufnahme von Chylomikronen und VLDL-Remnants. Der Apo-E4-Polymorphismus zeigt eine höhere Affinität zum LDL-Rezeptor als die anderen Apo-

E-Isoformen. Dies führt zu einer beschleunigten Klärung der Remnant-Partikel aus der Zirkulation und zu einer kurzfristigen Zunahme des Cholesterinpools in der Leber. Hierdurch wird im Sinne einer negativen Feedback-Regulation die LDL-Rezeptorproduktion heruntergeregelt. Dies führt sekundär zu einem Anstieg des Plasma-LDL-Cholesterins. Das Apo-E4-Allel kann daher als ein genetischer Marker für die koronare Herzerkrankung und die Hypercholesterinämie betrachtet werden. Beispielsweise fand sich in der Framingham-Studie ein vom Apo-E4-Phänotyp abhängiges erhöhtes kardiovaskuläres Risiko, das für Männer bei einer OR (odds ratio) von 1,53 und bei Frauen bei einer OR von 1,99 lag. Aufgrund der Häufigkeit des Apo-E4-Allels (24%) beträgt das attributive Risiko für dieses Allel bei Männern 11% und bei Frauen 19%. Bei Frauen scheint das Apo-E4-Allel besonders nach der Menopause einen Einfluss auf die LDL-Cholesterinkonzentration im Plasma zu haben. Der Apo-E-Polymorphismus soll für etwa 7% der Hypercholesterinämien verantwortlich sein. Betroffene Patienten sprechen nach einigen Untersuchungen auf diätetische Maßnahmen gut an, sodass eine zusätzliche medikamentöse Therapie selten erforderlich ist.

Eine polygenetische Hypercholesterinämie wird oft durch eine fehlerhafte Ernährung klinisch manifest (zu hoher Energiegehalt, zu viel Fett, zu viel gesättigte Fettsäuren und Cholesterin). Bei 40% aller Hypercholesterinämien soll die falsche Ernährung die alleinige Ursache sein. Eine konsequente Umstellung der Ernährung kann eine LDL-Cholesterinsenkung um 10–15% bewirken.

5.2.1.2 Abetalipoproteinämie (Bassen-Kornzweig-Syndrom)

Die **Abetalipoproteinämie** ist eine sehr seltene rezessiv vererbte Fettstoffwechselstörung des Kindesalters. Sie geht mit Fettmalabsorption (Steatorrhö), Wachstumsstörungen, Anämie mit Akanthozytose, mentaler Retardierung sowie neuromuskulären und opthalmologischen Veränderungen einher. Die Ursache der Erkrankung liegt in einer Mutation des kodierenden Gens für das **mikrosomale Triglyceridtransferprotein (MTP)**, das für den Aufbau von Apo-B-haltigen Lipoproteinen im Darm und in der Leber notwendig ist. Als Folge dieser Mutation werden keine Apo-B-haltigen Lipoproteine gebildet. Dies führt zu einem schweren Mangel an fettlöslichen Vitaminen (E, K, A), die nicht mehr über Lipoproteine transportiert werden können. Vitamin D wird als einziges fettlösliches Vitamin unabhängig von Chylomikronen transportiert. Daher tritt kein Vitamin-D-Mangel auf.

5.2.1.3 Primäre (genetische) Störungen des Reversen Cholesterintransports (fehlende ABCA1-Funktion)

Eine genetische Störung des Reversen Cholesterintransports äußert sich als schwerer HDL-Mangel (**Tangier-Erkrankung**). Diese sehr seltene Krankheit ist durch eine Akkumulation von Cholesterinestern in peripheren Geweben charakterisiert. Die Cholesterinspeicherung manifestiert sich im Bereich der Tonsillen, Milz, intestinalen Mukosa, Schwann-Zellen, Thymus, Haut und in der Cornea. Die genetische Ursache für die Tangier-Erkrankung liegt in einem Funktionsdefekt des „ATP-binding cassette transporter A1" (ABCA1), der für die Regulation des Cholesterinefluxes in peripheren Zellen von großer Bedeutung ist. Patienten mit einem ABCA1-Funktionsdefekt haben im Vergleich zu Normalpersonen wahrscheinlich ein 6fach höheres kardiovaskuläres Risiko. Auch Patienten mit nur einem funktionierenden Allel zeigen bereits eine Verdickung der Arterienwand. Allerdings existieren Kompensationsmechanismen für den ABCA1-vermittelten reversen Cholesterintransport (z. B. Apo-E, SR-BI), sodass die Funktionsstörung im ABCA1-Gen nicht zwangsläufig mit einer Erhöhung an kardiovaskulären Erkrankungen einhergehen muss.

ABCA1 erleichtert als Membranprotein den schnellen Cholesterintransfer von freiem Cholesterin aus der Zellmembran auf Akzeptor-Moleküle (z. B. Apo-AI). Zunächst kommt es zu einem ABCA1 vermittelten Transfer von Phospholipiden auf Apo-AI, hierdurch wird der Cholesterinefflux beschleunigt. Bei einer Beladung der Zelle (z. B. Makrophagen) mit Cholesterin kommt es zu einer erhöhten Transkription des ABCA1-Gens und zu einer vermehrten ABCA1-Aktivität. Diese sterolvermittelte Hochregulation von ABCA1 erfolgt über eine Aktivierung von heterodimeren, cholesterinbindenden Signalproteinen (RXR-LXR). Die Bedeutung von ABCA1 für den reversen Cholesterintransport und die Atherosklerose wird durch neuere Befunde an gentechnisch veränderten Mausmodellen belegt. Die Deletion von Maus-ABCA1 führt zu einer drastischen Abnahme der HDL-Cholesterinkonzentration. Dies hat jedoch keinen Effekt auf die Atherosklerose von LDL-/-Mäusen. Allerdings führt eine Transplantation von Knochenmark der ABCA1 defizienten Mäuse in LDL-/-Mäuse zu einer vermehrten Entwicklung der Atherosklerose. Dieser Befund unterstreicht die Bedeutung der intrazellulären Cholesterinhomöostase der Makrophagen für die Entstehung einer Atherosklerose. Eine Überexpression von ABCA1 scheint dagegen im Mausmodell zu einer geringeren Ausprägung atherosklerotischer Läsionen zu führen.

5.2.1.4 Primäre Hypertriglyceridämien

Familiäre Hypertriglyceridämie

Die familiäre Hypertriglyceridämie zeigt den Phänotyp der Typ IV Hyperlipoproteinämie. Sie geht, wenn keine anderen Risikofaktoren vorliegen (z. B. metabolisches Syndrom), nicht mit einem wesentlich erhöhten Atheroserisiko einher. Allerdings kann sie durch Ernährungsfehler in eine Chylomikronämie oder in ein Chylomikronämiesyndrom übergehen. Klinische Zeichen wie Arcus lipoides, Xanthome oder Xanthelasmen fehlen bei der familiären Hypertriglyceridämie. Die Plasmatriglyceridkonzentration ist meist nur mäßig erhöht. Sie liegt nüchtern zwischen 200 und 500 mg/dl (2,3–5,7 mmol/l). Häufig findet sich auch eine erniedrigte HDL-Cholesterinkonzentration. Die LDL-Cholesterinkonzentration ist ebenfalls meist niedrig. Die VLDL-Partikel sind triglyceridreicher und größer als bei Stoffwechselgesunden. Die Synthese von Apo-B-100 ist aber nicht gesteigert, sodass die Anzahl der freigesetzten VLDL Partikel nicht erhöht ist. Die Häufigkeit der familiären Hypertriglyceridämie liegt bei etwa 1:500. Typisch ist, dass in der Familie ausschließlich Hypertriglyceridämien nachweisbar sind. Nach einer Mahlzeit können die Plasmatriglyceride bei diesen Patienten kurzfristig massiv ansteigen (Triglyceride > 1000 mg/dl (11,4 mmol/l)). Der Phänotyp der Hypertriglyceridämie ist bei Patienten mit familiärer Hypertriglyceridämie stark vom Geschlecht, dem Alter, von Hormonsupplementierung (besonders Östrogene), Alkohol und Fettzufuhr abhängig.

Die Diagnose einer familiären Hypertriglyceridämie bedarf einer sorgfältigen Lipiddiagnostik. Die Lipoproteine müssen mit der Ultrazentrifuge isoliert werden. Neben den Triglyceriden muss auch das freie Glycerin bestimmt werden, um eine Hyperglycerinämie auszuschließen. Die seltene Hyperglycerinämie, eine x-chromosomal vererbte Stoffwechselerkrankung, kann eine familiäre Hypertriglyceridämie vortäuschen, da die üblichen Techniken der Triglyceridbestimmung nach enzymatischer Hydrolyse der Triglyceride Glycerin erfassen.

Familiäre Hyperchylomikronämie und Typ V Hyperlipoproteinämie

Die **familiäre Hyperchylomikronämie** entspricht dem Bild einer Typ I Hyperlipoproteinämie. Bei dieser seltenen Erkrankung finden sich im Nüchternplasma (12 Stunden nüchtern) Chylomikronen. Die Folge ist eine Erhöhung der Plasmatriglyceridkonzentration auf über 1000 mg/dl (11,4 mmol/l). Betroffene Patienten haben meist kein erhöhtes koronares Risiko. Wenn die Chylomikronämie klinische Symptome verursacht, wird sie als **Chylomikronämie-Syndrom** bezeichnet. Als schwerste Komplikation der Chylomikronämie können abdominelle Schmerzzustände auftreten, die sich auf drei Ursachen zurückführen lassen:
– akute Pankreatitis,
– krampfartige Schmerzen im Bereich des Dünndarms und
– Kapselspannung von Leber und Milz.

Andere akute klinische Symptome sind juckende Hautveränderungen (eruptive Xanthome), neurologische Störungen, Parästhesien, Angina pectoris und Atemnot. Ursache der meisten

Symptome ist eine Störung der Mikrozirkulation aufgrund einer deutlich erhöhten Plasmaviskosität durch die Chylomikronen. Die Plasmaviskosität bestimmt die Blutfließeigenschaften in den kleinsten Blutgefäßen und Kapillaren. Die Kapselspannung von Leber und Milz wird durch Überladung des retikuloendothelialen Systems mit Chylomikronen verursacht. Die eruptiven Xanthome bestehen aus Makrophagen, die mit Chylomikronen überladen sind. Mit dem Auftreten eines Chylomikronämie-Syndroms ist ab Triglyceridkonzentrationen von etwa 1000 mg/dl (11,4 mmol/l) zu rechnen. Die Chylomikronämie kann sowohl genetisch bedingt als auch erworben sein. Genetisch verursachte Chylomikronämien sind der **familiäre Lipoproteinlipasemangel** (über 60 LPL-Mutationen), seltener der **Apolipoprotein-C-II-Mangel** und ein familiär vorkommender Inhibitor der Lipoproteinlipase. Mäuse mit einer **LPL-Defizienz** haben einen letalen Phänotyp. Aufgrund des LPL-Mangels kommt es bei den Patienten zu einer gestörten Hydrolyse der Chylomikronen und VLDL. Postprandial können Triglyceridkonzentrationen von über 1000 mg/dl (11,4 mmol/l) beobachtet werden.

Meist gehen jedoch andere genetische Fettstoffwechselstörungen bei Ernährungsfehlern in eine Chylomikronämie vom Typ einer Hyperlipoproteinämie Typ V über. Dabei handelt es sich um die familiäre Hypertriglyceridämie, die familiär kombinierte Hyperlipidämie und die familiäre Dysbetalipoproteinämie. Es kommt durch exogene Faktoren (Kohlenhydrate, Alkohol oder kalorienreiche Mahlzeit), also v. a. nach Familienfeiern oder Volksfestbesuchen („Schützenfestsyndrom"), zu einer stark vermehrten Sekretion der VLDL aus der Leber. Durch die übermäßig freigesetzten VLDL wird die Aktivität der Lipoproteinlipase gehemmt. Da dieses Enzym auch für den Abbau der Chylomikronen zu Chylomikronen-Remnants verantwortlich ist und die Chylomikronen nicht in die Leber oder andere Gewebe aufgenommen werden können, kommt es schließlich zum Auftreten der Chylomikronämie mit einer zusätzlichen massiven Erhöhung der VLDL. Dieser Phänotyp einer Typ V Hyperlipoproteinämie findet sich auch bei Patienten nach einer sehr fettreichen Diät, bei starkem Übergewicht und bei einem schlecht eingestellten und nicht kontrollierten Diabetes mellitus.

Es besteht also ein enger Zusammenhang zwischen Ernährungsfehlern und der Manifestation einer Chylomikronämie. Ohne eine fett- und kohlenhydratmodifizierte Ernährung ist bei Chylomikronämie daher keine ausreichende Therapie möglich. Verschlechterungen durch Ernährungsfehler werden durch eine medikamentöse Behandlung des Fettstoffwechsels nicht verhindert.

5.2.1.5 Gemischte Hyperlipidämien

Familiäre Dysbetalipoproteinämie

Die familiäre Dyslipoproteinämie wird auch als „broad beta disease" oder Typ-III Hyperlipoproteinämie bezeichnet. Es handelt sich um eine seltene genetische Fettstoffwechselstörung, die durch eine Akkumulation von VLDL-Remnants (IDL) charakterisiert wird. Diese IDL wandern in der Agarosegelelektrophorese in einer breiten Bande zwischen der prä-beta und beta-Position. Betroffene Patienten haben ein stark erhöhtes koronares Risiko. Das klinische Bild wird durch tuberöse Xanthome und durch streifenförmige Xanthome der Handlinien gekennzeichnet, die pathognomisch sind.

Charakteristischerweise sind Plasmacholesterin und Plasmatriglyceride stark erhöht. HDL ist reduziert. Die zirkulierenden IDL sind mit Cholesterinestern angereichert und hochatherogen. Der genetische Defekt ist eng mit dem Vorhandensein von Apo-E2 verbunden, das als Ligand der VLDL-Remnants nur eine geringe Affinität zu den Remnant- und LDL-Rezeptoren der Leber aufweist. Dadurch kommt es zu einer Anreicherung von Chylomikronen-Remnants und IDL im Blut. Das Vorliegen des Apolipoprotein-E-Phänotyps E-2/E-2 führt daher zu einem ähnlich stark ausgeprägten Anstieg von Cholesterin und Triglyceriden im Blut (Verhältnis zwischen 0,8 und 1,2). Dies gilt aber nur bei Verwendung der Maßeinheit mg/dl. Der Apolipoprotein-E-Phänotyp E-2/E-2 führt alleine jedoch nicht zur Manifestation der familiären Dysbetalipoproteinämie. Nur 1% der Apo-E2/-E2 homozygoten Patienten entwickeln eine Typ-III Hyperlipoproteinämie. Erst wenn Faktoren hinzukommen, die eine sekundäre Fettstoffwechselstörung auslösen können (am häufigsten Fehlernährung), steigen Cholesterin und Triglyceride an. Die familiäre Dysbetalipoproteinämie (Häufigkeit 1:10.000) geht mit einem sehr stark erhöhten Risiko für die koronare Herzerkrankung einher. Außerdem kommt es auch häufiger zu einer peripheren arteriellen Verschlusskrankheit und zum Schlaganfall. Apo-E-defiziente Mäuse entwickeln eine besonders stark ausgeprägte Atherosklerose und dienen daher heute als etabliertes Atherosklerosemodell.

Familiär kombinierte Hyperlipidämie

Die genetische Ursache der **familiär kombinierten Hyperlipidämie (FCHLP)** ist bisher nicht geklärt. Die zugrunde liegende Stoffwechselstörung wird wesentlich durch drei Faktoren bestimmt:
1. Überproduktion von Apo-B-reichen Lipoproteinen in der Leber,
2. verzögerte Klärrate von postprandialen Lipoproteinen,
3. gesteigerte Aufnahme von freien Fettsäuren durch die Leber, wodurch anscheinend die Apo-B Produktion sowie die Triglycerid- und Cholesterinsynthese stimuliert werden.

Die Leberzelle synthetisiert bei der FCHLP kleine triglyceridarme und damit Apo-B-100-reiche VLDL-Partikel, die eine hohe atherogene Potenz besitzen. Da im Gegensatz zur familiären Hypertriglyceridämie auch vermehrt Apo-B-100 synthetisiert wird, werden mehr VLDL-Partikel ins Blut abgegeben. Intermittierend kann auch die Triglyceridsynthese in der Leber gesteigert sein, sodass sich die Störung entweder als Hypertriglyceridämie, LDL-Hypercholesterinämie oder gemischte Hyperlipidämie manifestieren kann. Inzwischen sind auch andere Formen der familiär kombinierten Hyperlipidämie beschrieben worden, bei der eine Störung im Abbau der VLDL zu ihrer abnormen Zusammensetzung führt. Darüber hinaus scheint es Formen zu geben, bei denen vermehrt kleine, dichte LDL vorliegen (**"small dense LDL"**). Häufig scheint eine geringe Einschränkung der Insulinempfindlichkeit vorzuliegen.

Die Erhöhung der Serumkonzentrationen von Cholesterin und Triglyceriden ist meist nur gering ausgeprägt. Typischerweise finden sich in der Familienanamnese Herzinfarkte vor dem 50. Lebensjahr. Hinweisend und für die Abgrenzung zur familiären Hypertriglyceridämie nützlich ist die Beobachtung, dass in der Familie Verwandte 1. Grades häufig unterschiedliche Fettstoffwechselstörungen (Hypercholesterinämien, Hypertriglyceridämien, gemischte Hyperlipidämien) aufweisen. Bisher liegen keine eindeutigen biochemischen oder molekularen Marker zur Diagnosefindung vor. Die Häufigkeit in der Bevölkerung soll bei 1:250 liegen. Die familiär kombinierte Hyperlipidämie ist die häufigste Fettstoffwechselstörung bei Patienten mit überlebtem Herzinfarkt.

Die Triglyceride werden im Blut vorwiegend in den VLDL transportiert. Bei einer Hypertriglyceridämie sind daher die VLDL vermehrt. Wenn es zur Rückbildung der Hypertriglyceridämie kommt, werden die vermehrten VLDL zu IDL und schließlich zu LDL abgebaut. Dies bedeutet, dass es zum vorübergehenden Anstieg der LDL-Cholesterinkonzentration im Blut kommt. Wenn ein Patient mit Hypertriglyceridämie 1–2 Tage vor dem Arztbesuch auf Alkohol und rasch resorbierbare Kohlenhydrate verzichtet, imponiert seine Fettstoffwechselstörung beim Arzt als gemischte Hyperlipidämie mit einer Erhöhung des LDL-Cholesterins. Häufig wird dann eine falsche Therapie mit fettreduzierter Kost und LDL-Cholesterinsenkenden Medikamenten eingeleitet, die ineffektiv bleibt.

5.2.1.6 Hyperalphalipoproteinämie (HDL-Hyperlipoproteinämie)

Eine Hyperalphalipoproteinämie ist definiert als ein HDL-Cholesterinspiegel oberhalb der 90. Perzentile. Die Definition ist somit abhängig von Alter und Geschlecht. Bei Werten über 65 mg/dl (1,7 mmol/l) kann man aber in jedem Fall von einer Hyperalphalipoproteinämie sprechen. In einigen Fällen lässt sich eine Häufung hoher HDL-Cholesterin-Konzentrationen in der Familie nachweisen. In diesen Familien findet sich sehr selten eine koronare Herzerkrankung. Zur Risikobeurteilung ist das Verhältnis von

LDL- zu HDL-Cholesterin wichtig. Es sollte unter 3 liegen, bei Fehlen weiterer Risikofaktoren unter 4. Voraussetzung für diese Risikobeurteilung ist eine negative Familienanamnese für die koronare Herzkrankheit. Gegenüber dem Gesamtcholesterin/HDL-Cholesterin-Quotienten ist der LDL-/HDL-Cholesterin-Quotient praktikabler, da er auch bei mäßigen Hypertriglyceridämien keine falsch hohen Werte ergibt.

5.2.1.7 Lipoprotein(a)-Hyperlipoproteinämie

Die Serumkonzentration an Lipoprotein(a) ist genetisch determiniert. Der Vererbungsmodus ist autosomal dominant. Bisher sind keine physiologischen Zustände, auch keine Ernährungseinflüsse bekannt, die die Konzentration von Lipoprotein(a) wesentlich verändern. Nur durch eine postmenopausale Östrogensubstitution kann Lipoprotein(a) um bis zu 30% gesenkt werden. Lp(a)-Serumspiegel über 30 mg/dl scheinen mit einem erhöhten Risiko für die koronare Herzerkrankung und andere Komplikationen einherzugehen.

5.2.2 Sekundäre Dyslipoproteinämien

Bevor die Diagnose einer primären Fettstoffwechselstörung gestellt wird, müssen sekundäre Dyslipoproteinämien ausgeschlossen werden. Ursachen für sekundäre LDL-Hypercholesterinämien und sekundäre Hypertriglyceridämien sowie niedrige HDL-Cholesterinkonzentrationen sind in der Tabelle zusammengestellt.

Ursachen für sekundäre Dyslipoproteinämien

a) Erhöhung des LDL-Cholesterins:
akute intermittierende Porphyrie
Anorexia nervosa
benigne monoklonale Gammopathie
Cholestase
Glykogenosen Typ I, III und VI
Hypothyreose
hohe Zufuhr von gesättigten Fetten und Cholesterin
Hepatom
idiopathische Hyperkalziämie
Lymphom
Morbus Cushing
Niereninsuffizienz
nephrotisches Syndrom
Plasmazytom
Progerie (Werner-Syndrom)
systemischer Lupus erythematodes
Medikamente: (z. B. Amiodaron, Androgene, β-Blocker, Chlorpromazin, Chlorthalidon, Ciclosporin A, Kortikosteroide, Gestagene, Piretanid, Thiazide).

b) Erhöhung der Triglyceride:
Adipositas
Alkohol
chronische Niereninsuffizienz
Diabetes mellitus Typ II
Dysgammaglobulinämien
Glykogenose Typ I, III und VI
hohe Zufuhr an rasch resorbierbaren Kohlenhydraten
Hypothyreose (schwer und lange verlaufend)
idiopathische Hyperkalziämie
Morbus Addison
Morbus Cushing
Morbus Gaucher
nephrotisches Syndrom
Progerie (Werner-Syndrom)
Sepsis
Medikamente (z. B. Acitretin, β-Blocker, Chlorthalidon, Kortikosteroide, Furosemid, Indapamid, Interferon, Isotretinoin, Östrogene, Phenothiazine, Piretanid, Spironolakton, Tamoxifen).

c) Absenkung von HDL-Cholesterin
Adipositas
Zigarettenrauchen
verminderte körperliche Aktivität
geringer Gesamtfettgehalt der Nahrung
sehr hohe Zufuhr an mehrfach ungesättigten Fettsäuren
Medikamente: (z. B. β-Blocker, Furosemid, Labetolol, Methyldopa, Phenothiazine, Spironolakton).

5.3 Laboratoriumsmedizinische Stufendiagnostik und Therapie

5.3.1 Präanalytische Voraussetzungen der Fettstoffwechseldiagnostik

Das Gesamtcholesterin ist im Patienten ein stabiler Analyt. Die biologische Variation von Tag zu Tag liegt unbehandelt bei 6 %, im Tagesverlauf treten kaum Schwankungen (< 3 %) auf. Die Konzentration des Gesamtcholesterins wird durch die aktuelle Nahrungsaufnahme nicht wesentlich verändert. Im Gegensatz hierzu zeigen die Triglyceride erhebliche intraindividuelle Variationen. Nahrungsabhängig kommt es am Tag zu Schwankungen bis zu 40 % und mehr. Nüchterntriglyceride können von Monat zu Monat um 23 % variieren. HDL-C Konzentrationen variieren von Monat zu Monat bis zu 7 %, die LDL-C Konzentration kann um 9 % schwanken. Die intraindividuelle Variabilität des HDL-C ist bei Rauchern höher. LP(a) weist eine biologische von Tag zu Tag Variabilität von 8,6 % auf.

Die Fettstoffwechseldiagnostik kann durch eine Reihe präanalytischer Faktoren beeinflusst werden (Tab. 5.2). Hierzu zählen:
– biologische Einflussgrößen (Alter, Geschlecht, intraindividuelle Variabilität)
– Lebensstilfaktoren
– klinische Einflussgrößen (Krankheiten, Medikamente, Schwangerschaft)
– Probennahme, Probenart und Probenlagerung

Biologische Einflussgrößen

Bei Neugeborenen liegen sehr niedrige Lipid- und Lipoproteinkonzentrationen vor. Cholesterin, Triglyceride und die meisten Lipoproteinfraktionen steigen innerhalb der ersten 4 Lebenstage auf etwa 80 % der Erwachsenenwerte an. Lp(a) steigt langsamer an und erreicht die Erwachsenenwertlage erst im Alter von 6 Monaten. Vor der Pubertät findet sich ein vorübergehender Rückgang aller Lipoproteinfraktionen. Bei Jungen kommt es während der Pubertät zu einer Abnahme des Gesamtcholesterins aufgrund einer Verminderung des HDL-C. Nach der Pubertät sinkt das HDL-C weiter bis etwa zum 20. Lebensjahr und bleibt dann bis etwa zum 55. Lebensjahr stabil. Bei Mädchen kommt es zu einem Anstieg des HDL-C mit der Menarche. Die erhöhten HDL-C Plasmakonzentrationen bleiben bis zur Menopause bestehen.

Die Plasmacholesterinkonzentration zeigt eine deutliche Altersabhängigkeit. So ist ein Anstieg zwischen dem 20. und 65. Lebensjahr von 180 mg/dl (4,6 mmol/l) auf 230 mg/dl (5,9 mmol/l) bei Männern bzw. auf 250 mg/dl (6,5 mmol/l) bei Frauen zu beobachten. Dieser Anstieg wird vorwiegend durch eine Zunahme der LDL-C Konzentration verursacht. Vermutlich liegt diesem Anstieg eine Abnahme der LDL-Rezeptoraktivität mit zunehmendem Alter zugrunde.

Tabelle 5.2: Präanalytische Einflussfaktoren der Fettstoffwechseldiagnostik.

Biologische Einflussgrößen
- Alter, Geschlecht, intraindividuelle Variabilität

Lebenstilfaktoren
- Diät, Übergewicht, Rauchen, Alkohol, Coffein, körperliches Training, Stress

Klinische Einflussgrößen
(a) Sekundäre Krankheiten:
Hypothyroese, Diabetes mellitus, Hypophyseninsuffizienz, Porphyrie, Nephrotisches Syndrom, Niereninsuffizienz, Gallenwegserkrankungen mit Cholestase, Morbus Gaucher, Glykogen-Speicherkrankheiten, Morbus Tay-Sachs, Verbrennungen, Infektionen, Myokardinfarkt etc.
(b) Medikamente:
Diuretika, β-Blocker, Sexualhormone, Immunsuppressiva, Chemotherapeutika etc.
(c) Schwangerschaft

Probennahme, Probenart und Probenlagerung
- Nüchtern, Nicht-Nüchtern
- Antikoagulantien
- Lagerung

Lebensstilfaktoren

Zu den wesentlichen **Lebensstilfaktoren**, die das Lipoproteinprofil beeinflussen zählen:
- Ernährungsverhalten
- Übergewicht
- Rauchen
- Alkohol
- Coffein
- körperliche Aktivität
- Stress.

Ernährungsverhalten: der Cholesterinanteil in der Nahrung hat nur einen eingeschränkten Effekt auf die Höhe des Plasmacholesterins. So findet sich eine Erhöhung des Plasmacholesterins aufgrund einer Erhöhung der enteralen Cholesterinzufuhr nur bei 30 % der Bevölkerung. Von großer Bedeutung der diätabhängigen Variabilität des Lipoproteinprofils ist die Fettsäurezufuhr. Eine Ernährung reich an gesättigten Fetten führt zu einem Anstieg des Gesamtcholesterins und des LDL-C. Einfach- und mehrfach ungesättigte Fettsäuren führen zu einer Abnahme des Gesamt- und LDL-Cholesterins. Eine Besonderheit nehmen Omega-3-Fettsäuren ein, die zu einer Abnahme der Plasmatriglyceride bei normal- und hypertriglyceridämischen Personen führen. Möglicherweise kommt es durch vielfach ungesättigte Fettsäuren zu einer Hemmung der hepatischen VLDL-Synthese. Streng vegetarische Ernährungsformen können zu einer Reduktion des LDL-C von 37 % und zu einem HDL-C Anstieg von 12 % führen. Nach einer Diätumstellung sind stabile Befunde der Lipiddiagnostik erst nach 3 bis 6 Monaten zu erwarten.

Übergewicht: Übergewichtige Personen weisen oft höhere Plasmatriglyceride, höheres Gesamtcholesterin, höhere LDL-C und niedrigere HDL-C Konzentrationen auf als Normalpersonen. Eine Gewichtsreduktion kann bei diesen Personen zu einer Abnahme der Triglyceride um 40 % führen. Cholesterin und LDL-C nehmen um 10 % ab, HDL-C steigt um 10 % an.

Rauchen: Rauchen hat einen Einfluss auf den Lipoproteinstoffwechsel. Es wird vermutet, dass bei Rauchern vermehrt oxidierte LDL-Partikel auftreten. Cholesterin, Triglyceride und LDL-C sind bei Rauchern signifikant höher und HDL-C signifikant niedriger im Vergleich zu Nichtrauchern. Bei Rauchern findet sich ein um 38 % höheres Lp(a).

Alkohol: Alkohol zeigt einen dosisabhängigen Einfluss auf das Lipoproteinprofil. Mäßiger Alkoholkonsum (34 g/Tag) führt zu einem Anstieg des HDL-C, von Apo-AI und Apo-AII. Bei Patienten mit Hypertriglyceridämien führt jedoch bereits ein mäßiger Alkoholkonsum zu einem Anstieg der Triglyceride und zu einem Rückgang des HDL-C und LDL-C. Bei chronischen Alkoholikern mit normaler Leberfunktion liegen die Triglyceride meist in einem normalen Bereich, HDL-C ist deutlich erhöht, LDL-C ist erniedrigt.

Coffein: Der Einfluss von Kaffeekonsum auf das Lipoproteinprofil ist unklar. Es scheint ein gewisser Zusammenhang von Kaffeekonsum und dem Anstieg der Triglyceride und der LDL-C Konzentration für ungefilterten, gekochten Kaffee zu bestehen.

Körperliche Aktivität: Intensives körperliches Training kann zu einem akuten Anstieg des HDL-C führen. Auch moderates körperliches Training hat einen günstigen Einfluss auf die Plasmalipide. So führt ein wöchentlicher Spaziergang von 2 bis 4 Stunden zu einer Abnahme des Gesamtcholesterins und zu einem Anstieg des HDL-C. Intensives körperliches Training kann einen Anstieg des Lp(a) von 10–15 % bewirken.

Stress: Chronische Stresssituationen können zu einem Anstieg des Gesamtcholesterins führen. Die Ursache liegt wahrscheinlich in einer Änderung des Ernährungsverhaltens. Akute Stresssituation wie z. B. Krankenhauseinweisungen, Herzinfarkt etc. können zu einem Abfall des LDL-C und HDL-C führen. Der exakte Mechanismus für den Einfluss von Stress auf das Lipoproteinprofil ist bisher nicht bekannt.

Klinische Einflussgrößen – Krankheiten: Die wichtigsten Stoffwechselerkrankungen, die mit einer Veränderung des Fettstoffwechselprofils einhergehen sind der **Diabetes mellitus** und die **Hypothyreose**. Etwa 30 % der Patienten mit Hypothyreose zeigen erhöhte Gesamtcholesterin- und LDL-Konzentrationen. Der Diabetes mellitus ist dagegen mit erhöhten Plasmatriglyceridkonzentrationen und erniedrigtem HDL-C verbunden. Ein wichtiges Krankheitsbild mit Hypercholesterinämie und Hypertriglyceridämie ist das Nephrotische Syndrom. Bei diesen Patienten können auch massiv erhöhte Lp(a)-Konzentrationen auftreten.

Bei obstruktiven Gallenwegserkrankungen mit einer **Cholestase** kommt es zur Produktion eines abnormen **Lipoproteins (LP-X)**, das nur langsam aus der Zirkulation entfernt wird. Daher können bei diesen Patienten Cholesterinkonzentrationen von > 1000 mg/dl (25,9 mmol/l) im Plasma auftreten.

Tumorerkrankungen sind mit einem niedrigen Gesamtcholesterin und HDL-C assoziiert. Dies kann Folge eines erhöhten Cholesterinverbrauchs durch die starke Zellproliferation sein. Am ausgeprägtesten ist die Hypocholesterinämie bei malignen hämatologischen Erkrankungen.

Bei einem **Herzinfarkt** oder **Apoplex** sind die Plasmalipoproteinkonzentrationen in den ersten 24 Stunden nach dem Ereignis relativ stabil. Es kommt dann im weiteren Verlauf bis zu 8 Wochen zu einem Absinken des Cholesterins. Eine valide Lipiddiagnostik ist bei diesen Patienten nur innerhalb der ersten 24 Stunden nach dem Ereignis bzw. frühestens nach 3 Monaten möglich.

Schwere Infektionen und **Entzündungen** führen zu einem Anstieg der Trigylceride und des Lp(a). Gesamtcholesterin und HDL-C nehmen dagegen ab.

In allen Fällen einer sekundären Hyperlipoproteinämie sollte eine differenzierte Bestimmung der Lipoproteinfraktionen für die Diagnostik erfolgen. Da in diesen Fällen meist abnorme Lipoproteinfraktionen vorliegen, sind rechnerische Schätzmethoden wie die Formel nach Friedewald zur LDL-Cholesterinbestimmung unbrauchbar.

Klinische Einflussgrößen – Medikamente: verschiedene Medikamente können den Fettstoffwechsel und die Plasmalipoproteinkonzentration beeinflussen. Hierzu zählen Diuretika, β-Blocker, Steroide, Sexualhormone, Immunsuppressiva, Chemotherapeutika etc. Die intravenöse Gabe von Heparin führt zu einer gesteigerten Freisetzung der Lipoproteinlipase, wodurch die Triglyceridbestimmung beeinträchtigt wird.

Klinische Einflussgrößen – Schwangerschaft: Während der Schwangerschaft kommt es vor allem im 2. und 3. Trimester zu einem Anstieg aller Lipide und Lipoproteinfraktionen. Eine Lipiddiagnostik zur Beurteilung des Lipidstoffwechsels sollte daher erst 3 Monate post partum bzw. 3 Monate nach Beendigung der Stillperiode durchgeführt werden.

Probennahme, Probenart und Probenlagerung

Probennahme: Nach einer fettreichen Mahlzeit kommt es zu einem signifikanten Anstieg der Triglyceride, der bis zu 9 Stunden anhalten kann. Daher sollte eine Lipiddiagnostik erst nach einer Nüchternperiode von 12 Stunden durchgeführt werden. Die Blutentnahme sollte im Sitzen nach einer 5 bis 10-minütigen Ruhepause erfolgen. Die Venenstauung darf nur kurz (< 1 min.) dauern, um eine Hämokonzentration mit Anstieg der Lipoproteine zu vermeiden. Eine dreiminütige Venenstauung kann beispielsweise die Cholesterinkonzentration um bis zu 10 % erhöhen.

Probenart – Antikoagulantien: In den meisten Laboratorien wird Serum oder EDTA-Plasma für die Lipiddiagnostik verwendet. Die meisten Empfehlungen für die Referenzwerte basieren auf Serum-Befunden (NCEP-Richtlinien). Es ist zu beachten, dass es bei Verwendung von EDTA-Plasma zu einer Erniedrigung des Gesamtcholesterins von 3 % kommen kann. Bei nicht vollständig gefüllten EDTA-Röhrchen kann der Fehler sogar bis zu 10 % betragen. Eine Antikoagulation der Probe mit Fluorid, Oxalat oder Zitrat ist aufgrund noch stärker ausgeprägter osmotischer Flüssigkeitsverschiebungen und daraus resultierender Beeinträchtigung der Lipoproteinkonzentration nicht für die Lipiddiagnostik zu empfehlen. Im Gegensatz hierzu führt Heparin nicht zu Flüssigkeitsverschiebungen und kann somit alternativ zu EDTA verwendet werden. Es ist jedoch zu beachten, dass es bei Verwendung von Heparin zu einer Abnahme der Triglyceridkonzentrationen in der Probe kommen kann.

Probenlagerung: Die Analyse der Proben sollte möglichst am Abnahmetag erfolgen. Alternativ kann die Probe bis zu 5 Tage im Kühlschrank gelagert werden. Rückstellproben können tief gefroren über einen längeren Zeitraum aufbewahrt werden. Hierbei ist die Stabilität der Proben erst bei einer Lagerungstemperatur von $-70\,°C$ gewährleistet, da Serum bei Temperaturen bis zu $-40\,°C$ nicht vollständig gefriert. Apo-B kann auch in gefrorenen Proben mit der Zeit leicht abnehmen, während andere Lipidparameter bis zu 6 Monaten stabil sind. Die neuen homogenen Assays zur Bestimmung von LDL-C und HDL-C sind auch für die Analytik zuvor gefrorener Proben geeignet. Wiederholtes Einfrieren und Auftauen der Proben sollte vermieden werden.

Durch Beachtung der in der Tabelle aufgeführten Empfehlungen können die präanalytischen Variationen bei der Lipiddiagnostik minimiert werden (Tab. 5.3).

5.3.2 Diagnostik von Fettstoffwechselstörungen

Routineuntersuchungen:
– Cholesterin
– Triglyceride
– LDL-Cholesterin
– HDL-Cholesterin
– Lipoprotein(a)
– Apo-AI
– Apo-B

Spezialuntersuchungen:
– Apo-E
– LP-X
– Lipoproteinlipase
– Triglyceridhydrolase
– LCAT
– CETP
– Phospholipase A (PLA)
– small dense LDL
– Chylomikronen-, VLDL-Remnants
– HDL2, HDL3
– LDL-Rezeptor
– LDL-Receptor-Related Protein (LRP)
– HDL-Rezeptor (SRB-1)
– oxidierte LDL
– Autoantikörper gegen oxLDL

Molekulare Diagnostik:
– Apo-E-Polymorphismus
– Apo-AIV-Polymorphismus
– Apo-B3500/3531-Polymorphismus
– Apo-C-Defizienz
– Lipoprotein(a)-Polymorphismus
– CETP-Polymorphismus
– Lipoproteinlipase Polymorphismus
– ABCA1-Mutation
– LDL-Rezeptordefekt

5.3.2.1 Routineuntersuchungen der Fettstoffwechseldiagnostik

Für eine klinisch aussagefähige Erstdiagnostik einer Fettstoffwechselstörung und die Risikostratifizierung des Patienten ist die Bestimmung des **Nüchtern-Lipoproteinprofils** (Gesamtcholesterin, Triglyceride, LDL-C, HDL-C) erforderlich. Ein komplettes Lipoproteinprofil sollte grundsätzlich durchgeführt werden, wenn der Patient an einer KHK, an einer zerebrovaskulären Erkrankung, an einer arteriellen Verschlusskrankheit oder an einem Diabetes melli-

Tabelle 5.3: Empfehlungen zum Vorgehen bei der präanalytischen Stoffwechseldiagnostik.

- Lipiddiagnostik nur im Steady-State durchführen (keine Diät- oder Gewichtsveränderung des Patienten innerhalb der letzten 2 Wochen).
- Lipiddiagnostik vor Therapieentscheidung wiederholen, Abstand zur Erstuntersuchung soll mindestens 2 Wochen betragen.
- Keine starke körperliche Aktivität 24 Stunden vor der Diagnostik.
- Blutabnahme am günstigsten nach 12-stündiger Nüchternperiode.
- Vor der Blutabnahme soll der Patient mindestens 5 Minuten sitzen.
- Venenstauung nicht länger als 1 Minute.
- Bestimmung von Gesamtcholesterin, Triglyceride und HDL-C in Serum- oder Plasma-Proben möglich. Bei Verwendung von EDTA-Plasma sollte die Probe unmittelbar bei $2°-4°$ gekühlt werden, um Veränderungen der Zusammensetzung zu vermeiden. Die Werte mit dem Faktor 1,03 multiplizieren.
- Für Rückstellproben zur Bestimmung von Gesamtcholesterin ist eine Lagerung bei $-20°$ ausreichend, zur Analyse der Lipoproteine und Triglyceride müssen die Proben bei mindestens $-70\,°C$ gelagert werden.

tus leidet. Eine differenzierte Analytik sollte auch erfolgen, wenn das Gesamtcholesterin (ohne weitere Risikofaktoren) 240 mg/dl (6,2 mmol/l) überschreitet, oder das Gesamtcholesterin im Grenzbereich zwischen 200–239 mg/dl (5,2–6,2 mmol/l) liegt und gleichzeitig ein oder mehrere kardiovaskuläre Risikofaktoren vorliegen oder das HDL-C mit < 35 mg/dl (0,9 mmol/l) erniedrigt ist. Bei Therapieverlaufskontrollen kann die Diagnostik abhängig vom Fall auf LDL-C beschränkt werden.

Bereits durch die optische Beurteilung des Plasmas können erste Hinweise für eine Fettstoffwechselstörung gewonnen werden. So weist eine Trübung des Plasmas (**„lipämisches Plasma"**) und die Aufrahmung des Plasmas nach dem Stehen der Probe über Nacht im Kühlschrank (**„Kühlschranktest"**) auf eine massive Hypertriglyceridämie hin. Lipämische Proben ohne Aufrahmung sind ein Indiz für eine stark erhöhte Konzentration der VLDL, Proben mit einer Aufrahmung weisen auf eine Chylomikronämie hin. Die Abtrennung der Chylomikronen kann mithilfe einer speziellen Zentrifugation erreicht werden. Die Differenz der Triglyceride vor und nach der Zentrifugation entspricht den Chylomikronentriglyceriden.

Die Messung der **Triglycerid- und Cholesterinkonzentration** wird heute überwiegend mit enzymatischen Methoden an Analyseautomaten durchgeführt und unterliegt einer regelmäßigen Qualitätskontrolle. Bei hohen Lipidkonzentrationen muss zunächst eine Probenverdünnung durchgeführt werden, um falsch niedrige Ergebnisse zu vermeiden. Massiv erhöhte Hämoglobinwerte, eine ausgeprägte Hyperbilirubinämie und Ascorbinsäure beeinträchtigen die enzymatische Messung.

Bei der enzymatischen Bestimmung des **Gesamtcholesterins** wird zunächst durch eine Esterase die Fettsäure am C_3-Atom hydrolisiert und anschließend das freie Cholesterin durch die Cholesterinoxidase zu Cholestenon oxidiert. Das dabei entstehende H_2O_2 ergibt mit 4-Aminophenazon und Phenol unter Einwirkung von Peroxidase einen roten Farbstoff, dessen Extinktion bei 546 nm gemessen wird. Die Extinktionsänderung ist linear der umgesetzten Cholesterinmenge. Nach den Richtlinien der NCEP (National Cholesterol Education Program) dürfen die verwendeten Assays für das Gesamtcholesterin ein Abweichung in der Richtigkeit und der Impräzision von ± 3 % aufweisen. Damit beträgt der zulässige Gesamtfehler ≤ 9 %. Der Gesamtfehler ist ein wesentliches Kriterium zur Beurteilung der analytischen Qualität. Er erlaubt die Beurteilung einer Messmethode mit allen ihren Fehlermöglichkeiten und errechnet sich aus der Unrichtigkeit (ausgedrückt als Abweichung in %) und der Impräzision (ausgedrückt als VK in %) gemäß der Formel (Gesamtfehler = Abweichung (%) + 1,96 × VK (%)).

Triglyceride können nach dem klassischen enzymatischen UV-Test oder dem heute überwiegend eingesetzten enzymatischen Farbtest bestimmt werden. Zunächst erfolgt die enzymatische Spaltung der Triglyceride durch Lipase und Esterase. Das hierbei freigesetzte Glycerin reagiert unter Einwirkung der Glycerokinase mit ATP zu Glycerin-3-Phosphat. Beim enzymatischen Farbtest wird das Glycerin-3-Phosphat mithilfe der Glycerinphosphatoxidase (GPO) zu Dihydroxyacetonphosphat und H_2O_2 umgesetzt. Letzteres reagiert mit Chlorphenol und Aminophenazon zu einem Farbstoff, der bei 546 nm im Photometer gemessen wird. Bei den Triglyceridassays dürfen Richtigkeit und Impräzision um ± 5 % abweichen. Somit sollte der Gesamtfehler ≤ 15 % liegen. Bei Triglyceridkonzentrationen im Serum von > 200 mg/dl (2,3 mmol/l) sollte überprüft werden, ob eine Dylipidämie wie z. B. bei der familiären kombinierter Hyperlipidämie oder Diabetes mellitus vorliegt. Triglyceridkonzentrationen von > 400 mg/dl (4,6 mmol/l) werden als hoch pathologisch angesehen, Werte > 1000 mg/dl (11,4 mmol/l) gehen mit der Gefahr einer akuten Pankreatitis einher.

Die Bestimmung des **HDL-Cholesterins** erfolgte in der Vergangenheit mithilfe der Lipoproteinelektrophorese oder nach Fällung der Apo-B-haltigen Lipoproteine (VLDL, LDL und Lp(a)) mit verschiedenen Fällungsmitteln (z. B. Phosphorwolframsäure/$MgCl_2$, Heparin/$MnCl_2$, Dextransulfat/ $MgCl_2$, Polyäthylenglycol). Nach Abzentrifugation des Präzipitates kann im Überstand das HDL-C enzymatisch bestimmt werden. Inzwischen stehen sog. homogene HDL-C Assays für die vollautomatische spezifische Bestimmung von HDL-C im Plasma ohne Fällung zur Verfügung. Hierbei kommen unter anderem spezifische Antikörper, α-Cyclodextrin, PEG-modifizierte Enzyme o. ä. zum Einsatz, um die Oberfläche der Chylomikronen, VLDL und LDL so zu verändern, dass die modifizierten Lipoproteine eine verminderten Aktivität gegenüber der Cholesterinoxidase und Esterase haben. Die Ergebnisse korrelieren sehr gut mit den Resultaten der Ultrazentrifugation als Referenzmethode. Die Neuentwicklung von **homogenen Assays** hat die Bestimmung von HDL-C erheblich vereinfacht und die Präzision verbessert. Es wird gefordert, dass bei einem HDL-C von > 42 mg/dl (1,09 mmol/l) der Variationskoeffizient ≤ 4 % beträgt und bei einem HDL-C von < 42 mg/dl die Standardabweichung < 1,7 mg/dl (0,04 mmol/l) liegen muss. Zusätzlich darf die Richtigkeit um höchstens ± 5 % von der Referenzmethode des Center for Disease Control (CDC) abweichen.

Das **LDL-Cholesterin** kann nach der **Formel nach Friedewald** (LDL-C (mg/dl) = Gesamtcholesterin – HDL-C – (Triglyceride/5) oder LDL-C (mmol/l) = Gesamtcholesterin – (Triglyceride/2,2)) berechnet werden. Die Bestimmung der Serumtriglyceride dient hierbei der Abschätzung des VLDL-C. Bei Verwendung der Formel müssen allerdings einige Einschränkungen berücksichtigt werden: Die Blutabnahme muss unbedingt im Nüchtern-Zustand erfolgen, damit keine Chylomikronen im Blut zirkulieren, deren Triglyceridgehalt zu einer falsch hohen Einschätzung des VLDL-C führen würde. Dies hätte wiederum eine Unterschätzung des LDL-C zur Folge. Die Serumtriglyceride dürfen bei Verwendung der Formel nicht höher als 400 mg/dl (4,6 mmol/l) liegen, da bei schwerer Hypertriglyceridämie die Triglyceride sich auch in den LDL- und HDL-Partikeln anreichern können und die Zusammensetzung der VLDL-Partikel großen Schwankungen unterliegt. Eine weitere Einschränkung stellt die seltene Typ-III-Hyperlipoproteinämie nach Fredrickson dar. In diesen Fällen wird das LDL-C überschätzt, ohne dass erkannt wird, dass die Lipoproteine atypisch zusammengesetzt sind. Auch bei Diabetes mellitus ist die Gültigkeit der Formel wegen der teilweise erheblichen qualitativen Veränderungen des Lipoproteinspektrums eingeschränkt. In diesen Fällen kann mithilfe der Ultrazentrifugation LDL + HDL oder LDL allein isoliert werden, um anschließend die LDL-C-Konzentration exakt zu bestimmen. Einfacher ist die Bestimmung des LDL-C nach selektiver Fällung der LDL-Partikel mittels Dextransulfat oder anderer Reagenzien. Die Differenz der Cholesterinmessung vor und nach Fällung entspricht dem LDL-C. Inzwischen stehen für die mechanisierte und spezifische Bestimmung des LDL-C im Plasma ohne Fällung sogenannte homogene LDL-C Assays zur Verfügung. Das Prinzip beruht auf der Messung des Cholesterins nach Einwirkung spezifischer Detergentien bzw. photometrischer Bestimmung der agglutinierten LDL-Partikel. Im Vergleich zur Formel nach Friedewald weisen diese Assays eine deutlich bessere Präzision auf. Durch ihre Entwicklung ist die Bedeutung der sehr aufwendigen Präzipitationsverfahren deutlich gesunken. Für die Bestimmung des LDL-C wird eine Abweichung in der Richtigkeit und der Impräzision von ≤ 4 % gefordert. Damit beträgt der zulässige Gesamtfehler ≤ 12 %.

Die klassische aber kaum mehr verwendete Methode der **Lp(a) Bestimmung** ist die Rocket-Immunelektrophorese. Heute werden hauptsächlich mechanisierte immunologische Testverfahren eingesetzt. Praktische Relevanz hat hierbei vor allem die quantitative Bestimmung mittels Nephelometrie oder ELISA. Die verschiedenen immunologischen Testverfahren können jedoch unterschiedlich durch den Apo(a) Größenpolymorphismus beeinträchtigt werden. Zur Zeit stehen noch keine Referenzmaterialien zur Verfügung, die einer Vergleichbarkeit der verschiedenen Lp(a) Methoden gewährleisten könnte.

Ultrazentrifugation

Die **Ultrazentrifugation** wird als Referenzmethode zur Bestimmung der Lipoproteine eingesetzt. Bei dieser aufwendigen Methode werden die verschiedenen Lipoproteinfraktionen im

Dichtegradient der Ultrazentrifuge aufgrund ihrer unterschiedlichen Dichte isoliert und anschließend das Cholesterin und die Triglyceride enzymatisch bestimmt.

5.3.2.2 Spezialuntersuchungen

Die Abklärung seltener Enzym- und Transportdefekte des Fettstoffwechsels bleibt spezialisierten Laboratorien vorbehalten.

5.3.2.3 Molekulare Diagnostik von Fettstoffwechselstörungen

Prinzipiell können heute alle bekannten genetischen Varianten des Lipoproteinstoffwechsels mithilfe molekularbiologischer Techniken erfasst werden. Aufgrund der eingeschränkten klinischen Relevanz kommt jedoch nur eine kleine Zahl der Methoden zum Einsatz. Bestimmte molekularbiologische Varianten könnten jedoch in Zukunft zu einer differenzierten Lipidtherapie beitragen (z. B. CETP-TaqI B).

Genpolymorphismen des LDL-Rezeptors und von Apolipoprotein B-100

Das klassische Bild einer familiären Hypercholesterinämie mit stark erhöhten LDL-Cholesterinkonzentrationen und hochgradigem koronaren Risiko wird überwiegend durch Mutationen des LDL-Rezeptorgens verursacht. Heute ist ein breites Spektrum von mehr als 200 verschiedenen Mutationen bekannt, die mit einer schweren Hypercholesterinämie einhergehen. Vermutlich existiert in der Bevölkerung zusätzlich eine große Zahl phänotypisch unauffälliger Polymorphismen, die nicht zu dem Bild einer klassischen familiären Hypercholesterinämie führen und daher auch nicht mit einem erhöhten koronaren Risiko assoziiert sein müssen. Entscheidend für die Beurteilung des koronaren Risikos ist daher zweifellos das Ausmaß der Hypercholesterinämie und nicht der alleinige Nachweis einer LDL-Rezeptormutation.

Etwa 2 bis 5 % der Patienten mit der klinischen Diagnose einer familiären Hypercholesterinämie weisen ein defektes Apolipoprotein-B auf, welches durch eine deutlich reduzierte Bindung an den LDL-Rezeptor gekennzeichnet ist. Das mutierte Allel generiert defekte Apo-B100-Moleküle, in denen im Codon 3500 Arginin durch Glutamin substituiert ist (Apo-B3500-Defekt), wesentlich seltener im Codon 3531 Arginin durch Cystein. Die Frequenz der Apo-B3500-Mutation liegt bei 1:500 bis 1:1.300 und ist somit etwa halb so häufig wie die bekannte Mutation des LDL-Rezeptorgens. Die Mehrzahl der Apo-B3500-Träger entwickeln jedoch auch in der homozygoten Form des Apo-B-Defektes keine Hypercholesterinämie. Das koronare Risiko der FDB-Patienten ist somit grundsätzlich von der Ausprägung der Hypercholesterinämie abhängig und nur in diesem Fall dem koronaren Risiko von Patienten mit heterozygotem LDL-Rezeptordefekt vergleichbar. Im Gegensatz zu dem Apo-B-Polymorphismus geht ein LDL-Rezeptordefekt bis auf seltene Ausnahmen immer mit einer schweren Hypercholesterinämie einher.

Als routinemäßig anzuwendende Suchmethode für ein koronares Risiko ist der Apo-B-Polymorphismus nicht hilfreich, da Entstehung und Verlauf der Atherosklerose primär durch die Höhe des LDL-Cholesterins beeinflusst werden und nicht durch die Mutation des Apo-B-Gens. Die Bestimmung von Apo-B-Polymorphismen und die molekularbiologische Charakterisierung von LDL-Rezeptordefekten eignen sich daher nicht als routinemäßige Screeningmethoden. Diese Analysen sollten der klinischen Abklärung einer schweren Hypercholesterinämie und gezielten Familienuntersuchungen vorbehalten bleiben.

Genpolymorphismus der Lipoproteinlipase

Die **Lipoproteinlipase (LPL)** reguliert die Hydrolyse triglyceridreicher Lipoproteine und erleichtert die zelluläre Aufnahme von Remnant-Lipoproteinen durch Lipoproteinrezeptoren. In den letzten Jahren wurde eine große Zahl verschiedener Mutationen des LPL-Gens identifiziert. Sie reichen von der Substitution einzelner Basen bis zu größeren Deletionen und Genduplikationen. Ein homozygoter LPL Mangel manifestiert sich als familiäre Hyperchylomikronämie und ist sehr selten. Heterozygote Träger eines defekten LPL-Gens sind phänotypisch meist unauffällig. Unter besonderen Stoffwechselbedingungen, wie beispielsweise während der Schwangerschaft, kann sich die LPL-Mutation jedoch phänotypisch als Hypertriglyceridämie auswirken. Die mit einer Frequenz von etwa 3% relativ häufigen Genpolymorphismen LPL-D9N und LPL-N291S gehen mit einer etwa 20 bis 30%igen Erniedrigung der Enzymaktivität einher. Diese Allelvarianten zeigen eine Assoziation mit erhöhten Plasmatriglyceridkonzentrationen. In der ECTIM-Studie fand sich eine geringfügig höhere Frequenz der LPL-D9N Mutation bei Postmyokardinfarktpatienten (3,32%) als bei gesunden Kontrollpersonen (2,71%). Dieser Unterschied erreichte jedoch keine statistische Signifikanz.

Ein **LPL-Polymorphismus** kann nach diesen Untersuchungen für die Entwicklung einer Hypertriglyceridämie disponieren, möglicherweise auch für niedrige HDL-Cholesterinkonzentrationen. Die Rolle des LPL-Polymorphismus als genetischer Faktor der koronaren Herzerkrankung ist jedoch noch unklar und muss daher in prospektiven Bevölkerungsstudien weiter untersucht werden.

Genpolymorphismus des Apo-E

Apolipoprotein-E ist ein wichtiges Strukturprotein der Chylomikronen, der VLDL und auch der HDL. Es wird vorwiegend in der Leber gebildet und dient als hochaffiner Ligand für die zelluläre Aufnahme dieser Lipoproteine über LDL- und Remnant-Rezeptoren. Zusätzlich ist es als Syntheseprodukt von Makrophagen an der Cholesterinhomöostase der Gefäßwand beteiligt. Diese Funktionen erklären den wichtigen Stellenwert im Stoffwechsel triglyceridreicher Lipoproteine und des reversen Cholesterintransports. Apo-E liegt in drei Isoformen vor: Apo-E2, Apo-E3 und Apo-E4. Die Synthese dieser Isoformen steht unter der Kontrolle von drei unabhängigen Allelen, die auf Chromosom 19 lokalisiert sind. Diese drei Allele werden durch zwei Genpolymorphismen generiert. Sie unterscheiden sich durch Substitution von Arginin durch Cystein in Position 158 (Apo-E2) bzw. in Position 112 (Apo-E4). Im Apo-E3-Allel ist

Arginin nicht substituiert. Die Frequenz der Apo-E-Polymorphismen beträgt 1% E2/E2, 14% E3/2, 60% E3/E3, 2% E4/E2, 21% E4/E3 und 2% E4/E4. Apo-E4 besitzt eine höhere Affinität zum LDL (Apo-B:E)-Rezeptor der Leber als Apo-E2. Apo-E3 verhält sich intermediär. Chylomikronen und VLDL-Remnantpartikel werden daher bei Apo-E4-Trägern wesentlich schneller durch die Leber aufgenommen als bei Individuen mit dem Apo-E2- oder E3-Allel. Diese beschleunigte Aufnahme cholesterin- und triglyceridreicher Remnantpartikel führt bei Apo-E4-Trägern zu einem erhöhten hepatischen Cholesterinpool und in der Folge zu einer Herunterregulation des LDL-Rezeptors. Hieraus kann phänotypisch ein Anstieg des Plasma-LDL-Cholesterins resultieren. Individuen mit dem Apo-E4-Allel weisen daher höhere Apo-B und Plasma-LDL-Cholesterinkonzentrationen auf als Individuen mit Apo-E2 oder Apo-E3.

Grundsätzlich ist eine durch die Apo-E-Isoform determinierte Prädisposition für die Entwicklung einer Hypercholesterinämie von dem Vorhandensein weiterer Einflussgrößen wie Ernährung und metabolischen Faktoren abhängig. In seltenen Fällen kann unter diesen Voraussetzungen die geringere Bindung von Apo-E2-Lipoproteinen an den LDL-Rezeptor zu einer ausgeprägten Hyperlipoproteinämie mit Anhäufung cholesterin- und triglyceridreicher Remnantpartikel führen. Phänotypisch zeigt sich diese Stoffwechselstörung als Hyperlipoproteinämie Typ III oder familiäre Dyslipoproteinämie, die mit einem hohen koronaren Risiko einhergeht. Eine Assoziation der Apo-E-Isoformen mit dem koronaren Risiko ist in mehreren Studien beschrieben worden. Im Vergleich zu Trägern der häufigen Isoform Apo-E3/3 lässt sich aus den Fall-Kontrolluntersuchungen der ECTIM-Studie für Träger des Apo-E2-Allels ein relatives Myokardinfarktrisiko von 0,73 ($p < 0,005$) und für Träger des Apo-E4-Allels von 1,33 ($p < 0,002$) ableiten. Etwa 8% der Myokardinfarkte lassen sich auf den zugrundeliegenden Apo-E-Polymorphismus zurückführen. Befunde der **EARS-Studie (European Atherosclerosis Research Study)** weisen schließlich darauf hin, dass in Bevölkerungen mit einer hohen Apo-E4-Frequenz auch eine erhöhte Myokardinfarktinzidenz zu erwarten ist. Ein zusätzlicher interessanter Aspekt zur möglichen Rolle des ApoE-Polymorphismus bei der Atherogenese ergibt sich aus neueren Analysen der **PDAY-Studie (Pathobiological Determinants of Atherosclerosis in Youth)**. Es handelt sich hierbei um pathohistologische Untersuchungen der Aorta junger, durch Unfalltod verstorbener Männer. In dieser Studie wurde erstmals eine Assoziation zwischen dem morphologischen Schweregrad atherosklerotischer Läsionen und der Apo-E-Isoform beobachtet. Am geringsten war die Atherosklerose bei Trägern der Apo-E2/3-Isoform, am stärksten war sie bei Trägern des Apo-E4-Allels ausgeprägt. Da dieser Befund von der Höhe des Plasmacholesterinspiegels unabhängig war, lässt sich über einen direkten Einfluss des Apo-E-Polymorphismus auf die Atherogenese spekulieren.

Neben der Assoziation des Apo-E-Polymorphismus mit der koronaren Herzerkrankung wurde vor einigen Jahren auch ein enger Bezug zur **Alzheimerschen Erkrankung** entdeckt. Das Apo-E4-Allel findet sich bei Patienten mit Morbus Alzheimer etwa vierfach häufiger als bei Kontrollpatienten. Der Nachweis von einem oder mehreren Apo-E4-Allelen als Test für die pathohistologisch gesicherte Diagnose einer Alzheimerschen Erkrankung besitzt nach einer neueren Untersuchung allerdings nur eine Sensitivität von 65 % und eine Spezifität von 68 %. Zur primären Prävention der koronaren Herzerkrankung sollten Träger des Apo-E4-Allels hinsichtlich ihres Fettstoffwechselbefundes und anderer koronarer Risikofaktoren überwacht werden und erhöhte LDL-Cholesterinkonzentrationen gegebenenfalls therapiert werden. Bei Patienten mit einer Familienbelastung für die koronare Herzerkrankung sowie zur Abklärung einer Dyslipoproteinämie ist eine Analyse der Apo-E-Isoformen heute sicher gerechtfertigt. Eine ungezielte Suche nach Apo-E-Isoformen in der klinischen Routinediagnostik birgt wegen der engen Assoziation des Apo-E4-Allels zu der bisher nicht behandelbaren Alzheimerschen Erkrankung eine erhebliche ethische Problematik.

Genpolymorphismus des Lipoprotein(a)

Zum Aufbau und physiologischen Funktion des Lipoprotein(a) siehe unter Abschn. 5.1.3.2.

Bis auf wenige Ausnahmen, wie beispielsweise bei inflammatorischen Prozessen oder beim nephrotischen Syndrom, ist die Höhe der Plasma-Lp(a)-Konzentration streng genetisch determiniert und lässt sich bis zu 50 % durch einen Größenpolymorphismus der Apolipoprotein(a)-Komponente erklären. Die Lp(a)-Plasmakonzentration ist invers mit der Molekülgröße und der Zahl der wiederholten Kringle-IV-Domänen korreliert.

Lipoprotein(a)-Plasmakonzentrationen über 30 mg/dl sind signifikant mit einer erhöhten Inzidenz der koronaren Herzerkrankung und zerebrovaskulärer Erkrankungen assoziiert. Lp(a) ist vor allem dann als Risikofaktor stark wirksam, wenn gleichzeitig erhöhte LDL-Cholesterinkonzentrationen vorliegen, andererseits verstärkt Lp(a) erheblich das atherogene Potential der LDL. Die Befundlage zur klinischen Relevanz einer isolierten Lp(a)-Erhöhung und ihrem Bezug zur koronaren Herzerkrankung ist uneinheitlich. In der 10-Jahresauswertung der **GRIPS-Studie (Göttingen Risk, Incidence and Prevalence Study)** konnte ein signifikanter Zusammenhang zwischen der Inzidenz der koronaren Herzerkrankung und erhöhten Lipoprotein(a)-Konzentrationen erneut gezeigt und somit die Befunde der früheren GRIPS-5-Jahresbeobachtung eindeutig bestätigt werden. Zusätzliche Anhaltspunkte zur Bestimmung des Lp(a) assoziierten koronaren Risikos lassen sich möglicherweise aus der molekularen Charakterisierung der Lp(a)-Genpolymorphismen gewinnen. So finden sich Apo(a)-Allele mit einer niedrigen Zahl von Kringle-IV-Replikationen (< 22 Replikationen) signifikant häufiger bei Koronarkranken als bei gesunden Personen. Die Odds Ratio liegt bei Individuen mit > 25 Kringle-IV-Replikationen auf beiden Allelen bei 0,3, bei Personen mit < 20 Replikationen in wenigstens einem Allel jedoch bei 4,6. Diese Befunde konnten kürzlich in einer Untersuchung zum Infarktrisiko bei Männern unter 60 Jahren bestätigt werden. Der Einfluss von Lipoprotein(a) auf die Inzidenz der koronaren

Herzerkrankung kann heute als gesichert gelten. Eine Bestimmung der Lipoprotein(a)-Plasmakonzentration zur Bewertung eines koronaren Risikos ist insbesondere bei erhöhten LDL-Cholesterinkonzentrationen gerechtfertigt und klinisch sinnvoll. Eine routinemäßige Charakterisierung von Lp(a)-Polymorphismen ist methodisch jedoch relativ aufwendig und bringt zum jetzigen Zeitpunkt keinen wesentlichen Vorteil gegenüber der etablierten Bestimmung der Plasma-Lp(a)-Konzentration.

Genpolymorphismus des CETP

Das **Cholesterinester-Transferprotein (CETP)** ist ein Plasmaglykoprotein, das den Austausch von Cholesterinestern der HDL gegen Triglyceride aus den VLDL und Chylomikronen vermittelt. Es spielt daher eine zentrale Rolle im sogenannten reversen Cholesterintransportweg, über den Cholesterin aus dem Gewebe zurück zur Leber transportiert werden kann. Patienten mit einer CETP-Defizienz weisen charakteristischerweise deutlich erhöhte HDL Plasmacholesterinkonzentrationen bis über 100 mg/dl (2,6 mmol/l) auf. Allerdings handelt es sich in diesem speziellen Fall, entgegen früheren Vermutungen, offenbar nicht um eine besonders antiatherogene Befundkonstellation. Eine großangelegte epidemiologische Untersuchung in der japanischen Stadt Omagari, in der eine genetisch bedingte Form der CETP-Defizienz mit hoher Prävalenz vorkommt (1,14 % der Bevölkerung), zeigte bei koronarkranken Patienten eine höhere Frequenz der CETP-Mutation als bei gesunden Kontrollen. Darüber hinaus war in dieser Studie bei über 80-Jährigen die Prävalenz hoher HDL-Spiegel und der CETP-Mutation signifikant geringer als bei jüngeren Individuen. Dies spricht gegen eine Rolle der CETP-Defizienz als Langlebigkeitsfaktor. Es sind heute eine Reihe von Polymorphismen des CETP-Gens bekannt. Dabei zeigte sich für den *T*aqIB- (Intron 1), *M*spI- (Intron 8) und den *R*saI- (Exon 14)-Polymorphismus eine signifikante Assoziation mit dem HDL-Cholesterinspiegel. Wohl am besten untersucht ist gegenwärtig der *T*aqIB-Polymorphismus. Das Vorhandensein dieser DNA-Schnittstelle wird als B1, die Abwesenheit als B2 bezeichnet. In einer kürzlich publizierten plazebokontrollierten Interventionsstudie mit Pravastatin an Patienten mit angiographisch dokumentierter KHK lag die Frequenz des B1-Allels bei 60 %, die des B2-Allels entsprechend bei 40 %. Das B1-Allel zeigte im Vergleich zum B2-Allel eine signifikante Assoziation mit höheren CETP-Plasmakonzentrationen und niedrigeren HDL-Cholesterinspiegeln. Interessanterweise wiesen in der Plazebogruppe B1B1 homozygote Patienten nach zwei Jahre eine signifikant stärkere Progression der Koronarstenosen auf als B1B2-Heterozygote. Bei B2B2-Homozygoten war die Progression der Stenosen dagegen am geringsten ausgeprägt. Dieser mit dem B1-Allel assoziierte negative Effekt auf die Progression der Koronarstenosen konnte durch die Gabe von Pravastatin in der Therapiegruppe vollständig aufgehoben werden. Im Gegensatz dazu blieb die Pravastatintherapie bei Trägern des B2-Allels auf die Stenosenprogression ohne Effekt. Diese neuen Befunde zur Rolle des CETP-Polymorphismus bei koronarer Herzerkrankung könnten einem gezielteren Einsatz von HMG-CoA-Reduktase-Hemmern in der sekundären Prävention dienen, sie bedürfen aber einer weiteren klinischen Überprüfung.

5.3.3 Identifikation von Risikopatienten

In den vergangenen Jahren wurden unabhängig voneinander in den USA durch das **National Cholesterol Education Program (NCEP)** und in Europa zunächst von der **European Atherosclerosis Society (EAS)**, später von der Task Force der EAS Richtlinien zur Behandlung der Hypercholesterinämie entwickelt. Diese Empfehlungen haben kürzlich Eingang in die „**Harmonized Clinical Guidelines on Prevention of Atherosclerotic Vascular Disease**" der „**International Atherosclerosis Society (IAS)**" gefunden. Ein hilfreiches Programm zur Einschätzung des individuellen Koronarrisikos findet sich hierzu im Internet unter „www.chd-taskforce.de".

Nach den Empfehlungen des NCEP orientieren sich die Bewertung des Koronarrisikos und das Therapieziel der Cholesterinsenkung hauptsächlich an der LDL-Cholesterinkonzentration.

Potenzierend verstärken eine bereits bestehende koronare Herzerkrankung und weitere kardiovaskuläre Risikofaktoren die Gefahr eines Koronarereignisses. In fünf Stufen lässt sich eine individuelle Risikostratifikation durchführen:

Stufe 1: Bestimmung des Lipoproteinprofils und Klassifikation (Tab. 5.4):

Erste Wahl: Komplettes Lipoproteinprofil (nüchtern 12 h) Gesamtcholesterin, LDL, HDL und Triglyceride.
Zweite Wahl: Nichtnüchterngesamtcholesterin und HDL (komplettes Lipoproteinprofil, wenn Gesamtcholesterin ≥ 200 mg/dl (5,2 mmol/l) oder HDL < (40 mg/dl (1,0 mmol/l)).

Stufe 2: Identifizierung von Hochrisikopatienten. Hierbei handelt es sich um Patienten, deren Risiko für das Auftreten eines schweren koronaren Ereignisses dem eines Patienten mit bereits bestehender koronarer Herzerkrankung äquivalent ist. Hierzu zählen vor allem Patienten mit KHK-Risikoäquivalenten wie andere klinische Manifestationsformen der Atherosklerose (periphere arterielle Verschlusskrankheit, abdominales Aneurysma, symptomatische Karotisstenose) oder mit Diabetes mellitus, sowie Patienten mit multiplen Risikofaktoren, die zu einem 10-Jahresrisiko für eine koronare Herzerkrankung von > 20 % beitragen.

Stufe 3: Identifizierung von führenden Risikofaktoren (außer LDL-Cholesterin), die das therapeutische LDL-Ziel beeinflussen (Tab 5.5).

Stufe 4: Risikobewertung bei Patienten ohne KHK. Bei Patienten ohne koronare Herzerkrankung, aber mit 2 oder mehr führenden Risikofaktoren (Tab. 5.5) und bei Hochrisikopatienten (Schritt 2) kann das 10-Jahresrisiko für eine koronare Herzkrankheit mithilfe der Framingham Risikotabellen berechnet werden. Bei Patienten ohne koronare Herzerkrankung, die 0 bis 1 führenden Risikofaktor aufweisen, muss keine weitere Risikobewertung erfolgen, da das 10-Jahresrisiko < 10 % beträgt.

Stufe 5: Im letzten Schritt (Tab. 5.6) erfolgt anhand der bisher erhobenen Daten eine Beurteilung hinsichtlich der Notwendigkeit einer intensivierten Änderung des Lebensstils (Tab. 5.7) bzw. einer medikamentösen Therapie.

Anhand verschiedener epidemiologischer Untersuchungen wurde eine Vielzahl weiterer Faktoren der Risikoverstärkung für die Entstehung einer koronaren Herzerkrankung evaluiert (Tab. 5.8). Bisher konnten jedoch keine kontrollierten Studienergebnisse gewonnen werden, die nachweisen, dass eine Beeinflussung dieser Faktoren mit einer Verbesserung der Prognose einhergeht. Daher nehmen diese Faktoren zur Zeit keinen Einfluss auf die Risikostratifikation und Therapieindikation.

Tabelle 5.4: Bestimmung des Lipoproteinprofils und Klassifikation.

Gesamtcholesterin (mg/dL)	
< 200	wünschenswert
200–239	grenzwertig
≥ 240	erhöht
LDL Cholesterin (mg/dL)	
< 100	optimal
100–129	gut
130–159	grenzwertig hoch
160–189	erhöht
≥ 190	pathologisch erhöht
HDL Cholesterin (mg/dL)	
< 40	niedrig
≥ 60	hoch

Tabelle 5.5: Risikofaktoren.

- Zigarettenrauchen
- Hochdruck
  (RR ≥ 140/90 mmHg oder antihypertensive Medikation)
- niedriges HDL Cholesterin (< 40 mg/dL)*
- familiäre Vorgeschichte einer KHK
  – KHK bei männlichen Verwandten 1. Grades < 55 Jahre
  – KHK bei weiblichen Verwandten 1. Grades < 65 Jahre
- Alter (Männer ≥ 45 Jahre; Frauen ≥ 55 Jahre)

* HDL Cholesterin ≥ 60 mg/dL zählt als „negativer" Risikofaktor; es kann in der Primärprävention einen Risikofaktor ausgleichen.

Tabelle 5.6: Therapieindikation in Abhängigkeit vom Basis-LDL-Cholesterin.

Risikokategorie	LDL-Ziel	LDL-Ziel für eine intensivierte Änderung des Lebensstils	LDL-Ziel für eine Therapie mit Medikamenten
KHK und KHK Risiko-äquivalente	< 100 mg/dl (2,58 mmol/l)	≥ 100 mg/dl (2,58 mmol/l)	≥ 130 mg/dl (optional 100 – 129 mg/dl)
multiple (+ 2) Risikofaktoren	≤ 130 mg/dl (3,36 mmol/l)	≥ 130 mg/dl (3,36 mmol/l)	10-J-Risiko 10 – 20 % ≥ 130 mg/dl 10-J-Risiko < 10 % ≥ 160 mg/dl
0 bis 1 Risikofaktor	≤ 160 mg/dl (4,13 mmol/l)	≥ 160 mg/dl (4,13 mmol/l)	≥ 190 mg/dl (4,91 mmol/l) optional 160 – 189 mg/dl

Tabelle 5.7: Angestrebte Lebensstiländerungen bei Risikopatienten.

- Reduktion von gesättigten Fetten und Cholesterin (Ziele einer AHA-step II Diät)
- zusätzliche diätische Optionen zur LDL-Senkung:
  - Planzenstanole/sterole (2 g/d)
  - Visköse (lösliche) Fasern (10 – 25 g/d)
- Aktivierung von Gewichtsreduktion und physischer Aktivität

Tabelle 5.8: Faktoren der Risikoverstärkung für die Entstehung einer koronaren Herzerkrankung.

- Übergewicht (BMI ≥ 30)
- körperliche Inaktivität
- atherogene Diät
- Lipoprotein(a)
- Homocysteine
- prothrombotische Faktoren
- proinflammatorische Faktoren (z. B. CRP)
- gestörte Glukose-Homöostase
- endotheliale Dysfunktion

5.3.4 Therapie der Hypercholesterinämie

Eine LDL-senkende Therapie ist bei allen Patienten mit koronarer Herzerkrankung und KHK-Risikoäquivalenten (s. Schritt 2) indiziert. Bei einem Basis-LDL-Cholesterin < 100 mg/dl (2,6 mmol/l) wird zur Zeit keine medikamentöse Therapie empfohlen, allerdings geben neue klinische Studien erste Hinweise, dass eine weitere medikamentöse LDL-Absenkung unter 100 mg/dl (2,6 mmol/l) mit einer Risikoreduktion für den Myokardinfarkt assoziiert sein kann (**Heart Protection Study**, 2002). Bei Patienten ohne gesichertem Nachweis einer KHK, aber mit Vorliegen von (+2) Risikofaktoren, besteht eine Therapieindikation in Abhängigkeit vom Basis-LDL-Cholesterin (Tab. 5.6).

Medikamentöse Lipidtherapie

Gegenwärtig stehen eine Reihe unterschiedlicher Medikamente für eine lipidsenkende Therapie zur Verfügung (Tab. 5.9). Die meisten Präparate beeinflussen in erster Linie den endogenen Cholesterinstoffwechsel. So führen die **HMG-CoA-Reduktasehemmer** (Statine) als Standardmedikation der gegenwärtigen Lipidtherapie zu einer Inhibition der hepatischen Cholesterinsynthese und damit zu einem Abfall des hepatischen Cholesterinpools (Tab. 5.10). Dies führt zu einer vermehrten Bildung von LDL-Rezeptoren und damit zu einer gesteiger-

Tabelle 5.9: Lipidsenkende Medikamente.

Beeinflussung des exogenen Cholesterinstoffwechsels
- HMG-CoA-Reduktase Hemmer (Statine)
- Fibrate
- Nikotinsäure

Beeinflussung des endogenen Cholesterinstoffwechsels
- Cholesterinresorptionshemmer (Ezetimib)
- Ionenaustauscherharze

LDL-Apherese (HELP)

Tabelle 5.10: Wirkungsweise, Nebenwirkungen und Kontraindikation von Statinen.

HMG CoA Reduktase Hemmer (Statine)
- Reduktion LDL-C 18 – 55 % & TG 7 – 30 %
- Erhöhung HDL-C 5 – 15 %
- wichtige Nebenwirkungen (selten)
  - Myopathie
  - Anstieg Leberenzyme
- Kontraindikationen
  - absolut: Lebererkrankungen
  - relativ: Kombination mit bestimmten Medikamenten

ten hepatischen Aufnahme von Plasma-LDL und nachfolgend zu einem Abfall des Plasmacholesterins. In einer Vielzahl von Studien konnte die klinische Evidenz dieses Therapieansatzes belegt werden. So führt die Statintherapie zu einer signifikanten Reduktion von schweren Koronarereignissen, der Koronarmortalität, der Notwendigkeit kardialer Eingriffe (PTCA/CA-VB), des Schlaganfalls und der Gesamtmortalität.

Seit kurzem steht ein Wirkstoff mit einem neuartigen Ansatz der Cholesterinsenkung zur Verfügung **(Ezetemib)**. Ezetimib ist ein selektiver Inhibitor der intestinalen Cholesterinresorption und greift in den exogenen Cholesterinstoffwechsel ein. Eine weitere Besonderheit von Ezetimib liegt in der Beeinflussung der Phytosterolresorption im Darm. Hierdurch ist auch eine gezielte medikamentöse Therapie von Patienten mit **Sitosterolämie** möglich. Der klinische Nutzen von Ezetimib in der Prävention der koronaren Herzerkrankung muss jedoch noch in geeigneten klinischen Studien evaluiert werden.

Bei der homozygoten Form der familiären Hypercholesterinämie ist eine regelmäßige extrakorporale LDL-Elimination induziert (z. B. H.E.L.P.-Verfahren). Unter einer Apherese-Behandlung kann das LDL um etwa 60 % abgesenkt werden. Eine LDL-Apherese ist auch bei Patienten mit progredienter koronarer Herzerkrankung induziert, wenn die LDL-Cholesterinzielwerte durch eine maximale medikamentöse Therapie nicht erreicht werden können.

Herrn Prof. Dr. D. Seidel zum 65. Geburtstag gewidmet.

6 Hydratationsstatus

A. Grünert

6.1 Allgemeine Grundlagen – Dynamik und Regulationen

Für das Verständnis des **Hydratationszustandes** und des Gesamtumfangs des Flüssigkeitsbestandes sowie seiner Verteilung auf unterschiedliche Kompartimente haben sich sehr vereinfachte Schemata als nützlich erwiesen. Die Menge des Wassers im Körper, welches etwa 60 % des Körpergewichts ausmacht, befindet sich zu etwa einem Drittel im sogenannten **extrazellulären Flüssigkeitskompartiment** und zu zwei Dritteln im **intrazellulären Kompartiment** (Abb. 6.1).

Bei diesen Schemata werden auf der Abszisse die Volumina und auf der Ordinate die Gesamtkonzentrationen der Flüssigkeitsräume aufgetragen. Die Gesamtkonzentration lässt sich als **Osmolalität** ausdrücken und liegt bei ungestörten Zuständen sowohl intra- als auch extrazellulär bei etwa 300 mosmol/kg. Diese schematische Darstellung gibt zwar zunächst einen verlässlichen Überblick, bietet aber auch Anlass zu Fehleinschätzungen. Vor allem bei der Steuerung therapeutischer Maßnahmen muss beachtet werden, dass gerade durch die Annahme starrer Zustände die zum Teil hochausgeprägten dynamischen Veränderungen übersehen werden. Der **Hydratationsstatus** selbst als eine der grundlegendsten Voraussetzungen unserer biochemischen Intaktheit und Funktionalität kann auch nicht als isoliertes System betrachtet werden, sondern immer im Zusammenhang mit den in diesen Flüssigkeiten gelösten Stoffen. Für die Regulation der Flüssigkeitsvolumina sind vor allem die Ausstattung und Veränderung der Elektrolytkonzentrationen von ausschlaggebender Bedeutung. Die Regulationen nach Aufnahme oder Verlust von sowohl Wasser als auch gelöster Stoffe verlaufen über den extrazellulären Raum; nur dieses Kompartiment verfügt über eine aktive eigene Regulation. Der Intrazellulärraum wird nur passiv mitreguliert, wobei er auf Veränderungen des extrazellulären Raumes wegen der gleichen Osmolalität reagiert. Das intrazelluläre Kompartiment hat einen etwas höheren osmotischen Druck im Vergleich zum extrazellulären Raum, da der intrazelluläre Raum über eine höhere Konzentration nicht diffusionsfähiger makromolekularer Anionen (Proteine) verfügt, die den diffusiblen Ionen eine unterschiedliche Verteilung aufzwingt (**Gibbs-Donnan-Gleichgewicht**). Durch diesen etwas höheren osmotischen Druck im Intrazellulärraum besteht eine ständige Tendenz zur Wasseraufnahme wegen der prinzipiell gleichen Osmolalitäten. Da aber die Zellwände nicht beliebig dehnbar sind, stellt sich ein Gleichgewicht zwischen der durch die Wasseraufnahme bedingten Dehnung und dem dadurch entstehende hydrostatischen Druck ein, sodass kein Nettowasserfluss entsteht. Bei der Betrachtung des extrazellulären Raumes muss man – funktionell hilfreich – noch einmal unterscheiden zwischen dem **intravasalen Kompartiment** und dem **interstitiellen, extrazellulären Raum**.

Für das Verständnis des Hydratationsstatus ist die Betrachtung der **Flüssigkeitsbilanz** hilfreich, bei der sich durch das Gleichgewicht zwischen Aufnahme und Ausscheidung ein Niveau einstellt, welches als **Fließgleichgewicht** von den beiden Einflussgrößen Zufuhr und Ausfuhr

Gesamtwassergehalt	(60 %)
Intrazellulärraum (40 % des Körpergewichts)	**Extrazellulärraum** (20 % des Körpergewichts)

Abb. 6.1: Verteilung der Körperflüssigkeit auf den intra- und extrazellulären Raum.

98 6 Hydratationsstatus

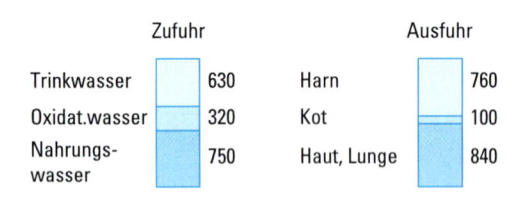

Zufuhr			Ausfuhr	
Trinkwasser		630	Harn	760
Oxidat.wasser		320	Kot	100
Nahrungs-wasser		750	Haut, Lunge	840

Abb. 6.2: Flüssigkeitsbilanz [ml].

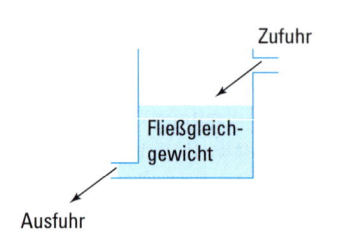

Abb. 6.3: Fließgleichgewicht.

bestimmt wird (Abb. 6.2, 6.3). Es bildet in seiner jeweiligen relativen konstanten Höhe sowohl physiologische als auch pathologische Zustände ab.

Die Regulation des Hydratationsstatus erfolgt also über den extrazellulären Raum. Der **minimale Flüssigkeitsumsatz** wird durch die obligaten Wasserverluste bestimmt, die zur Aufrechterhaltung des Gleichgewichtes ersetzt werden müssen. Das obligate Minimum des täglichen Wasserumsatzes beträgt etwa 10% des extrazellulären Raumes und kann bis auf das 10fache gesteigert werden. Die an der Regulation des Flüssigkeitsstatus beteiligten Organe sind vielfältig und komplex voneinander abhängig. Die wichtigsten Organe für die Homöostase sind die Nieren, da die Veränderungen über das Magen-Darm-System, die Haut und die Lunge im Vergleich zu den Nierenfunktionen nachrangig sind. Die Nieren als Hauptorgane der **Aufrechterhaltung der Homöostase** stehen in einer komplexen Wechselfunktion mit dem Herz-Kreislauf-System und verschiedenen hormonellen und reflektorischen sowie nervalen Einflüssen. Das Beispiel des Blutverlustes in seiner Auswirkung auf die Volumenfüllung des Gefäßsystems zeigt die unterschiedlichen Regulationssysteme, die vor allem über Volu-

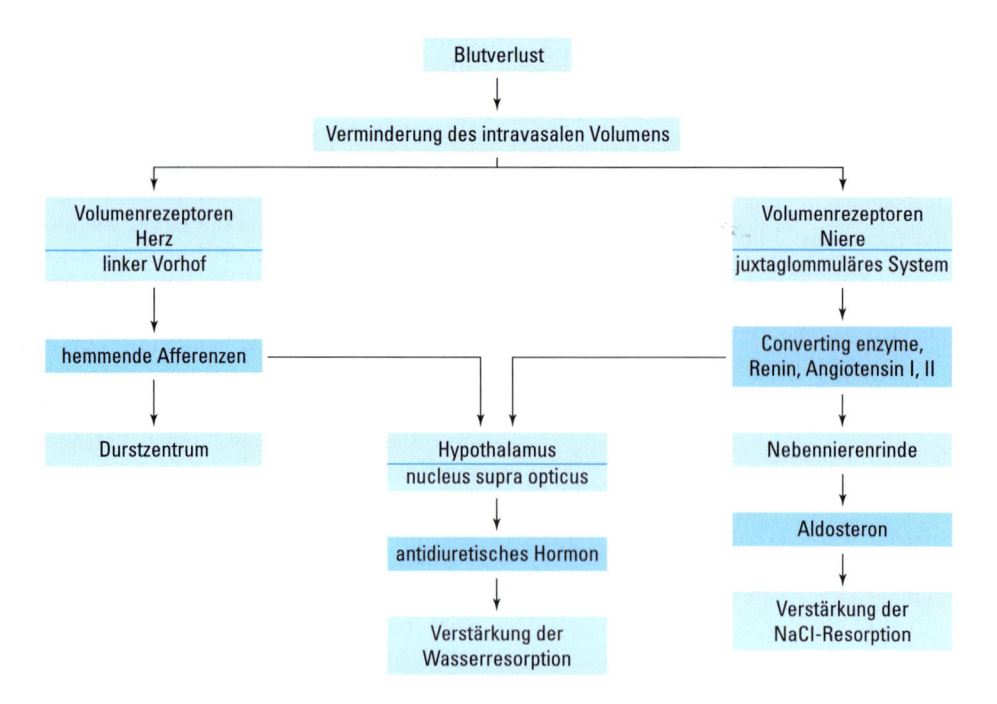

Abb. 6.4: Regulationssystem der Hydratation.

menrezeptoren im Niederdrucksystem, vor allem im linken Vorhof einerseits, wie auch über Systeme im juxtaglomerulären Gewebe der Nieren funktionieren (Abb. 6.4). Über die Nieren werden vor allem unter Mitwirkung der Enzyme **Renin** und **Converting-Enzyme** die Hormone **Angiotensin I und II** synthetisiert, welche selbst in die Funktion der Nebennierenrinde eingreifen und die Synthese des Hormons **Aldosteron** regulieren. Aldosteron ist das wichtigste **Mineralkortikoid** und hat als wesentliche Funktion die Verstärkung der **Natriumchloridresorption** an den Grenzflächen, über die natriumchloridhaltige Flüssigkeiten verlorengehen, vor allem in den distalen Abschnitten der Nierentubuli, aber auch an Tränengängen, Schweißdrüsen, Speicheldrüsen und im Dickdarm. Das Angiotensin, das auch gleichzeitig etwas das Glomerulumfiltrat im Sinne eines Sparmechanismus reduziert, übt einen direkten Stimulus auf das **Durstzentrum** im **Hypothalamus** aus. Im Hypothalamus enden auch über verschiedene hemmende Zwischenneuronen vor allem im Nucleus supra opticus die Afferenzen aus den **Volumenrezeptoren**, insbesondere der atrialen Rezeptoren des Herzens. Bei Volumenverminderung kommt es über diesen Weg zur Freisetzung des **Antidiuretischen Hormons (ADH)**, welches im distalen Abschnitt der Nierentubuli die Resorption des Wassers erhöht. Wenn dann noch durch den **Durstreiz** eine **Wasseraufnahme** zustande kommt, wird die Volumenverminderung am wirkungsvollsten durch Wiederauffüllung kompensiert.

Bei vermehrter **Wasseraufnahme** kommt es im Prinzip durch eine hohe Dynamik der Natrium- und Chloridverschiebung über osmotische Konzentrationsausgleiche zur Wasserverschiebung. Die in den Magen aufgenommene Wassermenge bewirkt eine Aufnahme von niedermolekularen Elektrolyten aus dem Portalvenenblut. Durch den osmotischen Konzentrationsausgleich ist die Flüssigkeit, die in den Darm gelangt, isoton. Mit Hilfe energieabhängiger Natrium- und Chloridresorptionsvorgänge im Darm wird erst durch die Verschiebung der Elektrolyte passiv Wasser nachgezogen. Der Feinmechanismus führt über die zunächst durch die Elektrolytabgabe in den Magen bewirkte Erniedrigung der Konzentration im Pfortaderblut zu einem weiteren Effekt; die Leberzellen, die eine isotone intrazelluläre Konzentration aufrechterhalten, werden veranlasst, Wasser aufzunehmen und zu schwellen. Die Schwellung wiederum wird von **Osmorezeptoren** registriert und über **vagale Referenzen** an den Hypothalamus gemeldet, was zu einem Stop der Ausscheidung von antidiuretischen Hormonen führt. Da ohne ADH die Durchlässigkeit der distalen Nierentubuliabschnitte für Wasser eingeschränkt wird, kommt es zu einer Ausscheidung von hypotonem Urin. Wegen der Bedeutung für die endgültige Regulation der Homöostase des Hydratationszustandes erhalten die Nieren mit **25 % des Herzminutenvolumens** einen außergewöhnlich hohen Blutzufluss. Etwa 20 % des die Niere durchströmenden Blutplasmas werden in den Glomerula abfiltriert, was bei 120 ml/min etwa 170 l am Tag beim Erwachsenen ausmacht. Etwa alle 3 Stunden wird die Extrazellulärflüssigkeit im Umfang des gesamten Extrazellulärvolumens filtriert und der Kontrolle der Nierentubuli ausgesetzt. Die Funktionen der unterschiedlichen Nephronabschnitte sind dabei in unterschiedlicher Weise an der Regulation des Hydratationsstatus beteiligt. Man geht grob davon aus, dass alle lebensnotwendigen Bestandteile wie eben der überwiegende Teil des Wassers, sowie Aminosäuren, Glukose, Vitamine, Spurenelemente und Elektrolyte bereits im proximalen Teil des Nierentubulus rückresorbiert werden. So werden hier auch bereits mehr als 60 % der in das Glomerulumfiltrat filtrierten Elektrolyte und des Wassers rückresorbiert. Die eigentliche Regulation und Feinabstimmung der **Wasser- und Elektrolytregulation** erfolgt im distalen Teil und in den Sammelröhren unter der Einwirkung der beiden **Hormone Antidiuretisches Hormon und Aldosteron**. Die quantitativ wichtigsten Vorgänge laufen dabei in den vorgeschalteten Nephronabschnitten des aufsteigenden, dicken Teils der Henle'schen Schleife. Dieser aufsteigende Teil ist für Wasser praktisch undurchlässig, er besitzt aber eine besonders effiziente Natriumpumpe, was zur Folge hat, dass die Natriumchloridkonzentration in der distalen Tubulusflüssigkeit stark abnimmt. Dadurch strömt am Ende der

Henle'schen Schleife eine hypotone Flüssigkeit in das distale ableitende Konvolut der Sammelröhren ein. Diese distalen Sammelröhren sind ohne die Einwirkung von antidiuretischem Hormon praktisch wasserundurchlässig; ohne dieses Hormon wird also eine hypotone Flüssigkeit in größeren Mengen ausgeschieden. Diese **Wasserdiurese** sorgt für die Ausscheidung eines Wasserüberschusses. Ist dagegen im distalen Bereich eine genügend hohe antidiuretische Hormonkonzentration vorhanden, werden die Sammelrohre mehr oder weniger gut wasserdurchlässig. Im Gegenstromprinzip führt der Wasserentzug aus der Tubulusflüssigkeit dazu, dass das ursprünglich filtrierte Volumen bis auf ein Prozent konzentriert werden kann. Es ist für das Verständnis wichtig, festzuhalten, dass in den einzelnen Nephronenstrukturen osmotische Gradienten über selektive Permeabilitäten für Natriumchlorid, Wasser und vor allem Harnstoff aufgebaut werden, um Wasser der Tubulusflüssigkeit zu entziehen und über den Blutstrom der vasa recta aus dem Nierenmark abzutransportieren. Aktive Natriumchloridpumpen im dicken aufsteigenden Henle'schen Schenkel und die unterschiedlich hormonell gesteuerte Permeabilität in den distalen Sammelröhren dienen der Korrektur eines Wasserüberschusses durch Harnverdünnung oder einer Wassereinsparung durch Harnkonzentrieren. Die große Dynamik der Flüssigkeitsräume spiegelt sich auch in der Dynamik ihrer chemischen Zusammensetzung wieder. Da alle Räume nicht als abgeschlossen, sondern miteinander mehr oder weniger im Austausch befindlich angesehen werden müssen, ist die Betrachtung des Fließgleichgewichtes als labiles Gleichgewicht zwischen Zufuhr und Ausscheidung ein offenes System. Für die Aufrechterhaltung der **Regulationsfähigkeit** muss eine permanente **Energiebereitstellung** erfolgen, die nicht nur über den Antrieb der membrangebundenen Transportsysteme zwischen den Flüssigkeitsräumen, sondern über die Schaffung **osmotischer Gradienten** mit einer Verschiebung von Elektrolytkonzentrationen die Voraussetzung dafür schafft, die Austauschprozesse vor allem für Wasser zu steuern. Pathophysiologisch tritt die Störung des Fließgleichgewichtes dann ein, wenn sowohl in der Sensorik der Reflexketten, als auch in der Wechselbeziehung zwischen hydrostatischen Drucken und osmotischen Gradienten Ungleichgewichte zustande kommen, die sich dann in der Feinregulation durch eine pathologische Verschiebung der Flüssigkeitskompartimente wiederspiegeln. Einseitige Veränderungen der unterschiedlichen Regulationsmechanismen führen zu einseitigen krankhaften Veränderungen. Eine Überproduktion des Mineralkortikoid Aldosteron im sogenannten Hyperaldosteronismus verursacht beispielsweise eine übermäßige Konservierung von Natriumchlorid und damit auch von Wasser. In allen diesen Störfällen kann eine erhöhte Menge isotoner Flüssigkeit im Bereich der interstitiellen Kompartimente zurückbleiben, ein Raum der von den im Extrazellulärraum funktionierenden Volumenrezeptoren nicht erfasst wird. Diese funktionell sequestrierte Flüssigkeit bleibt der Regulation entzogen und bildet die Grundlage eines generalisierten Ödems. Da diese Flüssigkeitsräume nicht in die Regulationssysteme eingebunden sind, ist die Entfernung dieser Flüssigkeitsauslagerungen in der Therapie von Ödemen nur über eine Ausscheidung von Natriumchlorid möglich. Durch eine vermehrte Ausscheidung oder eine verminderte Zufuhr von Kochsalz, ist es möglich, eine Gefälle zum sequestrierten Bereich aufzubauen, um damit einen Zugang des unregulierten zu dem regulierten Anteil des extrazellulären Raums aufzubauen. Entlang dem Gradienten können dann sowohl Natriumchlorid als auch Wasser aus dem Kompartiment der Ödeme ausströmen. Damit wird pathophysiologisch verständlich, dass der wirkungsvollste Angriff, durch Imbalanzen bedingte Ödembildung auszuschwemmen, nur in einer Hemmung der Natriumrückresorption in der Niere besteht (Abb. 6.5).

6.2 Klinisch-chemische Bestimmungen

6.2.1 Osmolalität

Die Osmolalitätsbestimmungsmethoden beruhen auf den sogenannten **kolligativen Eigenschaften** von physikalischen Systemen, die nicht durch die chemische Natur der gelösten Stoffe, sondern nur durch deren Konzentration

6.2 Klinisch-chemische Bestimmungen

		Veränderungen von:			Erythrozytenvolumen
		Plasmakonzentrationen			
	Hyperhydration	Protein	Na$^+$	Osmolalität	MCN
isoton hyperton hypoton	Flüssigkeitsüberschuss	↓	–	–	–
	Natriumüberschuss	↓	↑	↑	↓
	Wasserüberschuss	↓	↓	↓↓	↑
isoton hyperton	Dehydratation				
	Flüssigkeitsmangel	↑	–	–	–
	Wassermangel	↑	↑	↑↑	↓
	Natriummangel	↑	↓	↓	↑

Abb. 6.5: Störungen des Hydratationsstatus und der Natriumkonzentration.

bedingt sind. Die wichtigsten Messverfahren für die Osmolalität sind die
- **Gefrierpunktserniedrigung (Kryoskopie)** und
- **Dampfdruckerniedrigung (Siedepunktserhöhung).**

Die Abschätzung der Osmolalität ist aus der additiven Erfassung der Natrium-, Glukose- und Harnstoffkonzentrationen entsprechend der Gleichung:

Osmolalität = 1,86 * Na + (mmol/l) + Glukose (mmol/l) + Harnstoff (mmol/l)

möglich. Je gestörter aber ein Organismus ist, um so größer sind die Unterschiede zwischen so errechneten Osmolalitäten und den gemessenen Werten.

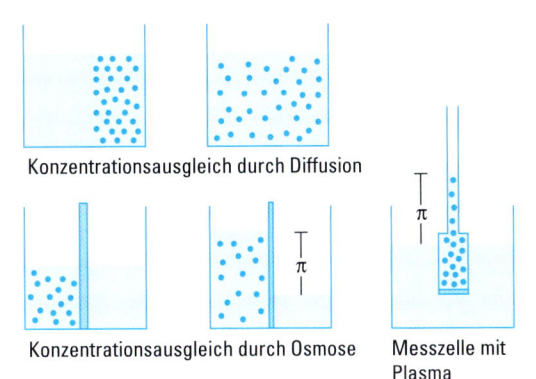

Abb. 6.6: Modelldarstellungen des Konzentrationsausgleichs. π: osmotischer Druck

Das Prinzip der Osmose wird an den drei Schemata erläutert (Abb. 6.6).

Aufgrund thermodynamischer Einflüsse erfolgt eine Substanzverteilung über die **Diffusion**, wenn sie nicht durch Strukturen oder Membranen an der Diffusion gehindert wird. Wenn eine Membran eine solche Substanzdiffusion zum Zwecke des Konzentrationsausgleichs verhindert, bewirkt sie eine Verdünnung des Kompartiments durch Einströmung von Lösungsmitteln, in diesem Fall Wasser, was zwangsläufig zu einer Erhöhung des Flüssigkeitsspiegels und damit einer der Volumenzunahme entsprechenden Gewichtszunahme und damit einem Druck führt. Dieser sogenannte osmotische Druck ist eben abhängig von der Konzentration der nicht diffusionsfähigen Substanzen und damit ein direktes Maß für die Gesamtkonzentration der gelösten Substanzen. Ein Sonderfall des osmotischen Drucks, der sich aus dem Beispiel 3 ergibt, ist durch die besonderen Eigenschaften der Membran bedingt, die zwar Wasser und niedermolekulare Substanzen diffundieren lässt, aber aufgrund ihrer Konstruktion Makromoleküle zurückhält. Die durch diese Makromoleküle isoliert verursachte Flüssigkeitsverschiebung mit entsprechender Erhöhung der Flüssigkeitssäule ist nur bedingt durch die **impermeablen Makromoleküle** und wird als **kolloidosmotischer Druck** bezeichnet. Er ist also im Prinzip eine Teilgröße des gesamtosmotischen Drucks, die sich ausschließlich aus den nicht diffundierbaren Makromolekülen ableitet (Abb. 6.7).

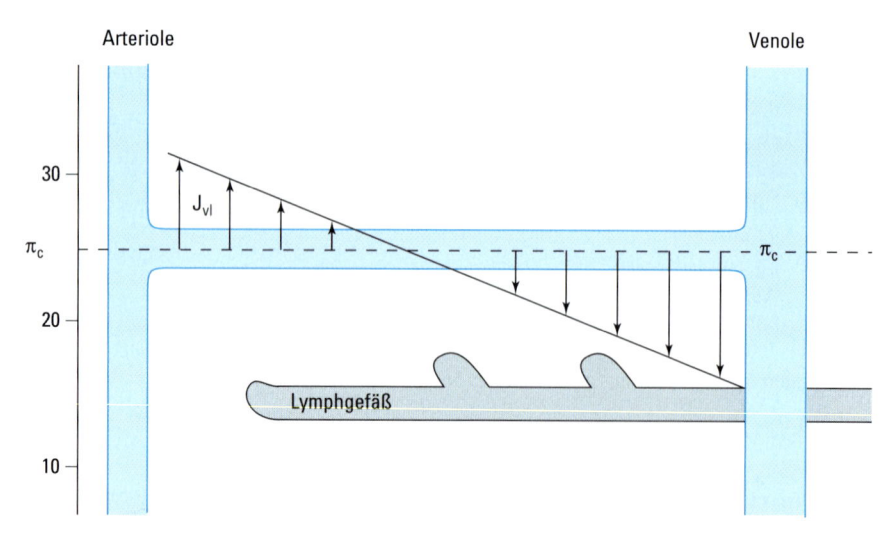

Abb. 6.7: Schematische Darstellung der Druckverläufe und Filtrationsgradienten unter physiologischen Bedingungen.

J_{vL}: Flüssigkeitsfiltration durch den hydrostatischen Druck, π_C: kolloidosmotischer Druck in der Kapillare.

6.2.2 Niedermolekulare Elektrolyte

- Natrium
- Kalium
- Kalzium
- Magnesium
- Chlorid
- Phosphat
- Bikarbonat.

Die im Hydratationsstatus beschriebenen Flüssigkeitskompartimente haben unterschiedliche Zusammensetzungen. Die Elektrolytzusammensetzungen der einzelnen Kompartimente ist im **Gamble-Diagramm** (Abb. 6.8) zusammengestellt.

Dabei ist festzuhalten, dass sowohl im intravasalen als auch interstitiellen extrazellulären Raum Natrium das wichtigste Kation und Chlorid das wichtigste Anion darstellt. Im intrazellulären Raum sind die Ionenverhältnisse bestimmt durch Kalium als dem wichtigsten Kation und Phosphat und Protein als den wichtigsten Anionen. Die unterschiedlichen Konzentrationen bilden für die einzelnen Ionen betrachtet zum Teil starke **osmotische** und auch **elektrochemische Gradienten**, die durch einen erheblichen **Energieaufwand** in den Zellmembranen unter Einsatz erheblicher Mengen an **ATP** permanent aufrechterhalten werden müssen.

6.2.2.1 Natrium

Natrium hat seine wichtigste Bedeutung in der Aufrechterhaltung der Flüssigkeitsverteilung durch den Aufbau osmotischer Gradienten, denen passiv die Wasserverschiebung folgt. Diese Funktion des Natrium kann durch die anderen Kationen nicht ersetzt werden, da durch die für das Leben als Voraussetzung geltende Elektrolytausstattung zur Aufrechterhaltung vor allem der Elektropotentiale an den Membranen für die Funktion bestimmend sind (Abb. 6.9). Das Chlorid hat seine Hauptfunktion als Gegenion für Natrium und wird ergänzt durch organische Anionen wie Laktat und andere, die zum Teil mit stark schwankenden Konzentrationen in Abhängigkeit vom Stoffwechselzustand variieren können. Die Hauptstörungen der Natriumkonzentrationen der Flüssigkeitskomponente werden beschrieben durch die **Hyper- bzw. Hyponatriämie**, die einerseits durch eine vermehrte Zufuhr und andererseits durch eine verminderte Ausfuhr wie umgekehrt bedingt sein können.

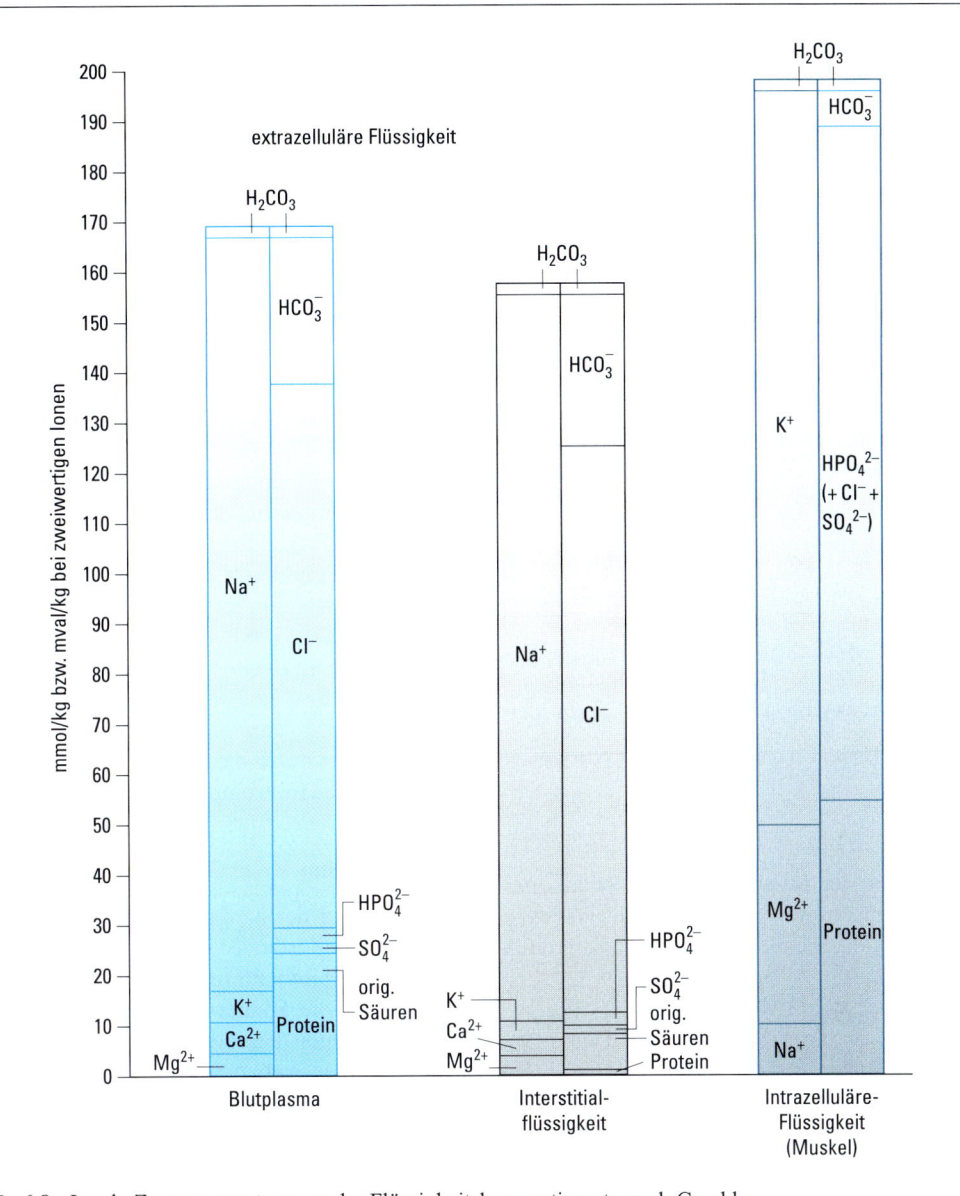

Abb. 6.8: Ionale Zusammensetzungen der Flüssigkeitskompartimente nach Gamble.

Die **Hypernatriämie** ist wesentlich bedingt durch eine **verminderte Wasserzufuhr** im Durst, sowie als hypertone Dehydratation mit einem erhöhten Wasserverlust, vor allem über den Darm und Schweiß. Die pathologischen Zufuhren sind meist nutritiv bedingt, entweder enteral oder parenteral. Pathologisch hypertone **Hyperhydratationen** sind Ausdruck von Nebennierenüberfunktionen, die für sich selbst Krankheitsursachen darstellen.

Die **Hyponatriämie** wird vor allem bedingt durch einen **erhöhten Natriumverlust**, der von den durch verminderte Natriumbestände bedingten Dehydratationen begleitet wird, sowie bedingt sein kann durch eine übermäßige Wasseraufnahme, die dann natürlich durch eine

Natrium

Gesamtgehalt im Körper:
4200 mmol ≙ ca. 100 g
extrazellulär 90 %
intrazellulär 10 %

Gesamtumsatz pro 24 h:
100 – 250 mmol ≙ 2 – 6 g

Gleichgewicht:
Blutplasma [Na$^+$] 134 – 145 mmol/l

Darm — Resorption 2 – 6 g/die

Organe Knochen Muskeln u. a.
Austausch mit dem Blut

Niere
Ausscheidung ~ 2 – 6 g/die

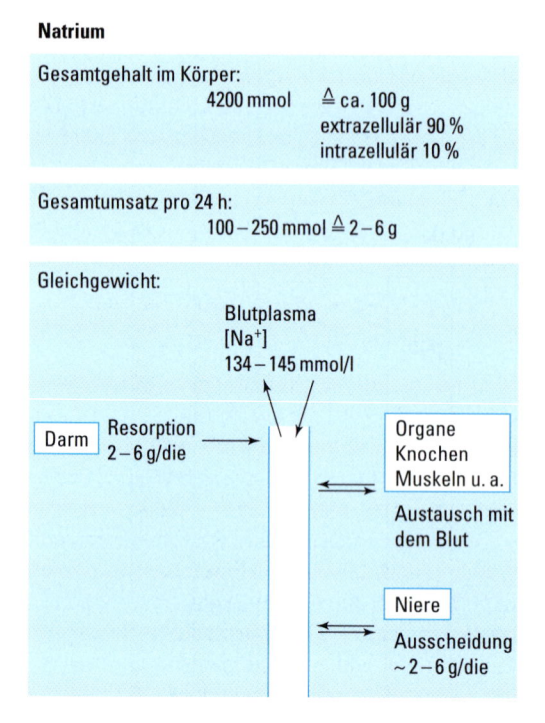

Abb. 6.9: Basisdaten und -vorgänge für Natrium.

Überlastung der Ausscheidungskapazität zu einer Verdünnung mit einer hypotonen Hyperhydratation eine verminderte Natriumkonzentration aufweist.

6.2.2.2 Kalium

Störungen des Kaliumstoffwechsels haben wegen der daraus resultierenden Störungen der kardialen Funktionen größte praktische klinische Bedeutung. Wegen dieser übergeordneten Bedeutung haben auch Zustände der Hyperkaliämie ein hohes Gefährdungspotential und stellen nicht selten die Ursache plötzlichen Herztodes dar, wie er bei Niereninsuffizienz z. B. vorkommt. Die Erhöhung der Kaliumkonzentration im Extrazellulärraum erniedrigt die Erregungsleitungsgeschwindigkeit in den Purkinje-Systemen mit einer Verlängerung der PQ-Zeit. Diese Änderungen, die bei Patienten mit fortgeschrittener Niereninsuffizienz beobachtet werden, führen durch die verzögerte Reizleitung zum Kammerstillstand und damit zum Herztod (Abb. 6.10).

Hypokaliämie

Von Hypokaliämie spricht man bei Plasmakonzentrationen unter 3,5 mmol/l. Sie können bedingt sein entsprechend dem Schema des Fließgleichgewichts durch **Rückverteilungsvorgänge** aus dem extrazellulären Kompartiment in das intrazelluläre Kompartiment oder auch durch **echte Kaliumverluste**, die bedingt sein können durch eine verminderte Zufuhr oder auch einen erhöhten Verlust. Ein wichtiger Zustand, der durch Rückverteilung von Kalium in das intrazelluläre Kompartiment eintritt, tritt als initiale Reaktion auf eine Insulintherapie bei diabetischer **Hyperglykämie** auf. Als Folge des **Glukosetransports** nimmt die Zelle Kalium auf und vermindert somit die extrazelluläre Konzentration. Ein zweiter wichtiger Zustand der **Hypokaliämie** tritt bei **Alkalose** auf, wo die Rückverteilung von Kalium in den intrazellulären Raum durch die Abgabe von H-Ionen in das extrazelluläre Kompartiment bedingt wird.

Hyperkaliämie

Die aufgrund der kardialen Konsequenzen bedeutenderen Zustände der Hyperkaliämie werden definiert mit Plasmakonzentrationen über 5,5 mmol/l. Sie können auch wiederum durch Umverteilungen bedingt sein oder durch eine Erhöhung der Aufnahme oder erhöhte Retention. Ein besonderes Augenmerk muss auf präanalytische Bedingungen gelegt werden, wo vor allem hämolytische Prozesse, Thrombozytose und Leukozytose erhebliche sogenannte **Pseudohyperkaliämien** bedingen können. Die **Umverteilung** des intrazellulären Kalium in den extrazellulären Raum erfolgt vor allem in **Azidose-Zuständen**, bei denen der Protonenshift in die Zelle den Kaliumshift aus der Zelle heraus zur Aufrechterhaltung der elektrischen Neutralität verursacht. Die häufigsten Ursachen der **retentionsbedingten Kaliumerhöhungen** sind akute **Nierenerkrankungen** und **finale Niereninsuffizienzen**, die langwierige Hyperkaliämien verursachen.

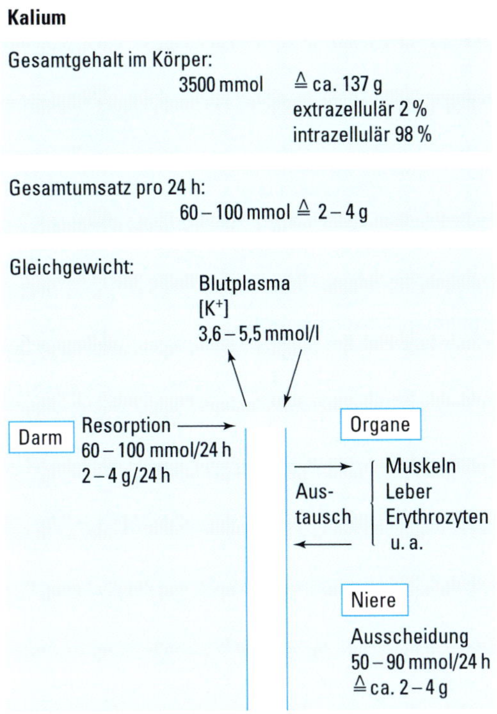

6.2.3 Klinisch-chemische Bestimmungsverfahren für die Elektrolyte

Die quantitative Bestimmung der Elektrolyte erfolgt mit elektrochemischen und spektroskopischen Messverfahren, die in den Abbildungen 6.11 bis 6.13 jeweils im Messprinzip und in den Anwendungen skizziert sind.

Die direkte und indirekte Potentiometrie werden vor allem für die Alkalimetalle und in seltenen Fällen für die Bestimmung der Anionen F- und I- eingesetzt. Das physikalische Messprinzip ist in Abbildung 6.11 skizziert.

Die Flammemissionsphotometrie ist traditionell immer noch das Standardverfahren, obwohl die technisch einfacheren elektrochemischen Bestimmungen mit ionenselektiven Membranen immer größere Verbreitung finden.

Eine hochempfindliche Messmethode für Elektrolyte in der Spurenelementanalyse ist die Atomabsorptionsspektroskopie, die mit unterschiedlichen Empfindlichkeiten mit verschiedenen Atomisierungstechniken arbeitet. Für Elementkonzentrationen im mg-Bereich wird die Atomisierung in der Flamme erzeugt, für niedrigere Konzentrationen (< μg-Bereich) wird eine Atomisierung in einer Graphitrohrküvette bei hohen Temperaturen bewirkt.

Diese Analysentechnik, die in Abbildung 6.13 skizziert ist, dient der Bestimmung von Spurenelementen, wie Eisen, Zink, Kupfer u. a. sowohl im Serum als auch in Urinproben.

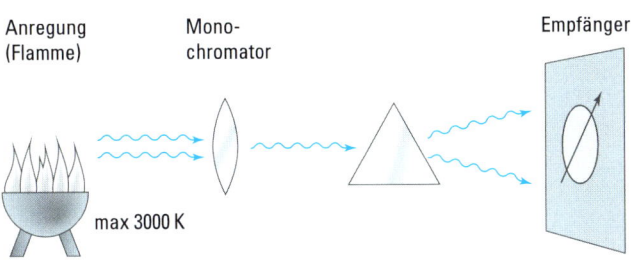

6.2.2.3 Chlorid

Das mit Abstand häufigste Anion im extrazellulären Kompartiment ist das Chloridanion. Die Chloridkonzentrationen bewegen sich dabei im extrazellulären Kompartiment in der Regel in der gleichen Richtung wie die Natriumkonzentration.

Kalium

Gesamtgehalt im Körper:
    3500 mmol ≙ ca. 137 g
                          extrazellulär 2 %
                           intrazellulär 98 %

Gesamtumsatz pro 24 h:
    60 – 100 mmol ≙ 2 – 4 g

Abb. 6.10: Basisdaten und -vorgänge für Kalium.

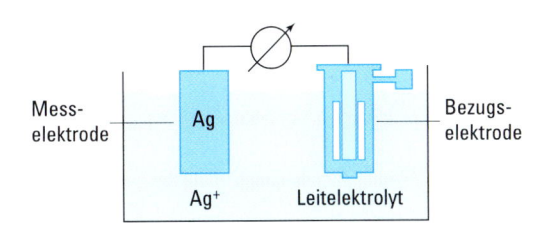

Abb. 6.11: Elektrochemisches Messverfahren: Indirekte Potentiometrie.

Abb. 6.12: Spektroskopisches Messverfahren: Flammenemissionsphotometrie (FES).

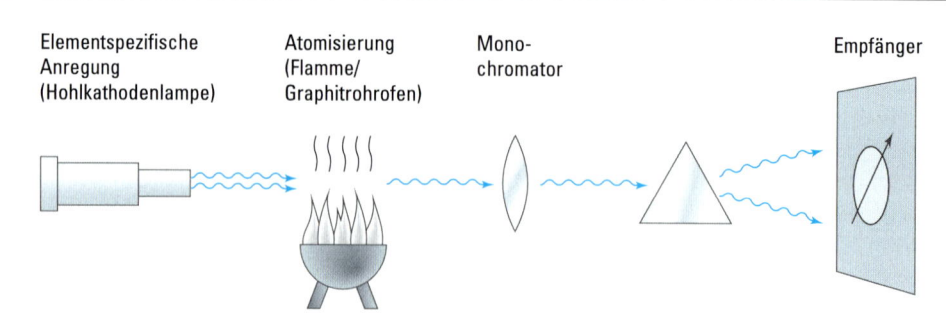

Abb. 6.13: Spektroskopisches Messverfahren: Atomabsorptionsspektroskopie (AAS).

7 Säuren und Basen

A. Grünert

7.1 Biochemische Grundlagen

In den letzten 20 Jahren hat in der Chemie der **Säuren und Basen** eine erhebliche Klärung der Anschauungen und Begriffsbildungen stattgefunden, da sich nach einem langen Reifungsprozess physikalisch-chemische Vorstellungen auch in den Anwendungsgebieten außerhalb der Chemie durchsetzen konnten; Vorstellungen, die zwar seit über 50 Jahren zum unangefochtenen Repertoire physikalisch-chemischer Grundlagen gehören, haben erst nach einem zähen und langwierigen Einführungsprozess in den medizinischen Wissenschaften Verbreitung gefunden.

Seit sich die Definitionen der Säuren und Basen durch LOWRY und BRØNSTED, die bereits im Jahr 1923 veröffentlicht wurden, durchsetzten, wurden sehr viele auf klinische Erfahrungen beruhende Vorstellungen in ein neues Licht gesetzt. Nach den sich bis heute bewährenden Vorstellungen sind Säuren charakterisiert als Substanzen, die Protonen abgeben, und Basen als Substanzen, die Protonen aufnehmen. **Die Säurestärke** ist dabei eine Größe, die das Ausmaß der H^+-Abgabe einer Substanz charakterisiert. Die Zusammenhänge gehen aus dem Massenwirkungsgesetz hervor, welches auf die Dissoziation der Säuren angewandt wird (Abb. 7.1).

Da die Verhältniszahl K (**Dissoziationskonstante**) oft außerordentlich klein ist, bedient man sich des negativen logarithmischen Maßes und bezeichnet diese Größe mit pK. Je größer also ein pK-Wert ist, um so geringer ist die Dissoziation der Substanz ausgeprägt. Tabelle 7.1 gibt einen Überblick über die **pK-Werte** medizinisch-biochemisch relevanter Säuren.

Die Konzentrationen der Wasserstoffionen bestimmen in einem außerordentlich großen

Säuren-Basen-Definition:
$$HA + H_2O \rightleftharpoons H_3O^+ + A^-$$

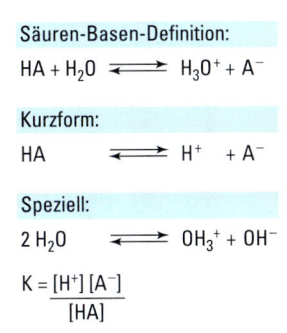

Kurzform:
$$HA \rightleftharpoons H^+ + A^-$$

Speziell:
$$2 H_2O \rightleftharpoons OH_3^+ + OH^-$$

$$K = \frac{[H^+][A^-]}{[HA]}$$

Abb. 7.1: Säure-Basen-Definition.

Ausmaß die Reaktionsfähigkeit und die Charakteristik der Reaktionsabläufe in biologischen Systemen. Dieser Einfluss ist nach CAMPBELL höher einzuschätzen als jeder andere, sei es die Temperatur oder die Konzentration der Reaktionspartner.

In einer vereinfachten Darstellung, die die für die Medizin relevanten Grundprinzipien erkennbar macht, werden aus der verwirrenden Vielfalt der bisher auf dem Gebiet des Säuren-Basen-Metabolismus gewonnenen Erkenntnisse Beziehungen aufgezeigt.

Die **Wasserstoffionenkonzentration** in der **extrazellulären Flüssigkeit** ist eine in drei Si-

Tabelle 7.1: Säuren-Basen-Paare biochemisch relevanter Stoffe.

Säure	konjugierte Base + H_3O^+	pK
H_3PO_4	$H_2PO_4^-$	2,1
Brenztraubensäure	Pyruvat	2,5
Acetessigsäure	Acetacetat	3,6
H_2CO_3	HCO_3^-	3,6
Milchsäure	Laktat	3,7
Hydroxybuttersäure	Hydroxybutyrat	4,7
Essigsäure	Acetat	4,7
$H_2PO_4^-$	HPO_4^{2-}	7,2
H_3O^+	H_2O	7,0
NH_4^+	NH_3	9,5

cherheitsstufen streng geregelte Größe mit Werten zwischen $1{,}6 \times 10^{-8}$ bis $1{,}2 \times 10^{-7}$ mol/l. Diese wenig vorstellbaren Zahlen ergeben anders dargestellt Konzentrationen, die mit einer Schwankungsbreite von ± 4 nmol/l um den Mittelwert von 40 nmol/l schwanken. Um diese sehr kleinen Zahlen bequemer handhaben zu können, wurde auch hierbei das negative logarithmische Maß zugrunde gelegt und, wie allgemein bekannt, als pH-Wert bezeichnet. **Die Definition des pH-Wertes** ist nach DIN 19260 (März 1971) der mit (−1) multiplizierte Zehnerlogarithmus der Wasserstoffionenaktivität:

$$pH = -\lg a_H^+$$

Der Begriff der Aktivität soll hier nicht weiter belasten, da im biologischen System die Wasserstoffionenkonzentration in einer Größe vorliegt, bei der der Aktivitätskoeffizient ungefähr 1 ist, was dazu berechtigt, die Konzentration gleich der Aktivität zu setzen.

Jede Abweichung der Wasserstoffionenkonzentration von dem angegebenen Bereich wird, so sie unterhalb von 7,36 liegt, als **Azidose** und, so sie oberhalb von 7,44 liegt, als **Alkalose** bezeichnet. Der mittlere pH-Wert des arteriellen Blutes liegt bei 7,4, während der pH-Wert des venösen Blutes und der interstitiellen Flüssigkeiten im Mittel bei 7,35 liegt.

Bevor man sich mit den gestuften Abwehrmaßnahmen des Organismus beschäftigt und ihre Funktionsweisen und gegenseitigen kapazitiven und zeitlichen Eigenschaften erfasst, hilft ein kurzer Überblick über die metabolische Produktion von Säuren. Damit wird erst die Notwendigkeit solcher Abwehrmaßnahmen deutlich, die der Körper aufgrund der permanenten Bedrohung der Konstanz der physiologischen Reaktionslage durch die kontinuierliche endogene Produktion von Säuren zur Erhaltung seines Reaktionsmilieus einsetzen muss.

Die bei weitem größte Menge permanent entstehender Säure im Organismus fällt auf die **Kohlensäure**. Man kann sagen, dass einer der

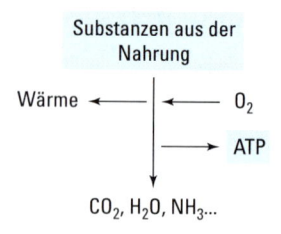

Abb. 7.2: Energieeinsatz zur Aufrechterhaltung des Säure-Basen-Status.

Hauptgründe des Organismus, Biochemie zu betreiben, darin zu sehen ist, dass zur Synthese und Aufrechterhaltung der hochkomplizierten Strukturen und für deren Funktionen ein **kontinuierlicher Energieeinsatz** in Form von ATP erforderlich ist (Abb. 7.2). Bei den zugrundeliegenden Verbrennungsprozessen, deren Hauptvertreter die Oxydation der Glukose darstellt, wird Energie transferiert, wobei die energiearmen Reaktionsprodukte Wasser und Kohlendioxyd als Abfall in relativ großen Mengen anfallen:

$$C_6H_{12}O_6 + 6\,O_2 \rightleftharpoons CO_2 + 6\,H_2O$$

Das anfallende Kohlendioxyd als Anhydrid der Kohlensäure verbindet sich mit Wasser unter Bildung von **Kohlensäure**, die in **Wasserstoffionen** und **Bikarbonationen** dissoziiert:

$$CO_2 + H_2O \rightleftharpoons H_2CO_3 \rightleftharpoons H^+ + HCO_3^-$$

Die Gesamtmenge der entsprechend der Gleichung über die Regulationssysteme entsorgten Wasserstoffionen liegt in der Größenordnung von 20 mol/Tag, das sind 850 mmol/h. Um eine deutlichere Vorstellung von den imponierenden Mengen an Säuren zu entwickeln, mit denen die hochleistungsfähigen Abwehrmaßnahmen des Körpers ohne Unterbrechung fertig werden müssen, sei als Vergleich gegenübergestellt, dass die Tagesmenge annähernd 2 Liter konzentrierter Salzsäure oder 20 Liter 1-molarer Salzsäure entspricht (Tab. 7.2). Vor diesem Hin-

Tabelle 7.2: Metabolische Säureproduktion.

13.000–20.000 mmol/Tag	CO_2-Produktion entsprechen, übertragen auf die H^+-Mengen
13–20 mol HCl	Das entspricht einer H^+-Menge, die in 13–20 l 1-molarer Salzsäure enthalten sind.

tergrund weiß man erst zu schätzen, dass die Kohlensäure im Körper rasch in das flüchtige Anhydrid CO_2 umgewandelt und dadurch über die Lungen ausgeschieden werden kann.

Da große Mengen von CO_2 aus der permanenten Energiebereitstellung als Abfallprodukt aus dem Körper zu entfernen sind, ergibt sich das für den Säuren-Basen-Stoffwechsel gravierende Problem, wie diese Mengen von CO_2, das eine schlechte Löslichkeit im Wasser aufweist, in dem wässrigen Transportsystem Blut aus sehr entlegenen Körperabschnitten rasch und wirkungsvoll genug zum **Ausscheidungsort Lunge** gebracht werden können.

$$\text{(Carboanhydrase)}$$
$$\text{(a)} \quad H_2O + CO_2 \rightleftharpoons H_2CO_3 \rightleftharpoons H^+ + HCO_3^-$$
$$\text{(b)} \quad H^+ + Buf^- \rightleftharpoons HBuf$$
$$\text{(c)} \quad H_2O + CO_2 + Buf^- \rightleftharpoons HBuf + HCO_3^-$$

Die Erythrozyten spielen eine bedeutende Rolle beim **Transport** und der **Pufferung von CO_2**. Sie enthalten das Enzym Karboanhydrase, das nicht nur eine genügend schnelle Hydratation von CO_2 zur Kohlensäure ermöglicht, sondern vor allem dafür sorgt, dass auch umgekehrt das Plasmabikarbonat während der sehr kurzen Verweildauer des Blutes in den Kapillaren der Lunge genügend rasch über Kohlensäure in Wasser und CO_2 umgewandelt wird.

Mit der Umwandlungsreaktion von CO_2 in Kohlensäure entstehen aber zwei weitere Probleme. Der Konzentrationsanstieg von Bikarbonat in den Erythrozyten würde die Hydratation bald zum Erliegen bringen. Diese Schwierigkeit wird durch den Austausch des Bikarbonats gegen Chlorid behoben **(Hamburger-Shift)**. Es ist festzuhalten, dass auf diesem Wege aus dem schlechtlöslichen CO_2 das im wässrigen System sehr gut lösliche Bikarbonat entsteht. Das zweite Problem, welches für den Erythrozyten entsteht, ist die pro mol CO_2 bzw. HCO_3^- entstehende Menge von 1 mol Wasserstoffionen. Diese Schwierigkeit meistert der Erythrozyt mit Hilfe einer besonderen **Hämoglobineigenschaft**. Das mit Sauerstoff beladene Hb hat eine höhere Säurestärke als das desoxygenierte. Das bedeutet, dass nach der Sauerstoffabgabe das Hb sich gewissermaßen das Ausmaß der H-Ionenabgabe pro Molekül nicht mehr leisten kann und daher aus seiner Umgebung H-Ionen aufnimmt. Dieser Vorgang ermöglicht so durch die synchronen Abläufe von CO_2-Einstrom über das Plasma in den Erythrozyten und Sauerstoffabgabe auf der Gewebeseite eine wesentliche **Kapazität der Pufferung**. Während der sehr kurzen Passagezeiten des venösen Blutes in den Lungenkapillaren laufen die dargestellten Reaktionen in rückläufiger Weise ab, wobei die für die Kohlensäurebildung aus Bikarbonat erforderlichen H-Ionen bei der Oxygenierung des Hämoglobins entstehen und die Reaktionsrichtung durch das Abnehmen des CO_2 bestimmt wird.

Neben der Kohlensäure werden starke sogenannte **Mineralsäuren** durch Stoffwechselreaktionen erzeugt, die aber mit rund 100 mmol/Tag gegenüber der 200fachen CO_2-Menge nicht ins Gewicht fallen. Die Produktion organischer Säuren wirkt sich nur bei pathologischen Veränderungen, wie bei der schweren **diabetischen Ketose**, aus, wo sie in der Größenordnung von 1.000 mmol/Tag anfallen können.

Die wichtigste Mineralsäure, die physiologischerweise im Stoffwechsel produziert wird, ist die Schwefelsäure, die bei der Oxydation des Schwefels aus den schwefelhaltigen Aminosäuren Methionin und Cystein entsteht. Nach SMITH werden beim Metabolismus von 100 g Protein 30 mmol **Schwefelsäure** gebildet. Neben der Schwefelsäure spielt die Phosphorsäure eine Rolle, die aber nur präformiert z. B. aus Fetten freigesetzt wird. Beispielsweise werden aus 100 g Fett mit 10 % Lezithin rund 50 mmol **Phosphorsäure** freigesetzt.

Diese Fakten genügen, um die Notwendigkeit hochwirksamer Abwehrmechanismen des Organismus mit dem ununterbrochenen Bemühen der Konstanterhaltung der H^+-Ionenkonzentration verständlich zu machen.

7.2 Pathobiochemie

Im Kampf gegen Störungen der **Homöostase** von Säuren und Basen stehen dem Körper Kontrollsysteme und Reaktionsmöglichkeiten zur Verfügung, die in einer feinen Abstufung sowohl hinsichtlich der Reaktionsstärke und Kapazität als auch der zeitlichen Wirksamkeit eine

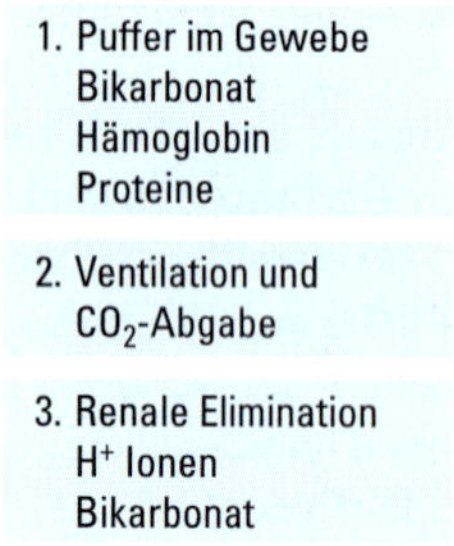

1. Puffer im Gewebe
   Bikarbonat
   Hämoglobin
   Proteine

2. Ventilation und
   CO_2-Abgabe

3. Renale Elimination
   H^+ Ionen
   Bikarbonat

Abb. 7.3: Dreistufenkonzept der Säurenelimination.

in weiten Grenzen sichere Bewältigung der Störungen ermöglichen (Abb. 7.3).

In allen Körperflüssigkeiten liegen sogenannte **Säuren-Basen-Puffersysteme** vor, die eine sofortige Reaktion mit Säuren oder alkalischen Substanzen ermöglichen, wodurch exzessive Änderungen in der Wasserstoffionenkonzentration vermieden werden (**1. Abwehrstufe**).

Tritt eine messbare Veränderung der Wasserstoff-Ionenkonzentration im Extrazellulärraum ein, so wird das Atmungszentrum in der Medulla oblongata aktiviert, um über eine Veränderung der **pulmonalen Ventilation** gewissermaßen die zweite Abwehrstufe in Aktion zu bringen. Als ein Ergebnis dieser **zweiten Abwehrmaßnahme** resultiert vor allem die beschleunigte Entfernung von Kohlendioxyd aus den Körperflüssigkeiten. Diese beschleunigte Ausscheidung von CO_2 kann – wie im Folgenden noch zu zeigen sein wird – eine Rückkehr der Wasserstoffionenkonzentration zu physiologischen Werten bewirken. Erfolgt eine weitere Abweichung der H^+-Konzentration, besteht in einer dritten langzeitwirkenden Kompensationsmaßnahme die Möglichkeit, dass über die **Nieren** ein saurer oder alkalischer Urin produziert wird. Durch diese Maßnahme wird, langfristig gesehen, ebenfalls eine Berichtigung der H^+-Konzentration in den Körperflüssigkeiten möglich (**3. Abwehrstufe**).

Für die **Dynamik der Maßnahmen** gilt, dass die Puffersysteme unmittelbar als erste Maßnahme exzessive Änderungen in der Wasserstoffionenkonzentration verhindern können. In der Folge solcher Änderungen dauert es eine gewisse Zeit von 1–3 min, bis auch die respiratorischen Kompensationsmaßnahmen in der Wiederherstellung normaler Wasserstoffionenkonzentrationen ihre Wirkung ausüben können. Schließlich benötigen die Nieren, obgleich sie die wirkungsvollste Waffe in der Konstanthaltung und Regulation des Säuren-Basen-Metabolismus darstellen, mehrere Stunden bis zu einem Tag, um Änderungen der H^+-Konzentrationen über den renalen Kompensationsmechanismus auszugleichen.

Bevor einige kennzeichnende Eigenschaften der drei **Kompensationsstufen** zur Beschreibung deren Reaktionscharakteristik dargestellt werden, werden die Verhältnisse an einem Experiment von WHITE, HANDLER und SMITH aufgezeigt.

Das Experiment zeigt eindrucksvoll, wieso das Blut und auch die übrige extrazelluläre Flüssigkeit eine alkalische Reaktion von pH 7,4 aufweisen (Tab. 7.3).

Durch Addition der Konzentrationen von H^+ und OH^- kann man sich leicht davon überzeugen, dass diese Lösung durch den nicht neutralisierten Überschuss von 24 mmol Hydroxylionen stark alkalisch reagiert. Setzt man diese Lösung einer Gasphase aus, deren CO_2-Partialdruck 40 mm Hg beträgt, wird solange CO_2 absorbiert, bis der initiale Überschuss von OH-Ionen durch die aus der entstandenen Kohlensäure stammenden Protonen neutralisiert wurden. Das bedeutet, dass sich nach Beendigung der Reaktion 24 mmol Bikarbonat gebildet haben. In der Lösung ist ebenfalls CO_2 gelöst, dessen Menge vom Partialdruck abhängt und 0,03 mmol CO_2 pro mm Hg beträgt, also bei 40 mm Hg 1,2 mmol/l erreicht. Unter Anwendung des Massenwirkungsgesetzes auf die Dissoziati-

Tabelle 7.3: Modellplasma.

pro kg H_2O:			
105	mmol HCl	150	mmol NaOH
0,5	mmol H_2SO_4	5	mmol KOH
6	mmol Säuremix	2,5	mmol $CaCl_2$
	organische Säuren	1	mmol $MgCl_2$
2	mmol H_3PO_4		
70	g Plasmaprotein		
	($\hat{=}$ 1 mmol Prot.$^{17-}$)		
131	mmol (H^+)	155	mmol (OH^-)

stark alkalisch: 24 mmol (OH^-) nicht neutralisiert

Tabelle 7.4: Massenwirkungsgesetz und die mathematische Umformung in die Henderson-Hasselbalch-Gleichung.

$$K_1 = \frac{[H_2CO_3]}{[CO_2][H_2O]}$$

$$[H^+] = K_2 * \frac{[H_2CO_3]}{[HCO_3^-]}$$

$$K_2 = \frac{[H^+][HCO_3^-]}{[H_2CO_3]} = 10^{-3,6}$$

$$-\lg[H^+] = -\lg K_2 + \lg \frac{[HCO_3^-]}{[H_2CO_3]}$$

$$K_3 = \frac{[H^+][HCO_3^-]}{\alpha * pCO_2} = 10^{-6,1}$$

$$-\lg[H^+] = -\lg K_3 + \lg \frac{[HCO_3^-]}{\alpha * pCO_2}$$

on der Kohlensäure ergeben sich die in Tabelle 7.4 dargestellten Beziehungen mit der Formulierung nach **Henderson-Hasselbalch**.

Hierbei entsteht allerdings meist schon ein weiteres Problem mit dem Wert der Kohlensäurekonzentration. Da ihre Bestimmung schwierig ist, wird an deren Stelle der Gesamtgehalt an CO_2 eingesetzt, der allerdings um den Faktor von etwa 300 größer ist, weshalb sich dann eine Dissoziationskonstante errechnet, die um diesen Faktor kleiner ist. Das pK in dieser Henderson-Hasselbalch-Gleichung beträgt dann statt 3,6 also 6,1. Diese Beziehungen sind in Tabelle 7.5 noch einmal zusammengestellt.

Definitionen:
$pH = -\lg[H^+]$
$pK = -\lg K$
$[H_2CO_3] = \alpha * pCO_2$
$\alpha = 0,03$ [mmol/mmHg]

Wie oben bereits festgestellt wurde, besteht die erste Abwehrmaßnahme des Organismus in einer Kompensation der H^+-Ionen durch den Einsatz sogenannter Puffer. Ein Säuren-Basen-Puffer ist eine Lösung zweier chemischer Verbindungen, die bei der Zufuhr von Wasserstoffionen eine Veränderung der Wasserstoffionenkonzentration zu verhindern sucht.

7.2.1 Puffersysteme

HB ⇌ $H^+ + B^-$

Die Wirkung eines Puffers zeigt folgendes Experiment: Nur wenige Tropfen einer konzentrierten Salzsäure genügen, um in reinem Wasser den pH-Wert der entstehenden Lösung unter 1 zu senken. Enthält diese Lösung aber ein Puffersystem, dann kann die gleiche HCl-Menge abhängig von der Art des Puffers nur eine geringere Verschiebung des pH-Wertes bewirken.

Die drei **Hauptpuffersysteme** der Körperflüssigkeiten sind das Kohlensäuresystem, das Hydrogenphosphat-Dihydrogenphosphat-System und der Proteinpuffer.

Pufferreaktion:
$H^+ + HCO_3^- \rightleftharpoons H_2CO_3 \rightleftharpoons H_2O + CO_2$
$H^+ + HPO_4^- \rightleftharpoons H_2PO_4^-$
$H^+ + Prot^{n-} \rightleftharpoons Prot^{(n-1)-}$

7.2.1.1 Der Bikarbonat-Kohlensäure-Puffer

Das Bikarbonat-Kohlensäure-System ist der wichtigste Puffer der extrazellulären Flüssigkeit, obgleich das Puffersystem für die Aufrechterhaltung der Wasserstoffionenkonzentration in der extrazellulären Flüssigkeit nicht besonders geeignet erscheint. Der pH-Wert der extrazellulären Flüssigkeit liegt im Mittel bei 7,35, was bedeutet, dass bei dem pK-Wert des

Tabelle 7.5: Basisdaten in der Henderson-Hasselbalch-Gleichung.

pH $= 6,1 + \lg \frac{(HCO_3^-)}{0,03 \cdot PCO_2}$

$(HCO_3^-) = 24$ mmol/l
$PCO_2 = 40$ mm Hg

pH $= 6,1 + \lg \frac{24}{0,03 \cdot 40}$
$= 6,1 + \lg \frac{24}{1,2}$
$= 6,1 + \lg 20$
$= 6,1 + 1,3$
$= 7,4$

Bikarbonat-Kohlensäure-Puffers von 6,1 immerhin noch ein 20facher Überschuss an Bikarbonat vorliegen muss. Dieses System arbeitet also nicht am Punkt seiner maximalen Pufferwirkung. Dennoch stellt das Bikarbonat-Kohlensäure-Puffersystem das wirkungsvollste extrazelluläre Puffersystem dar und ist in seiner Wirksamkeit gleichbedeutend der Summe aller anderen chemischen Puffer.

Tabelle 7.6: Isohydrisches Prinzip.

$$pH = pK_1 + \lg\frac{(Base_1)}{(Säure_1)}$$
$$= pK_2 + \lg\frac{(Base_2)}{(Säure_2)}$$
$$= pK_3 + \lg\frac{(Base_3)}{(Säure_3)}$$

7.2.1.2 Der Hydrogenphosphatpuffer

Der Phosphatpuffer arbeitet im Prinzip in identischer Weise wie der Bikarbonatpuffer und kann in seiner Funktion ebenfalls durch die Henderson-Hasselbalch-Formel beschrieben werden. Die beiden Komponenten des Systems sind als Säure $H_2PO_4^-$ und als konjungierte Base HPO_4^{2-}. Das Phosphatpuffersystem hat einen pK-Wert von 6,8, was den Vorteil bietet, dass der Unterschied zu dem physiologischen pH von 7,4 relativ klein ist. Das Phosphatsystem arbeitet also in der Nähe seiner maximalen Pufferkapazität. Dennoch ist die Pufferkapazität dieses Systems geringer als die des Kohlensäurepuffers, da seine Konzentration im Extrazellulärraum nur 1/16-tel der Bikarbonatkonzentration beträgt.

An zwei Stellen des Organismus allerdings zeigt der Phosphatpuffer eine große Wirkung. Wegen der hohen Konzentrationen hat er eine hohe **Pufferkapazität** im intrazellulären Kompartiment, wo außerdem das zur sauren Seite verschobene pH in der Nähe seines pK-Wertes liegt. Zum andern hat der Phosphatpuffer große Wirkung im tubulären Flüssigkeitssystem der Niere.

7.2.1.3 Das Proteinpuffersystem

Bei weitem das wirkungsvollste und leistungsfähigste Puffersystem in den gesamten Körperflüssigkeiten stellen die Proteine dar. Proteine, die aus peptidisch verbundenen Aminosäuren aufgebaut sind, haben funktionelle Gruppen, die sie besonders geeignet machen, als Puffer zu wirken.

Die sauren Karboxylgruppen und die basischen Aminogruppen stellen gemeinsam wegen der hohen Gruppenkonzentration ein System großer Pufferkapazität dar. Einer der wichtigsten Gründe für die hohe Wirksamkeit ist außerdem die Höhe des pK-Wertes von ungefähr 7,1.

In welcher Weise wirkt sich nun eine Änderung der Wasserstoffionenkonzentration auf die einzelnen Puffersysteme aus?

Es ist festzuhalten, dass aufgrund der Tatsache, dass eine Lösung nur einen bestimmten pH-Wert haben kann, eine Veränderung der H-Ionenkonzentration sich auf alle in der Lösung vorhandenen Puffersysteme in gleicher Weise auswirkt. Dieses Prinzip wird isohydrisches Prinzip genannt und ist in Tabelle 7.6 skizziert.

7.2.2 Die respiratorische Regulation

Bereits bei der Diskussion der Henderson-Hasselbalch-Gleichung war klar geworden, dass eine Erhöhung der CO_2-Konzentration gleichbedeutend ist mit einer Verschiebung des pH in saurer Richtung, ebenso wie eine Erhöhung der Bikarbonatkonzentration den pH-Wert in alkalischer Richtung verschiebt. Damit ein Gleichgewicht zwischen der ununterbrochenen, mehr oder weniger hohen **CO_2-Produktion** und der **pulmonalen Ausscheidung** aufrechterhalten werden kann, ist ein permanenter Transport des CO_2 zum Ausscheidungsorgan erforderlich. Da CO_2 nicht augenblicklich bei der Bildung aus dem Organismus entfernt wird und während der einige Minuten dauernden Transportzeit im Organismus verweilt, stellt sich eine mittlere extrazelluläre CO_2-Konzentration von 1,2 mmol/l ein.

Wenn die Bildungsrate von CO_2 ansteigt, dann erhöht sich auch die CO_2-Konzentration, wie andererseits die Erhöhung der pulmonalen

7.2 Pathobiochemie

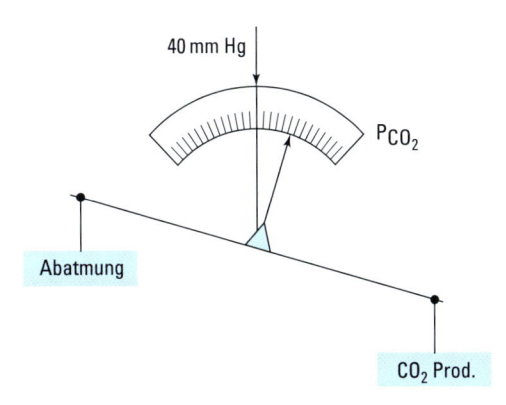

Abb. 7.4: Physiologische pH-Kontrolle mithilfe der respiratorischen Kompensation Partialdruck von CO_2 konstant durch Ausgleich zwischen Produktion und Ausscheidung. Die pulmonale Ventilation ist im respiratorischen Zentrum auf $PCO_2 = 40$ mm Hg eingeregelt.

Ventilation die Ausscheidungsrate erhöht und damit den CO_2-Gehalt senkt (Abb. 7.4). Unter Ruhebedingungen, unter denen sich **metabolische Bildungsrate** und **Abatmungsrate** mit etwa 200 ml/min gleichen, stellt sich die zuvor erwähnte Plasmakonzentration von 1,2 mmol/l ein. Wird eine weitgehend gleichbleibende Bildungsrate für CO_2 vorausgesetzt, so folgt, dass nur die alveoläre Ventilation die bestimmende Größe für die CO_2-Konzentration im Körper darstellt. Da andererseits, wie gezeigt wurde, ein Anstieg der CO_2-Konzentration den pH-Wert erniedrigt, entpuppt sich die alveoläre Ventilation als das Regulativ für die H-Ionenkonzentration. Eine Verdoppelung der alveolären Ventilation vermag dabei den pH-Wert um etwa 0,23 Einheiten zu heben.

H-Ionen vermögen aber auch selbst die alveoläre Ventilation durch ihre direkte Wirkung auf das Atmungszentrum zu beeinflussen. Durch die beiden unterschiedlichen Mechanismen, nämlich der Bestimmung der H-Ionenkonzentration durch die alveoläre Ventilation einerseits und die Rückwirkung der H-Ionen auf die Aktivität des Atmungszentrums andererseits entsteht ein Rückkopplungsregulationssystem. Dabei ist die **Gesamtpufferkapazität** des respiratorischen Systems etwa ein- bis zweimal größer als die Summe der chemischen Puffer.

7.2.3 Die renale Regulation

Als dritte Abwehrebene im Kampf um die Konstanz des Milieu intérieur bezeichneten wir die renalen Kompensationsmechanismen. Der renale Eingriff in die Regulation der Wasserstoffionenkonzentration erfolgt in erster Linie durch eine Veränderung der Bikarbonatkonzentration in den Körperflüssigkeiten (Abb. 7.5).

Der Vorgang beinhaltet den Ablauf einer ganzen Palette komplexer Reaktionen in den Tubuli, von der H-Ionensekretion angefangen über die **Natriumrücksorption**, die **Bikarbonatsekretion** bis zur Ausscheidung von exzessiven H^+-Mengen unter Mitwirkung des Phosphorsäurepuffersystems und des Ammoniaks.

Kurze Bemerkungen zu den erwähnten Teilreaktionen sollen den komplexen Vorgang übersichtshalber etwas vereinfachen und durchsichtiger gestalten. Im Vordergrund steht die Sekretion von H-Ionen durch die Epithelzellen der proximalen und distalen Tubuli, der Sammelrohre einschließlich der Henleschen Schleife. Bei diesem Vorgang ist die extrazelluläre CO_2-Konzentration die bestimmende Größe. Durch die hohe Aktivität der Karboanhydrase in den Tubulusepithelzellen wird über die Hydratation von CO_2 Kohlensäure gebildet, wobei nach Sekretion des Wasserstoffions Bikarbonat in das peritubuläre Gewebe abfließt. Die Wasserstoffionen bilden in der tubulären Flüssigkeit mit

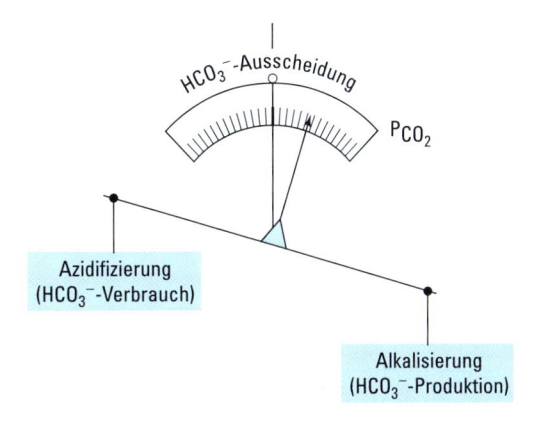

Abb. 7.5: Niere: Regulation der HCO_3^--Konzentration durch tubuläre Ausscheidung und Rückresorption. Physiologische pH-Kontrolle mithilfe der renalen Kompensation.

Bikarbonat Kohlensäure, wobei das entstehende CO_2 leicht in die tubulären Epithelzellen diffundiert und dort erneut zur Karboanhydrasereaktion unter Bildung von Bikarbonat zur Verfügung steht. Auf diese Weise wird normalerweise das gesamte glomeruläre Bikarbonat total zurückgewonnen. Über den Bikarbonatgehalt der tubulären Flüssigkeit hinausgehende überschüssige Wasserstoffionen werden durch zwei hochleistungsfähige Systeme abgepuffert. Erhebliche Säuremengen können dadurch ausgeschieden werden, ohne dass die kritische Konzentration von $10^{-4,5}$ mol/l erreicht wird. Die überschüssigen H-Ionen werden einerseits vom Phosphatpuffer und andererseits von Ammoniumionen als so genannte titrierbare Säure ausgeschieden. Der **Sekretion von Wasserstoffionen** steht eine **Resorption von Natriumionen** aus elektrochemischen Neutralitätsgründen gegenüber. Doch ist diese Betrachtung nur formal zutreffend, da sich die Transportorte sicher unterscheiden.

Bei der **renalen Kompensation** einer Alkalose wird wegen der die sezernierten H-Ionen weit übersteigenden Bikarbonatkonzentration in der tubulären Flüssigkeit ein alkalischer Urin ausgeschieden. Dagegen werden bei der Kompensation einer Azidose H^+-Ionen weit über die Konzentration von Bikarbonat in der tubulären Flüssigkeit hinaus ausgeschieden und weitgehend an Phosphatpuffer und Ammoniak gebunden. Die Konzentration nicht gepufferter H^+ kann dabei bis zum Grenz-pH von 4,5 relativ hoch sein. Die wichtigsten Referenzintervalle für die Kenngrößen des Säure-Basenhaushaltes und die Blutgase sind in Tab 7.7 aufgeführt.

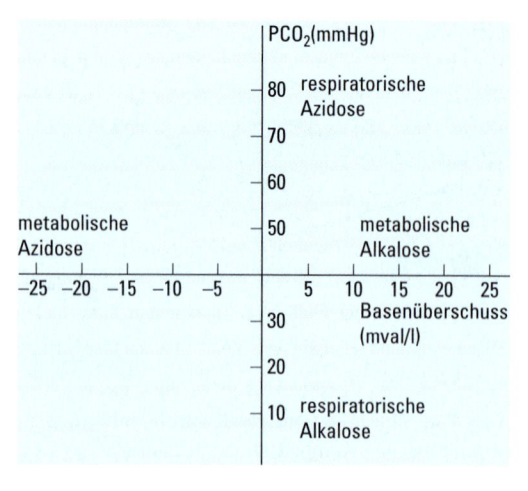

Abb. 7.6: Veränderungen im Säuren-Basen-Status.

7.2.4 Pathologische Reaktionslagen

Auf der Grundlage der zuvor dargestellten Funktionen können nun die vier hauptsächlichen Variationen der Reaktionslage der Körperflüssigkeit zusammenfassend dargestellt werden, wie sie in Abbildung 7.6 skizziert sind.

Entsprechend den pH-Verschiebungen spricht man von einer respiratorischen Azidose, wenn der CO_2-Partialdruck über 40 mm Hg liegt. Die **metabolische Azidose** ist durch einen Abfall der Pufferkonzentration charakterisiert, während die metabolische Alkalose einen Pufferbasenüberschuss aufweist.

Aus der Vielzahl der möglichen Störungen des Säuren-Basen-Metabolismus soll zum Schluss ein in letzter Zeit vermehrt in die Diskussion geratener pathologischer Zustand der Definition und dem zugrundeliegenden Mechanismus nach beschrieben werden. Es handelt

Tabelle 7.7: Referenzintervalle für Kenngrößen des Säure-Basenhaushalts und für Blutgase.

Kenngröße	Einheiten
pH	7,35 – 7,45
PCO_2	4,67 – 6,00 kPa (35 – 45 mm Hg)
Basenabweichung	3,00 + 3,00 mmol/l
Standardbikarbonat	22,00 – 26,00 mmol/l
PO_2	8,66 – 13,30 kPa (65 – 100 mm Hg)
O_2-Sättigung	0,90 – 0,96 (90 – 96 %)

sich um die sogenannte **Laktazidose**: Streng definieren kann man diesen Zustand nicht aus klinisch-chemischen Daten, sondern nur aufgrund des pathobiochemischen Mechanismus. Die Laktazidose gehört zu den primären Azidosen und wird verursacht durch eine **Sauerstoffmangelversorgung** der Zelle. Durch den fehlenden Sauerstoff ist die Oxydation des metabolisch anfallenden Wasserstoffs eingeschränkt, weshalb es zu einer zellulären Konzentrationserhöhung des koenzymatisch gebundenen Wasserstoffs kommt. In Abbildung 7.7 ist der Mechanismus der Wasserstoffübertragung von einem Substrat auf das Koenzym NAD$^+$ dargestellt.

Der Mechanismus, der hier im Einzelnen nicht zu interessieren braucht, ist sehr sorgfältig untersucht. Wichtig ist festzuhalten, dass bei der Bildung von reduziertem NADH pro mol 1 mol Wasserstoffionen frei wird, was zu einer Säuerung der Zellen führt. Der Organismus hat gegen solche Notlagen einen Schutzmechanismus im Pyruvat-Laktat-System, welches in Abbildung 7.8 dargestellt ist.

Beim Anstieg der zellulären Konzentration von **NADH** wird die Regeneration von freiem NAD$^+$ durch Pyruvat bewirkt. Die dabei ansteigende **Milchsäurekonzentration** führt zu deren vermehrtem Ausstrom in den Extrazellulärraum. Aufgrund des pK von ca. 3,8 für Milchsäure liegt in der Zelle bei pH 6,0 ein Laktat-Milchsäure- Verhältnis von ungefähr 160:1 vor. Da extrazellulär aber das pH höher liegt, ergibt sich beispielsweise bei einem Wert von 7,4 ein Verhältnis von annähernd 4.000:1. Das bedeutet, dass die herausdiffundierende Milchsäure praktisch vollständig in Laktat mit H$^+$-Ionen dissoziiert ist. Sie dient so der Entfernung über-

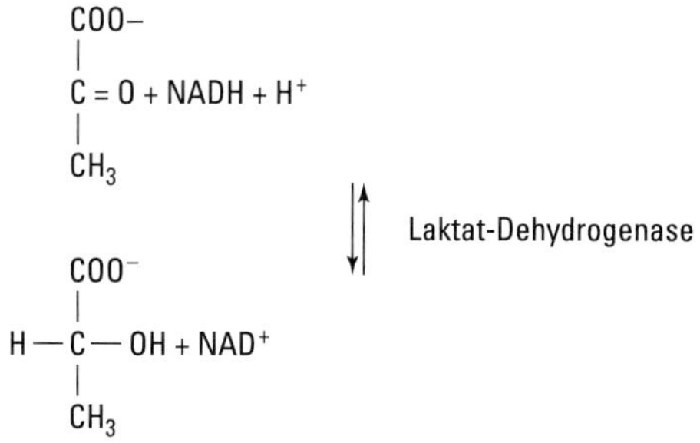

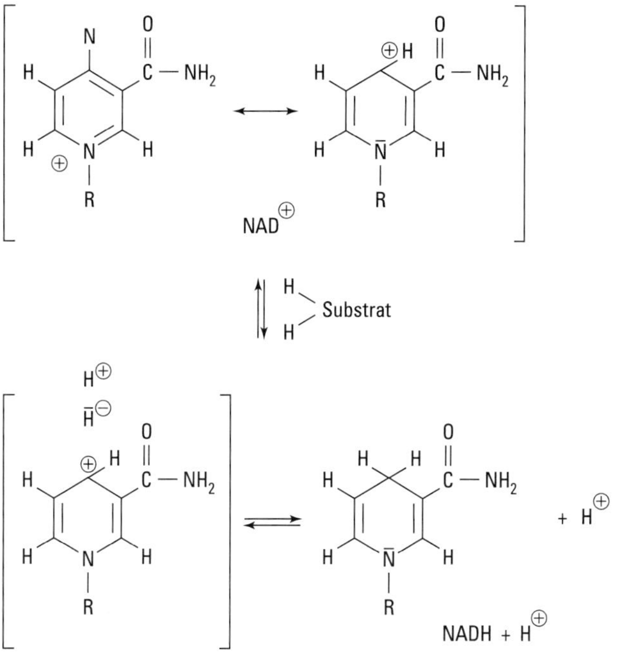

Abb. 7.8: Reaktionsgleichung für das Pyruvat-Laktat-Gleichgewicht.

Abb. 7.7: Übertragungsmechanismus des Wasserstoffs aus der Substratbindung auf Koenzym NAD$^+$.

schüssiger H^+-Ionen aus der Zelle bei **hypoxischen Zuständen**. In der Regel wird der so entstehende Zustand klinisch charakterisiert sein durch einen hohen Gehalt an Laktat bei abfallendem pH. Dennoch darf nicht jede Erhöhung des Laktatgehaltes ohne weiteres mit der hier definierten **hypoxischen Laktazidose** gleichgesetzt werden. Ohne näher auf diese Zusammenhänge und ihre prognostische Relevanz eingehen zu können, sei zur Abgrenzung nur als Beispiel angeführt, dass eine Erhöhung des Laktats auch in alkalotischen Zuständen vorliegen kann, von denen der einfachste z. B. durch eine exogene Laktatzufuhr entstehen kann. Es ist für das Verständnis dieser Zusammenhänge aufschlussreich festzuhalten, dass eine exogene Laktatzufuhr zu einer Alkalisierung führt und dass dabei der hohe Laktatgehalt keineswegs eine Laktazidose indiziert.

7.3 Klinisch-chemische Bestimmungen

Die Messgrößen des Säuren-Basen-Status werden in der sogenannten **Blutgasanalyse (BGA)** erfasst. Die **Indikationen zur BGA** werden in Tabelle 7.8 zusammengefasst.
– **pH-Wert des Blutes**
  potentiometrisch mit einer Glaselektrode (Abb. 7.9)
– **pCO_2 des Blutes (Abb. 7.9)**
  potentiometrisch mit einer membranüberzogenen Glaselektrode nach Severinghaus
– **HCO_3^--Konzentration des Blutes**
  berechnet aus der pCO_2 und pH-Messung in der Henderson-Hasselbalch-Gleichung
– **pO_2 des Blutes (Abb. 7.10)**
  polarographisch mit einer membranüberzogenen Platinelektrode nach Clark
– **Sauerstoffsättigung**
  sO_2 berechnet aus pO_2 und HK auf der Basis der Standard-O_2-Dissoziationskurve

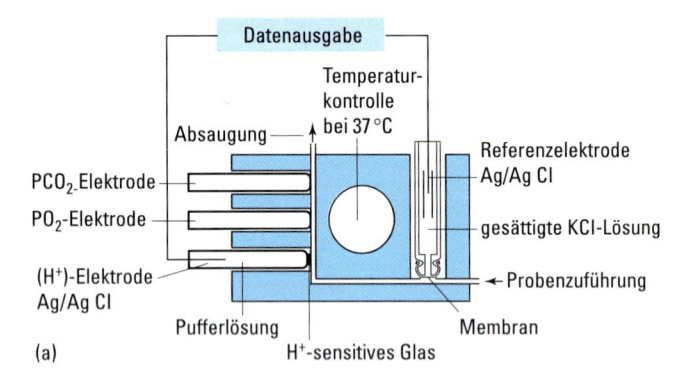

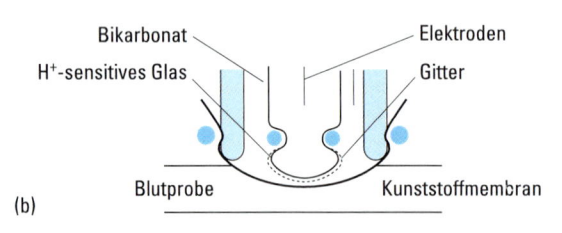

Abb. 7.9: Messverfahren für die Erfassung des Säuren-Basen-Status. (a) Blutgasanalysen mit elektrochemischer Messung von pH, pO_2 und pCO_2, (b) Aufbau der Severinghauselektrode (pCO_2-Messung)

Tabelle 7.8: Indikationen zur Blutgasanalyse und pH-Messung.

- respiratorische und hämodynamische Dysfunktionen
- Indikation und Überwachung einer Beatmungstherapie
- Kontrolle von Entwöhnungsverfahren bei Beendigung einer respiratorischen Therapie
- Stoffwechselstörungen
- Säuren-Basen-Verluste (Erbrechen, Diarrhö, Fisteln)
- renale Insuffizienzen

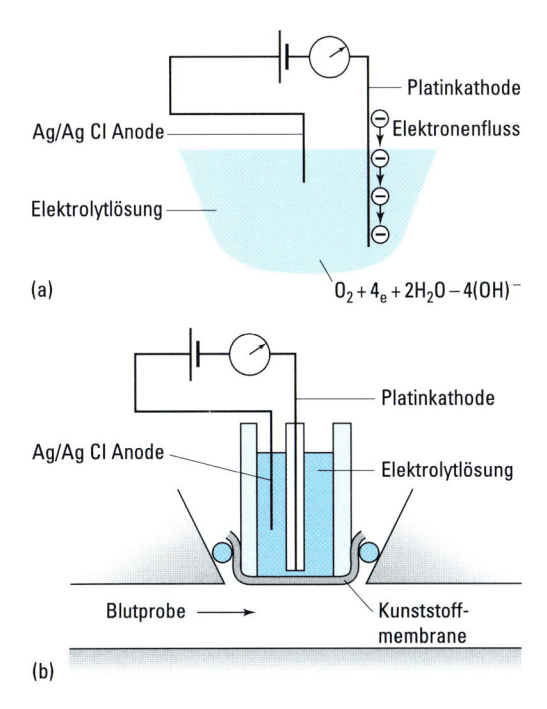

Abb. 7.10: Messverfahren für die Erfassung des Säuren-Basen-Status. (a) schematischer Aufbau der Messeinrichtung (b) Aufbau der O_2-Elektrode

8 Endokrinologie

K. Wielckens, G. Malchau

8.1 Grundlagen der Endokrinologie

8.1.1 Das endokrine System

Hormone sind Signalmoleküle, die Stoffwechsel-, Wachstums- und Differenzierungsprozesse regulieren. Nach ihrem chemischen Aufbau stellen sie eine heterogene Gruppe dar, die Proteine, Peptide, Aminosäurederivate, Abkömmlinge mehrfach ungesättigter Fettsäuren sowie des Cholesterins umfasst. Hormone werden nicht nur in speziellen endokrinen Drüsen wie z. B. Hypophyse, Schilddrüse, Nebenniere, Keimdrüse etc. („glanduläre Hormone"), sondern auch von spezialisierten Zellen, die in unterschiedliche Gewebe („Gewebshormone") eingebettet sind, gebildet.

Die hormonelle Regulation kann auf verschiedene Arten erfolgen. Bei der **endokrinen Regulation** wird ein Hormon in einer spezifischen Signalzelle synthetisiert und in die Blutbahn abgegeben, um seine Funktion an einer weiter entfernten Zelle auszuüben. Erfolgt die Signalübermittlung durch Diffusion des Signalmoleküls von der sezernierenden direkt auf eine benachbarte Zelle, handelt es sich um eine **parakrine Regulation**. Von **autokriner Regulation** spricht man, wenn der von einer Zelle gebildete hormonelle Faktor auf diese selbst zurückwirkt.

Damit Hormone eine intrazelluläre Antwort auslösen können, müssen sie an zelluläre Rezeptoren binden, mit anschließender Weiterleitung des Signals. Rezeptoren sind Proteine, die als integrale Membranproteine, zytoplasmatische oder nukleäre Proteine vorliegen können. Der Hormon-Rezeptorkomplex löst entweder die Bildung eines intrazellulären Signalmoleküls („**second messenger**") aus oder aktiviert eine Kaskade von Phosphorylierungen intrazellulärer regulatorischer Proteine, was als **Signaltransduktion** bezeichnet wird. Am Ende der Signaltransduktion steht eine spezifische Beeinflussung des Zellstoffwechsels.

8.1.2 Mechanismen der Hormonwirkung

8.1.2.1 Intrazelluläre Hormonrezeptoren

Steroidhormone und das **Schilddrüsenhormon** wirken durch Regulation der Genexpression, was zu einer gesteigerten oder gehemmten Biosynthese spezifischer Proteine (z. B. von Enzymen) führt. Zunächst wird das Hormon von der Zelle aufgenommen und bindet entweder an zytoplasmatische (z. B. den Glukokortikoidrezeptor) oder nukleäre Rezeptoren (z. B. den Schilddrüsenhormonrezeptor). Das Rezeptorprotein stellt einen Transkriptionsfaktor dar, der durch die Bindung des Hormons aktiviert wird. Im Falle des Glukokortikoidrezeptors wird die biologische Aktivität durch spezielle Proteine unterdrückt. Die Bindung von Cortisol an den Rezeptor führt zur Dissoziation der inhibierenden Proteine mit anschließender Zusammenlagerung zweier Hormon-Rezeptor-Moleküle. Der dabei entstehende Komplex gelangt in den Zellkern und stellt den eigentlichen Transkriptionsfaktor dar, welcher an spezifische DNA-Sequenzen (Hormon responsive Elemente) bindet und das Genexpressionsmuster der Zelle verändert.

8.1.2.2 Membranständige Hormonrezeptoren

G-Protein gekoppelte Membranrezeptoren

Die größte Rezeptorfamilie bilden die **G-Protein-gekoppelten Rezeptoren**. G-Proteine sind heterotrimere Proteine und bestehen aus den drei Untereinheiten: α, β und γ. Die α-Untereinheit der G-Proteine ist in der Lage, Guanosintrophosphat (GTP) zu binden. Das Protein kann in zwei unterschiedlichen Zuständen vorliegen: Als inaktive Form, wenn GDP, und als aktive, wenn GTP gebunden ist. Für die Umwandlung der inaktiven in die aktive Form werden Proteinfaktoren benötigt, die als Guanosinnucleotid-Releasing-Proteine (GNRP) bezeichnet werden und die Abdissoziation des GDP vom inaktiven G-Protein bewirken. Der hormonaktivierte Rezeptor stellt ein solches GNRP dar. Der nucleotidfreie G-Protein-GNRP-Komplex besitzt eine hohe Affinität zum GTP und setzt nach Bindung dieses Nukleotids die $\beta\gamma$-Untereinheit sowie den Rezeptor aus dem Komplex frei. Die verbleibende GTP-gebundene α-Untereinheit ist das eigentlich aktive G-Protein und aktiviert bzw. inaktiviert die für biologische Antworten zuständigen Signaltransduktionswege. Die α-Untereinheit besitzt eine intrinsische GTPase-Aktivität und inaktiviert sich durch Hydrolyse des GTP zu GDP selbst, worauf eine erneute Anlagerung der $\beta\gamma$-Untereinheit erfolgt.

Das Adenylatzyklase-System

Das durch Hormonbindung an den Rezeptor entstandene aktive G-Protein aktiviert seinerseits eine zellmembranständige Adenylatzyklase, was zu einer vermehrten Bildung von **3´-5´-zyklischem AMP (cAMP)** aus ATP führt. Zyklisches AMP ist ein weitverbreiteter „secondmessenger" und bindet an ein als **Proteinkinase A (PK A)** bezeichnetes Enzym, das dadurch aktiviert wird. Die PK A phosphoryliert die für die biologische Antwort notwendigen Proteine.

Intrazelluläres Kalzium

Einige Hormone (z. B. Noradrenalin) vermitteln ihre Wirkung über die Erhöhung des zytoplasmatischen Kalziumspiegels. Durch Hormonbindung an einen spezifischen G-Protein-gekoppelten Plasmamembranrezeptor wird ein Enzym, die **Phospholipase Cβ (PLCβ)** aktiviert. Die PLC spaltet das Membranphospholipid Phosphatidylinositol-(4,5)-bisphosphat (PIP$_2$) und setzt die beiden „second messenger" **Inositol-(1,4,5)-trisphosphat (IP$_3$)** und **Diacylglycerin (DAG)** frei. IP$_3$ führt über die Bindung an den IP$_3$-Rezeptor zur Kalziummobilisierung aus intrazellulären Kalziumspeichern. Das freie Kalzium aktiviert entweder kalziumbindende Proteine wie z. B. das Calmodulin oder – zusammen mit DAG – Enzyme der Proteinkinase C-Familie. Neben G-Protein-gekoppelten Rezeptoren können auch Rezeptoren mit Tyrosinkinaseaktivität eine Phospholipase C, die PLCγ, aktivieren und damit die Bildung von IP$_3$ und DAG induzieren. PKC reguliert die Aktivität anderer Proteine durch Phosphorylierung.

Rezeptoren mit Tyrosinkinase-Aktivität

Dieser Membranrezeptortyp besitzt im Rezeptormolekül oder als separates, auf der zytoplasmatischen Membranseite angelagertes Protein eine tyrosinspezifische Proteinkinaseaktivität. Durch Hormonbindung wird diese aktiviert und phosphoryliert den Rezeptor und andere Zielproteine, die über eine Kette weiterer nachgeschalteter Reaktionen die biologische Antwort auslösen. Ein Hormon, das diesen Rezeptortyp verwendet, ist das Insulin.

JAK-STAT-Signaltransduktionsweg

Hormone wie das Wachstumshormon oder Prolaktin beeinflussen die Genexpression über Transkriptionsfaktoren die als STAT („signal transducers and activators of transcription") bezeichnet werden. Die Bindung des Hormons löst eine Dimerisierung des Membranrezeptors aus und aktiviert rezeptorassoziierte tyrosinspezifische Proteinkinasen, die Januskinasen (JAK). Diese Proteinkinasen phosphorylieren nun sich selbst sowie den durch Hormonbindung aktivierten Rezeptor. An diese Tyrosinphosphat-Reste lagern sich anschließend die STAT-Moleküle an, die wiederum durch JAK phosphoryliert werden. Dies führt zur Ablösung der phosphorylierten STAT vom Rezeptor-Komplex und deren Dimerisierung mit anschließender Translokation in den Zellkern, wo sie als Transkriptionsfaktoren spezifische Gene aktivieren.

Guanylatzyklasesystem

Guanylatzyklasen katalysieren die Bildung von **3´-5´-zyklischem Guanosinmonophophat** (cGMP) aus GTP. Sie kommen rezeptorassoziiert oder als lösliche zytoplasmatischen Enzyme vor, die durch Stickstoffoxid (NO) aktiviert werden. Als „second messenger" kann cGMP Proteinkinasen, Ionenkanäle sowie Phosphodiesterasen aktivieren.

8.1.3 Der endokrine Regelkreis

Synthese und Freisetzung der meisten glandulären Hormone unterliegen einer hierarchisch organisierten Kontrolle, bei der durch negative (oder seltener positive) Rückkopplung die Hormonsekretion gesteuert wird (Abb. 8.1). Das klassische Beispiel solcher Regelkreise stellt das hypothalamisch-hypophysäre System dar. Der Hypothalamus ist die Schnittstelle zwischen dem endokrinen und dem neuronalem System. Auf ihn wirken verschiedene Teile des zentralen Nervensystems (Cortex, limbisches System, Thalamus, Nervenfasern vom Rückenmark) über Neurotransmitter ein. Dies führt zur Freisetzung von regulatorischen Peptiden, den **Releasing-Hormonen**, aus neurosekretorischen Zellen. Die Releasing-Hormone gelangen über Blutgefäße zur Hypophyse und induzieren die Bildung und Ausschüttung der **glandotropen Hormone** aus dem Hypophysenvorderlappen. Die Freisetzung der Releasing- bzw. glandotropen Hormone erfolgt häufig in einem zirkadianen Rhythmus und zeigt einen pulsatilen Charakter, d. h. die Sekretion erfolgt nicht kontinuierlich. Die aus der Adenohypophyse freigesetzten Hormone lösen in ihren Zielgeweben, den endokrinen Drüsen, die Bildung der **glandulären Hormone** aus. Die glandulären Hormone wiederum hemmen auf der Ebene des Hypothalamus und/oder der Hypophyse die Synthese der entsprechenden Releasing- oder glandotropen Hormone. Somit entstehen hormonspezifische Regelkreise wie z. B. das TRH-TSH-Schilddrüsenhormon- oder das CRH-ACTH-Cortisol-System. Darüber hinaus kann der Hypothalamus auch inhibitorische Hormone bilden, die zur Hemmung der Hormonsynthese auf hypophysärer Ebene führen. Einzelne Gewebe – wie z. B. die Gonaden – sind auch in der Lage direkt auf hypophysärer Ebene hemmend wirkende Proteohormone zu produzieren.

8.1.4 Methoden der Hormonbestimmung

Zur Messung von Hormonen dienen zumeist **Immunoassays**. Darüber hinaus werden – wenn auch seltener – chromatografische Techniken verwendet (z. B. Hochdruckchromatografie, Gaschromatografie etc.). Das grundlegende Prinzip des Immunoassays beruht auf der Reaktion eines Antikörpers mit einem Antigen sowie der Detektion dieses Ereignisses. Grundsätzlich ist einer der Reaktionspartner (Hormon oder Antikörper) mit einer „Markierung" (z. B. ein radioaktives Atom oder Molekül, ein Enzym etc.) versehen, sodass nach der Antigen-Antikörper-Reaktion die gebunden vorliegende Menge bestimmt werden kann. Je nach Markierungsart werden die Tests in Radio-, Enzym-, Fluoreszenz- oder Lumineszenz-Immunoassay eingeteilt. Die Antikörper sind heute in der Regel an Festphasen wie z. B. die Röhrchenwand oder die Oberfläche von Partikeln gebunden. Ein wichtiger Bestandteil des Verfahrens besteht in der Trennung der freien und gebundenen Phase nach der Inkubation. Daher spricht man vom **heterogenen Immunoassay**, von dem es zwei grundlegend unterschiedliche Varianten gibt: Den kompetitiven Immunoassay und den Sandwich-Immunoassay.

Beim **kompetitiven Immunoassay** (Abb. 8.2) konkurrieren z. B. enzymarkierte Hormon-Moleküle („Tracer") mit dem zu messenden Hormon der Probe um eine im Unterschuss vorliegende Menge Antikörper im Testansatz. Da die Menge an „Tracer" und Antikörper konstant gehalten wird, ist die Verdrängung des „Tracers" vom Antikörper proportional der

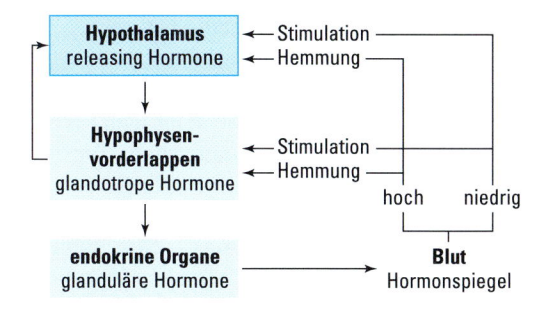

Abb. 8.1: Prinzip des hormonellen Regelkreises.

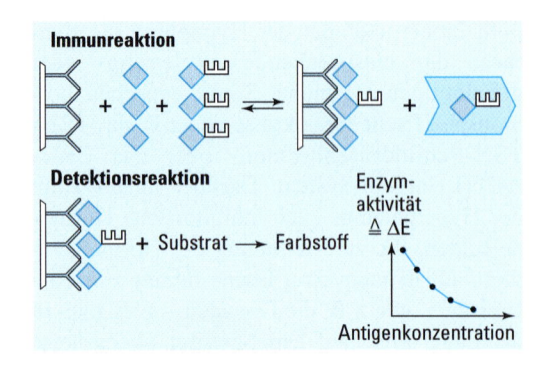

Abb. 8.2: Prinzip des kompetitiven Immunoassays.

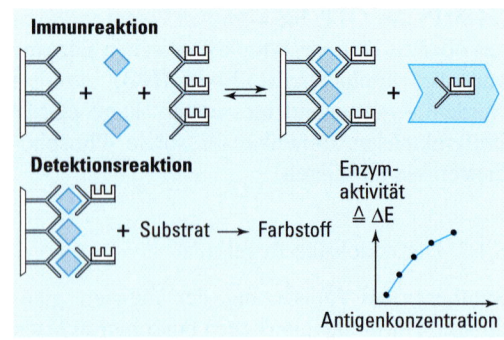

Abb. 8.3: Prinzip des Sandwich-Immunoassays.

Hormonkonzentration der Probe. Nach Trennung von freiem und gebundenem „Tracer" (Phasentrennung) wird der Anteil in der gebundenen Phase gemessen. Anhand parallel bestimmter Proben mit definierten Hormonkonzentrationen wird eine Standardkurve erstellt, die zur Berechnung der Konzentrationen in den Patientenproben dient. Bei diesem Verfahren ist das Messsignal umgekehrt proportional zur Hormonkonzentration. Der kompetitive Immunoassay wird hauptsächlich zur Bestimmung von kleinmolekularen Hormonen eingesetzt, die nur eine Antikörperbindungsstelle aufweisen.

Beim **Sandwich-Immunoassay** (Abb. 8.3) – auch immunometrischer Assay genannt – werden zwei Arten von Antikörpern verwendet, die gegen verschiedene Bereiche des Hormons gerichtet sind. Der eine Antikörper („Catcher") ist an eine Festphase adsorbiert, der zweite Antikörper („Detektor") ist z. B. mit einem Enzym markiert. Durch Zugabe der Probe bindet das Hormon an beide Antikörper und bildet damit eine Brücke zwischen den Antikörpern. Anschließend wird der nicht gebundene „Detektor"-Antikörper entfernt und die Menge des gebundenen Antikörpers bestimmt. Anhand einer Standardkurve wird die Hormonkonzentration ermittelt. Dabei ist das Messsignal direkt proportional zur Hormonkonzentration. Bei sehr hohen Hormonkonzentrationen besteht die Gefahr, dass das Messsignal wieder abnimmt und eine geringere Hormonmenge vorgetäuscht wird, als in der Probe vorhanden ist. Dieses Phänomen („High-Dose-Hook-Effekt") entsteht dann, wenn die Menge an „Catcher"-Antikörpern nicht mehr ausreicht, um alle in der Probe enthaltene Hormonmoleküle zu binden und bei der Phasentrennung hormongebundener „Detektor"-Antikörper verloren geht. Der Sandwich-Immunoassay hat gegenüber dem kompetitiven Immunoassay den Vorteil der größeren Spezifität und der höheren Messempfindlichkeit. Voraussetzung für den Einsatz des Sandwich-Immunoassays ist aber, dass die Hormone groß genug sind, um zwei Antikörpermoleküle zu binden.

8.2 Hypothalamus-Hypophysen-Wachstumshormon-System

8.2.1 Grundlagen des Systems

Das Wachstumshormon (GH, HGH, STH oder Somatotropin) wird in den somatotropen Zellen des Hypophysenvorderlappens gebildet und ist ein einkettiges Polypetid aus 191 Aminosäuren. Eine kürzere Form des Hormons kommt durch alternatives Splicing zustande. Weitere Hormonvarianten und Oligomere zirkulieren in nur sehr geringen Konzentrationen im Blut.

Die Kontrolle der GH-Biosynthese in der Hypophyse unterliegt einem relativ komplizierten Mechanismus. Regulierend wirken dabei nicht nur die beiden hypothalamischen Peptide **GHRH** („growth-hormone-releasing-hormone"), sondern auch **GHRIH** („growth hormone-release-inhibiting-hormone" oder **Somatostatin**), wobei GHRH die Sekretion stimuliert und GHRIH sie inhibiert. Darüber hinaus ist noch ein weiterer hormoneller Faktor aktiv, der

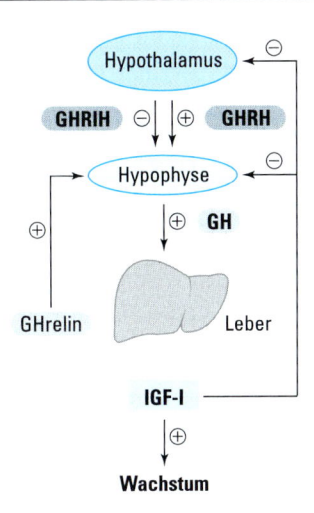

Abb. 8.4: Regulation der Wachstumshormonsynthese.

die GH-Sekretion beeinflusst, das **Ghrelin**. Ghrelin wird vor allem von gastrointestinalen Geweben gebildet und verbindet offenbar das Ausmaß der Nahrungszufuhr mit der Wachstumshormonsekretion (Abb. 8.4).

Das Wachstumshormon wirkt entweder direkt oder indirekt über die Stimulation der Synthese von **IGF-I („insulin-like-growth-factor-I" oder Somatomedin C)**, dem eigentlichen Protagonisten der Wachstumsstimulation, der unter Einwirkung von GH vor allem in der Leber gebildet wird und überall im Organismus seine proliferationsfördernde Wirkung entfaltet. Neben seiner Hauptwirkung auf die IGF-I-Sekretion hat GH einen insulinantagonistischen Effekt auf den Glukosestoffwechsel, stimuliert die Proliferation von Adipozyten, regt die Lipolyse an und steigert Wasser- sowie Natriumretention. Wegen seiner insulinantagonistischen Wirkung kann GH einen Diabetes mellitus auslösen.

Das Wachstumshormon bindet an einen Rezeptor in der Plasmamembran, der den JAK-STAT-Signaltransduktionsweg für die Informationsübertragung aktiviert.

IGF-I ist ein proinsulinähnliches Peptid, dessen Syntheserate sowohl von der GH-Sekretion als auch der nutritiven Versorgung des Organismus abhängt. Im Blut zirkuliert IGF-I an Transportproteine gebunden. IGF-Transportproteine (IGFBP) verlängern die Halbwertszeit von IGF-I und beeinflussen die Bindung von IGF-I an den Rezeptor. IGF-I wird vor allem an das Protein IGFBP-3 gebunden, das zusammen mit einem weiteren Protein, dem ALS („acid-labile-subunit"), einen Komplex bildet. Da GH die Synthese von IGFBP-3 stimuliert, spiegelt die IGFBP-3-Konzentration die GH-Aktivität wider, ein Phänomen, das auch diagnostisch genutzt wird. Neben seinen Effekten auf Zellproliferation und Körperwachstum wirkt IGF-I antagonistisch auf die hypophysäre GH-Sekretion und nimmt damit am endokrinen Regelkreis der Wachstumsregulation teil.

8.2.2 Störungen des Systems

8.2.2.1 Unterfunktion des Systems

Bei Kindern

Der Wachstumshormonmangel bei Kindern manifestiert sich zum Beispiel durch folgende Zeichen:
– Icterus neonatorum
– proportionierter Minderwuchs
– Hypoglykämie
– vermehrtes Körperfett
– verzögertes Knochenalter

Ursachen des Hormonmangels sind angeboren (durch Fehlanlage der Hypophyse, Defekte des GH-Gens, andere genetische Defekte etc.) oder erworben (durch Tumoren, Traumen, Infektionen etc.).

Bei Erwachsenen

Bei Erwachsenen ist ein Wachstumshormonmangel schwieriger zu erkennen und manifestiert sich zum Beispiel durch vermehrtes Körperfett, verminderte Muskelmasse und -kraft oder verminderte Knochendichte. Ursachen der Mangelerscheinung sind Tumore der Hypophyse oder hypophysennaher Gewebe, Traumen und Entzündungen unterschiedlicher Genese.

8.2.2.2 Überfunktion des Systems

Ursache der Überfunktion sind in der Regel **GH-produzierende Hypophysenvorderlap-**

pentumoren. Selten werden **GHRH-bildende Tumoren** gefunden, die im Bereich des Hypothalamus oder ektop (z. B. Pankreas, Nebenniere etc.) lokalisiert sind.

Im Kindesalter ist das **Leitsymptom der Hochwuchs (hypophysärer Gigantismus)**. Bei Erwachsenen zeigen sich **charakteristische Symptome** wie Vergrößerung des Kopfes, Auftreibung der Orbitaränder, Verbreiterung der Interdentalräume, Vergrößerung von Händen und Füssen, großer Zunge und Organanomalien (z. B. Kardiomegalie, Megakolon etc.), ein Krankheitsbild, das **Akromegalie** genannt wird. Da diese entstellenden Veränderungen irreversibel sind, gilt es, eine Akromegalie möglichst frühzeitig zu entdecken und zu therapieren. Eine Zunahme der Körpergröße tritt nach Schluss der Epiphysenfugen nicht mehr auf.

Darüber hinaus kann der Tumor in jedem Lebensalter mit zunehmender Größe ein Chiasma opticum-Syndrom (Symptom: bitemporale Hemianopsie) auslösen. Durch Verdrängung der anderen endokrin aktiven Zellen kann eine Hypophysenvorlappeninsuffizienz mit Hypothyreose, Nebenniereninsuffizienz und Hypogonadismus entstehen.

8.2.2.3 Besondere Störungen

Laron-Syndrom

Beim Laron-Syndrom handelt es sich um eine sehr seltene Störung des Wachstums. Hier liegt kein Defekt der GH-Bildung, sondern des GH-Rezeptors vor. Die Patienten zeigen ein charakteristisches klinisches Bild mit Minderwuchs, kraniofazialen Veränderungen, Pubertas tarda und Hypoglykämien.

8.2.3 Laborparameter und diagnostische Strategien

8.2.3.1 Diagnose der Unterfunktion

Die Diagnose eines Wachstumshormonmangels bei Kindern ist kompliziert und gehört in die Hand von Spezialisten. Zur Methodik gehört nicht nur die Messung von IGF-I, IGFBP-3 und GH, sondern vor allem die Untersuchung des Systems mit Stimulationstests (z. B. Insulin-Hypoglykämie-Test, Arginin-Test, Clonidin-Test etc.).

Bei Erwachsenen wird sowohl die Messung von IGF-I und GH sowie zur weiteren Abklärung die Durchführung eines Insulin-Hypoglykämie-bzw. GHRH-Tests durchgeführt. Die Bestimmung von IGFBP-3 scheint bei Erwachsenen im Gegensatz zum Kindesalter nur einen geringen Wert zu haben.

8.2.3.2 Diagnose der Überfunktion

Zur Diagnose einer Überfunktion werden GH, IGF-I (bei Kindern auch IGFBP-3) eingesetzt. Wenn der basale GH-Wert bestimmt werden soll, muss beachtet werden, dass Stress vermieden, eine 10–12-stündige Nahrungskarenz und eine mindestens zweistündige körperliche Ruhe eingehalten wird, um unerwünschte Beeinflussungen des Hormonspiegels zu vermeiden. Auch interferierende Medikamente (z. B. Clonidin, Metoclopramid etc.) sollten 3–4 Tage vorher abgesetzt werden.

Zur weiteren Abklärung wird die endokrine Diagnostik durch den **GH-Suppressionstest** (Glukosesuppressionstest) ergänzt. Dieser Test beruht auf dem Prinzip, dass erhöhte Blutzuckerspiegel zu einer Suppression der Wachstumshormonkonzentration führen. Der Test wird morgens beim nüchternen Patienten durchgeführt. Dabei wird zum Zeitpunkt 0 min Blut zur Bestimmung der GH- und Glukosekonzentration abgenommen und anschließend 75 g Glukose per os verabreicht. Weitere Blutentnahmen und Messungen von GH und Glukose erfolgen nach 60, 90 und 120 min. Eine fehlende Supprimierbarkeit des GH-Spiegels unter 1 µg/l spricht für eine Akromegalie. Eine partielle Senkung der erhöhten GH-Konzentration wird auch bei Patienten mit Akromegalie gefunden und spricht nicht gegen die Diagnose. Bei einem Teil der Akromegaliepatienten beobachtet man auch einen paradoxen Anstieg der GH-Konzentration nach Glukosegabe. Eine unzureichende Supprimierbarkeit des GH-Spiegels kann auch bei nicht akromegalen Patienten (z. B. Anorexia nervosa, chron. Nierenerkrankungen etc.) vorkommen.

Da ein progredient wachsender Tumor die anderen endokrin aktiven Zelltypen des Hypophysenvorlappens verdrängen kann, sollte die Stimulierbarkeit aller Hormonachsen durch Stimulationstests überprüft werden. Da bei einem Teil der Akromegalen auch eine Erhöhung der Prolaktinkonzentration (Begleithyperprolaktinämie durch Hypophysenstielläsion oder mammosomatotrope Adenome) vorhanden sein kann, sollte auch dieses Hormon gemessen werden.

8.3 Hypothalamus-Hypophysen-Prolaktin-System

8.3.1 Grundlagen des Systems

Prolaktin ist ein einkettiges Polypeptid aus 199 Aminosäuren und strukturell dem Wachstumshormon und einem plazentären Hormon, dem hPL (humanes plazentäres Laktogen), verwandt. Die Bildung erfolgt in den laktotrophen Zellen des Hypophysenvorlappens. Darüber hinaus können auch andere Gewebe wie zum Beispiel die Plazenta oder Lymphozyten Prolaktin synthetisieren. Das extrahypophysär produzierte Prolaktin wirkt aber in erster Linie parakrin. Während der Schwangerschaft nimmt die Zahl der laktotrophen Zellen der Hypophyse dramatisch zu, was praktisch zu einer Verdopplung des Hypophysenvolumens führt. Gleichzeitig steigt auch die Prolaktinsekretion kontinuierlich an.

Im Blut zirkulieren **verschiedene Formen des Prolaktins**:
– Monomere („little prolactin")
– Dimere („big prolactin")
– Polymere („ultra big prolactin")
– glykosyliertes Monomer
– antikörpergebundene Formen

Gegenüber dem Monomer haben die anderen Formen eine geringere biologische Aktivität. Die strukturelle Heterogenität des Prolaktins führt zu Problemen bei Messtechnik und Interpretation der Ergebnisse.

Die Regulation der **Prolaktinsynthese** unterscheidet sich erheblich von der anderer Hormone des Hypophysenvorderlappens, weil die Sekretionshemmung durch hypothalamisch gebildetes Dopamin die stimulierenden Faktoren überwiegt. Somit führt eine Inhibierung der Dopaminsynthese zu einem Anstieg der Prolaktinsekretion. Trotz der vornehmlich negativen Regulation der Prolaktinsekretion gibt es auch stimulierende Einflüsse des Hypothalamus zum Beispiel durch TRH oder PRF („prolactin releasing factor"). Allerdings ist TRH wahrscheinlich nur unter pathologischen Bedingungen relevant. Beim PRF, dessen biologische Bedeutung noch unklar ist, könnte es sich um den „Vasoaktiven-intestinalen-Faktor" (VIP) handeln (Abb. 8.5). Östrogene erhöhen die Prolaktinkonzentration im Blut durch Herabsetzung der Dopaminempfindlichkeit der Hypophyse. Darüber hinaus erhöhen Stress und körperliche Anstrengung die Sekretion. Während der Schwangerschaft kommt es zu einem dramatischen Anstieg. Nach der Geburt fällt der Prolaktinspiegel schnell ab, steigt jedoch beim Stillen rasch wieder an. Da die Prolaktinsekretion während der Schlafphase deutlich erhöht ist, sollte die Bestimmung der Prolaktinkonzentration im Blut frühestens eine Stunde nach dem Erwachen erfolgen, um schlafbedingte Erhöhungen auszuschließen.

Prolaktin wirkt über einen plasmamembranständigen Rezeptor, der den JAK-STAT-Signaltransduktionsweg für die Informationsübertragung nutzt. Die **biologische Wirkung** im weiblichen Organismus besteht vor allem in der Stimulation der Laktation. Darüber hinaus hat Prolaktin eine – wenn auch geringere – Wachstumshormon-ähnliche Wirkung. Ob Prolaktin

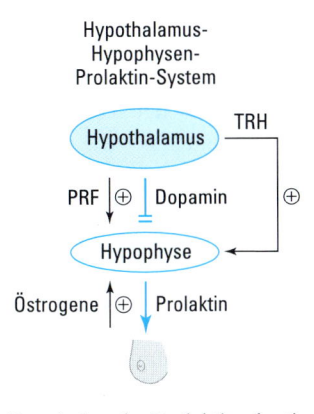

Abb. 8.5: Regulation der Prolaktinsekretion.

bei Männern eine physiologische Bedeutung hat, wird bezweifelt.

8.3.2 Störungen des Prolaktinsystems

8.3.2.1 Hyperprolaktinämie

Die häufigste Störung des Hypothalamus-Hypophysen-Prolaktin-Systems ist die Hyperprolaktinämie, die bei Frauen mit folgenden klinischen Zeichen einhergeht:
- Fertilitätsstörung
- Oligo- oder Amenorrhö
- Libidostörungen
- Hirsutismus
- Seborrhö/Akne

Bei Männern ergeben sich vergleichbare Symptome:
- Impotenz
- Störungen der Libido
- selten: Gynäkomastie

Die Hauptsymptome der Hyperprolaktinämie kommen durch einen hypothalamisch ausgelösten **Hypogonadismus** zustande, der durch eine gegenregulatorische Überproduktion von Dopamin bedingt ist.

Hyperprolaktinämien haben ganz verschiedene Ursachen, die auf unterschiedlichen pathobiochemischen Mechanismen beruhen:
- Medikamente
- Primäre Hypothyreose
- Prolaktinome (Mikro- oder Makroprolaktinom)
- Hypophysenstielläsionen (Trauma, Tumor etc.)
- Idiopathische funktionelle Hyperprolaktinämie
- Niereninsuffizienz
- Leberzirrhose

Die häufigste Form der Hyperprolaktinämie wird durch Medikamente – wie den folgenden – verursacht:
- Neuroleptika (Phenothiazine, Butyrophenone)
- Antidepressiva (Amitryptilin, Imipramin)
- Metoclopramid
- Cimetidin
- Östrogene bei hoher Dosierung

Durch die antidopaminerge Aktivität dieser Medikamente wird die inhibierende Wirkung des Dopamins auf die Prolaktinsekretion vermindert. Östrogene wirken zwar nicht direkt auf die Dopaminrezeptoren, erhöhen jedoch die Hemmschwelle für Dopamin.

Bei einer primären Hypothyreose steigt die hypothalamische TRH-Sekretion erheblich an. Da TRH eine stimulatorische Aktivität auf die Prolaktinsekretion hat, entsteht eine Hyperprolaktinämie. Bei Läsionen des Hypophysenstiels durch Traumen oder Tumoren wird hingegen der Dopamintransport zur Hypophyse unterbrochen. Da die Prolaktinproduktion hauptsächlich negativ durch Dopamin reguliert wird, steigt die Prolaktinsekretion an.

Eine andere wichtige Ursache der Hyperprolaktinämie sind Prolaktinome, von denen zwei biologisch unterschiedliche Formen existieren, das Mikro- und das Makroprolaktinom. Prolaktinome stellen die häufigsten Hypophysenvorderlappentumoren dar, wobei die Mikroprolaktinome bei weitem überwiegen. Sie unterscheiden sich nicht nur durch Größe und Proliferationsverhalten, sondern auch durch die Prolaktinsekretionrate. Haben Patienten mit Mikroprolaktinomen zumeist nur hoch-normale oder leicht bis mittel erhöhte Prolaktinspiegel im Blut, so sind die Werte beim Makroprolaktinom zum Teil dramatisch erhöht. Daher ist eine Prolaktinkonzentration im Blut von > 200 µg/l ein Indiz für ein Makroprolaktinom. Leider erreichen auch Patienten, die mit Phenothiazinen oder Butyrophenonen behandelt werden, gelegentlich diese Grenze. Makroprolaktinome können – wie andere Tumore des Hypophysenvorderlappens – ein Chiasma-opticum-Syndrom erzeugen. Da Makroadenome auf dopaminerge Medikamente (z. B. Bromocryptin, Lisurid etc.) nicht nur mit einer Verminderung der Prolaktinsekretion, sondern auch mit einer Abnahme des Tumorvolumens reagieren, steht in dieser Situation eine wirksame Therapie zur Verfügung. Auch die erhöhte Prolaktinsekretion beim Mikroprolaktinom spricht in der Regel auf eine dopaminerge Therapie an, sodass Zyklusstörungen und Infertilität behoben werden können. Dass vor allem Frauen Mikroprolaktinome entwickeln, spricht für die Beteiligung von Östrogenen an der Pathogenese.

Die Pathogenese der im Rahmen von Leber- und Nierenerkrankungen auftretenden bzw.

funktionellen Hyperprolaktinämien ist bisher noch unklar.

8.3.2.2 Hypoprolaktinämie

Eine ausgeprägte Hypoprolaktinämie ist selten und wird bei einer globalen Insuffizienz des Hypophysenvorderlappens beobachtet. Ein relativer Mangel ist für einen Teil der Fälle von Hypolaktie bei stillenden Frauen verantwortlich.

8.3.2.3 Besondere Störungen

Sheehan-Syndrom

Das Sheehan-Syndrom wird verursacht durch eine postpartale Nekrose des Hypophysenvorderlappens durch massiven Blutverlust. Durch die schwangerschaftsbedingte Hyperplasie der Hypophyse scheint das Organ besonders anfällig für Zirkulationsstörungen zu sein. Erstes auffälliges Symptom ist die Hypolaktie durch Ausfall der Prolaktinsekretion. Im weiteren Verlauf der Erkrankung fallen nach und nach weitere endokrine Funktionen der Hypophyse aus, sodass im Laufe von Jahren eine globale Hypophysenvorderlappeninsuffizienz entsteht. Wegen des schleichenden Charakters des Syndroms wird postuliert, dass die postpartale Nekrose eine Autoimmunhypophysitis auslöst, die zu einer langsamen Zerstörung endokrin aktiver Zellen führt. In Deutschland ist das Sheehan-Syndrom inzwischen zu einer Rarität geworden.

8.3.3 Laborparameter und diagnostische Strategien

Bei Symptomen wie Oligo- oder Amenorrhö, Infertilität oder Abnahme der Libido bei Frauen bzw. Impotenz oder Abnahme der Libido bei Männern sollte eine Bestimmung der Prolaktinkonzentration in Erwägung gezogen werden. Dazu wird der basale Prolaktinspiegel mindestens eine Stunde nach dem Aufwachen mithilfe von Immunoassays gemessen. Wegen der strukturellen Heterogenität gibt es bei manchen Patienten stark divergierende Messergebnisse, je nachdem welcher der auf dem Markt verfügbaren Immunoassays benutzt wird. Diese Diskrepanzen haben ihre Ursache darin, dass die verschiedenen Testverfahren manche Prolaktinsubtypen sehr unterschiedlich erfassen.

Da bei manchen Frauen auch unabhängig von Schwangerschaft und Stillen die Berührung der Mammillen zu einem Prolaktinanstieg führen kann, sollte die Blutentnahme vor der körperlichen Untersuchung erfolgen. Bei erhöhten Werten ist eine Medikamentenanamnese unverzichtbar. Darüber hinaus sollte zur weiteren Abklärung – neben der bildgebenden Diagnostik – die Schilddrüsenfunktion überprüft werden, eventuell ergänzt durch eine Untersuchung auf Hypogonadismus. Bei Nachweis eines Makroprolaktinoms ist auch die Prüfung der anderen hypophysären Achsen durch Stimulationstests erforderlich.

Die Diagnose eines Mikroprolaktinoms kann Schwierigkeiten bereiten. Daher werden auch Stimulationstests (TRH-Test, Metoclopramid-Test) zur weiteren Klärung vorgeschlagen. Der Wert dieser Tests ist jedoch fraglich. In Zweifelsfällen sollte, wenn zum Beispiel Kinderwunsch besteht, eine Therapie mit dopaminergen Medikamenten versucht werden.

8.4 Hypothalamus-Hypophysen-Schilddrüsen-System

8.4.1 Grundlagen des Systems

Schilddrüsenhormone werden aus der Aminosäure Tyrosin und Jodid gebildet. Jedoch jodiert die thyreoidale Peroxidase nicht die freie Aminosäure, sondern Tyrosinreste eines Proteins, des Thyreoglobulins. Das für die Reaktion benötigte Jodid wird gegen einen Konzentrationsgradienten durch den **Natrium-Jodid-Symporter** in die Thyreozyten transportiert. Durch intramolekulare Kopplung von Dijodtyrosin- bzw. Monojodtyrosin-Resten im Thyreoglobulin entstehen ebenfalls mithilfe der thyreoidalen Peroxidase die noch proteingebundenen Schilddrüsenhormone. Das jodierte Thyreoglobulin wird in den Hohlräumen der Schilddrüsenfollikel gespeichert, bei Bedarf resorbiert und durch Proteasen gespalten. Die dabei frei werdenden Schilddrüsenhormone können dann an das Blut abgegeben werden. Normalerweise wird von

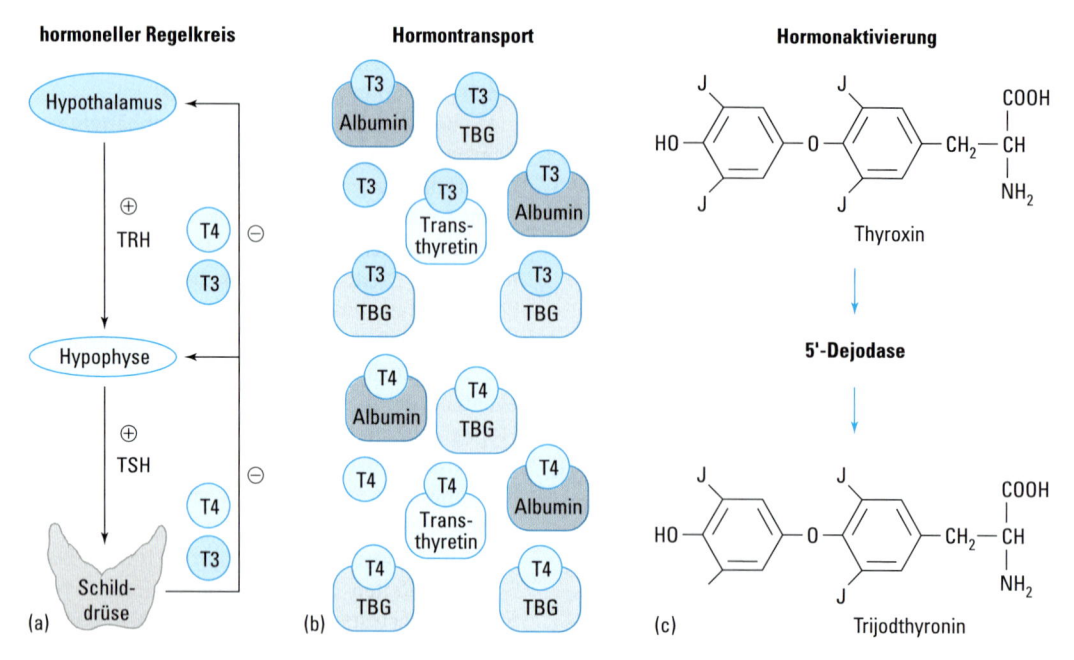

Abb. 8.6: Schilddrüsenhormonsystem.

der Schilddrüse etwa 10-mal soviel **Thyroxin (T4)** wie **Trijodthyronin (T3)** gebildet. Wegen der mehr oder weniger großen Menge gespeicherter Schilddrüsenhormone können bei thyreoidalen Entzündungen große Mengen Schilddrüsenhormone freigesetzt werden.

Die Schilddrüsen-Aktivität unterliegt der Kontrolle durch einen Regelkreis, zu dem das TRH (Thyreotropin Releasing Hormon) und das glandotrope Hormon TSH gehören. Hypothalamus und Hypophyse wiederum werden durch T3 und T4 supprimiert. Vor allem das intrahypophysär aus T4 gebildete T3 scheint eine Schlüsselrolle bei der negativen Rückkopplung zu spielen (Abb. 8.6a).

Wegen ihrer schlechten Wasserlöslichkeit werden Schilddrüsenhormone im Blut an Transportproteine gebunden (Abb. 8.6b). Wichtigstes Transportprotein ist das **TBG (Thyroxin-bindendes Globulin)**, aber auch Albumin und Transthyretin (Präalbumin) transportieren nennenswerte Mengen an Schilddrüsenhormonen. Der Anteil der freien, im Gegensatz zu den proteingebundenen biologisch aktiven Hormonen ist außerordentlich niedrig: nur etwa 0,03 % des T4 und 0,3 % des T3 liegen in freier Form vor. In unterschiedlichen physiologischen Situationen kann die TBG-Konzentration im Blut erheblich schwanken. Als Folge kann der Gesamt-Schilddrüsenhormon-Spiegel fluktuieren, ohne dass sich die Konzentration der freien Hormone verändert. Daher hat die Bestimmung der **freien Schilddrüsen-Hormone (fT3 und fT4)** im Blut die Messung von Gesamt-T3 und -T4 abgelöst. Die dafür eingesetzten Messtechniken sind Varianten des kompetitiven Immunoassays und inzwischen relativ zuverlässig. Falsch hohe Werte werden jedoch nach akuter Gabe von Medikamenten beobachtet, die Schilddrüsenhormone vom TBG verdrängen, wie zum Beispiel Furosemid. In Zweifelsfällen können Gesamt-T4 und TBG gemessen und der T4/TBG-Quotient errechnet werden. Liegt er außerhalb der Norm, kann eine Schilddrüsenfunktionsstörung vermutet werden.

Schilddrüsenhormone wirken ähnlich wie Steroidhormone über einen intrazellulären Rezeptor (T3-Rezeptor), der nach Bindung des Hormons aktiviert wird und als Transkriptionsfaktor die Expression bestimmter Gene kontrolliert. Daher verwundert es nicht, dass Schilddrüsenhormone an der Regulation von Wachstums- und Differenzierungsprozessen beteiligt sind. Vor allem für die normale Entwicklung des ZNS sind die Schilddrüsenhormone von großer Bedeutung. Auch bei der Thermogenese, dem Protein- und Lipidstoffwechsel und der Herzfunktion spielen Schilddrüsenhormone eine wichtige Rolle.

T3 unterscheidet sich vom T4 nicht nur durch eine deutlich niedrigere Serumkonzentration und eine erhebliche geringere Halbwertszeit, sondern auch durch eine etwa 10-mal stärkere biologische Wirksamkeit. Daher kommt der **Konversion von T4 zu T3** eine zusätzliche regulatorische Bedeutung für die Kontrolle der Schilddrüsenhormon-Wirkung zu. Diese „Hormonaktivierung" erfolgt durch Einwirkung eines Enzym, der 5´-Dejodase (z. B. in Leber und Niere) und kann durch körpereigene Stoffe oder Medikamente (z. B. Zytokine, Glukokortikoide, Propylthiouracil, Amiodaron, Propranolol) vermindert werden (Abb. 8.6c).

8.4.2 Störungen der Schilddrüsenfunktion

8.4.2.1 Euthyreote Struma

Erkrankungen der Schilddrüse sind in Deutschland die häufigste endokrine Störung. In den meisten Fällen handelt es sich um eine endemische Struma, eine Vergrößerung der Schilddrüse bei zumeist noch euthyreoter (Euthyreose = normale Schilddrüsenfunktion) Stoffwechsellage. Je nach Altersgruppe und Region sind zwischen 5 und 50 % der Bevölkerung in Deutschland betroffen. In den meisten Fällen ist die Struma Folge eines alimentären Jodidmangels, der eine kompensatorische Vergrößerung der Schilddrüse bedingt, weil zum einen die verminderte Schilddrüsenhormonproduktion Thyreozyten für die stimulatorische Wirkung von TSH sensibilisiert (Folge: Hypertrophie) und zum anderen die intrathyreoidale Bildung von Wachstumsfaktoren (EGF, IGF-I) durch den Jodidmangel verstärkt ist (Folge: Hyperplasie). Differenzialdiagnostisch sollte jedoch bei jeder Struma an andere Ursachen wie Entzündungen, Malignome, Hyperthyreosen etc. gedacht werden.

8.4.2.2 Hyperthyreose

Wesentlich seltener als die euthyreote Struma sind Störungen, die zu einer Überfunktion der Schilddrüse, der Hyperthyreose, führen. Bei einer Hyperthyreose zeigen sich häufig folgende klinische Symptome:
– Gewichtsabnahme
– Appetitsteigerung
– Tachykardie und Arrhythmie
– große Blutdruckamplitude
– Nervosität
– warme feuchte Haut
– Hitzeintoleranz
– Diarrhö
– Osteoporose
– Haarausfall
– Muskelschwäche
– Störungen des Menstruationszyklus
– Infertilität
– Hyperreflexie
– Tremor

Neben der Überdosierung von Schilddrüsenhormonen sind die schilddrüsenbedingten Störungen die Hauptursache der Hyperthyreose **(primäre Hyperthyreosen)** entweder durch autonome Adenome oder einen Morbus Basedow. Typisch für eine primäre Störung ist die Suppression der TSH-Sekretion durch die hohen Schilddrüsenhormonkonzentrationen (Abb. 8.7).

Die **Schilddrüsenautonomie** kann unifokal, multifokal oder disseminiert auftreten. Da sie vor allem in Jodmangelgebieten vorkommt, kann sie als Folge einer langjährigen Überstimulation der Schilddrüse gesehen werden. Die Pathogenese konnte in den letzten Jahren bei einem Teil der Fälle aufgeklärt werden, als es gelang, Mutationen entweder im TSH-Rezeptor-Gen oder in Genen, die Proteine des Signaltransduktionswegs kodieren, nachzuweisen. Damit kommt es unabhängig von der Anwesenheit von Schilddrüsenhormon zu einer Aktivierung des Rezeptor-Signaltransduktionssystems. Die Schilddrüsenautonomie kann aber auch euthyreot verlaufen und sich vor allem durch lokale strumabedingte Symptome bemerkbar machen.

Da Hyperthyeosen bei älteren Menschen häufig symptomarm verlaufen, sollte bei Herz-

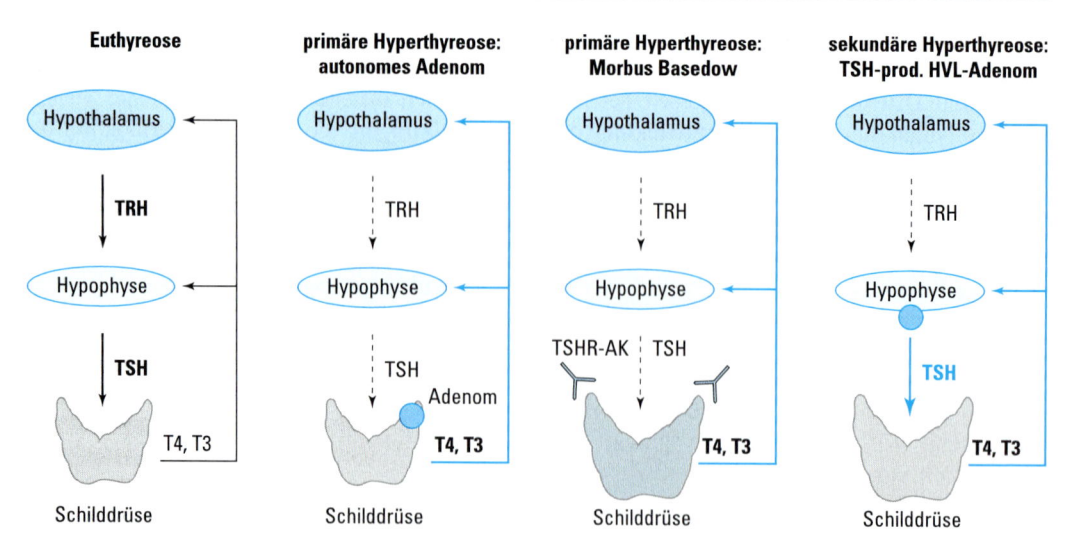

Abb. 8.7: Formen der Hyperthyreose.

rhythmusstörungen oder Osteoporose nach einer Hyperthyreose gefahndet werden. Wegen der Gefahr, dass bei Patienten mit autonomen Bereichen eine Hyperthyreose mit einer Latenzzeit von Tagen bis Wochen ausgelöst wird, sollte vor Gabe von jodhaltigen Röntgenkontrastmitteln unbedingt die Schilddrüsenfunktion überprüft werden.

Eine seltene, aber gefährliche Komplikation der Hyperthyreose ist die **thyreotoxische Krise**, die mit Hyperthermie, Tachykardie und Bewusstseinstrübung bis zum Koma einhergeht.

Der **Morbus Basedow** hat im Gegensatz dazu eine völlig andere Pathogenese. Aus bisher noch unbekannter Ursache bilden diese Patienten Autoantikörper gegen den TSH-Rezeptor, die den Rezeptor stimulieren und daher wie TSH wirken. Als Folge kommt es zu einer unkontrollierten Überproduktion von Schilddrüsenhormonen. Die Anwesenheit von TSH-Rezeptor-Antikörpern (TSHR-AK, TRAK) im Blut kann mithilfe spezieller – Immunoassay-ähnlicher Techniken – bei den meisten Patienten nachgewiesen werden. Viele der Patienten mit Basedow-Hyperthyreose haben darüber hinaus eine Orbitopathie, die durch eine autoantikörperbedingte Stimulation der Proliferation des retrobulbären Bindegewebes verursacht wird und zu einem Exophthalmus führt.

Eine extrem seltene Form der Schilddrüsenüberfunktion stellt die sekundäre Hyperthyreose dar, die durch **TSH-produzierende Hypophysenvorderlappen-Tumoren** bedingt ist. Hier geht die Hyperthyreose mit einem erhöhten TSH-Spiegel einher.

8.4.2.3 Hypothyreose

Bei einer Hypothyreose zeigen sich – mehr oder weniger – folgende klinische Symptome, die sich bei Erwachsenen zumeist schleichend entwickeln (Abb. 8.8):
– Müdigkeit
– Kälteintoleranz
– Opstipation
– trockene Haut
– psychomotorische Verlangsamung
– Antriebsarmut
– Gewichtszunahme
– brüchige Nägel und Haare
– Störungen des Menstruationszyklus
– Infertilität
– Libidoverlust
– Myopathie

Die Hypothyreose des Neugeborenen (Prävalenz: 1:3000 – 1:5000) beruht auf angeborenen Störungen der Schilddrüsenentwicklung, Jodverwertungsstörungen, TSH-Mangel oder

| Euthyreose | primäre Hypothyreose: Autoimmunthyreoiditis | sekundäre Hypothyreose: HVL-Insuffizienz | tertiäre Hypothyreose: hypothalamische Störung |

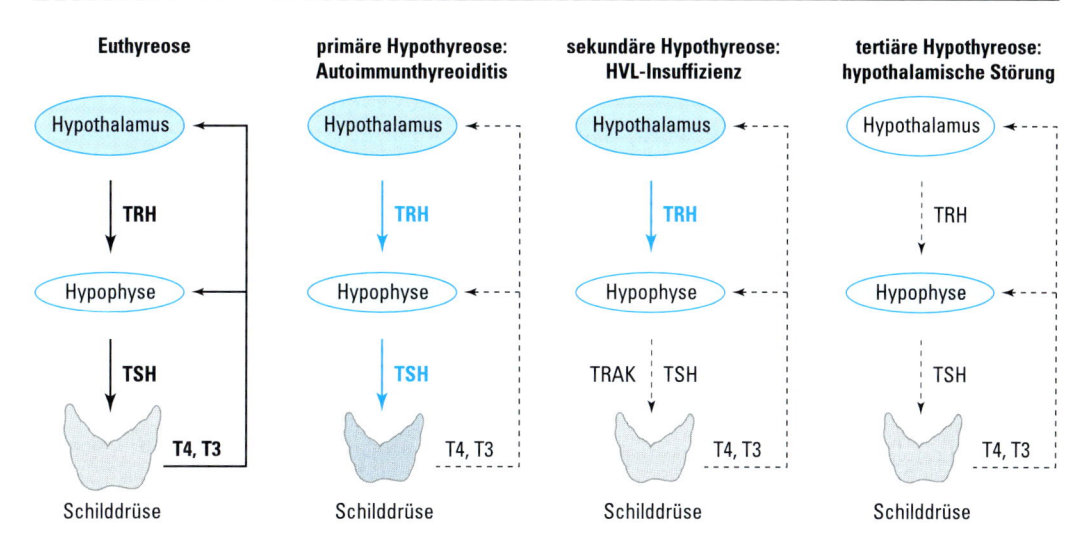

Abb. 8.8: Formen der Hypothyreose.

Schilddrüsenhormonresistenz. Da eine Hypothyreose in dieser Phase zu schweren, irreversiblen – vor allem zerebralen – Entwicklungsstörungen führt, muss die Schilddrüsenfunktion des Neugeborenen unbedingt überprüft werden. Dazu wird am 3.–5. Tag nach der Geburt die TSH-Konzentration bestimmt. Wird eine Hypothyreose nachgewiesen, ist umgehend eine adäquate Substitutionstherapie einzuleiten.

Bei Erwachsenen ist die primäre (schilddrüsenbedingte) Hypothyreose entweder Folge einer Autoimmunthyreoiditis (siehe unten) oder therapiebedingt (nach Bestrahlung, OP oder Thyreostatika) und geht mit hohen TSH-Konzentrationen im Blut einher. Zur Differenzialdiagnose eignet sich die Bestimmung von Schilddrüsenantikörpern, die bei Autoimmunthyreoiditiden zumeist erhöht sind. Häufig jedoch gibt schon die Anamnese wichtige Hinweise.

Sekundäre (hypophysäre) und tertiäre (hypothalamische) Hypothyreosen sind sehr selten und mit erniedrigten TSH-Konzentrationen assoziiert. Bei hypothalamischen Störungen kann die TSH-Konzentration jedoch noch normal sein. Zur weiteren Abklärung eignet sich der TRH-Stimulationstest (siehe unten).

8.4.2.4 Besondere Schilddrüsenfunktionsstörungen

Autoimmunthyreoiditis

Die Autoimmunthyreoiditis ist die häufigste Form der Schilddrüsenentzündung und einer der wichtigsten Ursachen der Hypothyreose. Die Prävalenz in der Bevölkerung liegt im niedrigen Prozentbereich, wobei Frauen 5–10-mal häufiger betroffen sind. Besonders häufig ist eine Autoimmunthyreoiditis nach Schwangerschaften („Post-partum-Thyreoiditis"). Glücklicherweise kommt es in den meisten Fällen zu keiner ausgeprägten klinischen Symptomatik und zur Ausheilung. Die Pathogenese der Autoimmunthyreoiditis ist unklar. Beachtet werden sollte jedoch, dass bei bestehender Prädisposition die Gabe von Jodid die Erkrankung auslösen kann.

Klinisch sind viele Patienten mit Autoimmunthyreoiditis symptomlos und euthyreot. Bei einem Teil der Patienten besteht aber eine behandlungsbedürftige Hypothyreose. In der Frühphase einer Autoimmunthyreoiditis kann es aber auch zu einer Hyperthyreose kommen. Eine Hyperthyreose im Rahmen einer Thyreoiditis spricht nicht auf Thyreostatika an, weil die Überfunktion auf der entzündungsbedingten Freisetzung präformierter Schilddrüsenhormone beruht. Entzündungshemmende Medikamente wie zum Beispiel Glukortikoide sind jedoch wirksam.

Die Standarddiagnostik (siehe unten) sollte durch Bestimmung von Antikörpern gegen die thyreoidale Peroxidase (Anti-TPO) und – falls negativ – gegen Thyreoglobulin (Anti-Tg) ergänzt werden. Auch die Bestimmung von Entzündungsparameter (zum Beispiel CRP, ESR etc.) sind sinnvoll. Bei vielen Patienten mit Autoimmunthyreoiditis können Schilddrüsenantikörper mit zum Teil hohen Titern nachgewiesen werden.

„Low-T3-Syndrom"

Bei schweren Erkrankungen, Traumen etc. wird vermutlich als Folge des Anstiegs proinflammatorischer Zytokine die 5´-Dejodase-Aktivität vermindert, was zu einem Absinken der T3-Konzentration führt. Diese Reaktion des Körpers auf extremen Stress erscheint durchaus sinnvoll, weil dadurch Stoffwechselaktivität und Energiebedarf reduziert werden. Mit zunehmendem Erkrankungsgrad können auch der T4- sowie der TSH-Spiegel durch eine abnehmende Expression des Natrium-Jodid-Symporters bzw. weitere Mechanismen absinken. Daher gibt der Ausdruck „sick euthyroid syndrome" den Charakter der Störung besser wider. Der Wert der Schilddrüsendiagnostik in diesen Situationen ist fraglich, da bei einem „Low-T3-Syndrom" **kein Therapiebedarf** besteht.

Schwangerschaft und Schilddrüsenfunktion

Während der Schwangerschaft steigt der Jodidbedarf um bis zu 50 %. Bei nicht ausreichender Jodid-Versorgung kommt es zu einem Hormonmangel und einer Zunahme des Schilddrüsenvolumens. Da sowohl Hyper- wie Hypothyreosen die **Gefahr von Missbildungen bzw. Entwicklungsstörungen** erhöhen, sollte die Schilddrüsenfunktion während der Schwangerschaft überwacht werden. Bei der Befundbeurteilung muss aber berücksichtigt werden, dass **HCG** einen **thyreotropen Effekt** hat und es daher zu einem Abfall der TSH-Konzentration während des ersten Trimenons kommt. Um die Schilddrüsenfunktion sicher beurteilen zu können, empfiehlt es sich daher sowohl TSH als auch fT4 zu messen. Nur bei ausgeprägten Verlaufsformen sollte die Hyperthyreose in der Schwangerschaft mit niedrigen Dosen Thyreostatika behandelt werden.

Auch bei Tumoren, die große HCG-Mengen produzieren, kann ein Abfall der TSH-Konzentration beobachtet werden.

8.4.3 Laborparameter und diagnostische Strategien

Der wichtigste Basis-Parameter zur Überprüfung der Schilddrüsenfunktion ist das TSH. In den meisten Fällen reicht allein die Bestimmung der **TSH-Konzentration** aus, um eine Funktionsstörung zu erkennen. Der TSH-Wert verändert sich bereits bei latenten Schilddrüsenfunktionsstörungen, wenn die Schilddrüsenhormone noch normal sind. Lediglich bei kleinen autonomen Adenomen oder sekundären bzw. tertiären Hypothyreosen kann der TSH-Wert – trotz der Erkrankung – noch unauffällig sein. Bei der Beurteilung des TSH-Spiegels muss beachtet werden, dass eine Reihe von Medikamenten oder Erkrankungen die TSH-Konzentration verändern kann, ohne dass tatsächlich eine Schilddrüsen-Erkrankung vorliegt.

Ergibt die TSH-Bestimmung entweder einen erniedrigten oder erhöhten Wert, so besteht Verdacht auf eine Hyper- bzw. Hypothyreose

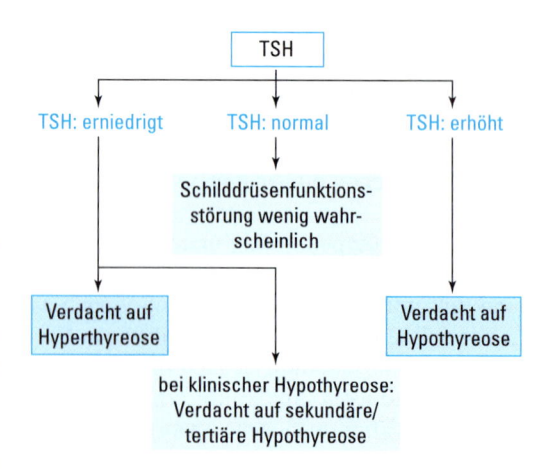

Abb. 8.9: Untersuchung der Schilddrüsenfunktion.

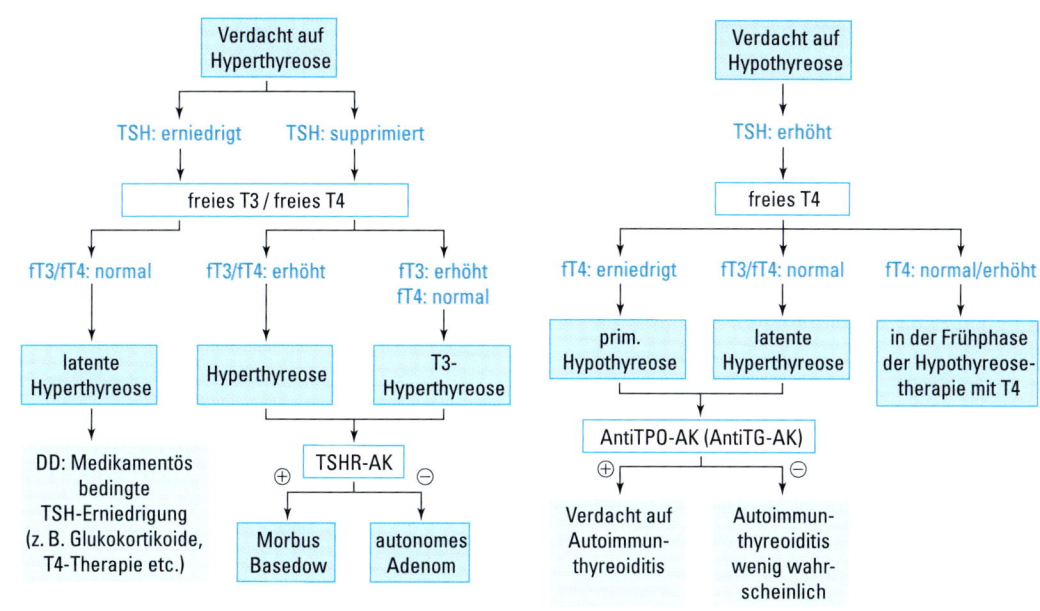

8.4 Hypothalamus-Hypophysen-Schilddrüsen-System

Abb. 8.10: Diagnostik bei Verdacht auf Hyperthyreose.

Abb. 8.11: Diagnostik bei Verdacht auf Hypothyreose.

(Abb. 8.9). Zur weiteren Abklärung werden dann fT3 und fT4 bzw. nur fT4 gemessen. Die Bestimmung von fT3 bei Verdacht auf Hyperthyreose ist erforderlich, weil bei einem Teil der Hyperthyreosen der fT4-Anstieg ausbleibt. Deutlich erhöht ist in diesen Fällen aber der fT3-Spiegel **(T3-Hyperthyreose)** (Abb. 8.10). Bei Verdacht auf Hypothyreose reicht es jedoch, fT4 zu messen. Sollte eine TSH-Erniedrigung mit den klinischen Zeichen einer Hypothyreose einhergehen, so kann eine hypophysäre oder hypothalamische Störung angenommen werden. Diese Erkrankungen sind jedoch sehr selten und sollten nur dann in Erwägung gezogen werden, wenn klinische Zeichen vorhanden sind, die eine Beeinträchtigung anderer hypothalamisch-hypophysärer Systeme vermuten lassen. Zur weiteren Abklärung sollte nach **Autoantikörpern gegen Schilddrüsenantigene** geforscht werden (Abb. 8.11).

Der früher häufig zur Hyper- oder Hypothyreosediagnostik durchgeführte **TRH-Stimulationstest** (Messung von TSH vor und 30 min nach Gabe von TRH) wird heute nur noch selten durchgeführt. Erforderlich ist dieser endokrine Funktionstest nur bei Verdacht auf eine hypothalamisch-hypophysäre Störung oder bei wenigen unklaren Fällen mit widersprüchlichen Untersuchungsergebnissen.

8.4.3.1 Spezielle diagnostische Fragestellungen

Schilddrüsendiagnostik bei einer Thyroxin-Substitutionstherapie

Ziel einer Substitutionstherapie bei einer primären Hypothyerose ist eine ausreichende Versorgung mit Schilddrüsenhormonen, um die Unterversorgung zu beseitigen. Dabei wird eine Normalisierung der TSH-Konzentration (angestrebte Konzentration: unterer Referenzbereich) angestrebt. Die Suppression der TSH-Sekretion sollte vermieden werden, weil damit die Wahrscheinlichkeit von Nebenwirkungen zunimmt. Da es etliche Wochen dauern kann, bis der TSH-Spiegel sich normalisiert, werden zu Beginn der Therapie engmaschig auch fT3 und fT4 bestimmt. Ein fT3-Spiegel im unteren oder mittleren Referenzbereich bzw. eine fT4-Konzentration im oberen Referenzbereich sprechen dabei für eine ausreichende Substitution.

Schilddrüsendiagnostik bei einer Lithiumtherapie

Lithium, das zur Behandlung von Psychosen eingesetzt wird, beeinflusst die Schilddrüsenfunktion über verschiedene Mechanismen: Es hemmt Synthese und Freisetzung von Schilddrüsenhormonen und vermindert die Expression des für die Jodidaufnahme wesentlichen Natrium-Jodid-Symporters. Daher kann es im Rahmen der Lithiumtherapie – wenn auch selten – zu einer manifesten Hypothyreose kommen. In der Regel bleiben die Patienten jedoch noch mehr oder weniger euthyreot. Zur Beurteilung der Funktion sollten sowohl TSH als auch fT4 gemessen werden, um eine klares Bild von der Stoffwechsellage zu bekommen. Grenzwertig hohe TSH- bzw. grenzwertig niedrige fT4-Konzentrationen können toleriert werden.

Schilddrüsendiagnostik bei einer Amiodarontherapie

Amiodaron, ein Benzofuranderivat mit hohem Jodgehalt, wird zur Behandlung maligner ventrikulärer Arrhythmien eingesetzt und weist strukturelle Ähnlichkeiten zu den Schilddrüsenhormonen auf. Daher verwundert es nicht, dass Amiodaron den Schilddrüsenhormonhaushalt beeinflusst. Es inhibiert zum einen die 5'-Dejodase (Effekt: Abfall der fT3-Konzentration) und zum anderen die Bindung von T3 an den Schilddrüsenhormon-Rezeptor. Daher kommt es unter einer Amiodaron-Therapie zu folgender Befundkonstellation: Der TSH-Spiegel normalisiert sich nach einem initialen Anstieg, die fT4- steigt signifikant an und die fT3-Konzentration fällt deutlich ab. Wegen seines hohen Jodgehalts auf der einen und seiner hemmenden Wirkung auf die Schilddrüsenhormonwirkung auf der anderen Seite kann Amiodaron sowohl Hyperthyreosen als auch Hypothyreosen auslösen, wobei in Jodmangelgebieten die Hyperthyreosen, die durch Schilddrüsenhormonüberproduktion oder destruierende Entzündungen bedingt sind, überwiegen. In Gebieten ausreichender Jodversorgung hingegen sind Hypothyreosen nicht selten. Um beide Formen der Schilddrüsenfunktionsstörung zu erkennen und von den „obligatorischen" Veränderungen durch Amiodaron abzugrenzen, sollten sowohl TSH wie fT3 und fT4 bestimmt werden.

Fragestellung	TSH	fT4	fT3
Basisuntersuchung	+		
Abklärung (Wenn TSH außerhalb der Norm)			
– TSH-Erhöhung		+	
– TSH-Erniedrigung		+	+
Thyroxin-Substitution	+	+	+
Schwangerschaft	+	+	
Lithiumtherapie	+	+	
Amiodarontherapie	+	+	+

Abb. 8.12: Rationelle Schilddrüsenlabordiagnostik.

8.4.3.2 Rationelle Schilddrüsendiagnostik

Die Schilddrüsendiagnostik kommt in der Regel mit der **TSH-Bestimmung** allein aus. Erst bei einer Abweichung von der Norm sollten weitere Hormonuntersuchungen durchgeführt werden. Nur in den bereits beschriebenen Spezialfällen, ist es sinnvoll, schon primär die Bestimmung von freien Schilddrüsenhormonen zu veranlassen (Abb. 8.12).

8.5 Hypothalamus-Hypophysen-Glukokortikoid-System

8.5.1 Grundlagen des Systems

Cortisol ist ein Steroidhormon, das in der Zona fasciculata der Nebennieren gebildet wird (Abb. 8.13). An der Biosynthese sind Enzyme beteiligt, die sowohl im Zytoplasma als auch in den Mitochondrien lokalisiert sind. Neben dem **Glukokortikoidhormon** Cortisol werden in der Nebennierenrinde (Zona glomerulosa, Zona reticularis) auch Mineralokortikoide (z. B. Aldosteron) und Androgene (z. B. Dehydroepiandrostendion) synthetisiert.

Die Regulation der Cortisolproduktion erfolgt durch Interaktion von Hypothalamus, Hypophyse und Nebennierenrinde: **CRH** (Corticotropin Releasing Hormon) stimuliert die Freisetzung von **ACTH** (Adrenocorticotropes Hormon) im Hypophysenvorderlappen. ACTH wie-

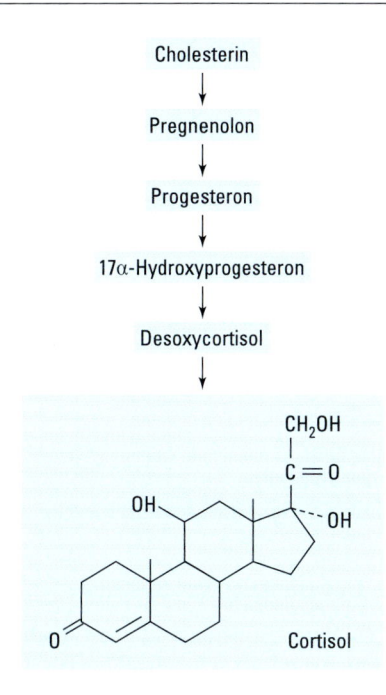

Abb. 8.13: Cortisolbiosynthese.

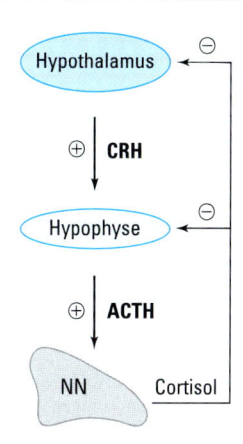

Abb. 8.14: Regulation der Biosynthese des Cortisols (NN: Nebenniere).

derum induziert die Biosynthese und Sekretion von Cortisol, welches die Sekretion von CRH und ACTH im Sinne einer negativen Rückkopplung hemmt. (Abb. 8.14) Weitere Einflüsse übergeordneter ZNS-Regionen beeinflussen den Hypothalamus, sodass ein ausgeprägter Tag-Nacht-Rhythmus bei der Cortisolsekretion entsteht. Die höchsten Konzentrationen im Blut beobachtet man zwischen 6:00 und 8:00 morgens, die niedrigsten um Mitternacht. Auch Stress kann die Blutcortisolkonzentration deutlich erhöhen.

Cortisol hat eine Bluthalbwertszeit von etwa 90 min, ist schlecht wasserlöslich und wird daher im Blut an ein Transportprotein, das **Transcortin**, gebunden. Nur etwa 5 % des Hormons liegen in freier, biologisch wirksamer Form vor. Abweichungen der Transcortinkonzentration von der Norm (z. B. durch Östrogentherapie, Schwangerschaft etc.) können damit den Cortisolspiegel im Blut beeinflussen, ohne dass sich dabei die Konzentration an freiem Hormon verändert.

Cortisol erscheint zum geringen Teil unverändert im Urin. Die Cortisolmenge im Urin ist ein indirektes Maß für die freie Cortisolkonzentration im Blut, da nur das nicht an Proteine gebundene Hormon in der Niere filtriert wird. Der größte Teil wird jedoch in der Leber metabolisiert und anschließend über die Niere ausgeschieden. Ein wichtiger Schritt der Inaktivierung ist die Umwandlung von Cortisol in das biologisch inaktive Cortison durch die 11β-Hydrosteroiddehydrogenase vom Typ II. Da ein zweites Enzym für die Umwandlung von Cortison in Cortisol, die 11β-Hydrosteroiddehydrogenase vom Typ I, existiert, ist diese Reaktion reversibel, was die therapeutische Aktivität von Cortison erklärt.

Glukortikoide haben mannigfaltige **biologische Wirkungen**:
– Hemmung der Proteinbiosynthese
– Stimulation der Proteolyse
– Hemmung des Kohlenhydratabbaus
– Stimulation der Gluconeogenese
– Beeinflussung der Zellproliferation
– Entzündungshemmung
– Immunsuppression

Die biologischen Effekte kommen durch Bindung des Hormons an einen **zytoplasmatischen Rezeptor** zustande, der durch Assoziation mit dem Hormon aktiviert wird, dimerisiert und im Zellkern an bestimmte Genbereiche bindet, was die Transkription spezifischer Gene an- oder abschaltet. Damit gehört der Glukokortikoidrezeptor zur Gruppe der Transkriptionsfaktoren.

8.5.2 Störungen des Systems

8.5.2.1 Überfunktion des Systems

Die Überfunktion des Systems, der Hypercortisolismus, wird im medizinischen Sprachgebrauch als **Cushing-Syndrom** bezeichnet. Bei diesen Patienten findet man – in unterschiedlicher Ausprägung – typische klinische Zeichen:
- Vollmondgesicht
- Stammfettsucht
- Osteoporose
- gestörte Glukosetoleranz oder Diabetes mellitus
- Hypertonie
- Hirsutismus (vermehrte Behaarung androgenssensitiver Hautabschnitte bei Frauen)
- Striae rubrae (braunrote, parallel verlaufende Streifen in der Haut)

Häufigste Ursache des Cushing-Syndroms ist die therapiebedingte Form. Die Mehrzahl der Fälle, die nicht therapiebedingt sind, beruhen auf einem **ACTH-produzierenden Hypophysentumor**, einem **glukokortikoidproduzierenden Nebennierenrindenadenom** oder **-karzinom** sowie einem paraneoplastischen Syndrom durch **ektope ACTH-Produktion**. Andere Ursachen wie adrenale mikro- oder makronodulären Dysplasien oder CRH-produzierende Tumore sind selten oder stellen sogar Raritäten dar. Daher soll auf diese Formen des Cushing-Syndroms nicht weiter eingegangen werden (Abb. 8.15). Auf Grund der Pathogenese können also sowohl ACTH-abhängige mit hochnormalen oder erhöhten ACTH-Konzentrationen im Blut als auch eine ACTH-unabhängige Form mit supprimiertem ACTH-Spiegel unterschieden werden. Diese Unterscheidung spielt eine große Rolle bei der Differenzialdiagnose des Cushing-Syndroms.

Eine ektope ACTH-Produktion wird bei verschiedenen Tumoren beschrieben wie zum Beispiel bei:
- Kleinzelligen Bronchialkarzinomen (häufigste Form)
- Thymomen
- Inselzelltumoren
- Medullären Schilddrüsenkarzinomen etc.

8.5.2.2 Unterfunktion des Systems

Beim Hypocortisolismus können pathogenetisch drei grundsätzlich verschiedene Formen unterschieden werden, die **primäre (Morbus Addison)** durch eine Zerstörung der Nebenniere, die **sekundäre hypophysär bedingte** oder die **tertiäre hypothalamisch bedingte Nebennierenrindeninsuffizienz**. Bei der sekundären bzw. tertiären Form, die durch einen ACTH-Mangel entstehen, ist im Wesentlichen die Glukokortikoid- und Androgenproduktion, weniger jedoch die Bildung von Mineralokortikoiden betroffen. Daher ähnelt sich die klinische

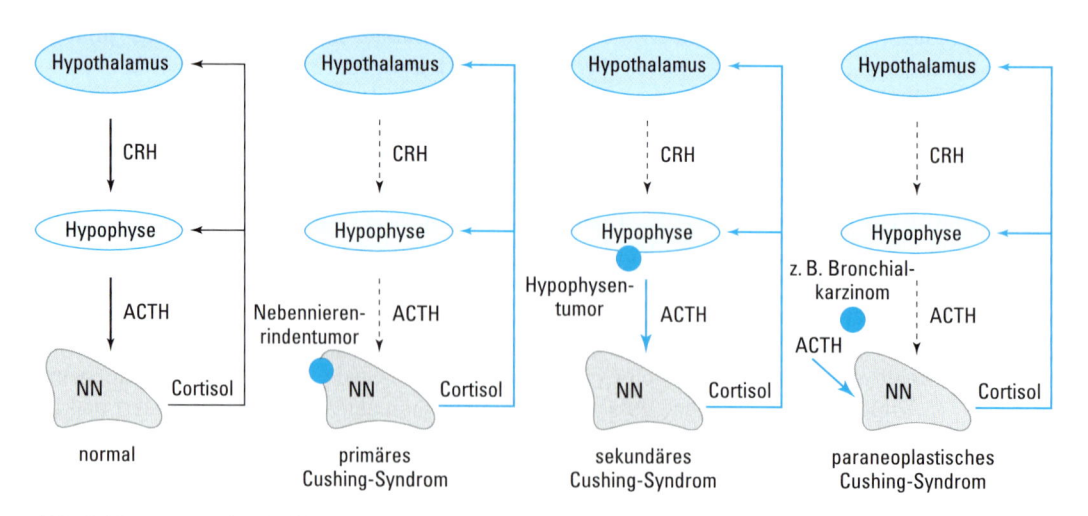

Abb. 8.15: Formen des Cushing-Syndroms (NN: Nebenniere).

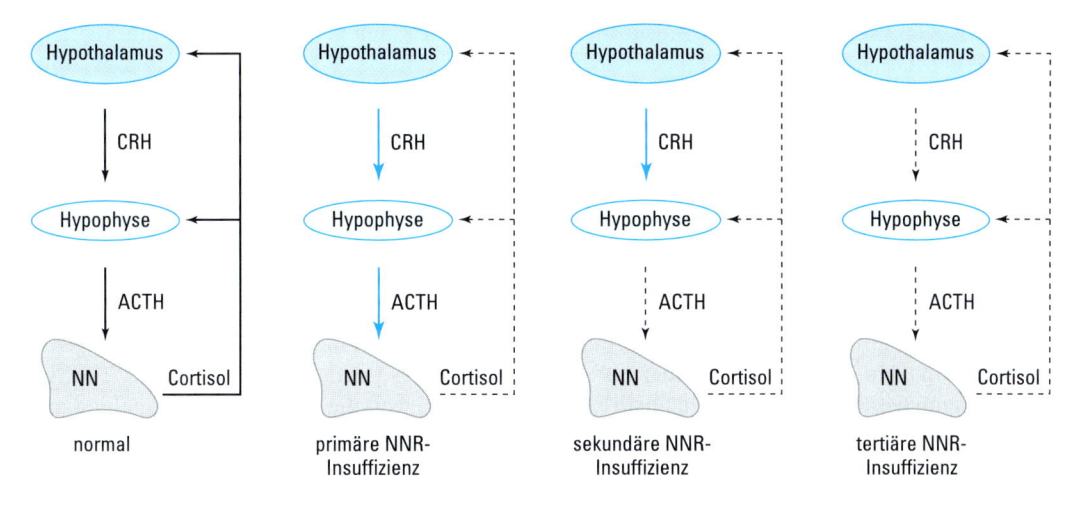

Abb. 8.16: Formen der Nebenniereninsuffizienz (NN: Nebenniere).

Symptomatik bei den verschiedenen Formen in vielen Punkten, zeigt jedoch auch Unterschiede (Abb. 8.16).

Folgende klinische Zeichen können auf eine Nebennierenrindeninsuffizienz hinweisen:

Folge des Glukokortikoidmangels:
- Müdigkeit, „Leistungsknick"
- Übelkeit, Erbrechen
- Gewichtsabnahme
- Muskel- und Gelenkschmerzen
- Hypoglykämieneigung
- Blutbildveränderungen (Anämie, Lymphozytose, Eosinophilie)
- geringgradige Hypotonie

Folge des Androgenmangels:
- trockene Haut
- Abnahme der Libido
- Verlust der Sekundärbehaarung (bei Frauen)

Folge des Mineralokortikoidmangels:
- Hypotonie
- Störungen des Elektrolythaushalts (Hyponatriämie, Hyperkaliämie)

Folge der ACTH-Überproduktion bei der primären Form:
- Hyperpigmentation

Folge des ACTH-Mangels bei der sekundären/tertiären Form:
- Hypopigmentation

Damit unterscheiden sich die primäre von den anderen beiden Formen sowohl bezüglich des Minerolokortikoidmangels als auch der Pigmentation. Die **Hyperpigmentation** bei der primären Form ist Folge der gegenregulatorisch erhöhten ACTH-Konzentration und der dadurch verstärkten Melaninbildung in den Melanozyten.

Die **primäre Nebenniereninsuffizienz** hat folgende Ursachen:
- Autoimmun-bedingte Entzündung (Autoimmunadrenalitis)
  - isolierte Form
  - polyglanduläre Form
- Tuberkulose
- adrenaler Infarkt
- Tumormetastasen
- Hämochromatose
- Sarkoidose etc.

Der **sekundären/tertiären Nebennierenrindeninsuffizienz** liegt hingegen eine Hypophysenvorderlappeninsuffizienz oder hypothalamische Störung durch verdrängend wachsende Tumoren, Infarkte, granulomatöse Entzündungen (z. B. Sarkoidose) oder Traumata zugrunde. Nach operativer Entfernung eines ACTH-produzierenden Adenoms kommt es ebenfalls zu einer sekundären Nebenniereninsuffizienz, weil zum Teil Jahre vergehen können, bis die ACTH-Produktion sich wieder normalisiert. Deshalb ist hier zunächst eine Glukokortikoidsubstitution erforderlich. Auch bei einer länger dauernden Therapie mit ACTH-supprimierenden Glukokortikoiddosen kann es zu einer sekundären Insuffizienz kommen, wenn das Hormon abrupt abgesetzt wird. Daher muss die Dosis langsam reduziert werden („Ausschleichen"), bevor das Glukokortikoid ganz abgesetzt werden kann

Eine Autoimmunadrenalitis unbekannter Genese ist heute die Hauptursache der primären Nebenniereninsuffizienz. Diese **Autoimmunendokrinopathie** kann sich entweder auf die Nebennieren beschränken (**isolierte Form**) oder auch andere endokrine Organe (**polyglanduläre Formen**) betreffen. Bei der polyglandulären Insuffizienz vom Typ I sind auch die Nebenschilddrüsen betroffen, beim Typ II auch Schilddrüse, Insulin-produzierende Zellen, Ovar etc., wobei beim Typ II zwei Sonderformen, das **Schmidt-Syndrom** (Nebennierenrindeninsuffizienz und Autoimmunthyreoiditis) und das **Carpenter-Syndrom** (Nebennierenrindeninsuffizienz und Diabetes mellitus), unterschieden werden.

8.5.2.3 Adrenogenitale Syndrome

Die **adrenogenitalen Syndrome (AGS)** sind Folge von Enzymdefekten der Steroidbiosynthese, die autosomal-rezessiv vererbt werden und die Produktion von Cortisol- und Aldosteron beeinträchtigen. Die Androgensynthese kann erhöht oder vermindert sein. Zu diesen Störungen gehören der **21-Hydroxylase**-, der **11β-Hydroxylase**-, der **3β-Hydroxysteroid-Mangel** sowie noch andere Defekte. Zur Diagnosestellung werden die Hormonmetabolite im Blut nachgewiesen, die in der Synthesekaskade unmittelbar vor dem defekten Enzym liegen: 17α-Hydroxyprogesteron bei 21-Hydroxylase-, 11-Desoxycortisol bei 11β-Hydroxylase- oder 17α-Hydroxypregnenolon beim 3β-Dehydrogenase-Defekt.

Die häufigste AGS-Form ist der 21-Hydroxylase-Mangel, bei dem das CYP21B-Gen verändert ist. Der 21-Hydroxylase-Defekt existiert in zwei grundlegend unterschiedlichen Formen, der **klassischen und der nicht klassischen Form**. Von der klassischen Form wiederum gibt es zwei Varianten, je nachdem, ob nur die Glukokortikoid- (**21-Hydroxylasemangel ohne Salzverlust**) oder auch die Mineralokortikoidsynthese (**21-Hydroxylasemangel mit Salzverlust**) betroffen ist. Neben dem Glukokortikoid- bzw. Mineralokortikoidmangel besteht eine ausgeprägte Hyperandrogenämie, weil durch den Enzymdefekt die Hormonvorstufen nicht weiter metabolisiert werden können und vornehmlich zur Synthese von adrenalen Androgenen genutzt werden. Gleichzeitig steigt – wegen des Cortisolmangels – die ACTH-Sekretion an, weil die negative Rückkopplung ausfällt, mit der Konsequenz eines weiteren Androgenanstiegs. Die **Hyperandrogenämie** führt bei weiblichen Feten zur Ausbildung eines intersexuellen Genitals. Wenn keine Substitutionstherapie mit Gluko- und Mineralokortikoiden erfolgt, endet ein AGS mit Salzverlust tödlich. Die Form ohne Salzverlust kann im weiteren Verlauf eine Pubertas praecox auslösen.

Die **nicht klassische Form** („late-onset-AGS") manifestiert sich bei Frauen erst nach der Pubertät durch eine vermehrte Androgensekretion, die klinische Symptome wie Oligo- oder Amenorrhö, Infertilität, Hirsutismus, Akne, Haarausfall etc. zur Folge hat. Zur Diagnose ist die Bestimmung des basalen 17α-Hydroxyprogesteronspiegels nicht ausreichend, weil die Patientinnen zum Teil noch normale Werte zeigen. Vielmehr sollte 17α-Hydroxyprogesteron vor und 60 min nach Gabe von ACTH im Blut gemessen werden. Bei einem nicht klassischen 21-Hydroxylasedefekt beobachtet man einen überschießenden Anstieg dieses Metaboliten.

8.5.2.4 Inzidentalome

Im Sektionsgut finden sich in 2–8 % der Fälle Nebennierentumoren, meistens kleine Adenome. Die meisten Adenome sind klinisch stumm und werden zufällig bei der Untersuchung des Bauchraums mit bildgebenden Verfahren entdeckt. Wird ein Nebennierentumor nachgewiesen, sollte geprüft werden, ob der Tumor endokrin aktiv (Cortisol-, Aldosteron-, Androgen- oder Katecholamin-Produktion?) ist. Bei endokrin aktiven oder sehr großen Tumoren (> 5 cm) muss eine Adrenalektomie vorgenommen werden. In den übrigen Fällen erfolgt eine Verlaufskontrolle mit bildgebender Verfahren.

Inzidentalome können bei der Cushing-Syndrom-Diagnostik zu fatalen Irrtümern führen, wenn die endokrinologische Abklärung nicht vollständig abläuft. Ein auffälliger Dexamethasonhemmtest zusammen mit einer Raumforderung im Bereich der Nebenniere bedeutet keineswegs, dass ein primäres Cushing-Syndrom vorliegt. Vielmehr kann auch ein hypophysäres Cushing-Syndrom mit einem endokrin inaktiven Inzidentalom assoziiert sein.

8.5.3 Laborparameter und diagnostische Strategien

8.5.3.1 Diagnose der Überfunktion

Die Diagnostik einer Überfunktion besteht aus zwei Phasen: der **Diagnose und der Differenzialdiagnose**. Wichtigstes Instrument zum Nachweis eines Cushing-Syndroms ist der „**Low-dose**"-**Dexamethasonhemmtest**. Er beruht auf dem Prinzip, dass bei Individuen mit normaler Hypothalamus-Hypophysen-Nebennierenrindenfunktion die Gabe des synthetischen Glukokortikoids Dexamethason zu einer langanhaltenden Suppression der ACTH- und damit der Cortisolsekretion führt. Da die Methoden zur Cortisolbestimmung nicht durch Dexamethason gestört werden, kann die Cortisolkonzentration trotz der Anwesenheit dieses Strukturanalogons im Blut gemessen werden.

Der Test wird – wie folgt – durchgeführt: Blutentnahme zwischen 8:00 und 9:00 morgens am Tag 1 und Bestimmung des Cortisols, Gabe von 1–2 mg Dexamethason (je nach Körpergewicht) zwischen 22:00 und 24:00 am Tag 1 und eine weitere Blutentnahme und Cortisolmessung am Tag 2 morgens zwischen 8:00 und 9:00. Sinkt der Cortisolspiegel unter einen kritischen Wert, kann ein Cushing-Syndrom ausgeschlossen werden. Bleibt der Wert über der Grenze, so ist ein Cushing-Syndrom wahrscheinlich. Lediglich bei Patienten mit endogenen Depressionen und Alkoholismus werden falsch positive Testergebnisse beobachtet. Die Cushing-Diagnostik kann durch die Bestimmung von Cortisol im 24 Stunden-Sammelurin ergänzt werden. Bei Patienten mit Hypercortisolismus können die Werte deutlich erhöht sein (Abb. 8.17). Eine Bestimmung des Cortisoltagesprofils ist nicht erforderlich.

Nach der Diagnose des Cushing-Syndroms folgt die **Differenzialdiagnose** (Abb. 8.18). Dazu wird zunächst die ACTH-Konzentration gemessen. Ist der ACTH-Spiegel supprimiert, so liegt vermutlich ein cortisolproduzierendes Adenom oder Karzinom der Nebennierenrinde vor. Bei ACTH-Werten im oberen Referenzbereich oder erhöhten Spiegeln handelt es sich entweder um einen Hypophysentumor oder ein ektopes Cushing-Syndrom. Um diese Formen der Überfunktion zu unterscheiden, werden Funktionstests eingesetzt: Zum einen der „**High-dose**"-**Dexamethasonhemmtest**, bei dem im Gegensatz zum „Low-dose"-Test erheblich höhere Dexamethasondosen zur Suppression der ACTH-Sekretion gegeben werden, und zum anderen der **CRH-Test**, der die Hormonantwort auf injiziertes CRH prüft. Kann beim Dexamethasonhemmtest die ACTH- bzw. Cortisolkonzentration im Blut um mehr als 50 % gesenkt werden, spricht das für einen hypophysäres Cushing-Syndrom. Auch ein überschießender ACTH- und Cortisolanstieg beim CRH-Test

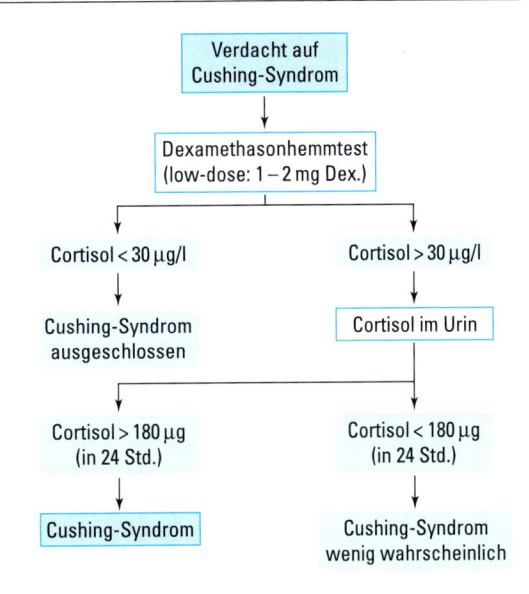

Abb. 8.17: Diagnose des Cushing-Syndroms.

8.5.3.2 Diagnose der Unterfunktion

Eine morgendliche Cortisolkonzentration > 200 µg/l spricht gegen eine Nebennierenrindeninsuffizienz, ein Wert von < 100 µg/l dafür. Bei entsprechendem klinischen Verdacht wird ein **ACTH-Stimulationstest** (Synacthen-Test) durchgeführt. Dazu wird zum Zeitpunkt 0 min zunächst Blut für die Cortisolbestimmung abgenommen, anschließend ACTH injiziert und 60 min später erneut Blut für die Hormonmessung gewonnen. Steigt die Konzentration über einen kritischen Wert an, ist eine Nebennierenrindeninsuffizienz ausgeschlossen. Die Messung von Cortisol im Urin ist weniger gut für die Diagnose der Insuffizienz geeignet (Abb. 8.19). Ergänzt werden kann die Diagnostik durch Messung von Aldosteron und Renin.

Durch Messung der ACTH-Konzentration und Durchführung eines CRH-Tests kann die genaue Ursache einer Nebennierenrindeninsuffizienz evaluiert werden. Dass CRH bei der tertiären Nebennierenrindeninsuffizienz (Abb. 8.20) zwar einen ACTH-, jedoch keinen Cortisol-Anstieg auslöst, ist Folge der durch ACTH-Mangel bedingten Nebennierenrindenatrophie.

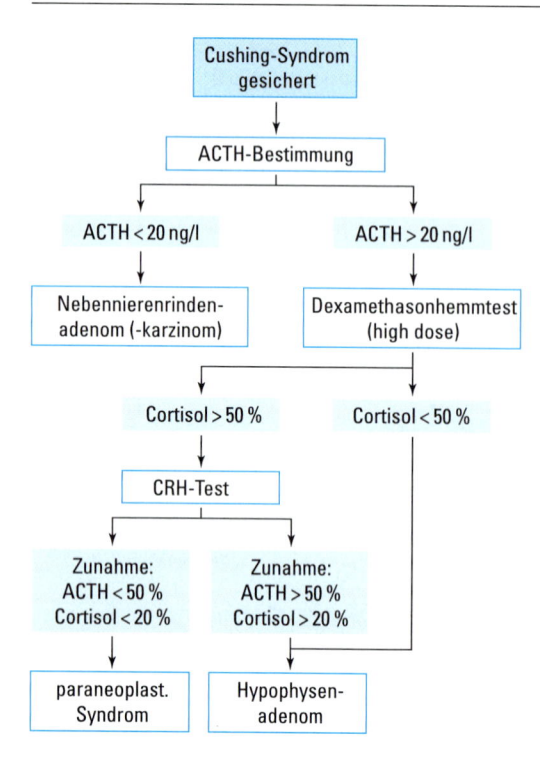

Abb. 8.18: Differenzialdiagnose des Cushing-Syndroms.

spricht für einen hypophysären Prozess. Allerdings zeigt sich in jeweils etwa 10 % der Fälle ein atypisches Ergebnis: obwohl ein ACTH-produzierender Hypophysentumor vorliegt, kommt es zu keiner deutlichen Suppression der ACTH-Sekretion durch Dexamethason bzw. keiner überschießenden Zunahme des ACTH-Spiegels. Daher müssen beide Funktionstests zur Differenzialdiagnose des Hypercortisolismus durchgeführt werden.

Lässt sich keine eindeutige Aussage mithilfe der Funktionstests erzielen, so ist die **Katherisierung des Sinus petrosus inferior** angezeigt. Nach Stimulation mit CRH wird die ACTH-Konzentration in beiden Sinus bestimmt und mit denen aus peripherem Blut verglichen. Ein hoher Quotient zwischen den ACTH-Konzentrationen in den Sinus und im peripheren Blut spricht für ein hypophysäres Cushing-Syndrom.

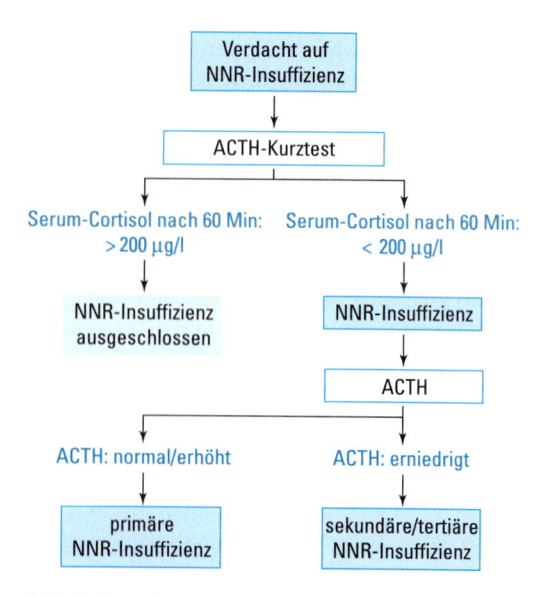

Abb. 8.19: Diagnose des Nebenniereninsuffizienz.

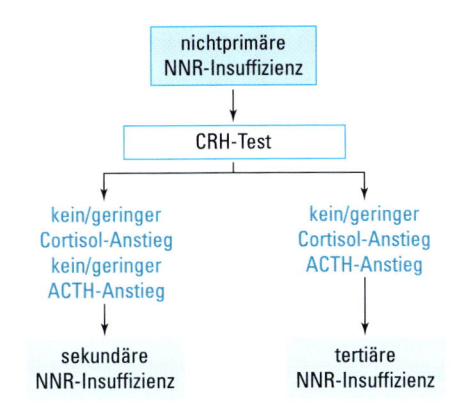

Abb. 8.20: Differenzialdiagnose der nicht primären Nebenniereninsuffizienz.

8.6 Renin-Angiotensin-Aldosteron-System

8.6.1 Grundlagen des Systems

Aldosteron wird in der Zona glomerulosa der Nebennierenrinde gebildet. Nur dort sind die für die Biosynthese erforderlichen Enzyme vorhanden (Abb. 8.21). Aldosteronsynthese und -sekretion unterliegen einer komplizierten Regulation, an der das **Renin-Angiotensin-System**, aber auch **direkte Einflüsse** auf die Nebennierenrindenzelle beteiligt sind. Ein Natriumdefizit oder ein Volumenmangel führt zu einer Steigerung der Reninsekretion in den juxtaglomerulären Zellen der Niere. Renin, eine Protease, spaltet aus dem in der Leber gebildeten Protein Angiotensinogen ein Peptid ab, das Angiotensin I, welches anschließend vom Angiotensin-Converting-Enzym, einer Peptidase, zum Angiotensin II umgewandelt wird. Neben anderen Effekten hat Angiotensin II eine deutlich stimulierende Wirkung auf die Aldosteronsekretion. Auch das sympathische Nervensystem beeinflusst indirekt die Aldosteronsekretion über die Stimulation der Reninfreisetzung, die über beta-adrenerge Rezeptoren erfolgt. Die Kaliumkonzentration im Blut hingegen beeinflusst auf direktem Weg die Aldosteronsekretion. Eine Kaliumretention steigert die Sekretion, ein Kaliummangel hemmt sie. Das Hypophysenhormon ACTH, der Hauptregulator der Cortisolbiosynthese, hat hingegen nur einen untergeordneten Effekt auf die Aldosteronbildung (Abb. 8.22).

Aldosteron ist das wichtigste Mineralkortikoid des Organismus und spielt daher eine Schlüsselrolle bei der Regulation des **Austausches von Kalium- bzw. Wasserstoff- gegen Natrium-Io-**

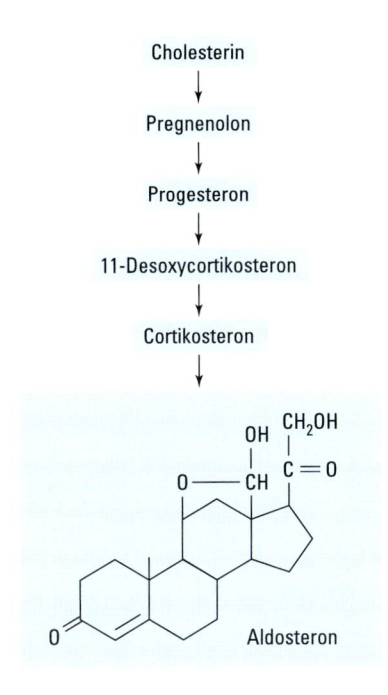

Abb. 8.21: Aldosteronbiosynthese.

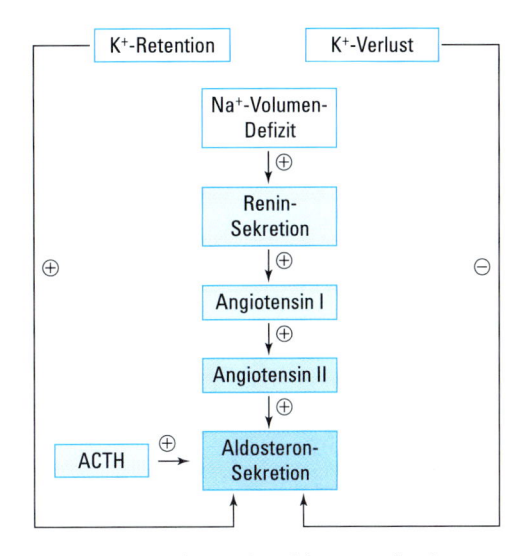

Abb. 8.22: Regulation der Aldosteronsekretion.

nen im distalen Nierentubulus und den Sammelrohren der Niere, der durch Aldosteron erheblich gesteigert wird. Folge einer inadäquaten Hypersekretion ist daher eine **Zunahme des Gesamtkörpernatriums** mit Anstieg des Extrazellulärvolumens durch die damit verbundene Wasserretention, eine **Hypokaliämie** und eine **metabolische Alkalose**. Die metabolische Alkalose ist Folge des Kaliummangels, weil die Na-K-ATPase vermehrt H^+- an Stelle von K^+-Ionen in die Zelle transportiert und damit das Säure-Basen-Gleichgewicht verschiebt.

Aldosteron wirkt wie alle Steroidhormone über einen intrazellulären Rezeptor, der die Expression spezifischer Gene reguliert. Der Aldosteronrezeptor bindet jedoch neben dem Aldosteron mit ähnlicher Affinität auch Cortisol. Daher war zunächst unklar, warum Cortisol keine mit Aldosteron vergleichbare mineralokortikoide Wirkung hat. Des Rätsels Lösung war die Entdeckung, dass ein Enzym, die **11β-Hydroxysteroiddehydrogenase**, Cortisol in den Tubulus-Zellen der Niere in Cortison umwandelt, das den Aldosteronrezeptor nicht aktivieren kann. Inzwischen kennt man zwei Isoenzyme der 11β-Hydroxysteroiddehydrogenase, den Typ I, der Cortison zum Cortisol aktiviert und den Typ II, der die Inaktivierung des Cortisols katalysiert.

Aldosteron hat im Blut – verglichen mit Cortisol – eine weitaus geringere Affinität zu Proteinen. Daher liegen 30–50% des Hormons in freier Form vor. Der Rest wird an Transcortin und Albumin gebunden.

Der Aldosteronabbau erfolgt im Wesentlichen in der Leber. Hauptmetabolite sind **Tetrahydroaldosteron** und **Aldosteron-18-Glukuronid**, die über die Niere ausgeschieden werden. Nur ein kleiner Teil des Aldosterons erscheint unverändert im Urin.

8.6.2 Störungen des Systems

8.6.2.1 Primärer Hyperaldosteronismus

Der primäre Hyperaldosteronismus ist mit einer Prävalenz von etwa 1% eine seltene Ursache

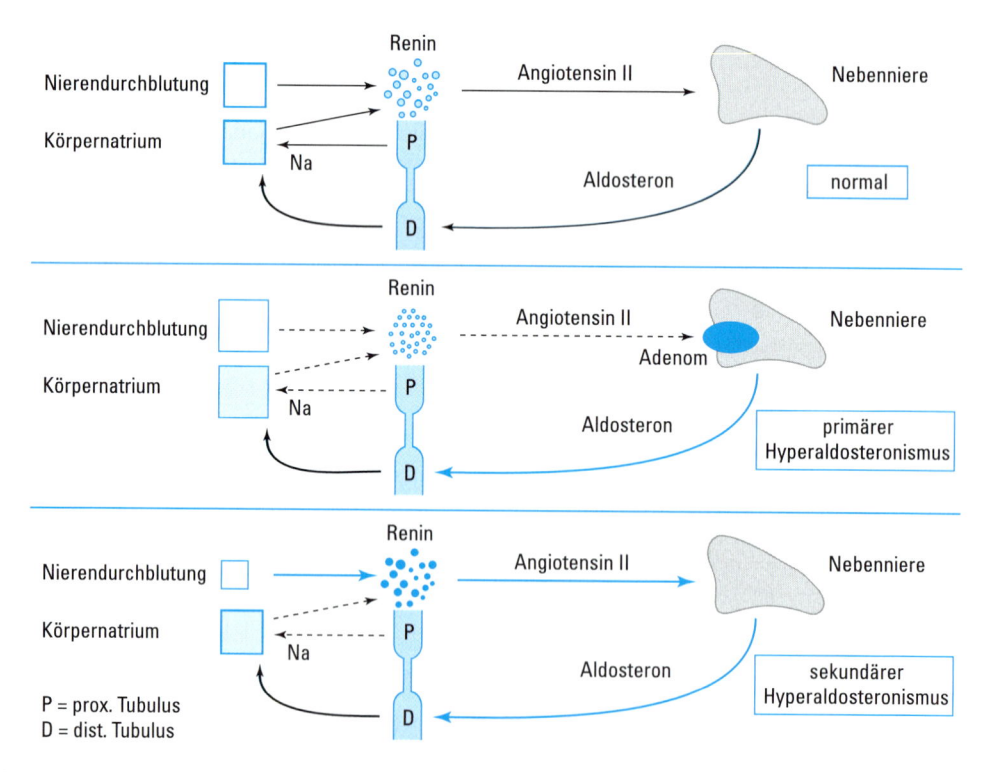

Abb. 8.23: Störungen des Renin-Angiotensin-Aldosteron-Systems.

der Hypertonie. Ob diese Form der sekundären Hypertonie tatsächlich so selten ist, wird aber inzwischen bezweifelt (Abb. 8.23).

Ursache des primären Hyperaldosteronismus ist entweder – in 70–80 % der Fälle – ein **aldosteronproduzierendes Nebennierenrindenadenom (Conn-Syndrom)** oder eine idiopathische beidseitige Nebennierenrindenhyperplasie, eine Erkrankung, deren Pathogenese noch unklar ist.

Leitsymptom des Hyperaldosteronismus ist die **hypokaliämische Hypertonie**. Darüber hinaus werden folgende Befunde erhoben:
– Polyurie
– Nykturie
– Hyposthenurie
– Polydipsie
– Proteinurie
– Muskelschwäche
– Kopfschmerzen
– Hochnormale oder erhöhte Natriumspiegel im Blut

Bei erhöhter Natriumzufuhr kann die Hypokaliämie deutlicher werden, da der Natrium-Kalium-Austausch in den Nierentubuli zunimmt. Bei deutlich erniedrigter Natriumzufuhr kann eine Hypokaliämie aber fehlen. Auch ohne Kochsalzrestriktion können Patienten mit primärem Hyperaldosteronismus jedoch normokaliämisch sein. Offenbar sind derartige Konstellationen sehr viel häufiger, als früher angenommen.

8.6.2.2 Sekundärer Hyperaldosteronismus

Ein sekundärer Hyperaldosteronismus wird mit oder ohne Hypertonie bzw. mit oder ohne Wasserretention beobachtet.

Ursachen des sekundären Hyperaldosteronismus mit Hypertonie, für die eine Prävalenz zwischen 1 und 5 % angegeben wird, sind renovaskuläre Erkrankungen sowie selten Phäochromozytome (katecholaminbedingte Stimulation der Reninsekretion) und – als Rarität – reninproduzierende Tumore. Die klinische Symptomatik ist ähnlich wie beim primären Hyperaldosteronismus. Allerdings kommen die Zeichen der renalen Störung hinzu (Abb. 8.23).

8.6.2.3 Hypoaldosteronismus

Beim Hypoaldosteronismus zeigen sich folgende klinische Veränderungen: Hyperkaliämie, Hyponatriämie und metabolische Azidose. Man findet ihn im Rahmen einer **primären Nebennierenrindeninsuffizienz** (s. Abschn. 8.5.2). Darüber kommt ein Hypoaldosteronismus bei angeborenen Störungen wie dem **adrenogenitalen Syndrom durch 21-Hydroxylase-Mangel mit Salzverlust** vor (s. Abschn. 8.5.2).

Auch Störungen der Reninsekretion **(hyporeninämischer Hypoaldosteronismus)** – zum Beispiel bei einer diabetischen Nephropathie – können zu einer inadäquat verminderten Aldosteronsekretion führen.

8.6.2.4 Besondere Störungen

11β-Hydroxysteroiddehydrogenase-Mangel

Das „**apparent-mineralocorticoid-excess-syndrome**" ist ein Krankheitsbild mit Hypertonie und Hypokaliämie bei niedrigem Renin und Aldosteron. Diese paradoxe Konstellation ist Folge eines Defekts der 11β-Hydroxysteroiddehydrogenase vom Typ II. Somit kann Cortisol nicht mehr intrazellulär inaktiviert werden und wirkt wie Aldosteron, was kompensatorisch die Renin- und Aldosteronsekretion vermindert. Neben dieser seltenen angeborenen Form durch eine autosomal-rezessive Störung gibt es auch eine erworbene Form durch exzessiven Genuss von Lakritze. Die in der Lakritze enthaltene Glycyrrhetinsäure hemmt die 11β-Hydroxysteroiddehydrogenase und induziert damit ein dem Hyperaldosteronismus vergleichbares Krankheitsbild.

8.6.3 Laborparameter und diagnostische Strategien

8.6.3.1 Hyperaldosteronismus

Bei Verdacht auf Hyperaldosteronismus sollten sowohl die Aldosteron- wie die Reninkonzentration gemessen werden. Die Untersuchung muss unter standardisierten Bedingungen erfolgen:
– mehrstündige strikte Bettruhe vor der Blutentnahme

– ausgeglichener Wasser- und Elektrolythaushalt
– Absetzen interferierender Medikamente

Nicht nur Orthostase und körperliche Aktivität steigern die Reninsekretion, sondern auch ein Elektrolytmangel. Daher sollte auch die Ausscheidung von Na^+- und K^+-Ionen im Sammelurin ermittelt werden. Normal sind Mengen von 100–200 mmol für Natrium bzw. 60–80 mmol für Kalium pro 24 Stunden. Vor allem Diuretika, Laxantien, Beta-Mimetika, Betablocker, Alphablocker, Spironolakton, ACE-Hemmer, nicht steroidale Antiphlogistika etc. beeinflussen positiv oder negativ Renin- bzw. Aldosteronsekretion. Die Messung des Aldosterons kann durch die Bestimmung des **18-Hydroxycorticosterons**, einer Aldosteronvorstufe, ergänzt werden. Ob das zu einer wesentlichen Verbesserung der diagnostischen Sensitivität führt, ist jedoch fraglich.

Primärer Hyperaldosteronismus

Beim primären Hyperaldosteronismus ergibt sich folgende Befundkonstellation: Renin niedrig bis supprimiert, Aldosteron erhöht. Sensitiver als die isolierte Betrachtung der Einzelwerte scheint aber die Bestimmung des Aldosteron-Renin-Quotienten zu sein. Liegt der Quotient über einem kritischen Wert, ist ein primärer Hyperaldosteronismus wahrscheinlich. Mithilfe des Quotienten-Verfahrens wird bei deutlich mehr Patienten (3–10 %) ein primärer Hyperaldosteronismus diagnostiziert. Beim Vergleich der beiden Formen des primären Hyperaldosteronismus zeigt sich, dass 60–90 % der Patienten mit Conn-Syndron hypokaliämisch sind, im Gegensatz zu den Patienten mit idiopathischen Nebennierenrindenhyperplasie, die eher normokaliämisch bleiben. Wie hoch der Anteil von Patienten mit primärem Hyperaldosteronismus bei Hypertonikern tatsächlich ist, muss durch weitere Untersuchungen geklärt werden. Daher kann zum jetzigen Zeitpunkt noch nicht entschieden werden, ob für alle Hypertoniker ein Aldosteron-Renin-Screening empfohlen werden soll.

Manchmal gibt schon die Bestimmung von Kalium im Blut und im Urin Auskunft, ob ein primärer Hyperaldosteronismus vorliegt. Bei einem Patienten mit hypokaliämischer Hypertonie spricht eine Kalium-Ausscheidung von < 20 mmol pro 24 Stunden gegen die primäre Form, bei > 30 mmol hingegen wird ein Conn-Syndrom wahrscheinlich.

Darüber hinaus kann auch die Aldosteronausscheidung im Urin untersucht werden. Bei der **Aldosteron-Bestimmung im Urin** werden freies Aldosteron oder – nach saurer Hydrolyse – freies Aldosteron und Aldosteron-18-Glukuronid gemessen. Beide machen aber nur 15–20 % der täglich produzierten Aldosteronmenge aus. Der in der Leber gebildete **Hauptmetabolit, Tetrahydroaldosteron**, wird nicht erfasst. Daher hat die Aldosteronbestimmung im Urin nur begrenzte Aussagekraft und sollte – wenn überhaupt – nur zusammen mit der Messung der Tetrahydroaldosteronausscheidung erfolgen.

Um die Diagnose eines primären Hyperaldosteronismus zu bestätigen, stehen eine Reihe von **Funktionstests** zur Verfügung wie der **Fluorcortisontest**, der **NaCl-Belastungstest**, der **Orthostasetest**, der **Furosemidtest** oder eine **Kombination aus Orthostase- und Furosemidtest**. Alle diese Tests beruhen auf dem Prinzip, dass die physiologische Reaktion der Aldosteronsekretion auf hemmende (NaCl, das synthetische Mineralokortikoid Fluorcortison) oder stimulierende Faktoren (Orthostase, das Diuretikum Furosemid) beim primären Hyperaldosteronismus unterbleibt oder abgeschwächt ist.

Schwierig kann die Abgrenzung zwischen einem Conn-Syndrom und einer idiopathischen beidseitigen Nebennierenrindenhyperplasie sein. Eine Möglichkeit zur Differenzialdiagnose besteht in der Messung von **18-Hydroxycortisol**, einem Cortisolmetaboliten, der unter normalen Bedingungen praktisch nicht gebildet wird, aber bei Patienten mit primärem Hyperaldosteronismus in Blut und Urin nachgewiesen werden kann. Dabei haben Patienten mit aldosteronproduzierenden Tumoren deutlich höhere Werte als solche mit Hyperplasien. Die Sensitivität dieses Verfahrens ist jedoch eher gering. Durch **Stimulationstests** lässt sich die Reninsekretion bei einem Teil der Patienten mit idiopathischer Hyperplasie, im Gegensatz zu denen mit Conn-Syndrom, signifikant stimulieren. Alle diagnostischen Verfahren haben jedoch nur eine begrenzte Zuverlässigkeit.

Manchmal hilft daher nur die **seitengetrennte Bestimmung der Aldosteronsekretion**, bei der durch Katherisierung der Nebennieren- bzw. Nierenvenen das abfließende Blut beider Nebennieren gewonnen und die Sekretion beider Seiten verglichen wird. Entspricht die Hormonkonzentration der einen Seite dem Wert im peripheren Venenblut und ist der Spiegel der kontralateralen Seite deutlich höher, so liegt vermutlich ein Aldosteron-produzierendes Adenom vor.

Sekundärer Hyperaldosteronismus

Beim sekundären Hyperaldosteronismus sind im Gegensatz zur primären Form sowohl Aldosteron als auch Renin im Blut eindeutig erhöht. Da jedoch diese Befundkonstellation auch ohne Hypertonie (z. B. bei Diuretikatherapie, Laxantienabusus, Herzinsuffizienz, Aszites, nephrotischem Syndrom, Ödem oder Schwangerschaft) gefunden wird, muss ausgeschlossen werden, dass die hohe Reninkonzentration nicht nur ein Begleitphänomen, sondern tatsächlich Ursache der Hypertonie ist. Dabei kann in unklaren Fällen eine **seitengetrennte Renin-Bestimmung** helfen. Bei einer Seitendifferenz über einem kritischen Wert kann davon ausgegangen werden, dass die Seite mit der deutlich höheren Reninsekretion für die Hypertonie verantwortlich ist.

8.6.3.2 Hypoaldosteronismus

Eine erniedrigte Aldosteronkonzentration im Serum zusammen mit einem hohen Reninspiegel sowie Hypotonie und Störungen des Elektrolyt- und Säure-Basen-Status (Hyperkaliämie, Hyponatriämie, Azidose) sprechen für dieses Krankheitsbild. Die Diagnostik entspricht der bei Hypocortisolismus (s. Abschn. 8.5.3).

8.7 Nebennierenmark

8.7.1 Grundlagen des Systems

Das Nebennierenmark, das neuroektodermalen Ursprungs ist, hat im Gegensatz zur vom Mesoderm abstammenden Nebennierenrinde die Fähigkeit, Katecholamine zu bilden. Katecholamine werden aber nicht nur in den chromaffinen Zellen des Nebennierenmarks, sondern auch im zentralen Nervensystem, in Nerven des sympathischen Systems und in Ganglien gebildet, wo sie als Neurotransmitter wirken. Der erste Schritt der Biosynthese besteht aus der Hydroxylierung der Aminosäure Tyrosin. Nach Dekarboxylierung des Zwischenprodukts DOPA werden schließlich die Katecholamine Dopamin, Noradrenalin und Adrenalin gebildet (Abb. 8.24). Die Adrenalinbildung ist fast ausschließlich auf die adrenale Medulla beschränkt, weil das für die Methylierung notwendige Enzym nur dort exprimiert wird. Nach der Synthese werden die Katecholamine intrazellulär gespeichert. Werden die chromaffinen Zellen durch neuronale Einflüsse aktiviert, kommt es zur Freisetzung der gespeicherten Katecholamine, die ans Blut abgegeben werden.

Sie wirken über eine Gruppe von G-Protein gekoppelten Rezeptoren (α_1-, α_2-, β_1-, β_2- oder β_3-Rezeptoren), die zur Signaltransduktion das Adenylatzyklase- bzw. Kalzium-System nutzen und haben eine Vielzahl metabolischer und kardiovaskulärer Effekte. Dazu gehört unter anderem die Kontraktion der Blutgefäße, positiv inotrope Wirkung auf das Myokard, Relaxation der Bronchien, Stimulation der Glykogenolyse in Leber und Skelettmuskulatur, Freisetzung von Glukose aus der Leber und von Fettsäuren aus den Adipozyten sowie Erhöhung der renalen Reninsekretion. Die Katecholaminwirkung in den verschiedenen Geweben wird durch die Ausstattung mit den unterschiedlichen Rezeptorsubtypen und der metabolischen Aktivität der Zellen determiniert.

Der Abbau der Katecholamine erfolgt durch die Enzyme Catechol-O-Methyltransferase (COMT) und Monoaminooxidase (MAO). Dabei entstehen durch Einwirkung der COMT zunächst Normetanephrin und Metanephrin. Schließlich werden Normetanephrin und Metanephrin zur Vanillinmandelsäure umgesetzt. Metabolisiert die Monoaminooxidase Noradrenalin bzw. Adrenalin direkt, können noch weitere Zwischenprodukte entstehen, die aber auch in Vanillinmandelsäure umgewandelt werden.

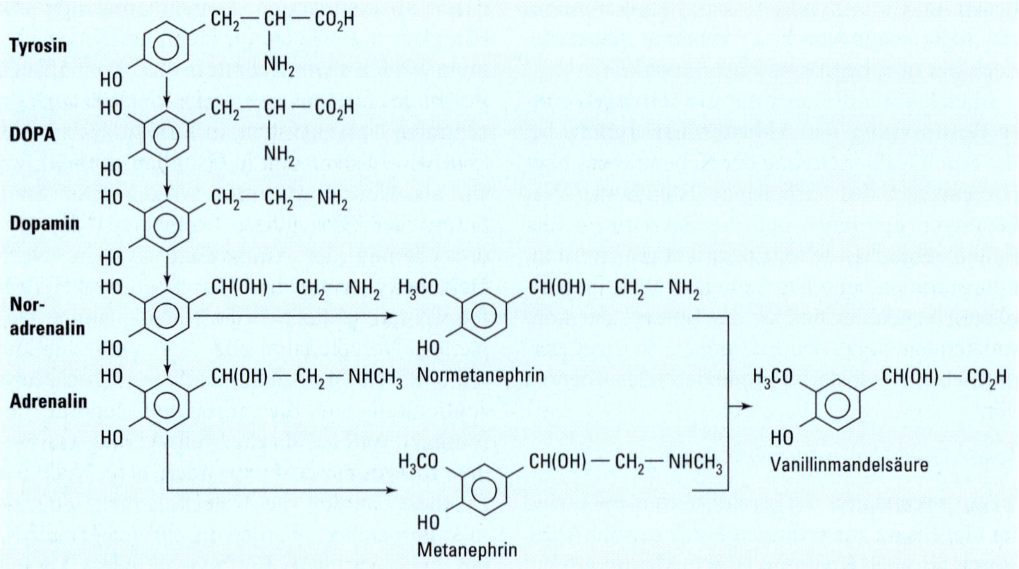

Abb. 8.24: Synthese und Abbau der Katecholamine.

Katecholamine und ihre Metaboliten können durch Sulfatierung oder Glukuronidierung in konjugierte Formen überführt werden. Freie wie konjugierte Formen werden hauptsächlich über die Niere ausgeschieden. Die Halbwertszeit von Katecholaminen im Blut liegt im Bereich von Minuten.

8.7.2 Störungen des Systems

Wichtigste endokrine Erkrankung des Nebennierenmarks ist das **Phäochromozytom**, ein katecholaminproduzierender Tumor, der benigne oder maligne sein kann. Phäochromozytome sind allerdings nicht ausschließlich auf das Nebennierenmark begrenzt, sondern können in etwa 10 % der Fälle auch in den Ganglien des sympathischen Grenzstrangs oder – sehr selten – an anderen Lokalisationen entstehen. Adrenale Phäochromozytome produzieren zumeist Adrenalin und Noradrenalin, manchmal aber auch nur Noradrenalin, extraadrenale nur Noradrenalin.

Leitsymptom des Phäochromozytoms ist die **Hypertonie**. Sie kann anfallsweise oder häufiger als Dauerhochdruck auftreten. Neben der Hypertonie sind folgende klinische Symptome nachweisbar:
- Kopfschmerzen
- vermehrte Schweißneigung
- Tachykardien
- Hautblässe
- Leibschmerzen
- Hyperglykämie

Phäochromozytome kommen auch im Rahmen der **multiplen endokrinen Neoplasie vom Typ II (MEN 2)** vor. Bei dieser Erkrankung kann ein Phäochromozytom mit einem medullären Schilddrüsenkarzinom, einem primären Hyperparathyreoidismus sowie bei einem Teil der Fälle mit multiplen Schleimhautneuromen assoziiert sein. Die Ursache der MEN 2 sind somatische Mutationen im Ret-Protoonkogen, die mithilfe molekulargenetischer Verfahren nachgewiesen werden können.

Bei Verdacht auf Phäochromozytom sollte bei der Therapie auf Beta-Rezeptorenblocker (Betablocker) verzichtet, wenn nicht gleichzeitig Alpha-Rezeptorenblocker (Alphablocker) gegeben werden. Betablocker hemmen die vasodilatatorische, β_2-Rezeptor vermittelte Katecholaminwirkung, sodass der vasokonstriktorische Effekt durch Aktivierung der α-Rezeptoren überwiegt („Adrenalin-Umkehr") und die Hypertonie sich verstärkt.

8.7.3 Laborparameter und diagnostische Strategien

Indikationen für die Suche nach einem Phäochromozytom sind in erster Linie anfallsartige Blutdruckkrisen, medikamentös schlecht einstellbare Hypertonien und die endokrinologische Abklärung eines Inzidentaloms (s. Abschn. 8.5.2)

Die Methode der Wahl zum Nachweis eines Phäochromozytoms ist die **Messung von Adrenalin und Noradrenalin im 24 Stunden-Sammelurin** (2–3 Sammelperioden an aufeinander folgenden Tagen). Zur Stabilisierung der Katecholamine müssen im Sammelgefäß 10 ml 10 %ige Salzsäure vorgelegt und die Sammelgefäße lichtgeschützt aufbewahrt werden. Die diagnostische Sensitivität kann weiter erhöht werden, wenn man zusätzlich Normetanephrin und Metanephrin bestimmt. Mit diesem Vorgehen ist es möglich, fast alle Phäochromozytome zu entdecken.

In seltenen Fällen findet man bei nachgewiesenen Phäochromozytomen keine eindeutige Erhöhung der Katecholamin-, wohl aber einen deutlichen Anstieg der Metanephrin-/Normetanephrinausscheidung. Offenbar werden die Katecholamine hier bereits vom Tumor metabolisiert.

Die Bestimmung der **Katecholamine im Blut** ist in der Regel wenig hilfreich und bleibt den Funktionstests vorbehalten, die **Bestimmung von Vanillinmandelsäure** wird nicht mehr empfohlen. Ob sich die Bestimmung von Normetanephrin und Metanephrin im Blut als Screeningparameter eignet, muss durch weitere Studien gesichert werden.

Zur weiteren Abklärung kann ein **Clonidinhemmtest** durchgeführt werden. Diesem Test liegt das Prinzip zu Grunde, dass erhöhte Katecholaminspiegel (z. B. als Folge von Stress etc.) normalerweise durch Clonidin, einem zentral wirksamen α-adrenergen Agonisten gesenkt werden. Beim Phäochromozytom bleibt diese Suppression aus.

Der Test wird – wie folgt – durchgeführt: Nachdem ein venöser Zugang gelegt wurde, muss etwa 30 min gewartet werden, damit die Stressreaktion (Katecholaminausschüttung!) abklingen kann. Anschließend wird Blut für die Katecholaminbestimmung abgenommen und der Patient erhält Clonidin. 180 min später wird erneut Blut für die Bestimmung von Adrenalin und Noradrenalin gewonnen. Vermindert sich der Basalwert nicht mindestens um die Hälfte oder fällt – bei niedrigen Ausgangskonzentrationen – bis in den Referenzbereich ab, so spricht das Ergebnis für ein Phäochromozytom.

Bei **malignen Phäochromozytomen** sind darüber hinaus Tumormarker wie **Chromogranin A** oder **neuronenspezifische Enolase (NSE)** zur Verlaufskontrolle geeignet.

8.8 Hypothalamus-Hypophysen-Testis-System

8.8.1 Grundlagen des Systems

Die Biosynthese von Testosteron erfolgt in den **Leydig-Zellen des Hodens** (Abb. 8.25a). Die Bildung steht unter Kontrolle von Hypothalamus und Hypophyse. Das **hypothalamische Releasing Hormon GnRH** (Gonadotropin Releasing Hormon), das pulsatil sezerniert wird, induziert in der Hypophyse die Synthese und Freisetzung der **Gonadotropine (LH und FSH)**. **LH** bindet an spezifische Rezeptoren der Leydig-Zellen und stimuliert die **Synthese von Testosteron**. Testosteron wiederum inhibiert die GnRH- bzw. LH-Sekretion und ist für die negative Rückkopplung verantwortlich. **FSH** hingegen stimuliert die **Spermatogenese** und wird vor allem durch einige in den Sertoli-Zellen des Hodens gebildeten Peptidhormone wie zum Beispiel dem **Inhibin** reguliert (Abb. 8.25b). Die Testosteronproduktion zeigt eine zirkadiane Rhythmik mit den höchsten Werten am Morgen und deutlich niedrigeren Werten am Abend.

Im Blut liegt Testosteron überwiegend in proteingebundener und nur zu etwa 2–3 % in freier Form vor. Die biologische Wirkung hängt wie bei anderen Steroidhormonen vor allem von der Konzentration an freiem Hormon ab. Gebunden

testikuläre Hormonsynthese

Cholesterin → Pregnenolon

- 17α-Hydroxypregnenolon → Dihydroxyepiandrosteron → Androstendiol
- Progesteron → 17α-Hydroxyprogesteron → Androstendion

→ Testosteron

(a)

endokriner Regelkreis

Hypothalamus → GnRH (+) → Hypophyse → FSH, LH (+) → Testis → Inhibin, Testosteron (–)

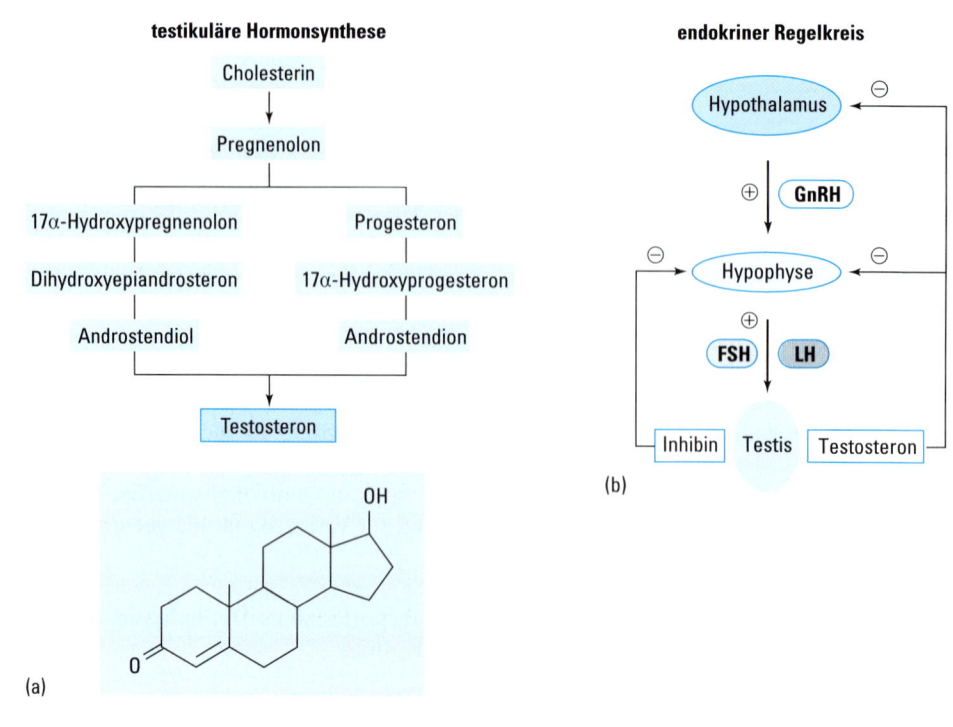

(b)

Abb. 8.25: Testikuläre Hormonsynthese und ihre Regulation.

---

wird Testosteron an Albumin und – mit deutlich größerer Affinität – an **SHBG (Sexualhormon-bindendes Globulin)**. Die SHBG-Konzentration im Blut wird endokrin reguliert und durch Östrogene sowie Schilddrüsenhormone gesteigert bzw. durch Androgene gesenkt. Auch Antiepileptika steigern die SHBG-Synthese. Daher kann es unter bestimmten Bedingungen erforderlich sein, auch die SHBG-Konzentration zu bestimmen, um den Testosteron-SHBG-Quotienten als indirektes Maß für das freie Testosteron nutzen zu können.

Testosteron wird vor allem in der Leber inaktiviert und anschließend über die Niere ausgeschieden. Es kann aber auch in Östrogene umgewandelt werden **(Aromatisierung)**. Durch enzymatische Reduktion des Testosterons entsteht das in androgenabhängigen Geweben eigentlich wirksame Androgen, das **5α-Dihydrotestosteron**. Somit entscheidet auch die Höhe der **5α-Reduktase-Aktivität** über das Ausmaß der Androgenwirkung auf Wachstum und Differenzierung.

Testosteron hat eine Vielzahl von Wirkungen, die für die Entwicklung eines männlichen Organismus und eine normale Sexualfunktion und Fertilität essenziell sind. Auch die anabolen Effekte auf Knochen- und Proteinstoffwechsel sind hervorzuheben. Im Einzelnen werden durch Testosteron folgende Vorgänge und Phänomene stimuliert:

pränatal
– Männliche Geschlechtsdifferenzierung

postnatal
– Reifung und Funktion der Geschlechtsorgane
– Körperwachstum in der Pubertät
– Erhaltung der Knochendichte
– Ausbildung der Skelettmuskulatur
– Talg- und Schweißdrüsenfunktion
– Haarentwicklung
– Kehlkopfwachstum
– spezifische ZNS-Entwicklung
– Libido und Potenz
– Fertilität
– Erythropoese

Wie alle Steroidhormone entfaltet Testosteron seine Wirkung durch Bindung an einen intrazellulären Rezeptor.

8.8.2 Störungen des Systems

8.8.2.1 Hypogonadismus

Die wichtigste Störung des Hypothalamus-Hypophysen-Testis-Systems ist der Hypogonadismus. Je nachdem, ob der Hypogonadismus vor oder nach Ende der Pubertät einsetzt, zeigen sich unterschiedliche klinische Zeichen:

präpubertärer Beginn
- infantiler Penis
- kleiner Hoden
- eunuchoider Hochwuchs
- Osteoporose
- fehlende Spermatogenese
- geringe Talgproduktion in der Haut
- ausbleibendes Kehlkopfwachstum
- periorale Hautfältelung

postpubertärer Beginn
- Abnahme der sekundären Geschlechtsbehaarung
- Abnahme des Hodenvolumens
- Abnahme der Talgproduktion in der Haut
- Atrophie und Blässe der Haut
- Osteoporose
- Atrophie der Skelettmuskulatur
- Verlust von Libido und Potenz

Der Hypogonadismus existiert in drei verschiedenen Formen: als **primärer, sekundärer und tertiärer Hypogonadismus**, je nachdem auf welcher Stufe des Hypothalamus-Hypophysen-Testis-System der Defekt begründet ist (Abb. 8.26).

Die **primäre – gonadal bedingte – Form** hat folgende Ursachen:
- Klinefelter-Syndrom (s. u.)
- Testikuläre Insuffizienz (z. B. durch Orchitis, Trauma etc.)
- Angeborene Anorchie

Die **sekundäre – hypophysär bedingte – Form** ist Folge einer Hypophysenvorderlappeninsuffizienz durch Tumore, Traumata, Infektionen oder Hämochromatose.

Die **tertiäre – hypothalamisch bedingte – Form** kann angeboren oder erworben sein und folgende Ursachen haben:
- Tumore oder Traumata
- Hyperprolaktinämie
- idiopathischer hypogonadotroper Hypogonadismus oder Kallmann-Syndrom (s. u.)
- Prader-Labhart-Willi-Syndrom (s. u.)

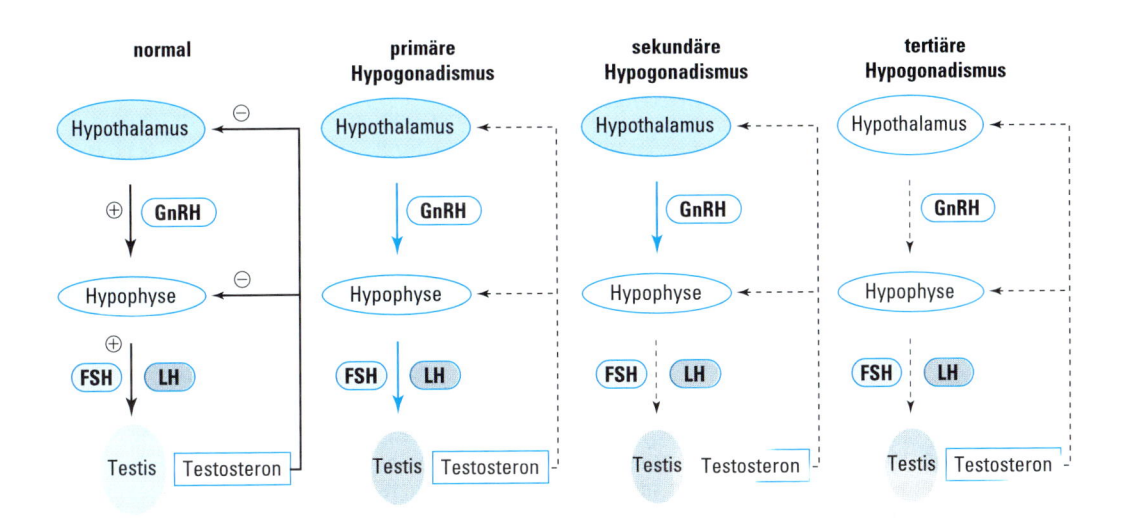

Abb. 8.26: Formen des männlichen Hypogonadismus.

8.8.2.2 Besondere Störungen

Gynäkomastie

Bei der Gynäkomastie handelt es sich um eine ein- und beidseitige Vergrößerung der rudimentären männlichen Brustdrüse. Im Rahmen der Pubertät ist eine Gynäkomastie ein transienter Befund, der in der Regel keine pathologische Bedeutung hat. Ursache einer pathologischen Gynäkomastie ist eine **Störung des Gleichgewichts zwischen Androgenen und Östrogenen** durch:

- **Testosteronmangel:**
  - Hypogonadismus
- **erhöhte periphere Konversion von Testosteron zu Östrogenen:**
  - Hyperthyreose
  - Leberzirrhose
  - Niereninsuffizienz
- **vermehrte Östrogenproduktion:**
  - HCG produzierende Tumoren
  - Östrogen produzierende Tumoren
- **Medikamente wie z. B.:**
  - Androgene / Anabolika
  - Cyproteronazetat
  - HCG
  - Spironolacton
  - Cimetidin
  - Ketoconazol etc.

Die Gynäkomastie auslösende Wirkung von HCG ist durch eine Überstimulation der Leydig-Zellen bedingt, die unter diesen Bedingungen vermehrt Östrogene produzieren. Eine Hyperprolaktinämie führt nicht direkt zur Gynäkomastie, sondern wird durch den Prolaktin induzierten Hypogonadismus ausgelöst.

Störungen mit Androgenresistenz

Siehe Abschnitt 8.9.2.

Klinefelter-Syndrom

Ursache des Klinefelter-Syndroms ist eine geschlechtschromosomale Anomalie: die meisten Patienten mit diesem Syndrom haben den Karyotyp XXY mit 47 Chromosomen, die übrigen ein XY/XXY-Mosaik (nicht jede Körperzelle trägt die Aberration). Die Prävalenz beträgt etwa 0,2 %. In der Regel wird ein Klinefelter-Syndrom erst in der Pubertät entdeckt. Typisch ist eine eunuchoide Körperstatur (Armspannweite > Körpergröße), Infertilität, gestörte Libido, erektile Dysfunktion, Hochwuchs, kleine feste Testes bei normalem oder leicht verkleinertem Penis und Gynäkomastie. Pathogenetisch liegt dem Klinefelter-Syndrom eine Entwicklungsstörung des Keimepithels mit Azoospermie und eine Hypoandrogenämie zu Grunde. Somit ergibt sich das Bild eines primären Hypogonadismus.

Idiopathischer hypogonadotroper Hypogonadismus und Kallmann-Syndrom

Der idiopathische hypogonadotrope Hypogonadismus und das Kallmann-Syndrom sind zwei verwandte genetisch bedingte Erkrankungen, die sich durch einen **Mangel an GnRH** auszeichnen. Beim Kallmann-Syndrom kommt als weiteres Charakteristikum eine Hypo- oder Anosmie hinzu. Klinische Zeichen sind unter anderem eunuchoide Körperproportionen, kleine Testes, kleines Skrotum, mangelnde Scham-, Axillar- und Körperbehaarung, feminine Fettverteilung, periorale Hautfältelung und Infertilität. Der endokrinologische Befund entspricht dem eines sekundären Hypogonadismus.

Prader-Labhart-Willi-Syndrom

Das Prader-Labhart-Willi-Syndrom ist eine genetisch bedingte Erkrankung mit **tertiärem Hypogonadismus**. Die übrigen Störungen sind Kleinwuchs, Adipositas, mangelnde Pigmentierung, mentale Retardierung und Infertilität. Die Pathogenese der Erkrankung ist bisher noch unklar.

Erektile Dysfunktion

Die erektile Dysfunktion scheint in Deutschland eine häufige Störung zu sein und nimmt mit höherem Lebensalter deutlich zu. Ursachen sind **vaskuläre, psychogene, endokrine, neurogene, oder medikamentös bedingte Störungen**.

Die endokrin bedingte erektile Dysfunktion beobachtet man bei angeborenen und erworbenen Formen des Hypogonadismus. Auch eine Hyperprolaktinämie kann zu einem Hypogonadismus mit erektiler Dysfunktion führen, in seltenen Fällen auch eine Schilddrüsenfunktionsstörung. Daher sollte neben der Hypogonadismus-Diagnostik auch die Bestimmung von Prolaktin und TSH durchgeführt werden.

Infertilität

Die männliche Infertilität kann viele Ursachen haben: Varikozele, infektionsbedingte Verschlüsse der ableitenden Samenwege, angeborene Störungen der Spermiogenese, Schädigung des Keimepithels durch Infektion, Medikamente oder Chemotherapeutika, Hypogonadismus, Begleitphänomene bei internistischen Erkrankungen, Exposition mit Umweltgiften, chronischer Alkoholismus oder Nikotinabusus. Auch eine **idiopathische Fertilitätsstörung** mit subnormalen Ejakulatparametern und normalem oder erhöhtem FSH kann die Ursache einer Infertilität sein. Die Ursache dieser Störung ist unbekannt.

8.8.2 Laborparameter und diagnostische Strategien

Als Screeningmethode eignet sich die Bestimmung von Testosteron. Wegen der zirkadianen Rhythmik der Sekretion sollte die Testosteronkonzentration zwischen 8:00 und 10:00 morgens bestimmt werden. In unklaren Fällen kann zusätzlich SHBG gemessen werden, um die freie Hormonkonzentration abschätzen zu können. Ist der Testosteronspiegel auch bei mehrfacher Messung erniedrigt, liegt ein Hypogonadismus vor. Durch Bestimmung von LH und FSH kann zwischen einem primären Hypogonadismus und einem sekundären bzw. tertiären unterschieden werden. Sind die Gonadotropinspiegel erhöht, so liegt die primäre Form vor. Zur Differenzierung von sekundärem und tertiärem Hypogonadismus ist ein Funktionstest, der **GnRH-Test** (Bestimmung der Gonadotropine vor und 30 min nach Injektion von GnRH), erforderlich. Bei einem sekundären Hypogonadismus bleibt der Gonadotropin-Anstieg nach GnRH-Gabe aus. Bei der tertiären Form werden die LH- und FSH-Freisetzung, wenn auch zum Teil nur gering, stimuliert. In unklaren Fällen kann mit GnRH vorbehandelt werden (Pulsatile Gabe beachten!). Zusätzlich ist die Messung des Prolaktinspiegels notwendig, um einen Prolaktinom bedingten Hypogonadismus zu erkennen (Abb. 8.27).

Bei Verdacht auf Infertilität werden Untersuchungen des Ejakulats (Bestimmung der Spermienkonzentration, -morphologie und -motilität, biochemische Analysen des Seminalplasmas) zusätzlich zu den endokrinologischen Analysen erforderlich.

Zur Abklärung einer Gynäkomastie müssen Testosteron und β-Östradiol sowie LH, FSH, HCG und TSH bestimmt sowie Leber- und Nierenfunktion geprüft werden.

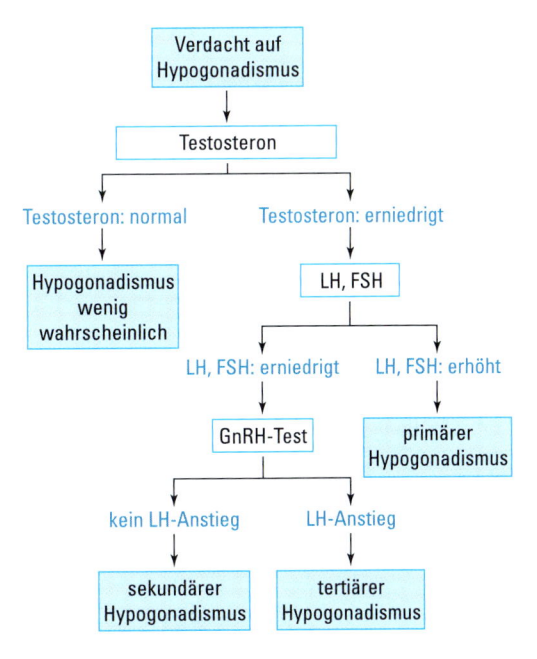

Abb. 8.27: Diagnostik bei Verdacht auf Hypogonadismus.

8.9 Hypothalamus-Hypophysen-Ovar-System

8.9.1 Grundlagen des Systems

Die Biosynthese der weiblichen Sexualhormone Östradiol und Progesteron erfolgt in den ovariellen **Theca- und Granulosazellen**. Bemerkenswert ist dabei, dass die Thecazellen zunächst Androgene synthetisieren, die anschließend von den Granulosazellen in Östrogene umgewandelt werden (Abb. 8.28a).

Die weibliche Sexualfunktion hängt vom störungsfreien Zusammenwirken von Hypothalamus, Hypophyse und Ovarien ab. Das vom Hypothalamus rhythmisch sezernierte GnRH (Gonadotropin Releasing Hormon) induziert die pulsatile Freisetzung der beiden Gonadotropine LH und FSH aus den gonadotropen Zellen der Hypophyse. Frequenz und Amplitude der Pulse sind zyklusabhängig. LH und FSH gelangen über das Blutgefäßsystem zum Ovar und steuern die zyklische Ovarialfunktion (Follikelreifung, Ovulation und Gelbkörperphase). Durch das komplexe Zusammenspiel hemmender und stimulierender Hormoninteraktionen kommt der menstruelle Zyklus zustande, der durchschnittlich 28 +/– 2 Tage dauert. In der ersten Zyklusphase **(Follikelphase)** wird die Gonadotropinsekretion durch Östrogen gehemmt, in der Zyklusmitte hingegen stimuliert, was zu einem massiven Anstieg der LH-Konzentration führt. FSH reguliert die Follikelreifung und steigert die Östrogen-Synthese. FSH unterliegt nicht nur der Regulation durch GnRH, sondern auch durch ovariell gebildete Hormone, wie Inhibin (Hemmung) oder Aktivin (Stimulation). LH ist an der Follikelreifung beteiligt und sorgt nach der Ovulation für die Bildung des Gestagens Progesteron durch den Gelbkörper (Corpus luteum). Durch die ansteigende Progesteronkonzentration wird die Gonadotropin-, vor allem die LH-Sekretion, gehemmt. Dadurch kommt es zum Abfall der Östrogen- und Progesteron-Konzentration und

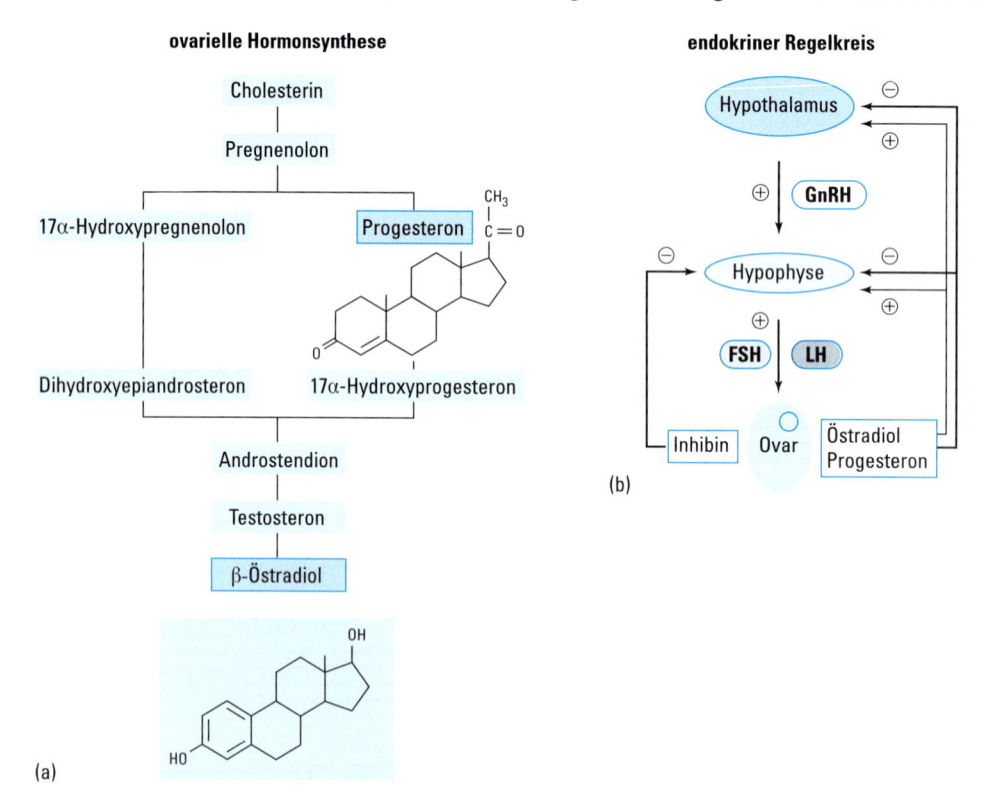

Abb. 8.28: Synthese der ovariellen Hormone und ihre Regulation.

schließlich zur Menstruation. Am Ende der **Lutealphase** führt der Wiederanstieg der FSH-Konzentration zur erneuten Rekrutierung eines Follikels und bereitet den nächsten Zyklus vor. Tritt eine Schwangerschaft ein, bewirkt das von der Plazenta gebildete HCG (humanes Choriogonadotropin) die Erhaltung des Gelbkörpers, der dann steigende Mengen an Östradiol und Progesteron synthetisiert (siehe Abb. 8.28b, Abb. 8.29).

Die Steroidhormone β-Östradiol und Progesteron werden im Blut zu einem großen Teil an Proteine gebunden transportiert. Östradiol bindet dabei mit hoher Affinität an SHBG und mit weitaus geringerer an Albumin. Progesteron wird hingegen an Transcortin und Albumin gebunden.

Östrogene und Gestagene haben eine Vielzahl von genitalen Wirkungen auf Vagina, Uterus, Ovar und Mamma, aber auch extragenitale unter anderem auf Leber und Knochen. Wie alle anderen Steroidhormone wirken Östrogene und Gestagene durch Bindung an intrazelluläre Rezeptoren und regulieren die Expression spezifischer Gene.

Nach Jahrzehnten der Fortpflanzungsfähigkeit kommt es zum Erlöschen der ovariellen Funktion durch Atresie der Follikel. Bereits einige Jahre vor der letzten funktionellen Blutung, der **Menopause**, reagieren die Ovarien immer weniger empfindlich auf die Gonadotropine. Daher steigt zunächst die FSH-Konzentration an und die Östrogen- und Progesteron-Spiegel fallen allmählich. Gleichzeitig können bereits Blutungsstörungen sowie vegetative Beschwerden auftreten. In der Zeit nach der Menopause, der **Postmenopause**, kommt es schließlich zu einem weiteren Anstieg der FSH-Konzentration bis zum 20fachen der Werte, die in der fertilen Phase gemessen werden. Die Zunahme der LH-Konzentration ist weniger ausgeprägt und erreicht in der Regel nicht mehr als das Fünffache. Der Zeitpunkt der Menopause ist individuell sehr verschieden (Durchschnitt: 51. Lebensjahr). In der Postmenopause nehmen Erkrankungen des kardiovaskulären Systems sowie die Osteoporose erheblich zu.

8.9.2 Störungen der Systems

8.9.2.1 Ovarielle Insuffizienz

Klinische Zeichen einer ovariellen Funktionsstörung sind Amenorrhö oder Oligomenorrhö, anovulatorische Zyklen und Corpus-luteum-Insuffizienz. Von **Amenorrhö** spricht man, wenn die periodische Blutung nie eingesetzt hat **(primäre Amenorrhö)** bzw. für mehr als 3 Monate aussetzt **(sekundäre Amenorrhö)**. Physiologisch ist eine Amenorrhö in folgenden Situationen: Präpubertät, Gravidität, Laktation und Postmenopause. Bei einer Oligomenorrhö hingegen findet zwar eine Blutung statt, jedoch sind die Intervalle zwischen den Blutungen deutlich verlängert.

Eine ovarielle Insuffizienz kann viele Ursachen haben, dabei müssen die seltenen angeborenen von den häufigen erworbenen unterschieden werden (Abb. 8.30):

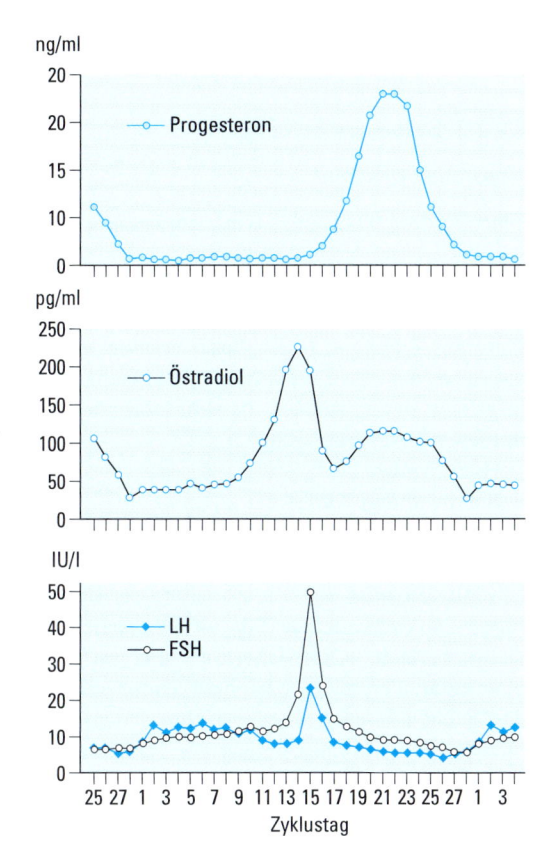

Abb. 8.29: Hormonkonzentrationen im Zyklus.

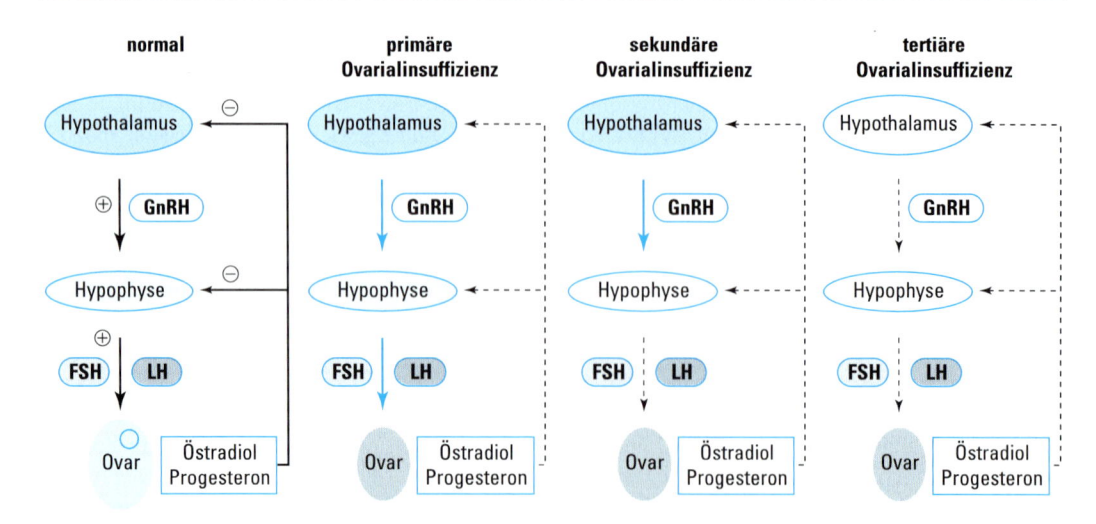

Abb. 8.30: Formen der Ovarialinsuffizienz.

angeboren
– ovarielle Störungen
  • Ullrich-Turner-Syndrom
  • Gonadendysgenesie (z. B. Swyer-Syndrom)
  • testikuläre Feminisierung
– hypothalamisch-hypophysäre Störungen
  • Kallmann-Syndrom
– Hyperandrogenämie
  • adrenogenitale Syndrome

erworben
– ovarielle Störungen
  • Traumen, Entzündungen etc.
– Hypothalamisch-hypophysäre Störungen
  • psychogen (Stress etc.)
  • Anorexie
  • Hyperprolaktinämie (Prolaktinome, Medikamente)
  • Hypophysenvorderlappeninsuffizienz (Tumore, Traumen etc.)
– Störungen der Schilddrüsenfunktion
  • Hyperthyreose
  • Hypothyreose
– Hyperandrogenämie
  • polyzystisches Ovarsyndrom

Die meisten Erkrankungen mit ovarieller Insuffizienz gehen mit einer primären Amenorrhö einher. Die erworbenen Störungen hingegen beeinträchtigen die Ovarfunktion in ganz unterschiedlicher Ausprägung, von Fertilitätsstörungen bis zur Amenorrhö und völligem Erlöschen der endokrinen und generativen Ovarialfunktion.

8.9.2.2 Besondere Störungen

Hyperandrogenämie

Eine Androgenisierung wird entweder durch vermehrte Androgenproduktion, verstärkte Umwandlung schwach androgener Steroide (z. B. im Fettgewebe) oder verstärkter Androgenwirkung am Zielorgan (z. B. durch vermehrte Expression der 5α-Reduktase) verursacht. Sie zeigt sich in zahlreichen als sehr störend empfundenen Erscheinungen:
– Hirsutismus
– Seborrhö und Akne
– Alopezie
– Störung des menstruellen Zyklus

Mit **Hirsutismus** wird die Zunahme der Behaarung vom männlichen Typ an Oberschenkel, Genitalbereich, Kinn, Oberlippe und im perimammilären Bereich bezeichnet. Diese Störung darf nicht mit einer **Hypertrichose**, dem vermehrten, androgenunabhängigen Haarwachstum am ganzen Körper, verwechselt werden.

Nimmt die Androgenbildung weiter zu, so kommt es zur **Virilisierung** mit folgenden klinischen Zeichen:

- Klitorishypertrophie
- Hypoplasie der Mammae
- Vermännlichung von Körperbau und Stimme

Eine Hyperandrogenämie kann viele Gründe haben. Dabei muss bedacht werden, dass nicht nur das Ovar, sondern auch die Nebennierenrinde Androgene bildet. Unter anderem müssen folgende Ursachen differenzialdiagnostisch berücksichtigt werden:
- **ovarielle Funktionsstörungen**
  - polyzystisches Ovarsyndrom (s. u.)
- **adrenale Funktionsstörungen**
  - adrenogenitales Syndrom (s. Abschn. 8.5.2)
- **androgen produzierende Tumore**
  - adrenale Adenome oder Karzinome
  - Ovarialtumore (z. B. Arrhenoblastom, Hiluszelltumor)
- **andere Tumore**
  - Prolaktinom
  - Cushing-Syndrom
  - HCG produzierende Tumore
- **medikamentös bedingt**
  - Anabolika

Vor allem, wenn Virilisierungerscheinungen erkennbar sind, muss ein androgenproduzierender Tumor ausgeschlossen werden.

Polyzystisches Ovar-Syndrom

Das **polyzystische Ovarsyndrom (PCOS)** ist eine der häufigsten endokrinologischen Störungen bei geschlechtsreifen Frauen mit einer Prävalenz von 2–5%. Die Erkrankung beginnt in der Regel zwischen dem 15. und 25. Lebensjahr und tritt familiär gehäuft auf. Die Störung zeigt ein heterogenes Bild mit folgenden Symptomen:
- Zyklusstörungen (Oligo- oder Amenorrhö)
- Hyperandrogenämie-Zeichen
- Infertilität
- Adipositas
- metabolisches Syndrom

Eine Virilisierung spricht gegen ein polyzystisches Ovarsyndrom und eher für einen Androgen-produzierenden Tumor. Die ovariellen Zysten entstehen aus nicht ausgereiften Follikeln, bei denen eine Ovulation unterblieben ist. Diese Erscheinung hat zwar der Erkrankung den Namen gegeben, kann aber fehlen.

Die Pathogenese ist kompliziert und noch nicht in allen Punkten geklärt. Offenbar löst eine vermehrte LH-Sekretion **(erhöhter LH-FSH-Quotient bei PCOS)** eine vermehrte ovarielle Androgensynthese aus. Durch vermehrte Aromatisierung der Androgene im Fettgewebe nimmt die Östrogenbildung zu, was die hypophysäre LH-Sekretion weiter anregt. Die Hyperandrogenämie bedingt die Entwicklung einer Kapselfibrose des Ovars mit dem Effekt, dass die Ovulation behindert und die FSH-Wirkung blockiert wird. Die häufig beim polyzystischen Ovarsyndrom nachweisbare **Insulinresistenz** steigert die ovarielle Androgenproduktion weiter. Die Hyperandrogenämie wiederum vermindert die hepatische SHBG-Sekretion und führt damit zur Verstärkung der Androgenwirksamkeit, weil durch Abnahme der Bindungsproteinkonzentration der Anteil an freiem Hormon zunimmt. Da eine Therapie mit Antidiabetika, wie Biguaniden oder Glitazonen, Hyperandrogenämie und Zyklusanomalien reduziert, kommt der Insulinresistenz bei dieser Erkrankung offenbar besondere Bedeutung zu.

Sterilität

Von Sterilität muss ausgegangen werden, wenn nach 24 Monaten mit regelmäßigem Geschlechtsverkehr keine Schwangerschaft eingetreten ist. Ursachen sind unter anderem die ovarielle Insuffizienz unterschiedlicher Genese bzw. organische Störungen von Zervix, Uterus oder Tuben.

Testikuläre Feminisierung und andere Androgen-Resistenz-Syndrome

Patienten mit **testikulärer Feminisierung** haben einen normalen männlichen Karyotyp, XY, aber einen weiblichen Phänotyp, ein normales weibliches äußeres Genital sowie eine blind endende und verkürzte Vagina. Uterus und Tuben fehlen. Es finden sich aber abdominal oder inguinal liegende Hoden. Auffällig ist auch die fehlende Scham- und Axillarbehaarung („**hair-**

less woman"). Die Patienten haben eine primäre Amenorrhö und sind infertil. Ursache der Erkrankung ist ein genetischer **Defekt des Androgenrezeptors**, der die Androgenwirkung verhindert. Der Testosteronspiegel ist bezogen auf weibliche Vergleichspersonen deutlich erhöht, die Östrogenkonzentration erniedrigt. Die LH-Sekretion ist signifikant verstärkt, der FSH-Spiegel normal oder nur leicht erhöht.

Neben diesem Androgen-Resistenz-Syndrom mit komplettem Ausfall des Androgenrezeptors gibt es auch Störungen mit partiellem Ausfall (z. B. das **Reifenstein-Syndrom**). Charakteristisch ist hier intersexuelles Genital.

Ullrich-Turner-Syndrom

Das Ullrich-Turner-Syndrom ist eine chromosomal bedingte Störung mit Gonadendysgenesie. Die Patienten mit diesem Syndrom haben entweder den Karyotyp X0 mit 45 Chromosomen oder ein X0/XX-Mosaik. Klinische Symptome unter anderem sind Minderwuchs, Schildthorax, Fehlstellung der Ellenbogen, Fuß- und Fingernageldefekte, Pterygium colli sowie Nieren- und Herzfehlbildungen. Endokrinologisch besteht ein hypergonadotroper Hypogonadismus mit niedrigen Östradiol- sowie hohen LH- und FSH-Werten.

8.9.3 Laborparameter und diagnostische Strategien

Wegen der zahlreichen Ursachen der ovariellen Insuffizienz ist die endokrinologische Abklärung aufwendig. Sie umfasst nicht nur die Messung von **LH, FSH, Östradiol** und **Progesteron**, sondern auch die Analyse der Androgene ovariellen bzw. adrenalen Ursprungs **Testosteron** bzw. **DHEAS** (= Dehydroepiandrosulfat), unter Umständen ergänzt durch SHBG, sowie die Bestimmung von TSH und Prolaktin. Bei der endokrinologischen Abklärung muss unbedingt beachtet werden, dass die Untersuchungen in der Follikelphase (3.–7. Zyklustag) erfolgen. Nur Progesteron wird in der Lutealphase (20.–24. Zyklustag) bestimmt.

Sind die LH- und FSH-Konzentrationen erhöht und der Östradiolspiegel erniedrigt, liegt eine primäre – ovarielle – Störung, im umgekehrten Fall eine sekundär/tertiäre – hypophysär-hypothalamische – Störung vor. Zur weiteren Abklärung kann ein **GnRH-Test** notwendig werden (s. Abschn. 8.8.3). Bleibt der deutliche Progesteronanstieg in der Lutealphase aus, so kann es sich um eine Corpus-luteum-Insuffizienz handeln.

Findet sich eine ausgeprägte Erhöhung der Prolaktin- oder eine abnormale TSH-Konzentration, so sollten die verschiedenen Ursachen der Hyperprolaktinämie (s. Abschn. 8.3.2) bzw. der Schilddrüsenfunktionsstörung (Hyper- oder Hypothyreose) in Erwägung gezogen werden (s. Abschn. 8.4.3).

Bei Hyperandrogenämie (Anstieg von Testosteron und/oder DHEAS) kann es erforderlich sein, ein Cushing-Syndrom, ein adrenogenitales Syndrom (s. Abschn. 8.5.3) oder andere Formen der Hyperandrogenämie auszuschließen. Bei Verdacht auf Polycystisches Ovarsyndrom ist auch ein oraler Glucose-Toleranztest zu empfehlen, um eine gestörte Glucosetoleranz oder einen Diabetes mellitus zu erkennen. Liegt ein stärkerer Anstieg der Androgene zusammen mit Virilisierungserscheinungen vor, muss ein Androgen produzierender Tumor ausgeschlossen werden, wobei ein Testosteronspiegel von > 1,5 µg/l für eine ovarielle bzw. eine DHEAS-Konzentration von > 6 mg/l für eine adrenale Ursache spricht.

9 Erythrozyten

M. Ossendorf

9.1 Pathophysiologie und Pathobiochemie

Die Erythrozyten sind die größte Zellpopulation des Blutes und geben durch das in ihnen enthaltene **Hämoglobin** dem Blut seine charakteristische rote Farbe. Sie sind hochspezialisierte Zellen, die mithilfe des Hämoglobins (Hb) den lebenswichtigen Sauerstoff (O_2) zu den Organen und im Zellstoffwechsel anfallendes Kohlendioxid (CO_2) zurück zur Lunge transportieren. Darüber hinaus stellen die Erythrozyten mit Hämoglobin und organischem Phosphat wichtige Puffer für die Aufrechterhaltung des Säure-Basen-Gleichgewichts zur Verfügung.

Ein Mangel an Erythrozyten oder besser ein Mangel an Hämoglobin (= **Anämie**) muss damit zu einer Beeinträchtigung der normalen Funktion des Organismus führen. Dem Körper kann weniger Sauerstoff zur Verfügung gestellt werden, es kommt zu Leistungsminderung, früher Ermüdbarkeit und Kurzatmigkeit.

Erythrozytosen, also die Vermehrung von Eryrthrozyten und Hämoglobin, treten meistens kompensatorisch, bei Sauerstoffmangel des Gewebes (z. B. Höhenadaptation, chronische Lungenerkrankung), selten primär, als maligne, neoplastische Erkrankung des Knochenmarks auf (s. Kapitel 10).

Bei Hämoglobinveränderungen, welche die Fähigkeit des Hämoglobins, Sauerstoff zu binden oder abzugeben beeinflussen, kann es auch bei normalem Hämoglobingehalt des Blutes zur **Hypoxie** des Gewebes kommen.

Darüber hinaus haben Störungen in der Biosynthese des Häms (**Porphyrien**) und Störungen im Eisenstoffwechsel (z. B. **Hämochromatose**) direkte Auswirkungen auf andere Organsysteme.

9.1.1 Erythropoese

Ein gesunder Erwachsener hat etwa 25 Billionen Erythrozyten, die nach einer **durchschnittlichen Lebenszeit von 120 Tagen** im retikuloendothelialen System (RES) der Milz, abgebaut werden. Als Ersatz werden in jeder Sekunde etwa 2 Millionen Erythrozyten aus dem Knochenmark freigesetzt. Ihre Entwicklung aus der pluripotenten Stammzelle wird in Kapitel 10 beschrieben. Die erste im Knochenmark mikro-

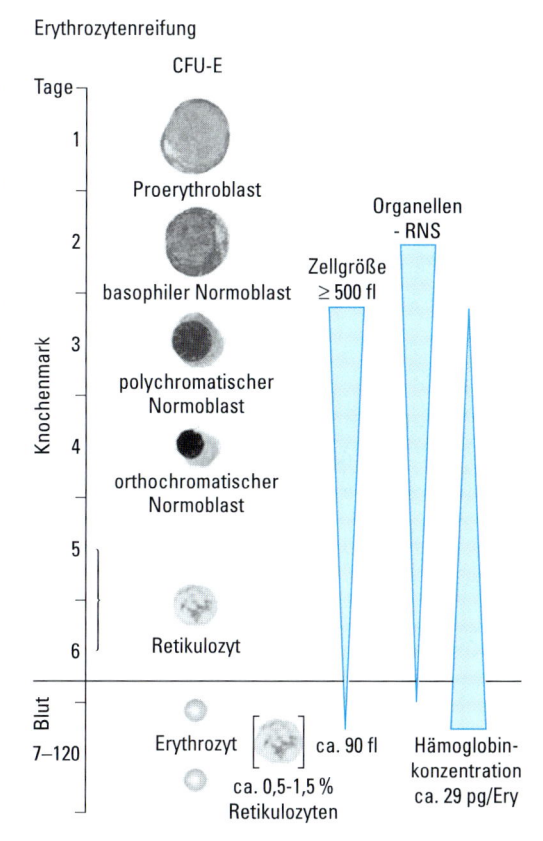

Abb. 9.1: Erytrozytenentwicklung/-reifung.

skopisch sichtbare Zelle der Erythropoese ist der Proerythroblast, aus dem in mehreren Zellteilungsschritten kleinere Erythroblasten entstehen. Durch Synthese von Hämoglobin färben sich diese Zellen zunehmend rosa. Gleichzeitig wird der RNS-Gehalt der Zellen geringer und die Zellen verlieren zunehmend die Möglichkeit der Proteinbiosynthese. Dadurch nimmt die blaue Farbe der Zellen ab. Während dieser Entwicklung wird das Chromatin dichter und schließlich stoßen die Zellen ihre Kerne aus. Diese jungen Erythrozyten werden als **Retikulozyten** (s. Abb. 5 im Bildanhang am Ende des Buches) bezeichnet, da sich die Reste von RNS und aggregierten Zellorganellen in der Supravitalfärbung netzartig darstellen. Retikulozyten sind mit einem Volumen von im Mittel 105 fl etwas größer als reife Erythrozyten mit 90 fl. Nach jeweils 1–2 Tagen im Knochenmark und peripheren Blut reifen die Retikulozyten aus und verlieren die letzten Reste an RNS und Organellen (Abb. 9.1).

Die Regulation der Erythropoese erfolgt durch **Erythropoietin**, das in der Niere und in geringem Maße auch in der Leber und anderen Geweben, in Abhängigkeit vom O_2-Gehalt des Blutes gebildet und freigesetzt wird. Modulierend wirken Stammzellfaktor (SCF), GM-CSF und andere Interleukine. Wahrscheinlich als Folge eines verminderten Stoffwechsels und damit vermindertem O_2-Verbrauch kommt es bei Androgen- und Thyroxinmangel zu einer Anämie. Neben diesen endogenen Faktoren sind für die Entwicklung (Proliferation und Reifung) der Erythrozyten **Eisen, Vitamin B12** und **Folsäure** wesentlich. Aber auch ein Mangel an den Vitaminen C, E, B_2, B_3, B_6 und Spurenelementen, wie Kupfer und Kobalt können indirekt oder direkt zu Störungen der Erythropoese führen.

9.1.2 Hämoglobinsynthese

In Abbildung 9.2 ist die Hämoglobinsynthese schematisch dargestellt.

Das sauerstofftransportierende Protein Hämoglobin (Hb) wird zu ca. 65 % im reifenden Erythroblasten gebildet, der Rest entsteht während der Retikulozytenreifung. Jedes Hä-

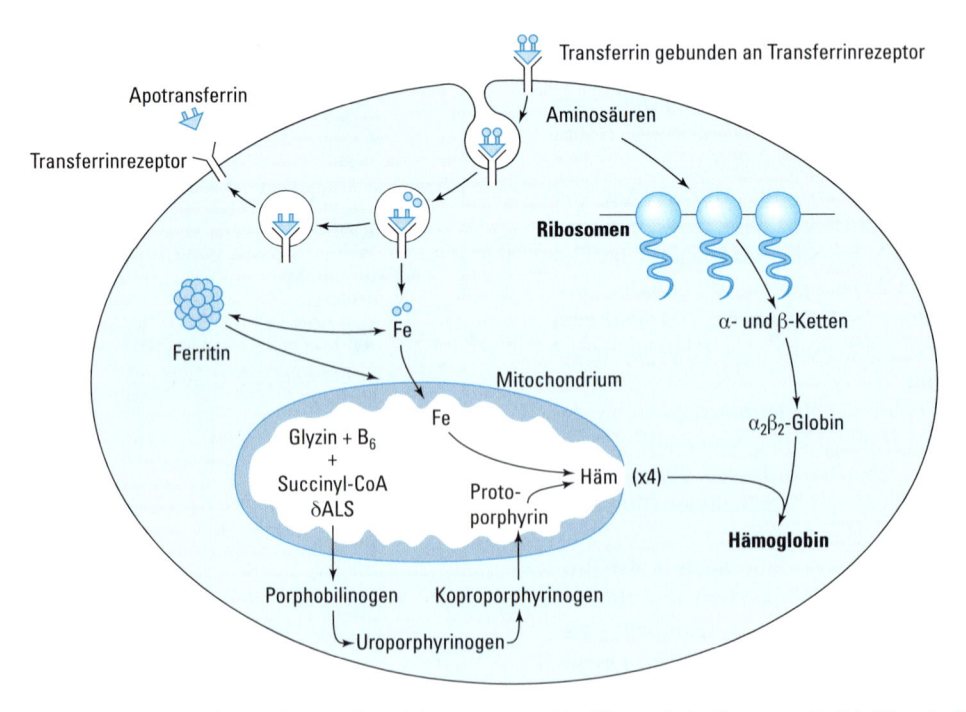

Abb. 9.2: Hämoglobinsynthese während der Erythropoese.

Fe: Eisen; CoA: Coenzym A; B6: Vitamin B6; δALS: δ-Aminolävulinsäure.

Abb. 9.3: Hämstruktur: 4 Pyrrolringe mit zentralem Eisen (II).

moglobinmolekühl besteht aus 2 x 2 (paarweise identischen) Polypeptidketten (Globin) mit je einem eisen(II)-haltigen Hämmolekül (Abb. 9.3).

9.1.2.1 Globin

Das menschliche Genom enthält 5 verschiedene Gene für die Globinsynthese: ε, δ und β auf Chromosom 11 und ξ und α auf Chromosom 16, wobei das α-Globingen auf jedem Chromosom 16 doppelt vorliegt (Abb. 9.4).

Der gesunde Erwachsene hat zu 96–97 % **HbA** (adultes Hämoglobin, auch als HbA_0 bezeichnet), das aus zwei α-Globinketten und zwei β-Globinketten ($\alpha_2\beta_2$) besteht, daneben kommen HbA_2 ($\alpha_2\delta_2$) mit etwa 2,5 % und HbF ($\alpha_2\gamma_2$) mit weniger als 1 % vor. Als HbA_1 wird nicht enzymatisch glykiertes HbA bezeichnet.

In Abhängigkeit vom Kohlenhydrat wird zwischen HbA_{1a}, HbA_{1b} und HbA_{1c} unterschieden. HbA_{1a} ist mit phosphorylierten Zuckern verbunden und HbA_{1c} mit Glukose. Der Zucker, mit dem HbA_{1b} verbunden ist, ist unbekannt. Diese Verbindung von Kohlenhydraten mit den primären Aminogruppen von Proteinen ist nur von den Konzentrationen der Reaktionspartnern abhängig. Somit wird HbA_{1c} in Abhängigkeit von der Glukosekonzentration im Blut gebildet und kann entsprechend der Halbwertszeit der Erythrozyten, bei Diabetikern als Marker der Glukoseeinstellung der letzten 4–6 Wochen eingesetzt werden (siehe Kapitel 4).

In der Fetalzeit wird überwiegend **HbF** (fetales Hämoglobin) gebildet. Die Umstellung auf das HbA erfolgt in den ersten 3–6 Monaten nach der Geburt. Die ε- und ξ-Ketten werden nur in der Embryonalzeit exprimiert (Tab. 9.1). Die embryonalen und fetalen Hämoglobine (Gower 1, Gower 2 und Portland, HbF) haben eine höhere Sauerstoffaffinität als die adulten Formen und können somit leichter den Sauerstoff vom mütterlichen HbA übernehmen.

Bei ca. 1 % der westafrikanischen und amerikanischen Schwarzen wird die frühkindliche Umstellung von γ-Globinketten zu β-Globinketten (d. h. von HbF zu HbA) auf einem oder auch beiden Chromosomen nicht vollzogen. Diese Menschen haben 15–30 % (heterozygot) oder 100 % (homozygot) HbF, ohne dass dieses zu klinischen Symptomen führt. Diese Normvariante muss von der HbF-Erhöhung bei β-Thalassämien abgegrenzt werden.

Thalassämien sind Erkrankungen, bei denen die Globinketten aufgrund genetischer Defekte vermindert gebildet werden. Je nach betroffener

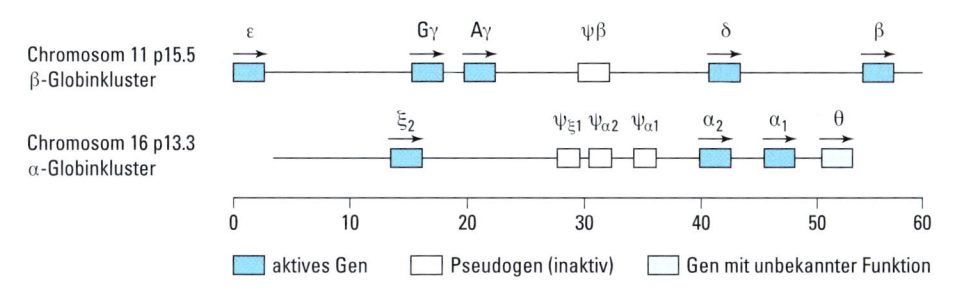

Abb. 9.4: Organisation des Globingenoms auf Chromosom 11 und 16.

Tabelle 9.1: Hämoglobinformen im Blut während der Entwicklung.

embryonal		fetal		adult	
HbF ($\alpha_2\gamma_2$)	50%	HbF ($\alpha_2\gamma_2$)	82%	HbA ($\alpha_2\beta_2$)	97%
Gower 1 ($\xi_2\varepsilon_2$)	20%	HbA ($\alpha_2\beta_2$)	18%	HbA$_2$ ($\alpha_2\delta_2$)	2,5%
Gower 2 ($\alpha_2\varepsilon_2$)	15%	HbA$_2$ ($\alpha_2\delta_2$)	0,2%	HbF ($\alpha_2\gamma_2$)	0,5%
Portland ($\xi_2\gamma_2$)	10%				
HbA ($\alpha_2\beta_2$)	5%				

Globinkette spricht man daher z. B. von α- bzw. β-**Thalassämie**. Sie führen in der Regel zu mikrozytären Anämien unterschiedlichen Ausmaßes.

Die Thalassämien müssen wiederum von den Hämoglobinanomalien im engeren Sinne abgegrenzt werden, bei denen eine oder auch mehrere Globinketten zwar gebildet werden aber aufgrund von Mutationen eine variante Aminosäurestruktur aufweisen. Bis heute sind mehr als 500 Hämoglobinvarianten bekannt, von denen die meisten asymptomatisch sind oder auf Grund ihrer Seltenheit nur eine akademische Bedeutung haben. Hämoglobinanomalien, die zu einer klinisch relevanten Störung führen werden als **Hämoglobinopathien** bezeichnet. Einige dieser Hämoglobinopathien sind in bestimmten Populationen weit verbreitet und können zum Teil zu lebensbedrohlichen Erkrankungen führen (z. B. **HbS** bei **Sichelzellanämie**; s. Abb. 11, 12 im Bildanhang am Ende des Buches). Die meisten dieser pathologischen Hämoglobine führen zu einer intravasalen Hämolyse. Andere Hämoglobinopathien können zur **Methämoglobinbildung** beitragen (HbM) oder führen durch eine veränderter (erhöhten) Sauerstoffbindungsaffinität, mit der daraus resultierenden Hypoxie des Gewebes zu einer familiären Polyzytämie.

9.1.2.2 Häm

Die Bildung von **Häm** (Abb. 9.3) setzt eine ausreichende Menge an **Eisen** und **Protoporphyrin** voraus.

Protoporphyrin wird in acht enzymatischen Schritten zuerst in den Mitochondrien, dann im Zytoplasma und schließlich wieder in den Mitochondrien aus Glyzin und Succinyl-Coenzym-A (Succinyl-CoA) gebildet (Abb. 9.2). Die Synthese wird durch Erythropoietin angeregt und durch Häm und Glukose gehemmt. Das geschwindigkeitsbestimmende Enzym ist dabei die δ-**Aminolävulinsäure-Synthase** (δ-ALS). Die Hämsynthese ist aber nicht auf die Hämoglobinsynthese in der Erythropoese beschränkt, sondern erfolgt ubiquitär. Weitere wichtige Hämproteine sind Myoglobin, Katalasen und Zytochromperoxidasen.

Störungen in der Protoporphyriensynthese führen zu seltenen, aber zum Teil lebensbedrohlichen Erkrankungen, den **Porphyrien**.

Bei einem Eisenmangel und ausreichendem Protoporphyrin wird anstelle des Eisens Zink eingebaut und es entsteht Zinkprotoporphyrin anstelle von Häm.

9.1.2.3 Eisen

Eisen gelangt im Plasma an **Transferrin** gebunden zu den erythropoetischen Zellen und wird zusammen mit Transferrin über den **Transferrinrezeptor** in die Zelle aufgenommen. Der Transferrinrezeptor wird in Abhängigkeit von der intrazellulären Eisenkonzentration exprimiert. Die Regulation der Transferrinrezeptorexpression aber auch der Ferritin- und Transferrinsynthese erfolgt dabei über die eisenregulierende Proteine (**IRP**, iron regulatory – responsive – proteins), die über eisenregulierende Elemente (**IRE**, iron regulatory – responsive – elements) direkt an den mRNS wirken (Abb. 9.5). In der Zelle wird das Eisen vom Transferrin freigesetzt und je nach Bedarf entweder am Eisenspeicherprotein **Ferritin** gebunden gelagert oder in den Mitochondrien in Protoporphyrin eingebaut, wodurch Häm entsteht, das sich wiederum im Zytoplasma mit den Globinketten zu Hämoglobin verbindet (Abb. 9.2). Die freigesetzten Transferrinrezeptoren können, in Abhängigkeit vom Eisenbedarf recycelt und erneut exprimiert werden. Der Transferrinrezeptor

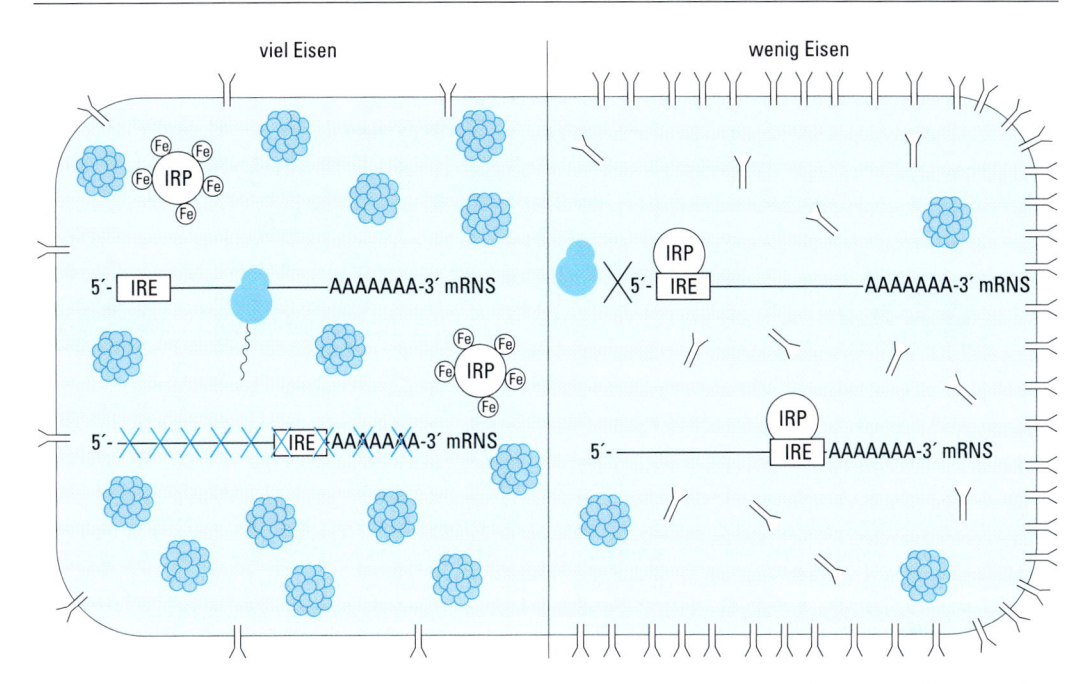

Abb. 9.5: Regulation der zellulären Eisenaufnahme durch IRP und IRE.
Der zelluläre Eisenbedarf wird über die IRP (iron regulatory proteins) „gemessen". Diese binden bei Eisenmangel an IRE (iron regulatory elements) bestimmter mRNS (z. B. Transferrinrezeptor = TFR, Ferritin) die am 3´ oder 5´Ende der mRNA liegen. Die Bindung des IRP am 3´Ende führt zu einer Stabilisierung der mRNA und somit Zunahme z. B. der TFR-Synthese, die Bindung am 5´Ende verhindert die Aufnahme in die Ribosomen und somit die Synthese z. B. von Ferritin. Bei ausreichenden Eisenreserven ist die Aufnahme über den TFR erniedrigt, das Eisen wird vermehrt in Ferritin gespeichert. Bei Eisenmangel wird dieser über mehr TFR an der Zelloberfläche signalisiert und Ferritin weniger gebildet.

wird in Abhängigkeit von der Expression abgeschilfert (englisch: shedding) und kann im Serum/Plasma als löslicher Transferrinrezeptor gemessen werden.

Der physiologische Eisenverlust von etwa 1 mg/Tag über Galle, Schweiß, Abschilferungen von Haut und Schleimhaut und bei Frauen wird über die Aufnahme von Fe^{2+} im Duodenum und oberen Jejunum kompensiert (Abb. 9.6). Wobei das Nahrungseisen überwiegend als Fe^{3+} vorliegt und für die Aufnahme zu Fe^{2+} reduziert werden muss. Das in Fleisch vorkommende Hämeisen kann nach Abspaltung des Proteinanteils direkt aufgenommen werden. Im Durchschnitt werden nur etwa ein Zehntel des Nahrungseisens resorbiert, wobei resorptionsfördernde und -hemmende Faktoren für die effektive Aufnahme eine nicht unerhebliche Rolle spielen (Tab. 9.2). Bei Bedarf kann die intestinale Eisenresorption bis zu 40fach gesteigert (Eisenbedarf) bzw. bei einer Eisenüberladung reduziert werden. Abbildung 9.7 gibt einen Überblick über Eisenstoffwechsel und Eisenverteilung.

Ein **Eisenmangel** führt zu einer verminderten Hämoglobinsynthese, die sich als mikrozytäre aber vor allem **hypochrome Anämie** manifestiert. Ähnliches passiert, wenn das Eisen zwar vorhanden ist aber wegen einer **Eisenverteilungsstörung** der Hämoglobinsynthese nicht zur Verfügung steht.

Eine solche Eisenverteilungsstörung besteht auch bei der **Anämie chronischer Erkrankungen** (ACD = **a**nemia of **c**hronic **d**isease). Im Rahmen einer ACD, auch Tumor- oder Infektanämie genannt, ist das Eisenrecycling zwischen Erythrozytenabbau im retikuloendothelialen System (RES) und Erythropoese im Kno-

Darmlumen   **Blut**

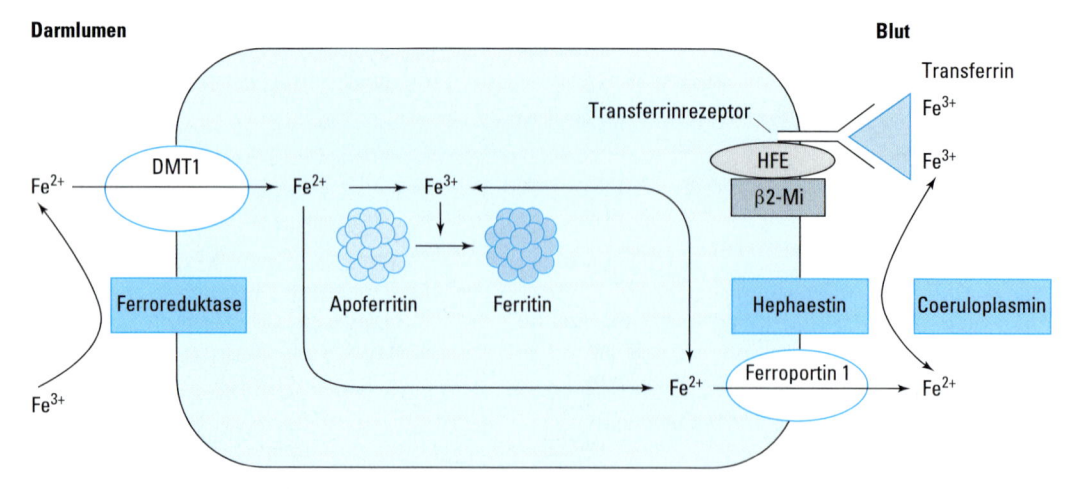

Abb. 9.6: Intestinale Eisenaufnahme. Das dreiwertige Eisen aus der Nahrung wird über eine membranständige Ferroreduktase des Enterozyten zu zweiwertigem Eisen reduziert, die Aufnahme in die Zelle erfolgt über DMT1 (divalentes Metalltransportprotein). Die Abgabe ins Blut verläuft über Ferroportin1. Beide Transporter werden über IRE und IRP gesteuert (s. Abb. 9.5). Zur Kopplung des Eisens an das Transportprotein Transferrin muss es mithilfe von Coeruloplasmin und Hephaestin oxidiert werden. HFE assoziiert mit β2-Mikroglobulin, bindet an den Transferrinrezeptor und wirkt als „Eisensensat".

chenmark gestört. Wie bei einer „klassischen Akuten-Phase-Reaktion" (s. Kap. 12) ist das Ferritin erhöht und das Transferrin erniedrigt. Damit kommt es zu einem verminderten Eisentransport und einer vermehrten Eisenspeicherung. Das Eisen wird im RES und in den Makrophagen des Knochenmarkes festgehalten und fehlt für die Neubildung von Erythrozyten. Die Pathophysiologie dieses Zustands ist noch nicht ganz klar. Wahrscheinlich handelt es sich um einen Teil der zytokinvermittelten Abwehr gegen Mikroorganismen, denen auf diese Weise das für ihren Stoffwechsel nötige Eisen entzogen wird. Die Expression des Transferrinrezeptors ist von dieser Reaktion nicht betroffen. Er wird nur vom Eisengehaltes der Zelle und der Proliferation abhängig exprimiert.

Eine **Eisenüberladung** des Körpers entsteht durch eine angeborene übermäßige Eisenresorption im Darm, einer kompensatorisch erhöhten Eisenaufnahme im Rahmen einer ineffektiven Erythropoese oder iatrogen, durch häufige Bluttransfusionen und – leider auch – im Rahmen von nicht indizierten Eisengaben.

Wird bei einer genetischen oder sekundären **Hämochromatose** die Speicherkapazität für Eisen überschritten, führen freie Eisenionen zu toxischen Schäden vor allem an Leber, Pankreas, Herz und Gonaden.

9.1.3 Erythropoietin

Ein Mangel an **Erythropoietin**, wie er bei einer schweren Niereninsuffizienz oder wenn beide Nieren fehlen, entsteht, führt zu einer Anämie.

Tabelle 9.2: Faktoren, die die Eisenresorption beeinflussen.

resorptionsfördernd	resorptionshemmend
reduzierendes Milieu (z. B. viel Vitamin C in Obst und Gemüse)	verminderte Magensaftproduktion (Säuremangel, Reduktion gestört)
viel Hämeisen in der Nahrung (fleischreiche Ernährung)	wenig Hämeisen in der Nahrung (vegetarische Ernährung)
	Nahrung reich an Komplexbildnern: • Phytate (Nüsse, Getreide, Samen) • Polyphenole (Kaffee, Tee) • Oxalate (Spinat, Rhabarber, Schokolade)

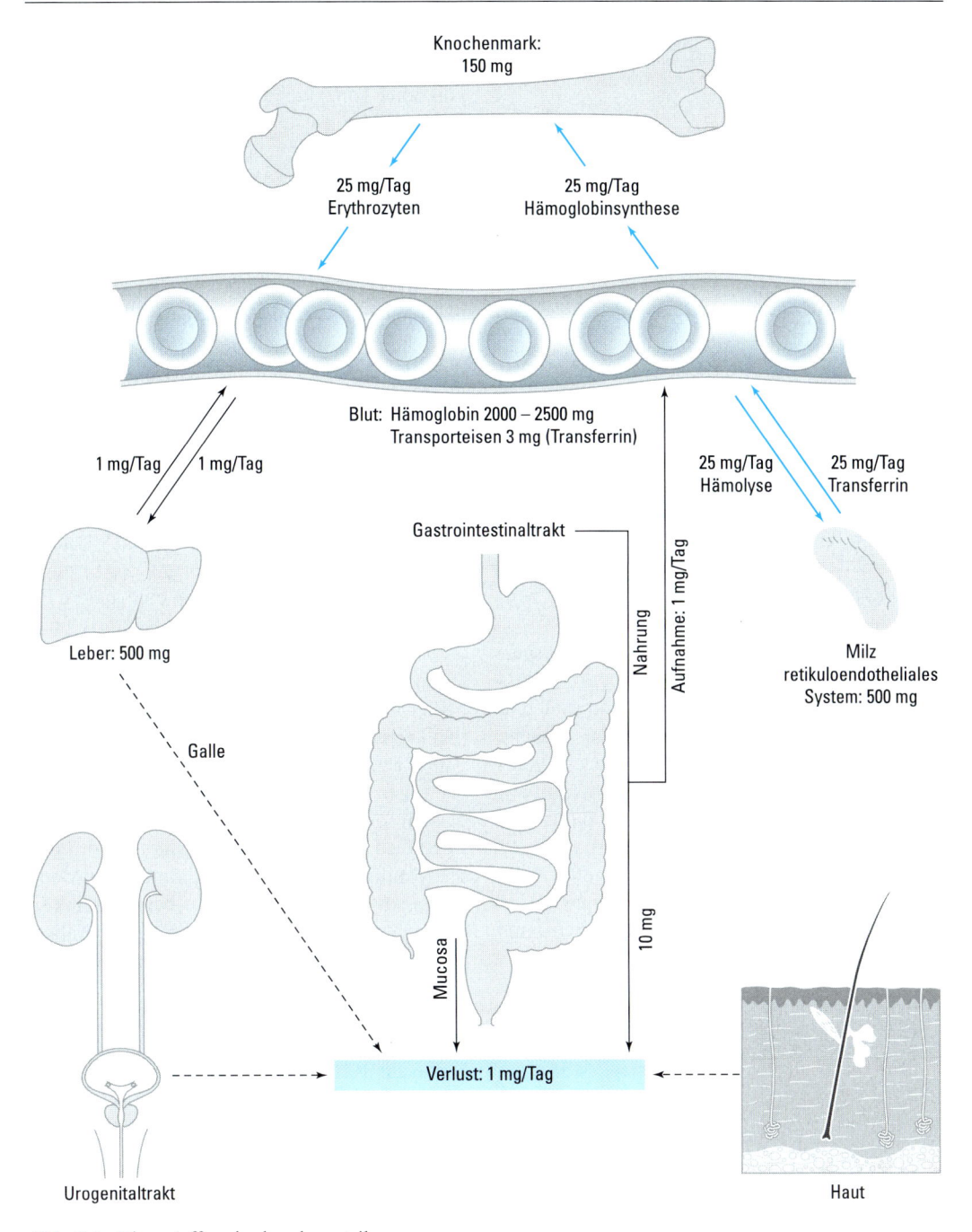

Abb. 9.7: Eisenstoffwechsel und -verteilung.

Da es sich um eine reine Bildungsstörung handelt kommt es meist zu einer **normozytär-normochromen Anämie**. Bei zusätzlichem Eisenmangel oder Eisenverteilungsstörung kann sie auch mikrozytär und hypochrom imponieren. Bei Anämien im Rahmen von chronischen Entzündungen (ACD) ist der Anstieg des Erythropoietins, vermutlich durch den Einfluss von

Zytokinen, häufig nicht adäquat und trägt damit zur Verstärkung der Anämie bei.

9.1.4 Vitamin B12 und Folsäure

Ein Mangel an **Vitamin B12** und/oder **Folsäure** führt zu einer Hemmung der **Thymidylatsynthese**, der geschwindigkeitsbestimmenden Reaktion in der DNS-Synthese. Die Folge ist eine ineffektive Erythropoese. Durch eine Verlängerung der S-Phase des Zellzyklus werden die noch entstehenden Erythrozyten größer und hämoglobinreicher. Es entsteht das Bild einer **makrozytären Anämie** die auch hyperchrom imponiert (s. Abb. 3 im Bildanhang am Ende des Buches). Im Knochenmark finden sich sehr große Erythroblasten, die sogenannten Megaloblasten, weshalb man auch von einer **megaloblastären Anämie** spricht. Wenn die Wirkung von Vitamin-B12 bzw. Folsäure z. B. durch Medikamente gestört ist, entsteht eine entsprechendes Krankheitsbild.

Vitamin B12 wird v. a. in der Leber gespeichert. Diese Vorräte reichen für Jahre, sodass eine mangelnde Aufnahme erst sehr spät und dann schleichend manifest wird. Die Ursache eines Vitamin B12-Mangels ist meist ein Mangel an **intrinsic factor**, der in den Parietalzellen des Magens gebildet wird. Ursachen dafür sind z. B. eine Gastrektomie aber häufiger eine autoimmune Zerstörung der Parietalzellen bzw. eine Komplexierung mit Autoantikörper gegen intrinsic factor. Das Krankheitsbild wird als **Perniziöse Anämie** bezeichnet.

Ein Mangel an Folsäure ist in der Regel die Folge einer Mangelernährung, die in Deutschland meist im Rahmen einer Alkoholerkrankung auftritt, kann aber auch bei Zuständen mit erhöhtem Folsäurebedarf (Schwangerschaft, Wachstum) entstehen.

9.1.5 Andere Störungen der Erythrozytenbildung

Bei Erkrankungen der pluripotenten Stammzelle, die als Leukämien oder Myelodysplasie imponieren, kann es im Knochenmark zu einem Mangel an funktionstüchtigen Erythroblasten kommen.

Als **aplastische Anämie** wird eine Aplasie des Knochenmarks bezeichnet die in der Regel von einer Panzytopenie (alle myeloischen Zellreihen sind betroffen) begleitet wird. Eine seltene Form ist die angeborene **Fanconi-Anämie**, die mit multiplen Missbildungen, wie z. B. Mikroenzephalie, Finger- und Zehenanomalien, Becken- und Hufeisennieren einhergeht. Die Anämie wir dabei im 5.–10. Lebensjahr manifest. Ein Teil der Patienten entwickeln im Verlauf eine akute myeloische Leukämie. Häufiger entstehen aplastische Anämien, wenn Patienten ionisierenden Strahlen, zytotoxischen Medikamenten oder Chemikalien ausgesetzt waren, oder gelegentlich im Rahmen von Virushepatitiden (Non A/non B-Hepatitis).

Eine Verdrängung der Erythropoese ist durch Metastasen solider Tumoren möglich.

Infektionen, z. B. mit Parvovirus B19 können zu einer vorübergehenden Störung der Erythropoese führen. Liegt dabei schon eine andere Erkrankungen des erythrozytären Systems (z. B. chronischen Hämolysen) vor, kommt es mitunter zu schweren aplastischen Krisen.

Im Rahmen von Autoimmunerkrankungen (Kollagenosen, Myastenia Gravis), Thymomen – aber auch ideopathisch – führen Autoantikörper gegen determinierte Stammzellen, Erythroblasten oder Erythropoietin zur sogenannte **Pure Red Cell Aplasia**. Gelegentlich wird dieses Krankheitsbild auch im Rahmen von Medikamentengaben beobachtet, wobei die Antikörper gegen die auf der Erythroblastenmembran gebundenen Fremdantigen gerichtet sind.

9.1.6 Erythrozytenverluste

Nicht nur Bildungsstörungen der Erythrozyten führen zur Anämie, auch wenn die Verluste von Erythrozyten deren Bildung überschreiten muss es zu einer Anämie kommen.

9.1.6.1 Blutung

Bei einer akuten Blutung wird die Anämie erst nach 3–4 Stunden sichtbar, da sowohl Erythrozyten, als auch Plasma verloren gehen. Um die Zirkulation aufrecht zu erhalten reagiert der Körper auf diesen Volumenverlust zuerst mit einer Vasokonstriktion. Danach wird das Plasmavolumen aus dem Extravasalraum ersetzt und Hämatokrit und Hämoglobin fallen ab. Das volle Ausmaß des Blutverlustes wird unter Umständen erst 1 Tag nach der Blutung sichtbar. Am 2. oder 3. Tag zeigt ein Anstieg der Retikulozyten die verstärkte Erythropoese an, die ca. 10 Tage anhält und schließlich zu einer Normalisierung des Hämoglobins führt. Werden dabei die Eisenspeicher erschöpft, kann eine Eisenmangelanämie entstehen.

Ein solcher Eisenmangel entsteht regelmäßig im Rahmen von chronischen – auch geringen – Blutverlusten.

9.1.6.2 Hämolyse

Nach durchschnittlich 120 Tagen werden die Erythrozyten im retikuloendothelialen System (RES) von Milz, Leber und Knochenmark abgebaut.

Der Tetrapyrrolring des Hämoglobins wird aufgespalten und das Globin vom Häm abgespalten. Das Eisen wird aus dem Hämoglobin freigesetzt und an Transferrin gebunden der Erythropoese wieder zur Verfügung gestellt. Das Protoporphyrin wird über **Biliverdin** zu **Bilirubin** umgebaut, was in der Leber an Glukuronsäure konjugiert und über die Galle ausgeschieden wird. Im Kolon zersetzen Darmbakterien dann das Bilirubin zu **Urobilinogen**, **Sterkobilinogen**, Urobilin und Sterkobilin, welche teilweise rückresorbiert und wieder über die Galle (entero-hepatischer Kreislauf) aber zum Teil auch über den Urin ausgeschieden werden. Normalerweise werden keine oder nur wenige Erythrozyten intravasal abgebaut. Das dabei freiwerdende Hämoglobin wird an Haptoglobin gebunden und im RES abgebaut.

Ist der Abbau der Erythrozyten beschleunigt, d. h. die Erythrozytenüberlebenszeit verkürzt, wird dieses als **Hämolyse** bezeichnet, die bis zu einem gewissen Grad über eine verstärkte Erythropoese, sichtbar als Retikulozytose, ausgeglichen werden kann. Reicht diese Kompensation nicht aus entsteht eine **hämolytische Anämie**.

Grundsätzlich wird dabei die **intravasale von der extravasalen Hämolyse**, bei der die physiologischen Abbauwege des RES genutzt werden, unterschieden.

Bei der intravasalen Hämolyse wird **Haptoglobin** „verbraucht". Haptoglobin ist ein $\alpha 2$-Globulin, das eine hohe Affinität zu allen Hämproteinen hat und so auch freies Hämoglobin komplexieren kann. Wird seine Bindungskapazität überschritten, kann freies Hämoglobin in messbaren Konzentrationen zirkulieren und über den Urin ausgeschieden werden **(Hämoglobinurie)**.

Ursachen einer Hämolyse können Veränderungen der Erythrozyten selbst (korpuskuläre) oder deren Umgebung (extrakorpuskuläre) sein. Korpuskuläre Ursachen einer Hämolyse können Veränderungen der Erythrozytenmembran, der Hämoglobine oder im Erythrozytenstoffwechsel (Enzyme) sein und werden meist vererbt.

Die extrakorpuskulären Ursachen sind ebenfalls vielfältig und sind meist erworben. So führen z. B. Veränderungen an Gefäßen oder Herzklappen zu mechanischen Hämolysen. Immunhämolytische Phänomene entstehen durch Autoantikörper gegen Erythrozyten, Antikörper gegen membrangebundene Medikamente oder durch Alloantikörper im Rahmen von Transfusionszwischenfällen. Infektionen können direkt (Malaria) oder indirekt, durch Toxine oder durch Induktion von Autoantikörper zur Hämolyse führen. Vergiftungen z. B. mit Blei, Arsen und Chlorverbindungen aber auch Medikamente können durch direkte toxische Schädigung eine Hämolyse auslösen. Tabelle 9.3 zeigt eine Einteilung der hämolytischen Anämien.

9.2 Wichtige Krankheitsbilder

9.2.1 Thalassämien, Hämoglobinopathien

9.2.1.1 Thalassämien

Bei den **Thalassämien** werden eine oder mehrere Globinketten des Hämoglobins vermindert gebildet. Klinisch wird dabei grundsätzlich zwischen einer schweren Erkrankung der **Thalassämia major**, einer leichten Erkrankung der **Thalassämia minor** und einer mittelschweren Erkrankung der **Thalassämia intermedia** unterschieden (s. Abb. 9 im Bildanhang am Ende des Buches).

Tabelle 9.3: Einteilung der hämolytischen Erkrankungen mit Beispielen für die einzelnen Defekte.

korpuskulär	extrakorpuskulär
hereditär	**erworben**

Membrandefekte
– Sphärozytose
– Elliptozytose
	immunologisch
	– autoimmun
	  • Wärmeantikörper
	  • Kälteantikörper
	– alloimmun
	  • inkompatible Transfusion
	  • Morbus hämolyticus neonatorum
	  • nach Organtransplantationen

Hämoglobindefekte – Sichelzellanämie (auch HbC, HbD, HbE u. a.) – instabile Hämoglobine – β-Thalassämie	
Stoffwechseldefekte – Glukose-6-Phosphatdehydrogenase-Mangel – Pyruvatdehydrogenase-Mangel	arzneimittelinduziert – Penizillin, Chinin, Methyl-DOPA
erworben – PNH (paroxysmale nächtliche Hämoglobinurie)	mechanisch – Mikroangiopathie – Herzklappen – Marschhämoglobinurie
	Infektionen – Malaria – Chlostridien
	toxisch – Blei, Arsen, Chlorate – Bakterientoxine
	physikalisch – Verbrennungen

Bei der Thalassämia minor entstehen mikrozytäre Erythrozyten mit vermindertem Hämoglobingehalt (hypochrome Erythrozyten), die aufgrund ihrer verminderten Flexibilität vermehrt im RES abgebaut werden (extravasale Hämolyse). Bei den schwereren Formen kommt es zum einen zu einer ineffektiven Erythropoese und zur Präzipitation von überschüssigen Globinketten, die zu einer verstärkten Hämolyse führen.

α-Thalassämie

Eine **α-Thalassämie** ist meist die Folge von mehr oder weniger großen Deletionen im α-Globinkluster (Abb. 9.4). Die α-Globinkette wird sowohl für die Bildung des fetalen, als auch des adulten Hämoglobins benötigt, ein Verlust aller 4 α-Globingene ist daher nicht mit dem Leben vereinbar und führt zum **Hydrops fetalis** und damit zum Tod in utero oder wenige Stunden nach der Geburt. Hier kann ein besonderes Hämoglobin mit vier γ-Ketten nachgewiesen werden, das als **Hb-Bart** bezeichnet wird.

Wenn drei α-Globingene fehlen kommt es zur **HbH-Krankheit** mit mikrozytärer Anämie und Splenomegalie. Das elektrophoretisch nachweisbare HbH ist ein Tetramär von β-Ketten (β_4). Wenn ein oder zwei α-Globingene fehlen, kommt es nur selten zu Symptomen und wenn, findet sich eine leichte mikrozytäre Anämie.

β-Thalassämie

Häufiger als α-Thalassämien sind **β-Thalassämien**. Bis heute sind über 100 Mutationen beschrieben, zumeist Punktmutationen, die zu diesen Erkrankungen führen. Wenn die Mutation auf dem betroffenen Gen dazu führt, dass keine β-Ketten gebildet werden spricht man β^0-, wenn nur noch reduzierte Mengen gebildet werden von β^+-Genotypen. Homozygote Formen der β^0- und zumeist auch der β^+-Genotypen, sowie die Vererbung von zwei unterschiedlichen Mutationen (compound heterozygotie) führen zur Thalassämia major (Cooley-Anämie, Mittelmeer-Anämie). Diese manifestiert sich mit 3–6 Monaten, wenn die Umstellung von HbF auf

HbA erfolgt. Die Kinder sind blass, haben eine Hepatosplenomegalie und Knochendeformitäten (eingesunkene Nase, Bürstenschädel, Genu valgum). Die Hepatosplenomegalie hat mehrere Ursachen. Überschüssige α-Globinketten führen zu einem verstärkten Erythrozytenabbau, gleichzeitig persistiert die extramedulläre Blutbildung in Leber und Milz.

Durch den Mangel an β-Ketten werden vermehrt HbA_2 und HbF gebildet.

Fehlen auch δ-Ketten und/oder γ-Ketten spricht man von einer δβ-Thalassämie bzw. einer δβγ-Thalassämie.

9.2.2.1 Hämoglobinopathien

Sichelzellanämie

Bei der **Sichelzellanämie** liegt eine Aminosäuresubstitution (Glutaminsäure → Valin) an Position 6 der β-Globinkette vor. Das daraus resultierende HbS polymerisiert wenn es Sauerstoff abgibt. In diesem Zustand nehmen die Erythrozyten eine Sichelform an (Abbildung 11, 12 im Bildanhang des Buches). Diese Zellen können Kapillaren verstopfen (Mikroembolien) und in verschiedenen Organen zu Infarkten führen. Die Symptomatik ist sehr unterschiedlich. Je nach Patient und Situation stehen hämolytische und/oder schmerzhafte Krisen durch Infarzierungen im Vordergrund. Die Infarkte, u. a. in Knochen, Haut, Leber, Milz, Lunge, Niere und Gehirn können zu schweren Organschäden führen. Hämolytische Krisen und Infarzierungen können auch lebensbedrohliche Akuterkrankungen auslösen. Manche Patienten, v. a. heterozygot Erkrankte sind nahezu symptomlos.

Die Sichelzellanämie gibt einen weitgehenden Schutz vor Infektionen mit Plasmodium falciparum, dem Erreger der Malaria tropica (s. Abb. 13, 14, 15 im Bildanhang am Ende des Buches). Die weite Verbreitung der Sichelzellanämie im tropischen Afrika lässt sich von daher durch Selektion erklären.

Aber auch Patienten mit Sichelzellanämie können, wenn auch selten an einer Malaria tropica erkranken, sodass bei Verdacht auf diese nicht auf eine entsprechende Diagnostik verzichtet werden darf.

Hb-C-Erkrankung

Bei dieser Erkrankung liegt ebenfalls eine Aminosäuresubstitution an Position 6 der β-Globinkette vor (Glutaminsäure → Valin). Dieses Hämoglobin kristallisiert aus und führt homozygot zu einer leichten Hämolyse mit leichter Splenomegalie. Diese Hämoglobinopathie kommt vor allem in Westafrika vor. Die Kombination einer Sichelzellanämie und HbC-Erkrankung, die HbS/C-Erkrankung führt zu einem ähnlichen Krankheitsbild wie bei homozygoter Sichelzellanämie.

Die HbE-Erkrankung ist die häufigste Hämoglobinvariante Südostasiens und führt, wie die sehr seltene HbD-Erkrankung bei homozygoten Merkmalsträgern zu einer leichten hämolytischen Anämie.

Instabile Hämoglobine

Als **instabile Hämoglobine** werden Varianten des HbA bezeichnet, die spontan (z. B. Hb-Hammersmith) oder v. a. durch Infektionen oder Medikamenteneinnahme (z. B. Hb-Köln) denaturieren und dabei unlösliche Einschlusskörper, sogenannte Heinz-Innenkörper bilden. Als Folge kommt es zu einer intravasalen Hämolyse.

Methämoglobin

Die HbM-Variante führt zur angeborenen **Methämoglobinopathie**. Durch das veränderte Globin enthält das Hämoglobin oxidiertes dreiwertiges Eisen (Fe^{3+}) statt dem normalen zweiwertigen (Fe^{2+}) und ist so nicht mehr in der Lage Sauerstoff zu transportieren. Diese autosomal dominant vererbte Erkrankung führt zu einer allgemeinen Zyanose, die sich meist schon bei der Geburt (blue babies) zeigt. Die Haut und Schleimhäute sind grau bis violett.

Ein ähnliches Krankheitsbild entsteht wenn das zweiwertigen Eisen in normalem Hämoglobin durch Gifte (Nitrite, Nitro- und aromatische Aminoverbindungen, Sulfonamide, Phenacetin u. a.) zu dreiwertigem Eisen oxidiert wird. Erst ab 20–40% Methämoglobin treten Symptome, wie Atemnot, Schwindel, Übelkeit und Kopfschmerz auf. Eine Methämoglobinkonzentration von über 70 % führt zum Tod.

Diagnostische Strategien bei Verdacht auf Thalassämie oder Hämoglobinopathie

Wie bei vielen Krankheitsbildern ist ein erster Hinweis auf das Vorliegen einer Thalassämie und/oder Hämoglobinopathie häufig in der Anamnese zu finden. Die Sichelzellanämie kommt vor allem in den Malariagebieten Afrikas vor, während sich Thalassämien vor allem im Mittelmeerraum und in Süd-Ost-Asien finden. Doch sollte man bedenken, dass weite Teile West-Europas lange Zeit von den Römern kolonialisiert waren. So wundert es nicht, dass es auch an Rhein und Mosel vereinzelte Familien gibt, die diese Erkrankungen über viele Generationen vererben.

Ein weiterer Hinweis auf eine Thalassämie ergibt sich oft aus den Blutbild. Sie führen charakteristischer Weise zu einer mehr mikrozytären, denn hypochromen Anämie, während der Eisenmangel mehr zu einer hypochromen, denn mikrozytären Anämie führt. Solche feinen Unterscheidungen können heute mittels einiger moderner Blutbildautomaten erkannt werden. Einen ersten Hinweis auf eine Thalassämie kann man aber auch aus dem Verhältnis von MCV zu Erythrozytenzahl **(Mentzer-Index)** erhalten. Bei einer Thalassämie ist die Erythropoese gesteigert und man findet oft eine erhöhte Anzahl Erythrozyten. Ist der Mentzer-Index > 13 spricht dieses eher für eine Eisenmangelanämie, wenn er < 13 ist, eher für eine Thalassämie. Die häufig als charakteristisch bezeichneten Targetzellen (s. Abb. 9 im Bildanhang am Ende des Buches), kommen auch im Rahmen schwerer Eisenmangelanämien vor.

Bei Verdacht auf eine Hämoglobinanomalie sollte eine **Hämogobinelektrophorese** in einem spezialisierten Labor angefordert werden. Variante Hämoglobine stellen sich dabei als Extrabande dar. Bei β-Thalassämien findet sich eine Verminderung des HbA_1 und eine Vermehrung von HbF und HbA_2. Bei der Majorform der α-Thalassämien findet man das HbH als Extrabande, Minorformen stellen sich gar nicht dar. Sollte hier eine Abklärung notwendig sein, muss diese mit molekularbiologischen Techniken durchgeführt werden. Diese Techniken werden auch verwendet, um die Allele der Erkrankten zu charakterisieren. Dieses kann insbesondere dann wichtig sein, wenn eine genetische Beratung von Paaren, bei denen beide Partner einen Gendefekt aufweisen, notwendig ist, oder wenn in der Schwangerschaft eines solchen Paares eine pränatale Diagnostik durchgeführt werden soll.

9.2.2 Hämsynthesestörungen, Porphyrien

Angeborene oder erworbene Störungen der Enzyme der Hämbiosynthese führen nur selten zu einem Mangel an Hämoglobin (Anämie), vielmehr sind sie durch eine Akkumulation bzw. Überproduktion von Hämvorläufern charakterisiert, die auch im Stuhl und im Urin vermehrt ausgeschieden werden. Diese Erkrankungen werden als **Porphyrien** bezeichnet.

Eine Ausnahme stellt die **X-chromosomalgebundene sideroblastische Anämie** dar. Hier liegt eine Störung des ersten Enzyms der Hämsynthese, der δ-**Aminolävulinsäure-Synthase** (δ-ALS-Synthase) in den sich entwickelnden Erythrozyten vor. Die Erkrankung ist durch die mangelnde Hämsynthese gekennzeichnet und nicht durch die Akkumulation von Porphyrinen oder ihre Vorläufer. Da Eisen durch den Hämmangel nicht eingebaut werden kann, finden sich im Knochenmark **Ringsideroblasten**. Das sind Erythroblasten mit zahlreichen Eisengranula, die sich vorzugsweise um den Zellkern anordnen. Das Ausmaß der Anämie hängt von der Restaktivität der δ-ALS-Synthase ab. Bei einigen Patienten liegt eine Mutation im Bereich der Vitamin B_6-Bindungsstelle vor. Bei diesen Patienten können Pyridoxin-Gaben die Symptomatik bessern. Auch bei langanhaltendem nutritivem Vitamin B_6-Mangel kann es zu einem solchen Krankheitsbild kommen.

Porphyrien entstehen durch den Mangel an einem der sieben der δ-ALS-Bildung folgenden Enzyme in der Hämsynthese. Jeder Defekt in einem der sieben Enzyme korreliert dabei mit einer spezifischen Form der Porphyrie (Tab. 9.4). Neben dem Knochenmark ist die Leber ein

Tabelle 9.4: Enzymdefekte in der Häm-Biosynthese und ihre Erkrankungen (gebräuchliche Abkürzungen in Klammern)

Substrat	Enzym	Erkrankung	Symptomatik			
			Anämie	Photo-sensibilität	neuro-viszeral	neuro-psychiatrisch
Glycin + Succinyl-CoA	δ-Aminolävulinsäure-Synthase	X-chromosomal-gebundene sideroblastische Anämie	+	–	–	–
δ-Aminolävulin-säure	Porphobilinogen-Synthase (δ-ALS-Dehydratase)	δ-ALS-Dehydratase-mangel-Porphyrie (ADM), Doss-Porphyrie	(+)*	–	+	+
Porphobilinogen	Porphobilinogen-Desaminase	akute intermittierende Porphyrie (AIP)	–	–	+	+
Hydroxymethyl-bilan	Uroporphyrinogen III-Synthase	kongenitale erythropoetische Porphyrie (KEP, CEP), Morbus Günther	+**	+	–	–
Uropor-phyrinogen III	Uroporphyrinogen-Dekarboxylase	Porphyria cutanea tarda (PCT) + hepatoerythropoetische Porphyrie (HPP)	–	+	–	–
Kopropor-phyrinogen	Koproporphyrinogen-Oxidase	hereditäre Koproporphyrie (HKP, HCP)	–	+	+	+
Protopor-phyrinogen	Protoporphyrinogen-Oxidase	Porphyria variegata (PV)	–	+	+	+
Protoporphyrin	Ferrochelatase	Erythropoetische Protoporphyrie (EPP, PP)	(+)***	+	–	–

* weltweit wurden bisher nur 4 Fälle mit ADM beschrieben, nur bei einem dieser Patienten zeigte sich eine hämatologische Manifestation
** Die Akkumulation von Porphyrinen im Erythrozyten kann zu Hämolyse und damit zur Anämie führen.
*** milde Anämie in ca. 25 % der Fälle

Tabelle 9.5: Einteilung der Porphyrien (gebräuchliche Abkürzungen in Klammer).

erythropoetische Prophyrien	hepatische Porphyrien	
	akute	chronische (nicht akute)
kongenitale erythropoetische Porphyrie (KEP, CEP), Morbus Günther	δ-ALS-Dehydratasemangel-Porphyrie (ADM), Doss-Porphyrie	Porphyria cutanea tarda (PKT, PCT)
erythropoetische Protoporphyrie (EPP, PP)	akute intermittierende Porphyrie (AIP)	hepatoerythropoetische Porphyrie (HPP)
	hereditäre Koproporphyrie (HKP, HCP)	
	Porphyria variegata (PV)	

wichtiger Hämsyntheseort, die das Häm z. B. für die an Entgiftungsprozessen beteiligten Zytochrome (Zytochrom-P-450-System) benötigt. In Abhängigkeit vom Hauptmanifestationsort der Hämsynthesestörung wird daher von **erythrozytären und hepatischen Porphyrien** gesprochen, wobei überlappende Manifestationen vorkommen. Die hepatischen Formen werden wiederum in **akute und chronische** (nicht akute) unterteilt (Tab. 9.5).

9.2.2.1 Erythropoetische und chronische hepatische Porphyrien

Bei den **erythropoetischen und chronischen hepatischen Porphyrien** steht die Akkumulation von Porphyrinen im Vordergrund. Die erhöhten Konzentrationen von Porphyrinen in Erythrozyten bzw. Hepatozyten und Plasma werden u. a. in der Haut eingelagert. Diese **photoaktiven Substanzen** werden durch langwelliges UV-Licht (z. B. im Sonnenlicht) aktiviert und zerstören dann Zellen der Haut. Dabei kann es zu Rötung, Schwellung, Brennen, Juckreiz, Blasen- und Narbenbildung kommen, wobei beim Morbus Günter schon frühzeitig Verstümmelungen der Akren beobachtet werden. Bei den chronischen hepatischen Porphyrien kommt es zusätzlich zu einer leichten bis schweren Leberzellschädigung.

9.2.2.2 Akute hepatische Porphyrien

Bei den **akuten hepatischen Porphyrien** entstehen die akuten Symptome durch eine **Dysregulation der Hämsynthese mit Induktion der δ-ALS-Synthase**. Die Hämbiosynthese wird durch negative Rückkopplung kontrolliert. Das heißt, Häm als Endprodukt – aber auch Glukose – reguliert die mRNS-Bildung für die Synthese der δ-ALS-Synthase und deren Translokation in das Mitochondrium. Die Enzymdefekte bei den akuten hepatischen Porphyrien führen zu einer Destabilisierung dieses Kontrollmechanismus, durch Induktion der δ-ALS-Synthase. Bei einem erhöhten Hämbedarf, z. B. bei Induktion der Zytochrom P450-Synthese in der Leber durch bestimmte Medikamente oder z. B. Steroidhormone (Enzyminduktion) steigt die Synthese von **δ-Aminolävulinsäure** und **Porphobilinogen** dann überproportional an und löst die akute Erkrankung aus. Eine Hypoglykämie, z. B. im Rahmen einer Diät kann durch die fehlende Hemmung der Glukose ebenfalls eine akute Porphyrie auslösen.

Klinisch stehen **neuro-viszerale und psychiatrische Symptome** im Vordergrund. Am häufigsten sind dabei autonome Neuropathien, die auch zum Bild des akuten Abdomens führen können. Lebensbedrohlich können Krampfanfälle, Koma, Herzrhythmusstörungen oder eine Lähmung der Muskulatur mit Einschränkung der Atmung sein. Halluzinationen und Depressionen sind typische psychiatrische Manifestationen.

Entsprechend dem Prinzip der Endprodukthemmung, lassen sich akute Porphyrien durch die Gabe von Hämderivaten (z. B. Häm-Arginat, Hämatin, Hämalbumin) oder durch Glukosegaben therapieren.

Die meisten Porphyrien haben einen dominanten Erbgang, was vermuten lässt, dass eine homozygote Form dieser Erkrankungen nicht mit dem Leben vereinbar ist.

Symptomatische Porphyrien können außerdem sekundär im Rahmen von Vergiftungen auftreten. Hier stehen Vergiftungen mit Blei und organischen Chlorverbindungen im Vordergrund. Sekundäre asymptomatische Koproporphyrinurien und Protoporphyrinämie kommen bei verschiedenen Grunderkrankungen vor, v. a. der Leber und des Knochenmarks aber auch bei Diabetes mellitus, Tumorleiden und in der Schwangerschaft. Diese meist zufälligen Befunde müssen von den echten Porphyrien abgegrenzt werden. Auch hierbei sollte an verschiedenste Vergiftungen gedacht werden (Alkohol, Schwermetalle und bestimmte Chemikalien).

9.2.2.3 Diagnostische Strategien bei Verdacht auf Porphyrie

Da die akuten hepatischen Porphyrien mit ihren uncharakteristischen Symptomen (Bauchschmerzen, Übelkeit, Erbrechen, Obstipation, Krampfanfälle, Angst, Halluzinationen, Depressionen, Lähmungen, Tachykardie, Hypertonus etc.) lebensbedrohlich verlaufen können, ist das Wichtigste an diese seltenen Erkrankungen zu denken. Hinweisend kann ein **roter Urin** sein. Dieser findet sich aber nur bei ca. 50 % der Patienten.

Bei einem Verdacht auf eine akute hepatische Porphyrie sollte deshalb möglichst schnell eine entsprechende Labordiagnostik veranlasst werden. Zur ersten Notfall-Orientierung dient dabei ein einfacher qualitativer Porphobilinogen-Nachweis mit dem **Hösch-Test** im Spontanurin. Dieser Test ist dem „klassischen" **Watson-Schwartz-Test** vorzuziehen, da er weniger durch Urobilinogen und Medikamente gestört wird. Allerdings kann auch dieser Test z. B. durch Indol-3-Essigsäure, Alpha-Methyldopa, Phenazopyridinhydrochlorid und durch alkoholbedingte Mangelernährung falsch positive Ergebnisse liefern. Sowohl der Hösch-Test, als auch der Watson-Schwartz-Test sind in der Regel nur bei der Manifestation einer akuten hepatischen Porphyrie positiv und sollte deshalb nicht in der Latenzphase durchgeführt werden.

Die weitere Diagnostik wird, wie bei allen anderen Porphyrien in Urin, Stuhl und Blut durchgeführt. Denn für eine exakte Diagnose und um Fehldiagnosen zu vermeiden ist eine differenzierte Betrachtung des Verhältnisses der einzelnen Porphyrine, ihrer Vorläufer und ihrer verschiedenen Karboxyformen zueinander meist unumgänglich. Dazu sollten ein Aliquot (20 ml) eines 24-Stunden-Sammelurins, ca. 5 ml Stuhl und 10 ml heparinisiertes Vollblut lichtgeschützt in ein spezialisiertes Labor gesandt werden.

Darüber hinaus kann es, insbesondere in der Latenzphase einer akuten hepatischen Porphyrie notwendig sein, die Aktivität der Enzyme der Porphyrinbiosynthese in den Erythrozyten zu bestimmen (δ-ALS-Dehydratase, Porphobilinogen-Desaminase und Uroporphorinogen-Dekarboxylase). In wenigen Ausnahmefällen können auch molekulargenetische Untersuchungen indiziert sein.

9.2.3 Hämochromatose

Die Konzentration des Körpereisens wird nur über die intestinale Eisenresorption kontrolliert. Ein Eisenüberschuss kann nicht ausgeschieden werden. Das Eisen wird dann an Ferritin und **Hämosiderin** gebunden. Bei einer Eisenüberladung kommt es vermehrt zur Ablagerung von Hämosiderin in parenchymatösen Organen. Ohne Gewebeschäden spricht man von einer **Hämosiderose**, mit Organschäden von einer **Hämochromatose**. Als Ursache werden toxische Effekte freier Eisenionen angesehen, die über Sauerstoffradikalbildung die Proteine, DNS und Lipide der Zelle schädigen.

Sekundäre Hämochromatosen treten v. a. bei Erkrankungen mit ineffektiver Hämsynthese oder ineffektiver Erythropoese, sowie bei hämolytischen Erkrankungen auf. Durch eine kompensatorisch erhöhte intestinale Eisenresorption und notwendige Bluttransfusionen kommt es dabei zur Eisenüberladung.

Bei nutritiven Eisenüberangebot oder nicht induzierter Eisenmedikation kann es ebenfalls zur Hämosiderose/-chromatose kommen. Die häufigste Ursache dafür ist die Fehldiagnose „Eisenmangel" bei Bestimmung der nicht aussagefähigen Eisenkonzentration in Serum oder Plasma.

Die **hereditären Hämochromatosen** sind durch eine gesteigerte intestinale Eisenresorption gekennzeichnet. Derzeit werden 4 Typen und eine neonatale Form unterschieden, wobei die Typen 2, 3, 4 sowie die neonatale Form sehr selten auftreten.

Die hereditäre Hämochromatose (Typ 1) ist eine der häufigsten genetischen Erkrankungen in Nord- und Mitteleuropa sowie bei Amerikanern europäischer Herkunft. Etwa 5–10 % dieser Bevölkerung sind heterozygot für diese rezessiv vererbte Missense-Mutation im **HFE-Gen** auf Chromosom 6 im Bereich des MHC-Komplexes. Homozygote Anlageträger finden sich zwischen 1:200 und 1:400.

Wie HLA-Moleküle bindet das HFE-Protein an β-2-Mikroglobulin. Zusammen binden sie an der Zelloberfläche an den Transferrinrezeptor.

Das HFE-Protein wird vor allem in den Kryptzellen des Dünndarms gefunden. Hier ist es offensichtlich an der **Regulation der intestinalen Eisenaufnahme** beteiligt, in dem es wahrscheinlich das Recycling des Transferrinrezeptor-Transferrin-Komplexes erhöht, der hier die Funktion eines Eisensensors hat. Durch das gestörte Recycling entwickeln die Kryptzellen unabhängig vom Körpereisenbestand einen „Eisenmangel" und es werden vermehrt Eisentransportern (DMT1 und Ferroportin 1) gebildet (Abb. 9.5 und 9.6), die im reifen Enterozyten eine verstärkte Eisenresorption bewirken.

Im HFE-Gen sind inzwischen 3 Mutationen bekannt. **Etwa 90 % der Hämochromatosepa-**

tienten haben eine homozygote C282Y Mutation, durch die eine Disulfidbrücke entfällt, die für die Bindung an β-2-Mikroglobulin und die Expression an der Zelloberfläche wichtig ist. Bei weiteren 4–6 % liegt diese Mutation heterozygot in Kombination mit einer H63D vor (compound heterozygotie). Die H63D Mutation bedingt eine erniedrigte Affinität von HFE zum Transferrinrezeptor. Eine heterozygote C282Y-Mutation scheint nur einen geringen Effekt zu haben. Eine homozytgote H63D-Mutation scheint keine Hämochromatose zu verursachen. Die Bedeutung der S65C-Mutation ist durch ihre niedrige Allelfrequenz (1,5 %) noch nicht klar.

Die Ausprägung einer hereditären Hämochromatose Typ 1 ist von weiteren Faktoren abhängig, z. B. der Ernährung (Tab. 9.2). Frauen erkranken durch die Eisenverluste während der Menstruation sehr viel später als Männer, die meist zwischen dem 30. und 50. Lebensjahr erkranken.

Die Symptome sind Hepatomegalie, Bronzehaut, Diabetes mellitus, Hodenatrophie, Verlust der Körperbehaarung, Gelenkbeschwerden und Herzinsuffizienz.

Die Therapie bei einer hereditären Hämochromatose und bei inadäquater Eisensubstitution sind Aderlässe. Bei den sekundären Hämochromatosen mit ineffektiver Hämoglobinsynthese oder Erythropoese und bei hämolytischen Erkrankungen sind Aderlässe, wegen der bestehenden Anämie kontraindiziert. Hier wird das Eisen über eine Therapie mit Deferoxamin (Desferal®), einem spezifischen Eisenkomplexbildner über den Urin eliminiert.

9.2.3.1 Diagnostische Strategien bei Verdacht auf Hämochromatose

Aufgrund der Vielfältigkeit und Unspezifität der frühen Symptome wird eine Hämochromatose oft erst im Stadium einer Kardiomyopathie, eines Diabetes mellitus oder einer Leberzirrhose, die in bis zu 30 % der Fälle zu einem primären Leberzellkarzinom führt, erkannt. Aus diesem Grund ist ein frühzeitiges Denken an diese häufige Erkrankung wichtig.

Bei den sekundären Hämochromatosen mit ineffektiver Hämoglobinsynthese oder Hämolyse ist der Zusammenhang meist klar und die entsprechende Diagnostik und Therapie wird vom behandelnden Hämatologen eingeleitet.

Bei jeder deutlichen Erhöhung des Ferritins (> 400 µg/l) sollte an eine Hämochromatose gedacht werden. Allerdings ist Ferritin als alleiniger Parameter zu unspezifisch. Als Akute Phase-Protein ist es bei entzündlichen Erkrankungen erhöht. Außerdem induzieren einige Tumoren die Synthese von Ferritin, wobei das Ferritin auf mehrere 1000 µg/l ansteigen kann (Tumormarker). Bei einem akuten Leberzerfall wird das gespeicherte Ferritin in Massen freigesetzt.

Deshalb wird bei der klassischen Hämochromatosediagnostik das Ferritin mit der Transferrinsättigung kombiniert. Bei einer Hämochromatose ist die Transferrinsättigung in der Regel > 45 %, oft sogar > 80 %. Es soll nicht verschwiegen werden, dass Transferrin ein „Anti-Akute-Phase-Protein" ist und das Serumeisen starken Schwankungen innerhalb eines Tages und von Tag zu Tag aufweist. Deshalb wurde viel Hoffnung in eine direkte molekularbiologische Diagnostik oder sogar in ein Bevölkerungsscreening gesetzt. Studien haben aber gezeigt, dass selbst bei homozygoter C282Y Mutation bis zu 17 % der Betroffenen keine Eisenüberladung zeigen. Daher wird inzwischen wieder ein klinischer bzw. laborchemischer Verdacht für eine genetische Untersuchung gefordert. Abbildung 9.8 zeigt ein Schema zum diagnostischen Vorgehen bei Verdacht auf Hämochromatose.

Wichtig ist, dass bei jedem Zeichen eines Leberschadens eine Leberbiopsie durchgeführt wird. Zum einen kann die Eisenkonzentration des Gewebes bestimmt werden, zum anderen erlaubt die Beurteilung der Feinstruktur eine Aussage zu anderen Erkrankungen und zur Prognose. Ein Lebereisenindex (Eisenkonzentration pro Gramm Trockengewicht/Alter der Patienten) > 1,9 ist pathologisch und beweisend für eine Hämochromatose. Zeigt die Histologie Zeichen einer Leberzirrhose, sollte an die Entwicklung eines primären Leberzellkarzinoms gedacht werden. Dieses lässt sich frühzeitig durch eine Verlaufsbeobachtung des Alpha-Fetoproteins (AFP) erkennen. Die Bestimmungen erfolgen in halbjährlichem Abstand.

9.2 Wichtige Krankheitsbilder

```
Ferritin > 400 µg/l*, Transferrinsättigung > 45 %
                    ↓
              HFE-Gentest
     ↓              ↓              ↓
C282Y +/+       C282Y +/−      C282Y −/−
C282Y +/− und H63D +/−
```

- C282Y +/+ / C282Y +/− und H63D +/−:
  - Ferritin < 1000 µg/l, Transaminasen normal
  - Ferritin > 1000 µg/l, erhöhte Transaminasen, Hepatomegalie, begleitende Lebererkrankung → Leberbiobsie: Lebereisengehalt? Leberfibrosierung? Leberzirrhose?
  - → therapeutischer Aderlass

- C282Y +/−: andere hereditäre Hämochromatose bekannt: z. B. juvenile Hämochromatose

- C282Y −/−:
  - Ferritin < 1000 µg/l, Transaminasen normal
  - sekundäre Hämochromatosen: z. B. häufige Transfusionen bei aplastischer Anämie oder Myelofibrose oder Thalassämia major
  - → Therapie mit Deferoxamin (Desferal®)

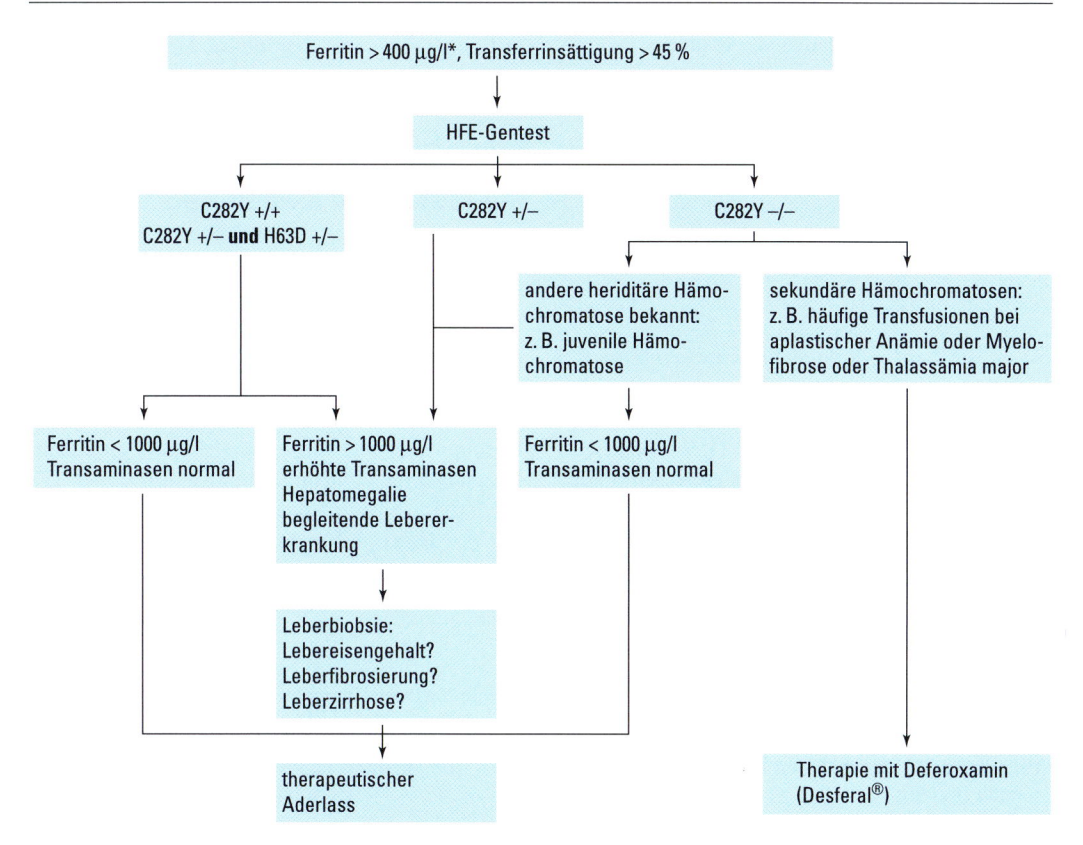

Abb. 9.8: Diagnostisches Vorgehen bei Verdacht auf Hämchromatose.
* Andere Autoren schlagen ein geschlechtsspezifisches Vorgehen vor: Männer: Ferritin > 300 µg/l, Transferrinsättigung > 50 %; Frauen: Ferritin > 200 µg/l, Transferrinsättigung > 45 %.

9.2.4 Diagnostisches Vorgehen bei Anämien und deren Differenzierung

Bei einer Anämie kann dem Körper weniger Sauerstoff zur Verfügung gestellt werden und es kommt zu Leistungsminderung, früher Ermüdbarkeit und Kurzatmigkeit, bei entsprechender Vorerkrankung können auch Angina pectoris und Herzinsuffizienz hinzutreten.

Trotzdem existieren enorme Kompensationsmöglichkeiten, die allerdings eine langsame Entwicklung der Anämie voraussetzen.

Neben den beschriebenen Allgemeinsymptomen kann man klinisch einen Hinweis über die Färbung der Konjunktiven und der Mundschleimhaut erhalten, da diese relativ konstant durchblutet werden.

Die **Definition der Anämie** durch die Weltgesundheitsorganisation (WHO) beruht auf der Bestimmung des Hämoglobins und ist in Tabelle 9.6 dargestellt. Allerdings ist darauf zu achten, dass eine Erhöhung des Plasmavolumens bei einer normalen Anzahl Erythrozyten, mit normaler Hämoglobinkonzentration eine Anämie vortäuschen und umgekehrt eine Verminderung des Plasmavolumens, z. B. bei einer Dehydratation eine Anämie verschleiern kann. Dieses kann die Diagnostik komplizieren. Zu beachten ist ferner, dass eine Anämie keine Erkrankung, sondern immer nur ein Symptom einer Erkrankung ist. Die vielfältigen Ursachen einer Anämie sind in Tabelle 9.7 zusammengestellt. Auch wenn eine dieser Ursachen erkannt ist, ist dieses oftmals noch nicht die Diagnose.

Tabelle 9.6: WHO-Kriterien der Anämie.

	Hämoglobin
Männer	< 130 g/l
Frauen	< 120 g/l
– Gravide	< 110 g/l
Kinder	
– 6. LM – 6. LJ	< 110 g/l
– 6. LJ – 18 LJ	< 120 g/l

So ist die häufigste Ursache einer Anämie der Eisenmangel, der wiederum viele Ursachen haben kann: z. B. Mangelernährung, Malabsorption, chronische Blutung bei Ulcus ventriculi oder duodeni oder im Rahmen eines Kolonkarzinoms.

Die Diagnostik bei einer Anämie beginnt mit der Anamnese und dem körperlichen Befund. Tritt die Anämie z. B. in einer Familie gehäuft auf, muss an eine hereditäre Erkrankung gedacht werden.

9.2.4.1 Blutbild (Tab. 9.8)

Das Blutbild wird heute im ersten Schritt mittels automatischer **Hämatologieanalysatoren** erfolgen. Diese Geräte zählen die Zellen mit weit größerer Präzision, als dieses mit der klassischen Methode der Kammerzählung möglich ist. Durch die Zählung mehrer zehntausend Zellen werden die Zählstatistikfehler minimiert. Außerdem bestimmen diese Automaten das Hämoglobin und können meist auch eine Leukozytendifferenzierung durchführen.

Methodisch wird das Hämoglobin vor allem mit der **Hämiglobinzyanidmethode** bestimmt, bei der das Hämoglobin (mit Fe^{2+}), nach der Lyse der Erythrozyten durch Kaliumferrizyanid zu

Tabelle 9.7: Ursachen für Veränderungen der Erythrozytenzahl bzw. der Hämoglobinkonzentration.

Verminderung (Anämie)	Vermehrung (Erythrozytose/Polyglobulie)
Anämie durch übermäßigen Blutverlust	**primär**
– akute Blutung	– Polyzytämia (rubra) vera
– chronische Blutung	**sekundär**
Anämie mit ineffektiver oder verminderter Erythropoese	– hypoxämische Polyglobulie
– Eisenmangel	– autonome Eyrthropoetinfreisetzung
– Eisenverwertungsstörung	– endokrine Erkrankungen
• Anämie chronischer Erkrankung (ACD)	(z. B. M. Cushing)
– Entzündungen (z.B. chronische Polyarthritis)	– dienzephale Reizung
– Infektionen	– toxisch (z. B. Mangan)
– Tumorerkrankungen	
• kongenitale sideroblastische Anämien	
– Vitaminmangel (z. B. Vitamin B12, Folsäure)	
– Hormonmangel (z. B. Erythropoetinmangel)	
– Verdrängung der normalen Erythropoese (z. B. Tumor, Leukämie, Myeloproliferation, Myelodysplasie, Myelofibrose)	
– toxisch (z. B. Alkohol, Zytostatika)	
– physikalisch (Bestrahlung)	
– aplastische Anämie (z. B. Fanconi)	
– pure red cell aplasia	
– Thalassämie	
Anämie mit gesteigertem Abbau von Erythrozyten (Hämolyse)	
extrakorpuskulär	
– immunologisch (z. B. autoimmun, Transfusionszwischenfall)	
– mechanisch (z. B. Herzklappe, Mikroangiopathie)	
– infektiös (z. B. Malaria)	
– toxisch/physikalisch	
korpukulär	
– biochemische Defekte der Erythrozyten (Thalassämien, Hämoglobinopathien, Störungen der Glykolyse o. ä.)	
– Erythrozytenmembrandefekte	

Tabelle 9.8: Normalwerte des roten Blutbildes für Erwachsene und einiger wichtiger Marker zur Beurteilung des roten Blutbildes.

	Frauen	Männer	Einheit
Erythrozyten	4,1–5,4	4,5–6,0	T/l
Hämoglobin	120–160	140–180	g/l
Hämatokrit	0,4–0,48	0,47–0,53	l/l
MCV	80–96	84–97	fl
MCH	23–32	27–32	pg
MCHC	320–360	320–360	g/l Ery
Ferritin*	15–400	30–400	µg/l
Transferrin*	2,0–3,6	2,0–3,6	g/l
löslicher Transferrinrezeptor*	1,9–4,4	2,2–5,0	mg/l
Erythropoietin*	4–22	4–22	U/l
Laktatdehydrogenase	< 220	< 220	U/l
indirektes Bilirubin	< 0,8	< 0,8	mg/dl
direktes Bilirubin	< 0,2	< 0,2	mg/dl
Urobilinogen im Urin**	nicht nachweisbar	nicht nachweisbar	
Haptoglobin*	0,3–2	0,3–2	g/l
Vitamin B12*	148–738	148–738	pmol/l
Folsäure*	4,1–20,4	4,1–20,4	nmol/l

* Cave: Normwerte hängen vom eingesetzten Testverfahren ab und können von diesen Angaben abweichen.
** Teststreifen.

Hämiglobin (mit Fe^{3+}) oxidiert wird. Das Hämiglobin reagiert dann mit weiteren Zyanidionen zu Hämiglobinzyanid. Dessen Absorption bei 540 nm ist der Hämoglobinkonzentration proportional.

Für die **Zellzählung** werden die Zellen mit einer **hydrodynamischen Fokussierung** vereinzelt in die Mitte einer Messkapillare oder -küvette geleitet (Abb. 9.9). Je nach Gerät wird nun die Zellzählung nach dem Coulter-Prinzip oder optisch durchgeführt.

Bei dem **Coulter-Prinzip** handelt es sich um eine Widerstandsmessung. Die Anregung dazu soll Herr Coulter von norwegischen Fischern er-

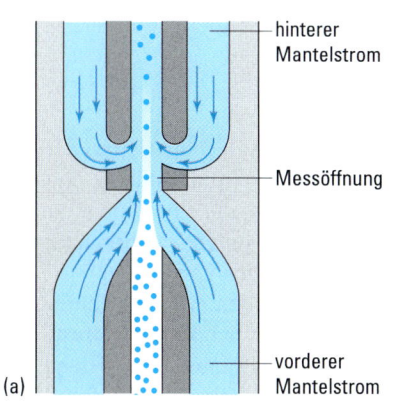

Abb. 9.9: Prinzip der hydrodynamischen Fokussierung. (a) Die Zellen werden mithilfe einer Kapillare zur Messvorrichtung geführt. Dort treten sie in den vorderen Mantelstrom ein, der sie vereinzelt und in die Mitte der Messapparatur führt; der hintere Mantelstrom verhindert die Rezirkulation der Zellen. (b) Messvorrichtung der CellDyn3000er Serie mit optischem Messprinzip (mit freundlicher Genehmigung der Firma Abbott GmbH & Co. KG, Wiesbaden (Delkenheim)).

halten haben. Diese haben an die gegenüberliegenden Seiten einer engen Fjordeinfahrt eine Spannung angelegt. Ein Fischschwarm der die Fjordeinfahrt passierte, verdrängte eine bestimmte Menge Wasser, was zu einer Änderung des Widerstandes und damit des Stroms führte. Anhand der Widerstandsänderung konnte dann die Größe des Fischschwarms bestimmt werden. Dieses lässt sich auf die Zellzählung übertragen. Die Fjordeinfahrt wird dabei zur Kapillare, die Fischschwärme zur Zelle, die in einer isotonen Elektrolytlösung der Messkapillare zugeführt werden. Über komplexe Algorithmen werden dann die Schwellen und Rauschgrenzen für die einzelnen Zellgrößen und damit Populationen festgelegt.

Abbildung 9.10 zeigt typische Verteilungskurven von Thrombozyten und Erythrozyten, bei Messung nach dem Widerstandsprinzip.

Probleme entstehen dann, wenn sehr große Thrombozyten vorliegen, die schon im Bereich der Erythrozyten gemessen werden oder wenn extrem kleine Erythrozyten oder Erythrozytenfragmente im Bereich der Thrombozyten erfasst werden.

Eine weitere Störung sind Thrombozytenaggregate, die im EDTA-Blut in vitro entstehen können. Ihr Einfluss auf die Erythrozytenzahl ist gering, doch die dadurch „gemessene" **Pseudothrombozytopenie** kann zu falschen Schlüssen führen. Große Aggregate können als „Leukozyten" imponieren und deren Zahl fälschlich erhöhen. In diesen Fällen muss die Messung mit einem anderen Antikoagulanz (Natriumzitrat) wiederholt werden. Gibt es auch bei diesem Antikoagulanz Aggregate, muss die Messung sofort – ohne Transport, „Patient neben dem Gerät" – erfolgen, da die Aggregatbildung zeitabhängig ist.

Da die Leukozyten erst nach der Lyse der Erythrozyten bestimmt werden, sind deren Ergebnisse weitestgehend störungsfrei. Probleme bereiten kernhaltige Normoblasten und sogenannte lyseresistente Erythrozyten, die bei Neugeborenen auftreten können sowie die schon erwähnten großen Thrombozytenaggregate.

Wird bei einer Messung auch noch die Eigenschaft der Zelle Energie zu speichern und abzugeben (Kapazität), bzw. ihre Verhalten im hoch-

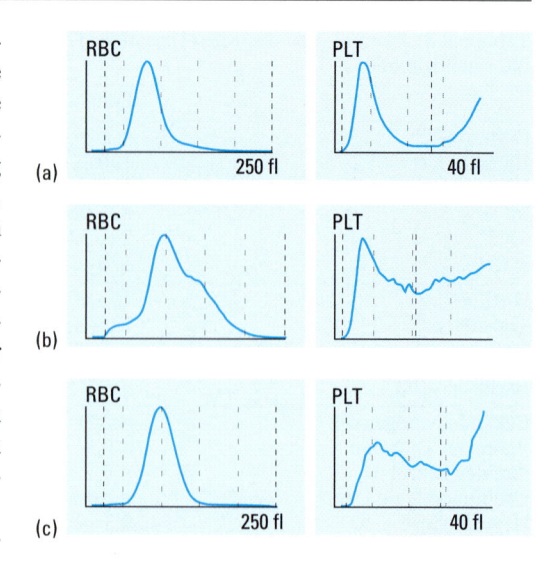

Abb. 9.10: Typische Verteilungskurve von Thrombozyten und Erythrozyten bei der Messung nach dem Widerstandsprinzip. (a) Normale Verteilungskurven für Erythrozyten (RBC) und Thrombozyten (PLT); (b) Fragmentozyten (Erythrozytenfragmente) bei einem hämolytisch-urämischen Syndrom unterschreiten die untere Schwelle für Erythrozyten und werden als Thrombozyten gezählt – falsch hohe Thrombozytenzahl; (c) Riesenthrombozyten bei einer Osteomyelofibrose überschreiten die obere Schwelle für Thrombozyten und werden im Bereich der Erythrozyten gezählt – falsch niedrige Thrombozytenzahl. Moderne Blutbildgeräte können dieses Problem (b+c) lösen, indem sie die Thrombozyten und Erythrozyten im Streuwinkellicht vermessen oder die Thrombozyten vor der Messung fluoreszierend anfärben.

frequenten Wechselfeld (Konduktivität) berücksichtigt, können weitere Informationen über die Zelle gewonnen werden, die, zusammen mit optischen Verfahren zur weiteren Differenzierung der Zellen genutzt werden können.

Die optischen Verfahren der Zellzählung beruhen auf dem Prinzip der **Lichtstreuung**. So offensichtlich dieses Phänomen erscheint, so komplex sind die physikalischen Hintergründe (Beugung, Brechung, Reflexion). Sehr fortgeschrittene Geräte können damit weit mehr als nur die Zellgröße bestimmen. Sie erlauben die Unterscheidung gleich großer Erythro- und Thrombozyten (z. B. 2-Winkel-Streulichtmes-

9.2 Wichtige Krankheitsbilder

Blutbild eines Patienten nach schwerem intraoperativen Blutverlust und Sepsis. Die linke Seite zeigt unten die Verteilungskurven für Erythro- und Thrombozyten. Im oberen Teil, in den Scattergrammen die Trennung der einzelnen Leukozytenpopulationen.

Differenzialblutbildkanal (DIFF):
1. Neutrophile Granulozyten, 2. Lymphozyten, 3. Monozyten, 4. Basophile Granulozyten. Lymphatische Reizformen (2a) stellen eine eigene Population dar. Eosinophile Granulozyten sind in diesem Blutbild nicht vorhanden. Die Differenzierung erfolgt bei diesem Gerät im Zweiwinkelstreulicht und wird durch die Verwendung von Fluoreszenzfarbstoffen unterstützt.

Basophilenkanal (WBC/BASO):
Durch ein Reagenz schrumpfte das Zytoplasma aller Leukozyten, mit Ausnahme der basophilen Granulozyten, die sich als eigene Population darstellen (4). Dabei können sie besser von anderen Leukozyten (5) unterschieden werden.

IMI-Kanal (immature information):
Reife Zellen haben in ihren Membranen einen höheren Lipidgehalt als unreife Zellen und können daher mit bestimmten Reagenzien leichter lysiert werden. Durch eine Kombinationsmessung im hochfrequenten Wechselstrom und niedrigfrequenten Gleichstrom können die Reifegrade der Zellen unterschieden werden. In diesem Blutbild zeigen sich, als Ausdruck der Sepsis 10,8 % granulozytäre Vorstufen aller Reifestadien = Linksverschiebung (6).

NRBC-Kanal (nucleated red blood cells):
Durch ein Lysereagenz werden die Membranen aller erythrozytären Zellen zerstört. Wenn, wie in diesem Fall kernhaltige Vorstufen vorliegen, können die nackten Kerne im Streulicht, mit Hilfe von Fluoreszenzfarbstoffen von kernhaltigen Zellen (Leukozyten) abgegrenzt werden.

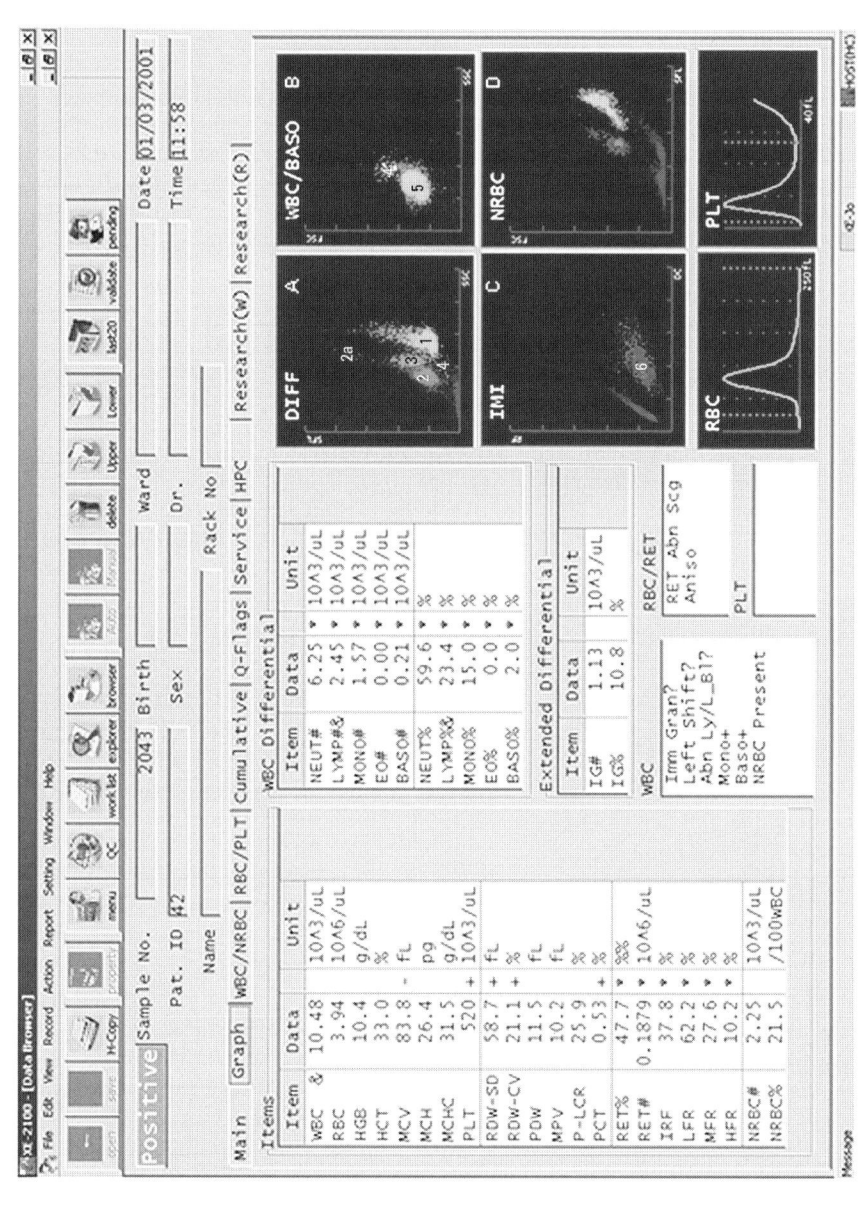

Abb. 9.11a: Typische Ergebnisse moderner Blutbildautomaten. Bildschirmanzeige einer Sysmex XE-2100. (mit freundlicher Genehmigung der Sysmex Deutschland GmbH, Norderstedt)

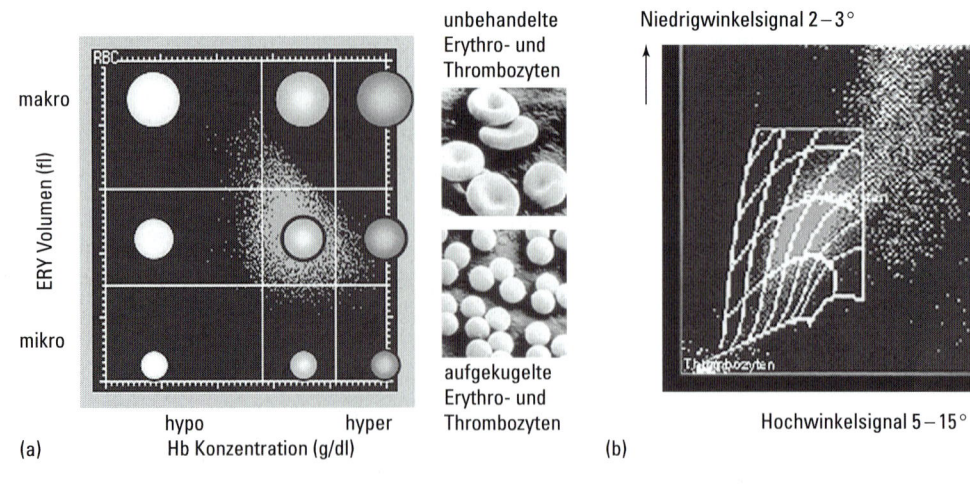

Abb. 9.11b: Typische Ergebnisse moderner Blutbildautomaten. Erythrogramme „Tic, Tac, Toe" und MIE eines Bayer ADVIA 120.
Mithilfe eines Reagenz werden die Erythrozyten und Thrombozyten isovolämisch aufgekugelt und dann vermessen. (a) Jeder einzelne Erythrozyt kann nach seinem Hämoglobingehalt und seines Volumens charakterisiert werden. Anämien können somit schon mithilfe des Blutzellgerätes als hypo- oder hyperchrom, mikro- oder makrozytär charakterisiert werden. (b) Mit Zweiwinkelstreulicht können Thrombozyten differenziert werden, auch wenn Fragmentozyten, Riesenthrombozyten oder Mikrozyten vorliegen (mit freundlicher Genehmigung der Firma Bayer Diagnostics GmbH, Fernwald).

sung) oder die Differenzierung der Leukozytensubpopulationen (z. B. 2-Winkel-Streulichtmessung + Messung des depolarisierten Lichts). Bei einzelnen Geräten kann über eine isovolumetrische Aufkugelung von Erythrozyten mit Reagenzien, die die Oberflächenspannung der Zelle verändern, nicht nur die Zellgröße sondern auch der Hämoglobingehalt jedes einzelnen Erythrozyten gemessen werden. Andere Geräte gewinnen zusätzliche Informationen durch die Verwendung spezifischer Farbstoffe (v. a. Fluoreszenzfarbstoffe). Die Abbildung 9.11a und b zeigen typische Ergebnisse moderner Blutbildautomaten, mit ihrer enormen Informationsfülle.

Neben der Zellzählung und ggf. der Zelldifferenzierung liefern die Analysesysteme auch die sogenannten **Erythrozytenindizes**:
– **MCV** (mean corpuscular volume),
– **MCH** (mean corpuscular hemoglobin),
– **MCHC** (mean corpuscular hemoglobin concentration).

Die Berechnung dieser Indizes wird in Abbildung 9.12 dargestellt. Allerdings wird heute das MCV nicht berechnet, sondern gemessen und in Umkehr der Formel der Hämatokrit berechnet. Geräte mit isovolumetrischer Aufkugelung können alle Indizes auch als gemessene Größe angeben.

Auch wenn die Erythrozytenindizes zusätzliche Informationen liefern, können sie die Mikroskopie eines Blutausstrichs nicht ersetzen. Denn, wenn eine Kombination eines Vitamin B12-Mangels (makrozytäre Erythrozyten) mit einem Eisenmangel (mikrozytäre Erythrozyten) vorliegt, wird das MCV als Mittelwert gegebenenfalls normal sein. Allenfalls die erhöhte Erythrozytenverteilungsbreite wird dann einen Hinweis auf das Geschehen geben. Ähnliches

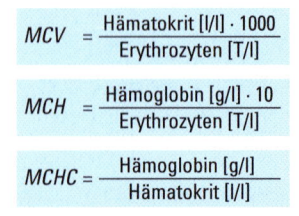

$$MCV = \frac{\text{Hämatokrit [l/l]} \cdot 1000}{\text{Erythrozyten [T/l]}}$$

$$MCH = \frac{\text{Hämoglobin [g/l]} \cdot 10}{\text{Erythrozyten [T/l]}}$$

$$MCHC = \frac{\text{Hämoglobin [g/l]}}{\text{Hämatokrit [l/l]}}$$

Abb. 9.12: Berechnung des Erythrozytenindizes.

gilt bei dieser Kombination für MCH und MCHC.

Bei der Mikroskopie werden zunächst die Größe, die Färbung und die Form der Erythrozyten beurteilt. Danach kann die Anämie als mikrozytär-hypochrom, normozytär-normochrom oder makrozytär-hyperchrom eingeteilt werden. Die Mikroskopie kann zudem weitere Hinweise liefern. So weisen kleine gut gefärbte Erythrozyten ohne zentrale Delle auf eine

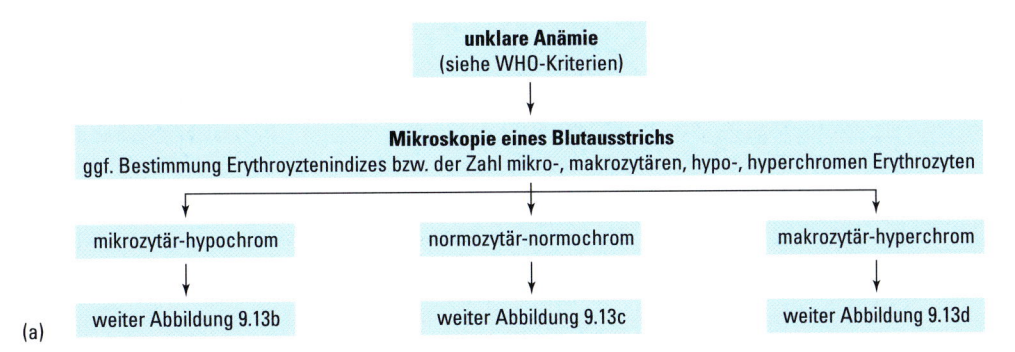

Abb. 9.13a: Differenzialdiagnostik Anämien.

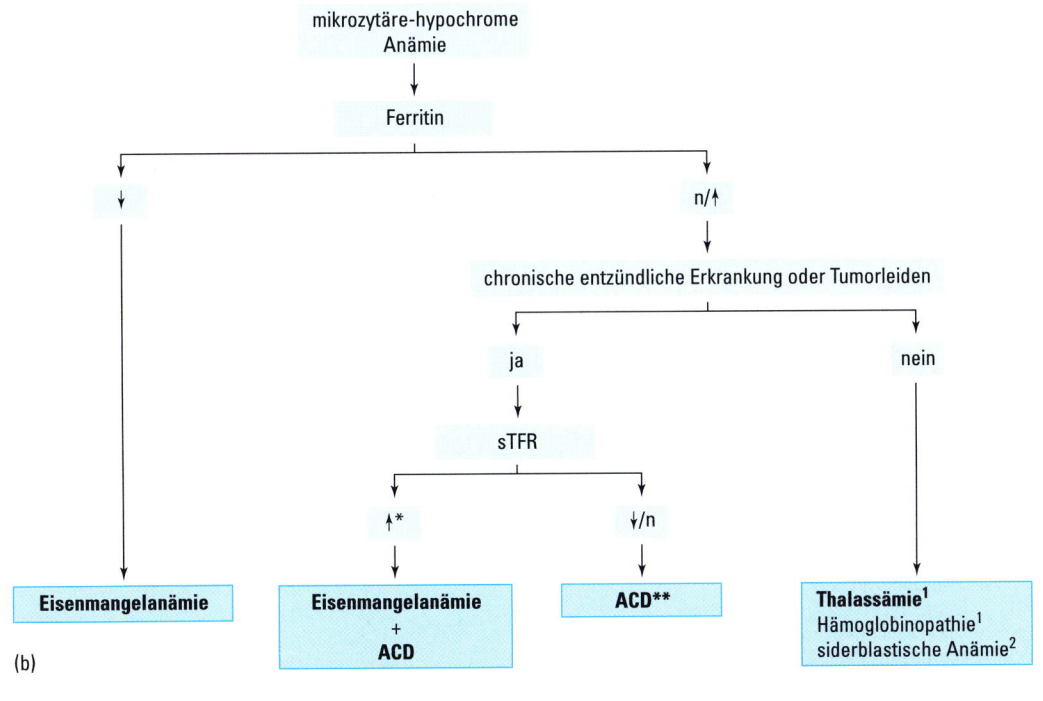

ACD Anämie chronischer Erkrankungen (anemia of chronic disease)
sTFR löslicher Transferrinrezeptor (soluble Transferrinrecptor)
* auch erhöht bei Hyperproliferation anderer Ursache z. B. EPO-Therapie, Thalassämie, Hämoglobinopathie,
** auch normozytär-normochrom

Weiteres diagnostische Vorgehen:
[1] Hämoglobinelektrophorese, ggf. Genanalyse
[2] Knochenmarkspunktion auf Ringsideroblasten

Abb. 9.13b: Differenzialdiagnostik mikrozytärer-hypochromer Anämien.

Differenzialdiagnostik normozytärer-normochromer Anämien

normozytäre-normochrome Anämie
↓
Retikulozyten-Produktions-Index (RPI)

- **< 2** → Kreatinin im Serum
  - ↑ → Erythropoietin
    - ↓ → **Anämie bei Niereninsuffizienz**
    - n/↑ → Knochenmarkspunktion
  - ↓/n → Knochenmarkspunktion
    - Hypoplasie → **aplastische Anämie, Parvo B19-Infektion**
    - Infiltration Fibrose → **Leukämie, multiples Myelom, Karzinose, Myelofibrose**
    - Dyserythropoese → **Myelodysplasie**

- **> 2** → Hämolysezeichen: LDH↑, indirektes Bilirubin↑, Urobilinogen im Urin↑
  - positiv → Haptoglobin↓* und/oder Hämoglobinurie
    - ja → **intravasale Hämolyse:**
      - inkompatible Transfusion (meist ABO)
      - autoimmunhämolytische Anämien[1]
      - Erythrozyten-Stoffwechseldefekte (z. B. G-6P-DH-Mangel)[2]
      - Paroxysmale nächtliche Hämoglobinurie[3]
      - mikroangiopathische Hämolyse (z. B. TTP, HUS, DIC; Herzklappen)[4]
      - Infektionen (z. B. Malaria)
      - chemische/physikalische Noxen (z. B. Medikamente)
    - nein → **gesteigerter Erythrozytenabbau im RES:**
      - autoimmunhämolytische Anämien[1]
      - inkompatible Transfusion
      - Hämoglobinopathien (z. B. HbS, HbC, instabile Hb)[5]
      - Membrandefekte (z. B. Sphäro-, Elliptozytose)[6]
      - Erythrozyten-Stoffwechseldefekte (z. B. Pyruvatkinasemangel)[2]
      - chemische/physikalische Noxen (z. B. Medikamente)
      - Hypersplenismus
  - negativ → **Blutungsanämie**

(c)

*	CAVE: Akute-Phase-Protein
LDH	Laktatdehydrogenase
TTP	thrombotisch-thrombozytopenische Purpura Moschcowitz-Syndrom
HUS	hämolytisch-urämisches-Syndrom
DIC	disseminierte-intravasale-Gerinnung Verbrauchskoagulopathie
RES	Retikulo-Endotheliales-System

Weiteres diagnostische Vorgehen:
[1] Coombs-Test (Antiglobulin-Test)
[2] Untersuchung der Erythrozytenenzyme
[3] Flow-Zytometrie auf Phoshatidyl-Inositol-Glykane (PIG) in Lymphozyten, ggf. Genanalyse
[4] ggf. Gerinnungsanalysen, Autoantikörper
[5] Hämoglobinelektrophorese, ggf. Genanalyse
[6] Bestimmung der osmotischen Resistenz oder Glycerol-Lysis-Test + Kryohämolysis-Test

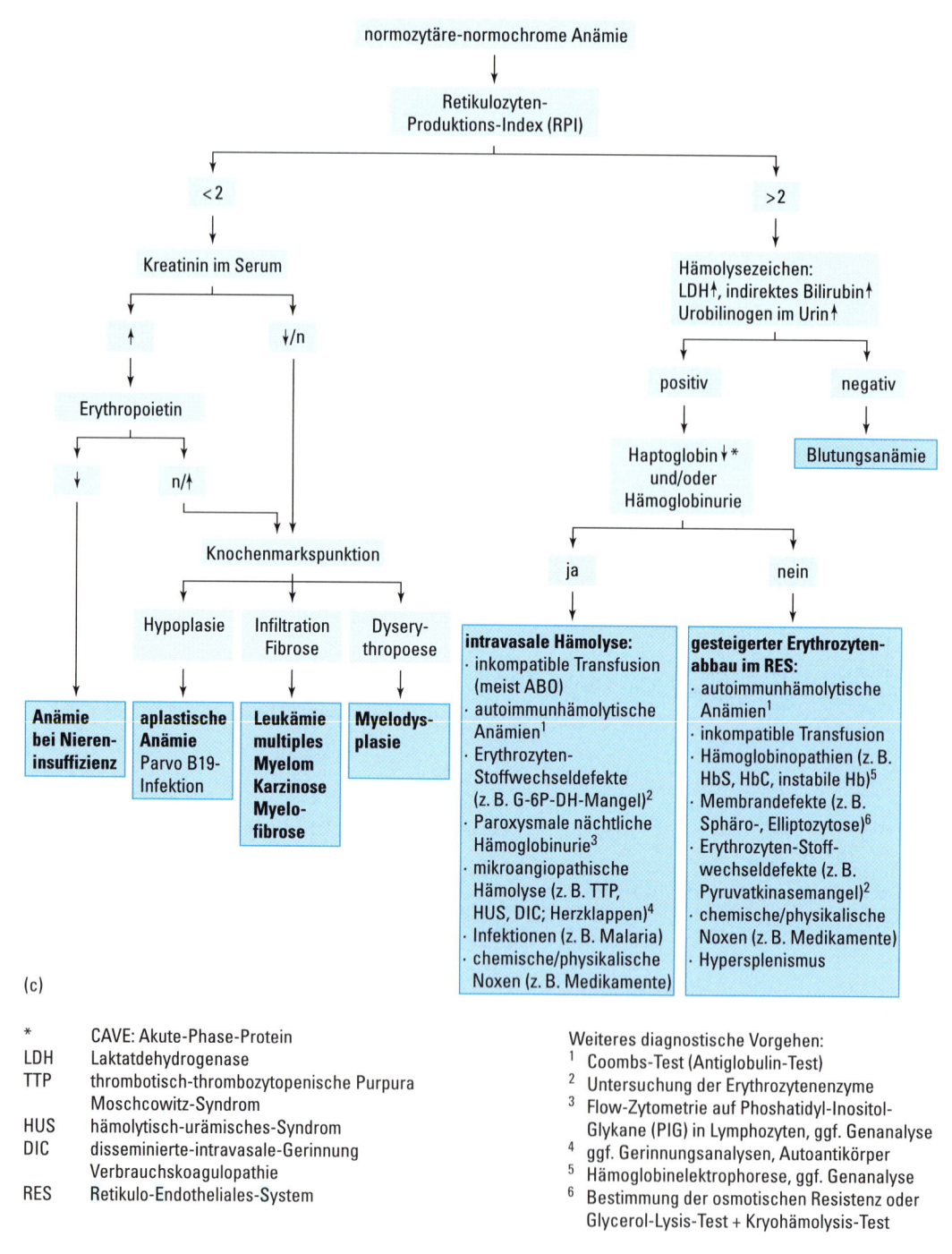

Abb. 9.13c: Differenzialdiagnostik normozytärer-normochromer Anämien.

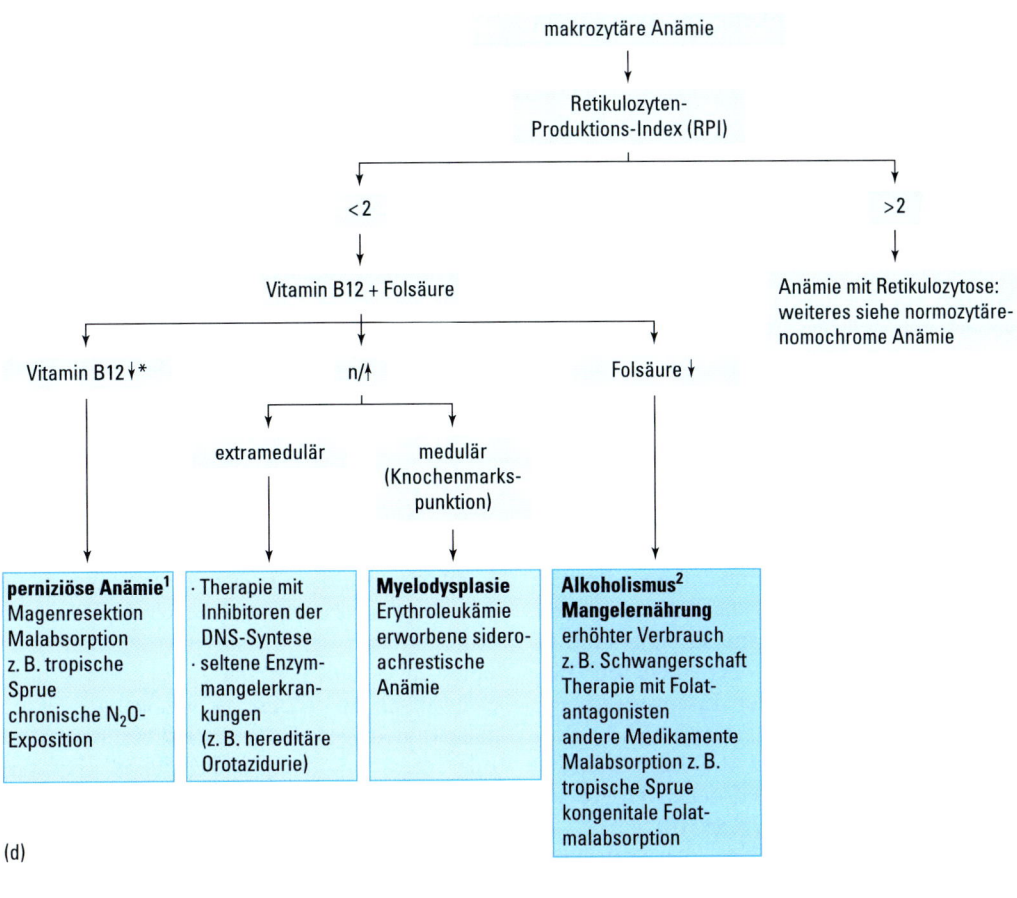

9.2 Wichtige Krankheitsbilder

```
                        makrozytäre Anämie
                               ↓
                        Retikulozyten-
                     Produktions-Index (RPI)
                      ↓                    ↓
                     <2                    >2
                      ↓                    ↓
           Vitamin B12 + Folsäure    Anämie mit Retikulozytose:
            ↓        ↓        ↓      weiteres siehe normozytäre-
       Vitamin B12↓* n/↑   Folsäure↓ nomochrome Anämie
                  ↓    ↓
             extramedulär  medulär
                          (Knochenmarks-
                           punktion)
```

perniziöse Anämie[1]	· Therapie mit Inhibitoren der DNS-Syntese · seltene Enzymmangelerkrankungen (z. B. hereditäre Orotazidurie)	Myelodysplasie	Alkoholismus[2]
Magenresektion Malabsorption z. B. tropische Sprue chronische N_2O-Exposition		Erythroleukämie erworbene sideroachrestische Anämie	Mangelernährung erhöhter Verbrauch z. B. Schwangerschaft Therapie mit Folatantagonisten andere Medikamente Malabsorption z. B. tropische Sprue kongenitale Folatmalabsorption

(d)

* Hinweisend sind auch übersegmentierte neutrophile Granulozyten, Leukopenie und Thrombozytopenie. In Zukunft könnte die Bestimmung von Methylmalonat und/oder Holotranscobalamin die Diagnostik bei leichtem Vitamin B12-Mangel ergänzen.

Weiteres diagnostische Vorgehen:
[1] Bestimmung von Autoantikörper gegen Parietalzellen und Intrinsic faktor, ggf. Knochenmarkspunktion und/oder Schilling-Test
[2] Bestimmung von CDT (Carbohydrate-deficient-transferrin)

Abb. 9.13d: Differenzialdiagnostik makrozytärer, hyperchromer Anämien.

Kugelzellanämie (Sphärozytose) (s. Abb. 10 im Bildanhang am Ende des Buches) und ovale Erythrozyten auf eine seltene **Elliptozytose**. Finden sich vermehrt **Erythrozytenfragmente**, muss an ein mechanische Hämolyse gedacht werden aber auch an einen sehr schweren Eisenmangel. Eine **Polychromasie** (verschieden gefärbte Erythrozyten) und vermehrte basophile Tüpfelung der Erythrozyten deutet auf eine Retikulozytose. Zusätzlich können die Leukozyten und die Thrombozyten beurteilt werden. So werden sich z. B. bei einer Anämie im Rahmen einer Myelodysplasie ggf. auch Veränderungen (Dysplasien) an den Leukozyten und Thrombozyten finden, die den Weg zur weiteren Diagnostik (Knochenmarkspunktion) weisen.

Die Abbildungen 9.13a–d sollen einen diagnostischen Weg zur Lösung des Problems Anämie weisen. Dabei beginnt die Differenzialdiagnostik mit der mikroskopischen Einteilung der Anämien in **mikrozytär-hypochrom**, **normozytär-normochrom** und **makrozytär-hyperchrom**.

9.2.4.2 Mikrozytäre-hypochrome Anämie (Abb. 9.13b)

Die weltweit häufigste Anämie ist die Eisenmangelanämie. Ebenfalls sehr häufig ist die Anämie bei chronischer Erkrankung (ACD), wobei beide natürlich auch in Kombination auftreten können.

Ein reiner Eisenmangel führt immer zu einer Erniedrigung von Ferritin im Serum, das dem Speichereisen weitestgehend proportional ist. Damit ist das Ferritin der Marker der Wahl zur Erkennung eines Eisenmangels.

Problematisch wird es nur, wenn das Ferritin im Rahmen einer akuten Entzündung oder einer ACD unabhängig vom Speichereisen ansteigt. In diesen Fällen kann Ferritin im Serum trotz eines Eisenmangels normal oder erhöht sein. Eine Unterscheidung von einer Eisenverwertungsstörung kann nicht mehr erfolgen. Eine solche akute Phase Reaktion oder ACD kann in der Regel an einem Anstieg des C-reaktiven-Proteins **(CRP)** erkannt werden (s. Kap. 10).

In den Fällen einer Akuten-Phase-Reaktion oder ACD ermöglicht der **lösliche Transferrinrezeptor** die Diagnostik eines Eisenmangels, denn seine Konzentration hängt von der Expression auf der Zelloberfläche ab und die ist weitestgehend nur vom Eisenbedarf und der Proliferation der erythropoetischen Zellen abhängig und zeigt bei einer reinen Akuten-Phase-Reaktion oder ACD keine Veränderung.

Bei einer mikrozytär-hypochromen Anämie mit normalem oder erhöhtem Ferritin, aber ohne Zeichen einer Akuten-Phase-Reaktion oder ACD sollte an eine Thalassämie oder eine sideroblastische Anämie bzw. eine andere Eisenverwertungsstörung gedacht werden. Die Thalassämie führt zu einer hyperproliferativen Erythropoese und damit zu einer Erhöhung des löslichen Transferrinrezeptors, was nicht als Eisenmangel fehlgedeutet werden darf. In einer solchen Situation sind aber die Retikulozyten erhöht, während sie bei einer Eisenmangelanämie und bei einer ACD eher erniedrigt sind.

Wird Erythropoietin zur Stimulierung der Erythropoese eingesetzt führt dies ebenfalls zu einer Hyperproliferation und zu einer Erhöhung des löslichen Transferrinrezeptors, der in diesen Situationen keine Aussage mehr über die Eisenversorgung gibt. Die Bestimmung des Hämoglobingehaltes der Retikulozyten (CHr, Ret-Y) mit modernen Blutbildautomaten stellt eine weitere neue Möglichkeit in der Anämiediagnostik dar. Erste Untersuchungen zeigen, dass die Kombination mit dem löslichen Transferrinrezeptor (sTFR), bzw. dem Quotienten sTFR/log Ferritin eine verbesserte Unterscheidung von Eisenmangelanämie und ACD ermöglicht.

Bei der mikrozytär-hypochromen Anämie wurde bewusst auf die Bestimmung von Eisen oder Parameter, die mit der Eisenkonzentration kombiniert werden (Transferrinsättigung, totale Eisenbindungskapazität) verzichtet. Denn die Konzentration des Eisens unterliegt innerhalb eines Tages und von Tag zu Tag sehr großen Schwankungen, sodass es immer wieder zu falsch niedrigen Eisenwerten bei normalem oder sogar erhöhtem Speichereisen (Ferritin) kommen kann.

9.2.4.3 Normozytäre-normochrome Anämie (Abb. 9.13c)

Bei der normozytär-normochromen Anämie beginnt die Differenzierung mit dem **Retikulozyten-Produktionsindex** (RPI). Bei einer Anämie kommt es in Abhängigkeit vom Erythrozytenmangel zur Erythropoietinausschüttung. Diese bewirkt eine verstärkte Freisetzung von jungen Retikulozyten, die nun statt im Kno-

$$RPI = \frac{\text{Retikulozyten [\%]}}{\text{Reifungszeit im Blut [Tage]}} \times \frac{\text{Hämatokrit [l/l] (Patient)}}{0{,}45}$$

Hämatokrit [l/l]	Retikulozyten-Reifungszeit im Blut [Tage]
0,45	1
0,35	1,5
0,25	2
0,15	2,5

Abb. 9.14: Bestimmung des Retikulozyten-Produktionsindex (RPI).

chenmark im peripheren Blut ausreifen (Abb. 9.1). Die verlängerte Reifungszeit im Blut wird beim RPI berücksichtigt, wodurch auch bei erhöhter Retikulozytenzahl ein zum Erythrozytenmangel (Hämatokrit) relativer Mangel erkannt wird. Abbildung 9.14 zeigt die Berechnung des RPI und die Abhängigkeit vom Hämatokrit. Normalerweise ist der RPI 1. Bei einer Anämie mit adäquaten Regeneration, z. B. nach einer akuten Blutung oder bei einer Hämolyse wird der RPI auf > 2 ansteigen. Ist der RPI < 2 ist die Regeneration inadäquat.

Akute Blutverluste werden oftmals schon in der Anamnese oder im körperlichen Befund offensichtlich. Sollten diese Anzeichen aber fehlen, sollte nicht im Umkehrschluss direkt eine Hämolyse diagnostiziert werden. Hierzu sollten Zeichen einer Hämolyse vorliegen. Leider sind diese nicht immer alle vorhanden oder häufig unspezifisch. So steigt z. B. die **Laktatdehydrogenase** bei jedweder Zellschädigung an, oder das **indirekte Bilirubin** kann auch im Rahmen einer Schädigung der Hepatozyten ansteigen, wenn es nicht in die Hepatozyten aufgenommen oder von diesen nicht konjugiert werden kann. Liegt die Hämolyse schon einige Zeit zurück oder verläuft sie sehr schleichend, können alle Marker einer Hämolyse normal sein (cave: Halbwertzeiten).

Wenn Zeichen einer Hämolyse vorliegen ist die nächste Frage: handelt es sich um einen gesteigerten Abbau von Erythrozyten im RES oder werden die Erythrozyten in der Gefäßbahn geschädigt oder lysiert. Bei einer intravasalen Schädigung wird das freiwerdende Hämoglobin an **Haptoglobin** gebunden. Ein Abfallen des Haptoglobins zeigt damit eine Hämolyse an. Doch Vorsicht ist geboten! Haptoglobin ist ein Akute-Phase-Protein. Ein einmalig normaler oder erhöhter Messwert kann somit in die Irre führen.

Tritt **freies Hämoglobin** im Serum auf, kann eine Hämolyse als gesichert gelten. Allerdings muss sichergestellt sein, dass die Hämolyse nicht im Rahmen der Blutentnahme oder durch eine falsche Präanalytik entstanden ist. Die Bestimmung von freiem Hämoglobin im Serum ist im Notfall aber oft nicht möglich, außerdem wird es sehr schnell an Haptoglobin gebunden oder durch die Niere filtriert. Tritt es im Urin auf, kann es als Marker einer Hämolyse dienen, wenn eine urogenitale Blutung ausgeschlossen werden kann.

Die weitere Abklärung einer Hämolyse ist ebenfalls, durch die Fülle der möglichen Ursachen (Tab. 9.3 und Abb. 9.13c) schwierig. Anamnese, körperlicher Befund und das Blutbild können dabei helfen:

So sind z. B. Hämoglobinopathien, Erythrozytenmembrandefekte und Erythrozyten-Stoffwechseldefekte erblich, haben Patienten mit Malaria in der Regel eine Tropenanamnese. Fragmentozyten (s. Abb. 7 im Bildanhang am Ende des Buches) im Blutausstrich weisen auf ein mikroangiopathische Hämolyse hin, die an einer mechanischen Herzklappe aber auch bei einer Verbrauchskoagulopathie zum Beispiel im Rahmen einer Sepsis entstehen kann.

Wenn bei einer normozytär-normochromen Anämie der Retikulozyten-Produktionsindex auf eine inadäquate Regeneration der Erythropoese hinweist, sollten zwischen medullären und extramedullären Ursachen unterschieden werden.

Die häufigste extramedulläre Ursache ist ein **Erythropoietinmangel** im Rahmen einer chronischen Niereninsuffizienz. Bei Verdacht auf eine medulläre Ursache ist eigentlich immer eine Knochenmarkpunktion notwendig. Der zytologische und/oder histologische Befund wird dann zeigen, ob es sich um eine hypoplastische Erythropoese, z. B. im Rahmen einer Parvovirus B19-Infektion, um eine Verdrängung der Erythropoese durch einen Tumor bzw. eine Myelofibrose oder um eine Dyserythropoese im Rahmen einer Myelodysplasie handelt.

9.2.4.4 Makrozytäre-hyperchrome Anämie (Abb. 9.13d)

Da die Retikulozyten deutlich größer als die Erythrozyten sind (Abb. 9.1) kann eine Anämie mit Retikulozytose als makrozytär imponieren (MCV > 100 fl). In solchen Fällen einer Retikulozytose entspricht die weitere Abklärung der einer normozytären-normochromen Anämie mit adäquatem Retikulozyten-Produktionsindex.

Die echte makrozytäre-hyperchrome Anämie beruht in den meisten Fällen auf einem **Vitamin-B12- oder Folsäure-Mangel**, sodass im nächsten Schritt die Bestimmung dieser beiden Vitamine geschehen sollte.

Da ein Vitamin-B12-Mangel nicht nur zu einer makrozytären-hyperchromen Anämie, sondern auch zu irreversiblen neurologischen Schäden führt, ist eine frühzeitige Therapie wichtig. Leider ist die diagnostische Sensitivität der Vitamin-B12-Bestimmung eingeschränkt. So sollen 5–10 % aller Mangelzustände übersehen werden, weil die Vitamin-B12-Konzentrationen dieser Patienten noch im unteren Normalbereich liegen. Erst ab einer Vitamin-B12-Konzentration von > 220 pmol/l soll ein Mangel sicher auszuschließen sein (Norm: 148–738 pmol/l). Ob die Bestimmung von **Homocystein, Methylmalonat** oder **Holotranscobalamin** zu einer verbesserten Diagnostik führen können, wird zur Zeit untersucht. Allerdings gibt es auch eine hereditäre Hyperhomocysteinämie und steigen Methylmalonat und Homocystein bei Niereninsuffizienz an.

Die häufigste Ursache eines Vitamin-B12-Mangels ist ein Mangel an **intrinsic factor** im Rahmen einer perniziösen Anämie. In den meisten Fälle können dabei, als Ausdruck des autoimmunen Prozesses Autoantikörper gegen Parietalzellen und/oder intrinsic factor nachgewiesen werden. Gegebenenfalls muss aber auch ein Schilling-Test (Vitamin-B12-Resorptionstest) durchgeführt werden.

Die häufigste Ursache für einen Folsäuremangel ist der chronische Alkoholabusus. Der derzeit beste Marker zu Abklärung eines Alkoholismus ist das Carbohydrate-deficient-transferrin (**CDT**). Aber auch ein erhöhter Folsäureverbrauch (Schwangerschaft und Wachstum) kann zu einem Mangel führen.

Bei jedem fraglichen Fall einer makrozytären-hyperchromen Anämie ist eine Knochenmarkpunktion indiziert, damit keine Myelodysplasie oder eine andere maligne Erkrankung des Knochenmarks übersehen wird.

10 Leukozyten

A. Neubauer

10.1 Pathobiochemie und Pathophysiologie

Leukozyten sind die wichtigsten zellulären Botschafter des angeborenen und erworbenen Immunsystems. Der Name „Leukozyt" leitet sich aus dem Griechischen ab und bedeutet so viel wie „weiße Zelle" ($\lambda\varepsilon\upsilon\kappa o \int$ = weiß; $\kappa\upsilon\tau o \int$ = Zelle). Damit soll der Kontrast zu den rötlich schimmernden **Erythrozyten**, die durch das rot leuchtende Hämoglobin natürlich gefärbt sind, angezeigt werden. Leukozyten sind farblos bis leicht gelblich – grünlich (Eiter!). Mit den üblichen zum Differenzialblutbild eingesetzten Färbesubstanzen werden Leukozyten jedoch in ganz unterschiedlichen Farben dargestellt: rötlich – bläulich, wobei allein die Färbung, z.B. nach Pappenheim, die „Differenzierung" erlaubt. Die Leukozytendifferenzierung, also die Subgruppierung in die verschiedenen Leukozytenpopulationen, wird somit klassischerweise durch eine Färbung eines auf einem Objektträger ausgestrichenen Blutstropfens erfolgen. Diese Methode hat natürlich die Unsicherheit der Zählung (es werden nur 100–200 Zellen ausgezählt) als mögliche Fehlerquelle. Moderne Differenzierungsautomaten lassen eine Messung des „Differenzialblutbildes" quantitativ besser zu. Allerdings existieren Variationen von Gerät zu Gerät, und nicht häufig im Blut vorkommende Populationen (z.B. Blasten oder Erythroblasten) können der Analyse entgehen.

Für die Herstellung eines klassischen **Differenzialblutbildausstriches** (Abb. 10.1) sind denkbar einfache Voraussetzungen nötig: ein Objektträger, ein Deckgläschen oder ein anderer, möglichst geschliffener Objektträger, geeignete Farbstoffe, Färbekammern, ein Mikroskop. Hiermit kann die für klinische Entscheidungen sehr wichtige Trennung der Leukozyten sicher und einfach erreicht werden. So können

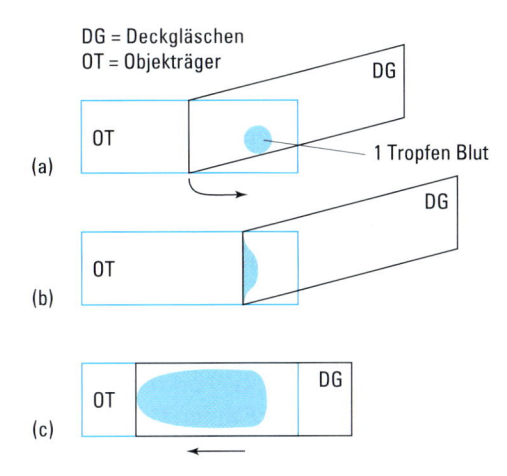

Abb. 10.1: Prinzip der Herstellung eines klassischen Differenzialblutbildausstriches.

Leukozytosen (ein PLUS an Leukozyten) als reaktiv vs. neoplastisch (z.B. bei Leukämien) unterschieden werden. Für jeden Arzt ist die Differenzierung eines Blutausstriches eine elementare Fähigkeit, die zur Ausübung des ärztlichen Berufes dazugehört wie die Auskultation des Herzens. Die modernen Methoden der Immunologie haben es jedoch ermöglicht, auch morphologisch einheitlich imponierende Leukozyten, z.B. Lymphozyten, einer Subtypisierung zu unterziehen, z.B. in T- vs. B-Zellen.

Leukozyten werden wie alle Blutzellen im Knochenmark gebildet. Leukozyten sind die Blutzellen, ohne die ein Überleben in unserer Umwelt unmöglich ist. Dies zeigt sich zum einen an angeborenen Störungen des Immunsystems, bei dem selektiv bestimmte Subpopulationen der Leukozyten fehlgebildet sind. Diese Krankheiten sind extrem selten und die betroffenen Patienten häufig nur kurze Zeit lebensfähig. Zum anderen kann das Fehlen der Leukozyten aber bei viel häufigeren Störungen im späteren Lebensalter beobachtet werden. Hierbei kommt es auf dem Boden einer normalen Hämatopoese durch krankhafte Zustände zu einer Zerstörung des Knochenmarkes. Kommt es zu einer dauerhaften Schädigung der Leukozyten, z. B. durch irreversible Bildungsstörungen, bedeutet dies für den Patienten lebensbedrohliche Immunmangelzustände, die, wenn sie nicht behoben werden können, immer tödlich verlaufen. Genannt sei hier das erworbene Fehlen aller Reihen des blutbildenden Knochenmarkes z. B. bei der Agranulozytose durch die schwere aplastische Anämie, oder die HIV-Infektion, bei der es zu einer selektiven Zerstörung bestimmter immunmodulatorischer Zellen ohne die Beeinträchtigung anderer Leukozyten kommt. Beide Fälle haben eine unterschiedliche pathophysiologische Grundlage, was in einem Versagen des Immunsystemes mit einem klinisch allerdings ganz unterschiedlichen Bild resultiert. Steht im Falle des Verschwindens der weißen Blutbildung bei der Agranulozytose ganz das Bild rezidivierender schwerster Infektionen mit Bakterien oder Pilzen im Vordergrund (z. B. Pilzpneumonie; Pilzsepsis), kommt es bei der HIV-Erkrankung zu Infektionen mit sogenannten opportunistischen (d. h. normalerweise harmlosen) Erregern (z. B. Pneumocystis carinii Pneumonie).

Leukozyten sind heterogen, sie erfüllen verschiedene Aufgaben im menschlichen Körper. Man unterscheidet zunächst nach morphologischen Gesichtspunkten (s. Abbildungen 16–23 im Bildanhang am Ende des Buches):
– Granulozyten, und diese differenziert nach Anfärbung der Granula in: Neutrophile, Eosinophile und Basophile;
– Monozyten / Makrophagen;
– Lymphozyten, darunter auch Lymphozyten mit großen Granula, sog. large granular lymphocytes.

Lymphozyten können mittels immunologischer Techniken weiter in B- (aus dem Knochenmark (Englisch: bone marrow) abgeleitet) und T-Zellen (aus dem Thymus hervorgegangen) unterschieden werden. Weitere Subtypisierungen sind möglich und teilweise Gegenstand dieses Kapitels wie auch des Kapitels 12. Störungen in diesen Regelkreisläufen führen an unterschiedlichen Stellen zu Erkrankungen.

Die **Hämatopoese** ist beim Menschen überwiegend im Knochenmark angesiedelt. Bei bestimmten Erkrankungen (Osteomyelosklerose/-fibrose) kann Hämatopoese aber auch in anderen Organen wie der Milz und der Leber beobachtet werden. Seltene Erkrankungen sind ektope Knochenmarkansiedlungen, z. B. in der Lunge, als benigne Chlorome ohne erkennbare Ursache. Das Knochenmark ist eines der am besten geschützten Organe des Säugers. Es ist

Tabelle 10.1: Übersicht über wichtige hämatopoetisch wirksame Zytokine des Menschen.

Name	Herkunft	Wirkung	Medikament
Erythropoietin	Leber, Niere	Stimulation der Erythropoese	z. B. Erypo®, EPO®
G-CSF	Monozyten, Granulozyten, Stromazellen	Aktivierung von Granulozyten Stammzellmobilisierung	Neupogen®, Granucyte®
GM-CSF	Monozyten, T-Zellen	Aktivierung von Granulozyten, Monozyten, antigenpräsentierenden Zellen	Leukomax®
M-CSF	Monozyten	Aktivierung von Monozyten	
IL-2 IL-11	T-Zellen	Aktivierung von T-Zellen	Proleukin®
Interferon-α	Stromazellen, T-Zellen, Fibroblasten	Stimulation der Antigenpräsentation, Aktivierung von T- und B-Zellen	Intron®, Roferon®
Interferon-γ	T-Zellen, Makrophagen	Induktion einer TH1 Antwort	Imukin®

komplett eingebettet in den Knochen und erfährt eine sehr gute Durchblutung. Dadurch ist eine ständige Kommunikation von Blut mit Knochenmark gegeben. Wichtig ist die Knochenmark – Blutschranke, die besagt, dass nur bestimmte Zellen das Knochenmark verlassen können.

Ausgehend von einer pluripotenten **Stammzelle** bilden sich durch entsprechende Zytokine (Interleukine) differenzierende Zellen heraus, die wiederum aktiv in den Regelkreis eingreifen (Tab. 10.1). Man kann diese Regelkreisläufe mit dem des Erythropoietins vergleichen, welches in Kapitel 12 vorgestellt wird. In der Leukopoese sind die Vorgänge ungleich komplexer. Produzenten und Rezipienten der Zytokine sind, anders als bei Erythropoietin, allerdings häufig lokal eng benachbart, nämlich im Knochenmark. Pathophysiologische Zustände fehlender Zytokine sind nicht so bekannt wie das Zuviel bestimmter Zytokine, z. B. G-CSF bei der Sepsis, oder auch IL-5 bei der allergischen Diathese.

10.1.1 Zytokine: zuviel oder zuwenig

Die Differenzierung und Proliferation des hämatopoetischen Systemes erfolgt vorwiegend durch **Zytokine**, also ortsständige oder im Blut anflutende Interleukine, die durch Rezeptoren an ihren Zielzellen diese Veränderungen induzieren. Dies gilt auch für das Immunsystem, welches im Kapitel Immunsystem dargestellt wird. An dieser Stelle können Zytokine nicht detailliert besprochen werden. Es wird auf eine gute Homepage verwiesen: (http://www.copewithcytokines.de/cope.cgi). Eines der am häufigsten in der Klinik eingesetzten Zytokine ist **G-CSF** (Tab. 10.1). Es wird von Monozyten/Makrophagen, Granulozyten sowie Stromazellen und Fibroblasten gebildet. Seine Funktion ist es, die Aktivität sowie die Zahl der reifzelligen Granulozyten im Blut schnell anzuheben. Es kann auch durch Interleukin-17 induziert werden. G-CSF hat darüber hinaus die Eigenschaft, unreife hämatopoetische Progenitorzellen in das periphere Blut zu mobilisieren, was man sich therapeutisch bei der Stammzellapherese zunutze macht. Im pathologischen Zuständen wird G-CSF selten von bestimmten soliden Tumorzellen (Magenkarzinomen) oder auch Zellen der akuten myeloischen Leukämie (s. u.) gebildet.

G-CSF ist ein glykosiliertes Protein von 19 kDA, wobei der Zuckeranteil für die Bindung an den G-CSF-Rezeptor und die biologische Wirkung nicht erforderlich ist. G-CSF hat keine starken Sequenzhomologien zu den von der Wirkung nicht ganz unverwandten Molekülen M-CSF und GM-CSF (siehe weiter unten). G-CSF bindet zur Ausübung seiner Wirkung an den G-CSF-Rezeptor, welcher einen typischen Zytokinrezeptor darstellt und eine G-CSF-bindende Domäne, eine transmembranöse und eine intrazelluläre Domäne aufweist. Letztere interagiert dann mit Molekülen, die sekundär zur Aktivierung bestimmter Proteine wie Januskinasen und STATs beitragen. Der G-CSF-Rezeptor wird auf vielen Zellen des myeloischen Systems, wie auch auf Zellen zahlreicher Leukämien, exprimiert. Beim seltenen Kostman-Syndrom kommt es teilweise zu Mutationen im G-CSF-Rezeptor mit dadurch fehlender Aktivierbarkeit sekundärer Signalmoleküle der betroffenen Zelle; Kinder mit dieser Erkrankung leiden unter der resultierenden Neutropenie (also Mangel reifer neutrophiler Granulozyten) und dem ebenfalls durch die Mutation induzierten Reifungsstopp der Granulozyten. Die Messung von G-CSF in Körperflüssigkeiten spielt in der Klinik keine Rolle.

Der klinische Einsatz von G-CSF zielt in zwei Richtungen:
1. verstärkte Granulozytenbildung und Aktivierung bei z. B. durch Zytostatika induzierter Neutropenie;
2. Mobilisierung von Stammzellen aus dem Knochenmark in das periphere Blut.

Die amerikanische Gesellschaft für klinische Onkologie hat in einer sehr guten Leitlinie den Einsatz von G-CSF klar geregelt (http://www.asco.org). Leider wird G-CSF häufig zu unkritisch eingesetzt, was wegen der damit verbundenen hohen Kosten ein großes Problem darstellt.

Ein anderes Zytokin, **Erythropoetin (EPO)**, wird bei niereninsuffizienten Patienten eingesetzt, um die hier sehr häufig stark ausgeprägte

Anämie zu therapieren (Kapitel Erythrozyten). Ein anderes Zytokin, welches hier kurz besprochen werden soll, ist ein breiterer Wachstumsfaktor, **GM-CSF**. Seine Wirksamkeit betrifft einerseits die Granulopoese, andererseits aber auch die Monopoese. Darüber hinaus ist GM-CSF in der Lage, die Antigenpräsentation bestimmter Immunzellen derart zu verstärken, dass eine Verstärkung von Impfreaktionen im Sinne eines Adjuvans resultieren kann. GM-CSF ist jedoch zugelassen in einem ähnlichen Spektrum wie G-CSF, obwohl es hier weit weniger effektiv sein dürfte.

Interferone zählen ebenso zu den Zytokinen. Sie sind jedoch völlig anders entdeckt worden als die bisher aufgeführten Zytokine, indem man sie bei Zellen nach Virusinfektion fand. So kommen diesen Zytokinen auch andere Aufgaben als EPO, G- und GM-CSF zu: sie induzieren eine Immunantwort und verstärken bestimmte T-Zell-Antworten. Die T-Zellreifung ist ein sehr komplexes Geschehen, und wird in einem anderen Kapitel beschrieben; hier sei nur angemerkt, dass Zytokine wie Interleukin-2 und Interleukin-15 sehr wichtige Rollen spielen. Jedoch können Mäuse ohne Interleukin-2 Gen eine normale T-Zellzahl ausbilden. Ein für B-Zellen wichtiger Faktor ist Interleukin-7; Mäuse ohne das Interleukin-7 Gen bilden keine B-Zellen aus. Eines der Zytokine, welches im Gegensatz zu den eben erwähnten Zytokinen eine sehr eingeschränkte Wirkung auf nur eine Zellpopulation besitzt, ist das Interleukin-5, welches für Eosinophile einen wichtigen Wachstumsfaktor darstellt und welchem vermutlich bei Allergien eine essenzielle Rolle zukommt. Sonst benötigen Eosinophile noch Interleukin-3 und GM-CSF. Daher ist es nicht verwunderlich, dass eine Behandlung mit GM-CSF eine Eosinophilie zur Folge haben kann. Monozyten werden vor allem durch GM-CSF und einen weiteren Faktor, M-CSF, kontrolliert. Im Mausexperiment führt nur die Deletion des M-CSF-Genes zu einem schweren Monozytenmangel und zu Makrophagenfunktionsstörungen. Makrophagen sind diejenigen Zellen, die aus Monozyten hervorgehen und im Gewebe die Funktion eines aktiven Phagozyten (griech. für: „Fresszelle") aufnehmen.

Die oben beispielhaft aufgeführten Zytokine des Menschen (Epo, G-CSF, GM-CSF) fungieren in unterschiedlichen Phasen der Hämatopoese. An rezeptorpositiven Zellen wirken die meisten hier genannten Zytokine anti-apoptotisch und oft auch pro-proliferativ. Zytokinen kommt daneben eine entscheidende Rolle bei der Stammzelldifferenzierung zu: bei Exposition einer noch undifferenzierten Stammzelle mit einem bestimmten Zytokin kann auch eine Differenzierung induziert werden. Somit können Zytokine zwei verschiedene Wirkungen auslösen: Zellwachstum und Differenzierung. Man hat sich auch bemüht, verschiedenen Zytokinen Unterschiede in beiden Kategorien zuzuweisen: koloniestimulierende Faktoren (also Wachstumsinduktoren) und Differenzierungsinduktoren. Beide interagieren aber immer in einem ganz engen Netzwerk gemeinsam, und oft sind es dieselben Moleküle, die in verschiedenen Zellen unterschiedliche Wirkungen ausüben.

Neben den Liganden, die der ligandenbindenden Zelle bestimmte Wirkungen vermitteln, sind natürlich die genetischen Programme, die in diesen Zellen induziert werden, von entscheidender Bedeutung. In der Hämatopoese spielen sogenannte **Transkriptionsfaktoren** eine ganz wesentliche Rolle bei der Differenzierung und dem Wachstum der Blutstammzellen. Dabei ist interessant, dass diese essenziellen Gene, die für Transkriptionsfaktoren kodieren, sehr häufig in Gentranslokationen involviert sind, die maligne Erkrankungen des hämatopoetischen Systemes, also Leukämien oder Lymphome, begründen.

10.1.2 Transkriptionsfaktoren der Hämatopoese

Alle Zellen des Menschen entstehen aus embryonalen Stammzellen. Hämatopoetische Stammzellen sind weiter differenzierte Zellen, die Ausgangspunkt für alle Zellen des blutbildenden Knochenmarkes sowie des lymphatischen Systems sind. In neuester Zeit sind erste Berichte erschienen, die nahelegen, dass im Knochenmark sogar noch unreifere Zellen residieren, die in der Lage sind, auch Zellen des Ento- und Ektoderms auszubilden. Diese Berichte bedürfen der Bestätigung. Die Gene, die Schlüsselrollen in der Hämatopoese spielen, sind dagegen sehr gut erforscht. Einerseits durch entsprechende Tiermodelle, andererseits durch die Analyse normaler und bösartiger hämatopoetischer Zellen (also von Leukämie- und Lymphomzellen), konnte ein Großteil der Gene identifiziert werden. Es besteht die Hoffnung, dass durch diese Erkenntnisse bessere und spezifischere Therapeutika entwickelt werden können. In Einzelfällen, wie z. B. der akuten myeloischen Leukämie (AML) vom Promyelozytentyp (AML – M3), ist dies bereits gelungen. Dabei werden die Programme der Proliferation und Differenzierung, die eine Stammzelle verwendet, nicht nur durch lösliche Zytokine, die der Stammzelle durch den Blutstrom begegnen (siehe oben), sondern auch durch lokale Gewebestoffe sowie durch die enge Nähe zu Bindegewebszellen (= Stromazellen) an- und abgeschaltet. Dieses geschieht über Adhäsions- und extrazelluläre Matrixproteine, die definierte Signalprozesse in den Stammzellen induzieren.

Abbildung 10.2 zeigt einen Ausschnitt der bei der Differenzierung und Proliferation hämatopoetischer Zellen wichtigen Gene. Alle stellen Transkriptionsfaktoren dar, sind also Genprodukte, die durch ihre sogenannten DNA-bindenden Protein-Domänen an DNA entweder allein oder in Interaktion mit anderen Partnern binden und dort die gewünschte Wirkung induzieren.

10.1.3 Ergebnis der Hämatopoese: Granulozyten, Monozyten, Lymphozyten

Die durch die o. g. Transkriptionsfaktoren und Zytokine regulierte Hämatopoese bringt als Ergebnis neben denen an anderer Stelle dargestellten Erythrozyten und Thrombozyten die Zellen der weißen Reihe, die **Leukozyten** in Form granulozytärer Zellen (Zellen mit Granulation im Zytoplasma = **Granulozyten**), monozytärer Zellen (**Monozyten**) und der **Lymphozyten** hervor. Pro 24 Std werden ca $1{,}3 \times 10^{12}$ Leukozyten im Knochenmark gebildet. Die Granulozyten haben im Blut eine sehr kurze Lebenszeit (ca 8 Std.), können aber an anderer Stelle, z. B. im perivaskulären Gewebe, wesentlich länger verweilen. Monozyten können in Form von Gewebsmakrophagen länger überleben, während die Zellen der Lymphopoese teilweise Jahrzehnte existieren (z. B. in Form von Gedächtniszellen in der Marginalzone des Lymphknotens sowie im Knochenmark).

Leukozyten sind in vielfältige pathophysiologische Prozesse involviert. Nicht nur direkte, die Leukozyten betreffende Krankheiten, wie **Agranulozytose** mit der Gefahr lebensbedrohlicher Infektionen und Blutungen, und **Leukämien**, die in Form der akuten Leukämien zu einer schnellen Verdrängung der gesunden Hämatopoese mit den Konsequenzen des „Zuwenig" der gesunden, funktionsfähigen Zellen führt, sondern auch zunächst reaktiv induzierte Krankheiten wie **Sepsis** mit konsekutivem Lungenversagen oder auch immunologisch vermittelte chronische Entzündungen wie z. B. Asthma bronchiale, rheumatische oder chronisch entzündliche Darmerkrankungen betreffen wesentlich die Leukozyten. Moderne Therapieverfahren zielen zunehmend auf die an wesentlicher Stelle in den pathophysiologischen Prozess eingreifenden Leukozyten ab. Dabei kommen den unterschiedlichen Leukozyten verschiedene Aufgaben im Körper zu:

Granulozyten werden als Zellen mit Granula leicht z. B. im nach **Pappenheim** gefärbten Blut- oder Knochenmarkausstrich (Abb. 10.1) erkannt. Die Granula enthalten dabei funktionsfähige Enzyme wie **Peroxydasen** oder Esterasen. Diese Enzyme dienen zur Bakterizidie bzw. Fungizidie, wodurch sogleich die Hauptaufgabe der Granulozyten genannt ist. Den genannten Enzymen, Peroxydase und alpha-Naphtol-Esterase, kommen differenzialdiagnostische Bedeutung bei der zytologischen und Beurteilung von Ausstrichen akuter Leukämien zu (sogenannte **zytochemische Färbung**: d. h. enzymchemische Färbungen am Ausstrich). Bei einigen Erkrankungen bilden die betroffenen Granulozyten weniger Granula, sodass eine Funktionsunfähigkeit mit der Folge der Infektanfälligkeit resultiert. Dies ist z. B. der Fall bei dem myelodysplastischen Syndrom. Normalwerte der Granulozyten sind altersabhängig (Tab. 10.2).

Die **Granulozyten** (s. Abb. 16–19 im Bildanhang am Ende des Buches) stellen den domi-

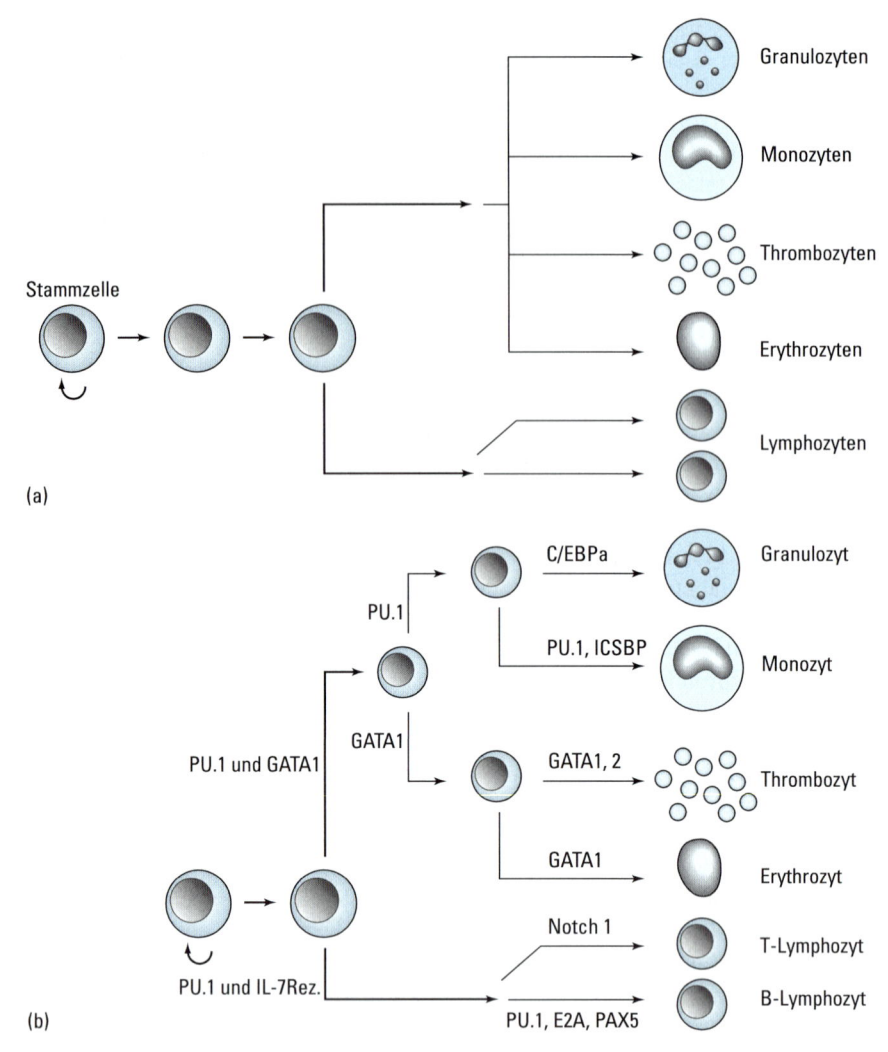

Abb. 10.2a: Stammbaum der Hämatopoese. Eine sich selbst erneuernde Stammzelle (umgedrehter Pfeil) ist in der Lage, alle hämatopoetischen Zellen auszubilden. Gleichzeitig besagt dieses Stammzellkonzept, dass eine einmal differenzierte Zelle nicht wieder „unreifer" werden kann.

b: Transkriptionsfaktoren und Hämatopoese. Verschiedene, hier angegebene Transkriptionsfaktoren induzieren unterschiedliche Differenzierungsvorgänge in der Hämatopoese. So ist z. B. der Faktor CEBP/a ein für die Granulozyten ganz spezifischer Faktor, PU.1 eher ein breit wirkender.

Tabelle 10.2: Granulozytenwerte in Abhängigkeit des Alters.

	Neutrophile		Lymphozyten		Monozyten	
	abs (G/l)	%	abs (G/l)	%	abs (G/l)	%
Neugeborene	1,7–8,4	24–50	2,2–5,4	26–57	0,2–3,5	5–13
Kleinkinder (–6 J.)	1,6–7,4	30–77	1,3–4,7	14–56	0,3–1,3	4–10
Jugendliche (–18 J.)	2,0–6,9	41–76	1,0–3,5	13–44	0,3–1,3	4–10
Erwachsene (>18 J.)	2,2–6,3	55–70	1,0–3,6	25–40	0,1–0,7	2–8

nanten Teil der Leukozyten im peripheren Blut dar. Granulozyten sind Zellen der angeborenen Immunabwehr, nach heutiger Erkenntnis können sie keinen Lernvorgang durchlaufen, wie dies z. B. Lymphozyten (s. u.) tun.

Im sogenannten Differenzialblutbild, welches visuell mit einem einfachen Mikroskop anhand eines nach Pappenheim gefärbten Blutausstriches durch Zählen von 100–200 Zellen ermittelt wird, gelten die in Tabelle 10.3 dargestellten Werte.

Durch Verbesserung maschineller Techniken können heutzutage sehr verlässliche Differenzialblutbilder ermittelt werden, die für einzelne Zellformen wie z. B. **Eosinophile** sogar wesentlich genauere Werte abgeben als das sogenannte Handdifferenzialblutbild. Nur für besondere Fragestellungen wie z. B. Ermittlung von Blasten, oder auch Erythrozytenanomalien oder Parasithämien ist heute bei der Primäruntersuchung noch eine Handdifferenzierung erforderlich. Auch eine deutliche Linksverschiebung (d. h. eine Verstärkung unreifer Anteile in der Differenzierung der Granulopoese) ist besser durch eine Handuntersuchung zu erkennen. Als **„leukämoide Reaktion"** bezeichnet man die überschießende Ausschwemmung auch unreiferer Zellen der Hämatopoese in das periphere Blut mit Leukozytenwerten über 50×10^9 pro Liter, z. B. bei einer schweren Sepsis. Falls die Maschinenuntersuchung Auffälligkeiten ergibt, sollte jedoch immer eine Handdifferenzierung vorgenommen werden.

Die **Monozyten** (s. Abb. 20 im Bildanhang am Ende des Buches), die Vorläufer der Makrophagen, stellen ebenfalls Zellen der Abwehr von Mikroorganismen dar. Makrophagen können daneben auch antigenpräsentierende Aufgaben für T-Zellen übernehmen. Monozyten sind ebenfalls überwiegend Zellen der angeborenen Immunabwehr.

Lymphozyten (s. Abb. 22 im Bildanhang am Ende des Buches) sind zum großen Teil Zellen der erworbenen Immunabwehr. Im Differenzialblutbild können im allgemeinen B- nicht von T-Zellen unterschieden werden. Im peripheren Blut stellen die T-Zellen mit ca. 75 % die wichtigste Lymphozytenfraktion dar. Bei ihnen werden, siehe auch *Kapitel Immunsystem*, CD4-positive „Helferzellen" von CD8-positiven zytotoxischen/„Suppressor-Zellen" unterschieden. Lymphozyten kommt die entscheidende Rolle beim der erlernten Immunabwehr zu. Die reifsten Formen der B-Zellen stellen Plasmazellen dar, die eine sehr charakteristische Morphologie besitzen (s. Abb. 21 im Bildanhang am Ende des Buches). Abgesehen von Plasmazellen und unreiferen Formen der lymphatischen Reihe (Blasten) können die unterschiedlichen Lymphozyten morphologisch nicht getrennt werden. Um dennoch T- von B-Zellen, oder die unterschiedli-

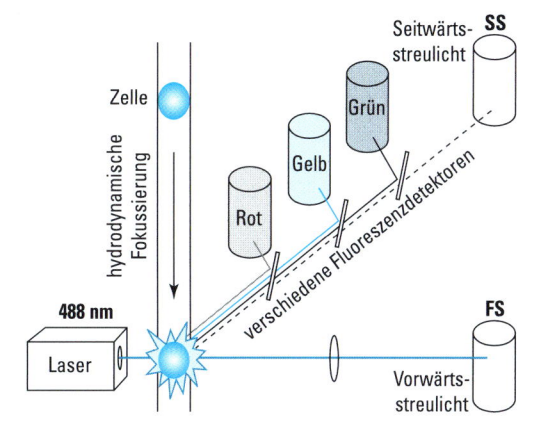

Abb. 10.3: Schema eines FACS-Gerätes (Durchflusszytometer). Zellen werden durch eine hydrodynamische Fokussierung in einen Spalt gebracht und mehrere 1000 Zellen pro Sekunde einem Fluoreszenzlicht-anregenden Laser ausgesetzt. Die abgegebenen Lichteigenschaften werden aufgefangen und lassen Rückschlüsse auf die zellulären Komponenten zu (Streulicht). Darüberhinaus kann durch entsprechende fluoreszenzmarkierte Antikörper die Expression definierter Zielmoleküle auf oder in den Zellen erfasst werden.

Tabelle 10.3: Normalwerte des peripheren Blutes des Erwachsenen*.

– stabkernige Granulozyten	3–5 %
– segmentkernige Granulozyten	54–62 %
– Lymphozyten	25–33 %
– Monozyten	3–7 %
– eosinophile Granulozyten	bis 4 %
– basophile Granulozyten	bis 1 %

* Weitere farbige Abbildungen befinden sich im Bildanhang im hinteren Bereich des Buches.

chen T-Zellfraktionen (z. B. CD4 vs. CD8) oder die verschiedenen Differenzierungsstufen der lymphatischen Zellreihen bestimmen zu können, bedient man sich der Färbung der Zelloberflächen mittels farbmarkierter monoklonaler Antikörper, die definierte Antigene auf der Zelle erkennen und färben. Die so gefärbten Zellen werden anschließend unter dem Fluoreszenzmikroskop, oder besser heute mittels **Multiparameterdurchflusszytometrie (FACS)** (für: fluoreszenzaktivierte Zellsortierung) analysiert. Der große Vorteil der FACS Technik besteht darin, dass eine sehr große Zahl von Zellen, z. B. mehrere 100.000, untersucht werden können und nur sehr wenige, teilweise unter einem Prozent liegende positive Zellen detektiert werden können. Damit eignet sich das Verfahren auch zum Aufspüren minimaler Tumorzellmengen, z. B. nach einer Knochenmarktransplantation. Zusätzlich können die interessierenden Zellen sortiert und weiter verarbeitet werden. Die Abbildung 10.3 zeigt das Prinzip eines

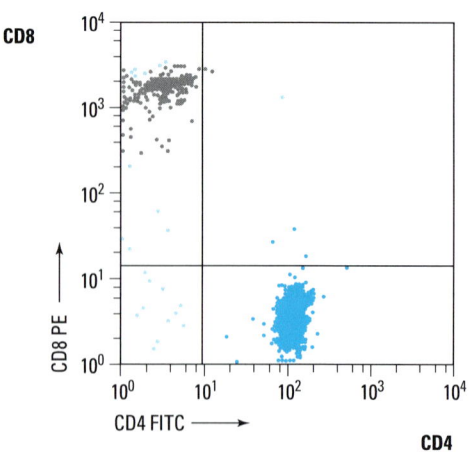

Befund: Im normalen Blut entweder CD4 oder CD8 positive T-Zellen, sehr wenig doppelmarkiert T-Zellen

Abb. 10.4: FACS-Darstellung von Helfer-T-Zellen und Suppressor-T-Zellen.

Tabelle 10.4: Beispiele für in der Klinik wichtige CD-Antigene

CD	Expression	Molekulargewicht	Funktion
CD1	Thymus-T-Zellen	43–49	Antigenpräsentation
CD2	T-Zellen	45–58	Zelladhäsion
CD3*	T-Zellen	20–28	assoziiert mit T-Zellrezeptor
CD4	T-Helfer; Monozyten	55	Korezeptor für MHC-II
CD5	T- und B-Zellen	67	?
CD8	zytotox. T-Zellen	32–34	Korezeptor für MHC-I
CD10	B-Zellprogenitorantigen	100	Metalloproteinase; Antigen bei ALL
CD11b	myeloide Zellen	170	Integrin
CD13*	myeloide Zellen	150	Aminopeptidase N
CD14	Monozyten	53	Rezeptor für LBP
CD16	NK-Zellen	50–80	Fc Rezeptor
CD20*	B-Zellen	33–37	?Kalziumkanal
CD23	reife B-Zellen, Monozyten Eosinoph., DCs	45	Rezeptor für IgE
...			
CD33	myeloide Zellen	67	bindet Sialokonjungate
CD34	Vorläuferzellen; Endothel.	105–120	Ligand für L-Selektin
...			
CD45	alle Blutzellen	180–240	Tyrosinphosphatase
...			
CD55	Hämatopoese/Nichthäm.	60–70	DAF, bindet Komplement C3b
...			
CD59	Hämatopoese/Nichthäm.	19	bindet Komplement C8 und C9
...			
CD103	2–6% peripherer Lymphoz.	150, 25	alphaE- Integrin
CD117*	Vorläuferzellen	145	Stammzellfaktorrezeptor

* es existieren zugelassene Medikamente, um diese Strukturen zu hemmen

Durchflusszytometers, die Abbildung 10.4 eine typische Anfärbung von CD4 vs CD8 positiven T-Zellen eines normalen Blutspenders. Hierbei werden die CD4-positiven T-Zellen mittels eines grünfluoreszierenden (FITC) markierten Antikörpers, und die CD8-positiven T-Zellen mit einem rotfluoreszierenden (Phycoerythrin) markierten Antikörper gefärbt und simultan in der Messung dargestellt. Die Darstellung definierter Epitope auf den Zellen durch monoklonale Antikörper ist für die Diagnostik insbesondere lymphatischer Erkrankungen essenziell. Für den Kliniker wichtige Oberflächenmoleküle bringt Tabelle 10.4. Diese sind sehr häufig nach sogenannten **CD-Nummern** aufgeteilt, wobei die Nummern historisch und nicht inhaltlich zu verstehen sind. Einen Knochenmarkausstrich eines normalen Spenders zeigen die Abbildungen 24 und 25 im Bildanhang am Ende des Buches.

10.2 Wichtige klinische Beispiele mit für den Studenten relevanten Krankheitsbildern sowie Laborparameter, die für die Diagnostik der Erkrankungen relevant sind

Das Knochenmark gehört zu den Organen mit hoher Regenerationskapazität, wie oben dargestellt. Neben den häufigsten Erkrankungen, die mit einem „Zuwenig" oder „Zuviel" des Endproduktes, der reifen Zelle, assoziiert sind, existieren natürlich auch seltene Erkrankungen, die mit normalen Zellzahlen, aber veränderter zellulärer Funktion einhergehen. Zunächst sollen die quantitativen Störungen besprochen werden.

Ein „Zuwenig" von Zellen der Myelopoese kann ebenso wie ein „Zuviel" für den Menschen fatale Komplikationen nach sich ziehen. Ein Zuviel im Knochenmark muss nicht immer mit einem Zuviel im Blut einhergehen; bei ca. 20–30 % der akuten Leukämien beobachtet man im peripheren Blut eine Erniedrigung der Leukozytenzahlen. Neben einem reaktiven „Zuviel" oder „Zuwenig" wird das autonome und damit meist als maligne einzuschätzende „Zuviel" und „Zuwenig" unterschieden. Ein Befall des Knochenmarkes mit ortsfremden Zellen, z. B. durch Zellen eines soliden Tumors, hat natürlich ebensolche Konsequenzen wie das Verdrängen des gesunden Knochenmarkes durch unreife leukämische Zellen in Form von Blasten.

10.2.1 Zuwenig Leukozyten

– Reaktiv
– Autonom

Von **Neutro- oder Granulozytopenie** wird bei Neutrophilenwerten unter $1,5 \times 10^9/l$ (= 1,500/µl) gesprochen. Dabei sind Werte unterhalb $0,2 \times 10\,E\,9$ lebensbedrohlich. Neutropenie kann durch primäre Knochenmarkerkrankungen (z. B. bei einer Leukämie), aber auch sekundär bei anderen internistischen Krankheiten beobachtet werden. Bei Agranulozytose werden Neutrophilenwerte unter $0,5 \times 10^9/l$ (unter 500/µl) beobachtet. Der Begriff Neutropenie wird normalerweise synonym mit Leukopenie oder Granulozytopenie verwendet. Normalerweise werden Leukozyten bei Neutropenie vermindert gebildet, es gibt aber auch krankhafte Zustände, wo neutrophile Granulozyten in der Zahl korrekt gebildet, aber vermehrt zerstört werden (z. B. Autoimmunneutropenie).

10.2.1.1 Reaktive Schädigung reifer Granulozyten

Periphere Granulozytopenien bis hin zur lebensbedrohlichen peripheren **Panzytopenien** können durch eine ganze Reihe unterschiedlicher Schädigungen des Knochenmarkes ausgelöst werden. Zum einen kann durch Autoimmunvorgänge (Bildung zytotoxischer T-Zellen oder auch antikörperbildender Zellen) eine Panmyelopathie induziert werden. Diese Autoimmunvorgänge richten sich somit gegen hämatopoetische Vorläuferzellen oder auch weiter differenzierte Zellen wie z. B. reife Granulozyten.

Eine autoimmune Granulozytopenie (= Neutropenie), die im peripheren Blut beobachtet wird, kann dabei von einer mäßigen bis starken Steigerung der Granulopoese im Knochenmark gefolgt sein, wenn die Immunreaktion sich gegen weiter differenzierte Zellen der Myelopoese richtet. Eine primäre Autoimmungranulozytopenie wird von einer sekundären unterschieden.

Tabelle 10.5: Diagnose der autoimmunen Granulozytopenie.

- Granulozytopenie mit entsprechender klinischer Symptomatik (z. B. Infektneigung)
- Alle anderen Reihen (Lymphozyten, Thrombozyten, Erythrozyten) normal
- Knochenmarkbefund: keine Verminderung, sondern Steigerung der Myelopoese; normale Erythro- und Megakaryopoese
- Nachweis der Antikörper auf peripheren Granulozyten

Bei der primären **autoimmunen Granulozytopenie** werden Antikörper gegen verschiedene Granulozytenstrukturen gebildet. Die meisten Antikörper sind gegen den Fc-Rezeptor-Gamma-IIIb sowie das CD11b/CD18-Molekül gerichtet. 31 % der Antikörper sind gegen das Protein NA1 gerichtet. Das klinische Bild ist häufig milde. Die Patienten leiden unter einer mäßigen Infektanfälligkeit, besonders gegen Bakterien und Pilze. Die die Erkrankung verursachenden Antikörper können in Speziallaboratorien nachgewiesen werden, was die Diagnose beweist. Tabelle 10.5 zeigt die wesentlichen Symptome und diagnostischen Kriterien der autoimmunen Granulozytopenie auf.

Ein Abfall der neutrophilen Granulozyten kann auch bei anderen **Autoimmunerkrankungen** beobachtet werden (= sekundäre Autoimmungranulozytopenie). Der Lupus erythematodes kann ebenso eine Neutropenie induzieren wie das sogenannte Felty-Syndrom. Beim Felty-Syndrom handelt es sich um eine Sonderform der rheumatoiden Arthritis, die mit den typischen klinischen Beschwerden der rheumatoiden Arthritis (siehe Kapitel Immunsystem), einer Splenomegalie sowie einer Neutropenie einhergeht.

Antikörper gegen Granulozyten können auch allogener Natur sein, z. B. nach Stammzell- oder Organtransplantation. Die früher auch bei Erythrozytentransfusionen beobachteten Alloimmunisierungen gegen Granulozyten gehören durch die gesetzlich vorgeschriebene Verwendung von Leukozytenfiltern bei Erythrozytentransfusionen sicherlich mehrheitlich der Vergangenheit an.

Andere Ursachen einer **reaktiven Leukopenie** sind ein Verbrauch bei schwerer Sepsis, der oft mit einer Thrombopenie assoziiert ist und einen schweren Verlauf anzeigt. Dieser Verlauf ist natürlich nicht bedingt durch einen immunologischen Verbrauch, sondern ein funktionelles Versagen des Knochenmarkes bei stark erhöhtem Bedarf.

Die **Agranulozytose** unterscheidet sich von der aplastischen Anämie (siehe weiter unten) dadurch, dass vorwiegend die Leukozyten erniedrigt sind. Man unterscheidet Typ I von Typ II Agranulozytose, wobei Typ I eine Autoimmunpathogenese, und Typ II eine toxische Genese meint. Die klinische Symptomatik ist durch die Verminderung der Granulozyten bzw. deren Fehlen bedingt. Folgende Medikamente sind häufig Auslöser einer Agranulozytose, wobei hier der Mechnismus kein direkt toxischer, sondern wohl ein allergischer ist, wofür auch spricht, dass sie häufiger bei Frauen als bei Männern sind (Tab. 10.6).

Ein klarer zytotoxischer Effekt liegt natürlich den **Zytostatika** zugrunde, die sämtlichst eine Leukopenie induzieren können. Hierbei ist die Dauer der Leukopenie sehr gut vorhersehbar, was für die „allergischen" Zytopenien (s. o.) nicht gilt.

Die **zyklische Neutropenie** ist selten. Die Genese ist unklar, das klinische Bild dadurch charakterisiert, dass die Patienten Phasen zyklischer Neutropenien durchmachen, in denen eine

Tabelle 10.6: Medikamentenklassen, die eine Agranulozytose/aplastische Anämie auslösen können.*

- Analgetika (z. B. Metamizol)
- Antibiotika wie Penicillin, Cephalosporin, Sulfonamide
- Malariamittel
- Sedativa, Antidepressiva
- Antihistaminika
- Neuroleptika wie Clozapin
- Thyreostatika wie Thiamazol

* diese Aufstellung ist nicht vollständig; darüberhinaus existieren große interindividuelle Unterschiede hinsichtlich der Wahrscheinlichkeit des Auslösens einer Agranulozytose.

gewisse Infektanfälligkeit bestehen kann. Die Krankheit bricht häufig schon im Kindesalter aus. Das Blutbild erbringt eine Verminderung der Leukozyten, hier insbesondere der Neutrophilen, die spontan ausheilt. Diese Phasen dauern im Allgemeinen eine Woche. Im Gegensatz zur Autoimmungranulozytopenie ist das Mark in den Phasen der Neutropenie eher leer. Die Prognose der Erkrankung ist gut.

10.2.1.2 Reaktive Schädigung der gesamten Myelopoese

Liegt der eben beschriebene Angriffspunkt immunogischer Effektorzellen auf der Ebene früher Vorläuferzellen, ist das Knochenmark reaktiv „leer", und wird durch Fett ersetzt. Das Extrembeispiel ist die aplastische Anämie, die mit einem Ersatz des blutbildenden Knochenmarkes durch Fettmark einhergeht. Die aplastische Anämie kann aufgrund angeborener oder erworbener Störungen auftreten. Im Kindesalter können sich angeborene Störungen wie **Fanconi-Anämie** oder das seltene Shwachman-Diamond-Syndrom wie eine aplastische Anämie äußern. Bei der häufigsten angeborenen Form, der Fanconi-Anämie (rezessives Erbleiden, Genfrequenz der häufigsten Form ca 1:1.500), kommt es durch Mutationen in verschiedenen Genen (bisher sind sieben Komplementationsgruppen beschrieben!), die wohl mit DNA-Reparatur im Zusammenhang stehen, zur Ausbildung einer schweren hämatopoetischen Bildungsstörung sowie zu den beobachteten Phänomenen wie Kleinwuchs, Mikrozephalie, Störungen der Extremitäten, Cafe au lait spots und Hypogonadismus. Die Kinder erkranken häufig zwischen dem 6. und 9. Lebensjahr. Die hämatopoetischen Befunde können auch isoliert ohne Präsenz der eben genannten Phänomene auftreten. Charakteristisch ist eine stark erhöhte Empfindlichkeit auf in- vitro- Inkubation mit zytotoxischen Agentien, wie z. B. Mitomycin C. Hierfür werden periphere Blutlymphozyten mit und ohne Mitomycin C inkubiert. Die erhöhte Zahl chromosomaler Strangbrüche gibt dann Hinweise auf das Vorliegen einer Fanconi Anämie. Es sollten nach Diagnose immer alle Geschwister getestet werden. Die einzige kurative Therapie stellt die allogene Blutstammzelltransplantation eines gesunden Spenders dar.

Bei Erwachsenen dominiert die erworbene **aplastische Anämie**. Der Begriff ist eigentlich nicht korrekt, da diese Erkrankung alle Reihen des Knochenmarkes betrifft, und die Patienten auch nicht an der Anämie, sondern der Granulozytopenie oder der Thrombozytopenie versterben, wenn die Patienten nicht geheilt werden. Die aplastische Anämie ist eine lebensbedrohliche Erkrankung. Sie ist eine nicht maligne Erkrankung einer sehr frühen hämatopoetischen Vorläuferzelle/Stammzelle, da alle Reihen erniedrigt sind. Infiltration mit ortsfremden Zellen oder anderen Blasten gehören nicht zur Diagnose. Allerdings kann eine aplastische Anämie in eine akute Leukämie übertreten. Die aplastische Anämie war die erste Erkrankung, die als Stammzellerkrankung erkannt wurde.

Die zugrunde liegenden Mechanismen sind verschieden, und reichen von direkt toxischer Stammzellschädigung, z. B. durch Benzol oder ionisierende Bestrahlung, bis zu immunologischen Mechanismen bei pathologischer Immunreaktion z. B. nach Infekten. Auch **Medikamente** ganz unterschiedlicher Wirkstoffgruppen (Antibiotika wie Chloramphenicol, Analgetika wie Novaminsulfon, Psychopharmaka wie Clozapin, Thyreostatika wir Thiamazol) können aplastische Anämien induzieren. Diese Reaktionen sind oft nicht dosisabhängig und daher auch nicht vorhersehbar. Praktisch kann jede Wirkstoffklasse knochenmarkschädigend sein. Als Konsequenz einer signifikanten Schädigung blutbildender Stammzellen kommt es zu einer Verminderung aller Reihen des Knochenmarkes. Es entsteht eine **Leukopenie** (d. h. Verminderung der Zahl der Leukozyten), eine **Thrombopenie** (Erniedrigung der Thrombozyten) und schließlich eine **Anämie**. Die Reihenfolge wird sehr strikt eingehalten, da die Halbwertszeit der betroffenen Zellen in dieser Reihenfolge zunimmt. Lymphozyten sind von allen Zellen die mit Abstand langlebigsten Zellen, sodass ihre Zahl (oft aber nicht ihre Funktion!) oft auch bei schwerst geschädigtem Knochenmark noch normal erscheint. Als Folge der Schädigung des Knochenmarkes kommt es zu erhöhter Infektanfälligkeit, Blutungen und Anämiesymptomen.

Bei dieser lebensgefährlichen Erkrankung werden je nach klinischer Ausprägung zwei Untergruppen unterschieden:
- schwere aplastische Anämie (SAA)
- sehr schwere aplastische Anämie (VSAA)

Tabelle 10.7 zeigt die Definitionen der SAA sowie der VSAA. Die Anämie ist meist normochrom und normozytär, manchmal makrozytär. Selten kann die aplastische Anämie spontan ausheilen. Standardtherapie ist eine sehr starke Immunsuppression, unter Einsatz von gegen T-Zellen gerichteten Immunglobulinen (Anti-Thymozyten-Globulin, = ATG), Cyclosporin A sowie Corticosteroiden. Bei Kindern und bei Versagen der genannten Therapie, wird die **allogene Blutstammzelltransplantation** eines gesunden Spenders durchgeführt. Da verschiedene Immuntherapien bei der aplastischen Anämie wirksam sind, ist es berechtigt, diese Erkrankung als reaktiv einzustufen. Auf der anderen Seite existieren sicherlich auch nicht reaktive Schädigungen der Myelopoese, die klinisch sehr ähnlich imponieren.

Eine wichtige Differenzialdiagnose stellt die **paroxysmale nächtliche Hämoglobinurie** (PNH) dar, deren molekularer Hintergrund eine erworbene Mutation in Ankerproteinen (Glykosylphosphatidylinositol = GPI Anker) hämatopoetischer Vorläuferzellen darstellt. Die Mutationen treten im PigA-Gen auf, dessen Funktion noch relativ unklar ist. Dabei beobachtet man diese Mutationen vorwiegend in einer Genregion (Exon 2), die sogar bis zur Hefe konserviert ist. Man vermutet, dass das vom Pig-A kodierte Gen eine wichtige Rolle bei der GPI-Verankerung spielt. Symptome der PNH bestehen in anfallsweise auftretenden hämolytischen Krisen, die durch eine erhöhte Komplementempfindlichkeit der betroffenen Zellen verursacht wird. Typisch sind rezidivierende venöse thrombotische bzw. thromboembolische Ereignisse. Die Krankheit kann einen malignen Verlauf nehmen und sekundär in eine akute myeloische Leukämie übergehen.

Eine PNH ist diagnostisch durch das Fehlen bestimmter Ankerproteine auf den verschiedenen Zellen der Hämatopoese gekennzeichnet. Als ein Markerprotein kann CD59, oder auch CD55, gelten. Die Expression dieser Proteine auf Erythrozyten, Granulozyten oder Monozyten erfolgt mit der Mehrparameter-Durchflusszytometrie. Hierbei werden die Zellen des peripheren Blutes mit entsprechenden mit Fluoreszenzfarbstoffen markierten monoklonalen Antikörpern gefärbt und anschließend in dem Durchflusszytometriegerät zur Darstellung gebracht (Abb. 10.3). Durch entsprechende Streulichteigenschaft kann dann die Präsenz des Defektes in den unterschiedlichen Reihen studiert werden. Dabei kann CD59 sowohl für Erythrozyten als auch für Granulozyten, CD55 aber nur für Granulozyten eingesetzt werden. Der früher durchgeführte Hämosiderinnachweis im Urin, wie auch der Säurehämolysetest (HAM-Test) spielen in der Diagnostik keine Rolle mehr.

Die Knochenmarkuntersuchung ergibt manchmal ein eher volles Mark, manchmal auch ein eher der aplastischen Anämie ähnliches Bild. Charakteristisch sind daneben Zeichen der intravasalen Hämolyse sowie rezidivierende thromboembolische Ereignisse.

Andere primäre Knochenmarkerkrankungen, die ähnliche Blutbilder wie die aplastische Anämie verursachen können, stellen die weiter unten besprochenen myelodysplastischen Syndrome sowie die Leukämien dar. Tabelle 10.8 stellt die wichtigsten differenzialdiagnostischen Abgrenzungen der aplastischen Anämie dar.

Tabelle 10.7: Definition der schweren (SAA) und der sehr schweren aplastischen Anämie (VSAA).

SAA:	Zellularität unter 25 % des Normwertes Zellularität unter 50 % des Normwertes, dann aber: Hämatopoese bis 30 %, sowie 2 der 3 Parameter: – Granulozyten unter 500/µl – Retikulozyten unter 40.000/µl – Thrombozyten unter 20.000/µl
VSAA:	Granulozyten unter 200/µl

Tabelle 10.8: Differenzialdiagnose der aplastischen Anämie.

- akute Agranulozytose
- paroxysmale nächtliche Hämoglobinurie
- zyklische Neutropenie
- Pelger-Huet-Kern-Anomalie
- myelodysplastisches Syndrom
- akute Leukämie

10.2.1.3 Zuwenig durch autonome Schädigung der Myelopoese

Ein Zuwenig durch autonome und damit maligne Knochenmarkprozesse ist durch verschiedene Erkrankungen möglich, die in Tabelle 10.9 dargestellt sind. Tabelle 10.10 zeigt die wichtigsten Knochenmarkerkrankungen auf einen Blick, untergliedert nach den morphologischen Entitäten.

Die unterschiedliche Morphologie der Entitäten spiegelt verschiedene molekulare Hintergründe der Erkrankungen wider. Die genaue Ursache eines malignen Wachstums einer leukämischen Zelle, die den akuten und chronischen Leukämien wie auch den Myelodysplasien (MDS) und anderen myeloproliferativen Erkrankungen zugrunde liegt, sind in den letzten Jahren intensiv studiert worden. Man versteht bereits wesentliche Schritte der malignen Transformation, obwohl noch immer nicht alle Details geklärt sind. Leukämisches Wachstum ist, ähnlich wie andere Tumorerkrankungen, das Resultat genetischer Veränderungen. Hierbei führt eine erste Alteration, häufig durch eine Gentranslokation eines für die Myelopoese kritischen Genes, zu grundlegenden zellbiologischen Veränderungen mit Apoptoseresistenz, Differenzierungsstörungen und erhöhtem Zellwachstum. Man geht davon aus, dass maligne Transformation nicht nur durch eine, sondern eher durch zwei oder mehrere genetische Alterationen induziert wird.

10.2.2 Zuviel Leukozyten

10.2.2.1 Genetische Veränderungen bei Leukämien

Eine grundlegende Entdeckung war die Charakterisierung der der **chronischen myeloischen Leukämie** zugrunde liegenden molekularen Läsion, dem **Philadelphiachromosom** mit der Translokation t (9;22) (q34;q11). Dabei ist

Tabelle 10.9: Störung der Knochenmarkfunktion durch autonome Zellproliferation.

– Myelodysplasien
– akute oder chronische Leukämien
– andere, das Knochenmark betreffende maligne Erkrankungen:
  wie Lymphome, multiples Myelom (= Plasmozytom)
  in das Knochenmark metastasierende solide Tumorerkrankungen, z. B. das Mammakarzinom

Tabelle 10.10: Primäre Knochenmarkerkrankungen. Diese sind unterteilt in die unterschiedlichen morphologischen Entitäten.

1. Leukämien

Verlauf	Ausgangszelle	
	myeloisch	lymphatisch
akut	akute myeloische L. (AML)	akute lymphatische L. (ALL)
chronisch	chronische myelo. L. (CML)	chron. Lymphat. L. (CLL)

2. Myelodysplastische Erkrankungen

refraktäre Anämie (RA)
RA mit Ringsideroblasten (RARS)
RA mit Blastenexzess (RAEB)
RAEB in Transformation (RAEB-T)
chronische myelomonozytäre Leukämie (CMML)

3. Myeloproliferative Erkrankungen

chronische myeloische Leukämie (CML)
essenzielle Thrombozythämie (ET)
Polycythämia rubra vera (P.vera)
Osteomyelofibrose (OMF)

wichtig, dass diese Veränderung nur in den Leukämiezellen, nicht aber in anderen Zellen des Körpers gefunden werden kann (sog. somatische Mutation). Diese Translokation induziert die Genfusion der Gene Bcr und c-Abl zu der Nichtrezeptortyrosinkinase-Bcr-Abl mit transformierenden Eigenschaften (Abb. 10.6a+b). Das Fusionsgen resultiert in der Expression des leukämiespezifischen Proteins p210Bcr-Abl. Bcr-Abl führt zur Veränderung zellulärer Stoffwechselvorgänge und Signale (Abb. 10.6b), die in Apoptoseblockade, erhöhter Zellproliferation und genetischer Instabilität resultieren. Die entscheidenden, zur Transformation führenden Signalmodulationen werden durch die Bcr-Abl Genexpression in den malignen Zellen hervorgerufen.

Expression von p210Bcr-Abl in hämatopoetischen Mausstammzellen vermittelt im Tierversuch Leukämien. Allerdings können neben

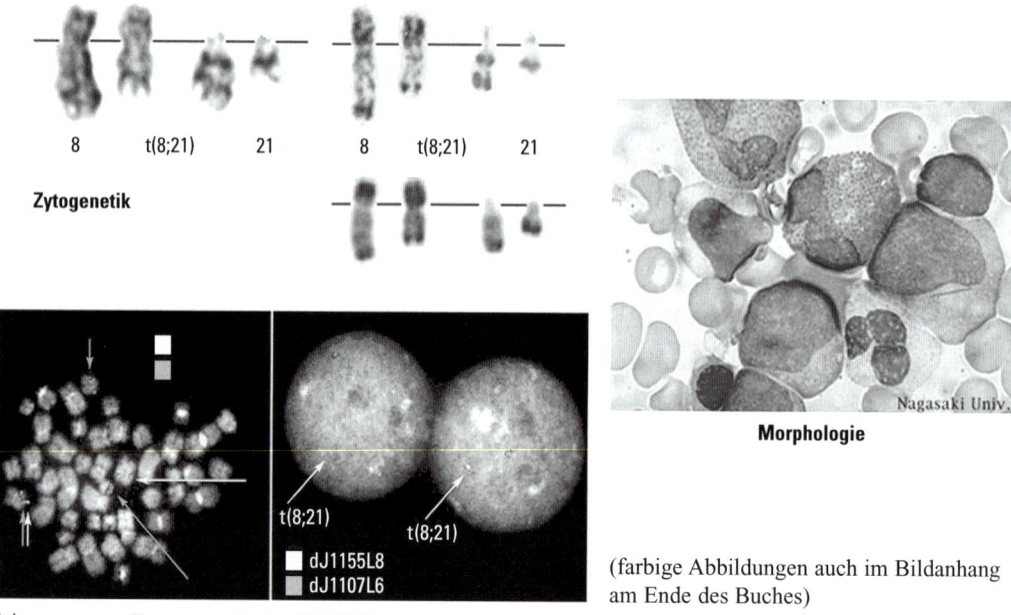

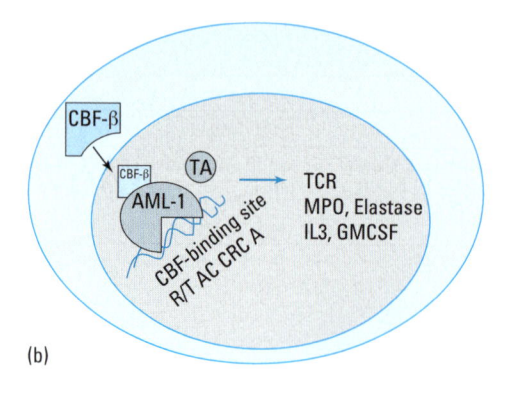

(farbige Abbildungen auch im Bildanhang am Ende des Buches)

Abb. 10.5: AML-M2 mit Translokation t (8;21).

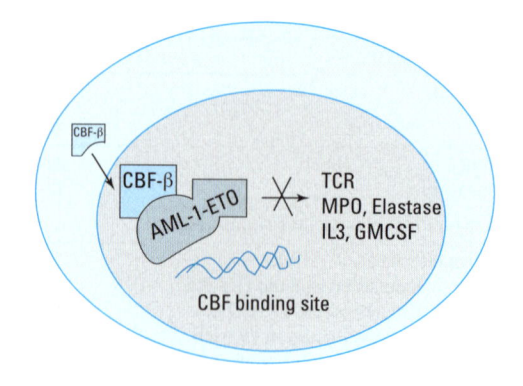

Abb. 10.6a: Molekularer Hintergrund der bcr-abl Genfusion.

b: Signaltransduktionsveränderungen, die durch bcr-abl hervorgerufen werden.

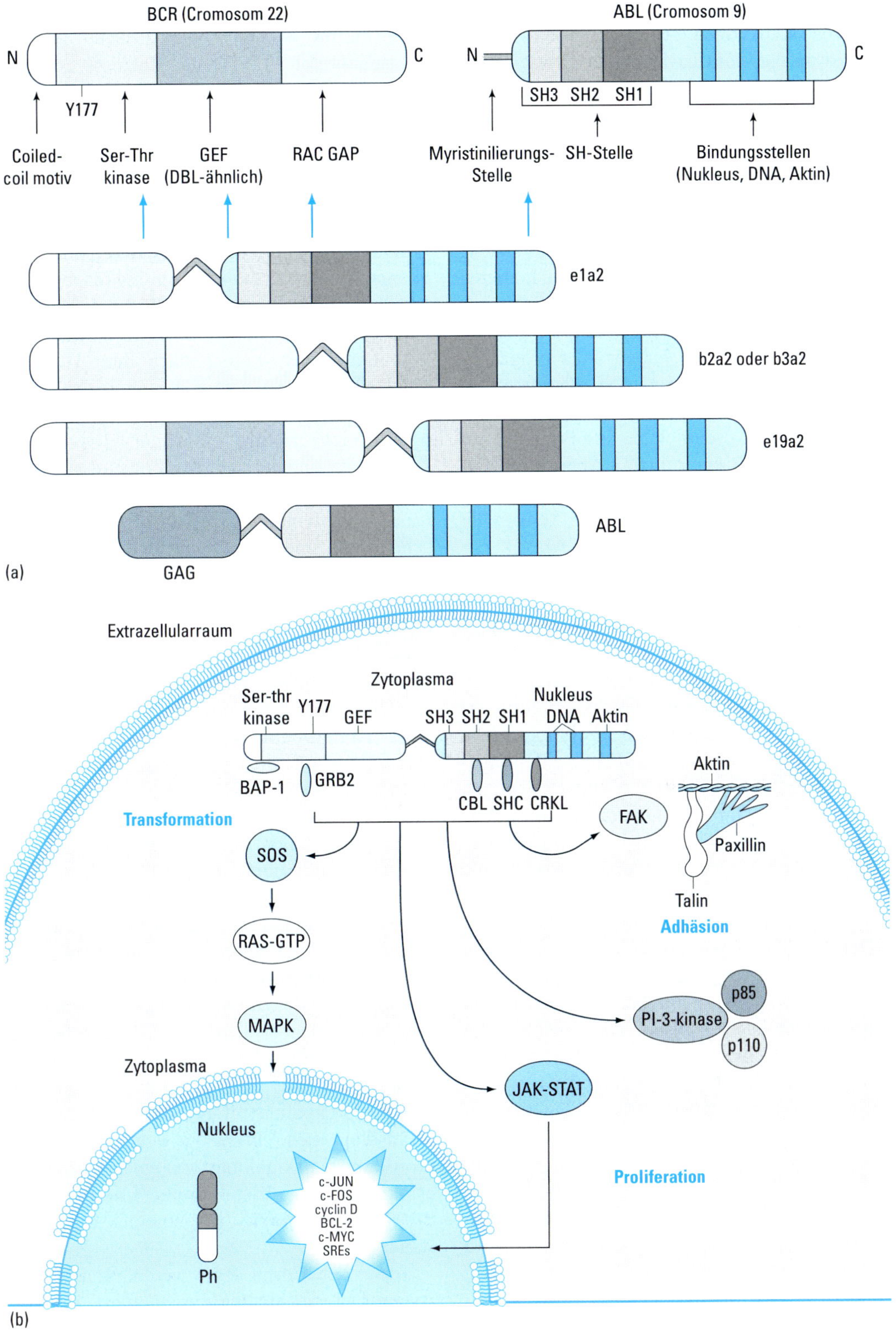

BCR (Cromosom 22)
N
C
Y177
Coiled-coil motiv
Ser-Thr kinase
GEF (DBL-ähnlich)
RAC GAP
ABL (Cromosom 9)
N
C
SH3 SH2 SH1
Myristinilierungs-Stelle
SH-Stelle
Bindungsstellen (Nukleus, DNA, Aktin)
e1a2
b2a2 oder b3a2
e19a2
ABL
GAG
(a)
Extrazellularraum
Zytoplasma
Ser-thr kinase
Y177
GEF
SH3 SH2 SH1
Nukleus
DNA
Aktin
BAP-1
GRB2
CBL SHC CRKL
Transformation
FAK
Aktin
Paxillin
Talin
Adhäsion
SOS
RAS-GTP
MAPK
PI-3-kinase
p85
p110
Zytoplasma
JAK-STAT
Nukleus
c-JUN
c-FOS
cyclin D
BCL-2
c-MYC
SREs
Ph
Proliferation
(b)

CML-ähnlichen Erkrankungen auch akute lymphatische Leukämien (ALL) gefunden werden. Interessant ist, dass ca 30% der Erwachsenen mit ALL das Philadelphia-Chromosom in den Leukämiezellen aufweisen. Hierbei kommt häufig aber ein etwas anderes Spleißprodukt zur Expression (p190Bcr-Abl), was teilweise den unterschiedlichen Verlauf erklären dürfte. Akute Leukämien werden durch unterschiedliche Genfusionen begründet. Hierbei werden häufig Gene, die für Transkriptionsfaktoren kodieren und welche in der Hämatopoese relevant sind, mit in die Läsion eingebunden. Diese zytogenetischen Veränderungen haben hohe prognostische Relevanz. So weisen AML-Patienten, in deren Blasten eine Translokation t(8;21) detektierbar ist, eine wesentlich bessere Prognose auf als Patienten mit einer 11q23 Aberration. Ein Grund hierfür können sein, dass Blasten mit Translokation t(8;21) eine sehr hohe Sensitivität auf hochdosiertes Cytarabin aufweisen.

Die Vorstellung, wie Leukämien induziert werden, ist also, dass es zunächst zu einer pathologischen **Gentranslokation** mit nachfolgender **Genfusion** kommt. Durch die somit induzierte Expression des pathologischen Fusionsproteines mit leukämiespezifischen Eigenschaften werden dramatische zellbiologische Veränderungen in den Leukämiezellen ausgelöst. Die Abbildungen 10.5 und 10.6 zeigen dies exemplarisch für die Gentranslokation Bcr-Abl sowie für die bei der AML M2 auftretende Translokation AML-ETO. Dabei wird auch eine zytogenetische und eine Fluoreszenz in situ Hybridisierung mit spezifischen Gensonden gezeigt (Abb. 10.5a). Diese Verfahren werden heute regelhaft verwendet, um die charakteristischen Genveränderungen bei Leukämien und Lymphomen nachzuweisen. Das Resultat des malignen Wachstums der Leukämiezelle ist einerseits eine lokale Verdrängung der gesunden Hämatopoese mit zunehmender hämatopoetischer Insuffizienz. Auf der anderen Seite können maligne Zellen auch Faktoren produzieren, die die gesunde Hämatopoese direkt inhibieren, z. B. TGF-β. Es wurden bereits erste molekulare Zielmoleküle hergestellt, die nicht nur die Aktivität der Fusionsproteine hemmen können, sondern in vivo Remissionen bei ausbehandelten Leukämien erzielen lassen. Das erste Beispiel hierfür ist der Abl-spezifische Tyrosinkinaseinhibitor STI571, auch Imatinib genannt, der seit kurzem im Handel erhältlich ist und für die CML zugelassen wurde.

10.2.2.2 Klassifikation der Leukämien und der Lymphome

Grundsätzlich gilt, dass **Leukämien** im Knochenmark entstehen, **Lymphome** dagegen in lymphatischen Organen, z. B. Lymphknoten, Milz oder extralymphatisch wie z. B. dem Magen. Leukämien werden nach ihrer Herkunft unterteilt in myeloische oder lymphatische, ein kleiner Teil lässt sich auch mit moderner Diagnostik nicht richtig einordnen. Myeloische Leukämien sind durch Präsenz myeloischer Differenzierungsmarker charakterisiert, lymphatische durch lymphatische Marker. Bei myeloischen Leukämien macht man sich zunutze, dass viele myeloische Marker Enzyme in den Zellen selbst darstellen, die man auf den auf dem Objektträger ausgestrichenenen Zellen färben kann, wie z. B. **Myeloperoxydase**, Esterase und andere. Lymphatische Systemerkrankungen werden unterteilt durch Färbung mit monoklonalen Antikörpern, die Antigenstrukturen auf den Zellen erkennen und diese dann entsprechend anfärben. Hierfür werden fluoreszenzmarkierte Antikörper verwendet. Anschließend werden die Zellen in einem FACS-Gerät (für fluoreszenzaktivierte Zellsortierung) gefärbt und können bei Bedarf auch sortiert werden.

Bei Verdacht auf eine Leukämie und ein malignes Lymphom gehört **die morphologische Knochenmarkuntersuchung** (Zytologie am Ausstrich; Histologie am Trepanat) immer zur Diagnostik. Dabei wird im Allgemeinen bei einer akuten Leukämie nur eine zytologische, nicht jedoch aber eine histologische Untersuchung durchgeführt. Bei allen anderen Verdachtsdiagnosen (chronische Leukämie; myeloproliferative Erkrankung; malignes Lymphom) erfolgt auch eine **histologische Untersuchung des Knochenmarks** (sogenannte Knochenstanze).

Neben der Morphologie werden immer auch andere Untersuchungen durchgeführt: bei Ver-

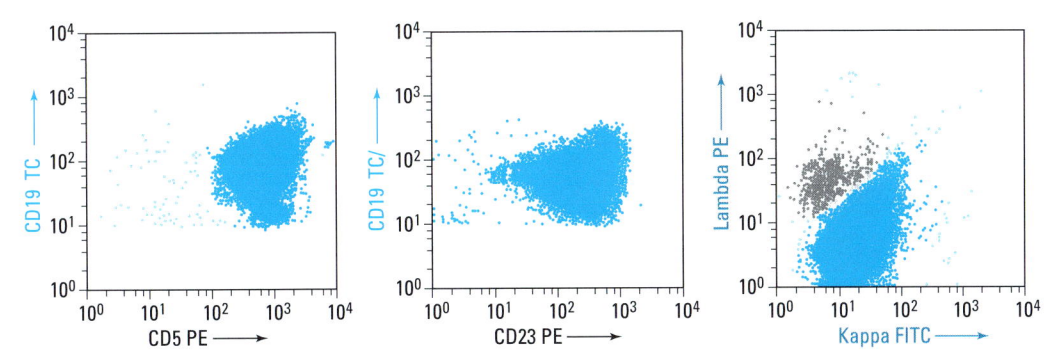

10.2 Wichtige klinische Beispiele mit für den Studenten relevanten Krankheitsbildern

Befund: Koexpression CD5/CD19; CD23/CD19; hingegen Expression nur einer Leichtkette auf der Zelloberfläche als Ausdruck der Monoklonalität.

Abb. 10.7: FACS-Bild einer chronischen lymphatischen Leukämie.

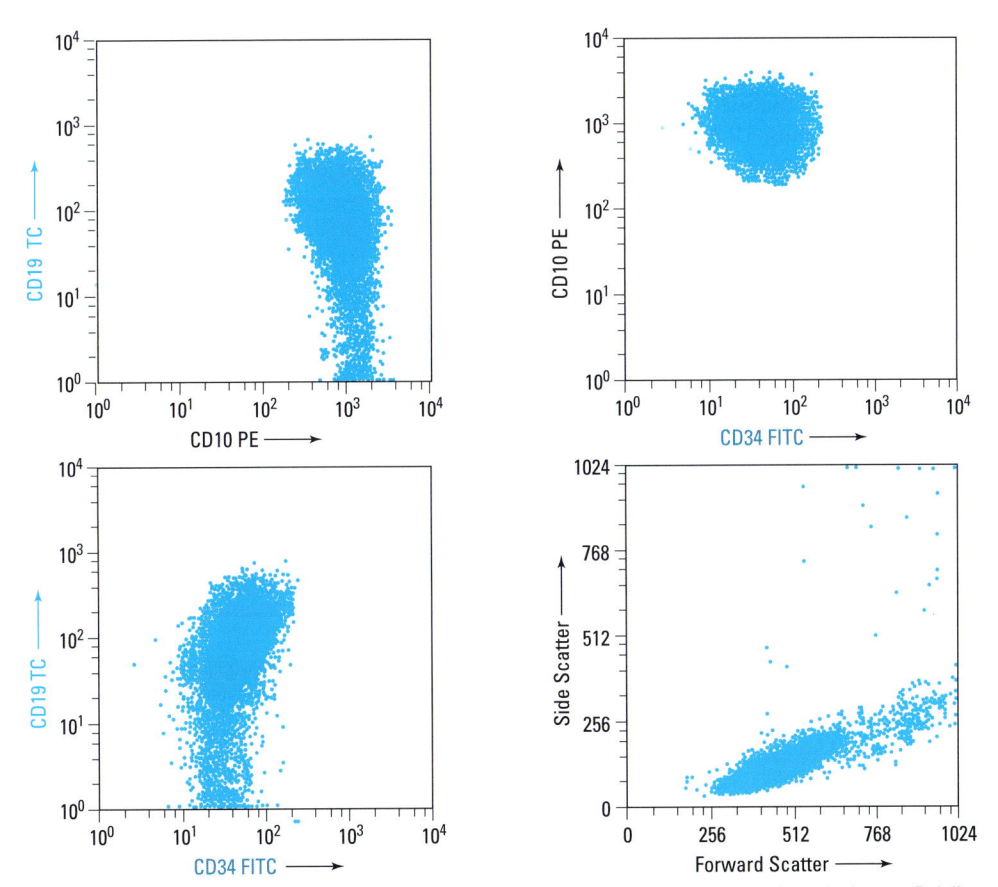

Befund: Blasten stark B-Zellmarker positiv (CD19), aber auch Expression des ALL-typischen CD10-Antigenes. Bei dieser ALL auch Expression des Stammzellantigens CD34.

Abb. 10.8: FACS-Bild einer akuten lymphatischen Leukämie (ALL).

Tabelle 10.11: Expressionsmuster chronischer lymphoider Neoplasien anhand des Markerprofils.

CD	5	10	19	20	23	103	s-IgM
CLL	++	–	+	+	+	–	+/–
Haarzell-Leukämie	–	–	+	+	–	+	+
Mantelzell-NHL	+	–	+	++	–	–	++
follikul. NHL	–	+/–	+	++	–	–	+
Marginalzonenlymphom	–	–	+	++	–	–	+

dacht auf ALL eine durchflusszytometrische Subtypisierung der Blasten; diese Untersuchung erfolgt heute auch bei fast allen AML und hilft hier bei der Diagnose: Bei der AML M0 erbringt z. B. der Nachweis myeloischer Marker (CD13 , CD33) mittels Durchflusszytometrie bei Fehlen der Myeloperoxydase-Reaktion die Diagnose.

Bei der CLL hilft die FACS Untersuchung, die Zellen eines leukämischen NHL von der CLL abzugrenzen (Tab. 10.11). Abbildung 10.7 zeigt das typische FACS-Bild einer CLL, wohingegen in Abbildung 10.8 der Befund einer ALL gebracht wird.

Die Aufteilung in lymphatische vs. myeloische Leukämie ist wichtig, da die Patienten unterschiedlich therapiert werden. Bei einer ALL stehen Medikamente mit starker Wirkung auf lymphatische Zellen, wie Prednison, Vincristin, L-Asparaginase, Methotrexat und andere im Vordergrund, während bei AML das Cytarabin und Anthracycline wie z. B. Daunorubicin eingesetzt werden. Generell gilt, dass lymphatische Erkrankungen eine bessere Prognose aufweisen als myeloische.

Lymphome sind lymphatische Neoplasien, die aus lymphatischen Organen wie z. B. Lymphknoten oder Milz hervorgegangen sind.

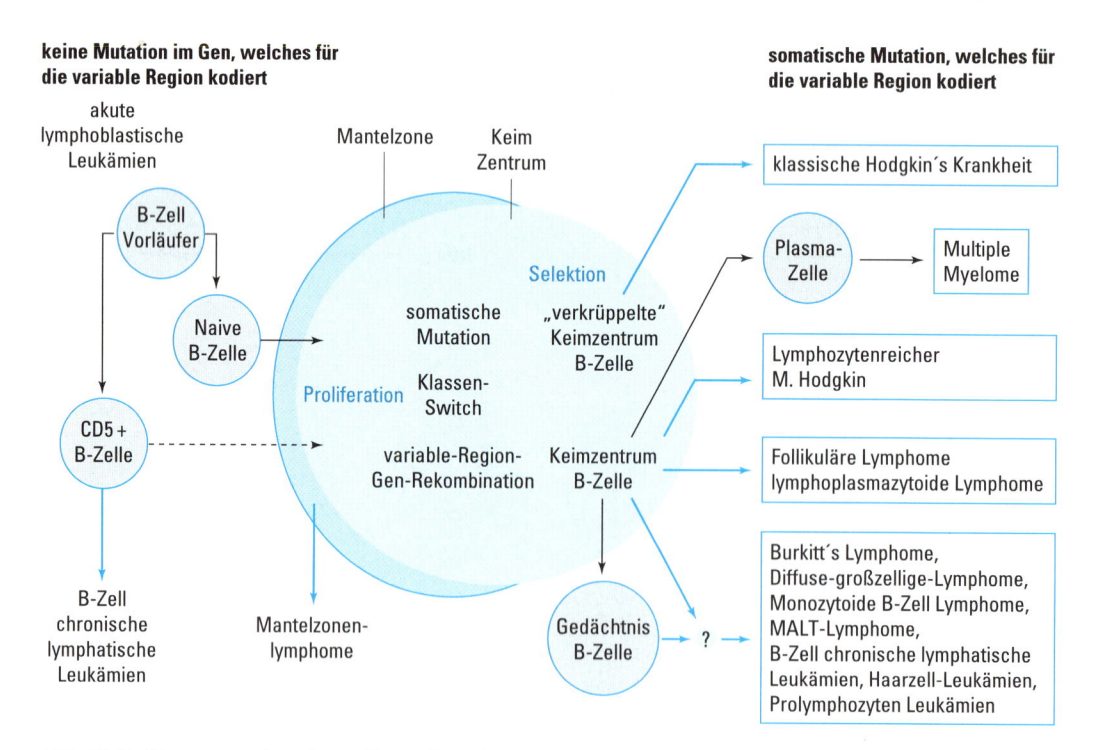

Abb. 10.9: Ursprungszellen der malignen Lymphome.

Man unterteilt in **Hodgkin-Lymphome** und **Nicht-Hodgkin-Lymphome (NHL).** Die Hodgkin'sche Erkrankung ist dabei histologisch durch die Präsenz von Hodgkin Zellen, oder dem vielkernigen Abkömmling, der Sternberg-Reed Zelle, charakterisiert, während NHL diese Zellen nicht aufweisen. Die pathologische Einteilung der NHL war in den letzen Jahren häufigen Wechseln unterworfen und wird nun nach der WHO vorgenommen. Am häufigsten sind von B-Zellen ausgehende B-NHL (über 90%), während T-Zell NHL selten sind. Die Ausgangszelle der jeweiligen Lymphome können grob durch das Antigenmuster bestimmt werden. Abbildung 10.9 zeigt eine Übersicht über die Zellen, deren maligne Entartung dann zu den entsprechenden Lymphomen mit ganz unterschiedlicher Klinik führt.

Ähnlich akuten Leukämien, werden NHL über Genfusionen induziert, wobei sehr häufig kritische Gene wie das antiapoptotische **Bcl-2-Gen** in die Immunglobulingene hineintransloziert werden und so der betroffenen Zelle eine dauerhafte Aktivierung eines anti-apoptotischen Signales gestatten und zur Transformation beitragen. Ein Beispiel hierfür ist die bei follikulären NHL sehr häufige Translokation t(14;18), bei der das Bcl-2 Gen (Chromosom 18) in die Region des Immunglobulinschwerkettengenes (Chromosom 14) gelangt. Warum NHL in den letzten Jahren sehr stark zunehmen, ist unbekannt. Abbildung 10.10 zeigt ein grobes Schema einer solchen Genfusion. Abbildung 10.11 bringt eine Skizze eines Lymphfollikels zusammen mit den Gentranslokationen, die für die von den jeweiligen Stadien der Differenzierung ausgehenden Lymphomen typisch sind.

Das **multiple Myelom**, auch generalisiertes **Plasmozytom** genannt, ist eine reifzellige B-Zellneoplasie und entspringt aus einer individuellen Plasmazelle. Charakterisisch sind beim generalisierten Plasmozytom multiple Knochendestruktionen („Osteolysen"), die durch osteoklastenaktivierende Faktoren, welche von den Tumorzellen gebildet werden, zustande kommen. Eine einzelne für das multiple Myelom charakteristische Genaberration ist nicht bekannt; jedoch besitzen Patienten, in deren Myelomzellen eine Deletion des langen Armes

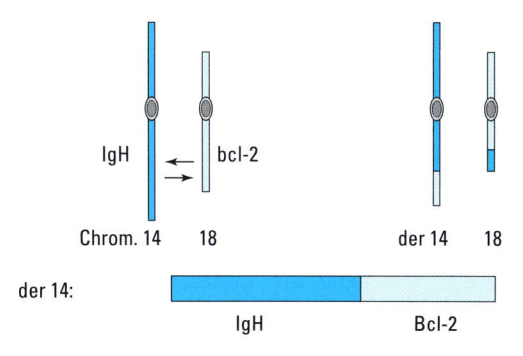

Abb. 10.10: Genfusion der durch die Translokation t (14;18) induzierten Genumlagerung führt zu malignen Erkrankungen, in diesem Fall zu follikulärem Lymphom. Durch die Translokation t (14;18), die vorwiegend in den Tumorzellen gefunden wird, kommt es zu einer Hochregulation des anti-apoptotischen Bcl-2 Proteines in den betroffenen Zellen, welches dieser Zelle einen Wachstumsvorteil verschafft. Da das Bcl-2 Gen in den Immunglobulinlokus hineiverlagert („rearrangiert") wird, kommt es in den betroffenen B-Zellen, die ja den Ig Lokus transkribieren!, zu einer Hochregulation des Bcl-2. Man nimmt an, dass diese Genfusion ein wichtiger Schritt zur malignen Transformation in diesem Fall des follikulären Lymphomes darstellt.

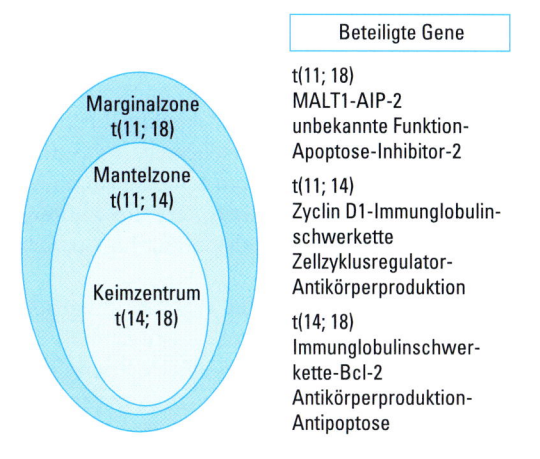

Abb. 10.11: Prinzip eines Lymphfollikels und der von verschiedenen Stadien ausgehenden Translokationen. Daneben sind die Partnergene, die durch die Translokation rearrangiert werden und die bei der malignen Transformation dieser Tumorentität eine kausale Rolle spielen, angegeben.

des Chromosomes 13 nachweisbar ist, eine signifikant schlechtere Prognose als andere Patienten. Die pathologischen Plasmazellen wachsen sehr häufig im Knochen, können aber auch solitär z. B. im Nasenrachenraum oder in der Haut auftreten. Die Zellen sind im Knochenmarkausstrich morphologisch fast immer als Plasmazellen erkennbar, manchmal allerdings auch sehr unreif, was dann die Differenzialdiagnostik erschwert, insbesondere bei asekretorischen Myelomen. Der Prozentsatz der Plasmazellen sollte dabei über 10 % aller kernhaltigen Knochenmarkzellen betragen.

10.2.2.3 Klinik der Leukämien und Lymphome

Die klinischen Beschwerden **akuter Leukämien** ähneln denen der bei der aplastischen Anämie geschilderten Symptomen: Ein Zuwenig der Leukozyten mit Funktionsverlust insbesondere der phagozytierenden Granulozyten induziert eine Infektabwehrschwäche insbesondere gegenüber Bakterien und Pilzen (rezidivierende Infekte, Pneumonien, Mundsoor etc.). Auf der anderen Seite werden die Patienten aber auch durch das Zuwenig der anderen Reihen symptomatisch: Anämiesymptome wie Müdigkeit, Blässe, Kopfschmerzen, Herzklopfen sowie petechiale Blutungen aufgrund der häufig auch beobachteten Thrombopenie. Dabei muss der Blutungstyp nicht unbedingt petechial sein, denn viele durch Thrombozytopenie bedingte Blutungen können auch flächenhaft (= Suffusionen) sein. Die eben dargestellten Symptome gelten für akute Leukämien, wo die mittlere Lebenserwartung ohne Behandlung im Bereich weniger Wochen liegt.

Chronische Leukämien machen hingegen zunächst viel weniger Probleme und sind oft eine Zufallsdiagnose, z. B. bei einer betriebsärztlichen Untersuchung. Bei symptomatischen Verläufen macht die CML (s. o.) Beschwerden durch die häufig gefundene Milzschwellung, während bei der CLL Lymphknotenschwellungen im Vordergrund stehen. Die CML ist sofort nach Diagnose therapiebedürftig, während bei der CLL oft Jahre abgewartet werden kann, bevor überhaupt mit einer Behandlung begonnen werden muss. Viele Patienten mit CLL benötigen keine oder nur sehr spät eine milde Chemotherapie. Ein Problem bei chronischen Leukämien ist generell, dass konventionelle Therapieverfahren, im Gegensatz zu akuten Leukämien, keine Heilungschance erbringen. Einzige kurative Therapie ist der gesamte Knochenmarkersatz durch Stammzellen eines gesunden Geschwister- oder unverwandten, aber HLA-kompatiblen Spenders (= **allogene Knochenmark- oder Blutstammzelltransplantation**). Während diese Behandlung bei der CML wegen der inhärent schlechteren Prognose häufig indiziert ist, stellt diese Therapie bei der CLL immer noch eine experimentelle Therapie dar. Die allogene Blutstammzelltransplantation weist aber leider eine hohe therapieassoziierte Mortalität auf, sodass diese Behandlung nicht bei allen Patienten angewendet werden kann.

Lymphome werden häufig über die Schwellung des jeweiligen Lymphknotens diagnostiziert. Außerdem leidet ein Teil der Patienten unter sogenannten B-Symptomen, also Fieber unklarer Genese, Nachtschweiß oder Gewichtsverlust. Bei Hodgkin-Lymphomen wie bei NHL ist es wichtig, sich über die zugrunde liegende Subentität Einsicht zu verschaffen, was häufig durch eine referenzpathologische Untersuchung gelingt. Darüber hinaus ist für die richtige Therapie die Ausbreitungsdiagnostik entscheidend. Abbildung 10.12 zeigt die sogenannte Ann Arbor Stadieneinteilung, die ursprünglich für den M. Hodgkin entwickelt wurde.

Sogenannte **niedrig maligne NHL** werden bei lokalisierten Stadien (also I und II, siehe Abb. 10.12) bestrahlt, während sie in fortgeschrittenen Stadien nur bei Beschwerden behandelt werden. Ganz im Gegensatz dazu stehen die **hochmalignen NHL**, bei denen eine aggressive Chemotherapie sofort nach Diagnose durchgeführt wird, um die Erkrankung zu heilen.

Patienten mit multiplem Myelom leiden häufig unter schweren Infektionen, da sie einen relativen Immunglobulinmangel durch das Fehlen polyklonaler und wichtiger Immunglobuline aufweisen. Viele der Patienten leiden unter starken Knochenschmerzen, die durch die von den Plasmozytomherde im Knochen induzierten Osteolysen erklärt werden. Diagnostisch weg-

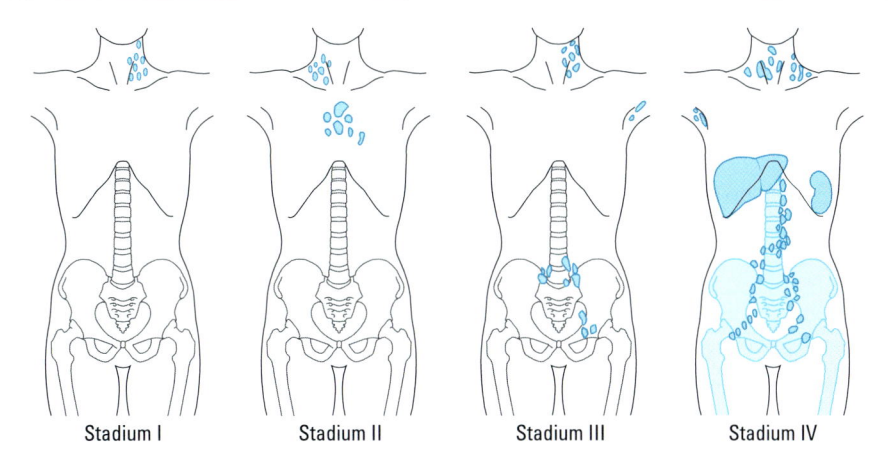

Abb. 10.12: Ann Arbor Staging maligner nodaler Lymphome.

weisend sind neben der Histologie und Zytologie des Knochenmarkes bildgebende Verfahren, wie Röntgen des Kopfes oder der langen Röhrenknochen. Vom multiplen Myelom spricht man, wenn die Erkrankung ausgebreitet ist. Ein singulärer Myelomherd, z. B. im Nasenrachenraum, und ohne Generalisation im Skelett wird nach der WHO heute Plasmozytom genannt. Da über 90 % dieser Plasmazellen noch Immunglobulinmoleküle bilden können, ist die Erkrankung durch eine Vermehrung eines isolierten Immunglobulinmoleküles im Serum charakterisiert, des sogenannten **M-Gradienten**. Dieses wird dann auch als **Paraprotein** bezeichnet. Da die meisten Myelome sekretorisch sind, kann das Paraprotein über eine Serumeiweißelektrophorese festgestellt werden (Abb. 10.13a); der Nachweis, welche Untergruppe (IgG; IgM oder IgA; Leichtkette kappa oder lambda) vorliegt, erfolgt dann durch eine **Immunfixation** (Abb. 10.13b). Bei multiplen Myelomen, die nur eine Leichtkette, aber keine Schwerkette bilden, spricht man von einem **Leichtkettenmyelom**. Bei Leichtkettenmyelomen findet man im Serum keinen M-Gradienten. Dann kann die Erkrankung bei entsprechendem Verdacht über die Analyse einer Immunfixation im 24 Stunden Sammelurin festgestellt werden. Das pathologische Immunglobulinmolekül hat dabei im Urin eine charakteristische Eigenschaft: die Harnprobe trübt bei Vorhandensein eines monoklonalen Immunglobulinmoleküles bei Erwärmung auf ca 50 °C, um dann nach weiterer Erwärmung wieder klar zu werden (sog. **Bence Jones** Protein). Heute wird allerdings zum Nachweis monoklonaler Leichtkettenausscheidung im Urin eine Immunfixation (wie auch im Serum) durchgeführt. Neben den eben geschilderten charakteristischen Laborveränderungen sind die Röntgenläsionen wegweisend für die Diagnose. Abbildung 10.14 zeigt ein typisches Röntgenbild eines Schädels eines Patienten mit multiplem Myelom.

Eine wichtige Differenzialdiagnose des isolierten Plasmozytoms bzw. des multiplen Myeloms ist die **monoklonale Gammopathie unklarer Signifikanz** (abgekürzt: „M-GUS"), bei der, ähnlich wie beim multiplen Myelom, eine Vermehrung eines isolierten Immunglobulinmoleküls mit M-Gradientenbildung gefunden wird. Das M-GUS ist nicht selten und wird bei bis zu 3 % der Menschen über 60 Jahre diagnostiziert. Die anderen, für das multiple Myelom kennzeichnenden Veränderungen, wie multiple Knochenläsionen, Vermehrung von Plasmazellen im Knochenmark, sekundäre Schädigung anderer Organe wie z. B. Niere durch das Paraprotein, werden hierbei nicht gefunden. Ein Teil der M-GUS geht in ein multiples Myelom über.

10 Leukozyten

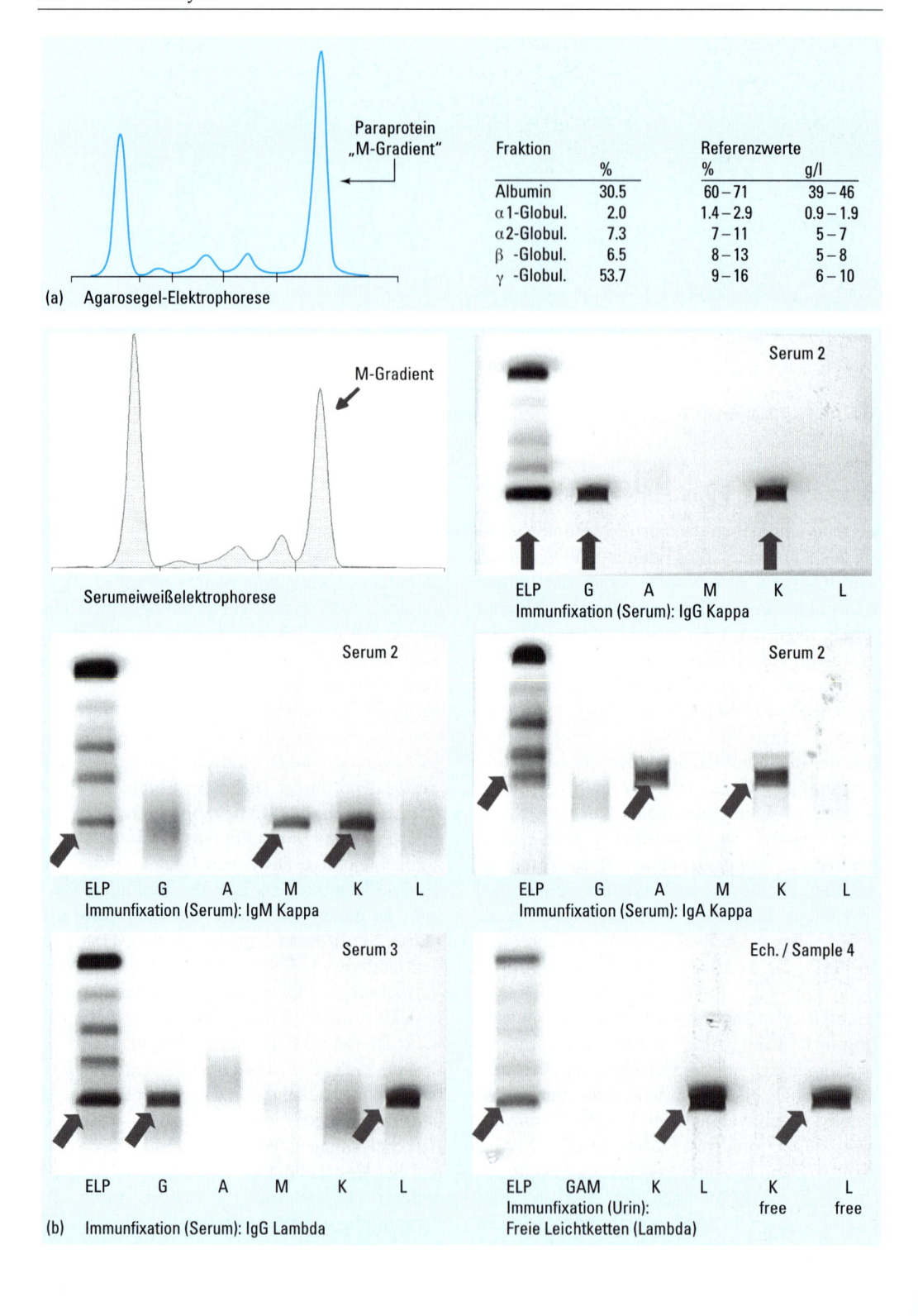

(a) Agarosegel-Elektrophorese

Paraprotein „M-Gradient"

Fraktion	%	Referenzwerte %	g/l
Albumin	30.5	60–71	39–46
α1-Globul.	2.0	1.4–2.9	0.9–1.9
α2-Globul.	7.3	7–11	5–7
β -Globul.	6.5	8–13	5–8
γ -Globul.	53.7	9–16	6–10

Serumeiweißelektrophorese

M-Gradient

Serum 2
ELP G A M K L
Immunfixation (Serum): IgG Kappa

Serum 2
ELP G A M K L
Immunfixation (Serum): IgM Kappa

Serum 2
ELP G A M K L
Immunfixation (Serum): IgA Kappa

Serum 3
ELP G A M K L

(b) Immunfixation (Serum): IgG Lambda

Ech. / Sample 4
ELP GAM K L K free L free
Immunfixation (Urin):
Freie Leichtketten (Lambda)

10.2.2.4 Qualitative Störung der Funktion reifer Leukozyten

Es existieren eine ganze Reihe unterschiedlicher genetischer Defekte, die sämtlichst in einer erhöhten Rate chronischer bakterieller Infektionen resultieren:

Der **Myeloperoxydasemangel** führt zu einem Mangel an funktionsfähiger Phagozytose mit gestörter intrazellulärer Bakterizidie und den daraus abzuleitenden Konsequenzen chronischer Infektionen.

Die häufigere **chronische granulomatöse Erkrankung** (CGD) besteht aus verschiedenen Untergruppen; alle sind molekular dadurch charakterisiert, dass die Superoxidbildung der Granulozyten gestört ist und somit eine verminderte intrazytoplasmatische Bakterizidie resultiert. Die Patienten weisen chronische Infektionen, vorwiegend der Haut, mit sekundärer Granulombildung auf. Die Prognose ist ernst.

Die **Chédiak-Higashi-Erkrankung** ist ebenfalls durch defekte Phagozytose charakterisiert. Zusätzlich stehen Albinismus, schwere Immundefizienz und abnorme Thromobozytenfunktion im Vordergrund der Erkrankung. Der Defekt liegt in einem Gen, welches in die Fusion von Phagosomen und Lysosomen eingreift. Somit ist die Bakterizidie empfindlich gestört.

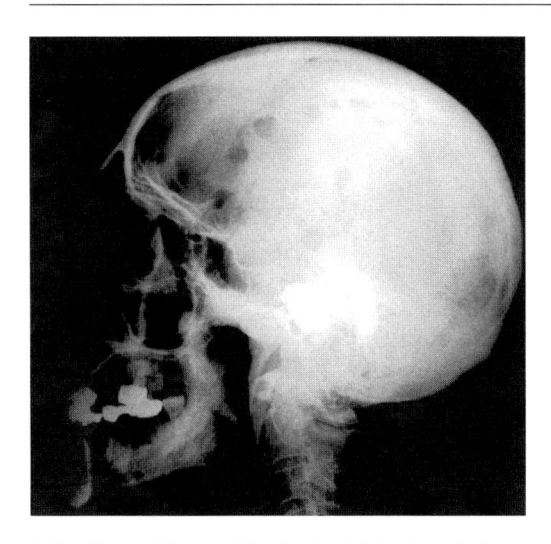

Abb. 10.14: Röntgenbild des Schädels eines Patienten mit multiplen Myelom (mit freundlicher Genehmigung von Prof. Klose, Klinik für Strahlendiagnostik, Marburg).

◀ **Abb. 10.13a:** Serumeiweißelektrophorese. **b:** Diagnostik der monoklonalen Gammopathie. Auffälliger M-Gradient in der Serumeiweißelektrophorese. Beispiele für Immunfixation aus dem Serum (IgG Kappa, IgM Kappa, IgA Kappa, IgG Lamda) sowie aus dem Urin (freie Leichtketten vom Typ Lambda). ELP: Elektrophorese; G, A, M: IgG, IgA, IgM; K, L: Leichtketten Kappa und Lamda (frei und gebunden); K(free), L (free): freie Leichtketten Kappa und Lamda.

11 Hämostaseologie

K. J. Lackner, D. Peetz

Das Gerinnungssystem gehört zu den ältesten Abwehr- und Reparatursystemen der Wirbeltiere. Störungen führen entweder zu einer erhöhten Blutungs- oder Thromboseneigung. Aus diesem Grund hat sich ein kompliziertes System aus pro- und antikoagulanten sowie fibrinolytischen zellulären und humoralen Faktoren gebildet, das unter normalen Bedingungen eine optimale Blutstillung sicherstellt und Thrombosen vermeidet. Schwere genetische Störungen der Hämostase sind entsprechend selten, während leichtere Defekte, die sich nur in bestimmten Situationen manifestieren, relativ häufig sind. Darüber hinaus spielen zahlreiche erworbene oder iatrogene Gerinnungsstörungen eine zunehmende Rolle.

11.1 Mechanismen der Hämostase und Fibrinolyse

Die Blutstillung wird in die *primäre* und *sekundäre Hämostase* eingeteilt. An der primären Hämostase, also der initialen Thrombusbildung, sind hauptsächlich die Gefäßwand und die Thrombozyten beteiligt. Die sekundäre Hämostase, die Stabilisierung des intialen Plättchenthrombus durch Fibrinbildung und Retraktion wird im Wesentlichen von den humoralen Gerinnungsfaktoren getragen. Eine effiziente Blutstillung wird nur im Zusammenspiel von primärer und sekundärer Hämostase erreicht. Eine Gefäßwandverletzung führt vor allem in arteriellen Blutgefäßen über lokale Mechanismen zur Kontraktion der Gefäßwand. Von-Willebrand-Faktor (vWF) bindet an freiliegende extrazelluläre Matrix und ermöglicht so Thrombozyten zu adhärieren und sich auszubreiten (primäre Hämostase). Dieser Vorgang ist von GPIb-V-IX und GPIIb-IIIa auf den Thrombozyten abhängig. Die Sekretion proaggregatorischer Substanzen aus den Plättchengranula und der verletzten Gefäßwand führt zur Stimulation und Aggregation von Plättchen, bei der Thrombozyten untereinander durch Fibrinogen und vWF vernetzt werden. Die Oberfläche der aktivierten Thrombozyten stellt dann das Substrat für die plasmatische Gerinnung dar, die zur Fibrinbildung und -vernetzung führt (sekundäre Hämostase). Die initiale Aktivierung der plasmatischen Gerinnung erfolgt über den Kontakt von Faktor VII/VIIa aus der Zirkulation mit zellständigem Gewebefaktor in der Gefäßläsion (Abb. 11.1).

Zur Vermeidung inadäquater Gerinnselbildung und thromboembolischer Ereignisse gibt es verschiedene zelluläre und humorale Mechanismen, die für das Verständnis der Hämostase genauso wichtig sind, wie die o. g. Faktoren.

11.1.1 Funktion der Gefäßwand in der Hämostase

Die wichtigste Funktion der normalen Gefäßwand in der Hämostase ist ihre antithrombotische Eigenschaft, d. h. ihre Fähigkeit Gerinnselbildung zu verhindern. Diese Funktion wird durch die Endothelzellschicht vermittelt (Abb. 11.2a), die unter normalen Umständen sowohl die Adhäsion von Thrombozyten an die Gefäßwand als auch die Bildung von Thrombin verhindert.

Gefäßverletzungen führen je nach Gefäßtyp zu einer mehr oder weniger starken Kontraktion, die den Blutfluss reduziert, was insbesondere in Arteriolen die Scherkräfte vermindert. Gleichzeitig wird extrazelluläre Matrix freigelegt, die das Substrat für die durch vWF vermittelte Thrombozytenadhäsion darstellt. Gewebefaktor auf subendothelialen Zellen kommt in Kontakt mit dem Blut, sodass der Komplex aus

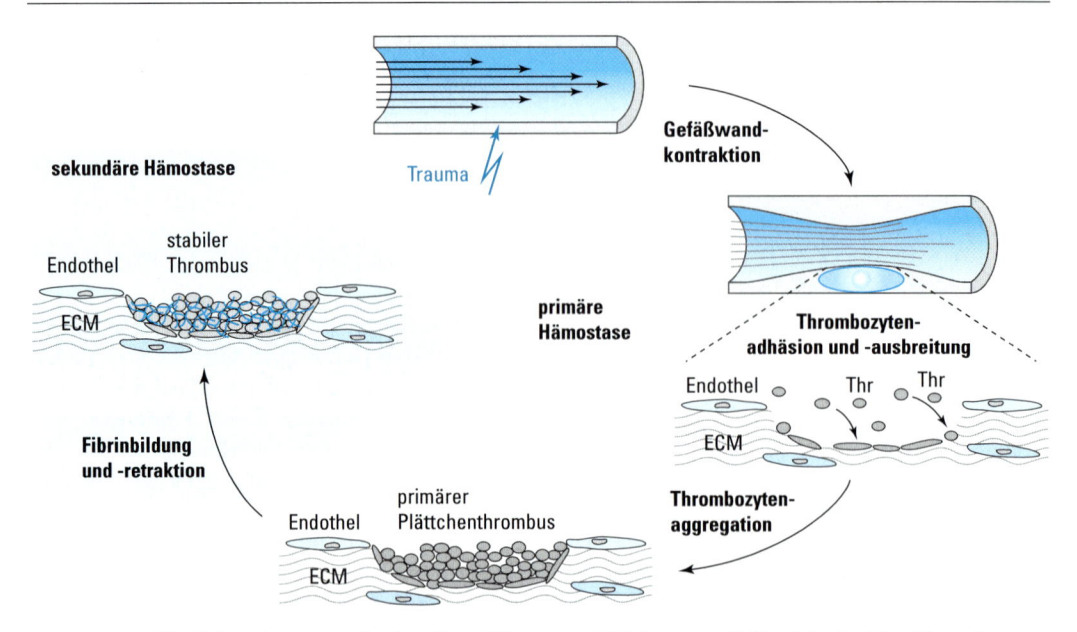

Abb. 11.1: Ablauf der primären und sekundären Hämostase. ECM: extrazelluläre Matrix; Thr: Thrombozyten; vWF: von-Willebrand-Faktor.

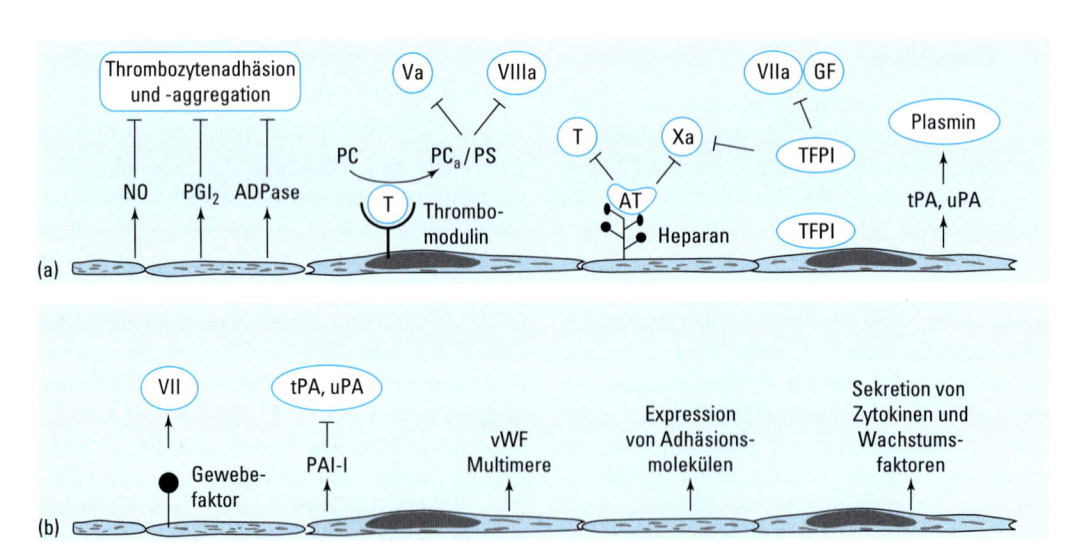

Abb. 11.2: Funktion des Endothels in der Hämostase. (a) Antikoagulante bzw. fibrinolytische Eigenschaften. (b) Prokoagulante Eigenschaften. NO: Stickstoffmonoxid; PGI_2: Prostacyclin; PC: Protein C; PC_a: aktiviertes Protein C; PS: Protein S; T: Thrombin; AT: Antithrombin; TFPI: Tissue factor pathway inhibitor; tPA: tissue type Plasminogenaktivator; uPA: Urokinase, ⊥ Hemmung bzw. Inaktivierung.

Faktor VIIa und Gewebefaktor entstehen kann, der die plasmatische Gerinnung aktiviert.

Unter pathologischen Bedingungen, wie sie beispielsweise in der Sepsis vorliegen, können auch Endothelzellen selbst prokoagulante Eigenschaften entwickeln (Abb. 11.2b). Dazu gehören u. a. die Expression von Gewebefaktor und der Verlust antikoagulanter Funktionen wie z. B. der Expression von Thrombomodulin.

11.1.1 Funktion der Thrombozyten in der Hämostase

Die Thrombozyten sind kernlose Bestandteile des Blutes, die im Knochenmark aus Megakaryozyten entstehen. Sie sind im Ruhezustand diskusförmig mit einem Durchmesser von ca. 1–3 μm und einem Volumen von 8,5–11,5 fl. Die Thrombozyten enthalten eine Reihe typischer Organellen wie z. B. die α-Granula und die Serotoningranula (dense bodies), stark elektronendichte ca. 200 nm große Organellen. In den α-Granula werden verschiedene Proteine gespeichert, die großteils durch Endozytose aus dem Blut aufgenommen wurden und nach Aktivierung der Thrombozyten sezerniert werden können (Tab. 11.1). Neben diesen beiden prominenten Organellen ist eine weitere Besonderheit der Thrombozyten das sog. „offene kanalikuläre System" ein charakteristisches System verzweigter Membrankanäle, das bei Aktivierung des Thrombozyten rasch zur Vergrößerung der Membranoberfläche beitragen kann. Hier sind zahlreiche Oberflächenproteine des Thrombozyten lokalisiert, die so bei Bedarf schnell rekrutiert werden können.

11.1.2.1 Regulation der Thrombozytenzahl

Die normale Thrombozytenzahl im Blut liegt zwischen 150 und 400/nl. Sie wird ergänzt durch einen mobilisierbaren Thrombozytenpool in der Milz und einen rasch verfügbaren intravaskulären Pool, die zusammen noch einmal mehr als 50 % der im Blut messbaren Thrombozyten ausmachen. Thrombozytosen bzw. Thrombozytopenien können also nicht nur durch Zu- oder Abnahme der Plättchenproduktion oder Beschleunigung des Plättchenabbaus verursacht werden, sondern auch durch schnelle Umverteilungen der Pools.

Die längerfristige Regulation der Thrombozytenzahl erfolgt über die Megakaryopoese im Knochenmark. Unter dem Einfluss von Thrombopoietin und anderer Zytokine, insbesondere IL-11, entstehen vermehrt megakaryozytäre CFUs (colony forming units). Generell gehen niedrige Thrombozytenzahlen mit einer erhöhten Konzentration des Thrombopoietin im Serum einher und umgekehrt. Diese Regulation erfolgt offenbar nicht über die Synthese, denn Thrombopoietin wird in Leber und Nieren weitgehend konstitutiv exprimiert. Vielmehr bindet Thrombopoietin an seinen Rezeptor c-Mpl, der auf Thrombozyten und Megakaryozyten vorhanden ist, und wird internalisiert. Auf diese Weise hält ein großer Thrombozytenpool den Thrombopoietinspiegel im Plasma niedrig. Andererseits führt eine Thrombozytopenie zu einer erhöhten Thrombopoietinwirkung im Knochenmark. Die Zahl der c-Mpl-Rezeptoren auf dem Thrombozytenpool stellt also den entscheidenden Regulator für die Megakaryopoese dar. Dies würde auch erklären, warum Erkrankungen, die mit einer Vergrößerung der Thrombozyten einhergehen, trotz verminderter Thrombozytenzahl keine erhöhten Thrombopoietinkonzentration im Plasma aufweisen.

Tabelle 11.1: Wichtige Bestandteile der Thrombozytengranula.

α-Granula
Fibrinogen
von-Willebrand-Faktor
Faktor V
Faktor XIII
Plättchenfaktor 4
β-Thromboglobulin
GPIIb-IIIa
GPIb
GPV
GPIX
P-Selektin

Dense-bodies
Serotonin
ATP
ADP
Ca^{2+}

11.1.2.2 Adhäsion und Aggregation

Die wichtigste physiologische Funktion der Thrombozyten besteht darin, im Bereich von Gefäßverletzungen eine erste Abdichtung herzustellen (Abb. 11.1). Dazu adhärieren sie an freiliegende subendotheliale extrazelluläre Matrix. Dieser Vorgang ist von vWF abhängig und wird durch die Membranglykoproteine GPIb-V-IX und GPIIb-IIIa vermittelt. Die Adhäsion wird von einer Aktivierung der Thrombozyten, Sekretion proaggregatorischer Substanzen, Stimulation entsprechender Signalrezeptoren und schließlich der Aggregation von Thrombozyten untereinander gefolgt, die ebenfalls vWF und Fibrinogen benötigt. Unter den Bedingungen arteriellen Flusses und hoher Scherkräfte kommt den thrombozytären Rezeptoren GPIb-V-IX und GPIIb-IIIa für vWF die größte Bedeutung für die Adhäsion von Plättchen zu. Die erste Interaktion zwischen Thrombozyten und vWF erfolgt vorwiegend durch GPIb-V-IX, was vermutlich die Bewegung des Thrombozyten so stark reduziert, dass die mechanisch stabilere Bindung zwischen vWF und GPIIb-IIIa entstehen kann. GPIIb-IIIa bindet allerdings erst nach einer Konformationsänderung, die durch die Plättchenaktivierung induziert wird, an vWF. Die Aktivierung kann dabei durch Bindung von GPIIb-IIIa an Fibrin(ogen) in der Gefäßläsion oder auch durch die Interaktion von GPIb-V-IX mit vWF erfolgen.

Unter niedrigen Scherkräften, wie sie im venösen oder kapillaren Bereich vorkommen, können dagegen nicht aktivierte GPIIb-IIIa Komplexe direkt irreversibel an Fibrinogen binden. Die Bedeutung der anderen Adhäsiv-Rezeptoren ist nicht definitiv geklärt. Defekte führen jedoch allenfalls zu milden Blutungsneigungen.

Neben den o. g. Mechanismen der Aktivierung gibt es eine Vielzahl Agonisten, die Plättchen aktivieren können. Dazu gehören Thrombin, ThromboxanA2, ADP und Adrenalin. Die Agonisten erhöhen die intrazellulären Ca^{2+}-Konzentration und/oder aktivieren Proteinkinasen. Sie können aus der Gefäßwand oder aus Plättchengranula bei der Adhäsion und initialen Aktivierung freigesetzt werden oder wie Thrombin im Rahmen der Aktivierung der plasmatischen Gerinnung entstehen. Sie beschleunigen Adhäsion und Aggregation.

11.1.3 Plasmatische Gerinnung

Im Plasma existiert ein komplexes System von Proteinen, die in der Interaktion mit Faktoren der Gefäßwand bzw. der extrazellulären Matrix die Gerinnselbildung auslösen. Das zentrale Enzym der plasmatischen Gerinnung ist Thrombin, das Fibrinogen in Fibrin umwandelt (Abb. 11.3, Tab. 11.2).

Von den zwei bekannten Aktivierungswegen der plasmatischen Gerinnung spielt in vivo der exogene Weg über Gewebefaktor/Faktor VIIa die größte Rolle. Dagegen ist die Gerinnungsaktivierung über das Kontaktsystem und den endogenen Weg wohl weitestgehend von Interesse für in vitro-Teste. Dies kann u. a. an der fehlenden Blutungsneigung bei Patienten mit genetischen Defekten der Aktivatoren des endogenen Wegs Präkallikrein, High-Molecular-Weight-Kininogen und Faktor XII abgeleitet werden. Der erste Faktor in der Kaskade des endogenen Systems, dessen Ausfall mit einer Blutungsneigung einhergeht, ist Faktor XI, wobei diese bei weitem nicht so uniform und stark ausgeprägt ist wie bei den klassischen Hämophilien A und B. Die fehlende Aktivierung von Faktor IX durch Thrombin retrograd aktivierten Faktor XIa (Abb. 11.3) ist hier Ursache der Blutungsneigung.

Ein wichtiger Aspekt im Verständnis der Gerinnungskaskade ist die Tatsache, dass verschiedene Aktivierungsschritte in Proteinkomplexen auf Zellmembranen und nicht in Lösung ablaufen (s. u., Abb. 11.3 und 11.4). Die phosphatidylserinreichen Zellmembranen aktivierter Thrombozyten sind die Oberfläche für die Faktoren der plasmatischen Gerinnung und deshalb für den Fortgang der Thrombinbildung essenziell.

11.1.3.1 Die Aktivierung des exogenen Systems

Gewebefaktor und Faktor VII sind für die Aktivierung des exogenen Systems entscheidend. Gewebefaktor ist ein 37 kD lipidbindendes

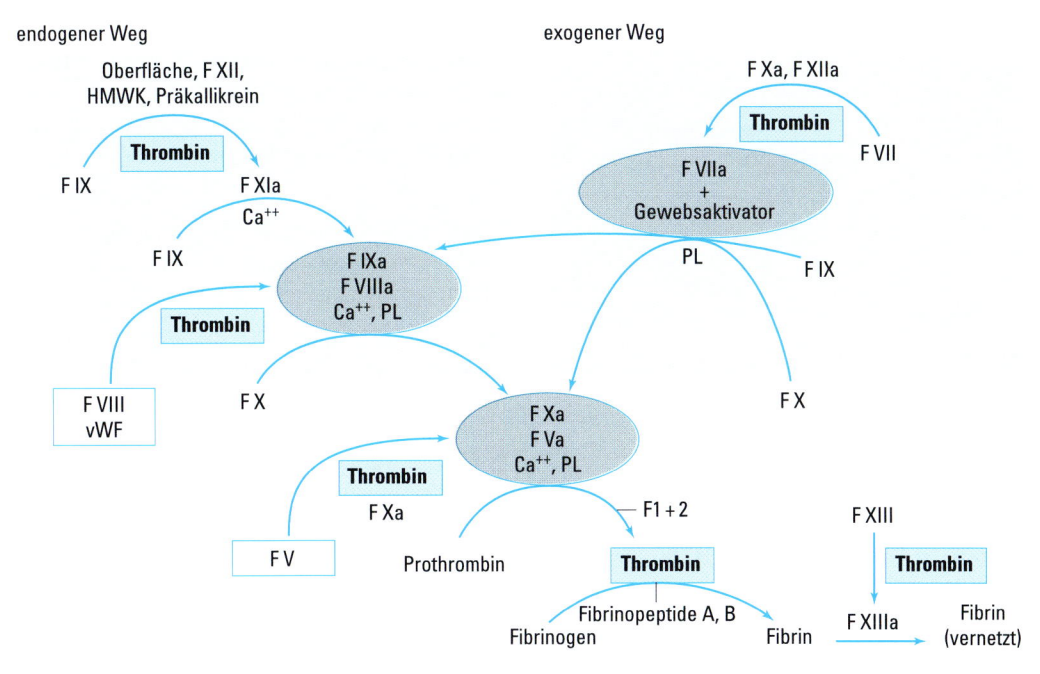

Abb. 11.3: Aktivierungswege der plasmatischen Gerinnung. Grau unterlegt: membrangebundene Faktorenkomplexe (Tenase- und Prothrombinasekomplexe, Komplex aus Faktor VIIa und Gewebefaktor). F1 + 2: Prothrombinfragment 1 + 2, HMWK: High molecular weight Kininogen, PL: Phospholipide.

Tabelle 11.2: Plasmaproteine der Gerinnung und Fibrinolyse.

	prokoagulant	antikoagulant	fibrinolytisch	antifibrinolytisch
Serinproteasen (Zymogene)	Prothrombin Faktor VII Faktor IX Faktor X Faktor XI (Faktor XII)	Protein C	Plasminogen t-PA u-PA (Faktor XII)	
Kofaktoren	Faktor V Faktor VIII Gewebefaktor	Protein S		
Antiproteasen		Antithrombin Hep.-Kofaktor 2		PAI-1 PAI-2 PAI-3 α_2-Antiplasmin α_2-Makroglobulin
Andere	Fibrinogen Faktor XIII vWF	TFPI	Präkallikrein HMWK	TAFI

Transmembranprotein der Zytokinrezeptor-Superfamilie, dessen extrazelluläre Domäne als Rezeptor für Faktor VIIa fungiert. Er wird auf fast allen Zellen konstitutiv exprimiert. Eine Ausnahme stellen die Zellen dar, die normalerweise Kontakt mit dem Blut haben, also Endothelzellen, Leukozyten, Erythrozyten und Thrombozyten. In Endothelzellen und Mono-

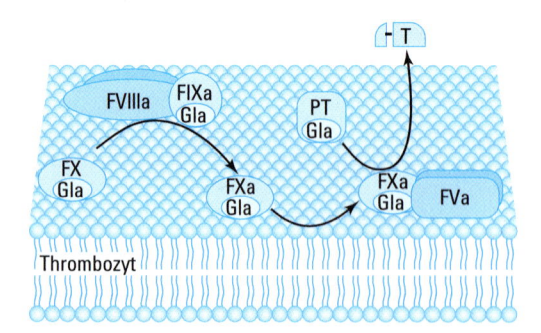

Abb. 11.4: Zellmembranlokalisierte Aktivierungskomplexe der Gerinnungskaskade. Gla: Gla-Domäne; T: Thrombin, PT: Prothrombin.

zyten kann die Gewebefaktorexpression unter bestimmten Umständen wie z. B. in der Sepsis induziert werden.

Faktor VII ist ein ca. 50 kD Zymogen, das in der Leber synthetisiert wird. Faktor VII enthält wie Prothrombin, Faktor IX, Faktor X, Protein C und Protein S, eine sog. Gla-Domäne, mit mehreren (10–12) posttranslational, Vitamin K-abhängig γ-karboxylierten Glutaminsäuren. Diese Gla-Domäne ermöglicht es Faktor VII und den anderen Gerinnungsfaktoren in Gegenwart von Ca^{2+}-Ionen an negativ geladene Phospholipidsubstrate zu binden. Sie wird auch für die Bindung von Faktor VII an Gewebefaktor benötigt. Die γ-Karboxylierung ist damit für die normale Funktionsfähigkeit des Faktor VII sowie der anderen o. g. Faktoren erforderlich.

Durch proteolytische Spaltung wird Faktor VII in zwei kovalent verknüpfte Peptidketten umgewandelt und damit aktiviert. Diese Spaltung kann von Thrombin, Faktor IXa, Faktor Xa und Faktor XIIa katalysiert werden. Auch eine autokatalytische Aktivität von an Gewebefaktor gebundenem Faktor VII konnte nachgewiesen werden.

Normalerweise sind Faktor VII/VIIa und Gewebefaktor physisch voneinander getrennt. Erst eine Gefäßverletzung hebt diese Trennung auf, sodass Faktor VII/VIIa an Gewebefaktor binden kann. Dies führt zu einer deutlichen Beschleunigung der proteolytischen Aktivierung von Faktor VII. Gleichzeitig ist Gewebefaktorgebundener Faktor VIIa um mehrere Größenordnungen aktiver gegenüber seinen eigenen Substraten Faktor X und IX. Geringe Mengen an Faktor VIIa/Gewebefaktorkomplexen können durch den Tissue factor pathway Inhibitor (TFPI; s. unten) inaktiviert werden.

11.1.3.2 Aktivierung des Faktor X durch den Tenase-Komplex

Außer durch Faktor VIIa/Gewebefaktor kann Faktor X auch durch den sogenannten Tenase-Komplex aus Faktor VIIIa und IXa auf Zellmembranen bzw. Phospholipidoberflächen aktiviert werden. Hier stellt Faktor IXa die aktive Protease, während Faktor VIIIa als Kofaktor und Membrananker dient (Abb. 11.4). Nach Freisetzung aus dem Komplex mit vWF durch geringe Mengen Thrombin und proteolytischer Spaltung in eine schwere und leichte Kette bindet Faktor VIIIa an phosphatidylserinreiche Membranen, wie sie z. B. aktivierte Plättchen aufweisen. Die Affinität von Faktor IXa, der durch Gewebefaktor/Faktor-VIIa-Komplexe oder Faktor XIa erzeugt wurde, zu gebundenem Faktor VIIIa ist hoch, während die Affinität zu freiem Faktor VIIIa gering und in vivo irrelevant ist.

Der aktive Enzymkomplex der Tenase kann in Kürze große Mengen Faktor Xa produzieren, weil er etwa 10^6 mal potenter in der Aktivierung von Faktor X ist als freier Faktor IXa. Die Aktivierung der Gerinnung auf der Ebene des Faktor X wird deshalb wahrscheinlich weniger über die Verfügbarkeit der Faktoren VIIIa und IXa als vielmehr über die Assemblierung des Tenase-Komplexes reguliert, die außer von Faktor VIIIa und IXa von der Bereitstellung geeigneter phosphatidylserinreicher Membrandomänen abhängt. Unter normalen Umständen stellen aktivierte Plättchen solche Membrandomänen zur Verfügung.

11.1.3.3 Aktivierung von Prothrombin durch den Prothrombinase-Komplex

Analog zum Tenase-Komplex besteht auch der Prothrombinase-Komplex aus einem Kofaktor, hier dem Faktor V, und einer Protease, hier dem Faktor Xa. Vermutlich gelangt Faktor Xa aus

Tabelle 11.3: Funktionen von Thrombin.

prokoagulant

- Umwandlung von Fibrinogen zu Fibrin
- Aktivierung von Faktor XIII
- Aktivierung von Faktor VII
- Aktivierung von Faktor XI
- Aktivierung von Faktor VIII
- Aktivierung von Faktor V
- Aktivierung von Thrombozyten

antikoagulant

- Bindung an Thrombomodulin und Aktivierung von Protein C

antifibrinolytisch

- Bindung an Thrombomodulin und Aktivierung von TAFI

der Tenase-Reaktion in Prothrombinase-Komplexe, die durch F Va auf der gleichen Membrandomäne assembliert werden (Abb. 11.4). Auch hier hat der vollständige Komplex eine mehrere Größenordnungen höhere proteolytische Aktivität gegenüber Prothrombin als freier Faktor Xa. Faktor Xa spaltet aus Prothrombin entweder die Fragmente 1 und 2 sequenziell oder als Prothrombinfragment 1 + 2 gemeinsam ab. In einem weiteren Schritt wird die Peptidbindung Arg322-Ile323 gespalten, sodass das aktive zweikettige Thrombin entsteht, das die Fibrinbildung aus Fibrinogen katalysiert. Die Protease Thrombin ist zentral für Ablauf und Regulation der Hämostase, wie aus ihren Funktionen leicht ersichtlich ist (Tab. 11.3).

11.1.3.4 Bildung und Stabilisierung von Fibrin

Fibrinogen ist der Vorläufer des Fibrins im Blut. Es besteht aus den 3 Untereinheiten Aα, Bβ und γ mit einem Molekulargewicht von ca. 64, 56 und 47 kD. Jeweils zwei Heterotrimere aus den 3 Untereinheiten bilden das fibrillär aufgebaute Fibrinogenmolekül mit einer Länge von ca. 45 nm und einem Durchmesser von 9 nm. Es werden eine zentrale E-Domäne und zwei periphere D-Domänen unterschieden. Thrombin spaltet aus dem Fibrinogen die Fibrinopeptide A und B aus den Aα und Bβ Untereinheiten ab. Die entstehenden Fibrin-Monomere können sich zu löslichen Polymeren, den Fibrinproto-

fibrillen zusammenlagern, deren Zusammenhalt durch nichtkovalente Interaktionen erfolgt. Erst die Transglutaminase Faktor XIII vernetzt die Fibrinmoleküle kovalent zwischen Glutaminsäure- und Lysinresten der D-Domänen (Abb. 11.5).

11.1.4 von-Willebrand-Faktor (vWF)

vWF ist ein Plasmaprotein und spielt im Gegensatz zu den anderen Gerinnungsfaktoren eine kritische Rolle in der Plättchenadhäsion und -aggregation (s. oben). Außerdem ist vWF als Stabilisator von Faktor VIII im Plasma auch in die sekundäre Hämostase involviert. Aus diesem Grund können Defekte im vWF sowohl die Plättchenfunktion als auch die plasmatische Gerinnung betreffen.

vWF wird als Glykoprotein mit einem Molekulargewicht von ca. 275 kD vorwiegend in

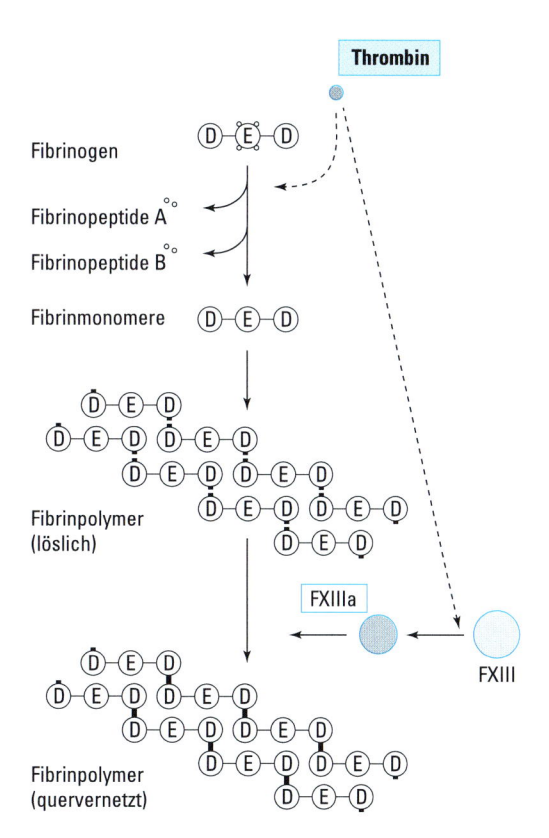

Abb. 11.5: Schematische Darstellung der Umwandlung von Fibrinogen zu Fibrin.

Endothelzellen und auch in Megakaryozyten synthetisiert. Zwei dieser Monomere werden vermutlich bereits im endoplasmatischen Retikulum zu sogenannten Protomeren durch Disulfidbrücken am karboxyterminalen Ende verbunden. Die Protomere bilden die Grundstruktur der Oligo- und Multimere, die nach Austritt aus dem Golgi-Apparat gebildet und in Endothelzellen in den sog. Weibel-Palade-Körperchen gespeichert werden. Isolierte Multimere können sowohl globulär mit einem Durchmesser von einigen hundert Nanometern als auch elongiert mit einer Länge über 1000 nm vorkommen. Die größten vWF-Multimere unterstützen die Plättchenadhäsion am effektivsten. Diese Multimere kommen im Plasma nur ganz vorübergehend nach Freisetzung aus Endothelzellen oder Thrombozyten vor und werden rasch geklärt. An diesem Prozess ist eine spezifische Protease beteiligt. Unkontrollierte Freisetzung der Multimere, wie sie nach Gabe des Vasopressin-Analogs DDAVP oder unter bestimmten pathologischen Bedingungen auftritt, kann die Thromboseneigung deutlich erhöhen.

11.1.5 Regulation der plasmatischen Gerinnung

Theoretisch führt jede Aktivierung der Gerinnungskaskade zu einer raschen Aktivierung von Thrombin, die ungeregelt amplifiziert würde. Um eine überschießende Gerinnung zu vermeiden gibt es mehrere Systeme, die zu einer Begrenzung der Gerinnungsaktivierung führen und damit eine Steuerung der prokoagulanten Aktivität sicherstellen. Es sind dies das Antithrombin und der Heparin-Kofaktor-II, das Thrombomodulin/Protein C System und der Tissue factor pathway Inhibitor (TFPI).

11.1.5.1 Antithrombin und Heparin-Kofaktor-II

Antithrombin ist ein 58 kD Proteaseinhibitor. Es inaktiviert Thrombin durch Bildung eines 1:1 Protease/Proteaseinhibitor-Komplexes (Thrombin-Antithrombin-Komplex), sodass freies Thrombin praktisch nicht im Plasma vorkommt. In Abwesenheit von Heparin oder anderen Heparansulfaten ist die Komplexbildung langsam.

Heparin verändert die Konformation von Antithrombin, sodass die Komplexbildung massiv beschleunigt und damit gerinnungsphysiologisch relevant wird. Fibringebundenes Thrombin kann auch in Anwesenheit von Heparin nicht effektiv inaktiviert werden, sodass das lokale Thrombuswachstum nicht gehemmt wird. Die physiologische Quelle von Heparansulfaten ist das intakte Endothel. Die Thrombin/Antithrombin-Komplexe werden wie andere Protease/Proteaseinhibitor-Komplexe rasch aus der Zirkulation entfernt. Außer Thrombin kann Antithrombin in gleicher Weise die Faktoren IXa, Xa, XIa und XIIa inaktivieren.

Die physiologische Bedeutung von Heparin-Kofaktor II ist sehr viel schlechter charakterisiert. Wie Antithrombin ist das Protein in der Lage in Anwesenheit von Heparin Faktor Xa zu inaktivieren.

11.1.5.2 Thrombomodulin-Protein-C-System

Thrombomodulin ist ein endothelialer Rezeptor für Thrombin. Thrombomodulin verändert die enzymatischen Eigenschaften von Thrombin so, dass die Aktivität gegenüber Fibrinogen und anderen prokoagulanten Substraten abnimmt und statt dessen Protein C das bevorzugte Substrat wird. Dies bedeutet, dass aktives Thrombin in einem intakten Gefäß vorzugsweise zur Aktivierung von Protein C beiträgt.

Protein C selbst ist eine Serinprotease mit einer Gla-Domäne, die in erster Linie Faktor Va und Faktor VIIIa proteolytisch inaktiviert. Faktor V und VIII werden praktisch nicht gespalten. Die Inaktivierung des Tenase- und Prothrombinasekomplexes läuft an Membranoberflächen ab und unterbricht die Gerinnungskaskade. Als Kofaktor benötigt Protein C ein weiteres Gla-Protein, das Protein S, das u. a. die Bindung von Protein C an Membranen fördert. Protein S liegt im Plasma zum großen Teil an C4b-Bindungsprotein gebunden vor und ist in dieser Form als Protein-C-Kofaktor nicht funktionell. Ob und wenn ja wie der Anteil des freien Protein S reguliert wird, ist bisher unklar. Dies könnte jedoch einen weiteren Mechanismus der Feinregulation der hämostatischen Balance darstellen. Da sowohl Protein C als auch Protein S Gla-

Domänen besitzt, ist die Synthese beider Proteine Vitamin K-abhängig.

11.1.5.3 Tissue-factor-pathway Inhibitor (TFPI)

TFPI (Synonym: Lipoprotein assoziierter Gerinnungsinhibitor, External Pathway Inhibitor) kann Faktor Xa inhibieren und zusammen mit diesem den Komplex aus Faktor VIIa und Gewebefaktor inaktivieren. TFPI hat im Plasma zwei Hauptformen mit 34 bzw. 43 kDa, die sich am Carboxylende unterscheiden. Die kleinere Form, die ca. 95 % des Proteins im Plasma ausmacht, findet sich hauptsächlich an Lipoproteine gebunden und hat kaum Anti-Xa Wirkung.

Der physiologisch wahrscheinlich bedeutsamste Pool von TFPI ist am Gefäßendothel lokalisiert, macht mehr als 3/4 des gesamten TFPI im Körper aus und kann durch Heparingabe freigesetzt werden. Auch Thrombozyten enthalten ca. 10 % des im Vollblut enthaltenen TFPI, das sie nach Stimulation mit Thrombin oder anderen Agonisten freisetzen können.

TFPI stellt den physiologischen Schutzmechanismus gegenüber einer permanenten geringen Aktivierung des exogenen Weges dar. Diese Funktion von TFPI ist allerdings nur solange von Bedeutung, wie es nicht zu einer starken Thrombinaktivierung kommt. TFPI schützt entsprechend im Tiermodell vor der Entwicklung einer disseminierten intravasalen Gerinnung durch unterschwellige Stimuli.

11.1.6 Fibrinolyse

Die Auflösung von Fibringerinnseln ist für den normalen Ablauf der Wundheilung erforderlich. Außerdem stellt die proteolytische Spaltung von Fibrin einen weiteren Schutzmechanismus vor unerwünschter Gerinnselablagerung dar. Vieles spricht dafür, dass permanent Mikrothromben entstehen und kontinuierlich wieder durch das fibrinolytische System abgebaut werden.

11.1.6.1 Plasminogen und Plasminogenaktivatoren

Vergleichbar dem Thrombin in der Gerinnung stellt das Plasmin das zentrale Enzym der Fibrinolyse dar. Plasmin spaltet Fibrin proteolytisch in verschiedene Bruchstücke und löst so Fibrin-

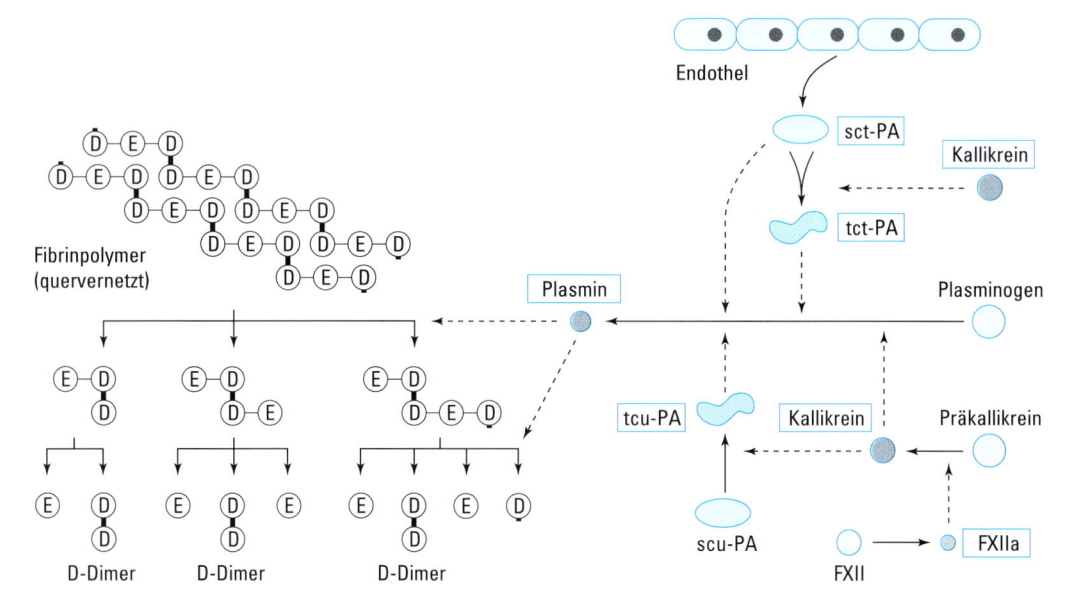

Abb. 11.6: Schematische Darstellung der Fibrinolyse. Fibrin wird durch Plasmin in verschiedene Fragmente gespalten, von denen die D-Dimere diagnostische Bedeutung haben. Die Plasminaktivierung erfolgt durch t-PA oder u-PA, die selbst durch verschiedene Mechanismen (s. Text) aktiviert werden.

gerinnsel auf (Abb. 11.6). Die aktive Serinprotease entsteht durch proteolytische Spaltung aus dem Zymogen Plasminogen, einem 92 kD Glykoprotein. Plasminogen besitzt initial eine aminoterminale Glutaminsäure (Glu-Plasminogen). Durch proteolytische Spaltung wird ein ca. 8 kD aminoterminales Peptid entfernt, sodass die zweite Hauptform des Plasminogens, das Lys-Plasminogen mit einem aminoterminalen Lysin entsteht. Lys-Plasminogen hat eine höhere Affinität zu Fibrin und wird sehr viel leichter aktiviert.

Die Aktivierung von Plasminogen erfolgt durch spezifische Serinproteasen. Die wichtigsten Plasminogenaktivatoren sind der tissue-type-Plasminogenaktivator (t-PA), der hauptsächlich aber nicht ausschließlich im Endothel synthetisiert wird, und der urokinase-type-Plasminogenaktivator (u-PA), der als Urokinase oder Prourokinase vorkommt und in Niere und Endothel synthetisiert wird. Beide Plasminogenaktivatoren liegen als Proform oder einkettige Form (sct-PA bzw. scu-PA) vor, die durch proteolytische Spaltung in eine zweikettige Form überführt werden kann (tct-PA und tcu-PA). Diese Spaltung kann beim t-PA durch Kallikrein nach Aktivierung des Kontaktsystems erfolgen. tct-PA aktiviert im Plasma gelöstes Plasminogen besser als sct-PA. Beide Formen binden an Fibrin, was ihre Fähigkeit Plasminogen im Thrombus zu aktivieren nochmals um ein Vielfaches steigert. Interessanterweise verschwinden dann die Aktivitätsunterschiede zwischen sct-PA und tct-PA. Die Fibrinbindung ist ein Mechanismus, die Plasminogenaktivierung auf Thromben zu konzentrieren.

Neben den physiologischen Aktivatoren des Plasminogens gibt es auch eine Anzahl anderer Proteasen wie z.B. die Streptokinase, die Plasminogen aktivieren können und therapeutisch genutzt werden.

Die Aktivierung der Fibrinolyse unterliegt einer vielfältigen Kontrolle. So gibt es Inhibitoren der Plasminogenaktivatoren, PAI-1, PAI-2 und PAI-3, die sämtlich zur Gruppe der Serpine (Serinprotease-Inhibitoren) gehören. Sie hemmen die Fibrinolyse bereits vor der Generierung von Plasmin. Im Plasma ist vermutlich PAI-1 der wichtigste Inhibitor. PAI-1 kann sowohl t-PA als auch u-PA inaktivieren, während PAI-2 und PAI-3 u-PA deutlich besser inaktivieren als t-PA. PAI-1 ist unter verschiedenen pathologischen Bedingungen, so z.B. beim metabolischen Syndrom, erhöht.

Aktives Plasmin kann ebenfalls von einem spezifischen Serpin, dem α_2-Antiplasmin sowie dem α_2-Makroglobulin inaktiviert werden. Die α_2-Antiplasmin-Plasmin-Komplexe werden vergleichbar den Thrombin-Antithrombin-Komplexen rasch aus der Zirkulation entfernt. Die Hemmung beschränkt sich auf lösliches Plasmin, während fibringebundenes Plasmin nicht effizient inaktiviert werden kann. Andererseits kann α_2-Antiplasmin kovalent in Fibringerinnsel eingebaut werden und dort die Proteolyse durch Plasmin hemmen. Außerdem wurde kürzlich ein durch Thrombin aktivierbarer Inhibitor der Fibrinolyse (TAFI, Prokarboxypeptidase U) beschrieben, der die Bindung von Plasminogen an Fibrin hemmt. Ähnlich der Aktivierung von Protein C kann Thrombin nach Bindung an endotheliales Thrombomodulin TAFI proteolytisch aktivieren.

11.1.6.2 Regulation der Fibrinolyse

Neben der Synthese der beteiligten Enzyme und Inhibitoren reguliert die Expression von Rezeptoren für t-PA, u-PA und Plasminogen die fibrinolytische Aktivität an Zellen. Dabei verzögert die Rezeptorbindung die Inaktivierung der jeweiligen Faktoren. Die Regulation der Rezeptoren, die gleichzeitig auf einem Zelltyp vorkommen können, ist komplex und von dem jeweiligen Funktionszustand der Zelle abhängig. Wie oben beschrieben kommt es über Thrombin/Thrombomodulin an der Endothelzelloberfläche zu einer Hemmung der Fibrinolyse.

11.2 Pathophysiologie der Hämostase und Fibrinolyse

Störungen der Blutgerinnung können grundsätzlich zu zwei entgegengesetzten Problemen führen: Hämorrhagien und Thrombosen. Dabei können Störungen, die initial aufgrund vermehrter Gerinnungsaktivität mit Thrombosen einhergehen, im Verlauf auch zu einer Blu-

Tabelle 11.4: Klinische Manifestationen von Störungen der primären und sekundären Hämostase.

Blutungstyp	Ursache
punktförmige Blutungen (Petechien)	**thrombozytär** (meist Thrombozytopenie)/**vaskulär**
kleinfleckige Blutungen (Purpura) (= konfluierende Petechien)	**thrombozytär**
flächenhafte Blutungen (Ekchymosen) (meist traumatisch; Suffusionen, Sugillationen)	**thrombozytär/vaskulär**/selten plasmatisch
flächenhafte Gewebsblutung mit Schwellung (Hämatome)	**plasmatisch oder thrombozytär**
Gelenkblutung (Hämarthros)	**plasmatisch**/selten thrombozytär

cave: Differenzialdiagnose Teleangiektasien (keine Blutung, sondern Gefäßmissbildung (Angiome) mit Bildung von flächenhaften roten Flecken, mit Glasspatel wegdrückbar)

tungsneigung führen, wenn Gerinnungsfaktoren oder Plättchen im Rahmen des thrombotischen Geschehens verbraucht wurden. Auch können gerade die vaskulär bedingten Störungen der Hämostase sowohl hämorrhagische als auch thrombo-embolische Manifestationen aufweisen.

11.2.1 Blutungsneigung (Hämophilie)

Generell können zwei große Typen der Blutungsneigung unterschieden werden: Störungen der primären Hämostase und Störungen der sekundären Hämostase. Sie können bereits anamnestisch-klinisch aufgrund der unterschiedlichen Manifestationen vermutet werden (Tab. 11.4).

11.2.1.1 Störungen der Gefäßwandfunktion

Verschiedene angeborene und erworbene Störungen der Gefäßwandfunktion führen zu Blutungsneigungen (Tab. 11.5). Dabei spielen die angeborenen Formen im klinischen Alltag nur eine untergeordnete Rolle. Die Blutungsneigungen stehen oft auch nicht im Vordergrund der Erkrankungen. Die angeborenen Formen sind i. d. R. nicht mit Störungen der anderen Gerinnungsmechanismen assoziiert, während bei den erworbenen Formen häufig im Rahmen der

Tabelle 11.5: Vaskuläre hämorrhagische Diathesen.

Angeboren
Bindegewebserkrankungen
• Ehlers-Danlos Syndrom
• Marfan-Syndrom
• Osteogenesis imperfecta
Teleangiektasien/Angiome
• hereditäre hämorrhagische Teleangiektasie (M. Rendu-Osler)

Erworben
Vaskulitiden
• Purpura Schönlein-Henoch
• allergische Vaskulitiden
infektiös bedingt
• Bakterien (z. B. Neisserien, Hämophilus, Streptokokken)
• Viren (z. B. Enteroviren, Echoviren, Parvovirus B19, CMV)
• Pilze (z. B. Candida)
• Protozoen (z. B. Plasmodien)
Bindegewebsstörungen
• chronischer Steroidexzess (iatrogen, M. Cushing)
• Vitamin C-Mangel (Skorbut)
Angiome
• Kaposi-Sarkom

Grunderkrankung auch andere Beeinträchtigungen der Hämostase vorliegen können.

11.2.1.2 Störungen der Thrombozytenfunktion

Für die Störung der Thrombozytenfunktion in der Hämostase sind quantitative (Tab. 11.6) und qualitative (Tab 11.7) Veränderungen der Plättchen verantwortlich. Häufig treten gemischte Formen auf. Wegen der gestörten initialen Blutstillung ist die Blutungszeit verlängert und es kommt zu petechialen Hautblutungen, Schleimhautblutungen, Nasenbluten oder Menorrhagien jedoch selten zu großflächigen Hämatomen oder Gelenkeinblutungen.

Tabelle 11.6: Veränderungen der Thrombozytenzahl.

Thrombozytosen (> 400/nl)	
akut	starke körperliche Belastungen akute Infektionen akuter Blutverlust postoperativ
chronisch reaktive	Splenektomie, Asplenie chronisch entzündliche Erkrankungen chronische Infektionen Malignome
chronisch klonal	essenzielle Thrombozythämie Polyzythämia vera andere myeloproliferative Erkrankungen
Thrombozytopenien (< 150/nl)	
akut	medikamentös (zytotoxische Substanzen) Strahlentherapie Immunthrombozytopenien • akut • chronisch • medikamenten-induziert (z. B. Heparin)
chronisch	Hypersplenismus Autoimmunthrombozytopenien megaloblastäre Anämie amegakaryozytäre Anämie aplastische Anämie Leukämien, Lymphome u. a. Erkrankungen mit Verdrängung des normalen Knochenmarks hereditär (z. B. Wiskott-Aldrich-Syndrom, autosomale dominante Thrombozytopenie)

Tabelle 11.7: Erworbene Störungen der Thrombozytenfunktion.

medikamentös – therapeutisch	Aspirin® u. a. Zyklooxygenasehemmer ADP-Antagonisten (Clopidogrel) GPIIb-IIIa Antagonisten (z. B. Abciximab, Tirofiban)
– Nebenwirkung	Penicilline Cephalosporine Inhalationsanästhetika (z. B. Halothan) Dextrane
krankheitsassoziiert	Urämie chron. Lebererkrankungen; Leberversagen Dysproteinämien myeloproliferative Erkrankungen

Für die klinische Symptomatik von Thrombozytopenien und Thrombozytosen ist von entscheidender Bedeutung, ob die Veränderung der Thrombozytenzahl auch von einer Veränderung der Thrombozytenfunktion begleitet ist. Generell sind Thrombozytopenien mit hämorrhagischen Komplikationen und Thrombozytosen mit thromboembolischen Komplikationen vergesellschaftet. Allerdings sind Thrombozytopenien bei normaler Thrombozytenfunktion lange asymptomatisch. Blutungen treten in diesem Fall bei Thrombozytenzahlen > 50/nl praktisch nicht auf. Funktionsstörungen der Thrombozyten bei Patienten mit essenzieller Thrombozytose führen auch zu gehäuften hämorrhagischen Komplikationen, die sogar bei Plättchenzahlen > 1.000/nl häufiger sind als bei geringer ausgeprägten Thrombozytosen.

Eine häufige Ursache für akute und chronische Thrombozytopenien sind Antikörper gegen Antigene auf der Thrombozytenoberfläche, die zu einem beschleunigten Thrombozytenabbau oder -verbrauch führen. Häufig entstehen diese Antikörper postinfektiös oder im Rahmen medikamentöser Therapien. Eine Sonderform stellt die heparininduzierten Thrombozytopenie dar, bei der Antikörper gegen einen Komplex aus Heparin und Plättchenfaktor 4 entstehen. Dadurch kommt es zu einer Aktivierung der Thrombozyten und unkontrollierter Aggregation, die zu einem rapiden Thrombozytenverbrauch und disseminierten Thrombosen führen kann.

Neben der Veränderung der Plättchenzahl sind Thrombozytenfunktionsstörungen von Bedeutung. Den seltenen hereditären Formen, die meist entweder die Glykoproteinrezeptoren der Thrombozyten oder die Sekretionsfunktion betreffen, stehen häufige erworbene, meist medikamentös bedingte Störungen gegenüber (Tab. 11.7).

11.2.1.3 von-Willebrand-Erkrankung

Aufgrund der Funktion des vWF betrifft die von-Willebrand-Erkrankung sowohl die primäre als auch die sekundäre Hämostase. Dabei werden die Störungen der sekundären Hämostase durch die fehlende Stabilisierung des Faktor VIII durch vWF und den daraus folgenden Faktor-VIII-Mangel durch beschleunigten Abbau bedingt. Die primäre Hämostase ist gestört, weil das Substrat für Plättchenadhäsion und -aggregation fehlt. Aus diesem Grund kann die Klinik der vonWillebrand-Erkrankung je nach molekularer Ausprägung als milde Störung der primären Hämostase oder als schwere gemischte Störung der primären und sekundären Hämostase imponieren.

Die von-Willebrand-Erkrankung wird in drei Typen unterteilt. Typ 1 und 3 stellen leichte bzw. schwere quantitative Defekte dar, während der Typ 2 auf qualitative Veränderungen des vWF zurückzuführen ist, die die Funktion bzw. Multimerenbildung des vWF stören. Der Typ 2B stellt eine Besonderheit dar, weil die Mutationen zu einer spontanen Bindung von vWF an GPIb auf Thrombozyten führt. Beim Typ 2N ist die Bindung von Faktor VIII gestört. Die Gendefekte, die zum Typ 3 führen, lassen praktisch keine Produktion von auch nur partiell funktionsfähigem vWF zu. Die Genetik der Willebrand-Erkrankung ist entsprechend kompliziert mit autosomal dominanten und rezessiven Erbgängen.

Aufgrund des zugrundeliegenden Pathomechanismus kann der Typ 1 erfolgreich mit DDAVP (Minirin®) behandelt werden, das die Freisetzung von vWF aus Speichergranula induziert und damit zu einem zumindest vorübergehenden Anstieg des vWF führt. Beim Typ 3 bleibt dies natürlich ohne Wirkung. Beim Typ 2 ist die Wirkung von DDAVP variabel. Insbesondere beim Typ 2B ist eine Thromboseneigung unter DDAVP nicht auszuschließen, weil die Neigung zur Plättchenaggregation noch verstärkt wird.

11.2.1.4 Störungen der Plasmatischen Gerinnung

Störungen der plasmatischen Gerinnung, beruhen auf angeborenen oder erworbenen Verminderungen der Aktivität einzelner oder mehrerer Gerinnungsfaktoren. Bei den angeborenen Formen wird zwischen quantitativen (Typ I) und qualitativen (Typ II) Störungen unterschieden. Entscheidend für die klinische Ausprägung ist die verbleibende Restaktivität des jeweils betroffenen Einzelfaktors (Tab. 11.8).

Tabelle 11.8: Genetische Defizienzen von Faktoren der plasmatischen Gerinnung mit Blutungsneigung.

Gen	Anmerkung	Vererbung	Häufigkeit
Faktor VIII	Hämophilie A	X-chromosomal	ca. 1:5.000 männl. Neugeborene
Faktor IX	Hämophilie B	X-chromosomal	ca. 1:30.000 männl. Neugeborene
Faktor VII		autosomal rezessiv	selten
Faktor V		autosomal rezessiv	selten
Faktor X		autosomal rezessiv	selten
Faktor XI	variable Blutungsneigung	autosomal rezessiv	selten
Prothrombin		autosomal rezessiv	selten
Fibrinogen	Dysfibrinogenämie – variable Blutungsneigung	meist autos. dom.	selten
	A-/Hypofibrinogenämie	autosomal rezessiv	selten
Faktor XIII		autosomal rezessiv	selten

Außer den Hämophilien A (Faktor VIII) und B (Faktor IX) sind alle Störungen sehr selten. Bei der Afibrinogenämie ist auch die primäre Hämostase betroffen, weil Fibrinogen für die normale Plättchenaggregation benötigt wird.

Den erworbenen Störungen der plasmatischen Gerinnung liegt entweder eine Synthesestörung wie beispielsweise bei der Leberzirrhose oder das Auftreten von spezifischen Inhibitoren zugrunde. Bei Synthesestörungen sind in aller Regel mehrere Gerinnungsfaktoren betroffen mit entsprechend komplexen Gerinnungsstörungen. Die Inhibitoren sind meist Immunglobuline. Es wurden aber auch heparinähnliche Inhibitoren, besonders bei Leukämien beschrieben. Eine sehr komplexe Störung der gesamten Hämostase, die nicht nur einzelne Faktoren betrifft, stellt die Verbrauchskoagulopathie dar, die wegen ihrer besonderen klinischen Bedeutung gesondert abgehandelt wird.

11.2.2 Thrombophilien

Verschiedene genetische und erworbene Defekte prädisponieren für das Auftreten von Thrombosen (Tab. 11.9). Meist werden die genetischen Erkrankungen autosomal dominant mit einem Gendosiseffekt vererbt.

Die häufigste genetische Thrombophilie ist die Resistenz gegenüber aktiviertem Protein C (APC-Resistenz), die durch eine Mutation im Faktor V (Faktor-V-Leiden) verursacht wird. Diese Mutation bewirkt, dass Faktor Va nicht mehr normal durch aktiviertes Protein C proteolytisch gespalten werden kann und damit länger aktiv bleibt. Heterozygote Merkmalsträger haben ein

Tabelle 11.9: Angeborene und erworbene Ursachen einer Thrombophilie.

Defekte		Häufigkeit	relatives Thromboserisiko
angeboren (autosomal dominante Gendefekte)			
Faktor-V-Leiden	heterozygot	häufig	ca. 2–4:1
	homozygot	selten	> 10:1
Prothrombin-Mutation G20210A		häufig	ca. 2–3:1
Antithrombin-Mangel		selten	> 10:1
Protein-C-Mangel		selten	ca. 10:1
Protein-S-Mangel		selten	ca. 5:1
Dysfibrinogenämie		sehr selten	?
Homocysteinurie		sehr selten	> 10:1
erworben			
Lupus Antikoagulans/Antiphospholipid-Antikörper		häufig	ca. 2–5:1
Hyperhomocysteinämie*		häufig	ca. 2–3:1
erhöhte F VIII-Spiegel*		häufig	ca. 7:1

* teilweise auch genetisch bedingt

etwa 2–4fach erhöhtes Thromboserisiko. Selbst Homozygote sind häufig lange asymptomatisch.

Genetische Defekte des Antithrombin, Protein C oder Protein S prädisponieren ebenfalls zu einem erhöhten Thromboserisiko. Dabei ist das relative Risiko Heterozygoter deutlich höher als bei der erblichen APC-Resistenz. Homozygote Patienten mit vollständigem Fehlen des betroffenen Proteins sind ohne Substitution nicht lebensfähig.

Unter den erworbenen Thrombophilien ist das Antiphospholipidsyndrom hervorzuheben. Hier wird die Thrombophilie durch Antikörper gegen anionische Phospholipide verursacht, die u. a. die Expression von Gewebefaktor auf Monozyten induzieren, die Produktion von Prostacyclin in Endothelzellen hemmen und Plättchen aktivieren können. Eine weitere thrombophile Diathese findet sich bei Patienten mit Malignomen. Vermutlich kommt es hier zur Einschwemmung von Gewebefaktor in die Zirkulation mit Aktivierung des exogenen Weges.

11.2.3 Verbrauchskoagulopathie

Die Verbrauchskoagulopathie (Disseminierte intravasale Gerinnung, DIC) ist eine komplexe, erworbene Gerinnungsstörung mit thrombotischen und hämorrhagischen Prozessen, die deshalb hier gesondert behandelt wird.

Durch eine globale Gerinnungsaktivierung kommt es zum Verbrauch von Gerinnungsfakto-

Tabelle 11.10: Erkrankungen, die häufig zu einer Verbrauchskoagulopathie führen.

Geburtshilfliche Komplikationen
- Fruchtwasserembolie
- vorzeitige Plazentaablösung
- septischer Abort
- Dead-Foetus-Syndrom
- Eklampsie

Schwere Hämolysen
- Fehltransfusionen
- hämolytisch-urämisches Syndrom
- thrombozytisch-thrombozytopenische Purpura

Maligne Erkrankungen
- Leukämien, insbesondere Promyelozytenleukämie (AML M3) und Monoytenleukämie (AML M5)
- Adenokarzinome (Lunge, Pankreas, Magen, Kolon, Prostata)
- metastasierende Karzinome

Große Operationen
- Lunge, Pankreas, Prostata
- Organtransplantation

Schockzustände
- septischer, traumatischer, hämorrhagischer Schock, Verbrennungsschock

Infektionen
- Meningokokkensepsis (Waterhouse-Friedrichsen-Syndrom)
- Pneumokokkensepsis
- andere gramnegative und grampositive Sepsen
- virale Infektionen
- Malaria
- Purpura fulminans (postinfektiös)

Gefäßanomalien
- Kasabach-Meritt-Syndrom
- Klippel-Trenaunay-Syndrom
- Aortenaneurysma

Andere
- extrakorporale Zirkulation
- Schlangenbiss
- Hitzschlag oder Hypothermie

ren und Thrombozyten. Viele Grundkrankheiten (Tab. 11.10) können die intravasale Gerinnung durch Einschwemmung von Gewebsthromboplastinen (z. B. verhaltener Abort), Störung der Mikrozirkulation bei Schockzuständen oder Endotoxineinschwemmung (z. B. Sepsis) auslösen.

Bei der gramnegativen Sepsis führen die freigesetzten Endotoxine zu einer Endothelschädigung und dadurch zu einer Aktivierung des intrinsischen Gerinnungssystems. Gleichzeitig bewirken die Endotoxine die Expression von Gewebefaktor auf Endothelzellen und Leukozyten (Aktivierung des extrinsischen Systems) und Zytokinsekretion aus Monozyten und Makrophagen. Besonders die Zytokine Tumor-Nekrose-Faktor-α (TNF-α) und Interleukin-1α (IL-1α) führen zu einer weiteren Aktivierung des intrinsischen Systems. Aktivierte polymorphkernige Leukozyten setzen Elastase (PMN-Elastase) frei, die unter anderem Faktor XIII oder Antithrombin proteolysiert.

Unabhängig vom Auslösemechanismus wird bei der DIC vermehrt Thrombin gebildet und Fibrinogen in Fibrin umgewandelt. Die meist ubiquitäre Fibrinbildung in der Mikrozirkulation führt zu ausgedehnten Mikrothrombosierungen und Nekrosen der befallenen Gewebe. Zusätzlich führt der massive Verbrauch von Gerinnungsfaktoren und Thrombozyten im Verlauf der DIC zu einer zunehmenden Blutungsneigung. Reaktiv wird die Fibrinolyse aktiviert, was die Blutungsneigung noch verstärkt. Abhängig vom Fortschritt des Krankheitsbildes werden bei der Verbrauchskoagulopathie 3 Stadien unterschieden:

1. Stadium: Pathologische Aktivierung des Gerinnungssystems.
   Die über das physiologische Maß gesteigerte Gerinnungsaktivierung ist klinisch und labordiagnostisch noch kompensiert. Es wird jedoch TFPI und vor allem Antithrombin verbraucht, um Thrombin zu inaktivieren.

2. Stadium: Erkennbares Defizit des Gerinnungspotentials.
   In Folge der fortschreitenden Gerinnung kommt es zu einem deutlichen Abfall von Thrombozyten, Gerinnungsfaktoren und Inhibitoren. Gleichzeitig wird in diesem Stadium die Fibrinolyse aktiviert, was zum Auftreten von Fibrin- und Fibrinogenspaltprodukten führt.

3. Stadium: Defibrinierung.
   In diesem Stadium sind Thrombozyten, Gerinnungsfaktoren und Antithrombin stark vermindert. Klinisch kommt es zum Vollbild des Schocks mit Multiorganversagen und/oder hämorrhagischer Diathese.

Tabelle 11.11: Gerinnungshemmende Medikamente.

Thrombozyten	
Cyclooxygenasehemmer (z. B. Aspirin®)	verminderte TBXA2 Synthese
ADP-Antagonisten (z. B. Tiklyd®, Plavix®, Iscover®)	verminderte Aggregation und Adhäsion
GPIIb-IIIa Antagonisten (z. B. ReoPro®, Aggrastat®)	verminderte Aggregation und Adhäsion
Plasmatische Gerinnung	
Vitamin-K-Antagonisten (z. B. Marcumar®, Falithrom®, Coumadin®)	Hemmung der γ-Carboxylierung der Faktoren V, VII, IX, X, Prothrombin, Protein C und Protein S
Heparine (z. B. [1]Calciparin®, [1]Liquemin®, [2]Clexane®, [2]Clivarin®, [2]Fragmin®, [2]Fraxiparin®, [2]Innohep®, [2]Mono-Embolex®)	Hemmung von Faktor Xa und Thrombin im Zusammenwirken mit Antithrombin
Thrombininhibitoren (z. B. Refludan®, Revasc®)	direkte Hemmung von Thrombin

[1] = Standardheparine, [2] = niedermolekulare Heparine

11.2.4 Störungen der Fibrinolyse

Neben seltenen genetischen Störungen der Fibrinolyse gibt es erworbene Störungen, die mit einer verstärkten fibrinolytischen Aktivität einhergehen und als primäre Hyperfibrinolyse bezeichnet werden. Sie gelangen durch Freisetzung von Plasminogenaktivatoren aus bestimmten Geweben wie Plazenta, Lunge, Prostata im Rahmen einer Geburt oder Operation ins Plasma. In der Folge wird exzessiv Plasmin gebildet, das Fibrinogen zu Spaltprodukten degradiert mit nachfolgender z.T. schwerer Blutungsneigung.

11.3 Gerinnungshemmende Therapie

Die gerinnungshemmende Therapie ist eine der Hauptindikationen für die Durchführung von Gerinnungstesten. Es gibt verschiedene Medikamentengruppen, die in Tabelle 11.11 zusammengestellt sind. Sie werden, soweit erforderlich bei den diagnostischen Tests weiter beschrieben.

11.4 Laboratoriumsmedizinische Gerinnungsdiagnostik

11.4.1 Präanalytik, Material, Referenzwerte

Gerinnungsdiagnostik verfolgt im Wesentlichen zwei Ziele: die Entdeckung von akuten oder chronischen Störungen der Hämostase und die Überwachung gerinnungshemmender Therapien. Je nach Anamnese und Klinik des Patienten, die bereits wichtige Rückschlüsse auf die möglichen Ursachen für Störungen der Hämostase geben (Tab. 11.4), müssen die primäre oder sekundäre Hämostase, die Inhibitoren der Hämostase oder die Fibrinolyse einzeln oder in Kombination untersucht werden. Die gerinnungsphysiologischen Untersuchungsmethoden lassen sich in Global- und Spezialteste unterteilen. Die Globalteste erfassen meist mehrere Komponenten des Gerinnungssystems. Sie geben damit eine Orientierung für die Notwendigkeit und ggf. Richtung weiterer Untersuchungen. Die Spezialteste sind dann im Sinne einer gezielten Stufendiagnostik zu verstehen. Die funktionellen Teste werden in den letzten Jahren zunehmend durch genetische Analysen ergänzt, mit denen heute theoretisch jede monogen bedingte erbliche Störung der Hämostase erfasst werden kann. Und schließlich gibt es für die Steuerung der medikamentösen Antikoagulation eine Anzahl spezifischer Teste (Tab. 11.12).

Tabelle 11.12: Monitoring der medikamentösen Antikoagulation.

Medikament	Test
Vitamin K Antagonisten	PT
unfraktioniertes Heparin	APTT
niedermolekulare Heparine	Anti-Xa-Aktivität
Hirudin	Ecarin clotting time (ECT)

11.4.1.1 Material

Gerinnungsphysiologische Untersuchungen werden in aller Regel aus Blutproben durchgeführt, die durch Zugabe von Zitrat, das Kalzium komplexiert, ungerinnbar gemacht wurden. Ausnahmen davon sind die Bestimmung der Thrombozytenzahl, die meist aus EDTA-Blut erfolgt, und die molekularbiologischen Analysen, die aus verschiedenen Materialien durchgeführt werden können. Die meisten funktionellen Gerinnungsuntersuchungen reagieren empfindlich auf präanalytische Fehler, die klinisch schwer interpretierbare Ergebnisse verursachen können.

11.4.1.2 Blutentnahmetechnik

Die Ergebnisse von Gerinnungstesten werden wesentlich von der Technik der Blutentnahme bestimmt. Lange venöse Stauung führt zur Freisetzung von Aktivatoren der Fibrinolyse aus der Venenwand. Eine Gewebetraumatisierung, verzögerte Blutentnahme, kleinlumige Kanülen oder zu starker Unterdruck bei der Blutentnahme können zur Bildung von geringen Mengen Thrombin und damit Fibrin führen. Dies wird bereits an einer Verkürzung der APTT bei seriellen Blutentnahmen unter angelegter Stauung um 20 % erkennbar. Bei ausgeprägter Fibrinbildung werden Fibrinogen, die Gerinnungsfaktoren und Thrombozyten verbraucht. In solchen Fällen findet man bereits bei sorgfältiger Suche im Zitratblut kleinere Koagel. Diese können auch im Zitratblut nach der Blutentnahme entstehen, wenn die sorgfältige Mischung der Probe ohne Schaumbildung in dem Entnahmegefäß unterbleibt. Bei weniger ausgeprägter Gerinnungsaktivierung erhält man vor allem beschleunigte Gerinnungszeiten in den Globaltesten.

Besondere Aufmerksamkeit ist auch auf den Transport und die Lagerung der Proben bis zur Analyse zu verwenden (präanalytische Phase). Dabei gelten folgende Regeln:
- Der Transport erfolgt bei Raum-/Umgebungstemperatur.
- Die Gerinnungsteste müssen innerhalb von 4 Stunden nach Blutentnahme durchgeführt werden oder es wird Zitratplasma (zur späteren Analyse) innerhalb dieser Zeit bei $< -20\,°C$ eingefroren.
- Thrombozytenfunktionsteste müssen immer an frischen Proben durchgeführt werden
- Probe nicht im Kühlschrank lagern, da es dabei zu einer Aktivierung von Faktor VII („Kälteaktivierung") kommt.

In Tabelle 11.13 sind die Anforderungen an die Blutentnahme zusammengestellt.

Neben den o. g. ist der häufigste methodische Fehler bei Gerinnungsanalysen die unvollständige Füllung des Entnahmeröhrchens. Ein relativer Zitratüberschuss im Plasma resultiert in fälschlichen Verlängerungen der Gerinnungszeiten. Besonders sensibel reagiert die APTT

Tabelle 11.13: Allgemeine Empfehlungen zur Gerinnungsanalytik.

	optimal	akzeptabel	schlecht
Abnahmegefäß	silikonisiertes Glas	Plastik	unzureichend silikonisiertes Glas
Antikoagulans	gepuffertes Natriumzitrat 0,105–0,109 M	gepuffertes Natriumzitrat 0,129 M	alle anderen
pH-Wert des antikoagulierten Plasmas	7,1–7,35		> 7,35 < 7,1
Füllungsgrad	100%	> 90%	< 90%
Hämatokrit	0,30–0,55 l/l	korrigiert, wenn < 0,30 oder > 0,55 l/l	nicht korrigiert, wenn < 0,30 oder > 0,55 l/l
Kanülendurchmesser	0,7–1 mm (19–22 gauge)		< 0,7 oder > 1 mm (bei Erwachsenen)
Katheterblutentnahme	vermeiden	die ersten 5–10 ml verwerfen	Verwendung der ersten 5 ml
Stauung	< 1 min		> 1 min
Reihenfolge der Blutentnahme	zweites Röhrchen	erstes Röhrchen	nach einem Heparin-Röhrchen
Transporttemperatur	Umgebungstemperatur		< 4° oder > 30 °C
Zeit bis zur Analyse	< 2 h	4 h, wenn vorher zentrifugiert	> 4 h
Zentrifugation	zweimal bei 2000 g für 15 Minuten (15–20 °C)	einmal bei 2000 g für 15 Minuten (gekühlt)	< 1000 g, < 10 Minuten, Erwärmung während der Zentrifugation
Einfrieren	schnell		langsam
Lagerung	−80 °C −20 °C (< 8 Tage)	−20 °C (< 30 Tage)	> −20 °C
Auftauen	schnell im Wasserbad (37 °C)		Umgebungstemperatur, Mikrowelle

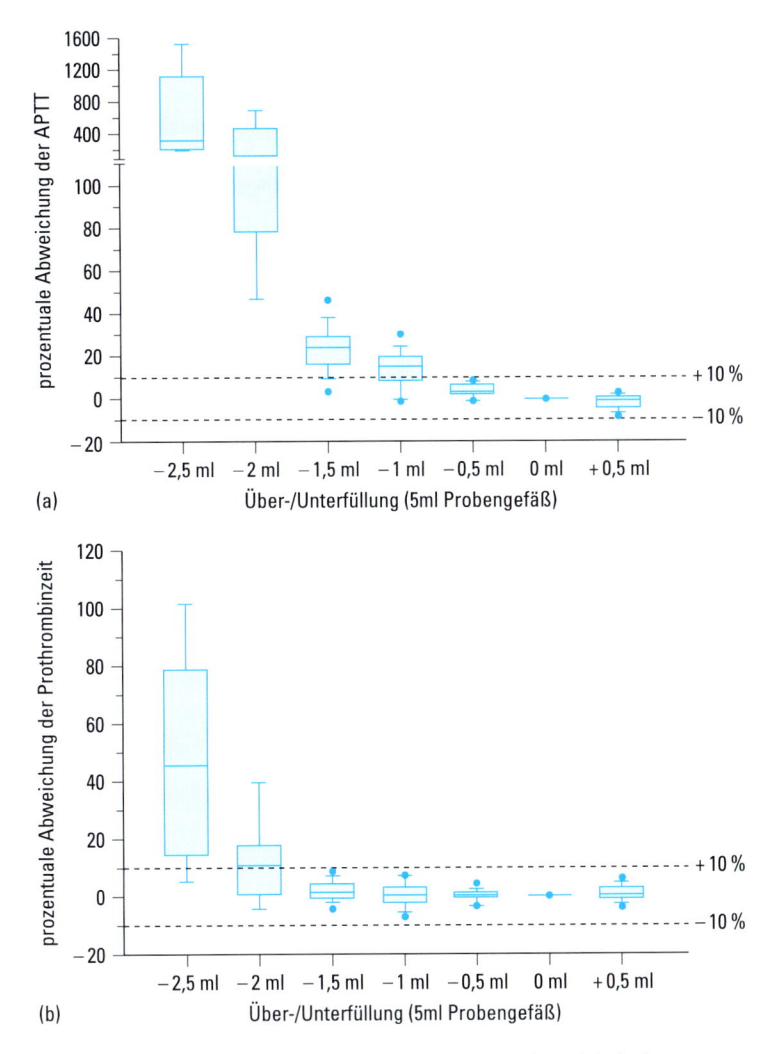

Abb. 11.7: (a) Abhängigkeit der gemessenen PT (Quick) vom Füllungsgrad des Blutentnahmeröhrchens. (b) Abhängigkeit der gemessenen APTT vom Füllungsgrad des Blutentnahmeröhrchens.

auf eine Unterfüllung der Spritze (Abb. 11.7a). Die PT ist dagegen robuster, sodass es erst ab einer Unterfüllung von weniger als 3 ml in einer 5 ml Spritze zu falschen Ergebnissen kommt (Abb. 11.7b). Als Toleranzgrenze wird daher eine maximal 10%ige Unterfüllung der Spritze akzeptiert.

Ähnlich der Unterfüllung ist bei Patienten mit stark erhöhten Hämatokrit-Werten (> 60%) nach Zentrifugation der Natrium-Zitrat-Anteil im Plasma relativ zu hoch und es wird bei den Testen zu wenig Kalziumchlorid zugegeben. Es werden insbesondere falsch pathologische Globalteste gemessen (PT, APTT, TZ). In diesen Fällen kann mit der folgenden Formel, das in der Spritze vorgelegte Volumen an Natriumzitrat korrigiert werden:

$$\text{Zitratmenge (ml)} = \frac{\text{Röhrchenvolumen (ml)} \cdot (100 - \text{Hämatokrit})}{(640 - \text{Hämatokrit})}$$

11.4.1.3 Referenzwerte

Gerinnungsteste sind bis auf wenige Ausnahmen nicht standardisiert, d. h. bei Verwendung von Reagenzien verschiedener Hersteller, von verschiedenen Geräten oder Messprinzipien kann es bei ein und der selben Patientenprobe zu erheblich diskrepanten Ergebnissen kommen. Des Weiteren sind einige Referenzwerte vom Geschlecht abhängig und fast alle Gerinnungsparameter haben für Neugeborene und Kinder teilweise stark unterschiedliche Referenzwerte gegenüber den entsprechenden Werten für Erwachsene. Es ist daher unerlässlich, für die Beurteilung von Ergebnissen, die entsprechenden Referenzwerte des jeweiligen Labors heranzuziehen.

11.4.2 Diagnostik der Thrombozytenfunktion (primäre Hämostase)

Aus technischer Sicht werden hämostaseologische Methoden unterteilt in Teste zur Erfassung der Thrombozytenzahl und -funktion (primäre Hämostase) und zur Erfassung plasmatischer Faktoren (sekundäre Hämostase, Inhibitoren und Fibrinolyse). Diese werden durch molekulargenetische Teste bei erblichen Störungen ergänzt. Die Rolle der Gefäßwand ist labordiagnostisch derzeit nur indirekt zu erfassen.

Die Basisuntersuchung der Thrombozytenfunktion umfasst die Bestimmung der Thrombozytenzahl und der Blutungszeit. Komplexere Thrombozytenfunktionsdefekte können mithilfe von in vitro Thrombozytenfunktionstesten und der Quantifizierung von Thrombozytenoberflächenrezeptoren mittels durchflusszytometrischer Methoden diagnostiziert werden.

11.4.2.1 Thrombozytenzählung

Die Thrombozytenzählung erfolgt aus EDTA-Vollblut an vollautomatisierten Blutbildanalysatoren im Rahmen der Bestimmung des Blutbildes. Thrombozyten werden dabei anhand ihrer Größe identifiziert

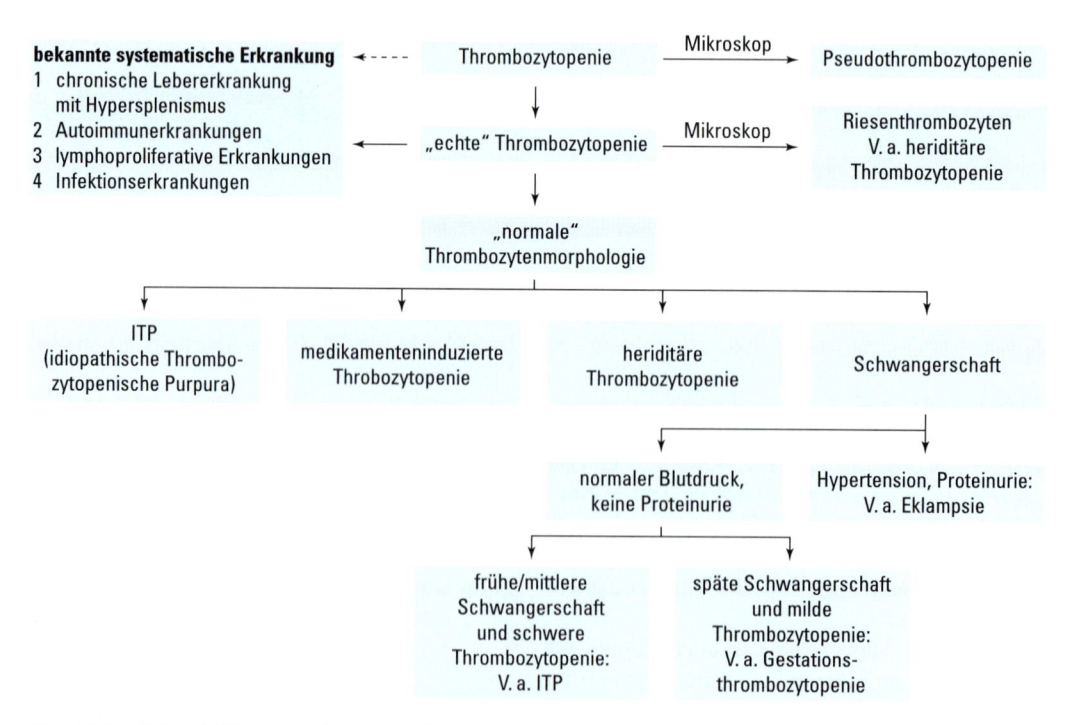

Abb. 11.8: Diffenzialdiagnose einer Thrombozytopenie.

Indikationen	Referenzbereich
präoperatives Gerinnungsscreening Blutung Ausschluss Blutungsneigung Verdacht auf Verbrauchskoagulopathie Destruktion reaktive Vermehrung	150–400 Thrombozyten/nl Vollblut

Die Vorgehensweise zur Abklärung einer Thrombozytopenie ist in Abbildung 11.8 dargestellt. Bei erniedrigten Thrombozytenzahlen muss differenziert werden, ob es sich um eine echte Thrombozytopenie handelt oder ob die Bildung von Thrombozytenaggregaten, die vom Blutbildanalysator nicht erfasst werden, eine Thrombozytopenie vortäuscht. Thrombozytenaggregate werden mikroskopisch (im Blutausstrich) nachgewiesen resp. ausgeschlossen. Meist entstehen Thrombozytenaggregate erst ex vivo in Anwesenheit von EDTA. Eine solche Pseudothrombozytopenie tritt auch bei Gesunden in etwa 1:1000 Fällen auf. Ursächlich wird ein natürlich vorkommender Antikörper gegen ein normalerweise verdecktes Epitop des GPIIb, das durch EDTA demaskiert wird, für die Aggregatbildung verantwortlich gemacht. In diesen Fällen sollte eine Wiederholungsbestimmung der Thrombozytenzahl aus Zitrat-Vollblut durchgeführt werden, da GPIIb-IIIa durch Natrium-Zitrat seltener verändert wird. Klinisch ist die Pseudothrombozytopenie, mit Ausnahme der möglichen Fehldiagnose einer Thrombozytopenie, bedeutungslos.

11.4.2.2 Blutungszeit

Die Dauer der Blutung nach Setzen einer stichförmigen Verletzung an der Haut wird durch die primäre Hämostase bestimmt. Die Blutungszeit hängt daher hauptsächlich von der Zahl und Funktion der Plättchen sowie einer ausreichenden Konzentration des vWF ab.

Es gibt eine Vielzahl nicht standardisierter Methoden zur Bestimmung der Blutungszeit. Die Methode nach Ivy in der Modifikation nach Mielke ist am besten standardisiert: Eine Blutdruckmanschette wird am Oberarm mit einem Druck von 40 mm Hg angelegt und mit einem Schnittinstrument eine Stichinzision von ca. 1 cm Länge und 1 mm Tiefe am Unterarm gesetzt. Alle 30 Sekunden wird mit einem Tupfer das ausgetretene Blut vorsichtig aufgesaugt und die Zeit bis zum Stillstand der Blutung gemessen. Methoden, die eine Stichverletzung am Ohrläppchen empfehlen, sind obsolet, da dabei schwerwiegende Blutungskomplikationen auftreten können (das Gewebe am Ohrläppchen ist weich und daher schwer zu komprimieren!).

Indikationen	Referenzbereich
Verdacht auf Blutungsneigung Von-Willebrand-Syndrom Verlaufskontrolle bei Thrombozytopenie/-zytose	2–7 min (Blutungszeit nach Ivy und Mielke)

11.4.2.3 Rumpel-Leede-Test

Ein einfacher Suchtest bei Verdacht auf Thrombozyto- oder Vaskulopathien ist der Rumpel-Leede-Test. Mit einer Blutdruckmanschette am Oberarm wird für 5 Minuten ein Druck zwischen systolischem und diastolischem Blutdruck aufrechterhalten. Bei Gesunden bilden sich keine oder nur wenige Petechien distal am Arm, während eine größere Anzahl Petechien auf einen thrombozytären oder vaskulären Defekt hinweist.

11.4.2.4 In vitro Blutungszeit

Als gut standardisierter Ersatz für die in vivo Blutungszeit steht die Durchführung der in vitro Blutungszeit am Plättchenfunktionsanalyser-100 (PFA-100) zur Verfügung, das die Verhältnisse in einem verletzten Gefäß simulieren soll (Abb. 11.9). Gepuffertes Zitratvollblut wird unter hohen Scherkräften in eine Kapillare gesogen, an deren Ende sich eine scheibenförmige, kollagenbeschichtete Membran mit einem zentralen Loch befindet. Diese dient als initiale Matrix für die Thrombozytenadhäsion. Die Thrombozyten werden bei der Bindung an das Kollagen aktiviert. Zusätzlich zum Kollagen ist der Membran als Agonist entweder Adrenalin oder ADP zugesetzt, welche bei Kontakt mit

PFA-100

Membran mit Epinephrin oder ADP
Kollagen
vWF
Unterdruck −40 mbar
Öffnung 150 μm
Erythrozyt
Thrombozyt
Flussrichtung
Kapillare

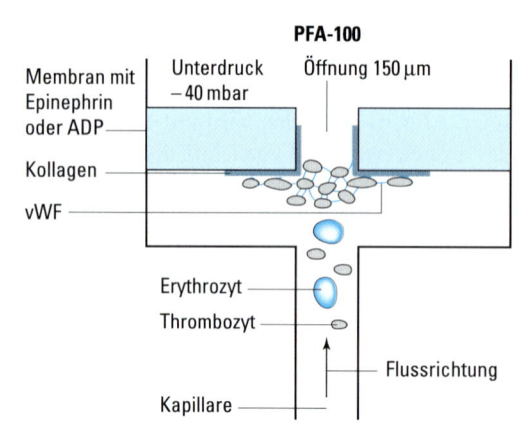

Abb. 11.9: Prinzip der PFA-Untersuchung (s. Text).

den adhärenten Thrombozyten deren Degranulation auslösen. Dies führt zur weiteren Aktivierung vorbeiströmender Thrombozyten und zur Aggregatbildung. Im Verlauf kommt es dadurch zum allmählichen Verschluss der Membranöffnung, der durch Drucksensoren detektiert wird. Die Zeit seit Beginn der Messung wird als sogenannte Verschlusszeit ausgegeben.

Indikationen	Referenzbereiche
siehe in vivo Blutungszeit	Membran mit Kollagen/Adrenalin beschichtet: 85–165 sec Membran mit Kollagen/ADP beschichtet: 71–118 sec

11.4.2.5 Induzierte Thrombozytenaggregation nach Kratzer und Born

Für speziellere Fragestellungen kann an plättchenreichem Plasma die Aggregationsfähigkeit der Thrombozyten mittels verschiedener Induktoren (z. B. Kollagen, Adrenalin, Arachidonsäure, Ristocetin) getestet werden. Plättchenreiches Plasma (PRP) ist trüb. Durch die Thrombozytenaggregation wird das Plasma klarer, da die größeren Aggregate weniger Lichtbrechung hervorrufen als die einzelnen Thrombozyten im PRP. Die Zunahme der Lichtdurchlässigkeit der Probe wird photometrisch gemessen. Das Ergebnis wird als prozentuale „Lichtdurchlässigkeit" im Vergleich zu (nicht trüben) plättchenarmen Plasma dargestellt. Die Methode ist bei Thrombozytenzahlen < 100/nl nicht mehr anwendbar, da dann in vitro keine ausreichende Aggregation mehr stattfindet.

Indikationen	Referenzbereich
Thrombozytopathien von-Willebrand-Syndrom antiaggregatorische Therapie	> 60 % (abhängig von Induktor und verwendetem Testsystem)

11.4.2.6 Durchflusszytometrische Verfahren zur Thrombozytenanalyse

Zur Zeit werden durchflusszytometrische Verfahren zur Einzellzellanalyse der Thrombozyten entwickelt. Das Untersuchungsspektrum umfasst dabei die Quantifizierung von Oberflächenrezeptoren (z. B. GPIIb-IIIa, GPIb-V-IX), von Degranulationsmarkern (Rezeptoren, die nur von aktivierten Thrombozyten exprimiert werden, z. B. P-Selektin), der Fibrinogenbindung an Thrombozyten, von Thrombozyten-Leukozyten-Aggregaten und von Mikropartikeln (gerinnungsaktive Membranabschnürungen der Thrombozyten).

11.4.3 Untersuchungen von plasmatischer Gerinnung (sekundäre Hämostase), Inhibitoren und Fibrinolyse

11.4.3.1 Testprinzipien

Aus technischer Sicht werden hämostaseologische Methoden zur Untersuchung plasmatischer Proteine in koagulometrische Teste, chromogene Peptidsubstratteste und Immunoassays unterteilt (Abb. 11.10). Die beiden ersten Gruppen untersuchen die Funktion von Gerinnungsfaktoren, während die Immunoassays nur die Konzentration eines Proteins, nicht aber dessen Aktivität messen.

Die Koagulometrie ist die klassische Untersuchungstechnik der Gerinnungsanalytik. Grundprinzip aller koagulometrischen Teste ist die Zeitmessung nach Zugabe von gerinnungsaktivierenden Reagenzien zum plättchenarmen Zitratplasma bis zum Gerinnseleintritt, der entweder mechanisch oder optisch festgestellt wird. Die am häufigsten verwendete mechanische Methode ist die Kugelkoagulometrie. Dabei be-

11.4 Laboratoriumsmedizinische Gerinnungsdiagnostik

(a) Koagulometrie

Reagenz
Plasma
Metallkugel (zentral rotierend)
Magnet

Fibrin
Metallkugel (dezentral rotierend)
Magnet
mechanische Detektion

Reagenz
Plasma (klar)
Metallkugel („nur zum Mischen")
Detektor (Extinktion)

Plasma (trüb)
Fibrin
optische Detektion

(b) chromogene Peptidsubstratteste

Gerinnungsfaktor (Enzym)

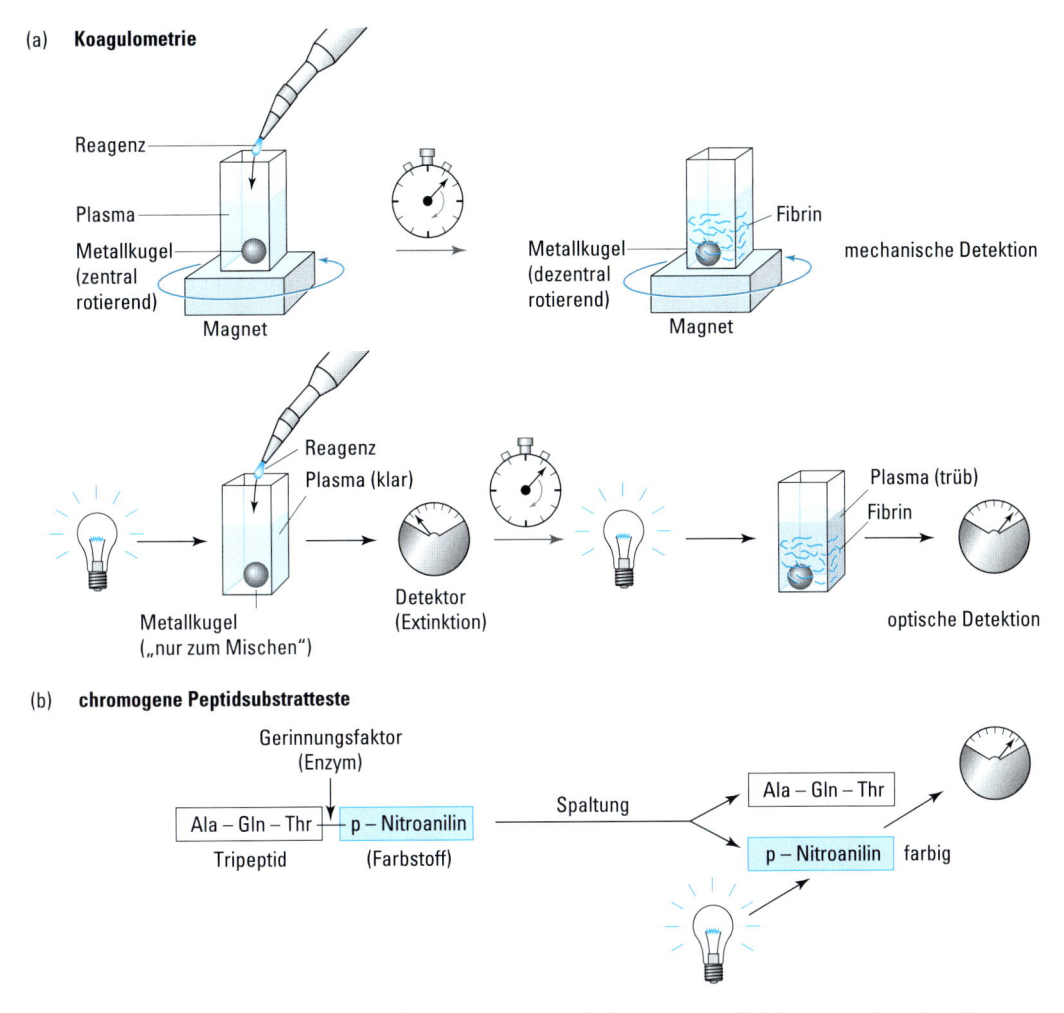

Ala – Gln – Thr | p – Nitroanilin
Tripeptid   (Farbstoff)

Spaltung →

Ala – Gln – Thr
p – Nitroanilin farbig

Abb. 11.10: Grundprinzipien der koagulometrischen (a) und chromogenen (b) hämostaseologischen Teste.

findet sich am Boden einer mit Plasma gefüllten rotierenden Küvette eine kleine Metallkugel, die durch einen darunter liegenden Elektromagneten in einer zentralen Position gehalten wird. Nach Zugabe des Gerinnungsreagenz wird die Kugel durch die entstehenden Fibrinfäden in eine exzentrische Position gebracht. Dieses wird vom Analysengerät als elektromagnetischer Impuls registriert und die seit der Reagenzzugabe vergangene Zeit als Gerinnselbildungszeit erfasst. Neben den mechanischen Methoden werden zunehmend optische Methoden zur Erfassung der Gerinnselbildung verwendet. Die bei der Gerinnung des Plasmas entstehenden Fib-

rinfäden führen zu einer Trübung des Plasmas, die photometrisch erfasst wird. Typische koagulometrische Teste sind die beiden Globalteste Prothrombinzeit (PT) und aktivierte partielle Thromboplastinzeit (APTT).

Zunehmende Verwendung in der Gerinnungsdiagnostik finden in den letzten Jahren chromogene Substratteste. Grundprinzip dieser Messmethode ist die Abspaltung eines Farbstoffes (Chromogen) von einem Peptid (Peptid + Chromogen = Substrat) durch einen enzymatisch aktiven Gerinnungsfaktor (Tab. 11.2). Aber auch nicht enzymatisch aktive Proteine, insbesondere die Gerinnungsinhibitoren, können durch entsprechendes Testdesign als chromogener Substrattest durchgeführt werden.

Manche Gerinnungsproteine lassen sich nur schwer oder gar nicht mit Aktivitätstesten nachweisen (z. B. vWF, D-Dimer), bei anderen (z. B. Protein S) unterliegen die Aktivitätsteste vielfältigen Störeinflüssen mit dadurch stark eingeschränkter Beurteilbarkeit der Ergebnisse. In diesen Fällen wird stattdessen die Konzentration des entsprechenden Proteins mittels immunologischer Bestimmungsmethoden gemessen. Weit verbreitet in der Hämostaseologie sind die technisch einfachen und auch schnellen Latexpartikelverstärkten, homogenen Immunoassays, die in circa 10 Minuten an vollautomatisierten klinisch-chemischen Analysensystemen durchgeführt werden können.

11.4.3.2 Globalteste der sekundären Hämostase

Prothrombinzeit (syn. Thromboplastinzeit nach Quick): Die Prothrombinzeit (PT) überprüft die Funktion des extrinsischen Gerinnungssystems. Im deutschen Sprachraum wird häufig die Bezeichnung „Quick-Test" nach A. J. Quick, der diesen Test 1935 erstmals beschrieben hat, oder Thromboplastinzeit für die Prothrombinzeit verwendet. Nach internationaler Übereinkunft sollte in Zukunft jedoch ausschließlich der Begriff Prothrombinzeit verwendet werden.

Durch Zugabe von Gewebsthromboplastin (Gewebefaktor und Phospholipide) und Kalzium zum Zitratplasma wird das exogene Gerinnungssystem aktiviert und die Zeit bis zur Bildung eines Fibringerinnsels gemessen. Die Geschwindigkeit der Fibrinbildung ist dabei vor allem von den Konzentrationen der Faktoren II, VII und X abhängig, der Einfluss von Faktor V und Fibrinogen ist dagegen geringer ausgeprägt. Die meisten modernen Quickreagenzien enthalten einen Heparinbinder, sodass selbst eine hohe (therapeutische) Heparinisierung das Analysenergebnis nicht oder nur wenig verfälscht.

Da die Prothrombinzeit drei von vier Vitamin-K abhängigen Gerinnungsfaktoren erfasst, ist sie gut geeignet, Vitamin-K-Mangelzustände zu detektieren und die Therapie mit Vitamin-K Antagonisten zu überwachen.

Indikationen	Referenzbereich
Präoperatives Gerinnungs-Screening	70–120 %
Kumarintherapie	
Blutungsneigung	
Lebersynthesestörungen	

Der vermeintlich einfache Prothrombinzeit-Test weist eine ganze Anzahl von Problemen auf:
1. Das Ergebnis der Prothrombinzeit wird meist als Prozent der Norm angegeben (allerdings nicht in den USA, wo üblicherweise der Sekundenwert oder die Prothrombinratio (s. u.) angegeben werden). Für die Kalibration wird aus mindestens 40 Plasmaproben von (vermeintlich) gesunden Normalpersonen ein Poolplasma hergestellt („Normalplasmapool") und dessen Prothrombinzeit als 100 % definiert. Eine Kalibrationskurve wird durch Verdünnung dieses Poolplasmas mit physiologischer Kochsalzlösung erstellt. Die Gerinnungszeit wird auf diese Kalibrationskurve bezogen und als Prozentwert ausgedrückt. Der kritische Punkt bei dieser Vorgehensweise ist der Normalplasmapool. Die Gerinnungszeit dieses Pools wird bei mehrmaliger Herstellung oder in verschiedenen Laboratorien immer etwas voneinander abweichen, sodass allein dadurch der Prozentwert unterschiedlich sein kann.
2. Noch bedeutungsvoller für die Vergleichbarkeit der Ergebnisse ist die Vielzahl verschiedener Gewebsthromboplastine, die in den einzelnen Laboratorien verwendet werden. Die Prothrombinzeit (in Sekunden) ein und derselben Plasmaprobe können sich je nach verwendetem Gewebsthromboplastin durchaus um den Faktor 2 unterscheiden. Durch die Kalibration mit einem Normalplasmapool werden die Unterschiede erheblich reduziert, jedoch nicht vollständig ausgeglichen. Eine echte Vergleichbarkeit wird durch die Standardisierung als INR (s. u.) erreicht.
3. Weiterhin üben das Messgerät selbst und die Art der Gerinnseldetektion einen Einfluss auf die gemessene Gerinnungszeit aus.

Teilweise lassen sich diese Probleme durch die Standardisierung der Prothrombinzeit lösen.

Um die Vergleichbarkeit der Testresultate hinsichtlich des verwendeten Reagenzes (Gewebsthromboplastin) und des verwendeten Gerätes zu ermöglichen, wurde 1983 von der WHO die sogenannte INR (International normalized ratio) eingeführt. Die Vergleichbarkeit der INR ist jedoch nur für Patienten in der stabilen Phase der oralen Antikoagulation mit Kumarinderivaten gegeben.

International normalized ratio (INR): Die Abhängigkeit der Gerinnungszeit vom verwendeten Thromboplastin und Gerät kann durch Ermittlung der INR korrigiert werden, sodass man ein standardisiertes, vergleichbares Ergebnis erhält. Grundlage der INR-Berechnung ist die Prothrombin-Ratio (PR):

$$PR = \frac{\text{Gerinnungszeit des Patientenplasmas (sec)}}{\text{Gerinnungszeit des Normalplasmas (sec)}}$$

Die Größenordnungen der Prozentwerte und der Prothrombinratio (und damit auch der INR) verhalten sich dabei umgekehrt proportional zueinander, d. h., dass bei sinkenden Prozentwerten die PR ansteigt (da ja die Gerinnungszeit des Probenmaterials länger wird) und umgekehrt.

Zur Standardisierung wurde von der WHO ein Referenzthromboplastin definiert, an das mit anderen Thromboplastinen gefundene Prothrombin-Ratios angeglichen werden. Als Korrekturfaktor wird der ‚International sensitivity index (ISI)' verwendet. Die Formel zur Berechnung der INR lautet dann:

$$INR = PR^{ISI}$$

Für das WHO-Referenzthromboplastin ist der ISI-Wert mit 1 definiert, sodass für dieses Thromboplastin INR = PR ist. Für alle anderen Thromboplastine werden von den Herstellern ISI-Werte mitgeteilt, die sowohl die Eigenschaften des Thromboplastins (schnellere oder langsamere Gerinnungszeiten verglichen zum WHO-Thromboplastin) als auch das verwendete Analysengerät berücksichtigen.

Prinzipiell sind Thromboplastine zu bevorzugen, die niedrige ISI-Werte (~ 1) aufweisen, da bei diesen Reagenzien die Differenzen der Prothrombinzeiten (sec) zwischen normalen und pathologischen Proben entsprechend groß sind.

Aktivierte partielle Thromboplastinzeit (APTT): Die APTT überprüft die Funktion des intrinsischen Gerinnungssystems (FXII, Präkallikrein, HMWK, FXI, FIX, FVIII, FX, FV und FII). Durch Phospholipide, oberflächenaktive Substanzen und Kalzium-Ionen werden die Faktoren XII und XI aktiviert. Die Zeit bis zur Bildung eines Fibringerinnsels über die intrinsische Enzymkaskade wird koagulometrisch erfasst und in Sekunden angegeben.

Partielle Thromboplastine sind Phospholipide, die an ihrer negativ geladenen Oberfläche Gerinnungsfaktoren der sogenannten Vorphase (FXII, FXI, Präkallikrein und Kallikrein) anreichern und somit den Gerinnungsablauf in vitro ermöglichen. Im Vergleich zu den Thromboplastinen enthalten sie keinen Proteinanteil (Gewebefaktor) und werden daher als „partielle Thromboplastine" bezeichnet. Die eigentlichen Aktivatoren der Gerinnung (daher der Begriff „aktivierte PTT") sind die oberflächenaktiven Substanzen (z. B. Kaolin, Celit oder Ellagsäure).

Wie beim Quick-Test messen auch unterschiedliche APTT-Reagenzien recht unterschiedliche Gerinnungszeiten bei ein und derselben Probe. Der angegebene Referenzbereich ist daher nur ein Richtwert und verdeutlicht die Größenordnung einer normalen APTT. Da es keine Standardisierung der APTT gibt, muss man sich jeweils über den Referenzbereich im untersuchenden Labor informieren.

Indikationen	Referenzbereich
präoperatives Gerinnungs-Screening Heparintherapie Blutungsneigung Screening auf Lupus Antikoagulans oder andere Hemmkörper	28–42 sec (abhängig vom verwendeten Reagenz)

Pathologische Verlängerungen der APTT findet man vor allem bei Heparintherapie und bei Mangelzuständen von Faktoren des intrinsischen Systems (besonders wichtig bei Hämophilie A und B). Schwankungen der Faktoren des intrinsischen Systems innerhalb der Referenzbereiche werden in der Regel von der APTT nicht erfasst.

Fibrinogen. Die beschriebenen Globalteste PT und APTT benutzen die Bildung eines Fibringerinnsels als Indikatorreaktion (Fibrinbildungsgeschwindigkeit). Die Fibrinbildungsgeschwindigkeit ist dabei weitgehend unabhängig von der Fibrinogenkonzentration. Erst bei Fibrinogenkonzentrationen kleiner 50 mg/dl treten Verlängerungen der Gerinnungszeiten auf. Die Globalteste eignen sich daher nicht, eine verminderte Fibrinogenkonzentration zu erfassen, sodass eine separate Bestimmung notwendig ist.

Es existieren eine Vielzahl mehr oder weniger aufwendiger Methoden der Fibrinogenbestimmung. Ohne weiteren Zeitaufwand kann man die Fibrinogenkonzentration als „Abgeleitetes Fibrinogen" (Derived Fibrinogen) im Rahmen des Prothrombinzeit-Testes bestimmen. Im Bereich einer Konzentration von etwa 100 bis 1000 mg/dl Fibrinogen im Plasma besteht eine lineare Korrelation zwischen der Stärke der durch die Fibrinbildung hervorgerufenen Trübung im Prothrombinzeit-Test und der Fibrinogenkonzentration. Diese Trübung wird vom Gerinnungsanalysator nephelometrisch (Streulichtmessung) oder turbidimetrisch (Trübungsmessung) erfasst und direkt in die Fibrinogenkonzentration umgerechnet.

Bei Proben, die eine hohe Eigentrübung aufweisen (Lipämie, Hämolyse, Hyperbilirubinämie), sowie bei Proben mit besonders niedriger Fibrinogenkonzentration (< 100 mg/dl) muss jedoch die klassische Methode der Fibrinogen-Bestimmung nach Clauss angewendet werden. Methodisch handelt es sich dabei um eine verdünnte Variante der Thrombinzeit. In einem Konzentrationsbereich von 10–50 mg/dl Fibrinogen besteht eine annähernd lineare Beziehung zwischen Fibrinogenkonzentration und Gerinnselbildungszeit nach Zugabe von Thrombin zur Plasmaprobe. Durch eine 1:10-Verdünnung der Patientenproben wird somit ein Messbereich von 100–500 mg/dl Fibrinogen (= 10–50 mg/dl nach Verdünnung) erreicht. Bei höheren oder niedrigeren Konzentrationen muss die Verdünnung entsprechend angepasst werden.

Indikationen	Referenzbereich
Verdacht auf Fibrinogenmangel oder Dysfibrinogenämie Verbrauchskoagulopathie Therapiekontrolle bei Fibrinogensubstitution	180–350 mg/dl

Thrombinzeit: Die Thrombinzeit erfasst vor allem die Anwesenheit von Heparin oder von Fibrinogenspaltprodukten im Plasma. Durch Zugabe von Thrombin zur Patientenprobe wird Fibrinogen in Fibrin umgewandelt und die Zeit bis zur Gerinnselbildung gemessen.

Heparin verlängert die Thrombinzeit durch Steigerung der Antithrombin-Aktivität des Patientenplasmas gegen das zugesetzte Thrombinreagenz. Fibrinogenspaltprodukte, wie sie bei fibrinolytischer Therapie oder bei primärer Hyperfibrinolyse auftreten, stören die Polymerisation des entstehenden Fibrins und somit die Gerinnselbildung.

Die Thrombinzeit ist nahezu unabhängig von der Fibrinogenkonzentration im Plasma. Erst ab einer Fibrinogen-Konzentration von < 50 mg/dl findet man eine Verlängerung der Thrombinzeit.

Indikationen	Referenzbereich
fibrinolytische Therapie Heparintherapie Hyperfibrinolyse Dysfibrinogenämie	16–24 sec (abhängig von der Thrombinaktivität des Reagenzes)

Reptilasezeit: Reptilase (Baxtroxobin) ist ein thrombinähnliches Enzym, das aus dem Gift der Schlange Bothrops atrox gewonnen wird. Wie Thrombin setzt Reptilase Fibrinogen zu Fibrin um. Im Gegensatz zu Thrombin wird die Reptilase von Heparin jedoch nicht beeinflusst! Fibrin(-ogen)spaltprodukte (FSP) führen aber – wie bei der Thrombinzeit – durch Hemmung der Fibrinpolymerisation zu einer Verlängerung der Reptilasezeit.

Deshalb erlaubt die gleichzeitige Bestimmung von Thrombinzeit und Reptilasezeit die Differenzierung zwischen Heparinwirkung und Fibrinpolymerisationsstörung durch FSP. Dies ist bei der fibrinolytischen Therapie hilfreich, wenn gleichzeitig Heparin und Fibrinolytika (z. B. Streptokinase, Urokinase oder t-PA) gegeben werden. Die Heparin-unempfindliche Reptilasezeit korreliert mit der Konzentration der entstandenen FSP.

Bei erniedrigter Fibrinogenkonzentration weist die Reptilasezeit häufig als einziger Test auf das Vorliegen einer Dysfibrinogenämie hin (typische Konstellation: Quick, APTT und Thrombinzeit: normal, Fibrinogen gering vermindert, Reptilasezeit leicht bis stark verlängert, je nach Ausprägung der Dysfibrinogenämie).

Indikationen	Referenzbereich
Differenzierung einer verlängerten TZ Dysfibrinogenämie	15–24 sec (abhängig von der Aktivität des Reagenzes)

1.4.3.3 Spezialteste

Einzelfaktoren: Die einzelnen Gerinnungsfaktoren (außer FXIII) können grundsätzlich alle nach demselben Prinzip gemessen werden. Das Patientenplasma wird mit Mangelplasma verdünnt und mit diesem Plasmagemisch wird eine PT-Messung (Faktoren des extrinsischen Systems) oder eine APTT-Messung (Faktoren des intrinsischen Systems) durchgeführt. Mangelplasma ist ein Plasma, das alle Gerinnungsfaktoren außer den zu bestimmenden Faktor in physiologischer Menge enthält. Dementsprechend enthält das Gemisch aus Patienten- und Mangelplasma nur den zu bestimmenden Gerinnungsfaktors des Patienten. Die gemessene Gerinnselbildungszeit (PT oder APTT) ist demnach von dessen Menge im Patientenplasma abhängig.

Die Bestimmung von FXIII wird immunologisch oder photometrisch (Peptidsubstrattest) durchgeführt.

Indikationen	Referenzbereiche
Abklärung pathologischer Globalteste (PT, APTT)	FII, FV, FVII, FIX, FX, FXI 70–120%
Faktorenmangel Blutungsneigung	F VIII, FXII, FXIII 50–150%

vWF: Die Stufendiagnostik des von Willebrand-Syndroms ist in Abbildung 11.11 dargestellt. Die Methodik der Blutungszeit, des PFA und der FVIII:C-Bestimmung wurden bereits beschrieben. Außerdem werden spezifische Teste in der Diagnostik des von-Willebrand-Syndroms benötigt.

Von-Willebrand-Faktor (vWF:Ag): Die Plasmakonzentration des vWF:Ag wird immunologisch bestimmt. Bei der Beurteilung der Ergebnisse muss bedacht werden, dass bei Trägern der Blutgruppe 0 deutlich niedrigere vWF:Ag-Konzentrationen als bei den übrigen Blutgruppen gefunden werden, ohne dass Personen mit Blutgruppe 0 eine verstärkte Blutungsneigung aufweisen. Für Patienten mit Blutgruppe 0 müssen daher eigene Normbereiche definiert werden.

Indikationen	Referenzbereiche
Diagnose und Klassifizierung des vWF-Syndroms	50–150% (Blutgruppen-abhängig)

Ristocetin-Cofaktor-Aktivität (vWF:RC): Zur Bestimmung der Ristocetin-Cofaktor-Aktivität werden Formalin-fixierte Thrombozyten von gesunden Blutspendern mit dem Patientenplasma gemischt und die Thrombozytenaggregation nach Zugabe von Ristocetin photometrisch beobachtet. Bei funktionell intaktem von-Willebrand-Faktor induziert Ristocetin die Thrombozytenaggregation. Bei definierter Thrombozytenmenge im Reagenz wird das Ausmaß der Aggregation ausschließlich von der Menge und der Funktionsfähigkeit des von-Willebrand-Faktors aus dem Patientenplasma bestimmt.

Indikationen	Referenzbereiche
Diagnose und Klassifizierung des vWF-Syndroms	50–150%

Ristocetin-induzierte Thrombozytenaggregation (RIPA): Die RIPA wird vor allem zur Identifizierung des von-Willebrand-Syndroms Typ 2b eingesetzt. Diese Patienten zeigen bei Induktion mit geringen Mengen von Ristocetin, die beim Gesunden zu keiner Thrombozytenaggregation mehr führen, immer noch eine deutliche Aggregation. Grund hierfür ist die Vorbeladung der Thrombozyten mit großen vWF-Multimeren, die zu einer verstärkten Aggregationsneigung führt.

Kollagenbindungsaktivität (CBA): Ein neuer Test in der vWF-Diagnostik ist die Bestimmung

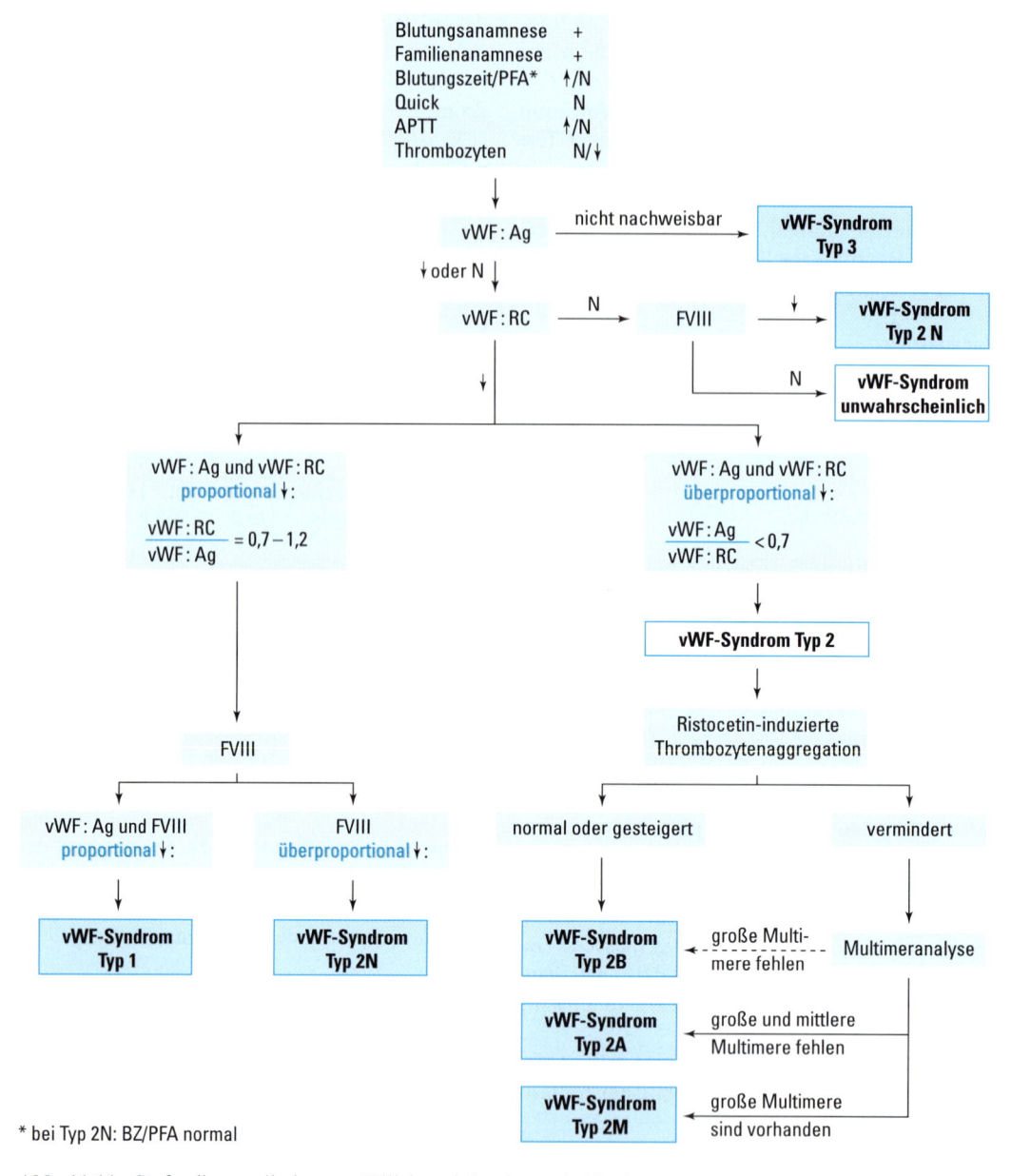

Abb. 11.11: Stufendiagnostik des von-Willebrand-Syndroms (s. Text).

* bei Typ 2N: BZ/PFA normal

der Kollagenbindungsaktivität des vWF mittels ELISA.

vWF-Multimeranalyse: Die elektrophoretische Auftrennung der vWF-Multimere erlaubt eine Differenzierung der verschieden Subtypen des Typ 2-von-Willebrand-Syndroms.

Marker der Thrombinaktivierung: Auch bei massiver Gerinnungsaktivierung kommt Thrombin, das Schlüsselenzym der Gerinnung, systemisch im Plasma in freier Form nicht messbar vor. Durch die indirekten Marker Prothrombinfragment 1 + 2 (F1 + 2) und Thrombin-

Antithrombin-Komplex (TAT) lassen sich jedoch sowohl die Bildung als auch die Inaktivierung von Thrombin nachweisen (Abb. 11.12). Die F1 + 2-Konzentration im Plasma ($t_{1/2}$ = 90 Minuten) ist ein direktes Maß der Thrombinbildung. Freies Thrombin im Plasma wird von Antithrombin abgefangen und in den biochemisch inaktiven Thrombin-Antithrombin-Komplex (TAT) überführt. Die Konzentration des TAT-Komplexes im Plasma ($t_{1/2}$ = 15 Minuten) ist somit ebenfalls ein Maß der Thrombinbildung im Plasma.

Die Bildung von Thrombin kann auch an seiner Wirkung erkannt werden. Thrombin wandelt Fibrinogen unter Abspaltung von Fibrinopeptid A in Fibrinmonomere (lösliches Fibrin) um. Die Konzentrationen von Fibrinopeptid A und von Fibrinmonomeren im Plasma spiegeln daher die Thrombinwirkung wider.

Indikationen	Referenzbereiche
Erkennung hyperkoagulabiler Zustände (Thrombose, Verbrauchskoagulopathie)	F1 + 2: 0,4 – 1,1 nmol/l
Monitoring bei antikoagulatorischer Therapie (Heparin, Kumarine)	TAT: 1,0 – 4,1 µg/l

11.4.4 Diagnostik der Inhibitoren

11.4.4.1 Globalteste

Derzeit sind keine ausreichend sensitiven und spezifischen Globalteste verfügbar, die Defekte

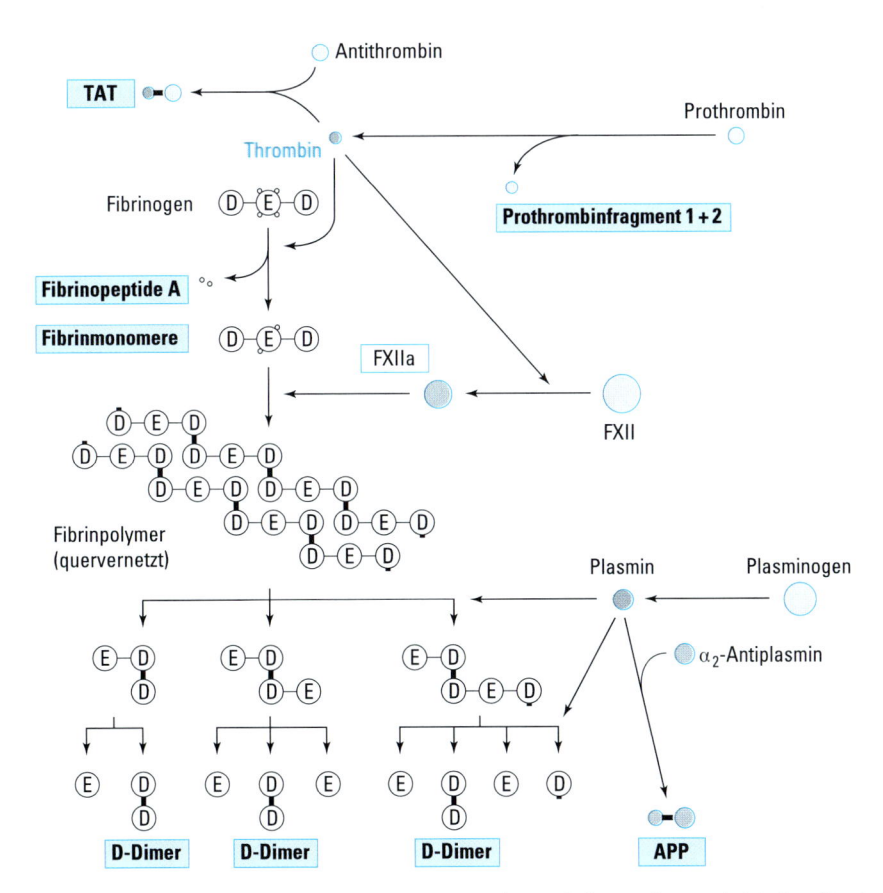

Abb 11.12: Marker der Aktivierung von Thrombin bzw. Plasmin. Diagnostisch relevant sind vor allem die Protease-Antiprotease-Komplexe als früheste Marker und die D-Dimere als Marker für eine aktive Fibrinolyse.

der drei Inhibitoren vollständig erfassen könnten. Aus diesem Grund ist die Bestimmung der einzelnen Inhibitoren das Vorgehen der Wahl.

11.4.4.2 Spezialteste

Antithrombin: Die Bestimmung der Antithrombinaktivität einer Plasmaprobe wird als chromogener Peptidsubstrattest durchgeführt. Im ersten Testschritt wird im Testreagenz im Überschuss vorliegender aktivierter Faktor X (F Xa) oder Faktor II (F IIa) anteilig durch das in der Plasmaprobe enthaltene Antithrombin gehemmt (Bildung eines inaktiven F Xa/F IIa-Antithrombinkomplexes). Weiterhin ist dem Reagenz Heparin zugesetzt, um eine ausreichend schnelle Inhibition sicher zu stellen. Im zweiten Testschritt wird ein durch F Xa oder F IIa-spaltbares, chromogenes Peptidsubstrat zugesetzt, welches durch die verbleibende Menge an F Xa oder F IIa (der nicht durch Antithrombin inaktivierte Anteil) enzymatisch in einen Farbstoff umgewandelt wird. Die Farbstoffbildung kann photometrisch erfasst werden und ist umgekehrt proportional zu der in der Plasmaprobe vorhandenen Antithrombinaktivität. Vorteil der F Xa-basierten Methode ist die fehlende Störanfälligkeit durch Heparin Kofaktor II, der insbesondere bei niedrigen Antithrombinspiegel relevant zur Inhibition von Thrombin beiträgt, sodass F IIa-basierte Teste falsche hohe Ergebnisse liefern.

(1) F Xa/Heparin + Antithrombin →
(Reagenz)   (Plasmaprobe)

FXa + FXa-Antithrombin-Komplex
(Rest)   (inaktiv)

(2) **F Xa** + chromogenes Substrat →
(Rest)   (Reagenz)

Farbstoff

Die Bestimmung der Antithrombinkonzentration mittels immunologischer Methoden (ELISA) ist nur in Ausnahmefällen (Verdacht auf Typ II-Mangel) notwendig.

Indikationen	Referenzbereiche
Antithrombinmangel Thrombophilie-Screening Verbrauchskoagulopathie Monitoring einer AT-Substitution	80–120 %

Protein C und Protein S: Weitverbreitet ist der chromogene Protein-C-Aktivitätstest. Durch Zugabe von Thrombomodulin und Thrombin zur Plasmaprobe wird Protein C in aktiviertes Protein C (aPC) umgewandelt. Wie bei der Antithrombinbestimmung wird dann ein chromogenes Substrat, in diesem Fall durch aktiviertes Protein C, in einen Farbstoff umgewandelt, der photometrisch nachgewiesen wird. Die gebildete Farbstoffmenge ist dabei proportional zur Protein-C-Aktivität:

(1) Protein C + Thrombomodulin →
(Plasmaprobe)   (Reagenz)

aktiviertes Protein C (aPC)

(2) **a PC** + chromogenes Substrat →
(Reagenz)

Farbstoff

Im Gegensatz zum Protein C hat der Co-Faktor Protein S keine enzymatische Aktivität und ein chromogener Peptidsubstrat-Test ist für das Protein S nicht verfügbar. Andere funktionelle Verfahren zur Bestimmung der Protein-S-*Aktivität* sind sehr störanfällig und können sowohl falsch hohe (z. B. durch Heparin) als auch falsch niedrige (z. B. bei APC-Resistenz) Ergebnisse liefern. Daher setzt sich zunehmend die immunologische Bestimmung der *Konzentration* an freiem Protein S als primäre Untersuchung bei Verdacht auf Protein-S-Mangel durch. Zur weiteren Abklärung einer erniedrigten Konzentration des freien Protein S erfolgt dann die Bestimmung der Gesamt-Protein-S-Konzentration (Differenzierung von Typ I und III-Mangelzuständen). Besteht der Verdacht auf einen Typ-II-Mangelzustand (funktioneller Defekt bei normalen Konzentrationen an freiem und Gesamt-Protein S) ist auch die Bestimmung der Protein-S-Aktivität notwendig.

Bei der Beurteilung der Protein-C- und S-Ergebnisse muss bedacht werden, dass es sich um Vitamin-K-abhängige Gerinnungsproteine handelt, sodass erniedrigte Ergebnisse bei Patienten unter Kumarintherapie nur eingeschränkt beurteilbar sind.

Indikationen	Referenzbereiche	
Thrombophilie-Screening	Protein C (Aktivität)	70–140 %
	Protein S (Aktivität)	65–140 %
	Gesamt-Protein S (Konzentration)	70–140 %
	freies Protein S (Konzentration)	60–120 %
	Die Referenzbereiche sind jeweils abhängig vom verwendeten Reagenz und insbesondere freies Protein S vom Geschlecht (niedrigere Werte bei Frauen)	

APC-Resistenz: Als Screeningtest für die Faktor-V-Leiden-Mutation kann der funktionelle Nachweis einer APC-Resistenz durchgeführt werden, da > 99 % der APC-Resistenzen auf eine Faktor-V-Leiden-Mutation zurückzuführen sind. In seltenen Fällen gibt es jedoch auch andere Ursachen für eine APC-Resistenz. Beim APC-Resistenztest wird die Verlängerung einer APTT-Bestimmung durch Zusatz von aktiviertem Protein C (APC) gemessen. Bei Gesunden kommt es mindestens zu einer Verdoppelung der Gerinnungszeit, während bei heterozygotem Faktor-V-Leiden nur eine ca. 1,5–1,8fache und bei homozygotem Gendefekt nur etwa eine 1,2fache Verlängerung der Gerinnselbildungszeit beobachtet wird.

Indikationen	Referenzbereiche
Thrombophilie-Screening	≥ 2,0

11.4.5 Diagnostik der Fibrinolyse

11.4.5.1 Globalteste

D-Dimer, Fibrin(ogen)spaltprodukte: Auch Plasmin lässt sich nicht direkt im Plasma nachweisen. Wichtige Marker der Plasminwirkung sind jedoch die Fibrin(ogen)spaltprodukte, insbesondere die D-Dimere. D-Dimere entstehen nur, wenn FXIIIa-quervernetztes Fibrin durch Plasmin gespalten wird (Abb 11.12). D-Dimere sind also nur nachweisbar, wenn ein Gerinnsel aufgelöst wird. Fibrin(-ogen)-Spaltprodukte weisen dagegen auf eine erhöhte fibrinolytische Aktivität hin, die auch gegen nicht quervernetztes Fibrin und Fibrinogen gerichtet sein kann. D-Dimere werden im Zitratplasma bestimmt. FSP müssen im Serum (Spezialmonovette mit Aprotinin- und Thrombin-Zusatz) oder Urin bestimmt werden, da im Plasma die Anwesenheit von Fibrinogen stören würde.

Indikationen	Referenzbereiche	
Thrombose/Lungenembolie (Ausschlussdiagnose)	FSP (im Serum)	< 1 mg/l
Verbrauchskoagulopathie	D-Dimere	< 0,5 mg/l (Test-abhängig)

11.4.5.2 Spezialteste

Plasminogen: Die Bestimmung des Plasminogens erfolgt als chromogener Substrattest. Durch Zusatz von Streptokinase zum Patientenplasma ensteht ein Plasminogen-Streptokinase-Komplex, der ein spezifisches, chromogenes Substrat spalten kann.

Indikationen	Referenzbereich
Hyperfibrinolyse (Verbrauchkoagulopathie, Lysetherapie) Plasminogenmangel	70–140 %

PAI-1: Die Bestimmung der Plasminogenaktivator-Inhibitor 1-Aktivität erfolgt ebenfalls als chromogener Substrattest. Im Reagenz im Überschuss vorhandener Gewebsplasminogenaktivator (tPA) wird durch PAI-1 des Patientenplasmas teilweise inhibiert. Mit dem verbleibenden, nicht-inhibierten tPA (Restaktivität) wird ein chromogenes Substrat umgesetzt.

Indikationen	Referenzbereich
Venous occlusive disease (VOD) nach Knochenmarktransplatation Thrombophilie	abhängig vom verwendeten Test

α_2-Antiplasmin-Plasmin-Komplex (APP): Freies Plasmin im Plasma wird sofort von α_2-Antiplasmin in den APP überführt. Die Konzentra-

tion von APP im Plasma (ELISA) ist ein sensitiver, indirekter Indikator, in welchem Ausmaß Plasminogen aktiviert wurde.

Indikationen	Referenzbereich
Hyperfibrinolyse (Verbrauchskoagulopathie, Lysetherapie)	120–700 µg/l

11.4.6 Molekulargenetische Diagnostik von Polymorphismen

Zum Nachweis angeborener Gerinnungsstörungen werden zunehmend genetische Teste eingesetzt. Praktikabel ist der Einsatz dieser Teste, wenn zwischen einer definierten Mutation und dem Defekt eines Gerinnungsproteins ein direkter Zusammenhang besteht. Dieses ist zum Beispiel beim Faktor-V-Leiden und der Prothrombinmutation G20210A der Fall, die jeweils auf einer einzigen Punktmutation beruhen. Speziell bei der Prothrombinmutation, die durch eine beschleunigte Prozessierung der mRNA für Prothrombin zu einer verstärkten Synthese des Proteins führt, gibt es keine Alternative zur Gendiagnostik.

Wenig praktikabel ist dagegen zum Beispiel der genetische Nachweis eines angeborenen Protein-C- oder S-Mangels, der Hämophilien A und B sowie eines von-Willebrand-Syndroms, da bei diesen Erkrankungen bis zu mehrere Hundert verschiedene Mutationen für das Krankheitsbild verantwortlich sein können. Der technische und finanzielle Aufwand steht dabei in keinem Verhältnis zum diagnostischen Gewinn, da die Diagnose in aller Regel auch eindeutig mit konventionellen Gerinnungstesten gestellt werden kann.

11.4.7 Spezielle diagnostische Fragestellungen

11.4.7.1 Hämostaseologische Therapieüberwachung

Die beiden klassischen, überwachungsbedürftigen gerinnungshemmenden Therapien, die orale Antikoagulation mit Kumarinderivaten und die systemische Heparinisierung mit unfraktioniertem Heparin, werden mit den Globaltesten PT (INR) und APTT kontrolliert. Für die neueren Antikoagulantien (niedermolekulare Heparine, Organan Hirudinderivate) sind die Globalteste zur Therapiekontrolle nicht geeignet.

Anti-Faktor-Xa-Aktivitätstest: Sowohl niedermolekulare Heparine (NMH) als auch das Heparinoid Organan wirken vornehmlich über eine F-Xa-Inaktivierung. Bei beiden kommt es bei therapeutischer Dosierung, im Gegensatz zu hochmolekularen Heparin, nur zu einer geringfügigen Verlängerung der APTT, die somit ungeeignet für eine Therapieüberwachung ist. Die Bestimmung der Anti-Faktor-Xa-Aktivität im Patientenplasma wird daher mittels chromogenen Peptidsubstrattesten überwacht. Das Testprinzip entspricht der Antithrombin-Bestimmung, jedoch ohne Zusatz von Heparin zum Reagenz:

(1) F Xa + NMH/Antithrombin →
　(Reagenz)　(Plasmaprobe)

　　FXa + FXa-Antithrombin-Komplex
　(Rest)　　　(inaktiv)

(2) **F Xa** + chromogenes Substrat →
　(Rest)　　(Reagenz)

Farbstoff

Zur Messung der Anti-Xa-Aktivität des Organans kann dasselbe Reagenz verwendet werden, jedoch muss die Kalibration mit Organan statt mit NMH erfolgen, da NMH und Organan unterschiedlich stark gegen F Xa wirken.

Therapeutischer Bereich
0,4–0,8 U/l
(abhängig vom verwendeten Antikoagulans)

Hirudin: Zur Überwachung der Hirudintherapie wird vom Hersteller die APTT empfohlen. Jedoch zeigen sich bei gleichen Hirudin-Plasmakonzentrationen erhebliche inter- und intraindividuelle Schwankungen, weshalb die APTT für diese Indikation ungeeignet ist. Sehr viel besser korreliert die Ecarin Clotting Time (ECT) mit der Hirudinkonzentration im Patientenplasma, sodass dieser Test zur Therapiekontrolle vorzuziehen ist. Das Gift der Schlange *Echis carinatus* aktiviert Prothrombin zu dem Intermediärprodukt Meizothrombin, welches vom Hirudin der Patientenplasmaprobe gebunden und inhibiert werden kann. Das verbleibende Meizothrombin wird durch Autokatalyse zu Thrombin umgewandelt, welches zur messbaren Gerinnselbildung führt.

Therapeutischer Bereich
0,5 – 1,5 mg/l

11.4.7.2 Hämophilie A und B

Zur Diagnose und Therapiekontrolle bei Hämophilie A und B wird die Aktivität der entsprechenden Einzelfaktoren (s. o.) gemessen. Dabei geht man bei Restaktivitäten < 1 % von einer schweren, von 1 – 5 % von einer mittelschweren und von 5 – 20 % von einer milden Hämophilie aus.

Unter der Therapie auftretende Hemmkörper stellen ein häufiges diagnostisches Problem dar. Sie werden im Plasmatauschversuch durch ihre Fähigkeit, auch Faktoren eines zugesetzten Normalplasmas zu inaktivieren, nachgewiesen. Einzelfaktorinhibitoren sind in der Regel Immunglobuline, die ihre volle Hemmwirkung erst nach zweistündiger Inkubation des Patientenplasmas mit Normalplasma erreichen (sog. Progressiv-Inhibitoren, Abb. 11.13). Sie unterscheiden sich dadurch von anderen Inhibitoren, wie z. B. dem Lupus Antikoagulans, die sofort wirksam sind.

Am häufigsten werden Inhibitoren bei Hämophilie A-Patienten beobachtet. Zur Quantifizierung der Inhibitormenge wird die Stärke der Inhibition in Bethesda-Einheiten (BE) angegeben. Dabei ist 1 BE diejenige Inhibitoraktivität, die zu einer 50 %igen Hemmung der vorhandenen Faktorenmenge führt. Die Bethesda-Einheiten können mit den Ergebnissen des Plasmatauschversuches aus einem Nomogramm ermittelt werden.

11.4.7.3 Thrombophiliediagnostik

Der optimale Zeitpunkt zur Durchführung der Thrombophiliediagnostik ist das sogenannte *freie Intervall* (= kein akutes Gerinnungsgeschehen, keine antikoagulatorische Therapie). Einige der zu untersuchenden Faktoren werden durch das aktuelle Gerinnungsgeschehen verbraucht (z. B. Antithrombin, Protein C, Protein S) oder werden durch die antikoagulatorische Therapie (z. B. Protein C und S bei Kumarintherapie) vermindert synthetisiert. Des Weiteren sind einige Untersuchungen, teilweise auch abhängig vom verwendeten Testprinzip, unter antikoagulatorischer Therapie störanfällig und können falsch hohe oder falsch niedrige Resultate ergeben. In Tabelle 11.9 ist ein übliches Untersuchungsprofil zur Thrombophiliediagnostik aufgeführt, zu dem auch der Ausschluss eines Antiphospholipidsyndroms gehört.

Antiphospholipid-Antikörper und Lupus Antikoagulans: Die beim Antiphospholipidsyndrom (APS) auftretenden Antikörper können gegen eine Vielzahl von Phospholipiden gerichtet sein. Ein Teil dieser Antikörper verlängert in vitro die Gerinnselbildungszeit Phospholipid-abhängiger Gerinnungsteste (vor allem der APTT seltener der PT). Diese Eigenschaft der Phospholipid-Ak, erstmals bei Patienten mit systemischen Lupus eryrthematodes beobachtet, wird als *Lupus Antikoagulans*(-Aktivität) bezeichnet. Die Vorgehensweise zur Stufendiagnostik des APS ist in Abbildung 11.14 dargestellt.

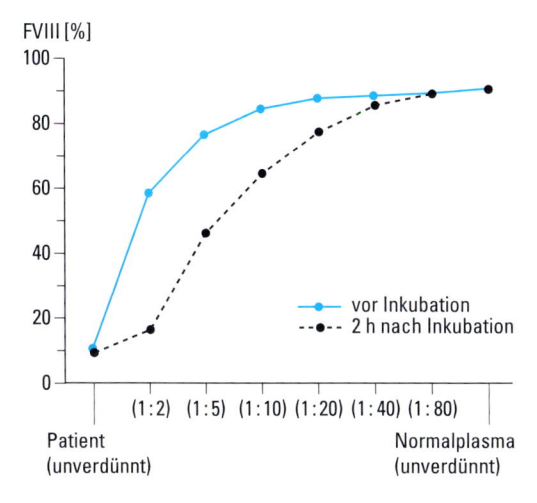

Abb. 11.13: Plasmatauschversuch bei einem Patienten mit Hemmkörper-Hämophilie. Die Inkubation mit dem Normalserum führt zu einer deutlichen Verstärkung der Hemmung des Faktor VIII in diesem Beispiel, was typisch für Antikörper gegen Einzelfaktoren ist.

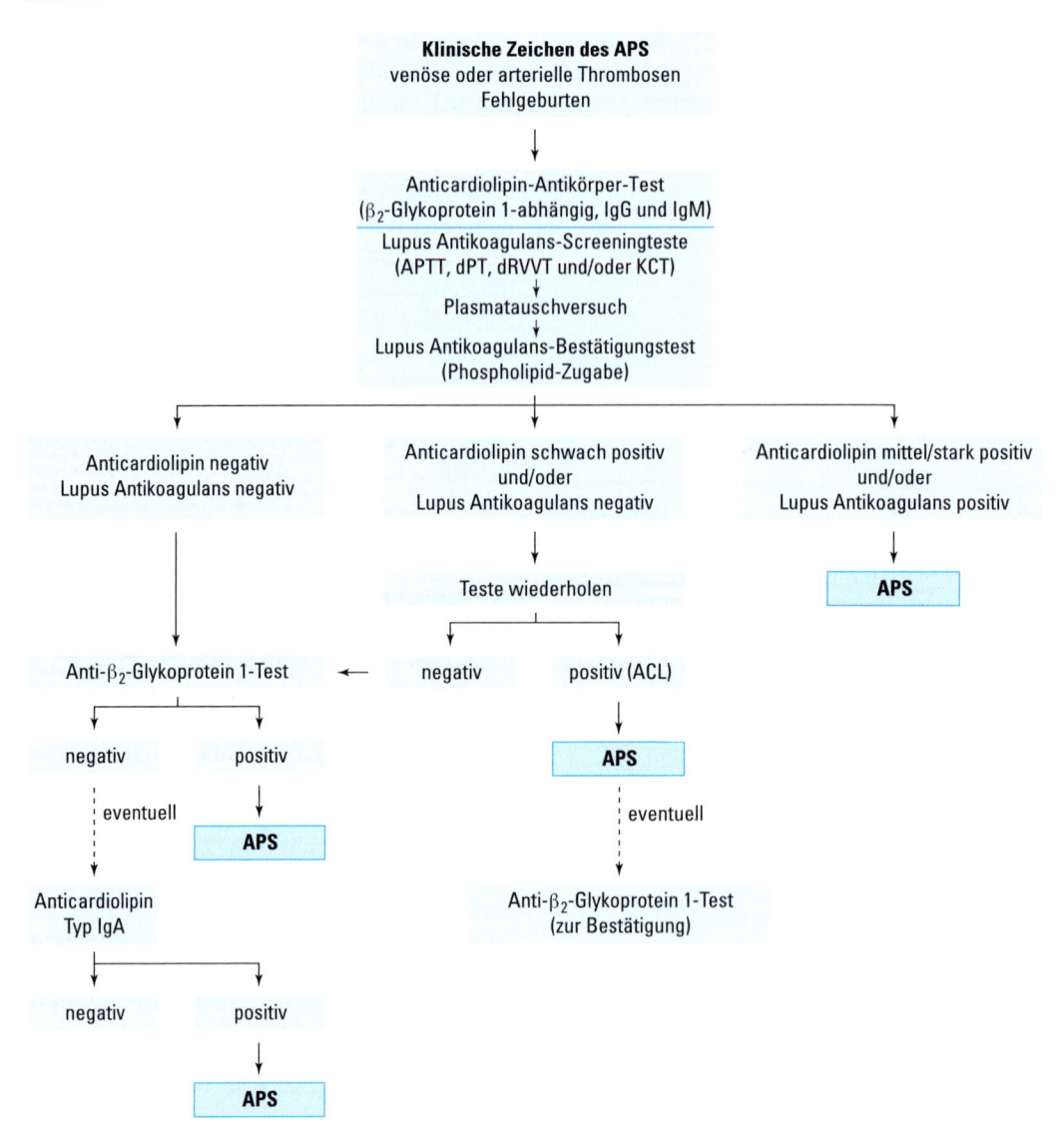

Abb. 11.14: Stufendiagnostik des Antiphospholipid-Antikörper-Syndroms. Voraussetzung für die Diagnose APS ist, dass ein positiver Labortest zweimal im Abstand von mindestens 6 Wochen nachgewiesen wird.

Der Nachweis eines Lupus Antikoagulans (LA) erfolgt mittels LA-sensitiver Screening-Teste. Dazu gehören die *LA-sensitiven Formen der APTT*, eine *verdünnte Variante der Prothrombinzeit* (dPT), die *diluted Russels-Viper-Venom-Time* (dRVVT) und die *Kaolin-Clotting-Time* (KCT). Gemeinsam ist allen Testreagenzien, dass sie „phospholipid-arm" sind, d. h. das Reagenz enthält wenig Phospholipide. Die im Patientenplasma vorhanden Antiphospholipid-AK (= LA-Aktivität) binden an diese Phospholipide, die somit nicht mehr für den Gerinnungsprozess zur Verfügung stehen – es kommt zu einer Verlängerung der Gerinnselbildungszeit. Die dRVVT ist wahrscheinlich der am häufigsten eingesetzte Screening-Test. Sie beruht

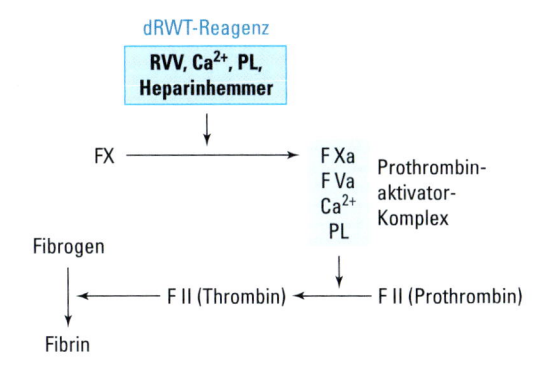

Abb. 11.15: Prinzip der dRVVT.

auf der Eigenschaft des Giftes der Kettenviper (Russels' Viper Venom) Faktor X zu aktivieren (Abb. 11.15).

Nach aktuellen Richtlinien zum Nachweis eines LA im Rahmen eines APS müssen mindestens zwei der oben genannten Teste im Screening eingesetzt werden. Am verbreitesten ist die Kombination einer LA-sensitiven APTT mit der dRVVT. Zur Bestätigung eines positiven Screeningtests und zum Ausschluss von Faktorenmangelzuständen, die ebenfalls zu einer Verlängerung der Gerinnungszeiten führen, muss ein Plasmatauschversuch mit Normalplasma durchgeführt werden. Bei weiterhin pathologischen Ergebnissen wird dann zum Nachweis der Phospholipidabhängigkeit einer der Teste (meist die dRVVT) mit Zusatz von Phospholipiden im Überschuss wiederholt. Kommt es dadurch zu einer Verkürzung der Gerinnselbildungszeit um mehr als 25 % gilt die Probe als *LA-positiv*.

Weiterführende Literatur

Bartels M, Poliwoda H. Gerinnungsanalysen. 1998. Thieme Verlag, Stuttgart-New York.
Goodnight SH, Hathaway WE. 2000. Hemostasis and Thrombosis. McGraw-Hill, New York
Loscalzo J, Schafer AI. Thrombosis and Hemorrhage. 1998. Blackwell Scientific Publications, Boston
Müller-Berghaus G, Pötzsch B. Hämostaseologie. Molekulare und zelluläre Mechanismen, Pathophysiologie und Klinik. 1999. Springer Verlag, Berlin-Heidelberg-New York.

12 Immunsystem

H. Renz

12.1 Akute Entzündung

12.1.1 Pathophysiologie und Pathobiochemie

Eine akute Entzündungsreaktion wird initiiert, wenn es gefährlichen Antigenen aus der Umgebung gelingt, die natürlichen Haut- und Schleimhautbarrieren des Organismus zu überwinden und in das umliegende Gewebe einzudringen. Bei den gefährlichen Antigenen kann es sich um Bakterien, Viren, Parasiten und Pilze handeln, aber auch um Allergene und toxische Substanzen. Den dann ablaufenden Prozessen kommt die Aufgabe zu die Lokalisation zu markieren, Entzündungszellen (z. B. Monozyten, neutrophile Granulozyten) zu rekrutieren, eine adäquate Immunantwort auszulösen und nach Elimination der Erreger, Allergene oder Toxine das Gewebe wieder zu reparieren (im Idealfall: Restitutio ad integrum). Hierbei greifen lokale Prozesse und systemische Abläufe abgestimmt ineinander. Wenn dies im Falle einer Infektion nicht gelingt, so kommt es zur Sepsis.

Die **lokale Entzündungsantwort** wird initiiert durch Fibroblasten, die durch eingedrungene Antigene aktiviert werden (Abb. 12.1). In Folge der Fibroblasten-Aktivierung werden eine Reihe von wichtigen Entzündungsmediatoren gebildet und freigesetzt, zu denen die Interleukine (IL-6, IL-1 und IL-8) zählen. Unter dem Einfluss dieser und anderer Zytokine werden Adhäsionsmoleküle auf dem Endothel herauf reguliert, die es Monozyten und neutrophilen Granulozyten ermöglichen, dort anzuheften und schließlich durch das Endothel an den Ort der Erregerinvasion zu migrieren. IL-8 wirkt in diesem Zusammenhang auch chemotaktisch. Die

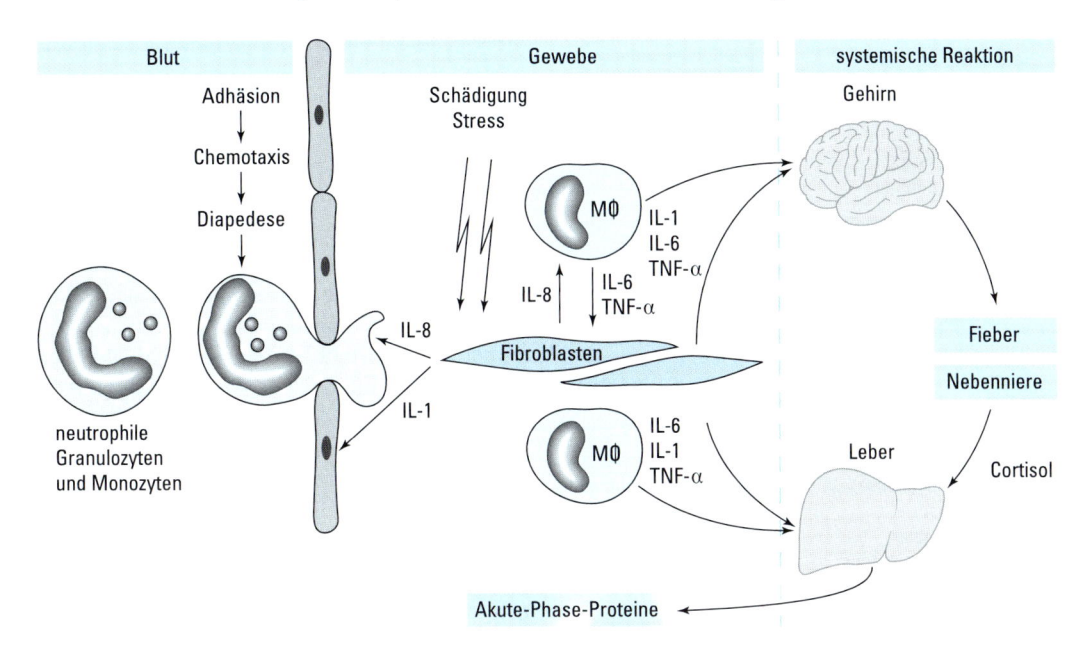

Abb. 12.1: Lokale Entzündungsantwort und systemische Reaktion.

Monozyten werden unter dem Einfluss der lokal freigesetzten Mediatoren aktiviert. Diese Aktivierung wird weiter verstärkt durch Bindung und nachfolgende Phagozytose von Mikroben und deren freigesetzten Antigenen und Toxinen, zu denen z. B. LPS (gramnegative Keime) und bakterielle Endotoxine (grampositive Keime) gehören. Im Rahmen dieses Prozesses differenzieren Monozyten zu Makrophagen. Den Makrophagen kommt eine zentrale Rolle in den weiteren Abläufen des Entzündungsgeschehens zu (Abb. 12.2): Sie entfalten eine stark zytotoxische Wirkung, welche durch die Produktion von Sauerstoffradikalen, Enzymen und kationischen Proteinen vermittelt wird. Diese haben primär die Funktion eingewanderte Erreger abzutöten. Parallel wirken Sauerstoffradikale und Enzyme wie Lysozym und saure Hydrolasen zytotoxisch auf umgebende körpereigene Zellen, sodass eine Nekrose am Ort der Erregerinvasion mit nachfolgender Einwanderung und Aktivierung von Makrophagen und neurotrophilen Granulozyten entsteht. Nach erfolgreicher Erregerelimination setzt die zweite Phase des Entzündungsprozesses ein, die die Reorganisation des zu Grunde gegangenen Gewebes umschreibt. Zunächst muss untergegangenes Gewebe abgebaut werden. Hierzu setzen die Entzündungszellen eine Reihe weiterer Enzyme frei, zu denen Elastase, Kollagenasen und Hyaluronidasen zählen. Das dann abgedaute, untergegangene Gewebe kann in Folge ersetzt bzw. umgebaut werden. Hierzu werden Angiogenesefaktoren benötigt und es kommt zur Stimulation von Fibroblasten, die gegebenenfalls Kollagenfibrillen synthetisieren, um Narbengewebe aufzubauen. Im Bereich des nekrotischen Gewebes bildet sich somit zunächst eine Eiterhöhle.

Darüber hinaus sind Makrophagen und Fibroblasten wesentlich daran beteiligt, die **systemische Komponente der akuten Entzündungsreaktion** zu steuern.

Hieran sind in der Folge mehrere Organe beteiligt: Im **ZNS** wirken insbesondere TNF-α und IL-1 auf den vorderen Hypothalamus und induzieren die Fieberreaktion. In der **Leber** kommt es unter dem Einfluss einer Vielzahl von Entzündungsmediatoren, zu denen insbesondere IL-6, TNF-α und IL-1 zählen, zur Entwicklung einer Akute-Phase-Reaktion. **Im Knochenmark** wird die Hämatopoese und hier insbesondere die Reifung und Ausschüttung von Monozyten und neutrophilen Granulozyten verstärkt.

Eine weitere Funktion der Makrophagen besteht an der Schnittstelle zwischen **angeborener und erworbener Immunität**. Die angeborene Immunantwort beschreibt all diejenigen zellulären molekularen Bestandteile des Immunsystems, die in der Lage sind unmittelbar auf einen Fremdreiz zu reagieren. Diese Reaktionsformen sind angeboren und können somit immer bereitgestellt werden. Die wesentlichen Komponenten dieses Schenkels des Immunsystems umfassen auf der zellulären Seite die Makrophagen, neutrophile Granulozyten sowie eosinophile Granulozyten und Mastzellen. Auf der molekularen Seite ist dies insbesondere das Komplementsystem. In der Folge der Immunantwort wird dann eine spezifische Immunität gegen die entsprechenden Fremdantigene aufgebaut. Die Zellen des spezifischen Immunsystems sind die T- und B-Lymphozyten, die als Ef-

Zytotoxizität	systemische Entzündung
· **NO**	
· **Sauerstoffradikale**	· IL-6
H_2O_2; O_2 etc.	· TNFα, IL-1
· **Enzyme**	
Lysozym	
saure Hydrolasen	
· **katonische Poteine**	

Makrophage

Gewebe Reorganisation	T-Zell-Aktivierung
· **Abbau:**	· Antigen-Prozessierung
Elastase, Kollagenase,	· Antigen-Präsentation
Hyaluronidase	· Ca^{2+}-Stimulation
· **Restitutio/Umbau:**	
Angiogenese-Faktoren,	
Fibroblasten-Stimulation	

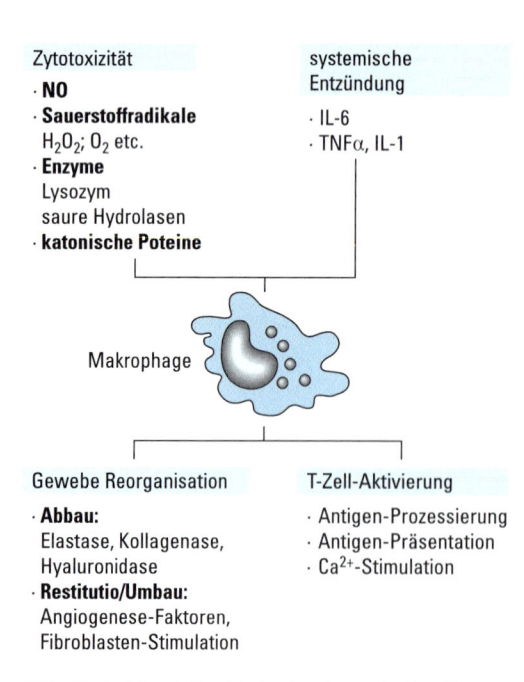

Abb. 12.2: Die Rolle der Makrophage in der Steuerung der Entzündungs- und Immunreaktion.

fektoren und Regulatoren die spezifische Immunantwort steuern und regulieren. Die T-Zellen erkennen über den T-Zell Rezeptor auf der Oberfläche die ihnen von antigenpräsentierenden Zellen (Makrophagen, dentritische Zellen) dargebotenen Fremdantigene spezifisch. Die so aktivierten Lymphozyten übermitteln eine Reihe von Signalen an B-Zellen, die dann ihrerseits unter der Kontrolle der T-Zellen Antikörper einer bestimmten Spezifität und Antikörperklasse sezernieren. Um diese Prozesse effektiv in Gang zu setzen und aufzubauen, bedarf es einer gewissen Zeit (1–2 Wochen). Um diese Zwischenperiode zu überbrücken, ist es essenziell, dass das angeborene Immunsystem frühzeitig und effektiv seine Funktionalität entfaltet. Ein weiterer Unterschied zwischen diesen beiden Armen des Immunsystems besteht in den Gedächtnisfunktionen. Während das angeborene Immunsystem keine Gedächtnisfunktionen ausbilden kann, wird über die T- und B-Zellaktivierung neben der Ausbildung akut tätiger Effektorzellen auch eine Gedächtnisantwort für einen eventuell späteren Zweitkontakt mit demselben Antigen aufgebaut.

Die in Hepatozyten ablaufende **Akute-Phase-Reaktion** hat zum Ziel eine Reihe von Molekülen zur Verfügung zu stellen, die zum optimierten Ablauf der akuten Entzündungsreaktion benötigt werden (Abb. 12.3). Diese Proteine haben zum einen eine ausgeprägte pro-inflammatorische Wirkung. Zum anderen dienen sie aber auch dazu den erfolgreich abgelaufenen Entzündungsprozess wieder zu limitieren und abzuschalten. Die verstärkte Bildung der akute Phase Proteine lässt sich in der **Serumelektrophorese** nachweisen. Viele der vermehrt produzierten Eiweiße wandern insbesondere in der α-1 und α-2 Fraktion und führen hier zu einer relativen Erhöhung dieser Anteile in der Elektro-

Komplement Proteine	Gerinnungsfaktoren	Proteinase Inhibitor	metallbindende Proteine
C2, C3, C4, C5, C9	plasmat. Gerinnungs-	α1-Antitrypsin	Haptoglobin
Faktor B	faktoren	α1-Antichymotrypsin	Hämopexin
C1 Inhibitor	Fibrinogen	α2-Antiplasmin	Ceruloplasmin
	von-Willebrand-	Heparin Cofaktor II	
	Faktor etc.	Plasminogen Aktivator	
		Inhibitor I	

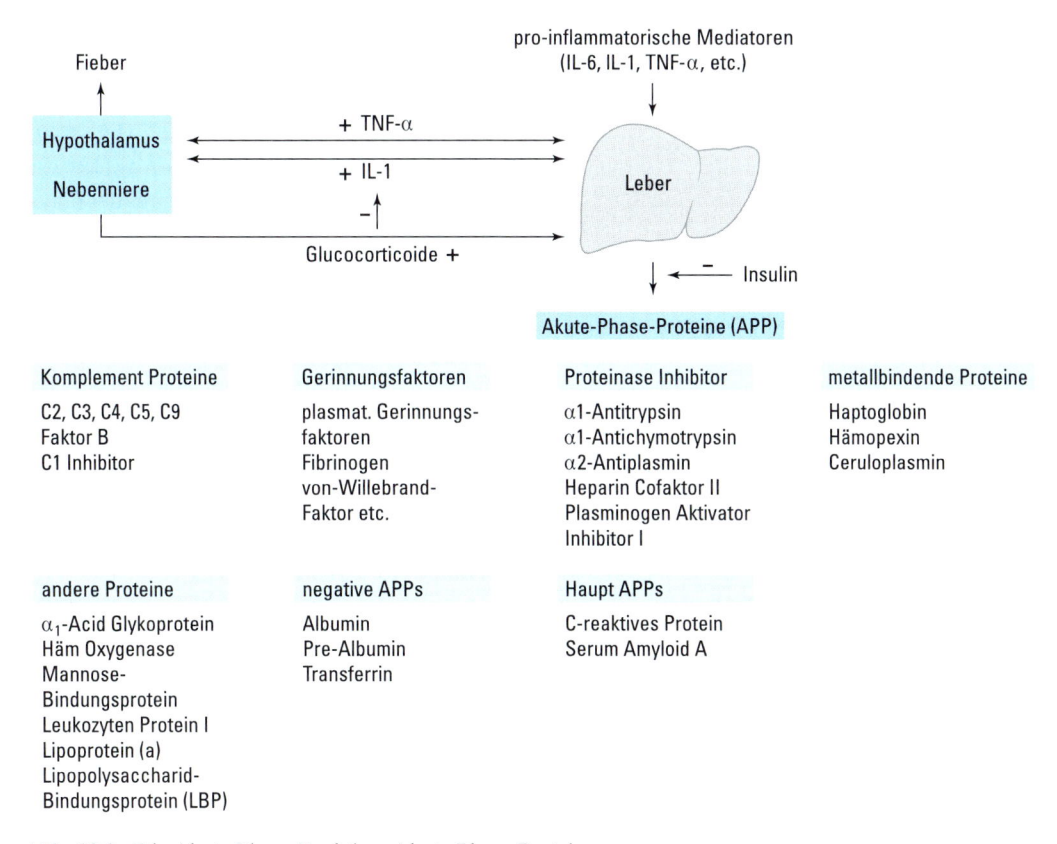

andere Proteine	negative APPs	Haupt APPs
α_1-Acid Glykoprotein	Albumin	C-reaktives Protein
Häm Oxygenase	Pre-Albumin	Serum Amyloid A
Mannose-	Transferrin	
Bindungsprotein		
Leukozyten Protein I		
Lipoprotein (a)		
Lipopolysaccharid-		
Bindungsprotein (LBP)		

Abb. 12.3: Die Akute-Phase-Reaktion: Akute-Phase-Proteine.

phorese. Da die Proteinbiosynthese in Hepatozyten limitiert ist, muss die Synthese einer Reihe von anderen Proteinen zurückgeschraubt werden. Hierzu zählen z. B. Albumin, Transferrin und andere. Daher kommt es im relativen Verhältnis der synthetisierten Proteine zu einer Verschiebung. Der Albumin-Gradient nimmt im Rahmen der akuten Phase-Reaktion ab. Unter funktionellen Gesichtspunkten lassen sich die von Hepatozyten im Rahmen der akuten Phasereaktion vermehrt sezernierten Proteine in verschiedene Gruppen einteilen: **Metallbindende Proteine** wie z. B. Haptoglobin, Hämopexin, Ceruloplasmin und andere werden benötigt, um metallische Ionen als wichtige Co-Faktoren im Rahmen der Zellaktivierung und -Funktion zur Verfügung zu stellen. Häufig kommt es am Entzündungsort zu kapilären Läsionen und Endothelzellschädigungen, die zur Aktivierung der plasmatischen und zellulären Gerinnung führen. Am Ausgeprägtesten ist dies im Rahmen der Sepsis zu beobachten (siehe unten). So werden z. B. Fibrinogen, Vitamin K-abhängige und -unabhängige Faktoren und der Von-Willebrandt-Faktor als Beispiele **plasmatischer Gerinnungsfaktoren** vermehrt produziert. Das **Komplementsystem** ist ein zentraler Baustein der angeborenen Immunität. Komplementproteine wie C2, C3, C4, C5, C9, Faktor B und das C4-Bindungsprotein werden von Hepatozyten vermehrt bereitgestellt. Die Funktion des Komplementsystems wird wesentlich unterstützt durch das **C-reaktive Protein** das als eines der Haupt-Akute-Phase-Proteine vor allem auch von diagnostischer Bedeutung ist (s. unten). In diesem Zusammenhang kommt im Falle einer bakteriellen Infektion auch dem Mannose-Bindungs-Protein eine wichtige Funktion zu. Gramnegative Bakterien sezernieren Lipopolysaccharide (LPS), welche potente proinflammatorische Funktionen haben. LPS wird an das LPS-Bindungsprotein (LPB) gekoppelt, um von Makrophagen über Toll-like-Rezeptoren (TLR's) und dem CD14 Rezeptor von Makrophagen aufgenommen zu werden. LBP ist ebenfalls ein wichtiges Akute-Phase-Protein.

Somit werden im Rahmen dieser Reaktion eine Reihe von Systemen stark aktiviert und in ihrer Funktion verstärkt. Hierzu zählen das Komplementsystem, die plasmatische Gerinnung, sowie die Proteinase Aktivität insbesondere am Ort der Entzündung. Diese Systeme müssen, um eine überschießende Aktivierung zu verhindern, im Gleichgewicht gehalten bzw. in ihrer Funktion wieder deaktiviert werden. Daher ist es notwendig, spezifische Inhibitoren dieser Komponenten bereitzustellen. Beim Komplementsystem ist dies z. B. der C1-Inhibitor, im Bereich der plasmatischen Gerinnung spielen Antithrombin III, Protein-C und Protein-S eine herausragende Rolle. Auch das im Rahmen der plasmatischen Gerinnung aktivierte Fibrinolysesystem (mit α2-Antiplasmin und Plasminogenaktivator-Inhibitor-I) bedarf der Gegenregulation. Als Proteinase-Inhibitoren fungieren α1-Antitrypsin, α1-Antichymotrypsin und andere. Diese Eiweiße werden im Rahmen der Akute-Phase-Reaktion ebenfalls von Hepatozyten vermehrt bereit gestellt.

Das **Komplementsystem** stellt einen wichtigen Baustein im Rahmen der angeborenen Immunität dar. Es hat sich als entwicklungsgeschichtlich sehr stabiles System erwiesen, welches aus einer Vielzahl von aktivatorischen und inhibitorischen Proteinen besteht (Abb. 12.4). Im Sinne einer Proteinkaskade kann es über verschiedene Wege aktiviert werden, mit der Folge, dass einzelne Komplementfaktoren zunächst „scharf geschaltet" werden. Diese Faktoren agieren dann ihrerseits als Enzyme um nachgeordnete Komplementfaktoren zu aktivieren. Der **alternative Weg** der Komplementaktivierung kann im engsten Sinne dem angeborenen Immunsystem zugeordnet werden. C3 kann an eine Vielzahl von Proteinen binden, zu denen auch Oberflächenmoleküle von Bakterien gehören. Zellen, die zum Organismus selbst gehören, sind in der Regel vor der Bindung von C3 durch die Produktion inaktivierender Proteine geschützt. Unter der Aktivierung von C3 wird die Komponente C3b abgespalten, die an die Oberfläche von Bakterien anheftet und nachgeschaltete Komplementmoleküle aktiviert und rekrutiert. Hierzu zählen Faktor B, Properdin und Faktor I. Ein weiterer Weg der direkten Komplementaktivierung verläuft über das **Mannose-Bindungs-Protein**, welches als akute Phase Protein von Hepatozyten sezerniert wird.

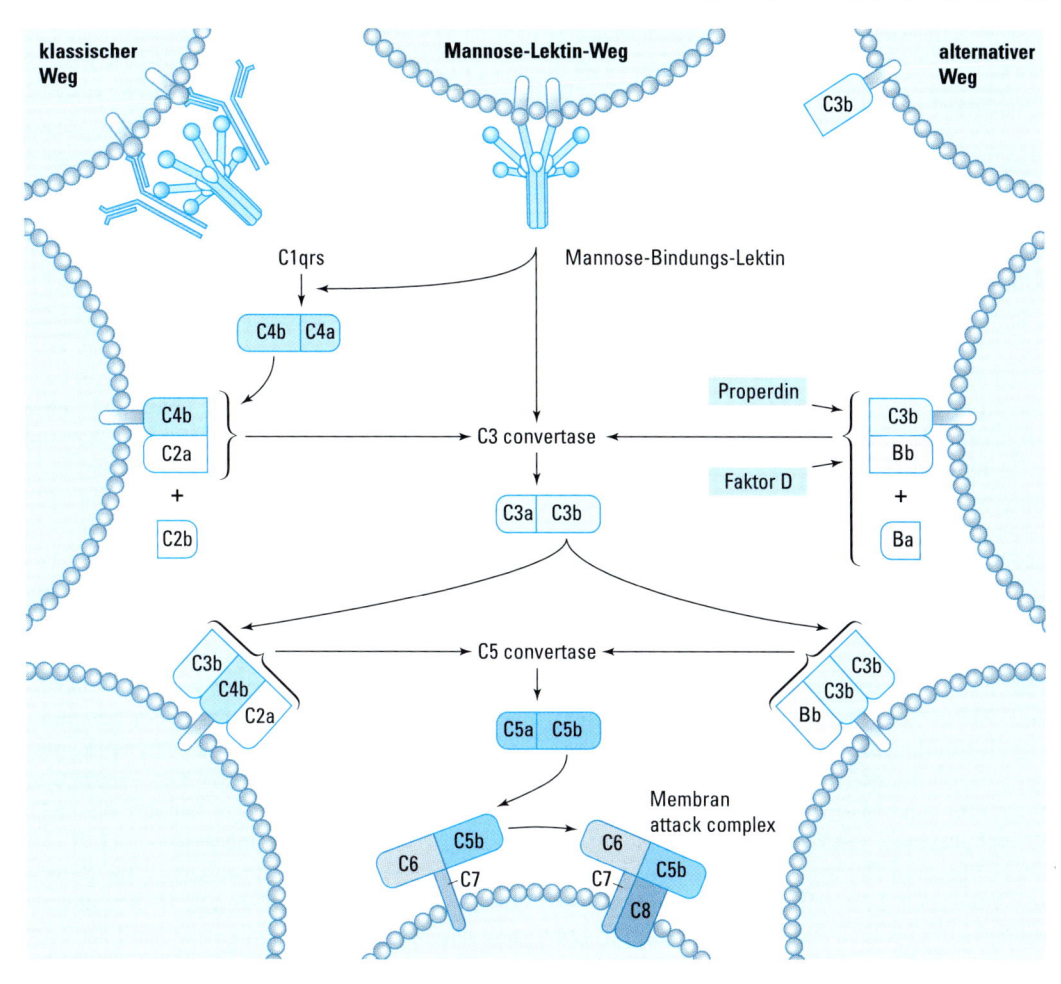

Abb. 12.4: Schematische Darstellung der Komplementaktivierung.

Das Mannose-Bindungs-Protein bindet an die Kapsel von Bakterien und triggert die Komplementkaskade. Ein dritter Weg der Komplementaktivierung verläuft über den **klassischen Weg**. Dieser wird insbesondere durch das Vorliegen von Antigen-Antikörperkomplexen initiiert. Dies setzt voraus, dass bereits Antikörper gegen die entsprechenden Antigene gebildet sind. Somit kann dieser Weg der Komplementaktivierung erst nach Antikörperbildung, also im weiteren Verlauf der Entzündungsreaktion, ausgelöst werden. Im Rahmen einer akuten Erst-Kontaktreaktion spielt dieser Aktivierungsweg daher keine Rolle. Hingegen ist die klassische Komplementaktivierung eine wesentliche Komponente im Rahmen von chronischen Entzündungsgeschehen, bei denen bereits Antikörper vorliegen. Im Rahmen des klassischen Weges wird zunächst ein Komplex aus den Komplementfaktoren C1q, C1r und C1s gebildet. Dieser Komplex aktiviert dann die Faktoren C2 und C4, die ihrerseits einen Komplex bilden, der als C3-Konvertase C3 aktiviert. Die Aktivierung von C3 läutet die gemeinsame Endstrecke aller drei Aktivierungswege des Komplement-Systems ein und führt letztlich zur Bildung des **Membran-Attack-Komplexes**. Dieser wird initiiert durch die Integration von C7 in die Membran der Fremdzelle. Daraufhin werden C6 und C5b rekrutiert, C8 und C9 vervollständigen

Tabelle 12.1: Effektorfunktionen des Komplementsystems.

Effekt	Komponenten	Beispiele
Chemotaxis	Spaltprodukte	C3a C5a
Opsonisierung/ Phagozytose	alternativer Weg (Klassischer Weg)	C3b heftet an Bakterienoberfläche; Komplex bindet an C3b-Rezeptoren auf MØ und fördert Phagozytose
Zelllyse	Membran-Attack-Komplex	terminale Faktoren C5–C9

den Komplex. Dieser führt zu einer komplexen Molekülintegration in der Membran der Fremdzelle und bildet Poren, über die die Zielzelle lysiert werden kann.

Über diese molekularen Wege übt das Komplement-System eine Reihe von zentralen Effektorfunktionen aus (Tab. 12. 1). Bei der Aktivierung einzelner Komplementkomponenten entstehen Spaltprodukte (C3a, C5a). Diese haben unter anderem chemotaktische Wirkung und führen zur Rekrutierung und Aktivierung von Entzündungszellen an den Ort des Geschehens. Beim alternativen Weg (und in geringem Ausmaße auch beim klassischen Weg) der Komplementaktivierung wird C3b an die Oberfläche von Fremdzellen (z. B. Bakterien) gebunden. C3b kann dann seinerseits an den C3b Rezeptor auf der Oberfläche von Makrophagen „andocken". Über diesen Weg können Makrophagen Fremdzellen sehr leicht und effektiv erkennen. Die Bindung von C3b an den C3b-Rezeptor fördert die Phagozytose der entsprechenden Fremdzelle und setzt damit die Kaskade der Erreger eliminativ einerseits und Makrophagenaktivierung andererseits weiter in Gang. Insbesondere diese Effektorfunktion des Komplement-Systems wird durch das **C-reaktive-Protein (CRP)** wesentlich verstärkt. Nachdem CRP an die Oberfläche von Bakterienzellen gebunden hat, ist die Anheftung von C3b wesentlich erleichtert. Damit wirkt CRP als Opsonin im Rahmen der angeborenen Immunantwort. Eine dritte wichtige Funktion des Komplement-Systems besteht in der Lyse von Fremdzellen. Diese Funktion wird über die Membran-attack-Komplex ausgelöst, der aus den terminalen Faktoren C5–C9 besteht. Über die Bildung des Membran-attack-Komplexes entstehen eine Vielzahl von Poren in der Zielzelle, über die diese schließlich „ausläuft".

12.1.2 Sepsis

Als klinisches Beispiel, welches die funktionelle Interaktion dieser verschiedenen Systeme im Rahmen der akuten Entzündungsreaktion beschreibt, soll die bakterielle **Sepsis** herangezogen werden. Als Stimulus wird hier exemplarisch das Endotoxin von gramnegativen Bakterien angenommen (Abb. 12.5). Die Produktion von LPS durch diese Erreger triggert die Freisetzung von TNF-α und successive auch IL-1β aus Monozyten und Makrophagen. Im Serum lassen sich dann auch IL-6 und IL-8 nachweisen. Das Ausmaß und der Schweregrad der Entzündungsreaktion wird maßgeblich von der Syntheserate dieser pro-inflammatorischen Komponenten bestimmt. Bei einer geringgradigen Aktivierung des Entzündungssystems kommt es lediglich zu lokalen inflammatorischen Prozessen, die im Sinne einer Aktivierung von Fibroblasten, Endothelzellen, neutrophilen Granulozyten und Monozyten nachzuweisen ist. Wenn diese Entzündungsreaktion größere Ausprägungsgrade annimmt, so kommt es zur systemischen Komponente der Entzündungsreaktion mit Fieber, Akute-Phase-Reaktion und Aktivierung der Hämatopoese. Im Stadium der Dekompensation, welches bei einer systemischen inflammatorischen Reaktion, wie in der Sepsis zu beobachten ist, entwickelt sich der septische Schock. Dieser ist gekennzeichnet durch eine Hyperaktivierung der plasmatischen und zellulären Gerinnung und successive der Fibrono-

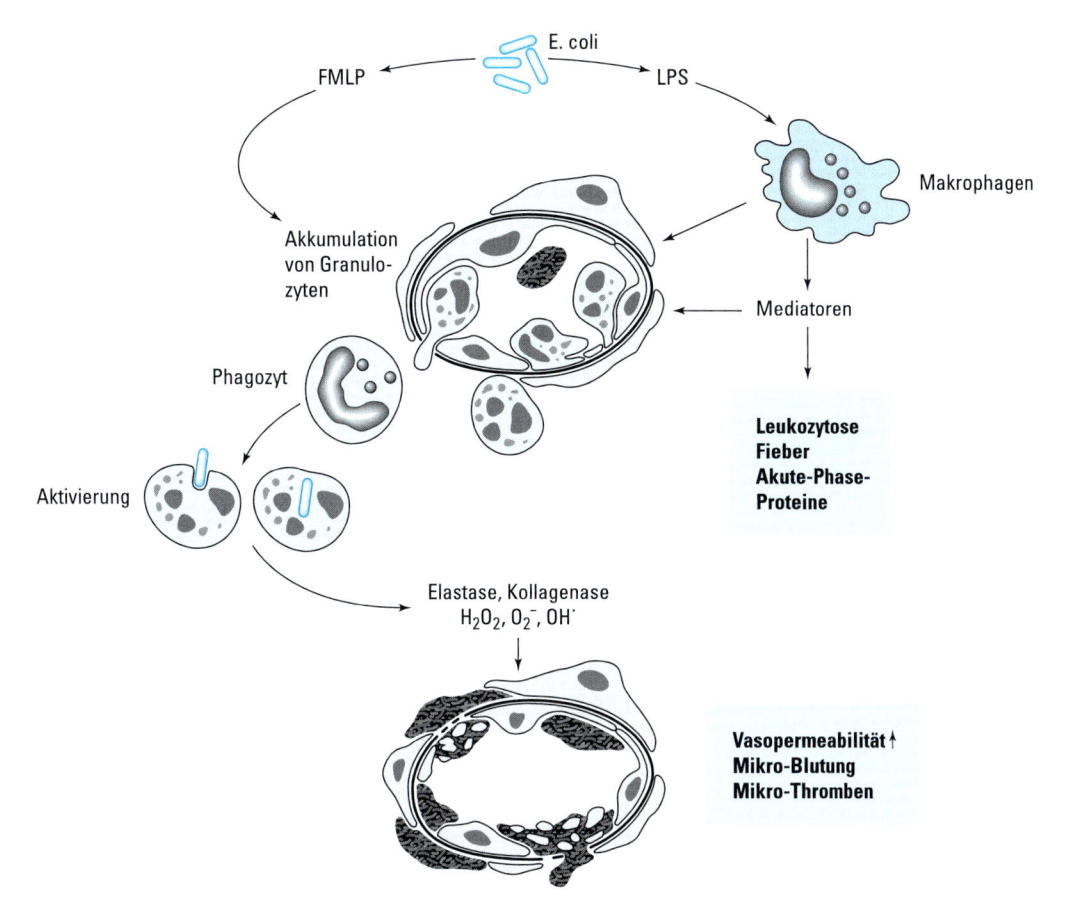

Abb. 12.5: Schematische Darstellung einer endotoxininduzierten Sepsis durch E. coli.

lyse. Es findet sich eine metabolische Dekompensation mit Volumenverlust, Minderperfusion von Geweben und schließlich Multiorganversagen (Abb. 12.6).

Die Makrophagenaktivierung führt über die lokale Entzündungsreaktion zur systemischen Komponente mit Ausbildung der Akute-Phase-Reaktion. Die lokale Aktivierung des Komplementsystems führt zur Bildung von Spaltprodukten, die letztlich an Endothel, Mastzellen und basophilen Granulozyten das Aktivierungspotential erhöhen. Über diese Wege kommt es zu einer vermehrten Plasmaexsudation, die durch die Bildung von Bradykinin weiter verstärkt wird. Die Folge ist ein Volumenverlust mit Minderperfusion von Organen. Parallel zu diesen Geschehnissen werden die plasmatische und zelluläre Gerinnung aktiviert, da Endothelschädigungen insbesondere über die Freisetzung von Sauerstoffradikalen, Lysozym, sauren Hydrolasen, Elastase und kationische Proteine induziert werden. Die Aktivierung der Endothelzellen führt zur Freisetzung des Von-Willebrandt-Faktors. Dieser fördert die Thrombozytenadhäsion, Aggregation und Aktivierung. Die plasmatische Gerinnung wird durch den Endothelzellschaden in Gang gesetzt, sodass die Folge eine lokale Koagulation ist. Über die Fibrinbildung kommt es zum Fibrinverbrauch, und die Fibrinolyse wird aktiviert. Folge ist ein dekompensiertes Gerinnungs- und Fibrinolysesystem mit erhöhter Blutungsneigung. Hierüber wird der Volumenverlust und die Minderperfusion von Organen weiter verstärkt. Letztlich steht am Ende dieses Prozesses das Multiorganversagen.

Pathogenisches Konzept des septischen Schocks

```
                        Endotoxin
      ┌────────────────────┼────────────────────┐
     MØ              Komplement          plasmatische Gerinnung
      ↓              Aktivierung         zelluläre Gerinnung
   lokale                ↓                       ↓
  Entzündung         Spaltprodukte       Bradykinin Koagulation
      ↓                  ↓                       ↓
  systemische       Zellaktivierung            Fibrin ──────────┐
  Entzündung         ·Endothel              ┌────┴────┐         │
      ↓              ·Mast-Zelle,        Verbrauch  Fibrinolyse │
  Akute-Phase-       Basophile              └────┬────┘         │
   Reaktion              ↓                       ↓              │
      └──────────► Plasmaexudation             Blutung          │
                        └──► Volumenverlust ◄───┘               │
                                  ↓                  Verschluss der
                         Minderperfusion von Organen ◄ Endstrombahn
                                  ↓
                          Multiorganversagen
```

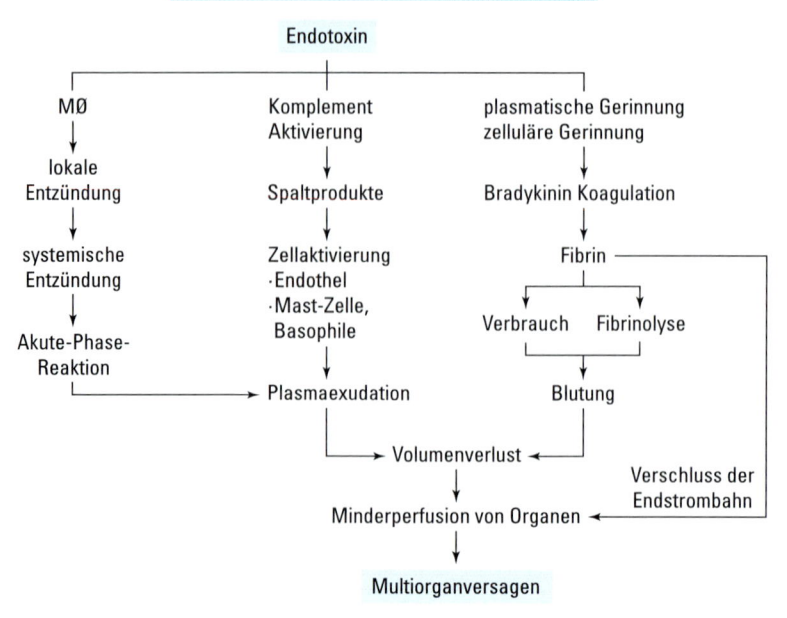

Abb. 12.6: Pathogenetisches Konzept des septischen Schocks.

12.1.3 Laboratoriumsmedizinische Diagnostik

12.1.3.1 Leukozytenzählung und Differenzialblutbild

Die Leukozytenzählung weist im Rahmen der Diagnostik einer akuten Entzündungsreaktion eine gute diagnostische Sensitivität und Spezifität auf. Akute bakteriell-eitrige Infektionen sind mit einer Leukozytose assoziiert, bei der über 80 % der Zellen neutrophile Granulozyten sind. Es findet sich eine charakteristische Linksverschiebung, die manchmal das einzige Zeichen darstellen kann. Die Höhe der absoluten Leukozytenzahl korreliert nicht unbedingt mit der Schwere der Entzündungsreaktion. Auch bei Sepsisfällen können normale oder gar niedrige Leukozyten gemessen werden, da ein vermehrter Verbrauch in der Peripherie durch Nachschub aus dem Knochenmark nicht mehr kompensiert werden kann („Leukoyztensturz"). Bei der Interpretation der Werte sind die altersabhängigen Verteilungen zwischen Lymphozyten und Granulozyten zu berücksichtigen. Als Faustregel kann gelten, dass bei Kindern unter 6 Jahren Lymphozyten > Granulozyten sind, um das 6. Lebensjahr ist die Verteilung der beiden Zellpopulationen ca. 1:1 und im höheren Lebensalter überwiegen Granulozyten gegenüber den Lymphozyten. Da die Granulozytose erst eine systemische Reaktion im Rahmen des lokalen Entzündungsgeschehens darstellt, kann die Leukozytenzahl nicht als Frühzeichen einer bakteriellen Entzündung herangezogen werden. Bei viralen Infektionen finden sich normale, leicht erhöhte oder verminderte Leukozytenzahlen, meist findet sich hier eine Lymphozytose. Jedoch ist darauf hinzuweisen, dass bei einigen viralen Infektionen die Lymphozytose fehlt.

12.1.3.2 C-reaktives Protein (CRP)

Das CRP gilt als prototypisches Akute-Phase-Protein. Es fördert die Agglutination und Präzipitation von Bakterien, Pilzen etc. durch Bindung an galaktosehaltige Polysaccharide. Ferner aktiviert es das Komplementsystem über den klassischen Weg und fördert die Thrombozytenaggregation. Die diagnostische Sensitivität und

Spezifität ist höher als die Leukozytenzählung. Normalerweise ist das CRP unterhalb der Nachweisgrenze. Innerhalb von 24–48 Stunden nach Beginn der Entzündungsreaktion finden sich Anstiege im Blut. Diese können über das 100fache der Basalproduktion betragen. Die Höhe des CRP korreliert gut mit dem Ausmaß und der Schwere der Entzündungsreaktion. Aufgrund der relativ kurzen Halbwertzeit kommt es in der Abklingphase zu einem raschen Abfall der Werte. Generell sprechen niedrigere CRP Anstiege eher für eine virale und höhere Konzentrationen für eine bakterielle Infektion. Jedoch kann dies nur als Anhaltspunkt gelten, eine scharfe Diskrimination aufgrund der Höhe des CRP Anstieges kann nicht vorgenommen werden.

12.1.3.3 Serumproteinelektrophorese

Obwohl viele Akute-Phase-Proteine in der $\alpha 1$- und $\alpha 2$-Fraktion der Serum-Protein-Elektrophorese wandern, spielt die Durchführung dieser Methode im Rahmen der Erstdiagnostik einer akuten Entzündungsreaktion nur noch eine untergeordnete Rolle.

Wichtige Proteine, die in der $\alpha 1$-Fraktion nachzuweisen sind, umfassen $\alpha 1$ Lipoprotein (HDL), $\alpha 1$ Glykoprotein, a1 Antitrypsin. Zur $\alpha 2$-Fraktion zählen: $\alpha 2$ Makroglobulin, Haptoglobin, Prä-β-Lipoproteine (VLDL). In der β-Fraktion laufen CRP und Fibrinogen. Letzteres fehlt allerdings in der Serumelektrophorese, da Serum und nicht Plasma analysiert wird. Da das CRP gemessen an der Proteingesamtkonzentration nur einen geringen Anteil ausmacht, führt ein CRP Anstieg nicht zu deutlichen Veränderungen in dieser Fraktion. Mittels Serumelektrophorese wird die relative Verteilung der Proteinfraktionen nachgewiesen. Um die Konzentrationsverhältnisse der Fraktionen zu beurteilen, ist eine parallele Bestimmung des Gesamteiweiß im Serum erforderlich. Bei akuten Entzündungsreaktionen reflektiert das Muster der Serumelektrophorese gut die Umstellung der Proteinbiosynthese im Hepatozyten mit einer verminderten Produktion von Albumin und einer erhöhten Produktion insbesondere der $\alpha 1$ und $\alpha 2$ Proteine (Abb. 12.7).

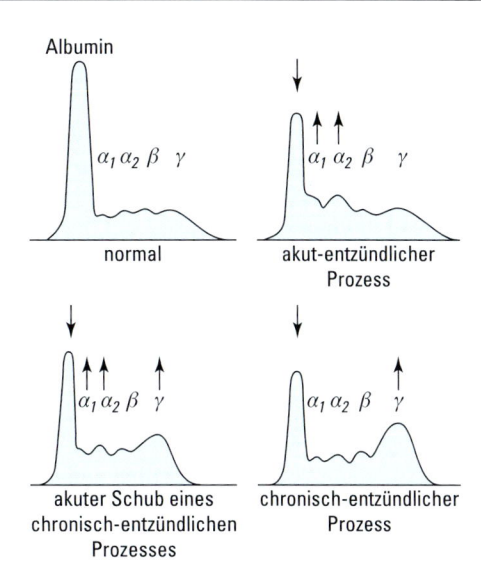

Abb. 12.7: Muster der Serumproteinelektrophorese beim Gesunden und verschiedenen Formen der Entzündung.

12.1.3.4 Fibrinogen

Im Rahmen der Sepsis ist die Verbrauchskoagulopathie eine gefürchtete Komplikation. Es ist daher zentral die zelluläre und plasmatische Gerinnungsaktivität bereits in der Frühphase und sehr engmaschig zu kontrollieren, um Veränderungen rechtzeitig zu erkennen. Details hierzu finden sich in Kapitel 11.

Jedoch sei an dieser Stelle darauf hingewiesen, dass das Fibrinogen auch ein Akute-Phase-Protein darstellt. So findet sich zunächst im Rahmen eines akuten systemischen inflammatorischen Prozesses ein Fibrinogenanstieg. Im Rahmen der dissiminierten intravasalen Gerinnung wird Fibrinogen dann rasch und nachhaltig verbraucht. Dieser Verbrauch kann durch den aufgrund der Akuten-Phase-Reaktion bedingten Anstieg des Fibrinogens maskiert sein. Daher ist es wichtig, Fibrinogen bereits frühzeitig bei diesen Patienten zu messen, um den Verlauf richtig zu interpretieren.

12.1.3.5 Zytokine

Aus therapeutischer Sicht ist es essenziell schwere Verlaufsformen wie z.B. den Beginn einer Sepsis frühzeitig und nachhaltig diagnostisch zu erfassen. Obwohl das CRP ein zuverlässiger Marker im Rahmen der akuten Entzündungsdiagnostik ist, weist es als Nachteil den um 1 bis 2 Tage verzögerten Anstieg auf. Damit eröffnet sich insbesondere bei Fragestellung der Neu- und Frühgeborenensepsis, bei Patienten mit Politrauma mit schweren Gewebsschädigungen und bei Patienten nach schweren Operationen eine diagnostische Lücke. Diese kann durch ein Zytokinmonitoring geschlossen werden. Insbesondere die Mediatoren IL-6, IL-8 und Procalcitonin haben sich bei diesen Fragestellungen besonders bewährt (Tab. 12.2). **IL-6** wird vor allem von Endothelzellen und Fibroblasten im Rahmen von Gewebsschädigungen produziert. Zustände der Hypoxie und Ischämie, sowie die Freisetzung von Endotoxinen stellen wesentliche Stimulatoren dar. Ein Gewebe- und Organschaden in Folge von z. B. Trauma, Sepsis oder Herzinsuffizienz oder nach Organtransplantation kann somit schnell und zuverlässig erfasst werden. Ebenfalls sehr früh im Rahmen der akuten Entzündungsreaktion wird **IL-8** produziert. Dieses hat sich als zuverlässiger Marker insbesondere zur Erfassung der Frühphase der Sepsis bei Neu- und Frühgeborenen erwiesen. IL-8 Anstiege finden sich ca. 20 Stunden vor CRP Anstiegen. Das **Procalcitonin** schließt eine weitere diagnostische Lücke. Procalcitonin Anstiege finden sich bei systemischen bakteriellen Infektionen. Hiermit kann eine Differenzierung zwischen infektiöser und nicht infektiöser Entzündung getroffen werden. Bereits 2–3 Stunden nach Toxinexposition lassen sich Anstiege im Blut nachweisen, die innerhalb von 48 Stunden maximale Konzentrationen erreichen. Da das Procalcitonin eine Halbwertzeit von 15–30 Stunden aufweist, kann unter Procalcitoninbestimmung der Erfolg der Antibiotikatherapie bei Sepsis engmaschig verfolgt werden.

12.2 Chronische Entzündungen

12.2.1 Pathophysiologie und Pathobiochemie

Chronische Entzündungen können sich an allen Organen manifestieren. Beispiele sind chronisch entzündliche Darmerkrankungen (Morbus Crohn, Colitis Ulcerosa), Glomerulonephritiden, rheumatische Erkrankungen, chronische Entzündungen der Haut, des Herzens, des peripheren und zentralen Nervensystems, der Leber und andere. Während die organspezifischen Besonderheiten in den jeweiligen Kapiteln behandelt werden, stehen hier die gemeinsamen Grundprinzipien im Mittelpunkt.

Viele chronische Entzündungserkrankungen zeigen eine familiäre Häufung und weisen eine **genetische Disposition** auf. Im Unterschied zu

Tabelle 12.2: Wertigkeit der Zytokindiagnostik.

Parameter	Produzenten	Zielzellen	diagnostische Wertigkeit
IL-6	Endothel Fibroblasten Monozyten T-Zellen	Hepatozyten B-Zellen	Gewebe- und Organschädigung aufgrund Hyponie, Ischämie und durch Endotoxine. Bei z. B. Trauma, Sepsis, Herzinsuffizienz, Organtransplantation, Verbrennungen. Höhe korreliert mit Schwere und Ausmaß der Schädigung.
IL-8	Endothel Fibroblasten Keratinozyten Hepatozyten Monozyten	neutrophile Granulozyten (u. a.)	Frühphase der Sepsis (v. a. Neu- und Frühgeboren Sepsis) bedingt durch grampositive und gramnegative Erreger.
Procalcitonin	neuroendokine Zellen?	?	septische bakterielle Infektionen Früher Anstieg nach Toxinexposition (2–3 h) Steuerung der Antibiotikatherapie

monogenetischen Erkrankungen finden sich bei chronischen Entzündungen häufig Mutationen auf vielen Genorten. Allerdings sind bis heute nur wenige Polymorphismen molekulargenetisch beschrieben. Dieses wird sich aber in nächster Zeit dramatisch ändern, wenn durch die Fortschritte der medizinischen Genetik diejenigen Gene identifiziert werden, die mit den jeweiligen Krankheiten assoziiert sind. Etliche der heute bekannten Polymorphismen sind in Genen lokalisiert, die direkt oder indirekt regulatorisch in das Immunsystem eingreifen. Dabei verursachen diese Mutationen entweder einen Verlust protektiver Immunfunktionen oder aber sie führen zu einer Verstärkung pro-inflammatorischer Mechanismen (Abb. 12.8).

Auf der Basis dieser genetischen Disposition können nun auslösende Faktoren aus der Umwelt einen zunächst akuten Entzündungsprozess initiieren, der sich dann im weiteren Verlauf verselbstständigt und in eine chronische Entzündungsreaktion mündet. Hierbei finden sich häufig mehr oder weniger stark ausgeprägte Autoimmunphänomene. Dieses belegt den engen Zusammenhang zwischen chronischer Entzündungsreaktion und Autoimmunität. Da sich die chronische Entzündung in der Regel über einen langen Zeitraum entwickelt, ist es häufig schwierig retrospektiv zu entscheiden, welches der **initiale Trigger** für die Erkrankungsentstehung war. Für einige Erkrankungen ist der enge Zusammenhang zwischen einer initialen Infektion und der späteren Entwicklung der chronischen Entzündung mit Autoimmunität gut beschrieben. Hierzu zählt z. B. die Entwicklung eines Typ-I Diabetes dem häufig im Kindesalter einer Virusinfektion des Pankreas mit z. B. Coxsackieviren vorausgeht. Auch bei rheumatologischen Erkrankungen wird eine initiale Infektion postuliert. Ein möglicher Mechanismus der von der primären akuten Infektion zur Autoimmunerkrankung führt, ist das „molekulare Mimikry". (Mikrobielle) Antigene werden von antigenpräsentierenden Zellen phagozytiert, intrazellulär in den MHC-Klasse-II-Weg eingeschleust und auf MHC-Klasse-II-Molekülen den T-Zellen präsentiert. Wenn die hier präsentierten mikrobiellen Antigen-Epitope in ihrer Aminosäurensequenz entscheidende Homologien zu körpereigenen Antigenen aufweisen, so

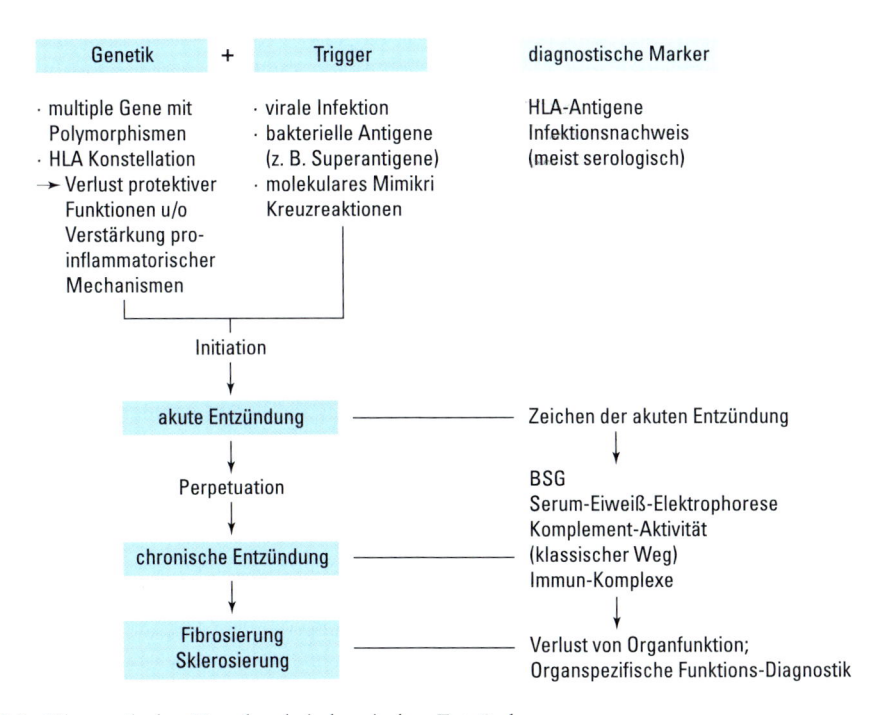

Abb. 12.8: Diagnostisches Vorgehen bei chronischen Entzündungen.

werden sich die im Rahmen der Antigenpräsentation aktivierten T-Lymphozyten nicht nur gegen die körperfremden Antigene richten, sondern auch die entsprechenden körpereigenen Strukturen als „fremd" erkennen und eine entsprechende T-Zell-Effektorantwort mit zytotoxischer Komponente ausbilden. Ob dies allerdings der entscheidende Weg zur Entwicklung einer Autoimmunerkrankung ist, bleibt nach wie vor offen. Auch eine dauerhafte Präsenz mikrobieller Antigene wird für einige Autoimmunerkrankungen postuliert.

Nicht bei jedem Menschen führt die Infektion mit solchen Mikroben zur Ausbildung einer chronischen Entzündung und Autoimmunität. Dieses ist einerseits bedingt durch die genetische Individualität mit noch unbekannten krankheitsfördernden Mutationen. Andererseits spielen weitere genetische Faktoren eine wichtige Rolle. Die antigenpräsentierenden Zellen haben die wichtige Aufgabe eine spezifische Immunantwort auf T-Zell Ebene in Gang zu setzen. Hierzu muss die T-Zelle das Antigen erkennen. Dafür ist sie mit dem T-Zell Rezeptor ausgestattet. Dieser erkennt ein auf MHC-Molekülen dargebotenes Epitop. Nicht alle MHC-Moleküle präsentieren diese Epitope mit gleicher Effizienz. Aufgrund dieses Mechanismus fand sich bei verschiedenen chronischen Entzündungsreaktionen eine MHC- oder HLA-Assoziation. Da das Immunsystem eines Individuums mit einem bestimmten Repertoire dieser HLA Moleküle ausgestattet ist, kann es im Falle einer Infektion bestimmte Erregerantigene mit hoher Effizienz den T-Zellen präsentieren. Eine solche HLA-Assoziation ist für verschiedene Autoimmunerkrankungen beschrieben worden. Damit ist eine weitere genetische Komponente definiert, die zu Ausbildung einer chronischen Entzündungsreaktion beitragen kann.

Wenn alle genetischen und umweltbedingten Komponenten im zeitlichen und räumlichen Verhältnis optimal ausgeprägt sind, wird der Entzündungsprozess initiiert und es manifestiert sich zunächst eine **akute Entzündungsreaktion**. Um diese zu perpetuieren und schließlich in eine chronische Entzündung zu überführen, bedarf es einer kontinuierlichen Immunaktivierung am Ort der Entzündung. Diese kann einerseits durch eine fortbestehende Antigenexposition aufrechterhalten werden. Andererseits findet sich im Rahmen des Fortschreitens des Entzündungsprozesses eine autoaggressive Komponente. Diese Komponente ist letztlich dafür verantwortlich, dass fortlaufend Immunzellen an den Ort der Entzündung rekrutiert und stimuliert werden. Es entwickelt sich somit ein *Circulus vitiosus*, der zu einer fortschreitenden Destruktion des Organs führt.

Letztlich können die Organstrukturen nicht mehr im Sinne einer *Restitutio ad integrum* wieder hergestellt werden. Daher setzen als Reparaturmaßnahmen **Fibrosierungs- und Sklerosierungsprozesse** ein. Diese führen letztlich immer zum Verlust von Organfunktionen, die sich dann je nach Organ spezifisch manifestieren.

12.2.2 Die rheumatoide Arthritis als Beispiel einer chronischen Entzündungsreaktion

Im Mittelpunkt der rheumatoiden Arthritis steht eine fortlaufende Knorpel- und Knochendestruktion mit nachfolgenden Reparaturprozessen, die zu einer Fibrosierung und Sklerosierung der Gelenkstrukturen einschließlich der Gelenkkapsel führen (Abb. 12.9). Diese drückt sich unter anderem in der Panusbildung aus. Der molekulare Auslöser der Knorpelzerstörung ist nach wie vor unbekannt. Jedoch werden primär Knorpelantigene freigesetzt, die zu einer Rekrutierung von Monozyten in den Gelenkraum beitragen. Diese werden aktiviert und differenzieren zu Makrophagen. Die Makrophagen setzen im Rahmen ihrer Effektorfunktionen eine Vielzahl von Enzymen und Sauerstoffradikalen frei, die die Knorpelzerstörung weiter fördern. Parallel kommt es zur Aktivierung von T-Lymphozyten, denen Antigene präsentiert werden. Diese T-Zellen produzieren neben anderen Botenstoffen Interferon-γ. Dieses führt zu einer weiteren Makrophagenaktivierung und Ausschüttung von knorpeldestruierenden Enzymen und Sauerstoffradikalen. Ein weiterer Effektormechanismus der T-Zell Aktivierung führt zur Aktivierung von B-Lymphozyten. Diese produzieren vermehrt Immunglobuline, zunächst der Klasse IgM, dann auch der Klasse IgG. Die IgG-Antikörper bilden mit den Antigenen Im-

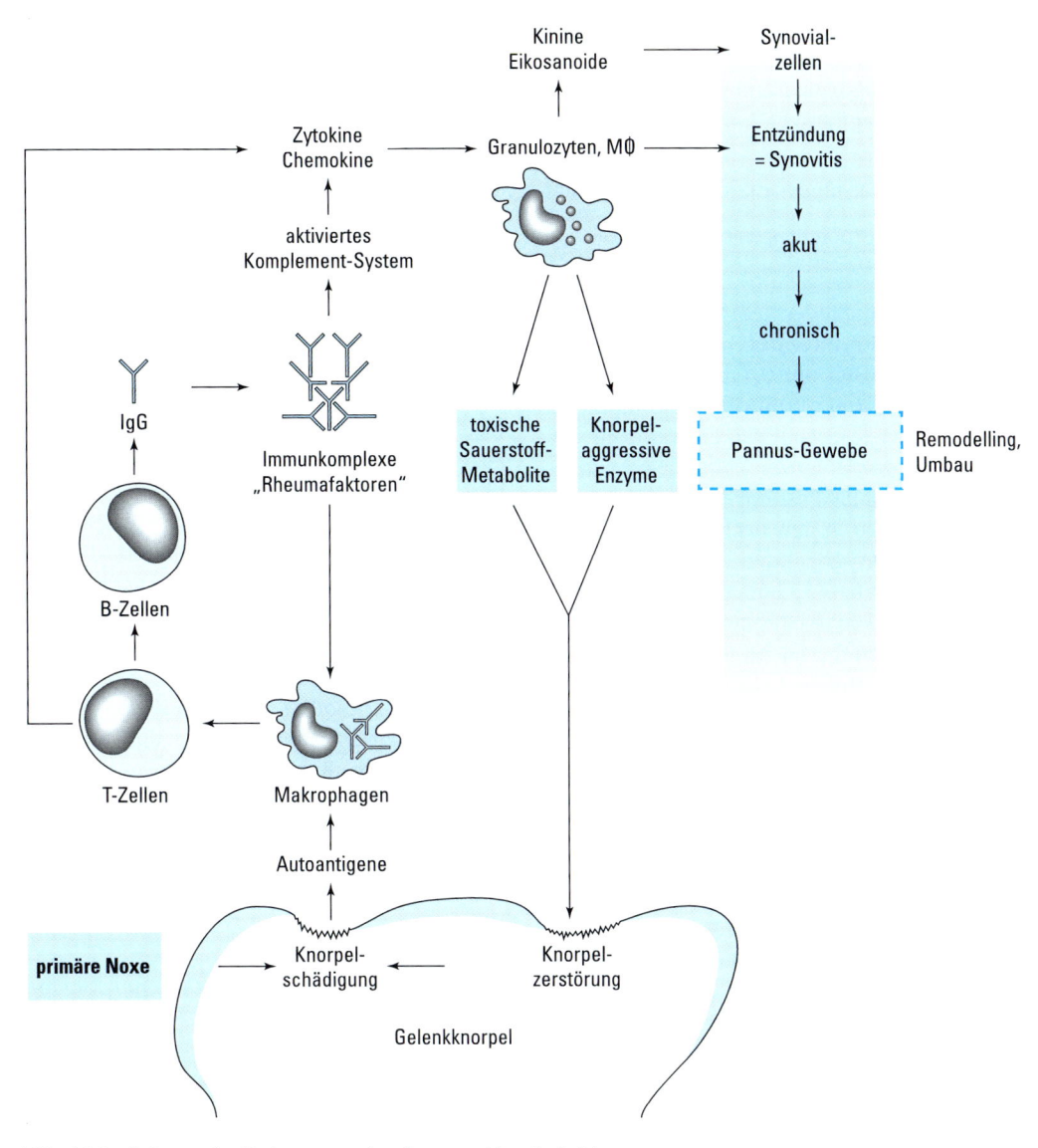

Abb. 12.9: Schema der Pathogenese der rheumatoiden Arthritis.

munkomplexe. Diese sind ein wichtiger Triggerfaktor für die Komplementaktivierung über den klassischen Weg. Bei der Bildung der Immunkomplexe wird die Tertiärstruktur des IgG so verändert, dass bestimmte Epitope des Fc-Anteils des IgG Moleküls freigelegt werden, wodurch die Antikörper selbst als Antigene wirken und eine Antikörperproduktion gegen die Fc-Fragmente in Gang setzen. Solche gegen Fc-Fragmente gerichtete Antikörper werden auch als Rheumafaktor bezeichnet. Damit ist der **Rheumafaktor** definitionsgemäß ein Autoantikörper der sich gegen körpereigene IgG Moleküle richtet. Die Immunkomplexe ihrerseits werden an Makrophagen gebunden und führen zu einer weiteren Makrophagenaktivierung. Im Rahmen der nun einsetzenden Reparaturprozesse kommt es zur Fibroblastenaktivierung im Gelenk und es bildet sich der Panus aus. Die durch die Knorpel- und Knochendestruktion freigesetzten Antigene aktivieren im Gelenk neueingewanderte Monozyten und Makrophagen und der Kreislauf beginnt von vorne.

12.2.3 Laboratoriumsmedizinische Diagnostik

12.2.3.1 Blutkörperchensenkungsreaktion (BSR)

Die BSR beruht auf der Sedimentation und Aggregation von Erythrozyten. Zur Durchführung werden 1,6 ml Blut mit 0,4 ml einer 3,8 %igen Natriumzitratlösung vermischt, die Blutprobe in ein Glas- oder Kunststoffröhrchen mit ml Graduierung bis zur Höhe von 200mm aufgezogen, und in senkrechter Position die Sedimentation der Erythrozyten in mm nach einer Stunde bei Raumtemperatur abgelesen. Da die Erythrozytendichte ca. 6–7 % höher als diejenige des Plasmas ist, sinken Erythrozyten nach unten. Da die Erythrozytenoberfläche negativ geladen ist (zeta-potential) stoßen sich benachbarte Zellen ab und halten sich so in der Schwebe. Bei der Entzündungsreaktion liegt eine Dysproteinämie vor mit vermehrtem Anstieg von Immunglobulinen, Bildung von Immunkomplexen und anderen Proteinen, welche zu einem großen Teil an der Erythrozytenoberfläche haften und somit das Zeta-Potential vermindern können. Dadurch kommt es zu einer schnelleren Sedimentation der Erythrozyten. Somit wird die BSR nicht nur durch Akute-Phase-Proteine, wie z. B. das CRP beeinflusst, sondern auch durch Proteine, die im Rahmen der chronischen Entzündungsreaktion vermehrt gebildet werden (z. B. Immunglobulin). Die BSR ist damit ein guter Marker für das Geschehen bei chronischen Entzündungsreaktionen, jedoch korreliert die Höhe der BSR nicht unbedingt mit der Schwere der Erkrankung.

12.2.3.2 Serumelektrophorese

Die Serumelektorphorese zeigt ein charakteristisches Muster bei chronischen Entzündungen. Eine breitbasige Erhöhung der Gamma-Fraktion ist typischerweise zu finden. Diese beruht im Wesentlichen auf einer polyklonalen Stimulation von B-Lymphozyten mit konsekutiver Antikörperproduktion. Diese findet sich insbesondere in der IgG-Fraktion, aber bei einigen Entzündungsformen sind auch Erhöhungen der IgA Antikörpersynthese (z. B. bei bestimmten Darm- und Leberentzündungen) zu beobachten. Im relativen Muster der einzelnen Elekrophoresefraktionen führt dies zu einem Abfall der anderen Anteile, wobei es aber nicht notwendigerweise mit einer absoluten Konzentrationsverminderung einhergehen muss. Chronische Entzündungen zeigen typischerweise abwechselnd Phasen von Remissionen und Exazerbationen. Im Falle einer akuten Exazerbation einer chronischen Entzündung zeigt das elektrophoretische Muster einen Mischtyp aus akuter und chronischer Entzündung. Die IgG-Antikörper haben eine Halbwertzeit von ca. 4 Wochen, sodass sich eine erhöhte Gammaglobulin-Fraktion erst über einen längeren Zeitraum nach Abklingen der Entzündungsreaktion normalisieren wird. Umgekehrt entwickelt sich die polyklonale Antikörperproduktion erst über einen längeren Zeitraum, sodass die Serumelekrophorese zwar ein zusätzlich nützliches diagnostisches Instrument im Rahmen von chronischen Erkrankungen darstellt, allerdings für eine Akutsituation aufgrund ihrer trägen Dynamik keinen guten Parameter darstellt (Abb. 12.7).

12.2.3.3 Komplement-System

Aufgrund der überschießenden polyklonalen Antikörperproduktion kommt es zur Aktivierung des Komplement-Systems. Komplementfixierende Antikörper z. B. in der IgG-Fraktion aktivieren den klassischen Weg. Testsysteme sind verfügbar, die die Gesamtaktivität des klassischen Weges – und auch des alternativen Weges – erfassen können. Hierbei wird die Fähigkeit des Komplementsystems zur Hämolyse von Erythrozyten genutzt. Das Ausmaß der Hämolyse von bestimmten tierischen Erythrozyten (Schafs- und Hammelerythrozyten) korreliert mit der Aktivität des Komplementsystems. Der klassische Aktivierungsweg wird mittels Erythrozyten erfasst auf deren Oberfläche Antikörper gebunden sind (sogenannte sensibilisierte Erythrozyten). In einer Verdünnungsreihe werden Patientenserum und derartige Erythrozyten in standardisierter Form inkubiert, und mittels einer Eichkurve kann dann diejenige Serumverdünnung bestimmt werden, die zu einer Halbmaximalen Erythrozytenlyse führt. Im Falle des klassischen Weges ist dieser Parameter die **CH50**, bei der Aktivitätsbestimmung des alternativen Weges ist es die **AH50**. Die Tests sind aufwendig und erfordern den Einsatz von frischen Erythrozytenpopulationen, sodass diese Verfahren nicht notfallmäßig und in der Tagesroutine durchgeführt werden können. Alternativ hierzu stehen Testverfahren zur Verfügung bei denen die entsprechenden Erythrozytenpopulationen in eine Gelphase eingegossen sind. In eine ausgestanzte Vertiefung wird das Patientenserum pipettiert und diffundiert radial vom Zentrum in die Peripherie. Hierbei bilden sich im Gel Hämolysehöfe, die ausgemessen werden können. In diesen Tests korreliert die Fläche des Hämolysehofes mit der jeweiligen Komplementaktivität. Da es sich hierbei um eine komplette Lyse der Erythrozyten handelt, sind die Parameter hier **CH100** bzw. **AH100** im Sinne einer 100% Erythrozytenlysierung. Beide Testverfahren korrelieren gut miteinander und können nebeneinander eingesetzt werden. In der Interpretation der Ergebnisse ist zu beachten, dass bei einem sehr starken Komplementverbrauch in der Peripherie, der durch Neusynthese von Komplementfaktoren nicht komplett kompensiert werden kann, auch bei einer erhöhten Komplementaktivität die Hämolyse vermindert oder normal ausfallen kann. Daher ist es wichtig parallel zur Bestimmung der hämolytischen Aktivität zumindest den Faktor C3 quantitativ zu bestimmen. Die Erfassung der Komplementaktivität ist ein geeigneter Marker, um die Aktivität und das Ausmaß einer chronischen Entzündungsreaktion zu erfassen. Daher werden diese Messungen in der Regel als Verlaufsparameter bei chronischen Entzündungen eingesetzt.

12.2.3.4 Rheumafaktor

Der Rheumafaktor ist ein klassischer Autoantikörper der Klasse IgM, gerichtet gegen Fc-Fragmente von IgG-Molekülen. Rheumafaktoren finden sich in einem hohen Prozentsatz bei Patienten mit chronischen Gelenkserkrankungen. Allen voran steht hierbei die rheumatoide Arthritis bei der in ca. 75% der Fälle Rheumafaktoren nachzuweisen sind. Aber auch andere systemische Autoimmunerkrankungen wie der Lupus Erythermatodes, die progressive Sklerodermie und andere zeigen in ca. 1/3 der Fälle einen positiven Rheumafaktor. Wichtig ist in diesem Zusammenhang, dass auch viele nicht rheumatische Erkrankungen mit einem positiven Rheumafaktor assoziiert sein können. Dieses ist darauf zurückzuführen, dass bei vielen chronischen Erkrankungen Immunkomplexe gebildet werden, die zur Veränderung der Tertiärstruktur führen, sodass sie als Autoantigene immunologisch erkannt werden und zu Autoantikörperbildung führen. Ferner finden sich bei Patienten über 60 Jahren in ca. 5–12% der Fälle Rheumafaktoren, ohne dass ein chronischer Entzündungsprozess nachzuweisen ist. Dieses Phänomen hat offensichtlich mit der Alterung der Immunsystems zu tun und ist noch nicht in seiner ganzen pathogenetischen Bedeutung aufgeklärt. Der Nachweis von Rheumafaktoren ist also ein weiterer Indikator im Rahmen der Diagnostik chronischer Entzündungserkrankungen, insbesondere mit Gelenksbeteiligung. Eine Übersicht der wichtigsten mit positivem Rheuma assoziierten Erkrankungen findet sich in Tabelle 12.3.

12.2.3.5 Humane Leukozytenantigene (HLA)

Eine – wenn nicht die – Hauptfunktion des Immunsystems ist es zwischen gefährlichen und ungefährlichen Antigenen zu unterscheiden. Hierzu werden Antigene (körpereigene, körperfremde) den T-Zellen dargeboten. Die Präsentation dieser Antigene erfolgt über membranständige Moleküle, die individualspezifisch und variabel, also polymorph sind. Diese Moleküle werden als **humane Leukozyten Antigene (HLA)** bezeichnet. Sie sind Glykoproteine, die im **Haupthistokompatibilitätskomplex (MHC)** kodiert sind. Dieser liegt auf dem kurzen Arm des Chromosoms 6 (6p). Der MHC-Komplex kodiert für 3 Klassen von Antigenen: MHC-Klasse-I, MHC-Klasse-II und MHC-

Tabelle 12.3: Vorkommen der Rheumafaktoren (ca. in %).

rheumatische Erkrankungen	%
chronsche Polyarthritis	50
Kollagenkrankheiten	
• Systemischer Lupus erythematodes	35
• progressive Sklerodermie	35
• Panarteritis nodosa	35
• Polymyositis	26

nicht rheumatische Erkrankungen	%
Endocarditis lenta	60
Hepatitis	15–20
Tuberkulose	15
Lymphoretikuläre Erkrankungen	10
Sarkoidose	10
Gesunde	
• unter 60 Jahre	~ 1–4
• über 60 Jahre	~ 5–12

Klasse-III. Für die Antigenpräsentation von zentraler Bedeutung sind dabei die beiden ersten Gruppen.

HLA-Klasse-I-Antigene: Diese Moleküle werden von fast allen kernhaltigen Körperzellen getragen. Im Klasse I Lokus werden drei verschiedene Moleküle kodiert und als HLA-A, HLA-B und HLA-C bezeichnet. Sie bestehen jeweils aus zwei Ketten, wobei die eine Kette konstant ist. Dieses ist das β-2 Mikroglobulin, welches nicht im MHC-Lokus kodiert wird. Die zweite, schwere Kette ist polymorph. Über den Klasse-I Weg werden vor allem intrazelluläre Antigene prozessiert und präsentiert. Dies spielt bei Virusinfektionen eine Rolle. Hier werden virale Antigene in den Präsentationsweg eingeschleust und auf die Oberfläche der virusinfizierten Zelle transportiert. Die an MHC-Klasse-I-Antigene gebundenen Viruspeptide signalisieren somit dem Immunsystem den Zustand der Virusinfektion.

Klasse-II-Antigene: Auch in der Gruppe der Klasse-II-Antigene sind drei Moleküle zu unterscheiden, die als HLA-DR, HLA-DQ und HLA-DP bezeichnet werden. Im Gegensatz zu den Klasse-I-Antigenen bestehen die Klasse-II-Moleküle aus zwei polymorphen Ketten, der α- und β-Kette. Die Klasse-II-Moleküle dienen der Präsentation von extrazellulär aufgenommenen Proteinen, die intrazellulär in den Klasse-II-Präsentationsweg eingeschleust werden. Diese Moleküle werden nicht von allen Zellen exprimiert, sondern vor allem von antigenpräsentierenden Zellen, zu denen Monozyten, Makrophagen, dentritische Zellen, Langhanszellen und B-Lymphozyten zählen. Darüber hinaus tragen auch aktivierte T-Zellen MHC-Klasse-II Moleküle.

Im Rahmen der Bildung des diploiden Chromosomensatzes erhält somit jedes Individuum eine Grundausstattung zur Bildung von sechs MHC-Klasse-I-Molekülen (HLA-A, -B, -C jeweils von Vater und Mutter), sowie von sechs MHC-Klasse-II-Molekülen (HLA-DP, -DQ, -DR Moleküle von Vater und Mutter). Über die jeweils exprimierten Allele ergibt sich somit eine individuelle HLA-Formel.

Klasse-III-Antigene: Im Klasse-III-Lokus werden eine Reihe weiterer polymorpher Moleküle kodiert zu denen insbesondere Komplementfaktoren des klassischen (C2 und C4) und alternativen Weges (Bf) gehören.

Nicht klassische Klasse-I-Gene: Im Klasse-I-Lokus finden sich neben den oben genannt „klassischen" Klasse-I-Genen auch noch eine Reihe weiterer Gene, die einen geringeren Polymorphismus aufweisen. Es handelt sich um die Gene HLA-E, -F, -G. Ihre Funktion im Immunsystem ist noch nicht vollständig geklärt. Sie spielen im Rahmen der HLA-Typisierung nur eine untergeordnete Rolle.

Der Polymorphismus in der MHC-Region und hier insbesondere bei den HLA-Klasse-I- und Klasse-II-Antigenen ist beträchtlich. So sind alleine für HLA-A über 60 Allele bekannt. Für HLA-B sind es derzeit über 140 und für HLA-C über 30. Für HLA-DR kennen wir über 180 Allele, die Allele im HLA-DQ-Genort werden mit knapp 30 und die von HLA-DP mit etwa 60 beziffert. Hieraus erklärt sich auch die Nomenklatur: Zunächst wird der Lokus angegeben (A, B, C, DR, DQ). Wenn die Typisierung mit serologischen Methoden erfolgt, wird nach dem Lokus die Allelnummer angegeben (1, 2,

3...). Erfolgt die Typisierung mit molekularbiologischen Methoden wird dies mit einem Sternchen nach dem Lokus angegeben. Danach folgt die Determinante (01, 02, 03...), gefolgt von der Allelnummer (01, 02,...). Alle anderen Zahlen nach diesem Quartett haben mit dem Genprodukt nichts mehr zu tun. Sie dienen der genaueren Angabe der gefundenen Sequenz, z. B. Nukleotidaustausche etc. Wichtig ist zu beachten, dass es sich bei der Typisierung eines Patienten immer um die Bestimmung des Phänotyps handelt.

Die individuelle HLA-Formel entscheidet also maßgeblich darüber, welche Peptidsequenzen von den jeweiligen Molekülen in optimierter Form zur Präsentation gebracht werden können. Ausgiebige Populationsuntersuchungen haben ergeben, dass bei bestimmten HLA-Assoziationen ein erhöhtes Krankheitsrisiko gegeben ist. Beispiele hierfür sind in der Tabelle 12.4 aufgeführt. Die Assoziationsstärke mit der jeweiligen Erkrankung wird in Form des relativen Risikos angegeben. Ein relatives Risiko von 10 besagt danach, dass der Träger des entsprechenden HLA-Antigens ein 10fach höheres Risiko für die Entwicklung der Erkrankung hat als eine Person, die dieses HLA-Antigen nicht exprimiert. Dies bedeutet jedoch keineswegs, dass alle Träger des entsprechenden HLA-Antigens die Krankheit auch entwickeln müssen. Auch sind HLA-Assoziationen mit einem verminderten Krankheitsrisiko beschrieben. Beispiele hierfür sind in Tabelle 12.5 aufgeführt. Im Rahmen der autoimmunologischen und rheumatologischen Krankheitsabklärung spielt vor allem das HLA-B27 eine bevorzugte Rolle. Hier besteht eine enge Assoziation mit der Entwicklung eines Morbus Bechterew (Spondylitis Ankylosans). Etwa 95 % der Patienten mit dieser Erkrankung sind HLA-B27 Träger, also positiv. Allerdings ist zu berücksichtigen, dass auch bei anderen chronisch entzündlichen und rheumatologischen Erkrankungen eine HLA-B27 Trägerschaft beschrieben wurde. In Tabelle 12.6 ist angegeben bei welchen Erkrankungen eine HLA-B27-Trägerschaft zu beobachten ist.

Hieraus wird deutlich, dass die Bestimmung des HLA-Phänotyps wichtige Zusatzinforma-

Tabelle 12.5: HLA – Assoziation mit vermindertem Krankheitsrisiko.

HLA-Determinante	Krankheit
A10	Herpes labialis
B5	aphthöse Stomatitis
B7	Zöliakie
B12	Thrombangitis obliterans
B13	alkoholinduzierte Leberzirrhose
B15	HBsAg-Träger
DR2	rheumatoide Arthritis
	juveniler Diabetes mellitus
DR15	selektiver IgA-Mangel
DR4	juvenile Oligoarthritis
DR5	rheumatoide Arthritis
	juveniler Diabetes mellitus
DR52	Alopecia areata
DQ6	Alopecia areata

Tabelle 12.4: Beispiele für erhöhtes Krankheitsrisiko (relatives Risiko, RR) bei bestimmten HLA-Assoziationen.

Erkrankung	Antigen	RR
Diabetes mellitus, juvenile Form	HLA-DR3	5,8
	HLA-DR4	4,1
M. Basedow	HLA-DR3	6,0
Zöliakie (Glutenenteropathie)	HLA-B8	11,0
	HLA-DR3	10,8
	HLA-DR7	11,9
	HLA-DR3 + DR7	52,1
Idiopathische membranöse Glomerulonephritis	HLA-DR3	12,0
IgA Nephropathie	HLA-DR4	4,0
Goodpasture Syndrom	HLA-DR2	15,9
Myasthenia gravis	HLA-DR3	2,9
Systemischer Lupus erythematodes	HLA-DR3	5,8
Sjörgen Syndrom	HLA-DR3	9,7

Tabelle 12.6: Vorkommen von HLA-B27 bei verschiedenen Erkrankungen (ca. in % der Patienten).

Spondylitis ankylosans	95
Morbus Reiter	85
Yersinia-Arthritis	80
Morbus Crohn mit Wirbelsäulenbeteiligung	70
Colitis ulcerosa	70
Arthritis psoriatica mit Wirbelsäulenbeteiligung	60
juvenile Arthritis	30
chronische Polyarthritis	6–10
klinisch gesunde Personen	6–8

tionen bei vielen chronisch entzündlichen, rheumatologischen und autoimmunologischen Erkrankungen liefern kann. Bei vielen dieser Erkrankungen ist das Krankheitsbild insbesondere am Anfang nicht eindeutig und klar zuzuordnen, sodass durch die HLA-Typisierung weitere wichtige Informationen erzielt werden können. Im Rahmen der Abklärung bei Erstmanifestation spielt somit die HLA-Typisierung eine durchaus wichtige Rolle.

12.3 Autoimmunerkrankungen

12.3.1 Systemisch entzündlich-rheumatische Erkrankungen (Kollagenosen)

Systemisch entzündlich-rheumatische Erkrankungen sind klinisch charakterisiert durch **Multiorganbefall** unter Beteiligung des Bewegungssystems. Zu dieser Krankheitsgruppe zählen:
- der systemische Lupus Erythermatodes und seine Varianten
- das Sjögren-Syndrom
- verschiedene Formen der systemischen Sklerose
- die Myositiden (Polydermatomyositis)

Typisch für diese Krankheitsgruppe ist, dass die Erkrankungen in verschiedenen Varianten auftreten und sich die Krankheitsbilder überlappen können. Im weiteren Sinne wird auch die rheumatoide Arthritis in diese Gruppe subsumiert, zumal auch dort autoimmune Phänomene kennzeichnend sind. Hierbei manifestiert sich allerdings die rheumatoide Arthritis selektiv am Bewegungsapparat. Die Diagnose der Erkrankung ist häufig schwierig zu stellen, da die Symptomkonstellationen nicht immer einheitlich und „lehrbuchmäßig" ablaufen. Daher sind Leitsymptome und krankheitsverdächtige Befundkonstellationen für die wichtigsten dieser Erkrankungen definiert worden. Der Verdacht stellt die Indikation zur weiteren laboratoriumsmedizinischen Abklärung dar. Hierbei spielt die Autoantikörperdiagnostik eine herausragende Rolle.

Regelmäßig lassen sich bei diesen Erkrankungen **nicht organspezifische Autoantikörper** nachweisen, die mit einem typischen Symptomenspektrum assoziiert sind. Obwohl die pathogenetische Bedeutung dieser Autoantikörper noch überwiegend unklar ist, spielt deren Nachweis eine wichtige Rolle im Rahmen der Diagnostik, insbesondere bei der Erstmanifestation. Der Nachweis der entsprechenden Autoantikörper ermöglicht ein Zuordnen zu bestimmten Erkrankungen. Dies spielt insbesondere bei differenzialdiagnostisch vieldeutigen klinischen Symptomen eine wichtige Rolle. Ferner kann mithilfe der Autoantikörperdiagnostik auch in vielen Fällen eine prognostische Einschätzung erfolgen. Autoantikörper sind meistens beim Beginn dieser Erkrankungen nachweisbar und persistieren oft im weiteren Verlauf.

Aufgrund seiner klinischen Bedeutung soll hier exemplarisch auf den **systemischen Lupus Erythermatodes (SLE)** eingegangen werden. Es handelt sich dabei um eine Autoimmunerkrankung mit Unterformen, die durch Unterschiede in den Organmanifestationen und im Krankheitsverlauf gekennzeichnet sind. Der SLE ist die Maximalvariante der Erkrankung: Eine chronisch-rezidivierende Autoimmunerkrankung mit Allgemeinsymptomen, insbesondere Befall des Bewegungsapparates, der Haut und Schleimhäute, der inneren Organe (Niere, Herz, Lunge und andere) und des Zentralnervensystems. Als internationale Klassifikationskriterien sind festgelegt worden:
- Schmetterlingserythem: ein flaches oder leicht erhabenes Erythem im Bereich der Wangen mit Aussparung der nasolabialen Falten.
- diskoide Hautveränderungen: erythematöse, erhabene Hautflecken
- Photosensitivität

- orale Ulzerationen
- Arthritis mit Befall von zwei oder mehreren Gelenken, charakterisiert durch Steifigkeit, Schwellung oder Gelenkerguss.
- Serositis: Hierbei handelt es sich um eine Entzündung kleiner Gefäße und Kapillaren der Pleura und/oder des Perikards, die durch entsprechende klinische Zeichen manifest wird
- Nierenbeteiligung: Zeichen einer Glomerulonephritis mit Proteinurie und Zylindern
- neurologische Beteiligungen: Krampfanfälle und/oder Psychosen
- hämatologische Manifestationen: Hämolytische Anämie, Leukopenie, Lymphopenie und/oder Thrombozytopenie.

Zur laboratoriumsmedizinischen Abklärung dieser Erkrankungen wird eine Untersuchung auf **Antinukleäre Antikörper (ANA)** durchgeführt. Die Methode der Wahl ist hierbei der indirekte Immunfluoreszenztest.

Indirekte Immunfluoreszenz: Hierzu werden Objektträger verwandt, auf denen in verschiedenen Testfeldern bestimmte Zellen bzw. Gefrierschnitte(n gelöscht) von Organen fixiert sind. Bei den Zellen handelt es sich überwiegend um HEp-2-Zellen. Dies ist eine Larynxkarzinomlinie, bei der Zellen in verschiedenen Stadien des Zellzyklus eingesetzt werden. Als Organschnitte sind insbesondere Primatenleber, Rattenniere und Rattenmagen geeignet. Die Objektträger werden mit verschiedenen Verdünnungen des Patientenserums inkubiert, wobei üblicherweise mit einer Verdünnung von 1:40 begonnen wird. Wenn im Patientenserum Autoantikörper gegen Antigene der Zellen und Organe enthalten sind, so werden diese binden und bleiben an ihren Antigenen auch nach Entfernung des Serums „haften". Sie werden im folgenden Schritt nachgewiesen durch eine Inkubation mit fluoreszenzmarkierten tierischen Antikörpern, die gegen humane Immunglobuline gerichtet sind. Unter dem Fluoreszenzmikroskop leuchten dann diejenigen Areale bzw. Zellkompartimente auf, an die Autoantikörper des Patientenserums gebunden haben. Es wird nun die Fluoreszenzintensität und das Fluoreszenzmuster beurteilt. Ein Positivbefund von antinukleären Antikörpern liegt dann vor, wenn eine Fluoreszenzaktivität in Zellkernen nachgewiesen werden kann. Die Form des Fluoreszenzmusters ist mit bestimmten Autoantigenen im Zellkern assoziiert. Die Muster können entweder homogen, fein gesprenkelt, grob gesprenkelt oder in Form von multiplen dots im Kern sein. Eine zunehmende Zahl der Autoantigene konnte in den letzten Jahren molekular charakterisiert werden. Diese sind mit bestimmten Unterformen der Erkrankungen und Aktivitätszuständen klinisch assoziiert. Tabelle 12.7 gibt hierzu eine Übersicht.

Entscheidend für das weitere diagnostische Vorgehen ist zunächst die Frage, ob es sich um

Tabelle 12.7: Zuordnung von Floureszenzmustern auf HEp-2-Zellen zu bestimmten Autoantikörpern.

Typ	Muster	Beispiele
homogen	homogen, chromosomenassoziiert	dsDNA, Histone
granulär	feingranulär	SS-B, Ku, SL(Ki), Mi-2
	grobgranulär (oft sehr hohe Titer)	U1-RNP, Sm
	feingranulär, chromosomenassoziiert	
	und nukleolär-ringförmig	Scl-70
punktförmig	46 Punkte, chromosomenassoziiert	Zentromer
	5–25 Punkte (Multiple Dot)	Sp100
nukleolär	homogen und karyoplasmatisch feingranulär	PM-Scl
	schollig	Fibrillarin
	granulär	RNA-Polymerase 1
zytoplasmatisch	feingranulär	Ribosomen, evt. Jo-1 u. a.
	grobgranulär	Mitochondrien

ein homogenes oder nicht homogenes Fluoreszenzmuster handelt.

Beim Nachweis eines **homogenen Fluoreszenzmusters** erfolgt ergänzend die Untersuchung auf das Vorliegen von Autoantikörpern gegen **Doppelstrang-DNS** (dsDNS) mittels Immunfluoreszenz. Von diagnostischer Relevanz sind weitgehend nur diejenigen Autoantikörper, die sich gegen basengepaarte DNA richten, d. h. gegen native Doppelstrang-DNA oder rückgefaltete Einzelstrangabschnitte. Antikörper gegen einzelne Basen der DNA, die sich als Antikörper gegen Einzelstrang- oder denaturierte DNA manifestieren, sind nicht mit bestimmten Erkrankungen assoziiert und haben keine wesentliche Bedeutung in der Diagnostik. Zum Nachweis der dsDNA-Antikörper werden Crithidia Luciliae als Substrat verwendet. Dieses sind Flagellaten deren Kinetoplast reine zirkuläre Doppelstrang-DNA enthält. Die Vorgehensweise im Test ist analog zum oben beschriebenen indirekten Immunfluoreszenztest. Objektträger, auf denen der Flagellat fixiert ist, werden mit Patientenserum inkubiert und mit fluoreszenzmarkierten tierischen Antikörpern gerichtet gegen humane Immunglobuline gegengefärbt.

Bei Vorliegen eines nicht homogenen Fluoreszenzmusters erfolgt die Untersuchung zum Nachweis von Autoantikörpern gegen eine Reihe spezifischer, zum Teil rekombinant verfügbarer Autoantikörper mittels Immunoblot.

Der ANA-Nachweis ist ein sehr sensitiver Parameter für einen aktiven SLE und ist in über 99 % der Fälle positiv. Ein negativer Befund schließt deshalb den aktiven SLE mit hoher Wahrscheinlichkeit aus. ANA sind jedoch bei weitem nicht spezifisch für den SLE, sondern finden sich bei einer Vielzahl anderer Erkrankungen, die in Tabelle 12.8 zusammengestellt sind.

Weitere wichtige Autoantikörper sind Antikörper gegen **Phospholipid-Protein-Komplexe**. Diese werden entweder mittels Gerinnungstests oder mittels ELISA-Methoden (Kardiolipinantikörper) nachgewiesen. Bei ca. 40 % der SLE-Patienten sind diese positiv. In Abhängigkeit von der Titerhöhe sind sie mit Thromboembolien (tiefe Beinvenenthrombose, zerebovaskuläre Insulte, rezidivierende Aborte und anderen) assoziiert.

Tabelle 12.8: Vorkommen antinukleärer Antikörper.

Erkrankung	(ca. in % der Patienten)
systemischer Lupus erythematodes	100
Mixed connective tissue disease	100
Sjörgen-Syndrom	60
progressive Sklerodermie	50
chronische Polyarthritis	30
Polymyositis/Dermatomyositis	20
Panarteriitis nodosa	15
chronische Hepatitis	30
lymphoretikuläre Erkrankungen	15
klinisch gesunde Personen über 60 Jahre	5–10

12.3.3 Autoimmune Lebererkrankungen

Zu den **primär autoimmunen Lebererkrankungen** werden die **autoimmune Hepatitis**, die **primär biliäre Zirrhose** und die **primär sklerosierende Cholangitis** gezählt. Daneben ist von Bedeutung, dass auch **sekundäre Autoimmunphänomene** bei chronischer Virushepatitis gefunden werden können. Die elementare Bedeutung in der Diagnostik autoimmuner Lebererkrankungen liegt in der therapeutischen Konsequenz: Fehlen Hinweise auf einen anderen als einen immunologischen Grundmechanismus, so ist eine immunsuppressive Therapie, selbst bei fortgeschrittenem Krankheitsstadium erforderlich.

Dieses Kapitel fokussiert auf die Autoantikörperdiagnostik bei diesen Erkrankungen. Klinik und Pathophysiologie chronischer Hepatitiden und autoimmuner Lebererkrankung werden in Kapitel 16 beschrieben. Im Rahmen der Diagnostik primär autoimmuner Lebererkrankungen stellt der Nachweis von Autoantikörpern nur einen – wenn auch wichtigen – Eckpfeiler dar. Neben Parametern für chronische Lebererkrankungen wie der Erfassung der Zellintegrität, Lebersyntheseleistung und Cholestase, lassen sich vor allem durch die Addition der Autoantikörperdiagnostik diese speziellen Erkrankungen diagnostizieren. Somit ist die Autoantikörperdiagnostik weniger isoliert, sondern vielmehr im Zusammenhang möglichst vieler differenzialdiagnostischer Parameter zu interpretieren.

12.3.2.1 Autoantikörper bei autoimmuner Hepatitis

- antinukleärer Antikörper (ANA). Siehe hierzu Abschnitt 12.3.1.
- Antikörper gegen glatte Muskulatur (SMA). Ziel-Antigene sind Aktin und weitere Zytoskelettbestandteile. Da die SMA-Zielstrukturen phylogenetisch konserviert sind, kommen Gewebeschnitte von Rattenleber oder auch Hep2-Zellen im Immunfluoreszenztest zum Einsatz.
- Antikörper gegen das lösliche Leberantigen (SLA). Diese Antikörper finden sich ausschließlich bei autoimmuner Hepatitis. Zielstrukturen sind hier Zytokeratine. Der Nachweis erfolgt im Immunoassay.
- mikrosomale Antigene aus Leber und Niere (LKM). Hauptepitope der LKM-Antikörper ist der P450-Enzymkomplex. Der Nachweis dieser Antikörper erfolgt ebenfalls im indirekten Immunfluoreszenztest auf Rattenleber, -niere und -magen.
- Antikörper gegen Asialoglykoprotein Rezeptor (ASGPR). Nachweis erfolgt mittels Radio- oder Enzym-Immunoassay. Der positive Nachweis hat eine hohe Krankheitsspezifität für die autoimmune Hepatitis.

12.3.2.2 Autoantikörper bei primär biliärer Zirrhose

- antimitochondriale Antikörper (AMA). AMA können zuverlässig mit dem Immunfluoreszenztest auf Leber-, Niere-, Magen-Gewebegefrierschnitten unterschiedlicher Spezies und Herkunft nachgewiesen werden. 9 AMA-Subtypen (M1–M9) können unterschieden werden, deren Bedeutung möglicherweise in unterschiedlichen Krankheitsverläufen und Krankheitsassoziationen liegt. Von besonderer diagnostischer Bedeutung ist der Nachweis der AMA-M2-Antikörper. Hauptantigen ist hier der Pyruvatdeyhydrogenase-Komplex. Der Nachweis erfolgt mittels Enzym-Immunoassay. Diese Antikörper haben für die primär biliäre Zirrhose eine hervorragende diagnostische Sensitivität und gute diagnostische Spezifität.

12.3.2.3 Autoantikörper bei primär sklerosierender Cholangitis

Antineutrophile-, zytoplasmatische Antikörper (ANCA). Siehe hierzu Abschnitt 12.3.3.

12.3.3 Autoantikörper bei systemischer Vaskulitis

Bei diesen Erkrankungen handelt sich um typische chronisch-entzündliche Veränderungen der Wände verschiedener Blutgefäßabschnitte. Je nachdem, welcher Abschnitt im arteriellen oder venösen Gefäßsystem betroffen ist, werden unterschiedliche Krankheitsentitäten differenziert. Diese sind in Tabelle 12.9 zusammengestellt.

Die Ursache der primären Vaskulitiden ist nach wie vor unklar. Es gibt Assoziationen mit viralen Infektionen (z. B. Hepatitis B-Virus und Panatheritis nodosa oder Hepatitis C-Virus und Kryoglobulinämische Vaskulitis). Autoimmune

Tabelle 12.9: Einteilung von Vaskulitiden entsprechend dem anatomischen Gefäßbefall.

Vaskulitis	Krankheitsformen
Vaskulitits großer Gefäße	Riesenzell-(Temporal-)arteritis Takayasu-Arteriitis
Vaskulitis mittelgroßer Gefäße	Panarteriitis nodosa (klassische Panarteriitis nodosa) M. Kawasaki
Vaskulitis kleiner Gefäße	Wegenersche Granulomatose Churg-Strauss-Syndrom Mikroskopische Panarteriitis Purpura Schönlein-Henoch Essenzielle kryoglobulinämische Vaskulitis Kutane leukozytoklastische Angiitis

Vaskulitiden können mit und ohne Immunkomplexen assoziiert sein. Bei den Immunkomplexvaskulitiden haben Komplexe aus Antigenen, Antikörpern und Komplementkomponenten eine zentrale Bedeutung. Bei vielen Vaskulitiden, die nicht mit Immunkomplexen assoziiert sind, spielen Autoantikörper gegen bestimmte Komponenten von neutrophilen Granulozyten eine zentrale Rolle. Diese werden als **ANCA (antineutrophile zytoplasmatische Antikörper)** bezeichnet. Histologisch findet sich bei diesen Erkrankungen eine fibrinoid nekrotisierende Gefäßwandläsion. Es fehlen Ablagerungen von Immunkomplexen in der Gefäßwand. Besonders in der Frühphase finden sich neutrophile Granulozyten in den Läsionen. Es wird eine durch neutrophile Granulozyten induzierte Schädigung des Gefäßendothels postuliert. So kommt es durch eine Aktivierung von Neutrophilen zur Freisetzung von toxischen Sauerstoffradikalen. Ferner können durch die Destruktion von neutrophilen Granulozyten lysosomale Enzyme ausgeschüttet werden. Was allerdings den Autoimmunprozess gegen neutrophile Granulozyten bei diesen Erkrankungen in Gang setzt, ist nach wie vor unklar.

Im Rahmen der Labordiagnostik der Vaskulitiden spielen zunächst die Laborparameter eine wichtige Rolle, die zur Diagnostik von chronischen Entzündungsprozessen eingesetzt werden (siehe oben). Eine Vaskulitis in verschiedenen Gefäßabschnitten kann zur Beeinträchtigung der durch diese Gefäße versorgten Organe führen. Hier steht in erster Linie die Niere im Mittelpunkt. So finden sich häufig Zeichen der Glomerulonephritis (siehe Kapitel 19). Im Rahmen der Autoantikörperdiagnostik spielt der Nachweis von antineutrophilen zytoplasmatischen Antikörpern (ANCA) eine wichtige Rolle.

12.3.3.1 Antineutrophile zytoplasmatische Antikörper (ANCA)

ANCA sind Antikörper die gegen vorwiegend in den Granula von neutrophilen Granulozyten lokalisierte Enzyme gerichtet sind. Ihr Nachweis erfolgt in Immunfluoreszenztest auf ethanolfixierten Granulozyten (Tab. 12.10). Ent-

Tabelle 12.10: Krankheitsassoziationen von Anti-Neutrophilen (Granulozyten) – zytoplasmatische Antikörper (ANCA).

Fluoreszenzmuster	Krankheit
C-ANCA	Wegenersche Granulomatose mikroskopische Polyarteriitis Churg-Strauss-Syndrom
P-ANCA und atypische ANCA	mikroskopische Polyarteriitis klassische Panarteriitis nodosa idiopathische Glomerulonephritis Churg-Strauss-Syndrom M. Crohn Colitis ulcerosa autoimmune Hepatitis primär sklerosierende Cholangitits chronische Polyarthritis systemischer Lupus erythematodes

sprechend den Fluoreszenzmustern werden vor allem die folgenden beiden Typen unterschieden:
– zytoplasmatisches Muster (c-ANCA). Das Zielantigen ist Proteinase 3, ein Bestandteil der primären Granula von Granulozyten und Monozyten. Dieses Fluoreszenzmuster wird vor allem bei der Wegenerschen Granulomatose, dem Churg-Strauss-Syndrom und der nekrotosierenden Glomerulonephritis gefunden.
– perinukleäres Muster (p-ANCA). Das Zielantigen ist überwiegend Myeloperoxidase. Sie spielt eine zentrale Rolle bei der Generierung von Sauerstoffradikalen. Dieser Typ wird bei einer Vielzahl von Vaskulitiden beobachtet, lässt sich aber auch bei einer Reihe von nicht vaskulitischen Erkrankungen nachweisen. Hierzu zählen Kollagenosen, chronischentzündliche Darmerkrankungen und die autoimmune Hepatitis. Charakteristisch ist eine typische scharf abgegrenzte perinukleäre Fluoreszenz auf ethanolfixierten neutrophilen Granulozyten.

12.3.4 Autoantikörper bei Muskelerkrankungen

Die **Myasthenia Gravis** ist die wohl bestcharakterisierte organspezifische Autoimmunerkrankung, bei der die neuromuskuläre Signalübertragung durch Autoantikörper beeinträchtigt wird. Die wichtigsten Autoantikörper sind hierbei diejenigen, die gegen **Acetylcholin-Rezeptoren** gerichtet sind. Der Nachweis dieser Antikörper gilt als pathognomonisch für die Myasthenia Gravis. Die diagnostische Sensitivität beträgt 75–95 %, die diagnostische Spezifität ist nahezu 100 %. Der Nachweis erfolgt mittels (Radio) Immunoassays.

Bei einer Reihe von Herzmuskelschädigungen können Antikörper gegen Herzmuskelantigene auftreten. Zu diesen Erkrankungen zählen **Myokarditiden**, die **dilatative Kardiomyopathie** sowie das **Post-Myokardinfarkt-Syndrom** und andere. **Herzmuskelspezifische Antikörper** werden mittels Immunfluoreszenztest an Gefrierschnitten von Herz- und Skelettmuskulatur (Affe, Mensch) oder an isolierten Rattenkardiozyten nachgewiesen. Darüber hinaus sind spezifische Antikörper gegen **Myosin**, β-**1-Adrenorezeptoren** und gegen **Argenin-Nukleotid-Translokator** beschrieben. Ihr Nachweis erfolgt mittels Immunoassay.

Es wird vermutet, dass durch eine Schädigung des Herzmuskels die Autoimmunreaktion in Gang gesetzt werden kann. Infektionen können ebenfalls zur Autoantikörperbildung gegen Herzmuskelantigene führen. Antikörper gegen Myosin entstehen wahrscheinlich aufgrund einer Kreuzreaktion von Antikörpern gegen M-Proteine von Streptokokken der Gruppe A mit der schweren Kette des Myosins im Herzmuskel. Bei virusbedingten Myokarditiden mit Coxsackie, Mumps oder Influenzavirus und anderen wird als Entstehungsmechanismus ein molekulares Mimikry diskutiert.

12.3.5 Autoantikörper bei Diabetes mellitus Typ I

Die Pathophysiologie und Pathobiochemie des Diabetes ist in Kapitel 4 ausführlich dargestellt. Der insulinpflichtige Diabetes mellitus Typ I entsteht durch einen chronischen Autoimmunprozess, der spezifisch gegen die B-Zellen der Langerhans'schen Inseln gerichtet ist. Im Rahmen der Diabetesdiagnostik spielt der Nachweis von Autoantikörpern eine wichtige Rolle. Sie haben ihre Domäne als prädiktive Marker für

Tabelle 12.11: Prävalenz von Autoantikörpern bei Patienten mit Typ-I Diabetes mellitus.

Autoantikörper	Prävalenz (%)
Zytoplasmatische Inselzellantikörper	80
Antikörper gegen Glutaminsäure Dekarboxylase	70–80
Insulin Autoantikörper	30–100
Antikörper gegen Tyrosin-Phosphatase IA-2	50–70

den Diabetes Typ I und können darüber hinaus in der Differenzierung zwischen einem Diabetes Typ II und einem latent insulinpflichtigen Diabetes im Erwachsenenalter eingesetzt werden, wenn klinische Kriterien eine genaue Klassifikation nicht erlauben. Für den Nachweis eines manifesten Diabetes mellitus sind die Autoantikörper allerdings ungeeignet. Die wichtigsten Autoantikörper sind in Tabelle 12.11 zusammengestellt.

Mithilfe des Nachweises von Autoantikörpern kann das individuelle Diabetesrisiko abgeschätzt werden. Damit kann die diagnostische Sensitivität und Spezifität für die Vorhersage des Diabetes mellitus Typ I deutlich erhöht werden. 80–100 % der erstgradig Verwandten von Typ-I-Diabetikern entwickeln bei Vorliegen von drei oder mehr der in Tabelle 12.11 beschriebenen Markern einen Diabetes mellitus Typ I. Bei Nachweis von nur zwei Antikörpern entwickeln etwa 25 % und bei nur einem weniger als 10 % der Betroffenen innerhalb von 10 Jahren eine Diabetes. Es kann angenommen werden, dass bei erstgradig Verwandten mit einem einmaligen Screening etwa 75 % der späteren Fälle von Diabetes Typ I erfasst werden können.

12.4 Allergische Erkrankungen

12.4.1 Pathophysiologie und Pathobiochemie

Allergien sind überschießende Reaktionen des Immunsystems, die ursprünglich von Coombs und Gell in verschiedene Kategorien klassifiziert wurden:

– **Typ-I-Reaktion:** Fehlgeleitete Immunantworten auf eigentlich harmlose Umweltantigene wie Nahrungsmittel, Tierhaare, Pollen und Hausstaubmilben. Charakteristisch ist die Bildung von IgE-Antikörpern gegen diese Umweltantigene. Im Rahmen der allergischen Soforttypreaktion kommt es durch Kreuzvernetzung von mastzellgebundenem IgE zur Degranulation mit nachfolgender Freisetzung von Entzündungsmediatoren, die zur klinischen Reaktion führen.

- **Typ-II-Reaktion:** Die Ausbildung einer zytotoxischen Immunantwort gegen (Fremd-)Zellen führt zum Abtöten der Zellen.
- **Typ-III-Reaktion:** Antigen-Antikörper-Interaktionen führen zur Ausbildung von Immunkomplexen in deren Folge es zu Komplementaktivierung kommt. Klinisches Beispiel sind Vaskulitiden, die im Rahmen der Autoimmunreaktionen in Abschnitt 12.3 dieses Kapitels näher beschrieben werden.
- **Typ-IV-Reaktion:** Im Rahmen des Antigenkontakts werden spezifische T-Zellen aktiviert, die bei wiederholtem Antigenkontakt eine verzögerte Immunantwort (72–96 Stunden) vermitteln. Typisches Beispiel ist das allergische Kontaktekzem z. B. auf Nickel.

An dieser Stelle sollen die Typ-I-Reaktionen näher beleuchtet werden. Die durch IgE vermittelte allergische Soforttypreaktion manifestiert sich an den Grenzflächen des Organismus zur Umwelt. Hierzu zählen die Haut als äußere Grenzfläche sowie die Schleimhäute des Gastrointestinaltrakts, der oberen und unteren Luftwege, sowie die Konjunktiven. Die Manifestation an der Haut wird auch als **atopische Dermatitis** oder **Neurodermitis** bezeichnet. Am Gastrointestinaltrakt manifestieren sich **Nahrungsmittelallergien**. Die allergischen Erkrankungen der oberen Luftwege (Nase) und der Konjunktiven sind der **Heuschnupfen**, während das **Asthma Bronchiale** die korrespondierende Erkrankung an den unteren Luftwegen darstellt.

Die Prävalenz dieser Erkrankungen ist in den letzten 100 Jahren in den Industrienationen stetig ansteigend und hat nun mehr eine Lebenszeitprävalenz von ca. 15 % der Gesamtbevölkerung in diesen Regionen der Erde erreicht. In Mitteleuropa sind Allergien und Asthma zur häufigsten chronischen Erkrankung in der Pädiatrie geworden.

Gemeinsam ist diesen Krankheiten eine uniforme Immunpathogenese. Hierbei entwickelt das Immunsystem eine pathologische Entzündungsreaktion auf eigentlich harmlose Umweltantigene. Die normale immunologische Antwort auf Umweltantigene wie Pollen, Tierhaare, Nahrungsmittel und Hausstaubmilben ist die Entwicklung einer immunologischen Toleranz. Toleranz ist ein aktiver immunologischer Prozess, der Antigenkontakt voraussetzt und sich schließlich in der Ausbildung einer spezifischen T-Zell-Antwort äußert. Diese T-Zellen ignorieren das entsprechende Antigen und entwickeln keine Entzündungsreaktion. Anders beim Allergiker: Hier kommt es ebenfalls zur T-Zell-Aktivierung, es entwickeln sich aber T-Lymphozyten eines besonderen immunologischen Phänotyps, der als T-Helfer 2 (TH-2) Typ bezeichnet wird. Warum bei allergischen Patienten die normalen Toleranzmechanismen versagen und es zu einer fehlgeleiteten Entzündungsreaktion kommt, ist nach wie vor unklar. In den letzten Jahren konnte allerdings die pathogenetische Bedeutung der TH-2-Immunantwort für das Geschehen im Krankheitsverlauf näher entschlüsselt werden.

Wie in Abbildung 12.10 dargestellt, produzieren TH-2 Zellen einen besonderen Zytokincocktail, in dessen Zentrum die Zytokine IL-4, IL-5 und IL-13 stehen. Diesen Mediatoren kommt eine zentrale Bedeutung in der Regulation der allergischen Immunantwort zu. Unter dem Einfluss von IL-4 und IL-13 differenzieren B-Zellen zu IgE-produzierenden Plasmazellen. Die IgE-Antikörper binden an hochaffine IgE-Rezeptoren, die sich auf der Oberfläche von Mastzellen und basophilen Granulozyten finden. Wenn mehrere zellständige IgE-Antikörper ihr Antigen (= Allergen) binden führt dies zur Kreuzvernetzung der zellständigen Antikörper, was ein zentrales Aktivierungssignal für Mastzellen darstellt. Hierauf werden von den Mastzellen eine Vielzahl von Entzündungsmediatoren ausgeschüttet, die einerseits bereits präformiert in Granula vorliegen und andererseits innerhalb weniger Minuten synthetisiert werden können. Die neusynthetisierten Entzündungsmediatoren entstammen der Arachidonsäure und gehören zur Gruppe der Postaglandine und

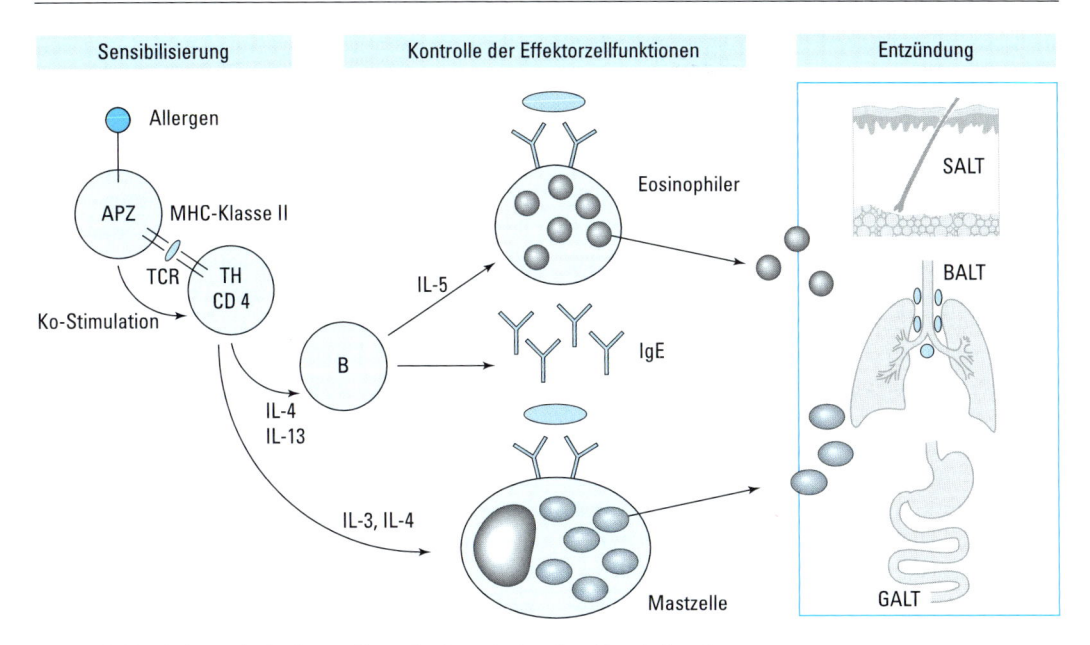

Abb. 12.10: Schematische Darstellung der Regulation der allergischen Immunantwort.

Leukotriene. Andere bereits in Vesikeln gespeicherte Mediatoren sind Histamin, Serotonin, Bradykinin und andere. Die Ausschüttung dieser Mediatoren führt zu einer akuten Entzündungsreaktion am Ort des Geschehens, die sich innerhalb von wenigen Minuten manifestiert. Hierüber erklären sich die akuten Symptome bei Patienten im Sinne von z. B. Nies- und Juckanfällen, einer akuten Asthmaattacke oder Durchfällen. Eine weitere wichtige Effektorzelle im allergischen Geschehen stellen die eosinophilen Granulozyten dar. Auch diese Zellen stehen unter dem regulatorischen Einfluss der TH-2-Zellen. Dem IL-5 wird eine zentrale Rolle in der Entwicklung, Ausschüttung, Rekrutierung und Aktivierung der eosinophilen Granulozyten zugewiesen. In das Entzündungsgewebe eingewanderte eosinophile Granulozyten setzen eine Reihe von hochtoxischen, basischen Proteinen frei, die zur Gewebezerstörung beitragen. Prototyp ist das eosinophile kationische Protein (ECP). Physiologischerweise wird diese TH-2-abhängige Immunreaktion benötigt, um Würmer und andere Parasiten zu eliminieren. Beim Allergiker wird diese Art der Immunreaktion aber gegen harmlose Umweltantigene eingesetzt.

Der einmal in Gang gesetzte Mechanismus führt zu einer chronischen Entzündungsreaktion am Erfolgsorgan, wenn er nicht erfolgreich therapeutisch unterdrückt wird. Die Erkrankungen nehmen im Laufe des Lebens einen charakteristischen Verlauf. Im ersten Lebensjahr stehen Haut- und gastrointestinale Manifestationen im Mittelpunkt. Diese werden insbesondere durch Nahrungsmittelallergien hervorgerufen. Hieraus wird deutlich, dass bei der Initiation des Prozesses dem Gastrointestinaltrakt eine entscheidende Bedeutung zukommt, deren molekularen und zellulären Komponenten aber ebenfalls heute noch nicht abschließend bekannt sind. Allergien gegen Inhalationsallergene entwickeln sich erst im weiteren Verlauf. Heuschnupfen und allergisches Asthma finden sich erst ab dem 2. und 3. Lebensjahr und nehmen dann kontinuierlich zu. Viele der im Säuglingsalter manifesten Nahrungsmittelallergien verlieren sich später und haben häufig eine gute Prognose. Warum es zu diesem Organwechsel kommt, ist ebenfalls noch weitestgehend unklar.

Allergie und Asthma haben eine **genetische Komponente.** Diese wird mit dem Begriff Atopie bezeichnet. **Atopie** ist definiert als die genetische Disposition zur Entwicklung einer oder mehrerer allergischer Erkrankungen im Leben. So haben Kinder von allergischem Vater und Mutter ein Risiko für die Entwicklung einer Allergie von bis zu 80 %. Welche Gene an der Entwicklung der komplexen immunologischen Fehlregulation beteiligt sind, ist gegenwärtig Forschungsgegenstand des humanen Genomprojekts. Genetik alleine kann allerdings nicht als Erklärung für die dramatische Zunahme der Erkrankungen herangezogen werden. Hier spielen offensichtlich **Umweltfaktoren** eine zentrale Rolle. Zwei Hypothesen werden gegenwärtig favorisiert, die die Zunahme allergischer Erkrankungen erklären sollen. Zum einem ist dies die **Umwelthypothese**. Es wird postuliert, dass das vermehrte Auftreten von Allergien in Industrienationen während der letzten Dekaden auf eine vermehrte Umweltverschmutzung zurückzuführen ist. Obwohl kein direkter Zusammenhang zwischen SO_2- und NO_2-Belastung in der Luft und einem vermehrten Auftreten von Allergien nachgewiesen werden konnte, so existieren doch eine Reihe Hinweise, dass andere Umweltfaktoren das Auftreten von Allergien fördern. Hierzu zählen Dieselrußpartikel, die Langzeitexposition von Ozon und das Passivrauchen. Insbesondere das Rauchen von Müttern während der Schwangerschaft und in der Stillperiode fördert die Entwicklung von Allergien bei Kindern. Eine zweite Hypothese die zur Erklärung des dramatischen Anstiegs von Allergien herangezogen wird ist die **Hygienehypothese**. Die Umweltverhältnisse in den ersten Lebensjahren spielen offensichtlich eine wichtige Rolle in der Ausbildung einer normal ausgestatteten immunologischen Kompetenz eines Individuums. So ist es z. B. für die normale Ausreifung des Immunsystems unerlässlich, dass Säuglinge und Kleinkinder im 1. Lebensjahr ca. 10–15 banale Infektionen mit Erregern durchleben. Eine weitere wichtige Komponente in der Ausreifung des Immunsystems stellt die Besiedlung des Gastrointestinaltrakts mit Keimen dar. Hierbei wird die Keimflora maßgeblich durch das Ernährungsverhalten beeinflusst. So haben gestillte Kinder eine andere Keimflora als nicht gestillte. Das Stillen wiederum ist ein wichtiger protektiver Faktor, der die Entwicklung von Allergien in diesen frühen Lebensabschnitten unterdrücken kann. Es wird nun vermutet, dass diese normale Ausreifung des Immunsystems durch unsere „westliche" Lebensweise nachhaltig gestört wird. Banale Infektionen werden frühzeitig mit Antibiotika behandelt und unterdrückt, immer weniger Mütter stillen ihre Kinder, zu Hause herrschen „keimarme" Wohnverhältnisse, Kinder halten sich nur noch bedingt im Freien auf und verbringen viele Stunden am Tag in Wohn-, Schul- und Kindergärtenräumen. Umgekehrt haben Kinder, die auf Bauernhöfen groß werden, deutlich weniger Allergien. Diese Zusammenhänge werden gegenwärtig in vielfältigen epidemiologischen und experimentellen Untersuchungsreihen beforscht. Wenn sich diese Zusammenhänge bestätigen lassen, so werden hieraus neue Präventionsstrategien erwachsen müssen, um die Zunahmen dieser Volkskrankheiten zu stoppen.

12.4.2 Laboratoriumsmedizinische Diagnostik

Ein breites Parameterspektrum steht heute für die in vitro Allergiediagnostik zur Verfügung. Hierzu zählen zum einem serologische Tests, bei denen Antikörper im Serum oder Plasma nachgewiesen werden. Eine zweite Parametergruppe stellen Entzündungsmediatoren dar, die nach Aktivierung von Immunzellen freigesetzt werden. Zu den Zellen, die hieran beteiligt sind, zählen die eosinophilen Granulozyten (ECP, EPX), Mastzellen (Tryptase, Histamin, Serotonin) und T-Zellen (IL-4, IL-5, IFN-γ etc.). Da gerade den T-Zellen eine entscheidende Rolle in der Regulation der allergischen Immunantwort zukommt, wäre es hier besonders wünschenswert Parameter zu entwickeln, die den Aktivitäts- und Differenzierungszustand dieser wichtigen Regulatoren anzeigen. Jedoch sind die bisher hierfür entwickelten Methoden der intrazytoplasmatischen Zytokinmessung am Durchflusszytometer und der Bestimmung von Zytokinen aus dem Kulturüberstand noch nicht Routine tauglich.

12.4.2.1 Gesamt-IgE

Antikörper der Immunglobulinklasse E (IgE) kommen im Serum verglichen mit den anderen

Immunglobulinklassen in sehr geringer Konzentration vor. Sie besitzen die Fähigkeit zur Bindung an hoch- und niedrigaffine zelluläre Rezeptoren, die spezifische Reaktionen des Immunsystems auslösen. Die Bestimmung des Gesamt-IgE dient im Zusammenhang mit der Bestimmung des spezifischen IgE als zusätzlicher Parameter zur Beurteilung der spezifischen IgE-Antikörper-Titer. Das Gesamt-IgE kann jedoch eine spezifische Sensibilisierung nie ausschließen oder nachweisen. Zum Atopiescreening ist das Gesamt-IgE nur eingeschränkt geeignet. Auch zur Abschätzung des Atopierisikos ist das Gesamt-IgE nur beschränkt in der Lage. Außerhalb der Allergologie gibt es eine Vielzahl von klinischen Situationen bei denen eine Erhöhung des Gesamt-IgE's nachzuweisen ist.

Indikationen zur Bestimmung des Gesamt-IgE und klinische Situationen, die mit einer Erhöhung des Gesamt-IgE assoziiert sind:

– **Im Zusammenhang mit der Bestimmung von spezifischem IgE.** Die Bestimmung des Gesamt-IgE dient hier als Interpretationshilfe für die Beurteilung der spezifischen IgE-Antikörpertiter. Wenn das Gesamt-IgE normal oder gar niedrig ist, kommt auch niedrigen, spezifischen IgE-Titern eher eine klinische Relevanz zu als bei extrem erhöhten Gesamt-IgE (z.B. bestimmte Formen der atopischen Dermatitis) bei denen niedriggradige spezifische IgE-Antikörpertiter dann eher Ausdruck einer unspezifischen Stimulation von B-Zell-Klonen ist. Um so niedriger also das Gesamt-IgE, um so eher ist der Nachweis von spezifischem IgE Ausdruck einer immunologischen Sensibilisierung.
– **In besonderen Fällen zur ergänzenden Diagnostik** von Erkrankungen, die mit Atopie assoziiert sein können. Bestimmte Formen der Urticaria, des Quincke-Ödems, der eosinophilen Gastroenteritis und eine Reihe von Exanthemen sind mit einem erhöhten Gesamt-IgE assoziiert. Auch bei Arzneimittelallergien ist häufig ein erhöhtes Gesamt-IgE nachweisbar. Auch hier dient die Bestimmung des Gesamt-IgE's nur der Ergänzung der Allergiediagnostik und führt nicht primär zur Diagnose.
– **Bestimmung im Nabelschnurblut zur Abschätzung des Atopierisikos.** Eine Erhöhung des Nabelschnur-IgE ≥ 0,90 U/ml kann als prädiktiver Wert für ein Atopierisiko angesehen werden. Hingegen schließen Werte ≤ 0,9 U/ml die Atopieentwicklung nicht aus. Da viele der späteren Atopiker (≥ 90%) ein normales Nabelschnur-IgE aufweisen, ist ein breites Nabelschnur-IgE-Screening nicht zu empfehlen. Diese Bestimmung sollte einer Risikopopulation z.B. bei positiver Familienanamnese, vorbehalten bleiben. Ein Wert kann nur beurteilt werden, wenn sicher gestellt wurde, dass das Nabelschnurblut nicht mit mütterlichem Blut kontaminiert war.
– **Zur Diagnostik und Therapiekontrolle bei Parasitosen.** Besonders bei unklarer Bluteosinophilie und negativem Parasitenbefund z.B. Filariose, Trichinose, Toxokariasis, Capilaria-Philipensis, tropischer Eosinophilie.
– **Im Rahmen der Diagnostik von angeborenen Immundefekten.** Eine Vielzahl von angeborenen Immundefekten, insbesondere des zellulären Immunsystems, können mit der Erhöhung des Gesamt-IgE einhergehen. Im Rahmen der Immundefektdiagnostik ist die Bestimmung des Gesamt-IgE Teil des Screenings für das humorale Immunsystem, zusammen mit den übrigen Immunglobulinklassen und -subklassen. Zu den angeborenen Immundefekten mit einem erhöhtem IgE gehören angeborene T-Zelldefektsyndrome, das Hyper-IgE-Syndrom, Wiskott-Aldrich-Syndrom.
– **Im Rahmen der Diagnostik von erworbenen Immundefekten.** Im Rahmen der HIV-Infektionen entwickelt sich insbesondere im Spätstadium bei ausgeprägter Depletion der $CD4^+$ T-Zelle ein atopieähnliches Syndrom, welches auch als Job-like-Syndrom bezeichnet wird und mit zum Teil exzessiver IgE-Erhöhung einhergeht. Daneben entwickeln sich transiente IgE-Erhöhungen auch nach bestimmten Infektionskrankheiten wie Mycoplasmen, Pertussis, Masern und RSV Bronchiolitits.

Die Referenzbereiche des Gesamt-IgE's sind altersabhängig. Höchste Konzentrationen finden sich in der Pubertät. Danach nimmt das Gesamt-IgE wieder leicht ab. Das Gesamt-IgE wird auch durch unspezifische Einflussfaktoren wie Nikotin- oder Alkoholgenuss moduliert.

Die höchsten IgE-Werte finden sich bei der atopischen Dermatitis. Konzentrationen von mehr als 10.000 U/ml können erreicht werden. Bei sehr hohen Werten ($\geq$ 20.000 U/ml) muss differenzialdiagnostisch ein zellulärer Immundefekt ausgeschlossen werden. Hohes Gesamt-IgE gepaart mit stark vermehrter Eosinophilenzahl muss an eine Parasitose denken lassen. Höhere Gesamt-IgE-Werte finden sich darüber hinaus während der Zeit der Allergenexposition (z. B. während des Pollenflugs).

12.4.2.2 Allergenspezifisches IgE

Der Nachweis spezifischer IgE-Antikörper zeigt eine allergische Sensibilisierung an. Diese muss nicht notwendigerweise mit der klinischen Symptomatik korrelieren. Daher muss im Einzelfall überprüft werden, welches der im in vitro Test als positiv identifizierten Allergene für die Klinik verantwortlich ist. Diese Korrelation zwischen Testergebnis und Klinik erfolgt in der Regel mittels Durchführung organspezifischer Provokationstests, einschließlich der Doppelblind-plazebo-kontrollierten Provokation bei Nahrungsmitteln.

Obwohl die Messung des Gesamt-IgE heute standardisiert ist und anhand eines WHO-Standards kalibriert werden kann, gibt es bis heute keinen Standard für die Quantifizierung des spezifischen IgE. Hieraus ergibt sich die Problematik, dass verschiedene Hersteller unterschiedliche Kalibratrionsmethoden verwenden und somit auch unterschiedliche quantitative Ergebnisse erzielen. Eine internationale Standardisierung ist daher dringend erforderlich.

Es existieren zahlreiche Methoden zur Bestimmung der spezifischen IgE-Antikörper, die auf ähnlichen Prinzipien beruhen: Allergenmoleküle werden entweder an eine feste Phase gekoppelt oder als Flüssigallergene eingesetzt, an die die IgE-Antikörper der Patientenprobe dann binden können. In jedem Falle müssen ausreichende Bindungsstellen für die IgE-Antikörper vorhanden sein. Zu berücksichtigen ist hierbei vor allem, dass viele Patienten neben IgE-Antikörpern auch IgG-Antikörper gegen dasselbe Antigen oder Allergen produzieren. Die Konzentration dieser IgG-Antikörper ist um ein Vielfaches ($\geq 10^3 - 10^5$fach) höher als die Konzentration der IgE-Antikörper. Daher konkurrieren die (in viel geringerer Konzentration vorhandenen) IgE-Antikörper mit den IgG-Antikörpern um die Bindungsstellen. Wenn IgE-Antikörper in besonders niedriger Konzentration vorhanden sind, oder aber IgG-Antikörper in besonders hoher Konzentration vorliegen, kann somit ein falsches negatives Ergebnis resultieren.

Die wichtigsten Allergengruppen sind die Pollen, Innenraumallergene, Nahrungsmittelallergene sowie die Insektengiftallergene Biene und Wespe. Die wichtigsten Vertreter dieser Gruppen sind in den Tabellen 12.12–12.14 zusammenfassend dargestellt. Insbesondere für die Pollen und die Innenraumallergene liegen heute Allergenpräparationen hoher Qualität vor. Diese werden in den meisten kommerziell ver-

Tabelle 12.12: Leitpollen bei Pollinose.

Periode	Gruppe	Leitpollen
Frühjahr	Bäume	Hasel (Corylus avallena)
		Erle (Alnus incana)
		Birke (Betula verrucosa)
		Esche (Fraxinus excelsior)
Frühsommer	Gräser	Lieschgras (Phleum pratenese)
		Lolch (Lolium perenne)
		Wiesen-Rispengras (Poa pratenese)
		Knäuelgras (Dactylis glomerata)
	Getreide	Roggen (Secale cereale)
Spätsommer	Kräuter/ Sträucher	Beifuß (Artemisia vulgaris)
		Ragweed (Ambrosia artemisii folia)

Tabelle 12.13: Wichtige Innenraum-Allergene.

Gruppe	Vertreter
Milben	Dermatophagoides pteronyssinus Dermatophagoides farinae Dermatophagoides microceras
Tiere	Hund (Canis domesticus) Katze (Felis domesticus) Meerschwein (Caia porcellus) Pferd (Equus caballus)
Pilze	Alternaria, Cladosporium, Aspergillus, Penicillium, Mucor

Tabelle 12.14: Wichtige Nahrungmittelallergene.

Gruppe	wichtige Allergene/Komponenten
Hühnereiweiß	Ovalbumin, Ovomukoid, Conalbumin, Lysozym
Kuhmilch	Kasein, Laktalbumin, Laktoglobulin
Soja	–
Nüsse	Haselnuss, Walnuss, Paranuss, Erdnuss (Hülsenfrucht)
Fische	Süßwasser, Salzwasser
Getreide	Weizen, Roggen
Gemüse	Kartoffel, Sellerie, Tomate, Erbse, Bohne

fügbaren Testsystemen eingesetzt. Bei den Nahrungsmittelallergenen ist der Grad der Charakterisierung noch nicht soweit fortgeschritten. Darüber hinaus ergeben sich für viele Nahrungsmittelallergene Probleme im Bereich der Haltbarkeit. Bei der Interpretation der Testergebnisse und insbesondere im Hinblick auf eine Korrelation zwischen Anamnese und Klinik ist auf das Vorliegen von möglichen Kreuzreaktionen zu achten. So sind eine Reihe von Kreuzreaktionen zwischen Pollen und Nahrungsmitteln und zwischen tierischen Nahrungsmitteln beschrieben. Ein weiteres wichtiges Allergen stellt Latex dar, das als Berufsallergen beim medizinischen Personal besondere Bedeutung erlangt hat.

12.4.2.3 Allergenspezifisches IgG und IgG 4

Allergenspezifische Antikörper vom Isotyp M, G, A können sowohl in Seren von gesunden als auch atopischen Individuen nachgewiesen werden. Die Bildung von allergenspezifischen Antikörpern dieser Immunglobulinklassen sind Teil der normalen Immunantwort auf eine Exposition gegenüber Fremdeiweißen. Es besteht daher keine Korrelation zur klinischen Symptomatik der allergischen Soforttypreaktion. Ihre Rolle in der Pathogenese des Asthma bronchiale bzw. der Allergie ist unbekannt und bezüglich ihrer Krankheitsrelevanz ist die Bedeutung der Antikörper ungesichert. Allergenspezifische IgG-Antikörper haben allerdings ihre Relevanz im Rahmen der Diagnostik von Immunkomplexerkrankungen wie z.B. der exogen allergischen Alveolitis.

Es wird diskutiert, ob der Nachweis bzw. Anstieg allergenspezifischer IgG 4-Antikörper ein Indikator für eine erfolgreiche Hyposensibilisierung sein könnte. In der Tat zeigen eine Reihe von Studien, dass eine erfolgreiche Hyposensibilisierung mit dem Anstieg dieser Antikörper assoziiert ist. Die pathogenetische Bedeutung dieser Antikörper wird im Sinne von so genannten „blockierenden Antikörpern" gesehen, die durch ein schnelles „blockieren" und abfangen der Allergene die Bindung an mastzellständiges IgE verhindern sollen. Obwohl es für die Richtigkeit dieses Konzepts eine Reihe von experimentellen Evidenzen gibt, ist es dennoch nicht unumstritten. Da im Einzelfall keine Korrelation zwischen der Höhe dieser Antikörper und dem klinischen Erfolg der Hyposensibilisierung nachzuweisen ist, kann daher der Anstieg der allergenspezifischen IgG und IgG 4-Antikörper nur als Indikator für eine möglicherweise erfolgreich durchgeführte Therapie angesehen werden, er ist allerdings dafür nicht beweisend. Der Nachweis einer erfolgreich durchgeführten Therapie erfolgt daher heute nach wie vor durch Allergenexposition.

12.4.3 Mediatoren von Entzündungszellen der allergischen Soforttypreaktion

Mastzellen und eosinophile Granulozyten sind die zentralen Effektoren der allergischen Soforttypreaktion. Mastzellen können über verschiedene Wege aktiviert und somit zur Degranulation und Mediatorfreisetzung veranlasst werden. Im Rahmen der allergischen Soforttypreaktion steht die Allergenbindung an allergenspezifische IgE-Antikörper im Vordergrund. Mastzellen schütten aber auch IgE-unabhängig Mediatoren aus. Hierbei können sie über Komplementspaltprodukte unspezifisch aktiviert werden; bestimmte Antigene verfügen auch über die Kapazität Mastzellen direkt zu aktivieren.

In jedem Falle führt die Aktivierung zur Ausschüttung eines „Mediator-Cocktails". Zu den zentralen Botenstoffen gehören Histamin und Serotonin, die Mediatoren der Arachidonsäure (Leukotriene, Prostaglandine, Thromboxan) und viele andere. Die eosinophilen Granulozyten zeichnen sich durch die Ausschüttung von basischen Proteinen aus, zu denen das eosinophile kationische Protein (ECP), das eosinophile Protein X (EPX), sowie das Major Basic Protein (MBP) zählen. Eine Vielzahl von Testverfahren ist verfügbar, um diese Mediatoren direkt oder indirekt zu erfassen. Die wichtigsten Testverfahren, die auch zum Teil in der klinischen Routine Anwendung finden, sollen im Folgenden kurz dargestellt werden:

- **Histamin und Serotonin aus Blut und Urin.** Im Rahmen ausgeprägter anaphylaktischer und urtikarieller Reaktionen werden akut große Mengen von Histamin und Serotonin ausgeschüttet. Diese werden vor allem in der Leber verstoffwechselt. Die Mediatoren bzw. deren Metabolite können dann im biologischen Material direkt mittels HPLC in Immunoassays nachgewiesen werden. Erhöhte Werte geben einen Hinweis für eine aktuelle oder gerade abgelaufene massive Aktivierung dieser Entzündungszellen.
- **Mastzell-Tryptase.** Im Gegensatz zum Histamin wird die Tryptase, ein weiterer Mastzell-Mediator, langsamer abgebaut (Serumhalbwertszeit ca. 2 Std.). Damit kann der Tryptasenachweis retrospektiv ein Ereignis mit deutlicher Mastzellbeteiligung aufdecken helfen. Ein weiter entwickelter sensitiver und spezifischer ImmunoAssay erkennt zwei Isoformen der Mastzelltryptase. Indikation für die Tryptasebestimmungen sind fragliche Reaktionen mit Mastzellbeteiligung innerhalb der letzten 24 Stunden, sowie anaphylaktoide Reaktionen (auf z. B. Pharmaka, Substanzen zur invasiven Diagnostik etc.). Ferner hilft die Tryptasebestimmung bei der differenzialdiagnostischen Abklärung einer Schockreaktion unklarer Genese. Eine weitere Indikation ist die fragliche Mastozytose. Zu beachten ist auch, dass ein hoher Tryptasespiegel ($\geq 12,5$ mg/l) durchaus für ein Ereignis mit Mastzellbeteiligung spricht, Werte im Normbereich sind dagegen nicht unbedingt aussagekräftig (z. B. falsch negative Ergebnisse).
- **Eosinophiles kationisches Protein (ECP) und eosinophiles Protein X (EPX).** Entscheidend ist, dass die im biologischen Material messbaren Mediatoren nicht nur die Zahl der Eosinophilen, sondern vor allem deren Aktivitätszustand widerspiegeln und damit den Grad und aktuellen Zustand der entzündlichen Reaktion anzeigen. Damit ergänzt die Messung dieser Mediatoren die Messung der eosinophilen Granulozytenzahl im Differenzialblutbild. Bei der Bestimmung des ECP aus dem Serum ist zu beachten, dass dieses erst während der Gerinnung von Vollblut freigesetzt wird. Hierbei ist auf eine standardisierte Probenvorbereitung zu achten. Es wird empfohlen, das Vollblut eine Stunde bei Raumtemperatur stehen zu lassen, bevor das Serum durch Zentrifugation gewonnen wird. Die ECP-Bestimmung eignet sich aufgrund ihrer interindividuellen Streuung nicht zur individuellen Vorhersage. Insofern ist mithilfe von erhöhten ECP-Spiegeln weder eine diagnostische Abklärung noch eine klare Zuordnung zu einem spezifischen Krankheitsbild möglich. Allerdings kann die ECP-Bestimmung zur Verlaufskontrolle bei schweren atopischen Erkrankungen herangezogen werden. Da bisher keine allgemein gültigen Normalwerte definiert werden konnten, spielt in diesem Zusammenhang die intraindividuelle Schwankung des ECP's eine wichtige Rolle.

12.5 Immundefekte

12.5.1 Pathophysiologie und Pathobiochemie

Eine Einteilung von Immundefekten und Immunmangelzuständen ist in Tabelle 12.15 aufgezeigt. In der Neonatalperiode und im hohen

Tabelle 12.15: Immundefekte (ID).

physiologische ID	Neonatalperiode, Alter
angeborene ID	Agammaglobulinämien, Common-variable ID Hyper-IgM-Syndrom selektiver Immunoglobulin Mangel T-Zell-Defekte (SCID), Granulozytendefekte, Komplementdefekte
erworbene ID	Lymphome (NHL, Myelom, M. Hodgkin) ALL, CLL, nach Virusinfekten, z. B. HIV Malnutrition, Polytrauma, Verbrennung, Proteinverlust, Diabetes mellitus, exzessiver körperlicher Stress, Tumore, Infektionen
iatrogene ID	immunsuppressive Therapie, Chemotherapie, Radiation, operative Eingriffe, Knochenmarkstransplantation

Lebensalter finden sich **physiologische Zustände von Immundefekten**. In der Neonatalperiode sind sie bedingt durch eine noch nicht vollständige Ausreifung insbesondere der erworbenen Immunität, während im hohen Alter die Ursachen für einen unspezifischen Immunmangel noch nicht hinreichend geklärt sind. **Angeborene Immundefekte** sind eine Domäne der Pädiatrie. Je nachdem, welche Komponente des Immunsystems betroffen ist, manifestieren sich die Defekte entweder schon unmittelbar nach Geburt, oder aber in den folgenden Lebensmonaten. Eine Ausnahme hiervon ist der Common-Variable-Immune-Defect (CVID), der sich in der Regel zwischen dem 15. und 30. Lebensjahr manifestiert. Es handelt sich hierbei um eine heterogene Gruppe von Erkrankungen, die als gemeinsames Kennzeichen ein Antikörpermangelsyndrom aufweisen. Charakteristisch ist die ungenügende Reifung von ruhenden B-Zellen zu immunglobulinproduzierenden Plasmazellen nach Antigenstimulation. Eine Reihe von unterschiedlichen Erkrankungen führen zu sekundären oder **erworbenen Immundefekten**. Prominentes Beispiel ist die HIV-Infektion bei der es zu einem progredienten Verlust von CD4 positiven Zellen und der Entwicklung von AIDS kommt. Eine Reihe von Virusinfektionen sind mit einer unterdrückten Immunabwehr assoziiert oder manifestieren sich erst bei einem komprimitierten Immunsystem. Zur letzteren Gruppe zählt z. B. die CMV-Infektion nach Organtransplantation und immunsuppressiver Therapie. Aber auch andere Infektionen wie Tuberkulose, Infektion mit Pneumocystis carinii oder verschiedenen Pilzen sind charakteristisch bei Immunsuprimierten oder solchen Patienten, bei denen insbesondere das T-Zellsystem beeinträchtigt ist. Weiterhin ist bei vielen Tumorpatienten eine geschwächte Immunität zu beobachten. Aber auch Patienten nach schweren Operationen, Polytrauma oder mit ausgeprägten Verbrennungen zeigen eine gestörte Abwehrleistung. Diese findet sich auch bei Patienten mit Stoffwechselerkrankungen. Prominentes Beispiel ist der Diabetes mellitus. Eine weitere Gruppe der Immundefekte stellen die **iatrogenen Immundefekte** dar. Diese werden beobachtet nach immunsuppressiver Therapie, Chemotherapie oder Bestrahlung. Sie finden sich auch nach schweren operativen Eingriffen.

Eine Reihe von **klinischen und anamnestischen Parametern** gibt bereits wichtige Hinweise auf das Bestehen eines Immundefekts:
- **Familiäre Häufung und Konsanguinität.** Wurde in einer Familie ein primärer Immundefekt nachgewiesen, sollte diese Erbkrankheit bei weiteren Kindern der Familie frühzeitig ausgeschlossen werden. Dabei muss der jeweilige Erbgang berücksichtigt werden.
- **Verzögerung von Wachstum und Entwicklung.** Dystrophie ist im Kindesalter ein allgemeiner Hinweis für eine chronische Erkrankung. Diese kann auf Organschäden zurückzuführen oder stoffwechselbedingt sein. Als Störung eines Organsystems muss dann auch das Immunsystem in Betracht gezogen werden.
- **Das Infektionsmuster.** Eine ausführliche Infektanamnese gibt in der Regel wichtige Hinweise. Wegweisend sind hierbei ungewöhnlich häufige Infektionen (im 1. Lebensjahr sind bis zu 15 banale Infektionen der oberen Luftwege und des Gastrointertinaltrakts physiologisch), unerwartetes Erregerspektrum, persistierende Infektionen, die auch nach

optimaler Antibiotikatherapie nicht abheilen, komplizierte Verläufe nach Infektionen (Meningitis, Sepsis, Osteomyelitis etc), fehlender Schutz vor Reinfektion mit demselben Erreger und vor allem polytope Lokalisationen. Wenn ein Patient immer wieder am selben Organ Infektionen entwickelt (rezidivierende Bronchitiden, rezidivierende Pneumonien), so ist als Ursache der Störung primär das betroffene Organ zu berücksichtigen (Bronchiektasien, anatomische Fehlbildungen des Bronchialbaums, Ziliendysfunktion, Mukoviszidose usw.). Wenn allerdings die Lokalisation der Infektionen wechselt (Pneumonie, Meningitis, Osteomyelitts, Sepsis) so ist als Ursache primär eine Schädigung des Immunsystems abzuklären.
- **Impfinfektionen.** Wenn Patienten mit bestimmten Immundefekten mit Lebendimpfstoffen exponiert werden, so können sie diese Erreger nicht eliminieren und es entwickelt sich eine Impfinfektion. Typisches Beispiel ist die generalisierte BCGitis nach Tuberkuloseimpfung. Hier ist immer an einen Immundefekt zu denken.
- **Hypoplasie lymphatischer Organe.** Ein fehlender Thymusschatten, fehlende Tonsillen und nicht tastbare Lymphknoten trotz entsprechender Provokation durch Infekte sind wichtige Zeichen.
- **Verzögerter Abfall der Nabelschnur.** Dieser ist bei bestimmten Granulozytendefekten zu beobachten.

Untersuchungen in der Pädiatrie haben ergeben, dass mehr als die Hälfte der Kinder, die zur Abklärung eines Immundefekts zugewiesen werden, an physiologischer Infektanfälligkeit leiden. Diese Infekte heilen in der Regel innerhalb von 1–2 Wochen ab, hinterlassen keine Folgeschäden und schützen vor Reinfektion mit dem gleichen Erreger. Im infektfreien Intervall sind die Kinder völlig gesund. Etwa 1/3 der wegen Infektanfälligkeit zugewiesenen Kinder leidet an respiratorischen Allergien. Diese bedürfen einer allergologischen Diagnostik. Bei 10% der Kinder finden sich lokale Infektursachen. Die rezidivierenden Infekte sind dann auf einen Ort beschränkt (Monotop). Bei den verbleibenden 10% der infektanfälligen Kinder besteht eine pathologische Infektanfälligkeit in Folge eines zugrunde liegenden primären oder sekundären Immundefekts. Dieses bedarf dann der weiteren diagnostischen Abklärung.

Einen weiteren wichtigen Hinweis in der Zuordnung eines Immundefekts gibt die **mikrobiologische Erregerdiagnostik.** Das Immunsystem bedient sich verschiedener Strategien bei unterschiedlichen Erregergruppen (Abb. 12.11). Je nach Erreger können hierbei die folgenden Hauptstrategien des Immunsystems unterschieden werden:
- **Intrazelluläre (bekapselte) Erreger:** Prototypen sind Hämophilus Influenzae, Pneumokokken und Staphylokokken. Bei einer Infektion mit diesen Erregern kommt es zunächst zur Eiterbildung und zum Abszess. Hieran beteiligt sind neutrophile Granulozyten, die an den Ort der Erregerinvasion rekrutiert werden und bemüht sind in einer ersten Linie der Abwehr den Prozess zu lokalisieren und demarkieren. Im weiteren Verlauf kommt es über die Aktivierung von B-Lymphozyten zur Antikörperproduktion. Ferner findet sich eine Aktivierung des Komplementsystems. Wenn ein Patient Probleme in der Abwehr dieser Erregergruppe aufweist, so müssen vor allen Dingen Defekte im Phagozytensystem und in der humoralen Abwehr, also in der B-Lymphozytenfunktion und Antikörperbildung untersucht werden. Ferner sind Defekte im Komplementsystem zu berücksichtigen.
- **Fakultativ intrazelluläre Erreger.** Hierzu zählen z. B. Mykobakterien, diverse Pilze wie Candida und Aspergillus sowie Pneumocystis. Das pathologische Korrelat in der Abwehr dieser Erreger ist die Bildung von Granulomen und Fibrosierungen. Granulome bestehen aus einer lokalen Akkumulation von aktivierten Makrophagen und CD4 positiven Helferzellen. Die Makrophagen phagozytieren die Erreger, wobei diese in der Regel intrazellulär persistieren. Über eine Antigenpräsentation kommt es zur Aktivierung von CD4 positiven T-Zellen, die prototypischerweise Interferon-γ sezernieren. Interferon-γ ist wiederum einer der potentesten Makrophagenaktivatoren, wodurch ein Circulus Vitiosus in Gang gesetzt wird. CD4 positive

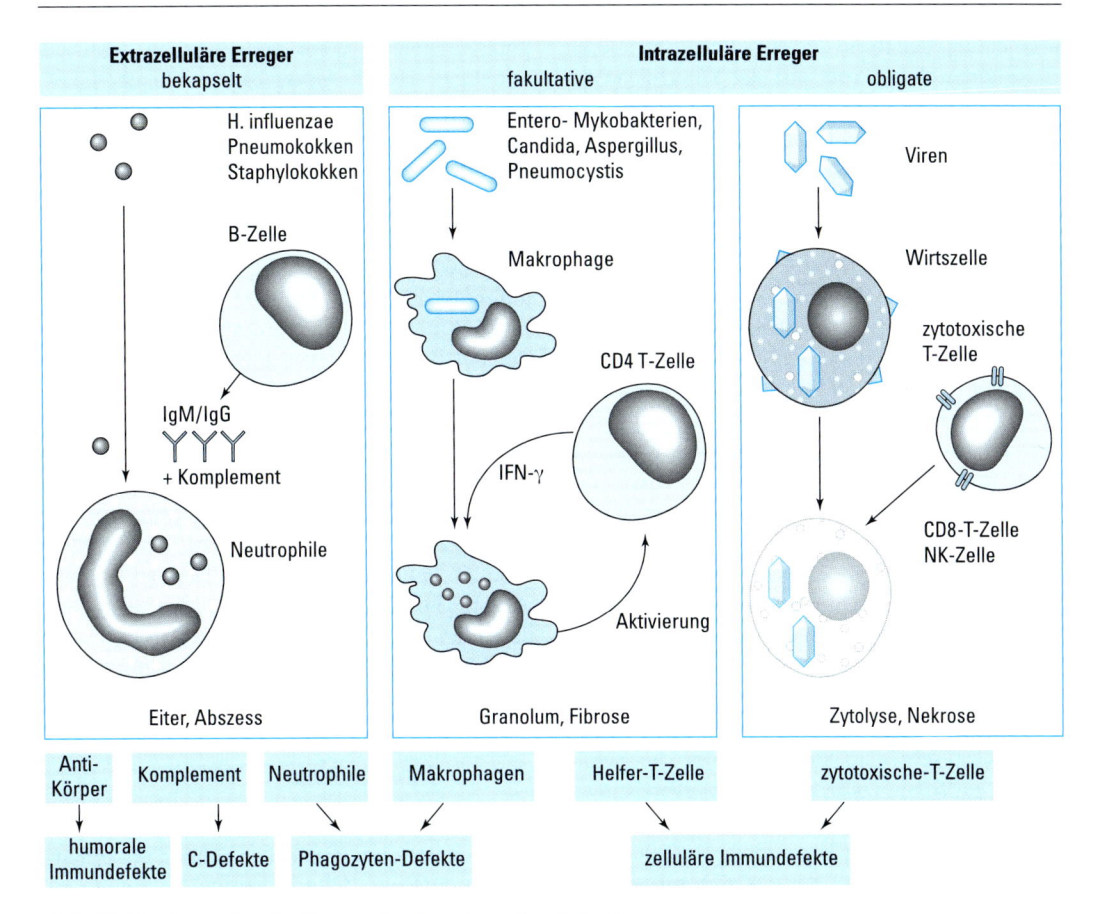

Abb. 12.11: Strategien der Erregerabwehr entsprechend der Erregergruppen.

T-Zellen und Makrophagen bilden die immunologische Grundlage des Granuloms. Bei Problemen mit dieser Erregergruppe sind also insbesondere Makrophagen zu analysieren, sowie die Funktion von Helferlymphozyten zu überprüfen.

- **Obligat intrazelluläre Erreger.** Viren sind in diese Gruppe zu subsummieren. Sie bedienen sich der Wirtszellen zur Replikation. Wirtszellen signalisieren den Virusbefall über die Präsentation von viralen Antigenen, die an MHC-Klasse-I-Antigene gebunden sind. Über diesen Mechanismus werden zunächst NK-Zellen aktiviert, die primär an der Zytolyse virusinfizierter Zellen beteiligt sind. Im weiteren Verlauf kommt es zu einer spezifischen Erkennung virusinfizierter Wirtszellen durch zytotoxische (CD8 positive) T-Zellen. Hat ein Patient primär Probleme in der Abwehr von Viren, so ist die zelluläre Funktion des Immunsystems zu überprüfen.

12.5.2 Krankheitsbilder wichtiger angeborener Immundefekte

Im Folgenden sollen einige wichtige Krankheiten angesprochen werden, deren Ursache ein primärer Immundefekt darstellt.

12.5.2.1 B-Zellsystem

B-Zellen entwickeln sich aus hämatopoetischen Stammzellen im Knochenmark. Zunächst werden die Immunglobulingene rekombiniert und als Zeichen der Reife der B-Zellen exprimieren diese einen Antikörper auf der Oberfläche (in der Regel Klasse IgD und/oder IgM). Mit diesen zum Erkennen von Antigenen ausgestatteten Rezeptoren verlassen B-Zellen das Knochenmark und besiedeln die lymphatischen Organe. Werden sie dort aktiviert, so differenzieren sie in Immunglobulin-sezernierende Plasmazellen, wobei ihnen über T-Zellen Signale vermittelt werden, welche Antikörperklasse (Isotyp) sie produzieren sollen. Unter dem Einfluss von T-Zellen kommt es zum Wechsel der Antikörperklasse (dem Klassen-Switch). Ein Teil der B-Zellen differenziert dann weiter in kurz- oder langlebige Gedächtniszellen, die zum einen über Jahre hinweg Antikörper produzieren können ohne dass es einer Antigenstimulation bedarf. Zum anderen können diese Zellen über Jahrzehnte „schlummern" und dann bei einem Antigen-Zweitkontakt schnell reaktiviert werden.

Auf jeder Ebene dieser komplexen B-Zellbiologie können Störungen und Schädigungen programmiert sein. Um so proximaler die Schädigung zur Stammzelle hin lokalisiert ist, um so schwerer ist die Klinik und die Symptomatik.

Die ausgeprägteste Form eines B-Zelldefekts ist der **M. Bruton** bei dem es sich um eine x-chromosomale a-γ-Globulinämie handelt. Der Name bezieht sich auf das Phänomen fehlender γ-Globuline in der Serum-Elektrophorese. Dieses ist ein Zeichen für das Fehlen aller Immunglobulinklassen. Der Defekt liegt in einer gestörten Differenzierung der Prä-B-Zelle. Es fehlen somit reife B-Zellen sowie typische Lymphfollikel, Keimzentren und Plasmazellen. Die Krankheit manifestiert sich in der Regel nach dem 3. bis 6. Lebensmonat, nämlich dann, wenn der mütterliche Antikörperschutz abgebaut ist.

Beim **Hyper-IgM-Syndrom** ist das IgM deutlich erhöht, es fehlen aber die anderen Immunglobulinklassen. Diese Erkrankung ist ein Beispiel für eine fehlende oder mangelhafte Differenzierung von B-Zellen in antikörperproduzierende Plasmazellen. Es liegen zwar IgM- und IgD-positive reife B-Zellen vor, diese können aber nichts anderes produzieren als IgM. Im engeren Sinne handelt es sich hierbei nicht um einen B-Zelldefekt, sondern um einen T-Lymphozytendefekt, denn den T-Zellen fehlt ein wichtiges B-Zell-Aktivierungsmolekül (CD40 Ligand), das eine notwendige Voraussetzung für die B-Zell Aktivierung darstellt.

Weiter distal liegende B-Zell Defekte sind Störungen einzelner oder mehrerer Immunglobulinklassen. Der wohl häufigste angeborene Immundefekt ist der **selektive IgA-Mangel**, der mit einer Inzidenz von ca. 1:700 vorkommt. Hierbei handelt sich um eine Blockierung terminaler B-Zell-Differenzierung und der Defekt ist häufig assoziiert mit Autoimmunerkrankungen, neoplastischen Prozessen und Allergien. Des Weiteren gibt es eine Reihe von selektiven oder kombinierten **IgG-Subklassen Mangelzuständen**. Hierbei ist jeweils eine enge Korrelation zur klinischen Symptomatik herzustellen. Sind die Patienten asymptomatisch, so ist keine weitere Therapie erforderlich. Erst wenn die Patienten entsprechende klinische Beschwerden aufweisen, ist eine Immunglobulinsubstitution zu erwägen.

12.5.2.2 T-Zell System

Ähnlich wie die B-Lymphozyten durchlaufen die T-Zellen ein Reifungs- und Differenzierungsprogramm. Dieses beginnt ebenfalls im Knochenmark. Hier werden unreife T-Zellen ausgeschleust und durchleben ihre weitere Differenzierung im Thymus. Dort lernen sie zwischen Selbst- und Nicht-Selbst-Antigenen zu entscheiden. Nur die T-Zellen, denen es gelingt einen T-Zell Rezeptor zu exprimieren, der fremd erkennt, können den Thymus verlassen und besiedeln lymphatische Organe. Ähnlich wie bei den B-Zellen gibt es auch hier eine Vielzahl von genetischen Störungen, die je proximaler sie in der Differenzierung liegen, desto schwereren Ausprägungsgrad zeigen. Ein ausgeprägter T-Zelldefekt ist die **Thymushypoplasie/aplasie** bei D-George-Syndrom. Ursache ist eine fehlerhafte Entwicklung einer Schlundtasche und Thymusaplasie; assoziiert mit komplexen Herzfehlern und kongenitaler Tetanie. Sie verläuft in der Regel tödlich. Es fehlen T-Zellen in der Peripherie. Therapie der Wahl ist die Transplantation von fetalem Thymus. Eine weitere Form des schweren Immunmangels ist der **schwere**

kombinierte Immundefekt (SCID). Er kommt in mehreren Varianten vor. Es können sowohl T- als auch B-Zellen fehlen. Diese Form ist autosomal-rezessiv vererbt. Es handelt sich um einen Stammzelleffekt. Hyperplasie von Thymus und lymphatischen Organen sind ebenfalls anzutreffen. Allerdings ist das Thymusgerüst vorhanden (im Gegensatz zur oben beschrieben Thymushypoplasie). Bei anderen Formen des SCID fehlen primär T-Zellen. Diese Defekte sind in der Regel x-chromosomal vererbt. Eine ganze Reihe verschiedener molekularer Ursachen konnte in den letzten Jahren aufgeklärt werden. Ferner gehört in diese Gruppe das **Wiskott-Aldrich-Syndrom**. Hierbei handelt sich um einen komplexen Immundefekt mit Thrombozytopenie, die T-Zellen sind stark vermindert, IgM ist in der Regel auch vermindert, Polysaccharidantigene können nicht verarbeitet werden. Auch dieser Defekt ist x-chromosomal vererbt. Eine weitere schwere Form des SCID ist der Immunmmangel mit Enzymdefekt. Hier spielt insbesondere der **Defekt der Adenosin Desaminase** (ADA-Mangel) eine prominente Rolle. Es handelt sich hierbei um einen autosomal-rezessiv vererbten Defekt der Purin-Nukleosid-Phosphorylase.

12.5.2.3 Phagozytendefekte

Besteht eine Neigung zu bakteriellen und Pilzinfektionen und ist ein B-Zell Defekt ausgeschlossen worden, muss eine Granulozytenfunktionsstörung in Betracht gezogen werden. Neutrophile Granulozyten reifen – wie alle anderen hämatopoetischen Zellen auch – im Knochenmark heran. Sie haben die Aufgabe in der Peripherie Fremdantigene zu phagozytieren und abzutöten. Auch hier können auf allen Ebenen der Reifung, Differenzierung und Aktivierung Störungen beobachtet werden.

Ulzerierende, nekrotisierende Infektionen deuten auf eine Neutropenie oder eine Motilitätsstörung hin. Die **zyklische Neutropenie** ist durch ein zyklisches Abfallen der Neutrophilenzahl in ca. 4-wöchigem Rhythmus charakterisiert. Die Ursache hierfür ist nach wie vor unklar. Bei chronischen Neutropenien handelt es sich entweder um einen vermehrten Verbrauch in der Peripherie oder um eine Reifungsstörung mit Reifungsstop. Dies wird im Rahmen von Autoimmunerkrankungen mit Auto- bzw. Alloantikörpern gegen Granulozyten beobachtet. Falls bei bakteriellen Infektionen ohne Eiterbildung keine Neutropenie zu beobachten ist, sind Störungen der Chemotaxis und der Leukozytenadhäsion zu bedenken. Defekte bestimmter Adhäsionsmoleküle (CD18) sind beschrieben und mit einem verzögerten Abfall der Nabelschnur nach Geburt assoziiert.

Wichtige weitere Funktionen der Granulozyten sind Phagozytose und Sauerstoffradikalproduktion. Phagozytosedefekte werden beim Chediak-Higashi-Syndrom und beim Hyper-IgE-Syndrom beobachtet. Beim Chediak-Higashi-Syndrom liegt typischerweise eine Granulozytopenie mit funktionsgestörten Riesengranula in den Granulozyten vor. Das Hyper-IgE-Syndrom ist assoziiert mit exzessiv stark erhöhter IgE-Synthese, abszedierenden Hautinfektionen und schweren Ekzemen. Nicht nur das T-Zell System weist Defekte auf, sondern auch die Phagozytoseleistung der Granulozyten ist herabgesetzt. Die **chronische Granulomatose** ist charakterisiert durch abszedierende, granulomatöse Infektionen mit Bakterien oder Pilzen: Ursache ist eine Störung der Sauerstoffradikalproduktion. Eine Reihe von genetischen Ursachen sind identifiziert worden.

Insgesamt sind primäre Granulozytendefekte äußerst selten. In der Regel handelt es sich um sekundäre Störungen als Folge verschiedenster schwerer Allgemeinerkrankungen, z. B. Diabetes mellitus oder immunsuppressiven Therapiemaßnahmen, z. B. Chemotherapie.

12.5.2.4 Komplementsystem

Leitsymptome von Komplementdefekten sind rezidivierende bakterielle Infektionen und Septikämien, insbesondere mit Meningokokken. Ferner sind bestimmte Defekte einzelner Komplementfaktoren mit Immunkomplexerkrankungen wie dem systemischen Lupus Erythematodes assoziiert. Defekte einzelner Komplementfaktoren sind äußerst selten. Die häufigste Erkrankung im Komplement-System ist das Quincke-Ödem, bei dem eine funktionelle

Störung des **C1-Inhibitors** vorliegt. Bei dieser Erkrankung kommt es zu anfallsweisen schweren Ödembildungen im Hals-Gesicht-Bereich. Die Anfälle sind lebensbedrohlich, da sie mit schwerer Luftnot einhergehen können. Die Patienten bedürfen der Sofortbehandlung mit C1-Inhibitor.

12.5.3 Laboratoriumsmedizinische Diagnostik

Im Mittelpunkt der Abklärung eines Immundefekts steht die Komponentendiagnostik der zentralen Säulen des Abwehrsystems: B-Zellen, T-Zellen, Phagozytosesystem und Komplementsystem. Im Folgenden wird eine Stufendiagnostik vorgestellt, die zur primären Abklärung eingesetzt wird. Wenn durch die Eingangsdiagnostik der Verdacht auf einen primären Immundefekt erhärtet ist, so schließen sich spezielle, auch molekularbiologische und molekulargenetische Untersuchungen an, die in der Regel nur von hochspezialisierten Laboratorien durchgeführt werden können. Die nähere Besprechung der Spezialtests würde den Rahmen dieses Lehrbuchs sprengen.

12.5.3.1 B-Lymphozytensystem

Hauptfunktion der B-Zellen ist die Antikörpersynthese. Daher steht die Messung der Antikörper im Mittelpunkt der Diagnostik. Die Basis stellt die quantitative Bestimmung der einzelnen Immunglobulinklassen IgG, IgA, IgM und IgE dar. Ein normales Gesamt-IgG schließt einen IgG-Subklassendefekt nicht aus, da ein Mangel einzelner Subklassen durch eine Überproduktion anderer Klassen quantitativ kompensiert werden kann. Aus diesem Grunde gehört die quantitative Bestimmung der 4 IgG-Subklassen mit zur Basisdiagnostik des B-Zellsystems. Die Werte müssen mit altersabhängigen Referenzwerten verglichen werden. Von einer Hypo-γ-Globulinämie wird gesprochen, wenn der IgG-Spiegel deutlich unter 2 Standardabweichung der altersabhängigen Norm liegt. Eine Hypo-γ-Globulinämie in Folge allgemeinen Proteinverlusts (z.B. über Darm, Haut oder Niere) geht mit einem tiefen Albuminspiegel einher. Ferner ist zu berücksichtigen, dass im 1. Lebenshalbjahr mütterliche IgG-Antikörper die kindliche Produktion überdecken können.

Ein IgA-Mangel liegt vor, wenn die Serumkonzentration unter 5 mg/dl abgefallen ist. Serum-IgA kann bis zum Ende des ersten Lebensjahres physiologisch fehlen. Häufig fehlt bei einem IgA-Mangel auch das sekretorische IgA, welches auf den Schleimhäuten zu finden ist. Beim sekretorischen IgA werden 2 IgA-Moleküle (IgA-Dimer) an eine sekretorische Komponente gekoppelt. Die sekretorische Komponente wird von Epithelzellen produziert und stabilisiert die IgA-Antikörper auf den Schleimhäuten. Es gibt seltene Formen des selektiven Mangels an sekretorischen IgA. Daher sollte IgA auch im Speichel gemessen werden.

Eine weitere wichtige Untersuchung in Bezug auf die Funktionalität vorhandener Antikörper stellt der Nachweis spezifischer Antikörper dar. Die Fähigkeit zur Bildung von IgM-Antikörpern kann in der Regel mithilfe der Isohämoagglutinine überprüft werden (Ausnahme Blutgruppe AB). Die Fähigkeit spezifische IgG-Antikörper zu bilden, kann nach Impfungen geprüft werden. Die normale Immunantwort nach Tetanus- und Diphterieimpfung ist die Bildung von spezifischen IgG-Antikörpern, die sich vor allem in IgG-1-Subklasse finden. Die Immunglobulinantwort auf Polysaccharide findet sich vor allem in der IgG-2-Subklasse. Antikörper gegen Polysaccharidantigene sind physiologischerweise erst bei Kindern zu erwarten, die älter als 2 Jahre sind. Ein Test in Bezug auf die Bildung und Funktionalität dieser Antikörper ist die Pneumokokkenimpfung. Die Tests sind in Tabelle 12.16 zusammengefasst.

Tabelle 12.16: Basisdiagnostik des B-Zell-Systems.

IgG, IgM, IgA, IgE im Serum
IgG Subklassen (IgG1 – IgG4)
AB Isohämagglutinine
spezifische Antikörper nach Impfung
• Proteinantigene (Tetanus Toxoid; insbesondere IgG1)
• Polysaccharidantigene (Pneumokokken; insbesondere IgG2)
IgA-Subklassen; IgA im Speichel

12.5.3.2 T-Zell-System

Die Basisdiagnostik bei Verdacht auf T-Zelldefekt umfasst die Zählung der Lymphozyten im Differenzialblutbild, zelluläre Hauttests zur in vivo Überprüfung der Funktionalität, die qualitative und quantitative Bestimmung der T-Zellsubpopulationen und in vitro Testungen zur Lymphozytenfunktion (Tab. 12.17).

Die Lymphozytenzahl sollte über 1000/µl liegen (bei Patienten < 2 Jahren sogar über 2000/µl). Obwohl ca. 70 % der Lymphozyten im peripheren Blut T-Zellen sind, kann eine Lymphopenie aufgrund reduzierter oder fehlender T-Zellen durch erhöhte Zahlen von B-Lymphozyten und NK-Zellen überdeckt sein. Eine normale Lymphozytenzahl schließt daher die Diagnose eines schweren T-Zell Defektes nicht aus.

Die besondere Eigenschaft der T-Zellen ist ihre Antigenspezifität. Nach Antigenkontakt bilden sich aktivierte antigenspezifische T-Zellen aus, von denen ein Teil Gedächtnisfunktionen entwickeln, die bei einem Zweitkontakt mit demselben Antigen abgerufen werden können. Zur Überprüfung dieser Funktionen dient der so genannte Multitest mit Antigenen (Multi-Merieux). Dieser Test kann als orientierende Screeninguntersuchung eingesetzt werden. Hierbei handelt es sich um einen „Stempeltest", bei dem auf verschiedenen Feldern unterschiedliche Antigene aufgetragen sind (z. B. Tetanus Toxoid, Diphtherietoxin, bestimmte Bakterienantigene, Pilzantigene, Tuberkel Antigen). Der Stempel wird intrakutan angewandt, damit die Antigene durch die Epidermis in tiefere Hautschichten penetrieren können und dort zu einer T-Zellrekrutierung führen. Wenn also Kontakt mit diesen Antigenen bereits stattgefunden hat, und T-Zellgedächtnisfunktionen entwickelt sind, kommt es innerhalb der nächsten 2–4 Tage nach Testapplikation zur lokalen Einwanderung reaktivierter T-Zellen. Es bildet sich dann um den Ort der Antigenapplikation ein T-Zellinfiltrat mit Rötung und Induration (Verhärtung). Der Durchmesser der Reaktion sollte mindestens 2 mm betragen. Bei Säuglingen und Kleinkindern kann ein negativer Test Ausdruck fehlender Antigenexposition sein. Nach 3 DTP Impfung wird ein positiver Hauttest bei über 97 % gesunder Kinder beobachtet. Es ist zu berücksichtigen, dass auch ein selektiver zellulärer Immundefekt mit einem positivem Hauttest einhergehen kann, sodass der Multitest alleine für das Screening unzureichend ist.

Daher schließt sich die Immunphänotypisierung der T-Zell Subpopulationen an. Diese erfolgt durchflusszytometrisch mittels monoklonaler Antikörper. Verschiedene Lymphozytenpopulationen exprimieren auf Ihrer Oberfläche ein unterschiedliches Muster von Molekülen. Ebenso lassen sich Stadien der Lymphozytenaktivierung aufgrund der Expressionsdichte sogenannter Aktivierungsmarker unterscheiden. Viele dieser Moleküle sind molekular und biochemisch gut charakterisiert und es sind monoklonale Antikörper gegen diese Moleküle entwickelt worden. Antikörper bei denen nachgewiesen ist, mit welchen Oberflächenmolekülen sie reagieren, werden in die CD-Nomenklatur aufgenommen (Cluster of Differentiation). Hiermit wird kenntlich gemacht gegen welche speziellen Oberflächenmoleküle die Antikörper gerichtet sind. Grundsätzlich können zwei Gruppen von CD-Molekülen unterschieden werden: Solche, die T-Zellen im Rahmen ihrer Entwicklung und Reifung tragen und die auf verschiedene Subpopulationen exprimiert werden, und solche Moleküle, die im Rahmen der Aktivierung getragen werden (oder verloren sind).

Die Durchflusszytometrie macht sich diese Eigenschaften zunutze. Bei diesem Verfahren

Tabelle 12.17: Basisdiagnostik des T-Zell-Systems.

Differenzialblutbild
(Lymphozyten > 1000 bzw. 2000/µl)

Hauttest mit Recall-Antigenen
(z. B. Tatanus Toxoid, Diphtherietoxin,
Candida albicans,
diverse Bakterien-Antigene, Tuberkulin)
Ablesung nach 72–96 Stunden

Immunphänotypisierung mittels
Monoklonaler Antikörper und Durchflusszytometrie
- Subpopulationen
  (z. B. CD4, CD8, NK-Zellen, B-Zellen)
- Aktivierungsmarker
- MHC-Klasse l und II Moleküle

Lymphozytenproliferation (in vitro)
mit Mitogenen und Antigenen

werden fluoreszenzmarkierte monoklonale Antikörper eingesetzt, die so gefärbten Zellen werden an einem Laserstrahl vorbeigeführt, der zu einer Anregung der Fluoreszenz führt. Diese kann dann qualitativ und quantitativ gemessen werden. Es kann mit dieser Methode unterschieden werden, ob eine Zelle ein Molekül überhaupt exprimiert und wenn ja, in welcher Intensität (Moleküldichte). Ein weiterer

Vorteil dieser Methode besteht in der Möglichkeit, simultan mehrere Oberflächenmoleküle gleichzeitig zu testen, und zwar durch den Einsatz von monoklonalen Antikörpern, die mit unterschiedlichen Fluoreszenzmolekülen markiert sind. Die Durchflusszytometrie ist heute ein standardisiertes und automatisiertes Verfahren, welches routinemäßig zum Einsatz kommt.

Die Präsenz eine Lymphozytenpopulation sagt aber noch nichts über ihre Funktionalität aus. Diese wird in vitro durch den Lymphozytenproliferationstest überprüft. Hierzu werden mononukleäre Zellen (Monozyten und Lymphozyten) aus dem peripheren Blut isoliert und mit definierten Mitogenen und Antigenen stimuliert. Mitogene sind Stoffe, die T-Zellen aktivieren, ohne dass ein Antigenkontakt vorausgegangen ist. Ferner stimulieren Mitogene ein breites Spektrum der vorhandenen T-Zellen. Je nach Mitogen werden zwischen 20 und 90 % aller T-Zellen aktiviert. Antigene stimulieren Lymphozyten in diesem Zellsystem nur, wenn ein Antigenkontakt vorhanden war, also antigenspezifische T-Zellen im peripheren Blut auch zirkulieren. Ferner ist die Frequenz antigenspezifischer T-Zellen im peripheren Blut ausgesprochen niedrig (< 1%) sodass die Detektionsmethode zur Lymphozytenproliferation sensitiv genug sein muss. Die mit Mitogenen und Antigenen aktivierten Lymphozyten produzieren Interleukin-2, welches ein wichtiger Proliferationsfaktor der Zellen ist. Die Proliferation wird am sensitivsten mit radioaktivmarkiertem Thymidin gemessen. Dieser Test kann bereits zu den spezialisierten Untersuchungsverfahren gerechnet werden, da er eine breite Erfahrung und ausreichend geschultes Personal voraussetzt.

12.5.3.3 Das Phagozytosesystem

Zur Überprüfung des Phagozytosesystems (insbesondere neutrophile Granulozyten) werden quantitative und qualitative Tests eingesetzt (Tab. 12.18). Zunächst ist die Frage zu beantworten, ob eine Neutropenie vorliegt. Hierzu wird die **absolute Zahl der Granulozyten** zweimal pro Woche über mehrere Wochen bestimmt. Dieses ist unerlässlich, da bei Fällen von Neutropenie für das weitere Vorgehen zu entscheiden ist, ob es sich um eine chronische oder zyklische Neutropenie handelt.

Im Rahmen des weiteren Vorgehens werden die verschiedenen Funktionen der Neutrophilen überprüft. Hierzu zählen die Adhäsionsfähigkeit, Chemotaxis und die Fähigkeit reaktiven, mikrobiziden Sauerstoff zu produzieren. Können Adhäsionsproteine nicht adäquat exprimiert werden, so zirkulieren neutrophile Granulozyten zwar im peripheren Blut, können aber nicht an den Ort der Erregerinvasion auswandern. Die **Adhäsionsproteine** CD11a, CD11b, CD11c und CD18 werden durchflusszytometrisch erfasst. Die Untersuchung der **Chemotaxis** ist ein aufwendiges und spezialisiertes Verfahren, welches nur selten zur Anwendung kommt. Die **Phagozytoseleistung** und **Sauerstoffradikalproduktion** kann heute mittels durchflusszytometrischer Techniken elegant untersucht werden. Hierzu werden fluoreszenzmarkierte Partikel oder Bakterien den neutrophilen Granulozyten dargeboten. Die intrazel-

Tabelle 12.18: Basisdiagnostik des Phagozyten-Systems.

quantitativ
- Zählung der neutrophilen Granulozyten (2 × pro Woche über 6 Wochen)
- < 500/µl schwere Neutropenie

bei Neutropenie
- Mobilisationstest aus Knochenmark mit G-CSF
- Allo- und Autoantikörper

qualitativ
- Adhäsionsmoleküle (Durchflusszytometrie)
- Chemotaxis (in vitro)
- Phagozytose (Durchflusszytometrie)
- Killing und Sauerstoff radikale (Durchflusszytometrie)

luläre Aufnahme kann dann durchflusszytometrisch quantifiziert werden. Diese Methode hat die traditionellen Verfahren des NBT-Tests (Nitro-Blau-Tetrazolium-Test) und die Chemilumineszenz weitestgehend abgelöst. Bei einer Störung der Phagozytose kann auch ein Defekt der Opsonine vorliegen. Hier spielen zum einen Komplementfaktoren eine wesentliche Rolle, zum anderen das mannosebindende Protein (MBP).

Bei einer **Neutropenie** ist weiter abzuklären, ob es sich um eine fehlende Produktion aus dem Knochenmark handelt, oder ob ein vermehrter Verbrauch in der Peripherie vorliegt. Die Mobilisation und Heranreifung im Knochenmark kann mittels G-CSF (Granulozyten-Coloniestimulierender-Faktor) überprüft werden. Um einen vermehrten Verbrauch in der Peripherie auszuschließen, muss nach Allo- oder Autoantikörpern gesucht werden.

12.5.3.4 Das Komplementsystem

Basisuntersuchung des Komplementsystems ist die Gesamtkomplementaktivität. Hierfür stehen Testsysteme zur Verfügung, die die hämolytische Aktivität des alternativen und klassischen Komplementweges erfassen. Diese Tests sind oben beschrieben. Die weiterführende Diagnostik konzentriert sich auf die qualitative und quantitative Erfassung einzelner Komplementfaktoren bzw. Inhibitoren. Diese Spezialuntersuchungen sind nur in wenigen Laboratorien verfügbar.

13 Infektionsdiagnostik

J. Kühn

Während des letzten Jahrzehnts kam es zu zahlreichen methodischen Innovationen in der Infektionsdiagnostik, bei vielen Erregern wurde das Spektrum verfügbarer Routineuntersuchungsverfahren erheblich erweitert, Nachweisverfahren gegen neue Erreger kamen hinzu. Ausschlaggebend für diese noch anhaltende Entwicklung waren unter anderem
- die Identifizierung bislang unbekannter, medizinisch relevanter Erreger,
- ein verbessertes Verständnis der Pathogenese von Infektionskrankheiten,
- die Etablierung neuer, hoch sensitiver diagnostischer Techniken zum Erregerdirektnachweis,
- die Zunahme immunsupprimierter Patienten im untersuchten Kollektiv,
- erheblich erweiterte Therapiemöglichkeiten viraler Infektionskrankheiten,
- geänderte gesetzliche Vorgaben und Richtlinien.

Die optimale Nutzung der heute verfügbaren Nachweisverfahren in der Infektionsdiagnostik erfordert jedoch, dass auch der Veranlasser von Laboruntersuchungen mit den jeweiligen erregerspezifischen, diagnostischen Besonderheiten vertraut ist. Ausdruck einer modernen Infektionsdiagnostik ist nicht der massive, unreflektierte Einsatz möglichst vieler neu entwickelter, teilweise aber nicht ausreichend evaluierter und teurer Untersuchungsverfahren. Das Ziel muss vielmehr die medizinisch und ökonomisch sinnvolle Nutzung des gesamten verfügbaren Methodenspektrums sein. Wenn immer möglich sollte bei Überlegungen zur Infektionsdiagnostik eine Anamnese- sowie symptom- bzw. organorientierte Vorgehensweise bevorzugt werden. Bewährt hat sich das Zusammenfassen mehrerer erregerspezifischer Untersuchungsgänge zu sogenannten Panels, z. B. akute Virushepatitis (siehe auch weiter unten).

Anders als bei den meisten klinisch-chemischen Parametern sind mikrobiologische Untersuchungsverfahren nur selten methodisch standardisiert, was dazu führt, dass in verschiedenen Laboratorien erhobene Ergebnisse häufig nicht direkt vergleichbar sind. Die Beurteilung der erhobenen Laborparameter setzt daher in vielen Fällen exakte Kenntnisse über die jeweils eingesetzten Untersuchungsverfahren voraus. Neben Angaben zu den erhobenen Messwerten muss daher immer auch eine Befundinterpretation durch das durchführende Labor erfolgen.

Bei der Anforderung mikrobiologischer Labordiagnostik sollte Klarheit darüber bestehen, dass neben der Auswahl des geeigneten Untersuchungsverfahrens eine Reihe weiterer Faktoren die Aussagekraft der Infektionsdiagnostik entscheidend beeinflussen. Berücksichtigt werden müssen
- Probenentnahme zu einem geeigneten Zeitpunkt,
- Entnahme von geeignetem Probenmaterial abhängig von der jeweiligen Fragestellung,
- ausreichende Angaben zur klinischen Fragestellung,
- Einsatz geeigneter Transportbehälter und -medien,
- bei degradationsempfindlichen Parametern Beachtung von Transportbedingungen und -zeiten, ggf. auch Lagerzeiten,
- Ermöglichung einer raschen Befundmitteilung, z. B. durch Angaben zu klinischen Ansprechpartnern etc.

Bei einer Reihe mikrobieller Erreger wird in erheblichem Umfang Labordiagnostik auch außerhalb von mikrobiologischen Speziallaboratorien durchgeführt. Dies betrifft im Wesentlichen Infektionen durch Hepatitisviren, humane Immundefizienzviren, Zytomegalievirus und Epstein-Barr-Virus, Treponema pallidum und Borrelia burgdorferi (sensu lato). Auf die Infektionsbiologie und Diagnostik dieser Erreger wird daher in den folgenden Abschnitten genauer eingegangen. Weite Verbreitung besitzen in der virologischen Infektionsdiagnostik Verfahren zum Nachweis erregerspezifischer Antikörper. Die früher üblichen Verfahren der sog. klassischen Serologie, wie Neutralisationstest, Hämagglutinationshemmungstest, Agglutinationsteste und Komplementbindungsreaktion, wurden weitgehend von Festphasenimmunoassays, wie ELISA (Enzyme-linked immunosorbent assay), IFT (Immunfluoreszenztest) und Westernblot- oder Immunodotverfahren abgelöst, in denen sich durch Nachweis verschiedener Immunglobulinklassen, Darstellung einer Protein-spezifischen Antikörperreaktivität und über Bestimmung der Antikörperavidität detailliertere Untersuchungen zum Infektionszeitpunkt und -verlauf machen lassen.

Eine direkte Beurteilung der Infektionsaktivität ermöglicht der Nachweis viraler Antigene und Nukleinsäuren im Untersuchungsmaterial. Insbesondere die modernen Verfahren zur Nukleinsäurediagnostik, die neben dem hoch sensitiven Nachweis viraler Genome, Genombestandteile oder Transkripte vielfach auch (semi)quantitative Aussagen über die viralen Nukleinsäurespiegel erlauben, haben neue diagnostische Perspektiven eröffnet. Zu nennen wären hier beispielsweise die Bestimmung der Viruslast und das Therapiemonitoring bei Hepatitis-B- und -C-Virus, Humanem Immundefizienzvirus und Zytomegalievirus.

13.1 Virale Hepatitis

Neben nicht viralen Ursachen können zahlreiche virale Erreger Infektionen der Leber mit entsprechender Symptomatik verursachen. So findet sich nicht selten eine Erhöhung von Leberenzymen, ggf. auch eine klinisch manifeste Hepatitis bzw. Hepatosplenomegalie bei akuten Infektionen durch Zytomegalievirus (HCMV), Epstein-Barr-Virus (EBV), Mumpsvirus, Masernvirus, Rötelnvirus, Parvovirus B19 und Enteroviren. Virale Erreger, die bei systemischen Infektionen des Immunsupprimierten Begleithepatitiden verursachen können, sind das Varizella-Zoster-Virus, Herpes simplex-Virus Typ 1 und 2 (auch bei konnatalen Infektionen), Humanes Herpesvirus 6 und 7 und Adenoviren. Bei virusbedingtem hämorrhagischem Fieber kommt es ebenfalls häufig zur Leberbeteiligung (namensgebend bei Gelbfiebervirus).

Im Gegensatz hierzu betreffen Infektionen durch Hepatitisviren primär die Leber mit entsprechender Krankheitssymptomatik und sind die häufigste Ursache akuter infektiöser Lebererkrankungen. Die Hepatitisviren wurden in der Reihenfolge ihrer Beschreibung alphabetisch fortlaufend mit Buchstaben gekennzeichnet, derzeit sind 5 Erreger bekannt (Tab. 13.1), die Existenz weiterer Hepatitiserreger wird vermutet. Die ätiologische Bedeutung des Hepatitis-G-Virus (HGV) und des Transfusion-Transmitted Virus (TTV) ist unklar.

Die akute Virushepatitis unterscheidet sich klinisch nicht von anderen Formen der akuten Hepatitis und setzt nach einer erregertypischen Inkubationsphase mit einem mehrtägigen **Prodromalstadium**, das durch uncharakteristische, meist grippeähnliche Beschwerden gekennzeichnet ist, ein. Der häufig abrupte Übergang in die **ikterische Phase** manifestiert sich durch Dunkelfärbung des Urins, Entfärbung des Stuhls, Ikterus und Schmerzen im rechten Oberbauch. Neben der Bilirubinämie finden sich im Blut erhöhte Spiegel der Serumtransaminasen ALT (Alanin-Aminotransferase, frühere Bezeichnung Glutamat-Pyruvat-Transaminase, GPT) und AST (Aspartat-Aminotransferase, frühere Bezeichnung Glutamat-Oxalacetat-Transaminase, GOT), sowie der Gamma-Glutamyl-Transferase (GGT), der Alkalischen Phosphatase (AP) und der Glutathion-S-Transferase (GST). Daneben sind die Bilirubin-Werte erhöht. Die Leberschädigung wird hauptsächlich durch immunologische Effektormechanismen verursacht (NK-Zellen, zytotoxische T-Zellen), direkte zytopathische Effekte der Erreger stehen nicht im Vordergrund. Lediglich die HDV-Replikation scheint zu einer nennenswerten Schädigung der infizierten Hepatozyten zu führen. Erregerabhängig klingt die akute, unkomplizierte Virushepatitis innerhalb von 4 Wochen

13.1 Virale Hepatitis

Tabelle 13.1: Hepatitisviren.

Eigenschaften	HAV	HBV	HCV	HDV	HEV
Virusfamilie Genus	*Picornaviridae* *Hepatovirus*	*Hepadnaviridae* *Orthohepadnavirus*	*Flaviviridae* *Hepacivirus*	Satellitenviren *Deltavirus*	Calicivirus-ähnlich endgültige Klassifikation steht noch aus
Partikelgröße (nm)	28	45	40–60	36	34
Hülle vorhanden	nein	ja	ja	ja (HBV)	nein
Umweltresistenz	sehr hoch	mäßig	niedrig	mäßig	sehr hoch
Genom	ssRNA (+)	ds/ssDNA, zirkulär	ssRNA (+)	ssRNA (−), zirkulär	ssRNA (+)
Genomgröße (kb)	7,5	3,2	9,4	1,7	7,4
Übertragung fäkal-oral	ja	nein	nein	nein	ja
Blut und Blutprodukte	ausnahmsweise	ja	ja	ja	ausnahmsweise
perinatal	nein	ja	selten	ausnahmsweise	nein
sexuell	ausnahmsweise	ja	selten	selten	keine Daten
Inkubationszeit (Wochen)	2–6	7–26	5–12	Koinfektion s. HBV Superinfektion 1–7	4–5
Krankheitsbeginn	plötzlich	schleichend	schleichend	plötzlich	plötzlich
Krankheitsschwere	meist mild, bei Kindern häufig asymptomatische Verläufe	teilweise schwer	meist subklinisch	Koinfektion mit HBV teilweise schwer, Superinfektion häufig schwer	meist mild, schwere Verläufe bei Schwangeren
fulminanter Verlauf	selten	selten	selten	häufig	häufiger bei Schwangeren
Mortalität der akuten Infektion	< 0,1 %	1–2 %	0,5–1 %	hoch bis sehr hoch	normalerweise 1–2 %, bei Schwangeren bis zu 20 %
lebenslange Immunität nach durchgemachter Infektion	ja	ja	keine sichere Immunität	(ja)	ja
chronischer Verlauf	nein protrahierte Verläufe möglich	5–10 % postpartal bis zu 90 % bei peripartaler Übertragung	mind. 70–80 %	70–80 %	nein

Tabelle 13.1: Fortsetzung.

Eigenschaften	HAV	HBV	HCV	HDV	HEV
Verbreitung	hohe Prävalenz bei schlechten hygienischen Verhältnissen, Entwicklungsländer in Afrika, Asien, Amerika	weltweit verbreitet, hohe Prävalenz in vielen Entwicklungsländern	weltweit verbreitet, Prävalenz regional unterschiedlich	vergleichsweise selten, regional hohe Prävalenz im Mittleren Osten, Mittelmeerraum, Südamerika	vergleichsweise selten, regionale Ausbrüche in Afrika, Asien, Mittel- und Südamerika
Auslösung eines Leberzellkarzinoms	nein	ja	ja	ja	nein
Therapie	nein	Interferon Lamivudin	Interferon Ribavirin	Interferon	nein
aktive Impfung	ja, Totvakzine	ja, rekombinantes HBsAg	nein	indirekt über HBV-Impfung	nein
passive Impfung	ja	ja	nein	indirekt über HBV-Prophylaxe	nein
weitere Prophylaxemaßnahmen	Hygienemaßnahmen	Spenderscreening	Spenderscreening	siehe HBV	Hygienemaßnahmen

bis einigen Monaten ab. An die akute Phase schließt sich eine **Rekonvaleszenzphase** an, in der trotz Normalisierung der Laborparameter die körperliche Leistungsfähigkeit und Toleranz gegenüber fetten Speisen und Alkohol eingeschränkt ist. In einem geringen Prozentsatz der akuten Virushepatitiden entwickelt sich eine **fulminante Hepatitis** bzw. ein subakutes Leberversagen. Bei der fulminanten Hepatitis treten Leberausfall und hepatische Enzephalopathie innerhalb von 8 Wochen nach Ikterusbeginn auf, bei subakutem Leberversagen nach 8 bis 28 Wochen. Die Letalität fulminanter Verläufe ist sehr hoch und beträgt 50–70%. Fulminante Verläufe werden am häufigsten bei Koinfektionen mit mehreren Hepatitisviren, älteren Patienten und vorgeschädigter Leber beobachtet.

Die Diagnose der akuten Virushepatitis erfolgt zunächst über Anamnese, klinisches Bild und klinisch-chemische Befunde. Da sich die jeweiligen Virushepatitisformen nicht anhand ihres klinischen Bilds unterscheiden lassen, muss über serologische Verfahren eine Erregeridentifizierung erfolgen. Meist werden zunächst die für eine akute Hepatitis A, B und C charakteristischen Laborparameter bestimmt, hieran schließt sich ggf. die Diagnostik einer akuten Hepatitis D und E an (vergleiche auch weiter unten). Die akute Virushepatitis A–E ist in Deutschland namentlich meldepflichtig.

Nach akuten Infektionen mit Hepatitis-B-, -C- und -D-Virus entwickeln sich in unterschiedlicher Häufigkeit chronische Infektionen, die über ein mehr als sechsmonatiges Persistieren von Markern der aktiven Virusreplikation und der entzündlichen Aktivitäten und Leberzellnekrosen gekennzeichnet sind. Die Klassifikation der chronischen Virushepatitis erfolgt nach Ätiologie, klinischer Aktivität, Ausmaß der Virusreplikation sowie Schweregrad und Lokalisation der Parenchymschäden. Viele chronische Virushepatitiden verlaufen über lange Zeit inapparent oder oligosymptomatisch, sodass sie nur zufällig diagnostiziert werden. Bis zu einem Drittel aller chronischen Hepatitiden führen zu einer progredienten Parenchymschädigung mit Übergang zur Leberzirrhose. Als weitere Spätfolge der Hepatitis-B- und -C-Virusinfektion kann bei chronischen Virusträgern ein primäres Leberzellkarzinom auftreten.

13.1.1 Hepatitis-A-Virus (HAV)

Erreger

Das Hepatitis-A-Virus (HAV) gehört der Familie *Picornaviridae* (Genus *Hepatovirus*) an. Die nicht umhüllten, etwa 27 nm großen Viruskapside (Abb. 13.1) mit ikosaedrischem Aufbau enthalten ein 7.5 kb großes Einzelstrang-RNA-Genom mit Pluspolarität und weisen eine sehr hohe Umweltresistenz auf (Meerwasser-, Säure-, Lösungsmittel- und Temperaturstabilität). Weltweit kommt lediglich ein Serotyp des HAV mit bislang 7 beschriebenen Genotypen vor.

Epidemiologie und Übertragung

HAV wird typischerweise **fäkal-oral** übertragen. Infizierte scheiden das Virus in hohen Konzentrationen im Stuhl aus. Die orale Aufnahme des Erregers erfolgt über Schmierinfektionen durch Kontakt mit Infizierten, über fäkal kontaminiertes Trinkwasser oder über Nahrungsmittel. HAV ist weltweit verbreitet. In Entwicklungsländern erfolgt die Durchseuchung mit dem Erreger bereits fast vollständig im Kindesalter. In westlichen Industrienationen ist die Hepatitis A zumeist eine **Reisekrankheit.** Ein erhöhtes Expositionsrisiko besteht für Personal in Kinderkliniken und anderen Kinderbetreu-

27 nm — ikosaedrisches virales Kapsid bestehend aus den Virusproteinen VP0/2, VP1, VP3

lineare Einzelstrang-RNA mit Plus-Polarität ca. 7500 Basen

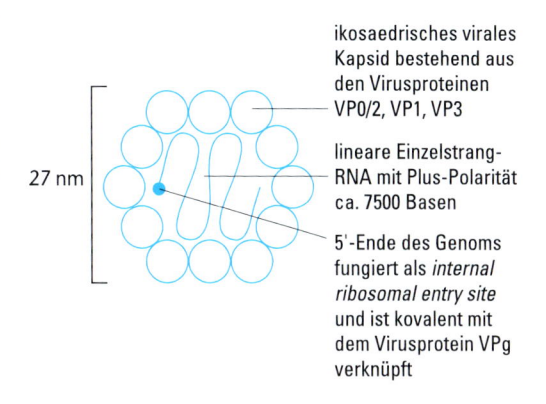

5'-Ende des Genoms fungiert als *internal ribosomal entry site* und ist kovalent mit dem Virusprotein VPg verknüpft

Abb. 13.1: Schematischer Aufbau des Hepatitis-A-Virus.

ungsstätten, an Stuhluntersuchungen beteiligtes Laborpersonal, Kanalisations- und Klärwerksmitarbeiter, i.v.-Drogenabhängige und homosexuelle Männer.

Erkrankung und Pathogenese

Die Inkubationszeit bis zum Auftreten klinischer Symptome beträgt bei der Hepatitis A etwa 2 bis 6 Wochen, im Mittel 27 Tage. Nach oraler Aufnahme kommt es vermutlich zunächst zu einer Replikation des Erregers im Gastrointestinaltrakt, die Ausscheidung von HAV erfolgt via Gallensekret über den Stuhl. Das Maximum der Stuhlausscheidung wird in der späten Inkubationsphase etwa 1–2 Wochen vor Erkrankungsbeginn erreicht, in dieser Phase besteht auch eine vorübergehende Virämie. Mit Auftreten von Symptomen nimmt die Virusausscheidung im Stuhl deutlich ab und ist nur noch bei etwa der Hälfte der Erkrankten nachweisbar. Ein erheblicher Teil der HAV-Infektionen verläuft klinisch inapparent. Bei Kindern unter 5 Jahren weisen lediglich rund 10% der Infizierten Symptome auf, bei Erwachsenen verlaufen 25% und mehr der Infektionen symptomlos. Fulminante Verläufe treten bei etwa 0,1% aller Infizierten auf. Die Zahl fulminanter und tödlich endender Verläufe steigt mit zunehmendem Lebensalter und beträgt bei über 40-jährigen ca. 2%. Die überstandene akute Infektion mit HAV heilt immer aus, typischerweise nach 2 bis 4 Wochen. Es entwickeln sich keine chronischen Verläufe und es resultiert eine lebenslange Immunität. Protrahierte Verläufe über 3 bis 4 Monate und länger sind bei 10–15% der Infizierten zu beobachten.

Diagnostik

Die Diagnose (Tab. 13.2, 13.3, Abb. 13.2) einer akuten HAV-Infektion wird über den Nachweis virusspezifischer IgM-Antikörper gesichert. Bei Erkrankungsbeginn liegen HAV-spezifische IgM-Antikörper (Anti-HAV-IgM), meist auch schon IgG-Antikörper (Anti-HAV-IgG) im Serum vor und lassen sich für einige Wochen bis Monate mit Routinetesten nachweisen. Anti-HAV-IgG persistiert lebenslang. Nach durchgemachter Infektion bzw. nach Impfung nachweis-

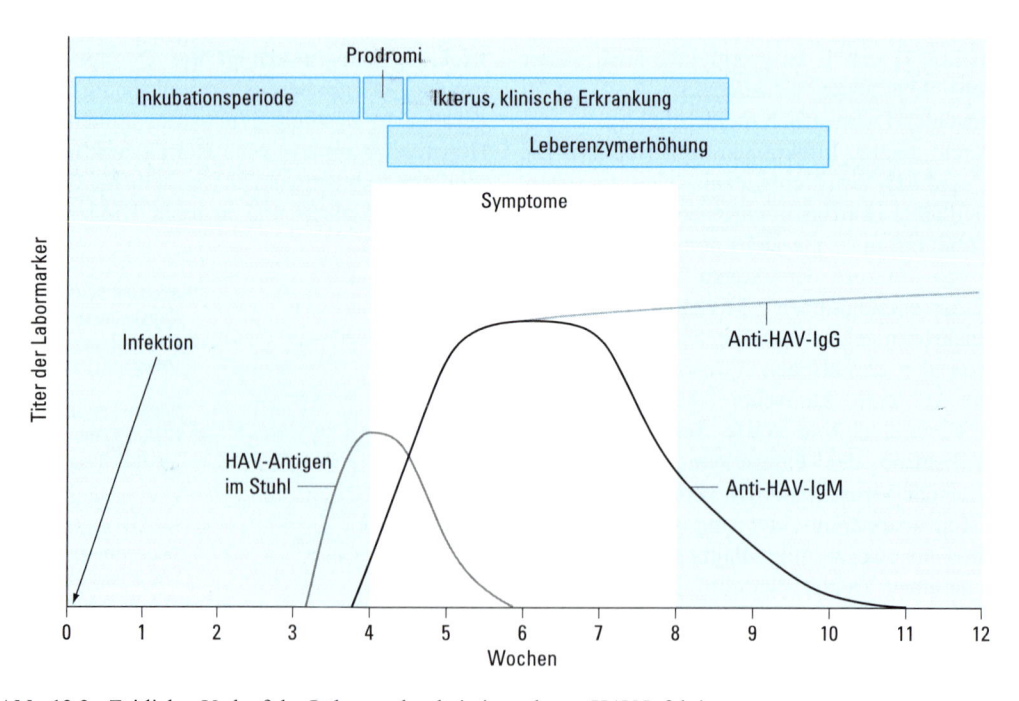

Abb. 13.2: Zeitlicher Verlauf der Labormarker bei einer akuten HAV-Infektion.

Tabelle 13.2: HAV-Routinediagnostik.

Parameter	Untersuchungsmaterial	Testverfahren
Anti-HAV-Ig	Serum	ELISA, Nachweis von Gesamtantikörpern
Anti-HAV-IgM	Serum	ELISA

Tabelle 13.3: Einsatz von HAV-spezifischen Testverfahren abhängig von der klinischen Fragestellung.

Fragestellung	geeignete Parameter	erwartetes Ergebnis	weitere Untersuchungen, Bemerkungen
akute HAV-Infektion	Anti-HAV-IgM	positiv	• Nachweis von HAV-Ag im Stuhl, häufig bereits negativ
Umgebungsuntersuchung	HAV-Ag	positiv in der späten Inkubationsphase und bei asymptomatischen Verläufen	• HAV-RNA • Aufklärung von Infektketten durch Sequenzierung von PCR-Produkten
protrahierte HAV-Infektion	Anti-HAV-IgM	positiv	• HAV-Ag • HAV-RNA
durchgemachte Infektion	Anti-HAV-Ig Anti-HAV-IgM	positiv negativ	
Impftiter, Immunität	Anti-HAV-Ig	> 10 U/l	

bares Anti-HAV-IgG ist ein Marker der Immunität gegen HAV. Neutralisierende Antikörper sind gegen ein konformationsabhängiges Epitop auf der Kapsidoberfläche gerichtet, das aus den viralen Kapsidproteinen VP1–3 gebildet wird. Ausnahmsweise kann der Nachweis einer akuten HAV-Infektion in der Frühphase der symptomatischen Infektion auch über den Nachweis viralen Antigens (HAV-Ag) oder den Nachweis von HAV-RNA mittels PCR im Stuhl erfolgen.

Therapie

Derzeit besteht keine spezifische Therapiemöglichkeit der HAV-Infektion.

Prophylaxe

Eine **Postexpositionsprophylaxe** durch i. m. Verabreichung von menschlichem Immunglobulin mit einer Konzentration von mindestens 100 Internationalen Einheiten Anti-HAV-IgG pro ml kann die Infektion bzw. Erkrankung verhindern und ist bei engem Kontakt zu Personen mit akuter HAV-Infektion indiziert.

Für eine **aktive Immunisierung** steht ein gut verträglicher Totimpfstoff zur Verfügung, der inaktiviertes HAV enthält. Die Grundimmunisierung erfolgt über zweimalige Impfung im Abstand von 6 bis 18 Monaten, eine Schutzwirkung besteht bereits wenige Tage nach Gabe der ersten Impfdosis. Für die vollständig durchgeführte Impfung wird eine Schutzwirkung von mindestens 10 Jahren angenommen. Geimpft werden sollten alle nicht immunen Personen, die sich länger oder häufiger in einem Endemiegebiet aufhalten (Reiseimpfung). Daneben sind Angehörige der oben genannten Risikogruppen zu impfen.

13.1.2 Hepatitis-B-Virus (HBV)

Erreger

Das Hepatitis-B-Virus (HBV) gehört der Familie der *Hepadnaviridae*, Genus *Orthohepadnavirus*, an. Von HBV existieren 7 Genotypen (A–G), die sich in ihrem globalen Verteilungsmuster unterscheiden. Die 45 bis 52 nm großen HBV-Partikel (Abb. 13.3) besitzen eine lipidhaltige Virushülle, die das als HBs (s = *surface*) bzw. HBs-Antigen (HBs-Ag) bezeichnete virale Hüllprotein enthält. Das Kapsid im Inneren infektiöser Partikel ist aus dem Core-Protein HBc

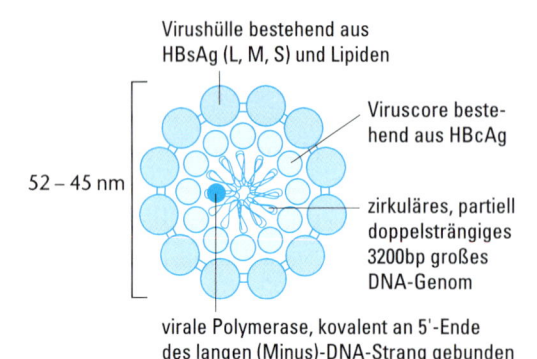

Abb. 13.3: Schematischer Aufbau des Hepatitis-B-Virus.

Virushülle bestehend aus HBsAg (L, M, S) und Lipiden
Viruscore bestehend aus HBcAg
52–45 nm
zirkuläres, partiell doppelsträngiges 3200 bp großes DNA-Genom
virale Polymerase, kovalent an 5'-Ende des langen (Minus)-DNA-Strang gebunden

(c = *core*) aufgebaut und enthält das zirkuläre virale DNA-Genom sowie die virale Polymerase. Überschüssiges HBs-Ag bildet sphärische Partikel und Filamente variabler Länge mit 17 bis 25 nm Durchmesser im Serum.

Auf dem Minusstrang des 3200 bp langen HBV-Genoms finden sich 4 überlappende offene Leserahmen (*open reading frame* = ORF). Der Core-ORF enthält die genetische Information für das Core-Protein HBc bzw. HBc-Ag. Durch alternative Nutzung eines Startkodons kann vom Core-ORF eine sezernierte, längere Form des HBc exprimiert werden, die als HBe (e = *envelope*) bezeichnet wird. Ein weiterer ORF auf dem HBV-Genom kodiert für das Oberflächenprotein HBs, das in drei unterschiedlich großen Formen exprimiert wird. Die virale DNA-Polymerase kodiert auf einem eigenen ORF. Der vierte ORF kodiert für das sogenannte X-Protein (HBx).

Die Replikation des HBV-DNA-Genoms erfolgt über einen RNA-Zwischenschritt (RNA-Prägenom) mithilfe der Reversen Transkriptase-Aktivität der viralen Polymerase. Für die Umhüllung und Sekretion neugebildeter Viruspartikel aus der infizierten Zelle muss virales Oberflächenprotein vorliegen. Bereits zu einem frühen Infektionszeitpunkt können virale Genome in das Zellgenom integrieren. Integrierte Virusgenome sind an der Entstehung des hepatozellulären Karzinoms (HCC) beteiligt, jedoch nicht mehr zu einer produktiven Virusvermehrung in der Lage.

Epidemiologie und Übertragung

In vielen Ländern Afrikas, des Mittleren und Fernen Ostens ist ein hoher Anteil der Bevölkerung chronisch mit HBV infiziert. In Hochendemiegebieten können 10–20 % der Gesamtbevölkerung **HBV-Träger** sein. Weltweit wird mit 300 bis 400 Millionen chronisch HBV-infizierten Menschen gerechnet. In Gebieten mit hohem endemischem Vorkommen von HBV erfolgt die Virusübertragung häufig bereits **perinatal** oder in der frühen Kindheit. Unter schlechten hygienischen Verhältnissen spielt die **nosokomiale Übertragung** von HBV durch kontaminierte medizinische Gerätschaften, Blut und Blutprodukte, Injektionslösungen sowie durch paramedizinische Handlungen eine wichtige Rolle. In Deutschland wird mit einer HBV-Trägerrate von unter 1 % gerechnet, 5 bis 10 % der Gesamtbevölkerung weisen Marker einer abgelaufenen HBV-Infektion auf. In Ländern mit niedriger HBV-Prävalenz erfolgt die Infektion häufiger über **Sexualkontakte** oder durch Haushaltskontakte, die Durchseuchung nimmt dementsprechend mit dem Lebensalter zu. Jährlich muss mit etwa 50.000 Fällen von HBV-Neuinfektionen in Deutschland gerechnet werden. In Deutschland epidemiologisch relevant sind ferner Migranten und deren Sexualpartner bzw. Kinder aus Gebieten mit vergleichsweise hoher HBV-Prävalenz.

Um eine neue Infektion initiieren zu können, muss das Virus die Leber auf dem Blutweg erreichen. Mit einer besonders effizienten Übertragung ist daher immer dann zu rechnen, wenn das Virus direkt in die Blutbahn des Betroffenen gelangt. Im peripheren Blut infizierter Individuen finden sich teilweise extrem hohe Mengen an infektiösen Viren. Bei chronisch infizierten, HBe-Antigen-positiven HBV-Trägern können mehr als 10^8 infektiöse Einheiten pro ml Blut vorliegen. Hohe infektiöse Titer finden sich auch in anderen Körperflüssigkeiten und Sekreten, wobei Blutbeimengungen die Infektiosität erhöhen.

Die Infektiosität chronisch Infizierter ohne nachweisbares HBe-Antigen ist deutlich niedriger und überschreitet selten 10^6 infektiöse Einheiten pro ml Blut. Außerhalb des Körpers ist

HBV vergleichsweise umweltresistent und bleibt auch in eingetrockneten Blutresten noch längere Zeit infektiös.

Krankheit und Pathogenese

Eine effektive Virusvermehrung findet ausschließlich in intaktem Lebergewebe statt. Zur Elimination von HBV ist eine ausgeprägte, polyklonale CTL-Antwort notwendig.

Abhängig von der Immunitätslage, dem Lebensalter und der Infektionsdosis kann die HBV-Infektion unterschiedlich verlaufen. Kontakt mit niedrigen Infektionsdosen führt beim immunkompetenten Erwachsenen überwiegend zu inapparenten Verläufen, bei höheren Infektionsdosen kann eine klinisch manifeste, akute Hepatitis resultieren. Die Inkubationszeiten bis zum Auftreten der manifesten Erkrankung liegen zwischen 7 Wochen und einem halben Jahr. Die Infektiosität ist in den Wochen vor Auftreten von Krankheitssymptomen am höchsten und nimmt danach meist rasch ab. Eine fulminante Hepatitis B tritt mit einer Häufigkeit von 1% und weniger auf, führt innerhalb weniger Tage bis Wochen zum Leberversagen und verläuft bei über zwei Drittel der Betroffenen letal. Fulminante akute Verläufe sind besonders häufig bei HBe-negativen HBV-Varianten und bei Superinfektion des chronischen HBV-Trägers mit weiteren Hepatitiserregern, wie HAV und HDV.
Chronische Verlaufsformen der HBV-Infektion (Persistieren von HBs-Ag im peripheren Blut für mehr als 6 Monate) entwickeln sich abhängig von Infektionsmodus und -dosis sowie Immunstatus und Lebensalter in 1 bis 90% der Infizierten. Die höchste Frequenz chronischer Verläufe findet sich beim Neugeborenen, die niedrigste beim immunkompetenten Erwachsenen. Chronische Verläufe kommen sowohl nach apparenten als auch nach inapparenten akuten HBV-Infektionen vor. Im Anschluss an die akute Infektion besteht meist eine **hoch replikative Phase**, die durch eine massive Virämie, hohe HBs-Antigenspiegel und das Vorhandensein von HBe-Antigen im peripheren Blut gekennzeichnet ist. Zusätzlich kann es zum Auftreten von Immunkomplexerkrankungen kommen, die sich z.B. als Glomerulonephritis, Periarteriitis nodosa oder Gianotti-Crosti-Syndrom manifestieren können. Nach Jahren bis Jahrzehnten kann die chronische HBV-Infektion durch Effekte der virusspezifischen Immunität in eine **niedrig replikative Phase** übergehen, die durch transienten Transaminasenanstieg, Abfall der Virämie, des HBs-Ag, Verschwinden von HBe-Ag und Auftreten von Antikörpern gegen HBe-Ag (Anti-HBe) im peripheren Blut gekennzeichnet ist. Ein jahre- bis jahrzehntelang bestehender Entzündungsprozess in der Leber kann langfristig die Zerstörung des Leberparenchyms mit fibrotischem Ersatz (Leberfibrose) bewirken, aus der sich dann die **Leberzirrhose**, ggf. auch ein primäres **Leberzellkarzinom** entwickelt.

Abhängig vom Lebensalter, in dem sich eine chronische HBV-Infektion etablierte, entwickelt sich bei 15–20% der Betroffenen nach einem oder mehreren Jahrzehnten eine Leberzirrhose. Bei perinatalen Infektionen kommt es bei fast der Hälfte der chronisch Infizierten zum Auftreten einer Leberzirrhose. In ostasiatischen Ländern mit hoher HBV-Trägerrate ist die jährliche Inzidenz eines Leberzellkarzinoms bei HBs-Ag-positiven Zirrhosepatienten etwa 5%. Insgesamt ist die Mortalität aufgrund von Lebererkrankungen bei chronisch HBV-Infizierten gegenüber der Normalbevölkerung um 1 bis 2 Zehnerpotenzen erhöht. Bei chronischen HBV-Trägern, aber auch bei einem Teil der Patienten mit scheinbar ausgeheilter HBV-Infektion kann eine massive Immunsuppression zu einer Reaktivierung der HBV-Infektion mit Anstieg viraler Antigene und Nukleinsäuren im peripheren Blut führen. Das Absetzen der exogenen Immunsuppression kann bei HBV-Infizierten zur fulminanten Hepatitis führen.

Diagnose

Um die HBV-Infektion (Tab. 13.4, 13.5, Abb. 13.4 u. 13.5) als Ursache einer **akuten Hepatitis** abzuklären, ist in den meisten Fällen die gleichzeitige Bestimmung von HBs-Ag und Anti-HBc-IgM ausreichend. Die Probenentnahme sollte unmittelbar nach Auftreten der Symptomatik erfolgen. Ein negatives Ergebnis in beiden Testparametern schließt eine akute HBV-In-

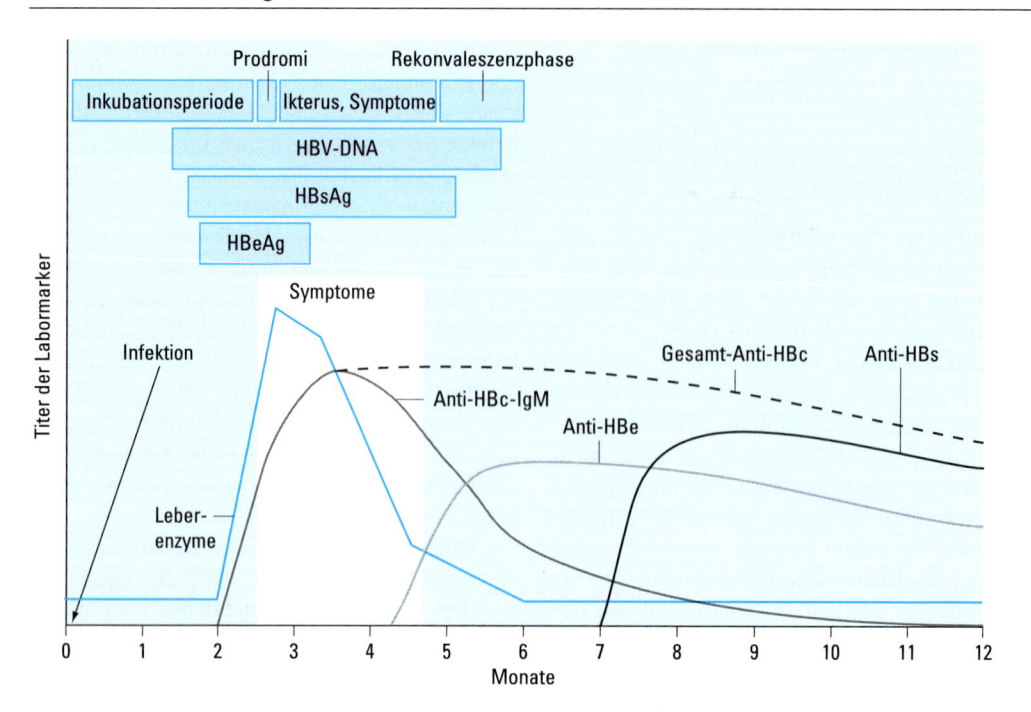

Abb. 13.4: Zeitlicher Verlauf der Labormarker bei einer akuten, selbstlimitierenden HBV-Infektion.

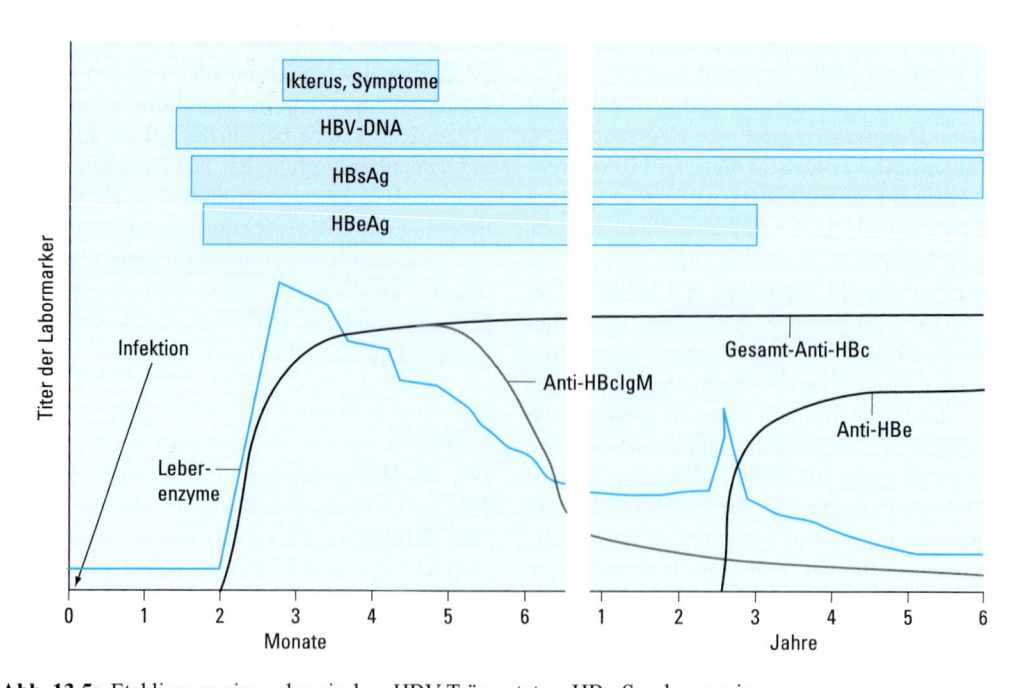

Abb. 13.5: Etablierung eines chronischen HBV-Trägerstatus, HBe-Serokonversion.

Tabelle 13.4: HBV-Routinediagnostik.

Parameter	Untersuchungsmaterial	Testverfahren
Anti-HBs-Ig	Serum	ELISA, Nachweis von Gesamtantikörpern
Anti-HBc-Ig	Serum	ELISA, Nachweis von Gesamtantikörpern
Anti-HBc-IgM	Serum	ELISA
Anti-HBe-Ig	Serum	ELISA, Nachweis von Gesamtantikörpern
HBs-Ag	Serum	ELISA
HBe-Ag	Serum	ELISA
HBV-DNA qualitativ und quantitativ	Serum, Plasma	Hybridisierung PCR

Tabelle 13.5: Einsatz von HBV-spezifischen Testverfahren abhängig von der klinischen Fragestellung.

Fragestellung	geeignete Parameter	erwartetes Ergebnis	weitere Untersuchungen, Bemerkungen
akute HBV-Infektion	Anti-HBc-IgM HBs-Ag	stark positiv positiv	• ggf. zunächst Bestimmung von Anti-HBc-Ig, wenn positiv Testung auf HBs-Ag und Anti-HBc-IgM • HBs-Ag ggf. negativ bei zu später Probenentnahme oder fulminanten Verläufen • negatives Anti-HBc-IgM und HBs-Ag schließt akute HBV-Infektion aus • bei chronischen Verläufen Anti-HBc-IgM grenzwertig oder negativ
Verlaufskontrolle der akuten HBV-Infektion	HBs-Ag Anti-HBs-Ag	fällt ab und wird negativ bei Ausheilung, persistiert für mehr als 6 Monate bei chronischer Infektion tritt einige Wochen nach Verschwinden von HBs-Ag auf, Immunitätsmarker	• Testung in der Frühphase, nach 6 Wochen und dann vierteljährlich bis HBs-Ag negativ • Bestimmung von HBe-Ag und/oder quantitative HBV-DNA-Bestimmung zur Erfassung der Viruskinetik
chronische HBV-Infektion	HBs-Ag Anti-HBc-Ig	positiv positiv	• Bestimmung von HBe-Ag, Anti-HBe-Ig, Anti-HBc-IgM, HBV-DNA quantitativ zur Diskriminierung zwischen hoch und niedrig replikativen Verlaufsform; • vierteljährliche Kontrollen, nach 2 Jahren auf jährliche Kontrollen reduzieren • wenigstens 1 x auf HDV testen
bei Screening entdeckte HBs-Ag-Positive	Anti-HBc-Ig		• wenn Anti-HBc-Ig negativ: HBs-Ag erneut und HBV-DNA bestimmen • wenn Anti-HBc-Ig positiv: wie bei chronischer Infektion
Therapiekontrolle	HBV-DNA (quant) HBs-Ag (quant) HBe-Ag	signifikante Reduktion und/oder Abfall unter die Nachweisgrenze	• mindestens eine quantitative DNA-Bestimmung vor der Therapie und eine Woche nach Therapiebeginn, danach vierteljährliche Kontrollen • meist niedertitrige Persistenz von HBs-Ag

Tabelle 13.5: Fortsetzung.

Fragestellung	geeignete Parameter	erwartetes Ergebnis	weitere Untersuchungen, Bemerkungen
Infektiosität	HBV-DNA quantitativ	10^9-10^{10} Kopien pro ml: hoch replikative Phase, $< 10^6$ Kopien pro ml: niedrig replikative Phase	• hochsensitive Verfahren (PCR) zum Screening von Blut und Blutprodukten verwenden
Aufdeckung von Infektketten	Sequenzierung von PCR-Produkten des PräS/S-Bereichs		• serologische Typisierung von HBs-Ag, nur bei unterschiedlichen Subtypen aussagekräftig
Umgebungsuntersuchungen	Anti-HBc HBs-Ag		• Anti-HBc-Ig isoliert positiv: Bestimmung von Anti-HBs-Ig • HBs-Ag positiv: wie bei chronischer HBV-Infektion
Serostatus vor Impfung	Anti-HBc-Ig		• Anti-HBc-Ig positiv: Bestimmung von Anti-HBs-Ig und HBs-Ag
Serostatus nach Impfung	Anti-HBs-Ig quant.	tragfähige, anhaltende Immunität bei > 100 U/l	• Bestimmung frühestens 4 Wochen nach letzter Impfung • bei < 10 U/l sofortige Wiederimpfung • bei < 100 U/l erneute Impfung innerhalb eines Jahres

fektion aus. Bei einer akuten HBV-Infektion liegen typischerweise hohe Spiegel von Anti-HBc-IgM und HBs-Antigen vor. Bei fulminanten Verläufen kann HBs-Antigen negativ sein, dies gilt auch für eine zu späte Probenentnahme nach Beginn der Symptomatik. Bei einer akuten HBV-Infektion sollte der HBs-Ag-Spiegel in regelmäßigen Abständen bis zum Negativwerden kontrolliert werden. Einige Wochen nach Verschwinden von HBs-Antigen im Serum ist mit dem Auftreten von schützenden Anti-HBs-Ag-Antikörpern zu rechnen.

Zur Diagnose der **chronischen Hepatitis B** wird zunächst auf Anti-HBc-Ig und HBs-Ag getestet. Im Falle positiver Resultate in beiden Testparametern kann die Abgrenzung von einer akuten HBV-Infektion durch Bestimmung von Anti-HBc-IgM erfolgen, bei einer chronischen HBV-Infektion sind typischerweise negative oder nur niedrige Spiegel zu erwarten. Als weitere Parameter werden HBe-Antigen, Anti-HBe und die viralen DNA-Spiegel bestimmt. In der hoch replikativen Phase der chronischen HBV-Infektion liegt meist ein positives HBe-Antigen sowie eine ausgeprägte Virämie vor. Zum Ausschluss einer HDV-Superinfektion sollte jeder HBs-Ag-Positive auch auf das Vorliegen von Anti-HDV-Antikörpern getestet werden (s. a. Abschnitt Hepatitis D). Die weitere Kontrolle bei chronischer HBV-Infektion erfolgt über eine regelmäßige Testung von HBs-Antigen und ggf. HBe-Antigen sowie eine quantitative DNA-Testung in mehrmonatigem Abstand.

Zum Ausschluss **unerkannter HBV-Infizierter** werden Spender von Blut- und Blutprodukten, Organen und Geweben und Schwangere (nahe am Geburtstermin) auf das Vorliegen von HBs-Ag getestet, zusätzlich erfolgt meist noch eine Testung auf Anti-HBc-Gesamtantikörper. In der Frühphase der Infektion kann bei noch negativem HBs-Ag für einige Tage bereits Infektiosität bestehen, ebenso können bei einer ausheilenden HBV-Infektion HBs-Ag-negative Individuen kurzfristig noch eine geringe Infektiosität aufweisen. Der Ausschluss einer Restinfektiosität kann mittels PCR erfolgen (z. B. Screening von Blutspendern auf HBV-DNA).

Prophylaxe

Gegen HBV ist sowohl eine aktive als auch passive Immunisierung möglich. Grundlage des heute verfügbaren, sehr gut verträglichen HBV-**Impfstoffs** ist gentechnisch hergestelltes HBs-Ag. Bei ungeimpften Personen mit bereits bestehendem beruflichen Expositionsrisiko sollte das Vorliegen einer HBV-Infektion ausgeschlossen werden. Nach Abschluss der Grundimmunisierung muss in dieser Personengruppe eine **Kontrolle des Impferfolgs** durch Bestimmung des Anti-HBs-Titers erfolgen (s. u.). Die Grundimmunisierung erfolgt typischerweise durch drei Impfstoffgaben, wobei die beiden ersten Impfungen im Abstand von 4 Wochen, die dritte nach einem halben Jahr verabreicht wird. Bei Personen mit einem erhöhten Expositionsrisiko sollte eine Auffrischimpfung nach spätestens 10 Jahren erfolgen. Die Kontrolle des Impferfolgs geschieht über Bestimmung des Anti-HBs-Titers frühestens 4 Wochen nach der letzten Impfdosis. Von einer tragfähigen Immunität ist bei einem Titer von mehr als 100 IE/l Anti-HBs auszugehen. Impflinge mit Anti-HBs-Titer unter 10 IE/l sind als Nonresponder anzusehen. Nonresponder sollten unmittelbar eine weitere Impfdosis erhalten, Personen mit einem Anti-HBs-Titer unter 100 IE/l erhalten eine Impfdosis innerhalb eines Jahres.

Die **passive Immunisierung** erfolgt durch Gabe von hochdosiertem Hepatitis-B-Immunglobulin. Erfolgt die Verabreichung von Hepatitis-B-Immunglobulin innerhalb der ersten 48 bis längstens 72 Stunden nach Exposition, kann eine Infektion häufig verhindert werden. Angezeigt ist die Gabe von Hepatitis-B-Immunglobulin, die immer mit einer gleichzeitigen aktiven Immunisierung verbunden wird, bei Neugeborenen HBs-Ag-positiver Mütter und bei akzidenteller Exposition.

Therapie

Zur Therapie der HBV-Infektion stehen Interferon alpha und der auch gegen HIV wirksame RT-Inhibitor Lamivudin zur Verfügung. Ziel der Therapie ist ein Verschwinden von HBe-Ag, HBV-DNA und die Normalisierung der Transaminasen, HBs-Antigen bleibt niedertitrig meist auch nach Abschluss der Therapie nachweisbar. Prognostisch günstige Faktoren sind niedrige HBV-DNA und HBs-Ag-Spiegel zusammen mit relativ hohen Transaminasenspiegeln vor Therapiebeginn. Eine weitere Indikation der Lamivudintherapie ist das Verhindern einer Reinfektion des Transplantats nach HBV-verursachter Leberzirrhose, mit dem Auftreten resistenter Mutanten muss gerechnet werden.

13.1.3 Hepatitis-C-Virus (HCV)

Erreger

HCV-Partikel scheinen eine ausgeprägte morphologische Heterogenität aufzuweisen. Sie sind 50–80 nm groß, lösungsmittelempfindlich und bestehen aus einem RNA-haltigen Core und einer Lipidhülle, die vermutlich zwei virale Proteine enthält. Aufgrund seiner Genomstruktur und dem Vorhandensein einer Lipidhülle wurde HCV als eigenes Genus *Hepacivirus* der Familie der Flaviviridae zugeordnet. HCV besitzt ein großes, etwa 9,5 kb langes Plusstrang-RNA-Genom mit einem einzigen, offenen Leserahmen. Ein als 5′-NCR *(non coding region)* bezeichneter Bereich ist bei allen HCV-Isolaten hoch konserviert und eignet sich daher als Zielsequenz für molekularbiologische Nachweisverfahren. Funktionelle virale Proteine werden proteolytisch aus dem zunächst gebildeten Vorläufer-Polyprotein abgespalten. Hieraus resultieren vom Aminoterminus des Polyproteins ausgehend die viralen Strukturproteine, die als Core-, E1- und E2-Protein bezeichnet werden (E = *envelope*). Hierauf folgen ein als p7 bezeichnetes Protein sowie die Nichtstrukturproteine NS2, NS3, NS4A, NS4B, NS5A und NS5B (NS = *nonstructural protein*).

HCV-Isolate differerieren teilweise erheblich in ihrer Genomsequenz. Man unterscheidet 6 **HCV-Genotypen** (1–6), innerhalb derer wiederum Subtypen definiert werden (a, b, c etc.). Eine Zuordnung zu HCV-Genotypen kann an dem für den diagnostischen Genomnachweis meist verwendeten Sequenzbereich der 5′-NCR vorgenommen werden. Dieser Genomabschnitt eignet sich jedoch nicht für eine sichere Unterscheidung der jeweiligen Subtypen, hierfür muss ggf. eine Sequenzierung der Genomabschnitte E1 und NS5B erfolgen.

Die Replikation des viralen Genoms erfolgt über eine Minusstrang-RNA-Zwischenstufe, die als Matrize für die Synthese von Plusstrang-RNA-Genomen dient. Versuche, eine produktive Vermehrung von HCV in Zellkultur zu erzielen, blieben bislang erfolglos. Es gelang jedoch, in Zellkultur replikationsfähige, subgenomische virale RNA-Sequenzen zu erzeugen (sog. Replikons), die eine detailliertere Untersuchung des viralen Vermehrungszyklus erlauben.

Epidemiologie und Übertragung

HCV ist weltweit verbreitet. Die Zahl der Infizierten wird auf fast 200 Millionen geschätzt. Die jeweiligen Durchseuchungsraten unterscheiden sich regional stark und reichen von weniger als 1% in Europa und den USA bis zu 24% in Ägypten. Die stärkste Verbreitung weltweit weist der Genotyp 1 auf, in Europa und Amerika dominieren die Subtypen 1a und 1b, in Asien 1b. Genotyp 2 und 3 und deren Subtypen sind ebenfalls global verbreitet, Subtypen von Genotyp 3 finden sich vor allem bei i. v.-Drogenabhängigen. Subtypen des Genotyps 4 sind in Afrika sehr häufig, Genotyp 5 zeigt eine lokale Häufung in Südafrika, Genotyp 6 in Hongkong. Die Prävalenz der HCV-Infektion liegt in Deutschland bei rund 0,5%, die Zahl der jährlichen Neuerkrankungen wird auf etwa 5000 geschätzt.

Als Hinweis auf die vorwiegend **parenterale Übertragung** des Erregers findet sich eine hohe Rate von HCV-positiven Personen vor allem in bestimmten Risikogruppen, wie z. B. Hämophilen, Dialysepatienten und i. v. Drogenabhängigen. Die Wahrscheinlichkeit einer Übertragung durch sexuelle oder enge zwischenmenschliche Kontakte und einer Mutter-Kind-Übertragung unter der Geburt ist vergleichsweise gering. Letztere korreliert mit der Höhe des Virusspiegels im mütterlichen Blut und findet in nennenswertem Ausmaß vor allem bei HIV-positiven Müttern statt. Bei rund der Hälfte der in Screeningtests oder Routineuntersuchungen zufällig als HCV-infiziert identifizierten Personen fehlen jedoch klar definierte Risikofaktoren.

Erkrankung

Die **akute HCV-Infektion** verläuft meist mild und symptomarm. Bei rund der Hälfte der Infizierten kommt es zu einer klinisch inapparenten Infektion. Die Inkubationszeit bis zum Auftreten von Symptomen beträgt durchschnittlich 5 bis 12 Wochen, bei Übertragungen durch Bluttransfusionen meist 6 bis 8 Wochen. Ein Ikterus besteht nur bei etwa einem Viertel der Infizierten, die Serum-ALT-Spiegel sind typischerweise nur moderat erhöht und liegen meist zwischen 200 und 600 U/l, nur sehr selten kommt es zu einem fulminanten Verlauf. Nach der akuten Infektionsphase etabliert HCV bei mindestens 70–80% der Betroffenen eine **chronische, persistierende Infektion**, die klinisch zunächst häufig unauffällig bleibt. Bei 20% der chronisch Infizierten entwickelt sich auf dem Boden der chronischen HCV-Infektion eine Leberzirrhose, bei rund 2% der chronisch Infizierten kommt es zum Auftreten eines hepatozellulären Karzinoms. Daneben können eine Reihe von extrahepatischen Manifestationen der chronischen HCV-Infektionen auftreten, wie z. B. Bildung von Autoantikörpern und Kryoglobulinen sowie Immunkomplexerkrankungen.

Die Infektion mit HCV induziert sowohl eine virusspezifische humorale als auch zelluläre Immunantwort. Als Hauptursache für die persistierende HCV-Infektion bei chronisch Infizierten wird die Etablierung einer insuffizienten zellulären Immunantwort angesehen, die einerseits nicht in der Lage ist, virusinfizierte Leberzellen zu eliminieren, andererseits aber durch den fortgesetzten Entzündungsreiz zur Organschädigung führt. Darüber hinaus könnte auch die extrahepatische Replikation des Virus, beispielsweise in monozytären Zellen des peripheren Bluts, eine Rolle bei der Viruspersistenz spielen und verantwortlich für HCV-Reinfektionen nach Lebertransplantation sein.

Diagnostik

Zur Diagnostik einer HCV-Infektion (Tab. 13.6, 13.7, Abb. 13.6 und 13.7) stehen Routinetestverfahren zum **Nachweis virusspezifischer Antikörper** und viraler RNA zur Verfügung. Der Nachweis von Antikörpern gegen HCV er-

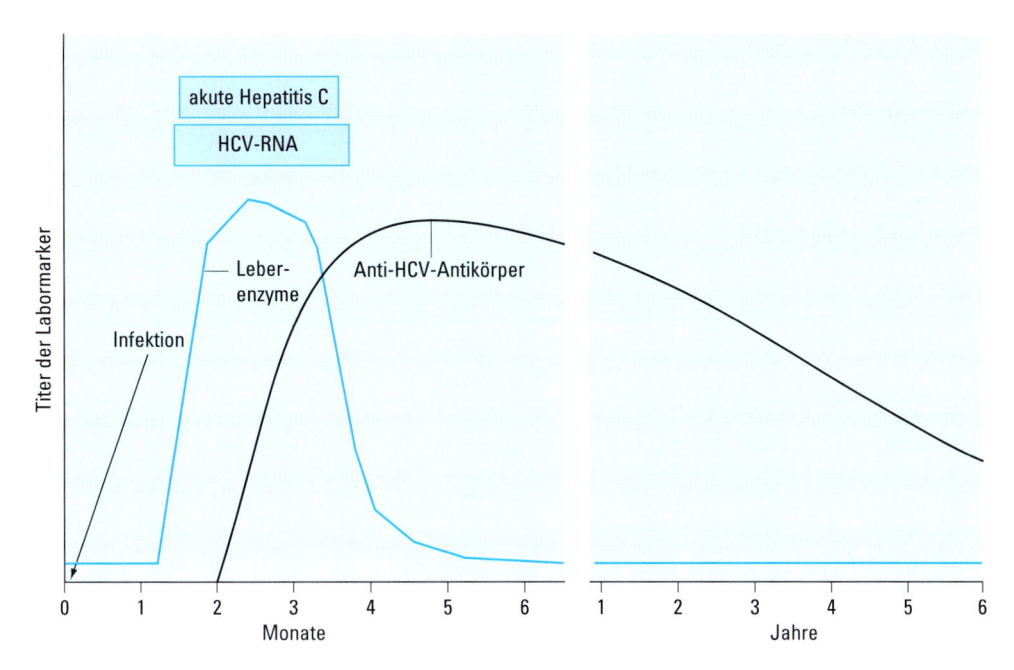

Abb. 13.6: Zeitlicher Verlauf der Labormarker bei einer akuten, selbstlimitierenden HCV-Infektion.

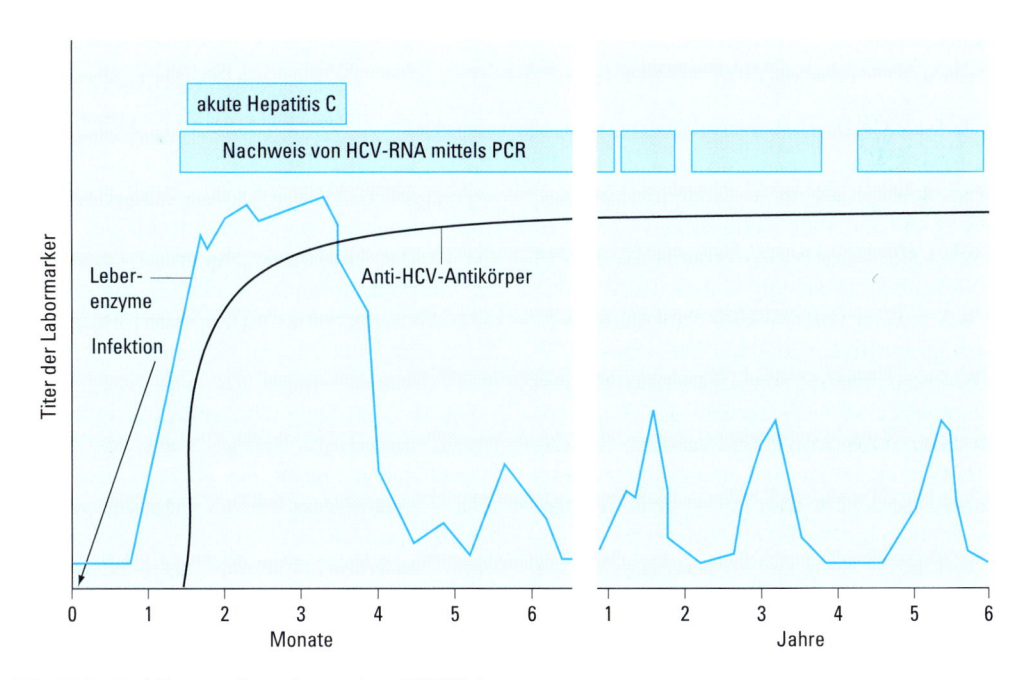

Abb. 13.7: Etablierung eines chronischen HCV-Trägerstatus.

Tabelle 13.6: HCV-Routinediagnostik.

Parameter	Untersuchungsmaterial	Testverfahren
HCV-RNA qualitativ und quantitativ	Serum, Plasma	RT-PCR NASBA und verwandte Techniken bDNA
Anti-HCV-Ig, Antigengemisch	Serum	ELISA, sog. Suchtest
Anti-HCV-Ig, Reaktvität mit Einzelantigenen	Serum	Immunodot-Assay (IDA), Bestätigungstest

Tabelle 13.7: Einsatz von HCV-spezifischen Testverfahren abhängig von der klinischen Fragestellung.

Fragestellung	geeignete Parameter	erwartetes Ergebnis	weitere Untersuchungen, Bemerkungen
akute oder chronische HCV-Infektion	Anti-HCV-Ig Suchtest Anti-HCV-Ig Bestätigungstest HCV-RNA	positiv positiv positiv	• zur Abgrenzung von abgelaufenen Infektionen HCV-RNA bei negativem Ergebnis ggf. wiederholt bestimmen
Verlaufskontrolle chronisch Infizierter	HCV-RNA quantitativ		• viertel- oder halbjährliche Kontrollen
Spenderscreening, Identifikation Anti-HCV-Ig-negativer Träger	HCV-RNA qualitativ		
Beurteilung der Infektiosität und Virusaktivität	HCV-RNA qantitativ		
Untersuchung vor Therapie	HCV-RNA quantitativ Bestimmung des HCV-Genotyps		
Therapiekontrolle	HCV-RNA qualitativ/quantitativ		• Therapieziel ist der Abfall der RNA-Spiegel unter die Nachweisgrenze des Testverfahrens, qualitative Teste sind meist empfindlicher als quantitative

folgt zunächst in einem so genannten Suchtest (ELISA), der als virale Antigene das Core-Protein sowie die Nichtstrukturproteine NS3, NS4 und NS5 enthält. Abhängig von der HCV-Prävalenz des jeweils untersuchten Patientenkollektivs ist der positive prädiktive Wert eines HCV-Antikörpernachweises im ELISA vergleichsweise niedrig. Zur Sicherung des Befundes muss daher das positive Ergebnis des ELISA-Suchtests in einem zweiten, unabhängigen Testverfahren gesichert werden. Hierfür werden meist Immunodot-Verfahren eingesetzt, in denen selektiv die Serumantikörperreaktivität mit einzelnen, antigenen Virusproteinen beurteilt werden kann.

Mittels Antikörpernachweisen lässt sich eine akute nicht von einer chronischen und einer abgelaufenen HCV-Infektionen unterscheiden (mit Ausnahme einer Serokonversion). HCV-spezifische Antikörper sind meist bei Anstieg der Serumtransaminasen bereits nachweisbar, nach durchgemachter Infektion und Elimination des Erregers persistieren sie mindestens 10 Jahre.

Die HCV-Virämie wird mittels **Genomnachweis** im peripheren Blut gesichert. Als Testverfahren stehen hierfür die RT-PCR, isothermische Nukleinsäurenachweisverfahren wie die NASBA (*nucleic acid sequence based amplification*) und ein hoch sensitives Nukleinsäurehybridisierungsverfahren (Signalamplifikation mittels b (= *branched*)-DNA-Technik) zur Verfügung. Die quantitative Bestimmung der HCV-RNA-Spiegel im peripheren Blut eignet sich zur

Kontrolle einer antiviralen Therapie und der Beurteilung der Infektiosität. Abhängig vom jeweiligen Testverfahren liegt die Nachweisgrenze bei rund hundert bis einigen hundert Genomäquivalenten pro ml Blut. Die Typisierung von HCV kann über die Charakterisierung der PCR-Produkte mittels Typ- und Subtyp-spezifischer Gensonden, ggf. auch über serologische Verfahren erfolgen. Für besondere Fragestellungen wie beispielsweise die Aufklärung von Infektketten ist die Sequenzierung von Genomabschnitten erforderlich.

Prophylaxe

Möglichkeiten der aktiven und passiven Immunisierung bestehen bei HCV derzeit nicht. Sowohl tierexperimentell als auch klinisch wurden **Super- und Reinfektionen** beobachtet, sodass die natürliche HCV-Infektion keine sichere Immunität zu hinterlassen scheint.

Therapie

Die Standardtherapie der HCV-Infektion erfolgt heute mit einer Kombination von rekombinantem Interferon alpha und Ribavirin. Durch kovalente Kopplung an Polyethylenglykol wird die Halbwertszeit von Interferon alpha verlängert (Peginterferon alpha) und eine bessere Wirksamkeit sowohl bei Monotherapie als auch bei Kombination mit Ribavirin erreicht. Für eine antivirale Therapie in Frage kommen chronisch Infizierte mit mäßigen bis ausgeprägten entzündlichen Leberveränderungen und/oder Leberzirrhose sowie Personen mit akuter HCV-Infektion, bei denen sich durch eine Reduktion der Virusspiegel die Rate chronischer Verläufe reduzieren lässt. Liegt lediglich eine HCV-Virämie ohne entzündliche Leberbeteiligung vor, wird derzeit von einer Therapie abgesehen und es erfolgt statt dessen eine Kontrolle der Laborparameter in mehrmonatigem bis halbjährlichem Abstand.

Die aktuellen Therapieschemata führen in mehr als 40% der Fälle zu einem Abfall der viralen RNA-Spiegel unter die Nachweisgrenze der verfügbaren Testmethoden. Der beim Betroffenen vorliegende HCV-Genotyp und der vor der Therapie vorliegende Virusspiegel haben prädiktiven Wert hinsichtlich des zu erwartenden Therapieerfolgs. Bei sehr hohen Virämiespiegeln (über 2 Millionen Genomäquivalenten pro ml) und dem Vorliegen des Genotyps 1 ist ein schlechteres Ansprechen auf die Therapie zu erwarten.

13.1.4 Hepatitis-D-Virus

Erreger

HDV-Partikel sind 36 bis 43 nm groß (Abb. 13.8). Das Virus besitzt ein ca. 1.7 kb großes zirkuläres Einzelstrang-RNA-Genom mit Minuspolarität, das Ähnlichkeiten mit bestimmten RNA-Pflanzenpathogenen, den Viroiden, aufweist. Es kodiert für ein einziges virales Protein, das HDAg. Für seine Übertragung benötigt HDV HBV als Helfervirus, dessen HBs die Hülle von HDV liefert. Im Inneren des Partikels befindet sich der Komplex aus HDAg und der viralen RNA. Aufgrund seiner von HBV abstammenden Hülle erreicht HDV die gleichen Zielzellen wie HBV, innerhalb der Zelle repliziert HDV jedoch unabhängig von HBV.

Krankheitsverlauf

Durch die Abhängigkeit von HBV als Helfervirus ergeben sich zwei mögliche Szenarien für die HDV-Infektion. Bei der **Koinfektion** kommt es zur gleichzeitigen Infektion mit beiden Viren. HDV benötigt HBV, hemmt aber gleichzeitig dessen Replikation, sodass ein weites Spektrum möglicher Krankheitsbilder resultiert, das von

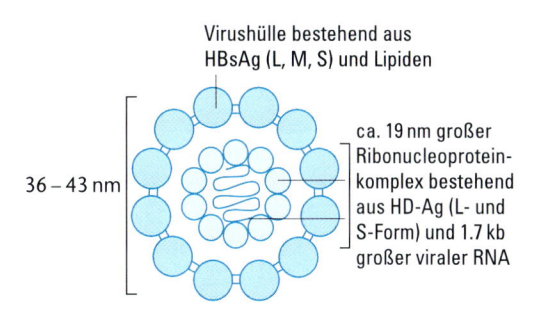

Abb. 13.8: Schematischer Aufbau des Hepatitis-D-Virus.

inapparenten Verläufen bis zur fulminanten Hepatitis reicht. Nicht selten treten die Maxima der HBV- und HDV-Vermehrung zeitlich versetzt auf. In den allermeisten Fällen heilt die Koinfektion aus.

Bei der **Superinfektion** eines bereits HBV-infizierten Individuums kommt es klinisch zu einer ausgeprägten Hepatitis mit hoher HD-Virämie, die nicht selten fulminant verläuft. Im Gegensatz zur Koinfektion entwickelt sich häufiger eine chronische HDV-Infektion mit dem Risiko einer schnellen Progression zur Leberzirrhose.

Epidemiologie und Übertragung

Zur Aufrechterhaltung von Infektionsketten ist HDV auf eine hohe Rate von HBsAg-Trägern in der jeweiligen Population angewiesen. Prinzipiell unterscheiden sich daher die Übertragungswege von HBV und HDV nicht, sexuelle Kontakte und Mutter-Kind-Übertragungen spielen jedoch eine geringere Rolle als bei HBV. HDV findet sich besonders häufig bei i. v.-Drogenabhängigen. Endemiegebiete bestehen neben Teilen Asiens, Afrikas und Südamerikas auch im Mittelmeergebiet und in Südosteuropa. Die Zahl der HDV-Träger weltweit wird auf etwa 15 Millionen geschätzt, die aktuelle Prävalenz bei HBV-Trägern im Mittelmeerraum wird mit etwa 10 % angegeben.

Diagnostik

Der Nachweis eines Kontaktes mit HDV bei HBs-Ag-positiven Individuen erfolgt über die Bestimmung von **Anti-HD-Gesamtantikörpern** (Tab. 13.8, 13.9, Abb. 13.9 und 13.10). Bei HBs-Ag-Positiven aus Risikokollektiven und/oder Endemiegebieten sollte diese Untersuchung zumindestens einmal durchgeführt werden. Wird ein positives Ergebnis bei Anti-HD erhalten, erfolgt die Analyse der Virusaktivität durch Bestimmung der viralen RNA im peripheren Blut und die Testung auf Anti-HD-IgM-Antikörper.

Prophylaxe und Therapie

Entsprechend seiner Infektionsbiologie ist die Impfung nichtimmuner Personen gegen HBV auch gegen HDV wirksam, eine spezifische Prophylaxe der HDV-Superinfektion von HBsAg-Trägern ist nicht möglich. Die Behandlung der HBV-Infektion hat meist keinen positiven Effekt auf eine etablierte chronische HDV-Infektion, eine spezifische Therapie gegen HDV existiert nicht.

13.1.5 Hepatitis-E-Virus

Erreger

Hepatitis-E-Virus-Partikel sind nicht umhüllt und etwa 30–32 nm groß (Abb. 13.11). Das Kapsid weist einen ikosaedrischen Aufbau auf und enthält ein ca. 7.5 kb großes Plusstrang-RNA-Genom. Hinsichtlich der Partikelmorphologie und des Genomaufbaus bestehen Ähnlichkeiten zu Caliciviren, eine endgültige Klassifikation steht noch aus. Weltweit existiert ein Serotyp des Erregers mit mehren Genotypen. Gegenüber Umwelteinflüssen ist Hepatitis-E-Virus vergleichsweise unempfindlich.

Epidemiologie

Das Hepatitis-E-Virus wird wie HAV **fäkal-oral** übertragen und mit dem Stuhl ausgeschieden. Epidemiologisch im Vordergrund steht die Übertragung durch kontaminiertes **Trinkwasser**, die zu epidemieartigen Ausbrüchen führen kann. Die Existenz eines animalen Erregerreservoirs (Hausschwein) wird diskutiert. Vor allem in tropischen und subtropischen Schwellen- und Entwicklungsländern werden größere HEV-Ausbrüche beobachtet. In den westlichen Industrienationen treten HEV-Infektionen nur vergleichsweise selten auf und stellen fast immer

Tabelle 13.8: HDV-Routinediagnostik.

Parameter	Untersuchungsmaterial	Testverfahren
Anti-HD-Ig	Serum	ELISA, Immunoblot
Anti-HD-IgM	Serum	ELISA, Immunoblot

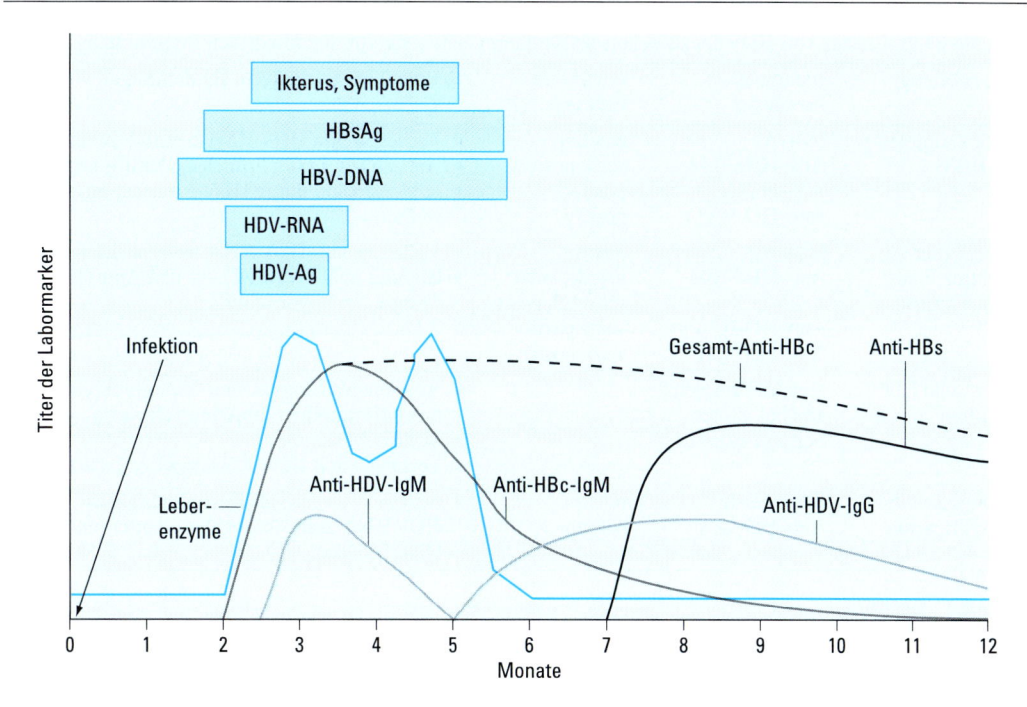

Abb. 13.9: Zeitlicher Verlauf der Labormarker bei einer Koinfektion mit HBV und HDV.

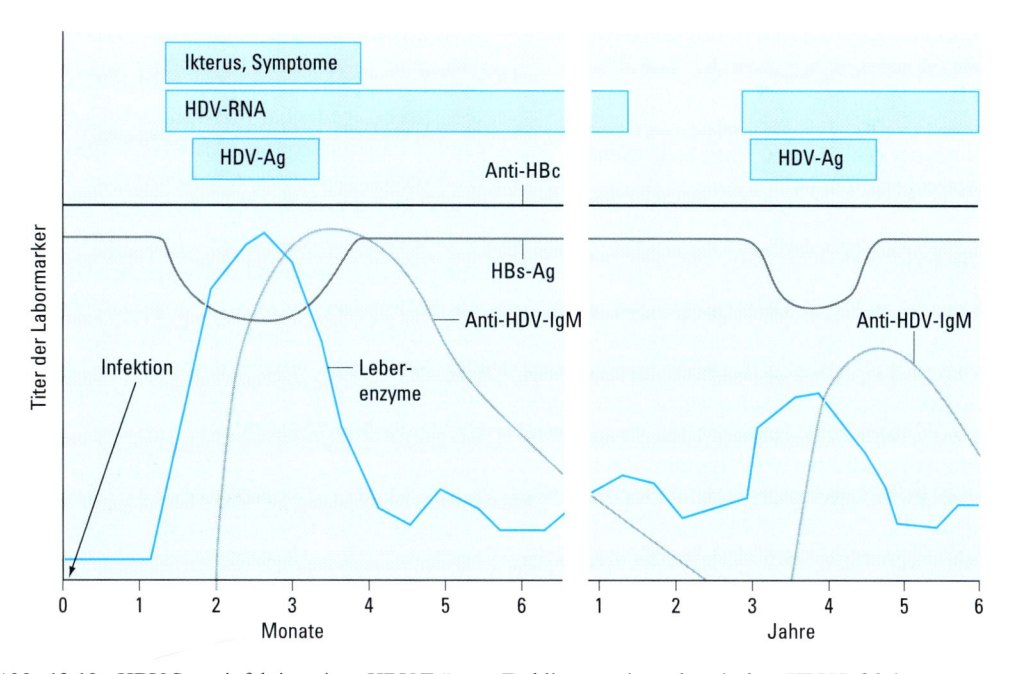

Abb. 13.10: HDV-Superinfektion eines HBV-Trägers, Etablierung einer chronischen HDV-Infektion.

Tabelle 13.9: Einsatz von HDV-spezifischen Testverfahren abhängig von der klinischen Fragestellung.

Fragestellung	geeignete Parameter	erwartetes Ergebnis	weitere Untersuchungen, Bemerkungen
akute Koinfektion mit HBV	HBs-Ag Anti-HBc-IgM Anti-HD-Ig Anti-HD-IgM	positiv stark positiv positiv positiv	• Vorliegen von HDV-RNA beweist Infektiosität • Anti-HD-Ig in der Frühphase häufig negativ • HBs-Ag kann durch HDV-Koinfektion negativ werden
akute Superinfektion eines HBV-Trägers	HBs-Ag Anti-HBc-IgM Anti-HD-Ig Anti-HD-IgM	positiv negativ oder schwach positiv stark positiv stark positiv	• Vorliegen von HDV-RNA beweist Infektiosität • Bildung hoher Anti-HD-Ig- und Anti-HD-IgM-Spiegel bei Superinfektion
chronische HDV-Infektion	gleiche Parameter wie bei akuter Superinfektion		• Abgrenzung einer akuten Superinfektion von einer chronischen Infektion schwierig • Verlaufsbestimmungen • Vorliegen von HDV-RNA beweist Infektiosität
durchgemachte HDV-Infektion	Anti-HD-Ig Anti-HD-IgM	positiv negativ	• bei HBV-Träger ggf. Bestimmung von HDV-RNA zum Ausschluss einer chronischen HDV-Infektion

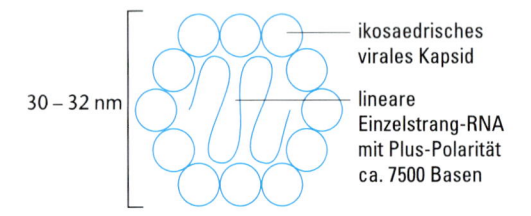

Abb. 13.11: Schematischer Aufbau des Hepatitis-E-Virus.

importierte Infektionen durch Reisende aus Epidemiegebieten dar.

Erkrankung

Ein großer Teil der HEV-Infektionen verläuft klinisch inapparent. Nach einer Inkubationszeit von meist 4–5 Wochen verläuft die manifeste HEV-Erkrankung typischerweise unter dem Bild einer **akuten Virushepatitis.** Bereits eine Woche vor Auftreten von Symptomen und bis etwa zwei Wochen nach Beginn der Hepatitis wird der Erreger im Stuhl ausgeschieden. Im Vergleich zu HAV-Erkrankungen sind schwere Verläufe häufiger, von einer Gesamtletalität von bis zu 1% muss ausgegangen werden. Bei **Schwangeren** ist die Gefahr eines **letalen Verlaufs** besonders hoch und wird mit bis zu 20% der Fälle angegeben. Chronische Verläufe der HEV-Infektion kommen nach derzeitigem Wissensstand nicht vor, vereinzelt wurden protrahierte Verläufe beschrieben. Nach überstandener Infektion schützen anamnestische Antikörper vor Reinfektion.

Diagnostik

Bereits bei Symptombeginn finden sich virusspezifische IgM- und meist auch IgG-Antikörper im Patientenserum **(Anti-HEV-IgM, Anti-HEV-IgG)**, die innerhalb der ersten Wochen nach Krankheitsbeginn deutlich ansteigen und dann wieder abfallen (Tab. 13.10, 13.11, Abb. 13.12). Während HEV-spezifische IgM-Antikörper nach einigen Wochen nicht mehr nachweisbar sind, lassen sich HEV-spezifische IgG-Antikörper etliche Jahre nach Infektion noch nachweisen, ihre Titer sind aber niedriger als bei der akuten Infektion.

Tabelle 13.10: HEV-Routinediagnostik.

Parameter	Untersuchungsmaterial	Testverfahren
Anti-HEV-IgG	Serum	ELISA, Immunoblot
Anti-HEV-IgM	Serum	ELISA, Immunoblot

Tabelle 13.11: Einsatz von HEV-spezifischen Testverfahren abhängig von der klinischen Fragestellung.

Fragestellung	geeignete Parameter	erwartetes Ergebnis	weitere Untersuchungen, Bemerkungen
akute HEV-Infektion	Anti-HEV-IgM Anti-HEV-IgG	positiv positiv (s. a. Bemerkungen)	• HEV-RNA • Nachweis von HEV-RNA sichert frische Infektion • Anti-HEV-IgG meist schon bei Krankheitsbeginn positiv • Titeranstiege bei Anti-HEV-IgG und Anti-HEV-IgM in den ersten Wochen • Anti-HEV-IgM wird nach einigen Wochen negativ

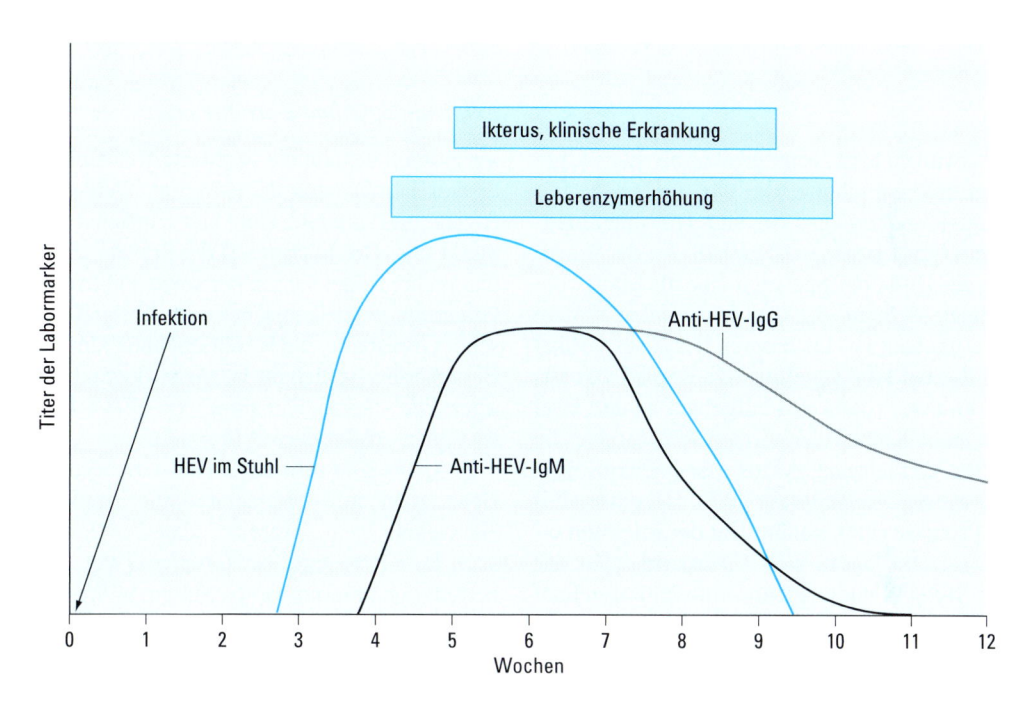

Abb. 13.12: Zeitlicher Verlauf der Labormarker bei einer akuten HEV-Infektion.

Prophylaxe und Therapie

Derzeit gibt es weder Möglichkeiten für eine passive noch eine aktive Immunisierung gegen die HEV-Infektion. Eine spezifische Therapie der klinisch manifesten HEV-Infektion ist nicht bekannt.

13.2 Humane Immundefizienz-Viren Typ 1 und 2, HIV-1, HIV-2

Erreger

Man unterscheidet zwei HIV-Typen, HIV-1 und HIV-2. Bei HIV-1 werden Isolate der Gruppe M (= *main*) mit den Subtypen A bis J von Viren der Gruppen N (= *near*) und O (= *outlier*) unterschieden. Bei HIV-2 erfolgt eine weitere Aufteilung in die Subtypen A bis F. Reife HIV-Partikel

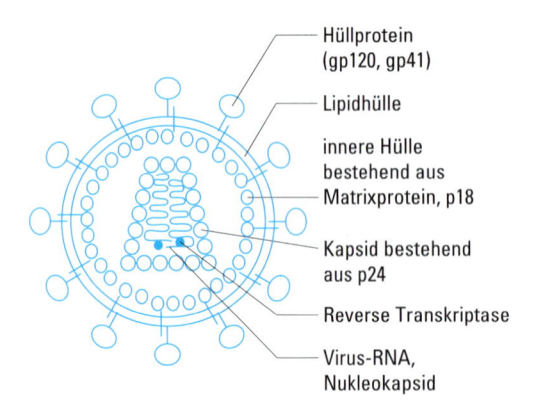

Abb. 13.13: Schematischer Aufbau des humanen Immundefizienz-Virus.

Hüllprotein (gp120, gp41)
Lipidhülle
innere Hülle bestehend aus Matrixprotein, p18
Kapsid bestehend aus p24
Reverse Transkriptase
Virus-RNA, Nukleokapsid

sind etwa 100 bis 120 nm groß (Abb. 13.13), besitzen eine Lipidhülle, die das virale Oberflächenglykoprotein (gp120) und Transmembranprotein (gp41 bzw. gp36) enthält. An der Innenseite der Hülle befindet sich eine als Matrix bezeichnete Schicht, die aus dem viralen Protein p17 aufgebaut ist. Im Inneren der Viruspartikel liegt das bei HIV kegelförmige Kapsid, das aus dem viralen Protein p24 aufgebaut ist und zwei oder mehr Kopien der viralen RNA sowie die für den Vermehrungszyklus essenziellen Enzyme Reverse Transkriptase (RT), Integrase (IN) und Protease (PR) enthält. Bei der Infektion einer Zielzelle lagern sich Viruspartikel an das CD4-Molekül und als Korezeptoren bezeichneten Chemokinrezeptoren (CXCR-4/Fusin, CCR-2, CCR-3, CCR-5) auf der Zelloberfläche an, danach erfolgt die Penetration in die Zelle durch Fusion mit der Zytoplasmamembran. Daneben können je nach Zelltyp auch noch andere Rezeptoren (Glykolipide, zelluläre Fc- und Komplementrezeptoren) eine Rolle spielen. In der Zelle wird bereits innerhalb der ersten Stunden die virale RNA mithilfe der RT in doppelsträngige DNA umgeschrieben, diese wird dann in den Zellkern transportiert und integriert in das Zellgenom. Die Transkription viraler RNA erfolgt von dem integrierten, etwa 10 kb großen integrierten DNA-Genom (Provirus). Dessen gag-Gen (gag = *group specific antigen*) kodiert für die viralen Strukturproteine des Kapsids, das env-Gen (env = *envelope*) für die Proteine der viralen Hülle. Die für die Replikation essenziellen viralen Enzyme PR, RT, IN und RNase H werden von dem pol-Gen (pol = Polymerase) kodiert. Daneben finden sich Gene für regulatorische und akzessorische Proteine auf dem HIV-Genom. Erste neugebildete Viruspartikel entstehen bereits nach etwa 12 Stunden. Zusammenbau und Knospung von Nachkommenvirionen findet an der Zytoplasmamembran statt. Zur endgültigen Reifung der Partikel ist die Funktion der PR notwendig, durch deren Wirkung aus Polyproteinen die funktionellen Nukleokapsid- und Polymerase-Untereinheiten abgespalten werden und das Kapsid kondensiert.

Epidemiologie und Übertragung

Vermutlich begann die weltweite HIV-Epidemie in den Jahren nach dem zweiten Weltkrieg in Afrika und breitete sich hier zunächst unbemerkt aus. Die höchste HIV-1-Prävalenz (30 % und mehr) findet sich in der sexuell aktiven Bevölkerung ostafrikanischer und zentralafrikanischer Großstädte, die Durchseuchung ländlicher Bevölkerungsschichten ist meist deutlich niedriger. Die stärkste Zunahme von HIV-1-Neuinfektionen erfolgt derzeit in Asien.

In Afrika sind zahlreiche HIV-1-Subtypen der Gruppe M mit unterschiedlicher regionaler Häufigkeit weit verbreitet, daneben kommen auch HIV-1-Stämme der Gruppe O vor. HIV-1 B stellt den prädominanten Subtyp in Westeuropa, Australien und Nordamerika, HIV-1 A, G, F und H in Osteuropa. In Indien und Südostasien sind die HIV-1 Subtypen B, C und E verbreitet, in Südamerika die HIV-1 Subtypen B und F.

Eine hohe HIV-2-Prävalenz besteht in Westafrika und im westlichen Zentralafrika, daneben auch in Indien und einigen weiteren Regionen Südostasiens. In Europa findet sich eine nennenswerte Durchseuchung mit HIV-2 vor allem in Portugal und Frankreich.

Wichtigster **Übertragungsweg** von HIV ist der ungeschützte Sexualverkehr. Die Übertragungswahrscheinlichkeit über infektiöses Sperma und Genitalsekrete beträgt rund 0,5 % bei hetero- und homosexuellen Kontakten. Genitale Ulzerationen und hohe Viruslast begünstigen die Übertragung. Durch unmittelbaren Kontakt mit dem Blut HIV-Infizierter besteht ein Übertragungsrisiko bei i. v.-Drogenkonsum, Verwendung nicht steriler medizinischer Gerätschaften und paramedizinischen Handlungen. Bei medizinischem Personal kann es über Stichverletzungen, aber auch durch Kontakt mit infektiösem Material nach Schleimhautexposition zur HIV-Übertragung kommen. Defekte der Epithelbarriere begünstigen diesen Übertragungsweg. 10–15 % aller HIV-positiven unbehandelten Mütter übertragen HIV während der Geburt auf das Kind, postnatal kann es zu einer Infektion über die Muttermilch kommen.

Krankheit und Pathogenese

Nach einer Inkubation von meist wenigen Wochen kann sich die HIV-Infektion als **akute Erkrankung** mit Zeichen eines grippalen Infektes oder Mononukleose-artigen Beschwerden manifestieren, hieran schließt sich meist eine mehrjährige **symptomfreie Phase** an. Die in der Akutphase massive Virusvermehrung wird durch die HIV-spezifische zelluläre und humorale Immunantwort reduziert und es resultiert nur eine vergleichsweise niedrige Virusbelastung im peripheren Blut während der symptomfreien Phase. Dennoch werden auch in diesem Infektionsstadium kontinuierlich sehr viele Zellen neu mit HIV infiziert und HIV-infizierte Zellen durch die Funktion des Immunsystems eliminiert. Aus der fortgesetzten Auseinandersetzung zwischen HIV und dem Immunsystem resultiert im Mittel nach 8 bis 10 Jahren ein **Lymphadenopathie-Syndrom (LAS)** mit wieder zunehmender Virusvermehrung und stetiger Abnahme der Immunkompetenz, das schließlich unbehandelt nach wenigen Jahren in das Vollbild **AIDS** *(Aquired Immunodeficiency Syndrome)* mit massiver Virusvermehrung mündet. Das AIDS-Stadium ist gekennzeichnet durch das Auftreten opportunistischer Infektionen, Neoplasien und neurologischer Symptome (HIV-bedingte Enzephalopathie).

Für die Pathogenese der HIV-Infektion spielen vielfältige virale und wirtsspezifische Faktoren eine Rolle. Der Zusammenbruch des Immunsystems manifestiert sich als massive Abnahme der Zahl und Funktionsstörung CD4- und CD8-positiver Lymphozyten, Verschiebungen des Lymphokinmusters und Zerstörung der Lymphknotenstruktur. Für den Rückgang CD4-positiver Zellen ist nicht nur eine direkte zytotoxische Wirkung des Virus auf infizierte Zellen verantwortlich sondern es kommt auch über indirekte Effekte zum Untergang uninfizierter Zellen. Bedingt durch den fehlerträchtigen RT-Schritt im viralen Replikationszyklus und den Selektionsdruck des Immunsystems entstehen beim HIV-Infizierten in kurzer Zeit zahlreiche **Fluchtmutanten**, die letzlich durch das Immunsystem nicht mehr kontrolliert werden und zum Zusammenbruch der Immunfunktionen beitragen.

Diagnostik der HIV-Infektion

Als Routineverfahren für die HIV-Diagnostik (Tab. 13.12, 13.13, Abb. 13.14) stehen Antikörper-, Antigen- und Nukleinsäurenachweisver-

Tabelle 13.12: HIV-Routinediagnostik.

Parameter	Untersuchungsmaterial	Testverfahren, Bemerkungen
Anti-HIV-Ig	Serum, ggf. Plasma	ELISA, Nachweis von Antikörpern gegen HIV-1 und HIV-2 (Kombinationstest), sog. Suchtest
Anti-HIV-1-IgG Anti-HIV-2-IgG	Serum, ggf. Plasma	Westernblot, Nachweis proteinspezifischer Antikörper gegen HIV-1 und HIV-2, Differenzierung zwischen HIV-1- und HIV-2-reaktiven Antikörpern
Anti-HIV-Ig	Serum, ggf. Plasma	IFT, Einsatz als Bestätigungstest möglich
HIV-p24-Ag	Serum, ggf. Plasma	ELISA
HIV-1 provirale DNA	EDTA-Blut, Gewebe	PCR
HIV-1 RNA	Serum, Plasma, Liquor	qualitative und quantitative RT-PCR

Tabelle 13.13: Einsatz von HIV-spezifischen Testverfahren abhängig von der klinischen Fragestellung.

Fragestellung	geeignete Parameter	weitere Untersuchungen, Bemerkungen
HIV-Antikörperstatus	Anti-HIV-1/2-Ig Suchtest (ELISA)	• bei positivem oder fraglichem Ergebnis im Suchtest Bestätigung im Westernblot (ggf. a. IFT) • bei erstmals bestätigt positivem Befund Kontrolle in zweiter, unabhängig entnommener Probe • Nachweis von Anti-HIV-1/2-IgG gleichbedeutend mit Infektion, Ausnahme: Kinder HIV-positiver Mütter bis zum 21. Lebensmonat, hier wg. diaplazentarer IgG-Übertragung HIV-PCR • bei unklarer Serologie und Expositionsverdacht HIV-PCR, p24-Ag-Bestimmung und ggf. Virusanzucht, Überprüfung der HIV-2- bzw. HIV-1-Gruppe O-Reaktivität
Verdacht auf akute HIV-Infektion, Exposition	Anti-HIV-Ig HIV-DNA HIV-p24-Ag	• Verlaufskontrollen nach 2 Wochen • bei klar definierter Exposition weitere Kontrollen nach 6 Wochen, 3 Monaten und 6 Monaten
Verlaufskontrolle der HIV-Infektion, Therapiekontrolle	HIV-RNA quantitativ	• bei unbehandelten HIV-Infizierten Kontrolle in regelmäßigen Abständen • Bestimmung der Viruslast unmittelbar vor Therapie und 4 Wochen nach Therapiebeginn, danach Kontrollen in mehrmonatigem Abstand • ggf. genotypische Resistenztestung bei nicht ausreichender Reduktion des viralen RNA-Spiegels

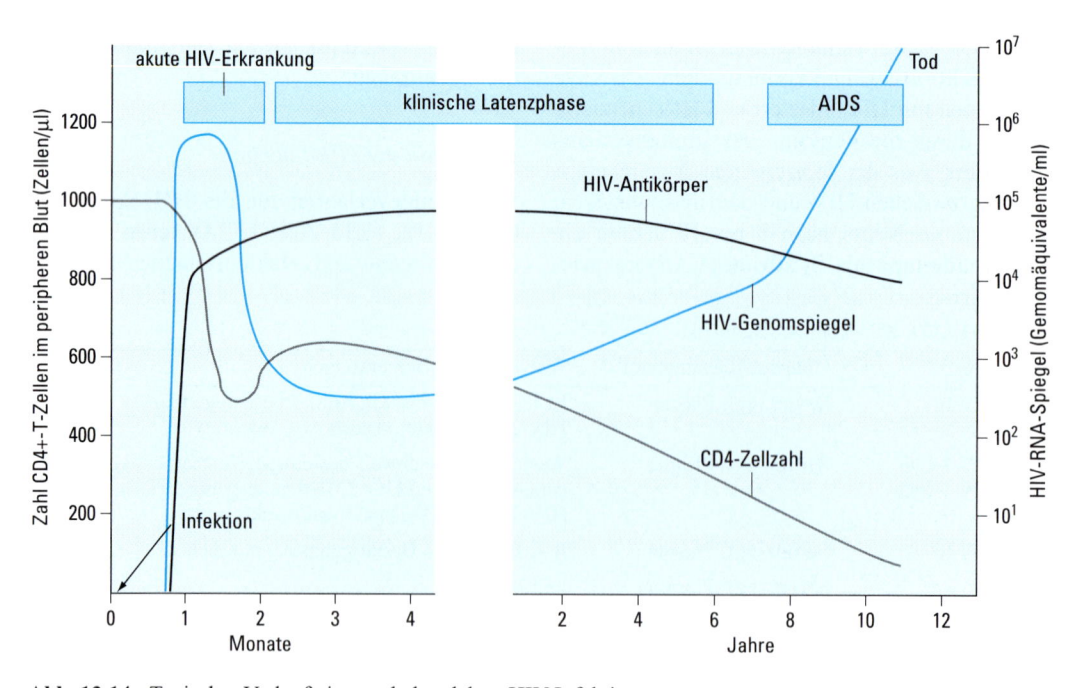

Abb. 13.14: Typischer Verlauf einer unbehandelten HIV-Infektion.

fahren zur Verfügung. Vor der erstmaligen Mitteilung eines positiven HIV-Untersuchungsergebnisses an den Patienten sollten potentielle Fehlerquellen, etwa durch Probenverwechslungen, über die Wiederholung der Testung in einer unabhängig entnommenen Probe ausgeschlossen werden. HIV-spezifische Antikörper können in der 4.–5. Woche nach Infektion nachweisbar sein. Üblicherweise erfolgt zunächst die Untersuchung der Patientenprobe in einem hoch sensitiven und einfach durchführbaren **Suchtest** (ELISA), der sowohl HIV-1- als auch HIV-2-spezifische Antikörper erfasst. Zur Absicherung der Spezifität des Antikörpernachweises im Suchtest werden alle positiven und grenzwertigen Seren in einem zweiten, unabhängigen Testverfahren nachgetestet. Hierzu wird in Deutschland der **Westernblot** eingesetzt. Für ein positives Ergebnis im HIV-Westernblot muss nach den in Deutschland üblichen Beurteilungskriterien zumindest eine Reaktivität mit 2 Glykoproteinen und einem Protein des gag- oder pol-Gens vorliegen. Abhängig vom Reaktionsmuster im HIV-1-Westernblot kann eine weitere Abklärung im HIV-2-Westernblot notwendig werden. Bei frischen HIV-Infektionen lässt sich p24-Antigen meist bereits wenige Tage vor dem Auftreten erster Antikörper im peripheren Blut nachweisen. Eine Durchführung des p24-Antigennachweises erscheint daher in Patientenkollektiven mit einer hohen Prävalenz von HIV-Erstinfektionen gerechtfertigt.

Aufgrund ihrer überlegenen Sensitivität und Spezifität haben Verfahren zum qualitativen und quantitativen Nachweis von **HIV-RNA** bzw. **proviraler DNA** den p24-Antigennachweis weitgehend ersetzt. Die quantitative Bestimmung der viralen Genomspiegel im peripheren Blut (*viral load*) erlaubt die Beurteilung der momentanen Virusaktivität, über wiederholte Untersuchungen lässt sich der zeitliche Verlauf der Virusreplikation und der Effekt einer antiviralen Therapie beurteilen. Weitere Einsatzgebiete der Nukleinsäurenachweisverfahren sind der Nachweis/Ausschluss einer Mutter-Kind-Übertragung und das Screening von Blutspendern. Die Sensitivität der RT-PCR liegt bei >50 Genomäquivalenten/ml. Probleme bei den Nukleinsäurenachweisverfahren können bei Vorliegen seltener HIV-1-Gruppen bzw. Subgruppen auftreten. Berücksichtigt werden muss bei Transport und Lagerung der Untersuchungsmaterialien die geringe Stabilität von HIV-RNA, sodass in jedem Fall ein schneller Transport, bei der die ggf. gekühlte Probe innerhalb weniger Stunden das Labor erreicht, realisiert werden muss. In stimulierten Lymphozyten lässt sich HIV kultivieren, die Anzucht gelingt am ehesten bei Patienten mit AIDS. Die Viruskultur ist das einzige Verfahren, das unmittelbar mit der Infektiosität des Probenmaterials korreliert und über das sich die Wachstumseigenschaften des Erregers beurteilen lassen. **Resistenzbestimmungen** können bei HIV über phänotypische oder über genotypische Analysen durchgeführt werden. Bei den genotypischen Analysen wird über den Nachweis von typischen Mutationen in der RT und PR auf das Vorliegen von Resistenzen geschlossen. Derzeit wird ein Testverfahren kommerziell angeboten, mit dem sich ausgehend von Patienten-spezifischen PCR-Produkten resistenzvermittelnde Mutationen in der RT nachweisen lassen. Das Ergebnis dieser Untersuchung kann bereits nach wenigen Tagen vorliegen. Eine umfassendere Analyse von resistenzvermittelnden Mutationen kann durch Sequenzierung des RT- und PR-Gens erzielt werden.

Prophylaxe

Ein aktiver oder passiver Impfstoff zur Prophylaxe der HIV-Infektion wird auf absehbare Zeit nicht zur Verfügung stehen. Die Prophylaxe der HIV-Infektion bleibt also auf die Vermeidung einer Exposition beschränkt und umfasst Hygienemaßnahmen und das Bereitstellen sauberer Einmalnadeln und Spritzen bei i.v.-Drogenabhängigen, Aufklärungskampagnen, das Screening von Blut- und Organspendern, um nur einige Punkte zu nennen. Nach definierter beruflicher (ggf. auch nach sexueller) HIV-Exposition mit hoher Übertragungswahrscheinlichkeit kann das Infektionsrisiko durch sofortigen Beginn einer medikamentösen **Postexpositionsprophylaxe** in Form einer antiretroviralen Kombinationstherapie über einen Zeitraum von 4 Wochen (vergleiche auch unten) gesenkt werden.

Therapie

Gute und anhaltende therapeutische Effekte auf die HIV-Infektion wurden erst durch Kombination von zwei RT-Inhibitoren mit einem Protease-Inhibitor ermöglicht. Bei den HIV-wirksamen Inhibitoren der RT wird zwischen den nukleosidalen Inhibitoren (NRTI) mit den Wirkstoffen Abacavir, Didanosin, Lamivudin, Stavudin, Zalcitabin, Zidovudin, und den nicht-nukleosidalen Inhibitoren (NNRTI) mit den Wirkstoffen Delavirdin, Nevirapin, Efavirenz unterschieden. Letztere sind gegen HIV-1 Gruppe O und HIV-2 unwirksam. Zugelassene Protease-Inhibitoren (PI) sind Amprenavir, Indinavir, Nelfinavir, Ritonavir und Saquinavir. Das HIV-wirksame Tenofovir hemmt die Nukleotid-Phosphorilierung.

Nach derzeitigem Wissenstand ist die **Kombinationstherapie** einer HIV-Infektion (z.B. 2 NRTI, 1 PI) unabhängig von CD4-Zellzahl und viralem Genomspiegel indiziert bei dem Vorliegen von klinisch manifestem AIDS und HIV-assoziierten Symptomen. Bei asymptomatisch Infizierten besteht eine Therapieindikation abhängig von CD4-Zellzahl (< 350/µl oder rasch absinkend) und dem HIV-RNA-Spiegel im peripheren Blut (> 10000 Genomäquivalente/ml). Eine Therapie kann weiterhin bei der akuten Primärinfektion vertreten werden.

Unmittelbar vor Therapie und vier Wochen nach Therapiebeginn sollten die viralen RNA-Spiegel und die CD4-Zellzahl bestimmt werden, danach erfolgen Kontrollen in mehrmonatigem Abstand. Therapieziel ist ein Anstieg der CD4-Zellzahl und ein Abfall der viralen RNA-Spiegel unter die Nachweisgrenze der verwendeten Testverfahren, zumindest jedoch eine Reduktion um eine Log-Stufe. Bei einem signifikanten Anstieg der Virusspiegel unter Therapie und deutlicher Abnahme der CD4-Zellzahl muss ein Therapieversagen durch **Resistenzbildung** vermutet werden und die antiretrovirale Therapie umgestellt werden, ggf. abhängig vom Ergebnis der genotypischen Resistenzbestimmung.

13.3 Humanes Zytomegalievirus (HCMV)

Erreger

Wie auch das weiter unten beschriebene Epstein-Barr-Virus (EBV) ist das Humane Zytomegalievirus (HCMV) ein Vertreter der Herpesvirusfamilie (Subfamilie *Betaherpesvirinae*, Genus *Cytomegalovirus*). Die 150 bis 200 nm großen Viruspartikel enthalten ein 230 bis 240 kbp langes DNA-Genom, das vermutlich für über 200 Gene kodieren kann. Herpesviruspartikel weisen einen typischen morphologischen Aufbau aus Lipidhülle, Tegument, 100 nm großem ikosaedrischem Kapsid und DNA-haltigem Core auf.

Der Eintritt von Herpesviren in die Zielzelle erfolgt über Fusion der Virushülle mit der Zytoplasmamembran, die Replikation der viralen DNA findet nach Zirkularisierung im Zellkern statt. Produktiv infizierte Zellen werden im Gefolge der Virusinfektion lysiert. Nach ihrer Expressionskinetik bei der lytischen Infektion werden mehrere Klassen viraler Gene unterschieden: sehr frühe oder *Immediate early*-Gene, die bereits unmittelbar nach Eintritt der Erreger in die Zelle exprimiert werden, frühe oder *Early*-Gene, die zeitverzögert exprimiert werden, und späte oder *Late*-Gene, deren Expression ebenfalls zeitgleich mit der Expression früher Gene beginnen kann, die aber für ihre maximale Expression die Replikation des viralen Genoms benötigen. Neugebildete DNA-haltige Viruskapside knospen an der inneren Kernmembran, danach erfolgt eine Fusion mit der äußeren Kernmembran und eine endgültige Umhüllung an intrazellulären Membranen. Während der natürlichen Infektion sind Herpesviren ganz überwiegend zellassoziiert und breiten sich in Geweben über Zellkontakte aus. Typisch für Herpesviren ist auch das Vorhandensein zahlreicher Immunevasionsmechanismen, mit denen immunologische Effektormechanismen des Wirts abgeschwächt oder ausgeschaltet werden. Daneben können alle Herpesviren lebenslang persistierende, **latente Infektionen** im immunkompetenten Wirt etablieren. Durch externe Stimuli kann die latente Phase unterbrochen werden und eine erneute produktive Virusinfektion resultieren.

Erkrankung

Klinische Symptome einer HCMV-Infektion können auf einer **Primärinfektion** mit dem Erreger, einer **Reaktivierung** einer vorbestehenden latenten Infektion oder auf einer Superinfektion eines bereits latent infizierten Individuums beruhen. Die Primärinfektion erfolgt beim immunkompetenten Wirt überwiegend inapparent oder oligosymptomatisch. Klinisch manifeste HCMV-Erkrankungen können mit mononukleoseartigen Symptomen einhergehen (s. a. Epstein-Barr-Virus). Sie sind bei HCMV-negativen Individuen häufiger nach Transfusion von leukozytenhaltigen Blutprodukten HCMV-positiver Spender zu beobachten. Leitsymptom der transfusionsbedingten HMCV-Infektion kann eine Hepatitis mit mäßiger Transaminasenerhöhung sein.

Klinisch manifeste, lebensbedrohliche Verläufe sind dagegen bei physiologischer Unreife des Immunsystems oder bei angeborenen und erworbenen Defekten der zellulären Immunität zu erwarten. Unter den Infektionserregern, die bei Immunkompromittierten Erkrankungen und Todesfälle verursachen, nimmt HCMV eine Spitzenposition ein. Beim bereits latent HCMV-Infizierten führt eine exogene Immunsuppression praktisch immer zu einer Reaktivierung des Erregers. Die endogene Quelle des Erregers besteht vermutlich in latent infizierten monozytären Vorläuferzellen, möglicherweise auch in einer auf niedrigem Niveau persistierenden lytischen Infektion von Epithelien und Endothelien. Als exogene Infektionsquellen beim Immunsupprimierten kommen vor allem transplantierte Gewebe sowie Blut- und Blutprodukte in Betracht. Abhängig von Ausmaß, Dauer und Art des Immundefektes kann es über hämatogene Aussaat, möglicherweise auch über Reaktivierung bereits im Organ latent vorhandenen Virus, zur zunehmenden Replikation des Erregers kommen, die nahezu jedes Organsystem betreffen und über direkte Zellzerstörung und immunologische Effektormechanismen zu klinischen Symptomen und Funktionsverlust führen kann. Abhängig von der jeweiligen Ausgangssituation können sehr unterschiedliche Verläufe resultieren, bei denen entweder eine bestimmte Organmanifestation (sog. Endorganerkrankung) oder die Symptome der generalisierten HCMV-Infektion mit mononukleoseartigem Verlauf klinisch im Vordergrund stehen. Zu den häufigen Organmanifestationen einer HCMV-Infektion beim Immunkompromittierten zählen Infektionen des Gastrointestinaltraktes, der Lunge, des ZNS und der Leber. Außer beim **Immunsupprimierten** sind klinisch manifeste HCMV-Infektionen auch beim **Neugeborenen** zu erwarten. Die primäre, deutlich seltener auch die reaktivierte HCMV-Infektion der Mutter kann zu einer diaplazentaren Übertragung auf den Fetus führen, selten auch zu einer genital aszendierenden Infektion. In rund einem Drittel mütterlicher Primärinfektionen, insgesamt bei etwa 0,2 – 2 % aller Schwangerschaften kommt es zu einer Übertragung auf das Kind, meist in der zweiten Schwangerschaftshälfte. Etwa 10 % der pränatal infizierten Kinder weist charakteristische Symptome wie Thrombozytopenie, Hepatosplenomegalie und ZNS-Schädigungen auf. Das Vollbild der Erkrankung wird aufgrund der charakteristischen zytopathologischen Veränderungen auch als zytomegale Einschlusskrankheit (CID = *cytomegalic inclusion disease*) bezeichnet. Infizierte Kinder scheiden den Erreger über lange Zeiträume in hohen Konzentrationen im Speichel und Urin aus. Häufiger als die pränatale Infektion ist die perinatale Infektion des Neugeborenen, die bei immunologisch unreifen Frühgeborenen ebenfalls zu symptomatischen Verläufen führen kann. Typische Infektionsquellen bei der perinatalen Übertragung sind die mütterlichen genitalen Sekrete, Speichel und Muttermilch. Die Infektion immunkompetenter Säuglinge zu einem späteren Zeitpunkt führt dagegen praktisch ausnahmslos zu inapparenten Verläufen.

Epidemiologie

Die Durchseuchung mit HCMV ist in allen menschlichen Populationen hoch, sie liegt bei erwachsenen Blutspendern in westlichen Industrieländern zwischen 40 und 80 %. Abhängig von den jeweiligen sozioökonomischen Verhältnissen kann die Durchseuchung in Schwellen- und Entwicklungsländern bereits bei Kindern und Jugendlichen nahezu vollständig sein. HCMV wird sowohl horizontal als auch vertikal (Mutter-Kind) übertragen. Die horizontale Übertragung setzt engen körperlichen Kontakt voraus und geschieht meist durch direkten Kontakt mit infektiösen Sekreten latent Infizierter in der unmittelbaren Umgebung, insbesondere über Speichel, Muttermilch und Sexualkontakte. Dementsprechend erfolgt nimmt die Durchseuchung in westlichen Industrieländern in zwei Schüben zu. Nach einem Gipfel im Säuglings- und Kleinkindesalter erfolgen weitere Infektionen vornehmlich durch sexuelle Aktivitäten oder durch verstärkten beruflichen Kontakt mit infizierten Säuglingen und Kleinkindern, z. B. bei Erzieherinnen in Kinderbetreuungseinrichtungen oder medizinischem Personal.

Diagnostik

Aufgrund der meist uncharakteristischen Symptome einer HCMV-Infektion ist in den allermeisten Fällen eine Labordiagnostik unerlässlich (Tab. 13.14, 13.15). Über den Nachweis **virusspezifischer Antikörper** lässt sich ein stattgefundener Kontakt mit dem Erreger nachweisen. HCMV-spezifische Antikörper sind meist bereits bei Auftreten von Symptomen einer Primärinfektion nachweisbar und persistieren lebenslang. Der Nachweis von HCMV-spezifischen IgM-Antikörpern erlaubt beim Immunkompetenten die Diagnose einer akuten primären und häufig auch reaktivierten HCMV-Infektion, er kann auch hilfreich für die Diagnose einer prä- oder perinatalen HCMV-Infektion sein. Werden potentielle Fehlerquellen ausgeschlossen (diaplazentare oder passive iatrogene Übertragung), weisen HCMV-spezifische IgG-Antikörper auf das Vorliegen einer latenten HCMV-Infektion hin. Die diagnostische Sensitivität und Spezifität von HCMV-IgM-Antikörpernachweisverfahren ist jedoch bei Immunkompromittierten und/oder dem Vorliegen reaktivierter Infektionen unbefriedigend. Hier sind Verfahren, die einen direkten Virusnachweis erlauben, zu bevorzugen.

Eine häufig genutzte Variante der **Virusanzucht** stellt die sogenannte Kurzzeit-Zentrifugationskultur dar, bei der infektiöses Virus bereits nach 24 h mithilfe immunzytochemischer Verfahren nachgewiesen werden kann. Eine anhaltende, hochtitrige Virurie bereits bei Geburt ist ein wegweisender Laborbefund bei Neugeborenen mit einer pränatalen Infektion. Die Ausscheidung von HCMV in Sekreten ist ein häufiges Phänomen beim Immunkompromittierten und keinesfalls gleichzusetzen mit einer generalisierten HCMV-Infektion. Die Abgrenzung der viel häufigeren klinisch asymptomatischen HCMV-Reaktivierungen beim Immunsupprimierten von schweren, therapiebedürftigen Verläufen kann über die quantitative Bestimmung viralen Antigens und viraler DNA im peripheren Blut erreicht werden. Beim sogenannten

Tabelle 13.14: HCMV-Routinediagnostik.

Parameter	Untersuchungsmaterial	Testverfahren
Anti-HCMV-Ig	Serum	Komplementbindungsreaktion
Anti-HCMV-IgM, -IgA, -IgG,	Serum	ELISA IFT
HCMV-pp65 Ag	Plasma	IFT, immunhistochemischer Nachweis
HCMV-DNA und -RNA	Plasma, Leukozyten, Gewebe, BAL, Liquor u. a. Körperflüssigkeiten und Sekrete, HCMV-DNA auch postmortal in fixierten Geweben	qualitative und quantitative PCR sowie andere Nukleinsäureamplifikationstechniken, Hybridisierungsverfahren
Virusisolierung	Urin, BAL, Leukozyten, Gewebe u. a. Körperflüssigkeiten und Sekrete	Kultur auf humanen diploiden Fibroblasten, Kurzzeit-Zentrifugationskulturen und Nachweis viraler Genexpression mittels IFT oder immunhistochemischen Verfahren

Tabelle 13.15: Einsatz von HCMV-spezifischen Testverfahren abhängig von der klinischen Fragestellung.

Fragestellung	geeignete Parameter	erwartetes Ergebnis	weitere Untersuchungen, Bemerkungen
HCMV-Serostatus	Anti-HCMV-IgG		• isoliert positives Anti-HCMV-IgG zeigt latente Infektion an (Ausschluss passive Ig-Übertragung)
HCMV-Primärinfektion beim Immunkompetenten	Anti-HCMV-IgM Anti-HCMV-IgG	positiv positiv (s. a. Bemerkungen)	• Virusanzucht • HCMV-DNA • Anti-HCMV-IgG meist gleichzeitig mit Anti-HCMV-IgM nachweisbar, • Anti-HCMV-IgG-Serokonversion beweist Primärinfektion • Bestimmung der Antikörper-Avidität zur Abgrenzung von reaktivierter Infektion
klinisch manifeste HCMV-Infektion beim Immunsupprimierten, Screening beim Immunsupprimierten, Therapiekontrolle	HCMV-DNA HCMV-pp65-Antigen	deutliche Anstiege bei klinisch manifesten Verläufen	• Untersuchung organspezifischer Proben bei Verdacht auf Organmanifestation • engmaschige Kontrolle des Therapieerfolgs
konnatale und perinatale HCMV-Infektion	Anti-HCMV-IgM Virusanzucht aus Urin	positiv bei konnataler Infektion Virusausscheidung unmittelbar nach Geburt	• Testung der Mutter: siehe Primärinfektion • Anti-HCMV-IgM-Nachweis im Nabelschnurblut (ggf. a. intrauterin) • Bestimmung von HCMV-DNA im Liquor bei V. a. ZNS-Beteiligung

pp65-**Antigennachweis** werden über ein immunzytochemisches Verfahren HCMV-Antigen-positive Granulozyten identifiziert. Ihre Zahl im peripheren Blut korreliert gut mit der klinischen Aktivität der HCMV-Infektion. Die viralen Genomspiegel im peripheren Blut stellen ebenfalls einen guten viralen Aktivitätsmarker dar. Die Bestimmung der **Genomspiegel** erfolgt meist mittels PCR. Der alleinige qualitative Genomnachweis im peripheren Blut mit PCR erlaubt dagegen aufgrund der hohen, im Einzelfall jedoch nicht definierten Sensitivität des Verfahrens keine Abgrenzung latenter, inapparent reaktivierter und klinisch manifester Infekte. Sowohl mittels pp65-Antigennachweis als auch über quantitative DNA-Bestimmungen im peripheren Blut kann der Effekt einer antiviralen Therapie verfolgt werden. Zur Diagnose von Organmanifestationen ist der Nachweis viraler DNA in Liquor, Kammerwasserpunktat, Bronchialsekret und Bioptaten geeignet.

Prophylaxe und Therapie

Derzeit bestehen weder Möglichkeiten für eine aktive noch für eine passive Immunisierung gegen HCMV-Infektionen. Zur systemischen Therapie der manifesten HCMV-Erkrankung steht eine Reihe von antiviralen Substanzen zur Verfügung bzw. finden sich in der Erprobung. Standardtherapeutikum ist das Nukleosidhomolog Ganciclovir, das sowohl gegen HCMV als auch andere humanpathogene Herpesviren wirksam ist. Als Reservetherapeutikum steht das – wesentlich toxischere – Foscarnet zur Verfügung. Weitere HCMV-wirksame Virustatika sind Cidofovir, ein zur Behandlung der HCMV-Retinitis zugelassenes Virustatikum mit breiter antiviraler Wirksamkeit, und Fomivirsen, ein für die intravitreale Anwendung bei HCMV-Retinitis zugelassenes Antisense-Oligonukleotid.

Zur frühzeitigen Erfassung klinisch relevanter HCMV-Infektionen und Vermeidung lebensbedrohlicher Verläufe in Hochrisikokollektiven erfolgt ein regelmäßiges **Screening** mittels pp65-Antigennachweis und/oder quantitativer DNA-Bestimmung. Überschreiten die viralen Aktivitätsmarker einen vorher definierten Grenzwert, wird mit der Einleitung einer präemptiven Therapie begonnen.

13.4 Epstein-Barr-Virus (EBV)

Erreger

EBV ist ein typischer Vertreter der Herpesvirusfamilie. Aufgrund seiner Genomstruktur und biologischen Eigenschaften wird es der Subfamilie der *gamma-Herpesvirinae* (Genus *Lymphocryptovirus*) zugerechnet. Das EBV-Genom ist rund 170 kb groß, von EBV existieren zwei Subtypen, A und B. EBV führt weltweit in allen menschlichen Populationen zu einer fast vollständigen Durchseuchung.

Erkrankung und Pathogenese

Die Übertragung von EBV erfolgt wie bei HCMV typischerweise durch enge zwischenmenschliche Kontakte, insbesondere durch Speichel. Während der **Primärinfektion** vermehrt sich das Virus in Epithelzellen der Mundschleimhaut und der Speicheldrüsen und wird mit oralen Sekreten ausgeschieden. EBV etabliert eine lebenslange Latenz durch Infektion von Vorläuferstadien reifer B-Lymphozyten, die hierdurch immortalisiert werden. Während des Latenzstadiums wird immer wieder infektiöses Virus mit dem Speichel ausgeschieden. Die meisten EBV-Infektionen erfolgen bereits im Kleinkindesalter und verlaufen inapparent. Eine häufige klinische Manifestation der primären EBV-Infektion beim Immunkompetenten, bevorzugt bei Infektionen von Jugendlichen und Erwachsenen, ist die **infektiöse Mononukleose**. Die Erkrankung hat eine Inkubationszeit von 4–7 Wochen. Neben Allgemeinsymptomen wie Fieber und Abgeschlagenheit besteht eine Pharyngitis bzw. Tonsillitis, häufig begleitet von einer milden Hepatitis und Hepatosplenomegalie. Die infektiöse Mononukleose heilt meist nach wenigen Wochen Krankheitsverlauf vollständig aus, schwere Komplikationen (Pneumonie, ZNS-Symptomatik, Milzruptur) sind selten, protrahierte Verläufe kommen vor. Die bei der Mononukleose im Blut reichlich nachweisbaren namensgebenden mononukleären Zellen und atypischen T-Zellen sind Ausdruck der spezifischen T-Zellantwort gegen proliferierende EBV-infizierte B-Lymphozyten. Wird die EBV-verursachte Lymphozytenproliferation nicht durch eine tragfähige T-Zellantwort kontrolliert, können sich EBV-assoziierte Tumoren entwickeln. Beispiele für EBV-assoziierte Tumoren sind das Burkitt-Lymphom, das Nasopharynxkarzinom sowie B-Zelllymphome bei Immunsupprimierten und AIDS-Patienten. Ein weiteres vor allem bei AIDS-Patienten auftretendes EBV-verursachtes Krankheitsbild ist die orale Haarleukoplakie. Bei einem seltenen, X-chromosomal vererbten Immundefekt (*X-linked immunoproliferative syndrome* oder Duncan-Syndrom) führt die Infektion mit EBV über unkontrollierte Zellproliferation meist schon im Kindesalter zum Tod.

Diagnose

Die Mononukleose kann meist klinisch und mithilfe des charakteristischen Blutbilds diagnostiziert werden. Im Zweifelsfall lässt sich die Diagnose einer akuten EBV-Infektion serologisch sichern (Tab. 13.16, 13.17, Abb. 13.15). Der früher häufig eingesetzte Nachweis von **heterophilen Antikörpern** (Paul-Bunnel-Test), in dem Antikörper gegen Tiererythrozyten nachgewiesen werden, die durch die EBV-verursachte polyklonale B-Zellaktivierung gebildet werden, wurde aufgrund seiner geringen Sensitivität zugunsten von EBV-antigenspezifischen Testverfahren verlassen. Die diagnostisch wichtige Unterscheidung von seronegativen Individuen, Personen mit früher durchgemachter EBV-Primärinfektion und Personen mit akuter EBV-Primärinfektion lässt sich durch die Bestimmung der **IgM- und IgG-Antikörpertiter** gegen VCA (*viral capsid antigen*) und von Anti-EBNA-1-IgG (EBV *nuclear antigen 1*) erreichen. Bei einer durchgemachten Infektion liegen VCA- und EBNA-1-IgG-Antikörper vor, aber keine VCA-IgM-Antikörper. Bei einer frischen Primärinfektion sind typischerweise VCA-IgM-

Tabelle 13.16: EBV-Routinediagnostik.

Parameter	Untersuchungsmaterial	Testverfahren
heterophile Antikörper	Serum	Nachweis mittels Agglutinationsverfahren
IgM-, IgG-, IgA-Antikörper gegen EBV-Gesamtantigen	Serum	ELISA
IgM-, IgG-, IgA-Antikörper gegen die EBV-Antigene • EBNA • EA • VCA	Serum	ELISA, IFT, detailliertere Aufschlüsselung der humoralen Immunantwort gegen weitere EBV-Proteine mittels Immunodot oder Westernblot
EBV-DNA	Lymphozyten, Liquor, Gewebe	qualitative und quantitative PCR

Tabelle 13.17: Einsatz von EBV-spezifischen Testverfahren abhängig von der klinischen Fragestellung.

Fragestellung	geeignete Parameter	erwartetes Ergebnis	weitere Untersuchungen, Bemerkungen
EBV-Serostatus	Anti-VCA-IgG Anti-EBNA-1-IgG		• isoliert positives Anti-VCA-IgG zeigt latente Infektion an (Ausschluss passive Ig-Übertragung)
Primärinfektion	Anti-VCA-IgG Anti-VCA-IgM Anti-EBNA-1-IgG heterophile Ak	positiv (s. a. Bemerkungen) positiv negativ positiv	• Anti-VCA-IgG meist schon bei Beginn der Symptomatik positiv • unklare Konstellationen häufig, besonders bei verspäteter Probennahme • Bestimmung der Antikörper-Avidität bei Abgrenzung zu reaktivierten Infektionen hilfreich • Bestimmung der EBV-DNA-Spiegel in Hochrisikokollektiven • bei Verdacht auf Organbeteiligung EBV-DNA-Bestimmung in organspezifischer Probe
reaktivierte Infektion	Anti-VCA-IgG Anti-VCA-IgA Anti-VCA-IgM Anti-EA-IgG Anti-EA-IgA Anti-EA-IgM Anti-EBNA-1-IgG heterophile Ak	positiv positiv negativ oder schwach positiv positiv positiv negativ oder schwach positiv positiv negativ	• Abgrenzung von Primärinfektion ggf. durch Bestimmung der Antikörper-Avidität • EBV-Westernblot • Bestimmung der EBV-DNA-Spiegel in Hochrisikokollektiven • bei Verdacht auf Organbeteiligung EBV-DNA-Bestimmung in organspezifischer Probe
EBV-assoziierte Tumoren	Anti-VCA-IgA EBV-Antigen EBV-RNA		• Anti-VCA-IgA häufig hoch positiv beim EBV-assoziierten Nasopharynxkarzinom • Nachweis von EBV-Antigenen und RNA im Bioptat

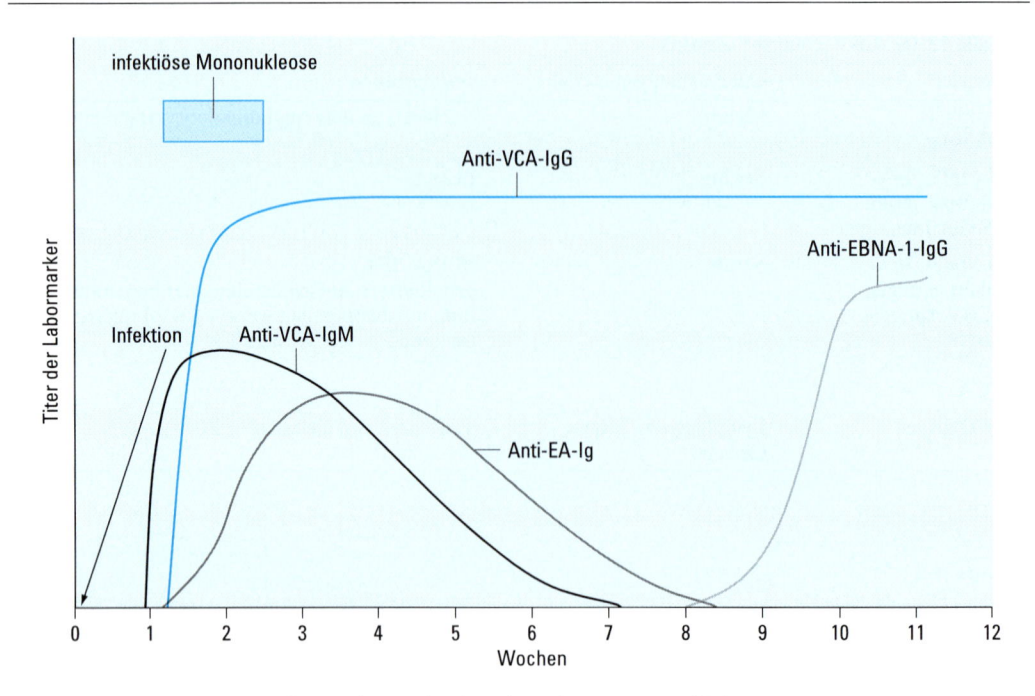

Abb. 13.15: Zeitlicher Verlauf der Labormarker bei einer akuten EBV-Infektion.

und meist auch schon IgG-Antiköper nachweisbar, jedoch keine EBNA-1-spezifischen Antikörper, da diese erst nach Etablierung der Latenz gebildet werden. Die Spiegel EBNA-1-spezifischer Antikörper fallen bei Reaktivierungen nicht selten ab, ausnahmsweise bis unter die Nachweisgrenze der verfügbaren Testsysteme. Eine differenziertere Beurteilung der humoralen Immunantwort gegen EBV ist durch zusätzliche Bestimmung von Anti-VCA-IgA-Antikörpern oder Anti-EA (*Early antigen*)-Antikörpern möglich. Beide Parameter sind bei Reaktivierungen und chronischen Verläufen erhöht. Sehr hohe Anti-VCA-IgA-Antikörperspiegel finden sich auch häufig beim EBV-verursachten Nasopharynxkarzinom und können hier als Verlaufsparameter verwendet werden. Zur Unterscheidung primärer von reaktivierten Infektionen kann die Bestimmung der Antikörperavidität herangezogen werden, typischerweise finden sich niedrig avide Antikörper in der Frühphase der Infektion, die in Folge der Reifung der Immunantwort zu späteren Zeitpunkten durch hoch avide Antikörper ersetzt werden. Ein noch breiteres Spektrum EBV-antigenspezifischer Antikörper ist über Westernblot und Immunodotverfahren möglich. Allerdings sollte die Aussagekraft serologischer Untersuchungsverfahren bei klinisch unklaren Verläufen, die gerade beim Immunsupprimierten sehr häufig sind, nicht überschätzt werden. Einen direkten Hinweis auf die Virusaktivität erlaubt die Bestimmung der viralen **Genomspiegel** im peripheren Blut. Quantitative EBV-DNA-Screeninguntersuchungen sind in bestimmten Risikokollektiven wie EBV-negativen Empfängern von Knochenmarktransplantaten und massiv T-Zell-depletierten Immunsupprimierten angezeigt. Bei Vorliegen der entsprechenden Symptomatik lassen sich EBV-verursachte Organbeteiligungen durch Nachweis der viralen DNA mittels PCR aus Bioptaten oder aus Liquor wahrscheinlich machen. Die Sicherung der EBV-Genese von Tumoren erfolgt über den Nachweis viraler RNA- und Proteinexpression im Tumorgewebe.

Prophylaxe und Therapie

Möglichkeiten der aktiven oder passiven Immunisierung bestehen bei EBV nicht, die Behandlung von akuten EBV-Infektionen erfolgt symptomatisch. Eine Reihe von antiviralen Substanzen zeigt in vitro EBV-Wirksamkeit (Aciclovir, Ganciclovir, Cidofovir, Foscarnet) und kann die Replikation von EBV in vivo reduzieren. Aufgrund der Immunpathogenese vieler Symptome akuter und reaktivierter EBV-Infektionen ist der klinische Einsatz dieser Substanzen in den allermeisten Fällen nicht gerechtfertigt.

13.5 Treponema pallidum, Syphilis

Erreger

In der Gattung Treponema werden sowohl pathogene als auch apathogene Arten zusammengefasst. Die *Treponema pallidum* Subspezies *pallidum* ist der Erreger der global verbreiteten **venerischen Syphilis** oder **Lues**. Weitere Subspezies von *Tr. pallidum* sind Verursacher der in Nordafrika und im Nahen Osten vorkommenden **endemischen Syphilis** (Bejel) und der **Frambösie** (Yaws). *Treponema carateum* ist der Erreger der **Pinta.** Daneben kommen zahlreiche weitere apathogene Treponema-Arten in der Mund-, Genital und Darmflora des Menschen vor. Morphologisch ist *Treponema pallidum* eine typische Spirochäte mit einer Länge von 2 bis 15 µm, 6–14 Windungen und einem Durchmesser von unter 0,2 µm. Sie ist daher nicht mittels Durchlichtmikroskopie sondern nur mit Dunkelfeldmikroskopie darstellbar. *T. pallidum* weist nur eine geringe Umweltresistenz auf, eine Anzucht auf künstlichen Nährboden ist nicht möglich. Unter günstigen Bedingungen (z.B. gekühlte Blutkonserven) kann *T. pallidum* dennoch etliche Tage außerhalb des Wirtsorganismus überdauern. Im Gewebe vermehrt sich *T. pallidum* nur langsam, die Verdopplungszeit beträgt etwa 30 Stunden.

Der Mensch ist der einzige natürliche Wirt von *T. pallidum*, der Erreger ist weltweit verbreitet. In den westlichen Industrieländern ist die Inzidenz von Syphilis eher niedrig, in Süd- und Südostasien sowie im tropischen Afrika ist sie jedoch hoch. Für 1995 wurde die Zahl der Neuinfektionen von der WHO auf weltweit 12 Millionen geschätzt. In Deutschland besteht eine anonyme Meldepflicht, dennoch muss mit einer vergleichsweise hohen Dunkelziffer gerechnet werden.

Pathogenese und Klinik

T. pallidum penetriert über Mikroläsionen der Schleimhäute und der Haut in den Wirtsorganismus. Nach Erreichen der Lymphgefäße erfolgt eine erste Vermehrung in den regionalen Lymphknoten, danach kommt es zur Dissemination des Erregers. Die lokale Vermehrung des Erregers führt zur zellulären Infiltration (Plasmazellen, Makrophagen) und zur Endarteriitis bzw. Periarteriitis. Trotz einer vergleichsweise starken Immunantwort kann *T. pallidum* im Körper persistieren, hierfür werden zytotoxische und immunmodulatorische Eigenschaften des Erregers verantwortlich gemacht. Den wichtigsten Infektionsweg stellen sexuelle Kontakte dar, daneben kann *T. pallidum* aber auch diaplazentar von der Mutter auf das Kind übertragen werden. Bei Nichtbeachtung von Hygienemaßnahmen und fehlendem Screening von Blut- und Blutprodukten sind zudem berufsbedingte Infektionen bei medizinischem Personal und nosokomiale Übertragungen von *T. pallidum* möglich.

Nach stattgefundenem Kontakt beträgt die Inkubationszeit bis zum Auftreten erster Symptome meist zwischen 10 und 30 Tagen. Der Verlauf der Infektion wird klassisch in drei Stadien unterteilt: **primäre, sekundäre** und **tertiäre Syphilis** (LI, LII und LIII). Die primäre Syphilis ist durch das Auftreten des *Ulcus durum* (harter Schanker), eines runden, harten Geschwürs mit einem Durchmesser von 3 bis 30 mm an der Eintrittsstelle, charakterisiert. Neben genitalen können auch extragenitale Lokalisationen vorkommen. Zeitgleich mit dem Auftreten des *Ulcus durum* kommt es zur Schwellung der regionalen Lymphknoten (sog. Primärkomplex). Die klinischen Symptome der primären Syphilis verschwinden nach einigen Wochen spontan. Wenn keine spezifische Therapie erfolgt, kommt es durchschnittlich 8 Wochen nach Verschwinden des Primärkomplexes durch Dissemination des Erregers, lokale Vermehrung und Ausbildung von Läsionen in Lymphknoten zur klinischen Manifestation der sekundären

Syphilis. deren Symptome meist uncharakteristisch sind und die daher häufig nicht korrekt gedeutet werden. Grippeartige Beschwerden, Myalgie, Kopfschmerzen, Fieber und mukokutane Exantheme stehen klinisch im Vordergrund. Patienten mit primärer und sekundärer Syphilis sind hochinfektiös. Ebenso wie bei der primären Syphilis kommt es zum spontanen Verschwinden der Symptome der sekundären Syphilis. Erfolgt keine Therapie, kommt es bei rund einem Drittel der Infizierten zur Etablierung eines nichtinfektiösen Latenzstadiums, das als **latente Syphilis** oder *Lues latens* bezeichnet wird. Im Körper überdauernde Treponemen können nach Jahren bis Jahrzehnten jedoch wieder aktiviert werden, sich erneut vermehren und Symptome der tertiären Syphilis verursachen. An der Haut manifestiert sich die tertiäre Syphilis in Form sog. Syphiliden, granulomatöser, ggf. ulzerierender und narbig abheilender Hautknoten. Subkutane granulomatöse Entzündungsherde werden Gummen genannt. 10–30 Jahre nach Infektion kann es zum Auftreten von kardiovaskulären Symptomen, wie z.B. der syphilitischen Aortitis der Aorta ascendens, ggf. mit Entstehung eines Aortenaneurysmas, und Herzversagen oder zu Symptomen der ZNS-Schädigung (Neurosyphilis) kommen, wie z.B. fortschreitende Demenzentwicklung, Persönlichkeitsverfall oder Degeneration der Rückenmarkhinterstränge *(Tabes dorsalis)* mit Parästhesien, Ataxie und Hypo- bis Areflexie.

Bei inifizierten Müttern besteht das Risiko einer **diaplazentaren Übertragung** auf den Feten ab der zweiten Schwangerschaftshälfte. Das Übertragungsrisiko korreliert mit der Infektiosität der Mutter und beträgt fast 100% bei primärer Syphilis im zweiten oder dritten Trimenon. Folgen der intrauterinen Infektion des Feten können intrauteriner Fruchttod und Abort sein. Bei Lebendgeburten kann sich die *Lues connata* als Rhinitis, mukokutane Läsionen, Lymphadenopathie und Hepatosplenomegalie unmittelbar nach der Geburt manifestieren (frühe konnatale Syphilis). Die späte konnatale Syphilis bleibt in ca. 2 Drittel der Fälle latent und Manifestationen treten erst nach Jahren auf. Als Hutchinson'sche Trias wird die Kombination von interstitieller Keratitis, Innenohrschwerhörigkeit und anatomischen Auffälligkeiten (Deformitäten der Zähne, des Gesichtsschädels und der Extremitäten) bezeichnet.

Labordiagnose

Der klinisch-anamnestische Verdacht auf Syphilis erfordert stets eine Abklärung über Laboruntersuchungen (Tab. 13.18, 13.19). Aufgrund der Verwechslungsmöglichkeit mit apathogenen Treponemen kommt dem mikroskopischen Erregernachweis mittels Dunkelfeldmikroskopie kaum praktisch-diagnostische Bedeutung zu, eine Anzucht des Erregers auf unbelebten Nährböden ist nicht möglich. Ein **Direktnachweis** lässt sich mittels molekularbiologischer Verfahren erreichen und ist insbesondere bei unklaren serologischen Befunden, Verdacht auf konnatale Infektion und Infektionen bei Immundefizienten indiziert. Mittels PCR lässt sich *T. pallidum* aus Bioptaten, Abstrichmaterial, Sekreten, Urin, Liquor und EDTA-Blut nachweisen. Die Labordiagnose der Syphilis stützt sich jedoch im Wesentlichen auf serologische Untersuchungen. Serologische Nachweisverfahren werden frühestens 2 bis 3 Wochen nach Infektion positiv. Weiter ist zu berücksichtigen, dass mit den derzeit verfügbaren serologischen Methoden eine Unterscheidung zwischen der venerischen Syphilis und nicht-venerischen Treponematosen nicht möglich ist. Bei den serologischen Testen

Tabelle 13.18: Syphilis-Routinediagnostik.

Parameter	Untersuchungsmaterial	Testverfahren, Bemerkungen
T. pallidum-spezifische Ig	Serum, Liquor	TPPA, TPHA
T. pallidum-spezifisches IgG u. IgM	Serum, Liquor	FTA-ABS-IgG
		FTA-ABS-IgM
quantitative nicht treponemale Aktivitätsmarker	Serum	VDRL
		RPR
		Cardiolipin-KBR

Tabelle 13.19: Einsatz von syphilisspezifischen Testverfahren abhängig von der klinischen Fragestellung.

Fragestellung	geeignete Testverfahren	weitere Untersuchungen, Bemerkungen
Erregerdirektnachweis	T. pallidum-PCR	keine Routineuntersuchung, bleibt besonderen Fragestellungen vorbehalten
Nachweis T. pallidum-spezifischer Antikörper, Screeningtest	treponemen-spezifische Teste	zunächst Testung mittels TPPA oder TPHA, bei positivem oder grenzwertigem Ergebnis Bestätigung mittels FTA-ABS ggf. weitere Testung im T. pallidum-Western Blot
Neurosyphilis	Bestimmung des Serum/Liquor-Quotienten treponemenspezifischer Antikörper	ggf. weitere Testung mittels T. pallidum-PCR
Beurteilung der Infektionsaktivität, Kontrolle des Therapieerfolgs	VDRL und verwandte nicht treponemal Teste	Bestimmung der IgM-Spiegel (FTA-ABS, Western Blot)
V. a. konnatale Infektion bei serologisch positiver Mutter	treponemenspezifisches IgM, T. pallidum-PCR	Bestimmung der kindlichen IgM- und IgG-Spiegel unmittelbar nach Geburt und ca. 6 Monate später, Direktnachweis von T. pallidum mittels PCR z. B. aus Abstrichen, Fruchtwasser

unterscheidet man zwischen nicht spezifischen oder **nicht treponemalen Testen** und **spezifischen Testen**. Bei den spezifischen Testen werden T. pallidum-Antigene eingesetzt. Die nicht treponemalen Teste basieren auf kreuzreaktiven Lipidantigenen, die nicht aus Treponemen stammen, sondern aus Säugergeweben (Cardiolipin aus Rinderherz) extrahiert werden. Dementsprechend können falsch positive Reaktionen auch bei Nichtinfizierten auftreten, vermehrt bei Patienten mit chronischen Grunderkrankungen und Schwangeren.

Als Syphilisausschlussdiagnostik bzw. als Screeningtest bei Schwangeren und Blutspendern wird üblicherweise der TPPA-Test (T. pallidum-Partikelagglutinationstest) bzw. der TPHA-Test (T. pallidum-Hämagglutinationstest) eingesetzt. Beim TPPA bzw. TPHA kommt es in Anwesenheit spezifischer Antikörper zur Agglutination von antigenbeladenen Latexpartikeln bzw. Erythrozyten. Positive Ergebnisse in diesen qualitativen Testverfahren (Luessuchreaktion) müssen in einem zweiten, spezifischen Testverfahren bestätigt werden. Als Syphilisbestätigungstest bei reaktivem Suchtest (TPHA, TPPA) dient der FTA-ABS-IgG (Fluoreszenz-Treponema-Antikörper-Absorptionstest), in dem mittels indirekter Immunfluoreszenz T. pallidum-spezifische IgG-Antikörper nachgewiesen werden. Durch Bestimmung von T. pallidum-spezifischen IgM-Antikörpern (FTA-ABS-IgM) lassen sich Hinweise auf eine akute, behandlungsbedürftige Syphilis erhalten. Das Kürzel ABS in diesen Testverfahren weist darauf hin, dass zur Unterdrückung kreuzreaktiver Antikörper gegen apathogene Treponemen zunächst eine Voradsorption des Serums mit einer Suspension aus apathogenen Spirochäten erfolgt. Eine weitergehende Differenzierung der IgG- und IgM-Antikörperantwort gegen Treponema pallidum ist mittels Western Blot möglich. Bei Verdacht auf Neurosyphilis wird eine Bestimmung des intrathekalen T. pallidum-Antikörper (ITpA)-Index aus einem zeitgleich entnommenen Serum/Liquor-Paar durchgeführt. Der für die Diagnose Neurosyphilis richtungsweisende Nachweis einer intrathekalen Synthese Treponemen-spezifischer Antikörper erfordert die zusätzliche Bestimmung von Albumin und Gesamt-IgG in Serum und Liquor.

Spezifische Antikörper gegen T. pallidum lassen sich schon relativ früh nach Infektion nachweisen (ca. 2 Wochen), sie bleiben über Jahre positiv und können im Spätstadium der Infektion das einzige richtungsweisende Testverfahren darstellen. Da in diesen Testen nachweisbare IgG-Antikörperspiegel auch nach einer erfolgreichen Antibiotikatherapie persistieren, eignen sie sich nur eingeschränkt zur Therapiekontrolle.

Eine positive Syphilis-Serologie kann beim Säugling auf eine konnatale Infektion hinweisen, sie kann aber auch lediglich Ausdruck einer diaplazentaren Übertragung sein. Bei Verdacht auf konnatale Infektion wird daher beim Säugling der Titer spezifischer IgM-Antikörper mittels FTA-ABS unmittelbar nach Geburt bestimmt, eine weitere serologische Testung erfolgt nach einem halben Jahr. Im Falle einer konnatalen Syphilis fallen die Antikörperspiegel typischerweise nicht ab.

Die Beurteilung der Erkrankungsaktivität bei Verdacht auf Syphilis erfolgt mittels quantitativ durchgeführten, nicht treponemalen Testen. Am verbreitetsten ist die VDRL *(veneric disease research laboratory)*-Mikroflockungsreaktion. Daneben existieren die RPR *(rapid plasma reagin card test)* und die Cardiolipin-Komplementbindungsreaktion. Nicht treponemale Teste werden 4 bis 6 Wochen nach Infektion positiv, die in ihnen gemessenen Antikörpertiter nehmen während einer effektiven antibiotischen Therapie ab, sodass sie zur Feststellung einer Therapieindikation und zur Therapiekontrolle Verwendung finden. Aufgrund der Gefahr unspezifischer Reaktionen müssen jedoch alle positiven Ergebnisse in einem spezifischen Testverfahren überprüft werden.

Prophylaxe und Therapie

Ein Impfstoff gegen *T. pallidum* ist nicht verfügbar.

T. pallidum ist üblicherweise hoch empfindlich gegen Penicillin, dieses ist daher für die Behandlung Mittel der ersten Wahl. Weitere einsetzbare Antibiotika sind Doxycyclin, Erythromycin und Cephalosporine.

13.6 Lyme-Borreliose

Erreger

Erreger der Lyme-Borreliose sind die Spirochäten *Borrelia burgdorferi* sowie *B. afzelii* und *garinii*. Borrelien sind 5 bis 25 µm lange Erreger mit wenigen, unregelmäßigen Windungen und einem deutlich größeren Durchmesser als *Treponema pallidum* (0,2–0,5 µm).

Die Lyme-Borreliose ist eine in der nördlichen Hemisphäre weit verbreitete Zoonose, deren **Erregerreservoir** in Europa Kleinnager, Kaninchen, Rehe, Rotwild und andere Wildtiere umfasst. Die Infektion wird durch Arthropodenvektoren innerhalb der Wildtierpopulationen und von Tieren auf den Mensch übertragen. Als Vektor fungiert in Europa die Schildzecke *Ixodes ricinus* (Holzbock), in Asien und Nordamerika verwandte Ixodes-Arten, wobei alle Entwicklungsstadien (Larve, Nymphe, Adulti) den Erreger bei der Blutmahlzeit übertragen können. Die Lyme-Borreliose ist die häufigste durch Zecken übertragene Infektionskrankheit in Europa. Das Risiko einer Infektion nach einem Zeckenbiss liegt bei etwa 1%. In Deutschland wird die jährliche Inzidenz einer Lyme-Borreliose auf 100 bis 200 Fälle pro hunderttausend Einwohner geschätzt. Die Infektionen erfolgen zumeist in den warmen Monaten, d. h. zwischen April und September, nicht selten in unmittelbarer Nähe der Wohnorte, wenn sich die Menschen vermehrt im Freien aufhalten. Am häufigsten sind Kinder betroffen. Die Erkrankung ist in ganz Deutschland verbreitet, besondere Endemieherde existieren nicht. Die Inzidenz der Lyme-Borreliose korreliert mit der lokalen Zeckenhäufigkeit und -aktivität.

Im Gegensatz zu Treponemen sind Borrelien auf künstlichen Nährböden anzüchtbar, sie haben eine Verdopplungszeit von 18 bis 20 Stunden. Von pathogenetischer und diagnostischer Bedeutung sind die überwiegend plasmidkodierten membranassoziierten Lipoproteine der Erreger OspA -F *(outer surface protein*, Osp). Die Expression der Osp-Antigene erfolgt umgebungsabhängig in Vektor und Wirbeltierwirt und beeinflusst die Pathogenese der Erkrankung, sie ist beispielsweise bei der Adhäsion der Borrelien an Wirtszellen beteiligt. Weitere pathogenetisch wichtige Eigenschaften von Borrelien sind ihre Penetrationsfähigkeit im Gewebe und die Variabilität ihrer Membranproteine, mit der die Erreger die spezifische Immunantwort des Wirts unterlaufen.

Üblicherweise wird der Verlauf der Lyme-Borreliose in drei Stadien unterteilt, die jedoch überlappen können und sich nicht zwangsläufig klinisch manifestieren. Eine spontane Ausheilung kann in jedem Krankheitsstadium erfolgen. Nach der Übertragung durch eine infizierte Zecke erfolgt die Vermehrung des Erregers zunächst lokal. In dieser Krankheitsphase, die als Stadium I oder **früh lokalisiertes Stadium** bezeichnet wird, tritt wenige Tage bis Wochen nach dem Zeckenbiss bei etwa der Hälfte der Infizierten als typisches Symptom ein **Exanthema chronicum migrans** (ECM) an der Bissstelle auf, das sich zentrifugal ausbreitet (meist mit zentraler Abblassung). Bereits in diesem Stadium kann es durch hämatogene Aussaat des Erregers zum Auftreten von Allgemeinsymptomen wie Fieber, Kopfschmerzen, Abgeschlagenheit und Myalgie kommen. Seltenere Manifestationen des Stadiums I ist die Lymphadenosis cutis benigna. Die Symptome des Stadium I verschwinden auch ohne suffiziente Therapie nach einigen Wochen. Bei bis zu 75 % unbehandelter Individuen treten trotz einer spezifischen humoralen und zellulären Immunantwort wenige Wochen bis Jahre später weitere Manifestationen der Lyme-Borreliose auf. Stadium II **(früh disseminiertes Stadium)** der Erkrankung ist durch Polyradikulitiden, Nervenlähmungen wie Fazialisparese, Meningitis, Enzephalitis, ophthalmologische Symptome, Myokarditis ggf. mit AV-Block, Myalgien, Arthralgien und allgemeinen Krankheitssymptome gekennzeichnet. Wegweisendes Symptom des Stadium III **(spät disseminiertes Stadium)** ist die Arthritis (Lyme-Arthritis), insbesondere der großen Gelenke. In diesem Krankheitsstadium kann es auch zu peripheren Neuropathien, Kardiomyopathien und progressiver Enzephalomyelitis kommen. Eine weitere Manifestation des Stadium III ist die Acrodermatitis chronica atrophicans.

Diagnose

Die Diagnose der Lyme-Borreliose ist problematisch und erfolgt überwiegend serologisch (Tab. 13.20, 13.21). Ein **direkter Erregernachweis** mittels Anzucht und direkter Immunfluoreszenz ist möglich, wird praktisch jedoch nur selten durchgeführt. Aus Bioptaten, Liquor, Punktaten und Zecken lässt sich der Erreger mittels PCR nachweisen. Indikationen der Borrelien-PCR sind akute Infektionen, z. B. Nachweis von Borrelien aus dem Liquor bei Meningitis, und chronische Infektionen (z. B. Nachweis aus Gelenkpunktaten bei Arthritis und aus Hautbioptaten bei Acrodermatitis chronica atrophicans).

Bei kurzer Krankheitsdauer und/oder Patienten mit lokalisierten Infektionen lassen sich in 50 bis 80 % der Fälle keine spezifischen Antikörper nachweisen, in Stadium I erfolgt die Diagnose daher zumeist klinisch. Bei späteren Infektionsstadien ist die **Serologie** in 70 bis 100 %

Tabelle 13.20: Lyme-Borreliose-Routinediagnostik *(B. burgdorferi sensu lato)*.

Parameter	Untersuchungsmaterial	Testverfahren, Bemerkungen
Borrelia burgdorferi-spezifisches IgG und IgM	Serum, Liquor	EIA IFT Western Blot Heterogenitäten zwischen den in Europa neben B. burgdorferi vorkommenden weiteren Verursachern der Lyme-Borreliose können abhängig vom eingesetzten diagn. Antigen das Ergebnis der Serologie beeinflussen, speziesspezifische Antikörper können z.B. mittels IFT bestimmt werden
B. burgdorferi-Nukleinsäure	Liquor, Punktate, Bioptate, auch Zecken	PCR

Tabelle 13.21: Einsatz von Lyme-Borreliose-spezifischen Testverfahren abhängig von der klinischen Fragestellung.

Fragestellung	geeignete Parameter	weitere Untersuchungen, Bemerkungen
akute Borrelieninfektion	*B. burgdorferi*-spezifisches IgG und IgM	bei kurzer Krankheitsdauer und/oder lokalisierter Infektion in 50–80 % der Fälle keine spezifischen Ak nachweisbar zunächst Testung mittels EIA, bei positivem oder grenzwertigem Ergebnis Bestätigung mittels Western Blot, ggf. a. IFT bei Meningitis Borrelien PCR
späte Infektionsstadien, chronische Borreliose (Arthritis, Acrodermatitis chronica atrophicans)	*B. burgdorferi*-spezifisches IgG und IgM	Borrelien-PCR aus Punktaten und Bioptaten
Neuroborreliose,	Serum/Liquor-Quotient von *B. burgdorferi*-spezifischem IgG	Bestimmung aus zeitgleich entnommenem Serum/Liquor-Paar Borrelien-PCR

der Fälle positiv. Als Suchtest werden zunächst Borrelien-spezifische IgM- und IgG-Antikörper im EIA bestimmt, ergänzt ggf. durch eine indirekte Immunfluoreszenz. Zu beachten ist, dass Antigenheterogenitäten zwischen den als *Borrelia burgdorferi sensu lato* zusammengefassten Spezies *Borrelia burgdorferi sensu stricto, B. garinii* und *B. afzelii* das Ergebnis der serologischen Teste beeinflussen können. Die eingesetzten Testverfahren sollten daher alle epidemiologisch relevanten Borrelien-Spezies zuverlässig erfassen. Im positiven Fall erfolgt die Bestätigung des IgG- und IgM-Antikörpernachweises durch Austestung im Western Blot. Bei positivem Ergebnis der Borrelien-Serologie sollten falsch-positive, kreuzreagierende Antikörper gegen *Treponema pallidum* stets ausgeschlossen werden. Zur **Diagnose der Neuroborreliose** wird der Nachweis einer intrathekalen borrelienspezifischen Antikörperproduktion herangezogen, hierzu erfolgt die Bestimmung des borrelienspezifischen Serum/Liquor-Antikörper-Quotienten in einem zeitgleich entnommenen Serum/Liquor-Paar. Da die Antikörper auch nach Therapie persistieren, lässt sich die Serologie nicht zur Therapiekontrolle verwenden.

Prophylaxe und Therapie

In den USA wurden Impfstoffe gegen *B. burgdorferi* entwickelt, bei denen rekombinantes OspA als Antigen eingesetzt wird. Das Vorkommen weiterer Borrelien-Spezies *(B. afzelii, B. garinii)* in Europa hat bislang die Entwicklung einer Vakzine gehemmt.

Therapie der Wahl des Erythema chronicum migrans ist bei Erwachsenen Doxycyclin (oral), bei Kindern muss auf Amoxicillin ausgewichen werden. Für die Therapie der späteren Stadien werden Cephalosporine (Ceftriaxon oder Cefotaxim i. v.) empfohlen.

14 Malignes Wachstum

P. Nollau, C. Wagener

14.1 Begriffsbestimmung, Epidemiologie und Tumorentstehung

Maligne Prozesse beruhen auf der autonomen und progressiven Vermehrung körpereigener Zellen, die im Gegensatz zu benignen Prozessen durch infiltratives und destruktives Wachstum mit der Fähigkeit zur Metastasenbildung gekennzeichnet sind. Bösartige Neubildungen können nahezu von jedem Gewebe ausgehen. Hierbei werden solide Tumore wie z. B. Karzinome oder Sarkome, die sich primär als Zellverband entwickeln und entweder epithelialen oder mesodermalen Ursprungs sind, von nicht soliden Neoplasien z. B. des hämatopoetischen Systems unterschieden. Maligne Erkrankungen zählen nach Erkrankungen des Herzkreislaufsystems zur zweithäufigsten Todesursache in westlichen Industrienationen. Obwohl die Mortalitätsrate, die in Deutschland im Jahr 1990 für Männer bei 180/100.000 und für Frauen bei 110/100.000 Einwohner lag, erstmalig auch für Männer schwach rückläufig ist, wird zukünftig auf Grund der steigenden Lebenserwartung mit einem absoluten Anstieg der Krebstodesfälle gerechnet. Hierbei stehen beim Erwachsenen Karzinome der Lunge, der Mamma, des Darms und der Prostata im Vordergrund, die nahezu die Hälfte aller Krebserkrankungen ausmachen, wohingegen im Kindesalter am häufigsten Leukämien, Lymphome, Sarkome und maligne Tumore des Nervensystems beobachtet werden (Abb. 14.1).

Die Ursachen für die Entstehung maligner Prozesse sind vielschichtig und es wird davon ausgegangen, dass komplexe Störungen in der Regulation der Zellproliferation, des programmierten Zelltodes (Apoptose), der DNA-Reparatur, der genomischen Stabilität sowie der Kommunikation zwischen Zellen und ihrer Umgebung für die maligne Transformation und Progression verantwortlich sind. Eine Vielzahl von Befunden legt nahe, dass die **maligne Transformation** und **Progression** auf der Akkumulation von genetischen Veränderungen beruht, wobei zusätzlich epigenetische Phänomene wie z. B. DNA-Methylierung oder „genomic imprinting" eine Rolle spielen. Dies hat z. B. für das **Kolonkarzinom** zum Modell der Adenom-Karzinom-Sequenz geführt, bei der die Akkumulation von verschiedenen genetischen und epigenetischen Veränderungen zur schrittweisen Entwicklung vom hyperproliferativen Epithel, über das Adenom zum Karzinom führt (Abb. 14.2). Der Prozess der malignen Transformation und Progression, der in der Regel von einer einzelnen Körperzelle ausgeht und damit monoklonalen Ursprungs ist, vollzieht sich in diskreten Schritten (Abb. 14.3). Die Kombination und zeitliche Abfolge von unterschiedlichen Ereignissen in wichtigen Regelnetzwerken (sog. **„pathway events"**) ist für die Entstehung und Selektion des malignen Phänotyps entscheidend, die unter verschiedenen Tumorarten aber auch innerhalb eines Tumortyps variieren kann und deren Auftretenswahrscheinlichkeit zusätzlich durch interindividuelle Unterschiede bestimmt wird (z. B. Immunabwehr, hormoneller Status, Metabolisierung genotoxischer Substanzen). Neuere Erkenntnisse zeigen, dass zusätzlich die von soliden Tumoren induzierte Neubildung von Blutgefäßen **(Angiogenese)** eine wichtige Rolle für die Versorgung des Tumors, bei der Proliferation und der **Metastasierung** spielt.

Die wichtigsten Auslösefaktoren und Mechanismen des malignen Wachstums sind in Kürze in den folgenden Kapiteln dargestellt.

14 Malignes Wachstum

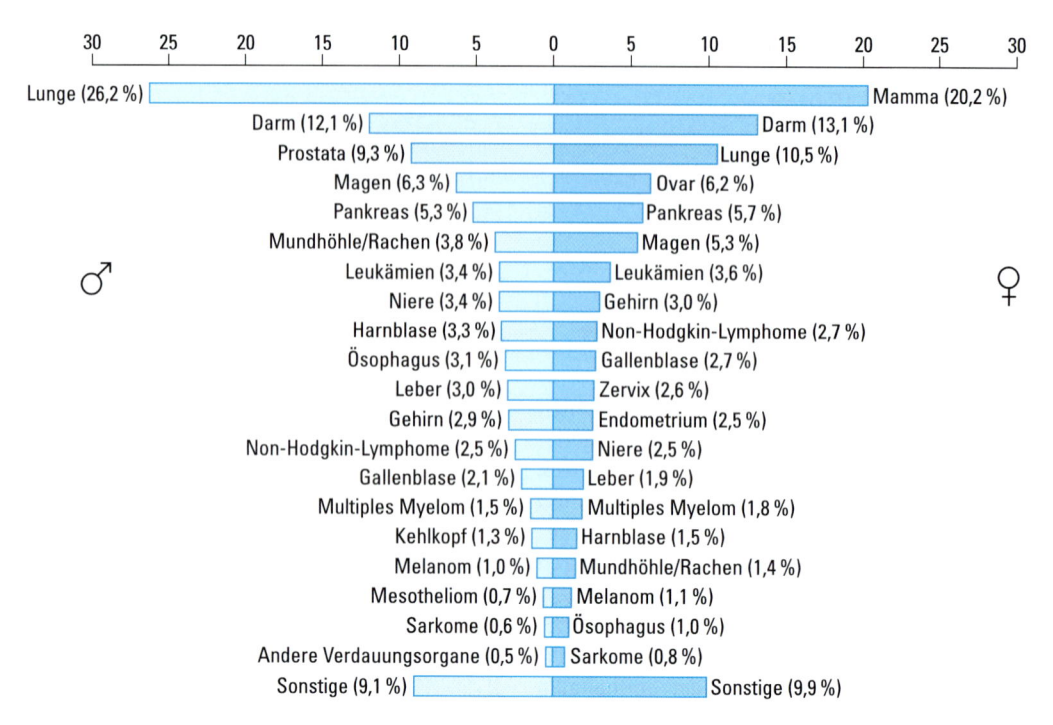

♂		♀
Lunge (26,2 %)		Mamma (20,2 %)
Darm (12,1 %)		Darm (13,1 %)
Prostata (9,3 %)		Lunge (10,5 %)
Magen (6,3 %)		Ovar (6,2 %)
Pankreas (5,3 %)		Pankreas (5,7 %)
Mundhöhle/Rachen (3,8 %)		Magen (5,3 %)
Leukämien (3,4 %)		Leukämien (3,6 %)
Niere (3,4 %)		Gehirn (3,0 %)
Harnblase (3,3 %)		Non-Hodgkin-Lymphome (2,7 %)
Ösophagus (3,1 %)		Gallenblase (2,7 %)
Leber (3,0 %)		Zervix (2,6 %)
Gehirn (2,9 %)		Endometrium (2,5 %)
Non-Hodgkin-Lymphome (2,5 %)		Niere (2,5 %)
Gallenblase (2,1 %)		Leber (1,9 %)
Multiples Myelom (1,5 %)		Multiples Myelom (1,8 %)
Kehlkopf (1,3 %)		Harnblase (1,5 %)
Melanom (1,0 %)		Mundhöhle/Rachen (1,4 %)
Mesotheliom (0,7 %)		Melanom (1,1 %)
Sarkome (0,6 %)		Ösophagus (1,0 %)
Andere Verdauungsorgane (0,5 %)		Sarkome (0,8 %)
Sonstige (9,1 %)		Sonstige (9,9 %)

Abb. 14.1: Prozentuale Verteilung der 20 häufigsten Krebstodesursachen bei Frauen und Männern im Jahr 1999 in Deutschland (Quelle: Krebsatlas der Bundesrepublik Deutschland, 1999).

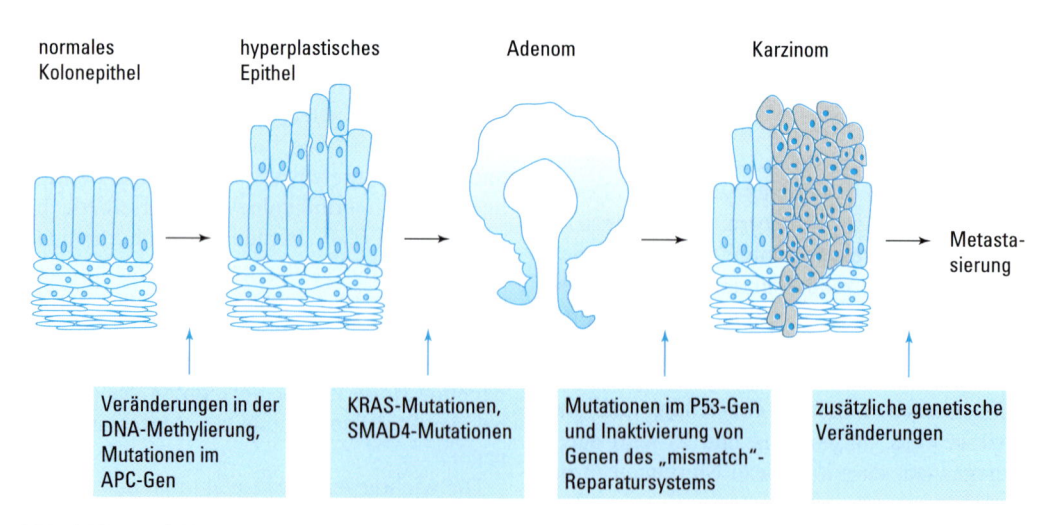

---

normales Kolonepithel → hyperplastisches Epithel → Adenom → Karzinom → Metastasierung

- Veränderungen in der DNA-Methylierung, Mutationen im APC-Gen
- KRAS-Mutationen, SMAD4-Mutationen
- Mutationen im P53-Gen und Inaktivierung von Genen des „mismatch"-Reparatursystems
- zusätzliche genetische Veränderungen

Abb. 14.2: Modell zur Entstehung des kolorektalen Karzinoms durch Akkumulation von epigenetischen und genetischen Veränderungen (Adenom-Karzinom-Sequenz; s. Abschn. 14.2 und 14.3 zur funktionellen Bedeutung der Gene im Rahmen der Tumorgenese).

14.2 Auslösefaktoren des malignen Wachstums

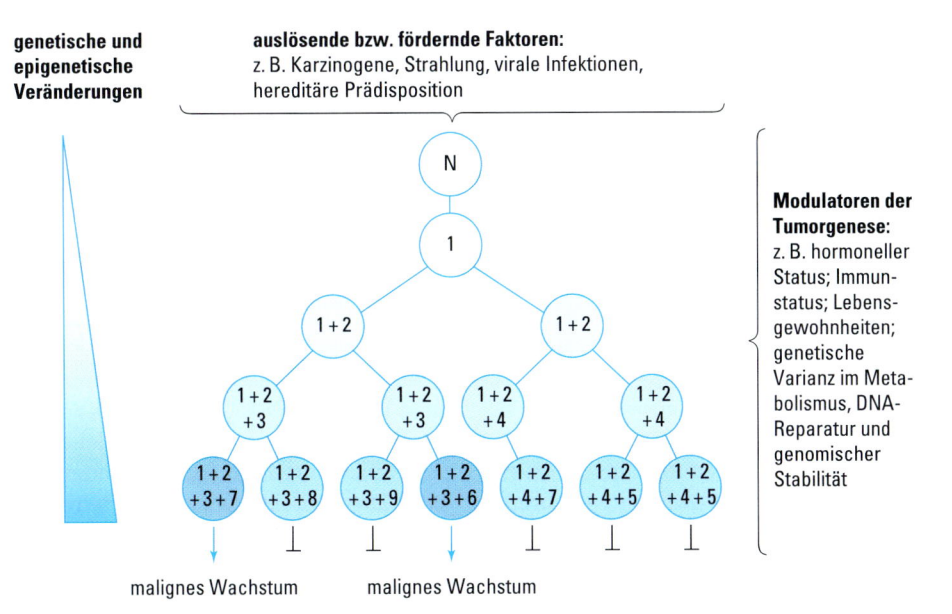

Abb. 14.3: Modell der klonalen Entwicklung maligner Zellen aus einer normalen Einzelzelle (N). Die Akkumulation von genetischen und epigenetischen Ereignissen führt zur malignen Transformation und Progression. Die Einzelereignisse (1–9) variieren in Abhängigkeit vom Tumortyp und werden zusätzlich durch interindividuelle Unterschiede, Umweltfaktoren und Prädisposition beeinflusst.

14.2 Auslösefaktoren des malignen Wachstums

14.2.1 Übertragbarkeit des malignen Phänotyps

Die Beobachtung, dass im Rahmen der Tumorentwicklung der maligne Phänotyp auf Tochterzellen übertragen wird, spricht für eine Verankerung der malignen Eigenschaften auf der genetischen Ebene. Experimentell konnte in vitro die Transformation von Nagetier-Fibroblasten (z. B. NIH-3T3 Zellen) durch Gentransfer erreicht werden, bei dem menschliche Tumor-DNA oder einzelne Gene durch **Transfektion** von Nagetierzellen übertragen wurden. Diese Experimente führten zur Identifikation wichtiger Proto-Onkogene wie z. B. RAS, RAF oder RET. Im Gegensatz zu Nagetierzellen war bisher die Transformation und Immortalisierung primärer menschlicher Zellen durch Gen-Transfer meist erfolglos und wurde nur in wenigen Zellen meist in Kombination mit mutagenen Substanzen erreicht. Kürzlich konnte gezeigt werden, dass primäre menschliche Fibroblasten durch die gleichzeitige Übertragung der Onkogene RAS, SV40-„large T-antigen" sowie des Enzyms **Telomerase** transformiert werden können, deren Genprodukte großen Einfluss auf die Regulation der Proliferation, Apoptose und genomischen Stabilität nehmen. Diese Experimente verdeutlichen, dass beim Menschen offenbar mehrere Ereignisse auf unterschiedlichen regulatorischen Ebenen für die Transformation notwendig sind.

14.2.2 Chemische Karzinogenese

Unterschiedliche chemische Substanzen wirken mutagen und können Tumorerkrankungen auslösen (Tab. 14.1), wobei die Bildung von Addukten zwischen DNA und **Karzinogen** zu genetischen Veränderungen führt (z. B. Basenfehlpaarung, Chromosomenbrüche). Chemische Mutagene wie z. B. alkylierende Substanzen sind direkt genotoxisch, wohingegen Substanzen wie z. B. Aflatoxin oder Benzpyren durch

Tabelle 14.1: Entstehung maligner Tumore durch chemische Karzinogene.

Karzinogen	karzinogene(r) Inhaltsstoff(e)	Tumorlokalisation
Tabak	polyzyklische aromatische Kohlenwasserstoffe Nitrosamine	Mund, Pharynx, Larynx, Ösophagus, Lunge, Blase
Schimmelpilz	Aflatoxine	Leber
Ruß	polyzyklische aromatische Kohlenwasserstoffe	Skrotum (Karzinom bei Schornsteinfegern)
Anilinfarben	aromatische Amine	Blase (Karzinom bei Arbeitern in Anilinfarbenwerken)

Metabolisierung im Organismus in aktive genotoxische Substanzen überführt werden. Basierend auf definierten chemischen Reaktionen sind die Wechselwirkungen zwischen DNA-Basen und Karzinogen nicht zufällig und verursachen spezifische DNA-Veränderungen. Die alkylierende Substanz N-Methyl-Nitrosoharnstoff führt z. B. zu Mutationen vom Typ G:C → A:T, sodass über die Art des Basenaustausches indirekt Rückschlüsse auf die Substanzklasse des am Prozess der Tumorentwicklung beteiligten Karzinogens gezogen werden können.

14.2.3 Karzinogenese durch Strahlung

Verschiedene maligne Erkrankungen können durch **Strahlung** hervorgerufen werden (Tab. 14.2). Hierbei reicht das Spektrum der schädigenden Strahlung von der ionisierenden Strahlung bis zum UV-Licht. Bei der Karzinogenese durch Strahlung werden DNA- oder andere Biomoleküle entweder direkt oder indirekt geschädigt. Die indirekte Schädigung wird durch die Radiolyse von Wasser und die damit verbundene Freisetzung von Radikalen verursacht, die dann zu DNA-Schäden führen. Bei der Schädigung der DNA durch UV-Strahlung kommt es häufig zur Bildung von Thymin-Dimeren.

14.2.4 Virale Tumorentstehung

Von der WHO wurden bisher sechs Virusgruppen als direkt tumorerzeugend eingestuft, die mit Ausnahme von HIV-1 regelmäßig in den entsprechenden Tumoren nachweisbar sind und schätzungsweise für 15 % aller malignen

Tabelle 14.2: Strahlungsbedingte Tumore des Menschen.

exponierte Personen	Art der Strahlung	Malignom
	ionisierende Strahlung	
Uranminenarbeiter	α-Teilchen Radongas	Lungenkarzinom
Maler(innen) von Zifferblättern	α-Teilchen aus Radium 226 und Radium 228	Knochensarkom
Patienten mit ankylosierender Spondylitis	Röntgenstrahlung	Leukämien > andere Tumore
Bewohner von Hiroshima und Nagasaki nach Atombombenexplosion	α-Teilchen γ-Strahlen (Neutronen?)	Leukämien > multiples Myelom > Kolonkarzinom > Blasenkarzinom
Kinder in Weißrussland und der Ukraine nach Katastrophe von Tschernobyl	γ-Strahlen	Schilddrüsenkarzinom
	UV-Licht	
Hellhäutige Personen nach Sonnenlichtexposition	UV-Strahlung (280–320 nm)	Basaliom > Plattenepithelkarzinom > malignes Melanom

Erkrankungen verantwortlich sind (Tab. 14.3). Nach Infektion und häufig asymptomatischem Verlauf entwickeln sich Malignome erst nach relativ langer Latenzzeit (ca. 5–30 Jahre), sodass Virusträger in der Regel ein variables aber deutlich bis zu 100fach erhöhtes Risiko besitzen an einem bestimmten Malignom zu erkranken. Die Infektion mit den **Papillomviren** Typ 16 bzw. Typ 18 ist in über 90 % der Patienten mit der Entstehung von Zervixkarzinomen asso-

Tabelle 14.3: Virusassoziierte Tumorerkrankungen des Menschen.

Familie/Klassifikation	Virus	Malignom
Hepadnavirus	Hepatitis-B-Virus (HBV)	hepatozelluläres Karzinom
Flavivirus	Hepatitis-C-Virus (HBC)	hepatozelluläres Karzinom
Papovavirus	humanes Papilloma-Virus (HPV) Typ 16, 18	Zervix-, Vulva-, Penis-, Perianal- und Anal-Karzinome
Herpesvirus	Epstein-Barr-Virus (EBV)	B-/T-Zell-Lymphom, Burkitt-Lymphom, Nasopharynxkarzinom
	humanes Herpes-Virus-8 (HHV-8)	Kaposi-Sarkom
Onkovirus, Typ C	HTLV-1*	adulte T-Zell-Leukämie
Lentivirus	HIV-1	Non-Hodgkin-Lymphom, M. Hodgkin, anogenitales Karzinom, Kaposi-Sarkom

* endemisch in Japan, Afrika, Karibik und Südamerika

Tabelle 14.4: Beispiele von Onkogenen akut transformierender Retroviren und Funktion der kodierten Proteine. (Zur näheren Erläuterung der Proto-Onkogene s. Text).

Funktion	Onkogen	Quelle des Isolats	Prototyp des Virus-Stamms
Rezeptor-Tyrosinkinase	ERBB	Vogel (Huhn)	Avian erythroblastosis virus (AEV)
	FMS	Katze (Hauskatze)	McDonough feline sarcoma virus (SM-FeSV)
	KIT	Katze (Hauskatze)	Hardy-Zuckerman 4 feline sarcoma virus (HZ2-FeSV)
	ROS	Vogel (Truthahn)	Rochester URII avian sarcoma virus (ASV UR2)
Nicht-Rezeptor-Tyrosinkinase	ABL	Nager (Maus)	Abelson murine leukemia virus (Ab MuLV)
	FES/FPS	Katze (Hauskatze)	Snyder-Theilen feline sarcoma virus (ST-FeSV)
	FGR	Katze (Hauskatze)	Gardner-Rasheed feline sarcoma virus (GR-FeSV)
	SRC	Vogel (Huhn)	Rous sarcoma virus (RSV)
	YES	Vogel (Huhn)	Y73 avian sarcoma virus (ASV Y73)
G-Protein	H-RAS	Nager (Ratte)	Harvey murine sarcoma virus (H-MuSV)
	K-RAS	Nager (Ratte)	Kirsten murine sarcoma virus (K-MuSV)
Serin-/Threoninkinase	MHT/MIL	Vogel (Huhn)	Mill Hill 2 avian carcinoma virus (MH2)
	MOS	Nager (Maus)	Moloney murine sarcoma virus (MMSV)
	RAF	Nager (Maus)	3611 murine sarcoma virus (MuSV 3611)
Pi3-Kinase Signalweg	PI3-K	Vogel (Huhn)	Avian sarcoma virus 16
	PKB	Nager (Maus)	AKT8 murine lymphoma virus
Wachstumsfaktor	SIS (PDGF-B)	Primat (Affe)	Simian sarcoma virus (SSV)
Adaptorprotein	CRK	Vogel (Huhn)	Avian sarcoma virus CT10 (ASV-CT10)
Transkriptionsfaktor	ERBA	Vogel (Huhn)	Avian erythroblastosis virus (AEV)
	ETS	Vogel (Huhn)	Avian leukemia virus E26 (ALV-E26)
	FOS	Nager (Maus)	FBJ murine osteosarcoma virus (FBJ-MuSV)
	JUN	Vogel (Huhn)	ASV-17 avian sarcoma virus (ASV-17)
	MYB	Vogel (Huhn)	Avian myeloblastosis virus (AMV)
	MYC	Vogel (Huhn)	MC29 avian myelocytomatosis virus (AMCV, MC29)
	REL	Vogel (Truthahn)	Avian reticuloendotheliosis virus (REV-T)
	SKI	Vogel (Huhn)	SKV 770 avian virus

ziiert. Obwohl die Mechanismen der viralen Tumorentstehung nur unvollständig verstanden sind, ist offenbar die Induktion chronisch entzündlicher Prozesse z. B. beim hepatozellulären Karzinom, die durch HIV-1 ausgelöste Immunsuppression sowie die Interaktion viraler Genprodukte (z. B. E6/E7 bei HPV) mit wichtigen, die Proliferation und Apoptose steuernden zellulären Proteinen (z. B. P53, RB) für die maligne Transformation verantwortlich. Im Gegensatz zu den hier angeführten tumorerzeugenden Viren spielen akut transformierende Retroviren, die zu einer Entwicklung hauptsächlich von Leukämien und Sarkomen bei Nagern, Hühnern und anderen Vertebraten führen, keine Rolle bei der Entstehung maligner Tumore des Menschen. Untersuchungen an transformierende **Retroviren** haben aber maßgeblich zur Entdeckung der Onkogene beigetragen (Tab. 14.4). Hierbei beruht die tumorerzeugende Wirkung auf der Übertragung und/oder fehlgesteuerten Expression von Genen des Wirtsorganismus (sog. **Proto-Onkogene**).

14.2.5 Chromosomale Veränderungen und genomische Instabilität bei malignen Tumoren

Im Gegensatz zu benignen Tumoren wird nahezu in allen malignen Tumoren eine genomische Instabilität beobachtet, die sich auf mikroskopischer Ebene in einer Vielzahl von numerischen und strukturellen chromosomalen Aberrationen zeigt (Tab. 14.5). Die Ursachen der **genomischen Instabilität** sind weitestgehend ungeklärt. Neuere Erkenntnisse legen nahe, dass die Verkürzung von Chromosomenenden (Telomere), die eine wichtige Rolle bei der physiologi-

Tabelle 14.5: Beispiele von Translokationen und Deletionen (Rearrangements) in malignen Tumoren des Menschen.

Gen	Rearrangement	Malignom
Rearrangements, die nicht die Genstruktur, aber die Regulation der Expression verändern		
BCL2	t(14;18)(q32;q21)	follikuläres Lymphom
Cyclin D1	t(11;14)(q13;q32)	B-CLL,
	inv11(p15;q13)	Nebenschilddrüsenadenom
HOX11	t(10;14)(q24;q11)	T-ALL
IL-3	t(5;14)(q31;q32)	Prä-B-ALL
LYL1	t(7;19)(q35;p13)	T-ALL
MYC	t(8;14)(q24;q32)	Burkitt-Lymphom
	t(2;8)(p12;q24)	
	t(8;22)(q24;q11)	
	t(8;14)(q24;q11)	T-ALL
TAL1	t(1;14)(p32;q11)	T-ALL
	del (1)(p32)	
Rearrangements, die zu Fusionsproteinen führen		
BCR-ABL	t(9;22)(q34;q11)	CML, B-ALL
E2A-PBX	t(1;19)(q23;q13)	Prä-B-ALL
PML-RARα	t(15;17)(q21;q11-22)	PML
REL-NRG	inv(2)(p13;p11.2-14)	NHL
RET-PTC1	inv(10)(q11.2;q21)	papilläres Schilddrüsenkarzinom
ATF1-EWS	t(12;22)(q13;q12)	Sarkom
FLI1-EWS	t(11;22)(q24;q12)	Ewing-Sarkom
Deletionen von Tumorsuppressor-Genen		
APC	del(5)(q15-22)	familiäre adenomatöse Polyposis coli
RB	del(13)(q14.11)	Retinoblastom
WT1	del(11)(p13)	Wilms-Tumor

ALL, akute lymphatische Leukämie; CLL, chronische lymphatische Leukämie; CML, chronische myeloische Leukämie; NHL, Non-Hodgkin-Lymphom; PML, Promyelozyten-Leukämie

schen Zellalterung spielt, und die Aktivierung von Telomerasen im Rahmen der Tumorgenese maßgeblich an der genomischen Instabilität beteiligt sind. Unter chromosomalen Aberrationen werden häufig **Translokationen** beobachtet, die entweder zu Fusionsproteinen mit neuen funktionellen Eigenschaften führen oder funktionell relevante Gene unter die Kontrolle aktiver Promotoren oder Enhancer bringt, was die Entkopplung der Regulation der Expression dieser Gene zur Folge hat. Zusätzlich wird bei malignen Tumoren mit variabler Häufigkeit (10–50%) die **Amplifikation** spezifischer Genregionen beobachtet (Tab. 14.6), die sich auf zytogenetischer Ebene als „homogeneously staining regions" (HSR) oder extrachromosomal als „double minute chromatin bodies" darstellen und zur unkontrollierten Genexpression führen. Neben der Aktivierung von Genen werden in malignen Tumoren häufig Genverluste z. B. durch Deletionen chromosomaler Abschnitte oder den Verlust des gesamten Chromosoms beobachtet (Tab. 14.5). Diese Beobachtungen, epidemiologische Studien und Zellhybridexperimente, bei denen der maligne Phänotyp durch die Verschmelzung von malignen mit normalen Zellen aufgehoben wird, lieferten die ersten Hinweise, dass der Verlust von Genen, die die maligne Transformation unterdrücken und daher als **Tumorsuppressorgene** bezeichnet werden, eine wichtige Rolle bei der Tumorgenese spielen. Hiervon sind in der Regel Gene betroffen, die Schlüsselfunktionen in der Kontrolle des Wachstums, der Apoptose, der DNA-Reparatur und anderer wichtiger Kontrollsysteme übernehmen. Ein klassisches Beispiel für die Inaktivierung von Tumorsuppressorgenen im Rahmen der Tumorgenese stellt die erbliche Form des **Retinoblastoms** (RB) dar, bei dem für die Tumorentstehung zusätzlich zur bereits bestehenden Keimbahnmutation im Genlokus des RB-Gens der Verlust bzw. die Inaktivierung des zweiten, auf dem Wildtypallel lokalisierten RB-Genlokus erforderlich ist. Darüber hinaus wurden in den letzten zwei Jahrzehnten unter Einsatz molekularbiologischer Methoden in einer Vielzahl menschlicher Malignome tumorspezifische Punktmutationen, Insertionen sowie Deletionen auf subchromosomaler Ebene nachgewiesen, die die Aktivierung von Proto-Onkogenen bzw. die Inaktivierung von Tumorsuppressorgenen zur Folge haben (s. Abschn. 14.3).

14.2.6 epigenetische Veränderungen

Neben genetischen Veränderungen werden in malignen Tumoren mit großer Häufigkeit im Vergleich zum Normalgewebe Unterschiede in der **DNA-Methylierung** beobachtet. Die Methylierung von DNA erfolgt ausschließlich an Cytosin-Guanin-Dinukleotiden (CpG), wobei durch Methyltransferasen eine Methylgruppe auf die Base Cytosin übertragen wird, was zur Bildung von 5-Methyl-Cytosin führt. CpG-Dinukleotide treten gehäuft in sog. „CpG-islands"

Tabelle 14.6: Amplifikation von Proto-Onkogenen in malignen Tumoren des Menschen.

AKT2	19q13	Ovarialkarzinom
Cyclin D1	11q13	Nasopharynx-, Ösophagus-, Mamma-, Leberkarzinom
Cyclin E	19q12	Magenkarzinom
CDK4	12q14	Sarkom
ERBB (EGFR)	7p12	Nasopharynxkarzinom, Glioblastom
ERBB2 (EGFR2)	17q11	Mamma-, Ovarialkarzinom
FGFR1	8p12	Mammakarzinom
FGFR2	10q25	Mammakarzinom
H-RAS	11p15	kolorektales Karzinom
K-RAS	12p13	kolorektales Karzinom, Magenkarzinom
MDM2	12q14	Sarkom, Glioblastom
MYB	6q23	kolorektales Karzinom
MYC	8q22	Mamma-, Ovarial-, Lungen (kleinzellig)-, Nasopharynx-Ösophagus-, Zervixkarzinom
N-MYC	2p24	Neuroblastom

auf, die wiederum mit großer Häufigkeit (ca. 60 %) in regulatorischen Regionen (z. B. Promotoren) von Genen lokalisiert sind. Die Methylierung von „CpG-islands" führt zur Inaktivierung der Genexpression und spielt z. B. bei der Inaktivierung des X-Chromosoms oder beim „genomic imprinting" eine wichtige regulative Rolle bei der embryonalen Entwicklung. Interessanterweise ist unter physiologischen Bedingungen der Grad der DNA-Methylierung in verschiedenen Geweben unterschiedlich und nimmt mit dem Alter zu. Die Mechanismen der Inaktivierung sind komplex, wobei die DNA-Methylierung über Methyl-CpG-Bindungsproteine direkt negativ regulatorisch auf die Transkription wirkt oder durch Assoziation mit Histon-Deacetylasen den Packungsgrad des DNA-Histonkomplexes (Nukleosom) erhöht, wodurch die Zugänglichkeit z. B. für Transkriptionsfaktoren reduziert wird (Abb. 14.4). Bei malignen Tumoren wird gehäuft eine Inaktivierung von **Tumorsuppressorgenen** durch verstärkte Pro-

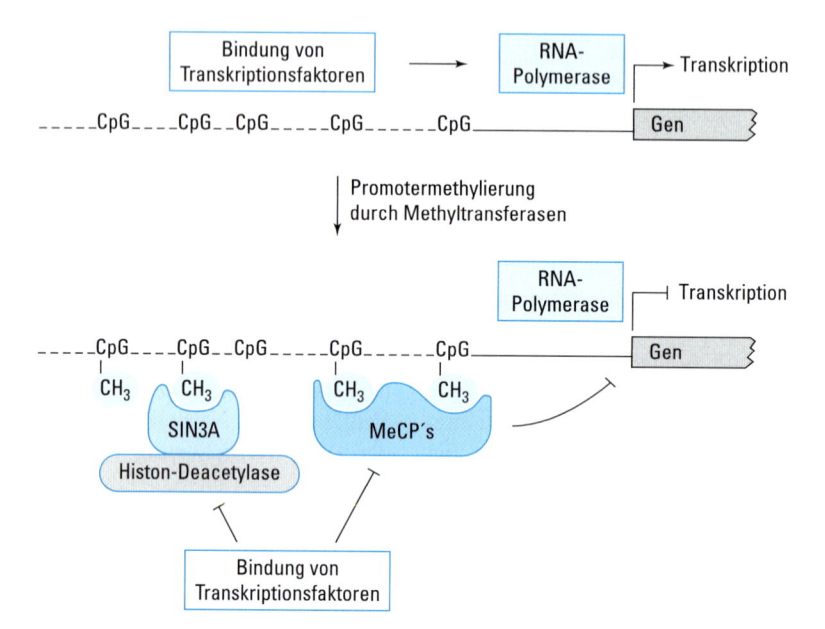

Abb. 14.4: Inaktivierung der Genexpression durch DNA-Methylierung von CpG-Dinukleotiden in Promoter- bzw. Enhancer-Regionen („gene silencing"). Die Assoziation von Methyl-CpG-Bindungsproteinen (MeCP's) oder von Histon-Deacetylase (Erhöhung des DNA-Packungsgrades) über das SIN3A-Protein beeinflussen die Bindung von Transkriptionsfaktoren und hemmen die Expression.

Abb. 14.5: DNA- Reparatursysteme. Einfache Basenveränderungen, -fehlpaarungen oder kleine Deletionen bzw. Insertationen („loops") werden durch Basen-Exzisions- bzw. durch das „mismatch"-Reparatursystem korrigiert (a und b). Reparatur von komplexen DNA-Schäden durch das Nukleotid-Exzisions-Reparatursystem (NER) und das transkriptionsgekoppelte NER (c und d). An der Erkennung und Reparatur von DNA-Schäden sind häufig Proteine beteiligt, die bei hereditären Krebssyndromen Keimbahnmutationen aufweisen: MLH1, MSH2, MSH6, PMS1 oder PMS2 bei HNPCC; BRAC1 oder BRAC2 beim familiären Mammakarzinom; XPA, XAB2, XPB, XPC, XPF oder XPG bei Xeroderma pigmentosum; CSA oder CSB beim Cockayne-Syndrom; XPC-R23: Komplex von XPC mit RAD23; ERCC1-XPF: Komplex von XPF mit der Endonuklease ERCC1; an der DNA-Replikation sind die Proteine PCNA („proliferating cell nuclear antigen"), RFC (Replikationsfaktor C), RPA (Replikationsprotein A) und die DNA-Polymerasen δ bzw. ϵ beteiligt.

14.2 Auslösefaktoren des malignen Wachstums

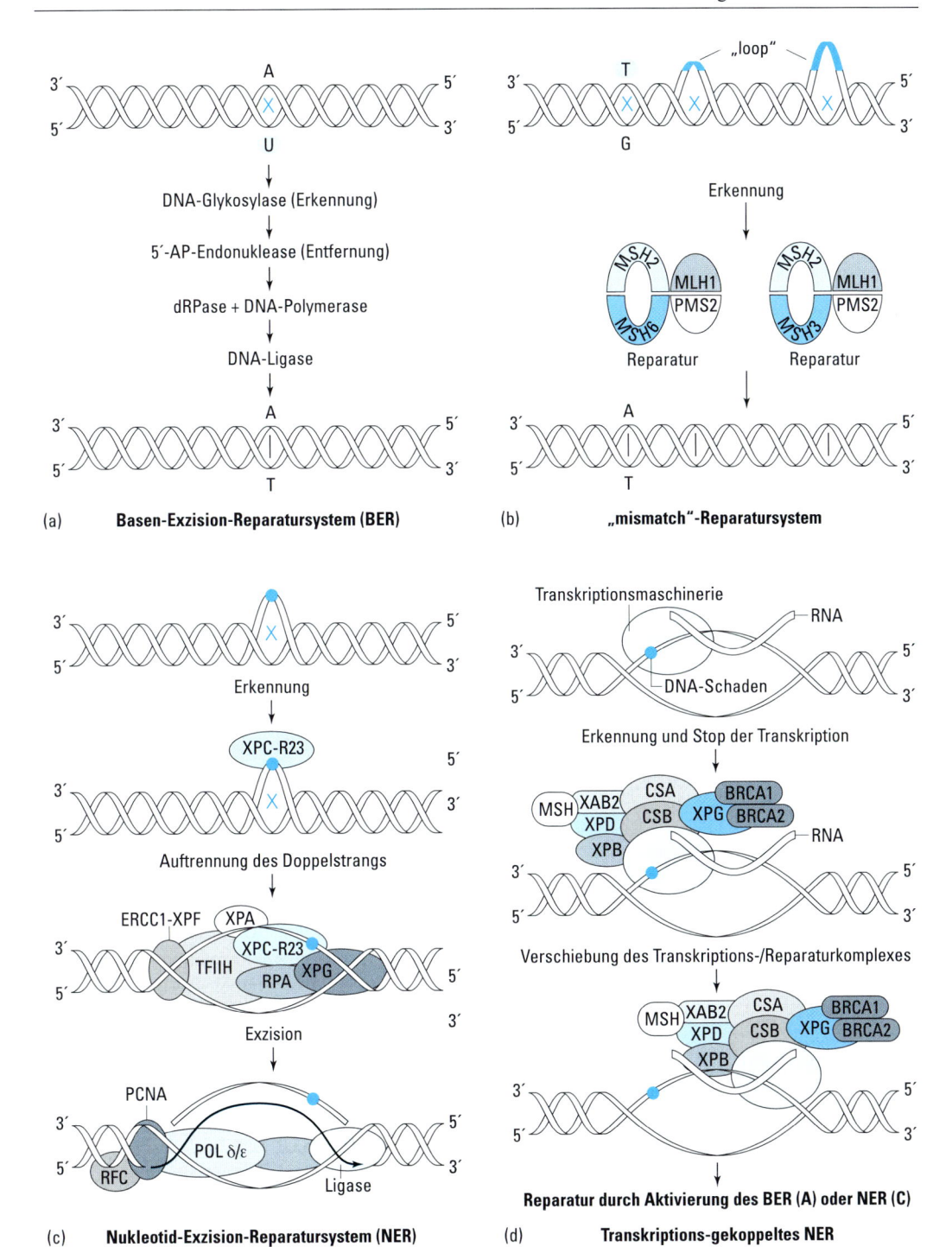

(a) **Basen-Exzision-Reparatursystem (BER)**

A → U
↓
DNA-Glykosylase (Erkennung)
↓
5´-AP-Endonuklease (Entfernung)
↓
dRPase + DNA-Polymerase
↓
DNA-Ligase

(b) **„mismatch"-Reparatursystem**

„loop"
T / G
↓
Erkennung
↓
MSH2/MSH6 – MLH1/PMS2   MSH2/MSH3 – MLH1/PMS2
Reparatur   Reparatur

(c) **Nukleotid-Exzision-Reparatursystem (NER)**

↓ Erkennung
XPC-R23
↓ Auftrennung des Doppelstrangs
ERCC1-XPF, XPA, TFIIH, XPC-R23, RPA, XPG
↓ Exzision
PCNA, RFC, POL δ/ε, Ligase

(d) **Transkriptions-gekoppeltes NER**

Transkriptionsmaschinerie — RNA
DNA-Schaden
↓ Erkennung und Stop der Transkription
MSH, XAB2, XPD, CSA, CSB, XPG, XPB, BRCA1, BRCA2 — RNA
↓ Verschiebung des Transkriptions-/Reparaturkomplexes
MSH, XAB2, XPD, CSA, CSB, XPG, XPB, BRCA1, BRCA2
↓
Reparatur durch Aktivierung des BER (A) oder NER (C)

motermethylierung (Hypermethylierung) beobachtet. Hierbei zählt bei verschiedenen Tumoren die Hypermethylierung der Reparaturgene BRAC1 oder MLH1 sowie des cyclinabhängigen Kinaseinhibitors CDNK4 (p16^{INK4A}) zu wichtigen Beispielen.

14.2.7 Mutationsraten und Altersabhängigkeit der Tumorentstehung

Die Inzidenz von malignen Erkrankungen nimmt exponentiell mit dem Alter zu, was zumindest zum Teil auf eine Akkumulation von genetischen Schäden zurückgeführt werden kann, die durch exogene Faktoren (z. B. Karzinogene, Strahlung) und durch spontane endogene DNA-Veränderungen ausgelöst werden. Unter den endogenen Veränderungen stehen die spontane Depurinierung der DNA, die Deaminierung von methylierten Cytosinresten in CpG-Dinukleotiden zu Thymin und Einbaufehler der DNA-Polymerase bei der Replikation der Erbsubstanz im Vordergrund. Für die Reparatur endogener und exogener Schäden stehen der Zelle unterschiedliche **DNA-Reparatursysteme** zur Verfügung. Hierbei werden spontan veränderte Basen (z. B. Methylguanin, Uracil) durch spezifische Glykosylasen und Endonukleasen entfernt, während z. B. Thymin-Dimere oder Addukte mit Karzinogenen durch Nukleotid-Exzision-Reparatursysteme repariert oder Basenfehlpaarungen durch das „mismatch"-Reparatursystem korrigiert werden (Abb. 14.5). Auf der Basis epidemiologischer Daten zeigen statistische Überlegungen, dass für die maligne Transformation zwischen 4 und 7 unterschiedliche genetische Ereignisse erforderlich sind. Unter Annahme der experimentell ermittelten Mutationsrate von 10^{-7} pro Gen pro Zellteilung, wird auf Einzellzellniveau eine entsprechende Anzahl von Veränderungen durch Spontanmutationen nur selten erreicht. Die Diskrepanz zwischen geschätzter und beobachteter Mutationsrate bei malignen Tumoren führte zum Konzept des „mutator phenoptype", bei dem genetische Veränderungen in Schlüsselgenen auftreten, die DNA-Schäden reparieren. Hierdurch kommt es in einigen Zellen zur Erhöhung der Mutationsrate, wodurch im Rahmen des Alterungsprozesses eine für die maligne Transformation ausreichende Anzahl an Mutationen erreicht wird. Darüber hinaus wird die durch zunehmendes Alter bedingte Telomerverkürzung und die damit verbundene genomische Instabilität als Ursache für die Altersabhängigkeit von Tumorerkrankungen diskutiert.

14.2.8 erbliche Prädisposition für maligne Erkrankungen

Die typischen Merkmale hereditärer Krebserkrankungen sind eine familiäre Häufung und ein im Vergleich zur Normalbevölkerung relativ frühes, meist multiples Auftreten von Malignomen (Tab. 14.7). Die meisten **hereditären Krebssyndrome** sind selten (≤ 1:1.000), wohingegen das **nicht polypöse kolorektale Karzinom (HNPCC)** sowie das familiäre **Mammakarzinom** häufiger vorkommen und schätzungsweise für 5 % der Kolon- bzw. Mammakarzinome verantwortlich sind. Hereditäre Krebssyndrome sind zum Teil mit unterschiedlichen nicht malignen Erkrankungen wie z. B. Hauterkrankungen durch erhöhte Lichtempfindlichkeit oder kongenitalen Defekten assoziiert und werden durch Keimbahndefekte in Schlüsselgenen verursacht, die die Proliferation, Apoptose oder die Reparatur von DNA-Schäden kontrollieren. Hereditäre Krebssyndrome werden autosomal-rezessiv (z. B. Ataxia telangiectasia, Bloom's-Syndrom, Fanconi-Anämie, Xeroderma pigmentosum) oder autosomal-dominant übertragen, wobei die Penetranz, die Wahrscheinlichkeit zur Entwicklung der malignen Erkrankungen, variabel ist. Beispielsweise beträgt beim familiären Mammakarzinom, in Abhängigkeit von der Lokalisation der Mutation, das Lebzeitrisiko an einem Mamma- bzw. Ovarialkarzinom zu erkranken bis zu 80 % und wird durch Keimbahndefekte in den Reparaturgenen BRAC1 bzw. BRAC2 hervorgerufen. Darüber hinaus spielen beim familiären Mammakarzinom genetische Variationen (sog. „modifier") z. B. im Androgenrezeptor, Östrogen-Rezeptor-Koaktivator NCO3A oder RAD51, das an der Reparatur von Doppelstrangbrüchen beteiligt ist, sowie zusätzliche Faktoren (z. B. Schwangerschaft) eine Rolle. Keimbahndefekte

Tabelle 14.7: Beispiele hereditärer Krebssyndrome beim Menschen.

Krebssyndrom	Malignome	andere Erkrankungen	Gen(e)	Funktion(en)
familiäre adenomatöse Polyposis Coli	kolorektale Karzinome	multiple kolorektale Andenome, Osteome, Polypen des Magen	APC	Degradation von β-Catenin, Regulation der Zell-Zellkommunikation und -proliferation
nicht polypöses kolorektales Karziom (HNPCC)	häufig kolorektale Karzinome und Endometriumkarzinome, erhöhtes Risiko für Magen-, Ovarial- und andere Karzinome	–	MLH1, MSH2, MSH6, PMS1, PMS2	DNA-Reparatur, „mismatch"-Reparatursystem, erhöhte Mikrosatelliteninstabilität in ca. 90% der kolorektalen Karzinome
Peutz-Jeghers-Syndrom	gastrointestinale und andere Karzinome	gastrointestinale Hamartome, gestörte Pigmentation	LKB1	Serin-/Threonin-Kinase, Regulation der Zellproliferation
familiäres Mammakarzinom	bei BRAC1/BRAC2-*Mutationen:* Mamma- und Ovarialkarzinome, bei BRAC2-Mutationen zusätzlich Pankreas-, Prostata-, Kolon- und andere Karzinome	–	BRCA1, BRAC2	Transkriptionsfaktor, Zellzyklusregulation, DNA-Reparatur, Chromatin-„remodelling"
Ataxia-Telangiectasia	Leukämien und Lymphome	zerebelläre Ataxie, Teleangiektasien, Immundefizienz	ATM	Erkennung von DNA-Schäden, DNA-Proteinkinase
Bloom's-Syndrom	hauptsächlich Leukämien und Lymphome, seltener Karzinome	Photosensibilität der Haut, geringe Körpergröße, Immundefizienz, Diabetes mellitus	BLM	DNA-Helicase
Fanconi-Anämie	Leukämien (AML), gastrointestinale und gynäkologische Tumore	kongenitale Defekte, Photosensibilität der Haut	FAA	DNA-Reparatur, Assoziation mit BRAC1, BRAC2 und RAD51
Xeroderma pigmentosum	Basalzellkarzinome, maligne Melanome	extreme Photosensibilität der Haut, neurologische Erkrankungen	XPA-XPG	DNA-Reparatur, NER-System
familiäres malignes Melanom	maligne Melanome	dysplastische Naevi	CDK4, p16^{INK4A}	Zellzyklusregulation: Cyclin-abhängige Kinase (CDK) und CDK-Inhibitor p16^{INK4A}
Neurofibromatose (Typ1)	Neurofibrosarkome, Phäochromozytome, Leukämien	Neurofibrome, Hamartome, Hirntumore, Café-au-lait-Flecken	NF1	GTPase (Inaktivierung von RAS)
familiäres Retinoblastom	Retinoblastom (bilateral), Osteosarkome, Leukämien und Lymphome	–	RB1	Zellzyklusregulation

Tabelle 14.7: Fortsetzung.

Krebssyndrom	Malignome	andere Erkrankungen	Gen(e)	Funktion(en)
Li-Fraumeni-Syndrom	Karzinome der Lunge, Mamma, Nebennierenrinde, Hirntumore, Sarkome	–	P53	Transkriptionsfaktor, Zellzyklusregulation, Apoptose, DNA-Reparatur, Angiogenese
Wilms-Tumor	Nephroblastome (häufig bilateral)	WAGR: Wilm's Tumor, Aniridie, Genital- und Harnwegsdefekte	WT1	Transkriptionsfaktor (Regulation von IGF-2)
von Hippel-Lindau- Syndrom	Nierenzellkarzinome, Hämangioblastome	Entwicklungsstörungen der Retina	VHL	Komponente eines Ubiquitin-Ligase-komplexes, Regulation der VEGF-Expression
multiple endokrine Neoplasie (MEN Typ 1)	Karzinoide der Lunge, des Thymus und Magens	primärer Hyperparathyreodismus, Gastrinom, Insulinom	MEN1	Genprodukt Menin, Funktion unbekannt
multiple endokrine Neoplasie (MEN Typ 2A und 2B)	*Typ 2A und 2B:* medulläre Schilddrüsenkarzinome	*Typ 2A und 2B:* Phäochromozytom; *Typ 2A:* Hyperplasie der Nebenschilddrüse; *Typ 2B:* kongentinale Störungen, Ganglienhyperplasie	RET	Proto-Onkogen, Tyrosinkinaserezeptor, Regulation der Zellproliferation
Cowden-Syndrom	Mamma- und Schilddrüsenkarzinome	mukokutane Läsionen, Adenome, Hamartome	PTEN	Zellproliferation, Apoptose

in den Genen MLH1, MSH2, MSH6, PMS1 oder PMS2 des „mismatch"-Reparatursystems sind für die Entstehung des HNPCC verantwortlich. Das Lebzeitrisiko für die Entwicklung von kolorektalen Karzinomen bei HNPCC beträgt schätzungsweise 70 % und für Endometriumkarzinome 20 %. Die gestörte DNA-Reparatur führt beim HNPCC in ca. 90 % der Malignome zu einer ausgeprägten **Mikrosatelliteninstabilität**, die eine Vergrößerung bzw. Verkleinerung von kurzen sich wiederholenden DNA-Sequenzen (sog. „DNA-repeats") zur Folge hat. Hiervon sind „DNA-repeats" in kodierenden Bereichen z. B. des pro-apoptotischen BAX-Proteins oder des TGF-β („transforming growth factor receptor")-Rezeptors, TypII betroffen, der u. a. tumorsuppressive Signale überträgt. Durch Leserasterverschiebungen kommt es zum Funktionsverlust, was wiederum zur Entkoppelung der Regulation der Proliferation bzw. der Apoptose im Rahmen des malignen Prozesses führt.

14.3 Mechanismen des malignen Wachstums

14.3.1 Rezeptor-Tyrosinkinasen

Signale, die Wachstum, Morphogenese und unterschiedliche Stoffwechselprozesse steuern, werden durch Wachstumsfaktorrezeptoren vom Zelläußeren ins das Innere der Zelle übertragen. Unter den Wachstumsfaktorrezeptoren spielen Rezeptoren mit Tyrosinkinaseaktivität eine zentrale Rolle. Generell bestehen **Rezeptor-Tyrosinkinasen** aus einer extrazellulären Domäne, einer transmembranösen Domäne, durch die der Rezeptor in der Zellmembran verankert ist sowie einer zytoplasmatischen Domäne, die die Tyrosinkinase und potentielle Bindungsstellen für Signalproteine enthält. Der Aufbau der extrazellulären Domäne ist variabel und besteht aus unterschiedlichen z. T. repetitiven Bereichen, die die spezifische Bindung des Liganden und Wechselwirkungen mit anderen Membranproteinen erlauben. Nach Bindung des Liganden kommt es in der Regel durch Dimerisierung des Rezeptors zur Aktivierung der Tyrosinkinase mit nachfolgender Phosphorylierung von Tyrosinresten in den zytoplasmatischen Domänen (Abb. 14.6). Die phosphorylierten Tyrosinreste bilden Bindungsstellen für intrazelluläre Signalproteine, die von spezifischen Bindungsmodulen wie z. B. **SH2-(„SRC-homology region 2")** oder **PTB-(„phospho-tyrosine binding")**-Domänen innerhalb von Signalproteinen erkannt werden. Darüber hinaus tragen Signalproteine eine Reihe weiterer Bindungsmodule wie z. B. **SH3-(„SRC-homology region 3")** oder **PH-(„pleckstrin homology")**-Domänen, über die ebenfalls Wechselwirkungen z. B. mit prolinreichen Regionen (SH3) in komplementären Bindungsproteinen oder Interaktionen mit Phospholipiden (PH) vermittelt werden. Die Folge der komplexen intrazellulären Protein-Protein-Wechselwirkungen ist die kaskadenförmige Aktivierung nachgeschalteter Signalproteine, was wiederum zur Weiterleitung des Signals in das Zellinnere und z. B. zur Aktivierung der Genexpression im Zellkern oder Reorganisation des Zytoskeletts führt. Bei verschiedenen malignen Erkrankungen werden mit variabler Häufigkeit chromosomale Translokationen, Punktmutationen oder Amplifikationen von Rezeptor-Tyrosinkinasegenen beobachtet, was eine unkontrollierte Aktivierung und damit fehlgesteuerte Übermittlung von proliferativen Signalen zur Folge hat (Tab. 14.8). Ein wichtiges Beispiel stellt das ERBB2/NEU-Gen dar, das bei ca. 20 % der Mammakarzinome amplifiziert ist und die Basis für die Therapie mit Herceptin bildet,

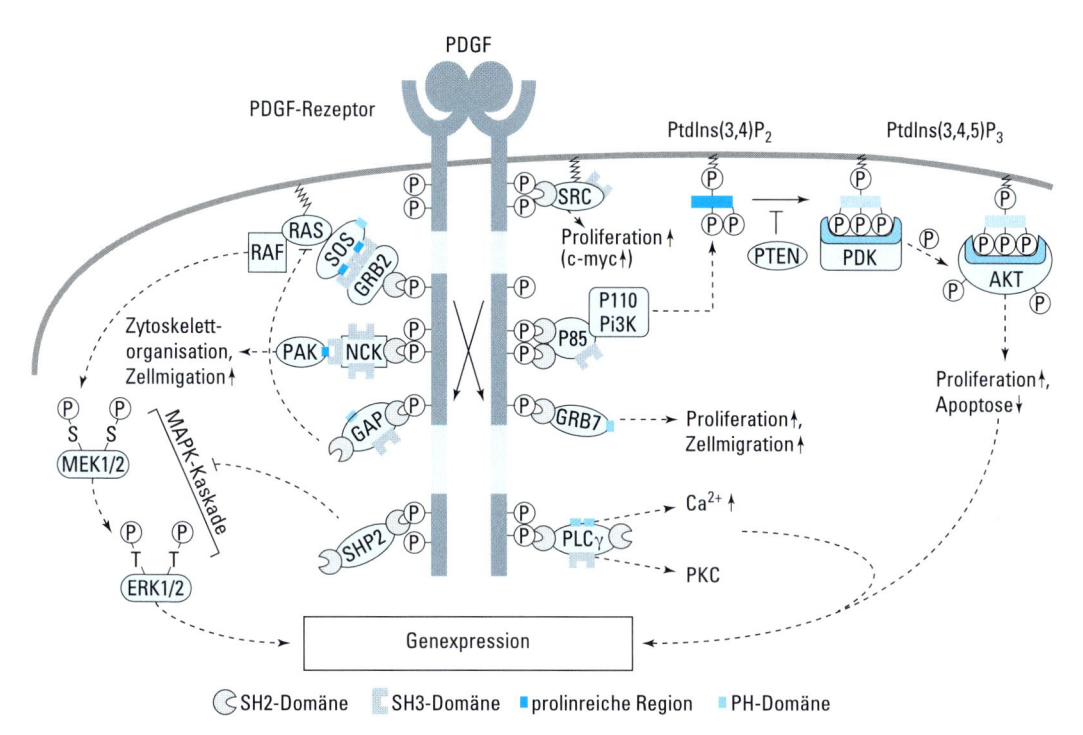

Abb. 14.6: Signaltransduktion am Beispiel des PDGF-(„platelet derived growth factor")-Rezeptors. Die Bindung von PDGF führt zur Dimerisierung und Autophosphorylierung des Rezeptors. Das Proliferationssignal wird über intrazelluläre Signalproteine weitergeleitet. Die Bindung an Phosphotyrosinreste im aktivierten Rezeptor wird über SH2-Domänen vermittelt. SH3-Domänen binden an prolinreiche Regionen, während PH-Domänen die Translokation von Signalproteinen an die Zellmembran vermitteln. Adaptorproteine ohne enzymatische Aktivität: GRB2, GRB7, NCK; PKC: Proteinkinase C; PLCγ: Phospholipase C-γ; SHP2: phosphotyrosinspezifische Phophatase; die Kinasedomäne (hellblau) im PDGF-Rezeptor ist zweigeteilt.

Tabelle 14.8: Aktivierung von Tyrosin-Rezeptorkinasen in malignen Tumoren des Menschen. (GIST: „gastrointestinal stromal tumor"; MDS: myelodysplastisches Syndrom; MEN: multiple endokrine Neoplasie)

Gen	Genprodukte	retrovirale Aktivierung	genetische Veränderungen in menschlichen Tumoren	Malignom
ERBB	EGF-Rezeptor	+	Amplifikation	Glioblastom (30–50%), Hals-/Kopfbereich (10%)
ERBB2	ERBB2	–	Amplifikation	Mamma (20%), Ovar (15–30%)
FGFR1,2	FGF-Rezeptor	+	Amplifikation	Mamma (10%)
PDGFRβ	PDGF-Rezeptor β	–	Amplifikation, Rekombination	Leukämien
RET	RET	–	Rekombination, Punktmutation	MEN2A, MEN2B, papilläres Schilddrüsenkarzinom
TRK	NGF-Rezeptor	–	Rekombination	Kolon, Neuroblastom
KIT	SCF-Rezeptor	+	Punktmutation	Leukämien, Lymphome, MDS, Keimzelltumor, GIST
FMS	CSF-1-Rezeptor	+	Punktmutation	Leukämien, MDS
ALK	„Anaplastic Lymphoma"-Kinase	–	Rekombination	Non-Hodgkin-Lymphome
FLT3/FLK2	FLT3-Rezeptor	–	Punktmutation	akute myeloische Leukämie (30%), akute lymphatische Leukämie, MDS

einem Antikörper der gegen den **ERBB2/Neu**-Rezeptor gerichtet ist. Bei der **multiplen endokrinen Neoplasie (MEN,** s. Abschn. 14.2.8) sind Punktmutationen in der Rezeptor-Tyrosinkinase RET für das medulläre Schilddrüsenkarzinom verantwortlich, die entweder in der extrazellulären Domäne (MEN Typ 2A) oder in der intrazellulären Tyrosinkinasedomäne (MEN Typ 2B) auftreten. In beiden Fällen kommt es entweder durch ligandenunabhängige Dimerisierung der Rezeptoren oder durch Veränderungen in der Kinaseaktivität zu einer fehlgesteuerten Aktivierung von Signalübertragungskaskaden.

14.3.2 Nicht-Rezeptor-Tyrosinkinasen

Im Rahmen der Signaltransduktion spielen **Nicht-Rezeptor-Tyrosinkinasen** eine wichtige Rolle, die im Gegensatz zu Rezeptor-Tyrosinkinasen keine extrazelluläre und transmembranöse Domäne aufweisen und damit im Zytoplasma lokalisiert sind. Prominente Beispiele stellen die Familien der Nicht-Rezeptor-Tyrosinkinasen ABL, SRC- und Januskinase (JAK) sowie die „focal adhesion"-Kinase (FAK) dar. FAK und die Mitglieder der Januskinase-Familie unterscheiden sich strukturell von den Mitgliedern der ABL- und SRC-Familie und üben wichtige Funktionen in der Organisation des Zytoskeletts bzw. in der Übermittlung von Zytokinsignalen aus. Dagegen sind die Mitglieder der ABL- (ABL und ARG) und SRC- (FYN, LCK, SRC, YES etc.) Familie strukturell sehr ähnlich und typischerweise aus einer SH3-, einer SH2- und einer Kinasedomäne (SH1-Domäne) aufgebaut. Die Proto-Onkogene ABL und SRC, die ursprünglich in akut transformierenden Retroviren entdeckt wurden, spielen eine wichtige Rolle beim malignen Wachstum. Erhöhte Aktivitäten der SRC-Kinase werden in vielen Malignomen beobachtet und aktivierende Punktmutationen wurden kürzlich beim Kolonkarzinom nachgewiesen. Nahezu alle **chronisch-myeloischen** (CML) und ca. 30% der akuten lymphatischen **Leukämien** (ALL) werden durch Translokationen vom Typ t(9;22) und der daraus resultierenden Bildung von **BCR-ABL** Fusionsproteinen verursacht (Abb. 14.7). In Analogie zur retroviralen Aktivierung führt die Translokation und Fusion mit dem BCR-(„break point cluster region")-Gen zur unkontrollierten Aktivierung der ABL-Kinase. Die funktionellen Auswirkungen der ABL-Aktivierung sind komplex und nur z. T. geklärt, wobei

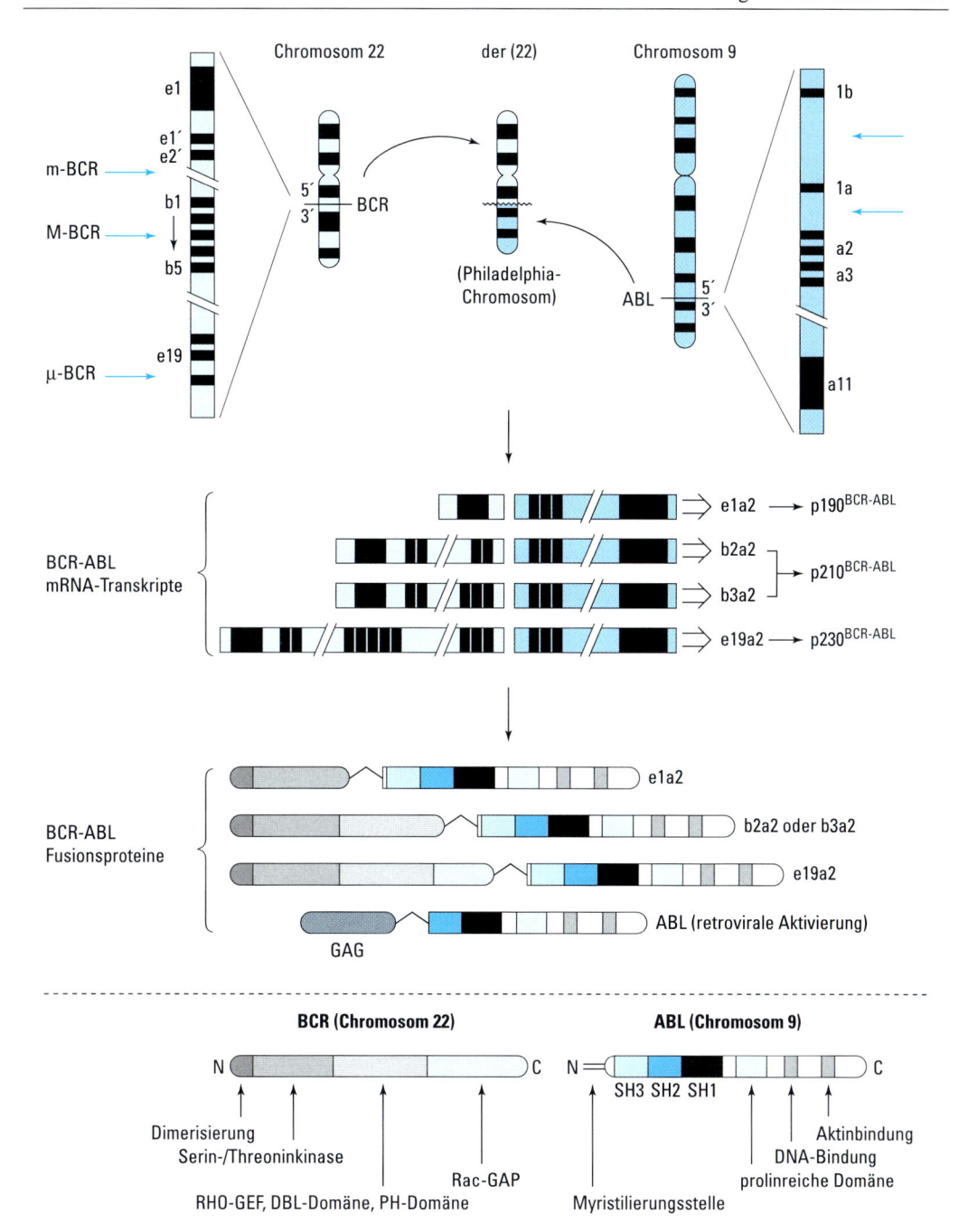

Abb. 14.7: Entstehung von BCR-ABL-Fusionsproteinen durch die Translokation t(9;22) bei CML und ALL. Nach Translokation und mRNA-Spleißen kommt es zu den Transkripten e1a2, b2a2, b3a2 sowie e19a2, die für die drei BCR-ABL-Fusionsproteine p190, p210, p230 kodieren. Häufige Bruchpunkte in Chromosom 9 und 22 sind mit einem blauen Pfeil markiert. Bei der retroviralen Aktivierung kommt es zum Verlust der SH3-Domäne von ABL und Fusion mit dem viralen Strukturprotein GAG.

BCR-ABL Fusionsproteine zur fehlgesteuerten Aktivierung des MAPK-("mitogen activated protein kinase")-Signalübertragungsweges, zur Inhibition der Apoptose und zu einer reduzierten Zelladhäsion führen. Kürzlich wurde der ABL-Kinase Inhibitor STI-571 (Gleevec/Imatinib) entwickelt, der die ATP-Bindungsstelle der Kinasedomäne blockiert und in ersten klinischen Studien in nahezu allen CML-Patienten in der chronischen Phase bzw. bei 60–70 % der Patienten in der Blastenkrise die Remission der Erkrankung bewirkte.

14.3.3 RAS, RAF und MAPK-Signalweg

Nach Rezeptoraktivierung oder Aktivierung von Nicht-Rezeptor-Tyrosinkinasen kommt es durch Protein-Protein-Wechselwirkungen über entsprechende Bindungsmodule zur Aktivierung nachgeschalteter Signalproteine (Abb. 14.6). Hierbei spielen RAS-Proteine eine zentrale Rolle, die zur Familie der **G-Proteine** von guaninnukleotidbindenden Proteinen mit GTPase-Aktivität zählen. Der Aktivitätszustand wird in einem GTPase-Zyklus reguliert, bei dem die Bindung von GTP zur Aktivierung und die nachfolgende Hydrolyse von GTP zu GDP zur Inaktivierung führt (Abb. 14.8). Bei der Inaktivierung spielen GTPase-aktivierende Proteine (GAP's) sowie die intrinsische GTPase-Aktivität eine wichtige regulatorische Rolle. Darüber hinaus katalysieren Guaninnukleotid-Austauschfaktoren (GNRF's) die Freisetzung von GDP aus dem GDP-GTPase-Komplex, wodurch der inaktive Komplex beschleunigt reaktiviert werden kann. Im RAS-RAF-MAPK-Signalweg wird RAS durch den Guaninnukleotid-Austauschfaktor SOS aktiviert, der über das Adaptorprotein GRB2 an aktivierte Wachstumsfaktor-Rezeptoren gekoppelt ist (Abb. 14.6). Die Familienmitglieder der **RAS**-Familie HRAS, KRAS und NRAS wurden ursprünglich als retrovirale Onkogene bzw. in Gentransfer-Experimenten (NRAS) entdeckt und sind mit variabler Häufigkeit (5–90 %) bei unterschiedlichen Malignomen des Menschen mutiert. Die Punktmutationen sind auf die Kodons 12, 13 und 61 beschränkt und verursachen eine Verminderung der intrinsischen GTPase-Aktivität, was wiederum eine fehlgesteuerte Aktivierung der RAS-Proteine und nachfolgender Signalproteine zur Folge hat. Darüber hinaus wird eine Amplifikation von RAS-Genen z. B. bei ca. 10 % der Magen- und 20–30 % der Kolonkarzinome beobachtet.

14.3.4 Phosphaditylinositol-3-Kinase- (Pi3-Kinase)/AKT-Signalweg

Zusätzlich zum **RAS-RAF-MAPK-Signalweg** wird häufig der **Pi3K/AKT-Signalweg** durch Wachstumsfaktoren aktiviert. Hierbei spielt die **Phosphaditylinositol-3-Kinase** eine zentrale Rolle, die als Heterodimer aus der regulatori-

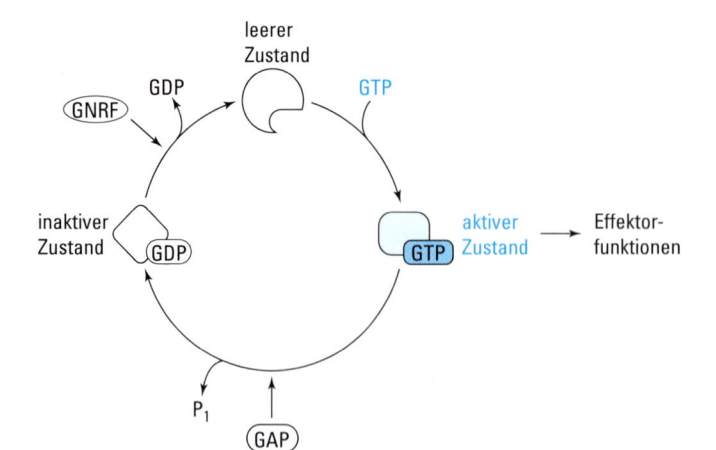

Abb. 14.8: Aktivierung und Inaktivierung von GTP-bindenden Proteinen im GTPase-Zyklus. GAP: GTPase-aktivierendes Protein; GNRF: Guanin-Nukleotid-Austauschfaktor.

schen p85- und der katalytischen p110-Untereinheit aufgebaut ist. Die Aktivierung von Wachstumsfaktorrezeptoren führt zur Bindung von Pi3-Kinase an phosphorylierte Tyrosinreste, die über die beiden SH2-Domänen in der p85-Untereinheit vermittelt wird (Abb. 14.6). Nach Translokation an die Zellmembran erfolgt durch Phosphorylierung die Umwandlung des membranverankerten Phosphatidylinositols PtdIns-$(3,4)P_2$ zu PtdIns$(3,4,5)P_3$ durch die katalytische Untereinheit der Pi3-Kinase.

PtdIns$(3,4,5)P_3$ bildet an der Zellmembran die Andockstellen für die Serinkinasen AKT und die Serin-/Threoninkinasen PDK. Die Bindung wird über PH-Domänen vermittelt, wobei AKT durch PDK phosphoryliert und aktiviert wird. Die biologischen Funktionen von AKT sind vielfältig, wobei die Förderung der Zellproliferation und die Hemmung der Apoptose im Vordergrund stehen. Bei malignen Tumoren wird häufig eine erhöhte Aktivität der AKT-Kinase beobachtet; Amplifikationen des AKT1/2-Gens sind bei ca. 10 % der Mamma- und Ovarialkarzinome nachweisbar. Ein wichtiger negativer Regulator des Pi3K-AKT-Signalweges ist die Phosphatase **PTEN**, die ursprünglich als Tumorsuppressor entdeckt wurde. Die Dephosphorylierung von PtdIns$(3,4,5)P_3$ zu PtdIns$(3,4)P_2$ durch PTEN führt zur Inaktivierung des Pi3K/AKT-Signalweges. Inaktivierende Deletionen oder Mutationen von PTEN wurden mit variabler Häufigkeit in einer Vielzahl von malignen Tumoren wie z. B. beim Mamma-, Endometrium-, Leber-, Lunge-, Nieren-, Schilddrüsen- oder Ovarialkarzinom sowie beim Glioblastom, malignen Melanom und bei Lymphomen beobachtet.

14.3.5 WNT-Signalweg und APC (Adenomatöse Polyposis Coli)

Der **WNT-Signalweg** spielt eine wichtige Rolle bei der Morphogenese und ist entscheidend an der Regulation der freien intrazellulären β-Catenin-Konzentration beteiligt. In ruhenden Zellen liegt β-**Catenin** in gebundener Form vor und ist entweder mit der intrazellulären Domäne des Zelladhäsionsmoleküls E-Cadherin assoziiert oder in einem Komplex bestehend aus Axin, Conductin, APC und der Glykogen-Synthase-Kinase-3 (GSK-3) gebunden. Nach Aktivierung des WNT-Signalweges kommt es zur Freisetzung von β-Catenin und zur Assoziation mit Transkriptionsfaktoren der TCF-Familie, wodurch die Expression proliferationsfördernder Gene wie z. B. MYC oder Cyclin D1 induziert wird. Matrilysin, CD44 und der uPA-Rezeptor („urokinase-type plasminogen activator receptor") zählen ebenfalls zu Zielgenen des β-Catenin/TCF-Komplexes, die im Rahmen proteolytischer Prozesse maßgeblich an der Umstrukturierung der extrazellulären Matrix beteiligt sind. Somit werden im WNT-Signalweg proliferative Signale mit Prozessen der Zelladhäsion und Strukturierung der extrazellulären Matrix verknüpft, was entscheidend für die Morphogenese ist, jedoch in unkontrollierter Form zum malignen Wachstum beitragen kann. Eine wichtige Komponente des WNT-Signalweges ist das APC-Protein, das eine besondere Rolle bei der Entstehung des kolorektalen Karzinoms spielt (Abb. 14.2.). Durch Keimbahnmutationen im APC-Gen kommt es frühzeitig zur Entwicklung von kolorektalen Karzinomen im Rahmen der familiären adenomatösen Polyposis Coli. Bei sporadischen kolorektalen Karzinomen wird in 20–50 % der Fälle ein Verlust des APC-Lokus (5q21) auf Chromosom 5 beobachtet; inaktivierende Mutationen sind bereits in frühen Stadien in etwa 80 % der kolorektalen Tumore nachweisbar. Hiermit zählt das Tumorsuppressorgen **APC** zu einem der Gene, die bei der Entwicklung von kolorektalen Tumoren am häufigsten mutiert sind. Neben der Inaktivierung durch genetische Veränderungen wird in kolorektalen Tumoren im Vergleich zum Normalgewebe häufig eine Hypermethylierung des APC-Promoters beobachtet, die somit als weiterer Inaktivierungsmechanismus des APC-Gens angesehen wird.

14.3.6 TGF-(„transforming growth factor")-β-Rezeptor Signalweg

Der **TGF-β-Rezeptor Signalweg** ist an der Kontrolle der Morphogenese, Zellproliferation und Differenzierung beteiligt. TGF-β wird von unterschiedlichen Zellen sezerniert und führt durch Bindung an den TGF-β-II-Rezeptor, der mit dem TGF-β-I-Rezeptor in einem heterotetrameren Membrankomplex vorliegt, über die Serin-/Threoninkinaseaktivität der Rezeptoren zur Aktivierung des TGF-β-Signalweges. Direkte intrazelluläre Substrate der Rezeptoren sind die **SMAD-Proteine** 2, 3 und 4, die nach Aktivierung durch Phosphorylierung und Assoziation mit Transkriptionsfaktoren u. a. zur Unterdrückung der MYC-Expression und Induktion der Expression der cyclinabhängigen Kinaseinhibitoren p15^{INK4A} sowie p21^{CIP1}, womit der TGF-β-Signalweg eine zentrale Rolle bei der Hemmung der Proliferation spielt. Darüber hinaus wird eine proliferationsfördernde, SMAD-unabhängige Aktivierung des Pi3K-/AKT- sowie des MAPK-Signalweges durch die Aktivierung von TGF-β-Rezeptoren beobachtet, deren Mechanismen noch nicht vollständig geklärt sind. In wieweit ein proliferationsfördernder bzw. hemmender Effekt von der Aktivierung des TGF-β-Signalweges ausgeht, hängt offenbar von der Stärke der Aktivierung der unterschiedlichen Signalwege ab. Bei vielen malignen Tumoren wird meist im fortgeschrittenen Stadium eine verminderte Expression des TGF-β-II-Rezeptors beobachtet. Inaktivierende Mutationen im TGF-β-II-Rezeptor werden beim **hereditären nicht polypösen kolorektalen Karzinom (HNPCC)** im Rahmen der **Mikrosatelliteninstabilität** bei ca. 90% der Patienten beobachtet (s. Abschn. 14.2.8). In 50% der Pankreas- und Magenkarzinome sowie 15% der kolorektalen Karzinome finden sich Mutationen im SMAD4-Gen. Alle Veränderungen haben offenbar zur Folge, dass der durch TGF-β vermittelte proliferationshemmende Effekt reduziert und der proliferatiosfördernde Effekt verstärkt wird.

14.3.7 Zellzyklus

Der geordnete Ablauf der Zellteilung ist von entscheidender Bedeutung für Entwicklung und Erhalt eines Organismus, weshalb dieser Prozess engen Kontrollmechanismen unterliegt. Im Gegensatz zu enddifferenzierten Zellen, die nicht mehr zur Zellteilung befähigt sind, befinden sich viele Körperzellen in der Ruhephase, der G0-Phase, wobei wachstumshemmende Signale wie z. B. TGF-β oder Zell-Zell-Interaktionen für die Aufrecherhaltung der G0-Phase erforderlich sind. Unterschiedliche wachstumsfördernde Signale (z. B. Wachstumsfaktoren, Hormone, Zell-Matrix-Interaktionen) führen zum Übergang aus der G0- in die G1-Phase und damit zum Eintritt der Zelle in den Zellzyklus. Der **Zellzyklus** wird in die vier Phasen G1, S, G2 und M unterteilt, in denen das Zellwachstum (G1), die DNA-Replikation (S), Beendigung und Kontrolle der DNA-Replikation (G2) und die Mitose (M) stattfinden. Innerhalb des Zellzyklus dienen Kontrollpunkte (G1/S-, S-, G2/M-„checkpoint") zur Überwachung der Zellzyklusphasen, die erst fortgesetzt werden, wenn die vorangegangene Phase vollständig und fehlerfrei abgeschlossen wurde. Fehler im Zellzyklus führen zum Stillstand des Zellzyklus, Aktivierung von Reparaturmechanismen und in Abhängigkeit vom Ausmaß des Schadens ggf. zur Apoptose. Hierbei ist der G1/S-Kontrollpunkt von besonderer Bedeutung, da bei Überschreiten dieses Kontrollpunktes der Zellzyklus in der Regel bis zur Zellteilung fortgesetzt wird. Schlüsselregulatoren des G1/S-Kontrollpunktes sind die D- und E-Cycline, die mit den cyclinabhängigen Kinasen (CDK) aktive Komplexe bilden und die transkriptionelle Aktivierung der für die S-Phase erforderlichen Gene steuern (Abb. 14.9). Zu wichtigen negativen Regulatoren der Zellzyklusprogression zählen die Mitglieder der Proteinfamilien INK4 („inhibitor of CDK4") und KIP („kinase inhibitor protein"), die z. B. durch TGF-β oder DNA-Schäden aktiviert werden. **INK4** und **KIP** binden cyclinabhängige Kinasen, wodurch die Assoziation mit Cyclinen und die nachfolgende Aktivierung der **cyclinabhängige Kinasen** verhindert wird, was wiederum die Unterbrechung des Zellzyklus zur Folge hat. In malignen Tumoren werden genetische Veränderungen und eine fehlgesteuerte Expression in nahezu allen Schlüsselregulatoren des Zellzyklus beobachtet. Hierbei führen z. B. Amplifikationen von Cyclin D1 oder CDK4 sowie Translokationen von CDK6 zur unkontrollierten Aktivierung des Zellzyklus, während durch Deletion oder Promoter-Hypermethylierung (z. B. INK4 oder RB) negative Regulatoren des Zellzyklus inaktiviert werden.

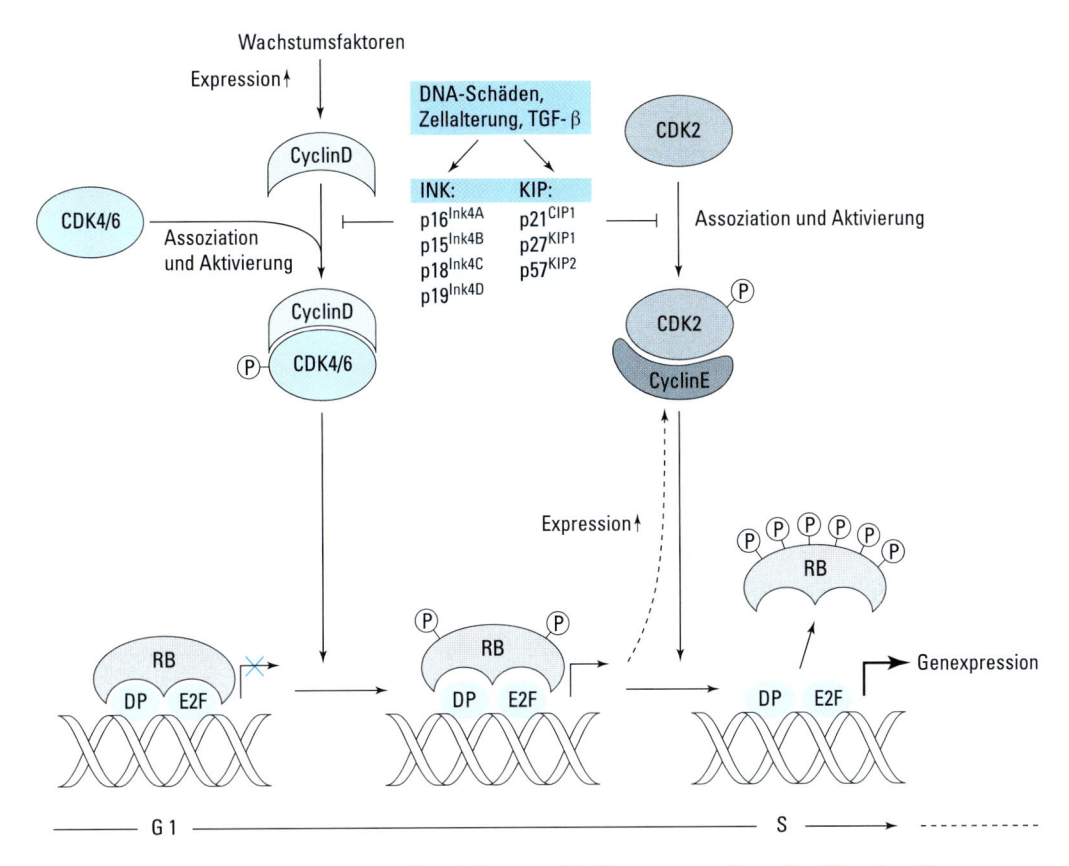

Abb. 14.9: Regulation des Zellzyklus während der G1-S-Phase. Durch Expression der Cycline D und E und Aktivierung der cyclinabhängigen Kinasen (CDK) durch Cycline kommt es im Verlauf der G1-Phase zur zunehmenden Phosphorylierung von RB. Dies führt zur Dissoziation von RB und Aufhebung der Blockierung der Transkriptionsfaktoren DP und EF2, wodurch die Genexpression induziert wird.

14.3.8 Apoptose

Die regelrechte Entwicklung und Integrität eines Organismus wird entscheidend durch das Gleichgewicht zwischen Zellproliferation und Zelltod bestimmt. Beim Erwachsenen sterben täglich ca. 50 Milliarden Zellen ab, die durch neue Zellen ersetzt werden. Die Aufrechterhaltung der Homöostase unterliegt komplexen Regelmechanismen, wobei der programmierte Zelltod **(Apoptose)** eine wesentliche Komponente darstellt. Im Gegensatz zur Nekrose ist die Apoptose ein kontrollierter physiologischer Prozess, der ohne Entzündungsreaktion zur Zellschrumpfung, Fragmentierung des Chromatins und anschließender Phagozytose apoptotischer Zellen führt. Die Apoptose kann rezeptorvermittelt oder durch unterschiedliche innere oder äußere Reize wie z. B. das Fehlen von Wachstumsfaktoren oder Hormonen, durch den Verlust der Zelladhäsion oder durch DNA-Schäden ausgelöst werden. Hierbei können prinzipiell zwei alternative, der extrinsische bzw. der intrinsische Signalweg aktiviert werden (Abb. 14.10). Der extrinsische Signalweg wird durch „death"-Rezeptoren (z. B. CD95/FAS/APO-1) gesteuert, die zu der Familie der Tumornekrose-Faktor-(TNF)-Rezeptoren zählen und hauptsächlich auf Zellen des Immunsystems, aber auch auf Epithelzellen exprimiert werden. Der intrinsische, über Mitochondrien vermittelte Signalweg kann durch eine Vielzahl von Schä-

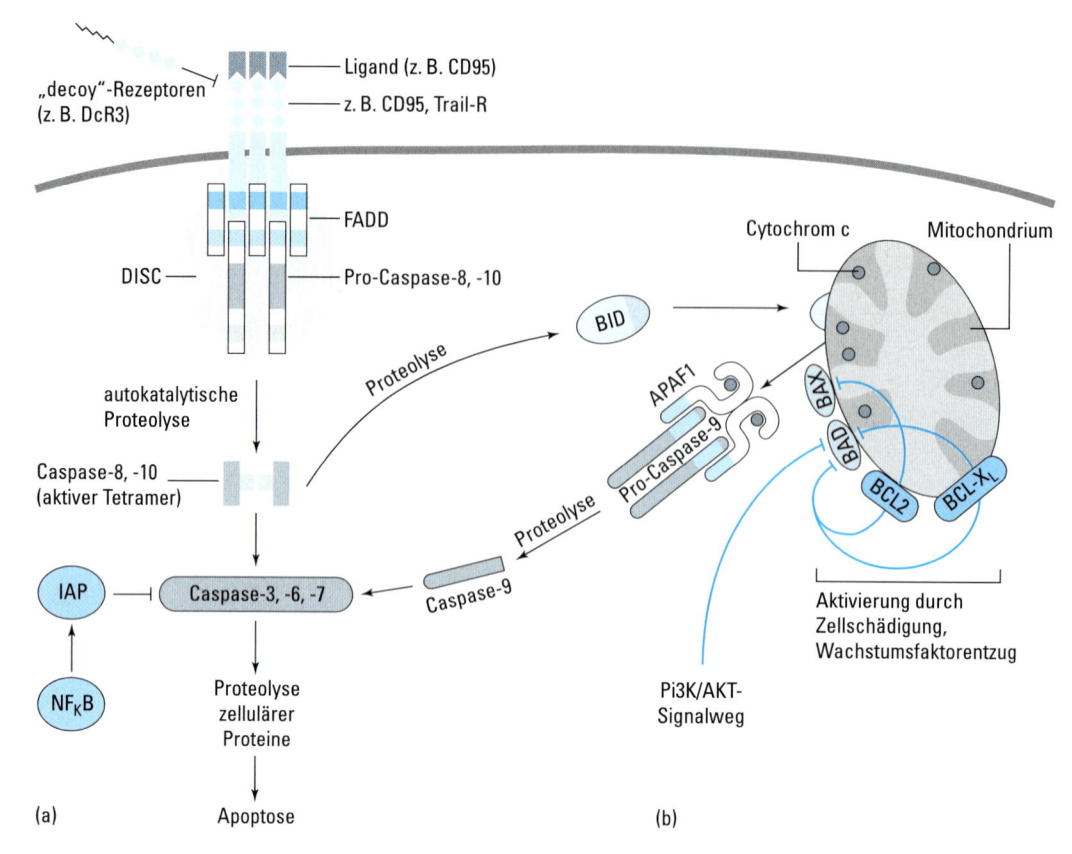

Abb. 14.10: Auslösung des programmierten Zelltodes durch den extrinsischen (a) oder intrinsischen (b) Apoptose-Signalweg. Im extrinsischen Signalweg führt die Ligandenbindung zur Rezeptoraktivierung und Ausbildung des DISC („death-inducing signaling complex"), der die Aktivierung von Caspasen und die Apoptose auslöst. Eine Verbindung zum intrinsischen Apoptoseweg besteht über das pro-apoptotische Protein BID. Im intrinsischen Signalweg führt die Aktivierung der pro-apoptotischen BCL-2 Familienmitglieder BAD oder BAX zur Freisetzung von Cytochrom c und über die Aktivierung von Caspase-9 mit APAF-1 („aptosis protease-activating factor 1") zur Apoptose. Die negative Regulation des intrinsischen Apoptoseweges erfolgt z. B. über die anti-apoptotischen BCL2 Familienmitglieder BCL2 oder BCL-X$_L$ oder z. B. durch Aktievierung des Pi3K/AKT-Signalweges. Die Inaktivierung von Caspasen wird durch IAP's („inhibitor of apoptosis proteins") gesteuert.

den (z. B. DNA-Schäden durch Chemotherapie oder Strahlung, oxidative Substanzen, Kalziumerhöhung oder Wachstumsfaktorentzug) aktiviert werden. Hierbei spielen die Mitglieder der **BCL2**-Familie eine zentrale Rolle, die in der Regel an der Außenmembran von Mitochondrien lokalisiert sind und entweder pro-apoptotisch (BAD, BAX, BID etc.) oder anti-apoptotisch (BCL2, BCL-XL etc.) wirken. Auf Grund der zentralen Bedeutung der Apoptose bei der Eliminierung geschädigter Zellen werden in malignen Tumoren häufig genetische Veränderungen beobachtet, die entweder direkt zu einer veränderten Funktion bzw. Expression von Regulatoren der Apoptose führen oder indirekt durch Veränderungen in übergeordneten Regelnetzwerken hervorgerufen werden. Ein wichtiges Beispiel für die direkte Aktivierung stellt die Translokation t(14;18) dar, die bei ca. 90 % der follikulären B-Zell-Lymphome und ca. 30 %

der diffusen „large"-Zell-Lymphome auftritt. Hierdurch gelangt das anti-apoptotische BCL2 unter die Kontrolle des IgH-Enhancer (schwere Kette von Immunglobulinen), was zur erhöhten Expression von BCL2 und zur Unterdrückung der Apoptose führt.

14.3.9 Das P53-Protein – „guardian of the genome"

P53 wurde ursprünglich als zellulärer Bindungspartner des viralen Genprodukts „large T-antigen" von **SV40** entdeckt. Das Polyomavirus SV40 infiziert und transformiert hauptsächlich Nagetierzellen, wobei die Assoziation zwischen P53 und dem „large T-antigen" zur Inaktivierung von P53 führt. Beim Menschen kommt es in schätzungsweise der Hälfte der Malignome zu einer Inaktivierung von P53. Die Inaktivierung wird durch Deletion des p53-Lokus (17p13) auf Chromosom 17 oder durch inaktivierende Punktmutationen im P53-Gen hervorgerufen. Beim **Li-Fraumeni-Krebssyndrom** sind Keimbahnmutationen im P53-Gen für die Entstehung von malignen Tumoren verantwortlich. In der Regel wird bei malignen Tumoren die Inaktivierung beider Allele beobachtet, womit P53 die Kriterien eines Tumorsuppressorgens erfüllt. P53 spielt als Transkriptionsfaktor eine zentrale Rolle bei der Kontrolle des Zellzyklus, der Apoptose, Zelldifferenzierung, Angiogenese, DNA-Replikation sowie bei der Reparatur von DNA-Schäden. Das Phosphoprotein P53 wird ubiquitär exprimiert, ist im Zellkern lokalisiert und besitzt normalerweise eine geringe Stabilität (HWZ: ca. 20 min.). Die unterschiedlichen biologischen Effekte von P53 werden durch verschiedene Domänen innerhalb des Proteins vermittelt (Abb. 14.11). Der zentrale Anteil von P53 bindet spezifisch an regulative DNA-Sequenzen in Zielgenen und führt durch die N-terminale Transaktivierungsdomäne zur Induktion der Genexpression. P53 liegt als Tetramer vor, wobei die Tetramerisierung von P53 maßgeblich für die DNA-Bindung und damit für die Transaktivierung der Genexpression ist. Bisher sind drei unabhängige Signalwege bekannt, durch die P53 aktiviert wird (Abb. 14.12). Doppelstrangbrüche, UV-Licht, Chemotherapeutika und andere zelluläre Stressfaktoren führen durch die kaskadenförmige Aktivierung verschiedener Kinasen zur Phosphorylierung von P53. Der Expressionsspiegel von P53 wird in einem „feed back loop" durch MDM2 regu-

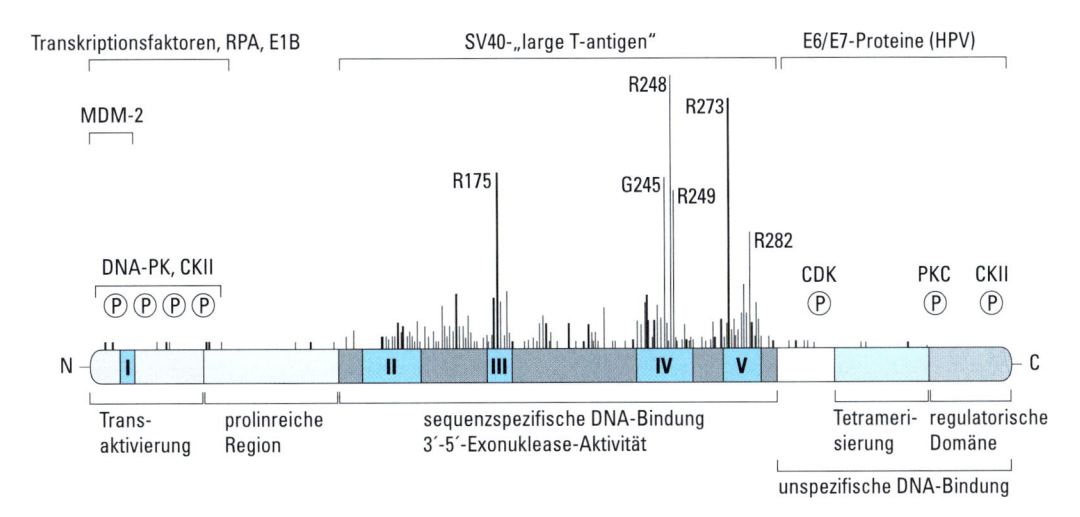

Abb. 14.11: Aufbau, Bindungsstellen, funktionelle Domänen und Lokalisation von Punktmutationen im P53-Gen. Die Höhe der vertikalen Linie entspricht der relativen Mutationshäufigkeit. Die Regionen I-V geben evolutionär hochkonservierte Proteinbereiche im P53 Protein wieder. P: wichtige Phosphorylierungsstellen im P53-Gen; RPA: Replikationsprotein A.

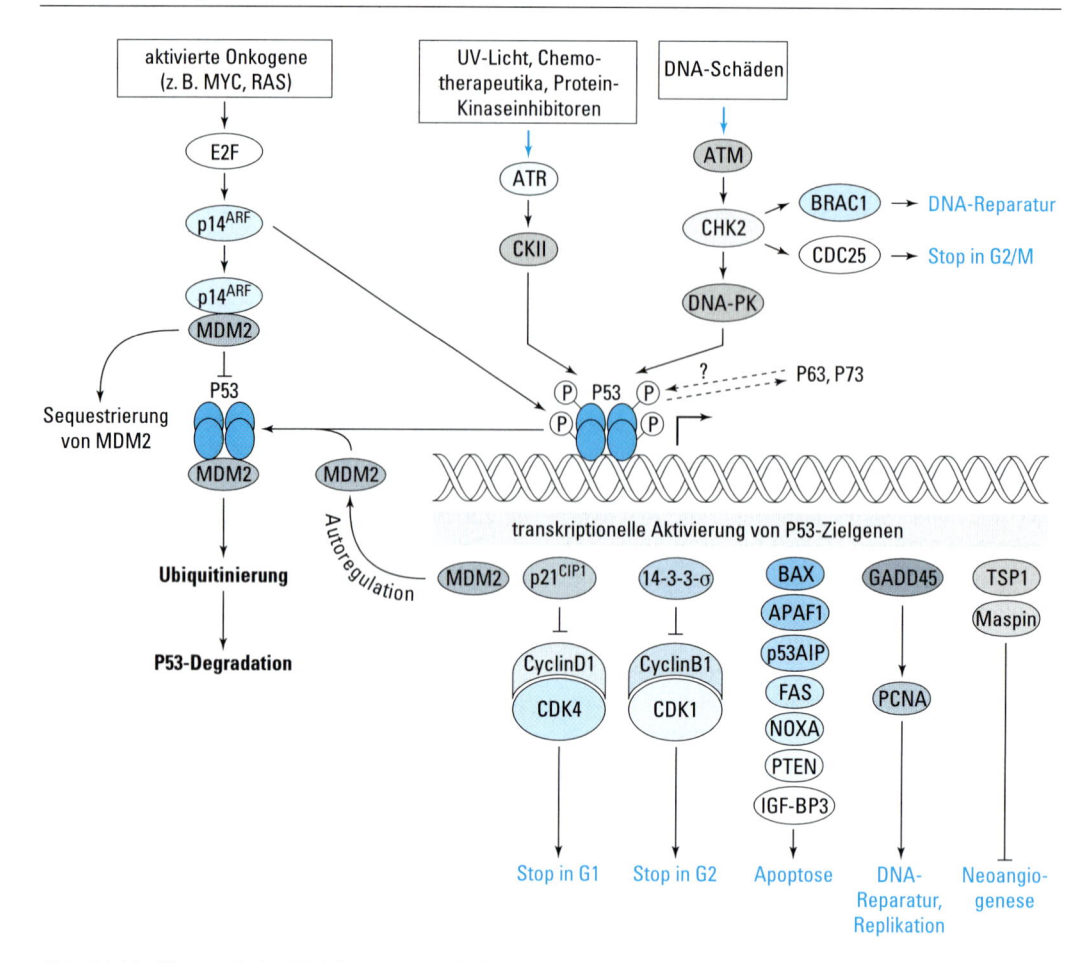

Abb. 14.12: Netzwerk der Aktivierung, Regulation und biologischer Effekte des Tumorsuppressors und Transkriptionsfaktors P53. Unterschiedliche zelluläre Stressfaktoren führen zur Phosphorylierung von P53 und nachfolgenden Aktivierung der Genexpression wichtiger Kontrollgene der Proliferation, Apoptose, DNA-Reparatur, DNA-Replikation und Angiogenese. Die Stabilität von P53 wird durch MDM2 („murine double minute chromosome 2") reguliert. Die funktionelle Bedeutung von P63 und P73 ist ungeklärt. ATM: DNA-Proteinkinase, „mutated in Ataxia teleangiectasia"; ATR: „ATM related kinase; DNA-PK: DNA-Proteinkinase; CKII: Caseinkinase II; CHK2: "checkpoint kinase 2"; BRAC1: mutiert beim hereditären Mamma- und Ovarialkarzinom; CDC25: Phospatase, negativer Regulator der G2/M-Phase des Zellzyklus; E2F: Transkriptionsfaktor; p14^{ARF}: wird durch Leserasterverschiebung vom P16^{INK4A}-Lokus exprimiert; 14-3-3-σ: Adaptorprotein, sequestriert den CyclinB1/CDK1-Komplex; proapoptotische Proteine BAX, APAF1 und FAS; mitochondriale Proteine P53AIP und NOXA aktivieren die Apoptose; PTEN: negativer Regulator des PI3K/AKT-Signalweges; IGF-BP3: inhibitorisches Protein des „insulin like growth factor"; GADD45: „growth arrest and damage dependend", bindet bei der DNA-Reparatur und Replikation an PCNA („proliferating nuclear antigen"); Inhibitoren der Angiogenese: Thrombospondin-1 (TSP1) und Maspin.

liert, wobei einerseits die Expression von MDM2 durch P53 induziert wird und andererseits P53 durch **MDM2** gebunden, ubiquitiniert und anschließend im Proteasom abgebaut wird.

Die Phosphorylierung von P53, die im Bereich der MDM2-Bindungsstelle erfolgt, reduziert die Bindungsfähigkeit von MDM2 und bewirkt eine Stabilisierung von P53 und damit die Induktion der Genexpression. Die Aktivierung von P53 kann zusätzlich durch unkontrollierte Wachstumssignale wie z. B. die fehlgesteuerte Expression der Onkogene RAS und MYC ausgelöst werden. Hierbei führt die verstärke Expression von p14^{ARF} zur Phosphorylierung von P53 und gleichzeitig durch Bindung an MDM2 zur Sequestrierung von MDM2, was zur Stabilisierung von P53 und Aktivierung der Genexpression führt. Bei über 90 % der malignen Tumoren mit P53-Mutation treten Mutationen in der DNA-Bindungsdomäne auf und führen zu einem Verlust der DNA-Bindungsfähigkeit von P53. Hierdurch wird die Aktivierung der Expression wichtiger Kontrollgene unterbrochen, sodass es zu einer Fehlsteuerung der Zellproliferation, Apoptose, DNA-Reparatur, DNA-Replikation und Angiogenese beim malignen Wachstum kommt. Mutationen in der C-terminal lokalisierten Tetramerisierungsdomäne sind zwar selten, verhindern aber die für die DNA-Bindung notwendige Tetramerisierung von P53, wodurch mutierte Proteine einen negativ dominanten Effekt auf Wildtyp-Proteine ausüben können und damit ebenfalls die Induktion der Genexpression verhindern. Bei malignen Tumoren, in denen keine P53-Mutationen nachweisbar sind, werden häufig genetische Veränderungen in regulatorischen Komponenten des P53-Signalweges beobachtet. Keimbahnmutationen in der ATM-Kinase sind für die Tumorentstehung beim hereditären Krebssyndrom Ataxia teleangiectasia verantwortlich. Amplifikationen von MDM2 werden z. B. bei Glioblastomen (10 %) sowie Sarkomen (20 %) und Deletionen im p14^{ARF}-Lokus werden häufig bei Mamma- und Lungenkarzinomen sowie anderen malignen Tumoren beobachtet. In beiden Fällen führen die erhöhten MDM2-Expressionsspiegel zur verstärkten Degradation von P53 und damit zum Verlust der Kontrollfunktionen von P53. Bei der viralen Tumorgenese spielt die Inaktivierung von P53 und RB eine wichtige Rolle. Beispiele sind das SV40 „large T-antigen", das adenovirale Protein E1B sowie die Proteine E6 und E7 von Papillomviren (Abb. 14.11.). Durch Bindung der viralen Genprodukte an P53 kommt es zur funktionellen Inaktivierung und damit zum Verlust der vielfältigen Kontrollfunktionen von P53. Gleichzeitig bewirkt die Inaktivierung von RB die transkriptionelle Aktivierung der Expression von Genen, die die Zellteilung und Proliferation stimulieren.

14.3.1 Transkriptionsfaktoren

Die kontrollierte Expression von Genen ist eine entscheidende Vorraussetzung für die Entwicklung und Funktionsfähigkeit eines Organismus und wird durch unterschiedliche Transkriptionsfaktoren gesteuert. Transkriptionsfaktoren binden spezifisch an DNA-Sequenzen in regulatorischen Genregionen, die in der Regel 5´-wärts von kodierenden Genabschnitten lokalisiert sind und führen durch die Interaktion mit der Transkriptionsmaschinerie zur Induktion der Genexpression. Auf Grund struktureller und funktioneller Merkmale werden Transkriptionsfaktoren in Familien unterteilt. Hierbei sind Strukturmotive wie z. B. das Helix-Loop-Helix-Motiv (z. B. MYC, TAL1, E2A oder LYL1) oder der Leucin-Zipper (z. B. ATF-1) für die Dimerisierung von **Transkriptionsfaktoren** und Aktivierung der Genexpression essenziell. Zink-Fingermotive, die z. B. im Transkriptionsfaktor RARα, vorkommen und durch Komplexierung mit Zinkatomen fingerähnliche Strukturen ausbilden, dienen der spezifischen DNA-Erkennung. In malignen Tumoren des Menschen wird häufig (10 – 50 %) eine Amplifikation von Transkriptionsfaktorgenen beobachtet (z. B. MYC, N-MYC oder MYB; Tab. 14.6), was zu einer unkontrollierten Aktivierung und damit fehlgesteuerten Expression von Genen führt. Darüber hinaus finden sich in vielen Malignomen, insbesondere des hämatopoetischen Systems, wiederholt spezifische DNA-Rearrangements unter Beteiligung von Transkriptionsfaktoren, die entweder zur fehlgesteurten Expression oder zur Bildung von chimären Fusionsproteinen mit veränderten funktionellen Eigenschaften führen (Tab. 14.5). Ein klassisches Beispiel für die unkontrollierte Expression von Transkriptionsfaktoren durch Gen-Rearrangement stellt die Translokationen t(8;14) beim **Burkitt-Lymphom** dar. Hierbei gelangt **MYC** unter die regulative Kontrolle des IgH-Enhancers (schwere Kette von Immunglobulinen), wodurch es zur fehlgesteuerten Expression von MYC, einem wichtigen positiven Regulator der Zellproliferation, kommt.

14.3.11 Zelladhäsion, Angiogenese und maligne Progression

Zusätzlich zu genetischen Veränderungen spielt die Interaktion zwischen Tumorzellen und Normalzellen sowie die Beeinflussung der zellulären Umgebung durch die Tumorzelle eine wichtige Rolle beim malignen Wachstum. Hierbei ist die Adhäsion zwischen Zellen und von Zellen zur extrazellulären Matrix von besonderer Bedeutung, die physiologischerweise die geordnete Struktur und Integrität von Geweben gewährleistet, die Zellpolarität bestimmt und eine Kommunikation zwischen den Zellen und ihrer Umgebung erlaubt. Diese Prozesse werden durch Zelladhäsionsmoleküle gesteuert, die auf der Basis struktureller und funktioneller Eigenschaften in die Familien der Cadherine, Integrine, Selectine und Immunglobulin (Ig)-Superfamilie unterteilt werden. Unter den Mitgliedern der Cadherin-Familie spielt E-Cadherin eine wichtige Rolle beim malignen Wachstum. **E-Cadherin** wird auf allen Epithelien exprimiert und ist in vielen Karzinomen mit zunehmenden Tumorstadium vermindert exprimiert. Inaktivierende Punktmutationen in der extrazellulären Domäne von E-Cadherin wurden z.B. beim Endometrium- und Mammakarzinom sowie in ca. 50% der Magenkarzinome (diffuser Typ) beobachtet. Diese Befunde legen nahe, dass E-Cadherin im Rahmen der Tumorprogression in vielen Karzinomen antiinvasive Eigenschaften besitzt. Im Gegensatz zum Verlust bzw. zur Inaktivierung von E-Cadherin ist das Expressionsverhalten von anderen Zelladhäsionsmoleküle wie z.B. Integrinen und Mitgliedern der Ig-Superfamilie in malignen Tumoren häufig variabel. Beim malignen Melanom korreliert die prognostisch wichtige Invasionstiefe und das Metastasierungspotential mit der Höhe der Expression von $\alpha_v\beta_3$-Integrin und den Mitgliedern der Ig-Superfamilie ICAM-1, MCAM und CEACAM1, was für eine zelladhäsive bzw. signalvermittelnde Wirkung dieser Proteine bei der Tumorprogression spricht. Neben Zelladhäsionsmolekülen sind unterschiedliche Proteinasen an der malignen Progression beteiligt, denen unter physiologischen Bedingungen eine wichtige Funktion bei der Umstrukturierung des Bindegewebes z.B. im Rahmen der Embryogenese oder Wundheilung zukommt. Hierbei spielen Matrix-Metalloproteinasen und Komponenten des uPA-(Plasminogenaktivator vom Urokinasetyp)-Systems eine zentrale Rolle, die häufig bei malignen Tumoren erhöht exprimiert werden und denen im Rahmen der Tumorprogression prognostische Bedeutung beigemessen wird. Darüber hinaus ist die tumorinduzierte Blutgefäßneubildung für das malignen Wachstum von besonderer Bedeutung. Die **Angiogenese** wird nach Bindung von VEGF („vascular endothelial growth factor") an VEGF-Rezeptoren in Endothelzellen induziert. Die Rezeptoraktivierung führt u. a. zur Erhöhung der Gefäßpermeabilität, Proliferation und Migration von Endothelzellen, Aktivierung des uPA-Systems und von Matrix-Metalloproteinasen, was die Basis für die Umstrukturierung extrazellulärer Strukturen und für die Entwicklung neuer Gefäße bildet. VEGF wird von vielen malignen Tumoren sezerniert, induziert die Neoangiogenese im umliegenden Gewebe und sorgt für die Einsprossung von Gefäßen in den Tumor. Dies garantiert eine adäquate Versorgung des Tumors und ist damit eine entscheidende Vorraussetzung für das weitere Wachstum und die Metastasierung. Unter physiologischen Bedingungen wird eine Gefäßneubildung beim Erwachsenen nur selten und hauptsächlich im Rahmen der Wundheilung oder anderer regenerativer Prozesse beobachtet. Damit bietet die tumorinduzierte Neoangiogenese ein ideales Ziel für die Therapie solider Malignome; derzeit befinden sich unterschiedliche Angiogenese-Inhibitoren in der klinischen Testung.

14.4 Tumormarker

Spezifische genetische Veränderungen bei malignen Tumoren bilden die Basis für unterschiedliche molekulargenetische Verfahren (z.B. PCR, Sequenzierung) zur Diagnostik und Klassifikation (Leukämien, Lymphome), zum Nachweis minimaler residualer Tumorerkrankungen oder im Rahmen des Mutationsscreenings beim hereditären Mammakarzinom (**BRAC1/BRAC2**), beim **HNPCC** („mismatch"-Reparatursystem, Mikrosatelliten-Instabilität) oder beim Schilddrüsenkarzinom (**RET**). Im Gegensatz zu den relativ neuen molekulargenetischen Verfahren, werden „klassische" **Tumormarker** bereits über mehrere Jahrzehnte im klinischen Routinelabor zur Diagnostik, Therapie- und Verlaufskontrolle von Tumorerkrankungen sowie zur Überwachung von Risikogruppen eingesetzt. Hierbei werden unter Tumormarkern Substanzen verstanden, die bei Patienten mit malignen Erkrankungen im Blut oder anderen Körperflüssigkeiten in erhöhter Konzentration nachweisbar sind. Tumormarker werden entweder direkt von Tumorzellen oder von Normalgeweben durch Induktion im Rahmen des malignen Prozess gebildet, wobei nur den vom Tumor gebildeten Marker eine ausreichende Spezifität für die Tumordiagnostik zukommt. Im peripheren Blut nachweisbare Tumormarker sind in der Regel Proteine oder Glykoproteine. Bei einigen Tumormarkern handelt es sich um Hormone (z. B. hCG, Calcitonin), andere Tumormarker besitzen enzymatische Aktivität (z. B. PSA, NSE). Auf Tumormarkern vom Muzintyp können Glykostrukturen vorkommen, die entweder mit Blutgruppensubstanzen identisch sind (Lewis[a], CA 195) oder diesen verwandt sind (z. B. Sialyl- Lewis[a], CA 19-9). Die biologische Funktion einiger Tumormarker wie z. B. von CEA und AFP ist unbekannt. Die Konzentration von Tumormarkern wird in der Regel mittels immunchemischer Methoden z. B. durch Enzym (ELISA)-, Fluoreszenz- oder Radioimmunoassays bestimmt, wobei in der Regel der zu bestimmende Analyt über einen an eine Festphase gekoppelten ersten Antikörper gebunden und durch einen zweiten Antikörper nachgewiesen wird. Die Antikörper können sowohl mono- als auch polyklonalen Ursprungs sein. Die Richtigkeit der Bestimmung ist u. a. von der Zusammensetzung des Vergleichsstandards (vorzugsweise sollten internationale Referenzpräparationen verwendet werden), der im Testansatz verwendeten Antikörper sowie der Zusammensetzung der Probe („Matrix") abhängig. In der Regel sind Immunoassays auf eine bestimmte Matrix der Probe (z. B. Serum) abgestimmt. Dies muss beachtet werden, wenn anders zusammengesetzte Proben wie z. B. Liquor oder andere Körperflüssigkeiten analysiert werden. Verschiedene Faktoren wie z. B. Unterschiede in der Affinität der Antikörper zwischen Probe und Vergleichsstandard, Haptenbindung des Antikörpers und die Anwesenheit von Antikörper gegen Mausimmunglobuline („humane Anti-Maus-Antikörper, HAMA" z. B. nach Immunszinitigraphie unter Verwendung von Mausantikörpern) im Patientenserum können eine korrekte Angabe der Konzentration erschweren oder unmöglich machen. Im Plasma bzw. Serum sind Tumormarker relativ stabil, sodass in der Regel eine kurzfristige Lagerung der Probe bei 4 °C möglich ist, wobei generell nach Blutentnahme eine rasche Abtrennung vom Blutkuchen erfolgen sollte; für eine längerfristige Lagerung wird die Aufbewahrung der Proben bei −20 °C bzw. −80 °C empfohlen. Wesentlich ist, dass die in einer Probe bestimmte Tumormarkerkonzentration von der verwendeten Methode abhängt. Mit Testkits verschiedener Hersteller können im gleichen Serum deutlich unterschiedliche Werte gemessen werden, weshalb bei einem Wechsel der Nachweismethode Konzentrationsveränderungen vorgetäuscht werden können, aus denen ggf. fehlerhafte therapeutische und/oder diagnostische Konsequenzen gezogen werden. Wichtige Kenngrößen zur Beurteilung der Leistungsfähigkeit bzw. diagnostischen Validität eines Tumormarkers stellen die diagnostische Empfindlichkeit (Sensitivität), diagnostische Spezifität sowie der positive und negative prädiktive Werte dar. Hierbei ist zu berücksichtigen, dass die Ermittlung der Testsensitivität und Spezifität durch den Vergleich von Personengruppen erfolgt, bei denen die Anwesenheit oder Abwesenheit einer malignen Erkrankung bereits durch andere diagnostische Verfahren gesichert wurde, was wiederum von der Validität dieser Untersuchungsverfahren abhängt und z. B. eine korrekte Klassifikation bzw. Stadieneinteilung bei Tumorerkrankungen voraussetzt. Darüber hinaus ist der prädiktive Wert, der den Stellenwert eines diagnostischen Tests in der Diagnosefindung beschreibt und neben der

Sensitivität und Spezifität von der Prävalenz der Erkrankung abhängt, von großer Bedeutung für die diagnostische Validität eines Tumormarkers. In nicht selektierten Personengruppen (z. B. in der Normalbevölkerung) ist selbst bei hoher Sensitivität und Spezifität der positive prädiktive Wert eines Tumormarkertests gering, da aufgrund der relativ geringen Prävalenz von Tumorerkrankungen falsch positive Ergebnisse stark ins Gewicht fallen können. Dies begrenzt in der Regel den Einsatz von Tumormarkern auf definierte Krankheitszustände und lässt ein ungezieltes Screening auf maligne Erkrankung insbesondere bei asymptomatischen Personen auf Grund der hohen Rate an falsch positiven Befunden und den damit verbundenen aufwendigen und z. T. belastenden Folgeuntersuchungen als wenig sinnvoll erscheinen. Eine Ausnahme bildet die Bestimmung des prostataspezifischen Antigens (PSA) im Rahmen des Screenings auf Prostatakarzinome. Die Angaben zu Sensitivität, Spezifität und prädiktiven Werten stellen qualitative Kenngrößen dar. Zur Überführung eines qualitativen in einen quantitativen Test muss eine Entscheidungsgrenze („cut off") für ein positives bzw. negatives Testergebnis definiert werden. Da Tumormarker häufig in geringer Konzentration auch physiologisch gebildet werden oder durch nicht maligne Erkrankungen induziert werden, kann die Festlegung der Entscheidungsgrenze kritisch sein. Hierbei führt eine Erhöhung der Obergrenze des Referenzbereichs zum Verlust an Sensitivität und zur Steigerung der Spezifität, während umgekehrt die Erniedrigung des „cut off" einen Anstieg der Sensitivität bei gleichzeitigem Abfall der Spezifität zur Folge hat. Im Nachfolgenden werden die wichtigsten Tumormarker und deren klinische Relevanz zusammengefasst dargestellt:

14.4.1 α-Fetoprotein (AFP)

Referenzbereich (Plasma/Serum): $\leq 7-9$ IU/ml ($\leq 10-15$ µg/l; Referenzbereich für Kinder ab dem 2. Lebensjahr und nicht schwangere Erwachsene)
Halbwertszeit: 4–7 Tage
Indikation: Diagnostik, Verlaufs- und Therapiekontrolle des **hepatozellulären Karzinoms** und Keimzelltumoren des Ovars, Hodens sowie extragonadaler **Keimzelltumore**.

AFP ist ein Glykoprotein (65 kDa) und wird während der Fetalzeit im Dottersack, Gastrointestinum und in der Leber gebildet. Über den Referenzbereich erhöhte Serumspiegel finden sich während der Schwangerschaft (250–500 µg/l). Bei Kindern nach der Geburt werden Serumspiegel bis ca. 70 mg/ml gemessen, die innerhalb der ersten beiden Lebensjahre auf Normwerte abfallen. Als Tumormarker wird AFP in Kombination mit **hCG** bei der Diagnostik sowie bei der Therapie- und Verlaufskontrolle von Keimzelltumoren eingesetzt. Die Sensitivität der AFP-Bestimmung liegt zwischen 50–80 %, wobei die Häufigkeit pathologisch erhöhter AFP-Konzentrationen von der Zusammensetzung der Keimzelltumors abhängig ist. Reine Dottersacktumore sind immer AFP-positiv, während die Positivitätsrate bei embryonalen Karzinomen oder Kombinationstumoren variable ist. Dagegen sind reine Seminome, Dysgerminome und differenzierte Teratome immer AFP negativ. Darüber hinaus dient die AFP-Bestimmung zur Diagnostik, Therapie- und Verlaufskontrolle des hepatozellulären Karzinoms und ist in Abhängigkeit von der Tumorgröße bei Diagnosestellung in ca. 60 % der Patienten pathologisch erhöht (Spezifität ca. 75 %). Zusätzlich kann die AFP-Bestimmung zur Überwachung von Patienten eingesetzt werden, bei denen eine erhöhtes Risiko für maligne Erkrankungen besteht (z. B. Leberzirrhose, Maldescensus testis). Über den Normbereich erhöhte AFP-Konzentrationen können auch bei benigen und anderen malignen Erkrankungen z. B. bei Leberzirrhose, akuter und chronischer Hepatitis, toxischen Lebererkrankungen, entzündlichen Darmerkrankungen, Ataxia Teleangiectasia, Wiscott-Aldrich-Syndrom sowie Bronchial-, Gallenwegs-, Kolon-, Magen-, und Pankreaskarzinomen beobachtet werden.

14.4.2 humanes Choriongonadotropin (hCG und hCG-β)

Referenzbereich (Plasma/Serum): ≤ 5 IU/l (prämenopausale Frauen und Männer), ≤ 10 IU/l

(postmenopausale Frauen); freie β-Kette (hCG-β): ≤ 0,2 IU/l
Halbwertszeit: 1–3 Tage
Indikation: Diagnostik, Verlaufs- und Therapiekontrolle von Keimzelltumoren (Blasenmole, Chorionkarzinom, Hodentumoren, extragonadale Keimzelltumoren).

HCG ist wie andere Glykoproteohormone (z. B. LH, FSH, TSH) aus 2 Untereinheiten, der α- und β-Kette aufgebaut. Die α-Untereinheiten sind strukturell nahezu identisch, während die β-Ketten hormonspezifisch sind und damit die biologische bzw. immunologische Spezifität bestimmen. Physiologischerweise werden hCG und die freie β-Kette in der Schwangerschaft sezerniert, liegen bis zur 3. Woche unter 50 IU/l und erreichen im 1. Trimenon die höchsten Serumspiegel (40.000–140.000 IU/l). Spezifische **Immunoassays** stehen für das intakte dimere hCG, die freie β-Kette und für die gleichzeitige Bestimmung von hCG und freier β-Kette zur Verfügung. Da Tumore in unterschiedlicher Weise hCG und freie β-Kette freisetzen, haben sich Assays durchgesetzt, die beide Anteile sensitiv erfassen. Die Bestimmung von hCG + hCG-β wird zur Diagnostik, Therapie- und Verlaufskontrolle von Keimzelltumoren eingesetzt. Unter den Keimzelltumoren des Hodens, die zu 40% Seminome und zu 60% Nicht-Seminomen darstellen, werden beim **Seminom** in ca. 10–20% der Fälle pathologisch erhöhte HCG-Konzentrationen gefunden, während bei nicht seminatösen Tumoren die Positivitätsrate bei ca. 50–85% Patienten liegt. Unter den nicht seminatösen Keimzelltumoren bilden differenzierte **Teratome** oder reine Dottersacktumore grundsätzlich kein hCG. Zur Diagnose und Verlaufskontrolle von Keimzelltumoren sollen hCG und AFP grundsätzlich gleichzeitig bestimmt werden. Zur eindeutigen Interpretation und um die Vergleichbarkeit zu Vorwerten zu garantieren, sollten grundsätzlich alle Bestimmungen mit demselben Messverfahren durchgeführt werden. Im Verlauf persistierend erhöhte oder ansteigende Markerspiegel weisen auf eine nicht kurative Therapie und/oder unerkannte Metastasierung hin. Verlaufskontrollen sind von entscheidender Bedeutung, da heute durch die multimodale Behandlung einschließlich zytostatischer Therapie Heilungsraten bei Nicht-Seminomen von über 90% und bei Seminomen um 98% erreichbar sind. Wie für AFP, besteht eine zusätzliche Indikation zur hCG-Bestimmung bei Patienten mit erhöhtem Risiko für Keimzelltumore (z. B. Maldescensus testis, kontralateraler Zweittumor). Erhöhte hCG-Konzentrationen werden bei Niereninsuffizienz, Hepatom, Trisomie 21 sowie bei Bronchial-, Kolon-, Mamma-, Magen-, Nieren-, Ovarial- und Pankreaskarzinomen beobachtet.

14.4.3 Carcinoembryonales Antigen (CEA)

Referenzbereich (Plasma/Serum): 1,5–5,0 µg/l
Halbwertszeit: 2–8 Tage
Indikation: Therapie- und Verlaufskontrolle des kolorektalen Karzinoms.

CEA ist ein Glykoprotein (ca. 180 kD) mit einem Kohlenhydratanteil von ca. 50%. CEA wird physiologischerweise im Gastrointestinaltrakt, in der Harnblase, Prostata und Zervix exprimiert. Die CEA-Bestimmung wird zur Therapie- und Verlaufskontrolle des kolorektalen Karzinoms eingesetzt, wobei mit variabler Häufigkeit pathologisch erhöhte CEA-Serumspiegel auch bei vielen anderen malignen Erkrankungen wie z. B. Blasen-, Bronchial-, Leber-, Mamma-, Magen-, Nieren-, Ovarial-, Pankreas- und Zervixkarzinom sowie bei Melanomen und Lymphomen nachweisbar sind. Auf Grund der eingeschränkten Sensitivität und Spezifität ist CEA als Screeningtest für maligne Erkrankungen ungeeignet. Signifikante Konzentrationserhöhungen werden beim kolorektalen Karzinom in der Regel erst in fortgeschrittenen, meist nicht kurablen Tumorstadien beobachtet (Dukes A: 3%, Dukes B: 25%, Dukes C: 45% und Dukes D: 65%). Die einzige potentielle Indikation zur CEA-Bestimmung liegt derzeit in der Verlaufskontrolle nach Resektion eines kolorektalen Karzinoms. Hierbei steht die frühzeitige Erkennung von Lebermetastasen im Vordergrund, die bei ca. 60% der Patienten auftreten und in einem Viertel der Patienten operabel sind. Im Vergleich zu nicht behandelten Patienten führt die Resektion von Lebermetastasen zu einer Steigerung der Überlebensrate. Dagegen ist die Sensitivität der CEA-Bestimmung zum Nachweis eines locoregionalen Tumorrezidivs mit ca. 60% relativ gering, zudem sind die therapeutischen Optionen begrenzt. Retrospektive Untersuchungen zeigen, dass die CEA-Bestimmung in dieser Patientengruppe, wenn überhaupt, nur geringfügig zur Erhöhung der Lebenserwartung beiträgt. Unklare CEA-Erhöhungen können zusätzlich ein Hinweis auf ein medulläres Schilddrüsenkarzinom geben. Hierbei kann CEA neben Calcitonin (hCT) als sinnvoller Marker für die Therapieüberwachung des medulläres Schilddrüsenkarzinoms eingesetzt werden. Über den Referenzbereich erhöhte CEA-Serumspiegel werden auch bei benignen Erkrankungen wie z.B. Leberzirrhose, Hepatitis, entzündliche Erkrankungen des Gastrointestinaltrakts (z.B. Pankreatitis, Divertikulitis, Colitis ulcerosa), entzündliche Lungenerkrankungen und Nikotinabusus beobachtet.

14.4.4 CA 19-9

Referenzbereich (Plasma/Serum): < 37–40 U/ml
Halbwertszeit: 4–8 Tage
Indikation: Differenzialdiagnose, Therapie- und Verlaufskontrolle des Pankreaskarzinoms und hepatobilliären Karzinoms.

CA 19-9 bezeichnet das Sialyl-Lewis[a] Blutgruppenantigen und wird auf Schleimhautzellen exprimiert. Hohe Konzentrationen werden in Sekreten gemessen, wobei die CA19-9 in 3–8% der Bevölkerung mit der Blutgruppenkonstellation Lewis[a-neg.,b-neg] nicht exprimiert wird. Erhöhte Serumspiegel finden sich in der Schwangerschaft und während der Menstruation. Im Rahmen maligner Erkrankungen werden mit variabler Häufigkeit erhöhte CA 19-9 Serumspiegel bei Bronchial-, Endometrium-, Kolon-, Magen-, Mamma- und Ovarialkarzinomen beobachtet, wobei für das Pankreaskarzinom die höchste diagnostische Empfindlichkeit erreicht wird. Die Höhe der Serumkonzentration korreliert mit der Tumorgröße. Die diagnostische Empfindlichkeit der CA 19-9-Bestimmung liegt beim **Pankreaskarzinom** zwischen 50% bzw. 85–90% (Tumordurchmesser < 3 cm bzw. > 3 cm). Da bei Tumoren mit einem Durchmesser von kleiner 3 cm die CA 19-9 Konzentration nur in ca. der Hälfte der Patienten erhöht ist, werden potentiell kurable Stadien nur unzureichend erfasst. Aus diesem Grund kann die CA 19-9-Bestimmung nicht als Eingangstest für die Differenzialdiagnose bei Verdacht auf Pankreaskarzinom, sondern nur in Kombination mit anderen Untersuchungsverfahren empfohlen werden.

Zusätzlich zum Pankreaskarzinom werden relativ hohe diagnostische Sensitivitäten von ca. 70% beim Gallengangskarzinomen beobachtet, während die diagnostische Empfindlichkeit beim Magen- bzw. kolorektalen Karzinom mit 35–40% relativ niedrig ist. Bei Ovarialkarzinomen vom muzinösen Typ beträgt die Sensitivität ca. 70%, weshalb CA 19-9 ggf. als zusätzlicher Marker zur Therapie- und Verlaufskontrolle zusammen mit CA 125 eingesetzt werden kann. In allen Fällen hängt der Nutzen der CA 19-9 Bestimmung im Rahmen der Therapie- und Verlaufskontrolle maßgeblich von den therapeutischen Optionen ab. Unter den nicht malignen Erkrankungen werden CA 19-9-Erhöhungen häufig bei Pankreatitis (15–50%), Gallenwegs- (20%), Leber- (15–60%) oder entzündlichen Darmerkrankungen sowie bei Mukoviszidose beobachtet; selten werden hierbei Serumkonzentrationen von 100 U/ml überschritten.

14.4.5 CA 72-4

Referenzbereich (Plasma/Serum): ≤ 6 U/l
Halbwertszeit: 3–7 Tage
Indikation: Therapie- und Verlaufskontrolle des Magenkarzinoms.

CA 72-4 ist ein muzinähnliches Glykoprotein (400 kD), das während der Fetalzeit hauptsächlich im Gastrointestinum exprimiert wird. Erhöhte CA 72-4 Konzentrationen werden beim **Magenkarzinom**, aber auch mit geringerer Häufigkeit (5–50%) bei anderen gastrointestinalen Karzinomen, gynäkologischen Malignomen sowie bei ca. 10–20% benigner Erkrankungen der Lunge, des Gastrointestinums und des weiblichen Genitaltraktes beobachtet. Die diagnostische Empfindlichkeit der CA 72-4 Bestimmung liegt beim Magenkarzinom zwischen 30 und 80%, ist abhängig vom Tumorstadium und ist für das Magenkarzinom höher als diejenige anderer Tumormarker (z. B. CEA und CA 19-9). Die klinische Bedeutung der CA 72-4 Bestimmung beim Magenkarzinom liegt in der Verlaufs- bzw. Rezidivkontrolle, ist aber auf Grund der begrenzten Sensitivität und Spezifität eingeschränkt. CA 72-4 kann ggf. neben CA 125 zur Verlauskontrolle muzinöser Ovarialkarzinome eingesetzt werden (Sensitivität: 50–80%).

14.4.6 CA 15-3

Referenzbereich (Plasma/Serum): ≤ 40 U/ml
Halbwertszeit: 5–7 Tage
Indikation: Therapie- und Verlaufskontrolle des Mammakarzinoms.

CA 15-3, eine Peptidstruktur auf Muzinen, wird normalerweise auf der Oberfläche von Epithelzellen exprimiert, die duktale bzw. tubuläre Gewebestrukturen ausbilden. Erhöhte CA 15-3 Serumspiegel finden sich beim **Mammakarzinom** aber auch bei anderen malignen Erkrankungen wie z. B. Endometrium-, Leber-, Lunge-, Magen-, Ovarial-, Pankreas- oder Zervixkarzinom. Die Expression von CA 15-3 im Mammakarzinom ist heterogen, wodurch nur eine relativ niedrige Sensitivität erreicht wird (Stadium I: 5–30%, II: 15–50%, III: 60–70%, IV: 65–95%). Locoregionale Rezidive werden mit einer Sensitivität von ca. 20% erfasst, während bei Tumorprogression und Metastasierung (abhängig vom Ort der Metastasenabsiedlung) Erhöhungen der CA 15-3 Konzentration relativ häufig beobachtet werden (40–80%). Hierbei kann aber bei fehlendem Anstieg der Tumormarkerkonzentration ein Fortschreiten der Erkrankung nicht ausgeschlossen werden. Auf Grund der unbefriedigenden Sensitivität und Spezifität ist die Bestimmung von CA 15-3 zur Therapiekontrolle des Mammakarzinoms nur dann angezeigt, wenn aus der Longitudinalbeurteilung der Konzentrationen therapeutische Konsequenzen gezogen werden. Falsch positive Erhöhungen finden sich mit Häufigkeiten von bis zu 25% u. a. bei benigner Mastopathie, dialysepflichtiger Niereninsuffizienz, HIV-Infektion sowie benignen Erkrankungen der Lunge, Leber, des Pankreas und bei rheumatischen Erkrankungen.

14.4.7 CA 125

Referenzbereich (Plasma/Serum): ≤ 35–65 U/ml
Halbwertszeit: 5–6 Tage
Indikation: Therapie- und Verlaufskontrolle des Ovarialkarzinoms.

CA 125 ist ein Glykoprotein (200 kD) und kommt auf Epithelien des weiblichen Genitaltrakts vor. Erhöhte Serumspiegel werden in der Schwangerschaft und während der Menstruation beobachtet. Der höchste Anteil an CA 125-Erhöhungen findet sich bei **Ovarialkarzinomen**, während Konzentrationserhöhungen bei anderen malignen Erkrankungen z. B. des Gastrointestinaltrakts mit Häufigkeiten zwischen 10–70% auftreten. Die Sensitivität der Bestimmung von CA 125 liegt beim Ovarialkarzinom im FIGO-Stadium I bei 50% und steigt auf 94% im Stadium IV an. Auf Grund der geringen Spezifität und niedrigen prädiktiven Werte ist die Bestimmung von CA 125 für Screeninguntersuchungen und die Differenzialdiagnose des spontanen Ovarialkarzinoms ungeeignet. Rezidive und Tumorprogression werden nach Therapie bei etwa 50% der Patientinnen durch einen Anstieg der CA 125-Konzentrationen angezeigt. Dagegen kann in Kombination mit einer allgemeinen körperlichen Untersuchung und einer Inspektion des Beckens eine Tumorprogression in ca. 90% der Fälle diagnostiziert werden, weshalb die Bestimmung von CA 125 bei der Therapie- und Verlaufskontrolle des Ovarialkarzinoms empfohlen wird. Im Gegensatz zu sporadischen Karzinomen ist die Prävalenz von Ovarialkarzinomen beim hereditären Mamma- bzw. Ovarialkrebssyndrom deutlich erhöht. Bei familiärer Disposition besteht ein Erkrankungsrisiko von etwa 40%. In dieser Hochrisikogruppe sollte CA 125 im Rahmen von Screeninguntersuchungen in regelmäßigen Abständen bestimmt werden. Unter den nicht malignen Erkrankungen können über die Norm erhöhte Konzentrationen bei Herz- und Niereninsuffizienz, Leberzirrhose, Hepatitis, Pankreatitis, Pleuritis, Peritonitis, Cholelithiasis, Cholezystitis, entzündlichen Darmerkrankungen, benignen gynäkologischen Erkrankungen (z. B. Adnexitis, Endometriose) sowie Autoimmunerkrankungen beobachtet werden.

14.4.8 NSE (Neuronenspezifische Enolase)

Referenzbereich (Plasma/Serum):
≤ 10 – 20 ng/ml U/ml; Liquor: 0 – 20 ng/ml
Halbwertszeit: ca. 1 Tag
Indikation: Therapie- und Verlaufskontrolle des kleinzelligen Bronchialkarzinoms und Neuroblastoms (Cave: Hämolyse!).

Die Neuronenspezifische Enolase **(NSE)** ist ein Isoenzym der Enolase, das physiologischerweise in neuronalen und neuroendokrinen Zellen (APUD-Zellen) sowie in Erythrozyten und Thrombozyten gebildet wird. NSE wird als Serummarker kleinzelliger **Lungenkarzinome** (small cell lung cancer, SCLC) diskutiert. Beim SCLC liegt die Sensitivität im Bereich von 60 – 80 %, während NSE-Erhöhungen bei ca. 10 – 30 % nicht kleinzelliger Lungenkarzinome auftreten. Erhöhte Serumwerte finden sich auch bei anderen Tumoren neuroektodermalen Ursprungs wie Neuroblastomen und endokrinen Tumoren des Gastrointestinaltrakts (Inselzelltumoren des Pankreas). Deutliche NSE-Erhöhungen finden sich in der Regel erst in fortgeschrittenen Tumorstadien mit entsprechend eingeschränkten therapeutischen Optionen. Falsch positive NSE-Erhöhungen werden bei Niereninsuffizienz, gutartigen Lungenerkrankungen, zerebralen Erkrankungen und bei Schwangeren mit fetalen Neuralrohrdefekten beobachtet. Die Präanalytik ist problematisch, da NSE in Thrombozyten und Erythrozyten exprimiert wird, was bereits bei leichter Hämolyse der Blutprobe zu falsch positiven Konzentrationserhöhungen führt. Insgesamt erscheint die Bestimmung der NSE nicht geeignet, Tumoren in einem frühen potentiell kurablen Stadium zu erfassen.

14.4.9 CYFRA 21-1

Referenzbereich (Plasma/Serum): ≤ 2 μg/l
Halbwertszeit: 2 – 5 Stunden
Indikation: nicht kleinzelliges Bronchialkarzinom.

Mit **CYFRA 21-1** werden Fragmente von Zytokeratin 19 nachgewiesen, einer Komponente des Zytoskeletts, die in Epithelien exprimiert wird. Die CYFRA 21-1 Bestimmung dient in erster Linie der Diagnose und Verlaufskontrolle von Lungenkarzinomen. Hierbei liegt die diagnostische Sensitivität beim NSCLC (non-small cell lung cancer) zwischen 40 – 80 %, während CYFRA 21-1 bei nur 10 – 50 % der kleinzelligen Bronchialkarzinome (SCLC) erhöht ist; damit ist beim SCLC die NSE-Bestimmung der CYFRA 21-1 Bestimmung überlegen. Darüber hinaus finden sich über die Norm erhöhte CYFRA 21-1 Konzentrationen mit Häufigkeiten zwischen 20 – 35 % beispielsweise bei Mamma-, Magen-, Kolon- oder Ovarialkarzinomen sowie in über 50 % der invasiven Blasenkarzinome. Meist geringfügig über dem Referenzbereich erhöhte Werte werden bei Niereninsuffizienz und gutartigen Erkrankungen (z. B. Gastrointestinaltrakt, Lunge) mit Häufigkeiten zwischen 10 – 20 % beobachtet. Aufgrund der eingeschränkten Sensitivität, Spezifität und therapeutischen Optionen beim Bronchialkarzinom ist die klinisch-diagnostische Bedeutung von CYFRA 21-1 gering. Der Marker kann ggf. dazu beitragen, eine ineffektive Therapie vorzeitig zu beenden.

14.4.10 SCC (Squamous cell carcinoma antigen)

Referenzbereich (Plasma/Serum): ≤ 2 – 3 μg/l
Halbwertszeit: ca. 1 Tag
Indikation: nicht kleinzelliges Bronchialkarzinom.

SCC ist ein Protein (42 kD) mit Homologie zu Serin-Proteasen, das physiologischerweise in Plattenepithelien exprimiert wird. Über den Referenzbereich erhöhte Konzentrationen finden sich in Abhängigkeit vom Tumorstadium bei Plattenepithelkarzinomen mit unterschiedlichen diagnostischen Sensitivitäten hauptsächlich beim Zervix- (45 – 80 %), Bronchial- (40 – 80 %), Ösophagus- (30 – 50 %) und Analkanalkarzinom (ca. 75 %) sowie bei Plattenepithelkarzinomen des Kopf- und Halsbereichs (35 – 80 %). Falsch positive Werte mit eher geringer bzw. transitorischer Erhöhung werden bei Niereninsuffizienz (20 – 70 %), bei 10 – 40 % benigner Erkrankungen der Lunge, der Leber, des Pankreas und des weiblichen Genitaltrakts sowie mit Häufigkeiten von bis zu 80 % bei

Hautkrankheiten (z. B. Psoriasis, Ekzem) beobachtet. Auf Grund der eingeschränkten Sensitivität und Spezifität ist SCC zum Screening ungeeignet, kann aber bei unterschiedlichen **Plattenepithelkarzinomen** ggf. in Kombination mit anderen Tumormarkern zur Therapie-, Verlaufs- und Rezidivkontrolle eingesetzt werden.

14.4.11 PSA (Prostataspezifisches Antigen)

Referenzbereich (Plasma/Serum): ≤ 4 µg/l
Halbwertszeit: ca. 2–3 Tage
Indikation: **Prostatakarzinom.**

Das prostataspezifische Antigen **(PSA)** ist eine Kallikrein-ähnliche Serin-Proteinase, die ausschließlich im Prostatagewebe und der Seminalflüssigkeit vorkommt. Im Serum gesunder Männer ist PSA nur in geringen Konzentrationen nachweisbar; im Serum von Frauen ist keine PSA-Aktivität vorhanden. PSA ist im Serum überwiegend an α_1-Antichymotrypsin und zu einem geringen Anteil an α_2-Makroglobulin gebunden, während der Rest in freier Form vorliegt. Die PSA-Bestimmung dient der Diagnose und Verlaufskontrolle des Prostatakarzinoms. Auf Grund der höheren diagnostischen Empfindlichkeit und Spezifität hat die PSA-Bestimmung den Nachweis der sauren Prostataphosphatase überflüssig gemacht. Die exklusive Gewebsspezifität bedeutet, dass die diagnostische Spezifität ausschließlich durch benigne Erkrankungen der Prostata beeinflusst wird. Hierbei liegt das Hauptproblem in der Abgrenzung zwischen benigner Prostatahyperplasie (BPH) und frühen Stadien des Prostatakarzinoms. Bei benigner Prostatahyperplasie liegen die PSA-Serumkonzentrationen in Abhängigkeit vom Alter bei 21–86 % der Patienten unter 10 µg/l. Beim Prostatakarzinom korreliert die PSA-Konzentration mit der Tumorgröße. Entsprechend steigt der positive prädiktive Wert mit der Serumkonzentration (4–10 µg/l: ca. 25 %; > 10 µg/l: ca. 50 %; > 20 µg/l: ca. 85 %). Bei Personen mit auffälligem rektalem digitalem Tastbefund liegen die positiven prädiktiven Werte höher (4–10 µg/l: ca. 40 %; > 10 µg/l: ca. 70 %). Es wird empfohlen, bei Männern über 50 Jahren im Rahmen der Krebsvorsorge jährlich eine PSA-Bestimmung in Kombination mit einer digitalen rektalen Untersuchung durchzuführen. Falls ein Verwandter ersten Grades an einem Prostatakarzinom erkrankt ist, sollte das Screeningprogramm ab dem 40. Lebensjahr erfolgen. Da PSA durch digitale rektale Untersuchung der Prostata in geringen Mengen freigesetzt werden kann, ist es empfehlenswert, die Blutentnahme für die PSA-Bestimmung vor der Untersuchung durchzuführen. Falls die digitale Untersuchung und/oder der PSA-Test positiv ausfallen, sollte eine transrektale Ultraschalluntersuchung angeschlossen werden; bei auffälligem Befund wird die Diagnose bioptisch gesichert. Die PSA-Bestimmung ist ferner im Rahmen der Verlaufskontrolle für die Beurteilung des Erfolgs einer Bestrahlungs- und Testosteron-Ablationstherapie geeignet.

PSA kommt im Serum in freier und gebundener Form vor. Der Anteil des freien PSA am Gesamt-PSA ist bei Patienten mit Prostatakarzinom niedriger als bei Patienten mit benigner Prostatahyperplasie. Insbesondere im Konzentrationsbereich zwischen 4–10 µg/l lässt sich durch Bestimmung von freiem PSA zusätzlich zum Gesamt-PSA die Spezifität der Bestimmung im Vergleich zur alleinigen Bestimmung von Gesamt-PSA ohne Verlust an Sensitivität erhöhen. Der Prozentsatz an freiem PSA, der der Diagnose eines Prostatakarzinoms zugrunde gelegt wird, hängt von der jeweiligen Bestimmungsmethode ab. Der Stellenwert weiterer Verfahren zur Erhöhung der Screeningeffizienz wie z. B. die Bestimmung der PSA-Dichte (Quotient aus PSA-Konzentration und Prostatavolumen), die Rate der PSA-Konzentrationszunahme über einen Zeitraum sowie die Verwendung altersspezifischer Referenzbereiche werden kontrovers diskutiert. Obwohl das bisherige Screening unter Einsatz von PSA zu einer verbesserten Frühdiagnostik geführt hat, fehlen bisher umfangreiche randomisierte Studien, die eindeutig belegen, dass die Früherkennung und nachfolgende Behandlung tatsächlich zu einer Senkung der Mortalität beim Prostatakarzinom führt; richtungsweisende Ergebnisse sind in den nächsten Jahren zu erwarten. Es wird daher empfohlen, Patienten vor einer Screeninguntersuchung über die therapeutischen und psychologischen Konsequenzen einer PSA-Bestimmung aufzuklären.

14.4.12 Thyreoglobulin (Tg)

Referenzbereich (Plasma/Serum): ≤ 50 µg/l
Halbwertszeit: ca. 1 Tag
Indikation: Therapie- und Verlaufskontrolle differenzierter Schilddrüsenkarzinome.

Thyreoglobulin ist ein Glykoprotein (660 kD), das physiologischerweise in Abhängigkeit vom TSH von Thyreozyten gebildet wird. Varibale, über den Normwert erhöhte Serumkonzentrationen werden bei verschiedenen benignen Schilddrüsenerkrankungen wie z. B. Struma, M. Basedow, autonomes Adenom oder Thyreoiditis de Quervain beobachtet. Auf Grund der fehlenden Spezifität und der geringen Prävalenz von Schilddrüsenkarzinomen ist die Tg-Bestimmung für ein Screening bzw. zur Diagnostik von **Schilddrüsenkarzinomen** ungeeignet. Anaplastische und medulläre Karzinome sind Tg-negativ. Die Indikation zur Tg-Bestimmung liegt in der Therapieüberwachung und Nachsorge papillärer und follikulärer Karzinome. Nach totaler Schilddrüsenentfernung stellt die Tg-Bestimmung einen hochsensitiven und -spezifischen Marker bezüglich Tumorpersistenz oder Rezidiv dar. Tg-bildende Metastasen werden besonders sensitiv nach kurzfristigem Absetzen der TSH-suppressiven Levothyroxintherapie und der damit verbundenen endogenen TSH-Stimulation erkannt. Tg-Werte > 3 µg/l unter Substitutionstherapie sind bereits auf ein Rezidiv oder Metastasen verdächtigt. Ergänzend ist dann ein ^{131}I-Ganzkörperszintigramm und eine Tg-Bestimmung unter TSH-Stimulation erforderlich. Durch konsequente Tg-Bestimmungen bei der Nachsorge kann auf die Szintigraphie bei den meisten Patienten verzichtet werden. Mögliche Störfaktoren, insbesondere Thyreoglobulin-Antikörper (TgAb) sind zu beachten.

14.4.13 Calcitonin (hCT)

Referenzbereich (Plasma/Serum):
Basalwert: Frauen: ≤ 2–10 ng/ml, Männer: ≤ 2–48 ng/ml;
nach Pentagastringabe: Frauen: ≤ 50 ng/ml, Männer: ≤ 79 ng/ml
Halbwertszeit: wenige Stunden
Indikation: Diagnostik, Therapie- und Verlaufskontrolle medullärer Schilddrüsenkarzinome.

Humanes **Calcitonin** (hCT) ist ein Polypeptidhormon (3,5 kD), das von den parafollikulären C-Zellen der Schilddrüse sezerniert, durch einen akuten Anstieg des Serumkalziums sowie durch gastrointestinale Hormone wie Gastrin, aber auch Katecholamine stimuliert wird. Die Indikation zur Bestimmung ist das klinisch manifeste medulläre Schilddrüsenkarzinom, insbesondere bei szintigraphisch kalten, sonographisch echoarmen und zytologisch suspekten Schilddrüsenknoten, bei unklarer CEA-Erhöhung und unklaren Durchfällen (Symptom des fortgeschrittenen Tumors), beim Schilddrüsenkarzinom unklarer Histologie und zur postoperativen Verlaufskontrolle eines gesicherten C-Zellkarzinoms. Durch eine selektive Halsvenenkatheterisierung und Blutentnahmen im Mediastinal- und Leberbereich zur hCT-Bestimmung ist eine Lokalisation auch sehr kleiner Metastasen möglich. Die diagnostische Sensitivität des Screenings kann durch den Pentagastrintest (0,5 µg Pentagastrin/kg KG als Bolusinjektion i. v., Blutabnahmen 0, 2, 5 min) gesteigert werden. Die Bedeutung des Pentagastrintests zum Screening von Familienangehörigen von Patienten mit multipler endokriner Neoplasie Typ 2 (MEN 2) hat deutlich abgenommen, seitdem der molekulargenetische Nachweis von Mutationen im RET Proto-Onkogen zur obligaten Routinediagnostik gehört. Patienten mit manifestem medullären Schilddrüsenkarzinom haben präoperativ 10–10.000fach erhöhte hCT-Konzentrationen, die bei kurativem Erfolg innerhalb von Stunden in den Referenzbereich abfallen. Bleibt auch der Pentagastrintest negativ, gilt der Patient als geheilt, halbjährliche Kontrolle des basalen hCT-Spiegels sind dann ausreichend. Persistierend erhöhte hCT-Spiegel sprechen für eine Tumorpersistenz oder Metastasen. Sie sind Anlass zu weiteren Lokalisationsverfahren und einer weiteren Therapie. Eine relative Indikation zur hCT-Bestimmung ist bei neuroendokrinen Tumoren, Karzinoiden, endokrin aktiven Pankreastumoren und dem kleinzelligen Bronchialkarzinom in Kombination mit anderen Markern gegeben. Ein Screening auf ein medulläres Schilddrüsenkarzinom bei kalten Schilddrüsenknoten (Malignomrisiko um 5%) wird kontrovers diskutiert, da die diagnostische Sensitivität bei nur 0,1–0,5% liegt. Falsch positiv erhöhte Werte finden sich bei Niereninsuffizienz, C-Zellhyperplasie z. B. im Rahmen einer Hashimoto-Thyreoiditis und paraneoplastisch beim Karzinoid, Insulinom oder kleinzelligen Bronchialkarzinom.

14.5 Paraneoplastisches Syndrom

Das **paraneoplastische Syndrom** bildet eine heterogene Gruppe von Syndromen und systemischen Funktionsstörungen bei Tumorpatienten, die in unterschiedlichen Stadien der Erkrankung mit einer Häufigkeit von bis zu 15% auftreten können und in der Regel durch vom Tumor gebildete Signalstoffe ausgelöst werden. Hierbei stehen bei verschiedenen Malignomen Störungen im Mineral- bzw. Elektrolythaushalt (z. B. Hyperkalzämie, Hyponatriämie), Hypoglykämie, Anämie und Gerinnungsstörungen (Blutungen oder Thrombose) im Vordergrund. Die Ursachen liegen häufig in der ektopen Produktion von Hormonen oder Wachstumsfaktoren bzw. in der tumorinduzierten Bildung von Autoantikörpern oder Paraproteinen. Tumoranämien können durch die Verdrängung der Erythropoese im Knochenmark durch Tumorinfiltration, durch Autoantikörper (autoimmunhämolytischer, mikroangiopathischer hämolytischer Anämie) oder durch die Produktion von Zytokinen wie z. B. Tumornekrosefaktor, TGF („transforming growth factor"), γ-Interferon oder Interleukin-6 ausgelöst werden. Bei der Entstehung von Gerinnungsstörungen stehen als auslösende Ursachen die Thrombozytopenie als Folge der Knochenmarksinfiltration sowie die Bindung von Gerinnungsfaktoren durch Paraproteine im Vordergrund. Eine verstärkte Produktion des adrenocorticotrophen Hormons (ACTH) wird hauptsächlich beim kleinzelligen Bronchialkarzinom, aber auch bei Karzinoiden, beim Thymom und medullären Schilddrüsenkarzinom beobachtet und kann zur Ausbildung eines Cushing-Syndroms führen. Ein SIADH-Syndrom („syndrom of inappropriate antidiuretic hormone secretion") wird in schätzungsweise 1–2% der Tumorpatienten beobachtet, tritt häufig bei Bronchial-, Pankreas- und Duodenalkarzinomen auf und führt über die ektope Produktion des antidiuretischen Hormons (ADH) zur hyponatriämischen Hypovolämie, renalem Natriumverlust und klinische Zeichen einer Wasserintoxikation. Hyperkalzämien werden bei 20–40% der Patienten im Verlauf der Erkrankung bei unterschiedlichen Malignomen beobachtet und werden zum Großteil durch Knochenmetastasierung, aber auch durch die ektopen Bildung von PTHrP („parathyroid related peptide") ausgelöst. Etablierte Marker endokrin aktiver Tumoren sind 5-Hydroxyindolessigsäure (5-HIES) und Serotonin beim Karzinoid, ACTH beim kleinzelligen Bronchialkarzinom und je nach Tumortyp Gastrin, Insulin sowie C-Peptid, Glucagon, vasoaktives intestinales Polypeptid (VIP), pankreatisches Polypeptid (PP), Somatostatin zur Diagnostik und Verlaufskontrolle bei endokrinen Tumoren des Gastrointestinaltrakts.

15 Gastrointestinaltrakt

M. G. Bachem

15.1 Magen und Duodenum

Die aufgenommene Nahrung verweilt im Magen für 1–5 Stunden und wird dort mit Magensaft vermischt, zerkleinert und dann in das Duodenum abgegeben. Die einzelnen Abschnitte des Magens sind nicht durch eindeutige anatomische Strukturen definiert, unterscheiden sich aber durch ihren Schleimhautaufbau und ihre Funktion. Der Fundus und proximale Korpus haben vorwiegend Speicherfunktion, der distale Korpus und das Antrum haben vorwiegend Transportfunktion. In der Fundus- und Korpusschleimhaut finden sich die Säure- und Pepsinproduzierenden Korpusdrüsen, in der Antrumschleimhaut die Antrumdrüsen, die ein alkalisches Sekret, Gastrin (G-Zellen) und Somatostatin (D-Zellen) synthetisieren. Die **Hauptzellen** bilden das Pepsin und die **Parietalzellen** die Säure. In den Korpusdrüsen wird auch Histamin (ECL-Zellen) und Intrinsic-Faktor (Parietalzellen) gebildet. Der Pylorus stellt den Übergang vom Magen zum Duodenum dar. Er ermöglicht in der postprandialen Phase die Passage der zerkleinerten Nahrung und ermöglicht auch den Reflux von Duodenalinhalt in den Magen. Im C-förmig den Pankreaskopf umgebenden Duodenum wird der Speisebrei alkalisiert und mit Galle und Pankreassekret vermischt.

Von der Magenschleimhaut werden täglich 1–1,5 l saurer Magensaft produziert. Die Sekretion der **Magensäure** wird durch nervale (Acetylcholin), hormonelle (Gastrin) und parakrin wirkende Faktoren (Histamin) reguliert. Die Bindung von Acetylcholin, **Gastrin** und Histamin an ihre Rezeptoren auf den Parietalzellen aktiviert letztendlich eine H^+-K^+-ATPase, die für die Säureproduktion verantwortlich ist. Histamin wird von „enterochromaffin-like" Zellen (ECL-Zellen) und Mastzellen im Magenkorpus nach cholinerger oder gastrinerger Stimulation freigesetzt. Somatostatin, das von D-Zellen synthetisiert wird, hemmt selbst die Säuresekretion der Parietalzelle, als auch die Histamin- und Gastrinfreisetzung. Auch Prostaglandin E führt zu einer Hemmung der Säuresekretion. Insbesondere wegen der Nebenwirkungen haben sich Prostaglandinanaloga in der Ulkustherapie nicht durchgesetzt (Ausnahme: Ulzera durch nicht steroidale Antirheumatika).

In Abhängigkeit von der Nahrungsaufnahme unterscheidet man bei der Säuresekretion 3 Phasen:
– In der kephalen Phase steigert der N. vagus die Säuresekretion.
– In der gastralen Phase führt die Magendehnung zur Freisetzung von Gastrin, Acetylcholin und Histamin. Zusätzlich wird die Gastrinproduktion durch den Kontakt von Peptiden und Aminosäuren aus der Nahrung mit der Antrumschleimhaut stimuliert.
– In der intestinalen Phase wird die Gastrinfreisetzung durch Ansäuerung des Antrums gehemmt. Zusätzlich induzieren Nahrungsbestandteile nach Kontakt mit der Dünndarmschleimhaut die Synthese von Cholezytokinin und von Enterogastronen (z. B. PYY, Neurotensin), die ebenfalls die Gastrinfreisetzung inhibieren.

Bei der Behandlung der Ulzera ventrikuli und duodeni sowie der Refluxösophagitis kann die **Säuresekretion** über verschiedene Angriffspunkte gehemmt werden. Am effektivsten ist die Hemmung der H^+-K^+-ATPase mittels sog. **Protonenpumpenblocker** (Benzimidazole wie z. B. Omeprazol, Lansoprazol, Pantoprazol). Durch Histamin-H2-Rezeptorantagonisten (z. B. Cimetidin, Ranitidin, Nizatidin) wird die Histamin-induzierte Säurestimulation vollkommen und die Gastrin- sowie Acetylcholin-induzierte Säurestimulation teilweise gehemmt. Durch Antazida wird die Magensäure neutralisiert sowie die Mukus- und Bikarbonatsekretion stimuliert. Anticholinergika spielen therapeutisch nur noch eine untergeordnete Rolle und Gastrinrezeptor-Antagonisten werden klinisch nicht eingesetzt.

Parietalzellen synthetisieren neben der Säure auch den „Intrinsic Factor", der für die Resorption von Cobalamin (Vitamin-B_{12}) erforderlich ist. Der Komplex aus Vit.-B_{12} und Intrinsic Factor wird im terminalen Illeum resorbiert.

15.1.1 Pathophysiologie, Pathobiochemie

Die Mukosabarriere des Magens stellt ein Schutzschild dar, das die Magenschleimhaut vor den potentiell schädigenden Faktoren Säure, alkalischer Reflux aus dem Duodenum und bestimmten Nahrungsbestandteilen schützt. Das Oberflächenepithel der Magenschleimhaut kann sich besonders schnell regenerieren, ist durch die Ausbildung von sog. „tight junctions" besonders dicht und verhindert hierdurch die Rückdiffusion der H^+-Ionen in die Mukosa. Der von der Magenschleimhaut gebildete Mukus überzieht gallertartig die Mukosa und schützt zusammen mit dem Bikarbonat die Schleimhaut vor der aggressiven Säure und dem **Pepsin**. Eine adäquate Schleimhautdurchblutung ist Voraussetzung dafür, dass die Schleimhaut intakt bleibt und die protektiven Faktoren synthetisiert werden.

15.1.1.1 Gastritis

Die **Gastritis** wird histologisch diagnostiziert. Die klinischen und endoskopischen Befunde sind uncharakteristisch. Die Gastritiden stellen die Voraussetzung dar für Folgekrankheiten wie peptische Ulzera, maligne Tumoren oder die perniziöse Anämie. Man unterscheidet die akute Gastritis mit erosiv hämorrhagischer Schleimhautschädigung (Übergang in ein Stressulkus möglich) von den chronischen Gastritiden (Typ A-C siehe unten). Eine akute Gastritis kann sich bei schwerkranken Patienten (z.B. Sepsis, Schock, Multiorganversagen, Verbrennungen, Trauma) entwickeln, wenn das Gleichgewicht zwischen den aggressiven Faktoren Säure und Pepsin und den protektiven Mechanismen gestört ist. Unter den protektiven Faktoren scheint der Hemmung der Prostaglandinsynthese, der Zerstörung der Mukusschicht, der Schädigung des Oberflächenepithels und der Verminderung der Schleimhautdurchblutung besondere Bedeutung zuzukommen. Bei der akuten Gastritis wird die Schleimhautläsion durch Aspirin, andere nicht steroidale Antirheumatika, Zytostatika und exzessiven Alkoholgenuss begünstigt.

Bei der chronischen **Gastritis** vom Typ-A (Häufigkeit 3–6%) handelt es sich um eine Autoimmunerkrankung, die zu einer Atrophie der Korpusdrüsen führt. In ca. 90% der Fälle finden sich Antikörper gegen die H^+-K^+-ATPase der Parietalzellen und in ca. 50% Antikörper gegen den Intrinsic-Faktor. Durch die Antikörper werden die Parietalzellen zerstört und es entwickelt sich eine Hypo- bzw. Achlorhydrie und konsekutiv eine ausgeprägte Hypergastrinämie. Histologisch ist die autoimmune Typ-A Gastritis gekennzeichnet durch eine weitgehende Atrophie der Fundus- und Korpusdrüsen, lymphozytäre Infiltrate und Schleimhaut-Metaplasien. Die häufigere (80–90%) Typ-B Gastritis ist meist mit einer H. pylori Infektion assoziiert (siehe unten) und betrifft vorwiegend das Antrum. Typischerweise führt die H. pylori Besiedlung der Magenschleimhaut zu einer chronisch aktiven Gastritis mit Infiltration durch neutrophile Granulozyten (Aktivität) und mononukleären Zellen (siehe Kapitel Helicobacter pylori). Die chemisch-toxische Gastritis vom Typ-C (Häufigkeit 7–15%) wird durch rezidivierende Schleimhautschädigungen mit exogenen (z.B. nicht steroidale Antirheumatika = NSAR) oder endogenen Substanzen (Galle – Pankreassekret bei vermehrtem duodenogastralem Reflux) hervorgerufen. Histologisch findet sich ein Mukosaödem, eine foveäre Hyperplasie, eine Dilatation und Kongestion der Gefäße sowie kaum entzündliche Infiltrate. Seltene Gastritisformen sind die lymphozytäre Gastritis (bei Zöliakie, Beziehung zur H. pylori Infektion ?), die eosinophile Gastritis (Nahrungsmittelallergie ?, eosinophile Gastroenterocolitis), die kollagene Gastritis (Kollagenfibrillen unterhalb der Basalmembran), die granulömatöse Gastritis (bei zahlreichen infektiösen und systemischen Erkrankungen) und die Gastritis bei Morbus Crohn (Epitheloidzellgranulome).

15.1.1.2 Ulkuskrankheit

Bei der **Ulkuskrankheit** finden sich scharf abgegrenzte Schleimhautdefekte (peptische Ulzera), die über die Mukosa hinaus in die Submukosa oder noch tiefere Schichten reichen. Peptische Ulzera finden sich am häufigsten im Magenkorpus und Antrum (**Ulcus ventriculi**) sowie im proximalen Duodenum (**Ulcus duodeni**). Ulzera entstehen, wenn ein Ungleichgewicht zwischen den aggressiven Faktoren Säure und Pepsin und den protektiven Faktoren (Prostaglandine, Mukusschicht, Integrität des Oberflächenepithels, adäquate Schleimhautdurchblutung) besteht. Die wichtigsten prädisponierenden Faktoren für die Ausbildung peptischer Ulzera sind eine Infektion mit **Helicobacter pylori** (bei 90–95 % aller Patienten mit Ulcus duodeni und bei 70–80 % der Patienten mit Ulcus ventriculi findet sich eine Schleimhautbesiedlung mit H. pylori) und die Einnahme von nicht steroidalen Antirheumatika (NSAR). Die Prävalenz peptischer Ulzera bei regelmäßiger Einnahme von NSAR liegt zwischen 11–13 %. Bei einer H. pylori Infektion entsteht das Ulcus ventriculi am ehesten als direkte Folge der chronisch aktiven B-Gastritis. Das Ulcus duodeni hingegen soll auf einer erhöhten Säuresekretion beruhen (H. pylori hemmt im Antrum die Somatostatinsynthese und induziert die Gastrinsekretion → Zunahme der Säuresekretion und der Parietalzellmasse). Die NSAR sind lipidlöslich und können als schwache Säuren selbst die Schleimhaut schädigen und die Rückdiffusion von H^+-Ionen fördern. Zusätzlich hemmen die NSAR die Synthese der protektiven Prostaglandine und reduzieren hierdurch einerseits die Mukusbildung, Bikarbonatsekretion und Mukosadurchblutung, erhöhen aber andererseits die Säureproduktion und die Leukotrien-B4-Synthese (LT-B4 ist ein chemotaktischer Faktor für neutrophile Granulozyten). Weitere Faktoren, welche die Ausbildungen von Ulzera fördern, sind das Rauchen (höhere Pepsinogen-1-Konzentration, geringere Schleimhautdurchblutung, verzögerte Magenentleerung, verminderte Prostaglandinkonzentration in der Schleimhaut), Motilitätsstörungen des Magens (beschleunigte Entleerung → höhere Säurekonzentration im Bulbus duodeni → Ulcus duodeni; verzögerte Entleerung → Ulcus ventriculi) und genetische Faktoren (Assoziation des Ulcus duodeni mit den HLA-Subtypen B5, B12, BW35).

Zu den ulkusassoziierten Erkrankungen, bei denen eine erhöhte Rate an peptischen Ulzera gefunden wird gehören:
– das Gastrinom (Zollinger-Ellison-Syndrom und multiple endokrine Neoplasie Typ I)
– der α1-Antitrypsinmangel (verminderte Proteinaseinhibition)
– und die Mukoviszidose (reduzierte Bikarbonatsekretion)

Die Ulkuskrankheit ist durch eine hohe Spontanheilungsrate und eine hohe Rezidivneigung gekennzeichnet. Die sich auf dem Boden eines Ulkus entwickelnden Komplikationen wie Blutung oder Perforation können lebensbedrohlich sein.

Bei der Diagnose peptischer Ulzera gilt die Endoskopie mit einer Sensitivität von 90–95 % als Goldstandard. Bei blutenden Ulzera kann das Blutbild (Anämie) wegweisend sein. Die Bestimmung von Gastrin ist nur sinnvoll bei Verdacht auf ein Gastrinom (cave: Hypergastrinämie auch bei atrophischer Gastritis). Bei atrophischer Gastritis ist die Konzentration von Pepsinogen 1 erhöht.

Helicobacter pylori

Helicobacter pylori ist ein 3 µm langes, gramnegatives, gebogenes und spiralförmiges Bakterium. H. pylori hat eine besondere Affinität zum Oberflächenepithel des Magens, bevorzugt zur Antrumschleimhaut, wurde jedoch auch außerhalb des Magens z. B. in gastralen Metaplasien des Duodenums und Ösophagus nachgewiesen. Sein Reservoir ist der menschliche Magen, wobei der Keim in der Mukusschicht lokalisiert ist. H. pylori wird wahrscheinlich durch Kontaktinfektion oral/oral und fäkal/oral übertragen. Die Infektion erfolgt überwiegend in der Kindheit oder dem jugendlichen Erwachsenenalter. Ohne antibiotische Behandlung bleibt die Infektion lebenslang bestehen.

Pathogenetische Faktoren:
- Durch 4–6 Geiseln ist H. pylori sehr mobil und kann somit die visköse Mukusschicht der Magenschleimhaut durchdringen.
- H. pylori besitzt das Enzym Urease, kann damit Harnstoff in Ammoniak und Bikarbonat spalten und hierdurch lokal die Magensäure neutralisieren.
- Über Hämagglutinine bindet H. pylori an Glykoproteine und Glykolipide der Mukusschicht und der Schleimhautepithelien.
- H. pylori schädigt die Magenepithelien durch Zytotoxine wie z. B. das Vak-A oder Cag-A Protein. Bei Patienten mit Ulzera, atropher Gastritis oder Magenkarzinom werden CagA$^+$/VacA$^+$-Subtypen vermehrt gefunden.
- Lipasen, Phospholipasen und Proteasen verstärken die Zellschädigung.
- Chemotaktische Faktoren aus H. pylori induzieren die Invasion von Monozyten und Granulozyten.
- Die H. pylori Infektion löst eine humorale Immunantwort (Synthese von IgG und IgA) und zelluläre Immunreaktion aus.

Verlauf der H. pylori Infektion und Folgeerkrankungen: Die H. pylori Infektion führt zu einer etwa 2 Wochen andauernden akuten Gastritis, die mit Überkeit, Erbrechen und Bauchschmerzen einhergehen kann. Innerhalb von Wochen bis Monaten geht die akute Gastritis in eine chronisch-aktive-B-Gastritis über. Diese ist histologisch gekennzeichnet durch eine Schädigung des Oberflächenepithels, eine Infiltration mit Plasmazellen, T-Lymphozyten und Granulozyten sowie der Bildung von Lymphfollikeln. Ohne Eradikationsbehandlung persistiert die Gastritis lebenslang. Innerhalb von Jahren bis Jahrzehnten kann sich eine chronisch-atrophische Gastritis entwickeln. Bei etwa 10% der Patienten entsteht im Verlauf der Erkrankung ein peptisches Ulkus (siehe oben). Bei einem noch geringeren Teil der Patienten führt die H. pylori Besiedlung der Magenschleimhaut zur Atrophie, Metaplasie/Dysplasie und/oder zu einem MALT-(mucosa associated lymphoid tissue)-Lymphom.

Diagnostik der H. pylori Infektion (Tab. 15.1): Zum Nachweis einer H. pylori Infektion werden invasive (Endoskopie erforderlich) und nicht-invasive Methoden eingesetzt. Bei der invasiven Diagnostik werden im Rahmen einer endoskopischen Untersuchung Magenschleimhautbiopsien entnommen und diese entweder histologisch untersucht, ein **Urease-Schnelltest** (z. B. CLO-Test®) durchgeführt, eine Kultur angelegt oder für wissenschaftliche Fragestellungen eine Polymerasekettenreaktion (PCR) durchgeführt. Zu den nichtinvasiven Verfahren gehört die serologische Diagnostik einer H. pylori Infektion und der **C^{13}-Atemtest**. Für den histologischen Nachweis werden jeweils 2 Biopsien aus dem Antrum und dem Korpus entnommen und diese nach HE-, Giemsa- oder Silberfärbung mikroskopisch beurteilt. Bei der histologischen Untersuchung werden gleichzeitig die Schleimhautveränderungen beurteilt. Am schnellsten, einfachsten und kostengünstigsten sind die Urease-Schnelltests. Hierbei werden zwei Biopsien (aus Antrum und Korpus) auf ein Harnstoffgel mit pH-Indikator gelegt und für 2–4 Stunden inkubiert. Bei einer H. pylori Infektion spaltet die bakterielle Urease den Harnstoff in Ammonium und CO_2. Durch das Ammonium steigt der pH an, was durch pH-Indikator angezeigt wird. Das Ergebnis liegt innerhalb von wenigen Stunden vor, erfordert keine besondere technische Ausstattung und ist weitgehend unabhängig von der Erfahrung des Untersuchers. Das Anlegen einer H. Pylori Kultur ist erheblich aufwendiger (Inkubationszeit 3–5 Tage) und technisch schwieriger (besondere Transport-, Lagerungs- und Kulturbedingungen). In steriler Kochsalzlösung ist die Vitalität der H. pylori Bakterien bei Raumtemperatur auf etwa 2 Stunden beschränkt. Die Kultur dient in erster Linie der Resistenztestung verschiedener Antibiotika nach erfolgloser Eradikationstherapie. Der Nachweis von H. pylori DNA aus Biopsiematerial oder Magensaft mittels PCR-Technik hat sich bisher in der Routinediagnostik wegen der höheren Kosten und des technischen Aufwandes nicht durchgesetzt. Bei der nicht invasiven serologischen Diagnostik einer H. pylori Infektion werden IgG- und IgA-Antikörper mittels ELISA oder Latexagglutination nachge-

Tabelle 15.1: Vergleich der verschiedenen Verfahren um eine Helicobacter-pylori-Infektion nachzuweisen.

Test	Sensitivität	Spezifität	Vorteile	Nachteile	Anwendung
Histologie	95 %	80 %	histolog. Diagnose, geringer Aufwand	invasiv, Dauer 2–3 Tage	Routinediagnostik
Urease-Schnelltest	90 %	95 %	schnelles Ergebnis, geringe Kosten	invasiv	Routinediagnostik
Kultur	80 %	100 %	Resistenztestung	invasiv, aufwendig, Dauer 4–5 Tage	Resistenztestung nach Misserfolg der Therapie
PCR	> 95 %	100 %	Spezifität, Subtypendiagnostik möglich	aufwendig, teuer	bisher wissenschaftliche Fragestellungen
^{13}C-Atemtest	90 %	95 %	nicht invasiv, schnelles Ergebnis	teuer, Kontrolle begrenzt verfügbar	Therapieerfolg, Primärdiagnostik bei Kindern
Serologie	90 %	90 %	nicht invasiv, einfache Bestimmung	kein Nachweis einer aktiven Infektion	epidemiolog. Studien, Kontrolle Therapie (eingeschränkt)

wiesen. Die im niedergelassenen Bereich neuerdings eingesetzten serologischen Schnelltests sollen in etwa 30 % der Fälle falsch positiv oder falsch negativ sein. Wichtig ist, dass die serologischen Nachweisverfahren nicht beweisend sind für eine aktive Infektion und erst Monate nach einer erfolgreichen Eradikationstherapie abfallen. Der serologische Nachweis bestimmter H. pylori Subgruppen (z. B. CagA-positive Stämme) liefert keine zusätzlichen therapierelevanten Infomationen.

Der nicht radioaktive **C^{13}-Atemtest** beruht ebenfalls auf der Ureaseaktivität des H. pylori. Oral zugeführter C^{13}-Harnstoff wird durch die Urease gespalten, es entsteht ^{13}C-Bikarbonat, dieses wird resorbiert und als ^{13}CO$_2$ über die Lunge ausgeschieden. Die Messung des ^{13}CO$_2$ erfolgt in der Ausatemluft mittels Massenspektrographie oder Infrarotspektroskopie. Zunächst wird beim nüchternen Patienten in einer ersten Atemprobe die basale ^{13}CO$_2$-Ausscheidung bestimmt. Danach erhält der Patient 75–100 mg ^{13}C-markierter Harnstoff und nach 30 min wird erneut die ^{13}CO$_2$ Ausscheidung gemessen. Liegt eine H. pylori Infektion vor, steigt die ^{13}CO$_2$-Ausscheidung deutlich an. Der Test hat eine Sensitivität und Spezifität von über 95 %, erfordert jedoch eine entsprechende apparative Ausstattung (Massenspektrographie oder Infrarotspektroskopie). Ist diese vorhanden, ist der C^{13}-Atemtest einfach durchzuführen und auch relativ billig. Als nicht invasive Methode eignet sich der Test insbesondere zur Kontrolle einer Eradikationstherapie (frühestens 4 Wochen nach Abschluss der Therapie) als auch in der Primärdiagnostik bei Patienten aus der Pädiatrie und bei Patienten mit Kontraindikationen für eine Biopsie (z. B. Gerinnungsstörungen).

15.1.1.3 Tumoren

Das **Magenkarzinom** ist der häufigste maligne Magentumor. Risikofaktoren für die Entwicklung eines Magenkarzinoms sind eine salzreiche Ernährung, der häufige Verzehr von gepökelten Lebensmitteln (Nitrat, Nitrit → Nitrosaminbildung), eine vorausgegangene Magenoperation und die Typ-A-Gastritis. Das Magenkarzinom ist im Frühstadium symptomarm. Klinisch können sich uncharakteristische Oberbauchbeschwerden, Appetitlosigkeit und leichte Übelkeit einstellen. Nicht selten mainfestiert sich das Magenkarzinom assoziiert mit Ulzera und einer oberen gastrointestinalen Blutung. Ein Gewichtsverlust und eine Passagestörung tritt gewöhnlich erst bei fortgeschrittenen Karzinomen auf. In der postoperativen Verlaufsbeobachtung kann die Tumormarkerbestimmung von CEA, CA50 und CA19-9 hilfreich sein.

15.1.1.4 Gastrinom (Zollinger-Ellison-Syndrom)

Gastrinome können sporadisch (60 %) sein oder im Rahmen einer multiplen endokrinen Neoplasie Typ I (MEN-1) auftreten. Die sporadischen Gastrinome sind gleich häufig im Pankreas oder Duodenum lokalisiert und in ca. 50 % der Fälle maligne. Die MEN-1-assoziierten Gastrinome sind seltener maligne aber häufig multipel. Patienten mit Gastrinomen klagen über Oberbauchbeschwerden (100 %) und wässrige Diarrhöen (65 %). Bei 90 % der Patienten finden sich peptische Ulzera. Wegweisend in der Diagnose sind erhöhte Gastrinkonzentrationen im Serum und eine erhöhte basale (und stimulierte) Säuresekretion bei Patienten mit Ulkuskrankheit und/oder wässrigen Diarrhöen. Durch eine Magensekretionsanalyse kann die Säuresekretion quantifiziert werden.

15.1.1.5 Folgen von Magenoperationen

Bei der Vagotomie wird sowohl die Dehnbarkeit des proximalen Magens als auch die Peristaltik des distalen Magens beeinflusst. Hierdurch kann ein vorzeitiges Völlegefühl auftreten und der Nahrungstransport im Bereich des Magenausgangs gestört sein.

Nach Magenteilresektion (Billroth I oder Billroth II) können verschiedene charakteristische Beschwerden auftreten.
- **Frühdumpingsyndrom:** postprandiale Übelkeit, Hitzegefühl, Schwitzen, Blutdruckabfall, Tachykardie, Erbrechen und Diarrhö. Ursache: plötzlicher Einstrom von osmotisch aktivem Speisebrei in den Dünndarm → Einstrom von Plasmawasser in den Darm → Reduktion des Plasmavolumens. Vermeidung: häufige kleine Mahlzeiten.
- **Spätdumpingsyndrom:** reaktive Hypoglykämie mit Kaltschweißigkeit, Zittern, Hungergefühl bis Bewusstlosigkeit. Ursache: zu schnelle Aufnahme des Nahrungszuckers mit überschießender Insulinfreisetzung und reaktiver Hypoglykämie. Vermeidung: häufige kleine Mahlzeiten, wenig schnell resorbierbare Kohlenhydrate.
- Syndrom der zuführenden Schlinge: nach dem Essen Übelkeit und Druckgefühl im rechten Oberbauch, Besserung häufig erst nach Erbrechen. Ursache: nach Billroth II Resektion oder totaler Gastrektomie Entleerungsstörung der zuführenden Schlinge mit Aufstau von Galle und Pankreassaft.
- Syndrom der abführenden Schlinge: nach dem Essen Oberbauchschmerzen und Erbrechen. Ursache: Transportstörung (Obstruktion) der abführenden Jejunumschlinge.
- **Beschwerden und Folgen nach totaler Gastrektomie:**
- Bedingt durch das Fehlen des **Intrinsic-Faktors** muss Vitamin B12 lebenslang substituiert werden.
- Es kann sich eine Eisenmangel- und/oder Folsäuremangel-Anämie entwickeln.
- Die Fettverdauung und Resorption der fettlöslichen Vitamine (A, D, E, K) kann gestört sein. Durch einen Vitamin-D-Mangel kann die Knochenmineralisation gestört sein.
- Durch eine Maldigestion oder eine bakterielle Fehlbesiedlung des Dünndarms (infolge fehlender Magensäure) kann es zu einer chronischen Diarrhö kommen.

15.2 Pankreas

Das Pankreas setzt sich zusammen aus dem Pankreaskopf, der in einer Duodenalschlinge liegt, dem Korpus und dem Pankreasschwanz. Das Pankreas 12–15 cm lang und 80–120 g schwer und liegt im Retroperitoneum auf der Höhe des 1–2 Lendenwirbels hinter dem Magen und der Bursa omentalis. Über 95 % der Drüse bestehen aus polarisierten exokrinen Zellen (**Azinuszellen**, Abb. 15.1), die traubenförmig um ein zentrales Lumen angeordnet sind (Azini) und nach hormonaler und neuraler Stimulation die Pankreassekretgranula sezernieren. Dieser exokrinen Anteil des Pankreas produziert täglich 1,5–3 Liter bikarbonat- und enzymreiches Verdauungssekret. Die neuroendokrinen Zellen, die nur 1–2 % der Drüse bilden, sind in den Langerhansschen Inseln konzent-

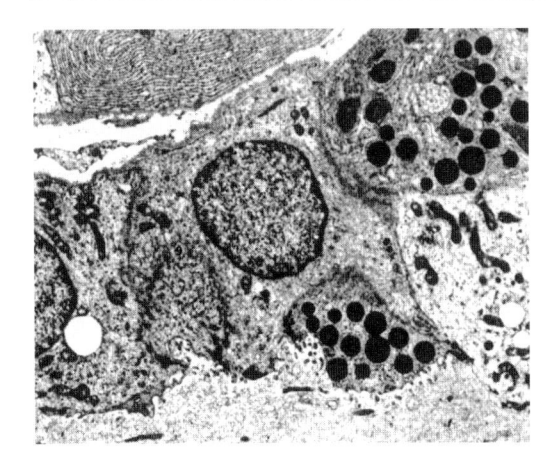

Abb. 15.1: Elektronenmikroskopie: Azinuszellen mit Zymogengranula.

riert. Hier werden in den B-Zellen Insulin, in A-Zellen das Glukagon, in PP-Zellen das pankreatischem Polypeptid und in den D-Zellen Somatostatin synthetisiert und ins Blut abgegeben.

Das enzymreiche Verdauungssekret gelangt vom Azinuslumen in die Ausführungsgänge der Pankreasläppchen (interlobuläre Gänge) und dann über ein verzweigtes Gangsystem in den Pankreashauptgang (Ductus Wirsungianus). Über den Sphincter Oddi wird das Pankreassekret meist zusammen mit der Galle in das Duodenum abgegeben.

15.2.1 Pathophysiologie, Pathobiochemie

Mit Ausnahme von **Amylase** und **Lipase**, werden alle Pankreasverdauungsenzyme (z. B. **Trypsin, Chymotrypsin, Elastase**) als inaktive Proenzyme (Zymogene) synthetisiert und sezerniert. Dieser Mechanismus dient vor allem dazu, das Pankreas vor Selbstverdauung zu schützen. Unter pysiologischen Bedingungen werden die Zymogene erst im Dünndarm aktiviert, indem eine Enterokinase (aus Dünndarmepithel) ein kleines Aktivierungspeptid abspaltet. Vom Trypsinogen z. B. wird durch die Enterokinase das Trysinaktivierungspeptid (TAP) abgespalten, wodurch aktives Trypsin entsteht. Das aktive Trypsin kann selbst Trysinogen und alle anderen Zymogene aktivieren. Neuerdings wird die bisher vorherrschende Hypothese, dass Trypsin am Anfang der Aktivierungskaskade steht, in Frage gestellt. Zumindest bei kultivierten Azinuszellen der Ratte scheint das Trypsinogen durch Kathepsin B aktiviert zu werden und somit das Kathepsin B der wahre Initiator der Zymogenaktivierungskaskade zu sein.

Damit das Pankreas vor einer Selbstverdauung geschützt wird, wird zusammen mit dem Trypsinogen von den Azinuszellen der **Trypsininhibitor SPINK1** (Serin-Protease-Inhibitor, Kazal Typ I) im Verhältnis 5:1 synthetisiert. Kommt es zu einer Trypsinaktivierung in den Azinuszellen kann SPINK1 aktives Trypsin inaktivieren (Abb. 15.2). Falls jedoch die Trypsinaktivierung 20 % übersteigt, oder ein mutiertes SPINK1 vorliegt, kann das aktive Trypsin die Zymogenaktivierungskaskade initiieren. Ein weiterer Schutzmechanismus vor einer frühzeitigen Aktivierung des Trypsins stellt die Autolyse von aktivem Trypsin dar (Abb. 15.2). Dieser Mechanismus entfällt bei Trypsinogenmutationen (z. B. an Position R122H des Trypsinogen-Gens). Personen mit dieser Mutation entwickeln rekurrierende akute Pankreatitiden. Übersteigt die Trypsinaktivierung jedoch die bestehenden Schutzmechanismen, sodass die Zymogenaktivierungskaskade in Gang gesetzt wird, führt dies zu einer akuten Pankreatitis mit Selbstverdauung des Organs.

Die exkretorischen Pankreasverdauungsenzyme Trypsin, Chymotrypsin, Elastase und Prokarboxypeptidasen sind für die Proteinverdauung, die Amylase für die Stärkespaltung, die Lipase für die Triglyceridspaltung und die Phospholipase für die Verdauung der Phospholipide verantwortlich. Fehlen diese Enzyme wie z. B. bei fortgeschrittener chronischer Pankreatitis mit exokriner Insuffizienz (Ausfall > 90 %), kann es zu klinischen Mangelerscheinungen kommen. Hierbei wirkt sich vor allem das Fehlen der Lipase aus, wodurch die Fettverdauung reduziert ist und ein Mangel an fettlöslichen Vitaminen auftreten kann. Ein Mangel an Amylase und Proteasen kann degen meist von den Ohrspeicheldrüsen und vom Magen kompensiert werden. Neben der Zymogensekretion aus Azinuszellen wird von zentroazinär gelegenen Drüsenzellen und Gangzellen Wasser und Bikarbonat (täglich 150 bis 300 mmol) abgegeben

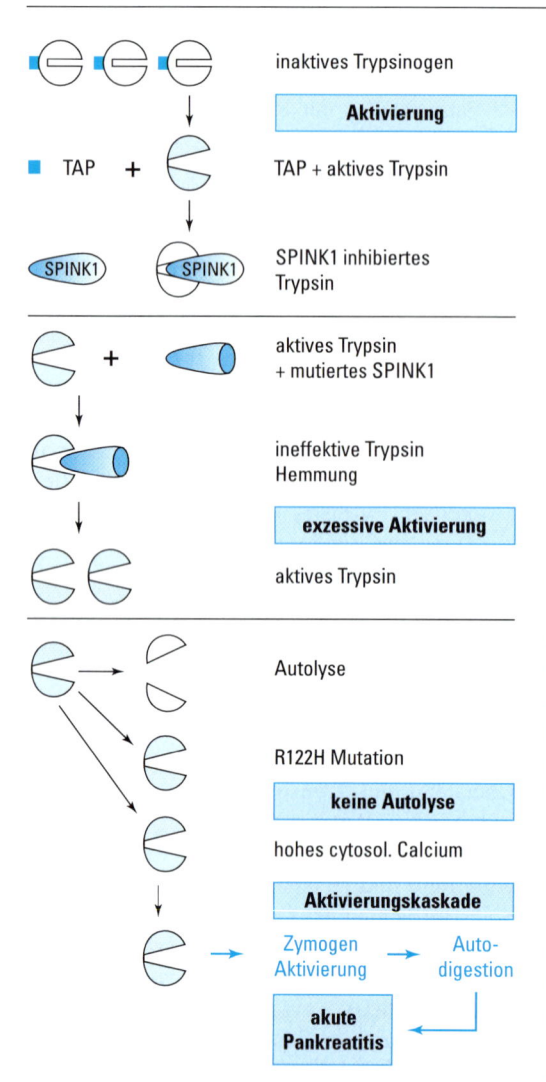

Abb. 15.2: Modell der Trypsinaktivierung und Inaktivierung. (nach: Etamad und Whitcomb. Gastroenterology 2001;120:682–707)

Hormone werden in der oberen Dünndarmmukosa gebildet. Die Sekretion von Sekretin wird durch die bei der Magenentleerung in das Duodenum übertretende Magensäure stimuliert. Die CCK-Freisetzung wird durch spezifische Nahrungsbestandteile (z. B. Fettsäuren, Proteine und Oligopeptide) induziert. Sekretin stimuliert in den Gangepithelien des Pankreas die Sekretion einer bikarbonatreichen Flüssigkeit, wodurch das proteinreiche Pankreassekret verdünnt wird. Über den Pankreashauptgang, der sich mit dem Gallegang vereinigt, gelangt das Pankreassekret zusammen mit der Galle über die Papilla Vateri ins Duodenum. Dort wird die Magensäure durch das Bikarbonat neutralisiert (negativer Rückkopplungsmechanismus-Abfall der Sekretinsekretion) und somit das pH-Optimum für die Pankreasproteasen eingestellt. Cholezystokinin stimuliert die Enzymsekretion pankreatischer Azinuszellen und die Gallenblasenkontraktion. Somit besteht das in das Duodenum abgegebene Sekret aus einem enzym- und bikarbonatreichen Pankreassekret und aus Galle. Durch die gleichzeitige Anwesenheit von Gallensäuren (Emulgierung der Fette) und Lipase wird die Fettverdauung optimiert.

Nach Bindung des Cholezystokinins an den Rezeptorsubtyp A (CCKA-R) der Azinuszellen werden verschiedene Signaltransduktionsmechanismen aktiviert. Durch Aktivierung der Phospholipase C werden Inositol 1,4,5-triphosphat und Diacylglycerol generiert und parallel zytosolisches Kalzium aus intrazellulären Speichern freigesetzt. Weiterhin wird die Proteinkinase C aktiviert und verschiedene zelluläre Proteine wie p44 MAPK, p42 MAPK, p74 raf-1 Kinase Tyrosin-phosphoryliert. Neben der Stimulation der Synthese und Sekretion von Pankreasenzymen fungiert das CCK auch als Mitogen für Azinuszellen und ist damit bei Reparaturvorgängen nach einer Azinuszellschädigung, z. B. nach einer akuten Pankreatitis, beteiligt.

Durch supraphysiologische Konzentrationen von CCK oder dessen synthetischem Homolog Cerulein kann eine akute ödematöse Pankreatitis auslöst werden (Modell der Cerulein-Pankreatitis der Ratte), die wahrscheinlich darauf beruht, dass die Enzymsynthese stimuliert wird,

und hierdurch die Viskosität erniedrigt und das Pankreassekret alkalisiert (pH > 8). Die vom Magen sezernierte Säure wird durch das Pankreassekret nahezu neutralisiert, sodass im Duodenum ein pH-Wert von 5–7 erreicht wird (im Magen pH 1–4).

Die exokrine Sekretion des Pankreas wird vornehmlich durch die beiden Hormone Sekretin und **Cholecystokinin (CCK)** sowie den Neurotransmitter Acetylcholin stimuliert. Beide

aber der Zymogentransport aus den Azinuszellen inhibiert ist. Die Cerulein-Pankreatitis geht nie in eine nekrotisierende Form über (siehe unten) und heilt innerhalb von 1–2 Wochen ohne Folgen aus.

Die interdigestive Regulation der Pankreassekretion erfolgt durch eine Kombination der Effekte von Motilin und pankreatischen Polypeptid (PP), sowie durch sympatische und parasympatische Einflüsse. Hierdurch wird der Verdauungstrakt alle 60–90 Minuten stimuliert.

15.2.2 Erkrankungen des Pankreas

Klinisch relevante Erkrankungen des Pankreas sind:
- akute Pankreatitis
- chronische Pankreatitis
- Pankreaskarzinom
- Mukoviszidose (zystische Fibrose)
- Missbildungen

15.2.2.1 Akute Pankreatitis

Die **akute Pankreatitis** ist eine überwiegend nicht durch eine Infektion verursachte Entzündung der Bauchspeicheldrüse, die in den meisten Fällen durch Gallensteine oder übermäßigen Alkoholgenuss kombiniert mit einer fettreichen Mahlzeit ausgelöst wird (Abb. 15.3).

Bei der akuten **Pankreatitis** unterscheidet man eine leichtere **ödematöse** Form (etwa 85 % der Fälle) von der schwereren hämorrhagisch **nekrotisierenden** Form (etwa 15 % der Fälle), die auch heute noch mit einer Letalität von 20–40 % einhergehen kann (Abb. 15.4).

Die milde Verlaufsform ist charakterisiert durch eine minimale Organdysfunktion, das Vorliegen eines interstitiellen Ödems, evtl. auftretender peripankreatischer Fettgewebsnekrosen (Abb. 15.5) und einen komplikationslosen Verlauf. Diese Form heilt in der Regel folgenlos aus, kann aber auch in eine schwere Pankreatitis übergehen. Bei der schweren akuten Pankreatitis treten zusätzlich lokale Komplikationen wie intrapankreatische Nekrosen (Abb. 15.6), Abszesse, Hämorrhagien und Pseudozystenbildung sowie systemische Komplikationen bis zum Multiorganversagen auf. Kommt es ausgehend von Darmbakterien zu einer Durchwanderung der Darmwand und einer Infektion der Nekrosen, steigt die Letalität deutlich an. Aus diesem Grunde ist die frühzeitige Erkennung einer schweren Pankreatitis bzw. die sofortige Erkennung infizierter Nekrosen entscheidend. Hierzu werden klinische Parameter (z. B. Temperatur, Blutdruck) kontinuierlich überwacht, einige laborchemische Parameter (siehe unten) täglich bestimmt und bei klinischen oder laborchemischen Veränderungen eine Sonographie oder Computertomographie durchgeführt.

Die akute Pankreatitis ist eine relativ häufige gastroenterologische Erkrankung. Die Inzidenz der Neuerkrankungen liegt zwischen 5 und 40 Krankheitsfällen pro 100.000 Einwohner/Jahr. Die recht hohe Streubreite reflektiert neben regionalen Unterschieden das Problem der Abgrenzung zwischen einer akuten Pankreatitis und einem akuten Pankreatitisschub bei chroni-

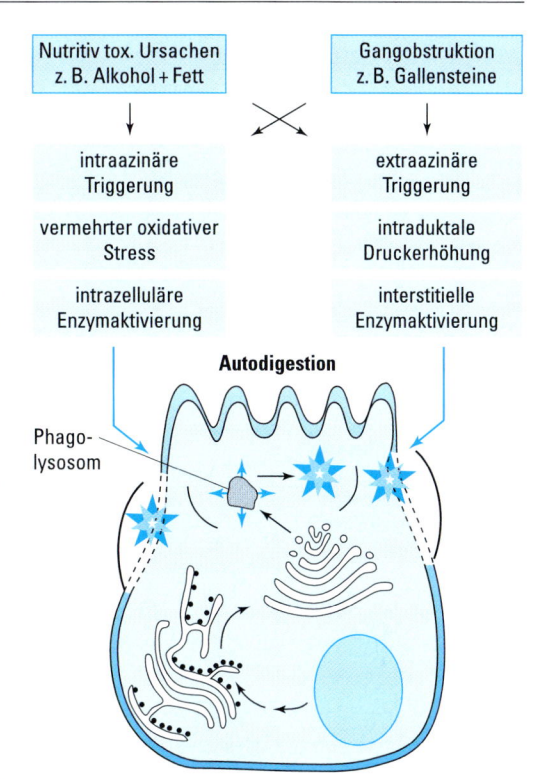

Abb. 15.3: Azinuszellschädigung: intrazelluläre oder interstitielle Enzymaktivierung.

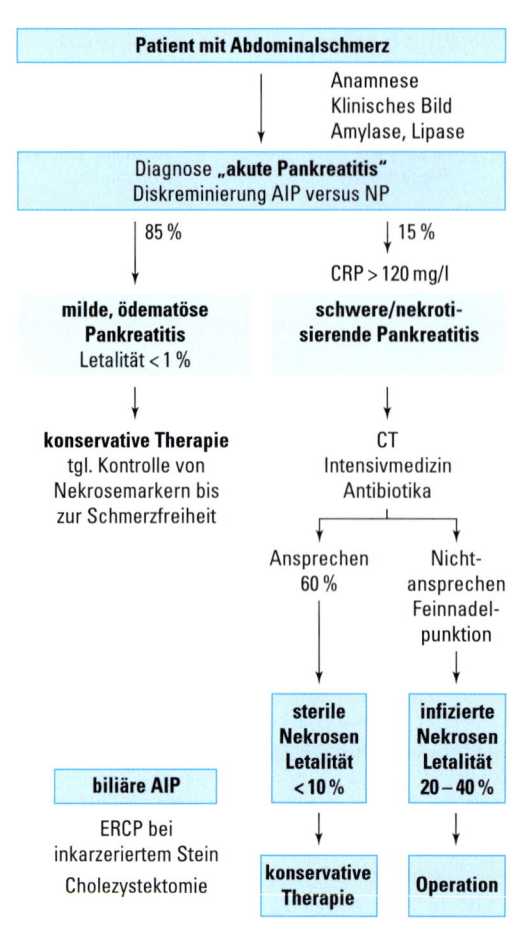

Abb. 15.4: Verlaufsformen und Prognose bei akuter Pankreatitis.
AIP: akute interstitielle Pankreatitis; NP: nekrotisierende Pankreatitis; CT: Computertomographie

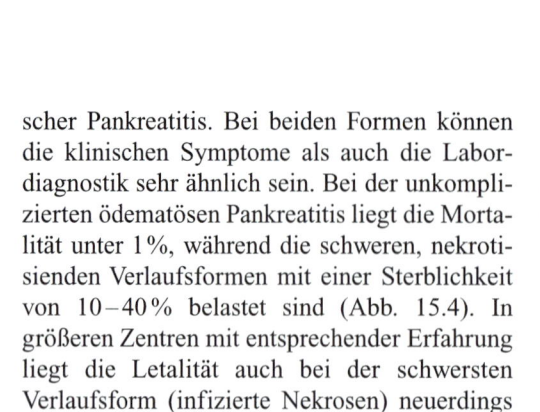

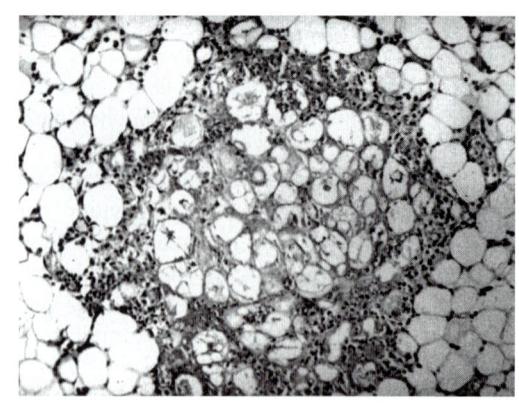

Abb. 15.5: Fettgewebsnekrosen und entzündliche Infiltrate bei akuter Pankreatitis. (HE-Färbung: Prof. Dr. G. Adler, Universität Ulm)

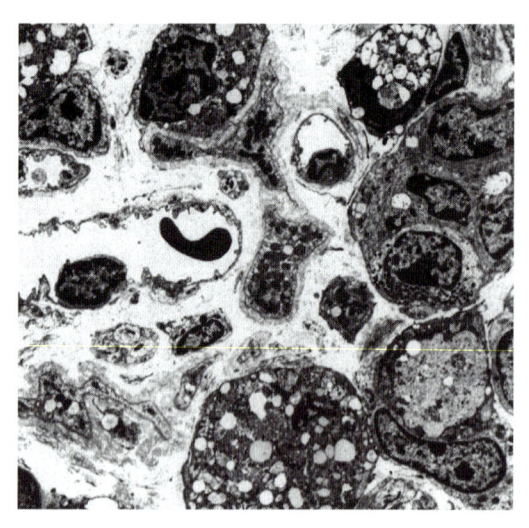

Abb. 15.6: Intrapankreatische Nekrosen von Azinuszellen. (Elektronenmikroskopie: Prof. Dr. G. Adler, Universität Ulm)

scher Pankreatitis. Bei beiden Formen können die klinischen Symptome als auch die Labordiagnostik sehr ähnlich sein. Bei der unkomplizierten ödematösen Pankreatitis liegt die Mortalität unter 1%, während die schweren, nekrotisienden Verlaufsformen mit einer Sterblichkeit von 10–40% belastet sind (Abb. 15.4). In größeren Zentren mit entsprechender Erfahrung liegt die Letalität auch bei der schwersten Verlaufsform (infizierte Nekrosen) neuerdings unter 10%. In den meisten westlichen Ländern soll etwa ein Drittel der Fälle durch Alkoholabusus bedingt sein, ein weiters Drittel durch Gallensteine und das restliche Drittel durch verschiedene andere Ursachen. Während die biliäre akute Pankreatitis am häufigsten beim weiblichen Geschlecht im Alter zwischen 50 und 70 Jahren diagnostiziert wird, findet sich die alkoholinduzierte akute Pankreatitis meist bei Männern zwischen dem 30. und 45. Lebensjahr. Die

Tabelle 15.2: Ursachen der akuten Pankreatitis.

mechanische Faktoren
- Gallensteine
- ERCP (endoskopisch retrograde Cholangio-Pankreatikographie), Papillotomie
- Traumata
- Pankreasgangobstruktionen durch Malignome, Papillenstenose, Striktur, Duodenaldivertikel)

toxische und metabolische Faktoren
- Alkohol
- Hyperlipoproteinämie (Typ I und V)
- Hyperkalzämie (primärer Hyperparathyreoidismus)
- Medikamente (Furosemid, Hydrochlorothiazid, Östrogene, Tetrazykline, Valproinat etc.)

vaskuläre Faktoren
- postoperativ (insbes. bei intraoperativem Volumenmangel)
- Autoimmunerkrankungen (SLE, Periarteriitis nodosa, Sarkoidose)

Infektionen
- Viren (Mumps, Coxsackie, Adeno, ECHO, Hepatitis u. a.)
- Bakterien (z. B. Salmonellen)
- Parasiten (z. B. Ascaris lumbricoides)

hereditär

idiopathisch

wichtigsten der metabolischen, infektiösen und medikamentösen Auslöser der Pankreatitis sind Tabelle 15.2. zusammengefaßt.

Über die pathophysiologischen Zusammenhänge zwischen Alkohol und Pankreatitis ist bis heute wenig bekannt und gesichert. Anders als bei der Entwicklung einer äthyltoxischen Leberzirrhose korreliert die Menge des täglichen Alkoholkonsums und die Dauer des Alkoholmissbrauchs nicht mit dem Auftreten einer akuten Pankreatitis. Möglicherweise handelt es sich bei der alkoholinduzierten Pankreatitis immer um einen akuten Schub einer chronischen Pankreatitis.

Äthiologie und Pathogenese

Die akute Pankreatitis wird durch eine vorzeitige intrapankreatische Aktivierung proteolytischer Enzyme ausgelöst und beginnt mit einer Nekrose von Azinuszellen. Wodurch und wie die Enzyme aktiviert werden und warum die Schutzmechanismen nicht wirksam werden, ist auch heute noch weitgehend unklar. Auch zahlreiche tierexperimentelle Studien haben diese Fragen nur teilweise beantworten können. Beim Modell der Überstimulationspankreatitis (Ceru-lein-Pankreatitis) kommt es sehr früh nach Ceruleingabe zum Erliegen der Pankreassekretion. Innerhalb der Azinuszellen entstehen durch Fusion von Zymogengranula mit Lysosomen große Vakuolen, die lysosomale Enzyme (z. B. Kathepsin B) und Pankreasenzyme enthalten (Abb. 15.3). Innerhalb der Vakuolen kann Kathepsin B Trypsinogen aktivieren und könnte somit, wie oben schon dargestellt, am Anfang der Enzymaktivierungskaskade stehen. Zu einer interstitiellen **Trypsinaktivierung** kann es kommen, wenn sich im Rahmen einer Pankreasgangobstruktion der intraduktale Druck erhöht und hierdurch die Zymogensekretion nicht gerichtet über die apikale Zellmembran in das zentroazinäre Lumen erfolgt, sondern lateral in das Interstitium (Abb. 15.3). Neben der lysosomalen Aktivierung kann sich Trypsinogen selbst aktivieren, bei einem Reflux von Duodenalinhalt kann es durch Enterokinase und im Plasma durch Plasmin aktiviert werden. Das aktive Trypsin dürfte die Azinuszellnekrose induzieren. Gleichzeitig bildet sich ein Gewebsödem aus und Entzündungszellen infiltrieren das geschädigte Gewebe. Der Verlauf der akuten Pankreatitis wird wesentlich bestimmt durch die Aktivität der Protease Trypsin und die Balance des Trypsin mit seinen Inhibitoren α2-Makroglobulin and α1-Antitrypsin. Weitere Proteasen, Zytokine und reaktive Sauerstoffspezies (z. B. H_2O_2), die aus Granulozyten und Makrophagen freigesetzt werden, verstärken die Gewebsschädigung und die Entzündungsreaktion. Durch eine Erhöhung der Kapillarpermeabilität können Makromoleküle (z. B. Lipoproteine) aus der Blutbahn ins Interstitium und den Retroperitonealraum übertreten.

Auch die lipolytischen Pankreasenzyme Lipase und Phospholipase spielen im Pathomechanismus der akuten Pankreatitis eine wichtige Rolle. Gelangt die Lipase in den interstitiellen Raum, werden von ihr Fette (Triglyceride) zu Glyzerin und freien Fettsäuren gespalten und somit eine Fettgewebsnekrose induziert (Abb. 15.5). Die freigesetzten Fettsäuren können wegen ihrer Eigenschaft als Detergenzien Zellmembranen lysieren und zusätzlich in Anwesenheit von Alkohol toxische Fettsäureäthylester bilden (und somit die Azinusschädigung verstärken). Diese Zusammenhänge konnten erst kürzlich durch Zellkulturexperimente erarbeitet werden (Abb. 15.7).

Durch Trypsin aktivierte Phospholipase C bildet aus dem Lezithin von Zellmembranen Lysolezithin. Dieses wirkt als potentes Detergenz und lysiert Zellmembranen. Für die systemischen Komplikationen werden die Aktivierung des Gerinnungssystems, des Kininsystems, des Komplementsystems sowie die vermehrte Synthese der Zytokine IL-1β, IL-6, IL-8 und TNFα verantwortlich gemacht. Bei der experimentellen akuten Pankreatitis zeigten Zytokinrezeptorantagonisten oder Antioxidantien einen positiven Effekt auf die Schwere der Pankreatitis, falls diese Substanzen möglichst früh (noch vor Pankreatitisinduktion) verabreicht wurden. Für die akute Pankreatitis des Menschen konnte bis heute keine wirksame spezifische medikamentöse Therapie entwickelt werden. Alle Versuche, eine Besserung durch Hemmung der Pankreassekretion oder Inhibition der Proteasen zu erreichen, waren bisher erfolglos. Allein durch die Anwendung intensivmedizinischer Maßnahmen konnte die Letalität bei der nekrotisierenden Pankreatitis deutlich reduziert werden. Bei der biliären akuten Pankreatitis mit gallensteininduzierter Druckerhöhung im Pankreasgang hat sich außerdem die frühzeitige Entfernung des Abflusshindernisses (z. B. eingeklemmter Gallenstein) bewährt.

Biliäre akute Pankreatitis: Vor einhundert Jahren wurden von dem Pathologen Opie beschrieben, dass die Obstruktion der Papille durch einen Gallenstein ein Abflusshindernis der Pankreassekretion darstellt und eine akute Pankreatitis auslösen kann. Inzwischen ist Koinzidenz zwischen dem Vorliegen von Gallensteinen bzw. Sludge in der Gallenblase und der akuten Pankreatitis zweifelsfrei belegt. Bei 94 % der Patienten mit dem Verdacht auf eine **biliäre akute Pankreatitis** fanden sich innerhalb von 10 Tagen Gallensteine im Stuhl, jedoch nur bei 8 % der Gallensteinträger ohne Pankreatitis. Auch die klinische Erfahrung, dass nach einer Sanierung der Gallenwege die Rezidivhäufigkeit der Pankreatitis deutlich abnimmt, deutet auf die Rolle der Gallensteine bei der biliären Pankreatitis hin.

Alkoholinduzierte akute Pankreatitis: Bis heute ist nicht eindeutig geklärt, ob die alkoholinduzierte akute Pankreatitis durch eine direkte toxische Wirkung des Alkohols bzw. seiner Abbauprodukte verursacht wird (Abb. 15.7) oder eher die Folge einer Viskositätssteigerung des

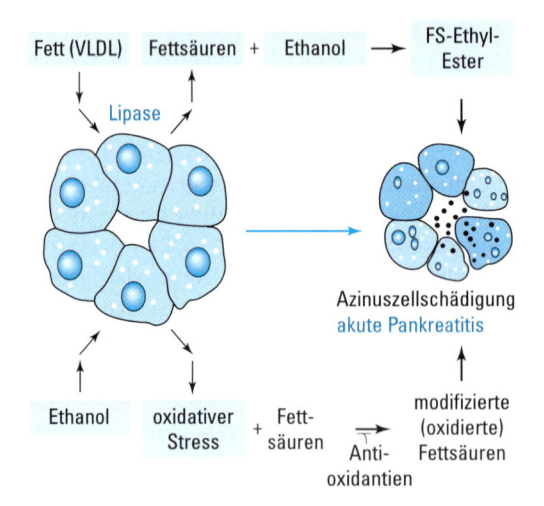

Abb. 15.7: Modell der Azinuszellschädigung durch Alkohol und Fettsäuren.
FS: Fettsäure; VLDL: very-low density Lipoproteine

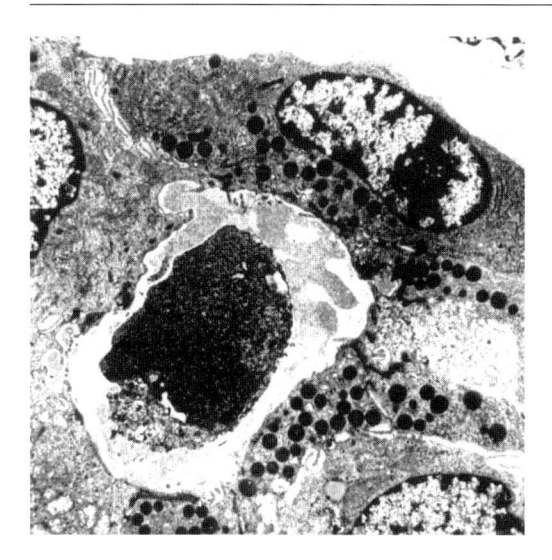

Abb. 15.8: Azinuszellen mit zentroazinärem Lumen. Dieses ist durch einen Proteinpropf verschlossen. (Elektronenmikroskopie: Prof. Dr. G. Adler, Universität Ulm)

Pankreassekrets mit folgender Druckerhöhung im Pankreasgangsystem ist. Gangobstruktionen durch Proteinpfropfen finden sich gelegentlich bei alkoholinduzierter Pankreatitis (Abb. 15.8). Wie oben schon dargestellt, könnten die alkoholinduzierten akuten und chronischen Pankreatitiden dem Klöppel'schen Konzept der Nekrose-Fibrose-Sequenz folgen.

Klinische Symptomatik bei akuter Pankreatitis

Patienten mit akuter Pankreatitis klagen über Übelkeit, Erbrechen, Meteorismus und plötzlich aufgetretene starke Abdominalschmerzen, die häufig in den Rücken ausstrahlen. Zeichen einer Peritonitis sind eher selten, Darmgeräusche sind spärlich oder fehlen ganz (paralytischer Ileus). Ein geblähtes Abdomen und der typanische Klopfschall über dem Colon transversum sind frühe Zeichen eines paralytischen Ileus. Zu beachten ist, dass aus der klinischen Symptomatik und der laborchemischen Diagnostik zu Beginn einer akuten Pankreatitis der weitere Verlauf nicht vorhersehbar ist und es sehr schnell zu erheblichen lokalen und systemischen Komplikationen kommen kann.

Diagnostik

Die Diagnose der akuten Pankreatitis basiert seit Jahrzehnten auf zwei einfachen Kriterien: der charakteristischen klinischen Syptomatik (siehe oben) und einer deutlich erhöhten Amylaseaktivität im Serum.

Klinisch-Chemische Diagnostik

Die höchste Sensitivität sowohl in der Früh- als auch Spätphase der akuten Pankreatitis weist die immunologische **Elastasebestimmung** auf. Dennoch gelten Aktivitätsmessungen der Amylase und Lipase sowie die Höhe des **C-reaktiven-Proteins** (CRP) als die praktikabelsten klinisch-chemischen Parameter zur Diagnose und Beurteilung des Schweregrades einer akuten Pankreatitis. Alle 3 Parameter werden im Serum bzw. Plasma gemessen. Die gleichzeitige Bestimmung von Amylase und Lipase im Serum/Plasma stellt ein Kompromiss dar zwischen den Anforderungen an eine ausreichende Sensitivität und Spezifität und der Notwendigkeit einer einfachen und kostengünstigen Analytik. Die Bestimmung der Amylase im Urin gibt keine weiteren Informationen.

Andere Pankreasenzyme wie zum Beispiel Trypsin, Elastase und Phospholipase A2 haben sich aufgrund der aufwendigeren Analytik (immunchemische Methoden) in der klinischen Notfall- und Routinediagnostik nicht durchgesetzt. Ein kürzlich vorgestellter Urin-Teststreifen-Test, mit dem Trypsinogen-2 immunchromatographisch nachweisbar ist, könnte in Zukunft die Akutdiagnostik der Pankreatitis verbessern. Durch diesen Test wird mit ausreichender Sensitivität und Spezifität innerhalb von Minuten das Vorliegen einer akuten Pankreatitis angezeigt.

Eine ganze Reihe von laborchemischen Parametern, die zur Diagnose Pankreatitis nicht beitragen, werden dennoch bei dieser Erkrankung in regelmäßigen und zum Teil sehr engmaschigen (in den ersten 3–5 Krankheitstagen täglich) Abständen kontrolliert. Hierzu gehören das Blutbild, die Gerinnung (TPZ), Elektrolyte (Natrim, Kalium, Kalzium), die Nierenretentionswerte Kreatinin und Harnstoff, das Albumin, das Blutzuckertagesprofil und die arterielle Blutgasanalyse. Sinn dieser Bestimmungen ist die frühzeitige Erkennung charakteristischer systemischer Komplikationen der Pankreatitis. Dies bezieht sich vor allem auf die Niereninsuffizienz, die respiratorische Insuffizienz, und die metabolische und Elektrolytentgleisung. Die Kontrolle des zentralvenösen Druckes (ZVD) erlaubt eine Einschätzung der sehr häufig auftretenden Hypovolämie.

Amylase und Lipase: Unter physiologischen Bedingungen gelangt ein sehr geringer Anteil der im Pankreas synthetisierten Amylase und Lipase in die Blutzirkulation. Beim Gesunden entstammen jedoch 2/3 der Serumamylase den Speicheldrüsen. Bei einer Schädigung der Azinuszellen kommt es durch die vorliegende Zellmembranauflösung zu einem Austritt der Enzyme und Proenzyme aus den Azinuszellen und einem Übertritt in die Blutzirkulation. Lediglich die Bestimmung von Amylase und Lipase im Serum/Plasma hat diagnostische Bedeutung erlangt. Etwa 80–90 % aller Erkrankungsfälle lassen sich, bei Vorliegen klinischer Symptome, durch Bestimmung der Serumamylase allein eindeutig diagnostizieren. Meist wird eine Erhöhung auf das Dreifache des oberen Referenzbereiches als Grenzwert angenommen. Die zusätzliche Bestimmung der pankreasspezifischen Isoamylase bietet keinen Informationsgewinn.

Zu beachten ist, dass das Ausmaß der Amylase- und Lipaseerhöhung nicht mit dem Schweregrad der Pankreatitis korreliert und auch kein Prognosefaktor darstellt. Im Vergleich zur α-Amylase ist die Serumlipase etwas pankreasspezifischer und weist eine deutlich längere Serumhalbwertszeit auf. Der Nachteil der Serumlipase liegt in der störanfälligeren Bestimmungsmethode. Findet sich wiederholt eine leichte bis mäßige Erhöhung der Amylase- oder Lipaseaktivität im Serum ohne entsprechendes klinisches Korrelat einer Pankreaserkrankung, muss das Vorliegen einer **Makroamylasämie** oder Makrolipasämie ausgeschlossen werden. Im Gegensatz zur Makroamylasämie ist die Makrolipasämie sehr selten. Beide sind bedingt durch eine Bindung der Enzyme an Immunglobuline oder andere Serumglykoproteine, wodurch die Komplexe nicht mehr glomerulär filtriert werden und somit länger in Zirkulation bleiben. Beide Makroenzymformen können durch Gelfiltration (oder mittels Moleklargewichtsfilterzentrifugation z. B. Centricon-100) nachgewiesen werden.

Bei Patienten mit fortgeschrittener chronischer Pankreatitis kann es vorkommen, dass trotz akutem Schub mit Nekrosen kein Amylaseanstieg beobachtet wird. In einzelnen Fällen mit normaler Serumamylase kann auch eine vollständige Zerstörung des Pankreas bei schwerer, akuter Nekrose vorliegen, insbesondere wenn der Krankheitsbeginn schon einige Tage zurückliegt. Durch die längere Serumhalbwertszeit der Lipase hat diese in diesen Situationen einen diagnostischen Vorteil. Normale Amylase- und Lipasekonzentrationen schließen bei typischer klinischer Symptomatik eine akute Pankreatitis zwar nicht vollständig aus, machen sie jedoch extrem unwahrscheinlich. Da eine leichte bis mäßige Erhöhung der Serumaktivitäten von Amylase und Lipase bei zahlreichen Erkrankungen beobachtet wird (Tab. 15.3), ist eine Erhöhung der Amylase- bzw. Lipaseaktivität nicht beweisend für eine Pankreatitis.

AST und Bilirubin: Zur Erkennung einer biliären Genese der akuten Pankreatitis soll die Aktivitätserhöhung der Aspartat-Amino-Transferase (AST) im Serum/Plasma den anderen Cholestasemarkern (Bilirubin, gamma-GT, AP) überlegen sein. Als Entscheidungsgrenze mit dem höchsten prediktiven Wert (PV_{pos}) wurde eine mindestens 3fache Aktivitätserhöhung der AST vorgeschlagen. Eine fortbestehende Cho-

Tabelle 15.3: Mögliche Ursachen erhöhter Aktivität von α-Amylase und/oder Lipase.

	Amylase	Lipase
akute Pankreatitis	+	+
Pankreaskarzinom	+	+
Ulkusperforation	+	+
Gallenblasenperforation	+	+
Ileus, Peritonitis	+	+
Mesenterialinfarkt	+	+
Niereninsuffizienz	+	(+)
Parotitis	+	–
paraneoplastisch	+	–
diabetische Ketoazidose	+	–
Salpingitis, Extrauteringravidität	+	–

ledocholithiasis wird am zuverlässigsten durch die Erhöhung der Serum-Bilirubin-Konzentration nachgewiesen (am 2. Tag des Krankenhausaufenthaltes; Cut-off-Wert 1,35 mg/dl).

Prognoseparameter

Verlauf und Progose der akuten Pankreatitis sind nicht vorhersehbar. Für eine frühzeitige Entscheidung, welche Patienten an einer leichten, selbstlimitierenden Erkrankung leiden und welche möglichst sofort auf eine Intensivstation verlegt werden sollten, hat sich vor allem das C-reaktive Protein (CRP) als Einzelparameter bewährt. Allerdings muss berücksichtigt werden, dass das CRP erst 3–4 Tage nach dem Beginn der Pankreatitis sein Maximum erreicht und deshalb bei Aufnahme des Patienten noch nicht erhöht sein muss, obwohl eine klinisch schwere Pankreatitis vorliegt. Außerdem ist CRP, wie alle anderen Entzündungsparameter auch, nicht spezifisch für die Pankreatitis. Um eine schwere Verlaufsform zu erkennen, hat man in den letzten Jahren weitere Parameter gemessen, von denen sich in den größeren Zentren jedoch lediglich die IL-6 Konzentration durchgesetzt hat. Deren Sensitivität eine akute nekrotisierende Pankreatitis zu erkennen, liegt im Vergleich mit den anderen klinisch-chemischen Parametern und den bildgebenden Verfahren am höchsten.

Zur Einschätzung des Schweregrades der Pankreatitis bei Aufnahme werden sogenannte Scores eingesetzt. Hierbei handelt es sich um eine Kombination von klinischen und laborchemischen Parametern, deren Veränderung frühzeitig das Auftreten einer der typischen Organkomplikationen bei der akuten Pankreatitis anzeigen. In vielen klinischen Studien erprobt und am besten etabliert sind der Ranson- und der Imrie-Score, die vor allem auf einfach zu messenden klinisch-chemischen Parametern (Leukozyten, Glukose, Harnstoff, LDH, GOT, Albumin, Serumkalzium, Blutgase) basieren und somit in jedem Krankenhaus auch nachts zur Verfügung stehen.

Ergibt sich anhand klinischer (Verschlechterung der hämodynamischen Parameter, anteigende Temperatur) und/oder klinisch-chemischer Befunde (deutlicher CRP-Anstieg) der Verdacht auf eine Infektion der Pankreasnekrosen (meist zwischen der ersten und dritten Krankheitswoche), sollte dieser Verdacht unverzüglich z. B. durch den radiologischen Nachweis von Luft im Bereich der Nekrosen oder einen Keimnachweis (Giemsa-Färbung) im Feinnadelaspirat bestätigt werden. Da infizierte Nekrosen zu septischen Komplikationen führen und unter konservativer Therapie mit einer hohen Letalität einhergehen, sollte in diesen Fällen umgehend eine chirurgische Nekrosektomie durchgeführt werden.

15.2.2.2 Chronische Pankreatitis (CP)

Bei der **chronischen Pankreatitis** handelt es sich um eine fortschreitende entzündliche Erkrankung des Pankreas, die durch irreversible

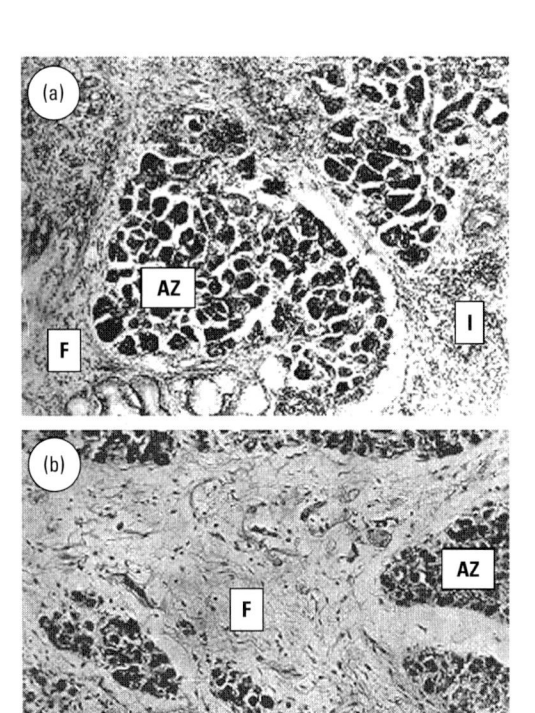

Abb. 15.9: Histologie (HE-Färbung) bei chronischer alkoholinduzierter Pankreatitis. (a) mäßiggradige Fibrose, entzündliche Infiltrate. (b) ausgeprägte Fibrose. AZ: Azini; F: Fibrose; I: entzündliche Infiltrate. (Prof. Dr. G. Adler, Innere Medizin Universität Ulm)

morphologische Veränderungen, eine typische Schmerzsymptomatik und/oder einen permanenten Funktionsverlust gekennzeichnet ist. Morphologisch finden sich häufig entzündliche Infiltrate mit einer Parenchymdestruktion, Steine in den Gängen (s. Abb. 26 im Bildanhang am Ende des Buches), die Ausbildung von Pseudozysten und eine fortschreitenden **Fibrosierung** des Organs (Abb. 15.9). Klinisch ist die Erkrankung gekennzeichnet durch starke, anhaltende Schmerzen in der Tiefe des Oberbauchs, eine Fettintoleranz, dyspeptische Beschwerden, Übelkeit und Erbrechen sowie Symptome der Maldigestion. Die chronische Pankreatitis verläuft häufig schubweise und führt nach mehrjährigem Verlauf zur exokrinen und endokrinen (pankreopriver Diabetes mellitus) **Pankreasinsuffizienz**.

Epidemiologie und Äthiologie

Die wichtigsten Risikofaktoren der chronischen Pankreatitis wurden in der sog. TIGAR-O Klassifizierung (**t**oxisch-metabolische Ursache; **i**diopathisch; **g**enetisch; **a**utoimmun; **r**ekurrierende und schwere akute Pankreatitis; **O**bstruktion) zusammengefasst. Obwohl ein exzessiver Alkoholkonsum allein weder beim Menschen noch im Tierexperiment eine chronische Pankreatitis induziert, sollen in westlichen Ländern 70–90% der Fälle durch einen langjährigen **Alkoholabusus** verursacht sein (möglicherweise in Kombination mit Umweltfaktoren und einer genetischen Prädisposition). Die Inzidenz liegt, abhängig vom Alkoholkonsum, zwischen 2 und 10 Fällen pro 100.000 Einwohnern. Männer sind häufiger betroffen als Frauen. Die Prävalenz der CP soll nach neueren Untersuchungen bei Männern bei 45 und bei Frauen bei 12 pro 100.000 Einwohner liegen. Im Mittel leben 10 Jahre nach Diagnosestellung noch 65% der Alkoholiker und 80% der Nichtalkoholiker, nach 20 Jahren noch 12% der Alkoholiker und 46% der Nichtalkoholiker. Neben dem Alkohol werden als weitere Kofaktoren eine protein- und fettreiche Ernährung, das Rauchen sowie ein Mangel an den Spurenelementen Zink, Kupfer und Selen diskutiert. Das Rauchen gilt neuerdings als unabhängiger Risikofaktor für die CP und das Pankreaskarzinom (siehe unten). Als Ursache der Assoziation Rauchen – CP wird eine Reduktion der pankreatischen Bikarbonatsekretion und Verminderung der Kapazität Trypsin zu inaktivieren, diskutiert. Der gleichzeitige Nikotinkonsum soll bei Männern die mehr als 40 g Alkohol/Tag trinken das Risiko einer alkoholinduzierten Pankreatitis versechsfachen.

Andere Formen der chronischen Pankreatitis sind die tropische Pankreatitis in Südostasien und Afrika, die durch eine chronische Hyperkalzämie verursachte Pankreatitis und die hereditären chronischen Pankreatitiden. Eine Sonderform bildet die chronische Pankreatitis, die verursacht wird durch eine Obstruktion im Pankreasgangsystem. Bei einem Großteil der bisher als idiopathisch bezeichneten chronischen Pankreatitiden hat man neuerdings genetische Veränderungen wie Keimbahnmutationen im Gen des kationischen Trypsinogens, des **Cystic-Fibrosis-Conductance-Regulators** (CFTR) und des Pankreatischen-Trypsin-Inhibitors (SPINK-1) gefunden, sodass die Gruppe der Patienten mit „echter idiopathischer Pankreatitis" nur noch 3–9% der Patienten mit CP umfasst.

Mutationen im Trypsinogen-Gen: Punktmutationen im Codon 29 (Exon 2) und 122 (Exon3) des kationischen **Trypsinogen Gens** werden autosomal dominant vererbt und bedingen einen Teil der hereditären chronischen Pankreatitiden. Bei diesen Mutationen ist die Autolyse von aktivem Trypsin blockiert (Abb. 15.2), sodass es schon im Kindesalter zu einer akuten (und chronischen) Pankreatitis kommen kann. Die positive Familienanamnese (auch für das Pankreaskarzinom) und eine starke Tendenz zu Verkalkungen sind typisch für diese Form der chronischen Pankreatitis. Bei Patienten mit dem defektem Trypsinogen-Gen soll durch zusätzlichen Alkoholgenuss die Progredienz der chronischen Pankreatitis beschleunigt werden. Bisher gibt es jedoch keine eindeutigen Hinweise dafür, dass Mutationen im Trypsinogen-Gen bei der wesentlich häufigeren alkoholinduzierten Pankreatitis eine Rolle spielen. Weitere Mutationen mit geringer Penetranz betreffen die Codons 16, 22 und 23 des Exons 2 des Trypsinogen Gens. Diese Mutationen resultieren in einer frühzeitigen (intraazinären) Trypsinogenaktivierung und führen – da die Trypsinautolyse intakt ist – äußerst selten zu einer chronischen Pankreatitis.

Mutationen im pankreatischen Trypsin-Inhibitor-Gen: Azinuszellen synthetisieren gleichzeitig mit dem Trypsinogen ein 56 Aminosäuren langes Peptid das **SPINK1** (**S**erine **P**rotease **In**hibitor, **K**azal type **1**) genannt wurde. SPINK1 kann an das aktive Motif des Trypsins binden und dieses hierdurch inaktivieren (Abb. 15.2). Da ein stöchiometrisches Disäquilibrium von 1:5 zwischen SPINK1 und Trypsinogen vorliegt, können maximal 20 % des frühzeitig aktivierten Trypsins gehemmt werden. Sehr aktuelle Befunde weisen darauf hin, dass sog. „loss of function"-Mutationen im pankreatischen Trypsininhibitor SPINK1 mit dem Auftreten einer familiären Pankreatitis oder aber auch mit einer idiopathischen chronischen Pankreatitis einhergehen können. SPINK1 Mutationen finden sich bei etwa 2 % der Bevölkerung und bei etwa 25 % der Patienten mit idiopathischer CP. Ob es sich bei diesen Mutationen um krankheitsauslösende, prädisponierende oder so genannte „disease modifying" Faktoren handelt, ist bisher noch nicht geklärt.

Mutationen im Mukoviszidose-Gen: Die **Mukoviszidose** (zystische Fibrose) ist die häufigste autosomal rezessive Erbkrankheit und wird durch Mutationen im „Cystic Fibrosis Transmembrane Conductance Regulator" (CFTR) auf Chromosom 7 verursacht. Bei diesem genetischen Defekt kommt es zu einem gestörten Chloridtransport durch die Membran verschiedenster epithelialer Zellen, die sich klinisch vor allen Dingen durch progressive Veränderungen der Lunge, des Pankreas (Pseudoystenbildung, Fibrose) und der Leber manifestieren. Im Pankreas wird der CFTR ganz überwiegend auf Gangzellen, in geringerem Maße aber auch auf Azinuszellen exprimiert. Bei der klinisch manifesten Mukoviszidose führt die Störung des Chlorid- und Wassertransports zur Bildung von Proteinpröpfen in den Pankreasgängen. Theoretisch ist möglich, dass ein weniger ausgeprägter Phänotyp die Entstehung einer alkoholinduzierten Pankreatitis begünstigt. Die Zuordnung der alkoholinduzierten Pankreatitis zur Veränderung im **CFTR-Gen** wird dadurch erschwert, dass inzwischen über 900 verschiedene Mutationen im CFTR-Gen identifiziert wurden (mit 66 % die häufigste ist der 3 Basenverlust des Codons 508), von denen längst nicht alle zum Vollbild der Mukoviszidose führen. Neuere Ergebnisse belegen eindeutig, dass Mutationen in einem CFTR-Allel als prädisponierender Faktor für eine idiopathische Pankreatitis anzusehen sind. Weitere Studien müssen zeigen, ob bei Patienten mit chronischer alkoholischer Pankreatitis häufiger Mutationen des CFTR-Gens zu finden sind.

Pathogenese und Pathophysiologie

Ob eine akute Pankreatitis in eine chronische Form übergehen kann, wurde lange Zeit kontrovers beurteilt. Nach der Klöppel'schen Nekrose-Fibrose-Sequenz-Hypothese entwickelt sich die Mehrzahl der Fälle von chronischer Pankreatitis als Folge multipler Pankreatitisschübe. Die auslösende Noxe (siehe unten) führt zur intrapankreatischen Proteasenaktivierung und hierdurch zu fokalen Zellnekrosen. Die fokalen Nekrosen werden in der Folge durch Bindegewebe ersetzt.

Da ein geeignetes Tiermodell der alkoholinduzierten chronischen Pankreatitis fehlt, gibt es zur Pathophysiologie dieser Erkrankung eine Reihe von Hypothesen (Tab. 15.4). Die lange Zeit favorisierte Obstruktionshypothese besagt, dass chronischer Alkoholkonsum primär eine gestörte Zusammensetzung des Pankreassekretes mit verminderter Flüssigkeits- und Bikarbonatsekretion, erhöhter Viskosität und Steinbildung induziert. Hierdurch wird der Abfluss des Sekrets behindert und eine chronische Entzündung unterhalten. Eine besondere Bedeutung scheint hierbei einer Gruppe von sekretorischen Proteinen, den sogenannten Lithostatinen, zuzukommen, die das Löslichkeitsprodukt von Kalzium im Pankreassekret beeinflussen.

Die toxisch-metabolische Hypothese besagt, dass Alkohol und seine Metabolite die Azinuszellen direkt schädigen, Lipide in Azinuszellen akkumulieren und letzlich eine Azinuszellnekrose induziert wird. Sekundär soll es dann zur Fibrose (siehe unten) und Gangstriktur kom-

Tabelle 15.4: Hypothesen zur Pathogenese der alkoholinduzierten chronischen Pankreatitis.

Theoretische Ursache	primär	sekundär
Obstruktion	Pankreassekretveränderung	Gangobstruktion
toxisch-metabolische Einflüsse	direkte toxische Effekte von Alkohol und seinen Metaboliten	Zellnekrose Fibrose Gangstriktur
Detoxifikations-insuffizienz	gestörte hepatische Entgiftung (Radikale)	Anfall freier Sauerstoffradikale

men. Bei dieser Hypothese steht somit der Funktionsverlust des exokrinen Parenchyms am Anfang und nicht am Ende der Kausalkette.

Die Detoxifikationshypothese besagt, dass die alkoholgeschädigte Leber keine ausreichende Entgiftung mehr gewährleistet und deshalb nicht eliminierte toxische Alkoholmetabolite und freie Radikale aus der Zirkulation die Azinuszellen schädigen. Die freien Sauerstoffradikale werden für den oxidativen Stress verantwortlich gemacht, der dann eine akute inflammatorische Antwort des Pankreas auslöst. Die aus untergegangenen Azinuszellen ins Interstitium freigesetzten Verdauungsenzyme würden dann die chronische Entzündung unterhalten. Auch für diese Hypothese liegen nur wenige wissenschaftlich fundierte Erkenntnisse vor.

Fibrogenese bei chronischer Pankreatitis: Bis vor wenigen Jahren waren die molekularen Mechanismen und die Zell-Zell Interaktionen, die zu einer gesteigerten Bindegewebssynthese im Pankreas d. h. Fibrose führen, weitgehend unbekannt. Erst Ende der 90er Jahre wurde im Pankreas eine Zelle identifiziert, isoliert und charakterisiert, die den hepatischen Sternzellen (Ito-Zellen) sehr ähnlich ist und pankreatische Sternzelle (pankreatic stellate cell, PSC) genannt wurde. Wir wissen heute, dass diese Zellen eine zentrale Rolle bei der Pankreasfibrogenese spielen, indem sie den Großteil der fibrillären Matrix produzieren.

Die gesteigerte **Fibrogenese** im Pankreas ist das Resultat einer dynamischen Kaskade von Reaktionen beginnend mit einer Azinuszellschädigung und Nekrose, gefolgt von einer Entzündung, einer Aktivierung von Makrophagen, einer Aggregation von Thrombozyten, der Freisetzung von Wachstumsfaktoren und reaktiven Sauerstoffspezies und der Aktivierung von pankreatischen Sternzellen. Diese wechseln daraufhin ihren Phänotyp von einer fettspeichernden Zelle zu einer myofibroblastenähnlichen Zelle, vermehren sich und synthetisieren signifikante Mengen der fibrillären Kollagene (Typ I und III) sowie die Glykoproteine Fibronektin und Laminin. Durch Zellkulturexperimente als auch in vivo Daten konnte gezeigt werden, dass PSC für die vermehrte Bindegewebssynthese bei der chronischen Pankreatitis als auch beim Pankreaskarzinom verantwortlich sind und durch fibrogene Mediatoren aus aktivierten Makrophagen und aus aggregierenden Thrombozyten sowie durch Alkohol und seine Metaboliten zur Proliferation und Bindegewebssynthese stimuliert werden. Die Wachstumsfaktoren TGFβ, bFGF, PDGF und TGFα stimulieren bei PSC die extrazelluläre Matrixsynthese und PDGF wirkt als potentestes Mitogen für PSC. Verschiedene in vitro erhobene Befunde deuten weiterhin auf autokrine Stimulationsmechanismen bei PSC hin. So wurde gezeigt, dass (a) PSC TGFβ1 selbst synthetisieren, (b) PSC TGFβ-Rezeptoren exprimieren und (c) bei kultivierten PSC die Matrixsynthese abnimmt, falls TGFβ durch neutralisierende Antikörper oder anti-sense-Oligonukleotide blockiert wird. Autokrine Stimulationsmechanismen bei PSC könnten für die klinische Beobachtung verantwortlich sein, dass eine Pankreasfibrose auch beim Wegfall der auslösenden Noxe z. B. Alkoholabstinenz fortschreiten kann.

Diagnostik

Bezüglich der diagnostischen Kriterien einer chronischen Pankreatitis existiert unter den führenden Pankreatologen kein allgemein anerkannter Konsens. Da der „Gold Standard", die Pankreasbiopsie mit histologischer Aufarbeitung, aus anatomischen Gründen praktisch kaum durchgeführt werden kann, basiert die Diagnose einer chronischen Pankreatitis in der Regel auf einer Kombination von morphologischen, funktionellen und klinischen Daten, wobei funktionelle Abnormalitäten allein schon wegweisend sein können, da eine exokrine Insuffizienz ohne Pankreatitis praktisch nicht vorkommt. Die fortgeschrittene chronische Pankreatitis mit ausgeprägten Verkalkungen und Gangunregelmäßigkeiten ist leicht zu diagnostizieren (Abb. 15.10). Diagnostische Probleme bereiten Patienten mit beginnender bzw. minimaler chronischer Pankreatitis, Patienten mit alleiniger Schmerzsymptomatik (ohne weitere Auffälligkeiten), Patienten, bei denen auch ein Pankreasmalignom vorliegen könnte und Patienten mit kurz zurückliegender akuter Pankreatitis.

Der Nachweis erniedrigter Enzymaktivitäten von Amylase und Lipase hat bei der Diagnostik einer chronischen Pankreatitis keine Bedeutung, während die Trypsinerniedrigung z. B. bei Kindern mit Mukoviszidose mit dem Ausmaß der Pankreasfibrose korreliert. Zur Klärung der Ätiologie einer chronischen Pankreatitis können klinisch-chemische Analysen wegweisend sein. Beispiele hierfür sind die CDT-Bestimmung bei chronischer alkoholischer Pankreatitis, die Kalzium- und Parathormonbestimmung bei Verdacht auf eine hyperkalzämieinduzierte CP, mikrobiologische (Mykobakterien, Mykoplasmen, Legionellen, Salmonellen, Candida, Aspergillus) bzw. serologische Nachweise (CMV, HIV, Herpes, Mumps) einer infektiösen CP, genetische/molekularbiologische Untersuchungen (PCR Trypsin-, SPINK1-, CFTR-Mutationen) bei Verdacht auf hereditäre CP und immunologische Nachweise von Autoantikörpern (ANA, anti-Laktoferrin, ACAII) bei autoimmunologischer CP.

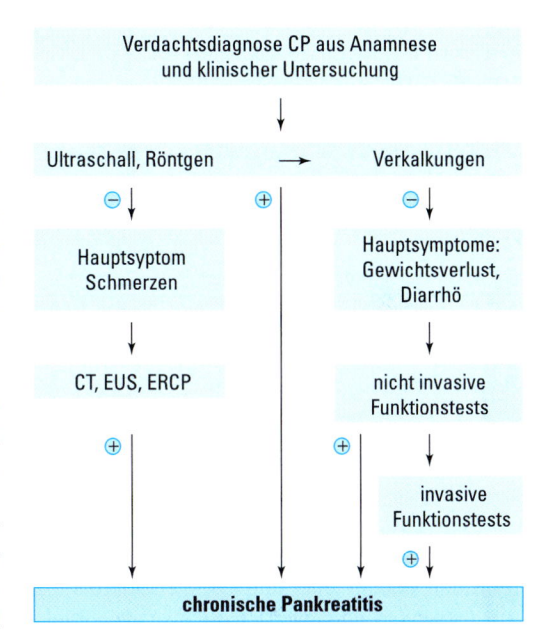

Abb. 15.10: Diagnostisches Vorgehen bei Verdacht auf eine chronische Pankreatitis. CP: chronische Pankreatitis; CT: Computertomographie; EUS: endoskopischer Ultraschall; ERCP: endoskopisch retrograde Cholangio-Pancreaticographie.

Tabelle 15.5: Diagnostische Kriterien für die chronische Pankreatitis.

Morphologie:	– Histologie: irreguläre Fibrose mit Zerstörung und Verlust von exokrinem Parenchym – Nachweis einer Pankreasverkalkung
abnormale Funktionstests:	– Sekretin-Takus-(Cholezystokinin)-Test – Pankreolauryltest – Chymotrypsinaktivität im Stuhl – Elastasebestimmung im Stuhl – Fettbestimmung im Stuhl
Auffälligkeiten bei bildgebenden Verfahren:	– Ultraschall, Röntgen, CT: Steinnachweis – ERCP: Gangunregelmäßigkeiten (Erweiterung)
Klinik:	– typische (anhaltende) Schmerzsymptomatik – Symptome der Maldigestion mit Besserung nach Enzymsubstitution

Funktionstest bei der Diagnostik einer chronischen Pankreatitis

Da die funktionelle Reserve des Pankreas sehr hoch ist, muss der Verlust an exokrinem Parenchym schon sehr ausgeprägt sein (> 80–95%), bevor sich eine klinisch apparente exokrine Insuffizienz zeigt.

Tabelle 15.6: Symptome und Bedingungen, die Anlass für einen Pankreasfunktionstest sein sollten.

Verdacht auf chronische Pankreatitis bei:
– rezidivierenden Oberbauchschmerzen
– Diarrhö
– Steatorrhö
– radiologischem oder sonographischem Nachweis von Kalk in der Pankreasregion

Verlaufskontrolle bei bekannter chronischer Pankreatitis

Zustand nach akuter Pankreatitis

Direkte Pankreasfunktionstests

Sekretin-Cerulein-Test: Invasive Test, die wie **Sekretin-Cholezystokinin-(CCK)-Test** bzw. der **Sekretin-Cerulein-(Takus)-Test** gelten als Goldstandard, sind jedoch sowohl für den Untersucher aufwendig, als auch für den Patienten belastend, zudem teuer und kaum standardisiert. Aus diesen Gründen werden die invasiven Pankreasfunktionstests auch in Zentren nur noch selten durchgeführt, obwohl die Sensitivität und Spezifität dieser Tests bei über 90% liegt (Tab. 15.7).

Durchführung: Zunächst wird in Linksseitenlage eine doppel- oder tripellumige naso-duodenale Sonde gelegt und der Magensaft kontinuierlich abgesaugt und verworfen. Während einer 30-minütigen Basalphase, danach einer 30 oder 60-minütigen Sekretininfusionsphase (1 IE/kg Körpergewicht/Stunde) gefolgt von einer zusätzlichen Infusion von Cerulein (75 ng/kg Körpergewicht/Stunde) wird der Duodenalsaft in 10- oder 15-minütigen Intervallen abgesaugt, direkt eisgekühlt und das Volumen, die Bikarbonatkonzentration und die Synthese von Trypsin, Chymotrypsin, Amylase und Lipase gemessen. Kontraindikationen für den Sekretin-Cerulein-Test sind eine akute Pankreatitis, ein akuter Schub einer chronischen Pankreatitis und Patienten mit Voroperationen, bei denen die Duodenalpassage ausgeschaltet wurde.

Beurteilung des Sekretin-Cerulein-Tests:

30 min nach Sekretin:	Volumen	> 67 ml/30 min
	Bikarbonatkonzentration	> 70 mmol/l
	Bikarbonatsekretion	6,5 mmol/30 min
30 min nach Cerulein:	Amylase	> 12.000
U/30 min	Lipase	> 65.000
U/30 min	Trypsin	> 30
U/30 min	Chymotrypsin	1200–6000 U/30 min

Lundt-Test: Prinzipiell entspricht der **Lundt-Test** dem Sekretin-Cerulein-Test mit dem Unterschied, dass beim Lundt-Test die Pankreasstimulation durch eine Testmahlzeit induziert wird. Die Testmahlzeit setzt sich zusammen aus 15 g Milcheiweiß, 18 g Sojaöl und 40 g Glukose in 300 ml Wasser. In 15–30-minütigen Duodenalsekretfraktionen wird das Volumen, die Bikarbonatkonzentration, und die Enzyme Amylase, Lipase und Trypsin gemessen. Da durch die Testmahlzeit die stimulierenden Mediatoren CCK und Sekretin von der intestinalen Schleimhaut freigesetzt werden müssen, findet sich ein falsch positiver Lundt-Test (erniedrigte Pankreasenzymsekretion) auch bei Darmerkrankungen wie z. B. der Sprue.

Messung der Chymotrypsinaktivität bzw. Elastasekonzentration im Stuhl: Obwohl die Pankreasenzyme während der Darmpassage teilweise inaktiviert oder degradiert werden (Restaktivität 40–60%), korreliert die **Chymotrypsinaktivität** bzw. **Elastasekonzentration** im Stuhl mit der Duodenalkonzentration dieser Enzyme. Die fäkale Chymotrypsinaktivität kann mit einem kommerziellen photometrischen Test gemessen werden. Wird der Test an 3 konsekutiven Tagen durchgeführt, können Patienten mit ausgeprägter exokriner Insuffizienz zuverlässig identifiziert werden. In Fällen mit milder bis moderater Pankreasinsuffizienz ist die Sensitivität dieses Test unzureichend (Tab. 15.7). Ein weiteres Problem der Aktivitätsbe-

Tabelle 15.7: Sensitivität und Spezifität verschiedener Pankreasfunktionstests.

	Sensiviät	Spezifität
Sekretin-Takus-Test	92 % (80–90)	94 % (> 90)
Pancreolauryltest	90 % (70–85)	82 % (75)
NBT-PABA-Test (nicht mehr verfügbar)	87 % (70–80)	87 % (75)
Chymotrypsinbestimmung im Stuhl	78 % (60–80)	84 % (70)
Elastase-1-Bestimmung im Stuhl	93 % (80–90)	93 % (80–90)
Stuhlgewicht/Stuhlfettanalyse normal < 7 g/Tag; pathologisch > 7 g/Tag +/– Enzymsubstitution	sehr niedrig	mäßig bis gut

stimmung von Chymotrypsin besteht darin, dass auch Schweinetrypsin aus Pankreatinpräparationen miterfasst wird und deshalb Enzympräparate 3–5 Tage vor der Testdurchführung abgesetzt werden müssen. Aus dem gleichen Grund eignet sich der Test, um bei Patienten mit schwerer Pankreasinsuffizienz die Compliance der Enzymeinnahme zu überprüfen. Beurteilung der Chyotrypsinaktivitätsbestimmung im Stuhl: pathologisch < 3 U/g; Graubereich 3–6 U/g; normal > 6 U/g.

Die fäkale Elastase Massenkonzentration wird mittels ELISA-Technik gemessen (ScheBo Tech, Giessen). Da die Antikörper für die humane Elastase spezifisch sind, müssen Enzympräparate nicht abgesetzt werden. Im Vergleich mit der Chyotrypsinaktivitätsbestimmung im Stuhl weist die Elastasebestimmung eine höhere Sensitivität und Spezifität auf (Tab. 15.7). Falsch pathologische (erniedrigte) Elastasekonzentrationen wurden bei Patienten mit entzündlichen Darmerkrankungen beschrieben und die Detektion einer leichten bis moderaten Pankreasinsuffizienz wird auch bezweifelt. In einigen Zentren hat die Elastasebestimmung die aufwendigen Sekretin-Cerulein-Tests oder den weniger sensitiven Pankreolauryltest (siehe unten) weitestgehend abgelöst.

Beurteilung der Elastasekonzentration im Stuhl: pathologisch < 150 µg/g; Graubereich 150–200 µg/g; normal > 200 µg/g.

Indirekte Pankreasfunktionstests

Bei den indirekten Pankreasfunktionstest wird entweder die ausgeschiedene Fettmenge quantifiziert oder Abbauprodukte synthetischer Substrate gemessen, die über die Lunge bzw. Niere ausgeschieden werden. Bevor die Substrate im Darm resorbiert werden können, müssen sie durch Pankreasenzyme geapalten werden. Somit ist bei normaler Magen-Darmfunktion die Menge der ausgeschiedenen Abbauprodukte proportional der vom Pankreas abgegebenen Enzymmenge.

Stuhlgewicht und Stuhlfettausscheidung: Das Abwiegen der Stuhlmenge an drei aufeinanderfolgenden Tagen – bei einer normalen balanzierten Ernährung – ist ein einfacher Test um eine fortgeschrittene exokrine Pankreasinsuffizienz zu diagnostizieren. Da das Pankreas eine hohe Reservekapazität hat, muss der Verlust an exokrinem Parenchym erheblich sein (> 90 %) bevor sich eine Erhöhung der Stuhlgewichts (> 200 g/Tag) oder eine vermehrte Fettausscheidung (> 7 g/Tag) zeigt. Auch bei anderen Malabsorptionssyndromen wie der einheimischen Sprue und dem M. Crohn findet sich eine mäßiggradige Erhöhung der Fettausscheidung (> 7 g/Tag oder > 5 g/100 g Stuhl), die bei einer fortgeschrittenen chronischen Pankreatitis jedoch in der Regel ausgeprägter ist (> 10 g/100 g Stuhl). Zum Nachweis eines erhöhten Fettgehalts werden die in einer abgewogenen Stuhlprobe enthaltenen Fette zunächst durch Kochen mit alkoholischer Kalilauge verseift. Nach Ansäuern mit Salzsäure werden die Fettsäuren mit Petroleumbenzin extrahiert. Das Petroleumbenzin wird anschließend abgedampft, der Rückstand in Alkohol gelöst und die freien Fettsäuren mit Natronlauge titriert.

Pankreolauryltest (PLT-Test): Beim **Pankreolauryltest** wird ein Testmahl (Brötchen, 20 g Butter, 200 ml Tee) mit einem spezifischen

Substrat für das Pankreasenzym Cholesterinesterhydrolase (174,25 mg Fluoreszeindilauratester) verabreicht. In Abhängigkeit von der sezernierten Menge an pankreatischer Cholesterinesterase kommt es zur Freisetzung von freiem Fluoreszein aus dem Fluoreszeindilaurateester. Dieses wird resorbiert und kann im Blut oder im Urin gemessen werden. Der Pankreolauryltest ermöglicht den Nachweis einer chronischen Pankreatitis ab einer mittelgradigen exokrinen Insuffizienz, wenn etwas mehr als 50 % der Drüse vom Krankheitsprozess erfasst sind. Die Serumvariante des PLT-Tests scheint zuverlässiger als der Urin-PLT-Test zu sein und wird deshalb von den meisten Pankreaszentren eingesetzt. Hierbei wird die Fluoreszeinkonzentration photometrisch (492 nm) zum Zeitpunkt 0 und in 30-minütigen Zeitintervallen über 180–240 Minuten nach Einnahme einer Testmahlzeit und Stimulation mit Sekretin (1 IE/kg Körpergewicht) und Metoclopramid (10 mg i. v.) im Blut gemessen. Der Serumtest ist pathologisch, wenn die maximale Fluoreszeinkonzentration i. S. unter 4,5 mg/l liegt.

Der Urintest läuft über 3 Tage. Am ersten Tag wird nach Gabe von 2 Kapseln Fluoreszeindilaurat der Urin über 10 Stunden gesammelt. Am 2. Tag ist eine Testpause und am 3. Tag erhält der Patient eine Kapsel Fluoreszein und sammelt erneut den 10-Stundenurin (Kontrolle der Resorption). Nach photometrischer Bestimmung von Fluoreszein im Urin erfolgt die Berechnung der Farbausscheidung: Extinktion × Urinvolumen/35. Es werden der Testtag (T) und der Kontrolltag (K) als T-K-Quotient berechnet. Der PLT-Urintest ist pathologisch wenn der T-K-Quotient unter 30 % liegt. Liegt der T-K-Quotient unter 10 % findet sich in der Regel auch ein Fettstuhl.

Kontraindikationen für den PLT-Test sind eine akute Pankreatitis, der akute Schub einer chronischen Pankreatitis und das Vorliegen eines Verschlussikterus. Durch die i. v. Gabe von Metoclopramid (Paspertin) können zentralnervöse Störungen (z. B. Torticollis spasticus) induziert werden. Zur Durchführung des PLT-Tests muss der Patient nüchtern sein, Enzympräparate müssen für 3–5 Tage abgesetzt sein und bis 3 Tage vor dem Test sollte keine ERCP durchgeführt werden. Bei der photometrischen Messung des Fluoreszeins stören hohe Serumbillirubinkonzentrationen.

Atemtests: Um die Pankreasfunktion zu messen, wurden in den letzten Jahren Atemtests mit ^{13}C-markierten Substraten entwickelt. Bei diesen Tests reflektiert das $^{13}CO_2/^{12}CO_2$ Verhältnis in der Ausatemluft die duodenale Lipolyse, den geschwindigkeitsbestimmenden Schritt der Lipidabsorption. Die $^{13}CO_2$/ und $^{12}CO_2$-Konzentration wird gaschromatographisch gemessen. Als Substrate werden 1,3 Distearyl-2[^{13}C]-Octanoat, Cholesteryl-[^{13}C]-Octanoat oder [^{13}C]-markierte, langkettige Fettäuren enthaltende Triglyceride (Hiolein®) eingesetzt. Obwohl die [^{13}C]-Atemtests in der Durchführung recht einfach sind und auch den Patienten nicht belasten, haben sie sich bisher in der klinischen Routine insbesondere wegen der hohen Kosten der [^{13}C]-markierten Substrate kaum durchgesetzt, zumal die Sensitivität und Spezifität dieser Test vergleichbar ist mit den anderen nicht invasiven Pankreasfunktionstests.

15.2.2.3 Pankreaskarzinom

Die Häufigkeit des **Pankreaskarzinoms** nahm in den letzten Jahren stetig zu. In westlichen industrialisierten Ländern liegt die Häufigkeit derzeit bei 10 Fällen pro 100000 Einwohner. In Deutschland werden derzeit jährlich 6000–8000 neue Fälle registriert. Das Pankreaskarzinom verursacht inzwischen jeden 5. Krebstod, bei Männer nach dem Bronchioal-, Prostata- und Kolonkarzinom sogar jeden 4. Krebstod. Beim häufigsten Pankreaskarzinom, dem duktalen Adenokarzinom (90 % aller Fälle) ist die Prognose so schlecht, dass die Inzidenz nahezu der Mortalität entspricht. Die Diagnose erfolgt bei den meisten Patienten zu spät. Nach Diagnosestellung liegt die mittlere Überlebenszeit unbehandelt bei 1–2 Monaten, unter palliativer Therapie bei 3–6 Monaten und nach Tumorresektion bei 9–18 Monaten. Die Ursache des Pankreaskarzinoms ist nach wie vor unzureichend geklärt. Faktoren, welche in der Ätiologie des Pankreaskarzinoms eine Rolle spielen, sind das Rauchen, eine fettreiche Ernährung sowie eine lange bestehende chronische Pankreatitis. Aus Tierversuchen abgeleitet kann man davon ausgehen, dass auch bestimmte Karzinogene beim Menschen als Kofaktoren bei der Pankreaskrebsentstehung beteiligt sind. Auch genetische Faktoren sind bei der Entwicklung eines Pankreaskarzinoms beteiligt. Es wird geschätzt, dass etwa 3–5% aller Pankreaskarzinome auf einer vererbten Anlage beruhen.

Die molekulargenetische und zellbiologische Forschung hat in den letzten Jahren wertvolle Erkenntnisse bezüglich der Tumorentwicklung des Pankreaskarzinoms erbracht. Ob die duktalen Adenokarzinome vom Gangepithel oder von transformierten Azinuszellen ausgehen, wird derzeit kontrovers diskutiert. Im Tiermodell konnte gezeigt werden, dass sich bei transgenen Mäusen, die TGFa im Pankreas überexprimieren, gleichzeitig mit der Ausbildung einer Pankreasfibrose das zentroazinäre Lumen erweitert und Azinuszellen zu duktalen Zellen transformieren. Ein Teil dieser Tiere entwickelt innerhalb eines Jahres ein Pankreaskarzinom. Werden zusätzlich bei diesen transgenen TGFa-Mäusen das p53- und das p16-Gen ausgeschaltet, wachsen die Pankreaskarzinome bei allen Tieren innerhalb der ersten Monate nach Geburt. Bei 70–100% der nicht vererbten (sporadischen) Pankreaskarzinome fanden sich Mutationen im **K-ras-Gen** (Kodon 12 des K-ras-Onkogens). Somatische Mutationen des **p53 Gens** fanden sich bei 40–70%, des **DPC4 (SMAD4) Gens** bei 50% und des p16 Gens bei 30–80% der sporadischen Pankreaskarzinome. Neben dem p16 Gen spielt möglicherweise auch das Brustkrebsgen BRCA2 eine Rolle bei der Prädisposition zum Pankreaskarzinom. Inzwischen ist es möglich, die entsprechenden molekulargenetischen Veränderungen von K-ras und p53 nicht nur im Gewebe, sondern beispielsweise auch im endoskopisch gewonnenen Pankreassekret nachzuweisen. Sollten sich diese zur Zeit noch sehr aufwendigen und teuren Methoden als sensitives und spezifisches Verfahren bei der Diagnose des Pankreaskarzinoms bewähren und dann auch noch auf leichter zugängliches Probenmaterial wie Stuhl oder Blut ausweiten lassen, dann stünde erstmals ein diagnostisches Screeningverfahren für das Pankreaskarzinom zur Verfügung.

Das Pankreaskarzinom ist extrem aggressiv. Zum Zeitpunkt der Diagnose sind bereits 80% der Karzinome in die Leber oder die Lunge metastasiert. Die meisten Karzinome (70–80%) finden sich im Pankreaskopf. Die klinischen Zeichen bei Patienten mit einem Pankreaskarzinom sind uncharakteristisch. Am häufigsten findet sich eine Gewichtsabnahme, ein Ikterus (durch Kompression des Gallegangs), Schmerzen und eine Inappetenz. Die Diagnostik des Pankreaskarzinoms beginnt mit der Ultraschalluntersuchung des Abdomens. Hierbei ergeben sich wertvolle Hinweise auf das Vorliegen eines Karzinoms oder das Vorhandensein von Lebermetastasen. Liefert die Ultraschalluntersuchung keine Klärung, schließt sich als nächste Untersuchung eine ERCP an.

Bei der Blutanalytik finden sich bei 75% der Patienten neben der Erhöhung der Bilirubinkonzentration (direktes Bilirubin) pathologische erhöhte Aktivitäten der Cholestasemarker alkalische Phosphatase (AP) und gamma-Glutamyltransferase (γ-GT) bei gleichzeitig nachgewiesener Anämie. Von den Tumormarkern für das Pankreaskarzinom hat lediglich das CA19-9 eine ausreichende Spezifität. 80% der Pankreaskarzinompatienten weisen erhöhte CA19-9 Konzentrationen auf. Die Sensitivität der Bestimmung hängt wesentlich vom dem Cut-Off-Wert ab. Bei einem Cut-Off-Wert von 37 kU/l liegt der positiv prädiktive Wert von CA19-9 bei 72% und negativ prädiktive Wert bei 96%. Bei dieser Entscheidungsgrenze finden sich jedoch bei nahezu 30% der Patienten mit chronischer Pankreatitis ebenfalls erhöhte Werte. Wird die Entscheidungsgrenze auf 300 kU/l festgelegt, erhöht sich der positiv prädiktive Wert von CA19-9 auf 90% und bei 1000 kU/l sogar auf 97%. Daraus folgt, dass bei hoch angesetzter Entscheidungsgrenze ein positives CA19-9 Ergebnis verdächtige bzw. auffällige Befunde bei den bildgebenden Verfahren bestätigen kann. Außer bei chronischer Pankreatitis finden sich erhöhte CA19-9 Konzentrationen bei Patienten mit chronischen Lebererkrankungen, bei Cholestase sowie bei anderen gastrointestinalen Tumoren. Da das CA19-9 ein Hapten der Blutgruppendeterminante Lewis-a/b ist, kann es bei Lewis negativen Personen

(3–5 % der Bevölkerung) nicht nachgewiesen werden.

Ergibt sich aus den initialen Untersuchungsverfahren Sonographie, ERCP, Laboruntersuchung der dringende Verdacht auf ein Pankreaskarzinom mit Fernmetastasen, sollte die Diagnose durch eine Feinnadelbiopsie gesichert werden. Bei Patienten ohne generelle Kontraindikationen für eine Operation und ohne Nachweis von Fernmetastasen, erfolgt die Abklärung der chirurgischen Resektabilität des Karzinoms mittels kontrastmittelverstärktem Spiral-CT oder neuerdings auch mittels Magnet-Resonanz-Tomographie (MRT) und Endosonographie. Finden sich bei diesen Untersuchungsverfahren keine Hinweise auf eine Nichtresektabilität des Tumors, sollte unverzüglich eine Operation angestrebt werden. Diese hat das Ziel, den Tumor zusammen mit regionalen Lymphknoten zu entfernen. Operationstechniken beim Pankreaskarzinom sind die partielle Duodenopankreatektomie (klassischer Whipple), die pyloruserhaltende partielle Duodenopankreatektomie (PP-Whipple), die duodenumerhaltende Pankreaskopfresektion (Beger'sche Pankreaskopfresektion) und die Pankreaslinksresektion ohne Milzerhaltung.

15.2.2.4 Mukoviszidose (Zystische Fibrose)

Die **Mukoviszidose** kommt mit einer Häufigkeit von 1:3000 Geburten vor und ist damit die häufigste autosomal-rezessiv vererbte Erkrankung in Mitteleuropa. Sie ist auch die häufigste Ursache für eine exokrine Pankreasinsuffizienz bei Kindern und Jugendlichen. Etwa 5 % der Bevölkerung sind heterozygote Merkmalsträger. Genetisch liegen der Mukoviszidose mehr als 900 mögliche Mutationen zu Grunde, die alle das Gen für den **Cystic-Fibrosis-Transmembrane-Conductance-Regulator (CFTR)** betreffen. Bei 70 % der Erkrankten liegt eine Deletion eines Basentripletts an Position $\delta F508$ des CFTR-Gens vor. Das CFTR-Gen codiert für einen transmembranären Chloridkanal, der für den Natrium-Chloridaustausch verantwortlich ist und in apikalen Membranen epithelialer Zellen lokalisiert ist. Ein Defekt dieses Chloridkanals führt zu einer gesteigerten NaCl Ausscheidung von serösen Drüsen und einer Eindickung des Sekrets in muzinösen Drüsen. Die daraus resultierenden Symptome betreffen vor allem das Bronchialsystem, die intrahepatischen Gallenwege und das Pankreas. Der chronische Stau zähen Schleims im Pankreasgangsystem führt zu einer progressiven, feinzystischen Degeneration der Bauchspeicheldrüse mit zunehmender exokriner, später zum Teil auch endokriner Insuffizienz. 85 % der Mukoviszidosekranken entwickeln bereits im Kindesalter Steatorrhöen. Die mittlere Lebenserwartung liegt heute bei über 30 Jahren und wird entscheidend durch die bronchopulmonalen Komplikationen bestimmt.

Diagnostik der zystischen Fibrose

Bei Neugeborenen mit Mukoviszidose kann es zu einer intestinalen Obstruktion (Mekoniumileus) kommen. Ab dem frühesten Kindesalter stehen die bronchiopulmonalen Symptome im Vordergrund. Später wird bei etwa 90 % der Patienten eine Pankreasinsuffizienz manifest, die durch Enzymsubstitution gut beherrschbar ist. Die große Variabilität der Geno- und Phänotypen erschwert die richtige Diagnosestellung vor allem dann, wenn es sich um eine der selteneren Spätmanifestation nach der Pubertät oder sogar im Erwachsenenalter handelt. Die bildgebenden Verfahren wie Ultraschall, CT und ERCP sind meist nicht diagnoseweisend. Der Schweißtest, also die Bestimmung der NaCl-Konzentration nach Pilocarpin-Iontophorese (meist in der Pädiatrie durchgeführt) sichert nach wie vor die Diagnose. Zumindest die häufigsten Mutationen am CFTR-Gen lassen sich heute durch eine molekulargenetische Untersuchung von peripheren Blutzellen nachweisen. Obwohl der Nachweis einer erhöhten Albuminkonzentration im Mekonium eine geringe Sensitivität hat, ist dieser Test immer noch weit verbreitet. In Zukunft dürften sensitivere Screeningverfahren, die auf dem Stuhlgehalt bestimmter Pankreasproteine basieren (untersucht werden Trypsin und pankreatitisassoziiertes Protein), zur Verfügung stehen.

15.3 Dünn- und Dickdarm

Durch die Ileozökalklappe ist der Dickdarm (Länge 110 cm) vom Dünndarm (Länge 280 cm) abgegrenzt. Die wesentlichen Funktionen des Darmes sind:

Dünndarm:
– Absorption
– Sekretion
– Motilität
– Darmhormonsekretion

Dickdarm:
– Rückresorption von Wasser und Elektrolyten
– Eindickung des Faezes

Über die Darmschleimhaut, die durch Ausbildung von Falten und Zotten eine Fläche von 200–300 m² aufweist, werden die Nahrungsbestandteile und das Wasser resorbiert. Täglich werden etwa 9 l Wasser (vorwiegend im Dünndarm) aufgenommen. In und unter der Schleimhaut findet sich ein System von Immunzellen, das zusammen mit den Peyer'schen Plaques, den Lymphfollikeln der Darmwand und den Mesenteriallymphknoten das darmassoziierte lymphatische Gewebe darstellen. Dieses soll zusammen mit der Epithelbarriere das Eindringen potentieller Antigene verhindern und intestinale Pathogene sowohl durch humorale als auch zellvermittelte Abwehrmechanismen eliminieren. Das vorherrschende Immunglobulin im Gastrointestinaltrakt ist sekretorisches IgA. Neben den Abwehrmechanismen hat das Immunsystem des Gastrointestinaltrakt die Funktion der Toleranzentwicklung gegen Bestandteile des Darminhalts. Hierdurch beeinflusst das gastrointestinale Immunsystem auch das periphere Immunsystem. Im gesunden Dickdarm liegt eine vorwiegend anaerobe Darmflora vor (10^{10}–10^{13} Keime/ml Darminhalt). Diese degradiert komplexe Kohlenhydrate, die im Dünndarm noch nicht aufgespalten und nicht resorbiert wurden. Hierbei entstehen u. a. die kurzkettigen Fettsäuren Essigsäure, Propionsäure und Buttersäure, die auch zur Ernährung des Kolons beitragen. Gelangen Triglyceride bei unvollständiger Resorption in das Kolon, werden sie ebenfalls zu freien Fettsäuren und Hydroxyfettsäuren abgebaut. Diese erhöhen die Osmolalität im Dickdarm und führen zu osmotisch bedingten Durchfällen. Bei der bakteriellen Fermentation entstehen beträchtliche Mengen verschiedener Gase (N_2, H_2, CO_2, CH_4), die zum Teil resorbiert und abgeatmet, zum Teil auch bakteriell utilisiert werden. Ein kleiner Teil dieser Gase, tgl. etwa 500–1200 ml wird durch anale Windabgänge eliminiert.

15.3.1 Pathophysiologie und Pathobiochemie

Die vielfältigen Erkrankungen des Dünn- und Dickdarmes führen zu einer begrenzten Anzahl von Symptomen. Hierbei dominieren:
– Diarrhö oder Obstipation
– Schmerzen
– Meteorismus
– Gewichtsverlust und Mangelsymptome als Folge der Malassimilation
– Blutung

Diarrhö

Eine **Diarrhö** ist definiert als flüssiger Stuhl von mehr als 250 g / Tag und einer Frequenz von mehr als 3 / Tag. Es wird zwischen einer **osmotischen** und einer **sekretorischen** Diarrhö unterschieden. Bei der osmotischen Diarrhö führen nicht resorbierte osmotisch wirksame Substanzen zu einer reduzierten Wasserresorption und hierdurch zu einer vermehrten Wasserausscheidung im Stuhl. Diese Form der Diarrhö verschwindet, wenn der Patient fastet. Bei der sekretorischen Diarrhoe liegt eine erhöhte Wasser- und Elektrolytsekretion (Chlorid) der Dünn- oder Dickdarmschleimhaut vor. Diese kann durch Enterotoxine, neuroendokrine Transmitter, gastrointestinale Peptide, Medikamente, Fettsäuren und Gallensäuren bedingt sein. Die akuten Diarrhöen sind in der Regel infektiös bedingt und gehören zur Gruppe der sekretorischen Diarrhöen. Durch Messung von Stuhlosmolarität, Natrium- und Kaliumkonzentration lässt sich eine osmotische von der sekretorischen Diarrhö abgrenzen. Der frische Stuhl ist normalerweise isoton zum Serum und hat eine Osmolalität von etwa 290 mosmol/kg. Die Differenz zwischen der Stuhlosmolalität und der doppelten Konzentration von Natrium und Kalium entspricht der osmotischen Lücke und liegt normalerweise unter 100 mosmol/kg.

Falls die Natriumkonzentration über 90 mmol/l liegt und die osmotische Lücke unter 50 mosmol/kg liegt, handelt es sich um eine sekretorische Diarrhö. Bei Patienten mit osmotischer Diarrhö liegt die Stuhl-Natriumkonzentration unter 60 mmol/l und die osmotische Lücke über 100 mosmol/kg.

Malassimilationssyndrom

Eine **Malassimilation** kann bedingt sein durch eine **Maldigestion** oder eine **Malabsorption**. Bei der Maldigestion liegt eine Verdauungsstörung vor, die bedingt ist durch eine Verminderung oder ein Fehlen der Verdauungsenzyme bzw. der Gallensäuren. In diesem Falle sind die Pankreasfunktionstests pathologisch (Tab. 15.8). Bei der Malabsorption liegt eine Störung der enteralen Resorption vor, die durch verschiedene Resorptionstests nachweisbar ist (Tab. 15.8). Zahlreiche, sehr verschiedene Erkrankungen können zu einer Malassimilation führen.

Ursachen der Malassimilation
– Pankreasinsuffizienz bei chronischer Pankreatitis, Pankreasresektion, Mukoviszidose
– Z. n. Magen- oder Darmresektionen
– Laktase- oder Saccharasemangel
– Zöliakie (einheimische Sprue)
– Gallensäurenverlustsyndrom und enterales Eiweißverlustsyndrom
– M. Crohn, M. Whipple
– Darminfektionen und bakterielle Fehlbesiedlung
– Sklerodermie, Strahlenkolitis, ischämische Kolitis
– Rechtsherzinsuffizienz
– intestinale Lymphome

Symptome der Malassimilation:
– Diarrhö
– Steatorrhö (Stuhl hell-grau, glänzend, > 7 g Fett/Tag
– voluminöse Stühle (> 300 g/die), übelriechend, wässrig
– Gewichtsverlust
– Mangelsymptome:
– Kohlenhydrate: Gährungsstühle, niedrige Blutzuckerwerte, Gewichtverlust, Flatulenz
– Eiweiß: Muskelschwund, Eiweißmangelödeme (Aszites)
– Fett: Abmagerung; durch Steatorrhö gesteigerte Oxalatresorption ? Nierensteine
– Vitamin A: Hyperkeratose, Sehstörungen (Nachtblindheit)
– Vitamin K: Gerinnungsstörungen
– Vitamin D: Osteomalazie, Rachitis
– Vitamin B12, Folsäure, Eisen: Anämie (megaloblastär oder mikrozytär), Glossitis
– Vitamin B1 und B2: Polyneurapathie, Linsendokrine Störungen z. B. Zyklusstörungen

Häufig gefundene Laborveränderungen beim Malassimilationssyndrom:
– hypochrome (Eisenmangel) oder hyperchrome (Vit. B12, Folsäure) Anämie
– erniedrigte Serum/Plasmakonzentration von Gesamtprotein, Albumin, Triglyceriden, Cholesterin, Kalzium, Magnesium, Eisen, Ferritin, Vitamin B12, β-Carotin

Tabelle 15.8: Differenzierung zwischen Maldigestion und Malabsorption.

Maldigestion	Malabsorption
Pankreaselastasekonzentration im Stuhl vermindert	D-Xylose-Test pathologisch; Urin < 5 g Xylose; Xyloseanstieg i. S. < 30 mg/dl
Chymotrysinaktivität im Stuhl vermindert	Schilling-Test: erniedrigte Werte ohne und mit Intrinsic-Faktor
Pankreolauryltest pathologisch	Laktosetoleranztest pathologisch
Sekretion-Takus-(Pankreozymin)-Test pathologisch	SeHCAT-Test (fehlende Aufnahme Tc-markierter oral verabreichter Gallensäuren) → fehlender enterohepatischer Kreislauf oder Gallensäureverlustsyndrom
	Endoskopie mit Histologie (M. Crohn, M. Whipple, Sprue, Amyloidose)

– erniedrigte Thromboplastinzeit (Quickwert)
– erhöhte Aktivität der alkalischen Phosphatase
– erhöhte Oxalsäurekonzentration (im Urin)

15.3.2 Dünndarmerkrankungen

15.3.2.1 M. Whipple

Der **M. Whipple** ist eine seltene, überwiegend Männer mittleren Alters betreffende bakteriell induzierte (Tropheryma whippelii), chronisch rezidivierende Systemerkrankung. Die Erreger finden sich in der Dünndarmschleimhaut, in Herz und Lunge, Leber, Milz, Gelenken, Auge und dem Zentralnervensystem. Im Duodenum und Jejunum führt der M. Whipple zu Schleimhautveränderungen (Makrophageninfiltration, abgeflachte Darmzotten, erweiterte Lymphgefäße) gefolgt von einem Malassimilationssyndrom. Die Symptomatik beim M. Whipple ist gekennzeichnet durch den Gewichtsverlust (Malassimilation), eine Diarrhö/Steatorhö, Abdominalschmerzen, Arthralgien, Fieberschübe und Nachtschweiß, Lymphknotenschwellung, neurologische Symptomatik und Herzrhythmusstörungen. Laborchemisch fallen bei Patienten mit M. Whipple die Leukozytose, eine Vermehrung der Akute-Phase-Proteine (CRP) sowie eine beschleunigte Blutsenkungsgeschwindigkeit auf. Je nach Ausmaß der Malassimilation finden sich auch entsprechende Laborveränderungen (Anämie, Hypoproteinämie, erhöhte Aktivität der AP).

15.3.2.2 Glutensensitive Enteropathie (Erwachsenen, einheimische Sprue; Kinder Zöliakie)

Hierbei handelt es sich um eine Dünndarmerkrankung, die auf einer Allergie gegen das Getreideprotein Gluten (Gliadin: in Weizen, Roggen, Hafer, Gerste) beruht und mit einer Zottenatrophie, einer Hypertrophie der Krypten sowie mit lymphozytären Infiltraten einhergeht. Da die HLA Antigene B8/DR3/DQ2 gehäuft bei Patienten mit **Sprue** gefunden werden, ist eine genetische Prädisposition wahrscheinlich. Die Symptomatik ist bestimmt durch die Maldigestion. Es finden sich gehäuft Diarrhöen und Steatorhöen, ein aufgetriebenes Abdomen, Meteorismus, bei Kindern auch Wachstumsstörungen, eine Hypoproteinämie mit Ödemen, Gewichtverlust, Schwäche, Cheilosis, Glossitis und Aphtosis. Die Diagnose einer **glutensensitiven Enteropathie** basiert auf der Anamnese, einigen Laboruntersuchungen und der endoskopischen Dünndarmbiopsie.

Laboruntersuchungen bei Verdacht auf Zöliakie/Sprue:
– **D-Xylose-Test**
– H_2-Exhalationstest mit Laktose
– Stuhlfettbestimmung
– **Gliadinantikörper**

15.3.2.3 Laktasemangel

Nach Zufuhr von Milch und Milchprodukten klagen die Patienten mit Laktasemangel über Diarrhö, Tenesmen, Flatulenz und Meteorismus. Man unterscheidet den primären Laktasemangel (betroffen insbesondere Neger in den USA sowie Asiaten) vom sekundären Laktasemangel (bei anderen Darmerkrankungen). Die Diagnostik eines **Laktasemangels** erfolgt über die Anamnese, einen Laktosetoleranztest und den H_2-Atemtest (nach Gabe von Laktose).

15.3.2.4 Bakterielle Über-/Fehlbesiedlung

Bei einer bakteriellen Über-/Fehlbesiedlung des Dünndarms werden Gallensäuren durch die Bakterien dekonjugiert und metabolisiert, wodurch die Mizellenbildung reduziert ist. Es resultiert eine Malabsorption und Durchfälle treten gehäuft auf. Bakterielle Übersiedlungen treten auf bei Divertikeln des Dünndarms, Fisteln, Strikturen, blinden Schlingen. Motilitätsstörungen und nach Antibiotikatherapie. Diagnostiziert wird die bakterielle Überwucherung durch den H_2-Atemtest (nach Gabe von 75 g Glukose), die Bestimmung von H_2 in der Atemluft (nüchtern), den **D-Xylose-Atemtest**, einen pathologischen **D-Xylosetest**, den **Schilling-Test** sowie die Stuhlfettbestimmung.

15.3.2.5 Enterales Proteinverlustsyndrom

Das **enterale Eiweißverlustsyndrom** wird auch als **exsudative Enteropathie** bezeichnet. Man unterscheidet eine primäre Form (meist angeborene intestinale Lymphangiektasie) von den sekundären (bei entzündlichen Darmerkrankungen, Darmlymphomen, Polyposis, Sprue, Nahrungsmittelallergien, Lymphfisteln und bei portaler Hypertension). Infolge des enteralen Proteinverlustes finden sich erniedrigte Gesamtprotein- und Albuminkonzentrationen im Serum/Plasma, aus diesem Grunde auch Ödeme und Aszites, eine Muskelschwäche, Diarrhöen (auch bedingt durch die Grunderkrankung) und eine gesteigerte Infektneigung. Nachgewiesen wird der enterale Proteinverlust durch den ^{51}Cr-Albumintest (Gordon-Test), die i. v. Gabe von Tc-markiertem Albumin, die Bestimmung der alpha1-Antitrypsin-Konzentration im Stuhl (normal < 2,6 mg/g Stuhl) oder die Berechnung der **alpha1-Antitrypsin-Clearance** nach Messung der alpha1-Antitrypsinkonzentration im Serum und Stuhl (normal < 10 ml/24 h).

15.3.3 Chronisch entzündliche Darmerkrankungen

Unter den chronisch entzündlichen Darmerkrankungen werden der **M. Crohn** und die **Colitis ulcerosa** zusammengefasst. Während die Colitis ulcerosa nur das Colon und Rektum betrifft, kann der M. Crohn in allen Abschnitten des Gastrointestinaltrakts auftreten.

Tabelle 15.9: Unterschiede zwischen M. Crohn und Colitis ulcerosa.

	M. Crohn	Colitis ulcerosa
Maldigestion	+ (Gallensäurenverlust)	–
Malabsorption	+ (generalisiert)	+ (Wasser, Elektrolyte)
Exsudation	++	+
blutige Diarrhö	–	+
chologene Diarrhö	+	–
Fistelbildung	+	–
Steatorrhö	+	–
Anämie	+ (makrozytär)	+ (mikrozytär)
maligne Entartung	selten	+ (Kontrollkoloskopien erforderlich)

15.3.3.1 Morbus Crohn (Enteritis regionalis, Ileitis terminalis)

Der M. Crohn ist eine schubweise verlaufende, chronisch entzündiche Darmerkrankung, die sämtliche Darmschichten betrifft und segmental auftritt, wobei häufig das terminale Illeum und das Kolon betroffen sind. Neben der Darmwandentzündung mit Schleimhautödem und fibrotischem Umbau finden sich aphtöse Ulzera, Fissuren, Abszesse, Fisteln, Pseudopolyperbildung, Konglomerattumore und vergrößerte regionale Lymphknoten. Die Äthiologie ist bislang unklar, eine genetische Prädisposition wird diskutiert.

Symptomatik bei M. Crohn:
– Diarrhö
– Abdominalschmerzen z. T. kollikartig (hervorgerufen durch narbige Stenosen)
– Malassimilation (bei ausgedehnter Beteiligung des terminalen Ileums)
– Appetitlosigkeit, Gewichtsabnahme, im Kindesalter Wachstumsverzögerung
– Übelkeit, Erbrechen
– Temperaturerhöhung
– Blässe (Anämie)

Komplikationen:
– Blutung
– Fistelbildung
– Stenosierung
– Darmperforation
– Abszedierung
– maligne Entartung
– extraintestinale Manifestation: Amyloidose, Uveitis, Arthritis, Stomatitis, Erythema nodosum, Nephrolithiasis

Diagnostiziert wird der M. Crohn durch die typische Anamnese, den körperlichen Untersuchungsbefund (Resistenz im re. Unterbauch; bei Uveitis, Stomatitis, Erythema nodosum und Analfisteln sollte ein M. Crohn ausgeschlossen werden), die endoskopische Untersuchung (mit Histologie) des Kolons und terminalen Ileums sowie die Röntgendoppelkontrastdarstellung von Dünndarm und Kolon.

15.3.3.2 Colitis ulcerosa

Die Colitis ulcerosa ist eine chronische ulzeröse Entzündung der Mukosa und Submukosa des Dickdarmes, welche vom Rektum ausgeht, sich kontinuierlich ausbreitet und rezidiviert. Die Äthiologie der Colitis ulcerosa ist unklar. Es werden genetische Faktoren, Nahrungsgewohnheiten, Allergien, Umweltfaktoren, Autoimmunreaktionen und Stress als Auslöser diskutiert.

Symptomatik
- blutige, schleimige Durchfälle
- Bauchschmerzen
- Gewichtverlust, Appetitlosigkeit, Übelkeit
- Fieber
- Anämie
- extraintestinale Symptomatik: Arthritis, Uveitis, Erythema modosum, sklerosierende Cholangitis, Perkarditis, Pyoderma gangränosum

Diagnostiziert wird die Colitis ulcerosa durch Rektoskopie (mit Biopsie und Histologie) und Röntgen (Kolonkontrasteinlauf). Laborchemisch sind bei einem akuten Schub der Colitis ulcerosa die Entzündungsparameter erhöht (Tab. 15.9). Außerhalb akuter Schübe besteht häufig eine mikrozytäre Anämie, ein Eisenmangel und ein Protein-(Albumin)-Mangel.

Tabelle 15.10: Labordiagnostik zur Erkennung der Krankheitsaktivität und der Defizite bei Colitis ulcerosa.

Krankheitsaktivität		Defizite
Erhöhung der Akute-Phase-Proteine (CRP, SAA, alpha-1-saures Glykoprotein)	BSG beschleunigt	Albumin erniedrigt
Erniedrigung der negativen Akute-Phase-Proteine (Albumin, Transferrin)	Thrombozytose Leukozytose	Mikrozytäre (Eisenmangel) Anämie

16 Leber

A. M. Gressner

16.1 Pathophysiologie und Pathobiochemie

Mit weit mehr als 500 Einzelfunktionen ist die Leber das stoffwechselaktivste und gleichzeitig größte Organ [etwa 2 % (1,5 kg) des Körpergewichtes des Erwachsenen] des menschlichen Körpers. Der zentralen Rolle im Intermediärstoffwechsel der Kohlenhydrate, Proteine, Aminosäuren, Lipide und Lipoproteine und in der Biotransformation endogener und exogener Substanzen entspricht ihre besondere, duale Blutversorgung: Zwischen Verdauungstrakt und großem Kreislauf gelegen, entfallen 3/5 des durchströmenden Blutminutenvolumens von ca. 1,2 l auf das nährstoffreiche, gegenüber arteriellem Blut nur um 1,9 Vol.% sauerstoffärmere Blut der Portalvene und 2/5 auf das relativ sauerstoffreiche, aber nährstoffarme Blut der Leberarterie. Die umfänglichen Funktionen der Leber werden durch einen hohen strukturellen und funktionellen Differenzierungsgrad gewährleistet, der sich auf den folgenden drei Ebenen abspielt:

16.1.1 Metabolische Zonierung

Bedingt durch die oben geschilderte duale Blutversorgung wird von den periportalen Feldern aus die kleinste mikrozirkulatorische und funktionelle Einheit des Lebergewebes, der Leberazinus, mit Blut unterschiedlicher Qualität versorgt (s. Abb. 16.1). Die Azinusachse wird aus

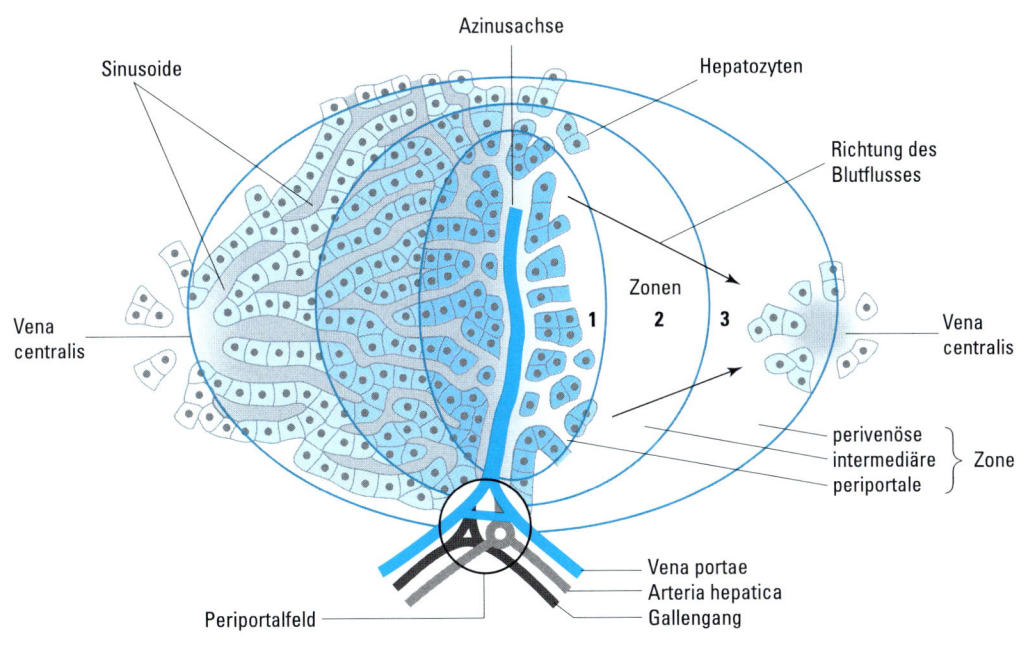

Abb. 16.1: Der Leberazinus als mikrovaskuläre hämodynamische Einheit des Leberparenchyms. Erläuterungen im Text. (aus: Lehrbuch der Klinischen Chemie und Pathobiochemie; Greiling H., Gressner A. (Hrsg); Schattauer Verlag, 1995)

den terminalen Verzweigungen der Pfortader (V. portae), der Leberarterie (A. hepatica) und aus den Gallengängen gebildet. Der Blutstrom ist von der Azinusachse über Zone 1, 2 und 3 zum Abflussgebiet der Zentralvene (V. centralis) gerichtet. Die Hepatozyten und Nicht-Parenchymzellen erhalten entsprechend Blut mit unterschiedlichen Qualitäten. Während die nahe der Azinusachse entlang der Periportalfelder gelegenen Zellen von den Sinusoiden aus mit relativ sauerstoff-, nährstoff- und hormonreichem Blut versorgt werden (periportale Zone 1), erhalten die Zellen im zentralvenösen Abflussgebiet (perivenöse Zone 3) sauerstoff-, substrat- und hormonärmere, aber mit CO_2 und Stoffwechselprodukten angereicherte Blutqualitäten. In der intermediären Zone 2 sind gemischte Blutqualitäten vorhanden. Mithilfe der Mikrodissektion konnte festgestellt werden, dass die in der afferenten Zone 1, nahe der Azinusachse gelegenen Zellen andere Stoffwechselschwerpunkte und Enzymausstattungen haben als die in der efferenten, Zentralvenen-nahen Zone 3 gelegenen Hepatozyten. Darüber hinaus ließ sich nachweisen, dass Zellen der Zone 3 gegenüber Ischämie, Anoxie, venöser Blutstauung, Mangelernährung und toxischen Einflüssen wesentlich vulnerabler als die der Zone 1 reagieren und bindegewebige Umbauvorgänge bei entzündlichen und toxischen Leberschädigungen in der Zone 3 am frühesten und ausgeprägtesten (perivenöse Fibrose) auftreten.

16.1.2 Zelluläre Differenzierung

Das Lebergewebe umfasst ein zelluläres Volumen von ca. 80% und einen Extrazellulärraum (Sinusoide und Disse'scher Raum, Gallengänge, extrazelluläre Matrix) von etwa 20%. Von den Zellen nehmen die epithelialen **Parenchymzellen** (Hepatozyten) etwa 74 Vol.% (65% der Zellzahl) ein, 6 Vol.% (35% der Zellzahl) entfallen auf die mesenchymalen, sinusoidalen **Nicht-Parenchymzellen** von heterogener Zusammensetzung (Abb. 16.2). Letztere beinhalten **Kupfferzellen** (am oder im Sinusoidendothel gelegene Peroxidase-positive Makrophagen mit hoher Endozytoseaktivität, 20% der Nicht-Parenchymzellen), sinusoidale **Endothelzellen** (flache, fenestrierte lysosomenreiche Zellen, die die Begrenzung der Sinusoide bilden, 70% der Nicht-Parenchymzellen), **Vitamin-A-Speicher-Zellen** (*hepatic stellate cells,* ITO-Zellen, 10% der Nicht-Parenchymzellen), die etwa 80% der Leberretinoide vakuolär speichern und in der entzündeten Leber zu den extrazelluläre Matrix-produzierenden, kontraktilen Myofibroblasten transdifferenzieren und sogenannte **Pit-Zellen** (lebereigene NK-Zellen, < 1% der Nicht-Parenchymzellen) (Abb. 16.3). Die Hepatozyten weisen einen hohen Grad an funktioneller Spezialisierung auf, der sich unter anderem in ihrer Polarisierung mit einem dem Sinusoid zugewandten Blutpol und einem lateralen Gallepol ausdrückt und entscheidend für die Aufrechter-

```
                    Zellen                              Extrazellulärraum
                   84–80 %                                  16–20 %
        ┌─────────────┴─────────────┐         ┌─────────────┼─────────────┐
  Parenchymzellen    Nicht-          Sinusoide +        Gallen-      extrazelluläre
   (Hepatozyten)  Parenchymzellen  Disse'scher Raum     gänge           Matrix
       74 %           6 %              16 %             0,4 %           0,1 %
                 ┌─────┬──────┬──────┐
           sinusoidale Kupffer- Vitamin A-   Pit-
           Endothelzellen zellen Speicherzellen zellen
              2,6 %     2 %   (hepatic stellate  ?
                             cells, ITO-Zellen)
                                  1,4 %
```

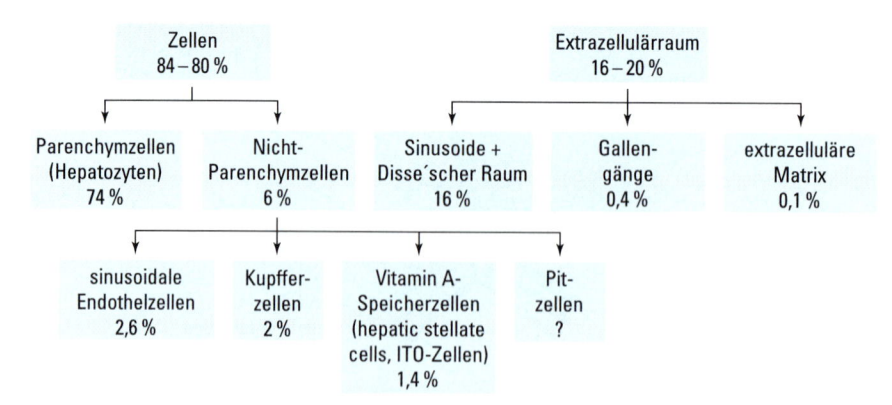

Abb. 16.2: Verteilung des zellulären und extrazellulären Volumens der Leber und Zusammensetzung aus parenchymalen und nicht parenchymalen Zelltypen.

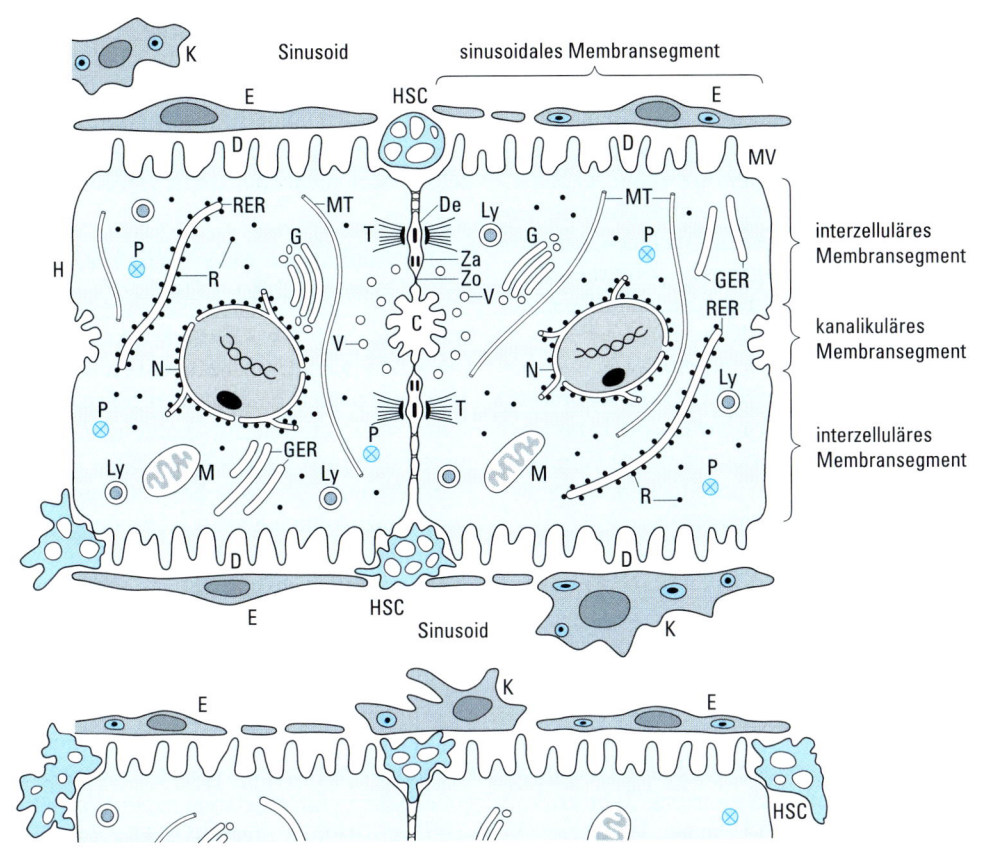

Abb. 16.3: Schematische Darstellung der Hepatozyten und sinusoidalen Nicht-Parenchymzellen in Bezug zum Disse'schen Raum und blutführenden Sinusoiden. Die Polarisierung der Hepatozyten in einen sinusoidalen Pol und lateralen Gallepol kommt zur Darstellung.
C: Gallekanalikulus; D: Disse'scher Raum; De: Desmosom; E: Endothelzelle; G: Golgi-Apparat; GER: glattes endoplasmatisches Retikulum; H: Hepatozyt; K: Kupffer-Zelle; HSC: hepatic stellate cells, Vitamin A-Speicherzellen; Ly: Lysosomen; M: Mitochondrien; MT: Mikrotubuli; MV: Mikrovilli; N: Zellkern; P: Peroxisomen; R: Ribosomen; RER: rauhes endoplasmatisches Retikulum; T: Tonofilamente; V: perikanalikuläre Vesikel; Za: Zonula adhaerens (»intermediate junction«); Zo: Zonula occludens (»tight junction«).
(aus: Lehrbuch der Klinischen Chemie und Pathobiochemie; Greiling H., Gressner A. (Hrsg); Schattauer Verlag, 1995)

haltung der systemischen Funktionen der Leber (z. B. für Gallebildung, Clearance von Hormonen und (Glyko-)Proteinen, Biotransformation von Xenobiotika, Bildung von Hämostaseproteinen und Serumproteinen, Glukosehämostase u. v. a.) ist (Abb. 16.3). Der Beitrag der sinusoidalen Nicht-Parenchymzellen zur Physiologie und Pathobiochemie des Organs ist in den letzten Jahren immer deutlicher geworden. Den im subendothelialen, Disse'schen Bereich zwischen Hepatozyten gelegenen Vitamin A-Speicherzellen kommt die entscheidende pathogenetische Bedeutung bei der Fibrosierung zu, die eine chronisch entzündliche Lebererkrankungen begleitende Exzessproduktion von Bindegewebe darstellt. Endothelzellen und Kupfferzellen endozytieren über spezifische Oberflächenrezeptoren (**„Scavenger Rezeptoren"**) oxidativ modifizierte Lipoproteine (oxLDL), zirkulierende Abbauprodukte von Matrixbestandteilen

(z. B. Prokollagenpeptide, Hyaluronan), Immunkomplexe und partikuläre Strukturen (Bakterienreste, Viren, terminale Erythrozyten). Eine wesentliche Bedeutung der Nicht-Parenchymzellen liegt auch in der parakrinen Beeinflussung anderer Zelltypen, vor allem der Hepatozyten, durch Sekretion von inflammatorischen und anti-inflammatorischen Zytokinen, Chemokinen, Wachstumsfaktoren, Eicosanoiden, Stickoxiden und reaktiven Sauerstoffspezies. Diese können sich positiv (z. B. bei der Leberregeneration), aber auch negativ (z. B. bei der Leberfibrogenese, Leberzellnekrose, -apoptose) auswirken. Die klinisch-chemische Erfassung dieser zellulären Teilleistungen ist, im Vergleich zur Diagnostik der hepatozellulären Dysfunktionen, noch sehr unterentwickelt.

16.1.3 Nervale Regulation

Gallengangssystem, Parenchymzellen und Blutgefäße sind mit sympathischen und parasympathischen Fasern innerviert, doch ist die Rolle des autonomen Nervensystems in der Leber bei der Regulation des Intermediärstoffwechsels, der Gallesekretion und Hämozirkulation noch nicht genau bekannt. Auch sensorische Nervenendigungen in der Umgebung der Zentralvene und der Gallengänge wurden identifiziert. Eine Reizung der sympathischen Nerven stimuliert die Glykogenolyse und Glukosefreisetzung, hemmt hingegen Glykogensynthese und Ammoniakaufnahme. Gleichzeitig kommt es über eine Konstriktion der Arteria hepatica zu einem Abfall des Leberblutflusses mit den damit verbundenen Stoffwechselkonsequenzen.

Die Modulation der Leberfunktion auf nervalem Wege dürfte für viele chronische Lebererkrankungen, aber auch für metabolische Folgen nach Transplantation (des denervierten Organs) von weitreichender, pathophysiologisch im Einzelnen noch nicht abgeklärter Bedeutung sein.

16.2 Pathobiochemische Partialreaktionen der geschädigten Leber

Das Spektrum der Lebererkrankungen reicht von relativ blanden, nahezu keinen Krankheitswert besitzenden funktionellen Störungen über akute und chronische Entzündungen und toxisch-nutritive Leberschädigungen bis hin zu Leberzirrhose und primärem Leberzellkarzinom. Hinzu kommen meist seltenere, hereditäre metabolische Störungen, die zu einer progredienten Insuffizienz des Organs führen können (Abb. 16.4).

Unabhängig von der zugrunde liegenden spezifischen Lebererkrankung und der auslösenden Noxe, lassen sich im Wesentlichen vier pathobiochemische Reaktionen des geschädigten Organs identifizieren, die in ihrem Ausprägungsgrad, in ihrer Relation zueinander und der zeitlichen Abfolge ihrer Manifestation für die einzelnen Lebererkrankungen typisch sind.

16.2.1 Zellnekrose

Unter ihr versteht man den akzidentiellen, meist nutritiv-toxisch (z. B. Ethanolmetabolite), immunologisch (z. B. HBV, HCV) oder durch reaktive Sauerstoffmetabolite (z. B. Sauerstoffradikale, Hydroxylradikale) verursachten

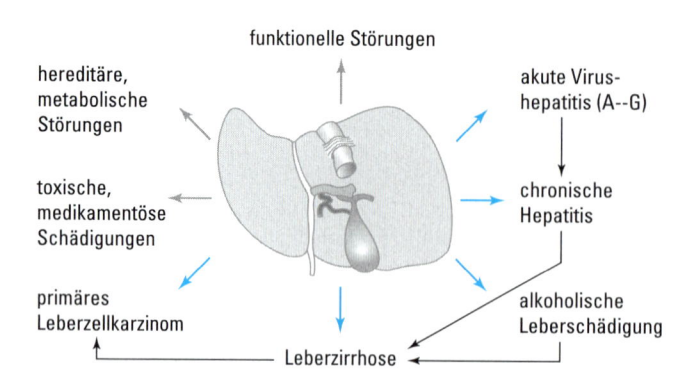

Abb. 16.4: Spektrum der wichtigsten Lebererkrankungen.

Tabelle 16.1: Klinisch-chemische Kenngrößen der Leberzellnekrose. Die drei erstgenannten Enzyme sind in der Routinediagnostik am gebräuchlichsten.

Enzym	Abkürzung	Leberspezifität	subzelluläre Lokalisation	Halbwertszeit im Serum (h)
Aspartat-Aminotransferase	AST (GOT)	–	80 % Mitochondrien 20 % Zytoplasma	17 ± 5
Alanin-Aminotransferase	ALT (GPT)	(+)	85 % Zytoplasma 15 % Mitochondrien	47 ± 10
Glutamat-Dehydrogenase	GLDH	+	Mitochondrien	18 ± 1
Laktat-Dehydrogenase, Isoenzym 5	LDH-5	(+)	Zytoplasma	10 ± 2
Glutathion-S-Transferase, α-Isoenzym	α-GST	+	Zytoplasma	1,5 h

Zelltod der Hepatozyten, bei dem es letztlich über Zellruptur zur Freisetzung zellulärer Inhaltsstoffe (z. B. Enzyme) in die Zirkulation kommt, die die Grundlage der klinisch-chemischen Diagnostik der Zellnekrose bilden. Sie ist klar abzugrenzen von der Apoptose, dem programmierten Zelltod, der über ein festgelegtes Stoffwechselprogramm, welches durch Zytokine (z. B. TNF-α) oder durch das Fas (CD 95)/Fas-Ligandsystem („Todesrezeptoren") ausgelöst wird, zur Chromatinkondensation und DNA-Fragmentierung mit Zellschrumpfung („apoptotic bodies") führt, die schließlich phagozytiert werden. Der Apoptoseprozess geht im Gegensatz zur Nekrose ohne Zellpermeabilitätserhöhung und Entzündung einher und spielt sich im Rahmen diverser Leberschädigungen ab. Er kann im Vergleich zur Zellnekrose nicht mit spezifischen Kenngrößen in der systemischen Zirkulation erfasst werden (Tab. 16.1).

16.2.2 Metabolische Insuffizienz

Die Beeinträchtigung der metabolischen Leistungsfähigkeit des Einzelhepatozyten oder/und eine Verminderung der funktionellen Leberzellmasse (z. B. bei ausgeprägter Leberzirrhose) führt ebenso wie eine verminderte Blutversorgung des Organs durch Ausbildung eines portokavalen Umgehungskreislaufes zu einer graduell unterschiedlichen Beeinträchtigung der systemischen Funktionen der Leber, was sich besonders auf die Serum- und Plasmaproteinsynthese (Abnahme des onkotischen Drucks mit Ausbildung von Aszites und Ödemen, Blutungsneigung) und mangelnde Entgiftungsfunktion für endogene und exogene Substanzen mit Ausbildung der hepatogenen Enzephalopathie bis hin zum Koma hepaticum auswirkt. Geeignete klinisch-chemische Kenngrößen sind in Tabelle 16.2 zusammengefasst.

Tabelle 16.2: Klinisch-chemische Kenngrößen der funktionellen Kapazität des Leberparenchyms.

Konzentrationsabnahme hepatogener Syntheseprodukte im Plasma

Proteinstoffwechsel
   Transportproteine
   – Albumin
   – Präalbumin
   – Retinolbindendes Protein
   Gerinnungsfaktoren
   – Fibrinogen
   – Faktor V, VII
   – Thromboplastinzeit (Quick-Wert, TPZ)

Lipidstoffwechsel
   Dyslipoproteinämie
   (z. B. Verminderung der Cholesterinester)

Kohlenhydratstoffwechsel
   Galaktosetoleranztest

Aktivitätsabnahme von Sekretionsenzymen

Pseudocholinesterase

Abnahme der Eliminations- und Entgiftungsleistungen

Hyperammoniämie
NH_4^+-Belastungstest
MEGX-Test (Lidocain-Elimination)

16.2.3 Cholestase

Die Bildung von Galle (ca. 600 ml pro Tag), die Neusynthese von Gallensäuren (ca. 0,5 g pro Tag) und die biliäre Sekretion von Gallensäuren im Rahmen des enterohepatischen Kreislaufes (ca. 17 g pro Tag) sind exklusive Stoffwechselaufgaben der Leber für die Funktion des Verdauungssystems (Mizellenbildung für die Fettverdauung). Hinzu kommen Bilirubinaufnahme, Konjugation in eine wasserlösliche Form und Exkretion in den Kanalikulus. Diese Mechanismen stellen eine besonders vulnerable Teilfunktion der Leber dar und bilden somit in der klinisch-chemischen Diagnostik oftmals den frühesten Hinweis auf eine Leberschädigung. Geeignete Laborkenngrößen sind in Tabelle 16.3 zusammengefasst.

Tabelle 16.3: Klinisch-chemische Kenngrößen der Cholestase und biliären Eliminationsstörung.

Hyperbilirubinämie
– konjugiertes (direktes) Bilirubin
– nicht konjugiertes (indirektes) Bilirubin

Gallensäurenveränderungen im Serum
– Konzentrationszunahme in toto
– Abnahme der Desoxycholsäure
– Auftreten der Lithocholsäure

Enzymaktivitätserhöhungen im Serum
– alkalische Phosphatase
– γ-Glutamyl-transferase
– Glutathion-S-Transferase, π-Isoenzym (π-GST)
– 5´-Nucleotidase

(Pathologische Farbstoffeliminationsteste)
– Indocyaningrüntest

16.2.4 Fibrose

Sie ist definiert durch die Exzessproduktion und -deposition von Komponenten der extrazellulären Matrix (Kollagene, Proteoglykane, strukturelle Glykoproteine) in der meist chronisch-entzündlich geschädigten Leber (Abb. 16.5). Während in der gesunden Leber die Kollagenmatrix nur etwa 0,1 Vol.% einnimmt, ist dieser Anteil nicht nur extrem erhöht sondern auch histotopographisch umverteilt und dabei besonders im subendothelialen und im perivenösen Bereich konzentriert, was zu erheblichen Einschränkungen der hepatischen Mikrozirkulation führt. Es bildet sich eine subendotheliale Basalmembran als Diffusionsbarriere zwischen

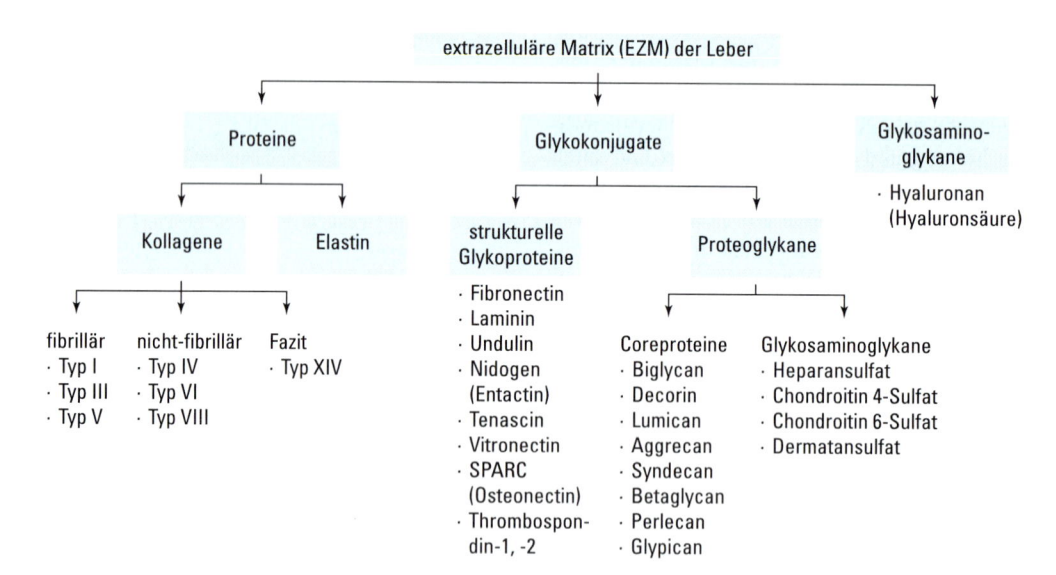

```
                    extrazelluläre Matrix (EZM) der Leber
          ┌──────────────────────┼──────────────────────┐
      Proteine              Glykokonjugate         Glykosamino-
                                                     glykane
    ┌─────┴─────┐          ┌─────┴─────┐          · Hyaluronan
Kollagene   Elastin    strukturelle  Proteoglykane  (Hyaluronsäure)
                       Glykoproteine
┌────┬────┬────┐       · Fibronectin   ┌──────┬──────┐
fibrillär nicht- Fazit  · Laminin   Coreproteine  Glykosaminoglykane
· Typ I   fibrillär · Typ XIV · Undulin   · Biglycan   · Heparansulfat
· Typ III · Typ IV            · Nidogen   · Decorin    · Chondroitin 4-Sulfat
· Typ V   · Typ VI            (Entactin)  · Lumican    · Chondroitin 6-Sulfat
          · Typ VIII          · Tenascin  · Aggrecan   · Dermatansulfat
                              · Vitronectin · Syndecan
                              · SPARC      · Betaglycan
                              (Osteonectin) · Perlecan
                              · Thrombospon- · Glypican
                                din-1, -2
```

Abb. 16.5: Extrazelluläre Matrixkomponenten der Leber. Die Proteoglykane sind sowohl mit ihren klonierten Coreproteinen als auch mit ihren sulfatierten Kohlenhydrat-Seitenketten (Glykosaminoglykane) aufgeführt. (aus: Lehrbuch der Klinischen Chemie und Pathobiochemie; Greiling H., Gressner A. (Hrsg); Schattauer Verlag, 1995)

Tabelle 16.4: Klinisch-chemische Kenngrößen der Leberfibrose.

Parameter	Fibrogenese = Bildung von EZM	Fibrolyse = Auflösung von EZM	Leberspezifität
PIIINP	+	(+)	(+)
PIVNP	–	+	(+)
PIVCP	–	+	(+)
Hyaluronan	+	– (?)	(+)
Laminin	+	–	(+)
TIMP-1	+	–	(+) ?
MMP-1/8	–	+	(+) ?

Abkürzungen:
PIIINP = N-terminales Propeptid von Typ III Prokollagen
PIVN(C)P = N(C)-terminales Propeptid von Typ IV Prokollagen
TIMP = tissue inhibitor of metalloproteinases
MMP = matrix metalloproteinases
EZM = extrazelluläre Matrix

Sinusoid und Hepatozyten aus. Als Folge der fibrotisch bedingten Zunahme der hämodynamischen Resistenz entwickelt sich ein Kollatralkreislauf zwischen Pfortader und oberer Hohlvene, was nicht nur zu fortschreitender metabolischer Insuffizienz des Organs durch Minderversorgung sondern auch zu oft letalen hämodynamischen Komplikationen führt. Die nicht invasive, auf eine Leberbiopsie verzichtende Diagnostik und Verlaufskontrolle der Entwicklung der Fibrose (**Fibrogenese**) **und** ihres Abbaus (Fibrolyse) ist mit klinisch-chemischen Parametern gegenwärtig immer noch unbefriedigend, wenngleich einige Komponenten oder

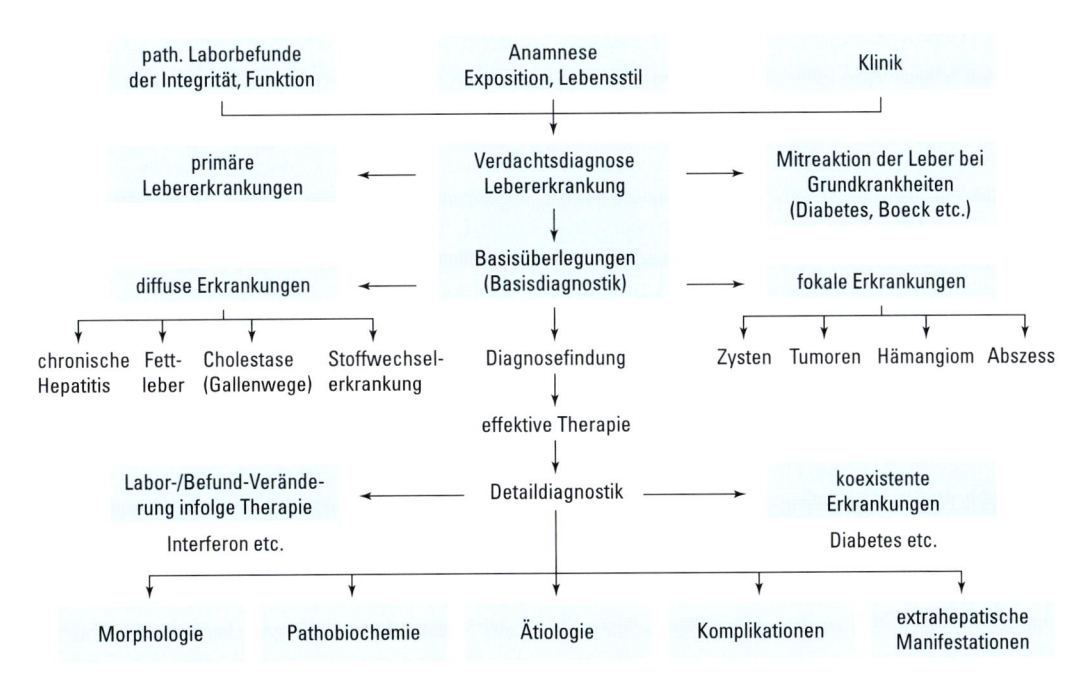

Abb. 16.6: Allgemeines stufendiagnostisches Programm für Lebererkrankungen. Spezifische diagnostische Maßnahmen richten sich nach der jeweiligen Verdachtsdiagnose. (aus: Lehrbuch der Klinischen Chemie und Pathobiochemie; Greiling H., Gressner A. (Hrsg); Schattauer Verlag, 1995)

Fragmente der extrazellulären Matrix und Matrixenzyme bei der Leberfibrose in erhöhter Konzentration bzw. Aktivität im Blut vorliegen und zur Diagnostik herangezogen werden (Tab. 16.4).

Für eine Stufendiagnostik der Lebererkrankungen, ausgehend von den klinischen Befunden, der Anamnese und den pathologischen Laborbefunden, bietet sich das in Abbildung 16.6 gegebene Schema an.

16.3 Akute Virushepatitiden

Die akute Virushepatitis ist eine systemische Infektion, die sich primär auf die Leber beschränkt und durch gegenwärtig 6 bekannte Erreger, das Hepatitis A-Virus (HAV), Hepatitis B-Virus (HBV), Hepatitis C-Virus (HCV), Hepatitis D-Virus (HDV), Hepatitis E-Virus (HEV), Hepatitis G-Virus (HGV) und möglicherweise durch weitere unbekannte Erreger erzeugt wird (Tab. 16.5). Die Virushepatitis ist von anderen viral bedingten entzündlichen Lebererkrankungen (z. B. Mononukleose, Zytomegalie, Herpes simplex, Coxsackie) und bakteriellen (Leptospirose, Pneumokokken) Begleithepatitiden anhand von klinischen und vor allem serologischen Parametern abzugrenzen. Die Virushepatitis kann nach unterschiedlich langer Krankheitsdauer ausheilen, fulminante Hepatitiden, die zu 70–80 % lethal enden, sind selten. Die einzelnen Hepatitiden können mit unterschiedlicher Häufigkeit in chronische Verläufe übergehen, die schließlich zu Leberzirrhose und primärem Leberzellkarzinom führen können. Eine Differenzialdiagnostik der Virushepatitiden muss in jedem Falle anhand der heute üblichen immunserologischen und molekularbiologischen Untersuchungsverfahren vorgenommen werden, um Therapie, Gefährdungspotential für die Umgebung und Prognose festlegen zu können.

16.3.1 Hepatitis A

Sie ist eine akute, gewöhnlich selbst limitierte, nekroinflammatorische Erkrankung der Leber, die durch eine Infektion mit dem Hepatitis A Virus (HAV) bedingt ist (Tab. 16.5). Das fäkaloral übertragene RNS-Einzelstrangvirus der Picorna-Gruppe erzeugt nach einer Inkubationszeit von zwei bis sechs Wochen eine akute Hepatitis, deren Diagnostik durch den Nachweis von Anti-HAV-IgM in der Frühphase und Anti-HAV-IgG in der Spätphase erfolgt (Abb. 13.2 in Kapitel 13 dieses Buches). Während Anti-HAV-IgM etwa drei Monate nachweisbar bleibt, persisitiert Anti-HAV-IgG unbegrenzt und zeigt eine lebenslange Immunität gegenüber einer Reinfektion an. Der Nachweis von HAV im Stuhl oder im Serum kann bereits während der späten Inkubationsphase gelingen und zur besonders frühen Diagnostik der akuten Hepatitis A herangezogen werden.

16.3.2 Hepatitis B

Die akute Hepatitis B ist definiert als eine selbst limitierte, durch akute Entzündung und hepatozelluläre Nekrose gekennzeichnete Erkrankung in Verbindung mit transienter HBV-Infektion. Weltweit ist die Infektion mit dem HBV die häufigste Ursache der Virushepatitis. HBV ist ein Protein-umhülltes, im Kern eine zirkuläre doppelsträngige DNS enthaltendes, etwa 45 nm großes Hepadna-Virus, welches vorwiegend parenteral (nicht fäkal-oral) (z. B. genital, perinatal) übertragen wird (Tab. 16.5). Nach einer Inkubationszeit von zwei bis sechs Monaten kommt es zur klinisch manifesten akuten Hepatitis B, die in etwa 10 % in eine chronische Verlaufsform übergeht, in 90 % jedoch ausheilt. Weniger als 1 % der Fälle von akuter Virushepatitis B zeigen eine fulminante Verlaufsform mit letalem Ausgang. Die mit molekularbiologischen Methoden nachgewiesene Vielzahl von Mutationen im HBV-Genom könnten für die unterschiedlichen natürlichen Verläufe und die Effizienz der Interferon-α Therapie wichtig sein, was dazu führt, dass in speziellen virologischen Laboratorien die HBV-Mutantenanalyse in das diagnostische Programm aufgenommen wird. Die spezifische Diagnostik basiert auf dem Nachweis von HBsAg im Serum am Ende der Inkubationszeit, zwei bis fünf Wochen vor Beginn der klinischen Symptomatik, wobei die höchsten Konzentrationen kurz nach der klinischen Manifestation erreicht werden, um da-

Tabelle 16.5: Erreger und diagnostische Beurteilung von Virushepatitiden.

	Hepatitis A	Hepatitis B	Hepatitis C	Hepatitis D	Hepatitis E	Hepatitis G
Erreger/ Virusfamilie	Hepatitis-A-Virus [HAV] Picornaviridae	Hepatitis-B-Virus [HBV] Hepadnaviridae	Hepatitis-C-Virus [HCV] Flaviviridae	Hepatitis-Delta-Virus [HDV] nicht klassifiziertes RNS-Virusoid	Hepatitis-E-Virus [HEV] Caliciviridae	Hepatitis-G-Virus [HGV] Flaviviridae
Struktur des Virons						
– Kapsid	ikosaedrisch (kubisch)	ikosaedrisch (kubisch)	vermutlich ikosaedrisch	Form nicht bekannt	ikosaedrisch (kubisch)	vermutlich ikosaedrisch Viruspartikel noch nicht dargestellt
– Hülle	nein	ja	ja	ja*	nein	
– Durchmesser (nm)	28	42	55–60	27–32 * Hülle besteht aus dem Oberflächenantigen (HBsAg) des HBV (= Helfervirus)	32–34 nm	
– Genom	RNS, einzelsträngig	DNS, partiell doppelsträngig Mutanten des C- oder S-Gens (Escape-Mutanten)	RNS, einzelsträngig, 6 Genotypen mit 11 Subtypen	RNS, einzelsträngig, zirkulär	RNS, einzelsträngig, linear	RNS, einzelsträngig
Inkubationszeit (Tage)	15–49	25–160	21–84	21(60)–110 Koinfektion bis 110 Tage, Superinfektion 21 Tage	10–56	21–70
Übertragungsweg	fäkal-oral, parenterale Übertragung über Blutprodukte möglich	vorwiegend parenteral, sexuell, enger körperlicher Kontakt, perinatal	parenteral (früher häufig durch Transfusion; heute durch IVDU)	parenteral, sexuell (wie HBV) Koinfektion mit HBV oder Superinfektion bei chron. Hepatitis B	fäkal-oral (kontaminiertes Trinkwasser)	parenteral, sexuell, perinatal
Virusträger (tum)	nein	0,1–0,5 % in Deutschland	0,5–1 % in Deutschland	ja (in Deutschland extrem selten)	nein	0,1–3 % in Deutschland
Chronische Verlaufsform	nein	ja (5–10 % Erwachsene, ca. 90 % Neugeborene)	über 50 %	5–10 % bei Koinfektion 90 % bei Superinfektion	nein	ja

Tabelle 16.5: Fortsetzung.

	Hepatitis A	Hepatitis B	Hepatitis C	Hepatitis D	Hepatitis E	Hepatitis G
Erreger/ Virusfamilie	Hepatitis-A-Virus [HAV] Picornaviridae	Hepatitis-B-Virus [HBV] Hepadnaviridae	Hepatitis-C-Virus [HCV] Flaviviridae	Hepatitis-Delta-Virus [HDV] nicht klassifiziertes RNS-Virusoid	Hepatitis-E-Virus [HEV] Caliciviridae	Hepatitis-G-Virus [HGV] Flaviviridae
Labordiagnostik 1. Akute Infektion 2. Immunstatus 3. Chronische Infektion	1. Anti-HAV-IgM; ≥ 4facher Titeranstieg von Anti-HAV; Nachweis von HAV-Antigen im Stuhl mittels RIA, ELISA; oder Nachweis von HAV-RNA mittels Blot-Hybridisierung oder NAT (Nukleinsäure-Amplifikations-techniken) 2. Anti-HAV	1. Serokonversion für HBsAg, anti-HBc, HBeAg, HBV-DNS-Nachweis und/oder sehr hohe Werte für Anti-HBc-IgM 2. Anti-HBc (Hauptscreening-Parameter) Anti-HBs für Immunität 3. HBsAg, anti-HBc und HBeAg (HBeAg positiv = hohe Viruslast und Infektiosität wahrscheinlich), Virusnachweis und Viruslastbestimmung im Blut mittels NAT	1. Serokonversion für anti-HCV, HCV-RNS-Nachweis im Blut 2. Anti-HCV (ggf. mit Bestätigung durch Immunblotanalyse) 3. Anti-HCV HCV-RNS-Nachweis im Blut und/oder Leberbiopsat, Genotypisierung vor Therapie	1. Anti-HDV-IgM 2. Anti-HDV 3. HDV-RNS-Nachweis mittels NAT im Blut oder Leberbiopsat (Unterscheidung: Koinfektion – Superinfektion nur in Verbindung mit HBV-Diagnostik möglich)	1. Anti-HEV-IgM/IgG, Nachweis von HEV-RNS im Stuhl mittels NAT 2. Anti-HEV-IgG	1. Serokonversion für anti-E2-HGV, HGV-RNS-Nachweis im Blut 2. Anti-E2-HGV 3. Anti-HCV HCV-RNS-Nachweis im Blut

nach allmählich abzufallen (Abb. 13.4 in Kapitel 13 dieses Buches). Antikörper gegen **HBsAg** (Anti-HBs) sind nicht in der akuten Krankheitsphase sondern in der Rekonvaleszenz nachweisbar, sodass zwischen dem Verschwinden von **HBsAg und** dem Auftreten von **Anti-HBs** ein diagnostisches Fenster von mehreren Wochen bis Monaten bestehen kann. Anti-HBs ist jedoch ein relativ langlebiger Antikörper, der gemeinsam mit Anti-HBc (s. u.) ein zuverlässiger Parameter für eine durchgemachte Hepatitis B-Infektion und damit Immunität gegenüber einer Reinfektion darstellt. HBeAg wird gleichzeitig oder kurz nach dem Auftreten von HBsAg im Serum nachweisbar. Zusammen mit dem Nachweis von HBV-DNS durch (quantitative) PCR stellt HBeAg eine Kenngröße für das intakte HBV im Serum (Virämie) dar. Dieses Antigen ist nur relativ kurzzeitig nachweisbar und veschwindet auf dem Gipfel der Erkrankung, meistens vor HBsAg. Antikörper gegen HBeAg (Anti-HBe) treten kurz nach oder mit Verschwinden von HBeAg auf, sodass die Serokonversion von **HBeAg zu Anti-HBe** etwa auf dem Gipfel der klinischen und biochemischen Erkrankung erfolgt. Die Serokonversion hat eine günstige prognostische Bedeutung, da mit dem Verschwinden von HBeAg und Auftreten von Anti-HBe die Patienten als nur noch gering infektiös zu betrachten sind. Während HBcAg im Serum niemals nachweisbar ist, stellt der Antikörper Anti-HBc die früheste immunologische Antwort des Körpers auf HBV-Antigene dar. Dieser Antikörper lässt sich schon bei der Diagnosestellung nachweisen und ist somit der zuverlässigste, hohe Konzentrationen erreichende, serologische Marker erfolgter HBV-Infektion. Durch die Differenzierung IgM-haltiger Anti-HBc Antikörper von Anti-HBc-IgG lässt sich eine weitere zeitliche Stufendiagnostik durchführen, da der IgM-Antikörper die Frühform, der IgG-Antikörper die Spätform und gleichzeitig den am längsten persistierenden Antikörper nach einer HBV-Infektion darstellt (siehe Abb. 13.4 in Kapitel 13 dieses Buches). Er eignet sich somit als Kenngröße für die HBV-Durchseuchung der Bevölkerung und ist in dieser Hinsicht besser geeignet als Anti-HBs.

16.3.3 Hepatitis C

Die Hepatitis C wird durch das parenteral übertragenen (z. B. Bluttransfusionen, verunreinigte Punktionsnadeln) HCV, ein zur Gruppe der Flavivirus gehöriges RNS-Einzelstrangvirus, verursacht, das nach einer Inkubationszeit von zwei bis maximal 26 Wochen zur klinisch manifesten Hepatitis führt (Tab. 16.5). In 30 bis 70% der Fälle entwickelt sich eine chronische Verlaufsform, der Rest heilt aus oder geht in einem sehr geringen Prozentsatz (< 1%) in eine fulminante Hepatitis über. Die Diagnose beruht auf dem Nachweis eines Spektrums antiviraler Antikörper und viraler Genomsequenzen (HCV RNS) im Blut (Abb. 16.7). Der Anti-HCV-Nachweis beruht auf der Feststellung von Antikörpern gegen eine Vielzahl von strukturellen und nichtstrukturellen Antigenen auf dem HCV und kann mit der ELISA-Technik oder durch Immunoblotting erfolgen. Die Bestimmung von Anti-HCV-Antikörpern gelingt jedoch erst drei bis sechs Moante nach Erkrankungsbeginn, wohingegen der HCV-RNS Nachweis mithilfe der PCR für die Diagnose der Hepatitis C, Feststellung der Viruslast und Charakterisierung des HCV-Genotyps von klinischer Bedeutung ist. Es darf nicht unerwähnt bleiben, dass akute HCV-Infektionen oft oligosymptomatisch sind und daher klinisch unerkannt bleiben können.

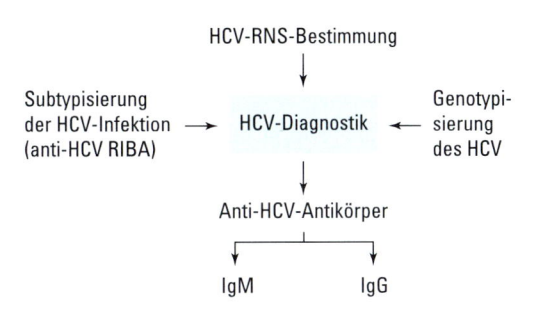

Abb. 16.7: Nachweis der Infektion und Festlegung des HCV-Genotyps und Subtypisierung der HCV-Infektion mit Hilfe der PCR und immunologischer Methoden (Immunoblotting [RIBA], ELISA). Die Spezifizierung in IgM- bzw. IgG-Anti-HCV-Antikörper dient der Erkennung einer Früh- bzw. späteren Phase der Infektion.

16.3.4 Hepatitis D (Delta-Hepatitis)

Die Hepatitis D (auch Hepatitis Delta genannt) wird durch den Hepatitis Deltavirus (HDV), einem hepatotropen Viroid mit einer zirkulären Einzelstrang-RNS verursacht, der für die in vivo-Infektion obligatorisch die Helferfunktion des Hepatitis B Virus (HBV) benötigt (Tab. 16.5). HDV kann Infektionen nur bei solchen Patienten hervorrufen, die gleichzeitig eine Hepatitis B Infektion haben (Ko- oder Superinfektion) und damit den natürlichen Verlauf dieser Erkrankung beeinflussen. Koinfektionen (gleichzeitig mit HBV) können zu sehr schweren akuten Heapatitiden führen, während Superinfektionen (nach erfolgter HBV Infektion) das Risiko für chronische HDV-Verläufe mit Entwicklung von Leberzirrhose und Leberzellkarzinom beinhalten. Die Diagnostik stützt sich auf den Nachweis von HDV-RNS oder HDAg im Serum oder in der Leber, wobei das intrahepatische Antigen mit immunhistologischen Methoden nachweisbar ist. HDAg im Serum ist nur während der frühen Phase der Primärinfektion feststellbar, vor Auftreten von Anti-HDV-Antikörpern (Anti-HD). Der Nachweis der HD-Antigenämie setzt eine spezielle Vorbehandlung zur Demaskierung der Antigenstruktur voraus.

16.3.5 Hepatitis E

Die Hepatitis E ist eine Form der akuten, ikterischen Virushepatitis, die von dem Calicivirus, einen linearen RNS-Einzelstrang enthaltendes Virus (HEV), nach einer Inkubationszeit von etwa sechs Wochen erzeugt wird (Tab. 16.5). Die Übertragung erfolgt fäkal-oral, meist unter mangelhaften hygienischen Bedingungen und führt zu klinischen Symptomen, die ähnlich der der akuten Hepatitis A und B sind (HEV-Endemiegebiete in Entwicklungsländern). Die Diagnostik einer HEV-Infektion beruht auf dem Nachweis von Anti-HEV IgM- oder IgG-Antikörpern, wobei der IgM-Frühantikörper kurz vor maximaler ALT-Erhöhung auftritt und nach fünf Monaten verschwindet. Die IgG-Antwort entwickelt sich kurz nach der IgM-Reaktion und bleibt über mehrere Jahre nachweisbar. Die Bestimmung von HEV-RNS im Fäzes und fäkale HEV Exkretion über zwei Monate können ebenso zur Diagnostik herangezogen werden wie der HEV-RNS-Nachweis im Serum innerhalb von zwei Wochen nach Erkrankungsbeginn.

16.3.6 Hepatitis G

Bei dem relativ neu entdeckten Hepatitis G-Virus (HGV) handelt es sich um ein Flavivirus, dessen Genom aus einer Einzelstrang-RNS besteht und parenteral über Blut und Blutprodukte (z. B. multiple Transfusionen, intravenöser Drogenabusus) und vertikal (von Mutter auf Kind während der Geburt oder postpartum) übertragen wird (Tab. 16.5). Ein sexueller Übertragungsweg ist auch möglich, da das Virus im Sperma nachgewiesen wurde. Seine krankheitsauslösende, zu akuter oder chronischer Hepatitis führende Wirkung ist noch nicht gesichert. So konnte bisher nicht eindeutig nachgewiesen werden, dass HGV für die Non-A- bis Non-E-Hepatitis ätiologisch verantwortlich ist, möglicherweise handelt es sich um ein relativ schwach hepatotropes Virus, welches nur in Verbindung mit anderen Hepatitis-Viruserkrankungen bedeutsam ist. Eine HGV-Infektion kann durch den Nachweis der HGV-RNS nach PCR-Amplifikation und durch die Bestimmung von Antikörpern gegen das E2-Hüllprotein von HGV geführt werden. Ein selektiver Nachweis der HGV-RNS kann eine akute oder chronische Infektion, ein selektiver Nachweis von Anti-E2-Antikörpern eine durchgemachte Episode einer HGV-Infektion anzeigen, wobei dieser Antikörper nur für eine kurze Periode nachweisbar sein kann oder über mehrere Jahre persistiert. Ein positiver Nachweis von HGV-RNS und Anti-E2-Antikörpern weisen auf das Ende einer HGV-Infektion vor vollständiger Elimination des Virus hin.

16.4 Autoimmune Lebererkrankungen

Zu den primären Autoimmunerkrankungen der Leber gehören die autoimmune Hepatitis (AIH), die primär biliäre Zirrhose (PBC) und die primär sklerosierende Cholangitis (PSC) (Tab. 16.6).

Tabelle 16.6: Autoantikörper zur Differenzialdiagnostik autoimmuner Lebererkrankungen.

Lebererkrankung		Autoantikörper (AAK)	Zielantigen
Autoimmun-hepatitis	Typ I	ANA (antinukleäre AAK)	Nukleoproteine (DNS-Histon), ds DNS
		SMA (anti glatte Muskulatur AAK)	F-Aktin, Tubulin, Myosin, Desmin, Vitamin
	Typ II	LKM1 (anti Leber/Kidney Mikrosomen AAK)	CYP450 IID6
	Typ III	SLA/LP (anti soluble liver antigen AAK, anti liver/pancreas antigen AAK)	Zytokeratin 8 und 18, Glutathion-S-Transferase
Primär biliäre Zirrhose (PBC)		AMA (anti-Mitochondrien AAK) anti-M2 entscheidende serologische Kenngröße anti-M4 nur in Verbindung mit M2 anti-M8 nur in Verbindung mit M2 anti-M9 Kenngröße der PBC-Frühform	E2-Untereinheit des Pyruvat-dehydrogenase-(PDH)-Komplexes (E2-PDH), des α-Ketosäure-dehydrogenase-Komplexes u. a.
Primär sklerosierende Cholangitis (PSC)		pANCA (anti-neutrophile zytoplasmatische AAK, perinukleäres Muster)	Myeloperoxidase

16.4.1 Autoimmune Hepatitis

Sie ist eine Erkrankungsgruppe unklarer Ätiologie, die mit der Generierung von Autoantikörpern einhergeht und durch Hepatozytennekrose mit nachfolgender Fibrose und Zirrhose gekennzeichnet ist. Es handelt sich um eine Erkrankung mit relativ geringer Prävalenz, die bevorzugt bei Frauen (sieben Mal häufiger als bei Männern) auftritt und eine genetische Prädisposition erkennen lässt. HLA-Antigene der Haplotypen A1, B8, DR3 und DR4 sind statistisch signifikant mit der autoimmunen Hepatitis assoziiert. Eine Ätiologie ist nicht bekannt, obwohl verschiedene virusspezifische Antikörper (z. B. Masern, Röteln) stimuliert sein können und auch Medikamente oder chemische Substanzen als auslösende Noxen diskutiert werden. Generell basiert die Erkrankung auf einer aberranten Autoreaktivität, die gekennzeichnet ist durch eine Hypergammaglobulinämie, hauptsächlich durch selektive Erhöhung von IgG. Die diagnostische Abgrenzung gegenüber Virushepatitiden kann aufgrund ähnlicher klinischer Symptomatik und teilweise überlappender Laborparameter schwierig sein. Die klinische Erscheinungsform, der Schweregrad und die Prognose können von nahezu asymptomatischen bis hin zu schweren, gelegentlich fulminanten Hepatitiden reichen, wobei die allgemeinen klinisch-chemischen Kenngrößen der Leberzellnekrose (s. Tab. 16.1), Cholestase (s. Tab. 16.3) und metabolischen Insuffizienz (s. Tab. 16.2) krankheitsuncharakteristische Laborbefunde sind.

Die Diagnostik beruht auf dem qualitativen und quantitativen Nachweis von Autoantikörpern, von denen **antinukleäre Antikörper (ANA), glatte Muskel-Antikörper (SMA), LKM1-Antikörper, Anti-SLA/LP-Antikörper** und gegebenenfalls Anti-Asialoglykoproteinrezeptor-Antikörper diagnostische Relevanz haben (Tab. 16.6). Auf der Grundlage des Serum-Autoantikörperprofils werden drei Subtypen der AIH definiert, die vorwiegend durch ANA (Typ I), LKM1-Antikörper (Typ II) und Anti-SLA/LP (Typ III) charakterisiert sind (Tab. 16.6). Der Typ I kann in eine ANA-positive Hepatitis (mit oder ohne SMA) und in eine SMA-positive Autoimmunhepatitis unterteilt werden, für die sich auch klinische Unterschiede herausarbeiten lassen. Der Nachweis der genannten Autoantikörper erfolgt mit den Methoden der indirekten Immunfluoreszenz, des ELISAs und des Immunoblottings.

16.4.2 Primär biliäre Zirrhose (PBC)

Die primär biliäre Zirrhose ist eine chronisch entzündliche, cholestatische Erkrankung unbekannter Ätiologie und Pathogenese, bei der die Cholestase als pathobiochemische Partialreaktion im Vordergrund steht. Bisher wurde keine definitive Assoziation mit einem bestimmten HLA-Lokus gefunden, eine familiäre Häufung der PBC ist sehr selten. Die Diagnostik basiert auf dem Nachweis von **antimitochondrialen Antikörpern (AMA)**, die sich in die Untergruppen M2, M4, M8 und M9 unterteilen lassen (Tab. 16.6). Entscheidend ist der Nachweis des Anti-M2-Antikörpers mit indirekter Immunfluoreszenz, ELISA oder Immunoblotting, der eine Sensitivität und Spezifität von > 95 % für PBC aufweist. Bei dem inzwischen charakterisierten M2-Antigen handelt es sich um die E2-Untereinheit des Pyruvat-Dehydrogenase-Komplexes, der eine wichtige Rolle in der Glykolyse und im Krebszyklus spielt. Anti-M4- und Anti-M8-Antikörper kommen nur in Assoziation mit Anti-M2 vor, der Anti-M9-Antikörper kann auch ohne Anti-M2 auftreten und ist mit gutartigen Verlaufsformen assoziiert.

16.4.3 Primär sklerosierende Cholangitis (PSC)

Auch hier handelt es sich um eine chronische, cholestatische Erkrankung unklarer Ätiologie, die durch obliterative Fibrose und entzündliche Infiltrate sowohl der intra- wie extrahepatischen Gallengänge charakterisiert ist. Bis zu 80 % der PSC-Patienten weisen den HLA-B8-Haplotyp auf, ebenso ist HLA-DR3 signifikant gehäuft. Am häufigsten treten bei PSC-Patienten Autoantikörper gegen Zellkernbestandteile (ANA), glatte Muskulatur (jeweils über 70 % positive Befunde) und Intermediärfilamente (58 %) auf. Der positive Ausfall der **pANCA (84 % der Fälle)** ist ein für diese Erkrankung ebenfalls unspezifischer Autoantikörperbefund (Tab. 16.6).

Bei Verdacht auf das Vorliegen von autoimmunen Lebererkrankungen und zur Differenzialdiagnose von Autoimmunhepatitis, primär biliärer Zirrhose und primär sklerosierender Cholangitis, empfiehlt sich das in Abbildung 16.8 vorgestellte Stufenprogramm, welches von einer Initialuntersuchung der vier genannten Autoantikörper ausgeht, um **Typ I und II der Autoimmunhepatitis**, primär biliäre Zirrhose und primär sklerosierende Cholangitis zu diag-

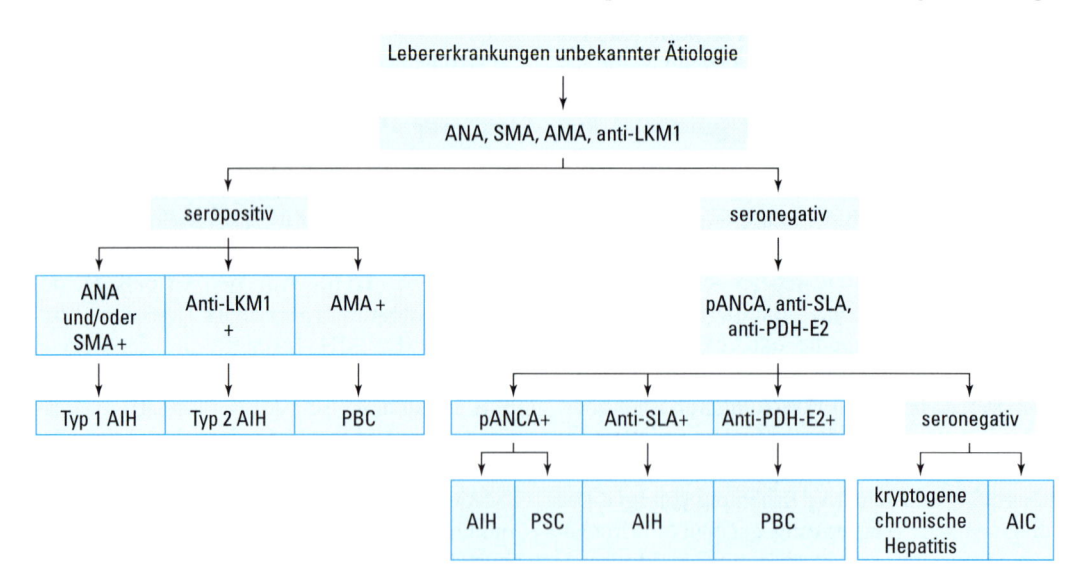

Abb. 16.8: Stufenprogramm der Autoantikörperbestimmungen zur Differenzialdiagnostik autoimmuner Lebererkrankungen.
AIH: Autoimmunhepatitis; PBC: Primär biliäre Zirrhose; PSC: Primär sklerosierende Cholangitis; ANA: Antinukleäre Antikörper; AMA: Antimitochondriale Antikörper; LKM: Liver/Kidney Mikrosomenantikörper; AIC: autoimmune Cholangitis

nostizieren oder andere Ursachen wahrscheinlich zu machen.

16.5 Alkoholische Lebererkrankungen und Leberzirrhose

Etwa 25 % des getrunkenen Alkohols werden bereits im Magen, die restlichen 75 % im Duodenum und oberen Jejunum absorbiert und über die Pfortader der Leber zugeführt. Sie ist mit 90–95 % Anteil das entscheidende Organ für den Stoffwechsel des **Ethanols** (Ethylalkohol) von dem unter Normalbedingungen 100 mg pro kg Körpergewicht und Stunde (7 g Ethanol pro Stunde für eine 70 kg schwere Person) eliminiert werden. Geringe Mengen werden im Magen abgebaut (5 %), über die Lunge exhaliert (5 %) und Niere ausgeschieden (1 %). Genetische, individuelle und exogene Faktoren können jedoch zu erheblichen Abweichungen von der angegebenen Eliminationsrate führen, insbesondere ist ein beschleunigter Abbau bei Alkoholdauerkonsumenten zu beobachten. Die Metabolisierung erfolgt in den Hepatozyten nahezu ausschließlich oxidativ in drei Kompartimenten (Abb. 16.9).

16.5.1 Zytosolischer Abbau

Der Hauptabbauweg erfolgt unter physiologischen Bedingungen durch die **Alkoholdehydrogenase (ADH)**, ein zytoplasmatisch lokalisiertes, zinkhaltiges Enzym von dem multiple Formen auf insgesamt 6 Genloci mit sehr unterschiedlichen Km-Werten existieren. Der Polymorphismus der ADH ist für den Stoffwechsel des Ethanols und für die Pathogenese alkoholinduzierter Lebererkrankungen bedeutsam. Als Koenzym ist NAD^+ notwendig, das Reaktionsprodukt ist **Acetaldehyd**, welcher nach Aufnahme in die Mitochondrien durch die dort lokalisierte Aldehyddehydrogenase (Km ca. 1 µM) in Anwesenheit von NAD^+ in diesem Organell weiter zu Acetat abgebaut wird, um schließlich in Acetylcoenzym A umgewandelt und in den Intermediärstoffwechsel eingeschleust zu werden (Abb. 16.9).

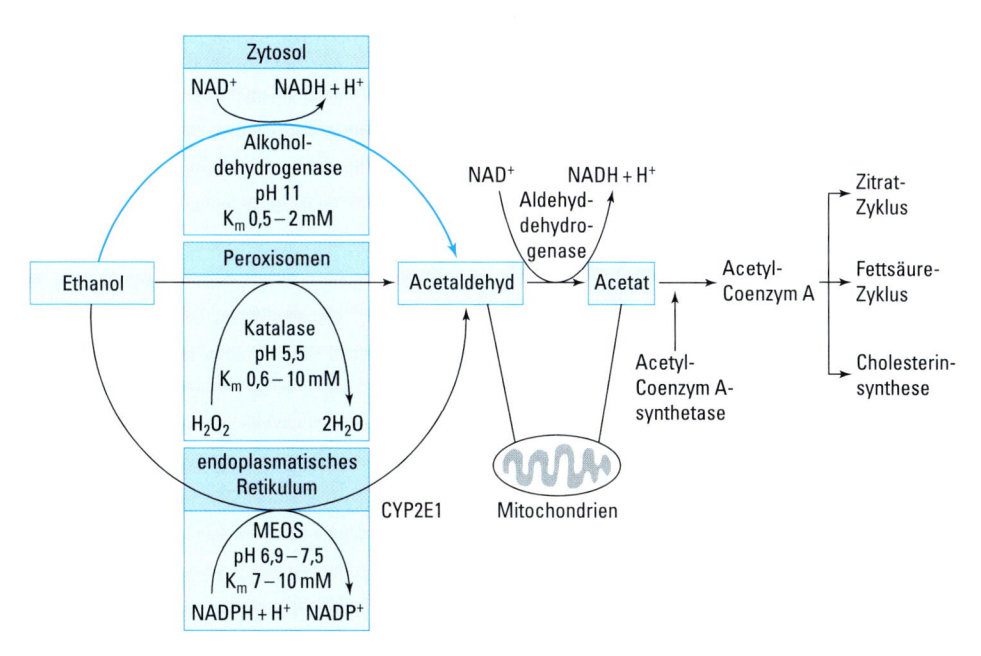

Abb. 16.9: Oxidative Metabolisierung des Ethanols in den Hepatozyten durch die zytosolische Alkoholdehydrogenase, durch das MEOS *(microsomal-ethanol-oxidizing-system)* und durch die Katalase der Peroxisomen. Unter physiologischen Bedingungen ist der Alkoholdehydrogenase-Abbauweg führend. (aus: Lehrbuch der Klinischen Chemie und Pathobiochemie; Greiling H., Gressner A. (Hrsg); Schattauer Verlag, 1995)

16.5.2 Endoplasmatisches Retikulum (MEOS)

Neben dem ADH-Abbauweg erfolgt auch eine Oxidation des Ethanols im NADPH-abhängigen „microsomal ethanol-oxidizing system" (MEOS), welches im endoplasmatischen Retikulum lokalisiert und dem **Biotransformationssystem** der Hepatozyten zuzuordnen ist (Abb. 16.9). Dieser Weg ist mit etwa 10 bis 20 % am Ethanolabbau beteiligt. Für die Ethanoloxidation ist vorwiegend das Zytochrom P450IIE1 (CYPIIE1) verantwortlich. Der Km-Wert des MEOS (7–10 mM) ist höher als der der ADH (0,5–2,0 mM), sodass erst bei höherem Substratangebot (Blutalkohol > 0,5 Promille) dieser Stoffwechselweg beschritten wird. Im Gegensatz zur ADH ist das MEOS-Enzymsystem durch chronischen Alkoholkonsum und einige im Biotransformationssystem metabolisierte Xenobiotika induzierbar. Damit ergeben sich klinisch wichtige Interferenzen von Alkohol- und Xenobiotikastoffwechsel, die zur Beschleunigung (durch Induktion) oder Hemmung (durch Kompetition) führen können.

16.5.3 Peroxisomen

Ein quantitativ weniger bedeutsamer Abbauweg existiert in den Peroxisomen, wo die **Katalase** in Anwesenheit von Wasserstoffperoxid (H_2O_2) Ethanol zum Acetaldehyd oxidiert. Dieser Stoffwechselweg mit einem Km-Wert zwischen 0,6 und 10 mM beteiligt sich nur mit etwa 2 % an dem Ethanolabbau.

Der bei allen Abbauwegen entstehende **Acetaldehyd** wird mitochondrial zum Acetat metabolisiert und in den Stoffwechsel eingeschleust. Bei beschleunigtem Ethanolabbau (z. B. Alkoholdauerkonsumenten) kommt es zu einer transienten Erhöhung des Blut-Acetatspiegels und einem zusätzlichen Abbau in peripheren Geweben.

16.5.4 Metabolische Konsequenzen des Ethanolstoffwechsels

Die lebertoxischen Konsequenzen des **Ethanolstoffwechsels** beruhen auf einer Vielzahl direkter (unmittelbarer) Effekte (Abb. 16.10), auf einem veränderten (reduzierten) Redoxstatus, angezeigt durch eine Zunahme der Laktat/Pyruvat und **NADH/NAD-Quotienten** (Abb. 16.11) und auf der hohen chemischen Reaktivität des Zwischenproduktes Acetaldehyd (Abb. 16.12). Die direkten Ethanolwirkungen sind im Wesentlichen auf Effekte an Hepatozyten und Nicht-Parenchymzellen zurückzuführen, die ihre Membraneigenschaften (Permeabilitätserhöhung, Abnahme spezifischer Rezeptoren), Aktivierung und mikrosomale Enzyminduktion betreffen. Die direkten Ethanolwirkungen werden überlagert durch die Zunahme des Redox-Quotienten, der sich auf den Fett- und Kohlenhydratstoffwechsel auswirkt, sich aber auch systemisch durch eine Hyperlaktatämie, Hyperurikämie und Hypoglykämie äußern kann. Besondere toxische Eigenschaften kom-

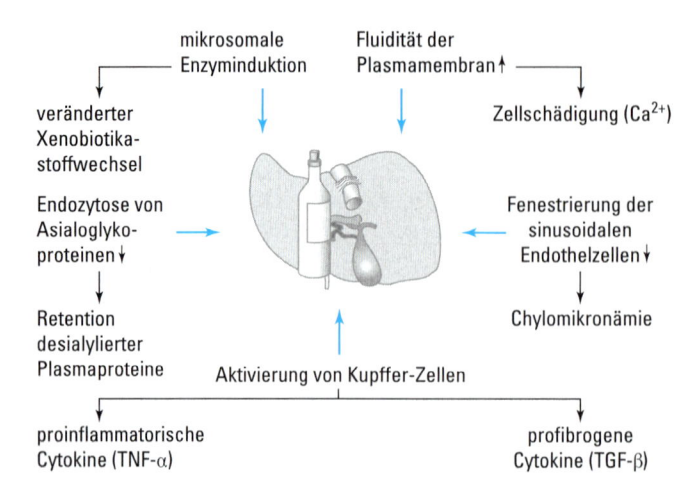

Abb. 16.10: Synopsis direkter Ethanolwirkungen auf die Eigenschaften der Hepatozyten und einiger Nicht-Parenchymzellen (Kupfferzellen, Endothelzellen).

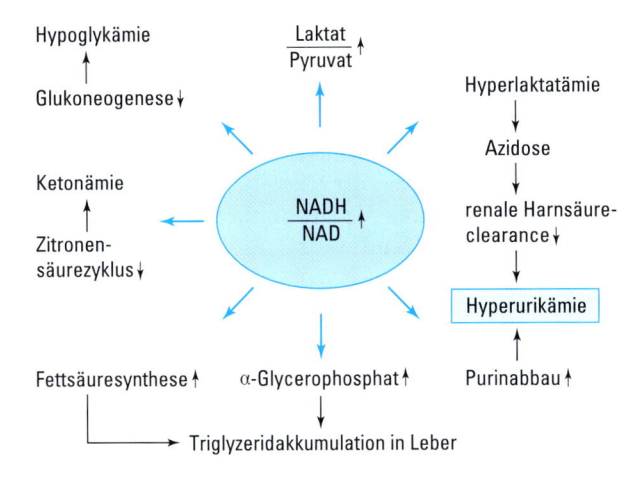

Abb. 16.11: Organbezogene und systemische Konsequenzen der ethanolinduzierten Änderung des Redoxstatus mit Erhöhung des Laktat/Pyruvat- und NADH/NAD-Quotienten.

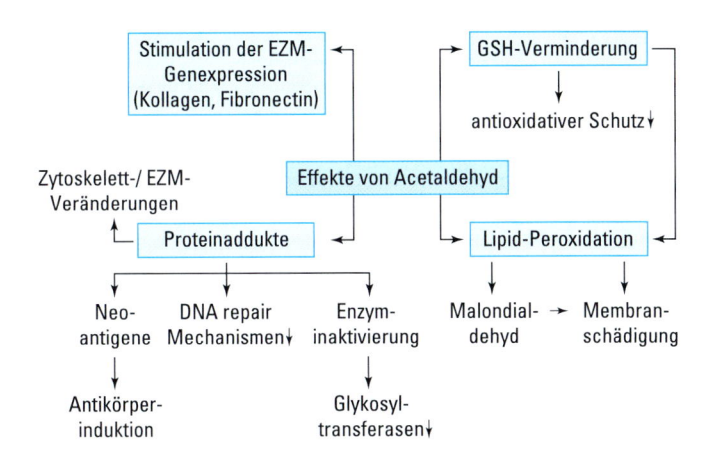

Abb. 16.12: Pathogenetisch relevante Effekte von Acetaldehyd für die Entwicklung der alkoholischen Leberfibrose und Zellschädigung durch Glutathion (GSH)-Verminderung, Lipid-Peroxidation und Acetaldehydadduktbildung.

men dem Acetaldehyd zu, der aufgrund seiner hohen Reaktivität kovalente Proteinaddukte bildet, die unter anderem als Neoantigene die endogene Antikörpersynthese induzieren können und für die Pathogenese alkoholischer Lebererkrankungen von Bedeutung sind. Desweiteren sind seine Effekte auf die Lipidperoxidation, auf die Verminderung des Glutathionpools in der Zelle und die direkte Stimulation der Matrixgenexpression in Vitamin A-Speicherzellen pathogenetisch von großer Bedeutung für Nekrose und Fibrose.

Das breite Spektrum der durch den Ethanolstoffwechsel herbeigeführten Stoffwechselveränderungen führt letztlich zu einer Abnahme protektiver Mechanismen, die zu drei typischen klinischen Manifestationen der alkoholtoxischen Leberschädigung führen, die in jedem Falle in einer Fettleber (100%), in etwa 10–35% in einer Alkoholhepatitis und zu etwa 10–20% in einer Alkoholzirrhose in Erscheinung treten.

16.5.5 Fettleber

Die Akkumulation von Triglyceriden in den Hepatozyten in Form von Fettvakuolen ist eine frühzeitige, durch Alkoholkarenz reversible und somit gutartige Form der alkoholtoxischen Leberschädigung, die im Wesentlichen auf eine reduzierte hepatische Fettsäureoxidation durch bevorzugte Oxidation von Ethanol und auf eine Mitochondrienschädigung durch hochreaktiven Acetaldehyd zurückzuführen ist. Zusätzlich kommt es durch Zunahme von NADPH zu einer erhöhten hepatischen Synthese freier Fettsäuren und Triglyceride. Die klinisch-chemischen Veränderungen sind diskret. Eine Aktivitätserhöhung der γ-GT als Ausdruck einer alkoholinduzierten Synthesesteigerung und Freisetzung aus der Membranbindung stellt oftmals bei sonst im Normalbereich liegenden Cholestaseparametern das früheste biochemische Symptom dar. Differenzialdiagnostisch ist zu beachten, dass eine Fettleber auch bei anderen Erkrankungen und Einflüssen wie Diabetes mellitus, extremer Adipositas, langes Fasten und einigen Medikamenten (z. B. Tetrazykline, Methotrexat) auftreten kann.

16.5.6 Alkoholische Hepatitis

Die häufig durch einen Alkoholexzess ausgelöste, akut-nekrotisierende Leberschädigung kann klinisch dem Bild einer akuten Virushepatitis ähneln. Die Pathogenese dieser akuten Form einer alkoholtoxischen Leberschädigung ist im Einzelnen nicht bekannt. Vermutlich führen direkte toxische Effekte durch Acetaldehyd sowie immunologische Mechanismen (z. B. gegen **Acetaldehyd-Protein-Addukte**) über die Freisetzung zytotoxischer Zytokine (z. B. TNF-α) und humorale Immunphänomene zu einer massiven Leberzellnekrose und -apoptose mit pathologischem Ausfall der typischen klinisch-chemischen Parameter der Zellnekrose (AST, ALT, GLDH), der Cholestase (γ-GT, AP) und bei schweren Verlaufsformen auch der metabolischen Insuffizienz.

16.5.7 Leberzirrhose

Die Zirrhose stellt die schwerste und definitive Form der alkoholischen Leberschädigung dar, kann sich jedoch auch auf der Basis anderer chronisch-entzündlicher Erkrankungen und metabolischer Defekte entwickeln (Abb. 16.13). Als Toleranzschwelle oberhalb derer das Risiko der Zirrhoseentwicklung mit steigendem täglichen Alkoholkonsum stark zunimmt, wird für Männer mit ca. 60 g reinem Alkohol pro Tag, für Frauen mit ca. 20 g Alkohol pro Tag angegeben, doch bleibt festzuhalten, dass weniger als 20 % der Alkoholdauerkonsumenten eine Leberzirrhose entwickeln (Abb. 16.14). Dies deutet darauf hin, dass endogene, vermutlich genetische prädisponierende Faktoren die Suszeptibilität gegenüber Ethanol beeinflussen (z. B. **Zytochrom P450IIE1-** und **ADH-Polymorphismus**) und koexistierende weitere Erkrankungen (z. B. chronische Hepatitis B, C, homozygote oder heterozygote Hämochromatose) sowie

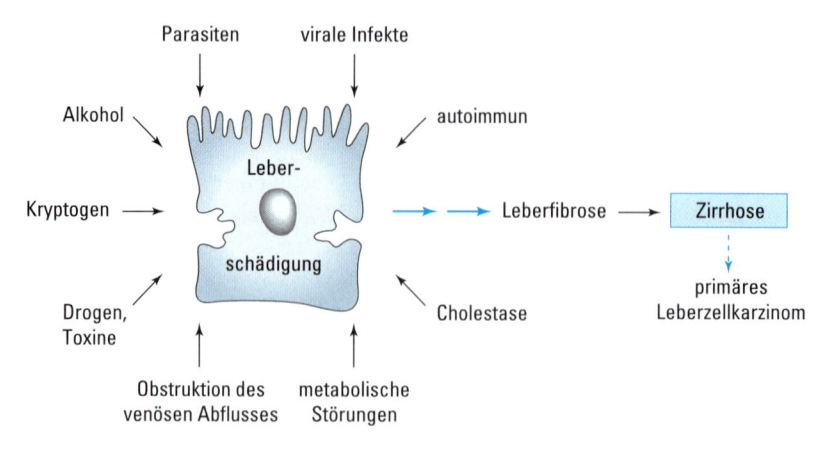

Abb. 16.13: Zusammenstellung wichtiger Ätiologien der Leberschädigung mit potentieller Entwicklung von Leberfibrose, Zirrhose und primärem Leberzellkarzinom.

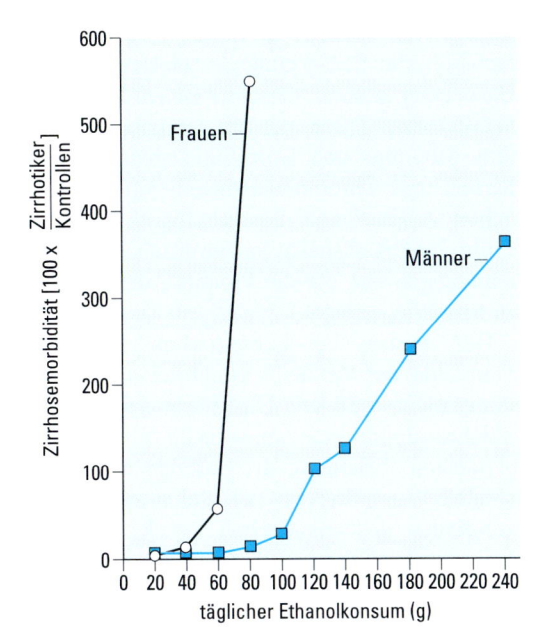

Abb. 16.14: Dosis-Wirkungs-Beziehung zwischen täglicher Aufnahme von Ethanol und Zirrhosemorbidität bei Frauen und Männern.

Trinkgewohnheiten, Zusammensetzung der Ethanolgetränke und der Ernährung (Kalorien- und Proteinmangel) ausschlaggebend für die klinische Manifestation sind. Neben Leberzellnekrose, Cholestase und metabolischer Insuffizienz stellt die Fibrose eine klinisch entscheidende pathobiochemische Partialreaktion der Zirrhose dar. Sie ist gekennzeichnet durch einen drei- bis sechsfachen Anstieg der Gewebekonzentration der **extrazellulären Matrixproteine** Kollagene, Proteoglykane, strukturelle Glykoproteine, Elastin und Hyaluronan, eine histologische Umverteilung der abgelagerten Matrixmoleküle vorwiegend im Disse'schen Raum (perisinusoidale Fibrose) und perivenös um die Zentralvene herum (perivenöse Fibrose) sowie durch eine Verschiebung des Profils individueller Matrixmoleküle mit leichten Veränderung ihrer chemischen Struktur, was die Hydroxylierung der Kollagenketten und den Sulfatierungsgrad der Glykosaminoglykane anbelangt. Für die Exzessbildung und -deposition der extrazellulären Matrixmoleküle sind die eingangs erwähnten aktivierten Vitamin A-Speicherzellen (Ito-Zellen, **hepatic stellate cells**) hauptverantwortlich, die sich zu matrixproduzierenden Myofibroblasten transdifferenzieren und mitogen aktiviert werden. Für diesen pathogenetisch außerordentlich wichtigen Prozess wurde ein dreistufiges Kaskadenmodell entwickelt, das in Abb. 16.17 schematisch dargestellt ist. Sowohl parakrine Effekte von geschädigten Hepatozyten, aktivierten Kupfferzellen und zerfallenden Thrombozyten wie auch autokrine Mechanismen tragen zur Aktivierung und Perpetuierung des fibrogenen Mechanismus bei.

In der **präinflammatorischen Phase (A)** folgt die initiale Aktivierung der hepatischen Sternzellen unmittelbar der Parenchymzellschädigung durch Freisetzung eines im Einzelnen noch nicht genau charakterisierten Mitogens, von latentem TGF-β, Azetaldehyd (AcAld) aus dem Ethanolstoffwechsel (EtOH) und Peroxidationsproduktion (POX).

In der darauf folgenden **inflammatorischen Phase (B)** kommt es zur phagozytotischen Aktivierung der Kupffer-Zellen und zur Invasion von Blutmonozyten, die parakrin über *transforming-growth-factor-*(TGF-)α und TGF-β, Tumornekrosefaktor-(TNF-)α und weitere Zytokine die Proliferation und Transdifferenzierung ruhender hepatischer Sternzellen in Myofibroblasten (über »*transitional cells*«) stimulieren. Reaktive Sauerstoffprodukte, TGF-β und TNF-α, die von aktivierten Kupffer-Zellen sezerniert werden, können sich toxisch und apoptotisch auf Hepatozyten auswirken und somit Phase A unterhalten. Zusätzlich sind Zytokine der T-Lymphozyten bei der Aktivierung von Kupffer-Zellen und bei der Parenchymzellschädigung wirksam. Im Entzündungsgebiet angereicherte, zerfallene Thrombozyten setzen TGF-α, TGF-β, *platelet-derived-growth-factor* (PDGF) und *epidermal-growth-factor* (EGF) frei, die hepatische Sternzellen und Myofibroblasten aktivieren. Der ausgebildete Myofibroblast ist durch Expression von TGF-α, ET-1, PDGF, Leptin und MCP-1 sowie der dazugehörigen Rezeptoren zu einer autokrinen Aktivierung fähig. Darüber hinaus können die genannten Zytokine der Myofibroblasten parakrin noch nicht transdifferenzierte hepatische Sternzellen aktivieren (**postinflammatorische Phase**

C). Myofibroblasten synthetisieren ein breites Spektrum der für die Fibrogenese relevanten Matrixproteine, die wiederum über Integrinrezeptoren Rückwirkungen auf die Differenzierung, Proliferation und Genexpression dieser Zellen haben (Abb. 16.15). Dabei verlieren die Zellen ihre Fähigkeit zur Vitamin A-Speicherung. Die Konsequenzen der perisinusoidalen **Fibrose** gehen aus Abbildung 16.16 hervor. Sie weisen darauf hin, dass die Dekompensation der Leberzirrhose mit Ausbildung eines Aszites und einer hepatogenen Enzephalopathie sowie die nicht selten tödlich verlaufende Blutung aus rupturierten Gefäßen des Kollateralkreislaufs letztlich Ausdruck der fibrotischen Partialreaktion durch schwerwiegende Behinderung der intrahepatischen Hämozirkulation sind.

Dekompensation der Leberzirrhose

Zeichen einer dekompensierten Leberzirrhose sind die Ausbildung eines **Aszites** (Flüssigkeitsansammlung im Peritonealraum) und einer **hepatogenen Enzephalopathie** (funktionell-metabolische Schädigung des Gehirns auf der Basis einer akuten oder chronischen Leberzellinsuffizienz). Zusammen mit den Laborparametern Albumin- und Bilirubinkonzentration im Serum und Thromboplastinzeit (Quick-Wert) gehen Aszites und Enzephalopathie in die Child-Pugh Klassifikation chronischer Lebererkrankungen ein, die die Prognose des Verlaufs zu beurteilen erlaubt.

Der **Aszites** bei Leberzirrhose stellt ein Transsudat dar, das heißt, ein proteinarmes (Gesamtprotein < 30 g/l) Ultrafiltrat des Serums, welches durch eine sinusoidale portale Hypertension (Erhöhung des portalen und sinusoidalen Venendruckes) bei gleichzeitiger Verminderung des onkotischen Drucks aufgrund der durch Leberinsuffizienz entstandenen Hypalbuminämie bedingt ist und durch einen sekundären Hyperaldosteronismus begünstigt wird (Abb. 16.17). Letzterer führt zu einer renalen Na^+- und Wasserretention, die zu einer weiteren Abnahme des onkotischen Druckes durch

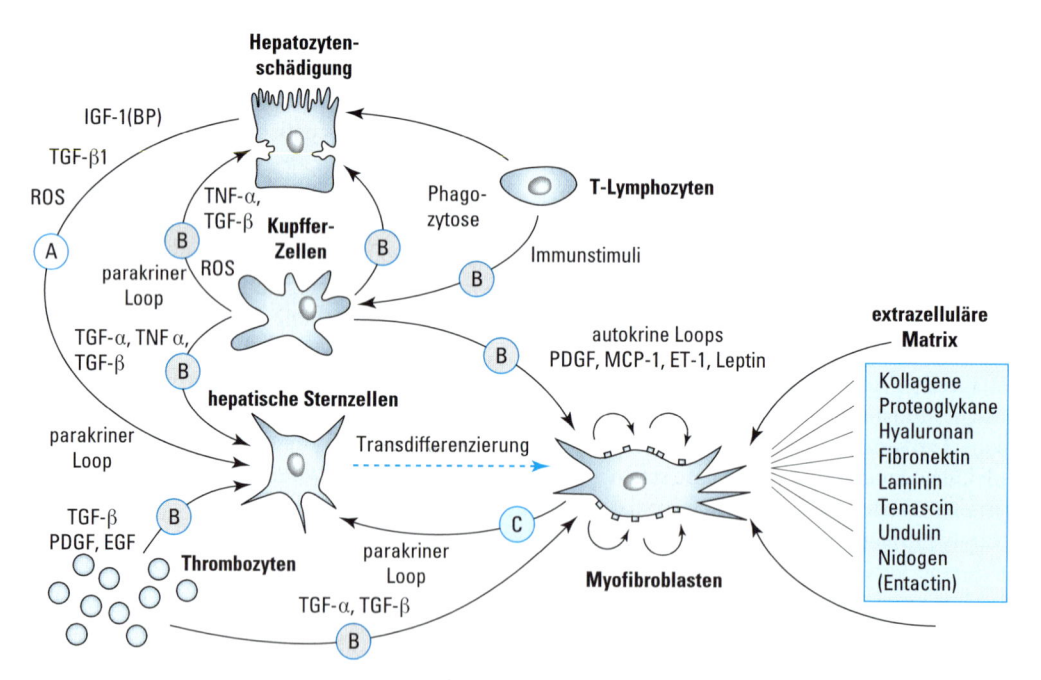

Abb. 16.15: Kaskadenmodell der Aktivierung von hepatischen Sternzellen zu Myofibroblasten im Rahmen einer schädigungsbedingten Entzündung. Erklärungen und Abkürzungen siehe Text. (aus: Lehrbuch der Klinischen Chemie und Pathobiochemie; Greiling H., Gressner A. (Hrsg); Schattauer Verlag, 1995)

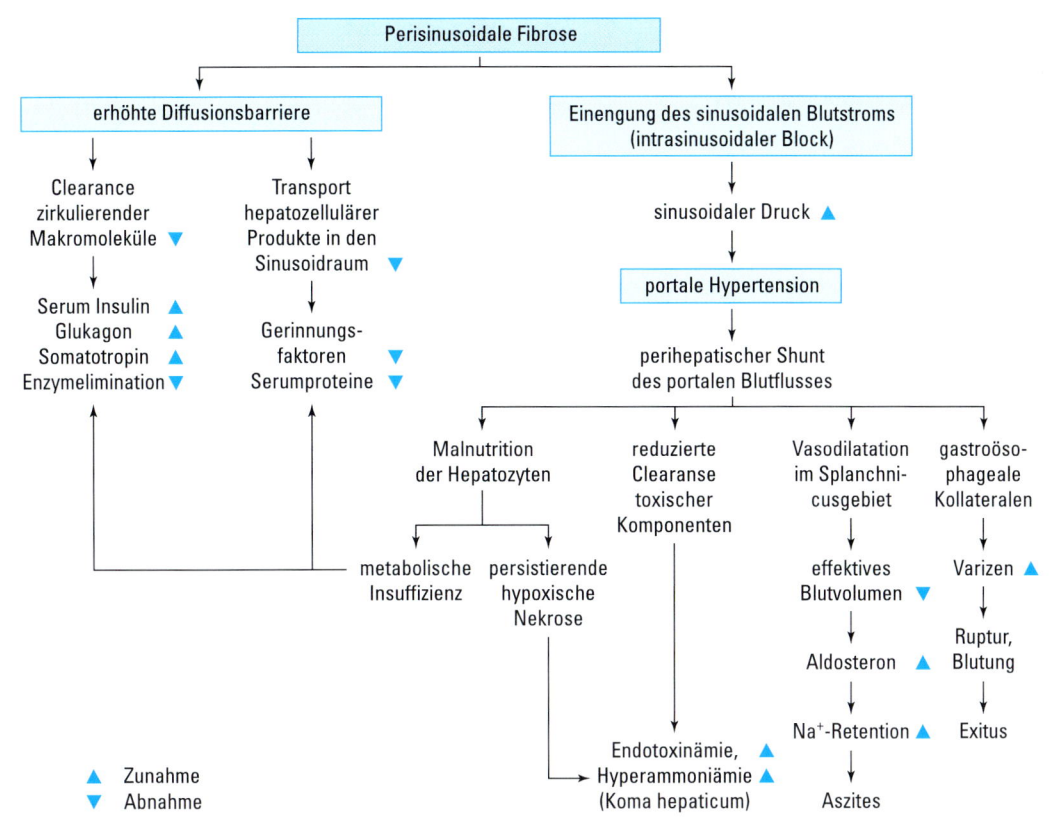

Abb. 16.16: Konsequenzen der im Disse'schen Raum deponierten Bindegewebskomponenten (perisinusoidale Fibrose) auf die systemischen Funktionen der Leber (Hepatozyten) und auf die Hämozirkulation im Portalvenengebiet. Im Rahmen der perisinusoidalen Fibrose kommt es zur Ausbildung einer normalerweise nicht vorhandenen inkompletten subendothelialen Basalmembran, die sich als Diffusionsbarriere im Stoffaustausch zwischen Hepatozyten und sinusoidalen Blutstrom auswirkt. (aus: Lehrbuch der Klinischen Chemie und Pathobiochemie; Greiling H., Gressner A. (Hrsg); Schattauer Verlag, 1995)

Hämodilution und Zunahme des hydrostatischen Druckes führt. Diese Verschiebung begünstigt weiter eine kapilläre Hyperfiltration in den Peritonealraum (Aszites).

Die **hepatogene Enzephalopathie** beruht auf der Akkumulation toxischer, von der Leber nicht mehr verstoffwechselter Substanzen (Intoxikationshypothese) und auf der Bildung falscher Neurotransmitter (Transmitterhypothese). Die Intoxikationshypothese misst der neurotoxischen Wirkung des in der Zirkulation akkumulierenden, die Blut-Hirn-Schranke passierenden **Ammoniaks** entscheidende Bedeutung bei, da aufgrund der schwerwiegenden metabolischen Insuffizienz der Hepatozyten und des Umgehungskreislaufes von der Pfortader in die obere Hohlvene das enteral absorbierte Ammoniak nicht mehr ausreichend und definitiv im Harnstoffzyklus „entgiftet" wird. Der zentralvenöse Influx von NH_3 führt zur Bildung von Glutamin, welches in Kompetition zum exzitatorischen Neurotransmitter Glutamat eine Inaktivierung der Erregungsübertragung bewirkt. Zusammen mit anderen toxischen Metaboliten wie kurzkettige Fettsäuren, Merkaptane und Phenolderivate dürfte dem Ammoniak eine wesentliche Bedeutung im Mechanismus der hepatogenen Enzephalopathie zukommen. Dieser

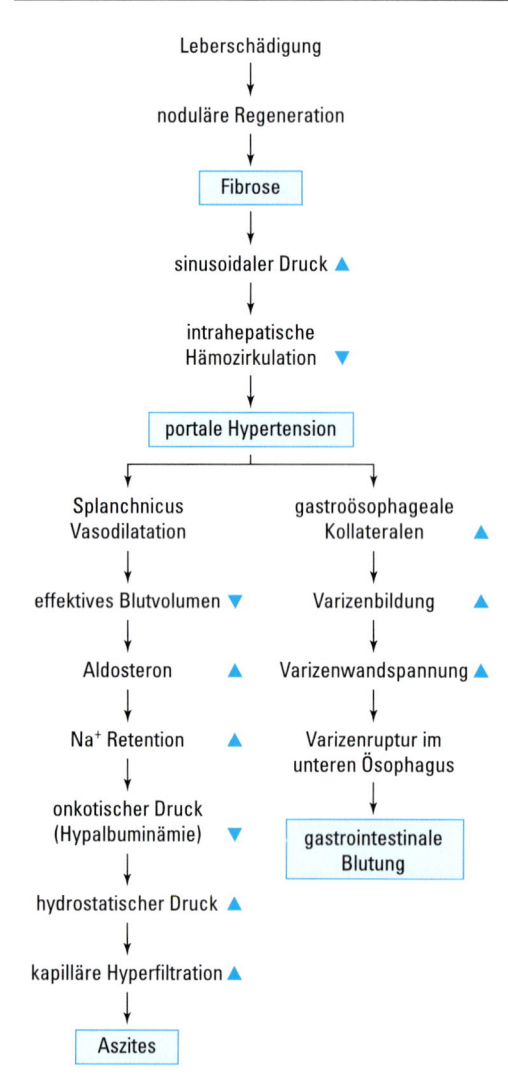

```
Leberschädigung
      ↓
noduläre Regeneration
      ↓
   [Fibrose]
      ↓
sinusoidaler Druck ▲
      ↓
intrahepatische
Hämozirkulation ▼
      ↓
[portale Hypertension]
      ↓              ↓
Splanchnicus      gastroösophageale
Vasodilatation    Kollateralen ▲
      ↓              ↓
effektives Blutvolumen ▼   Varizenbildung ▲
      ↓              ↓
Aldosteron ▲      Varizenwandspannung ▲
      ↓              ↓
Na⁺ Retention ▲   Varizenruptur im
      ↓           unteren Ösophagus
onkotischer Druck         ↓
(Hypalbuminämie) ▼   [gastrointestinale
      ↓               Blutung]
hydrostatischer Druck ▲
      ↓
kapilläre Hyperfiltration ▲
      ↓
   [Aszites]
```

Abb. 16.17: Pathogenetische Sequenz in der Entwicklung von Aszites und gastrointestinaler Blutung.

Metabolit wird deshalb diagnostisch zur Verlaufskontrolle der Enzephalopathie eingesetzt. Die **Neurotransmitterhypothese** geht von den komplexen Verschiebungen des Aminosäureprofils im Serum aus, die sich in einer Zunahme der aromatischen (Tyrosin, Phenylalanin, Tryptophan) und einer Abnahme der verzweigtkettigen Aminosäuren (Leuzin, Isoleuzin, Valin) zeigt. Die Verschiebungen führen letztlich zu einer Abnahme der exzitatorischen Neurotransmitter Dopamin und Noradrenalin und einer Zunahme der schwachen (falschen) Neurotransmitter Oktopamin und seiner Vorstufen Tyramin, β-Phenylethanolamin und Glutamin. Durch eine zusätzliche Erhöhung der γ-Aminobuttersäure (GABA) wird das inhibitorische Transmitterpotential noch erhöht, sodass die leichte Form der hepatogenen Enzephalopathie mit geringer neuropsychiatrischer Symptomatik (Konzentrationsschwäche, flapping tremor) bis hin zu Stupor und Koma hepaticum reichen kann.

Zur Diagnostik und Verlaufskontrolle eines chronischen Alkoholabusus mit und ohne alkoholischer Leberschädigung sind die in Tabelle 16.7 angegebenen Parameter im Einsatz. Bei der Interpretation muss ihre eingeschränkte Sensitivität und Spezifität berücksichtigt werden.

16.6 Primäres Leberzellkarzinom

Das primäre hepatozelluläre Karzinom (HCC) ist ein maligner Tumor, der sich von dedifferenzierten Hepatozyten ableitet. Die Prävalenz von HCC ist in Europa und Nordamerika relativ gering, hingegen in Südostasien und Afrika sehr hoch, sodass das HCC zu den weltweit häufigsten soliden malignen Tumoren gehört. Der Mechanismus der Hepatokarzinogenese ist wie der vieler anderer Tumoren im Einzelnen nicht bekannt, spezifische Onkogene, die in Hepatozyten aktiviert oder nicht inaktiviert in den Prozess der malignen Transformation eingreifen, sind nicht bekannt, chromosomale Veränderungen fehlen. Als wichtigste ätiologische Faktoren des HCC werden chronische HBV- und HCV-Infektionen, Zirrhosen unterschiedlicher Ätiologien (Alkoholabusus, hereditäre Systemerkrankungen) und chemische Toxine wie Aflatoxin B1 angesehen (Tab. 16.8). Epidemiologische Daten weisen auf eine Parallelität der Prävalenzen von HBsAg-*carriern* und HCC hin und molekulare Untersuchungen zeigen, dass die chromosomale DNA des HCC häufig integrierte HBV-DNS enthält. Neben dem S-Gen wird vor allem das X-Gen des HBV-Genoms mit der Pathogenese der HBV-assoziierten Karzinogenese in Verbindung gebracht. Die mole-

Tabelle 16.7: Kenngrößen des Alkoholismus und der alkoholischen Leberschädigung.

Messgröße	pathobiochemischer Mechanismus	klinische Wertigkeit
Kohlenhydrat-defizientes Transferrin *(carbohydrate-deficient transferrin, CDT)*	• acetaldehydvermittelte Hemmung der Glykosylierung • ethanolinduzierte, reduzierte hepatische Clearance des CDT	Sensitivität 92%, Spezifität 97%, integraler Parameter der Alkoholkonsumption von > 60 g/die für mindestens 7 Tage, langsame Normalisierung bei Abstinenz ($t_{1/2}$ ca. 15 Tage)
mittleres Erythrozytenvolumen (MCV)	primär: • toxischer Ethanoleffekt sekundär: • Folsäuremangel • Lebererkrankungen	Sensitivität ca. 65%, Spezifität 90–95%, kein guter Screening-Parameter
γ-Glutamyltransferase (γ-GT)	• mikrosomale Induktion durch Ethanol • gesteigerte Synthese durch sekundäre Cholestase • partielle Membranschädigung und Enzymfreisetzung	Sensitivität ca. 55%, Spezifität 85%, geringe Korrelation zwischen γ-GT-Aktivität und Grad des Alkoholabusus

Tabelle 16.8: Ätiologische Faktoren des hepatozellulären Karzinoms

Hepatitis-Viren
– chronische HBV-Infektion
   HCV-Infektion
   HGV-Infektion

chemische (Ko-) Karzinogene
– Aflatoxin B1 (Aspergillus flavus)
– Alkohol ?

hereditäre metabolische Erkrankungen
– α_1-Proteinaseinhibitor-Mangel
– Haemochromatose
– Tyrosinämie
– Hypercitrullinämie
– Morbus Wilson
– Glykogenose Typ I
– Porphyria cutanea tarda

sonstige Risikofaktoren
– Thorotrast
– orale Kontrazeptiva
– androgen-anabole Steroide
– Parasiten (Echinococcus, Schistosoma, Clonorchis)

kularen Mechanismen der HCV-assoziierten Hepatokarzinogenese hingegen sind noch weitgehend unklar. Möglicherweise hat ein virales Protein eine onkogenähnliche Eigenschaft. Die besonders potente karzinogene Wirkung des gelben Schimmelpilzgiftes Aflatoxin (von Aspergillus flavus), welches durch das Zytochrom P450-System der Hepatozyten aktiviert wird, beruht wahrscheinlich auf dessen Mutations-induzierender Wirkung des **p53-Gens** im Codon 249, wo eine G/T-Mutation (Austausch von Arginin durch Serin) zu einer Inaktivierung dieses wichtigen Tumorsuppressorproteins führt. Inaktivierungen dieses Gens durch Punktmutationen kommen mit hoher Inzidenz beim HCC vor. Ob Alkohol per se karzinogene Eigenschaften hat oder lediglich über das Vorstadium einer Zirrhose zu einem HCC führt, wird kontrovers beurteilt. Eine durch chronischen Alkoholabusus herbeigeführte gesteigerte metabolische Aktivierung von Karzinogenen durch die Enzyme des Biotransformationssystems (Zytochrom P450-abhängiger MEOS-Abbauweg) könnte zu einer erhöhten metabolischen Aktivierung von (Pro-)Karzinogenen führen, wobei dem Alkohol hierbei die Rolle eine Kokarzinogens zukäme. Zirrhosen, auch nicht alkoholischer Ätiologien, z. B. auf dem Boden hereditärer metabolischer Erkrankungen wie Hämochromatose, α1-Antitrypsinmangel, Morbus Wilson, stellen ebenfalls ein Risikopotential für die Entwicklung des HCC dar.

Zur Diagnostik und Verlaufskontrolle stehen das α_1-**Fetoprotein (AFP)** und das **Des-γ-Carboxyprothrombin (PIVKA-II)** zur Verfügung. Andere, jedoch unspezifische Parameter sind Kenngrößen der Zellnekrose (ALT, AST, LDH) und der Cholestase (γ-GT und Varianten der alkalischen Phosphatase). Der Tumormarker der Wahl ist das AFP, ein 72 kD großes, in der Fetalperiode vorwiegend in fetalen Hepatozyten und im Dottersack exprimiertes Onkoprotein, dessen Expression postnatal abgeschaltet wird, sodass im Blut gesunder Erwachsener Serumkonzentrationen von < 10 µg/l gemessen werden. Eine transkriptionale Aktivierung des AFP-Gens in Hepatozyten tritt bei maligner Transformation, unter toxischen Einflüssen und bei erhöhter Zellproliferation auf. Da es sich um ein typisches Exportprotein handelt, kann die Genaktivierung durch eine Zunahme der zirkulierenden AFP-Konzentration enzymimmunologisch erfasst werden (Tab. 16.9). In Abhängigkeit von der gemessenen Konzentration muss eine differenzierte Interpretation erfolgen, da mäßige Erhöhungen auch bei benignen Lebererkrankungen und Nicht-Lebererkrankungen vorkommen und hohe Konzentrationen auch beim malignen Teratom und pathologischen, mit Neuralrohrdefekten einhergehenden Schwangerschaften feststellbar sind (Tab. 16.9). Das abnormale, in γ-Position aufgrund eines Vitamin K-Mangels nicht carboxylierte Prothrombin (Des-γ-Carboxyprothrombin, DCP) wird bei 60–80% der Patienten mit HCC im Serum signifikant erhöht gefunden, wobei falsch positive Befunde bei Leberzirrhose, akuter und chronischer Hepatitis, Gallengangskarzinom und extrahepatischen Malignomen sehr gering sind. In Verbindung mit AFP kann diese Kenngröße die diagnostische Treffsicherheit besonders bei kleinen HCC (< 3 cm Durchmesser) deutlich erhöhen. Neben den humoralen Tumormarkern kann eine Molekulardiagnostik, die auf den Nachweis der Mutation des p53-Suppressorgens gerichtet ist, zur Ergänzung dienen. Die *hot-spot-Mutation* am Codon 249 kann durch Aus-

Tabelle 16.9: Interpretation erhöhter α_1-Fetoproteinkonzentrationen (AFP) im Serum Erwachsener.

AFP-Konzentrationen	Vorkommen	Interpretation
< 10 µg/l	gesunde Personen	Normalwert, schließt 90–95% aller hepatozellulären Karzinome aus
10–500 µg/l	beginnendes hepatozelluläres Karzinom	Verlaufskontrolle notwendig: kontinuierlicher Anstieg sehr verdächtig!
	benigne Lebererkrankungen: akute Virushepatitis alkoholische Hepatitis Medikamenten-Hepatitis chronische Hepatitis Leberzirrhose primär biliäre Zirrhose Verschlussikterus Hämochromatose	transienter Anstieg Abklärung der zugrunde liegenden Erkrankung durch Zusatzuntersuchungen.
	nicht hepatische maligne Erkrankungen, Karzinome von Lunge, Pankreas, Magen, Colon, Gallengang, Niere, Mama, Ovar	im Allgemeinen < 150 µg/l
	Gravidität	physiologisch
500–2000 µg/l	hepatozelluläres Karzinom	verdächtig, Verlaufskontrolle notwendig: weiterer Anstieg typisch
	Teratom (Hoden, Ovar)	spezifische Zusatzuntersuchungen
	pathologische Schwangerschaft (fetale Missbildungen: Neuralrohrdefekt)	Bestimmung von AFP im Fruchtwasser
> 2000 µg/l	hepatozelluläres Karzinom Teratom	sehr wahrscheinlich, Zusatzuntersuchungen notwendig

wahl geeigneter *primer* in der *real-time*-PCR anhand veränderter Schmelzkurven nachgewiesen werden.

Der Nachweis PCR-amplifizierter AFP-mRNA im peripheren Blut wurde wiederholt als Kenngröße zirkulierender maligner Hepatozyten im Rahmen einer hämatogenen Metastasierung evaluiert. Gegenwärtig ist jedoch die Spezifität und Sensitivität dieses molekulardiagnostischen Verfahrens noch nicht ausreichend genug, um einen Routineeinsatz zu empfehlen.

16.7 Toxische Lebererkrankungen

Schätzungsweise etwa 1000 weltweit produzierte Arzneimittel habe potentielle hepatotoxische Eigenschaften, die zusammen mit anderen hepatotropen toxischen Substanzen aus Industrie, Haushalt und Natur die Leber zu einem der wichtigsten Manifestationsorgane toxischer Einflüsse machen. Die Prädisposition der Leber ist einerseits bedingt durch ihre *clearance*-Funktion gegenüber den enteral absorbierten und über die Pfortader zugeleiteten Toxine, andererseits durch ihre exklusive Funktion in der Biotransformation exogener (Arzneimittel, Gewerbe- und Naturtoxine, Alkohol) und endogener (Bilirubin, Gallensäuren, Prostaglandine, Steroide, Retinoide) Substanzen. Die **Biotransformation** spielt sich vorwiegend im glatten endoplasmatischen Retikulum der Hepatozyten in zwei Phasen ab (Abb. 16.18). Die Phase I dient der Überführung des Fremdstoffes durch oxidative, peroxidative, reduktive oder hydrolytische Prozesse in einen reaktiven Metabolit, der in Phase II durch enzymatische Konjugation mit UDP-Glukuronsäure, Zystein, Glutathion und durch andere Prozesse (Glyzinisierung, Methylierung, Sulfatierung) in eine ausscheidungsfähige, d. h. wasserlösliche Substanz metabolisiert wird. Das für Phase I verantwortliche Enzymsystem ist die mikrosomale **NADPH-Zytochrom-P450-Reduktase**, welche sich aus einem breiten Spektrum von Isoformen (mehr als 15) mit bevorzugten Substratspezifitäten zusammensetzt. Bei gleichzeitiger Anwesenheit von mehreren Substraten (z. B. Ethanol, Allopurinol, Antibiotika, Amiodaron) be-

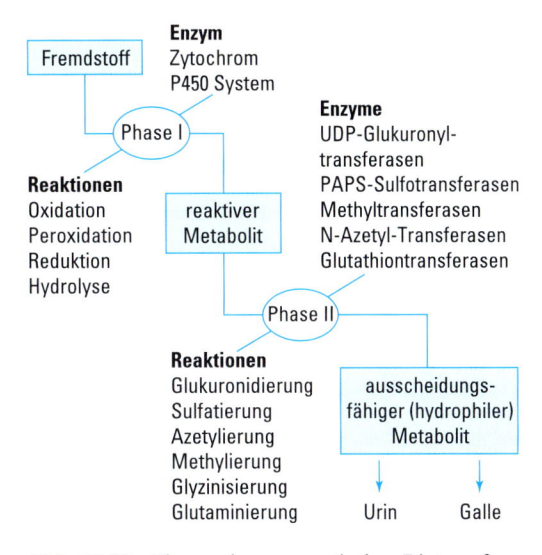

Abb. 16.18: Phasen des enzymatischen Biotransformationssystems der Leber zur Metabolisierung von Fremdstoffen und endogenen Substanzen zu ausscheidungsfähigen Metaboliten im Urin und in der Galleflüssigkeit.

steht aufgrund einer kompetitiven Hemmung an der Bindungsstelle des Zytochrom P450 die Möglichkeit klinisch relevanter metabolischer Interferenzen, die die Pharmakokinetik beeinflussen. Neben der Entgiftungsfunktion des hepatischen Biotransformationssystems ist für andere Substanzen jedoch auch eine „Giftung" nachgewiesen, bei der die aufgenommene atoxische Muttersubstanz in ein hochreaktives Zwischenprodukt mit ausgeprägter Toxizität metabolisiert wird.

Die **hepatotoxischen Substanzen** sind unterteilbar in obligate Hepatotoxine mit vorhersagbarer (reproduzierbarer) Leberschädigung, die bei jeder exponierten Person zu einer Organerkrankung führen (z. B. CCl_4, Benzolverbindungen, Toxine des Knollenblätterpilzes) und fakultative Hepatotoxine, die zu nicht vorhersagbaren (reproduzierbaren) Leberschädigungen führen (können) (Tab. 16.10). Im Gegensatz zu der bekannten Wirkung der obligaten Toxine wird für die fakultativen Hepatotoxine eine sekundär ausgelöste immunologische (hyperergische) Reaktion als Pathomechanismus postuliert. Individuelle Risikofaktoren sind Ge-

Tabelle 16.10: Einteilung der hepatotoxischen Substanzen und ihrer grundsätzlichen Schädigungstypen. Bei obligaten und fakultativen Hepatotoxinen kann jeder Typ der Leberschädigung auftreten.

hepatotoxische Wirkung	Typ der Leberschädigung	toxische Substanzbeispiele
obligate Hepatotoxine mit vorhersagbarer Leberschädigung	Nekrosetyp	Tetrachlorkohlenstoff Thioacetamid Phalloidin Amanitin Cyclophosphamid
Merkmale 1. Auftreten bei *allen* Exponierten 2. Reproduzierbar im Tierversuch 3. Latenzphase zwischen Exposition und Schädigung kurz und konstant 4. Schwere der Schädigung dosisabhängig	Hepatitistyp	Phenytoin Phenylbutazon Allopurinol Indomethacin
fakultative Hepatotoxine mit nicht vorhersagbarer Leberschädigung	Cholestasetyp	Chlorpromazin Imipramin Methyltestosteron Ethinylöstradiol Tolbutamid
Merkmale 1. Schädigung nur bei einem *Teil* der Exponierten 2. Reproduzierbarkeit oft nicht gegeben 3. Latenzphase zwischen Exposition und Schädigung länger und variabel 4. Schwere der Schädigung *nicht* dosisabhängig	Steatosetyp	Tetracycline Methotrexat Nitrosamine Azaserin

schlecht (Frauen häufiger betroffen als Männer), Alter, Nahrungsmangel, Übergewicht, vorbestehende Leber-, Nieren- und Herzerkrankungen sowie Schwangerschaft und einige Autoimmunerkrankungen. Die klinische Manifestation und das klinisch-chemische Untersuchungsprofil sind außerordentlich vielgestaltig und richten sich nach dem in Tabelle 16.10 gezeigten Schädigungstyp. Teilweise extreme Anstiege der Zellnekrose- und Cholestaseparameter finden sich ebenso wie pathologische Kenngrößen der metabolischen Insuffizienz, jedoch gibt es keine für toxische Leberschädigungen typische klinisch-chemische Befundkonstellationen.

16.8 Hereditäre Erkrankungen der Leber am Beispiel des Bilirubinstoffwechsels

Die Leber ist ein wichtiger Manifestationsort hereditärer Stoffwechselveränderungen, die das Organ direkt betreffen (z.B. Transportdefekte des hepatobiliären Systems, Störungen des Bilirubinstoffwechsels, genetische Defizienz von Harnstoffzyklusenzymen) oder sekundär in Mitleidenschaft ziehen (z.B. α1-Antitrypsinmangel, Glykogenosen, Hämochromatose, Morbus Wilson). Beide Formen genetisch bedingter Stoffwechselveränderungen können, besonders in Verbindung mit koexistierenden erworbenen Lebererkrankungen, schwerwiegende klinische Auswirkungen haben oder lediglich blande, keinen wesentlichen Krankheitswert habende Anomalien darstellen. Exemplarisch für die Abgrenzung erworbener und genetisch bedingter Veränderungen soll die Pathobiochemie des Bilirubinstoffwechsels beschrieben werden.

16.8.1 Bilirubinstoffwechsel

Bilirubin stellt ein gelbes, lineares, in wässrigem Milieu nur gering lösliches finales Abbauprodukt des Hämoglobins dar, welches aufgrund seiner Lipophilie eine ausgeprägte Neurotoxizität bis hin zum zentralnervösen Kernikterus mit persistierender Hirnschädigung aufweist. **Ikterus (Gelbsucht)** ist ein klinisches Symptom, welches bereits bei einer Hyperbilirubinämie von 2 mg/dl an der Gelbverfärbung der Skleren zu diagnostizieren ist (Sklerenikterus). Die zur Hyperbilirubinämie führenden Pathomechanismen können auf der Ebene der Überproduktion, der verminderten hepatozellulären Clearance oder einer eingeschränkten Exkretion vom Hepatozyten in die Gallenflüssigkeit und weiter in den Darm beruhen (Abb. 16.19).

Bilirubin entsteht zu 90 % aus dem Abbau der prosthetischen Gruppe des Hämoglobins, dem Häm (Ferroprotoporphyrin IX), gealterter Erythrozyten, der in den Makrophagen des retikuloendothelialen Systems der Milz, im Knochenmark und in den Kupfferzellen der Leber erfolgt. Die restlichen 10 % entstehen aus dem Abbau von Hämenzymen (Katalase, Zytochrome) und aus dem Abbau unausgereifter Erythrozyten während der Erythropoese im Knochenmark („**Shunt-Bilirubin**"). Unter Anwesenheit von molekularem Sauerstoff entsteht durch eine von der Hämoxigenase katalysierten oxidativen Ringöffnung unter CO- und Eisenfreisetzung das eisenfreie, lineare Tetrapyrrol Biliverdin, welches durch die Biliverdinreduktase in Anwesenheit von NADPH zum **Bilirubin IXα** reduziert wird. Die tägliche Bilirubinproduktion von 250–400 mg wird wesentlich überschritten bei einem gesteigerten Abbau von Erythrozyten in der Zirkulation (Hämolyse). Hämolytische Erkrankungen sind Beispiele für eine durch Überproduktion bedingte prähepatische Hyperbilirubinämie (Produktionsikterus). Der sich vom retikuloendothelialen System zu

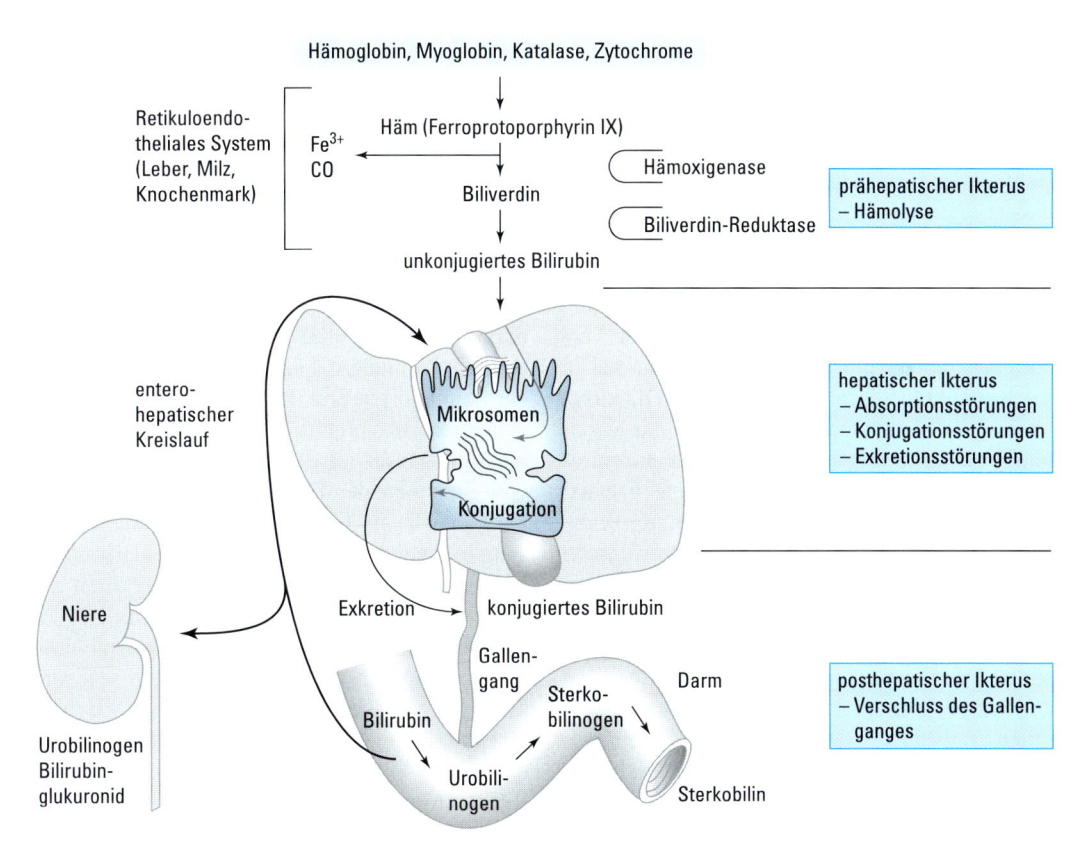

Abb. 16.19: Schematische Darstellung des prähepatischen, hepatischen und posthepatischen Bilirubinstoffwechsels mit den entsprechenden Ebenen seiner Störungen (Ikterus). Erläuterungen im Text.

den Hepatozyten anschließende Bilirubintransport erfolgt über eine hochaffine Bindung des wasserunlöslichen Pigments an Albumin (indirektes Bilirubin). Kleinere Fraktionen werden an Erythrozyten und *high-density*-Lipoprotein (HDL) gebunden in der Zirkulation transportiert. Erst bei einer Zunahme des Bilirubins über 5 mg/dl wird die Albuminbindungskapazität überschritten, die auch durch endogene und exogene Metabolite kompetitiv gehemmt werden kann. Der hepatozelluläre Stoffwechsel beginnt mit der Bilirubinaufnahme über einen organischen Anionentransporter am sinusoidalen, dem Disse-Raum zugewandten Pol der Leberzelle, der für eine erleichterte Diffusion sorgt. Der intrazelluläre Transport erfolgt durch Bindung an **Ligandin**, ein Isoenzym der **Glutathion-S-Transferase**, das gleichzeitig eine Rückdiffusion des aufgenommenen Bilirubins verhindert. Die enzymatische Glukuronidierung der beiden Propionsäurereste des Bilirubins mit Glukuronsäure (Konjugationsreaktion) erfolgt durch das Enzym UDP-Glukuronyl-Transferase in Anwesenheit von aktivierter (UDP-)Glukuronsäure. Dieses aus mehreren Isoenzymen bestehende Enzymsystem glukuronidiert nicht nur Bilirubin, sondern auch viele endogene und exogene Metabolite wie Pharmaka, Steroidhormone, Katecholamine und Gallensäuren. Das Ergebnis ist die Umwandlung des lipophilen Bilirubins in eine hydrophile Verbindung, die für die Exkretion am Gallepol in das Kanalikuluslumen aufbereitet ist. Die kanalikuläre, unidirektionale Exkretion in das Kanalikuluslumen erfolgt gegen einen Konzentrationsgradienten durch ATP-getriebene Exportpumpen aus der Familie der **multidrug-resistance-Proteine.** Sie stellen multispezifische organische Anionentransporter dar, die somit nicht nur von dem Bilirubinglukuronid, sondern von Konjugaten eines breiteren Spektrums lipophiler Substanzen mit Glutathion, Glukuronat und Sulfat genutzt werden. Jeder der hepatischen Teilschritte des Bilirubinstoffwechsels kann durch erworbene, aber auch genetische Erkrankungen gestört sein, was zu einer hepatischen Hyperbilirubinämie aufgrund einer Absorptions-, Konjugations- oder Exkretionsstörung führt. Genetische Ursachen für eine unkonjugierte hepatische Hyperbilirubinämie sind das komplette Fehlen (Typ I) oder eine deutlich verminderte Aktivität (Typ II) der **UDP-Glukuronyltransferase** bei dem **Crigler-Najjar-Syndrom**, welches auf Mutationen dieses Schlüsselenzyms der Glukuronidierung zurückgeht (Tab. 16.11). Das **Gilbert-Syndrom**, auch als familiärer nicht hämolytischer Ikterus oder Morbus Meulengracht bezeichnet, hat vergleichsweise nur geringen oder keinen Krankheitswert, da die durch verschiedene Mutationen herbeigeführte Restaktivität der UDP-Glukuronyltransferase ausreicht, um die Fraktion des unkonjugierten Bilirubins niedrig und die Gesamtkonzentration unter 5 mg/dl zu halten. Das Dubin-Johnson-Syndrom ist ein Beispiel für eine selektive Exkretionsstörung des konjugierten Bilirubins aufgrund von Mutationen des multispezifischen organischen Anionentransporters MRP-2, was zu einer Retention und zu einem Reflux von konjugiertem Bilirubin in die Zirkulation führt. Gleichzeitig kommt es zu erhöhter Ausscheidung von Koproporphyrin I im Urin. Der Krankheitswert auch dieses Syndroms ist ähnlich wie beim Rotor-Syndrom, das ebenfalls eine genetisch bedingte Störung des biliären Exkretionsmechanismus bislang noch unbekannter molekularer Identität darstellt, gering. Die mäßige Hyperbilirubinämie von bis zu 5 mg/dl beim **Dubin-Johnson- und Rotor-Syndrom** sind Beispiele für einen hepatischen, postmikrosomalen Ikterus mit einer Erhöhung der konjugierten Fraktion.

Der sich anschließende posthepatische Bilirubinstoffwechsel ist gekennzeichnet durch eine von Enzymen der Darmbakterien katalysierte, vorwiegend im terminalen Ileum und Colon stattfindenden Dekonjugation des Bilirubins mit anschließender bakterieller Reduktion zu Urobilinogen, Sterkobilinogen und Sterkobilin. Sowohl dekonjugiertes Bilirubin wie auch Urobilinogen werden im terminalen Ileum reabsorbiert und gelangen in einem **enterohepatischen Kreislauf** zurück in die Hepatozyten, wo sie den oben beschriebenen Stoffwechsel und Reexkretion in das Gallesystem durchlaufen. Eine kleine Fraktion entweicht in die systemische Zirkulation und wird über die Niere mit dem Harn ausgeschieden (Urobilinogen,

Tabelle 16.11: Genetische Störungen des hepatischen Bilirubinstoffwechsels.

	Syndrome			
	Crigler-Najjar	Gilbert (Meulengracht)	Dubin-Johnson	Rotor
Auftreten	selten	3–7 % der Erwachsenen	selten	selten
Bilirubin i. Serum	> 20 mg/dl	< 5 mg/dl	2–5 mg/dl	< 5 mg/dl
Bilirubinfraktion	unkonjugiert	unkonjugiert	konjugiert	konjugiert
Bilirubin-Enzephalopathie	ja (Kernikterus bei Typ I)	nein	nein	nein
Krankheitswertigkeit	++ (Typ I lethal)	keine (geringe)	gering	gering
genetischer Defekt	Mutation der Bilirubin-UDP-Glukuronyltransferase mit vollständigem Fehlen (Typ I) oder verminderter Enzymaktivität (Typ II)	verschiedene Mutationen der UDP-Glukuronyltransferase führen zu Restaktivität von 30–50 %	Mutation im *multidrug-resistance-gene-2* führt zum Fehlen des kanalikulären Transporters für Konjugate organischer Säuren mit Glukuronsäure und Glutathion (MRP-2)	Störung der biliären Exkretion von konjugiertem Bilirubin, molekularer Defekt noch unbekannt
Erbgang	autosomal-rezessiv	autosomal-dominant	autosomal-rezessiv	autosomal-rezessiv (?)
sonstiges	Typ I führt ca. 1,5 Jahre nach Geburt zum Tode	auch als „familiärer nichthämolytischer Ikterus" bezeichnet	erhöhte Ausscheidung von Koproporphyrin I im Urin bei normaler Gesamtkoproporphyrinausscheidung, auch als *„black liver jaundice"* bezeichnet wegen Ablagerung eines braunschwarzen Pigmentes (Abbauprodukte von Katecholaminen).	erhöhte Urinausscheidung der Gesamtkoproporphyrine mit beiden Isomeren I und II

Bilirubin-diglukuronid). Sterkobilin ist für die Stuhlfarbe, Urobilinogen für die Harnfarbe verantwortlich. Störungen auf den beschriebenen Ebenen des prähepatischen, hepatischen und posthepatischen Bilirubinstoffwechsels (letztere z. B. durch Gallengangsobstruktion im Rahmen eines Pankreaskopftumors) führen nicht nur zu einer Erhöhung des unkonjugierten oder konjugierten Bilirubins in der Zirkulation, sondern auch zu einer Entfärbung des Fäzes. Eine definitive Differenzialdiagnostik der in Tabelle 16.11 aufgeführten genetischen Syndrome ist durch Mutationsanalyse der PCR-amplifizierten DNA aus Leberbiopsiegewebe zu empfehlen.

16.9 Gallensäurestoffwechsel und Cholanopathien

16.9.1 Synthese und hepatozelluläre Aufnahme durch Transportmechanismen

Die Synthese von Gallensäuren ist eine leberspezifische Leistung, die in Hepatozyten erfolgt. Gallensäuren werden von diesen Zellen über den Gallepol in das Kanalikuluslumen exkretiert, im Darm teilweise modifiziert, nahezu quantitativ reabsorbiert und über das Portalvenenblut der Leber wieder zugeführt, die deren fast vollständige Entfernung aus dem Blut und Reexkretion in die Galle bewirkt (enterohepatischer Kreislauf).

Der Präkursor der Gallensäuren ist das Cholesterin, welches in einer Sequenz von etwa 14 enzymatischen Reaktionen in die beiden primären Gallensäuren Cholsäure und Chenodesoxycholsäure überführt wird (Abb. 16.20). Die Gallensäuresynthese stellt damit gleichzeitig den wichtigsten Stoffwechselweg in der Regulation der hepatischen Cholesterinhomöostase dar, weil die Leber nicht nur das entscheidende Organ für die *de novo* Biosynthese des Cholesterins sondern gleichzeitig der dominierende Ort für den Cholesterinabbau ist. Die primären Gallensäuren können grundsätzlich auf zwei Stoffwechselwegen entstehen: bei dem klassischen („neutralen") Weg wird Cholesterin durch die mikrosomale 7α-Hydroxylase in Position 7 zum 7α-Hydroxycholesterin oxidiert, bei dem alternativen („sauren") Stoffwechselweg erfolgt initial nach Transport des Cholesterins in die Mitochondrien durch die mitochondriale 27-Hydroxylase eine Oxidation in Position 27 des Cholesterinmoleküls. 7α-Hydroxylase ist das geschwindigkeitsbestimmende Enzym, welches transkriptionell durch hydrophobe Gallensäuren, Cholesterin, Schilddrüsenhormone, Glukokortikoide, Insulin und Glukagon reguliert wird. Unterbrechungen des enterohepatischen Kreislaufes der Gallensäuren (z. B. bei Gallengangsfistel, Ileumresektion) steigern die Aktivität der 7α-Hydroxylase und der Gallensäuresynthese um ein Mehrfaches, während umgekehrt die exogene Zufuhr von Gallensäuren zu einer Hemmung führt. Daraus ist zu entnehmen, dass Gallensäuren einen negativen Feedback auf ihre Synthese ausüben. Die primären Gallensäuren werden vor ihrer Exkretion enzymatisch mit Glyzin und Taurin konjugiert. Auf diese Weise entstehen die vier primären Gallensäurekonjugate Glykocholsäure, Taurocholsäure, Glykochenodesoxycholsäure und Taurochenodesoxycholsäure. Die konjugierten Dihydroxygallensäuren (Chenodesoxycholsäure bzw. Desoxycholsäure) werden im oberen Intestinaltrakt in nur geringem Umfang reabsorbiert, sodass sie hier für ihre Aufgabe in der Fettverdauung zur Verfügung stehen. Erst im terminalen Ileum erfolgt durch aktiven Transport eine über 5 %ige Reabsorption der enteralen Gallensäuren. Während der Darmpassage werden im unteren Abschnitt des Ileums und im Kolon durch bakterielle 7α-Dehydroxylierung Cholsäure in Desoxycholsäure und Chenodesoxycholsäure in Lithocholsäure umgewandelt (Abb. 16.20). Die somit gebildeten sekundären Gallensäuren Desoxycholsäure und Lithocholsäure werden zu etwa 30–50 % reabsorbiert. In geringerem Umfang kann Chenodesoxycholsäure im Intestinallumen bakteriell zur 7-Ketolithocholsäure oxidiert werden, deren Ketogruppe nach enterohepatischer Zirkulation in der Leber reduziert wird. Die somit entstandene, als tertiäre Gallensäure bezeichnete Ursodesoxycholsäure wird ebenfalls in die Galle ausgeschieden. Eine weitere Modifikation der Gallensäuren im distalen Ileum und Kolon betrifft deren partielle Dekonjugation mit Bildung freier Gallensäuren. Die zur Reabsorption gelangenden, konjugierten und freien primären, sekundären sowie tertiären Gallensäuren werden via Pfortader, an Albumin und an die High-Density-Lipoproteine (HDL) gebunden, zur Leber transportiert. Die Aufnahmefähigkeit des gesunden Organs für Gallen-

---

Abb. 16.20: Klassischer („neutraler") und alternativer („saurer") Syntheseweg der primären Gallensäuren Cholsäure und Chenodesoxycholsäure in der Leber und ihre enzymatischen Modifikationen im Darmlumen. Ausgangssubstrat ist das über Hydroxymethylglutaryl (HMG)-Koenzym A (CoA) bereitgestellte Cholesterin, welches in einer Sequenz von etwa 14 distinkten enzymatischen Schritten zu den primären Gallensäuren Cholsäure und Chenodesoxycholsäure metabolisiert wird. Dabei werden neben dem klassischen, 7α-Hydroxylase-Weg auch der mitochondriale 27-Hydroxylase-Stoffwechselweg eingeschlagen. Vor der Exkretion der primären Gallensäuren in das Kanalikuluslumen erfolgt eine enzymatische Konjugation mit Glyzin oder Taurin. Das Flussdiagramm stellt eine Simplifizierung des komplexen Stoffwechselweges der Gallensäuresynthese dar.

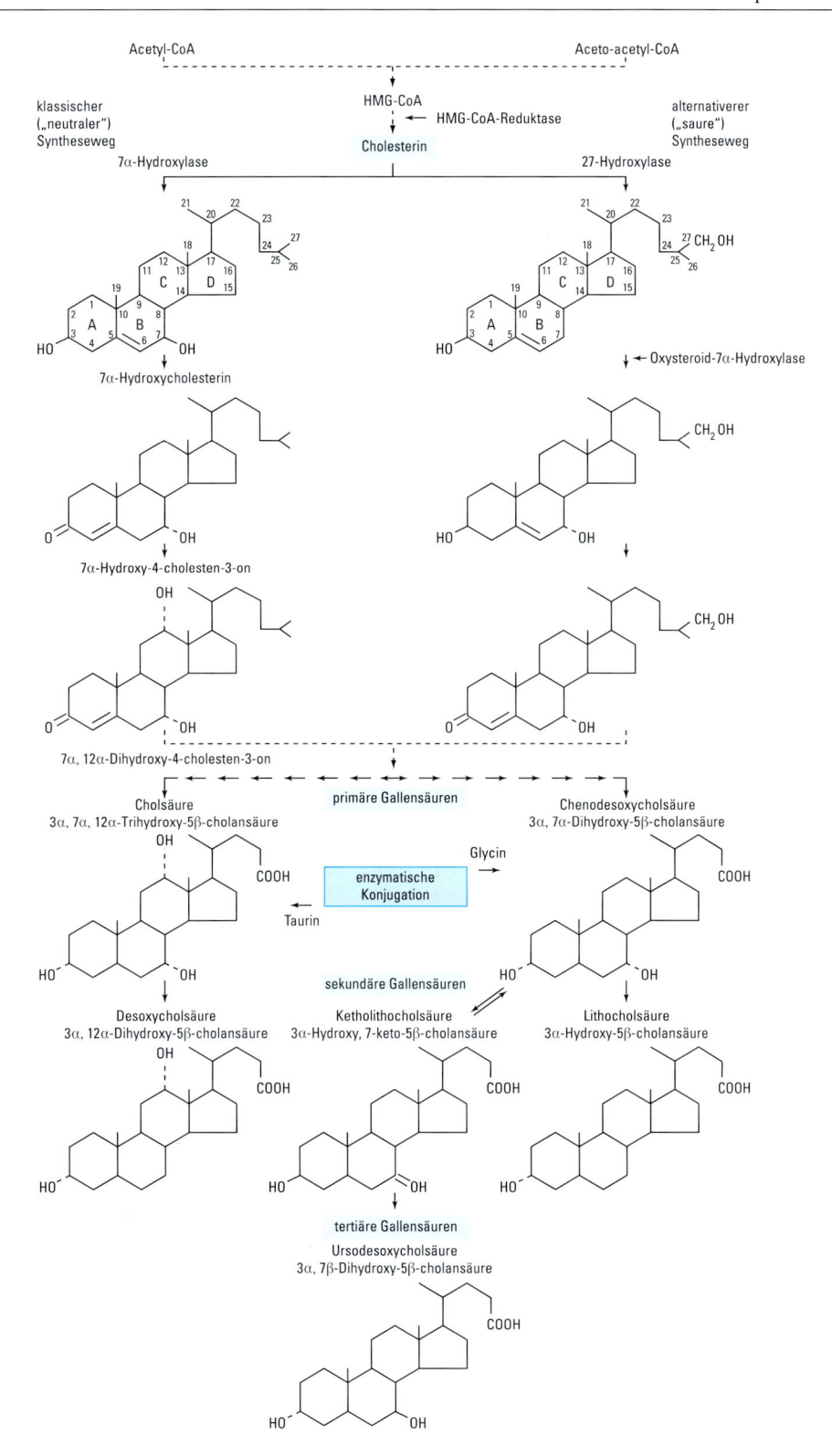

16.9 Gallensäurestoffwechsel und Cholanopathien

Acetyl-CoA → HMG-CoA ← HMG-CoA-Reduktase → Cholesterin ← Aceto-acetyl-CoA

klassischer („neutraler") Syntheseweg — 7α-Hydroxylase

alternativerer („saure") Syntheseweg — 27-Hydroxylase

7α-Hydroxycholesterin

↓ ← Oxysteroid-7α-Hydroxylase

7α-Hydroxy-4-cholesten-3-on

7α,12α-Dihydroxy-4-cholesten-3-on

primäre Gallensäuren

Cholsäure
3α,7α,12α-Trihydroxy-5β-cholansäure

Chenodesoxycholsäure
3α,7α-Dihydroxy-5β-cholansäure

enzymatische Konjugation ← Taurin / Glycin →

sekundäre Gallensäuren

Desoxycholsäure
3α,12α-Dihydroxy-5β-cholansäure

Ketholithocholsäure
3α-Hydroxy, 7-keto-5β-cholansäure

Lithocholsäure
3α-Hydroxy-5β-cholansäure

tertiäre Gallensäuren

Ursodesoxycholsäure
3α,7β-Dihydroxy-5β-cholansäure

säuren ist sehr groß und unter physiologischen Bedingungen weit vom Sättigungszustand entfernt. Die normale Leber nimmt etwa 450 µmol Gallensäure pro Stunde auf. Deshalb finden sich trotz der über 6fach höheren Gallensäurekonzentration im Portalvenenblut üblicherweise nur sehr geringe Mengen im Lebervenenblut (1–4 µmol/l). Während der Passage durch die Leberzelle werden die im Darm dekonjugierten Gallensäuren erneut mit Taurin und Glyzin konjugiert. Zusätzlich kann eine Entgiftung durch Glukuronidierung und insbesondere der hepatischen Monohydroxygallensäure Lithocholsäure durch partielle Sulfatierung (Sulfolithocholsäure) erfolgen. Der Anteil sulfatierter Gallensäuren im Serum (< 9 % der Serumgallensäuren) und im Urin ist unter physiologischen Bedingungen sehr klein, kann jedoch bei verschiedenen Lebererkrankungen stark ansteigen. Da die renale Clearance der sulfatierten Gallensäuren etwa 10fach größer als die der entsprechenden nicht sulfatierten Moleküle ist und sulfatierte Gallensäuren nicht reabsorbiert werden können und somit ohne enterohepatische Zirkulation direkt fäkal ausgeschieden werden, weisen die sulfatierten Gallensäuren eine relativ kurze Halbwertszeit auf, die maßgeblich zur Verminderung ihrer Toxizität beiträgt.

Die molekularen Details der Aufnahme- und Exkretionsmechanismen der Gallensäuren in Hepatozyten sind durch die Identifizierung und molekulare Klonierung der relevanten Transportsysteme heute weitgehend bekannt, sodass die Zuordnung der für die Aufnahme der Gallensäuren an der basolateralen (sinusoidalen) Plasmamembran zuständigen Transporter ebenso definiert ist wie die der kanalikulären, am Gallepol der hepatozellulären Plasmamembran aktiven Transporter (Abb. 16.21). An der basolateralen Membrandomäne erfolgt die aktive Aufnahme der Gallensäuren in die Hepatozyten überwiegend durch den Na^+-Taurocholsäure-Cotransporter (NTCP), der, in Verbindung mit Natrium mehrere konjugierte Gallensäuren einschließlich Glykocholsäure, Taurocholsäure, Taurochenodesoxycholsäure und Tauroursodesoxycholsäure in das Zellinnere transportiert. Neben NTCP existiert auch ein Na^+-unabhängiges Transportsystem, der organische Anionentransporter OATP, der eine breite Palette amphipathischer Substrate einschließlich Gallensäuren, Östrogenkonjugate, organische Anionen und zahlreiche Xenobiotika im Austausch mit reduziertem Glutathion (GSH) in das intrazelluläre Kompartiment befördert. Mehrere Mitglieder einer OATP-Genfamilie sind zwischenzeitlich identifiziert worden. Für die Aufrechterhaltung des extra- zu intrazellulären Ionengradienten (Na^+, K^+) ist eine Na^+, K^+-ATPase am basolateralen Pol verantwortlich, die intrazelluläre pH-Homöostase erfolgt durch Na^+-H^+-Austauscher und Na^+-HCO_3^--Symporter (Abb. 16.21). Unter Normalbedingungen ist der Transport der Gallensäuren durch die kanalikuläre Membran

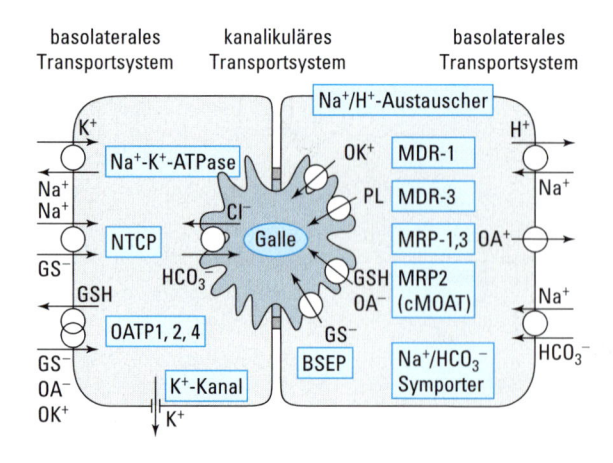

Abb. 16.21: Basolaterale und kanalikuläre Transportsysteme in Hepatozyten.
NTCP: Na^+-abhängiger Natrium/Taurocholsäure-Kotransporter; OATP: Na^+-unabhängiger organischer-Anionentransporter; OA^-: organische Anionen, OK^+: organische Kationen, GS: Gallensäuren, MRP: multi-drug-resistance-associated protein, BSEP: bile salt Export Pumpe, GSH: reduziertes Glutathion, MDR: multi-drug Export Pumpe, AE2: Anionen exchanger. NTCP und OATP sind die wichtigsten Aufnahmesysteme für Gallensäuren an der basolateralen Plasmamembran, bevorzugt über BSEP werden Gallensäuren in das kanalikuläre Kompartiment exkretiert. Transporter für Ionen und Protonen sind für die Ionen- und pH-Homöostase der Hepatozyten von Bedeutung.

der geschwindigkeitsbestimmende Schritt der Gallebildung. Er wird bereitgestellt durch unidirektionale, ATP-abhängige Transportsysteme (Exportpumpen). Diese kanalikulären Membrantransporter gehören zur Superfamilie der ABC-Transporter (*A*TP-*b*inding *c*assette *t*ransporter). Hier übernehmen bevorzugt die Gallensalzexportpumpe BSEP, Mitglieder der *multidrug-resistance*-Proteine (MRP2) und die *multi-drug*-Export Pumpe MDR1 die Aufgaben der aktiven Gallensäureexkretion. Die Transportfunktion beschränkt sich jedoch nicht auf Gallensäuren sondern betrifft gleichermaßen ein weites Spektrum amphipathischer anionischer Substrate, auch Bilirubindiglukuronid, Östradiolglukuronide und Sulfatkonjugate. Die genannten Transportmechanismen sind verantwortlich für die gallensäureabhängige Cholerese (etwa 60–70% Anteil) und die gallensäureunabhänge, durch Exkretion von anorganischen Ionen (Na^+, K^+, Cl-, HCO_3^-) getriebene Cholerese mit einem etwa 30–40%igen Anteil am Gesamtgallefluss. Der gallensäureunabhängige Mechanismus beruht vorwiegend auf der Exportpumpe MRP2 und auf dem Anionenaustauscher AE2 (Abb. 16.21). Die Abwesenheit der kanalikulären MRP2-Expression bildet die Grundlage des oben beschriebenen Dubin-Johnson Syndroms (s. Abschn. 16.8). Auch Mutationen des BSEP-Gens und MDR3-Gens sind bekannt und als molekulare Ursache der hereditären progressiven familiären intrahepatischen Cholestase identifiziert worden. Bei erworbenen, entzündlichen und cholestatischen Lebererkrankungen kommt es zu signifikanten Expressionsänderungen vieler der hier beschriebenen Transporter, wobei proinflammatorische Zytokine wie TNF-α und IL-1β als wichtige Regulatoren der hepatischen organischen Anionentransporter erkannt worden sind. So ist bei der primär sklerosierenden Cholangitis (PSC) die OATP-Expression verstärkt, bei der extrahepatischen Gallengangsatresie die NTCP-Expression vermindert.

Quantitative Untersuchungen haben gezeigt, dass die Menge der zirkulierenden Gallensäuren (als Gallensäure-Pool bezeichnet) etwa 5–10 mmol (2–4 g) beträgt. Bei einer täglichen Syntheserate der gesamten Gallensäuren von ca. 1 mmol (0,4 g) beträgt die Gallensäureexkretion in den Darm 30–60 mmol/d (12–24 g), sodass der Gallensäure-Pool täglich etwa 6 bis 10 Mal, also ca. 3 Mal während jeder Mahlzeit rezirkuliert. Der fäkale Gallensäureverlust (1 mmol/d) entspricht der täglichen Syntheserate. Die Gallensäureausscheidung im Urin liegt bei Gesunden unter 8 µmol/d.

16.9.2 Pathobiochemische Veränderungen

Die Halbwertszeiten der primären Gallensäuren und der Desoxycholsäure betragen 2–3 Tage, die der Lithocholsäure weniger als 1 Tag. Beeinträchtigte Leberzellfunktion und Ausbildung portosystemischer Umgehungskreisläufe sind die wichtigsten Ursachen der Erhöhung der Gallensäurekonzentration im Serum, Verlängerung ihrer Halbwertszeiten und Zunahme ihrer Ausscheidung im Urin bei nahezu allen akuten (z. B. Virushepatitis, toxische Leberschädigungen) und chronischen Lebererkrankungen (z. B. Leberzirrhose).

Zusätzlich zu den quantitativen Veränderungen kommt es auch zu Verschiebungen des Gallensäureprofils, die jedoch für einzelne Lebererkrankungen nicht typisch sind bzw. spezifische Gallensäuren betreffen. Deshalb trägt die Bestimmung einzelner Gallensäuren zum gegenwärtigen Zeitpunkt relativ wenig zur Differenzialdiagnostik der Lebererkrankung bei.

16.9.3 Cholestase

Von besonderem pathobiochemischen Interesse sind die Veränderungen des Gallensäurestoffwechsels bei intra- und extrahepatischer Cholestase (Tab. 16.12), wie sie sich im Auftreten sog. atypischer Gallensäuren und in der Zunahme der Fraktionen sulfatierter und glukuronidierter Gallensäuren manifestieren. Einige der auftretenden Gallensäuren haben selbst hepatotoxische oder cholestatische Eigenschaften und können somit im Rahmen eines Circulus vitiosus in die Pathogenese der Cholestase eingreifen.

Atypische Gallensäuren unterscheiden sich strukturell von den primären Gallensäuren durch anomale Hydroxylierungen, veränderte Seitenketten, 3β-Δ5-Konfiguration, Epimeri-

Tabelle 16.12: Pathobiochemie des Stoffwechsels der Gallensäuren (GS) bei Cholestase.

Gallensäureveränderungen	pathobiochemischer Mechanismus
GS-Konzentration im Serum ↑	Einschränkung der Exkretion und Clearance der GS
renale GS-Ausscheidung ↑	Erhöhung der Serum-GS-Konzentration und erhöhte renale Clearance sulfatierter und glukuronidierter GS
Cholsäure/Chenodesoxycholsäure-Verhältnis im Serum ↑	Relative Zunahme der Cholsäuresynthese bei beschleunigter renaler Elimination sulfatierter Chenodesoxycholsäure
Anteil sulfatierter GS im Serum (~ 10–20 %) und im Urin (~ 50 %) ↑	Verstärkte Sulfatierung der GS in der Leberzelle vermindert ihre Toxizität, erhöht ihre fäkale und renale Elimination und erhöht ihren Turnover.
Anteil glukuronidierter GS im Urin (~ 12–20 %) ↑	Verstärkte Glukuronidierung in der Leberzelle überführt GS in eine rasch eliminierbare Form.
Auftreten „atypischer" GS in Serum und Urin – 3β-Hydroxy-$\Delta5$-Cholensäure (als Sulfatester und Glukuronid) – $3\beta, 12\alpha$-Dihydroxy-$\Delta5$-Cholensäure – Tetrahydroxygallensäuren – *allo*-Gallensäuren (5α-Cholansäuren)	Längere Verweilzeit der GS im Hepatozyten kann über ein höheres Substratangebot zu Enzyminduktionen (z. B. Hydroxylasen) führen. Hemmung der mikrosomalen Cholesterin-5α-Hydroxylierung und direkte mitochondriale Seitenkettenoxidation des Cholesterins kann zu 3β-Hydroxy-$\Delta5$-Cholensäure führen.

sierungen, allo-Konfiguration (5α-Cholansäuren) und Ketogruppen am Steroidring. Das Auftreten der besonders lipophilen, nur als Sulfatester oder Glukuronid renal rasch eliminierbaren 3β-Hydroxy-$\Delta5$-cholensäure kann dabei für die Pathogenese der Cholestase bedeutsam sein, denn im Tierversuch hat diese Monohydroxygallensäure einen ausgeprägten cholestatischen Effekt. Außer dieser atypischen Gallensäure verfügt auch eine weitere Monohydroxygallensäure, die Lithocholsäure, im Tierexperiment über eine starke Hemmwirkung auf die Cholerese. Die Toxizität auch dieser Gallensäure wird entscheidend vermindert durch ihre rasche Sulfatierung in der Leber während der enterohepatischen Zirkulation, die, wie oben beschrieben, zu einer beschleunigten renalen und fäkalen Elimination führt.

16.9.4 Cholesterinsteine

Die Lithogenese der Cholesterinkonkremente in der Galle basiert auf einer Übersättigung der Galle mit Cholesterin, die auf einem Überschuss von Cholesterinmolekülen im Verhältnis zu den Cholesterincarriern beruht. Cholesterin, welches in der Leber als monohydroxylierter, ungesättigter und unpolarer C_{27}-Alkohol synthetisiert wird, der in Wasser praktisch unlöslich ist (maximale Löslichkeit ca. 10^{-8} mol/l), kann nur durch Einschluss in hochmolekulare Lipidaggregate („Carrier") in der Gallenflüssigkeit in Lösung gehalten werden. Als Cholesterincarrier kommen in geringem Umfang die thermodynamisch metastabilen Phospholipid(Lezithin) Cholesterin-Vesikel, die relativ rasch in andere Lipidaggregate umgebaut werden sowie stabile, aus Gallensäuren, Phospholipiden und Cholesterin bestehende gemischte Mizellen in Betracht. Die gemischten Mizellen sind Scheiben mit einem Durchmesser von 4–8 nm, in denen die Phospholipid-Cholesterin-Komplexe von Gallensäuren umgeben sind (Abb. 16.22). Die Gallensäuren sind mit ihrer hydrophoben Seite den Phospholipiden und dem Cholesterin zugewandt, während ihre hydrophile Seite der wässrigen Phase exponiert ist. Zu einer Übersättigung der Galle mit Cholesterin kann es aufgrund verschiedener Mechanismen kommen, die entweder auf einer Hypersekretion von Cholesterin oder auf einer Hyposekretion der für die Mizellenbildung wichtigen Gallensäuren beruhen. Die Hypersekretion stellt den dominierenden metabolischen Defekt der biliären Cholesterinübersättigung dar und ist häufig auf eine gesteigerte *de-novo*-Synthese zurückzuführen.

Im Leberbiopsiegewebe von Cholesterinsteinträgern konnte eine Aktivitätserhöhung des

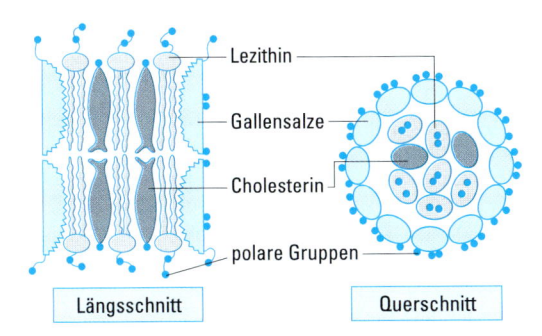

Abb. 16.22: Schematische Darstellung des prinzipiellen Aufbaus gemischter Mizellen für den Cholesterintransport in der Galle. Die Mizellenbildung kommt durch die Interaktion von Cholesterin, Gallensäuren und Lezithin in der Gallenflüssigkeit nach deren Sekretion aus den Hepatozyten zustande. (aus: Lehrbuch der Klinischen Chemie und Pathobiochemie; Greiling H., Gressner A. (Hrsg); Schattauer Verlag, 1995)

geschwindigkeitsbestimmenden Enzyms der Cholesterinsynthese, der 3-Hydroxy-3-Methylglutaryl (HMG)-CoA-Reduktase und eine gleichzeitige 40–50%ige Abnahme der Aktivität der 7α-Hydroxylase, dem geschwindigkeitsbestimmenden Enzym des Cholesterinabbaus bzw. der Gallensäuresynthese, nachgewiesen werden. Ursachen für eine Hyposekretion von Gallensäuren können einerseits auf einer verminderten hepatischen Produktion, andererseits auf einem nicht kompensierten erhöhten intestinalen Verlust mit Störungen der enterohepatischen Zirkulation beruhen. Das Missverhältnis der Komponenten der gemischen Mizellen (Cholesterin, Lezithin, Gallensäuren) ist somit verantwortlich für Übersättigung und Kristallisation des Cholesterins.

16.9.5 Gallensäureverlustsyndrome

Wie ausgeführt, unterliegen Gallensäuren einem enterohepatischen Kreislauf. Täglich werden etwa 20% des Gallensäurepools im Fäzes ausgeschieden und durch Neusynthese in der Leber ersetzt. Der Gallensäure-Metabolismus wird somit enterohepatisch, von Leber und Darm gleichermaßen bestimmt. Die intestinale Reabsorption der konjugierten Gallensäuren erfolgt mithilfe aktiver Transportmechanismen überwiegend im terminalen Ileum. Enterale Erkrankungen vorwiegend dieses Bereichs sind daher mit einer Gallensäuremalabsorption verbunden, die zu einer Zunahme der mit dem Fäzes täglich ausgeschiedenen Gallensäuremenge führt (Gallensäure-Verlustsyndrom). Die Gallensäuremalabsorption kann pathogenetisch sehr unterschiedlich wirksam werden, was im Wesentlichen davon abhängt, ob der fäkale Verlust durch eine gesteigerte hepatische Neusynthese voll kompensiert oder nicht kompensiert werden kann (Tab. 16.13).

Ausgedehnte entzündliche Erkrankungen und Resektionen (> 100 cm) des terminalen Ileums (z. B. beim M. Crohn) sowie ein operativ angelegter Ileum-Bypass können zu einer starken Gallensäuremalabsorption führen, die nicht mehr von der Leber kompensierbar ist. Der Gallensäurepool ist stark reduziert, sodass die für eine normale Fettverdauung erforderliche kritische mizellare Konzentration konjugierter Gallensäuren im Ileum nicht mehr erreicht wird. Da konjugierte Gallensäuren als mizellare Lösungsvermittler für Verdauung und Absorption der Fette notwendig sind, kommt es zu einer Fettmalabsorption mit vermehrter Neutralfettausscheidung im Stuhl (chologene Steatorrhö). Die im Dünndarm nicht verdauten Nahrungsfette werden im Kolon teilweise bakteriell zu Fettsäuren und Hydroxyfettsäuren umgewandelt, die über eine Stimulation der Adenylatzyklase der Kolonschleimhaut eine vermehrte Na^+- und Wassersekretion der Schleimhaut anregen. Neben der nicht kompensierten Gallensäuremalabsorption im Ileum können auch zwei weitere pathogenetische Mechanismen zur chologenen Steatorrhö führen:

a) eine schwere Cholestase mit stark reduzierter Gallensäureexkretion in den Darm und folglich verminderter intraluminaler Gallensäurekonzentration.
b) eine gesteigerte intestinale Dekonjugation der in normalen Konzentrationen vorliegenden Gallensäuren infolge bakterieller Überwucherung des Dünndarms. Da nur konjugierte Gallensäuren zur Mizellenbildung befähigt sind, kommt es durch Dekon-

Tabelle 16.13: Pathogenetische Auswirkungen der Gallensäuremalabsorption und des Gallensäureverlustes (GS: Gallensäuren).

Klinik	Pathobiochemie
chologene Steatorrhö	**nicht kompensierter** GS-Verlust → Abnahme des GS-Pools → Verminderung der intraluminalen GS-Konzentration → Unterschreiten der kritischen mizellaren Konzentration → eingeschränkte Fettverdauung und -absorption → bakterielle Bildung von Fett- und Hydroxyfettsäuren im Kolon → Stimulation der Adenylatzyklase → Erhöhte Na^+- und Wasserausscheidung der Kolonschleimhaut → *Fettstühle*
Cholesterin-Cholelithiasis	**nicht kompensierter** GS-Verlust → Abnahme des GS-Pools → Verminderung der GS-Konzentration in der Gallenblase → Unterschreiten der kritischen mizellaren Konzentration → Auskristallisation des Cholesterins → *Cholesterinkonkremente*
chologene Diarrhö	**kompensierter** GS-Verlust → Übertritt überhöhter GS-Mengen in das Kolon → Stimulation der Adenylatzyklase → Erhöhte Na^+- und Wasserausscheidung der Kolonschleimhaut → *Diarrhö ohne Fettmalabsorption*
Hyperoxalurie/Oxalat-Nephrolithiasis	• **nicht kompensierter** GS-Verlust → Fettmalabsorption im Dünndarm → bakterielle Bildung von Fett- und Hydroxyfettsäuren im Kolon → Stimulation der *Oxalatabsorption* im Kolon • Fett- und Hydroxyfettsäuren → Bindung von Kalzium (Seifenbildung) → Verminderte Bildung des unlöslichen, nicht absorbierbaren Kalziumoxalats im Kolon → erhöhte *Oxalatabsorption* • Erhöhte endogene *Oxalatsynthese*

jugation zu einer erheblichen Beeinträchtigung der Fettverdauung. Ursachen gesteigerter Dekonjugation im Dünndarm infolge bakterieller Überwucherung sind operativ nebengeschaltete Dünndarmabschnitte (Fisteln, Anastomosen, Syndrom der blinden Schlinge), Dünndarmstenosen und -strikturen (nach Bestrahlung und bei entzündlichen Darmerkrankungen) und reduzierte Darmperistaltik z. B. bei Sklerodermie. Zur Diagnostik der pathologischen bakteriellen Dünndarmbesiedlung eignen sich Belastungsteste wie der Wasserstoffexhalationstest nach oraler Verabreichung des Kohlenhydrates Laktulose (oder Glukose) und der ^{14}C-Glykocholat-Atemtest.

Eine weitere Folge der nicht kompensierten Gallensäuremalabsorption ist die Cholesterin-Cholelithiasis. Sie beruht auf der Abnahme der als mizellare Lösungsvermittler notwendigen Gallensäuren in der Gallenblase, sodass das wasserunlösliche Cholesterin dort auskristallisiert.

Geringfügige Gallensäuremalabsorption mit fast vollständiger hepatischer Kompensation des fäkalen Verlustes führt zum Übertritt ständig erhöhter Gallensäuremengen in das Kolon. Die Fettverdauung und -absorption ist bei dem voll kompensierten Gallensäureverlust nicht beeinträchtigt, doch induzieren die vermehrt in das Kolon gelangenden Gallensäuren über eine Stimulation der Adenylatcyclase eine erhöhte Wasser- und Na^+-Sekretion, die sich klinisch in einer wässrigen (chologenen) Diarrhoe äußert (Tab. 16.13). Da die Gallensäureexkretion postprandial physiologischerweise erhöht ist, tritt die chologene Diarrhö typischerweise verstärkt nach den Mahlzeiten auf. Bindung der vermehrt im Kolon vorliegenden Gallensäuren an das oral applizierte Anionenaustauscherharz Cholestyramin ist therapeutisch wirksam und erlaubt eine Diagnose *ex juvantibus*. Die klinischen Zustände, die mit einer chologenen Diarrhö einhergehen können, sind Resektionen des terminalen Ileums von weniger als 100 cm, M. Crohn, Strahlenenteropathie u. a.

Eine bedeutsame extraintestinale Manifestation der Gallensäuremalabsorption ist die Hyperoxalurie, ggf. in Kombination mit der Kalziumoxalat-Nephrolithiasis (Tab. 16.13). Pathogenetisch liegt ihr eine gesteigerte Oxalsäureabsorption im Kolon zugrunde, die durch manche der im Kolon vermehrt vorliegenden Gallensäuren (z. B. Desoxycholsäure) stimuliert wird. Unterstützt wird die Pathogenese der Hyperoxalurie durch eine Fettmalabsorption, da Fett- und Hydroxyfettsäuren die Permeabilität der Kolonschleimhaut für Oxalat erhöhen sowie Kalzium binden, welches dadurch nicht mehr zur Bildung des unlöslichen, nicht absorbierbaren Kalziumoxalats im Dickdarm zur Verfügung steht. Auch eine gesteigerte endogene Oxalsäuresynthese wird als weiterer Pathomechanismus der enteralen Hyperoxalurie angenommen.

16.9.6 Gallensäurebestimmungen

Die quantitative Analytik der Gallensäuren richtet sich in ihrem Aufwand nach den Ansprüchen in Krankenversorgung und Forschung (Tab. 16.14). Für Routineaufgaben hat sich die enzymatische Bestimmung der Gesamtgallensäuren im Nüchternserum durchgesetzt. Anspruchsvollere Fragestellungen verlangen Gaschromatographie mit und ohne Kombination der Massenspektrometrie und Hochdruckflüssigkeitschromatographie, deren Vor- und Nachteile in Tabelle 16.14 zusammengefasst sind.

Tabelle 16.14: Methoden zur quantitativen Bestimmung von Gallensäurenbestimmung in Serum, Urin, Gallenflüssigkeit und Fäzes (GS: Gallensäuren).

Methode	Vorteile	Nachteile
enzymatische Methode mit 3α-Hydroxy-steroid-dehydrogenase	einfach und schnell durchführbar, gute Korrelation mit Referenzmethoden	nur Gesamt-GS, relativ geringe Empfindlichkeit
Immunoassay	sehr empfindlich, schnell, unkompliziert, für spezifische GS anwendbar	Schwierigkeiten in der Erzeugung spezifischer Antikörper, Kreuzreaktionen möglich
Gaschromatographie (GC)	empfindlich, präzis, mehrere GS in einem Lauf gleichzeitig bestimmbar	aufwändig, komplizierte Probenvorbereitung (Extraktion, Hydrolyse, Derivatisierung)
Hochdruckflüssigkeitschromatographie (HPLC)	in Empfindlichkeit und Präzision GC vergleichbar; keine aufwändige Probenvorbereitung, spezifische GS-Konjugate bestimmbar	aufwändig
Gaschromatographie und Massenspektrometrie (GC-MS)	im Vergleich zur GC gesteigerte Empfindlichkeit, Präzision und Richtigkeit; Referenzmethode; Identifizierung seltener GS-Derivate möglich	wie GC, zusätzlich wesentlich teurer und komplizierter im Gebrauch

17 Kreislauf

J. Mair, B. Puschendorf

17.1 Kreislaufregulation

Der arterielle Blutdruck wird durch die Herzleistung (sog. „cardiac output"), das pro Minute vom Herzen in die Aorta gepumpten Blutvolumen (Herzminutenvolumen = Schlagvolumen × Herzfrequenz), den peripheren Gefäßwiderstand (Resistance) und die Dehnbarkeit der arteriellen Gefäße (Compliance) bestimmt. Die Nieren sind über die Regulation des intravasalen Volumens entscheidend an der Blutdruckregulation beteiligt. Bei Erweiterung der peripheren Widerstandsgefäße (Vasodilatation), z.B. im Rahmen einer Sepsis, oder nachlassender Herzleistung bei Herzschwäche (Herzinsuffizienz) kommt es zu einer mangelhaften Füllung des peripheren arteriellen Gefäßsystems. Dies führt zur Aktivierung von zahlreichen sog. neurohumoralen Reflexen mit dem Ziel, die Durchblutung von lebenswichtigen Organen, insbesondere von Herz und Gehirn, zu sichern (Abb. 17.1, Tab. 17.1). Dies wird über eine Steigerung des Gefäßtonus der arteriellen Widerstandsgefäße und über eine Reduktion der renalen Salz- und Wasserausscheidung sowie über eine Zunahme der Herzfrequenz und Kontraktilität des Myokards (Inotropie) erreicht. Sog. Mechanorezeptoren in Vorhöfen und Ventrikel, Sinus caroticus, Aortenbogen, großen thorakalen Venen und in den afferenten Arteriolen der Nieren registrieren arterielle Blutdruckabfälle in den entsprechenden Gefäßversorgungsgebieten. Die durch Blutdruckabfall verminderte Aktivierung dieser Rezeptoren löst eine zentralnervöse Sympathikusaktivierung, die Aktivierung des Renin-Angiotensin-Aldosteronsystems (RAAS) aus und führt zu einer nicht osmotisch verursachten Ausschüttung von Vasopressin (= antidiuretisches Hormon). Gleichzeitig kommt es durch Stimulation entsprechender Zentren im zentralen Nervensystem (ZNS) zu verstärktem Durstgefühl. Im Rahmen dieses Kapitels wird nur auf die für die Kreislaufregulation relevanten Effekte des Sympathikus, RAAS und Vasopressins eingegangen, eine umfassende Darstellung findet sich im Kapitel Endokrinologie.

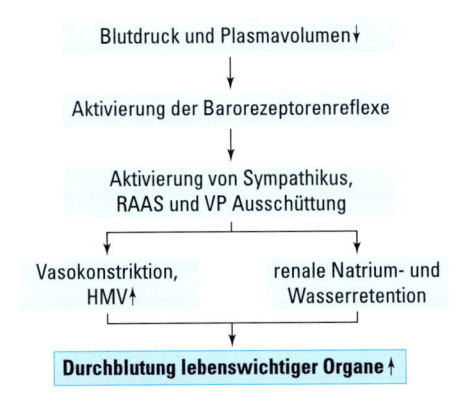

Abb. 17.1: Kreislaufregulation.
VP: Vasopressin; RAAS: Renin-Angiotensin-Aldosteron-System; HMV: Herzminutenvolumen.

Tabelle 17.1: Neurohormonale und endotheliale Kreislaufregulation.

Vasokonstriktoren und antidiuretisch wirkende Hormone	Vasodilatatoren und diuretisch wirkende Hormone
Sympathikus (Adrenalin, Noradrenalin)	Parasympathikus
Renin-Angiotensin-Aldosteron System	natriuretische Peptide
Vasopressin	Kallikrein-Kinin-System
Endothelin	Stickstoffmonoxid
Thromboxan	Prostaglandine
Kalzium	

17.1.1 Sympathisches Nervensystem

Die Aktivierung des Sympathikus führt zu erhöhter Wandspannung und Kontraktilität des Myokards (positiv inotroper Effekt), Anstieg der Herzfrequenz (Tachykardie; positiv chronotroper Effekt) und durch arterielle Vasokonstriktion zur Erhöhung der Nachlast. Gleichzeitig wird durch Venokonstriktion auch der venöse Blutrückstrom zum Herzen verstärkt und somit die Vorlast des Herzens erhöht. Die kardialen Kurz- und Langzeiteffekte der Sympathikusaktivierung sind im Abschnitt Herzinsuffizienz (Kapitel 18) im Detail beschrieben. Die Sympathikusaktivierung führt über renale Vasokonstriktion zur RAAS Aktivierung und auch über direkte Effekte an den proximalen Tubuli zur verstärkten renalen Salz- und Wasserretention. Daneben gibt es weitere Wechselwirkungen zwischen dem Sympathikus und dem RAAS. Die renale Sympathikusaktivierung stimuliert die Reninsekretion, und Angiotensin II stimuliert die Sympathikusaktivierung direkt und indirekt über eine Beeinträchtigung des negativen Rückkopplungsmechanismus der Barorezeptorreflexe.

17.1.2 Renin-Angiotensin-Aldosteronsystem (RAAS)

Das Steroidhormon Aldosteron (auch als Mineralocorticoid bezeichnet) wird in den Mitochondrien der Nebennierenrinde (zona glomerulosa) aus Cholesterol gebildet und reguliert die Natriumrückresorption und Kaliumausscheidung in Nieren, Dickdarm, Schweiß- und Speicheldrüsen (siehe Kapitel Endokrinologie). Seine physiologische Bedeutung liegt in der Verhinderung von Natriumverlusten zu Zeiten verminderter Kochsalzzufuhr mit der Nahrung. Dem Aldosteron kommt jedoch eine entscheidende Rolle in der Pathophysiologie der Herzinsuffizienz, der Leberzirrhose und des nephrotischen Syndroms zu. Die renale Reninproduktion und somit adrenale Aldosteronsekretion hängen stark von der Salz- und Wasserzufuhr mit der Nahrung ab. Zudem führen ein Abfall der renalen Durchblutung oder eine Zunahme der Natriumkonzentration am distalen Tubulus über vermehrte Reninsekretion zu einer erhöhten Aldosteronfreisetzung. Renin wird von den die afferenten Arteriolen der Glomeruli umgebenden juxtaglomerulären Zellen und den den distalen Tubuli benachbarten Zellen der Macula densa gebildet. Renin spaltet 4 Aminosäuren vom Angiotensinogen ab, das vorwiegend in der Leber synthetisiert wird, und bildet dadurch Angiotensin I, ein biologisch inaktives Dekapeptid. Angiotensin-Konvertierungsenzym (ACE) ist ein membrangebundenes Enzym der Endothelzellen und bildet aus Angiotensin I durch Abspaltung zweier Aminosäuren Angiotensin II (Abb. 17.2). Angiotensin II spielt eine zentrale Rolle in der Kreislaufregulation. Es führt zu Vasokonstriktion der systemischen Arteriolen und der renalen afferenten Arteriolen, vermehrter Natriumrückresorption an den proximalen Tubuli und Stimulation der Aldosteronausschüttung und Kontraktilität des Herzens. Angiotensin II stimuliert auch die Vasopressin und Noradrenalinfreisetzung. Letztendlich tragen alle Effekte zu einem Blutdruckanstieg mit verminderter Natrium- und Wasserausscheidung bei. Außerdem verstärken Angiotensin II und Aldosteron das Durstgefühl. Im Rahmen des Abfalles des intravasalen Volumens, z. B. durch Blutverluste, starkes Schwitzen, Erbrechen und Durchfall, ist Angiotensin II der physiologische Hauptregulator der Aldosteronbildung. Ein weiterer wichtiger physiologischer Stimulus ist ein

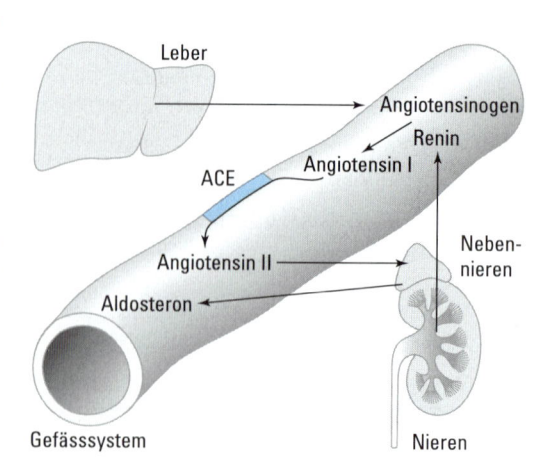

Abb. 17.2: Renin-Angiotensin-Aldosteronsystem. ACE: Angiotensin-Konvertierungsenzym.

erhöhter Serumkaliumspiegel, verursacht beispielsweise durch erhöhte Kaliumzufuhr mit der Nahrung oder vermehrte Kaliumfreisetzung aus der Skelettmuskulatur durch hohe Muskelbeanspruchungen. Die durch Aldosteron vermittelte verstärkte Kaliumausscheidung schützt den Körper vor den negativen Folgen einer Hyperkaliämie. Weitere Stimuli der Aldosteronausschüttung sind Corticotropin (ACTH), Katecholamine (Stresshormone) und Endothelin. Im Sinne einer negativen Rückkoppelung hemmen Angiotensin und Aldosterone die Reninsekretion.

17.1.3 Vasopressin

Vasopressin wird in den supraoptischen und paraventrikulären Nuclei gebildet und in der Neurohypophyse gespeichert. Es übt seine antidiuretischen Effekte vor allem über eine verstärkte durch Vasopressinrezeptoren vermittelte Wasserrückresorption in den Sammelrohren der Nieren aus. Vasopressin ist ein Schlüsselhormon in der Regulation des Wasserhaushaltes. Bereits ein von Osmorezeptoren im Hypothalamus detektierter Anstieg der Plasmaosmolalität um 2 % führt zu verstärktem Durstgefühl und Vasopressinsekretion.

Vasopressinrezeptoren finden sich auch in der glatten Gefäßmuskulatur, ihre Aktivierung führt zu Vasokonstriktion. Jedoch spielt Vasopressin unter physiologischen Bedingungen nur eine untergeordnete Rolle in der Regulation des arteriellen Gefäßwiderstandes und Blutdruckes. Die Aktivierung des Barorezeptorreflexes durch arteriellen Blutdruckabfall führt zur nicht osmotisch ausgelösten Vasopressinausschüttung. Unter diesen pathophysiologischen Bedingungen kommt dem Vasopressin eine wichtige Rolle in der Aufrechterhaltung der Durchblutung lebenswichtiger Organe durch systemische und renale Vasokonstriktion mit Abnahme der glomerulären Filtrationsrate zu.

17.1.4 Natriuretische Peptide

Atriales natriuretisches Peptid (ANP) besteht aus 28 Aminosäuren und wird normalerweise vorwiegend in den Vorhöfen und nur zu einem geringerem Teil in den Kammern des Herzens gebildet. Der Hauptsekretionsstimulus ist eine verstärkte Dehnung der Vorhöfe. Daneben bildet das Herz noch ein zweites natriuretisches Peptid, B-Typ natriuretisches Peptid (BNP, auch als brain natriuretic peptide bezeichnet). BNP besteht aus 32 Aminosäuren und wird vorwiegend im Rahmen von pathophysiologischen Prozessen vom Ventrikelmyokard synthetisiert. Sein wichtigster Sekretionsstimulus ist eine vermehrte Kammermyokardwandspannung. Beide Peptide werden als Präprohormone gebildet. Vor allem das ANP-Prohormon wird in sekretorischen Vesikeln gespeichert und kann daher sehr rasch auf entsprechende sekretorische Reize vom Myokard ins Blut abgegeben werden. Im Rahmen der Sekretion wird sowohl das ANP- als auch das BNP-Prohormon in einen N-terminalen Anteil und in die C-terminalen physiologisch aktiven Peptide gespalten. Beide natriuretischen Peptide spielen eine Schlüsselrolle in der Regulation des Salz- und Wasserhaushaltes des Körpers sowie des Blutdruckes (Abb. 17.3). Sie haben vergleichbare physiologische Wirkungen im Wasser- und Elektrolythaushalt und sind die körpereigenen Gegenspieler des sympathischen Nervensystems und des RAAS. Die-

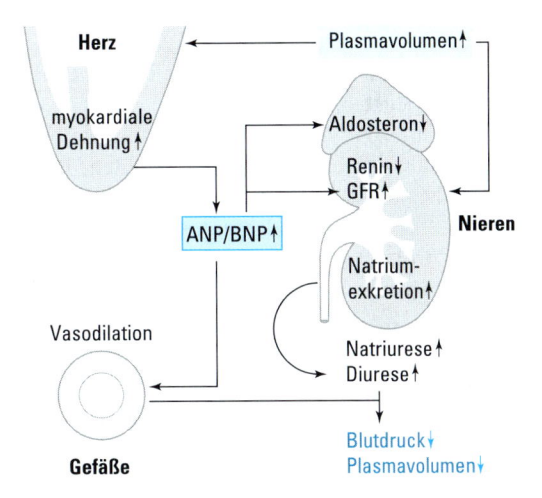

Abb. 17.3: Die Rolle der natriuretischen Peptide in der Kreislaufregulation.
ANP: atriales natriuretisches Peptid; BNP: B-Typ natriuretisches Peptid; GFR: glomeruläre Filtrationsrate.

se beiden kardialen Hormone werden im Rahmen aller Erkrankungen mit einer Flüssigkeitsüberladung des Körpers (z. B. Niereninsuffizienz, Leberzirrhose mit Aszites) und der damit verbundenen verstärkten Vorhofsdehnung und insbesondere bei Herzerkrankungen mit Herzinsuffizienz verstärkt vom Myokard sezerniert. ANP und BNP bilden ein duales System mit ANP als dem sehr rasch reagierenden Hormon und BNP als dem zusätzlich bei längeranhaltenden pathophysiologischen Veränderungen freigesetztem kardialen Hormon. Ihre bekannten physiologischen Effekte werden über membrangebundene Rezeptoren mit Guanylatzyklaseaktivität vermittelt, ihr second messenger ist somit zyklisches Guanosinmonophosphate (cGMP). Die natriuretischen Peptide sind durch eine 17 Aminosäuren umfassende Ringstruktur gekennzeichnet, mit der diese Peptide sich an ihre Rezeptoren binden. Natriuretische Peptide sind potente Gefäßerweiterer (Vasodilatatoren) im systemischen und pulmonalem Kreislauf, senken daher die Vor- und Nachlast des Herzens und führen zu einer verstärkten renalen Salz- und Wasserausscheidung über eine Zunahme des renalen Blutflusses und der glomerulären Filtrationsrate sowie eine verminderte Natriumrückresorption vor allem im Sammelrohr. Die Renin und Aldosteronsekretion werden durch diese Peptide gehemmt. Zusätzlich hemmen die natriuretischen Peptide die Zellteilung im Gewebe des Herzens und der Gefäße.

ANP und BNP haben eine sehr kurze biologische Halbwertszeit (ANP ca. 3 Minuten, BNP ca. 20 Minuten). Ihr Abbau erfolgt durch Bindung an sog. Clearance Rezeptoren mit nachfolgender Proteolyse in den Lysosomen und durch enzymatischen Abbau durch eine membrangebundene neutrale Endopeptidase vor allem in Nieren und Lungen.

Natriuretische Peptide finden sich auch als Neurotransmitter im Zentralnervensystem und unterstützen durch ihre zentralen Effekte ihre peripheren hormonellen Wirkungen. So werden im Hirnstamm der Sympathikus, im Hypothalamus die Sekretion von Vasopressin und Corticotropin sowie in den dem 3. Ventrikel benachbarten Regionen der Salzappetit und das Durstgefühl gehemmt.

17.1.5 Endotheliale Faktoren

Prostacyclin und Prostaglandin E sind potente autokrine, vasodilatierende Faktoren, die in Endothelzellen aus Arachidonsäure synthetisiert werden. Katecholamine und Angiotensin II stimulieren ihre Synthese. Diese gefäßerweiternden Prostaglandine wirken der neurohormonalen Vasokonstriktion entgegen.

Ein noch potenterer Vasodilatator, Stickstoffmonoxid (NO) wird im Endothel von der konstitutiven NO-Synthase gebildet.

Im Endothel werden jedoch auch potente Vasokonstriktoren gebildet, z. B. das Endothelin (ET). Endothelin wird als Preprohormon gebildet (big Endothelin-1), aus Pro-Endothelin werden durch Endothelin-Konvertierungsenzyme 3 Endothelinisoformen gebildet (ET-1, ET-2, ET-3). ET-1 besteht aus 21 Aminosäuren und ist entscheidend an der Aufrechterhaltung des Gefäßtonus und arteriellen Blutdruckes beteiligt. Es bindet an spezifische Rezeptoren an der glatten Gefäßmuskulatur und ist ein potenter Vasokonstriktor.

17.2 Arterielle Hypertonie

17.2.1 Einleitung und Definition

Der Blutdruck stellt physiologischerweise einen stark schwankenden Parameter dar. Dies spiegelt die Anpassung des Herzminutenvolumens an die aktuellen Erfordernisse (z. B. bei körperlicher Anstrengung) unseres Organismus wider. Die Blutdruckwerte fallen nachts während des Schlafes um ca. 10–20% ab („dipping"). Bei jedem Herzschlag werden ca. 70 ml Blut in den systemischen Kreislauf ausgeworfen. Dies führt zu periodischen Schwankungen des Druckes auf die Gefäßwände mit Spitzen- und Talwerten (**systolischem** und **diastolischem Blutdruck**).

Die arterielle Hypertonie ist die häufigste kardiovaskuläre Erkrankung in den industrialisierten Ländern. Ungefähr 20% der erwachsenen Bevölkerung in Europa und den USA leiden an Hypertonie. Hypertonie ist ein wichtiger Risikofaktor für die Entstehung von Schlaganfall, Herzinfarkt, Herzinsuffizienz und Niereninsuffizienz. Die Erkrankung verläuft zunächst meist symptomlos, daher ist das Hypertoniescreening ein wichtiger Teil der Vorsorgemedizin. Der Blutdruck kann invasiv mittels intraarteriellen Kathetern oder nicht invasiv mittels Blutdruckmanschetten gemessen werden. Die Blutdruckwerte in der Bevölkerung zeigen eine kontinuierliche Verteilung. Mit zunehmenden Werten steigt das Risiko für die Entstehung von kardiovaskulären Erkrankungen. Basierend auf epidemiologischen Daten wurden folgende Grenzwerte festgelegt: Arterielle Blutdruckwerte, die beim Erwachsenen einen systolischen Wert von 140 und/oder einen diastolischen Wert von 90 mm Hg überschreiten, werden als hyperton definiert. Die Diagnose erfolgt durch Messen des Blutdruckes an beiden Oberarmen (Hinweise: auf adequate Manschettengröße achten; Oberarm auf Herzhöhe; bei der auskultatorischen Methode entspricht der erste hörbare Ton dem systolischen und der letzte dem diastolischen Blutdruck) im Sitzen nach einer Ruhepause von 3–5 Minuten an drei verschiedenen Tagen. Die Patienten dürfen ca. 30 Minuten vor der Messung weder geraucht haben noch cofeinhaltige Nahrungsmittel konsumiert haben. Unter Sprechstunden (Weißkittel)-Hypertonie versteht man erhöhte Blutdruckwerte bei Messungen in der Klinik oder Arztpraxis bei normalen Werten bei Selbstmessungen oder einer ambulanten 24 Stunden Blutdruckmessung.

Der Blutdruck ist normalerweise bedingt durch den unterschiedlichen Gefäßverlauf und die daraus resultierenden Veränderungen der Pulswellenreflexion am rechten Arm höher als links. Altersabhängig steigt der systolische Blutdruckwert etwa ab dem 30. Lebensjahr nahezu linear an, während der diastolische Wert nur bis ca. dem 50. Lebensjahr ansteigt und dann – bedingt durch den zunehmenden Elastizitätsverlust der großen Arterien – wieder zu fallen beginnt. Dies erklärt das Krankheitsbild der isolierten systolischen Hypertonie.

Die Patienten werden nach Blutdruck sowie nach Ursache und Grad der Endorganerkrankung klassifiziert.

17.2.2 Pathogenese der Hypertonie

17.2.2.1 Essenzielle oder primäre Hypertonie

Bei ca. 95 % der Hypertoniepatienten wird keine alleinige Ursache der Erkrankung erkennbar. Es handelt sich wahrscheinlich um eine multigenetische Erkrankung, die durch Umweltfaktoren ausgelöst wird (z. B. Übergewicht, Alkoholismus, hohe Natriumzufuhr mit der Nahrung). Typischerweise findet sich eine leicht- bis mittelschwere Hypertonie mit einem Erkrankungsbeginn zwischen dem 20 und 50. Lebensjahr bei positiver Familienanamnese. Als Grundstörung wird eine Funktionsstörung der epithelialen Natriumkanäle mit verminderte renaler Natriumexkretion vermutet. Dies führt zu einem gestörten Natriumgleichgewicht im Körper mit vermehrtem intravasalen Volumen mit erhöhter Vorlast des Herzens. Zudem wird bei Erkrankungsbeginn eine Sympathikusüberaktivität postuliert. Beide Veränderungen resultieren in einem erhöhten Herzminutenvolumen. Die Durchblutung übersteigt die metabolischen Erfordernisse der Organe. Als autoregulatorische Anpassung steigt der periphere Gefäßwiderstand durch Vasokonstriktion, es kommt auch zur Funktionsstörung des Endothels. Im Krankheitsverlauf bildet sich ein neues hämodynamisches Gleichgewicht mit erhöhten Blutdruckwerten und erhöhtem Gefäßwiderstand bei normalem Herzminutenvolumen aus.

Tabelle 17.2: Klassifikation der Blutdruckwerte nach der Weltgesundheitsorganisation (WHO) und International Society of Hypertension 1999 bei Erwachsenen > 18 Jahren.

Blutdruck	systolisch	diastolisch
optimal	< 120	< 80
normal	< 130	< 85
hoch normal	130–139	85–89
Hochdruck		
Grad 1 (mild)	140–159	90–99
Unterkategorie: Grenzwerthypertonie	140–149	90–94
Grad 2 (mittelschwer)	160–179	100–109
Grad 3 (schwer)	≥ 180	≥110
isolierte systolische Hypertonie	≥ 140	< 90
Unterkategorie: Grenzwerthypertonie	140–149	< 90

Der jeweils höhere Wert (systolisch oder diastolisch) bestimmt den Schweregrad

Tabelle 17.3: Pathogenese der sekundären Hypertonie.

- renale Hypertonie
  renoparenchymal: primär erhöhte Salz- und Wasserretention, häufigste Ursachen:
  chronische Glomerulo- oder Pyelonephritis, Refluxnephropathie, polyzystische Nierenerkrankung
  renovaskulär: bei Nierenarterienstenose primäre Aktivierung des RAAS, meist durch Arteriosklerotische
  Veränderungen verursacht, selten durch fibromuskuläre Dysplasie
  (besonders bei jungen Frauen)
- endokrine Hypertonie
  adrenomedulläre, adrenokortikale und extraadrenale Prozesse (z. B Hyper- oder Hypothyreose)
- Aortenisthmusstenose, Koarktation der Aorta
- erhöhtes kardiales Schlagvolumen
  Aortenklappeninsuffizienz, Bradykardie
- pharmakologisch bedingt
  Ovulationshemmer, Steroide, Sympathomimetika, nichtsteroidale Antirheumatika, Carbenoxolon,
  Cyclosporin A, Lakritze, Alkohol u. a.
- Schwangerschaftserkrankungen (Eklampsie)
- ZNS-Erkrankungen
- Schlaf-Apnoe Syndrom
- seltene monogenetische Erkrankungen
  z. B. Morbus Liddle (Defekt des Natriumkanals im Sammelrohr mit verstärkter Natriumresorption),
  kongenitale Nebennierenhyperplasie bei 11β-Hydroxylasemangel

17.2.2.2 Sekundäre Hypertonie

Bei 2–5 % der Hochdruckpatienten findet sich eine Ursache der Erkrankung, wobei Nierenerkrankungen wesentlich häufiger als endokrine Störungen gefunden werden. Meist kann durch rechtzeitige Behandlung der Ursache die Erkrankung geheilt werden.

17.2.3 Kardiovaskuläres Risiko der Hypertonie

Neben der Höhe der Blutdruckwerte (Hypertonieschweregrad, Tab. 17.2) bestimmen das Vorhandensein von zusätzlichen Risikofaktoren bzw. Endorganschädigungen das kardiovaskuläre Risiko der Patienten. Daher muss bei jedem Hypertoniepatienten der kardiovaskuläre Risikostatus erhoben und nach Endorganschädigungen gesucht werden (Linksherzhypertrophie, Nephropathie, Retinopathie, peripher arterielle Verschlusserkrankung, zerebrovaskuläre Insuffizienz).

Hypertoniepatienten können in **4 Risikogruppen** unterteilt werden:
1. Keine der folgenden kardiovaskulären Risikofaktoren Rauchen, Fettstoffwechselstörungen, positive Familienanamnese für frühzeitige arteriosklerotische Erkrankungen (Frauen < 65, Männer < 55 Jahre)
2. Bis zu 2 weitere Risikofaktoren
3. Drei zusätzliche Risikofaktoren oder Diabetes mellitus oder Endorganschädigungen (linksventrikuläre Hypertrophie, Proteinurie)
4. Organkomplikationen (z. B. Schlaganfall, Herzinfarkt, Niereninsuffizienz, Fundus hypertonicus, manifeste peripher arterielle Verschlusserkrankung)

17.2.3 Endorganschädigungen

Herz und Gefäße: Die Aktivierung des RAAS im Rahmen der Hypertonie führt zur linksventrikulären Hypertrophie mit diastolischer oder systolischer Herzinsuffizienz und zur vermehrten Steifigkeit der Gefäße durch Fibrosierung. Hypertonie ist ein Risikofaktor für die Entstehung arteriosklerotischer Gefäßveränderungen in allen arteriellen Stromgebieten (z. B. Aortenaneurysma [Gefäßausweitung], Aortendissektion [Intimaeinriss mit Ausbildung eines falschen Gefäßlumens in der Wand]). Hypertonie ist ein wichtiger Risikofaktor für die Entstehung von Herzinfarkten.

Niere (hypertensive Nephropathie): Im Rahmen der Hypertonie ist insbesondere das vas afferens der Glomerula im Sinne einer Nephrosklerose verändert. Die Perfusion der Glomerula nimmt durch diese Verengungen der zuführenden Gefäße ab. Die renale Minderperfusion stimuliert zusätzlich das RAAS und hält so den Hochdruck in Gang. Es kommt durch Endothelschädigung zur pathologischen Eiweißausscheidung (Proteinurie). Die Proteinurie ist ein wichtiger Prognosemarker hinsichtlich der Entwicklung von Niereninsuffizienz und kardiovaskulären Ereignissen (Herzinfarkt, Schlaganfall).

Retina (hypertensive Retinopathie): Bei Hypertonikern lassen sich typische arteriosklerotisch verursachte Veränderungen der Netzhaut finden (Gefäßverengungen, Einblutungen, Exsudate, Papillenödem).

Gehirn: Hypertonie ist der wichtigste Risikofaktor für die Entstehung von akuten (transitorische ischämische Attacken, Insult) und chronischen zerebralen Durchblutungsstörungen (subkortikale arteriosklerotische Enzephalopathie) und zerebralen Blutungen.

17.2.3 Laborstrategien im Rahmen der Hypertonieabklärung

Die **Basisdiagnostik** umfasst Anamnese (familiäre Belastung kardiovaskulärer Erkrankungen, Dauer der Hypertonie, Hochdruck-Krisen, Begleiterkrankungen, Medikamente und Genussmittel), die körperliche Untersuchung (inklusive Beurteilung des Augenhintergrundes), Elektrokardiogramm, Nierensonographie und optional eine Echokardiographie.

Die Basislaborbestimmungen umfassen Blutbild (renale Anämie, Erythrozytose mit Kreislaufbelastung), Elektrolyte (Hypokaliämie bei mineralokortikoidinduzierter Hypertonie, Hypertonie bei Hyperkalzämie), Nierenfunktionsparameter (Harnstoff, Kreatininerhöhung bei Nierenfunktionsstörung), Nüchternglukose (Hyperglykämie bei Diabetes mellitus, Morbus Cushing, Phäochromocytom), Blutfette (Gesamtcholesterin, LDL- und HDL-Cholesterin, Triglyceride), Harnsäure (häufig erhöht bei renaler und essenzieller Hypertonie) und Urinstatus inklusive Mikroalbumin (Fehlen einer Proteinurie schließt renoparenchymatöse Erkrankung aus, Urinkristalle als Hinweis für Neigung zur Steinbildung, Mikroalbuminurie [30–300 mg/24 h; 20–200 mg/l; 3,5 mg Albumin/mmol Kreatinin im Spontanharn] als Erstmanifestation der Nephropathie bei Diabetikern und Hypertonikern).

Ein Routinelaborscreening für Ursachen einer sekundären Hypertonie ist bei Patienten mit geringer oder mäßiggradiger Hypertonie nicht indiziert insbesondere bei positiver Familienanamnese für essenzielle Hypertonie. Nur bei klinischen (z. B. Hypertonie im Alter < 30 Jahren, plötzlicher Beginn der Hypertonie, Niereninsuffizienz, schwere Hypertonie, therapieresistente Hypertonie) oder laborchemischen Hinweisen auf eine sekundäre Hypertonie sind **weitere Laboruntersuchungen** notwendig, die in den jeweiligen Kapiteln im Detail abgehandelt werden und hier nur im Rahmen der Diagnosestrategie kurz zusammengefasst werden. Bei schwerer Hypertonie oder plötzlichem Blutdruckanstieg, manifester Arteriosklerose, Gefäßgeräuschen im Abdomen oder unklarer Niereninsuffizienz soll mittels bildgebender Methoden nach Vorhandensein einer Nierenarterienstenose gefahndet werden. Ausgeprägte Blutdruckdifferenzen zwischen Armen und Beinen bzw. zwischen rechtem und linkem Arm sind typische klinische Hinweise für Aortenkoarktation (angeborene Aortenstenosen im Bereich der Aorta thoracica descendens).

17.2.3.1 Verdacht auf Morbus Cushing

Klinik: Hypertonie mit stammbetonter Fettleibigkeit, Glukoseintoleranz, Muskelschwäche, Hypokaliämie und Depression. Bei ca. 0,1–0,6 % der Hypertoniepatienten zu finden. Verursacht wird die Erkrankung durch ACTH- oder cortisolsezernierende Adenome, sowie iatrogen durch systemische Gabe von Corticoiden.

Labor: siehe Kapitel Endokrinologie (8.5.3)

17.2.3.2 Verdacht auf Phäochromozytom

Klinik: Die Symptomatik ist vielfältig. Typisch ist eine Hypertonie mit Gewichtsverlust, Glukoseintoleranz, oft anfallsartige pochende durch Blutdruckanstieg verursachte Kopfschmerzen, Palpitationen, Schwitzen, Blässe, Übelkeit, Zittern und Nervosität, oft labile Hypertonie. Die Erkrankung ist selten (< 0,2 % der Hypertoniker) und wird durch einen Tumor der neuroendokrinen Zellen mit Adrenalin-, Noradrenalin- oder Dopaminausschüttung ins Blut verursacht. Ein routinemäßiges Screening ohne klinischen Verdacht ist nicht indiziert.

Labor: siehe Kapitel Endokrinologie (8.7.3.)

Im Anschluss bei pathologischen Laborbefunden Tumorlokalisation mittels bildgebender Verfahren (Computer- oder Kernspintomographie, Meta-Iodo-benzyl-guanidin Szintigraphie).

17.2.3.3 Verdacht auf primären Hyperaldosteronismus

Klinik: Hypertonie mit Hypokaliämie (nicht erklärbar, keine Diuretikatherapie) und metabolischer Alkalose; die Serumnatriumkonzentrationen sind typischerweise gering erhöht oder im oberen Normbereich; in Zweifelsfällen Provokationstest mit NaCl-reicher Diät. Die Prevalenz des primären Hyperaldosteronismus bei Hypertonikern beträgt nur 0,05 %.

Labor: Bestimmung von Kalium im Blut und Urin (Hypokaliämie, Kaliurese). Weiterführende Diagnostik siehe Kapitel Endokrinologie (8.6.3)

Bei begründetem Verdacht auf primären Hyperaldosteronismus muss im Anschluss mittels bildgebender Verfahren (z. B. Computertomographie) nach Nebennierentumoren gefahndet werden. Bei unklaren Fällen sind zur Indikationsstellung einer Operation lokale Blutabnahmen aus beiden Nebennierenvenen zur Aldosteronbestimmung indiziert.

Sekundärer Hyperaldosteronismus wird durch sehr seltene reninproduzierende Tumoren verursacht. Viel häufiger sind jedoch Lebererkrankungen mit gestörtem Abbau von Angiotensin II. Orale Antikonzeptiva können bei Frauen über vermehrte Angiotensinogenproduktion in der Leber zu sekundärem Hyperaldosteronismus mit Hypertonie führen.

17.2.3.4 Verdacht auf Schilddrüsenfunktionsstörungen

Siehe Kapitel Endokrinologie (8.4).

17.3 Arterielle Hypotonie

17.3.1 Definition

Eine asymptomatische arterielle Hypotonie bringt im Gegensatz zu einer asymptomatischen Hypertonie kein Risiko für Folgeschäden mit

Tabelle 17.4: Typische Laborwerteveränderungen bei Hypertonikern.

Pathologische Laborwerte	Wichtige Ursachen
Hyperglykämie	Diabetes, Morbus Cushing, Akromegalie, Phäochromozytom, Diuretika
Kreatininerhöhung	Nierenerkrankungen, Akromegalie, ACE-Hemmer
Hyperurikämie	Gicht, Niereninsuffizienz, Diuretika, Hyperparathyreoidismus, Hypothyreose
Hyperkaliämie	Niereninsuffizienz, ACE-Hemmer, kaliumsparenden Diuretika, β-Blocker, erhöhte Zufuhr (Salzersatz)
Hyperkalzämie	Hyperparathyreoidismus, Thiaziddiuretika
Hypercholesterinämie	Fettstoffwechselstörung, nephrotisches Syndrom, Hypothyreose, Hyperparathyreoidismus, Hypercortisolismus
Hypertriglyzidämie	Übergewicht, Diabetes, Niereninsuffizienz, Diuretika, β-Blocker
Hypokaliämie	Diuretika, primärer Hyperaldosteronismus, Morbus Cushing
Erhöhung der natriuretischen Peptide	linksventrikuläre Hypertrophie, Niereninsuffizienz, Herzinsuffizienz

sich. Der Wert, den der systolische Blutdruck bis zum Auftreten von Symptomen unterschreiten muss, variiert individuell. Erst unter einem systolischen Blutdruckwert von etwa 80 mmHg treten regelmäßig Zeichen der zerebralen Minderdurchblutung auf (z. B. Schwindel, „Schwarz werden vor den Augen", Kreislaufkollaps bis Synkope). Der Blutdruckabfall kann aber auch durch die verminderte koronare Durchblutung eine Angina pectoris Symptomatik auslösen. Entscheidend für das Auftreten von Symptomen ist das Absinken des arteriellen Mitteldruckes unter eine die zerebrale Durchblutung bestimmende Grenze. Bei langjährigen Hypertonikern können durch eine verschobene zerebrale Autoregulation Symptome einer „Hypotonie" schon bei gering erhöhten oder normalen Blutdruckwerten auftreten.

17.3.2 Ursachen

Störungen aller in der Blutdruckregulation beteiligter Größen (Herzminutenvolumen, peripherer Gefäßwiderstand und intravasales Volumen; siehe Kapitel 7.1) führen zur Hypotonie (z. B. Herzinsuffizienz, Hypovolämie, systemische Vasodilatation bei allergischer Reaktion). Durch Blutdruckveränderungen, die über Barorezeptorreflexe im Kreislaufregulationszentrum des ZNS registriert werden, steuern der Sympathikus und Parasympathikus den Gefäßtonus. Neben diesen sekundären Hypotonieformen gibt es die wesentlich häufigere primäre (essenzielle Hypotonie). Diese Hypotonieform ist durch eine gestörte **Orthostasereaktion** beim Lagewechsel zwischen Liegen und Stehen gekennzeichnet. Die Symptome bessern sich rasch im Liegen. Nach Übergang vom Liegen ins Stehen bleibt bei Gesunden der arterielle Mitteldruck trotz Abnahme des venösen Rückstroms zum Herzen durch Sympathikusaktivierung konstant, der systolische Wert sinkt um ca. 10–15 mmHg, der diastolische steigt um einige mmHg und die Herzfrequenz um ca. 10–25 Schläge pro Minute an. Bei der hyperdiastolischen orthostatischen Dysregulation gelingt es nicht, trotz verstärkter Sympathikusaktivierung einen ausreichenden Gefäßtonus zu erzielen, bei der hypodiastolischen Form führt eine unzureichende sympathische Gegenregulation zu Abfall von Herzfrequenz, systolischem (> 20 mmHg) und diastolischem Blutdruck (> 10 mmHg) („vasovagale Reaktion"). Die postprandiale Hypotonie, die nach ausgiebigeren Mahlzeiten auftritt, wird ebenfalls durch eine Störung der autonomen Kreislaufreaktion verursacht. Eine Störung der autonomen Kreislaufreaktion kann durch neurologische Erkrankungen (z. B. bei Morbus Parkinson) aber auch Stoffwechselstörungen, wie z. B. Diabetes mellitus oder Niereninsuffizienz, oder durch Medikamente (z. B. Antihypertensiva) ausgelöst werden.

17.3.3 Laborstrategien

Die Diagnose wird durch Herzfrequenz und Blutdruckregistrierung im Liegen und Stehen gestellt. Laborstrategien spielen im Rahmen der Hypotonieabklärung eine untergeordnete Rolle. Es muss eine Anämie oder Hypovolämie (z. B. nach starkem Erbrechen oder Diarrhö) als Ursache ausgeschlossen werden. Als Basisdiagnostik werden Blutbild, Hämoglobin (Hb), Hämatokrit (Hkt) und Protein bzw. Albumin im Blut, sowie Natrium und Osmolalität in Blut und im Urin bestimmt. Bei Hypovolämie sind meist der Hkt und das Protein bzw. Albumin, Natrium und die Serumosmolalität erhöht. Die Harnnatriumkonzentration beträgt < 25 mmol/l und die Harnosmolalität ist > 450 mosmol/kg. Die Plasmakatecholaminbestimmung vor und nach Kipptischversuch oder Wechsel zwischen Liegen und Stehen kann helfen, eine autonome Kreislaufregulationsstörung zu objektivieren.

17.4 Schock

Leiden Gewebe lebenswichtiger Organe aufgrund von ungenügender kapillärer Perfusion an Sauerstoffmangel, werden die Zellen zunächst reversibel und mit zunehmender Dauer irreversibel geschädigt. Dies führt zu Nekrosen mit bleibenden Organschäden. Dieses lebensgefährliche Zustandsbild wird als (Kreislauf-)Schock bezeichnet. Abzugrenzen davon ist der psychologische Begriff „Schock", mit dem eine starke seelische Erschütterung bezeichnet wird.

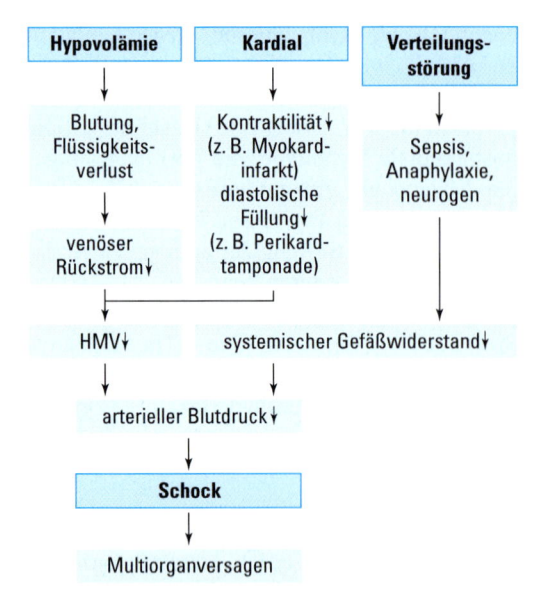

Abb. 17.4: Pathogenese des Schocks. HMV: Herzminutenvolumen.

- Hämorrhagischer Schock: akute Blutung (z. B. Magenblutung, Ruptur eines Aortenaneurysmas, Eileiterschwangerschaft) ohne wesentliche Gewebsschädigung. Blutverluste von > 20–25 % innerhalb von 1 Stunde führen zu Schock.
- Traumatisch-hämorrhagischer Schock: akute Blutung mit zusätzlich verletzungsbedingter ausgedehnter Gewebsschädigung mit Mediatorenfreisetzung
- Hypovolämischer Schock im engeren Sinn: kritische Abnahme des zirkulierenden Plasmavolumens ohne akute Blutung (z. B. durch starke Flüssigkeitsverluste bei Erbrechen bzw. Durchfall, polyurisches Nierenversagen, Ileus)
- Traumatisch-hypovolämischer Schock: kritische Abnahme des zirkulierenden Plasmavolumens ohne akute Blutung mit ausgedehnter Gewebsschädigung mit Mediatorenfreisetzung (z. B. bei Verbrennungen, ausgedehnten Verätzungen und Abschürfungen)

Zu den typischen Symptomen des Kreislaufschocks gehören Agitiertheit und Bewusstseinseintrübung durch zerebrale Minderdurchblutung, Tachykardie, Hautblässe und Kaltschweißigkeit durch Sympathikusaktivierung, ev. Zyanose durch vermehrte Sauerstoffausschöpfung des Blutes, Tachypnoe und Hyperventilation infolge Hypoxie und metabolischer Azidose, Oligurie bei renaler Minderperfusion und Hypotonie infolge Hypovolämie. Je nach Ursache lassen sich folgende Schockformen definieren (Abb. 17.4).

17.4.1 Hypovolämischer Schock

Der hypovolämische Schock ist ein Zustand unzureichender Durchblutung lebenswichtiger Organe mit daraus resultierendem Missverhältnis von Sauerstoffangebot und -bedarf infolge intravasalen Volumenmangels mit dadurch bedingter kritischer Abnahme des venösen Rückstromes zum Herzen mit Abnahme der kardialen Vorlast (Abb. 17.4). Spezielle Formen des hypovolämen Schock sind:

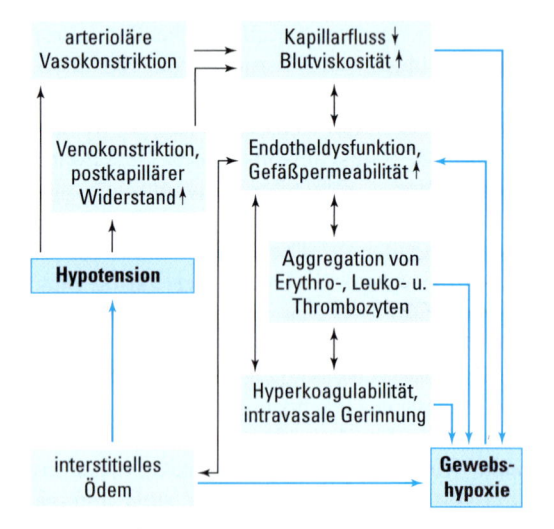

Abb. 17.5: Pathogenese der durch Schock ausgelösten Mikrozirkulationsstörung
Der durch Schock ausgelöste Blutdruckabfall führt zu einer Mikrozirkulationsstörung mit Gewebshypoxie, die durch die in der Abbildung dargestellten sich gegenseitig verstärkenden Mechanismen weiter verschlechtert wird.

Die durch den Blutdruckabfall und die Verminderung des intravasalen Plasmavolumens ausgelösten Kompensationsmechanismen zur Aufrechterhaltung der Durchblutung lebenswichtiger Organe sind im Abschnitt 17.1 ausführlich dargestellt. Durch diese Zentralisation des Kreislaufes kommt es vor allem zur Abnahme der Durchblutung von Nieren, Haut, Muskulatur und Darm. Zusätzlich kommt es beim Versagen dieser Kompensationsmechanismen zu einer Mikrozirkulationsstörung im Kapillarstromgebiet mit Gewebshypoxie mit Aktivierung des Gerinnungssystems (durch Freisetzung des tissue factor), Fibrinolyse-, Komplement-, und Kallikrein-Kinin-Systems (Abb. 17.5). Es werden zahlreiche Mediatoren freigesetzt (z. B. Leukotriene, Thromboxan, Zytokine), die das Kapillarendothel schädigen und eine Entzündungsreaktion mit dadurch ausgelösten Organfunktionsstörungen verursachen („**systemic inflammatory response syndrome**" [SIRS]). Die Mortalität des hypovolämischen Schocks hängt stark von der Ursache und einem raschen Therapiebeginn ab.

17.4.2 Kardiogener Schock

Der kardiogene Schock ist durch eine unmittelbare Funktionsstörung des Herzens bedingt. Die Sterblichkeitsrate beträgt 50–80%. Typische hämodynamische Befunde sind ein systolischer Blutdruck < 90 mmHg, ein Herz-Zeit-Index < 2,2 l/min/m² (Produkt von Schlagvolumen und Herzfrequenz/min/m² Körperoberfläche) und ein pulmonalkapillärer Verschlussdruck > 18 mmHg. Korrigierbare Faktoren (z. B. Hypovolämie) müssen ausgeglichen werden. Bei schweren Formen des hypovolämischen, septischen oder anaphylaktischen Schocks kann es sekundär zu einer Myokardfunktionsstörung kommen.

Wichtige Ursachen des kardiogenen Schocks sind in Tabelle 17.5 zusammengefasst.

Die Kompensationsmechanismen zur Aufrechterhaltung der Durchblutung lebenswichtiger Organe sind im Abschnitt 17.1 und Kapitel Herzinsuffizienz ausführlich dargestellt. Auf kardialer Ebene kommt es zur progredienten Abnahme des koronaren Blutflusses mit erhöhter Sauerstoff-Extraktion, Laktat-Produktion und Ausbildung eines circulus vitiosus aus vermindertem koronarem Blutfluss, myokardialer Ischämie und Kontraktilitätsabnahme durch Verlust der zellulären Energiereserven (Abb. 17.6). Es entstehen Myokardnekrosen.

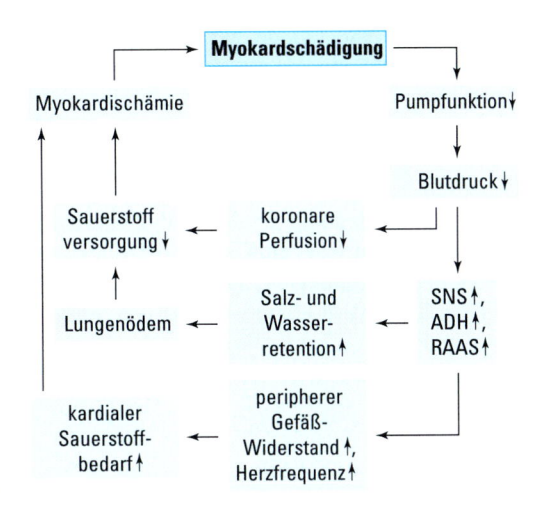

Abb. 17.6: Circulus vitiosus der Myokardschädigung im kardiogenen Schock.
SNS: Sympathisches Nervensystem; ADH: Vasopressin; RAAS: Renin-Angiotensin-Aldosteronsystem.

Tabelle 17.5: Typische Ursachen eines kardiogenen Schocks.

– ausgedehnter Herzinfarkt
– Komplikationen bei Herzinfarkt
  (z. B. Papillarmuskelruptur bzw.-dysfunktion, Ventrikelseptumruptur)
– Kardiomyopathie
– akute fulminante Myokarditis
– Kardiotoxizität
  (z. B. Anthrazykline, Psychopharmaka, Drogen)
– schwere Herzklappenerkrankungen
– intrakavitäre Flussbehinderung
  (z. B. Thromben, Herztumore)
– extrakardiale Flussbehinderung
  (z. B. zentrale Pulmonalembolie mit dadurch bedingter mangelhafter Füllung des linken Herzens und akutem Rechtsherzversagen)
– Füllungsbehinderung
  (z. B. Perikardtamponade, Spannungspneumothorax)
– traumatische Herzschädigung
– Herzrhythmusstörungen
  (Tachy- und Bradykardien)

17.4.3 Anaphylaktischer Schock

Der anaphylaktische Schock ist eine akute Verteilungsstörung des Blutvolumens ausgelöst durch eine klassische, systemische allergische Reaktion (IgE-abhängige Sofortreaktion Typ I) oder physikalisch, chemisch oder osmotisch bedingt (IgE-unabhängige pseudoallergische Reaktion, z. B. Kälte, Opiate, Kontrastmittel). Kardinalsymptome sind Hauterscheinungen (z. B. Ausschlag, Juckreiz), Blutdruckabfall, Atemwegsobstruktion mit Atemnot und gastrointestinale Symptome (z. B. Übelkeit, Erbrechen, Durchfall, Koliken, Harn- und Stuhldrang).

Zentrale Bedeutung in der Pathogenese hat die Mediatorenfreisetzung aus Mastzellen und basophilen Granulozyten, die die Gefäßpermeabilität erhöht (Ausbildung von Ödemen, Abnahme des zirkulierenden Plasmavolumens), den Gefäßtonus herabsetzt und Bronchospasmus auslösen kann.

17.4.4 Septischer Schock

Der septische Schock ist eine sepsisnduzierte Verteilungsstörung des zirkulierenden Blutvolumens mit Zeichen der Hypoperfusion und Einschränkung der Organfunktionen. Hämodynamisch ist die Sepsis zu Beginn durch einen niederen peripheren Gefäßwiderstand, intravasale Hypovolämie bei normaler Herzfunktion (erhöhtes oder normales Herzminutenvolumen) gekennzeichnet. Erst im Krankheitsverlauf kann es durch kardiotoxische Effekte zu einer Abnahme der systolischen Pumpfunktion des Herzens kommen. Die 1-Monatssterblichkeitsrate beträgt ca. 40%. Trotz ausreichender Volumensubstitution lässt sich der arterielle Blutdruck nicht stabilisieren (systolischer Wert < 90 mmHg). Typisch ist ein erhöhter Herz-Zeit-Index mit deutlich herabgesetztem peripheren arteriellen Gefäßwiderstand (bestimmt durch Gefäßlänge, Viskosität des Blutes und Gefäßdurchmesser). Katecholamingabe zur Kreislaufstabilisierung mit dem Ziel der peripheren Vasokonstriktion ist notwendig. Die typischen Symptome sind Fieber, Bewusstseinsstörung, Schüttelfrost, meist heiße, gerötete und trockene Haut. Die für die anderen Schockformen typischen Zeichen der Zentralisation treten erst im Spätstadium auf. Die Diagnose der Sepsis erfordert außerdem 2 der folgenden **Kriterien**:
- Temperatur > 38 °C oder < 36 °C
- Herzfrequenz > 90/min
- Tachypnoe mit Atemfrequenz > 20/min oder eine Hypokapnie mit einem arteriellen CO_2 Partialdruck von < 32 mmHg
- Leukozyten > 12000 oder < 4000/µl oder > 10% unreife Formen.

Tabelle 17.6: Wichtige Mediatoren des septischen Schocks.

Mediatoren	Aktivitäten
mikrobielle Toxine (Endo-, Exotoxine)	Aktivierung von Makrophagen, Neutrophilen, Plättchen, Endothelzellen, Freisetzung von Zytokinen, Fieber, kardiotoxische Effekte
Zytokine, Tumornekrosefaktor (TNF)	potente proinflammatorische Effekte, chemotaktischer Faktor für neutrophile Granulozyten, Gerinnungsaktivierung, kardiotoxische Effekte (TNF)
Plättchenaktivierungsfaktor	Plättchenaktivierung
Arachidonsäuremetaboliten (Prostaglandine, Leukotriene)	Zunahme der Gefäßpermeabilität, beteiligt an der Entstehung der Lungenschädigung
Stickstoffmonoxid (NO)	Vasodilatation, Hypotonie, beteiligt an den typischen vasoregulatorischen Störungen im Rahmen der Sepsis
Adhäsionsmoleküle, Selektine, Integrine	proinflammatorisch durch Adhäsion von neutrophilen Granulozyten am Endothel, Verschlechterung der Mikrozirkulationsstörung durch Förderung der Adhäsion von inflammatorischen Zellen am Endothel
Komplement- und Kininsystem	humorale Abwehrmechanismen des Körpers zur Bekämpfung der Mikroorganismen

Die Ursache dieses Syndroms ist eine Invasion pathogener Mikroorganismen (gramnegative und grampositive Bakterien, Anaerobier, Pilze, Viren, Parasiten; die häufigsten Erreger sind gramnegative Bakterien) oder deren toxischer Produkte (Endo-/Exotoxine). Es kommt durch Stimulation des Immunsystems und des endokrinen Systems zur Aktivierung und Freisetzung einer Vielzahl von Mediatoren (Tab. 17.6). Septischer Schock und prolongierter Schock anderer Ursache verursachen Gewebshypoxie mit Laktatazidose. Dies stimuliert die Stickstoffmonoxidsynthase und aktiviert Kaliumkanäle in der glatten Gefäßmuskulatur mit dem Effekt der Gefäßdilatation und Hyperpolarisation. Die gestörte Vasoregulation und Endothelfunktion mit Makro- und Mikrozirkulationsstörungen und interstitiellen Ödemen und der daraus resultierenden Organminderperfusion, Zellhypoxie und intrazellulärer Energieverarmung können zur Entwicklung eines Multiorganversagens führen, das durch beeinträchtigten pulmonalen Gasaustausch, gestörte Nieren-, Leber-, Darm-, Pankreasfunktionen und eine verminderte myokardiale Kontraktilität (septische Kardiomyopathie) gekennzeichnet ist. Ein weiteres typisches Symptom ist die Entstehung von multiplen intravasalen Thromben vor allem im Bereich der Mikrozirkulation (disseminierte intravasale Gerinnung (DIC)) durch Imbalance der Homeostase des Gerinnungs- und Fibrinolysesystems mit Verminderung von Thrombozyten, Fibrinogen und Gerinnungsinhibitoren (z. B. Antithrombin III, aktiviertes Protein C). DIC begünstigt die Entwicklung des Multiorganversagens und kann infolge zum Tod des Patienten führen.

17.4.5 Neurogener Schock

Der neurogene Schock ist eine Verteilungsstörung des intravasalen Volumens mit generalisierter und ausgedehnter Vasodilatation und dadurch bedingter relativer intravasaler Hypovolämie. Die Ursache ist eine Imbalance zwischen sympathischer und parasympathischer Regulation der glatten Gefäßmuskulatur. Die wichtigsten pathogenetischen Mechanismen sind eine Schädigung der zentralen Vasomotoren-Zentren (z. B. Schlaganfall, Hirnödem, Tumoren, Entzündungen) und eine Schädigung oder Unterbrechung der Efferenzen der Vasomotoren-Zentren mit Ausfall der Regulation arterieller und venöser Kapazitätsgefäße (z. B. bei Rückenmarksverletzungen, Guillain-Barre-Syndrom). Eine arterielle Hypotension kann oft plötzlich auftreten.

17.4.6 Laborstrategien bei Schock

Für Präanalytik und analytische Hinweise zu den einzelnen Laborparametern wird auf die entsprechenden Spezialkapitel verwiesen. Relevante **initiale Laborparameter** (Tab. 17.7) sind das Blutbild (falls möglich mit Differenzialblutbild), Hämoglobin (Hb), Hämatokrit (Hkt), Astrup (Säure-Basenhaushalt, arterielle Blutgase), Elektrolyte, Glukose, Osmolarität, Gerinnung und Laktat. Im weiteren Verlauf müssen klinisch wichtige Organfunktionen durch Bestimmung z. B. der Leber- und Nierenfunktionsparameter, Amylase oder Lipase (Pankreas), Troponin (Herz) überwacht werden (siehe entsprechende Kapitel). Ein normaler Hb-Wert bei unbehandeltem hypovolämischen Schock ist in der Initialphase nicht aussagekräftig, da die zellulären Blutbestandteile und das Plasma gleichmäßig und gleichzeitig verloren gehen und die Mobilisierung von interstitieller Flüssigkeit eine gewisse Zeit benötigt. Der Hb-Wert muss in Zusammenschau mit der substituierten Flüssigkeitsmenge interpretiert werden. Das Ausmaß des Basendefizits korreliert mit dem Transfusionsbedarf und dem Komplikationsrisiko. Ein Hb-Wert von mindestens 10 g/dl sollte rasch erzielt werden, um bleibende Organschäden möglichst zu vermeiden.

Zum Nachweis einer **Gewebshypoxie** gibt es keinen goldenen Laborstandard. Dennoch sind die Bestimmung von Blut-pH-Wert, dem arteriellen Sauerstoffpartialdruck und der Laktatkonzentration nützlich. Laktat ist ein indirekter metabolischer Marker für zellulären Stress und ist immer noch der beste Routinemarker zur Bewertung des globalen zellulären Metabolismus bei kritisch kranken Patienten. Laktatwerte spiegeln das Ausmaß der Gewebshypoxie und metabolischen Azidose am besten wider und

Tabelle 17.7: Labormonitoring bei Schock.

Parameter	Spezimen	Zweck
Elektrolyte	Blut	Korrektur von Elektrolytentgleisungen
Hämoglobin, Hämatokrit, Blutbild	Blut	Korrektur der Anämie, Erkennen von neuerlichen Blutungen, Leukozytenzahl zum Erkennen von infektiologischen und septischen Komplikationen, Thrombozytenzahl zum Erkennen von Gerinnungsstörungen
Blutgasanalyse	Blut	Überwachung der Beatmung und Lungenfunktion, Gewebsoxygenation
Blutzucker	Blut	Korrektur von Hypo- und Hyperglykämien
Laktat	Blut	Überwachung von Gewebshypoxie; weitere Ursachen für Laktaterhöhungen siehe Tabelle 17.8
Kreatinin, Harnstoff	Blut	Nierenfunktionsüberwachung
GOT, GPT, γGT, Cholinesterase, Bilirubin, alkalische Phosphatase	Blut	Leberfunktionsüberwachung
Amylase oder Lipase	Blut	Erkennen einer Pankreatitis
Troponin	Blut	Erkennen von Myokardnekrosen
PT, PTT, Fibrinogen, Antithrombin III, D-Dimer	Blut	Überwachung von Lebersyntheseleistung, Erkennen von Gerinnungsstörungen, insbesondere disseminierter intravasaler Gerinnung
Osmolarität, kolloidosmotischer Druck (KOD)	Blut	Erkennen von Flüssigkeitsmangel
Protein	Blut	Korrektur eines kritischen Albuminmangels (KOD < 12 mmHg)
C-reaktives Protein, Procalcitonin	Blut	Erkennen von Infektionen
Kreatinin, Elektrolyte, Osmolarität	Urin	Überwachung der Nierenfunktion

Tabelle 17.8: Häufige Ursachen für erhöhte Laktatwerte bei Intensivpatienten.

Sauerstoffmangel im Gewebe	Unabhängig von Gewebshypoxie
Schock Z. n. Herz- Kreislaufstillstand Hypoxie Anämie regionale Ischämie (z. B. Darm)	Leberversagen Nierenversagen diabetische Stoffwechselentgleisung Sepsis myeloproliferative Erkrankungen Pankreatitis Kurzdarmsyndrom medikamentös-, toxisch induziert: Katecholamine, Biguanide, Methanol, Ethanol, Ethylenglykol

sind gute Prognosemarker bei kritisch kranken Patienten, z. B. hatten Patienten im septischen Schock mit Laktatwerten von > 5 mmol/L zum Aufnahmezeitpunkt auf die Intensivstation eine 1-Monatsmortalität von ca. 80 %. Eine Normalisierung des pH- und des Laktat-Wertes ist ein Zeichen einer verbesserten Gewebsperfusion. Weitere Ursachen für erhöhte Laktatwerte bei Intensivpatienten sind in Tabelle 17.8 zusammengefasst. Die Leber und Nieren sind entscheidend an der Elimination von Laktat aus dem Blut beteiligt. Daher steigt Laktat auch deutlich bei Leber- oder Nierenversagen im Blut an.

Beim septischen Schock müssen zusätzlich Blutkulturen und Abstrichproben aus möglichen Erregereintrittsregionen zum Erregernachweis abgenommen werden. Besonders bei Sepsis ist die Verlaufskontrolle von Thrombozytenzahl, Fibrinogen, Fibrinspaltprodukten, PT, aPTT und Gerinnungsinhibitoren (z. B. AT III, Protein C) wichtig, um eine **disseminierte intravasale Gerinnung (DIC)** rechtzeitig zu erkennen und eine entsprechende Therapie einleiten zu können (Tab. 17.7 und Kapitel Hämostaseologie).

17.5 Störungen der Mikrozirkulation

Die terminale Strombahn des Blutkreislaufes bestehend aus Arteriolen, Kapillaren und Venolen wird als Mikrozirkulation bezeichnet. Sie dient dem Stoff- und Gasaustausch mit dem Interstitium der Körpergewebe. Der Gefäßdurchmesser beträgt < 30–50 µm. Die Blutflussgeschwindigkeit in den Kapillaren beträgt ca. 1 mm/s, der Blutdruck im Bereich der Kapillaren ca. 30 mmHg (koronare Mikrozirkulation). Die Erythrozyten sammeln sich beim Durchströmen der Kapillaren zu einem Zentralstrom, der von einer niedrigviskösen Plasmarandschicht (Gleitschicht) umgeben ist. Sie durchströmen die Mikrozirkulation rascher als das Plasma. Daher ist der Hämatokrit kleiner als in den großen Gefäßen (Faraeus-Lindqvist-Effekt). Bei der Kapillarpassage müssen sich die Erythrozyten aufgrund des geringen Gefäßquerschnittes verformen. Die Kapillardurchblutung wird durch den Gefäßtonus der Arteriolen geregelt und den metabolischen Erfordernissen angepasst. Dies geschieht vorwiegend über ATP-abhängige Kaliumkanäle und NO-Wirkung gesteuerte Vasodilatation der Arteriolen. Im ruhenden Gewebe werden nur ca. ein Drittel aller Kapillaren durchströmt. Der kapillare Blutdruck lebenswichtiger Organe (z. B. Gehirn, Herz) wird durch **Autoregulation** über weite Blutdruckbereiche möglichst konstant gehalten. Die Mikrozirkulation spielt eine zentrale Rolle im Rahmen der Pathophysiologie vieler Erkrankungen.

17.5.1 Ursachen einer Mikrozirkulationsstörung

– Kreislaufschock (siehe Abschn. 17.4)
– Erhöhter Hämatokrit bei Polyglobulie oder Dehydratation
– Verminderte Erythrozytenfluidität bei Sichelzellenanämie oder ausgeprägter Azidose
– erhöhte Plasmaviskosität und Erythrozytenaggregation bei Hyperfibrinogenämie oder IgM-Paraproteinämie
– extreme Leukozytosen bei Leukämiepatienten (Leukostasesyndrom)
– primäre entzündliche oder thrombotische Veränderungen der Mikrozirkulationsgefäße, z. B. bei systemischem Lupus erythematodes oder disseminierter intravasaler Gerinnung.
– Arteriolopathie bei Hypertonie, diabetischer Mikroangiopathie und Arteriosklerose
– Abflussstörung bei chronisch-venöser Insuffizienz (induziert Entzündungsreaktion im Bereich der Mikrozirkulation)

17.5.2 Folgen einer mikrozirkulären Perfusionsminderung

Jede verminderte Perfusion der Mikrozirkulation kann die Blutströmungsgeschwindigkeit soweit herabsetzen, dass sich in den Venolen Erythrozytenaggregate bilden, die den Abfluss aus der Mikrozirkulation behindern (Prästase). Bei Stase staut sich das Blut in die Kapillaren zurück. Dies führt zusammen mit der hypoxischen Kapillarpermeabilitätssteigerung zur Ödembildung. Stase und Hypoxie begünstigen die Bildung von Mikrothromben durch intravasale Gerinnung.

17.5.3 Laborstrategien

Laborstrategien zur Beurteilung der Gewebsperfusion und Gewebshypoxie wurden im Abschnitt 17.4.6 dargestellt. Für Laborstrategien zur Diagnose der angeführten Grunderkrankungen von Mikrozirkulationsstörungen wird auf die entsprechenden Kapitel verwiesen.

17.6 Störungen der arteriellen Durchblutung

Der akute meist thromboembolisch bedingte Arterienverschluss ist von der sich chronisch entwickelnden arteriellen Verschlusskrankheit zu unterscheiden. Letztere entsteht meist durch Arteriosklerose. Von diesen Erkrankungen abzugrenzen sind rein funktionelle durch Gefäßspasmus verursachte arterielle Durchblutungsstörungen. Beim **Raynaud-Syndrom** treten wiederholt meist durch Kälte ausgelöste Spasmen kleiner Arterien bevorzugt an den Fingern auf.

17.6.2 Auswirkungen

Im Versorgungsgebiet einer arteriellen Engstelle (Stenose) wird die **Durchblutungsreserve** durch maximale Relaxation der lokalen glatten Gefäßmuskulatur der Arteriolen ausgenützt, um die Gewebsversorgung sicherzustellen. Da die Widerstandsgefäße bereits in Ruhe dilatiert sind, ist keine weitere Ausschöpfung der Flussreserve unter Belastung durch Hyperämie möglich, sodass es bereits bei geringen Belastungen zu Ischämiesymptomen kommen kann. Die Gabe von gefäßerweiternden Medikamenten kann mitunter durch Umleitung von Blut in benachbarte Versorgungsgebiete die Durchblutung im poststenotischen Versorgungsgebiet noch verschlechtern (**Steal-Phänomen**). In vielen Strombahnen bestehen präformierte arterielle Anastomosen, über die Blut aus prästenotischen Arterienästen direkt oder über ein gemeinsames Kapillarsystem zu poststenotischen Arterienästen fließen kann. Entwickelt sich ein Gefäßverschluss langsam, können diese Kollateralen wachsen und sich erweitern. Durch Ausbildung solcher sekundären Kollateralkreisläufe kann ein sich langsam entwickelnder Gefäßverschluss auch symptomlos verlaufen. Wenn der Kollateralkreislauf nicht ausreicht, um das nachgeschaltete Gewebe mit den notwendigen Sauerstoff und Substraten zu versorgen, schaltet das Gewebe auf anaeroben Stoffwechsel mit vermehrter Azidose und Laktatbildung um. Die Folgen einer Ischämie für Herz und Gehirn sind in Kapitel 18 und 23 abgehandelt.

17.6.3 Peripher arterielle Verschlusskrankheit (PAVK)

Bei schwerer arterieller Durchblutungsstörung der Extremitäten ist neben einer eingeschränkten Belastbarkeit der Muskulatur vor allem die Haut trophisch gestört. Dies führt zu einem erhöhten Infektions- und Verletzungsrisiko. Akute Gefäßverschlüsse entstehen meist durch thrombotischen Verschluss, ausgehend von einem rupturierten arteriosklerotischen Plaque (60%), oder embolisch (30%, meist verschleppte Thromben aus den Herzhöhlen). Ein akuter Gefäßverschluss muss innerhalb von 6 Stunden behoben werden, damit die Ausbildung von Nekrosen im Versorgungsgebiet verhindert werden kann.

Tabelle 17.9: Ursachen arterieller Durchblutungsstörungen.

1. chronische Formen
– Arteriosklerose, periphere arterielle Verschlusserkrankung – Entzündung (Vaskulitis)   z. B. Thrombangitis obliterans, Panarteriitis nodosa
2. akute Formen

– thrombotischer Gefäßverschluss
   z. B. rupturierter arteriosklerotischer Plaque mit sekundärem thrombotischem Gefäßverschluss oder Gefäßthrombose nach Trauma
– embolischer Gefäßverschluss
   verschleppter Thrombus meist aus dem Herzen oder einem rupturierten arteriosklerotischen Plaque oder Gefäßaneurysma
– Gefäßkompression von außen
   z. B. durch Tumor oder Weichteilschwellung
– Vasospasmus

Tabelle 17.10: PAVK-Stadieneinteilung nach Fontaine.

Stadium I	Klinische Beschwerdefreiheit bei nachgewiesenen arteriosklerotischen Veränderungen (Stadium der Kompensation)
Stadium II	Auftreten von Schmerzen in den poststenotischen Muskelgruppen nach einer bestimmten Gehstrecke (Claudicatio intermittens)
IIa:	Gehstrecke > 200 m
IIb:	Gehstrecke < 200 m
Stadium III	Ruheschmerzen und eventuell beginnende trophische Störungen der Haut
Stadium IV	Ulzera, Nekrosen oder Gangrän

Die kritische Extremitätenischämie umfasst die Stadien III und IV nach Fontaine.

Die klinische Klassifizierung der chronischen PAVK erfolgt nach der Fontaine-Klassifikation (Tab. 17.10).

Diagnosestrategien bei PAVK

Die Diagnose der PAVK beruht hauptsächlich auf Anamnese, den typischen Symptomen, abgeschwächten oder fehlenden Fußpulsen und bildgebenden Verfahren (Ultraschall, Angiographie). Laborparameter spielen nur eine untergeordnete Rolle. Bei jedem Patienten mit PAVK muss jedoch das Blutbild, der Blutzucker und das Cholesterin bestimmt werden, um eine Anämie, einen Diabetes mellitus oder eine Fettstoffwechselstörung zu erkennen und zu behandeln. Im Rahmen von kritischen Extremitätenischämien kommt es durch Nekrosen zu Anstiegen von Kalium, Laktat, Azidose und Freisetzung von Muskelproteinen (z. B. Kreatinkinase, Myoglobin). Bei massiver Freisetzung kann ein akutes Nierenversagen entstehen. Bei akuten thromboembolischen Gefäßverschlüssen ist das D-Dimer in den meisten Fällen erhöht.

17.7 Störungen der venösen Durchblutung

17.7.1 Akute venöse Insuffizienz

Die akute venöse Insuffizienz entsteht durch Thrombose der abführenden Venen eines Versorgungsgebietes. Thrombosen mit relevanter venöser Abflussbehinderung finden sich vor allem bei Beckenvenenthrombosen und Thrombosen der tiefen Beinvenen. Die Pathophysiologie und labordiagnostischen Strategien im Rahmen der Thromboseabklärung sind im Kapitel 11 im Detail abgehandelt. Einem negativen D-Dimer Wert kommt aufgrund seines hohen negativen prädiktiven Wertes für den Ausschluss von klinisch relevanten Thrombosen und Embolien ein besonderer Stellenwert im Rahmen der diagnostischen Abklärung zu.

Von einer akuten **tiefen Beinvenenthrombose** ist die ebenfalls schmerzhafte aber risikoarme Entzündung oberflächlicher Beinvenen (**Thrombophlebitis superficialis**) meist klinisch leicht abzugrenzen. Die typische Symptomtrias der tiefen Beinvenenthrombose umfasst Ödem, Zyanose (Blauverfärbung) und Schmerz. Diese klinischen Symptome treten vor allem beim Stehen und bei körperlicher Belastung auf. Die tiefe Beinvenenthrombose kann zur Lungenembolie und zum postthrombotischen Syndrom führen. Die Thrombophlebitis superficialis ist hingegen harmlos und ohne Emboliersiko und Gefahr der Entwicklung eines postthrombotischen Syndroms. Sie entsteht an den Beinen meist als Folge einer Stase des Blutes in Krampfadern (Varizen) und ist eine lokale, begrenzte oberflächliche Venenentzündung mit thrombotischem (Teil-)Verschluss. Sie imponiert als druckschmerzhafte, mit der Haut verschiebliche Verdickung mit lokaler Rötung und Überwärmung.

17.7.2 Chronisch venöse Insuffizienz

17.7.2.1 Postthrombotisches Syndrom

Neben akuten venösen Abflussstörungen können Thrombosen auch zur chronisch venösen Insuffizienz führen. Beim sog. postthrombotischen Syndrom kommt es trotz Rekanalisierung der Venen zu einem Umbau der Venenwand mit vermehrtem Bindegewebsanteil. Dadurch wird die Vene zu einem starren Gefäß. Diese sog. Fibrosierung kann auch die Venenklappen betreffen und infolge zu einer chronischen Venenklappenundichtigkeit (Insuffizienz) führen. Im thrombosierten Venenanteil können auch die Venenklappen vollständig zerstört werden. Der erhöhte Druck distal der Thrombose führt zusätzlich zur Venenerweiterung, die die Ausbildung einer Venenklappeninsuffizienz begünstigt. Die typische Symptomatik (Ödem, trophische Störung der Haut und Hautanhangsgebilde, Pigmentierungsstörungen der Haut, Ulzerationen) entsteht durch chronisch erhöhten Blutdruck in den Venolen mit Schädigung der Mikrozirkulation im Abflussgebiet (siehe Abschn. 17.5).

17.7.2.2 Varikose

Eine ausgedehnte Bildung von Varizen wird Varikose genannt. Varizen sind geschlängelte oder knotig ausgeweitete Venen, die bevorzugt an den Beinen auftreten (vena saphena magna und parva mit Ästen).

Primäre Varikose: Eine konstitutionelle, mit dem Lebensalter zunehmende Schwäche der Venenwand, führt zu Erweiterung von Hauptstamm oder Ästen der vena saphena magna oder parva mit dadurch bedingter Venenklappensinsuffizienz. Bei insuffizienten Klappen der Perforansvenen führt dies zu einer chronisch-venösen Insuffizienz. Bei gestörter Funktion der Venenklappen der Perforansvenen ist der muskuläre Venenpumpmechanismus ineffizient. Normalerweise wird das Blut während der Muskelkontraktion in den tiefen Beinvenen nach proximal befördert, Blut strömt aus den oberflächlichen Venen in die tiefen Beinvenen über die Perforansvenen. Bei chronisch-venöser Insuffizienz kommt es am Ende der Muskelkontraktion zu einem retrograden Rückstrom von Blut aus den tiefen Beinvenen in die oberflächlichen Venen.

Sekundäre Varikose: Bei Abflussbehinderung mit chronisch erhöhtem venösen Druck (z. B. postthrombotisches Syndrom) oder bei vermehrtem Blutfluss (z. B. oberflächliche Umgehungskreisläufe bei tiefen Beinvenenthrombosen, arteriovenöse Fisteln) können sich ebenfalls als Folge der Grundkrankheit Varizen ausbilden.

17.7.2.3 Diagnosestrategien bei chronischer venöser Insuffizienz

Die Diagnose wird durch bildgebende Verfahren (vor allem Sonographie) und Bestimmung der venösen Pumpkapazität gestellt. Laborparameter spielen nur im Rahmen der Abklärung von zugrundeliegenden Erkrankungen eine Rolle.

17.8 Störungen des Lymphabflusses

Aus den Blutgefäßen der Mikrozirkulation werden schon beim Gesunden im Mittel mehr Flüssigkeit und Proteine in das Interstitium filtriert als rückresorbiert. Der Abtransport dieses Überschusses erfolgt über das Lymphgefäßsystem. Ödeme entstehen, wenn die durch kapilläre Filtration bedingte Lymphbildung den Abtransport der interstitiellen Flüssigkeit übersteigt. Beispielsweise führen Hypoalbuminämie mit Abnahme des intravasalen onkotischen Druckes oder ein Anstieg des Blutdruckes im Bereich der Venolen bei Herzinsuffizienz zu einer verminderten Flüssigkeitsrückresorption im Bereich des venösen Endes des Kapillarstromgebietes.

Lymphödeme entstehen durch verminderte Lymphdrainage und sind in der Regel schmerzlos. Fehlanlagen von Lymphgefäßen führen zum primären Lymphödem. Eine sekundäre Zerstörung oder Verschlüsse der Lymphgefäße durch z. B. Infektionen, Tumore, operative großräumige Entfernung der Lymphknoten führen zu sekundärem Lymphödemen. Mit Herz-, Nieren-, und Leberinsuffizienz sowie Beinvenenthrombosen zählen Lymphödeme zu den häufigsten Ursachen für geschwollene Extremitäten.

Lymphfisteln sind Verbindungen von Lymphgefäßen zu anderen Hohlsystemen (z. B. Pleurahöhle, Harntrakt, Darm). Der über diese Fisteln entstehende Eiweißverlust kann so groß sein, dass eine ödemfördernde und im Labor auffällige Hypoproteinämie auftritt. Ansonsten spielen Laborparameter nur im Rahmen der Abklärung von zugrundeliegenden Erkrankungen eine Rolle.

18 Herz

J. Mair, B. Puschendorf

18.1 Koronare Herzkrankheit

18.1.1 Pathobiochemie und Pathophysiologie der Myokardischämie

Die häufigste Ursache für eine Herzmuskelschädigung ist eine Myokardischämie, die ihrerseits am häufigsten durch die **koronare arteriosklerotische Herzkrankheit (KHK)** bedingt ist. Wesentlich seltener treten Herzmuskelschädigungen durch entzündliche Vorgänge bei Myokarditis oder immunologische Prozesse bei Transplantabstoßung auf. Auch Unfälle mit traumatischer Herzprellung (Herzkontusion), Gifte (z. B. Cocain) und Medikamente (z. B. Anthrazykline in der Krebstherapie) führen zu Myokardschädigungen mit potentiell lebensbedrohlichen Herzrhythmusschädigungen.

Eine Myokardischämie tritt immer ein, wenn das Gleichgewicht zwischen Sauerstoffangebot und Sauerstoffbedarf des Myokards (Abb. 18.1) gestört ist. Der Sauerstoffbedarf ist abhängig von der Belastung des Herzens und Dicke der Herzwand (erhöhter Sauerstoffbedarf bei Kammerhypertrophie), der Herzfrequenz und der Kontraktionsstärke des Herzens. Das Sauerstoffangebot hängt von der diastolischen Perfusion des Herzens, dem Koronardurchfluss (abhängig vom koronaren Gefäßwiderstand) und der Sauerstofftransportkapazität des Blutes ab. Die Sauerstoffkapazität des Blutes ist vom Hämoglobingehalt und der systemischen Sauerstoffversorgung abhängig, die außer bei schweren Blutungen, Anämie und Lungenerkrankungen nahezu konstant ist (Angina pectoris bei Blutung, Anämie und Lungenerkrankung möglich). Hingegen ist die Regulation der koronaren Durchflussrate wesentlich flexibler und erlaubt die Anpassung an die jeweilige Stoffwechsellage des Myokards durch Ausschöpfung der sogenannten koronaren Flussreserve. Unter körperlicher Belastung kann der Herzmuskel seinen Sauerstoffmehrverbrauch daher fast ausschließlich durch Dilatation der Koronararterien mit einer dadurch erhöhten Koronardurchblutung decken. Deshalb tritt eine Myokardischämie immer ein, wenn die koronare Durchflussrate im Verhältnis zum Sauerstoffbedarf zu gering ist **(Koronarinsuffizienz)**. Bei arteriosklerotischen Veränderungen der Koronararterien wird oftmals die koronare Flussreserve zur Deckung des Sauerstoffbedarfs bereits in Ruhe voll ausgeschöpft. Bei Belastung kann daher die Durchblutung nicht gesteigert werden. Das Myokard wird ischämisch und der Patient hat pektanginöse Beschwerden.

Allein durch eine kurzstreckige Verminderung des luminalen Durchmessers in einer epikardialen Koronararterie um höchstens 50 % kann auch unter körperlicher Belastung keine Myokardischämie verursacht werden. Eine Verminderung des Durchmessers auf 1/2 bedeutet eine Verkleinerung der Querschnittsfläche auf

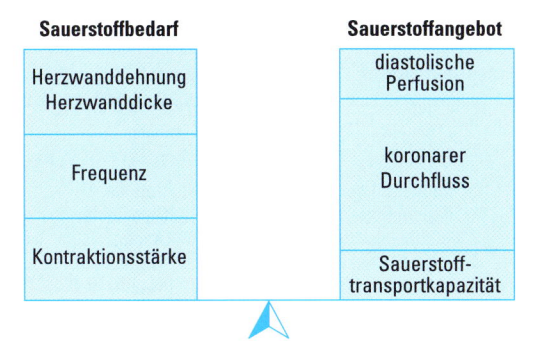

Abb. 18.1: Gleichgewicht zwischen Sauerstoffbedarf und Sauerstoffangebot des Myokards; das Sauerstoffangebot wird vorwiegend über den koronaren Durchfluss bzw. den koronaren Gefäßwiderstand geregelt.

$(1/2)^2 = 1/4$. **Kollateralen** sind zwar präformiert, jedoch zu eng, um funktionell wirksam sein zu können. Entsteht durch eine Durchmessereinengung um mehr als 50% wiederholt unter Belastung eine vorübergehende Ischämie, so wachsen die Kollateralen. Daher kann bei einem sich über viele Monate entwickelnden, völligen Verschluss einer epikardialen Arterie eine Myokardischämie in Ruhe und unter leichter Belastung fehlen.

18.1.1.1 Störungen des Stoffwechsels der Myokardzellen

Ischämische Myokardnekrosen (wie auch alle anderen Formen von Zellnekrosen) treten verzögert ein und sind für eine gewisse Zeit reversibel. Sobald bei einer Koronarinsuffizienz eine Myokardischämie auftritt, wird eine Reihe zellulärer Prozesse ausgelöst, die letztlich in der Myokardnekrose enden (Abb. 18.2, 18.3). Innerhalb von Sekunden nach Ischämiebeginn ist der Sauerstoff in den Kapillaren und Kardiomyozyten erschöpft. Die Reserven an energiereichen Phosphaten (Kreatinphosphat und ATP) im Myokard sind äußerst gering, sodass nur noch wenige Herzschläge nach Unterbrechung der kompletten Sauerstoffzufuhr möglich sind. Das Ausmaß einer Ischämieschädigung nach Koronararterienverschluss hängt daher von der Anzahl präformierter Kollateralen ab. Nachdem innerhalb von Sekunden der aerobe Stoffwechsel vollständig zusammengebrochen ist, setzt die **anaerobe Glykolyse** kompensatorisch ein, ohne den Energiebedarf der Kardiomyozyten ausreichend decken zu können. Es kommt zum Austritt von Kalium-Ionen und einer Reduktion der Kontraktionsstärke, um den Energiebedarf

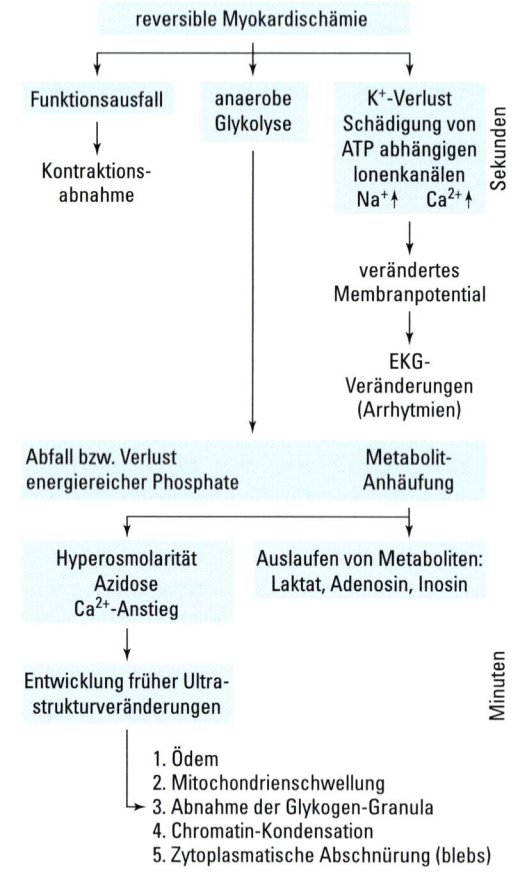

Abb. 18.2: Veränderungen in Kardiomyozyten während reversibler Myokardischämie innerhalb von Sekunden bis maximal 30–60 Minuten nach Eintritt einer Myokardischämie.

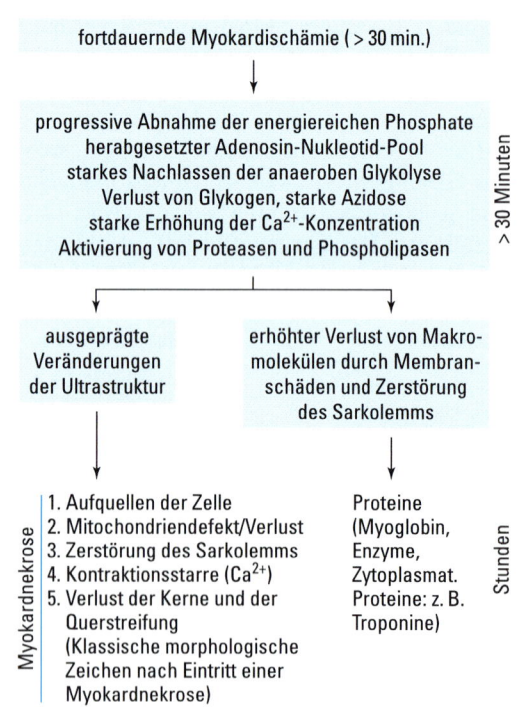

Abb. 18.3: Veränderungen von Kardiomyozyten bei fortdauernder Myokardischämie über 30 Minuten bis Stunden.

herabzusetzen. Durch diesen **Kaliumverlust** wird das Membranpotential herabgesetzt und typische frühe EKG-Veränderungen können nachweisbar werden (Abb. 18.4), die im Unterschied zum Myokardinfarkt reversibel sind und nur während der Angina pectoris auftreten. Die herabgesetzte Kontraktionskraft des Herzens führt zu Abnormitäten in den Wandbewegungen des Herzens, die mittels bildgebender Verfahren (z. B. Echokardiographie) diagnostiziert werden können.

In weiterer Folge werden die Glykogenspeicher zu Laktat abgebaut und bereits 1–2 Minuten nach Ischämiebeginn verlangsamt sich auch die anaerobe Glykolyse; in diesem Zustand bleibt sie bis zu 1 Stunde erhalten, bevor auch dieser Stoffwechsel, ohne jemals eine ausreichende Energieproduktion gewährleisten zu können, endgültig zusammenbricht. Das Herz wird von einem Laktatverwerter zu einem Laktatproduzenten (**Laktatumkehr**).

Die Anhäufung osmotisch aktiver Partikel in den ischämischen Kardiomyozyten (anorganisches Phosphat, Protonen, Kreatin, Glykolysemetabolite und Katabolite aus dem Adeninnukleotidpool) führt zu einer osmotischen Belastung. Diese **Hyperosmolalität** entwickelt sich ebenfalls innerhalb von Sekunden in jedem hypoxischen Kardiomyozyten und führt bereits in der reversiblen Phase der Myokardnekrose zu ultrastrukturellen Änderungen (Abb. 18.2): Schwellung des sarkoplasmatischen Retikulums und der Mitochondrien, Auflösung der Glykogen-Granula und peripher beginnende Kondensation von Chromatin. Auch die Ausbildung von zytoplasmatischen Abschnürungen (bleibs) ist in dieser reversiblen Phase der Ischämie häufig zu beobachten. Diese funktionellen und ultrastruk-

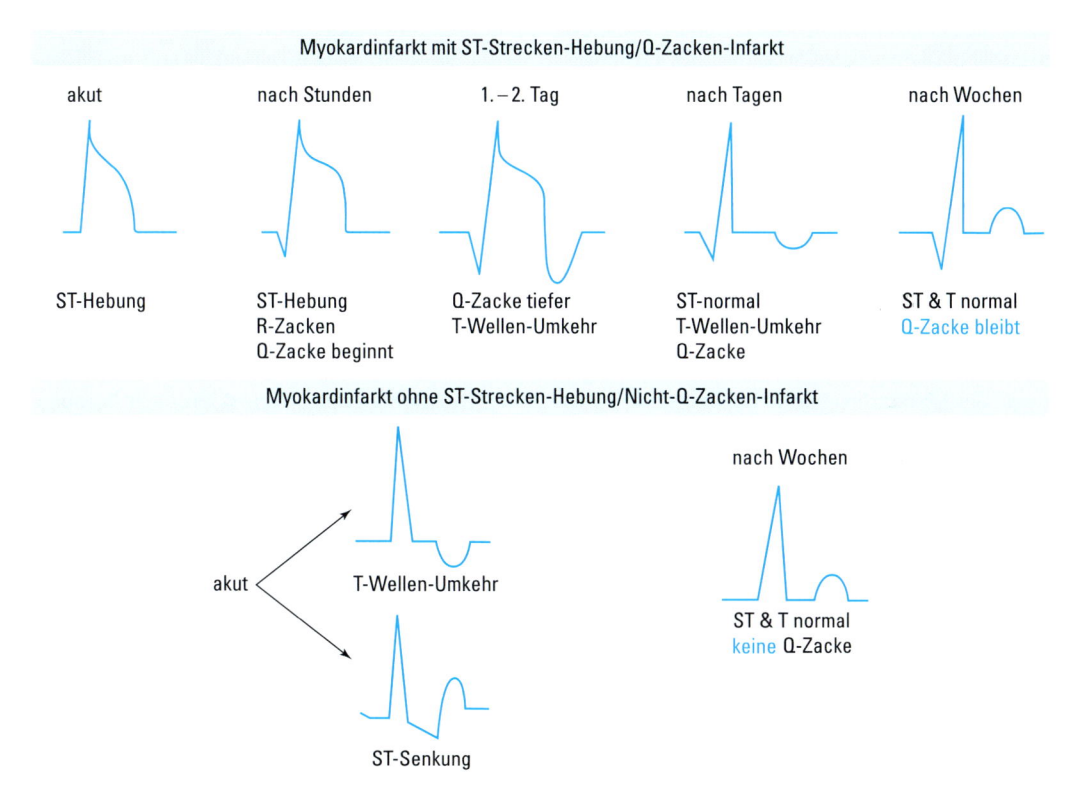

Abb. 18.4: EKG-Veränderungen bei Q-Zacken- und bei Nicht-Q-Zacken-Infarkt. Bei Myokardinfarkten mit ST-Strecken Hebungen und früher Reperfusion der infarktbezogenen Koronararterie kommt es zu einem schnelleren Ablauf der elektrokardiographischen Infarktstadien.

turellen Veränderungen verschwinden bei ausreichender Sauerstoffzufuhr; die Integrität der Kardiomyozyten kann wieder hergestellt werden (reversible Myokardischämie).

Die progressive ATP-Verarmung ist die Hauptursache für die irreversible Myokardschädigung, bei der die ultrastrukturellen Veränderungen wesentlich ausgeprägter werden (Abb. 18.3). Die Zerstörung des Sarkolemms zeigt morphologisch den „point of no return" an. Kontraktionsstarre tritt durch die hohe intrazelluläre Kalziumkonzentration ein. Sobald deutliche Löcher in der Plasmamembran entstehen, verlieren Kardiomyozyten schnell intrazelluläre Makromoleküle und nehmen große Mengen an extrazellulären Elektrolyten, besonders Natrium und Kalzium auf. Kardiale Makromoleküle (z. B. Enzyme, Myoglobin, Troponine u. a.) werden vom Myokard Stunden nach dem Beginn einer irreversiblen Ischämie im Blut nachgewiesen. Morphologisch kommt es zur Ausbildung der klassischen Befunde eines Myokardinfarktes: Verlust der Kerne und der Querstreifung.

18.1.1.2 Endotheliale Dysfunktion der Koronararterien

Neben der bekannten Herabsetzung der koronaren Durchflussrate durch arteriosklerotische Einengungen und Teilverschlüsse muss die Dysfunktion der Endothelzellen in den Koronararterien als eine weitere wesentliche Komponente der Myokardischämie bei koronarer Herzkrankheit gewertet werden. Durch **herabgesetzte NO- und Prostacyclin-Bildung** kommt es zu einer unangepassten bzw. erhöhten Vasokonstriktion von Koronararterien und zu einem Verlust der normalen antithrombotischen Eigenschaften von Endothelzellen sowie zur gelegentlichen Freisetzung des stark vasokonstriktorischen Endothelins.

18.1.1.3 Myokardiale Komponenten des Koronarwiderstandes

Bei Herzinsuffizienz, Tachykardie, Myokarditis, Perikarditis, Herzhypertrophie, Ventrikeldilatation, Myokardfibrosierung – und bei Myokardischämie selbst werden die intramuralen Koronargefäße von außen länger bzw. mehr als normal komprimiert.

Die **verminderte Relaxation** ischämischer Myokardfasern erhöht den diastolischen Intramuraldruck und vermindert dadurch den koronaren Bluteinstrom, der im Wesentlichen in der Diastole erfolgt. Die myokardiale Komponente des Koronarwiderstandes steigt zusätzlich durch die **Kontraktilitätsverminderung**, wenn mehr als etwa 20 % des linksventrikulären Myokards von der Ischämie betroffen sind, weil durch Reduktion des Schlagvolumens das enddiastolische Volumen ansteigt. Eine reflektorische oder durch Schmerz und Angst ausgelöste Tachykardie verkürzt den Anteil der Diastole am Herzzyklus. Wird eine ischämiebedingte Abnahme der linksventrikulären Pumpleistung nicht oder nicht ausreichend durch eine periphere Vasokonstriktion kompensiert, so fällt mit dem diastolischen Aortendruck die koronare Durchblutung zusätzlich ab. Eine Myokardischämie kann also in einem Circulus vitiosus über die myokardiale Komponente des Koronarwiderstands und eventuell auch eine Abnahme des Aortenmitteldrucks sich selbst verstärken.

18.1.2 Einteilung der Myokardischämiesyndrome

Abhängig von den verschiedenen pathophysiologischen Veränderungen der Koronararterien werden die Ischämiesyndrome des Myokards in stabile Angina (mit arteriosklerotisch herabgesetzter koronarer Flussrate), in instabile Angina (pectoris mit geringfügiger Plaqueruptur und dadurch verursachtem inkompletten Gefäßverschluss, Thrombozytenaggregation und inadäquat erhöhter Vasokonstriktion) und die seltene Prinzmetal-Angina (mit oder ohne arteriosklerotischem Plaque mit starkem Koronarspasmus) eingeteilt.

18.1.2.1 Stabile Angina pectoris

Eine vorübergehende Myokardischämie manifestiert sich als **Angina pectoris**. Das Spektrum der angegebenen Beschwerden reicht hierbei von dumpfem Engegefühl bis zu reißenden

Schmerzen hinter dem Brustbein. Die Schmerzen werden meist retrosternal lokalisiert und können in die Arme, zwischen die Schulterblätter, ggf. bis ins Kinn und Abdomen ausstrahlen. Geht eine (z. B. elektrokardiographisch objektivierbare) Myokardischämie ohne Beschwerden einher, wird sie als **stumme Myokardischämie** bezeichnet. Die Beschwerdefreiheit mag z. T. durch eine geringe Ausdehnung und kürzere Dauer der Ischämie hervorgerufen sein. Sicherlich spielt aber auch die individuelle Schwelle für Schmerzreize aus dem Myokard und das Ausmaß der aktuellen endogenen Schmerzinhibition eine Rolle. Bei einem Teil der Patienten ist die afferente Leitung (z. B. durch diabetische Neuropathie) gestört.

Die Verdachtsdiagnose Angina pectoris kann durch eine Reihe kardiologischer Untersuchungen (Belastungs-EKG, Belastungs-Echokardiographie, Angiographie) abgeklärt werden. Durch Bestimmung von kardialem Troponin I oder Troponin T kann ausgeschlossen werden, dass bei Angina pectoris bereits eine Myokardnekrose (Mikroinfarkt) vorliegt. Der Nachweis von Troponinerhöhungen im Blut und/oder reversibler ST-Strecken-Senkungen im EKG erlauben nunmehr die Identifikation von Patienten, die von einer frühen invasiven Koronardiagnostik und Intervention (Ballondilatation) profitieren. Deshalb wird die instabile Angina pectoris zusammen mit dem akuten Myokardinfarkt auch als **akutes Koronarsyndrom (ACS)** bezeichnet.

18.1.2.2 Akutes Koronarsyndrom (Instabile Angina und Myokardinfarkt)

Wird eine Myokardzelle unter normalen Bedingungen für 20–25 min nicht mehr mit Sauerstoff versorgt, wird sie irreversibel geschädigt (Abb. 18.3) mit den damit verbundenen funktionellen Folgen. Sistiert die Durchblutung einer Koronararterie über diesen Zeitraum, so gehen aufgrund der Kollateralen meist nur die Myokardzellen der inneren (subendokardialen) Schichten im Zentrum des Versorgungsgebietes zugrunde. In den Innenschichten ist wegen des höheren Intramuraldrucks einerseits die kollaterale Perfusion geringer und andererseits der Sauerstoffverbrauch höher. Bleibt die Durchblutung in dieser Koronararterie weiterhin unterbrochen, so breitet sich das vom Myokardinfarkt betroffene Areal in den Innenschichten und zum Epikard hin aus (transmuraler Infarkt) und erreicht erst nach etwa 4 Stunden seine endgültige Ausdehnung, bei nicht völlig verschlossener Koronararterie u. U. noch später. Der Ersatz der Myokardnekrosen durch Narbengewebe beginnt nach einigen Tagen und ist im allgemeinen nach 6–8 Wochen abgeschlossen. Bei sehr großen Infarkten können allerdings noch nach 3 Monaten zentrale Nekrosen erhalten sein. Durch den Myokardinfarkt wird auch ein Umbau des gesamten Herzens ausgelöst **(Remodeling)** mit einer Veränderung der Geometrie des Herzens mit Narbe im Infarktbereich und Hypertrophie in den benachbarten Herzarealen.

Der **Schmerz** beim Myokardinfarkt ist der Angina pectoris sehr ähnlich, aber nicht immer vorhanden; 25–30 % sind sogenannte stumme Infarkte. Für Myokardinfarkt spricht eine Dauer von mehr als einer halben Stunde und das Nichtansprechen auf Bettruhe oder Gabe von Nitroglyzerin. Anfälle von Angina pectoris gehen häufig einem Myokardinfarkt voraus. Eine Angina pectoris wird instabil genannt, wenn sie bei deutlich geringerer Belastung als bisher bzw. schon in Ruhe auftritt oder an Häufigkeit, Schwere bzw. Dauer zunimmt. Eine derartige Angina pectoris kann unmittelbar in einen Myokardinfarkt übergehen. Deshalb werden die Instabile Angina pectoris und der akute Myokardinfarkt (AMI) als **Akutes Koronarsyndrom (ACS)** zusammengefasst.

Dem akuten Myokardinfarkt liegt meist eine durch Ruptur eines arteriosklerotischen Plaques bedingte **Koronarthrombose** zugrunde. Die Plaqueruptur entsteht, indem die luminale Deckplatte eines ausgedehnten arteriosklerotischen Beetes spontan bzw. bei physischen oder emotionalen Stress einreißt. Durch die freigelegten subendothelialen Strukturen werden die Thrombozyten aktiviert; darüber hinaus ist durch die endotheliale Dysfunktion im arteriosklerotischen Bereich die NO- und Prostacyclin-Freisetzung mit ihren antithrombotischen und vasodilatatorischen Wirkungen herabsetzt.

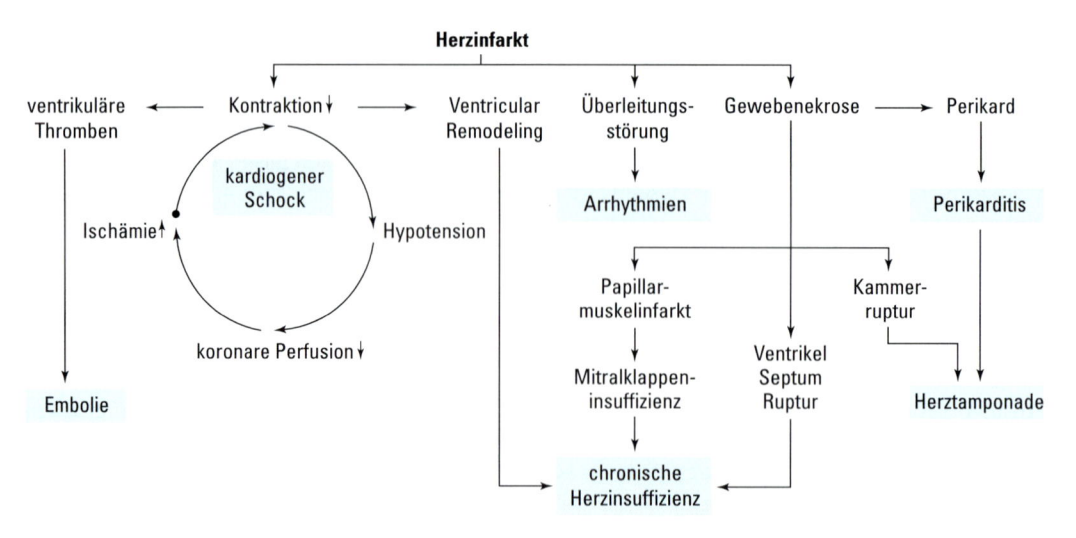

Abb. 18.5: Komplikationen bei und nach Myokardinfarkt.

18.1.2.3 Q-Zacken und Nicht-Q-Zacken-Infarkte

Morphologisch werden die Infarkte in transmurale und subendokardiale Infarkte unterteilt, wobei postuliert wurde, dass transmurale Infarkte Q-Zacken nach initialen ST-Hebungen im EKG hervorrufen, während subendokardiale Infarkte ST-Senkungen ohne Q-Zacken aufweisen. Zwischenzeitlich ist bekannt, dass diese EKG-Befunde nicht immer mit den pathologisch-anatomischen Befunden übereinstimmen. Allgemein gilt jedoch, dass Nicht-Q-Zacken-Infarkte kleinere Infarkte mit weniger okklusiven Thromben oder kürzere Perioden einer schweren Myokardischämie widerspiegeln als Infarkte mit Q-Zacken (Abb. 18.4)

18.1.2.4 Komplikationen bei und nach akutem Myokardinfarkt

Die Komplikationen bei und nach akutem Myokardinfarkt resultieren aus mechanischen, elektrischen und entzündlichen Veränderungen des Myokards (Abb. 18.5), wobei sich die Frühkomplikationen (z. B. kardiogener Schock) sofort entwickeln können, während späte Komplikationen auf entzündliche Veränderungen oder die Narbenbildung zurückzuführen sind. Bei 5–20 % aller Infarktpatienten treten innerhalb von 6 Wochen Reinfarkte auf, wobei derselbe oder völlig andere Myokardbereiche betroffen sein können.

Durch Schmerz und Angst freigesetzte Katecholamine können **Tachycardien** begünstigen, die durch den erhöhten myokardialen Sauerstoffverbrauch bei gleichzeitig verkürztem Anteil der für die Koronardurchblutung so wichtigen Diastole am Herzzyklus die Ausdehnung des Infarkts fördern, und durch Erhöhung der Erregbarkeit die Gefahr tödlicher **Arrhythmien** (vor allem Kammerflimmern) erhöhen. Die Gefahr ist in der ersten Stunde am höchsten und nimmt dann kontinuierlich ab. Eine erfolgreiche Reperfusion durch thrombolytische Therapie oder Ballondilatation erhöht vorübergehend das Risiko ventrikulärer Arrhythmien, da die Membranen zusätzlich ionenpermeabel werden. In der Postinfarktperiode kann es zu Ausweitungen der Kammer kommen, wobei auch die nicht infarkierten Zonen des Myokards durch kompensatorische Überlastung betroffen sein können (kompensatorische Hypertrophie). Aufgrund der verminderten Kontraktionskraft bewegt sich während der Systole das betroffene Myokardareal im Narbengebiet oder bei residualer Ischämie vermindert oder gar nicht mehr nach innen (Hypokinesie bzw. Akinesie) und bei transmuraler Ischämie sogar nach außen (Dyskinesie). Diese Kammerveränderungen (**Ventricular Remodeling**), die zu schwerer Herzinsuffizienz führen können, werden durch Verkleinerung der Infarktgröße mittels frühzeitiger Reperfusionstherapie oder ACE-Inhibitoren therapeutisch vermindert.

Kontraktilitätsverlust von mehr als etwa 40 % des linksventrikulären Myokards verursacht auch ohne Herzrhythmusstörungen oder sonstige Komplikationen einen **kardiogenen Schock**. Akutes Rechtsherzversagen durch Infarkt des rechtsventrikulären Myokards ist selten.

Eine **Mitralklappeninsuffizienz** kann durch Papillarmuskeldysfunktion bzw. -ruptur, eine **Herzbeuteltamponade** durch Myokardruptur und ein Links-Rechts-Shunt durch Septumruptur entstehen.

Embolien (z. B. Gehirn, Nieren) können von parietalen Thromben auf dem geschädigten Endokard ausgehen. Eine umschriebene Aussackung der Herzwand (**Herzwandaneurysma**) erhöht das Risiko einer Thromboembolie, aber auch einer Herzinsuffizienz und von Arrhythmien. In sehr seltenen Fällen kann ein Aneurysma sekundär rupturieren.

18.1.2.5 Sonderformen: Hibernation-Stunning

Neben den bereits beschriebenen Folgen einer Myokardischämie mit Angina pectoris und akutem Koronarsyndrom gibt es myokardiale Ischämiefolgen, die nur begrenzt mit einem Missverhältnis von Sauerstoffangebot und Sauerstoffbedarf erklärbar sind: Hibernation (Winterschlaf) und Stunning (Betäubung) (Abb. 18.6). Hibernation stellt einen endogenen Schutzmechanismus gegen Myokardischämie dar. Bei der **Hibernation** kommt es zu einer chronischen Anpassung des Energieverbrauchs durch Reduktion der Kontraktion, die der Erhaltung der Vitalität dient, wobei sich die kontraktile Funktion nach Reperfusion (z. B. durch Ballondilatation einer Koronarstenose oder aortokoronare Bypassoperation) langsam erholt. Dagegen beschreibt **Stunning** eine funktionelle Schädigung

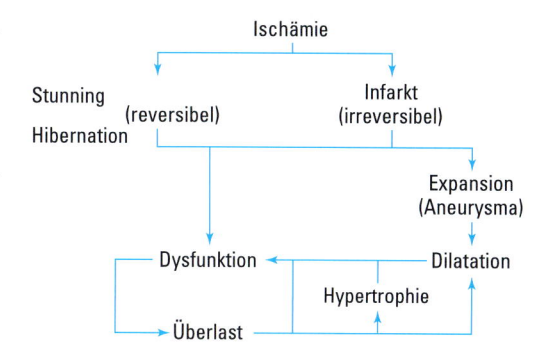

Abb. 18.6: Ischämie kann zu reversiblen Kontraktionsverlusten bei Stunning und Hibernation führen, wobei in einem gewissen Zeitfenster die normale Perfusion wiedergestellt werden muss, damit die Kammerdysfunktion normalisiert werden kann. Beim Infarkt kommt es zur irreversiblen Schädigung mit den damit verbundenen funktionellen Schädigungen.

(reversibler Kontraktionsverlust) bei akuter Myokardischämie, die trotz Reperfusion eines ischämischen Myokards längere Zeit erhalten bleibt. Die enge Beziehung zwischen myokardialer Durchblutung und Funktion (Kontraktilität) ist beim Stunning während der Reperfusion aufgehoben; die Ursache dafür ist bisher nicht genau geklärt. Es werden die Überladung der Kardiomyozyten mit Kalziumionen bzw. die Bildung freier Radikale dafür verantwortlich gemacht. Stunning ist eine Myokardischämie, die gerade noch nicht zum Myokardinfarkt geführt hat.

18.1.3 Diagnostik des Akuten Koronarsyndroms

Die Diagnose „Akuter Myokardinfarkt" wird nach der **bisherigen Definition der WHO** dann gestellt, wenn 2 von 3 Infarktkriterien erfüllt sind:
– **Thoraxschmerz** (Angina pectoris) über 30 min, der resistent gegen Nitroglyzerin ist **Typische EKG Veränderungen** (Abb. 18.4).
– **Anstieg** der Aktivität oder Konzentration **kardialer Enzyme** (CK, CKMB, LDH).

Auf der Basis dieser Kriterien unterscheiden die Enzymerhöhungen zwischen Patienten mit instabiler Angina pectoris und akutem Myokardinfarkt. Das EKG unterscheidet innerhalb der Patienten mit Myokardinfarkt in Q-Zacken- und Nicht-Q-Zacken-Infarkt. Da aber in der frühen Infarktphase (0–36 Stunden) der QRS-Umbau noch nicht stattgefunden hat (Abb. 18.4), sollte in der frühen Infarktphase lediglich zwischen Infarkten mit und ohne ST-Hebung unterschieden werden.

Bei der Diagnose eines Myokardinfarktes nach der bisherigen Definition der WHO ist die Quantifizierung myokardialer Enzyme vor allem dann von Bedeutung, wenn die klinischen Symptome nicht eindeutig und das EKG unspezifisch sind. Die bisherigen WHO-Kriterien nutzten vor allem die Erhöhungen der Kreatinkinase (Gesamt-CK) und seines vorwiegend herzspezifischen Isoenzyms (CKMB) im Blut als Goldstandard für die Diagnose einer Myokardnekrose. Allerdings ist eine weitere Präzisierung der diagnostischen Grenzwerte und eine Würdigung der Bestimmungsverfahren (Enzymaktivität, Enzymkonzentration, Isoformen der CKMB) durch die WHO niemals erfolgt. Die Verwendung unterschiedlicher Diskriminatorwerte und Messmethoden führte damit bis zum jetzigen Zeitpunkt weltweit zu einer sehr unterschiedlichen Prävalenz der Infarktdiagnose.

18.1.3.1 Die kardialen Troponine

Unabhängig von den ungenauen WHO-Kriterien für die Enzymdiagnostik des akuten Myokardinfarktes sind die „kardialen Enzyme" (CK, CKMB, LDH) und auch Myoglobin nicht ausreichend für die Diagnose einer Myokardschädigung geeignet, da diese Proteine nicht kardiospezifisch synthetisiert werden, z. T. nur in geringer Konzentration mit Ausnahme von Myoglobin im Herzen vorkommen und bereits im Blut gesunder Personen gefunden werden. Im Gegensatz zu diesen herkömmlichen Herzmarkern werden die **kardialen Isoformen des Troponin T und Troponin I** nur im Herzmuskel exprimiert, finden sich dort in hoher Konzentration und konnten bislang im Blut herzgesunder Patienten nicht nachgewiesen werden, sodass Troponine wesentlich geeigneter für die Diagnostik von Myokardnekrosen sind; sie haben eine deutlich höhere Sensitivität und Spezifität, wodurch die diagnostische Qualität dieser neuen Herzmarker verglichen mit CKMB deutlich besser ist.

Die Troponine sind regulatorische Strukturproteine des Troponin-Komplexes der dünnen Filamente der Herz- und Skelettmuskelzellen bestehend aus den drei Proteinen: Troponin C, Troponin I und Troponin T; sie sind an der Kalzium vermittelten Signaltransduktion auf den Actin-Myosin-Komplex beteiligt, wobei Troponin C die kalziumbindende Untereinheit, Troponin I die Actomyosin inhibibierende Untereinheit und Troponin T die Tropomyosin bindende Untereinheit darstellen. Nur Troponin I und Troponin T kommen in zwei spezifischen Isoformen (Skelettmuskel und Herzmuskel) vor, gegen die hochspezifische, monoklonale Antikörper hergestellt werden konnten. Bei einer Herzmuskelschädigung werden kardiales Troponin I und T in die Blutbahn freigesetzt. Messbare Werte sind nach 3–6 Stunden nachweisbar; das Maximum wird nach 12–96 Stunden erreicht. Erhöhte Troponinwerte können noch nach 5–10 Tagen im Blut nachgewiesen werden (Abb 18.7).

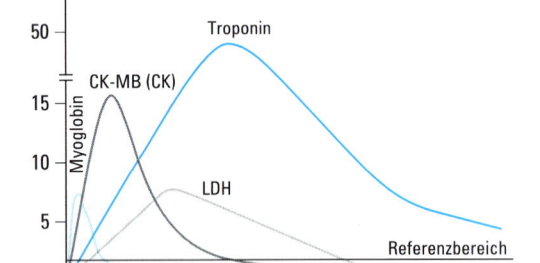

Abb. 18.7: Zeitlicher Verlauf der wichtigsten myokardialen Marker bei Q-Zacken-Infarkt ohne Reperfusionstherapie. Die Troponine sind den herkömmlichen Markern (CK, CKMB, LDH und Myoglobin) wegen ihrer Kardiospezifität und höheren Sensitivität bei Myokardnekrose überlegen. (Abb. 18.7).

Eine Vielzahl prospektiver klinischer Studien bei Patienten mit instabiler Angina pectoris konnte zeigen, dass bei ca. 30 % aller Patienten mit Ruhe-Angina erhöhte Troponinwerte zu finden sind, obwohl die CKMB nicht erhöht ist. Der Nachweis bei dieser Patientengruppe hat zu einer weiteren Differenzierung des akuten Koronarsyndroms und zu einer Redefinition des akuten Myokardinfarktes in einer Konsensusempfehlung der europäischen und amerikanischen kardiologischen Gesellschaften geführt, die außerdem von der jeweiligen Bestimmungsmethode für die Troponine unabhängig ist.

18.1.3.2 Neue Definition des Myokardinfarktes

Ein akuter Myokardinfarkt liegt bei einer Troponinkonzentration ≥ 99 %-Perzentile einer normalen Referenz-Population vor, wenn eine ischämische Genese durch die klinischen Umstände wahrscheinlich ist.

Wenn eine Troponinfreisetzung ohne Hinweise auf eine akute Myokardischämie nachgewiesen wird, muss nach anderen Ursachen einer Herzmuskelschädigung wie Myokarditis, schwere Lungenembolie mit akuter Rechtsherzbelastung, toxische oder traumatische Myokardschädigung u. a. gesucht werden.

18.1.3.3 Diagnosestrategie beim akuten Koronarsyndrom (einschließlich Myokardinfarkt)

Aus den neuen labormedizinischen Entwicklungen und zahlreichen klinischen Studien ergibt sich nunmehr folgende Troponin-gestützte Diagnosestrategie bei Patienten mit Thoraxschmerzen und Verdacht auf akutes Koronarsyndrom (Abb. 18.8).

Die initiale diagnostische Maßnahme bleibt die **Ableitung eines Standard-12-Kanal-EKGs.** Dieses erlaubt die Unterscheidung eines akuten Infarktes von einem akuten Koronarsyndrom ohne ST-Hebungen. Beim typischen Infarkt-EKG beim symptomatischen Patienten dient die Bestimmung kardialer Marker (CKMB, Troponine) und bestimmter Akutphasenproteine (CRP) lediglich der Bestätigung der Diagnose, der Abschätzung der Infarktgröße

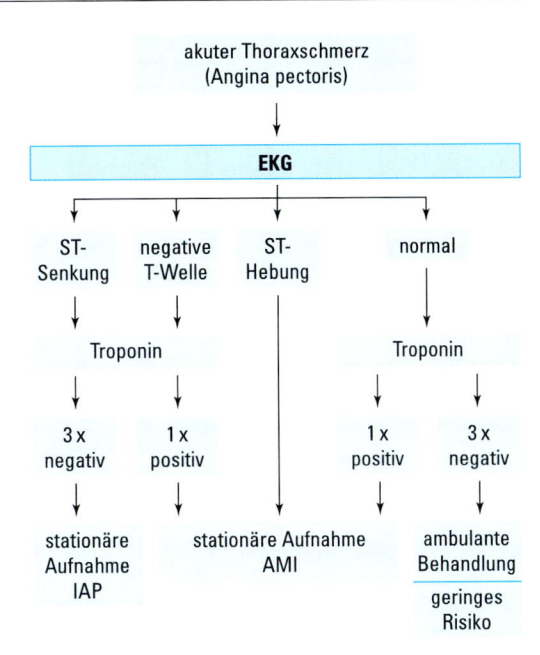

Abb. 18.8: Troponingestützte Diagnosestrategie bei Brustschmerz bzw. bei Verdacht auf Akutes Koronar-Syndrom (ACS). AMI: akuter Myokardinfarkt; IAP: instabile Angina pectoris.

(Troponine) und des Reperfusionserfolges, dem Infarktmonitoring und der Risikostratifizierung. Beim symptomatischen Patienten ohne ST-Hebungen, mit ST-Senkung oder negativer T-Welle im EKG ergibt sich die Notwendigkeit genauer **Diagnostik mit den Troponinen**. Wegen der zeitlichen Dynamik der myokardialen Ischämie und der Troponinfreisetzung ist die Wiederholung von EKG-Registrierung und Troponinbestimmung sinnvoll. Die Troponinbestimmungen sollten bei Aufnahme, 6–9 Stunden und sofern diese Werte negativ sind, bei gegebenem klinischen Verdacht auch nach 12–24 Stunden erfolgen. Bei Troponinwerten am unteren Grenzwert ist eine wiederholte Blutentnahme erforderlich, um die Diagnose abzusichern. Eine frühzeitige Entlassung und weitere ambulante Abklärung scheint bei Patienten ohne Nachweis von EKG-Veränderungen und kardialem Troponin bei fraglicher Angina oder atypischen Thoraxschmerz gerechtfertigt.

Referenzbereiche der wichtigsten kardialen Laborparameter:

kardiales Troponin T (cTnT):	bis 0,1 µg/l
kardiales Troponin I (cTnI):	0,1 µg/l bis 1,0 µg/l je nach Hersteller, bisher nicht standardisiert
CKMB-Konzentration (CKMB mass):	5 – 8 µg/l je nach Hersteller, bisher nicht standardisiert
Anstelle der CKMB-Konzentration kann bei infarkttypischen EKG auch weiterhin die CKMB- oder die CK-Gesamtaktivität (U/l) gemessen werden.	
Myoglobin:	70 – 110 µg/l je nach Hersteller, bisher nicht standardisiert.

18.1.3.4 Zusammenfassung

Obwohl nach den neuesten Empfehlungen der European Society of Cardiology, des American College of Cardiology und der American Heart Association Myoglobin und Kreatinkinase (CK und CKMB) wegen ihres kurzfristigen Anstieges (24 – 48 Stunden) nur noch zur Diagnose von Reinfarkten bzw. bei infarkttypischen EKG zur Bestätigung der Diagnose bzw. Verlaufskontrolle eingesetzt werden sollten, werden diese Laborparameter, die nicht das ganze Spektrum des akuten Koronarsyndroms abdecken z. T. auch noch ohne Troponinbestimmung in der Routinelabordiagnostik eingesetzt; andererseits ist die zusätzliche Bestimmung kardialer Marker unnötig, wenn Troponin gemessen wurde. Laktatdehydrogenase (LDH), die nach den bisherigen WHO Kriterien ebenfalls zu den kardialen Enzymen gerechnet wurde und im Wesentlichen für die Spätdiagnose (1 Woche) des Myokardinfarktes indiziert war, ist u. a. wegen ihrer hämolysebedingten Unspezifität durch die Troponine ersetzt worden, die ebenfalls entsprechend lange im Blut nachweisbar sind (Abb. 18.7).

18.1.3.5 Ausblick

Nachdem für das Entstehen und Fortschreiten der Atherosklerose mit der endothelialen Dysfunktion nach heutigem Verständnis auch entzündliche Reaktionen eine Rolle spielen, kann man die Entzündung u. a. mithilfe des **hochsensitiven C-reaktiven Proteins (hsCRP)** laborchemisch erfassen. Abgesehen von der Primärprävention kann das hsCRP auch bei Patienten mit bereits manifester KHK bzw. beim ACS verwendet werden, da das Risiko für ischämische Komplikationen mit dem hsCRP-Spiegel korreliert. Außerdem wurde festgestellt, dass bei den gleichzeitigen Erhöhungen von hsCRP und Troponin die Mortalität höher ist als bei alleiniger Erhöhung von Troponin.

Entsprechende Überlegungen haben zur Entwicklung von Ischämiemarkern geführt, die ein therapeutisches Eingreifen bereits vor dem Eintreten von Myokardnekrosen ermöglichen sollen, um den Verlust von Herzmuskelgewebe so gering wie möglich zu halten (s. Komplikationen). Auch der definitive Ausschluss einer Myokardischämie bei Thoraxschmerz ist klinisch bedeutsam, um andere Ursachen des Brustschmerzes überprüfen zu können. Ein derartiger Ischämiemarker, das **ischämiemodifizierte Albumin (IMA)**, das nach Kontakt mit ischämischen Gewebe nicht mehr in der Lage ist, exogenes Kobald an das N-terminale Ende von Albumin zu binden, wird z. Zt. in Multicenterstudien für den Einsatz als Routinetest untersucht.

Weiterhin kann als Ausmaß der Herzinsuffizienz während der akuten Phase des Myokardinfarktes und als Ausdruck der neurohormonalen Aktivierung die Freisetzung von **Brain (B-Typ) Natriuretic Peptide (BNP)** bzw. des N-terminalen Spaltproduktes der BNP-Vorstufe (NTproBNP = NT-BNP) gemessen werden (**s. Abschnitt 18.3**). Diese natriuretischen Peptide vom B-Typ sind beim unkomplizierten Myokardinfarkt während der subakuten Phase in den ersten 2 – 3 Tagen vorübergehend erhöht; eine anhaltende Erhöhung ist mit der Ausbildung einer chronischen Herzinsuffizienz und mit der Zunahme von Mortalität und Morbidität verbunden und stellt daher einen wesentlichen Prognosemarker für die Postinfarktperiode dar. Die BNP- bzw. NT-BNP-Bestimmung sollte daher beim AMI in die täglichen Routinelaboruntersuchungen miteinbezogen werden.

18.2 Myokarditis

Unter Myokarditis wird eine Entzündung des Herzmuskels verstanden, die akut, subakut und chronisch verlaufen und bezüglich der Lokalisation in diffuse und fokale Myokarditis eingeteilt werden kann.

Der klinische Verlauf einer Myokarditis ist sehr unterschiedlich, häufig ist der Verlauf fast asymptomatisch. Es treten Allgemeinsymptome wie bei einem grippalen Infekt auf. Herzrhythmusstörungen reichen von Sinustachykardien, über vermehrte atriale und ventrikuläre Extrasystolen bis hin zu extremen Tachykardien, Kammerflimmern und plötzlichem Herztod.

Die Abnahme der Leistungsfähigkeit ist vom Grad der myokardialen Dysfunktion abhängig. Fokale Myokarditiden können eine Myokardischämie mit Thoraxschmerz hervorrufen, während fulminant abgelaufene Myokardien zum plötzlichen Herztod mit biventrikulärer Dekompensation mit kardiogenem Schock führen. Die Myokarditis ist eine der Hauptursachen für den **plötzlich unerwarteten Herztod** bei Erwachsenen unter 40 Jahren – rund 20 % aller Fälle werden darauf zurückgeführt.

18.2.1 Ursachen und Pathogenese

Obwohl die Ursache für eine Myokarditis im Einzelfall **häufig ungeklärt** bleibt, lassen sich drei Hauptursachen für diese Erkrankung nachweisen (Tab. 18.1). 1. direkt **infektiös** durch kardiotrope Mikroorganismen (Viren, Bakterien, Pilze, Protozoen). 2. durch **Autoantigene** im Rahmen von Systemerkrankungen (Kollagenosen, Lupus erythematodes), Alloantigene (z. B. Herztransplantation) und Pseudo-Allergene (Arzneimittel) und 3. **toxisch** durch exogene Drogen (Cocain, Alkohol) und andere Toxine (z. B. Anthrazyklinderivate in der Krebstherapie). Die häufigste Ursache dürften Virusinfektionen sein, aber auch die Infektionen mit best. Bakterien und Spirochaeten (Chlamydia pneumoniae) erscheinen wesentlich (s. Tab. 18.1).

Tabelle 18.1: Wichtige Ursachen der Myokarditis

mikrobiell – infektiös	
Viren:	**Coxsackieviren, HIV**, Cytomegalie, Echoviren, Influenzaviren, Hepatitis-A und -C-Viren, Epstein-Barr-Virus, Dengue-Viren, Herpes simplex, Herpes zoster, Masern, Mumps, Röteln, Adenoviren,
Rickettviren:	Coxsiella Brunetti, Rickettsien (Q-Fieber)
Bakterien:	Streptokokken, Corynebacterium diphteriae
Spirochäten:	Chlamydia pneumoniae, Borrelien
Protozoen:	Toxoplasmose, Trypanosomas cruzi (Chagas-Krankheit)
Pilze:	Actinomyceten, Aspergillus, Candida
Parasiten:	Trichinen, Echinokokken, Askariden
immunologisch – autoreaktiv	
Autoantigene:	**Chagas Krankheit, Chlamydia pneumoniae, Riesenzellmyokarditis, Sarkoidose, Sklerodermie, systemischer Lupus erythematodes (SLE)** Polymyositis, Thyreotoxikosen
Alloantigene:	nach Herztransplantation (Abstoßungsreaktion)
Pseudoallergene:	Furosemid, Lidocain, Penicillin, Methyldopa, Phenylbutazon, Phenytoin, Reserpin, Tetrazykline, Streptomycin, Thiazide
toxisch	
Pharmaka:	**Anthrazykline, Ethanol**, Amphetamine, Cocain, Katecholamine, Cyclophosphamid, Fluoruracil, Interleukin 2
Gifte:	Kohlenmonoxid, Bienen- und Wespenstiche, Schlangen-, Spinnen- und Skorpiongifte
Schwermetalle:	Blei, Kupfer, Eisen
Physikalische Schädigung:	Stromschock, hohes Fieber, Strahlung

Die häufigsten Ursachen sind fettgedruckt angegeben.

Dabei ist die Schädigung des Kardiomyozyten sowohl auf virale kardiotoxische Wirkungen als auch auf virusinduzierte immunologische Prozesse und Autoimmunreaktionen zurückzuführen. Obwohl die Replikation von Mikroorganismen im Herzen nur 2–3 Wochen andauert, können die entzündlichen und immunologischen Vorgänge einschließlich Nekrosebildung über Monate erhalten bleiben. In der akuten Phase kommt es zur Makrophagenaktivierung und Zytokin Expression (IL 1 und 2, γIFN und TNF-α), danach in der subakuten Phase (ca. 1–2 Wochen) zur Ausschüttung von Adhäsionsmolekülen, Infiltration mit T- und B- Lymphozyten und Bildung von Antikörpern. Als Folge der Kreuzantigenität von viralen und myokardialen Strukturen (Epitopen) kommt es zur Immunreaktion gegen das Myokard mit Fibrose, Herzinsuffizienz und Kardiodilatation. Bei Patienten mit histologisch nachgewiesener Myokarditis fanden sich in 25–73% **Myokard-Autoantikörper**.

18.2.2 Diagnostik

Aufgrund der unterschiedlichen Symptomatik bei Patienten mit Myokarditis sind sowohl die klinische Diagnostik einschließlich EKG-Befunden als auch die Labordiagnostik sehr eingeschränkt anwendbar. Das **EKG-Spektrum** reicht vom Normalbefund über unspezifische Erregungsrückbildungsstörungen und Arrhythmien bis hin zu ST-Hebungen wie beim akuten Myokardinfarkt. **Laborchemisch** weisen erhöhte Entzündungsparameter (CRP, Neopterin) und herzspezifische Marker, vor allem Troponin, auf die Erkrankung hin. Wenn auch hier die kardialen Troponine den bisherigen Laborparametern überlegen sein dürften, sind sie aber vorwiegend nur in der akuten Phase und beim Auftreten von Myokardnekrosen nachweisbar. Beweisend für eine Myokarditis ist nur die **Endomyokardbiopsie**, die allerdings selten durchgeführt wird. Allerdings schließt auch eine negative Biopsie eine fokale Myokarditis nicht aus. Wegen der vorwiegend mikrobiell infektiösen Pathogenese der Myokarditis sollte nach Möglichkeit die entsprechende **Infektionsserologie** durchgeführt werden, um sowohl den Erreger nachzuweisen als auch durch Verlaufskontrollen die Diagnose zu bestätigen. Die Diagnose Myokarditis hängt eher von der **klinischen Beobachtung** als von einer definitiven Bestätigung durch diagnostische Tests ab. Dennoch sollten bei klinischem Verdacht auf Myokarditis immer Troponinbestimmungen durchgeführt werden. Die Anamnese bzw. der klinische Verlauf dieser Erkrankung zeigt bei diesen meist jungen Patienten keine Risikofaktoren für eine koronare Herzkrankheit, aber das Auftreten von Symptomen und EKG-Befunden mit und ohne Troponinerhöhungen, die für eine Myokardischämie oder einen Myokardinfarkt zutreffen. Zum Ausschluss einer koronaren Herzkrankheit kann eine Koronarangiographie durchgeführt werden.

18.3 Herzinsuffizienz

18.3.1 Definition und Formen der Herzinsuffizienz

Definition: Eine Herzinsuffizienz (Herzversagen) liegt vor, wenn durch eine Funktionsstörung des Herzens trotz genügenden Blutangebots eine bedarfsgerechte Blutversorgung der Körpergewebe nicht möglich ist. Dadurch wird die Herzinsuffizienz zu einer Multisystemerkrankung mit zusätzlichen Funktionsstörungen insbesondere der Nieren und der Skelettmuskulatur.

Tritt die Funktionsstörung des Herzens rasch (innerhalb von Stunden) auf, wird von **akuter**, sonst von **chronischer** Herzinsuffizienz gesprochen. Obwohl meistens eine kombinierte **systolische und diastolische Dysfunktion** vorliegt, ist es für die Behandlung wichtig, die systolische Herzinsuffizienz (gestörte Pumpfunktion wegen beeinträchtigter myokardialer Kontraktilität) von der diastolischen Herzinsuffizienz (beeinträchtigte Füllung der Ventrikel mit normaler Kontraktilität) zu unterscheiden. Eine normale Füllung der Ventrikel während der Diastole ist eine Grundvoraussetzung für ein normales **Schlagvolumen** (= enddiastolisches Ventrikelvolumen − endsystolischem Ventrikelvolumen).

Die Herzinsuffizienz kann in **Links- und Rechtsherzinsuffizienz** unterteilt werden, je nachdem, ob primär eine Funktionsstörung des rechten oder linken Ventrikels vorliegt. Eine isolierte Funktionsstörung eines Ventrikels ist von kurzer Dauer, da der jeweils andere Ventrikel mit zunehmender Dauer der Herzinsuffizienz sekundär mitbetroffen ist. Die Linksherzinsuffizienz manifestiert sich neben dem **Vorwärtsversagen** mit seinem charakteristischen kritisch erniedrigten Schlagvolumen mit daraus resultierender inadäquater Sauerstoffversorgung des Organismus auch mit einem **Rückwärtsversagen** mit Lungenstauung bis zum Lungenödem mit Störung des pulmonalen Gasaustausches. Bei gleichzeitiger sekundärer Rechtsherzinsuffizienz finden sich zudem die klinischen Zeichen der Einflussstauung (z. B. Beinödeme). Eine primäre Rechtsherzinsuffizienz beeinträchtigt durch mangelhafte Füllung des linken Ventrikels dessen Pumpleistung und **Herzminutenvolumen** (= Schlagvolumen x Herzfrequenz).

Von der eigentlichen Herzinsuffizienz muss das sogenannte „high output Herzversagen" abgegrenzt werden, bei dem keine primäre Funktionsstörung des Herzens vorliegt, sondern das Herz versucht, durch gesteigertes Herzminutenvolumen eine ausreichende Sauerstoffversorgung der Gewebe bei exzessiver Gefäßerweiterung oder arteriovenösen Kurzschlusskreislauf (Shunting) aufrechtzuerhalten (z. B. bei arteriovenösen Fisteln, Anämie, Hypovolämie, Sepsis; siehe Kapitel 17, Abschnitt Kreislauf).

18.3.2 Die akute Herzinsuffizienz

Bei der akuten Herzinsuffizienz wird zwischen einer akuten, erstmals aufgetretenen Herzinsuffizienz und einer plötzlichen Verschlechterung einer vorbestehenden chronischen Herzinsuffizienz differenziert. Die häufigste Ursache der Erstmanifestation einer akuten Herzinsuffizienz ist der akute Myokardinfarkt. Sind mehr als 40 % der linksventrikulären Muskelmasse betroffen, droht ein kardiogener Schock. Weitere wichtige Ursachen sind hämodynamisch wirksame Rhythmusstörungen (Bradykardien und Tachykardien), Perikardtamponade und Myokarditis (Tab. 18.2 und Kapitel 17, Abschnitt kardiogener Schock).

Tabelle 18.2: Ursachen der Herzinsuffizienz.

- koronare Herzerkrankung
  (Myokardinfarkt, -ischämie)
- arterielle Hypertonie
- Kardiomyopathien
- Herzklappenerkrankungen
- angeborene Herzfehler
  (z. B. Vorhof-, Ventrikelseptumdefekt)
- Arrhythmien
  (Brady- und Tachykardien, Vorhofflimmern)
- Medikamente, Drogen, Alkohol
- Perikarderkrankungen
  (z. B Perikarderguss, konstriktive Perikarditis)
- primäres Rechtsherzversagen
  (z. B. Pulmonale Hypertonie nach Pulmonalembolien, Trikuspidal- und Pulmonalklappvitien)

18.3.3 Die chronische Herzinsuffizienz

Durch die zunehmende Überalterung unserer Bevölkerung hat die Prävalenz und Inzidenz in den letzten Jahrzehnten stetig zugenommen. Ungefähr 1–1,5 % der Bevölkerung in den industrialisierten Ländern leiden an Herzinsuffizienz. Die Prävalenz dieser Erkrankung nimmt mit zunehmenden Alter zu und beträgt bei über 75-Jährigen ca. 10 %, bei unter 30-Jährigen weit unter 1 %. Die Hauptursachen für die Entstehung der chronischen Herzinsuffizienz sind der durchgemachte Myokardinfarkt und die arterielle Hypertonie. Herzklappenerkrankungen und Kardiomyopathien sind viel seltenere Ursachen (Tab. 18.2). In den letzten Jahren wurde auch eine Zunahme der diastolischen Form der Herzinsuffizienz beobachtet, die vor allem bei älteren Hypertoniepatienten mit ausgeprägter linksventrikulärer Hypertrophie auftritt. Die chronische Herzinsuffizienz hat eine mit Tumorerkrankungen vergleichbar schlechte Prognose (1-Jahresmortalitäten der verschiedenen Schweregrade siehe Tabelle 18.3). Die 5-Jahresmortalität bei Patienten mit milder Herzinsuffizienz beträgt ca. 50 %.

Die Symptome der Herzinsuffizienz erklären sich durch eine mangelhafte arterielle Durchblutung der Organe sowie durch die erhöhten enddiastolischen Füllungsdrücke der Herzhöhlen, die sich auf den Pulmonal- und den syste-

Tabelle 18.3: New York Heart Association Klassifikation der Herzinsuffizienz

Klasse	Charakteristika	1-Jahres-mortalität
Klasse I (asymptomatisch)	keine Einschränkung, Hinweise für Herzerkrankung, aber keine Symptome der Herzinsuffizienz, selbst bei Belastung	< 5 %
Klasse II (mild)	geringe Einschränkung, Symptome der Herzinsuffizienz nur bei schwerer körperlicher Belastung	10 %
Klasse III (mäßig)	deutliche Einschränkung, Symptome der Herzinsuffizienz bei geringer körperlicher Belastung (z. B. Gehen)	20–30 %
Klasse IV (schwer)	Unfähigkeit, körperlich aktiv zu sein. Symptome bereits in Ruhe	ca. 50 %

mischen venösen Kreislauf übertragen und zum Lungenödem und zu systemischen Ödemen führen können. Zu den typischen klinischen Symptomen der Herzinsuffizienz gehören Müdigkeit und Leistungsschwäche, Belastungsdyspnoe (Atemnot), Ruhedyspnoe, anfallsartige nächtliche Dyspnoe, pulmonale Stauung bis zum Lungenödem, Zeichen der Einflussstauung mit Halsvenenstauung, Hepatomegalie und Aszitesbildung, Beinödemen, Pleuraergüssen, und Stauungsgastritis. Eine länger bestehende Linksherzinsuffizienz führt zu einer sekundären pulmonalen Hypertonie mit den Zeichen des Rechtsherzversagens (systemische Einflussstauung). Nach Schwere der klinischen Symptomatik wird die chronische Herzinsuffizienz in 4 Stadien eingeteilt (New York Heart Association Klassifikation der Herzinsuffizienz, siehe Tabelle 18.3).

18.3.4 Pathophysiologie

Als Pumpe entwickelt das Herz Druck und wirft Volumen in den systemischen bzw. pulmonalen Kreislauf aus. Der Herzzyklus lässt sich daher sehr gut durch sog. **Druck-Volumenskurven** beschreiben (Abb. 18.9). Nach Schluss der Mitral- bzw. Trikuspidalklappe (A) beginnt die Systole und der Druck in den Herzkammern (Ventrikel) steigt an. Während der frühen Systole bis zum Öffnen der Aorten- bzw. Pulmonalklappe (B) entwickeln die Ventrikel Druck, ohne dass sich das intraventrikuläre Volumen ändert (Phase der isovolumetrische Kontraktion). Nachdem die intraventrikulären Drücke den diastolischen Aorten- bzw. Pulmonalarteriendruck übersteigen, öffnen sich die Aorten- bzw. Pulmonalklappen (B). Es folgt die Austreibungsphase, während der Blut in den systemischen bzw. Pulmonalkreislauf durch weiteren Druckanstieg gepumpt wird. Die Systole wird durch Schluss der Aorten- bzw. Pulmonalklappe beendet (C). Die Volumensdifferenz der Ventrikel zwischen den Punkten B und C entsprechen den Schlagvolumina der Ventrikel. Nach Schluss dieser Klappen beginnt die Diastole. Zunächst relaxieren sich die Ventrikel bis zum Öffnen der Mitral- bzw. Trikuspidalklappe (D), ohne dass sich

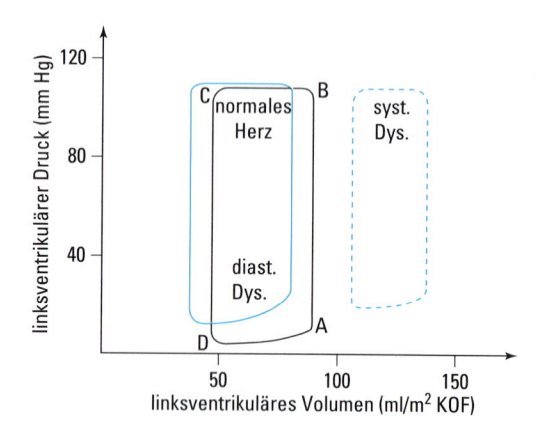

Abb. 18.9: Idealisierte Druck-Volumenskurven beim gesunden Herzen und bei der systolischen und diastolischen Linksventrikeldysfunktion
Normales Herz (schwarz), systolische Dysfunktion (...), diastolische Dysfunktion (blau). KOF: Körperoberfläche; Dys: Dysfunktion; syst.: systolisch; diast.: diastolisch; (A): Schluss der Mitralklappe; (B): Öffnen der Aortenklappe; (C): Schluss der Aortenklappe; (D): Öffnen der Mitralklappe.

das Volumen ändert (Phase der isovolumetrische Relaxation). Danach beginnt die Füllung der Ventrikel. Während der Volumenszunahme der Ventrikel (Linie D bis A) in der Diastole steigen die intraventrikulären Drücke aufgrund der myokardialen Compliance (Volumendehnbarkeit) der Ventrikel geringfügig an. Die von der Druck-Volumenskurve umrahmte Fläche (ABCD) entspricht der Herzarbeit während eines Herzschlages.

Die **Pumpleistung des Herzens** wird an die metabolischen Erfordernisse des Organismus angepasst. Sie wird von vier Faktoren bestimmt, der Vorlast, der Nachlast, der Kontraktilität und der Herzfrequenz. Die **Vorlast** ist die Muskelspannung vor Beginn der Muskelkontraktion (Länge der Sarkomere in Ruhe). Sie wird durch die diastolische Ventrikelfüllung bestimmt, die klinisch als enddiastolischer Ventrikeldruck bzw. enddiastolisches Ventrikelvolumen gemessen werden kann. Beim intakten Herzen steigert eine Zunahme der Vorlast innerhalb physiologischer Grenzen das Schlagvolumen. Diese Beziehung zwischen diastolischer Ventrikelfüllung und Kontraktilität (klinisch gemessen als Schlagvolumen) wird als **Frank-Starling Mechanismus** bezeichnet. Ein akuter Blutverlust beispielsweise reduziert die Vorlast und dadurch das Schlagvolumen auch beim gesunden Herzen. Nach akuter Herzmuskelschädigung hilft die Zunahme des enddiastolischen Druckes das Schlagvolumen des Herzens zu verbessern. Im Rahmen der chronischen Herzinsuffizienz ist diese Beziehung jedoch deutlich abgeflacht und nur mehr begrenzt gültig (Abb. 18.10). Bei hohen enddiastolischen Füllungsdrücken kommt es sogar zu einer Abnahme des Schlagvolumens. Eine Senkung der Vorlast verbessert daher im Gegensatz zum gesunden Herzen die kardiale Leistung und bessert zudem die pulmonale Stauungssymptomatik. Die **Nachlast** sind die Kräfte, die auf die Myofibrillen der Ventrikelwände nach Beginn der Kontraktion wirken. Sie müssen aufgewandt werden, um gegen den Widerstand des Kreislaufes einen Blutauswurf aus dem Herzen zu gewährleisten. Die Nachlast wird durch die Ventrikelwandspannung und den Blutdruck (Gefäßwiderstand) des systemischen bzw. pulmonalen Kreislaufes bestimmt. Entsprechend dem **Gesetz** von **Laplace** nimmt mit zunehmender Ventrikelgröße dessen Wandspannung zu. Im Gegensatz zum gesunden Herzen nimmt beim Herzinsuffizienten das Herzminutenvolumen mit zunehmender Nachlast deutlich ab (Abb. 18.11). Kleine Anstiege der Nachlast können bei herzinsuffizienten Patienten zu drastischen Abfällen des Herzminutenvolumens führen. Die kardiale **Kontraktilität** kann durch Medikamente gesteigert werden, die zu einer Zunahme der intrazellulären Kalziumkonzentration führen oder durch Steigerung der Affinität der kalziumbindenden Regionen des Troponin C für Kalzium die Kalziumsensitivität der Myofilamente verbessern. Durch Steigerung der Kontraktilität wird die Frank-Starling Kurve nach oben verschoben, d. h. das Schlagvolumen bei jeder Vorlast gesteigert. Das Schlagvolumen wird somit von den drei Größen Vorlast, Nachlast und Kontraktilität bestimmt. Das endsystolische Ventrikelvolumen hängt von der Nachlast

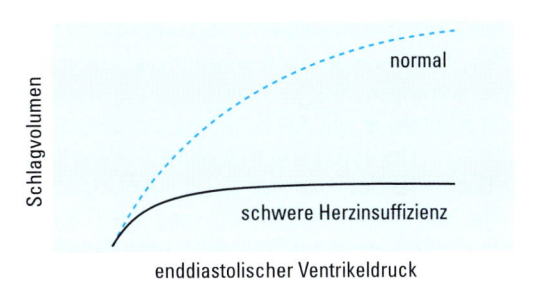

Abb. 18.10: Frank-Starling Mechanismus beim gesunden und insuffizienten Herzen

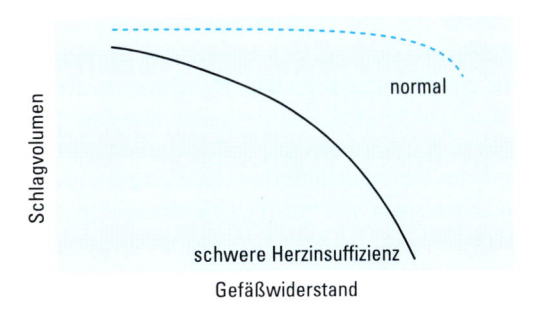

Abb. 18.11: Abhängigkeit des Herzminutenvolumens von der Nachlast beim gesunden und insuffizienten Herzen

und Kontraktilität, aber nicht von der Vorlast ab. Die Steigerung der **Herzfrequenz** ist ein weiterer wichtiger Kompensationsmechanismus in der Akutphase, um das Herzminutenvolumen zu steigern. Bei chronischer Herzinsuffizienz kann jedoch eine Senkung der Herzfrequenz günstig sein, um durch eine Verlängerung der Diastole die Füllung der Ventrikel und somit das Herzminutenvolumen zu verbessern.

Eine Abnahme der myokardialen Kontraktilität wird als **systolische Dysfunktion** bezeichnet. Es kommt zu einem Anstieg des enddiastolischen Ventrikelvolumens und Ventrikeldrucks mit Rechtsverschiebung der Druck-Volumenskurve. Dennoch nimmt das Schlagvolumen ab (Abb. 18.9). Bei einer isolierten **diastolischen Dysfunktion** bleibt die Form der Druck-Volumenskurve unverändert, jedoch kommt es bei jedem Volumen zu einem Anstieg des diastolischen Füllungsdruckes (Verlagerung der Kurve nach oben mit gleichzeitiger geringgradiger Linksverschiebung). Die Kontraktilität ist normal. Jedoch sind durch die verminderte Dehnbarkeit der Ventrikel höhere Drücke notwendig, um das gleiche diastolische Volumen zu erzielen. Daher nimmt der enddiastolische Druck zu und das enddiastolische Volumen ab (Abb. 18.9).

Das insuffiziente Herz unterscheidet sich in Funktion und Struktur vom normalen Herzen und hat eine Reihe von Anpassungsstrategien, um die Durchblutung der lebenswichtigen Organe zu sichern. Der Preis dafür ist ein Anstieg der myokardialen Wandspannung. Infolge von Herzerkrankungen kommt es zum Umbau des Herzens (**Remodeling**) mit Hypertrophie (Zunahme der Myokardfibrillen durch vermehrte Genexpression und Zunahme der Myozytengröße und Herzmuskelmasse, Reexpression fetaler Gene von kontraktilen Proteinen und Enzymen in den Kardiomyozyten) und Dilatation (Zunahme des Ventrikelvolumens) als Kompensationsmechanismen zur Aufrechterhaltung der Auswurfleistung. Zusätzlich entwickelt sich im weiteren Verlauf jedoch – gefördert von Angiotensin II und Aldosteron – eine interstitielle Fibrose durch Umbau der extrazellulären Matrix. Sie hilft die Dilatation zu beschränken führt aber auch zu einer Zunahme der Steifigkeit und einer Abnahme der Relaxationsfähigkeit des Herzens während der Diastole (Compliance ↓). Das Remodeling beginnt, bevor die Patienten Symptome entwickeln. Die Relation von Kapillarzahl und Mitochondrienzahl zu Myofibrillenmasse ist im hypertrophierten Herzen ungünstiger als im normalen Myokard. Die zu Beginn günstigen Effekte der Dilatation (Aufrechterhaltung des Schlagvolumens) und Hypertrophie (Reduktion der Wandspannung und Entlastung der einzelnen Myofibrillen) werden im weiteren Krankheitsverlauf der chronischen Herzinsuffizienz durch ihre Nachteile aufgehoben. Sie begünstigen sogar das Fortschreiten der Erkrankung durch Zunahme der myokardialen Wandspannung und des Energiebedarfs, die Abnahme der Compliance und dadurch den behinderten Blutfluss in den Herzkranzgefäßen während der Diastole. Durch die Ventrikeldilatation kommt es zudem zu einer Dilatation des Mitral- und Trikuspidalklappenringes mit der Entstehung von sekundären Insuffizienzen beider Klappen, wodurch die Herzleistung weiter verschlechtert wird.

Die hämodynamischen Veränderungen im Rahmen der Herzinsuffizienz führen zu einer durch den Abfall des Schlagvolumens und den sekundären Blutdruckabfall ausgelösten **neurohumoralen Antwort** mit überschießender Aktivierung der vasokonstriktorischen Hormonsysteme sowie kompensatorischen Anstieg der vasodilatatorischen Regelkreise (siehe Kapitel 17, Abschnitt Kreislaufregulation). Diese adaptive hämodynamische „Verteidigungsstrategie" hilft in der Akutphase durch Zunahme der Herzfrequenz, myokardialer Kontraktilität und des peripheren Gefäßwiderstandes den arteriellen Blutdruck zu steigern und somit die Durchblutung lebenswichtiger Organe zu sichern. Jedoch entsteht bei chronischer Herzinsuffizienz aufgrund der überwiegenden Vasokonstriktion und Flüssigkeitsretention eine zusätzliche Belastung des ohnehin geschädigten Myokards. Außerdem begünstigen Angiotensin II, Aldosteron, Katecholamine und Endothelin das Remodeling des Herzens. Hohe Katecholaminspiegel können zu fokalen Nekrosen und zur Apoptose von Kardiomyozyten führen (Abb. 18.12). Die chronische Sympathikusstimulation führt als Gegenre-

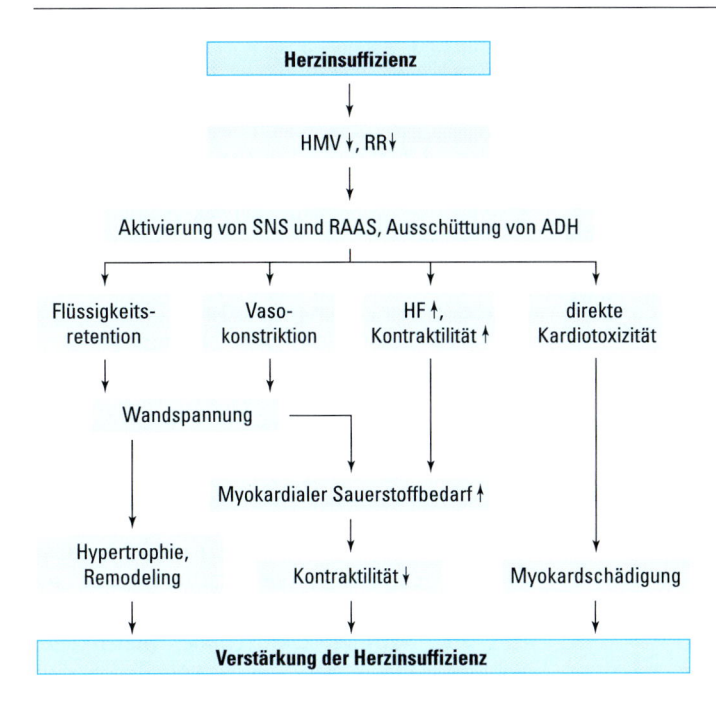

Abb. 18.12: Verstärkung der Herzinsuffizienz durch chronische Aktivierung neurohormonaler Systeme mit ihren funktionellen und strukturellen Modifikationen des Herzens. SNS: Sympathisches Nervensystem; RAAS: Renin-Angiotensin-Aldosteronsystem; ADH: Vasopressin; HMV: Herzminutenvolumen; RR: Blutdruck.

gulation zu einer Downregulation der kardialen β-Rezeptoren. Neben den zirkulierenden Hormonen des Renin-Angiotensin-Aldosteron Systems (RAAS) im Blut gibt es ein lokales RAAS System im Herzen. Auch das lokal gebildete Angiotensin II fördert das Remodeling des Herzens mit einer Abnahme der myokardialen Kontraktilität.

Die kardialen natriuretischen Peptide haben durch ihre vasodilatativen, natriuretischen und antiproliferativen Effekte als körpereigene Antagonisten des Sympathikus und RAAS eine entscheidende Rolle, um das Fortschreiten der asymptomatischen Herzinsuffizienz zur symptomatischen Form und das Remodeling des Herzens zu verlangsamen. Daher werden atriales (ANP) und B-Typ natriuretisches Peptid (BNP) im insuffizienten Herzen vermehrt auch in den Ventrikeln gebildet. Das BNP wird nun hauptsächlich vom Ventrikelmyokard sezerniert. Das natriuretische Peptidsystem ist bereits bei asymptomatischen Patienten hochaktiviert, daher sind BNP Blutwerte bei den meisten unbehandelten Patienten deutlich erhöht. Mit zunehmender Herzinsuffizienz überwiegen jedoch die vasokonstriktorischen und flüssigkeitsretenierenden Systeme. Als Konsequenz entwickeln die Patienten die typischen Symptome der Herzinsuffizienz. Bei symptomatischen Patienten sind auch Katecholaminwerte und die Plasmakonzentrationen der RAAS Hormone und des Endothelins erhöht.

18.3.5 Laborstrategien bei Herzinsuffizienz

Die **Basisdiagnostik** bei Patienten mit klinischen Anzeichen einer Herzinsuffizienz umfasst natriuretische Peptidbestimmung (BNP oder N-terminales proBNP), ein komplettes Blutbild (Erythrozyten, Leukozyten, Thrombozyten), die Serumelektrolyte (Natrium, Chlorid, Kalium, Kalzium, Phosphat, Magnesium), Glukose, Nierenwerte (Harnstoff, Kreatinin), Harnsäure, Albumin, TSH (bei Patienten mit Vorhofflimmern, Hinweisen auf Schilddrüsenerkrankungen oder > 65 Jahren), Leberwerte (GOT, GPT, γGT, alkalische Phosphatase, Bilirubin), eine Urinanalyse (Harnstreifenschnelltest und bei positivem Befund Harnsediment) und bei schweren Formen eine arterielle Blutgasanalyse. C-reaktives Protein sollte bei Infektionsverdacht bestimmt werden. Wenn eine seltene Ursache klinisch vermutet wird, sind die Bestimmung von Vitaminspiegeln, eine Myokardbiopsie und Untersuchungen auf Blei, Eisen, Cocain oder andere Toxine erforderlich. Bei Verdacht auf Myokarditis oder restriktiver Kardiomyopathie (z. B. Amyloidose, Sarkoidose) ist eine Myokardbiopsie zur Diagnosesicherung notwendig (siehe Abschnitt Kardiomyopathien).

Die Bestimmung der **natriuretischen Peptide** im Blut ist heute der wichtigste Beitrag des Labors im Rahmen der weiteren Abklärung von Patienten mit klinischem Verdacht auf Herzinsuffizienz (Abb. 18.13). Normale Werte schließen diese Erkrankung mit einem sehr hohen negativen prädiktiven Wert aus. Erhöhte Werte sind jedoch nicht spezifisch für Herzinsuffizienz, sondern finden sich bei allen Erkrankungen mit erhöhten Vorhofsdrücken und verstärkter Vorhofsdehnung (Tab. 18.4).

Tabelle 18.4: Erkrankungen mit erhöhten Konzentrationen natriuretischer Peptide im Blut.

- akute und chronische systolische oder diastolische Herzinsuffizienz
- linksventrikuläre Hypertrophie
- Myokarditis
- Hypertonie (insbesondere bei linksventrikulärer Hypertrophie)
- pulmonale Hypertonie
- akute und chronische Niereninsuffizienz
- Leberzhirrhose mit Aszitesbildung
- endokrine Erkrankungen (z.B. Morbus Cushing, Hyperaldosteronismus)

B-Typ natriuretisches Peptid (BNP) oder N-terminales proBNP (N-proBNP)

Pathophysiologie: BNP ist ein kardiales Hormon mit gefäßerweiternden, natriuretischen und diuretischen, sowie antiproliferativ wirksamen Effekten. Natriuretische Peptide spielen eine Schlüsselrolle in der Blutdruckregulation und der Regulation des Salz- und Flüssigkeitshaushaltes. Bei der Sekretion wird proBNP in BNP und N-proBNP gespalten. Beide Moleküle zirkulieren im Blut (siehe Kapitel 17).

Methodik: Immunometrische Tests (Sandwich Prinzip).

Referenzwerte: testabhängig, derzeit keine Standardisierung der Routinemethoden; BNP Normalwerte < 3 – 6 pmol/l; N-proBNP Normalwerte in pmol/l liegen üblicherweise um das 2 – 3fache höher.

Präanalytik: Für mindestens 24 Stunden in EDTA-Vollblut bei Raumtemperatur stabil; Blutabnahme am besten im Liegen nach 10-minütiger körperlicher Ruhe und vor Therapiebeginn mit herz- oder kreislaufwirksamen Medikamenten.

Diagnostische Wertigkeit: Ausschluss einer Herzinsuffizienz bei klinischem Verdacht (vorselektioniertes Patientenkollektiv, kein allgemeines Screening ohne klinische Hinweise für die Erkrankung!); begrenzte Herzspezifizität (Tab. 18.4).

Krankheitsverlauf- und Therapiemonitoring: Eine Anämie verstärkt die Herzinsuffizienz und sollte korrigiert werden. Der Hb-Wert sollte > 10 mg/dl betragen. Thiazide oder Schleifendiuretika, die zur Entwässerungsthera-

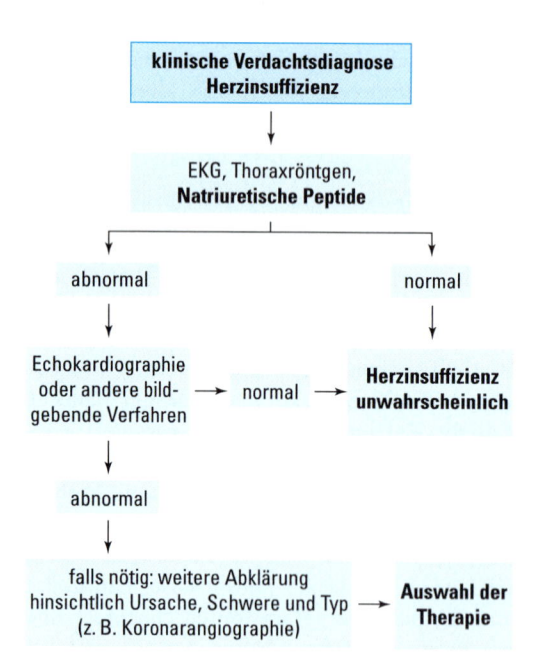

Abb. 18.13: Algorithmus zur Diagnose der Herzinsuffizienz (gemäß den Richtlinien der European Society of Cardiology 2001).

Tabelle 18.5: Häufige Laborveränderungen bei Herzinsuffizienzpatienten:

Laborveränderung	Ursachen
Hyperglykämie	Diabetes mellitus, stressbedingt, Diuretikatherapie
Hypoglykämie, Ammoniak ↑, Cholesterin ↓	ausgeprägte und anhaltende Einflussstauung mit Leberinsuffizienz
erhöhte Harnstoff, Kreatinin- und Harnsäurewerte	prärenales Nierenversagen durch Hypoperfusion der Nieren; Harnstoff-Kreatinin-Index typischerweise > 15:1;
Proteinurie	schwere Herzinsuffizienz
Hyponatriämie	schwere Herzinsufizienz, Diuretikatherapie
Hypokaliämie	Diuretikatherapie
Hypomagnesiämie	Diuretikatherapie
Hyperkaliämie	kaliumsparende Diuretika, Angiotensin-converting-enzyme (ACE)-Hemmer, Niereninsuffizienz
Leberwerte ↑ (GOT, GPT, γGT, LDH, AP, Bilirubin)	Leberschädigung durch Einflussstauung bei Rechtsherzversagen
PT, Albumin ↓	Synthesestörung der Gerinnungsfaktoren bei stauungsbedingter Leberinsuffizienz
Blutgase (pO_2 ↓, pCO_2 ↑)	gestörter Gasaustausch bei schwerer Linksherzinsuffizienz mit Lungenödem
Laktat ↑, pH-Wert ↓	schwere Linksherzinsuffizienz mit Durchblutungsstörung der Gewebe
Troponin ↑, CK ↑, CKMB ↑	akuter Myokardinfarkt mit Herzinsuffizienz, geringe Anstiege von Troponin infolge akuter Herzinsuffizienz möglich

pie bei Herzinsuffizienz häufig eingesetzt werden, können zu einer Alkalose führen und zu erhöhten Werten von Glukose, Harnsäure, Kalzium, Gesamtcholesterin, Triglyceriden und der Plasmareninaktivität. Gleichzeitg senken sie die Serumspiegel von Kalium und Magnesium. Häufige Laborveränderungen bei Herzinsuffizienzpatienten sind in Tabelle 18.5 zusammengefasst.

Eine Hyponatriämie mit eingeschränkter Nierenfunktion ist bei Herzinsuffizienzpatienten ein Hinweis für eine schlechte **Prognose**. Ebenso sind hohe Konzentrationen natriuretischer Peptide ein Zeichen für eine schlechte Prognose, insbesondere ein fehlender Abfall der natriuretischen Peptide unter optimierter Herzinsuffizienztherapie. Ein Ansprechen auf die Therapie ist mit einem Abfall des BNP und N-proBNP verbunden.

Überwachung der Digitalistherapie (Digoxin- und Digitoxinspiegelbestimmung): Die Digitalisglykosidspiegel bei Digoxin oder Digitoxintherapie der Herzinsuffizienz sollten bestimmt werden, falls die Einnahme der Medikamente durch den Patienten bezweifelt wird, um eine optimale Dosierung zu erzielen oder bei klinischem Eindruck der Überdosierung (z. B. Rhythmusstörungen, Übelkeit, Erbrechen, Sehstörungen, Schwäche). Routinespiegelbestimmungen sind nicht notwendig. Das Therapeutische Fenster ist relativ schmal und liegt für Digoxin zwischen 1–2 µg/l und für Digitoxin zwischen 10–25 µg/l. Diese Medikamentenspiegel werden als sogenannte „Talspiegel" mit Immunoassays bestimmt. Die Blutabnahme erfolgt daher am Morgen vor der nächsten Medikamenteneinnahme, bei Vergiftungsverdacht sofort.

18.4 Kardiomyopathien

18.4.1 Definition und Formen

Kardiomyopathien (CMP) sind Erkrankungen des Herzmuskels, die nicht sekundär durch koronare Herzerkrankung, Hypertonie, Herzklappenerkrankungen, angeborene Herzfehler oder

Perikarderkrankungen verursacht werden. CMP als primäre Herzmuskelerkrankungen sind eine seltene Ursache der Herzinsuffizienz. Das Herz kann auch bei seltenen Systemerkrankungen mitbeteiligt sein (z. B. Eisenüberladung bei Hämochromatose, Proteinablagerungen bei Amyloidose).

Die Kardiomyopathien werden in **drei Formen** eingeteilt:
- dilatative CMP
- hypertrophe CMP
- restriktive CMP

18.4.2 Dilatative Kardiomyopathie

Die dilatative CMP ist die häufigste CMP (Prävalenz ca. 0,04 %). Sie ist durch eine Dilatation des linken Ventrikels und meist auch des rechten Ventrikels und beider Vorhöfe gekennzeichnet. Dadurch entsteht sekundär durch Klappenringdilatation und sekundäre pulmonale Hypertonie eine Mitral- und Trikuspidalklappeninsuffizienz. Die dilatative CMP ist durch eine primäre systolische kontraktile Funktionsstörung des Herzens gekennzeichnet. Die Myozyten sind hypertrophiert, die Herzwände jedoch aufgrund der ausgeprägten Dilatation nicht verdickt. Es findet sich eine interstitielle Fibrosierung mit degenerierten Myozyten. Die Diagnose ist eine Ausschlussdiagnose und wird nach Herzkatheteruntersuchung (evtl. mit Myokardbiopsie) und Ausschluss einer koronaren Herzerkrankung, Myokarditis oder infiltrativen Herzmuskelerkrankung gestellt.

Ursachen:
- familiär (ca. 25 % aller dilatativen CMP, meist autosomal dominant vererbt)
  Mutationen in den Genen der kardialen kontraktilen Proteine Troponin T, Aktin und β-Myosinschwerketten
- postentzündlich (chronische Myokarditis)
  Viren (Coxsackie- Echoviren), Bakterien, Pilze, Parasiten
  (siehe Abschnitt Myokarditis)
- chronisch-toxisch
  z. B. chronischer Alkoholmissbrauch, Anthrazyklintherapie
  (siehe Abschnitt Myokarditis)
- Mangelernährung
  Vitaminmangel (z. B. Beriberi)
- endokrine oder metabolische Erkrankungen
  z. B. Schilddrüsenfunktionsstörung, Akromegalie, Phäochromozytom, chronische Hypocalcämie oder Hypophosphatämie
- peripartum CMP während der Schwangerschaft und nach der Geburt
- Kollagenerkrankungen
  z. B. Lupus erythematodes, Sklerodermie Polyarteriitis nodosa
- neuromuskuläre Erkrankungen
  z. B. Morbus Duchenne
- idiopathisch (ohne fassbare Ursache)

18.4.3 Hypertrophe CMP

Die hypertrophe CMP ist üblicherweise eine familiär gehäuft auftretende Erkrankung (autosomal dominanter Erbgang mit variabler Penetranz). Spontan auftretende Neuerkrankungen sind selten. Verursacht wird die Erkrankung vor allem durch Mutationen in den β-Myosinschwerketten- (bei ca. 50 % der Fälle), kardialen Troponin T, α-Tropomyosin- und den kardialen myosinbindenen Protein-C-Genen. Die häufigste Form ist durch eine asymmetrische Septumhypertrophie gekennzeichnet, die zu einer Einengung des linksventrikulären Ausstromtraktes führt (hypertroph obstruktive CMP). Die Linksherzhypertrophie führt zu einer verminderten myokardialen Dehnbarkeit (Compliance) des linken Ventrikel mit hohen enddiastolischen Füllungsdrücken und den Zeichen der diastolischen Herzinsuffizienz. Die intrazelluläre Architektur und die Anordnung der hypertrophierten Myozten ist gestört. Dadurch hat die hypertrophe CMP ein erhöhtes Risiko für das Auftreten von komplexen ventrikulären Rhythmusstörungen und ist die häufigste Ursache für den plötzlichen Herztod von bisher gesunden jungen Sportlern während extremer körperlicher Belastung im Training oder Wettkampf. Weitere typische Symptome sind Atemnot und Angina pectoris Beschwerden bei körperlicher Belastung.

18.4.4 Restriktive CMP

Die restriktive CMP ist die seltenste Form der CMP. Sie ist durch einen normal großen, durch Fibrose oder infiltrative Prozesse steifen, schlecht dehnbaren Ventrikel gekennzeichnet. Dadurch ist die Füllung des Ventrikels während der Diastole schwer beeinträchtigt. Die Symptomatik der diastolischen Herzinsuffizienz steht im Vordergrund. Die systolische kontraktile Ventrikelfunktion ist normalerweise nicht beeinträchtigt.

Typische Ursachen sind das Myokard infiltrierende Systemerkrankungen, wie Amyloidose, Hämochromatose oder Sarkoidose, Tumoren oder Myokardfibrose nach Bestrahlungstherapie des Thorax. Die Endomyokardfibrose kommt praktisch nur mehr in Entwicklungsländern vor.

18.4.5 Labordiagnostische Strategien

Siehe Herzinsuffizienzabklärung.

19 Niere und ableitende Harnwege
W. G. Guder, W. Hofmann

Erkrankungen der Nieren und des Urogenitaltraktes können lange Zeit ohne typische Beschwerden verlaufen. Nierenfunktionsstörungen und Niereninsuffizienz bleiben daher oft jahrelang unerkannt.

Die Niereninsuffizienz ist als Endstadium verschiedener primärer und sekundärer Nierenerkrankungen nur noch durch eine Nierenersatztherapie wie Dialyse und Nierentransplantation zu behandeln.

Abbildung 19.1 gibt die Ursachen für dialysepflichtige Nierenerkrankungen der europäischen Dialyse- und Transplantationsorganisation wieder.

Im Laufe der vergangenen Jahre wurde beobachtet, dass die Zahl der diabetischen Nephropathien von 11 % 1993 auf 21 % im Jahr 2000 zugenommen hat. Die Kosten der Nierenersatztherapie belaufen sich in Deutschland auf 300 Millionen Euro pro Jahr. Dies macht bei derzeit 10.000 Patienten Kosten von 30.000 Euro pro Patient und Jahr. Ziel und Inhalt einer laboratoriumsmedizinischen Untersuchung sind daher auf der Basis neuer pathobiochemischer Erkenntnisse:
– Untersuchungen zur Früherkennung von Nierenkrankheiten in einem Stadium, das einer das Nierenversagen verhindernden Therapie noch zugänglich ist.
– Differenzierung verschiedener Formen von Erkrankungen der Niere und ableitenden Harnwege mit verschiedener Prognose.
– Therapieüberwachung.
– Verlaufskontrolle einschließlich der Überwachung von Dialyse- und transplantierten Patienten.

Eine Überwachung der Nierenfunktion ist zusätzlich bei folgenden Krankheiten und Zuständen angezeigt:
– Hypertonie
– Diabetes mellitus
– Hyperurikämie, Gicht

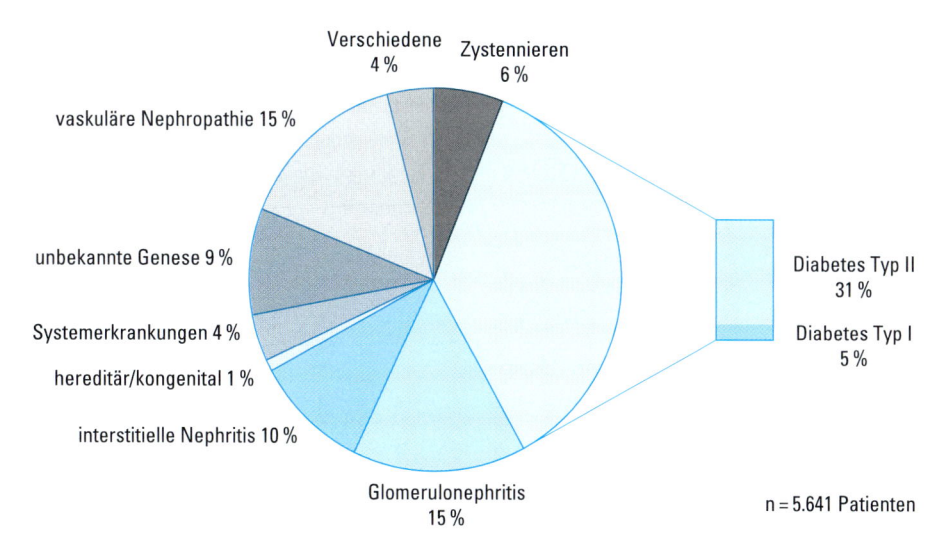

Abb. 19.1: Ursachen für dialysepflichtiges chronisches Nierenversagen in Europa 2000.

- Urolithiasis
- Prostatahypertrophie
- akuten oder chronisch rezidivierenden Infekten
- Tuberkulose
- chronischer Anwendung potentiell nephrotoxischer Medikamente (z. B. Gentamicin)
- Hyperparathyreoidismus
- Schwangerschaft
- maligne Erkrankungen mit Nierenbeteiligung (z. B. Myelom)

19.1 Pathobiochemie und Pathophysiologie als Basis rationaler Nierendiagnostik

19.1.1 Die glomeruläre Filtration

Das morphologisch-biochemische Substrat der Filtrationsfunktion stellt das Glomerulum dar, dessen Basalmembran als extrazelluläre Matrix ein Produkt der ihr aufliegenden Endothelzellen und Epithelzellen darstellt (Abb. 19.2). In Abhängigkeit vom kapillären Druck, der Gegenstand der Regulation durch systemische und

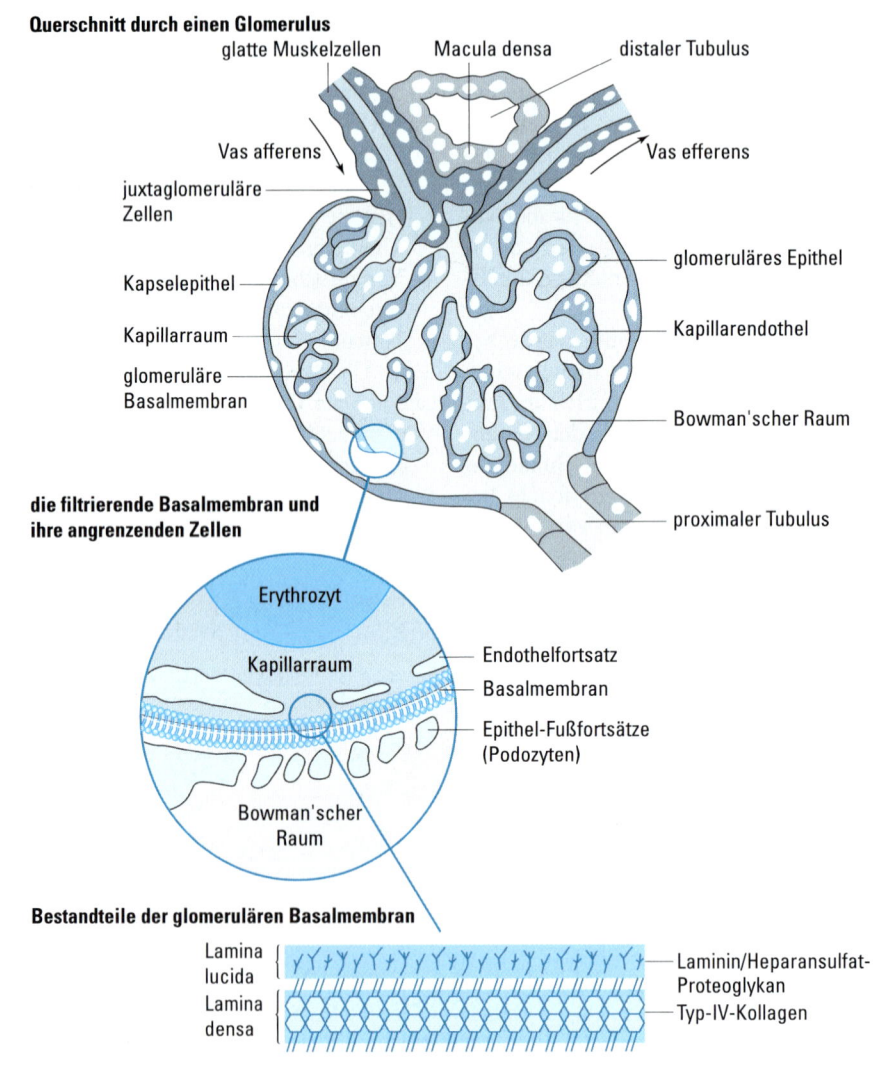

Abb. 19.2: Das Glomerulum als Ort der glomerulären Filtration (modifiziert nach Dade Behring, Proteindiagnostik 1991).

lokale Mechanismen ist, wird physiologischerweise ca. 100 ml Plasma pro Minute glomerulär filtriert. Eine Reduktion dieser Filtrationsrate kann durch prärenale, renale und postrenale Ursachen ausgelöst werden, die akut d. h. innerhalb von Stunden oder chronisch innerhalb von Wochen, Monaten oder Jahren zur Reduktion führen. Entsprechend ist ein akutes Nierenversagen von einem chronischen Nierenversagen zu unterscheiden.

Prärenale Ursachen: Durch Abfall des Blutdrucks (Schock, Vasokonstriktion, Nierenarterienstenose) kommt es zu verminderter glomerulärer Filtration bei abnehmendem Kapillardruck.

Renale Ursachen: Glomeruläre Erkrankungen: siehe Glomerulonephritis, diabetische Nephropathie, Nephrosklerose oder tubuläre Funktionsstörungen (tubulotoxische Schäden, angeborene oder erworbene Störungen der Resorption). Letztere führen über die verminderte Kochsalzresorption in der Macula densa zum Auslösen des tubuloglomerulären Rückkopplungseffekts über das Renin-Angiotensinsystem zu einem Sistieren der glomerulären Filtration.

Postrenale Ursachen: Durch mechanische Verlegung der ableitenden Harnwege (Steine, Blutungen oder Tumor) oder Entzündungen (Pyelonephritis) kommt es zur Erhöhung des intratubulären Drucks mit verminderter Filtrationsrate.

19.1.1.1 Mechanismen der Störungen der Funktion der Basalmembran als Ursache der Proteinurie und Hämaturie

Neben der Bedeutung der Filtrationsmenge ist die Qualität der Filtration von prognostischer und diagnostischer Bedeutung. Die Basalmembran des Glomerulums besteht aus einem Netzwerk von Kollagen Typ IV, das durch intermolekulare Quervernetzung eine molekularsiebähnliche Funktion als Filter ausübt (Abb. 19.2). Diese Matrix ist mit Proteoglykanen und dem Glykoprotein Laminin verbunden, die durch ihre negative polyanionische Funktion eine zusätzliche funktionelle Bedeutung für die Durchlässigkeit der Moleküle verschiedener Größe hat. Abb. 19.3 zeigt, dass kationische Moleküle eher die Basalmembran passieren als anionische Moleküle, die von der anionisch geladenen Oberfläche der Basalmembran von der Filtrationsfläche abgehalten werden. Ähnlich ergeht es den meisten Blutzellen, die ebenfalls an ihrer Oberfläche anionische Ladungen aufweisen.

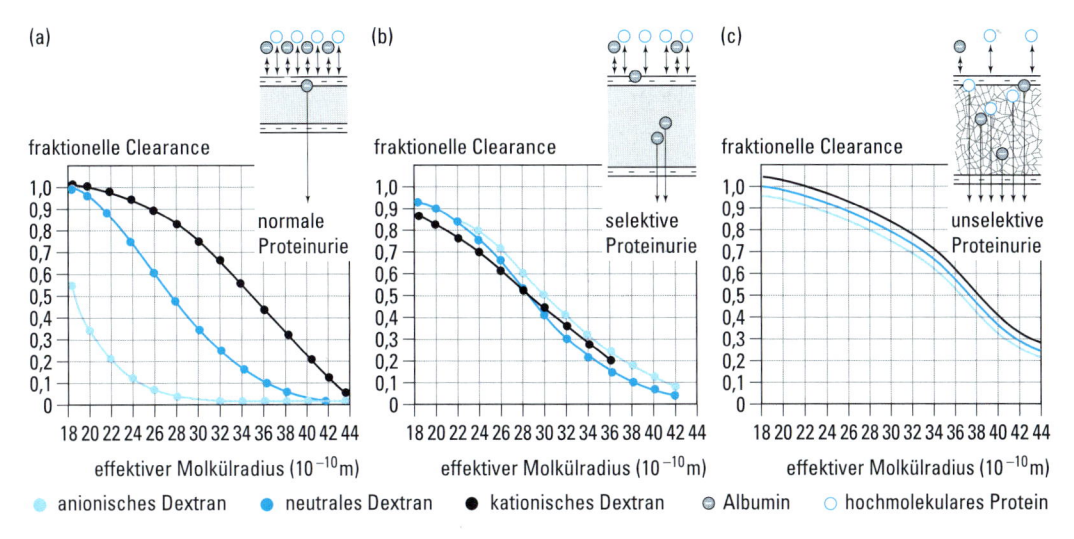

Abb. 19.3: Mechanismen der glomerulären Proteinfiltration. (a) Normalzustand; (b) selektive Proteinurie; (c) unselektive Proteinurie (modifiziert nach Dade Behring, Proteindiagnostik 1991).

Eine Verminderung oder gar Auflösung dieser ionischen Komponente führt zum Verlust der Ladungsselektivität der glomerulären Basalmembranen, die sich in der **selektiven glomerulären Proteinurie** widerspiegelt. Führen zusätzliche entzündliche oder spezifisch-immunologische Faktoren zur Veränderung der Struktur der glomerulären Baslamembran, kommt es zu einem Verlust der Porengrößenselektivität und damit zur **unselektiven glomerulären Proteinurie**.

Auch die **glomeruläre Hämaturie** ist durch erhöhte Durchlässigkeit des glomerulären Filters bedingt. Sie kann durch prärenale (z. B.

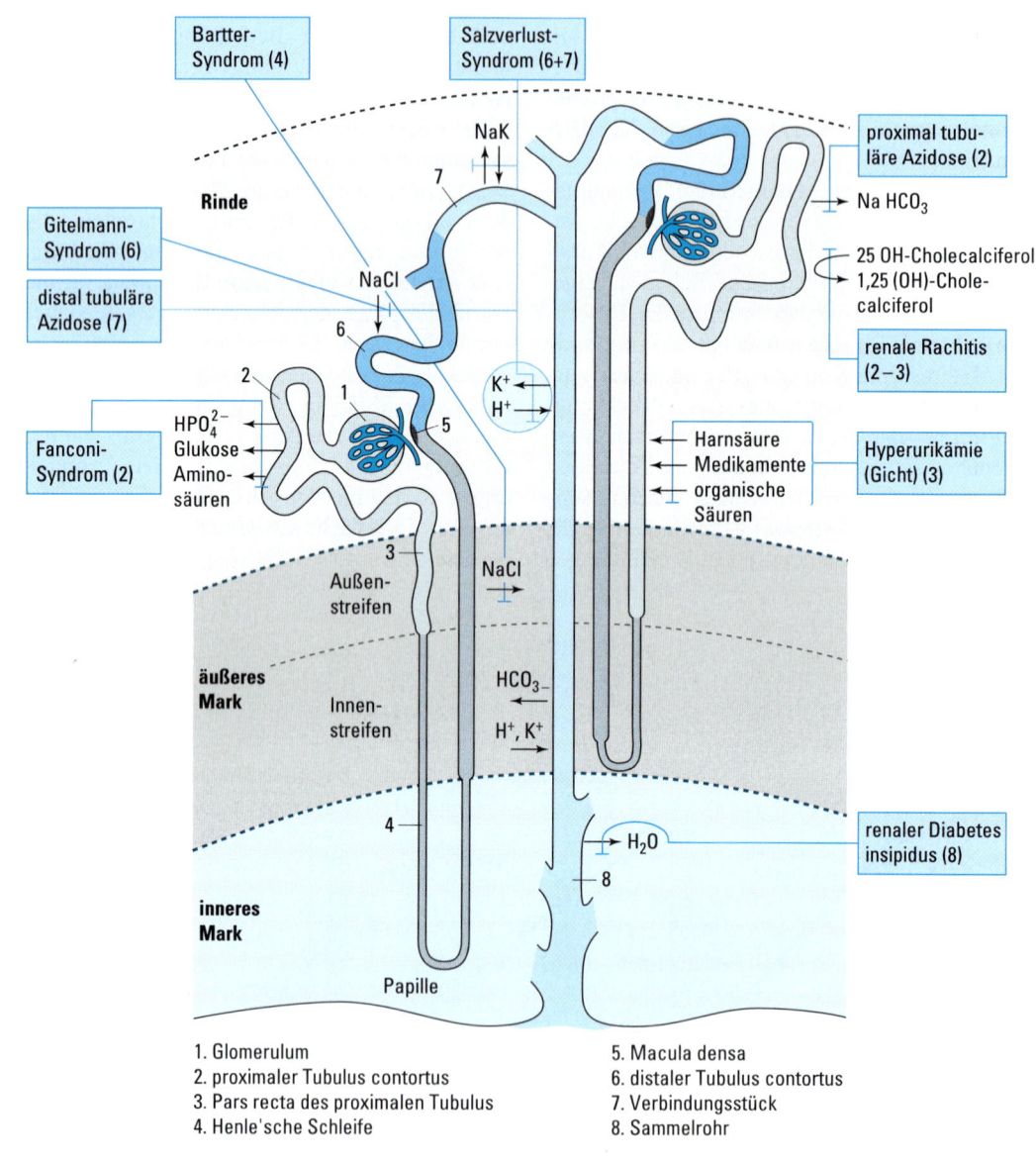

1. Glomerulum
2. proximaler Tubulus contortus
3. Pars recta des proximalen Tubulus
4. Henle'sche Schleife
5. Macula densa
6. distaler Tubulus contortus
7. Verbindungsstück
8. Sammelrohr

Abb. 19.4: Tubuläre Transportfunktionen und ihre Störungen (modifiziert nach Dade Behring, Proteindiagnostik 1991).

Mangel an Gerinnungsfaktoren, Auftreten von Immunkomplexen), strukturelle Veränderungen der Membran (z. B. verdünnte Basalmembran beim Alport-Syndrom, minimal veränderte Struktur bei sog. Marschhämaturie) verursacht werden.

19.1.2 Tubuläre Funktionen

Entsprechend der morphologischen, funktionellen und biochemischen Teilabschnitte des Nephrons, wie sie in der Anatomie und Physiologie dargestellt wurden, können Störungen der Funktion nach pathobiochemischen Kriterien den morphologischen Strukturen der Niere zugeordnet werden (Abb. 19.4).

19.1.2.1 Störungen der Reabsorption niedermolekularer Substanzen

Die proximale Tubuluszelle ist luminal mit einer spezifischen Membran, der Bürstensaummembran ausgestattet. Diese enthält neben den konstituierenden Proteinen und Lipiden spezifische Carrier und Enzyme, welche den Transport niedermolekularer Substanzen in die Tubuluszellen vermitteln. Störungen der natriumabhängigen Carrier für Glukose, Aminosäuren und Phosphat führen zu isolierten Absorptionsstörungen der betroffenen Substanzen. Sind alle drei Transportsysteme von dem Defekt betroffen, so resultiert eine Kombination von Glukosurie, Aminoazidurie und Phosphaturie, die als Fanconi-Syndrom bezeichnet wird. Dahinter verbergen sich eine Fülle genetischer und erworbener Mechanismen. Bei Erwachsenen ist die häufigste Ursache eine Störung des Energiestoffwechsels der Tubuluszelle, die über eine Verminderung des Ionengradienten ein Fanconi-Syndrom auslösen kann. Da der proximale Tubulus keine ausreichende Glykolysekapazität hat, um bei Sauerstoffmangel ATP bereitzustellen, ist die Hypoxie die häufigste Ursache einer proximal-tubulären Funktionseinschränkung. Ebenso können nephrotoxische Substanzen (z. B. Quecksilber, Kadmium oder Medikamente wie Gentamycin, Zytostatika) sowie eine Überladung der tubulären Membran mit filtrierten Proteinen (z. B. Bence-Jones-Protein) Ursachen eines allgemeinen Fanconi-Syndroms sein.

Die Funktion der Bürstensaumenzyme ist es, glomerulär-filtrierte Moleküle hydrolytisch zu spalten. So werden über Proteasen und Peptidasen Peptide in Disaccharide und Aminosäuren gespalten. Auch die γ-Glutamyltransferase der Bürstensaummembran spielt eine solche Rolle z. B. bei der Resorption von filtriertem Glutathion. In ähnlicher Weise werden Oligosaccharide durch Trehalase und Maltase in Monosaccharide gespalten, die dann mit den jeweiligen Carriern resorbiert werden. Neben Carriersystemen können auch spezifische Enzymdefekte Ursache einer erhöhten Ausscheidung niedermolekularer Stoffe sein. So führt ein Fruktokinasemangel zur Fruktosurie, Glycerokinasemangel zur Glycerinurie, Galaktokinasemangel und Galaktose-1-Phosphat-uridyl-transferasemangel zur Galaktosurie.

19.1.2.2 Störung der Kalzium- und Phosphatreabsorption

Der proximale Tubulus greift in vielfacherweise in den Kalzium- und Phosphathaushalt des Organismus ein. Beide Ionen werden proximal und distal tubulär absorbiert. Die proximale Absorption unterliegt der Steuerung durch die orale Zufuhr, den pH-Wert des Glomerulumfiltrats, Parathormon und 1,25-Dihydroxycholecalciferol, dem Vitamin D- Hormon. Neben seiner Funktion als Ort der Reabsorption von Kalzium und Phosphat ist der proximale Tubulus Ort des Abbaus von Parathormon und der Bildung dieses Vitamin D-Hormons. In Tab. 19.1 sind die renal verursachten Störungen des Kalzium- und Phosphatstoffwechsels zusammengefasst.

19.1.2.3 Störungen der Proteinreabsorption

Während filtrierte Proteine bis zu einem Molekulargewicht von etwa 10 kD luminal durch Bürstensaumenzyme aufgespalten werden, werden Proteine und Lipoproteine höheren Molekulargewichts durch Endozytose in das Zellinnere aufgenommen, in Lysosomen akkumuliert und dort bei saurem pH hydrolytisch abgebaut. Bei der Bindung der Proteine an die Bürsten-

Tabelle 19.1: Störungen des Kalzium- und Phosphatstoffwechsels mit renaler Ursache.

Name der Erkrankung	Pathomechanismus	klinisch-chemische Symptome
idiopathische Hyperkalziurie	unbekannt, Defekt der proximalen Kalziumabsorption	Kalziurie, Hypophosphatämie, alk. Phosphatase erhöht
Pseudohypoparathyreoidismus	verminderte (fehlende) Ansprechbarkeit des proximalen Tubulus auf PTH, verminderte Bildung von $1,25(OH)_2D_3$	Hypokalzämie, Hyperphosphatämie, PTH erhöht
sekundärer Hyperparathyreoidismus bei Niereninsuffizienz	verminderter Abbau von PTH, verminderte Ca-Reabsorption	Phosphat erhöht, PTH erhöht
renale Rachitis	verminderte Bildung von $1,25(OH)_2D_3$ in der Niere	Hypokalzämie
Pseudo-Vitamin-D-Mangel-Rachitis	Defekt der Vit.-D1-Hydroxylase	Hypokalzämie, alk. Phosphatase erhöht, PTH erhöht
hypophosphatämische Vitamin-D-resistente Rachitis	Defekt des Phosphat-Carriers?	Phosphat erniedrigt

saummembrane sind rezeptorähnliche Lipoproteine beteiligt (Megalin), die mit dem gebundenen Protein in intrazellulären Vesikel transportiert werden und sich mit dem primären Lysosomen vereinigen. Hier wird durch Aufbau eines pH-Gradienten die Aktivität der lysosomalen Enzyme ausgelöst. Dabei freigesetzte Bestandteile wie Aminosäuren, Monosaccharide, Phosphat werden in den extralysosomalen Raum und damit zum Transport in das Blut freigesetzt. Unverdaubare Bestandteile werden gemeinsam mit einem Teil enzymatischer und struktureller Komponenten der Lysosomen durch Exozytose ins Lumen der Tubuli ausgeschieden. Durch diesen Mechanismus werden normalerweise mehrere g Protein pro Tag reabsorbiert. Tabelle 19.2 zeigt die Konzentrationen diagnostisch wichtiger Proteine im Plasma, Primärfiltrat und Urin. Daraus kann geschlossen werden, dass pro Tag 1,8 g Albumin, ca. 6,3 g α_1-Mikroglobulin und ca. 300 mg IgG tubulär resorbiert werden.

Eine Reduktion der Reabsorptionsfunktion führt zur tubulären Proteinurie, die bei normaler glomerulärer Filtrationsfunktion durch eine Steigerung von Proteinen mit einer molekularen Masse unter 50 kD charakterisiert ist. Wie bei glomerulären Störungen kann die tubuläre Proteinurie durch prärenale, tubuläre und postrenale Ursachen ausgelöst werden.

Prärenale Ursachen: Durch vermehrte Bildung kleinmolekularer Proteine und ihrer Filtration kommt es zu einer stärkeren Belastung der tubulären Resorption. Wenn die Kapazität der proximalen Tubuli überschritten wird, treten die Proteine in den Endharn über. Dieser Mechanismus ist sowohl für die Hyperamylasurie bei Pankreatitis wie für die Hämoglobinurie bei intravasaler Hämolyse, die Myoglobinurie bei Rhabdomyolyse wie auch für die klinisch bedeutende Ausscheidung von Immunglobulinleichtketten bei Plasmozytom verantwortlich. Letztere Form der tubulären Proteinurie wird

Tabelle 19.2: Mittlere Konzentration der Messgrößen IgG, Albumin und α_1-Mikroglobulin in Plasma, Primärfiltrat und Harn

	IgG		Albumin		α_1-Mikroglobulin	
	mg/l	mg/24 Std	mg/l	mg/24 Std	mg/l	mg/24 Std
Plasma	11000		40000		70	
Primärfiltrat	2	360	10	1800	35	6300
Harn	5	10	10	20	7	14

nach ihrem Entdecker Bence-Jones-Proteinurie bezeichnet. Ein Überschreiten der Digestionskapazität des Tubulus führt zu einer vermehrten Speicherung von resorbierten Proteinen, die mitentscheidend für die Entwicklung der sog. Myelomniere (Leichtketten) wie des Nierenversagens bei Rhabdomyolyse (Myoglobin, Myoglobinzylinder) sind.

Glomeruläre Ursachen: Eine glomerulär bedingte tubuläre Proteinurie ergibt sich bei fortgeschrittener Glomerulopathie durch Überlastung der Resorptionsfähigkeit der Tubuli. Diese als Überlaufproteinurie bezeichnete Form ist durch Hyperfiltration und Überlastung der Restnephrone z. B. bei Niereninsuffizienz bedingt.

Tubuläre Ursachen: Alle Pathomechanismen, die primär oder sekundär in den Energiehaushalt der proximalen Tubuluszelle eingreifen, führen zu einer Verminderung der tubulären Proteinreabsorption. Sowohl angeborene Enzymdefekte und Strukturanomalitäten wie Hypoxie, zytotoxische Substanzen und Inhibitoren (z. B. anionische Aminosäuren bei der Infusionslösung) können eine tubuläre Proteinurie auslösen.

Postrenale Ursachen: Auch bei infektiösen Erkrankungen des Nierenbeckens aber auch bei Stau durch Erhöhung des Drucks in den ableitenden Harnwegen wird eine Hemmung der tubulären Resorption von Proteinen ausgelöst. So konnte gezeigt werden, dass die Ausscheidung eines niedermolekularen Proteins linear vom Druck in den ableitenden Harnwegen abhängig ist. Diese urologischen Ursachen müssen diagnostisch vom prärenalen und renalen Ursachen unterschieden werden.

19.1.2.4 Pathobiochemie des distalen Tubulus und des Sammelrohrsystems

Der distale Tubulus ist in viele funktionelle Abschnitte unterteilt, deren Morphologie, Transportfunktionen und Biochemie unterschiedlich sind. Im Gegensatz zum proximalen Tubulus scheint der Stoffwechsel hier im Wesentlichen der Bereitstellung von ATP für die verschiedenen energieabhängigen Transportsysteme zu dienen. Neben Fettsäuren und Ketonkörper kann auch Glukose als Energielieferant dienen. Die Zellen des dicken aufsteigenden Teils der Henle'schen Schleife und des distalen Konvoluts zeichnen sich durch besonderen Mitochondrienreichtum aus, was auf die Bedeutung des oxidativen Stoffwechsels hinweist, während die Sammelrohre vom kortikalen zum papillären Segment hin zunehmend einen anaeroben

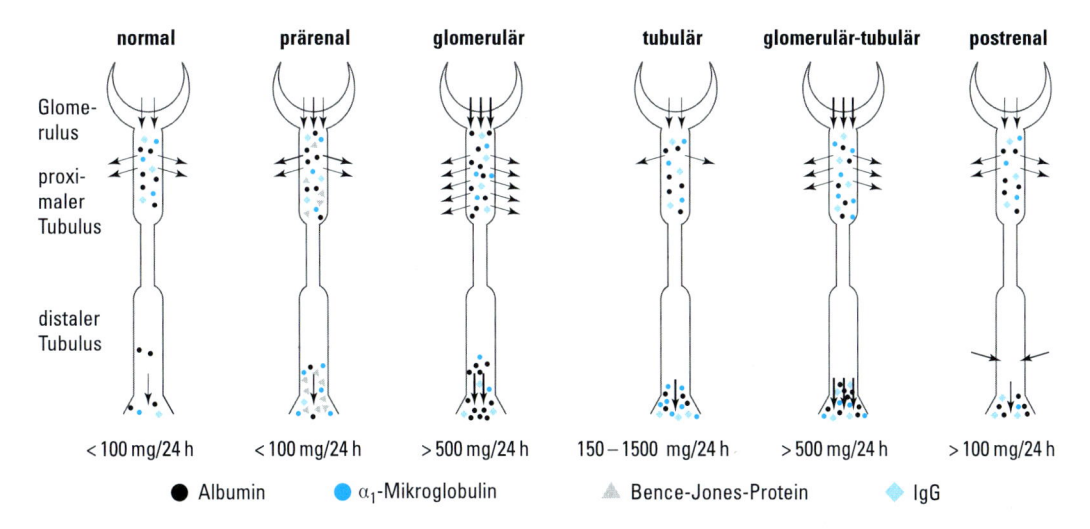

Abb. 19.5: Pathomechanismen der Proteinurie (modifiziert nach Dade Behring, Proteindiagnostik 1991).

Stoffwechsel aufweisen. Von besonderer funktioneller Bedeutung für den tubulo-glomerulären Feedback ist die Macula densa, in der die noch im Lumen vorhandene Natriumchloridkonzentration gemessen wird und über Adenosin das Renin-Angiotensin-System aktiviert. Durch diesen Mechanismus kann jeder Tubulus seine eigene glomeruläre und proximal tubuläre Funktion durch Rückkopplung steuern. Dieser Mechanismus, der zum akuten Nierenversagen führt, rettet den Organismus vor tödlichen Natriumchlorid- und Wasserverlusten im Falle von proximalen Tubulusschäden und wurde daher scherzhaft als „akuter Nierenerfolg" (statt akutes Nierenversagen) bezeichnet.

Verschiedene Hormone greifen spezifisch in Systeme des distalen Nephrons ein. So ist der distale Tubulus und der obere Abschnitt des Sammelrohrs Angriffsort des Aldosterons, das über diese Zellen die Kaliumsekretion reguliert. Im Sammelrohrsystem wird unter dem Einfluss des antidiuretischen Hormons (Vasopressin) Wasser resorbiert und damit die Konzentration des Endharns reguliert. Wenn im Rahmen infektiöser und toxischer Nierenschäden Störungen des distalen Tubulus auftreten, werden sie je nach Lokalisation und Ausmaß als distal tubuläre Azidose (bei Defekten in der H^+-Sekretion des distalen Tubulus), als renaler Diabetes insipidus (bei Defekten der Vasopressinwirkung im Sammelrohr) oder als Salzverlust-Syndrom (bei Störungen der Aldosteron- und Glukokortikoidwirkung im distalen Nephron) charakterisiert.

Der distale Tubulus ist auch Angriffspunkt vieler Diuretika. So wirken sog. Schleifendiuretika im aufsteigenden Teil der Henle'schen Schleife, Aldosteronantagonisten üben ihre Wirkung im kortikalen Sammelrohr aus. Tabelle 19.3 fasst die häufigsten angeborenen Defekte des distalen Tubulus zusammen.

Bei Steigerung der Flussrate im distalen Tubulus kommt es zur Ausschwemmung eines für den aufsteigenden Teil der Henle'schen Schleife typischen Glykoproteins, des Tamm-Horsfall-Proteins. Dieses wird in Form sog. hyaliner Zylinder im Urinsediment gefunden und ist auch die strukturelle Basis für alle anderen Harnzylinder. Es stellt die wasserunlösliche Komponente der luminalen Membran der dicken aufsteigenden Henle'schen Schleife dar.

19.1.3 Pathobiochemie der Harnsteinbildung

Harnsteine stellen makroskopische Kristalle physiologischer oder pathologischer Harnbestandteile dar, die sich aufgrund ihrer Konzentration, der Anwesenheit von Kristallisationskeimen und/oder durch für die Löslichkeit ungünstige pH-Werte bei Körpertemperatur in den ableitenden Harnwegen bilden. Sie können in Tubuli, im Nierenbecken oder in der Blase entstehen. Von praktischer Bedeutung und therapeutischer Relevanz sind vier chemische Komponenten als lithogene Faktoren zu differenzieren: Kalzium, Oxalat, Harnsäure, Cystin und bakterielle Infektionen als Ursache von pH-Verschie-

Tabelle 19.3: Störungen der Funktion des distalen Tubulus und des Sammelrohrsystems.

Name der Erkrankung	Pathomechanismus	klinisch-chemische Symptome
angeborenes Salzverlustsyndrom (Pseudohypoaldosteronismus)	fehlende Ansprechbarkeit für Aldosteron der Na^+, K^+-ATPase	Hyponatriämie, Aldosteron erhöht, Renin erhöht
idiopathische Hypokaliämie (Bartter-Syndrom)	Defekt der NaCl-Absorption in der Henle'schen Schleife, Defekt der Kaliumabsorption	Hypokaliämie, Hypochlorämie, Renin und Aldosteron erhöht
idiopathische Hyperkaliämie mit Azidose	unbekannt	Hyperkaliämie, Renin, Aldosteron niedrig, Hypokaliurie
renale tubuläre Azidose (Typ I)	Defekt der distalen Protonensekretion	Hyperchlorämische Azidose bei Urin pH > 6, Hyperkalziurie, Ca-Phosphatsteine
renaler Diabetes insipidus	mangelnde Ansprechbarkeit des Sammelrohr auf ADH	Hypoosmolalität des Urins, Polyurie, kein Effekt von ADH

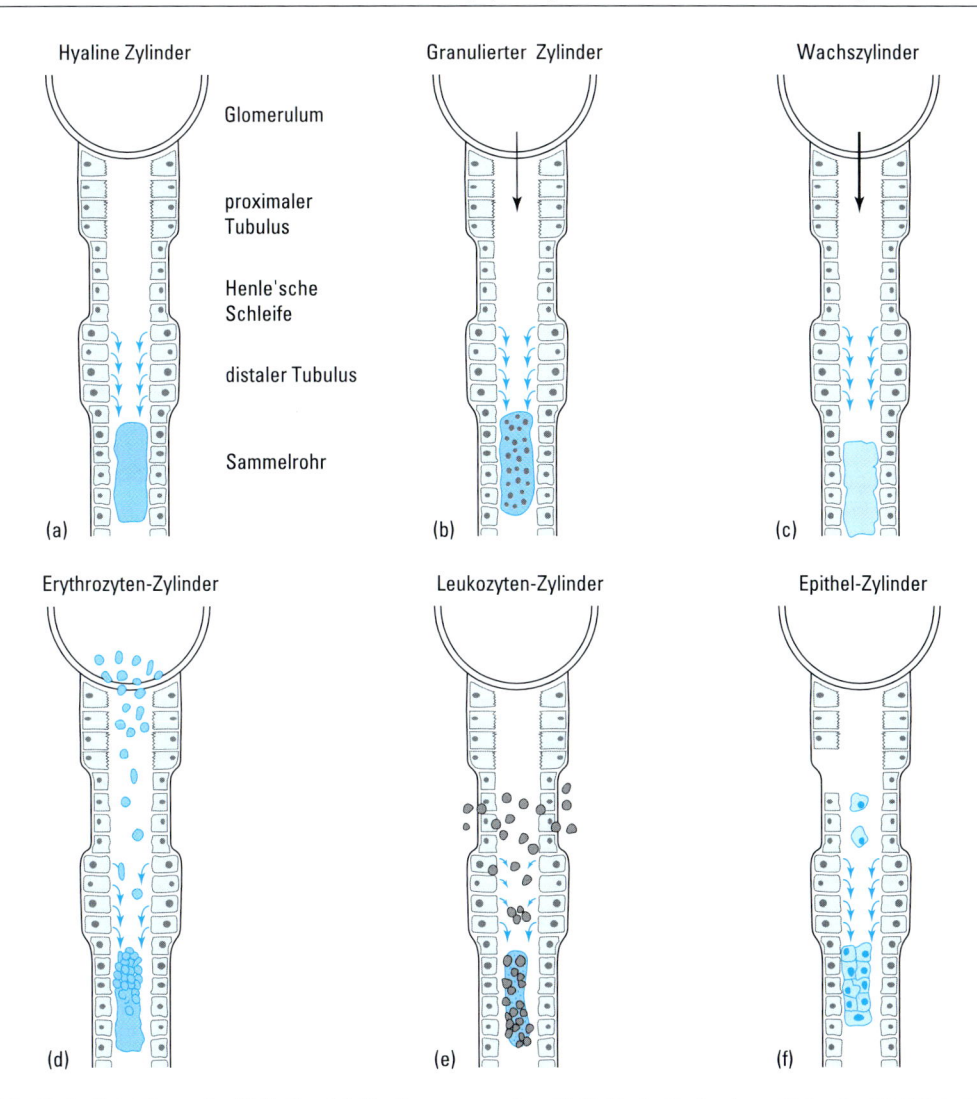

Abb. 19.6: Entstehung der Zylinder. (a) Hyaliner Zylinder; (b) Granulierter Zylinder; (c) Wachszylinder; (d) Erythrozytenzylinder; (e) Leukozytenzylinder; (f) Epithelzylinder (aus: Colombo JP, Klinischchemische Urindiagnostik, Labolife-Verlagsgemeinschaft, CH-Rotkreuz, 1994).

bungen und dadurch bedingten Phosphatsteinen. In Tabelle 19.4 sind die häufigsten Steinformen und ihre Ursachen zusammengefasst. Die Ursache der Konkrementbildung kann extrarenal (Nahrung, Stoffwechselkrankheiten, Therapeutika, Gifte, Hyperparathyreoidismus), intrarenal (renal tubuläre Azidose, Cystinurie, Pyelonephritis) oder postrenal (Infektion der ableitenden Harnwege, Blasenfremdkörper) sein. Kalzium- und Oxalatsteine entstehen fast immer im saurem Harn durch Überschreiten des Löslichkeitsprodukts. Dabei können Oxalate und Urate als Kristallisationskeime für Kalziumphosphatsteine wirken.

Cystinsteine kommen ausschließlich bei der angeborenen Cystinurie vor, da Cystin erst ab einer Ausscheidung von 300 mg pro Tag und mehr im saurem Urin ausfällt.

Eine besondere Bedingung verursacht die Bildung von phosphathaltigen Steinen. Da sie nur im alkalischem Milieu auskristallisieren und hohe Mengen an Ammoniumionen enthalten, das normalerweise im Harn nur bei azidotischen Zuständen vermehrt ist, ist der pathogenetische Mechanismus nur durch Bildung von Ammoniak durch bakterielle Urease im Rahmen einer Nierenbeckenentzündung verständlich. Die Freisetzung von Ammoniak aus Harnstoff führt zu einer postrenalen Alkalisierung des Harns und damit zur Bildung von magnesium-ammoniumphosphathaltigen Steinen, die schließlich das ganze Nierenbecken ausfüllen können. Ihre Hauptbestandteile sind Struvit und Apatit, die in verschiedenen Verhältnissen gemischt vorliegen.

Das bei 55% aller Harnsteine gefundene Oxalat kann aus der Nahrung wie aus dem Stoffwechsel stammen. Aus der Nahrung wird es in vermehrtem Maß absorbiert wenn durch Malabsorption freie Fettsäuren Kalziumseifen bilden und dadurch die Bildung nicht absorbierbarer Kalziumoxalats verhindern. Aus dem Stoff-

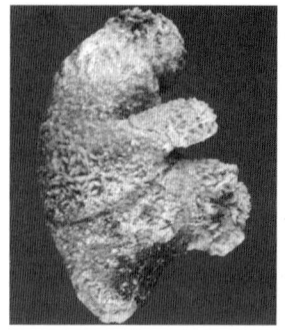

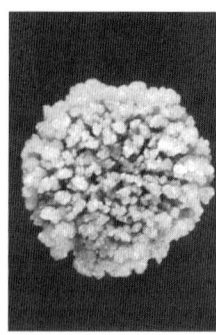

Abb. 19.7: Harnsteine. Magnesium-Ammonium-Phosphatstein (Struvit) aus dem Nierenbecken Kalzium-Oxalat-Stein (Weddellit) (mit Erlaubnis von Dade Behring, Proteindiagnostik 1991).

Tabelle 19.4: Harnkonkremente. Die Steinhäufigkeit ist einer Studie von Kisters u. Greiling 1982 aus dem Aachener Raum entnommen, in der 3450 Steine infrarotspektrometrisch untersucht wurden.

Steinform	chemische Zusammensetzung (Kristallstruktur)	Häufigkeit	Ursachen
1. Kalziumsteine	Kalziumoxalat-monohydrat (Whewellit) $Ca(COO)_2 \cdot H_2O$	32,7%	idiopathische Hyperkalziurie renale tubuläre Azidose
	Kalziumoxalat-dihydrat (Weddellit) $Ca(COO)_2 \cdot 2H_2O$	10,9%	Pankreasinsuffizienz (alim. Hyperoxalurie)
	Kalziumphosphate (Apatit) $Ca_{10}(PO_4)_6(OH)_2$Hydroxylapatit $Ca_{10}(PO_4,CO_3)_6(OH,CO_3)_2$Carbonatapatit	5,7%	angeborene Oxalurie Hyperparathyreoidismus Knochenmetastasen
	Kalziumhydrogenphosphat (Brushit) $CaHPO_4$	0,9%	Milch-Alkali-Syndron Vitamin-D-Überdosierung
	Mischsteine aus Oxalat und Apatit	14,9%	Myelom, Leukämie Hyperurikosurie
2. Uratsteine	Harnsäure $C_5H_4N_4O_3$	16,9%	Gicht (primär, sekundär) Azidose (Urin pH < 6)
	Ammoniumurat $NH_4C_5H_3N_4O_3$	0,5%	Harnsäureüberproduktion (Zytostatikatherapie, Leuko-
	Natriumurat $NaC_5H_3N_4O_3 \cdot H_2O$	0,2%	sen, Alkohol, Dehydratation)
3. Cystinsteine	Cystin $S_2[CH_2\ CH(NH_2)COOH]_2$	0,8%	Cystinurie
4. Phosphatsteine	Magnesiumammoniumphosphat (Struvit) $MgNH_4PO_4 \cdot 6H_2O$	6,0%	Pyelonephritis Urin pH über 7,5
	Kalziumphosphate (Apatit) s. o.	5,7%	
	Mischsteine aus Struvit und Apatit	8,1%	
5. Sonstige Konkremente	Mischsteine aus Oxalat und Harnsäure	1,3%	
	Protein	0,4%	
	Quarz (SiO_2)	0,3%	
	Kalzit $(CaCO_3)$	0,2%	

wechsel entsteht vermehrt Oxalat aus Glyoxylat durch angeborene Stoffwechseldefekte (Typ 1, Typ 2) glyoxylatmetabolisierender Enzyme.

19.1.4 Postrenale Pathomechanismen

19.1.4.1 Postrenale Hämaturie und Proteinurie

Die postrenalen Ursachen der Hämaturie und Proteinurie sind vielfältiger Natur. Entzündliche (Pyelonephritis, Cystitis), systemische und angeborene Erkrankungen (Wanderniere, Urolithiasis) bis zu Tumorerkrankungen (Blasenkarzinom, Prostataadenom und -karzinom) können Ursache dieser Symptome sein. Die Proteinurie ist gekennzeichnet durch eine der Plasmazusammensetzung ähnliche Konzentration der Proteine untereinander, wenn sie durch Blutungen bedingt ist. Sekretorische oder zelluläre Proteine können ebenfalls entzündliche oder immunologische Affektion der ableitenden Harnwege kennzeichnen.

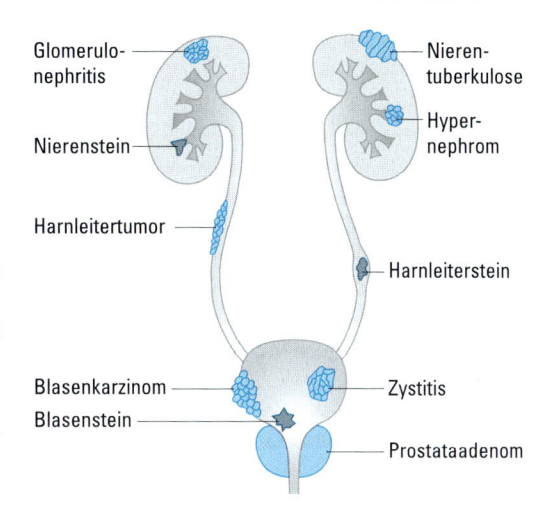

Abb. 19.8: Wichtige renale und postrenale Ursachen der Hämaturie (modifiziert nach Dade Behring, Proteindiagnostik 1991).

19.2 Klinisch-chemische Diagnostik

19.2.1 Messung der glomerulären Clearance

Die Messung der Konzentration von glomerulär filtrierten Substanzen im Blut ermöglicht Aussagen über die glomeruläre Filtration, nicht aber über die Art einer Nierenerkrankung.

19.2.1.1 Kreatinin

Kreatinin entsteht aus Kreatin bzw. Phosphokreatin im Muskel. Muskelkräftige Menschen haben deshalb höhere Kreatininwerte als muskelschwache. Kreatinin wird glomerulär filtriert, in den Tubuli nicht rückresorbiert und im geringem Ausmaß tubulär sezerniert.

Im Alter verringert sich mit abnehmender Muskelmasse die Kreatininproduktion im Körper. Die selten vorkommenden Myopathien mit akutem Muskelzerfall gehen dagegen mit einem Anstieg des Kreatinins einher. Schwere körperliche Anstrengungen können ebenfalls zum Anstieg der Kreatininkonzentration im Blut führen. Der Verzehr von gekochtem, nicht aber gebratenem Fleisch führt zur enteralen Aufnahme von Kreatinin.

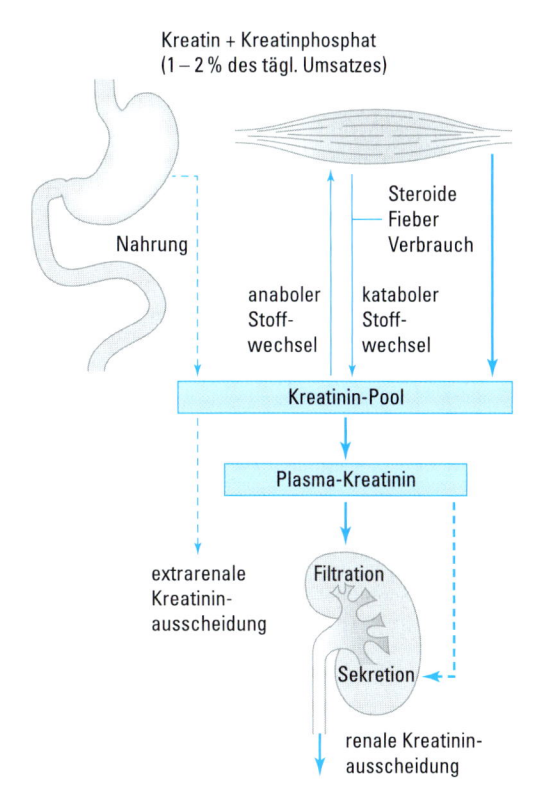

Abb. 19.9: Entstehung und Umsatz des Kreatinins im Körper.

Kreatinin wird enzymatisch oder chemisch (mit der Jaffé-Reaktion) im Plasma/Serum bestimmt. Neben der Altersabhängigkeit des Referenzbereiches im Neugeborenenalter sind viele Störgrößen (z. B. endogene sogenannte Pseudokreatinine und Medikamente) beschrieben, die methodenabhängig das Ergebnis der Plasmabestimmung erhöhen können. Durch Vergleich mit einer Referenzmethode bei der Qualitätskontrolle (interne Richtigkeitskontrolle und Ringversuche) kann die analytische Spezifität der verwendeten Methode geprüft werden. Bei Überschreitung der Referenzbereiche kann durch eine Clearance-Untersuchung eine Reduktion der glomerulären Clearance ausgeschlossen oder bestätigt werden.

Diagnostische Wertigkeit

Einen Kreatininanstieg findet man erst bei einer Reduktion der glomerulären Filtrationsrate (GFR) unter 50%. Da die Serumkonzentration von der Muskelmasse abhängig ist, muss die Konstitution des Patienten bei der Bewertung einbezogen werden. Bodybuilder können trotz einer normalen GFR deutlich erhöhte Kreatininkonzentrationen (> 1,5 mg/dl) aufweisen, wohingegen ältere muskelarme Patienten trotz einer noch unauffälligen Konzentration im Blut eine Einschränkung der GFR aufweisen können. Die Ausscheidung an Kreatinin ist in erster Linie abhängig von der Muskelmasse. Urin-Kreatinin dient als Bezugsgröße für andere Urinmessgrößen (xx/mmol Kreatinin), zur Ermittlung der Kreatininclearance und als Plausibilität zur Überprüfung der Vollständigkeit der Sammlung eines 24 Std. Sammelurins.

19.2.1.2 Harnstoff

Harnstoff, das quantitativ wichtigste Abbauprodukt des Eiweißstoffwechsels, wird in der Leber gebildet, glomerulär filtriert und zum großen Teil in den Tubuli rückresorbiert. Im Gegensatz zu Kreatinin ist die Ausscheidung von der Diurese abhängig.

Die Harnstoffkonzentration im Blut ist nicht nur von der Nierenfunktion, sondern auch von extrarenalen Faktoren abhängig. Eiweißreiche Kost, verstärkter Eiweißabbau (z. B. bei Fieber), mangelnde Flüssigkeitszufuhr, Exsikkose und Oligurie können zum Anstieg des Harnstoffspiegels führen. Eiweißarme Ernährung oder vermehrte Flüssigkeitsausscheidung im Urin dagegen lassen die Harnstoffwerte sinken. Auch bei Azidose und bei fortgeschrittener Lebererkrankung ist die Synthese von Harnstoff vermindert.

Auffallend niedrige Harnstoffkonzentrationen im Blut können daher die Folge schwerer Leberschädigungen sein.

Die Harnstoffkonzentration ist für die Abschätzung der Filtrationsleistung nicht geeignet, da neben der glomerulären Filtration auch die Wasserausscheidung die Harnstoffausscheidung steuert. Eine isoliert erhöhte Harnstoffkonzen-

Tabelle 19.5: Messgrößen zur Erfassung der Nierenfunktion im Blut.

	Kreatinin		Cystatin C	Harnstoff	
Untersuchungsmaterial	Plasma, Serum, Urin		Plasma, Serum	Plasma, Serum	
Stabilität im Blut, im Plasma/Serum bei Raumtemperatur (RT), bei 4–8 °C im Urin bei RT bei 4–8 °C	3 Tage 7 Tage 7 Tage 2 Tage 6 Tage		1 Tag 1 Tag 7 Tage	1 Tag 7 Tage 7 Tage	
Referenzintervalle im Plasma/Serum	mg/dl 0,7–1,1	µmol/l 62–97	mg/l 0,4–1,2	mg/dl 20–50	mmol/l 3–8,3
Urin	g/24 h 0,8–2,2	mmol/24 h 7–20			

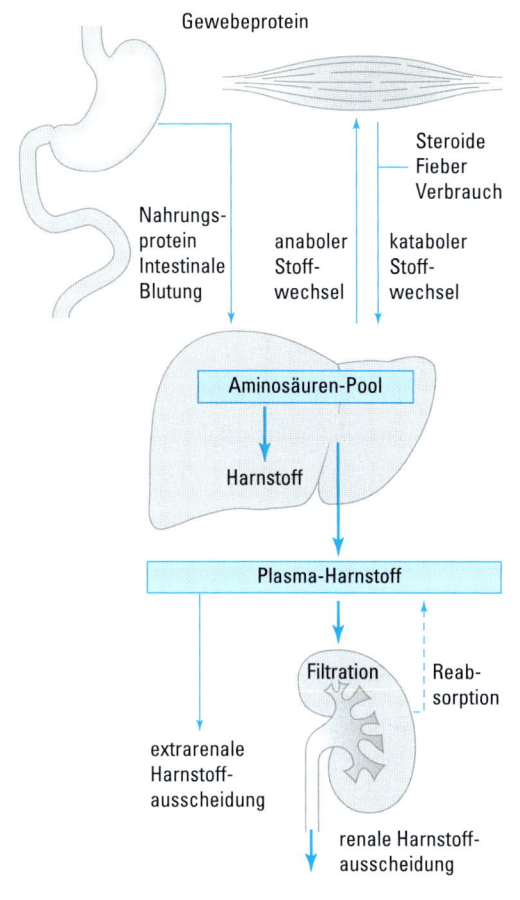

Abb. 19.10: Herkunft und Umsatz des Harnstoffs im Körper.

tration ohne Anstieg von Kreatinin ist daher häufig bei erniedrigter Flüssigkeitszufuhr zu beobachten.

Diagnostische Wertigkeit

Da die Kreatinin- und Harnstoff-Konzentrationen im Blut nicht in jedem Falle mit der Schwere einer Nierenfunktionsstörung bzw. Niereninsuffizienz parallel gehen, ist es üblich, beide Parameter zu bestimmen. Besonders wichtig ist die Bestimmung von Kreatinin bei der Überwachung von Niereninsuffizienten, die mit eiweißarmer Diät behandelt werden. Dann können nämlich die Harnstoffwerte bis in den Referenzbereich sinken, während die erhöht bleibende Serum-Kreatinin-Konzentration weiterhin den Grad der Niereninsuffizienz angibt.

In Tabelle 19.6 sind mögliche Ursachen diskrepanter Ergebnisse zusammengestellt. Während eine isolierte Erhöhung des Harnstoffs meist extrarenale Ursachen hat, ist der Anstieg des Kreatinins ein spezifischer Hinweis auf eine Störung der Nierenfunktion. Erst bei einer Erhöhung des Kreatinins *über 2,8 mg/dl* (250 µmol/l) kann eine Erhöhung des Harnstoffs mit 90-prozentiger Wahrscheinlichkeit als Hinweis auf eine Einschränkung der Nierenfunktion gedeutet werden. Andererseits ist eine Erhöhung des Harnstoffs über *180 mg/dl* (30 mmol/l) äußerst selten durch extrarenale Ursachen bedingt.

19.2.1.3 Glomeruläre Clearance

Die Messung der glomerulären Filtrationsrate erfolgt durch Messung von Molekülen, die glomerulär frei filtriert werden. Durch Messung der Konzentrationen im Plasma und Sammelurin kann, wenn die Substanz nicht resorbiert oder sezerniert wird, die Clearance nach folgender Formel berechnet werden:

Renale Clearance (ml/min) = Urinkonzentration des Analyten C_u × Urinvolumen (ml)/Plasmakonzentration des Analyten C_p × Urinsammelzeit (min)

Dabei muss die Konzentration in gleichen Einheiten angegeben werden (mg/dl oder µmol/l). Bei diagnostischen und therapeutischen Maßnahmen ist die Abschätzung der Nierenfunktion häufig von großer Bedeutung. Aufwändige Verfahren mit exogen zugeführten Substanzen (^{51}Cr-EDTA, ^{99}Tc-DTPA, Inulin, Iohexol) werden in der Praxis eingesetzt. Wegen der höheren Praktikabilität im Alltag ist die endogene Kreatininclearance, trotz diagnostischer Einschränkungen, das verbreiteteste Verfahren.

19.2.1.4 Endogene Kreatininclearance

Die endogene Kreatinin-Clearance ist eine semiquantitative Nierenfunktionsprüfung, die jedoch zur Beurteilung der Nierenleistung oft ausreichend ist.

Tabelle 19.6: Ursachen für isoliert erhöhte Harnstoff- und Kreatininkonzentrationen.

Harnstoff erhöht, Kreatinin normal	Kreatinin erhöht, Harnstoff normal
A. Durch Einflussgrößen	1. erhöhte Muskelmasse bzw. Muskelerkrankung (Schwerathleten, Myopathie, ungewöhnliche körperliche Tätigkeit)
1. Antidiurese (Exsikkose)	
2. proteinreiche Nahrung (Blutungen im Magen-Darm-Trakt)	
3. postoperativer Zustand	2. eingeschränkte Nierenfunktion bei proteinfreier Nahrung
4. Herzinsuffizienz	3. eingeschränkte Nierenfunktion bei gestörter Harnstoffsynthese (hepatorenales Syndrom)
5. Aminosäureinfusion	
6. Hypotonie	4. eingeschränkte Nierenfunktion bei anaboler Stoffwechsellage (Anabolikatherapie, Insulintherapie, Glukoseinfusion)
7. Glukokortikoidtherapie	
8. Reduktion der glomerulären Funktion bei reduzierter Muskelmasse	5. erhöhte Kreatininzufuhr mit der Nahrung
B. Durch Störfaktoren Messfehler durch Ammoniakkontamination	Pseudokreatinine erhöht (Ketose, Diabetes mellitus, Medikamente (Jaffé-Methode), Ikterus, Bilirubin (enzym. Methode)

Durchführung: Es wird empfohlen, einen 24 h Sammelurin zu gewinnen. Der Patient wird gebeten, am Morgen des Sammeltages die Blase vollständig zu entlehren, den Zeitpunkt zu notieren und von nun an jeden Urin vollständig zu sammeln. Durch ausreichende Trinkmenge ist ein Urinvolumen von mindestens 1000 ml/24 h sicherzustellen. Am folgenden Tag wird exakt zum Zeitpunkt des Sammelbeginns die Blase vollständig entlehrt. Nach Ablesen der Sammelmenge wird eine Probe von 5–10 ml gemeinsam mit einer venösen Blutprobe ins Labor gegeben.

Bei der Beurteilung der Kreatininclearance ist zu beachten, dass die glomeruläre Filtrationsrate und die Nierendurchblutung mit zunehmendem Alter abnehmen. Dementsprechend kann die Kreatininclearance bis auf etwa die Hälfte reduziert sein. Bei älteren Menschen können stark erniedrigte Clearancewerte ohne signifikanten Anstieg der Serum-Kreatinin-Konzentration vorkommen, weil die Kreatininproduktion aufgrund des Muskelschwundes mit fortschreitendem Alter abnimmt.

Der sogenannte „kreatininblinde Bereich" liegt zwischen ca. 70 ml/min und 40 ml/min.

Zwischen Plasmakreatininkonzentration und glomerulärer Clearance gibt es eine nicht lineare Beziehung. In Anbetracht mehrerer extrarenaler Einflüsse auf die Plasmakreatinin-Konzentration ist dies jedoch bestenfalls als Abschätzung zu werten.

Dazu haben Cockroft und Gault folgende Gleichungen vorgeschlagen:

Erwachsene

Frauen: Clearance (ml/min) =
$$0{,}85 \times \frac{(140 - \text{Alter}) \times \text{Körpergewicht (kg)}}{72 \times \text{Serumkreatinin (mg/dl)}}$$

Männer: Clearance (ml/min) =
$$\frac{(140 - \text{Alter}) \times \text{Körpergewicht (kg)}}{72 \times \text{Serumkreatinin (mg/dl)}}$$

Für Kinder wird die Formel nach Schwartz eingesetzt:

Kinder ab dem 1. Lebensjahr

Clearance (ml/min/1,73 m^2) =
$$\frac{0{,}55 \times \text{Körperlänge (cm)}}{\text{Serumkreatinin (mg/dl)}}$$

Reife Neugeborene und Säuglinge im 1. Jahr

Clearance (ml/min/1,73 m^2) =
$$\frac{0{,}43 \times \text{Körperlänge (cm)}}{\text{Serumkreatinin (mg/dl)}}$$

Diese wurde in jüngerer Zeit von Björnson auf Erwachsene angewendet, um gegenüber der Cockroft-Gault Formel bessere Korrelation zur wahren Clearance zu erreichen:

Clearance (ml/min) = (27 − (0,173 × Alter))
　　　　　　　　　× Gewicht (kg)
　　　　　　　　　× 0,07/Kreatinin (mg/dl).

Bei Frauen wird statt 27 die Zahl 25 verwendet.

Kreatininclearance (Referenzintervalle)	
Kinder > 110 ml/min/1,73 m² Körperoberfläche:	
5–7 Tage	38–62 ml/min
1–2 Mon.	54–76 ml/min
3–12 Mon.	64–108 ml/min
3–13 Jahre	120–145 ml/min
Erwachsene:	
14–39 Jahre	95–160 ml/min
40–49 Jahre	> 68 ml/min
50–59 Jahre	> 58 ml/min
60–69 Jahre	> 50 ml/min
> 70 Jahre	> 48 ml/min

Einschränkend wirkt sich jedoch aus, dass ein Anstieg des Kreatinins über die Obergrenze des Referenzintervalls erst bei einer Einschränkung von etwa 50 % der Clearance messbar wird.

Dieser sogenannte kreatininblinde Bereich des Plasmakreatinins hat die Anwendung dieses einfachen Verfahrens wesentlich eingeschränkt. Darüber hinaus ist durch die Verbesserung der Analytik der Kreatininbestimmung deutlich geworden, dass bei Normalpersonen die Kreatinin-Clearance durch gleichzeitige Sekretion etwa 20 % höher liegt als die wahre glomeruläre Filtrationsrate.

Die Einschränkung der Nierenfunktion ist bei Verordnung von Medikamenten, die überwiegend renal ausgeschieden werden, zu berücksichtigen. Von Bedeutung sind besonders häufig angewendete Medikamente wie Herzglykoside (Digoxin, Strophanthin), eine Reihe von Antibiotika, Chemotherapeutika und andere, deren Dosierung entsprechend der verminderten Nierenleistung verringert werden muss. Bei Behandlung mit Digoxin-Präparaten im Alter oder bei Niereninsuffizienz empfehlen sich zur Dosierungsberechnung und Überwachung der Nierenfunktion Bestimmungen der Kreatinin-Konzentration im Serum oder der Clearance.

19.2.1.5 Cystatin C

Mit Cystatin C wird eine neue Messgröße zur Abschätzung der GFR vorgeschlagen. Cystatin C ist ein kleinmolekularer Proteinaseinhibitor, der in konstanter Menge im Blut vorkommt. Dieser Hemmer von Cystein-Proteinasen wird in allen Zellen exprimiert und in den Extrazellulärraum sezerniert. Die Konzentration von Cystatin C im Blut wird dadurch hauptsächlich durch die GFR bestimmt, da es aufgrund seines niedrigen Molekulargewichts (13,4 kD) glomerulär frei filtriert wird. Mit Ausnahme einer GFR-Verminderung wurden bisher nur seltene pathophysiologische Zustände beschrieben, die einen Einfluss auf die Cystatin C Konzentration haben. Eine Ausnahme bildet die Tatsache, dass im Rahmen hochdosierter Glukokortikoidgabe erhöhte Cystatin C Konzentrationen beobachtet wurden. Trotzdem wird Cystatin C als „idealer" Marker bewertet, da er gegenüber Kreatinin folgende Vorteile bietet:

1. Nahezu keine Alters- und Geschlechtsabhängigkeit
2. Keine Abhängigkeit von der Muskelmasse und anderen extrarenalen Faktoren
3. Plasmaanstiege aufgrund der geringen interindividuellen Streuung bereits im sog. kreatininblinden Bereich
4. Durch die weitgehende Unabhängigkeit der Plasmakonzentration von extrarenalen Faktoren kann aus dem Plasma-Cystatin C die Clearance direkt abgeschätzt werden.

Zusammenfassend sprechen also die medizinischen Gründe für die Verwendung von Cystatin C, da sich auf diese Weise eine höhere diagnostische Aussagekraft ohne Durchführung aufwändiger und den Patienten belastender Methoden erzielen lässt.

19.2.1.6 Ermittlung der glomerulären Clearance

In folgender Weise kann die Clearance bei Erwachsenen aus dem Plasma/Serum-Cystatin C abgeleitet werden.

$$\text{Clearance (ml/min)} = \frac{74{,}8}{\text{Cystaten C (ml/l)}^{1/0{,}75}}$$

Dabei ist die lineare Beziehung zwischen der reziproken Cystatin-C-Konzentration und der

Clearance weder durch das Alter noch durch die Muskelmasse oder andere extrarenale Faktoren beeinflusst.

19.2.2 Urinuntersuchungen

19.2.2.1 Welche Urinprobe?

Traditionell wird für die Ausschlussdiagnostik von Nierenerkrankungen der erste Morgenurin empfohlen, d.h. die erste Urinprobe nach mindestens 8-stündiger Nachtruhe. Dies hat nach wie vor seine Berechtigung, da erst die Konzentration durch die fehlende Einnahme von Flüssigkeit während der Nacht und die mehrstündige Inkubation des Urins in der Blase die notwendige diagnostische Empfindlichkeit, z.B. des Leukozyten- oder Nitrittests gewährleistet. Mit Einführung einer Bezugsgröße wie z.B. Kreatinin oder auch Osmolalität (spezifisches Gewicht) im Urin kann mit gleicher Empfindlichkeit auch der sogenannte zweite Morgenurin verwendet werden, d.h. jeder Spontanurin am Vormittag, da durch die Bezugsgröße variable Harnkonzentrationen wegen verschiedener Trinkmengen ausgeglichen werden. Dies ermöglicht, kurzfristig spontan gelassenen Urin in standardisierten Gefäßen in der Praxis bzw. Klinik zu gewinnen und damit die Aussagefähigkeit der Untersuchung zu verbessern. Auch Sammelurine sollten für Screeninguntersuchungen nicht mehr notwendig sein, da sich erste quantitative Aussagen aus dem Spontanurin gewinnen lassen, wenn das Ergebnis auf Kreatinin bezogen wird. Diese Strategie ist in aktuelle europäische Leitlinien eingeflossen und wurde bei einigen neueren Teststreifen berücksichtigt.

19.2.2.2 Inspektion der Harnprobe

Die Inspektion des Urins ist wesentlicher Bestandteil jeder Harnuntersuchung. Wichtige Informationen wie Trübungen, Farbe und Geruch geben erste Hinweise auf pathologische Prozesse. Erklärungen für Trübungen und Farbänderungen des Urins sind in Tabelle 19.8 zusammengefasst.

19.2.2.3 Teststreifen

Das Konzept der Teststreifenanalytik hat sich in der Praxis bewährt. Anwendung findet der Teststreifen in Praxis und Klinik beim „Screening" und bei der Patientenselbstkontrolle. Folgende Testfelder sollte ein modernes Screening auf Nierenerkrankungen mindestens umfassen: Protein, Albumin, Blut (Hämoglobin/Myoglobin), Leukozyten, Bakterien, pH, Dichte des Harns.

Will man Erkrankungen der Niere mit großer Sicherheit ausschließen (hohe diagnostische Spezifität), so sind meist qualitative Methoden mit hoher analytischer Empfindlichkeit ausreichend. Dies trifft z.B. für den Nachweis von **Blut** (Hämoglobin, Myoglobin) im Urin zu. Mit dem Teststreifen, der die Pseudoperoxydase des Hämoglobins nachweist, kann die Gegenwart von einem µl Blut pro Liter Urin nachgewiesen werden. Eine ähnlich hohe Empfindlichkeit hat der auf immunologischer Basis aufgebaute Teststreifen für **Albumin**, der ab 20 mg/l, der oberen Referenzbereichsgrenze, positiv reagiert, während konventionelle Proteintestfelder auf der Basis des Prinzips der pH-Verschiebung eines Indikators erst bei der zehnfachen Albumin-Konzentration (ca. 250 mg/l) positiv reagieren.

Tabelle 19.7: Wahl des geeigneten Materials für Untersuchungen im Urin.

Untersuchung	Urin	Begründung
Teststreifen Sedimentanalytik	Morgenurin (Mittelstrahlurin)	repräsentative Probe
Bakteriologie	Mittelstrahlurin, ggf Blasenpunktionsurin	Vermeidung der Kontamination
quantitative Bestimmung von Harnproteinen und Metaboliten	Morgenurin und Bezug auf Kreatinin (Mittelstrahlurin)	durch Bezugsgröße Unabhängigkeit von der Trinkmenge
Gesamteiweiß Metabolite	24 Stunden Urin	definierte Sammelperiode erlaubt Vergleichbarkeit und verringert die biologische Streuung.

Tabelle 19.8: Charakteristische Trübungen und Farbänderungen des Urins.

Beobachtung	Ursache	Bemerkungen
farblos	verdünnter Urin	Polyurie, Hyposthenurie
trüb	Phosphate (pH > 7), Karbonate (pH > 7), Urate (pH < 6), Leukozyten, Erythrozyten, Bakterien, Hefen, Muzine, Eiter, Röntgenkontrastmittel Kontamination mit Vaginalsekret, Spermien, Stuhl etc.	recto-vesikale-Fistel, Fluor
milchig	Pyurie Fett Chylurie artifiziell (Paraffin)	Infektion Nephrose Lymphatische Obstruktion Vaginalcreme
gelb	Flavine	Vitamin B_2
gelb-orange	konzentrierter Urin Urobilin, Bilirubin	Cholestase
gelb-grün	Bilirubin-Biliverdin	Cholestase, prähepatischer Ikterus
gelb-braun	Bilirubin-Biliverdin (bierbraun), Nitrofurantoin	
rot	Hämoglobin, Erythrozyten Myoglobin Porphyrin Farbstoffe	Kontamination durch Menstruation Rhabdomyolyse Nahrungsmittel, Medikamente rote Rüben, rote Bete, gelb bei alkalischem Urin pH
rot-orange	Rifampicin	
rot-purpur	Porphyrine	können aber auch farblos sein
rot-braun	Erythrozyten, Hämoglobin, Methämoglobin Myoglobin Bilifuscin L-Dopa, Metronidazol	bei saurem Urin pH Rhabdomyolyse resultiert aus instabilem Hämoglobin
braun-schwarz	Methämoglobin Homogentisinsäure Melanin	Blut, bei saurem Urin pH Alkaptonurie, bei alkalischem Urin pH
blau-grün	Indikane Pyocyanin Chlorophyll	Farbstoffe Pseudomonasinfektion Mundspülmittel

Nachdem die sogenannte Mikroalbuminurie, d. h. eine Albuminausscheidung zwischen der Obergrenze des Referenzbereiches und der Nachweisgrenze des konventionellen Teststreifens als Frühindikator der diabetischen Nephropathie, der Nephrosklerose des Hypertonikers sowie extrarenaler Makroangiopathien erkannt wurde, sollte zum Ausschluss all dieser Erkrankungen ein möglichst empfindliches und für Albumin spezifisches Verfahren angewandt werden.

Eine **Leukozyturie** wird traditionellerweise durch Beurteilung des Harnsediments ausgeschlossen.

Der Teststreifennachweis von Leukozyten basiert auf der Messung granulozytärer Esterase im Urin. Mit ihm werden temperatur- und zeitabhängig zwischen 6 und 10 Leukozyten pro µl Urin nachgewiesen. Demgegenüber kann die mikroskopische Sedimentuntersuchung nur intakte Zellen nachweisen. Entsprechend sinkt die Zellzahl bei Aufbewahrung des Urins über zwei Stunden bei Raumtemperatur, während die Zahl der positiven Teststreifenergebnisse aufgrund der weiteren Bildung von Esterase bei längeren Transport- und Aufbewahrungszeiten eher zunimmt. Diese Beobachtung führte zu der Empfehlung, dass auf ein Harnsediment verzichtet werden kann, wenn der Teststreifen auf Esterase negativ ist.

Die Grenze zwischen normaler und pathologisch erhöhter Leukozyten-Ausscheidung ist nicht einheitlich definiert. Von der überwiegenden Zahl der Autoren werden jedoch zwischen 10 und 20 Leukozyten/µl im Nativharn als suspekt und kontrollbedürftig und mehr als 20 Leukozyten/µL als pathologisch eingestuft. Vorausgesetzt wird natürlich ein sauber gewonnener Urin. Bei der Frau muss der Befund einer Leukozyturie deshalb durch Ausschluss einer vaginalen Kontamination abgesichert werden. Es empfiehlt sich, im Normalfall Mittelstrahlurin, in besonderen Fällen Blasenpunktionsurin zu untersuchen.

Kombinationsteststreifen enthalten häufig neben einem Protein-, Blut- und Leukozytentestfeld ein Nachweisfeld auf **Nitrit**, das auf dem Prinzip der Griess'schen Probe beruht. Nitrit wird von den für die häufigsten bakteriellen Infektionen verantwortlichen Bakterien gebildet. Die Aussagekraft des negativen Ergebnisses dieses Test wird jedoch in vielfacher Weise eingeschränkt, sodass eine bakterielle Infektion durch ein negatives Ergebnis keineswegs ausgeschlossen werden kann (geringe diagnostische Spezifität). Andererseits ist bei positivem Ergebnis in über 90 % von einer Keimbesiedlung des Harntrakts auszugehen.

Die **Konzentration des Harns** wird bei Verwendung des Teststreifens meist durch einen Indikator für Kationen erfasst (Kationenkonzentration), misst also nicht das spezifische Gewicht, sondern die Konzentration der Summe von Natrium, Kalium und anderen Kationen, die dann auf der Basis einer Korrelation bei Normalpersonen als spezifische Gewichte abgelesen werden. In Geräten für Teststreifen und Urinsediment hat sich die Messung der **Leitfähigkeit** als Dichtemessung etabliert. Auch **Kreatinin** ist als Teststreifenfeld als Messgröße verfügbar. Mit seiner Hilfe als Bezugsgröße können falsch negative und falsch positive Ergebnisse durch Verdünnung oder Konzentrierung des Harns vermieden werden.

Bis zu 12 Messgrößen können mit dem Teststreifen erfasst werden: Dabei werden teils aus historischen Gründen neben den Messfeldern zur Erkennung von Veränderungen der Nieren und ableitenden Harnwege Glukose, Ketonkörper, Bilirubin, Urobilinogen und Ascorbinsäure erfasst. Tabelle 19.9 fasst die üblichen Messprinzipien und mögliche Gründe für falsch negative und falsch positive Testergebnisse zusammen.

Für die Erfassung von Erkrankungen der Nieren und der ableitenden Harnwege sind vor allem die ersten sechs Teststreifenfelder der Tabelle empfohlen.

Tabelle 19.9: Messprinzipien und Gründe für falsch negative und falsch positive Teststreifenergebnisse.

Teststreifenfeld	Messprinzip	Ursache für falsch negative Ergebnisse	Ursache für falsch positive Ergebnisse
Protein (Albumin) (Protein), Nachweisgrenze: ca. 150 mg/l	„Indikatorfehlermethode": Proteine verändern die Ladung des Farbstoffes und damit seine Farbe, Albumin wird zu 100 %, IgG zu 50 %, Glykoproteine zu 10–30 % erfasst	Immunglobulinleichtketten (Bence Jones-Proteine), tubuläre Proteinurie, gefärbte Urine	alkalischer Urin (pH 9), quartenäre Ammonium-Detergenzien, Chlorhexidin, Polyvinylpyrrolidine (Blutersatzmittel)
Albumin (sensitiv), Nachweisgrenze: ca. 20 mg/l	„Indikatorfehlermethode", Immunologischer Test	verdünnte Urine	stark alkalischer Urin (bei Indikatorfehler-Methode)
Erythrozyten, Hämoglobin, Myoglobin	Pseudoperoxidaseaktivität durch Hämoglobin und Myoglobin, Hämoglobin und Myoglobin katalysieren die Umsetzung von Tetramethylbenzidin mit einem Oxidationsmittel	hohe Nitratkonzentration, verzögerte Untersuchung, Formaldehyd (0,5 g/l) Ascorbinsäure (Vitamin C), alter Urin durch Umwandlung von Hb in Methämoglobin	bakterielle Peroxidasen, oxidierende Detergentien, Hypochlorid

Tabelle 19.9: Fortsetzung.

Teststreifenfeld	Messprinzip	Ursache für falsch negative Ergebnisse	Ursache für falsch positive Ergebnisse
Leukozyten	Indoxylesterase-Aktivität, Spaltung des Farbstoffes mit Freisetzung eines gefärbten Produktes (Granulozyten und Makrophagen werden erfasst, nicht hingegen Lymphozyten)	Vitamin C (mehrere g/Tag), Proteinkonzentration > 5 g/l, Glukose > 10 g/l, Cephalosporine, Gentamicin, Nitrofurantoin, Quecksilbersalze, 1 % Borsäure	oxidierende Detergenzien, Formaldehyd (0,4 g/l), Borsäure, Natriumazid
Bakterien (Nitratreduktase positiv)	Nitrit wird mit dem Griess-Test erfasst (Azo-Verbindung)	Kurze Inkubationszeiten, Ascorbinsäure (Vitamin C), grampositive Bakterien, nitratfreier Urin	gefärbte Urine, in vitro Wachstum von Bakterien, längere Lagerung bei Kontamination
pH	zwei Indikatorfarben decken den pH-Bereich von 5–9 ab	Formaldehyd erniedrigt den pH-Wert	Erhöhung des pH durch Bakterienwachstum und Bildung von Ammoniak beim Lagern
Kreatinin	Kupfer-Kreatininkomplex katalysiert Reaktion zwischen Tetramethylbenzidin und einem Oxidationsmittel		Vorhandensein von Hämoglobin oder Myoglobin. bei Vorliegen von Cimetidin.
Glukose	Glukoseoxidase und -Peroxidase	Ascorbinsäure (Vitamin C), Harnwegsinfekte	oxidierende Detergenzien, Hydrochlorid
Ketonkörper (Acetoacetat, Aceton)	Nitroprussid-Reaktion (Legal'scher Test)	ungeeignete Lagerung	freie Sulfhydrylgruppen (Captopril), gefärbte Urine, L-Dopa
„Spezifisches Gewicht"	Kationen des Urins reagieren mit Polyelektrolyt	falsch niedrig: Teststreifen reagiert nicht mit Glukose, Harnstoff	falsch hoch: Proteinkonzentration > 1 g/l, Ketosäuren erhöht
Urobilinogen	Azoreaktion mit Diazoniumsalz	Formaldehyd (2 g/l), Lichtexposition	Sulfonamide, gefärbte Urine
Bilirubin	Azoreaktion mit Diazoniumsalz	Vitamin C, hohe Nitratkonzentrationen, Lichtexposition	gefärbte Urine, Chlorpromazinmetabolite
Ascorbinsäure	Redoxreaktion mit Indolfarbstoff		

19.2.2.4 Sediment

Noch immer gehört das **Urinsediment**, ggf. mit einfachen Färbeverfahren, in den meisten Arztpraxen und Krankenhauslaboratorien zum „Harnstatus". Die Vielzahl der sich dem erfahrenen Betrachter im Sediment ergebenden Hinweise ist durch kein anderes Verfahren erreichbar. Da jedoch alle relevanten glomerulären (Albumin) und tubulären (α_1-Mikroglobulin) renalen Erkrankungen, Blutungen und Leukozyturien mit wesentlich höherer Sensitivität durch die beschriebenen Screeningverfahren erfasst werden, scheint die Bedeutung des Harnsediments für das Screening bzw. den Ausschluss von Nierenerkrankungen abzunehmen. Andererseits kann das Harnsediment wichtige Informationen bei speziellen Fragestellungen geben. So kann ein Cystin-Kristall im Harnsediment eine Cystinurie belegen, der Nachweis von Trichomonaden auf eine Protozoen-Infektion des Genitales hinweisen und ein Erythrozy-

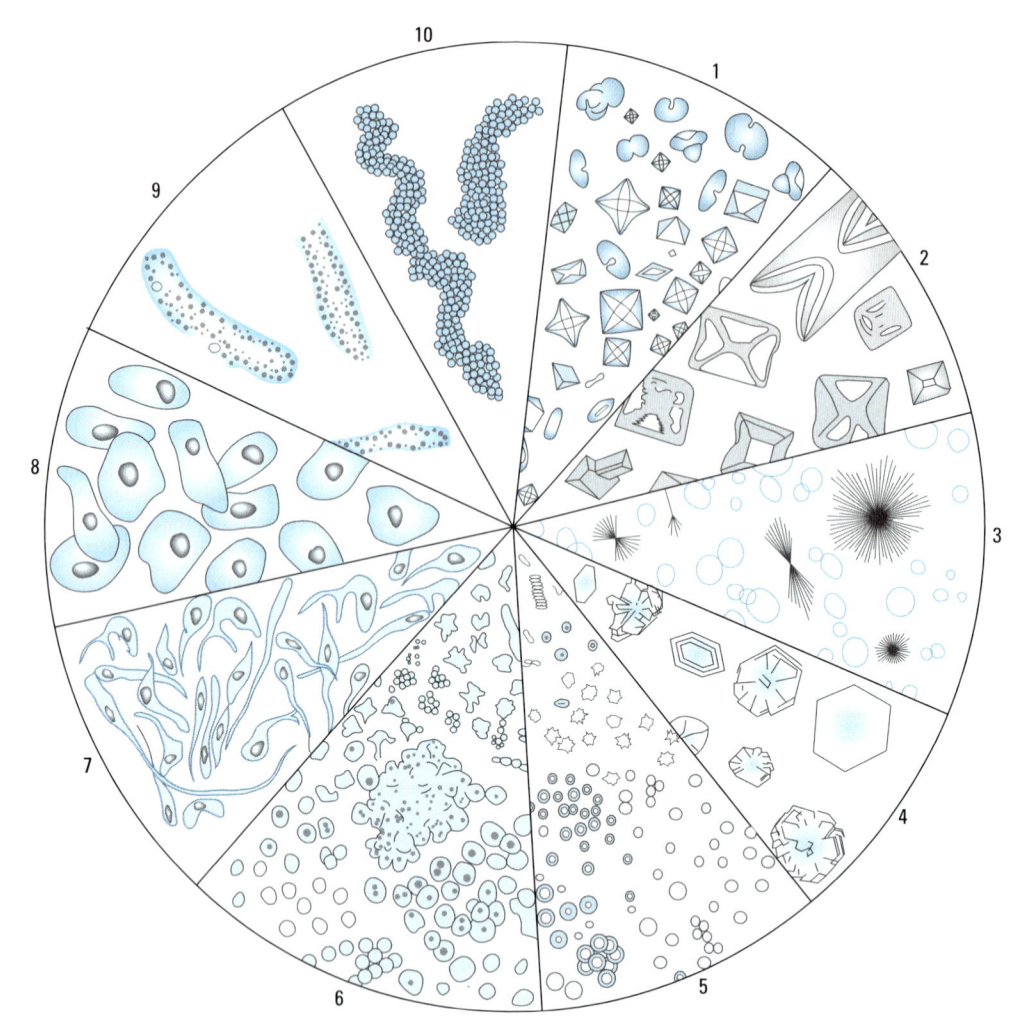

Abb. 19.11: Typische Urinsedimentbefunde (nach Peyer A., Atlas der Mikroskopie am Krankenbette. Enke, Stuttgart 1897).
1. Kalziumoxalat
2. Ammoniummagnesiumphosphat (Tripelphosphat)
3. Tyrosin
4. Cystin
5. Erythrozyten
6. Leukozyten
7. geschwänzte Epithelien
8. Plattenepithelien
9. granulierte Zylinder
10. Erythrozytenzylinder

tenzylinder die glomeruläre Herkunft einer Hämaturie beweisen. Diese Befunde stellen wichtige Beiträge zur Differenzialdiagnose dar, die bei klinischem Verdacht indiziert sind oder zur Abklärung eines positiven Befundes beim Screening dienen.

Auch in der Differenzierung der Hämaturie (s. u.) hat die mikroskopische Harnanalyse eine zunehmende Bedeutung erlangt. Mit der Phasenkontrastmikroskopie können renale von postrenalen Formen der Hämaturie unterschieden werden (Abb. 19.12). Wenn man dieses Verfahren in der Erstuntersuchung einsetzt, kann bereits auf dieser Ebene ohne invasive Untersuchung zwischen nephrologischen und urologischen Ursachen der Hämaturie unterschieden

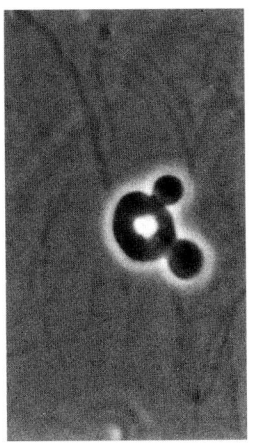

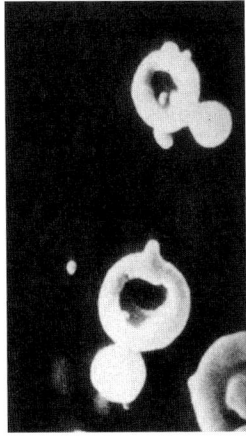

Abb. 19.12: Dysmorphe Erythrozyten (Akanthozyten) im Phasenkontrastmikroskop (A) und im Rasterelektronenmikroskop (B) (mit Erlaubnis von Dade Behring, Proteindiagnostik 1991).

werden. Zusätzlich haben neue technische Möglichkeiten eine Mechanisierung des Harnsediments beim Screening ermöglicht. Mithilfe der Videomikroskopie oder der Durchflusszytometrie können quantitative Signale zur Zahl der Erythrozyten, Leukozyten, Epithelzellen und Zylinder sowie Bakterien aus unzentrifugiertem Harn gewonnen werden.

19.2.2.5 Osmolalität, Leitfähigkeit, Spezifisches Gewicht

Die Erfassung der renalen Konzentrierungsfähigkeit stellt eine Basisuntersuchung dar. Üblicherweise wird hierzu die Bestimmung der Harnosmolalität empfohlen. Daneben werden aber auch das spezifische Gewicht und die Dichte bestimmt, um die renale Konzentrierungsfähigkeit abzuschätzen.

Osmolalität

Die Osmolalität, als Verfahren zur Erfassung der osmotisch aktiven Teilchen wird in Osmol/kg H_2O (Teilchen pro Masseneinheit Wasser) angegeben. Davon muss man die Osmolarität unterscheiden, die in Osmol/l (Teilchen pro Lösungsmittelvolumen) angegeben wird. Harnstoff, Ammoniak und monovalente Ionen sind für die Höhe der Osmolalität verantwortlich. Die Messung der Osmolalität erfolgt nach dem Prinzip der Gefrierpunktsernierigung.

Diagnostische Wertigkeit: Die maximale Diurese kann zu einer Harnosmolalität unter 50 mOsmol/kg H_2O führen. Der konzentrierte Morgenurin nach einer Wasserrestriktion über Nacht sollte bei Normalpersonen zu einer Osmolalität von mindestens 700 mOsmol/kg H_2O führen. Bei chronischen Nierenversagen bleibt der Urin mit einem Wert von 300–350 mOsmol/kg H_2O isoton.

Leitfähigkeit (relative)

Die Messung der Leitfähigkeit einer Urinprobe, da mittels neuer Messgeräte kontinuierlich erfassbar, wurde neuerdings zur Überwachung der Nierenfunktion vorgeschlagen. Erfasst wird die Ionenstärke vor allem der Natrium-, Kalium-, Chlorid- und Phosphationen.

Diagnostische Wertigkeit: Kontinuierliche Messung der Leitfähigkeit erlaubt eine stetige Erfassung der Nierenfunktion. Dies ist vor allem bei Intensivpatienten wünschenswert, um frühzeitig Hinweise auf ein akutes Nierenversagen zu erhalten.

Tabelle 19.10: Messgrößen zur Erfassung der Konzentration des Urins.

	Osmolalität	Leitfähigkeit	spezifisches Gewicht
Untersuchungsmaterial	Spontanurin	Spontanurin	Spontanurin
Stabilität bei RT	3 Stunden	3 Stunden	3 Stunden
bei 4–8 °C	7 Tage	7 Tage	7 Tage
Referenzintervalle	mOsmol/kgH_2O	µSi/l	g/g
Neugeborene	40–250		1001–1008
Säuglinge	50–600		1002–1018
Erwachsene	300–1400		1010–1042

Spezifisches Gewicht (Dichte)

Unter spezifischem Gewicht (Dichte, relative Dichte) werden verschiedene Messverfahren, die unterschiedliche Analyte erfassen, fälschlicherweise subsummiert. Das klassische Verfahren ist die Aräometrie (Urometer), das über die Eintauchtiefe eine Aussage über die Dichte der Lösung erlaubt. Erfasst werden vor allem Glukose, Phosphat und Karbonat. Teststreifen: Durch Freisetzung von Protonen (H^+) aus einem Polyelektrolyten durch Na^+ und K^+ im Urin wird die Farbe des pH-Indikators auf dem Teststreifen verändert. Je höher die Salzkonzentration, um so mehr Protonen werden freigesetzt.

Diagnostische Wertigkeit: Der Teststreifen kann nur als grobe Orientierung dienen. Vor allem im ambulanten Bereich hat er sich bei Therapieüberwachung (Flüssigkeitsüberwachung) von Steinträgern und zur Erfassung von Manipulationen (wie Verdünnungen des Urins bei Drogensüchtigen) bewährt.

19.2.2.6 Proteine

Auf der Basis neuer Erkenntnisse hat sich die Bewertung einer Proteinurie in den letzten Jahren grundlegend geändert. Proteinurie kann im Rahmen einer renalen Grunderkrankung nicht als „Epiphänomen" betrachtet werden, sondern sie ist ein selbstständiger, pathogenetisch wichtiger Faktor in der Progression einer Nierenerkrankung.

Als Grenzwert der physiologischen Proteinurie gilt 100 mg/l. Für den Ausschluss einer pathologisch erhöhten Proteinurie wird die Untersuchung des ersten Morgenurins empfohlen, da dieser höher konzentriert ist und orthostatische sowie körperliche Belastungen als Ursache weitgehend ausgeschlossen werden können. Eine mit den üblichen Teststreifen nachweisbare Proteinurie erfasst jedoch erst Proteinurien ab 150–300 mg/l Albumin. Da Albumin normalerweise nur ca. 10–15 % des Eiweißes im Harn ausmacht (ca. 2–20 mg/l), müssen empfindlichere Nachweismethoden angewandt werden, um geringe Proteinurien zu erfassen. Aus der Diskrepanz zwischen klinisch relevanter, aber mit dem konventionellen Teststreifen nicht erfassbarer Albuminurie ergab sich historisch der sprachlich unglückliche, aber inzwischen weltweit verwendete Begriff „Mikroalbuminurie".

Prärenale Proteinurie

Unter diesem Begriff versteht man eine hohe Ausscheidungsrate filtrierbarer kleinmolekularer Proteine, die vermehrt im Plasma vorliegen. Beispiele sind freie Leichtketten als Bence-Jones-Proteinurie im Rahmen einer monoklonalen Gammopathie, Myoglobin bei Rhabdomyolyse oder Hämoglobin bei intravasaler Hämolyse.

Freie Leichtketten (Bence-Jones-Proteinurie)

Zum Nachweis und Differenzierung von freien Leichtketten (Kappa, Lambda) bei Patienten mit einer monoklonalen Gammopathie wird die Immunfixation und die Quantifizierung von freien Leichtketten sowohl im Serum als auch im Urin eingesetzt.

Myoglobin

Myoglobin wird bei Verdacht auf ein akutes Nierenversagen, verursacht durch Freisetzung von großen Mengen an Myoglobin (Myolyse), bestimmt. Der Urinteststreifen auf Blut weist Myoglobin ab einer Konzentration von 0,5 mg/l nach. Diagnostische Wertigkeit: Zur Verlaufskontrolle bei Myolyse.

Renale Proteinurie

Renale Proteinurien kann man in glomeruläre, gemischt glomerulär-tubuläre und tubuläre Proteinurien unterteilen. Das Proteinmuster wird dabei von der glomerulären Filterfunktion und der tubulären Reabsorptionsfähigkeit bestimmt.

Als Messgrößen werden zusätzlich zu der traditionellen Messung des Gesamteiweißes Einzelproteine eingesetzt, da nur sie eine Differenzierung der Ursachen der Proteinurie erlauben (Abb. 19.15).

Gesamteiweiß

Die Gesamteiweißbestimmung dient als unspezifisches Verfahren zur Abschätzung einer Pro-

Tabelle 19.11: Urinproteine.

	Gesamteiweiß	Albumin	α_1-Mikroglobulin	α_2-Makroglobulin	IgG
Material	Spontanurin Sammelurin	Spontanurin	Spontanurin	Spontanurin	Spontanurin
Stabilität bei RT bei 4–8 °C	1 Tag 7 Tage	7 Tage 1 Monat	7 Tage 1 Monat		1 Tag 7 Tage
Referenzintervalle	< 100 mg/l < 100 mg/24 h < 100 mg/g Kreatinin	< 30 mg/24 h < 20 mg/g Krea	< 14 mg/g Krea	< 7 mg/g Krea	< 10 mg/g Krea

teinurie. Da nicht alle Proteine im Urin durch die verschiedenen Verfahren zu 100 % erfasst werden, kann das Ergebnis nur zur groben Abschätzung dienen. Daneben dient die Gesamteiweißkonzentration als Plausibilitätsuntersuchung für die Summe der Einzelproteine.

Albumin

Albumin mit einem Molekulargewicht von 67 kD stellt das Leitprotein bei der Differenzierung einer Proteinurie dar. Als negativ geladenes Protein wird es nur in geringen Mengen glomerulär filtriert und zu über 95% rückresorbiert. Erhöhungen können entweder renal (glomerulär, tubulo-interstitiell) oder postrenal verursacht werden. Eine unauffällige Konzentration schließt eine aktive Nierenparenchymerkrankung mit nahezu 100 % Wahrscheinlichkeit aus.

α_1-Mikroglobulin

Als Marker für tubuläre Funktionsstörungen ist mit der Bestimmung des kleinmolekularen Proteins (32 kD) α_1-Mikroglobulin erstmals möglich, tubulointerstitielle Nephropathien im Frühstadium zu erfassen oder mit hoher Sicherheit auszuschließen. Auch akute und chronische Formen der tubulären Insuffizienz (alle Formen des primären und sekundären Fanconi-Syndroms), Schwermetallintoxikationen, nephrotoxische Nebenwirkungen von Therapeutika und Abstoßungsreaktionen nach Nierentransplantation lassen sich mit diesem Test mit bisher nicht bekannter Sicherheit ausschließen. Für den Einsatz dieses diagnostischen Verfahrens spricht auch, dass die herkömmlichen Teststreifen auf Protein tubuläre Proteinurien nicht erfassen können.

α_2-Makroglobulin

α_2-Makroglobulin stellt ein hochmolekulares Protein mit einem Molekulargewicht von ca 720 kD dar. Als Proteinaseinhibitor wird es glomerulär physiologisch nur in geringsten Mengen filtriert und liegt deshalb im Harn unter 4 mg/l, der Detektionsgrenze der Nephelometrie.

Diagnostische Wertigkeit: Es kann bei fortgeschrittenen glomerulären Erkrankungen ansteigen, ist jedoch typischerweise bei postrenalen Hämaturien im Urin erhöht (s. u.).

IgG

Immunglobulin G (IgG) mit einem Molekulargewicht von ca. 150 kD wird in geringen Mengen glomerulär filtriert und proximal tubulär zu nahezu 95% rückresorbiert. Die Messung im Harn wurde zur Erfassung der Selektivität der glomerulären Basalmembran empfohlen.

Diagnostische Wertigkeit: Renale Ursache: Eine erhöhte Ausscheidung von IgG findet man als Hinweis auf eine strukturelle Veränderung der glomerulären Basalmembran (nicht selektive glomeruläre Proteinurie, IgG/Albumin > 0,03).

Postrenale Ursachen: Eine erhöhte Ausscheidung findet man bei Entzündungen im Bereich der ableitenden Harnwege (Zystitis) oder im Rahmen einer postrenalen Hämaturie (IgG/Albumin > 0,2)

19.3 Spezielle Krankheitsbilder und diagnostische Strategien

19.3.1 Differenzierung verschiedener Proteinurieformen

19.3.1.1 Renale Proteinurie

Renale Proteinurien kann man in glomeruläre, gemischt glomerulär-tubuläre und tubuläre Proteinurien unterteilen. Das Proteinmuster wird dabei von der glomerulären Filterfunktion und der tubulären Reabsorptionsfähigkeit bestimmt (Abb. 19.15).

19.3.1.2 Glomeruläre Proteinurie

Reine Albuminurien mit Verlust der Ladungsselektivität findet man u. a. bei einer Minimalchange-Glomerulopathie, bei frühen Formen von Immunkomplex-Nephritiden und im Stadium III der diabetischen Nephropathie. Selektive glomeruläre Proteinurien sind prognostisch günstiger einzustufen als unselektive glomeruläre Proteinurien, die ein Hinweis auf strukturelle Änderungen der Basalmembran sind. Ursache sind häufig Immunkomplexablagerungen, proliferative Umbauvorgänge, Schlingensynechien der Glomeruli, Halbmondbildungen der Bowman'schen Kapsel und progrediente Nephrosklerosen. Die Prognose (bei Glomerulopathien) ist meist dann ungünstig, wenn zusätzlich eine chronische tubuläre Komponente hinzukommt. Das Muster entspricht dann einer gemischten unselektiven glomerulären und tubulären Proteinurie. Diagnostische Erwartungsgruppen sind zum Beispiel nekrotisierende Glomerulonephritiden bei Systemerkrankungen wie z. B. Systemischem Lupus erythematodes, bei anderen Vaskulitiden oder bei Amyloidosen.

19.3.1.3 Tubulointerstitielle Proteinurien

Bei tubulointerstitiellen Proteinurien ist die Früherkennung von ähnlicher Bedeutung wie bei glomerulären Erkrankungen.

Als Marker für tubuläre Störungen werden einerseits Enzyme aus den Tubuluszellen (zum Beispiel N-Acetyl-β, D-glukosaminidase[β-NAG]), andererseits kleine Proteine, sogenannte Mikroproteine (z. B. α_1-Mikroglobulin, Retinol-bindendes Globulin, β_2-Mikroglobulin, Cystatin C, Lysozym) empfohlen.

Während die Tubulusenzyme (β-NAG) im Urin etwas über den akuten Schädigungsgrad des Tubulus aussagen können, spiegelt die Ausscheidungsrate des α_1-Mikroglobulins die Resorptionskapazität des Tubulus wider.

19.3.1.4 Gemischt glomeruläre und tubuläre Proteinurien

Glomeruläre und tubuläre Proteinurien finden sich bei kombinierten Störungen des glomerulären Filters und des interstitiellen Kompartimentes. Der tubuläre Anteil bei einer nephrotischen Albuminurie (> 3000 mg pro Tag) muss dabei nicht Ausdruck eines histologischen Schadens des Interstitiums sein, sondern kann auch als das Resultat der massiven Albuminurie zu interpretieren sein (funktionelle Überlaufproteinurie).

Tabelle 19.12 stellt die Proteinurieformen und die diagnostischen Erwartungsgruppen zusammen. Bei allen genannten Erkrankungen finden sich Übergänge zwischen den einzelnen Typen der Proteinurie.

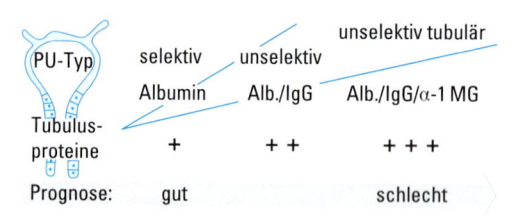

PU-Typ	selektiv	unselektiv	unselektiv tubulär
	Albumin	Alb./IgG	Alb./IgG/α-1 MG
Tubulusproteine	+	+ +	+ + +
Prognose:	gut		schlecht

Abb. 19.13: Glomeruläre und tubuläre Marker und ihre prognostische Wertigkeit bei chronischen Glomerulopathien. PU: Proteinurie: α-1MG: α_1-Mikroglobulin (mod. nach Hofmann W., Edel H. H., Guder W. G., Ivandic M., Scherberich J. E., Harnuntersuchungen zur differenzierten Diagnostik einer Proteinurie. D. Ärzteblatt, 2001; 98: A 756–63).

19.3.1.5 Postrenale Proteinurie und Hämaturie

Physiologischerweise besteht ca. 1/3 der Eiweißausscheidung aus hochmolekularen Proteinen, die als Ausscheidungsprodukte von der Niere (z. B. Tamm-Horsfall-Protein) und distalen Organen wie der Blase (z. B. sekretorisches

IgA, IgG) in den Harn abgegeben werden. Von dieser physiologischen Proteinurie müssen postrenale Formen, die im Rahmen von Entzündungen (Zystitis, Prostatitis etc.) auftreten, getrennt werden. Ihre Ausscheidungsmuster unterscheiden sich von renalen bzw. prärenalen Proteinurien: Hochmolekulare Proteine liegen hier typischerweise in höherer und dem Plasma vergleichbaren Verhältnissen zu niedermolekularen Proteinen vor. Neben der Proteinurie deutet eine gleichzeitig bestehende Hämaturie und/oder Leukozyturie auf eine Blutung oder Entzündung als Ursache der Proteinurie hin.

Bei einer Hämaturie können durch nicht invasive Verfahren prärenale, renale und postrenale Formen unterschieden werden. Dabei deutet die Phasenkontrastmikroskopie dysmorpher Erythrozyten bei einer Akanthozytenzahl $> 10\%$ auf eine glomeruläre Hämaturie hin. Zur Differenzierung einer renalen von einer postrenalen Hämaturie hat sich die zusätzliche Bestimmung von α_2-Makroglobulin und IgG bewährt. Bezieht man die Ausscheidung beider Proteine auf die Albuminausscheidung, so ergibt sich bei postrenalen Hämaturien für α_2-Makroglobulin ein Quotient zwischen $2{,}0-20 \times 10^{-2}$ und für IgG zwischen $20-180 \times 10^{-2}$. Bei glomerulären Hämaturien liegen die Quotienten zwischen $0{,}01-2{,}0 \times 10^{-2}$ (α_2-Makroglobulin/Albumin) und $2{,}0-20 \times 10^{-2}$ (IgG/Albumin).

In Tabelle 19.13 sind die Quotienten bei verschiedenen Formen der Hämaturie dargestellt.

Tabelle 19.12: Proteinurie und mögliche diagnostischen Erwartungsgruppen.

selektive glomeruläre Proteinurie
- minimal-change Glomerulopathie
- membranöse Glomerulonephritis, Grad I
- fokal segmentale Glomerulonephritis, Stadium I
- IgA-Nephritis (plus tubuläre Komponente)
- Stadium III der diabetischen Nephropathie

unselektive glomeruläre Proteinurie
- rapid progressive Glomerulonephritis
- proliferative Glomerulonephritis (Vaskulitiden)
- membranproliferative Glomerulonephritis
- epimembranöse Glomerulonephritis, Grad II und III
- fokal segmentale Glomerulonephritis, Grad II und III
- Stadium III und IV der diabetischen Nephropathie
- arterielle Hypertonie, benigne Nephrosklerose
- EPH-Gestose

unselektive glomeruläre plus tubuläre Proteinurie
- renale Amyloidose
- Gold-Nephropathie, D-Penicillamin-Glomerulonephritis
- diabetische Nephropathie (Stadium IV und V)
- membranproliferative Glomerulonephritis
- systemische Vaskulitiden mit Nierenbeteiligung
- akute Nierentransplantatabstoßung

tubuläre Proteinurie
- „Pyelonephritis", interstitielle Nephritis
- Analgetika-Nephropathie
- tubulotoxische Nephropathie (Aminoglycoside, Cisplatin, Kadmium, Quecksilber, Blei, Lithium)
- Fanconi-Syndrom(e), renal tubuläre Azidose (Typ II)
- Myelomniere
- Chromoproteinniere (Malaria tropica, Rhabdomyolyse)

19.3.2 Spezielle Krankheitsbilder

19.3.2.1 Glomerulopathien

Die Glomerulopathien werden eingeteilt in
- Primäre Glomerulopathie, Veränderungen der Glomerula ohne Zeichen einer Systemerkrankung.
  Beispiele: rasch progrediente Glomerulonephritis, Goodpasture-Syndrom, IgA-Nephropathie
- Sekundäre Glomerulopathie, Veränderung der Glomerula im Rahmen einer Systemerkrankung

Tabelle 19.13: Entscheidungskriterien zur Differenzierung der Hämaturie bei Albuminurie über 100 mg/l.

Hämaturietyp	IgG/Albumin mg/mg	α_2-Makroglobulin/ Albumin mg/mg	α_1-Mikroglobulin/ Albumin mg/mg
glomerulär	unter 0,2	unter 0,02	unter 1
tubulointerstitiell	über 0,2	unter 0,02	über 1
postrenal	über 0,2	über 0,02	unter 1

– Beispiele: diabetische Nephropathie, systemischer Lupus erythematodes, Morbus Wegener, Nephrosklerose bei Hypertonus

Glomerulonephritis

Die Glomerulonephritiden führen mit einem Anteil von ca. 15 % zu einer terminalen Niereninsuffizienz. Bei vielen Glomerulonephritiden ist eine immunologische Genese nachgewiesen. Eine immunologische Schädigung der glomerulären Funktion ist möglich durch:
– Ablagerung zirkulierender Antigen-Antikörper-Komplexe (z. B. beim systemischen Lupus erythematodes).
– Verbindung zirkulierender Antikörper mit Antigenen, die im Glomerulus abgelagert werden (einige Formen der chronischen Glomerulonephritis).
– Bildung von Antikörpern gegen Bestandteile der glomerulären Basalmembran (Anti-GBM-Nephritis beim Goodpasture-Syndrom).
– zelluläre Immunreaktionen: durch Einwanderung von Entzündungszellen und Freisetzung von Lymphokinen kann die Filtrationsfunktion der Basalmembran beeinträchtigt werden (Minimal-Change-Glomerulopathie).

Bei Kontakt eines Organismus mit einem exogenen (Viren, Bakterien, Medikamente etc.) bzw. endogenen Antigen (Kollagen, Tumorantigenen etc.) werden spezifische Antikörper gegen diese Strukturen gebildet, die dann zum Auftreten von Immunkomplexen führen. Je nach Größe und Ladung der Immunkomplexe können die Komplexe die Basalmembran permeieren und sich auf der transepithelialen Seite ablagern. Große Komplexe können die Basalmembran nicht durchdringen und lagern sich zwischen Endothel oder im Mesangium ab. Diese Immunkomplexe können ihrerseits verschiedene Mediatorensysteme (z. B. Komplement) in Gang setzen und so zu einer Schädigung des glomerulären Filters führen.

Leitsymptom einer gestörten Filtration bei einer Glomerulonephritis sind Proteinurie, Hämaturie und Zylindrurie.

Die Diagnose einer primären Glomerulopathie fußt in der Regel auf einer Nierenbiopsie.

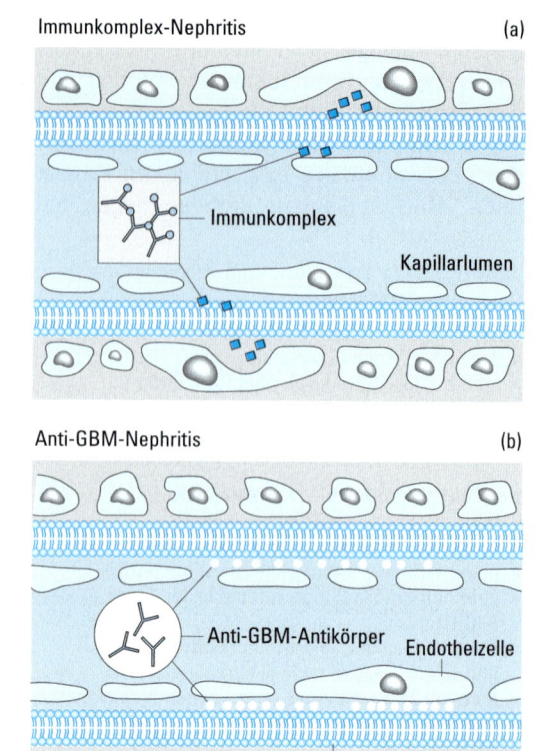

Abb. 19.14: Entstehung von Glomerulonephritiden (a) Immunkomplex-Nephritis, (b) Anti-GBM-Nephritis (modifiziert nach Dade Behring, Proteindiagnostik 1991).

Die Labordiagnostik kann bei der Erstdiagnose, aber auch in der Verlaufsbeobachtung wichtige Informationen liefern, die auch eine prognostische Aussage ermöglichen. Therapeutische Maßnahmen sind ebenfalls von der Histologie und dem Verlauf der Erkrankungen abhängig.

Diabetische Nephropathie und Nephrosklerose

Die diabetische Nephropathie als sekundäre Glomerulopathie, ist eine der wichtigsten Ursachen der chronischen Niereninsuffizienz. Über 30 % der Dialysepatienten (Abb. 19.1) leiden an den renalen Komplikationen dieser Stoffwechselerkrankung. Aber nur etwa 30–40 % aller

Tabelle 19.14: Stadien der diabetischen Nephropathie und charakteristische Befunde.

Stadium		Zeitverlauf	Befunde
I	Hypertrophie	Diabetesdiagnose	Hyperfiltration, große Nieren
II	histologische Nierenveränderungen	2–5 Jahre	Verdickung der Basalmembran
III	beginnende Nephropathie	10–15 Jahre	Mikroalbuminurie, Blutdruckanstieg
IV	manifeste Nephropathie	10–25 Jahre	persistierende Proteinurie, GFR-Abnahme
V	Niereninsuffizienz	15–30 Jahre	Proteinurie, Serum-Kreatinin erhöht

Diabetiker (Typ 1 und 2) entwickeln in einem Zeitraum von 5–30 Jahren eine klinisch bedeutsame diabetische Nephropathie. Neben metabolischen Ursachen scheint eine genetische Disposition mitverantwortlich für die Entstehung zu sein.

Die Entwicklung der diabetischen Nephropathie kann auf Grund des gesetzmäßigen Auftretens verschiedener Stadien beschrieben werden. Nach Mogensen unterscheidet man 5 Stadien bei der Entstehung einer diabetischen Nephropathie (Tab. 19.14).

Stadium I und II sind durch Hyperfiltration mit Vergrößerung (Hypertrophie) der Niere und Veränderungen der Basalmembran im Sinne einer Verbreitung und Abnahme der negativen Ladungsträger (Heparansulfat) gekennzeichnet. Diese beiden Stadien können durch Laboruntersuchungen nicht erfasst werden. Stadium III ist durch die sogenannte „Mikroalbuminurie" charakterisiert. Diese ist definiert als eine persistierende leicht erhöhte Albuminausscheidung im Urin von 20–200 μg/min, entsprechend ca. 20–200 mg/l. Die Mikroalbuminurie gilt heute als wichtigster Frühindikator für das Auftreten einer diabetischen Nephropathie. Eine intensivierte Behandlung und spezifische medikamentöse Intervention (z. B. ACE-Hemmer oder AT_1-Rezeptorantagonisten) kann eine sich entwickelnde Nephropathie im relativ frühen Stadium, dem sog. Stadium III noch stoppen oder die weitere Entwicklung zur terminalen Insuffizienz ganz wesentlich hinauszögern.

Demgegenüber weist der übliche Urinteststreifen Albumin erst im Stadium IV ab 150–300 mg/l nach. Das Erkennen einer solchen *„Makroalbuminurie"* ist aber eine Spätdiagnose, denn zu diesem Zeitpunkt ist die Nephropathie des Diabetikers bereits manifest und häufig nicht mehr reversibel, die Nierenfunktion nimmt kontinuierlich ab und eine Niereninsuffizienz (Stadium V) ist unvermeidlich.

Eine solche abnehmende Nierenfunktion gilt nicht nur für Diabetiker, sondern auch für Patienten mit unbehandeltem oder nicht ausreichend behandeltem Bluthochdruck. Auch Hypertoniker ohne Diabetes mellitus haben eine höhere Albuminkonzentration im Urin als Normotoniker. Hierbei wird der Nierenfunktionsverlust beschleunigt u. a. durch hämodynamische Faktoren, die zu einer Erhöhung des intraglomerulären Druckes und damit durch Hyperfiltration der Restglomerula (Restnephrone) zur Hypertrophie und schließlich zur **Glomerulosklerose** führen. Proteinurie wird hierbei durchaus auch als pathogenetisches Prinzip ursächlich diskutiert. Daher besteht der Therapieansatz in einer Senkung des systemischen und intraglomerulären Drucks.

19.3.2.2 Nephrotisches Syndrom

Das nephrotische Syndrom kann als besondere Verlaufsform einer Vielzahl primärer und sekundärer Erkrankungen der Niere gesehen werden. Es ist typisiert durch eine Proteinurie über 3,5 g pro Tag und eine durch den Proteinverlust bedingte Trias von Hypoalbuminämie, Ödem und Hyperlipoproteinämie. Die Proteinurie ist meist (90 % bei Kindern und 64 % der Erwachsenen) vom selektiv glomerulären Typ. Die Erhöhung der Lipoproteine erklärt man durch die renale Elimination eines Inhibitors der hepatischen Lipoproteinsynthese sowie eine verlängerte biologische Halbwertszeit der Lipoproteine. Durch Infusion hyperonkotischer Albuminlösung wird die Hyperlipoproteinämie normalisiert.

Die klinisch-chemische Diagnostik besteht in der Messung von Protein im 24 h Urin und der

Messung von Albumin, Cholesterin und Triglyceriden im Blut.

19.3.2.3 Akutes und chronisches Nierenversagen

Ein akutes Nierenversagen kann aus prä-, intra- und postrenalen Urachen entstehen. Die akute Drosselung der glomerulären Funktion hat dabei eine lebenserhaltende Wirkung, da ohne funktionierende Rückresorption der Körper innerhalb weniger Stunden am Verlust von Wasser und Salzen sterben würde.

Prärenale Pathomechanismen: Die häufigste Ursache ist ein Absinken des Blutdrucks mit Verminderung der glomerulären Clearance. Durch reaktive Erhöhung von Vasopressin und Aldosteron wird die Retention von Natrium gesteigert und die Konzentration des Harns erhöht.

Intrarenale Pathomechanismen: Jede akute Nierenerkrankung kann zum akuten Nierenversagen führen. Dazu gehören glomeruläre Erkrankungen in der akuten Verlaufsform ebenso wie tubulotoxische Störungen der Resorptionsfunktion, die über den tubuloglomerulären Feedback durch das Renin-Angiotensin-System zur Verminderung der glomerulären Filtration beitragen.

Postrenale Pathomechanismen: Durch Verlegung der ableitenden Harnwege, z. B. durch Steine oder Tumoren wie das Prostataadenom kommt es zur Erhöhung des intratubulären Drucks und Resorptionsfunktion mit sekundärer Reduktion der glomerulären Filtration.

Chronisches Nierenversagen nennt man eine andauernde Reduktion der glomerulären Funktion von über 50 % mit chronisch erhöhten Blutkonzentrationen aller harnpflichtigen Substanzen. Diese als Urämie bezeichnete Situation führt innerhalb weniger Monate zum Tode, wenn sie nicht durch Nierenersatztherapie behandelt wird. Diese besteht in wöchentlicher Hämo- oder Peritonealdialyse, wenn nicht durch erfolgreiche Nierentransplantation die normale Konzentration der harnpflichtigen Substanzen wieder hergestellt wird. Eine Urämie auch unter Dialysebehandlung führt jedoch zu spezifischen Sekundärerkrankungen, die durch nicht eliminierbare „Urämietoxine" oder Mangelerscheinungen verursacht werden. Von diesen Pathomechanismen sei die Ausbildung eines sekundären Hyperparathyreoidismus und Vitamin-D-Mangel mit Osteopathie, die renale Anämie durch Mangel von Erythropoietin und die Amyloidose durch Vermehrung von β_2-Mikroglobulin erwähnt.

Klinisch-chemische Diagnostik: Für alle Formen des akuten Nierenversagens ist die Reduktion der Harnmenge auf unter 400 ml pro Tag typisch (Oligurie). Diese dauert von wenigen Stunden bis zu 2 Wochen und wird von einer polyurischen Phase abgelöst, die durch niedrige Dichte des Urins charakterisiert ist. Parallel steigt Kreatinin auf über 2 mg/dl im Blut an und bleibt auch während der diuretischen Phase erhöht. Die Erhöhung der glomerulären Filtration und ein Absinken der urämischen Konzentrationen von Cystatin C, Kreatinin und Harnstoff kann sich über viele Monate bis zu zwei Jahren hinziehen. Beim chronischen Nierenversagen kann eine Erhöhung des Kreatinins über 5 mg/dl über eine Woche eine Indikation zur Dialysebehandlung sein. Die Überwachung der Behandlung der Nierenersatztherapie ist Gegenstand der nephrologischen Weiterbildung.

19.3.2.4 Harnwegsinfekte

Akute Harnwegsinfektion

Harnwegsinfektionen sind die häufigsten bakteriellen Infektionen des Menschen. Im Erwachsenenalter findet man sie in einer Häufigkeit von 4–5 % bei Frauen. Mit zunehmendem Alter steigt diese Zahl auf 10–12 % an. Bei Männern ist der Harnwegsinfekt vor dem 50. Lebensjahr eine Seltenheit. Ab dem 50. Lebensjahr steigt wegen zunehmender Zahl an Prostaterkrankungen die Häufigkeit an. Als Symptome stehen Harndrang, Schmerzen beim Wasserlassen und suprapubische Schmerzen im Vordergrund.

Wichtigster uropathogener Keim ist Escherichia coli, der sich bei 80–90 % der ambulanten und mehr als 50 % der stationären Patienten nachweisen lässt. Seltener finden sich Proteus, Klebsiellen, Enterobacter und Enterokokken.

Chemische, mikroskopische und mikrobiologische Untersuchungen des Urins stehen im Vordergrund der Diagnostik.

Leukozyten, Keimzahlbestimmung und Nachweis antibakterieller Stoffe im Urin

Leukozyturie und/oder Bakteriurie stellen ein häufiges Symptom der akuten und chronischen Infektion der ableitenden Harnwege dar.

Der erfolgreiche Nachweis einer Bakteriurie setzt voraus, dass eine antibakterielle Therapie nach Möglichkeit mindestens drei Tage vor der Urinuntersuchung abgesetzt wurde.

Harn ist normalerweise weitgehend keimfrei. Bei aseptischer Harngewinnung durch suprapubische Blasenpunktion sind deshalb schon geringe Keimzahlen als Harnweginfekt zu werten. Bei Mittelstrahl- und Katheterurin muss man infolge Kontamination mit einer Keimzahl von 10.000/ml rechnen.

Als signifikante Bakteriurie gelten Keimzahlen ab 100.000/ml frisch gelassenem Mittelstrahlurin. Keimzahlen zwischen 10.000 und 100.000/ml sind verdächtig auf Harnweginfekt und erfordern Kontrolluntersuchungen. Trotz einer Keimzahl von weniger als 10.000/ml kann aber eine chronische Pyelonephritis vorliegen, z. B. wenn die Entzündungsherde in der Niere weitgehend abgekapselt sind oder wenn eine Polyurie besteht. Neben anderen Untersuchungen können besonders Leukozyturie und Leukozytenzylinder diagnostische Hinweise geben.

Der Nachweis von antibakteriellen Stoffen im Urin, d. h. das Wissen, ob in dem untersuchten Urin antibakterielle Stoffe vorhanden sind, ist mitentscheidend für die Beurteilung einer Keimzahlbestimmung im Urin. Verschiedene Untersuchungen haben gezeigt, dass bei Patienten, bei denen aufgrund der Medikamentenanamnese keine Hemmstoffe zu erwarten waren, in bis zu 30 % der Fälle antibakterielle Stoffe im Urin nachgewiesen wurden. Unabhängig von der Herkunft der antibakteriellen Stoffe im Urin haben diese für die Interpretation des bakteriologischen Befundes eine große Bedeutung: Nicht erkannt, können sie zu Fehlinterpretation der Keimzahlbestimmung führen.

Diese Befunde trugen mit dazu bei, dass in den Verfahrensrichtlinien der Deutschen Gesellschaft für Hygiene und Mikrobiologie (DGHM) für Urinuntersuchungen empfohlen wird, bei jeder Keimzahlbestimmung im Urin gleichzeitig einen Test zum Nachweis von antibakteriellen Stoffen im Urin mitzuführen.

Nur wenn das Vorhandensein von Hemmstoffen mit Sicherheit ausgeschlossen werden kann, ist der Keimzahlbefund uneingeschränkt zu verwenden.

Therapeutisch wird die akute unkomplizierte Harnwegsinfektion mittels Einmalgabe von z. B. Trimethoprim, Sulfamethoxazol oder Gyrasehemmern behandelt. Bei Reinfektionen wird auch die dreimalige Gabe empfohlen.

Pyelonephritis

Akute Pyelonephritis: Hierbei handelt es sich um eine Infektion der Niere mit Bakteriurie. Ursächlich handelt es sich um eine aszendierende Infektion mit uropathogenen Keimen, meist E. coli. Fieber, Flankenschmerzen und dysurische Beschwerden finden sich bei der Mehrzahl der Patienten. Neben Leukozyturie, Bakteriurie kann das typische tubuläre Muster bei der Urineiweißdifferenzierung hinweisend sein.

Chronische Pyelonephritis: Hinweise für eine tubulointerstitielle Nephritis, Bakteriurie und typische Röntgenveränderungen mit Kelchdeformierung stellen die Befundkombination bei einer chronischen Pyelonephritis dar. Auch hier kann die Urineiweißdifferenzierung mit dem typischen tubulären Proteinmuster hinweisend sein.

19.3.2.5 Diagnostik bei Nierensteinträgern

Steinanalyse und Steinmetaphylaxe

Bei Harnsteinträgern ist neben der **Steinanalyse** mit Infrarotspektroskopie oder Röntgendiffraktion die Überwachung der Ausscheidung lithogener und inhibitorischer Substanzen im Rahmen der **Harnsteinmetaphylaxe** von Bedeutung. Neben **Kalzium, Phosphat, Oxalat und Harnsäure** als lithogene Faktoren wird die Bestimmung von **Zitrat und Magnesium** als

Tabelle 19.15: Empfehlung eines Minimalprogramms zum Ausschluss von Erkrankungen der Nieren und ableitenden Harnwege.

Messgröße	Ausschlussfunktion
Albumin	glomeruläre Erkrankung
α_1-Mikroglobulin	tubuläre Erkrankung
Blut	Blutung, Myoglobinurie, Hämoglobinurie
Leukozytenesterase	bakterielle Entzündung
Gesamteiweiß	Plausibilitätskontrolle, Aufdeckung prärenaler Proteinurien
Kreatinin, spezifisches Gewicht, Leitfähigkeit	Bezugsgröße

inhibitorische Komponenten des **Urins** empfohlen.

19.3.3 Diagnostische Strategien

Ausschluss von Nierenerkrankungen siehe Tabelle 19.15.

19.3.3.1 Differenzierung der Proteinurie

Eine zusammenfassende Strategie der Urinuntersuchung ist in Tabelle 19.16 dargestellt.

Bei positivem Ergebnis der Eiweiß-, Albumin- und/oder α_1-Mikroglobulinbestimmung liegt eine Proteinurie vor, d. h. eine erhöhte Ausscheidung von Plasmaeiweißen im Urin. Dieser Befund kann durch quantitative Bestimmung folgender Proteine differenziert werden:

Gesamteiweiß, Albumin, α_1-Mikroglobulin und ggf. IgG und α_2-Makroglobulin. Die Untersuchungen können aus spontanem Morgenurin durchgeführt werden, wenn Schwankungen der Harnkonzentration durch Bezug des Ergebnisses auf Urin-Kreatinin ausgeglichen werden.

Prärenale Proteinurie

Verdacht auf eine **prärenale Proteinurie** liegt vor, wenn bei einer Eiweißausscheidung von über 300 mg/l das Albumin weniger als 30 % des Gesamteiweißes ausmacht. Diese „Proteinlücke" kann durch Bence-Jones-Proteinurie, Myoglobinurie oder Hämoglobinurie bedingt sein, die durch spezifische immunologische Verfahren bestätigt werden müssen. Da sowohl die Myoglobinurie als auch die Hämoglobinurie durch ein positives Bluttestfeld angezeigt werden, das auch nach Zentrifugation des Harns bleibt, ist bereits auf der Ebene des Screenings eine Verdachtsdiagnose möglich. Darüber hinaus besteht bei Myoglobinurie im Blut eine Erhöhung der Muskelenzyme (z. B. Kreatinkinaseaktivität im Blut), bei prärenaler Hämoglobinurie eine Hämolyse mit Anstieg des freien Hä-

Tabelle 19.16: Differenzierung von Proteinurie, Leukozyturie, Hämaturie.

Proteinurie (Gesamtprotein und/oder Albumin und/oder α_1-Mikroglobin positiv)	Leukozyturie (Leukozytenesterase positiv)	Hämaturie (Hämoglobin positiv)

IgG
NAG
– prärenale Proteinurie
– glomeruläre Proteinurie
  (selektiv, nichtselektiv)
– tubuläre Proteinurie
– wenn Alb/TP < 0,3 und
  Gesamtprotein > 300 mg/l
  Verdacht auf prärenale
  Proteinurie
	Sediment
	Mikrobiologie
	IgG
	NAG
	– Entzündungen im Bereich
	  der oberen bzw. unteren
	  Harnwege
	– Kontamination
		Sediment
		Phasenkontrastmikroskopie
		α_2-Makroglobin
		IgG
		– renale (glomerulär oder
		  interstitiell) oder postrenale
		  Hämaturie
		– Verdacht auf prärenale
		  Genese

moglobins im Plasma und Absinken von Haptoglobin bei erhöhter Laktatdehydrogenaseaktivität > 300 U/l im Blut.

Glomuläre Proteinurie

Eine **glomeruläre Proteinurie** ist durch erhöhte Albuminausscheidung charakterisiert. Albumin stellt bei dieser Form der Proteinurie typischerweise 70 bis 90 % des Gesamteiweißes im Harn, während α_1-Mikroglobulin meist noch normal ist. Erst bei einem über 100fachen Anstieg der Albuminurie liegt bei primären Glomerulopathien immer auch eine Erhöhung des tubulären Markers vor als Ausdruck der Überlastung der rückresorbierenden Tubuli (Abb. 19.15).

Tubuläre Proteinurie

Die Erkennung der tubulären Komponente einer Proteinurie erfolgt mit dem Leitprotein α_1-Mikroglobulin. Jede Erhöhung dieses Proteins im Urin weist auf eine Funktionseinschränkung der tubulären Proteinresorption hin. Diese ist je nach Ausmaß der Albuminurie als primär tubulointerstitielle Proteinurie oder als sekundär tubulointerstitielle Beteiligung bei einer glomerulären Proteinurie zu bewerten. Bei primär interstitiellen Nephropathien (z. B. durch Analgetika-Abusus) ist die Albuminurie selten über 1000 mg/g Kreatinin, jedoch die α_1-Mikroglobulinurie meist deutlich über dem Normalbereich. Eine Erhöhung der Ausscheidung dieses Proteins über 100 mg/g Kreatinin bei einer Albuminurie unter 1 g/g Kreatinin kann nahezu als Beweis für eine tubulointerstitielle Nephropathie gelten. Diese muss unterschieden werden von akut tubulotoxischen Schäden, wie sie z. B. im Rahmen von Nebenwirkungen tubulotoxischer Medikamente auftreten. Dies kann durch Messung des Tubulusenzyms N-Acetyl-β, D-glukosaminidase (NAG) oder anderer Enzyme aus dem proximalen Tubulus geschehen, deren Aktivität im Urin in akut tubulotoxischen Situationen deutlich erhöht ist, während die Enzymaktivität bei chronisch interstitiellen Nephropathien oder Narbenstadien früherer toxischer Nierenschäden normal bleibt (Abb. 19.15).

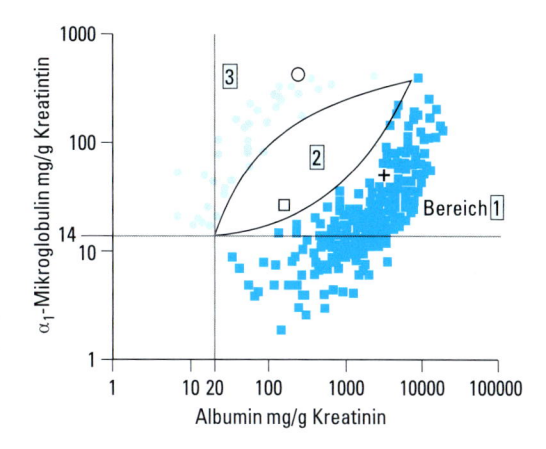

Abb. 19.15: Albumin- und α_1-Mikroglobulin-Ausscheidung bei Patienten mit primärer Glomerulopathie (Bereich 1), sekundärer Nephropathie C (Bereich 2) und tubulointerstitielle Nephropathie (Bereich 3). Einzeln dargestellt ist die Ausscheidungsrate bei einem Patienten mit IgA-Nephropathie (+), einer Patientin mit diabetischer Nephropathie (□) und mit Analgetika-Nephropathie (○) (aus Hofmann W., Edel H.H., Guder W.G., Ivandic M., Scherberich J.E., Harnuntersuchungen zur differenzierten Diagnostik einer Proteinurie. D. Ärzteblatt 2001; 98: A 756–63 oder C 605–12).

Postrenale Proteinurie

Die postrenale Proteinurie ist fast immer mit einer gleichzeitigen Hämaturie vergesellschaftet. Ab einer Albuminausscheidung von > 100 mg/l, also noch im „mikroalbuminurischen Bereich" kann mit der Messung von α_2-Makroglobulin im Urin zwischen postrenal und renal bedingten Proteinurien unterschieden werden (siehe Hämaturie). Sonst wird die Differenzierung der Erythrozyten im Phasenkontrastmikroskop empfohlen.

19.3.3.2 Differenzierung der Hämaturie

Prärenal

Mit dem Bluttestfeld des Harnteststreifens sind Erythrozyten, freies Hämoglobin und Myoglobin nachweisbar. Wenn einem positiven Testfeld keine Erythrozyten im Harnsediment entsprechen, muss man zunächst **prärenale Ursachen** ausschließen. Freies Hämoglobin und Myoglobin ergeben nach Zentrifugation des Urins ein gleich positives Signal im Überstand. Die verschiedenen Ursachen sind durch entsprechende spezielle Untersuchungen zu differenzieren (siehe prärenale Proteinurie).

Renal

Renale Hämaturien sind charakterisiert durch besonders geformte sogenannte dysmorphe Erythrozyten, die sich im Phasenkontrast mikroskopisch erkennen lassen (Abb. 19.12).

Eine besondere Form, der Akanthozyt, wurde als charakteristische Zellform glomerulärer Hämaturien beschrieben. Darüber hinaus kann eine glomeruläre Proteinurie bei gleichzeitiger Hämaturie auf eine glomeruläre Erkrankung hindeuten.

Postrenal

Postrenale Blutungen zeigen normal geformte Erythrozyten im Phasenkontrast-Mikroskop. Sie sind von einer postrenalen Proteinurie begleitet, die auch große Plasmaproteine enthält, welche nicht glomerulär filtriert werden. Ist die Albuminausscheidung größer als 100 mg/l und der Teststreifen für Hämoglobin dreifach positiv, so kann die Differenzierung der Hämaturie auf der Basis unterschiedlicher Quotienten von IgG, α_2-Makroglobulin und α_1-Mikroglobulin zu Albumin erfolgen (Tab. 19.13). Mit dieser Strategie können alle Hämaturien mit begleitender Proteinurie aus einer Urinprobe differenziert werden, eine Möglichkeit, die bisher nur mit invasiven und aufwendigen Untersuchungsverfahren möglich war.

19.3.3.3 Differenzierung der Leukozyturie

Die differenzialdiagnostische Abklärung der Leukozyturie umfasst neben der Prüfung der Proteinurie, Hämaturie und Nitriturie im Wesentlichen mikrobiologische Untersuchungen. Zunächst kann durch das Harnsediment eine massive Keimbesiedlung erkannt werden und die Anwesenheit von phagozytierenden Granulozyten als Ausdruck einer bakteriellen Infektion die Verdachtsdiagnose bestätigen.

Bei positivem Leukozytentest und klinischer Indikation sollte eine Keimzahlbestimmung sowie Differenzierung der Keime erfolgen. Die Bestimmung der Keimzahl erfolgt mit geeigneten Nährbodenträgern. Keimzahlen ab 100.000 (10^5)/ml im frisch gelassenen Mittelstrahlurin gelten als signifikante Bakteriurie. Der Vergleich des Ergebnisses des Nitrittests mit der Keimzahlbestimmung gibt unter Umständen wichtige Hinweise auf die Art des Erregers: E. coli, Proteus, Pseudomonas aeruginosa und Klebsiellen bilden Nitrit, während Enterokokken, Candida und Staphylococcus aureus Nitrat nicht zu Nitrit reduzieren können. Mischinfektionen und falsch negative Nitritergebnisse erlauben jedoch keine sichere Aussage über die Art des Erregers. Daher ist zur Identifizierung des Erregers und zur Anfertigung eines Antibiogramms eine bakteriologische Abklärung aus einer steril entnommenen Harnprobe Voraussetzung für eine kausale Therapie.

20 Atmung

C. Vogelmeier

Die Atmung dient dem Austausch von Gasen zwischen Luft und Organismus. Dieser Austausch beruht auf dem harmonischen Ineinandergreifen der Komponenten Ventilation, Diffusion, Perfusion und Gewebestoffwechsel (Abb. 20.1). Im Folgenden soll die Pathophysiologie der äußeren Atmung behandelt werden. Mit äußerer Atmung ist der Gasaustausch aus der Luft in die Zirkulation und zurück gemeint. Neben den o. g. Faktoren spielen hierfür das Verhältnis von Ventilation und Perfusion und die Atemregulation (Tab. 20.1) eine dominierende Rolle.

Für das Verständnis der Pathophysiologie ganz entscheidend ist die Kenntnis verschiedener Methoden, die eine Analyse einzelner Komponenten der Atmung und der Effizienz des gesamten Systems ermöglichen. Daher sollen diese Verfahren im Folgenden dargestellt werden. Darüber hinaus sollen Verfahren zur Darstellung kommen, die uns den Zugang zu Zellen aus der Lungenperipherie bzw. eine bildliche Darstellung der Feinstruktur der Lunge erlauben.

20.1 Analyse der Ventilation

In Abbildung 20.2 sind die wesentlichen statischen und dynamischen **Lungenvolumina** dargestellt.

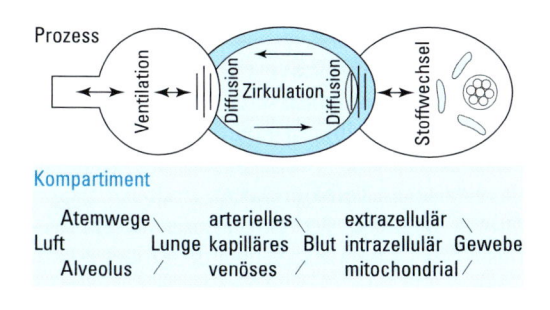

Abb. 20.1: Schematische Darstellung des Gastransports zwischen Luft und Gewebe mit den einzelnen Kompartimenten.

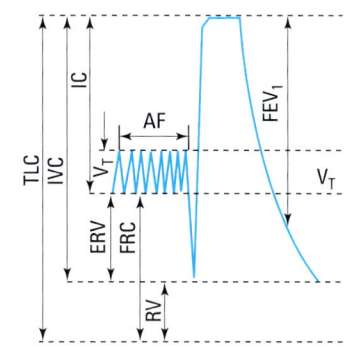

Abb. 20.2: Statische und dynamische Lungenvolumina (TLC: Totale Lungenkapazität, IVC: Inspiratorische Vitalkapazität, IC: Inspiratorische Kapazität, V_T: Tidalvolumen = Atemzugvolumen, ERV: Exspiratorisches Reservevolumen, FRC: Funktionelle Residualkapazität, RV: Residualvolumen, AF: Atemfrequenz, FEV_1: exspiratorisches Volumen in der ersten Sekunde.

Tabelle 20.1: Komponenten der äußeren Atmung.

Ventilation
Diffusion
Perfusion
Ventilations-Perfusionsverhältnis
Atemregulation

20.1.1 Die Spirometrie

Die **Spirometrie** (Abb. 20.3) ist das historisch älteste Verfahren der Lungenfunktionsdiagnostik. Sie dient dazu statische und dynamische Lungenvolumina zu messen. Mittels der Spiro-

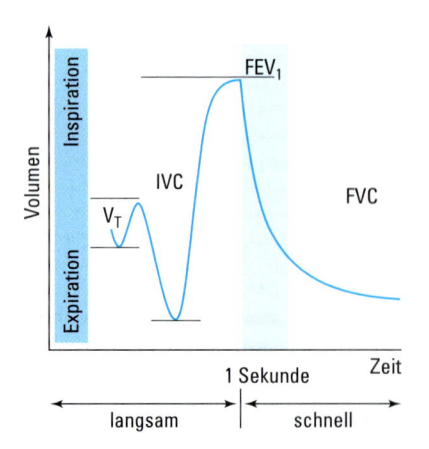

Abb. 20.3: Schematisierte Darstellung eines Spirogramms mit Atemzugvolumen (V_T), inspiratorischer Vitalkapazität (IVC), exspiratorischem Volumen in der ersten Sekunde (FEV_1) und forcierter Vitalkapazität (FVC). Für die Bestimmung von V_T und IVC atmet der Patient langsam, für die Bestimmung von FEV_1 und FVC mit maximaler Geschwindigkeit.

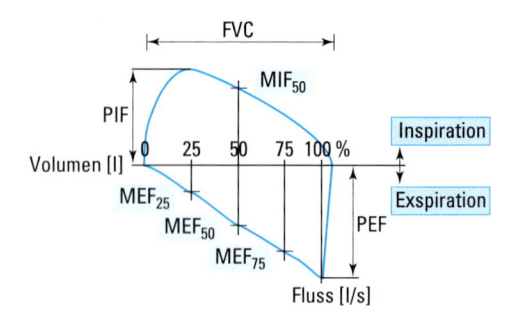

Abb. 20.4: Schematische Darstellung der in- (IN) und exspiratorischen (EX) Fluss-Volumenkurve. Durch forcierte Inspiration wird der inspiratorische Spitzenfluss (PIF) und der maximale inspiratorische Fluss bei 50 % der Vitalkapazität (MIF_{50}) bestimmt, durch forcierte Exspiration werden der exspiratorische Spitzenfluss (PEF), sowie die exspiratorischen Flüsse bei 25 % (MEF_{75}), 50 % (MEF_{50}) und 75 % (MEF_{25}) ausgeatmeter Vitalkapazität (FVC = Forcierte Vitalkapazität) erfasst.

metrie kann festgestellt werden, ob eine obstruktive oder eine restriktive Ventilationsstörung vorliegt. Der international am häufigsten gemessene Lungenfunktionsparameter ist das in der ersten Sekunde forciert ausgeatmete Volumen (**FEV_1**). Dieser Parameter ist deshalb so weit verbreitet, weil er leicht zu messen ist, eine hohe Reproduzierbarkeit aufweist und zumindest bei der chronisch obstruktiven Lungenerkrankung (COPD) mit der Prognose korreliert ist.

Es ist aber zu beachten, dass eine Verminderung des FEV_1 keineswegs dem Nachweis einer obstruktiven Ventilationsstörung gleichkommt. Entscheidend für die Differenzierung zwischen restriktiven und obstruktiven Ventilationsstörungen ist das Verhältnis zwischen FEV_1 und Vitalkapazität. Häufig wird dazu die bei forcierter Exspiration gemessene Vitalkapazität (FVC) herangezogen, die aber selbst durch eine obstruktive Ventilationsstörung beeinflusst wird. Liegt eine Obstruktion vor, wird die FVC im allgemeinen kleiner gemessen als die bei Ruheatmung erfasste inspiratorische Vitalkapazität (IVC). Wird der Quotient FEV_1/FVC gebildet, kann möglicherweise eine obstruktive Ventila-

tionsstörung maskiert werden. Besser ist es den Quotienten FEV_1/IVC zu bestimmen. Technisch wird dazu heutzutage ein **Pneumotachograph** verwendet, der eine Messung der Flüsse am Mund ermöglicht und daraus durch Integration eine Volumenberechnung erlaubt.

Mit diesem Gerät ist auch die Aufzeichung der Fluss-Volumenkurve (Abb. 20.4) möglich. Die **Fluss-Volumenkurve** gestattet – im Gegensatz zur Volumen-Zeit-Schreibung der klassischen Spirometrie – die Beschreibung der atemmechanischen Verhältnisse am Ende der Exspiration. Während der exspiratorische Spitzenfluss (PEF) eine Aussage über die großen Atemwege ermöglicht, charakterisieren die exspiratorischen Flüsse bei 50 % (MEF_{50}) und 75 % (MEF_{25}) ausgeatmeter Vitalkapazität die Obstruktion in der mitarbeitsunabhängigen Endphase der Exspiration. Diese beschreibt vorwiegend die Obstruktion der kleinen Atemwege (Durchmesser < 2 mm).

20.1.2 Die Bodyplethysmographie

Die **Bodyplethysmographie** (Abb. 20.5) stellt das beste Verfahren zur Bestimmung des **Atem-**

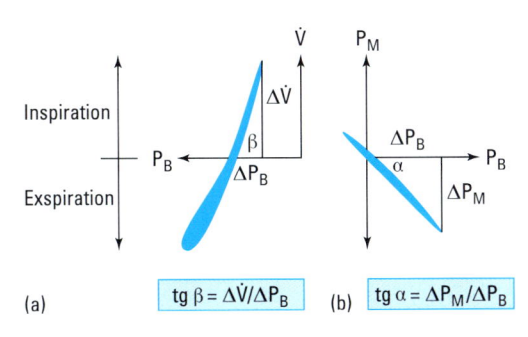

Abb. 20.5: Bestimmung des Atemwegswiderstandes (R_{aw}) mit der Ganzkörperplethysmographie. (A) Die Volumenänderung der Lunge in In- und Exspiration bewirkt eine Änderung des Kammerdrucks (ΔP_B). Simultan wird mit einem Pneumotachographen die Flussänderung am Mund ($\Delta \dot{V}$) registriert. (B) Danach wird ein Ventil im Atemrohr geschlossen. Die Druckänderungen in der Kammer (ΔP_B) werden gegen die Druckänderungen am Mund (ΔP_M) aufgetragen.

(a) $\text{tg }\beta = \Delta\dot{V}/\Delta P_B$ (b) $\text{tg }\alpha = \Delta P_M/\Delta P_B$

wegswiderstandes dar. Weiter kann damit das intrathorakale Gasvolumen quantifiziert werden. Für Patienten mit sehr schwerer Atemwegsobstruktion ist von Bedeutung, dass für die Messung keine forcierten Manöver erforderlich sind und damit nicht das Risiko einer Verschlechterung der Obstruktion durch die Messung („Spirometrieasthma") besteht. Ein weiterer Vorteil ist die relative Unabhängigkeit der erhaltenen Werte von der Mitarbeit des Probanden. Der Proband befindet sich mit dem ganzen Körper (daher „Body"-Plethysmographie) in einer luftdicht verschließbaren Kammer. Grundsätzlich berechnet sich der Atemwegswiderstand wie ein Ohm'scher Widerstand, also als Quotient aus Spannung (= Druckdifferenz) und Stromstärke (= Atemfluss). Die Atemluft wird durch einen Pneumotachographen geleitet, damit kann der Atemfluss in In- und Exspiration gemessen werden. Über Drucksensoren werden die Druckänderungen in der Kammer registriert, die durch die Atembewegungen ausgelöst werden. Diese Druckänderungen geben gewissermaßen ein Negativ der Alveolardruckänderungen wieder. Die gleichzeitige Registrierung von Fluss und Druck ergibt die „Resistanceschleife". Aus ihr kann der Winkel β abgeleitet werden.

Das so gewonnene Diagramm lässt noch keine Rückschlüsse auf den bronchialen Strömungswiderstand zu, da es statt des Alveolardrucks den Kammerdruck enthält. Deshalb muss festgestellt werden, welcher Alveolardruck welcher Änderung des Kammerdrucks entspricht. Dazu ist es erforderlich, Kammerdruck und Alveolardruck gegeneinander zu registrieren. Der Alveolardruck entspricht dem Munddruck, wenn das Atemrohr verschlossen ist und damit keine Strömung und kein Druckgefälle mehr möglich ist. Technisch wird dazu ein Ventil aktiviert, das das Atemrohr verschließt, und der Proband aufgefordert, gegen diesen Widerstand zu atmen. Die jetzt festgestellten Druckänderungen in der Kammer (ΔP_B) werden gegen die Druckänderungen am Mund (ΔP_M) registriert (Verschlussdruckkurve). Die Steigung der erhaltenen Geraden ($\text{tg }\alpha$) wird durch die Steigung der Fluss-Druck-Kurve ($\text{tg }\beta$) dividiert. Der gewonnene Wert entspricht dem Atemwegswiderstand ($\text{tg }\alpha / \text{tg }\beta = R_{aw}$).

Aus der Verschlussdruckkurve lässt sich noch ein zweiter Parameter bestimmen, das **intrathorakale Gasvolumen** (IGV). Wird das Atemrohr am Ende einer normalen Inspiration verschlossen, entspricht das jetzt im Thorax befindliche Gasvolumen beim Gesunden der funktionellen Residualkapazität (FRC). Während mit den Fremdgasmethoden zur Bestimmung der FRC nur Volumina erfasst werden können, die in offener Verbindung mit dem Bronchialsystem stehen, gehen bei der bodyplethysmographischen Messung des IGV alle intrathorakal gelegenene Gasvolumina ein, auch wenn sie nicht mit dem Tracheobronchialbaum in Verbindung stehen. IGV und FRC sind damit nur bedingt vergleichbar. Bei obstruktiven Ventilationsstörungen ist das IGV sehr häufig höher als die FRC. Die bodyplethysmographische Messung des IGV beruht auf dem Boyle-Mariotte-Gesetz, wonach das Produkt aus Druck (P) und Volumen (V) unter isothermen Bedingungen konstant ist. Bei Verschluss des Atemrohrs ist V das im Moment des Verschlusses im Thorax befindliche Volumen (= IGV). Über eine Eichkonstante kann aus der Verschlussdruckkurve das IGV abgeleitet werden.

Der Atemwegswiderstand ist abhängig vom Volumen. Diese Volumenabhängigkeit muss berücksichtigt werden, sonst besteht die Gefahr, dass bei Probanden mit geringen Volumina (Kinder, Patienten mit restriktiven Ventilationsstörungen) fälschlich eine Obstruktion der Atemwege konstatiert wird. Diese Volumenkorrektur erfolgt durch Angabe der **spezifischen Resistance** (sR_{aw}), die das Produkt aus R_{aw} und IGV darstellt, oder der spezifischen Conductance (sG_{aw}), dem Kehrwert der sR_{aw}. Im Übrigen können mit dem Bodyplethysmographen auch die Messgrößen der Spirometrie erfasst werden.

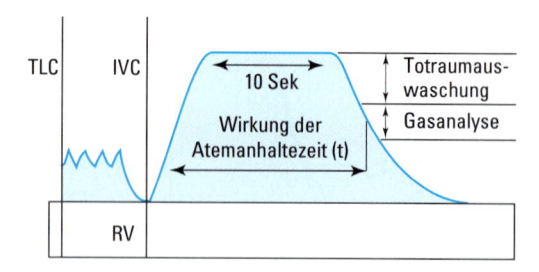

Abb. 20.6: Analyse der Gasaustauschfähigkeit der Lunge über Bestimmung des Transferfaktors für Kohlenmonoxid mit der Einatemzugsmethode (TLC: Totale Lungenkapazität, IVC: Inspiratorische Vitalkapazität, RV: Residualvolumen).

20.1.3 Die Analyse der Diffusion

Die Analyse der **Diffusion** ist bei allen Erkrankungen von Bedeutung, die eine Veränderung der Diffusionsstrecke (z. B. fibrosierende Lungenerkrankungen) und/oder der Diffusionsfläche (z. B. Emphysem) und/oder des Kapillarbetts (z. B. pulmonale Hypertonie) erwarten lassen.

Die Messung der **Diffusionskapazität** (Transferfaktor) für Sauerstoff ist mess- und rechentechnisch komplex. Aus diesem Grund wird für die Analyse der Diffusion Kohlenmonoxid verwendet, das eine sehr hohe Affinität zu Hämoglobin aufweist. Der Austausch von Kohlenmonoxid zwischen der Alveolarluft und dem Blut wird im Wesentlichen nur von der Beschaffenheit der alveolokapillaren Membran determiniert. Damit eignet sich die Kohlenmonoxidaufnahme des Blutes aus einem Luftgemisch, das eine definierte Kohlenmonoxidkonzentration enthält, als Maß für die Diffusionskapazität.

Es werden zwei Messverfahren unterschieden: **Die Ein-Atemzug (single breath)-Methode** (Abb. 20.6) und die **Steady-state-Methode**. Bei der Ein-Atemzug-Methode wird ein Gasgemisch, bestehend aus 0,3 % Kohlenmonoxid, ca. 10 % Helium und Luft eingeatmet, die Luft bei maximaler Inspiration für zehn Sekunden (Apnoephase) angehalten und danach ausgeatmet. In der Ausatemluft werden die Gaskonzentrationen analysiert. Die Kohlenmonoxidaufnahme während der Apnoe ist ein Maß für die Diffusionskapazität.

Die Steady-state-Methode beruht darauf, dass Patienten bei Ruheatmung über eine Reihe von Atemzügen unter Bestimmung des Atemminutenvolumens ein Testgas angeboten wird bis ein steady state erreicht ist.

Die Ein-Atemzug-Methode ist schneller und besser reproduzierbar, allerdings können eine Reihe von Patienten nicht zehn Sekunden die Luft anhalten, andere haben so geringe Lungenvolumina, dass das notwendige Totraumauswaschvolumen nicht erreichbar ist.

Vielfach wird die Diffusionskapazität in Bezug auf die Lungengröße normiert, mithilfe des sogenannten Diffusions- oder Transferkoeffizienten. Hierbei wird die Diffusionskapazität durch das Lungenvolumen zum Zeitpunkt der Apnoe dividiert (D_L/V_A; T_L/V_A). Zumindest ist eine Normierung auf die Körperoberfläche sinnvoll.

20.1.4 Die Blutgase

Die **Blutgase** geben die Effizienz von Ventilation, Diffusion, Perfusion und Ventilations-Perfusionsverhältnis wider. Die Blutgase zeigen üblicherweise aber erst bei fortgeschrittenen Krankheitsstadien pathologische Veränderungen. Sie sind somit nicht geeignet als Mittel der Frühdiagnostik. Allerdings können latente Störungen durch Belastungsuntersuchungen offengelegt werden.

Tabelle 20.2: Kapilläre Blutgase.

Regel	sehr gute Übereinstimmung zwischen arteriellem Blut und Kapillarblut aus dem hyperämisierten Ohrläppchen hinsichtlich PaO_2, $PaCO_2$ und pH.
Ausnahme	Kreislaufzentralisation/Schock
Voraussetzung	korrekte Entnahme und Aufarbeitung der Kapillarblutproben
Fehlerquellen	unzureichende Hyperämisierung oberflächliche Punktion falsche Probenlagerung fehlende Temperaturkorrektur

Üblicherweise wird arterialisiertes Blut aus dem hyperämisierten Ohrläppchen gewonnen. Die mit diesem Verfahren gewonnenen Werte stimmen mit den durch arterielle Punktion erhaltenen Daten sehr gut überein, sofern der Patient nicht als Folge eines Schockzustandes eine zentralisierte Kreislaufsituation aufweist. Die Blutabnahme erfolgt mittels heparinisierter Mikrokapillaren. Die Messung geschieht mit Mikroelektroden, die den Sauerstoffpartialdruck, den Kohlendioxidpartialdruck und den pH analysieren. Über die wesentlichen Fehlerquellen informiert Tabelle 20.2.

20.1.5 Belastungstests

Belastungstests (Tab. 20.3) werden dazu eingesetzt, Gasaustauschstörungen aufzudecken, die in Ruhe noch nicht (latent) nachweisbar sind, oder im Falle einer bereits bekannten Einschränkung des Gasaustausches um den Verlauf unter Therapie zu beurteilen. Weiter sind Belastungstests ein hervorragend geeignetes Instrument zur Beurteilung der körperlichen Fitness, weshalb sie auch insbesondere im Leistungssport zur Trainingskontrolle Anwendung finden.

Es sind grundsätzlich zwei Arten von Belastungstests zu unterscheiden:

Steady-state-Verfahren: Hier wird üblicherweise nur eine Belastungsstufe eingesetzt. Die Zeitdauer der Belastung beträgt mindestens fünf Minuten um Steady-state-Bedingungen zu erreichen. Die gebräuchlichste Belastungsform ist die Fahrradergometrie im Sitzen. Vor der Belastung und am Ende werden Blutproben aus dem kapillarisierten Ohrläppchen zur Blutgasanalyse gewonnen.

Spiroergometrie: Hier wird die Belastung in Zwei-Minutenschritten gesteigert, wenn möglich bis zur Erschöpfung. Dabei werden nicht nur die Blutgase analysiert, sondern auch die Gaskonzentrationen in der Ausatemluft bestimmt. Auf diesem Wege ist die Bestimmung von folgenden wesentlichen Parametern möglich:

- **maximale Sauerstoffaufnahme** (absolute Kurzbelastungsgrenze bei einem Blut pH von etwa 7,25 und einer Ventilation von 60–70 % des Atemgrenzwerts)
- **Anaerobe Schwelle** (Punkt an dem die Steigung der Kohlendioxidabgabekurve anfängt, die Steigung der Sauerstoffaufnahmekurve zu überschreiten. Damit wird der respiratorische Quotient > 1)
- **Dauerleistungsgrenze** (Arbeitskapazität): Belastungsstufe, bei der die metabolische Azidose ventilatorisch nicht mehr kompensiert werden kann und der pH fällt.

Tabelle 20.3: Blutgase unter Belastung.

Aussagefähigkeit	– Erkennung von Gasaustauschstörungen, die in Ruhe noch kompensiert werden können – Hinweis auf die Belastbarkeit des Patienten
Methoden	– Dauerbelastung mit einer Belastungsstufe = steady state. Konstante Belastung über 5 Minuten mit 2/3 der Sollbelastung. – Stufenbelastung – Spiroergometrie. Ziel: Ausbelastung, Messung der maximalen Sauerstoffaufnahme.

- Totraumventilation
- Sauerstoffpuls (Sauerstoffaufnahme/Herzfrequenz)
- Atemäquivalent (exspiratorisches Atemminutenvolumen/Sauerstoffaufnahme)

Mit diesen Messparametern kann festgestellt werden, ob eine Leistungslimitation primär muskulär, kardiovaskulär oder pulmonal bedingt ist:
- anaerobe Schwelle, Dauerbelastungsgrenze und maximale Sauerstoffaufnahme definieren die individuelle körperliche Belastbarkeit.
- Die maximale Sauerstoffaufnahme hat prognostische Bedeutung z. B. vor lungenchirurgischen Eingriffen (< 20 ml/kg Körpergewicht = stark erhöhtes Operationsrisiko), aber auch bei Patienten mit terminaler Herzinsuffizienz (< 12 ml/kg Körpergewicht = Transplantationsindikation).
- kardiovaskuläre Insuffizienz: anaerobe Schwelle, maximale Sauerstoffaufnahme und Sauerstoffpuls erniedrigt. Herzfrequenzanstieg in Bezug auf die Sauerstoffaufnahme zu hoch.
- pulmonale Insuffizienz: maximale Sauerstoffaufnahme erniedrigt, Ventilation erreicht Grenzwert bei submaximaler Herzfrequenz, Atemfrequenz steigt inadäquat an, Totraumventilation gesteigert.

20.1.6 Der Rechtsherzkatheter

Der **Rechtsherzkatheter** (Abb. 20.7) ermöglicht die Bestimmung von zentralvenösem Druck (ZVD), rechtem Vorhof- und Ventrikeldruck (RAP, RVP), pulmonalarteriellem Druck (PAP) pulmonalkapillarem Verschlussdruck (PCP, entspricht dem Druck im linken Vorhof), Herzminutenvolumen (HMV) und Herzindex (HMV/Körperoberfläche).

Druckmessung im Lungenkreislauf: Der Katheter wird in die Lungenstrombahn über eine der großen Körpervenen und das rechte Herz eingeschwemmt. An der Spitze des Katheters findet sich ein Druckabnehmer, der die Messung der Drucke in der Pulmonalarterie (PAP systolisch, diastolisch, Mitteldruck) erlaubt. Ein an der Katheterspitze befindlicher Ballon kann

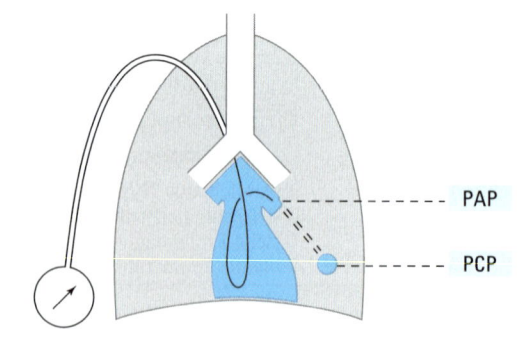

Abb. 20.7: Schematische Darstellung der Rechtsherzkatheterunterschung mit dem Swan-Ganz-Katheter.
PAP: pulmonalarterieller Druck
PCP: pulmonalkapillarer Druck

gefüllt und damit der Querschnitt des betroffenen Pulmonalarienastes verlegt werden. Der jetzt an der Spitze gemessene Druck (PCP) entspricht dem pulmonalkapillären Druck, der wiederum dem linksventrikulären enddiastolischen Druck gleicht, sofern keine Mitralstenose besteht. Damit kann bei der Rechtsherzkatheteruntersuchung nicht nur eine pulmonale Hypertonie diagnostiziert, sondern auch deren Ursache (in der Lungenstrombahn = präkapillär bzw. vom linken Herzen fortgeleitet = postkapillär) festgestellt werden.

Bestimmung des **Herzzeitvolumens**: Eisgekühlte 0,9%ige Kochsalzlösung wird in einen Schenkel des Katheters injiziert, der sich ungefähr 10 cm proximal der Katheterspitze in die Blutbahn öffnet. Von dort wird das Kochsalz mit dem Blutstrom in Richtung Katheterspitze transportiert. Dort befindet sich ein Thermistor, der den Temperaturunterschied über die Zeit analysiert. Über die Fläche unter der Temperaturkurve kann auf das Herzzeitvolumen rückgeschlossen werden.

Der **pulmonalvaskuläre Widerstand** kann auf folgende Weise aus den Rechtsherzkatheterdaten abgeleitet werden:

Pulmonalvaskulärer Widerstand (PVR)
= (PAPmittel-PCPmittel)/HMV × 80

Die Normwerte für die mit dem Swan-Ganz-Katheter erfassten hämodynamischen Daten finden sich in Tab. 20.4.

Tabelle 20.4: Normalwerte für Hämodynamik im kleinen Kreislauf unter Ruhebedingungen.

Herzminutenvolumen (l/min.)	6–8
rechtsatrialer Druck (mmHg)	4–6
pulmonalartieller Druck (mmHg)	
– systolisch	15–30
– diastolisch	3–12
– Mittel	9–16
pulmonalkapillärer Druck (mmHg)	6–9
pulmonalvaskulärer Widerstand (dyn × s × cm^{-5})	67 ± 23

20.1.7 Bronchoalveolare Lavage (BAL)

Mit der BAL steht eine Untersuchungsmethode zur Verfügung, die es ermöglicht durch Spülung peripherer Atemwege und des Alveolarraums mit isotonischer Kochsalzlösung organspezifisches Probenmaterial zu gewinnen. Da die Alveolaroberfläche mehrere 100 Mal größer ist als die Oberfläche der zugehörigen Bronchien distal des Bronchoskops, enthält die zurückgewonnene Flüssigkeit im Wesentlichen Zellen, Proteine und Lipide aus dem epithelialen Flüssigkeitsfilm der Alveolen (sofern keine schwere Bronchialobstruktion vorliegt!).

Das Fiberbronchoskop wird unter Sichtkontrolle in einen Lungenlappen lumenverschließend eingeführt („wedge"-Position) (Abb. 20.8). Danach werden normalerweise 100 ml isotoner Kochsalzlösung über den Arbeitskanal des Bronchoskops in die Lunge instilliert. Nach der Instillation eines jeden Aliquots wird die Spülflüssigkeit mit einer Saugpumpe abgesaugt und gesammelt. Im Allgemeinen wird dieser Vorgang in einem bis maximal drei Lappen vorgenommen.

Die Spülflüssigkeit wird durch sterile Gaze filtriert, um größere Schleimbeimengungen zu entfernen. Anschließend wird die Flüssigkeit wiederholt zentrifugiert. Nach Dekantierung des Überstands werden die gewonnenen Zellen in einem definierten Volumen resuspendiert und die Gesamtzellzahl bestimmt. Die Zellsuspension wird in Zytozentrifugentrichter eingebracht und zentrifugiert. Zur routinemäßigen **Zelldifferenzierung** werden die Präparate nach May-Grünwald-Giemsa gefärbt. Neben der Zelldifferenzierung hat die Bestimmung von Oberflächenantigenen auf den Zellen Bedeutung. Insbesondere die Quantifizierung von T-Helfer- und Suppressorzellen hat im Zusammenhang mit der Diagnostik der Sarkoidose Bedeutung. Dabei werden die CD4 (T-Helfer) und CD-8 (T-Suppressor) positiven Zellen mittels FACS-Analyse bzw. Immunperoxidasefärbung quantifiziert.

In Tabelle 20.5 sind Normwerte für die einzelnen Zellpopulationen in der BAL-Flüssigkeit angegeben. Dabei ist festzuhalten, dass in der Literatur keine konsistenten Zitate dahingehend aufzufinden sind. Neben kleinen Fallzahlen ist das Hauptproblem darin zu sehen, dass Zigarettenrauchen die Zellverteilung ändert – die Zahl der neutrophilen Granulozyten steigt an. Zum besseren Verständnis der zellulären Veränderungen sollen zwei Beispiele dienen. In Abbildung

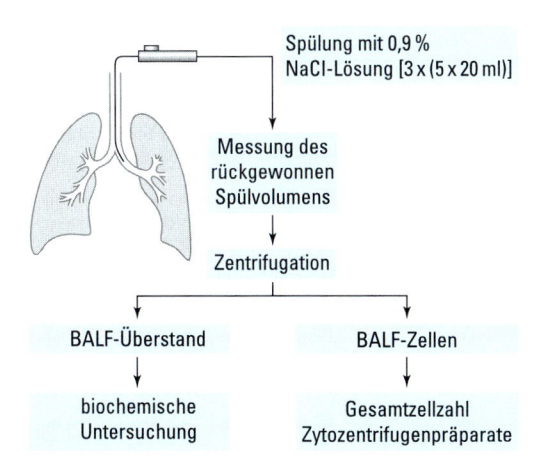

Abb. 20.8: Technik der bronchoalveolaren Lavage und Aufbereitung des gewonnenen Materials (BALF: Bronchoalveolare Lavageflüssigkeit).

Tabelle 20.5: Bronchoalveolare Lavage-Zelldifferenzial – Normalwerte für Nichtraucher.

Zelltyp	%
Alveolarmakrophagen	80–90
Lymphozyten	< 15
neutrophile Granulozyten	< 3
eosinophile Granulozyten	< 0,5

(aus: Report of the European Society of Pneumology Task Group on BAL. Technical recommendations and guidelines for bronchoalveolar lavage. Eur Respir J 1989:2, 561–585)

20.9 ist ein BAL-Zelldifferenzial zu sehen, bei dem das Bild von segmentkernigen Granulozyten (Zellen mit gelappten Kernen) dominiert wird. Daneben finden sich noch Alveolarmakrophagen (große Zellen mit großem Kern) und Lymphozyten (kleine Zellen mit rundem, dunklem Kern). Ein derartiges Zelldifferential findet sich zum Beispiel bei einer idiopathischen Lungenfibrose, aber auch eine bakterielle Entzündung kann eine Neutrophilie bewirken. In Abbildung 20.10 ist ein Zellbild zu sehen, das eine ausgeprägte Lymphozytose zeigt. Dieses Zell-

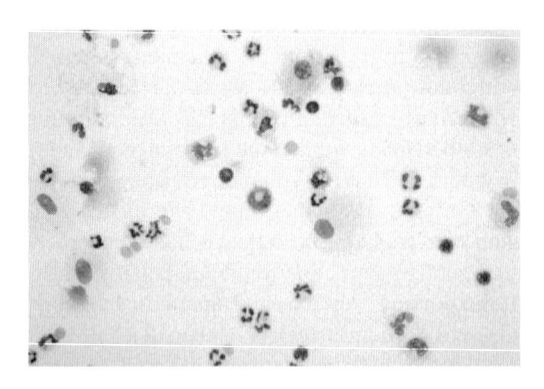

Abb. 20.9: Bronchoalveolare Lavage (BAL) – Zelldifferenzial mit Neutrophilie.

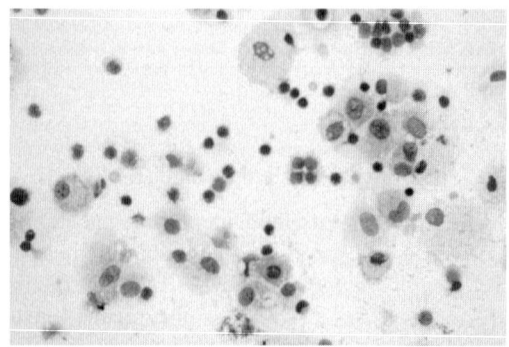

Abb. 20.10: Bronchoalveolare Lavage (BAL) – Zelldifferenzial mit Lymphozytose.

Tabelle 20.6: Bronchoalveolare Lavage Zelldifferenzial.

a) diagnostisch hilfreiche Befunde	
Befund	Verdachtsdiagnose
CD4/CD8 ↑	Sarkoidose
CD4/CD8 < 1,3	exogen-allergische Alveolitis
Lymphozyten > 50 %	exogen-allergische Alveolitis
Neutrophile ↑, bei Kontrolle einige Wochen später Lymphozyten ↑	exogen-allergische Alveolitis
Eosinophile > 25 %	eosinophile Lungenerkrankung
b) diagnoseweisende Befunde	
Befund	Diagnose
Erythrozyteneinschlüsse in Makrophagen, hämosiderinbeladene Makrophagen	alveoläres Hämorrhagiesyndrom
milchig-trübe Flüssigkeit, PAS-positive azelluläre Korpuskel	Alveolarproteinose
Tumorzellen, Lymphomzellen, Leukämiezellen	Lymphangiosis carcinomatosa Alveolarzellkarzinom, malignes Lymphom, Leukämie
Pneumocystis carinii-Zysten, zytomegal transformierte Zellen bzw. positive Immunhistochemie für Cytomegalivirus, Bakterien, Pilze	Infektion
CD1 (OKT6) > 3 %	Histiocytosis X
Lymphozytentransformationstest (LTT) mit Berylliumsalz positiv	Berylliose'

modif. nach Empfehlungen der Deutschen Gesellschaft für Pneumologie, Pneumologie 1994: 48, 311–323

bild ist z. B. vereinbar mit einer Sarkoidose oder einer exogen-allergischen Alveolitis.

Aus diesen Beispielen wird schon deutlich, dass die BAL-Befunde für sich alleine genommen eine klare diagostische Zuordnung nur in der Minderheit der Fälle ermöglichen. In Tabelle 20.6 sind die diagnostisch hilfreichen und die diagnoseweisenden BAL-Befunde aufgeführt. Aber auch bei nicht so eindeutigen Konstellationen stellt das BAL-Zelldifferenzial – neben Histomorphologie, Bildgebung und Blutuntersuchungen – einen wesentlicher Mosaikstein im Rahmen der Diagnostik interstitieller Lungenerkrankungen dar.

20.1.8 Hochauflösendes Computertomogramm (HRCT)

Neben der BAL kommt dem HRCT eine wichtige Rolle im Rahmen der Diagnostik interstitieller Lungenerkrankungen zu. Konventionelle Röntgenbilder des Thorax zeigen bei diesen Krankheitsbildern oft unspezifische Veränderungen. Es finden sich in erster Linie streifige, noduläre oder netzige Verdichtungen in beiden Lungen. Relativ krankheitstypische konventionell-radiologische Befunde ergeben sich nur bei der Sarkoidose, der Silikose, der Asbestose und der eosinophilen Lungenkrankheit.

Mit dem HRCT werden 1–2 mm dünne Schichten der Lunge dargestellt. In Tabelle 20.7 sind die Vorteile dieses Verfahrens im Rahmen der Diagnostik diffuser parenchymatöser Lungenerkrankungen aufgeführt. Das HRCT dient auch der Planung der Biopsiegewinnung. Handelt es sich um Veränderungen, die um das bronchovaskuläre Bündel zentriert sind, sollten transbronchiale Biopsien gewonnen werden. Sind die Veränderungen primär subpleural lokalisiert, empfiehlt sich in vielen Fällen der Zugangsweg über eine Thorakoskopie. Bezüglich weiterer Details zum HRCT sei auf Lehrbücher der Radiologie verwiesen.

20.2 Symptome der respiratorischen Insuffizienz

20.2.1 Dyspnoe

Dyspnoe bedeutet die Empfindung von Atemnot. Verschiedene Erkrankungen, die direkt oder indirekt das respiratorische System betreffen, können Dyspnoe auslösen. Die möglichen Ursachen sind Erkrankungen von Lunge, Thorax, Herz und zentrale bzw. psychogene Faktoren (Tab. 20.8). Dyspnoe wird zentral über die sensorische Hirnrinde ausgelöst. Dabei sind wahrscheinlich die Atemmuskelaktivität und Faktoren wie Erregungszustand und Erfahrung (die über das limbische System kommuniziert werden) von Bedeutung.

20.2.2 Orthopnoe

Unter **Orthopnoe** versteht man das Auftreten von Dyspnoe in liegender Position – nicht aber im Sitzen. Orthopnoe ist ein Zeichen für pulmonale Stauung, die zu einer Versteifung der Lunge führt, also ihre Compliance (= Dehnbarkeit) herabsetzt. Die Verminderung der Compliance im Liegen ist darauf zurückzuführen, dass ein größerer Teil der Lunge sich auf Herzhöhe oder

Tabelle 20.7: Vorteile des hochauflösenden Computertomogramms (HRCT) im Rahmen der Diagnostik interstitieller Lungenerkrankungen.

– Variabilität zwischen einzelnen Untersuchern geringer als bei konventionellen Bildgebungsverfahren.
– Ausmaß der Erkrankung abschätzbar.
– komplexe Lungenfunktionsstörungen erklärbar (z. B. Nebeneinander von Fibrose und Emphysem).
– Ansprechen auf Therapie abschätzbar (Milchglastrübung: gute Prognose, Fibrosestränge: schlechte Prognose).
– eignet sich zur Planung der Biopsiegewinnung (transbronchiale Biopsien bei Veränderungen, die um das bronchovaskuläre Bündel lokalisiert sind, videoassistierte thorakoskopische Lungenbiopsie bei peripher betonten Veränderungen).
– bei einigen Erkrankungen spezifische Veränderungen (z. B. Lymphangioleiomyomatose, Histiozytosis X).

Tabelle 20.8: Ursachen der Dyspnoe.

Störungen der Atemmechanik
- Obstruktion von Atemwegen (z. B. Asthma, COPD, zentraler Tumor)
- Störung der Compliance (= Dehnbarkeit)
  - pulmonal (interstitielle Lungenerkrankung, Linksherzinsuffizienz)
  - thorakal (pleuraler Prozess, Skeletterkrankung, Adipositas)

Erschöpfung der Atempumpe
- neuromuskulär (Poliomyelitis, Muskeldystrophie)
- Überlastung (COPD)

Steigerung des Atemantriebs
- Hypoxämie
- metabolische Azidose
- Anämie
- Stimulation pulmonaler Rezeptoren (Lungenödem, pulmonale Hypertonie, pneumonisches Infiltrat)

Totraumventilation
- Gefäßdestruktion (Emphysem)
- Gefäßobstruktion (Lungenembolie)
- psychogen (Angst, Depression)

modif. nach Stulberg, MS, Adams L., Dyspnoe in Murray, J.F., Nadel, J.A. Textbook of Respiratory Medicine, Saunders, Philadelphia, 1994

darunter befindet. Im Liegen steigen die pleuralen Druckschwankungen, die Atemarbeit und die Atemfrequenz.

Manche Patienten mit chronischen pulmonalen Erkrankungen können auch nicht auf dem Rücken liegen. Hier ist die Ursache die Schwierigkeit, im Liegen heftige Bewegungen des Thorax zu bewerkstelligen.

20.2.3 Zyanose

Zyanose bezeichnet eine bläuliche Verfärbung der sichtbaren Haut und der Schleimhäute durch eine erhöhte Konzentration an desoxygeniertem Hämoglobin. Klinisch werden folgende Formen der Zyanose unterschieden:
- **Periphere (akrale) Zyanose:** Blauverfärbung der Akren; Mundschleimhaut und Zunge sind nicht betroffen
- **Zentrale (globale) Zyanose:** Blauverfärbung von Akren, Zunge, Lippen

Die periphere Zyanose ist Folge einer vermehrten Sauerstoffausschöpfung. Diese ist in erster Linie Folge eines erniedrigten Herzzeitvolumens. Auch arterielle Stenosen und eine venöse Stase können eine Rolle spielen.

Die zentrale Zyanose kann die in Tabelle 20.9 aufgeführten Ursachen haben. Bei ausgeprägter Anämie (Hb < 7 g/dl) ist eine Zyanose nicht mit dem Leben vereinbar und wird daher klinisch nicht beobachtet. Bei deutlicher Polyglobulie (Hb > 20 g/dl) oder Polyzythämie kann eine Zyanose bereits bei einer mäßigen Sauerstoffentsättigung auftreten, da der klinische Eindruck einer Zyanose vom Absolutgehalt an desoxygeniertem Hämoglobin im Blut (≥ 5 g/dl) abhängt.

Eine Reihe von Substanzen werden in die Haut eingelagert und erzeugen dabei einen Farbeindruck wie bei einer Zyanose (Pseudozyanose). Dazu gehören Gold, Arsen und Amiodaron.

Tabelle 20.9: Ursachen der zentralen Zyanose.

- gestörter Gasaustausch (Verteilungsstörungen, Diffusionsstörung, Hypoventilation)
- Rechts-Links-Shunt
- Methämoglobinämie (induziert durch Sulfonamide, Chloramphenicol, Phenacetin, Chloroquin, Lokalanästhetika mit Cocain, Nitroglycerin)
- Denaturierung von Hämoglobin (Sulfonamide, Phenacetin)
- angeborene Hämoglobinopathien (z. B. Thalassämie, Sichelzellanämie)

20.3 Wichtige Erkrankungen

20.3.1 Obstruktive Ventilationsstörungen

Obstruktive Ventilationsstörungen können sowohl durch Störungen im Bereich der oberen Atemwege (Mund bis Kehlkopf) als auch der unteren Atemwege (distal der Stimmritze) bedingt sein (Tab. 20.10). Dabei kommen ursächlich grundsätzlich entzündliche Prozesse, Tumoren, Traumen, iatrogene Faktoren oder angeborene Störungen in Betracht. Klinisch imponieren obstruktive Ventilationsstörungen proximal der Stimmritze primär durch einen inspiratorischen Stridor, während Störungen distal der Stimmritze primär exspiratorische Nebengeräusche (trockene Rasselgeräusche) erzeugen. Die Erfahrung lehrt aber, dass auch in der Trachea lokalisierte Prozesse ein primär inspiratorisches Geräusch verursachen können.

20.3.1.1 Asthma bronchiale

Das Asthma bronchiale ist eine chronisch entzündliche Atemwegserkrankung, bei der viele Zellen und zelluläre Elemente eine Rolle spielen. Die chronische Entzündung verursacht eine Überempfindlichkeit der Atemwege, die zu rezidivierenden Episoden mit Atemnot, thorakalem Oppressionsgefühl, pfeifendem Atemgeräusch und Husten führt – besonders nachts oder am frühen Morgen. Diese Episoden gehen gewöhnlich einher mit einer variablen Atemwegsobstruktion, die oft reversibel ist – und zwar entweder spontan oder als Folge der Therapie (Global Initiative for Asthma – GINA 2002).

Exogen-allergisches Asthma bronchiale: Allergenspezifische IgE-Antikörper, die gegen ubiquitär vorkommende Inhalationsallergene gerichtet sind, sind der wichtigste bislang identifizierte Faktor in der Pathogenese des Asthma bronchiale. Die IgE-Antikörper bedingen eine Mastzelldegranulation. Gleichzeitig kommt es zu einer Aktivierung weiterer Entzündungszellen wie Makrophagen/dendritische Zellen, Th2-Zellen, neutrophilen und insbesondere eosinophilen Granulozyten. Die konzertierte Aktion all dieser Arten von Entzündungszellen bedingt eine Abschilferung des Epithels mit der damit verbundenen Möglichkeit einer Aktivierung von sensorischen Nerven. Die Atemwegsentzündung führt auf verschiedenen Wegen zur Bronchialobstruktion: Akute Bronchokonstriktion (Kontraktion von glatten Muskelzellen), Schwellung der Wand der Atemwege (Ödem durch Plasmaleckage), vermehrte Sekretbildung (Hyperkrinie), Veränderung der Sekretqualität (zähe Konsistenz; Dyskrinie) und ein Umbau der Atemwege („Airway wall remodelling"), der sich in erster Linie als eine subepitheliale Fibrose manifestiert (Abb. 20.11).

Nicht allergisches oder intrinsisches Asthma bronchiale: Patienten mit einem intrinsischen Asthma weisen negative Allergietests auf und haben keine Atopieanamnese. Auf der Basis einer epidemiologischen Untersuchung aus der Schweiz ist anzunehmen, dass bis zu einem Drittel aller Asthmafälle auf ein intrinsisches Asthma zurückgehen. Diese Asthmaform kann mit Nasenpolypen und einer Überempfindlichkeit auf nicht steroidale Antiphlogistika assoziiert sein. Der Beginn ist typischerweise erst im Erwachsenenalter, der Verlauf ist oft schwerer. Am Anfang steht häufig ein Virusinfekt.

Bislang ungeklärt ist die Ursache des intrinsischen Asthmas. Die vorgeschlagenen Mechanismen reichen von einer Autoimmunerkrankung – getriggert durch einen Infekt – bis hin zu der Vorstellung, dass auch hier eine Typ I-Allergie zugrundeliegt, wobei das Allergen bislang nicht identifiziert werden konnte. Die in der Bronchialschleimhaut nachweisbaren Arten von Entzündungszellen sind in jedem Fall identisch zu den Zellen bei exogen-allergischem Asthma (Tab. 20.11).

Tabelle 20.10: Ursachen einer obstruktiven Ventilationsstörung.

- Obstruktion der oberen Atemwege (z. B. Glottisödem, Stimmbandlähmung, Tumoren im Bereich von Stimmbändern und Trachea, Trachealstenose, Tracheomalazie)
- Obstruktion der unteren Atemwege (z. B. Asthma bronchiale, COPD, Mukoviszidose, Bronchiolitis, Bronchiektasie, stenosierender Tumor)

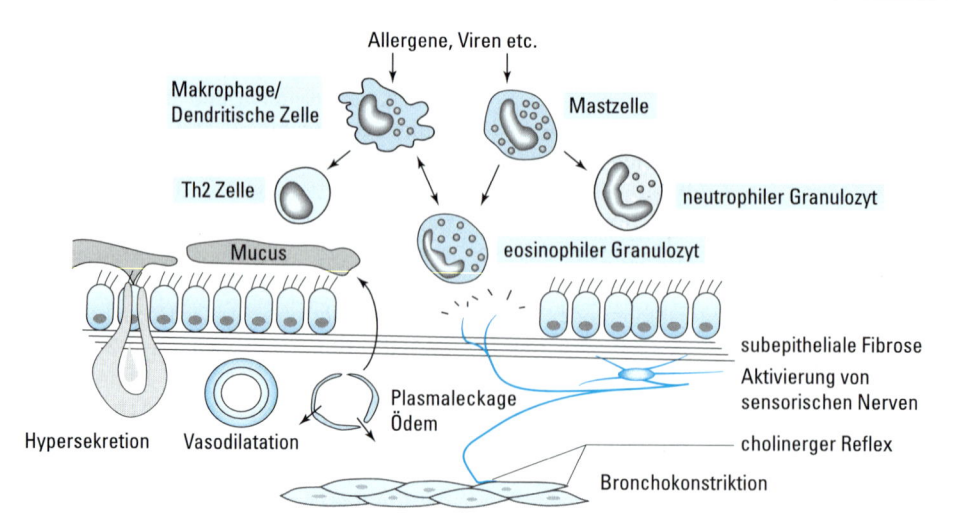

Abb. 20.11: Gegenwärtige Vorstellungen zur Pathogenese des Asthma bronchiale.

Tabelle 20.11: Vergleich exogen-allergisches vs. intrinisches Asthma bronchiale.

	exogen-allergisches Asthma	intrinsisches Asthma
Ursache	Typ I-Allergie	unbekannt
Atopieanamnese	ja	nein
nachweisbare Typ I-Allergie	ja	nein
Beginn	Kindheit/Jugend	Erwachsenenalter
Verlauf	oft benigne	oft schwer

Besteht der Verdacht auf ein Asthma bronchiale, ist aber die Lungenfunktion zum Zeitpunkt der Untersuchung unauffällig, können Provokationstests zur weiteren Abklärung eingesetzt werden. Man unterscheidet **unspezifische** und **spezifische bronchiale Provokationstests.** Die unspezifischen Testverfahren (Tab. 20.12) prüfen die Reaktionsbereitschaft der Bronchien auf chemische und physikalische Reize. Dabei weisen auch die chemischen Substanzen unterschiedliche Angriffspunkte am Bronchialsystem auf. Während z. B. Metha- und Acetylcholin direkt die glatten Muskelzellen stimulieren, wirkt Adenosinmonophosphat indirekt über eine Degranulation von Mastzellen und die damit verbundene Mediatorfreisetzung.

Inhalative Provokationstests (Abb. 20.12) mit spezifischen Allergenen ermöglichen den definitiven Beweis einer exogen-allergischen Asthmaerkrankung. Ein Allergen (hier Graspollen) wird in steigenden Dosen inhaliert und die folgende Veränderung der Lungenfunktion über etwa 6 Stunden verfolgt. Dazu können verschiedene Parameter analysiert (hier die spezifische Resistance: sR_{aw}) werden. Im Wesentlichen werden zwei Formen von positiven Reaktionen beobachtet: Die Sofortreaktion tritt innerhalb weniger Minuten nach Inhalation auf. Bei der

Tabelle 20.12: Möglichkeiten zur Prüfung der bronchialen Überempfindlichkeit.

Inhalation von
– Methacholin
– Acetylcholin
– Histamin
– Adenosinmonophosphat (AMP)
– SO_2

Gabe von β-Blockern (Propanolol)

körperliche Anstrengung

Hyperventilation

Kaltluftexposition

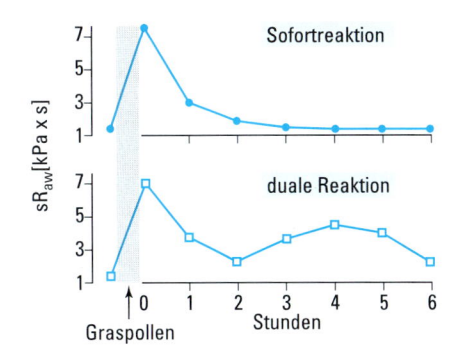

Abb. 20.12: Inhalative Allergenprovokation bei Patienten mit Verdacht auf exogen-allergisches Asthma bronchiale. (A) Isolierte Sofortreaktion, (B) Duale Reaktion.

dualen Reaktion folgt nach der Sofortreaktion ein freies Intervall, gefolgt von einer verzögerten Reaktion, die üblicherweise ab der zweiten Stunde nach Allergeninhalation beobachtet wird.

Für die Provokationstests können grundsätzlich alle oben genannten Lungenfunktionstests herangezogen werden, die eine obstruktive Ventilationsstörung abbilden. Als Positivkriterium am meisten verwendet wird die 20%ige Abnahme des FEV_1. Verwendet man die spezifische Resistance (sR_{aw}) als Erfolgsparameter, so wird im Allgemeinen eine Zunahme um mindestens 100% und auf mehr als 2 kPa × sec gefordert. Im internationalen Schrifttum wird für die Provokationstestungen auch eine Quantifizierung der Dosis-Wirkungsbeziehung angestrebt. Dazu wird meistens die Dosis der Testsubstanz angegeben, die eine 20%ige Verminderung des FEV_1 (PD_{20}) bewirkt.

20.3.1.2 Chronisch obstruktive Lungenerkrankung (COPD)

Die COPD wird definiert als eine Erkrankung, die durch eine Einschränkung des Atemflusses charakterisiert ist, die nicht komplett reversibel ist. Die Atemflusseinschränkung ist üblicherweise progredient. Die Ursache der Erkrankung ist eine abnorme Entzündungsreaktion der Lunge auf inhalierte Partikel oder Gase (GOLD, 2001).

In entwickelten Ländern sind etwa 90% der COPD-Fälle durch Zigarettenrauchen induziert. Bei bis zu 3% der Patienten liegt ein angeborener Mangel an α1-Antitrypsin (= α1-Protease-Inhibitor) zugrunde. Auch der berufliche Umgang mit Cadmium und Silikaten kann eine COPD bedingen.

Die COPD entwickelt sich typischerweise über Jahre bis Jahrzehnte (Abb. 20.13). Zunächst entstehen eine Hypersekretion und eine Ziliendysfunktion, die Husten und Auswurf verursachen. Bestehen diese Symptome über mindestens drei Monate in zwei aufeinanderfolgenden Jahren liegt nach der Definition der Weltgesundheitsorganisation (WHO) eine **chronische Bronchitis** vor. Die Entzündung der Atemwege kann in eine Obstruktion münden. Parallel dazu entwickelt sich eine irreversible Erweiterung der Atemwege distal der Bronchioli terminales, was definitionsgemäß einem Emphysem entspricht. Der Begriff COPD wurde eingeführt um dem Dilemma Rechnung zu tragen, dass bei unterschiedlichen Patienten sehr verschiedene Ausprägungen von Emphysem versus Obstruktion bestehen.

Die Endstrecke des Krankheitsbildes COPD ist eine manifeste Gasaustauschstörung, die zunächst nur als Partial-, später oft als Globalinsuffizienz imponiert. Weitere mögliche Konsequenzen sind eine pulmonale Hypertonie und ein Cor pulmonale.

Nach der gegenwärtigen Vorstellung entsteht die COPD als Folge einer Entzündung in der Lungenperipherie. Dabei werden Alveolarmakrophagen und Epithelzellen aktiviert, was zu einem Einstrom von $CD8^+$-Lymphozyten und neutrophilen Granulozyten führt. Die neutro-

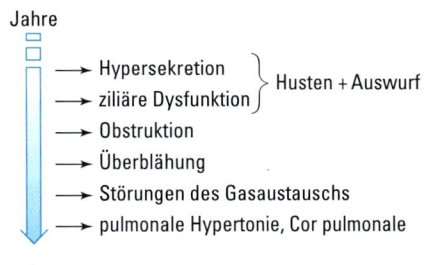

Abb. 20.13: Entwicklungsstadien einer chronisch obstruktiven Lungenerkrankung (COPD).

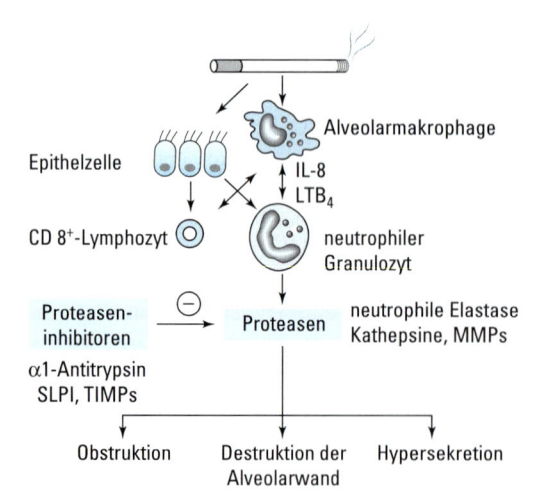

Abb. 20.14: Gegenwärtige Vorstellungen zur Pathogenese der chronisch obstruktiven Lungenerkrankung (COPD) (MMPs: Matrixmetalloproteasen, SLPI: Secretory Leukoprotease Inhibitor, TIMP: Tissue Inhibitor of Metalloproteases).

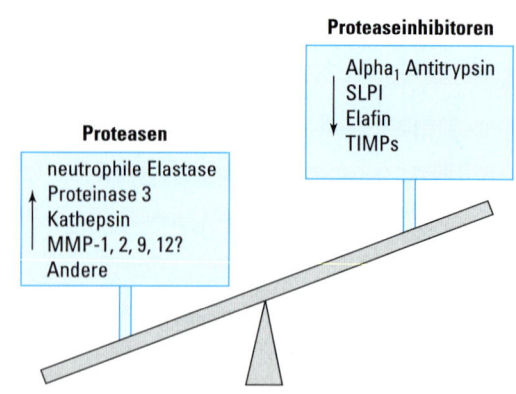

Abb. 20.15: Aktuelle Vorstellungen zur Störung der physiologischen Homöostase von Proteasen und Proteaseinhibitoren im Rahmen der Pathogenese der chronisch obstruktiven Lungenerkrankung (COPD). Es sind verschiedene Proteasen und Proteaseinhibitoren aufgeführt, denen eine pathogenetische Bedeutung für die COPD zugewiesen wird (MMP: Matrixmetalloprotease, SLPI: Secretory Leukoprotease Inhibitor, TIMP: Tissue Inhibitor of Metalloproteases).

philen Granulozyten enthalten in Granula gespeicherte Proteasen, die das Lungenparenchym schädigen können, sofern ihre potentiellen Wirkungen nicht durch Proteaseinhibitoren blockiert werden. In einem derartigen Szenario können Stütz- und Sturkturproteine der Lunge wie Elastin und Kollagen von Proteasen abgebaut werden. Gleichzeitig können Proteasen die Mucussekretion aktivieren und eine Verstärkung der Entzündung bedingen. Als Folge dieser Reaktionen resultieren eine Destruktion der Alveolarwände, eine Hypersekretion und eine Atemwegsobstruktion (Abb. 20.14).

Rückgrat der bisherigen Vorstellungen zur Pathogenese der COPD ist das sogenannte **Protease-Antiproteasekonzept** (Abb. 20.15). Im physiologischen Zustand werden die in der Lunge vorkommenden Proteasen durch ein Überangebot an Proteaseinhibitoren neutralisiert. Im Falle einer massiven Entzündung kann aber zum einen die Konzentration an freigesetzten Proteasen um ein Vielfaches ansteigen. Überwiegt die Konzentration der Proteasen die der Proteaseinhibitoren bei weitem, können die Proteasen die Inhibitoren wie ein herkömmliches Substrat behandeln und durch Proteolyse inaktivieren.

Darüber hinaus lassen sich viele Proteaseinhibitoren auch durch Oxidation hemmen. In diesem Zusammenhang ist von Bedeutung, dass entzündliche Prozesse mit der Generierung von reaktiven Sauerstoffmetaboliten einhergehen. Auch enthält Zigarettenrauch in einem Zug etwa 10^{15} reaktive Sauerstoffmetabolite. Damit kann das Proteaseinhibitorsystem partiell inaktiviert werden. Überangebot von Proteasen auf der einen und Proteaseinhibitormangel auf der anderen Seite bedingen eine Veränderung der Homöostase mit der Folge einer ungeschützten Wirkung von Proteasen.

Der Ursprung dieser Hypothese war die Entdeckung des angeborenen Mangels an α**1-Antitrypsin**, auch α**1-Proteinhibitor** genannt. Anfang der 60er Jahre hatten Laurell und Eriksson in der Serumelektrophorese einer Reihe von Individuen ein Fehlen der α1-Zacke (Abb. 20.16) bemerkt. Daraufhin veranlasste klinische Untersuchungen zeigten, dass das Fehlen der Zacke mit einem hohen Risiko verbunden ist, ein Emphysem zu entwickeln. Weitere Analysen ergaben, dass diese Zacke im Wesentlichen von einem Glykoprotein ausgemacht wird, das in der Lage ist Trypsin zu inhibieren

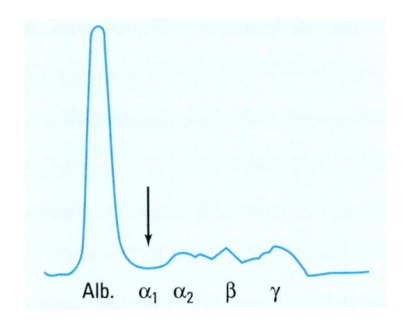

Abb. 20.16: Serumelektrophorese eines Patienten mit einem angeborenen Mangel an α1-Antitrypsin.

Lungenerkrankungen werden in Abbildung 20.18 die Volumen-Zeit-Kurven, die Fluss-Volumen-Kurven und die bodyplethysmographisch gemessenen Fluss-Druck-Kurven von Patienten mit Asthma bronchiale, COPD und Kontrollprobanden einander gegenübergestellt.

Bei Asthma bronchiale und COPD lassen sich ein vermindertes FEV_1, ein reduzierter Quotient FEV_1/FVC, ein herabgesetzter PEF und ein erhöhter Atemwegswiderstand erfassen.

Die COPD führt zusätzlich als Folge der Gewebedestruktion distal der Bronchioli terminales zu einer „schlaffen" Lunge mit verminderter elastischer Rückstellkraft. Darüber hinaus sind der intrapulmonale Druck erhöht und die Wand der Atemwege infolge der Entzündung in ihrer Stabilität beeinträchtigt. Als Konsequenz daraus kann es bereits in der frühen Exspiration zu einem Atemwegskollaps kommen, der sich in der Fluss-Volumen-Kurve als Knickbildung manifestiert. Danach wird kaum noch Volumen transportiert. Dieser Knick ist (oft) auch im Fluss-Zeitdiagramm zu sehen. In der Fluss-Druckkurve fällt neben einer Verkleinerung des Winkels zur Horizontalen (β) insbesondere eine Keulenbildung im exspiratorischen (= unteren) Schenkel auf, die Folge von gefesselter Luft ist. Bei Asthmatikern ist das Bronchialsystem im Allgemeinen strukturell nur wenig geschädigt, sodass die gerade beschriebenen Veränderungen hier nicht auftreten.

(daher der Name!). Später stellte sich heraus, dass das eigentliche Zielmolekül die **neutrophile Elastase** ist.

α1-Antitrypsin wird hauptsächlich in der Leber synthetisiert und von dort auf dem Blutweg in alle Organe transportiert. α1-Antitrypsin wird autosomal kodominant vererbt. Für das α1-Antitrypsin sind bislang schon über 100 verschiedene Phänotypen bekannt. Die bisher beobachteten (durch Mutationen bedingten) Störungen der Synthese und/oder Sekretion führen zu Veränderungen von der DNA bis zum reifen Protein (Abb. 20.17). Die bei fast allen Patienten mit einem α1-Antitrypsinmangelemphysem vorliegende Mutation führt zum Phänotyp ZZ, der infolge einer Proteinakkumulation im Hepatozyten zu einer Verminderung des Serumspiegels auf unter 80 mg/dl oder 12 µM führt.

Zum besseren Verständnis der ventilatorischen Auswirkungen verschiedener obstruktiver

In diesem Zusammenhang kommt dem **Bronchospasmolysetest** eine große Bedeutung zu (Abb. 20.19). Dafür können grundsätzlich alle

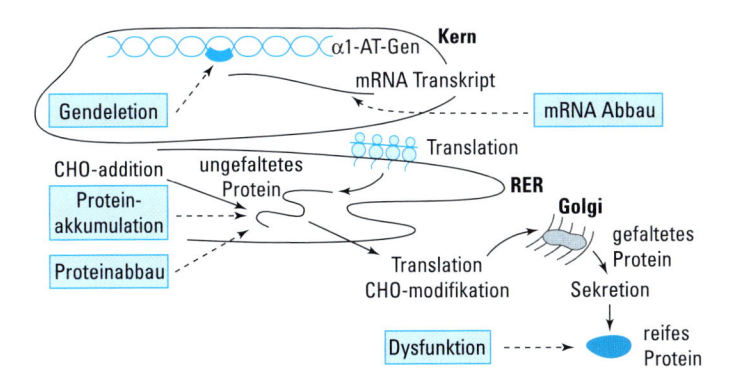

Abb. 20.17: Synthese von α1-Antitrypsin im Hepatozyten und deren bislang beschriebene Störungen (blau).

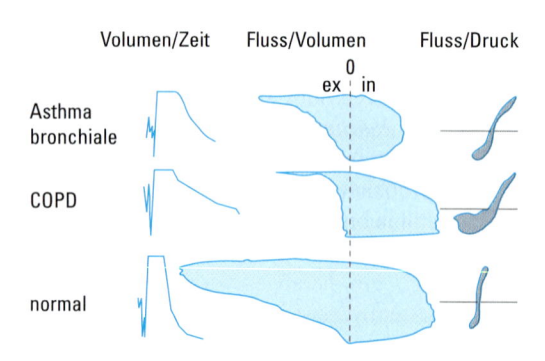

Abb. 20.18: Vergleich der Volumen-Zeit-Kurven, der Fluss-Volumen-Kurven und der bodyplethysmographisch gemessenen Fluss-Druck-Kurven von Patienten mit Asthma bronchiale, COPD und Kontrollprobanden.

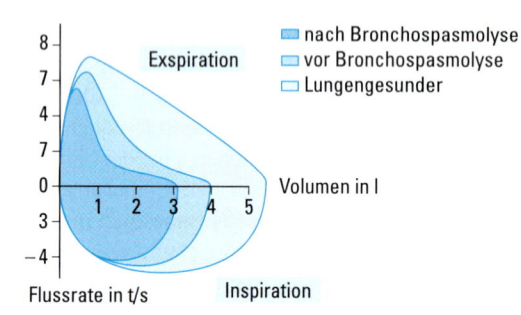

Abb. 20.19: Reversibilitätstest mit Bronchodilatatoren bei einem Patienten mit einer chronisch obstruktiven Lungenerkrankung (COPD). Es wird die Fluss-Volumenkurve vor und nach Inhalation eines Bronchodilatators gezeigt. Es stellt sich nur eine partielle Verbesserung der Flüsse ein. Zum Vergleich ist die Fluss-Volumenkurve eines Kontrollprobanden abgebildet.

bereits beschriebenen Methoden zur Beurteilung einer obstruktiven Ventilationsstörung zum Einsatz kommen. Die Patienten inhalieren ein kurzwirkendes β2-Sympathomimetikum (z. B. Salbutamol) über ein Dosieraerosol. Danach wird eine 2. Messung vorgenommen. Im Idealfall wird nicht nur mit einem β2-Sympathomimetikum, sondern auch mit einem Anticholinergikum (z. B. Ipratropiumbromid) geprüft. Steigt z. B. das FEV_1 um 12 % vom Ausgangspunkt und um mindestens 200 ml an, liegt eine reversible obstruktive Ventilationsstörung im Sinne eines Asthma bronchiale vor. Die zweite Messung sollte insbesondere bei Testung mit einem Anticholinergikum nicht zu früh erfolgen, da diese Substanzen ihre Wirkung erst nach 30 bis 45 Minuten entfalten.

20.3.2 Restriktive Ventilationsstörungen (Tab. 20.13)

20.3.2.1 Erkrankungen der Brustwand/ des Skeletts

Kyphoskoliose: Mit dem Alter progrediente Kombination einer nach dorsal konvexen (Kyphose) und einer seitlichen Verkrümmung der Wirbelsäule (Skoliose). Es resultiert eine Überdehnung von Interkostalräumen und eine Rotation der Wirbelkörper mit Dorsalverlagerung der Rippen auf der Konvexseite und eine Stauchung der Rippen mit Ventralverlagerung auf der Konkavseite (Abb. 20.20).

Es resultieren eine starke Erniedrigung von Total- und Vitalkapazität bei relativ wenig eingeschränktem Residualvolumen. Das Verhältnis

Tabelle 20.13: Ursachen einer restriktiven Ventilationsstörung.

Erkrankungen der Brustwand/des Skeletts
– Skeletterkrankungen (z. B. Kyphoskoliosen, Morbus Bechterew, Wirbelsäulentraumen)
– muskuläre Erkrankungen (z. B. Myasthenie, Zwerchfellparese, degenerative Muskelerkrankungen)

Erkrankungen der Pleura
– Flüssigkeit in der Pleura (z. B. Erguss, Empyem, Hämatothorax)
– Luft in der Pleura (Pneumothorax verschiedener Genese wie Trauma, Emphysem, spontan)
– Gewebsvermehrung im Bereich der Pleura (z. B. bei Schwarten nach Trauma oder Tuberkulose oder Empyem, Pleuratumoren wie Pleuramesotheliom)

Parenchymerkrankungen
– umschriebene Störungen (z. B. Pneumonie, Atelektase, Tumor)
– diffuse Störungen (z. B. fibrosierende Lungenerkrankungen, Lymphangiosis carcinomatosa)

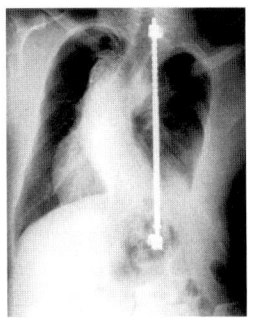

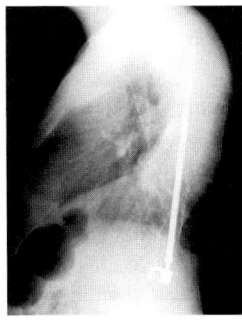

Abb. 20.20: Röntgen-Thoraxbild eines Patienten mit einer schweren Kyphoskoliose. (a) p. a. Strahlengang, (b) seitlicher Strahlengang. Zur Verhinderung der Progression wurde in diesem Fall ein Harrington-Stab implantiert.

des Residualvolumens zur Totalkapzität kann auf mehr als 50 % (normal < 30 %) ansteigen. Es kommt zu einer zunehmenden Einschränkung der Kapazität der Atempumpe mit Ermüdung der Atemmuskulatur und konsekutivem Anstieg des $PaCO_2$. Im Schlaf entwickelt sich eine Hypoventilation mit Anstieg des $PaCO_2$ und ausgeprägtem Abfall des PaO_2 als Versuch, die Atemmuskulatur zu entlasten.

Morbus Bechterew: Entzündliche Erkrankung mit vorwiegendem Befall des Stammskeletts. Dadurch Ankylosierung der kleinen Wirbelgelenke und der Ileosakralgelenke. Es entwickelt sich eine tiefsitzende Brustkyphose mit Vermehrung des Thoraxtiefendurchmessers.

Dadurch bedingt Erniedrigung von Total- und Vitalkapazität. Meist keine Ermüdung der Atemmuskulatur. Unter Anstrengung Abfall des PaO_2.

20.3.2.2 Muskuläre Erkrankungen (Poliomyelitis, progressive Muskeldystrophie, Zwerchfellparese)

Je nach betroffenen Muskelgruppen mehr oder weniger ausgeprägte Erniedrigung von Total-, Vitalkapazität, FEV_1, Residualvolumen. Bei zunehmender Erschöpfung der Atemmuskulatur Abfall von PaO_2, Anstieg von $PaCO_2$, zunächst im Schlaf, dann bei Belastung, schließlich in Ruhe. Bei einer Zwerchfellparese findet sich eine paradoxe Aufwärtsbewegung des Zwerchfells bei Inspiration.

20.3.2.3 Pleuraerkrankungen

Flüssigkeit in der Pleura/Gewebsvermehrung im Bereich der Pleura.

Die Lunge wird in ihrer Ausdehnung behindert. Dadurch Einschränkung von Total- und Vitalkapazität, FEV_1, Residualvolumen, Abfall des PaO_2.

20.3.2.4 Pneumothorax

Die verschiedenen Formen des Pneumothorax finden sich in Tabelle 20.14. Der **idiopathische Spontanpneumothorax** entsteht im Allgemeinen durch Ruptur von im Apex gelegenen klinisch inapparenten Zysten im Parenchym. Der **symptomatische Spontanpneumothorax** kommt im Allgemeinen durch Einreißen subpleural gelegener Blasen zustande.

Luft gelangt in die unter relativem Unterdruck ($-5\,cm\,H_2O$) stehende Pleurahöhle.

Sehr unterschiedliche Ausprägung – von kleinem Mantel- oder Spitzenpneumothorax bis hin zum Spannungspneumothorax. Verminderung der Volumina, besonders der Vitalkapaziät, in ausgeprägteren Fällen Hypoxämie, evt. Hyperkapnie. Dem **Spannungspneumothorax** liegt ein Ventilmechanismus zugrunde, wobei sich das Ventil in der Inspiration (Druckabfall in der Pleura) öffnet und in der Exspiration (Druckanstieg) verschließt. Damit zunehmende Verziehung des Mediastiums auf die kontralaterale Seite mit der Konsequenz, dass die großen Körpervenen komprimiert werden (Schwellung des Halses und livide Verfärbung im Gesicht!) und

Tabelle 20.14: Formen des Pneumothorax.

- idiopathischer Spontanpneumothorax: keine äußere Ursache, keine bronchopulmonale Grunderkrankung
- symptomatischer Spontanpneumothorax: keine äußere Ursache, bronchopulmonale Grunderkrankung
- traumatischer Pneumothorax: äußere oder innere Gewalteinwirkung (perforierende oder stumpfe Traumen, iatrogen, Überdruckbeatmung)

damit die Füllung des rechten Herzens abnimmt.

20.3.2.5 Pulmonale restriktive Störungen

In Abbildung 20.21 finden sich die aktuellen Empfehlungen einer amerikanisch-europäischen Konsensuskonferenz zur Einteilung der **diffusen parenchymatösen Lungenerkrankungen**, die eine restriktive Ventilationsstörung bedingen können. Weiter können restriktive Ventilationsstörungen auch bei einer Linksherzinsuffizienz, bei Atelektasen, Pneumonien und nach Lungenresektionen beobachtet werden.

Die restriktive Ventilationsstörung manifestiert sich in einer verminderten Vital- und Totalkapazität. Das FEV_1 ist reduziert, der Tiffeneau-Index (FEV_1/IVC) aber normal. Der exspiratorische Spitzenfluss ist herabgesetzt, die Form der Fluss-Volumen-Kurve aber unauffällig. Die Diffusionskapazität ist in der Regel eingeschränkt. Schließlich kann eine Gasaustauschstörung resultieren, die sich entweder nur bei Belastung oder auch schon in Ruhe als respiratorische Partialinsuffizienz manifestiert. Bei einer Reihe von interstitiellen Lungenerkrankungen (Sarkoidose, Lymphangioleiomyomatose, Histiozytosis X) findet sich häufig eine obstruktive Ventilationsstörung. Auch ist bei einer Reihe von Krankheitsbildern wie der exogen-allergischen Alveolitis das Vorliegen eines hyperreagiblen Bronchialsystems möglich.

Wichtige diagnostische Hilfsmittel stellen neben der Gewinnung von Lungengewebe für die histopathologische Analyse das hochauflösende Computertomogramm (HRCT) und die bronchoalveolare Lavage (BAL) dar.

20.3.2.6 Zusammenfassende Darstellung von typischen Funktionsbefunden einer chronisch obstruktiven Lungenerkrankung (COPD) und einer fibrosierenden Lungenerkrankung

In Abbildung 20.22 ist eine Synopsis typischer Lungenfunktionsbefunde bei COPD dargestellt. Die exspiratorische Flussvolumenkurve zeigt einen charakteristischen Knick in der frühen

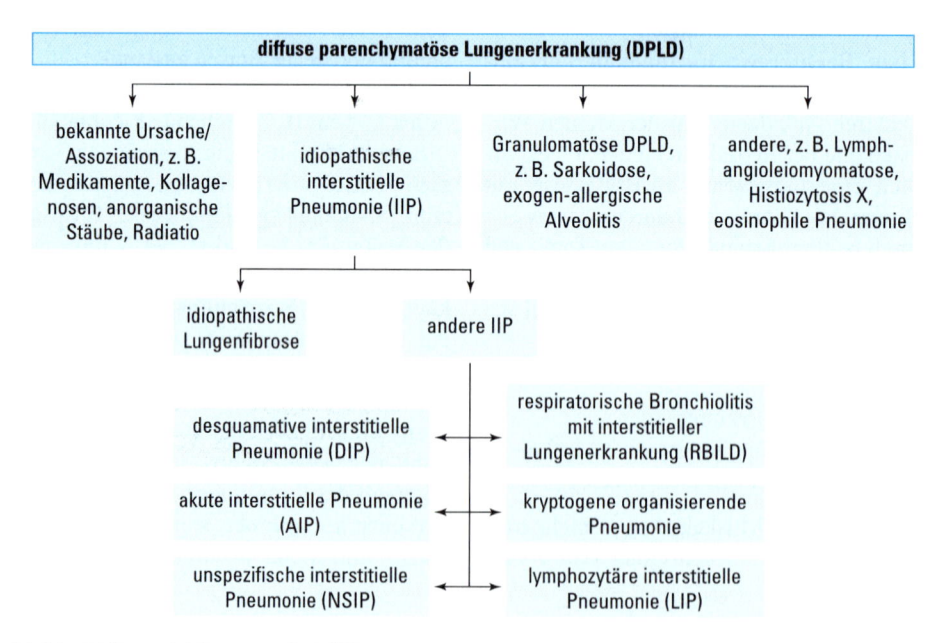

Abb. 20.21: Differenzialdiagnosen bei diffuser parenchymatöser Lungenerkrankung (DPLD). (übersetzt aus : American Thoric Society/ European Respiratory Society International Multidisciplinary Consensus Classification of the Idiopathic Intestitial Pneumonias. Am J Respir Crit Care Med, vol165. pp277–304, 2002)

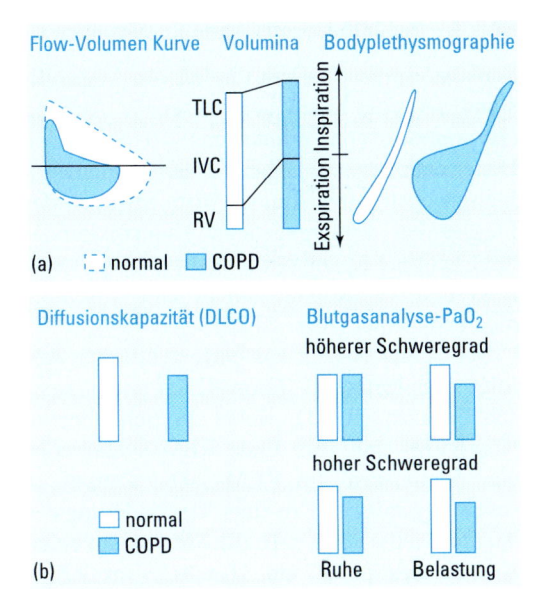

Abb. 20.22: Synopsis typischer Lungenfunktionsbefunde bei einer chronisch obstruktiven Lungenerkrankung (COPD) (a) Fluss-Volumenkurve (links), wesentliche Volumina (RV: Residualvolumen, IVC: inspiratorische Vitalkapazität, TLC: Totalkapazität) (Mitte), bodyplethysmographisch gemessene Fluss-Druckkurve (rechts) (b) Diffusionskapazität (links), arterieller Sauerstoffpartialdruck (PaO$_2$) in Ruhe und nach Belastung (rechts).

Exspiration, der durch die Instabilität des Bronchialsystems und den daraus resultierenden Kollaps der Atemwege bedingt ist. Die totale Lungenkapazität (TLC) ist als Folge der Überblähung (RV erhöht) vermehrt, die inspiratorische Vitalkapazität (IVC) vermindert. Die bodyplethymographisch gemessene Fluss-Druckkurve weist in der Exspiration eine Keulenform auf als Folge von „gefesselter" Luft. Die Diffusionskapazität ist als Konsequenz der verminderten Gasaustauschfläche vermindert, was sich bei höhergradigen Erkrankungsformen durch eine belastungsinduzierte respiratorische Partialinsuffizienz, bei hohen Schweregraden auch durch eine Verminderung des Sauerstoffpartialdrucks unter Ruhebedingungen manifestiert. In ganz schweren Fällen liegt unter Ruhebedingungen eine respiratorische Globalinsuffizienz vor.

In Abbildung 20.23 ist eine Synopsis typischer Lungenfunktionsbefunde bei einer fibrosierenden Lungenerkrankung wiedergegeben. Die exspiratorische Flussvolumenkurve weist eine normale Form auf, zeigt aber in allen Phasen der Exspiration verminderte Flüsse. Die totale Lungenkapazität (TLC) ist als Folge der Restriktion (IVC reduziert) vermindert, das Residualvolumen (RV) ebenfalls reduziert. Die bodyplethymographisch gemessene Fluss-Druckkurve ist unauffällig. Die Diffusionskapazität ist als Konsequenz der verlängerten Diffusionsstrecke vermindert, was sich bei höhergradigen Erkrankungsformen durch eine belastungsinduzierte respiratorische Partialinsuffizienz, bei hohen Schweregraden auch durch eine Verminderung des Sauerstoffpartialdrucks unter Ruhebedingungen manifestiert.

Der Vergleich der Funktionsbefunde macht offensichtlich, dass die Auswirkungen einer pri-

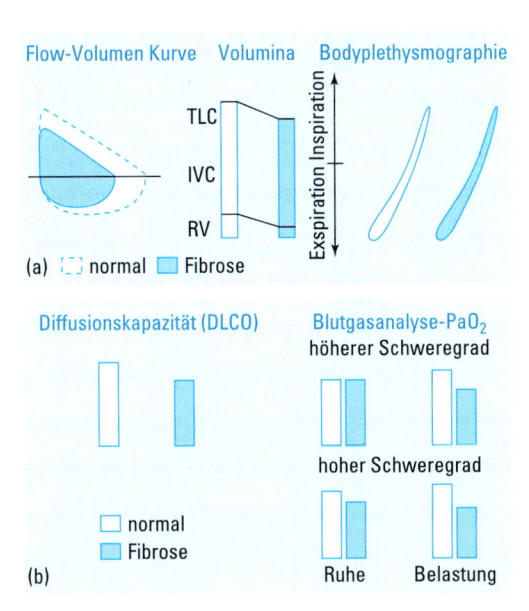

Abb. 20.23: Synopsis typischer Lungenfunktionsbefunde bei einer fibrosierenden Lungenerkrankung (a) Fluss-Volumenkurve (links), wesentliche Volumina (RV: Residualvolumen, IVC: inspiratorische Vitalkapazität, TLC: Totalkapazität) (Mitte), bodyplethysmographisch gemessene Fluss-Druckkurve (rechts) (b) Diffusionskapazität (links), arterieller Sauerstoffpartialdruck (PaO$_2$) in Ruhe und nach Belastung (rechts).

mär obstruktiven und einer primär restriktiven Lungenerkrankung auf die Diffusionskapazität und den Gasaustausch sehr ähnlich sein können.

20.3.3 Extrapulmonal bedingte Ventilationsstörungen

20.3.3.1 Pathologische Atmungsformen

Es werden im Wesentlichen folgende pathologischen Atmungsformen (Abb. 20.24) beobachtet:
- **Kussmaul-Atmung:** Vertiefte Atmung mit normaler (oder sogar erhöhter Atemfrequenz). Kommt bei metabolischer Azidose vor.
- **Cheyne-Stokes-Atmung:** Periodischer Wechsel der Atemtiefe mit Apnoe-Hypopnoephasen. Wird bei Störung des „Atemzentrums" oder schwerer Herzinsuffizienz beobachtet.
- **Seufzer-Atmung:** Initial tiefer Atemzug, dann periodische Verminderung der Amplitude, regelmäßige Pausen. Findet sich beim obstruktiven Schlafapnoesyndrom, aber auch beim Pickwick-Syndrom.
- **Biot-Atmung:** Periodische Atmung, im Gegensatz zu Cheyne-Stokes-Atmung ist das Atemzugvolumen zwischen den Apnoephasen uniform. Es ist nicht klar, ob beide Formen von periodischer Atmung durch den gleichen Mechanismus bedingt sind.

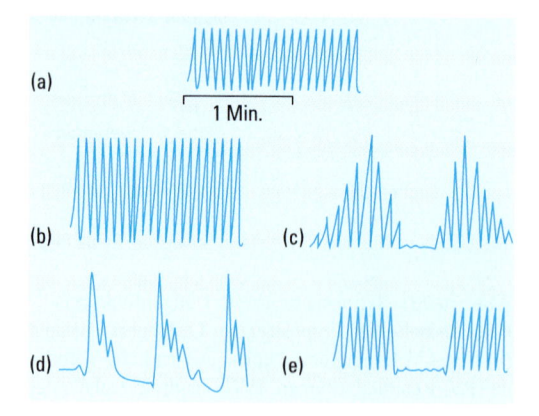

Abb. 20.24: Spirogramme bei pathologischen Atmungsformen: (a) normale Atmung, (b) Kussmaul-Atmung, (c) Cheyne-Stokes-Atmung, (d) Seufzer-Atmung, (e) Biot-Atmung.

20.3.3.2 Schlafbezogene Atmungsstörungen

Schlafstörungen, die mit Phasen von Atemstillstand (Apnoe) oder herabgesetzter Atmung (Hypopnoe) von mindestens 10 Sekunden Dauer einhergehen. Dabei werden phänomenologisch obstruktive Apnoen (d. h. Sistieren des Flusses bei weitergehenden Thoraxexkursionen), zentrale Apnoen (d. h. Sistieren von Atemfluss und Thoraxexkursionen) und Mischformen beobachtet (Abb. 20.25).

Der Schlaf besteht aus einer zyklischen Abfolge von Tiefschlaf- (Non-REM) und Traumschlafphasen (REM), wobei zu Schlafbeginn Non-REM- und zum Ende REM-Schlafperioden dominieren. Im REM-Schlaf kommt es schon physiologisch zu einer Verminderung des Atemantriebs. So ist z. B. die Antwort auf einen Anstieg des pCO_2 um 10 mmHg im REM-Schlaf gegenüber dem Wachzustand auf ein Fünftel reduziert. Weiter erschlafft die Skelettmuskulatur (Ausnahme: Zwerchfell). Dadurch werden die funktionelle Residualkapazität vermindert und der Strömungswiderstand in den oberen Atemwegen gesteigert.

Auch bei Gesunden finden sich in der Phase des Einschlafens und im REM-Schlaf Atemmuster wie bei Patienten mit schlafbezogenen Atmungsstörungen. Im pathologischen Fall endet die Atmungsstörung aber nicht spontan, vielmehr wird die Apnoe aktiv mit einem apnoeterminierenden Mechanismus beendet, der sich als Folge einer Steigerung der Vigilanz (Arousal) einstellt. Wiederholte Weckreaktionen bedingen eine Zerstörung der Schlafarchitektur (Schlaffragmentierung).

Beim **obstruktiven Schlafapnoesyndrom** besteht ein über das normale Maß hinausgehen-

Abb. 20.25: Atemfluss und Thoraxbewegungen bei obstruktiver und zentraler Schlafapnoe.

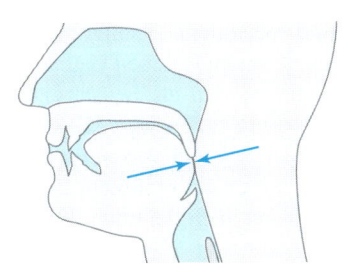

Abb. 20.26: Verschluss des Pharynx bei obstruktiver Schlafapnoe.

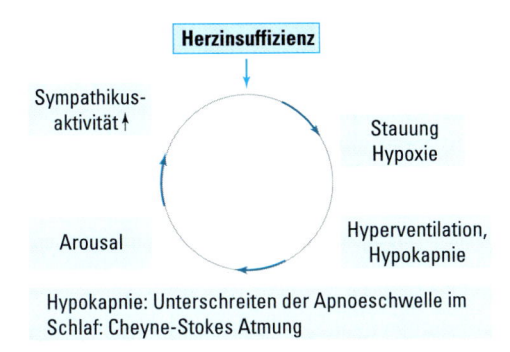

Abb. 20.27: Zusammenhang zwischen Herzinsuffizienz und Cheyne-Stokes-Atmung.

kardialen Füllungsdrucke begünstigen die weitere Obstruktion des Oropharynx bis zum Verschluss (Abb. 20.26).

Ausschließlich **zentrale Apnoen** sind die Folge einer schweren Herzinsuffizienz und kommen dort in der Regel in Form einer schlafbedingten Cheyne-Stokes-Atmung vor. Die aktuellen Vorstellungen zum Pathomechanismus sind in Abbildung 20.27 dargestellt.

In Abbildung 20.28 werden die Folgen einer schlafbezogenen Atmungsstörung (in diesem Fall eine zentrale Apnoe-Cheyne-Stokes Atmung) auf die Sauerstoffsättigung und die Herzfrequenz illustriert. In Abhängigkeit von der Dauer der Apnoe kommt es zu Hypoxie und Hyperkapnie. Die darauffolgende zentral ausgelöste Weckreaktion bedingt eine Hyperventilation mit nachfolgender Normalisierung der Blutgase. In der Hypoxiephase kommt es zu einer Bradykardie, während der Weckreaktion entwickelt sich eine Tachykardie in Verbindung mit einem Anstieg des systemischen Blutdrucks und des Drucks in der Pulmonalarterie.

20.3.4 Störungen der Arterialisierung

20.3.4.1 Diffusionsstörungen

Eine Abnahme des Diffusions-Perfusionsverhältnisses (Abb. 20.29) kann durch eine Verdickung der alveokapillären Membran bedingt sein. Als Ursache dafür kommen eine Verbreiterung des Interstitiums bei fibrosierenden Lun-

der Tonusverlust der Pharynxmuskulatur im REM-Schlaf. Im Oropharynx entstehen ein Unterdruck, Schwingungen des Gaumensegels und der lateralen Pharynxwand. Intrathorakale Druckschwankungen und Schwankungen der

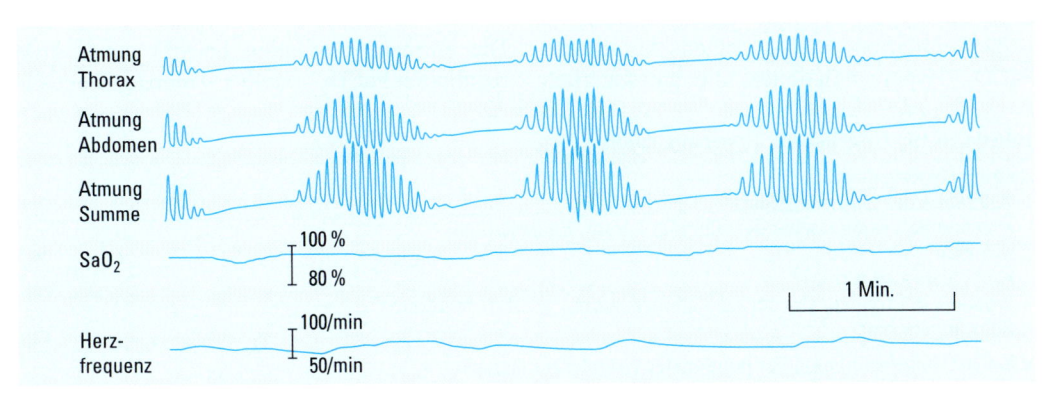

Abb. 20.28: Zusammenhang zwischen pathologischer Atmungsform im Schlaf (hier: Cheyne-Stokes-Atmung) und Änderung von Sauerstoffsättigung (SaO_2) und Herzfrequenz.

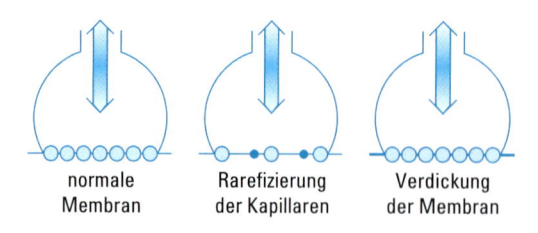

normale Membran | Rarefizierung der Kapillaren | Verdickung der Membran

Abb. 20.29: Mögliche Störungen des alveolokapillären Gastransports.

generkrankungen oder der Kapillarwände bei verschiedenen Formen von pulmonaler Hypertonie in Betracht. Auch die Zahl der Kapillaren kann vermindert sein. Die häufigste Ursache hierfür ist eine chronisch obstruktive Lungenerkrankung mit Ausbildung eines Lungenemphysems. Hier ist auch die Diffusionsfläche vermindert. Eine Lungenembolie bewirkt ebenfalls eine Verminderung der für den Gasaustausch verfügbaren Kapillaren – in diesem Fall durch eine Verlegung der pulmonalarteriellen Strombahn.

Neben diesen pulmonalen Erkrankungen können auch extrapulmonale Faktoren relevant sein. Dazu gehören eine Verminderung des Hämoglobins mit der Konsequenz der Reduktion der Sauerstoffträgermoleküle und eine Verkürzung der Kontaktzeit z. B. bei einer erheblichen Steigerung des Herzzeitvolumens.

20.3.4.2 Hyperventilation

Eine emotional bedingte oder willkürliche Hyperventilation bedingt einen Abfall des $PaCO_2$. Hyperventilationen, die unwillkürlich auftreten und erhebliche Symptome verursachen können, treten im Rahmen vegetativer Störungen auf und werden als Hyperventilations- oder Effortsyndrom bezeichnet. Hier imponiert in der Blutgasanalyse ein verminderter $PaCO_2$ in Verbindung mit einem erhöhtem PaO_2.

Der $PaCO_2$ kann auch bei einer durch Sauerstoffmangel bedingten Hyperventilation des Alveolarraums erniedrigt sein. Bei Störungen der Diffusion und bei obstruktiven Ventilationsstörungen ist dies möglich. Auch Störungen der Atemmechanik führen nicht selten zur alveolären Hyperventilation. So wird eine alveoläre Hyperventilation bei Lungenfibrosen, beim Asthma bronchiale und in Anfangsphasen des akuten Atemnotsyndroms (ARDS) beobachtet. Auch Verteilungsstörungen mit unterschiedlichen Ventilations-Perfusions-Quotienten können die Ursache sein (Tab. 20.15).

Als Konsequenzen der Hyperventilation sind möglich: Abfall des $PaCO_2$ unter 30 mmHg (evtl. 20 mmHg). Der Blut-pH kann bis 7,6 (evtl. mehr) ansteigen. Die Symptome entsprechen weitgehend denen der hypokalzämischen Tetanie. Der Blutkalziumspiegel ist aber normal. Die Manifestation tetaniformer Symptome ergibt sich bei individuell sehr unterschiedlichen $PaCO_2$ und pH-Werten. Bei länger anhaltender alveolärer Hyperventilation kommt es zur metabolischen Kompensation der respiratorischen Alkalose, in dem die Ausscheidung von Basen über die Niere gesteigert wird.

20.3.4.3 Hypoventilation

Die normale Ventilation bewirkt einen strikt regulierten $PaCO_2$ von 40 ± 4 mmHg. Wenn die

Tabelle 20.15: Ursachen der Hyperventilation.

zentrale Hyperventilation bei
– Alteration des „Atemzentrums"
  • zerebrale Läsion (Ischämie, Blutung, Tumor, Encephalitis)
  • Fieber
  • metabolische Azidose
– emotionale Erregung (Hyperventilationssyndrom = Effort Syndrom)
– Schwangerschaft

alveoläre Hyperventilation bei pulmonaler Grunderkrankung:
– fibrosierende Lungenerkrankung
– Bronchialobstruktion
– Schocklungensyndrom im Anfangsstadium

Tabelle 20.16: Ursachen der Hypoventilation.

– Fehlfunktionen des „Atemzentrums"
– neuronale oder neuromuskuläre Störungen
– Lähmung, Schädigung oder Erschöpfung der Atemmuskulatur
– Atemwegsobstruktion (kleine Atemwege)

Ventilation aus irgendeinem Grund reduziert wird, muss der alveoläre PCO_2 (P_ACO_2) und damit der $PaCO_2$ ansteigen, um die Menge an (durch den Metabolismus produziertem und) eliminiertem CO_2 konstant zu halten. Reziprok dazu wird der alveoläre PO_2 (P_AO_2) und damit der PaO_2 fallen.

Hypoventilation kann durch folgende Ursachen bedingt sein (Tab. 20.16): Das „Atemzentrum" kann eine durch Erkrankungen des Zentralnervensystems, Medikamente oder Narkotika bedingte Fehlfunktion haben. Neuronale oder neuromuskuläre Störungen sind in der Lage, die Aktivität der Atemmuskulatur zu beeinträchtigen. Die Atemmuskulatur selbst kann betroffen sein. Eine Erschöpfung der Atemmuskulatur tritt am häufigsten als Folge einer COPD auf. Die COPD ist überhaupt die bei weitem häufigste Ursache einer alveolären Hypoventilation. In den peripheren Bronchien lokalisierte Atemwegsobstruktionen verursachen oft eine Störung des Ventilations-Perfusionsverhältnisses. Damit vergrößert sich der funktionelle Totraum und es entwickelt sich neben der ventilatorischen obstruktiven Verteilungsstörung zusätzlich eine alveoläre Hypoventilation. Schwere obstruktive Verteilungsstörungen führen in den Endstadien fast immer zu einer alveolären Hypoventilation.

Die Erkenntnis, dass die Alveolarkapillardruchblutung lokal durch die alveolären Gasspannungen reguliert werden kann, geht auf Euler und Liljestrand **(Euler-Liljestrand-Reflex)** zurück. Sie zeigten an Katzen, dass eine Erniedrigung der O_2-Spannung zu einer Erhöhung des Pulmonalisdruckes führt. Diese Befunde wurden später am Menschen bestätigt. Physiologischer Sinn dieses Reflexes ist die Anpassung der Perfusion an die Ventilation. Der Druckanstieg hält sich auch bei extremen Hypoxiegraden in Grenzen und beträgt im Mittel nicht mehr als 5–6 mmHg. Der zugrundeliegende Mechanismus ist in erster Linie eine Vasokonstriktion mit Widerstandserhöhung im Bereich der Arteriolen. Zusätzlich steigt hypoxiebedingt das Herzzeitvolumen. Der Euler-Liljestrand-Reflex ist nicht in der Lage höhergradige ventilatorische Störungen zu kompensieren, sodass de facto immer eine Verteilungsstörung resultiert.

20.3.4.4 Verteilungsstörungen

Die komplexe Architektur von Atemwegen und Gefäßen macht die Lunge sehr empfänglich für Störungen der physiologischen Homöostase von alveolärer Ventilation und pulmonalem Blutfluss. Wenn Alveolen vermindert ventiliert werden (z. B. bei Atemwegsobstruktion) fällt das Verhältnis von Ventilation zu Perfusion. Unter anderen Bedingungen kann der lokale Blutfluss vermindert sein, sodass das Ventilations-Perfusionsverhältnis erhöht ist.

Wenn das Verhältnis von Ventilation zu Perfusion in der Lunge nicht homogen ist, spricht man von einer Verteilungsstörung. Das prinzipielle Konzept ist, dass eine Verteilungsstörung unabhängig von der konkreten Ursache einen ineffizienten Gasaustausch nach sich ziehen wird. Das Resultat wird eine Hypoxämie (und potentiell eine Hyperkapnie) sein.

Auch die gesunde Lunge des jungen Menschen weist ein gewisses Maß an Verteilungsstörung auf. Das ist der Grund dafür, dass auch bei gesunden Jugendlichen der P_AO_2 5–10 mmHg höher ist als im arteriellen Blut. Das hängt zum Beispiel damit zusammen, dass Ventilation und Perfusion in unterschiedlichem Ausmaß von der Schwerkraft beeinflusst werden – der schwerkraftbedingte Gradient des Blutflusses ist viel größer als der der Ventilation. Damit haben die nicht abhängigen Lungenpartien ein erhöhtes, die abhängigen ein erniedrigtes Ventilations-Perfusionsverhältnis.

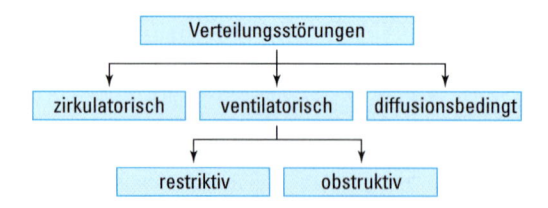

Abb. 20.30: Ursachen von Verteilungsstörungen.

Es lassen sich verschiedene Arten von Verteilungsstörungen unterscheiden (Abb. 20.30). Die Verteilungsstörungen können durch Inhomogenität der Perfusion, Diffusion und Ventilation bedingt sein. Bei den ventilatorischen Verteilungsstörungen unterscheidet man restriktive und obstruktive Ventilationsstörungen als Ursache. Die obstruktiven ventilatorischen Verteilungsstörungen haben die größte klinische Bedeutung.

Das Ausmaß der resultierenden arteriellen Sauerstoffuntersättigung ist von der Blutmenge abhängig, die bei der Passage des Alveolarraums ungenügend arterialisiert wird. Die Hyperventilation in Regionen mit erhöhtem Ventilations-Perfusionsverhältnis vermag den PaO_2 nur geringfügig zu verbessern, da die Sauerstoffbindungskurve die Bindung von Sauerstoff unter Hyperventilation limitiert. Im gemischten arteriellen Blut resultiert eine Untersättigung. Hinsichtlich der Erkrankungen mit Obstruktion ist anzumerken, dass die Auswirkungen auf den Gasaustausch von der Lokalisation der Obstruktion abhängen. Große Bronchien bestimmen vorwiegend die Strömungswiderstände in den Atemwegen. Die notwendige Atemarbeit wird weitgehend geleistet. Kleine Bronchien bestimmen vorwiegend die Blutgase bei ventilatorischer Verteilungsstörung bei nicht so ausgeprägten Rückwirkungen auf die Strömungswiderstände. Die Atemarbeit wird meist ungenügend gesteigert. Inhomogene Diffusion führt zu einer Vergrößerung der alveoloarteriellen Sauerstoffdruckdifferenz wie bei Diffusionsstörungen.

Um die Bedeutung der Verteilungsstörungen zu betonen, sei folgendes angemerkt: Während Diffusionsstörungen vor allem bei der fibrosierenden Alveolitis, dem Lungenödem und dem Emphysem vorkommen, finden sich Verteilungsstörungen bei allen pulmonalen Erkrankungen. Hinsichtlich der klinischen Auswirkungen überwiegen die Verteilungsstörungen die Diffusionseinschränkungen.

20.3.4.5 Shunt-Perfusion

Mit Shunt-Perfusion wird ein arteriovenöser Kurzschluss auf Lungenniveau bezeichnet, wie er z.B. bei einem Morbus Osler vorkommen kann. Ein Rechts-Links-Shunt auf Herzniveau oder ein offener Ductus Botalli mit Shuntumkehr führen zur Sauerstoffuntersättigung. Typisch ist, dass der Sauerstoffpartialdruck unter Gabe von 100% Sauerstoff nur geringfügig ansteigt.

20.3.4.6 Respiratorische Insuffizienz

Der Normwert für den PaO_2 ist alters-, gewichts- und geschlechtsabhängig. Unter einer manifesten respiratorischen Partialinsuffizienz versteht man eine Hypoxie unter Ruhebedingungen. Eine latente respiratorische Partialinsuffizienz meint die Konstellation: Normoxämie in Ruhe, Hypoxämie unter Belastung.

Der $PaCO_2$ ist unabhängig von konstitutionellen Faktoren und beträgt 36–44 mmHg. Ist eine Hypoxämie mit einem Anstieg des $PaCO_2$ verbunden, spricht man von einer respiratorischen

Tabelle 20.17: Respiratorische Insuffizienz.

Partialinsuffizienz $PaO_2 \downarrow$, $PaCO_2$ n/$\downarrow$		Globalinsuffizienz (= alveoläre Hypoventilation) $PaO_2 \downarrow$, $PaCO_2 \uparrow$	
Ursachen:	Atemluft (Höhe, Sauerstoffmangel) Diffusionsstörung Rechts-Links-Shunt Verteilungsstörung	**Ursachen:**	zentral („Atemzentrum") nervale Verbindungen Atemmuskulatur Thoraxwand Obstruktion der Atemwege

Globalinsuffizienz. Die möglichen Ursachen für die verschiedenen Formen der respiratorischen Insuffizienz sind in Tabelle 20.17 wiedergegeben. Wie oben bereits ausgeführt, ist aber die COPD die bei weitem häufigste Ursache der respiratorischen Globalinsuffizienz.

20.3.5 Störungen der Lungenperfusion

20.3.5.1 Lungenstauung/Lungenödem

Die Lungenstauung (Tab. 20.18) beschreibt eine Drucksteigerung und/oder Volumenbelastung im Lungenkreislauf. Zunächst steigt der Druck in den Lungenvenen und im Kapillargebiet an. Infolgedessen ist eine Verschiebung von Flüssigkeit in den Extravasalraum möglich. Tritt dieses Geschehen akut und in entsprechendem Umfang auf, kommt es zur Ansammlung von eiweißarmer Flüssigkeit in Interstitium und Alveolen. Dann spricht man von einem interstitiellen und/oder alveolären Lungenödem. Obwohl eine linksventrikuläre Dysfunktion mit einem gleichzeitigen Anstieg der linksventrikulären Füllungsdrucke und der Drucke im Kapillarbett der Lunge als Hauptursache für die Entwicklung eines Lungenödems angesehen werden, könnte auch eine Aktivierung des sympathischen Systems eine Rückverteilung von Volumen aus der Peripherie nach zentral bewirken. Auch hiermit würde der Kapillardruck in der Lunge ansteigen.

Auch Intoxikationen können eine derartige Reaktion auslösen (**toxisches Lungenödem**). Hierbei dominieren die Aspiration von Magensaft und die Reizgasinhalation. Bei beiden Prozessen kommt es primär zu diffusen Nekrosen der Epithelzellen. Daneben sind in Tabelle 20.18 auch das Höhenlungenödem und das neurogene Lungenödem sowie das Lungenödem nach Ertrinkungsunfällen aufgeführt. Für diese Formen ist bislang nicht klar, ob sie primär durch erhöhten Kapillardruck oder erhöhte Kapillarpermeabilität verursacht sind. In letzterem Fall würde man sie zu den Ursachen des Schocklungensyndroms (ARDS) zählen müssen.

Die pathophysiologischen Konsequenzen des „klassischen" (= durch Steigerung des Kapillardrucks bedingten) Lungenödems sind eine „Versteifung" der Lunge mit Abfall von Vital- und funktioneller Residualkapazität sowie der Compliance und schwerer Diffusions- und Gasaustauschstörung trotz massiv erhöhter Atemarbeit. Als Folge der Stauung im Lungenkreislauf kommt es auch zur Freisetzung von Mediatoren, die eine Bronchialobstruktion („Asthma cardiale") induzieren können. Für diese Reaktion wird auch die vermehrte Blutfüllung im Bronchialgefäßsystem angeschuldigt, die mit einer Stauung einhergeht.

20.3.5.2 Widerstandserhöhung im Lungenkreislauf

Die Widerstandserhöhung im kleinen Kreislauf (Tab. 20.19) kann **postkapillär** oder **präkapil-**

Tabelle 20.18: Ursachen des Lungenödems.

kardiale Ursachen
– Infarkt
– Kardiomyopathie/Myokarditis
– hypertensive Krise
– Klappenvitien (Aorten- und Mitralklappe)
– Rhythmusstörungen (Brady- und Tachyarrhythmien)
nicht kardiale Ursachen
– Überwässerung (Niereninsuffizienz, iatrogene Hyperhydratation)
– Hypalbuminämie (Leberinsuffizienz, exsudative Enteropathie, Mangelernährung)
– Ablassen von großen Pleuraergussmengen (> 1,5 l)
– Höhenlungenödem (schneller Aufstieg auf Höhen > 2500 m)
– neurogen (schwere Schädigung des Zentralnervensystems durch Epilepsie, Schädel-Hirn-Trauma, Apoplex, intrazerebrale Blutung)
– Beinahe-Ertrinken
– Intoxikation (Aspiration von Magensaft, Reizgase, Barbiturate, Salicylate, Heroin, Alkylphosphate)

Tabelle 20.19: Ursachen der Widerstanderhöhung im Lungenkreislauf.

postkapillär
– Linksherzinsuffizienz
– Rezirkulationsvitien
– venookklusive Lungenerkrankung

präkapillär
– Gefäßobstruktion (Lungenembolie)
– Gefäßobliteration (interstitielle Lungenerkrankungen, primär pulmonale Hypertonie, Vaskulitiden, Appetitzügler)
– Gefäßrarefizierung (Lungenemphysem)
– hypoxische Vasokonstriktion (COPD, thorakale Deformitäten, neuromuskuläre Erkrankungen, Höhenluft etc.)

idiopathisch (HIV-Infektion, portal-pulmonale Hypertonie)

lär bedingt sein. Die wichtigste postkapilläre Ursache ist die Linksherzinsuffizienz. Eine präkapilläre Widerstandserhöhung ist die potentielle Folge einer Reihe von Mechanismen. Die Unterscheidung zwischen prä- und postkapillärer Widerstandserhöhung kann mittels Rechtsherzkatheter erfolgen. Daneben gibt es noch Formen, die in ihrer Pathogenese nicht verstanden sind und als idiopathisch bezeichnet werden.

20.3.5.3 Pulmonale Hypertonie

Ein pulmonalarterieller Mitteldruck von mehr als 18 mmHg unter Ruhebedingungen entspricht einer pulmonalen Hypertonie. Ein erhöhter pulmonalarterieller Druck steigert die Arbeit für den rechten Ventrikel. Der rechte Ventrikel kann akut einen mittleren Pulmonalarteriendruck von bis zu 40 (evt. 50) mmHg (z. B. bei schwerer Lungenembolie) aufbauen ohne zu dekompensieren. Höhere Drucke führen zu einem akuten Rechtsherzversagen oder lebensbedrohlichen Arrhythmien. Das bedeutet in der Konsequenz, dass ein nach einem akuten thorakalen Ereignis gemessener pulmonalarterieller Mitteldruck über 40 mmHg nicht nur durch ein akutes Ereignis bedingt sein kann. Dies deutet dann z. B. im Falle einer Lungenembolie auf rezidivierende Lungenembolien hin. Der rechte Ventrikel kann mit wesentlichen höheren Drucken (bis systemisch) zurechtkommen, wenn die Drucksteigerung langsam erfolgt und der rechte Ventrikel Zeit hat zu hypertrophieren.

Die im Rahmen einer pulmonalen Hypertonie beobachteten vaskulären Läsionen können vielgestaltig sein: Die kleinen Arterien haben verdickte Wände (z. B. bei chronischer Hypoxie), die Intima ist exzentrisch verdickt (z. B. bei Thrombenbildung, durch Organisation des Gerinnsels) oder eine plexiforme Läsion (zumindest in einigen Fällen eine abgeheilte nekrotisierende Arteritis) liegt vor.

20.3.5.4 Cor pulmonale

Cor pulmonale steht für eine Vergrößerung des rechten Ventrikels (Hypertrophie und/oder Dilatation), die durch eine pathologische Veränderung im Bereich der Lunge, des Brustkorbs oder der Atmungskontrolle bedingt ist. Das Cor pulmonale kann **akut** oder **chronisch** auftreten.

Die häufigste Ursache des akuten Cor pulmonale ist die massive Lungenembolie. Bei einem Patienten mit einer schweren pulmonalen Grunderkrankung kommt es häufig im Rahmen eines respiratorischen Infekts in Verbindung mit einer akuten respiratorischen Insuffizienz zu einer Episode eines akuten Cor pulmonale. Tritt das Cor pulmonale akut auf, findet man in der Regel einen dilatierten rechten Ventrikel, im Falle eines chronischen Verlaufs überwiegt im Allgemeinen die Hypertrophie.

20.3.5.5 Schocklungensyndrom

Das Schocklungensyndrom (adult respiratory distress syndrome = ARDS) ist nach der amerikanisch-europäischen Konsensuskonferenz von 1994 so definiert: Akute Hypoxämie, die sich innerhalb von 6–48 Stunden entwickelt und folgende Kriterien erfüllt:

- Verhältnis von arteriellem Sauerstoffpartialdruck zum inspiratorischen Sauerstoffanteil (PaO_2/FiO_2) kleiner als 200
- beidseitige Lungeninfiltrate
- fehlende Zeichen einer Linksherzinsuffizienz bzw. pulmonarterieller Verschlussdruck < 18 mmHg

Initial werden durch den jeweiligen Stimulus Alveolarmakrophagen zur Mediatorfreisetzung angeregt (Abb. 20.31). Hierdurch aktivierte neutrophile Granulozyten adhärieren an Endothelzellen und wandern in das Interstitium und die Alveolen ein. Aktivierte neutrophile Granulozyten setzen u. a. reaktive Sauerstoffmetaboliten, Proteasen und Arachidonsäuremetaboliten frei mit konsekutiver Schädigung alveolärer Typ-II-Zellen und erhöhter Permeabilität der alveolo-kapillären Membran. Dabei kommt es auch zu einer erheblichen Herabsetzung der Surfactantfunktion als Folge einer Bildungsstörung, aber auch einer Inhibition der Funktion durch das Exsudat, intraalveoläre Gerinnungsvorgänge und Effekte von Entzündungsmediatoren. Die Resultanten in der Akutphase sind ein proteinreiches Lungenödem, ein Kollaps von Alveolen/Atelektasenbildung und eine Herabsetzung der körpereigenen Abwehrkräfte. Nach der Akutphase stellt sich durch Fibroblastenaktivierung eine reparative Fibrosebildung ein.

Es ist von großer klinischer Bedeutung, dass das Krankheitsbild inhomogen über die Lunge verteilt ist. Neben schwer geschädigten Arealen finden sich vollständig erhaltene Lungenbezirke (bei Beatmungstherapie Gefahr der Schädigung der gesunden Areale durch zu aggressive Beatmung = **Babylungenphänomen**).

Die pathophysiologischen Konsequenzen des Schocklungensyndroms sind in Tabelle 20.20 aufgeführt.

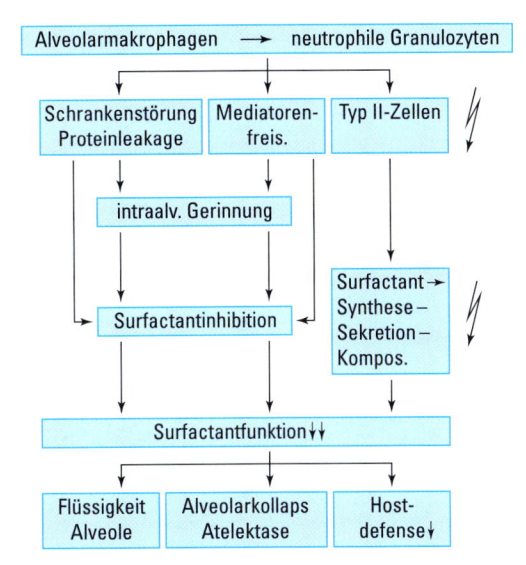

Abb. 20.31: Schematische Darstellung der Pathogenese des Schocklungensyndroms (ARDS).

Tabelle 20.20: Pathophysiologie des Schocklungensyndroms (ARDS).

Gasaustausch
- schwerer intrapulmonaler Rechts-Links-Shunt (induziert sauerstoffrefraktäre Hypoxämie)
- schwere Verteilungsstörung mit Ansteigen des physiologischen Totraums (begünstigt Hyperkapnie)

Atemmechanik
- Abfall von Vital- und funktioneller Residualkapazität sowie der Compliance

Hämodynamik
- mäßige präkapilläre pulmonale Hypertonie (hypoxische Vasokonstriktion und Reduktion des Gefäßquerschnitts)
- postkapillärer hydrostatischer Druck messtechnisch normal, aber in Relation zur gesteigerten Kapillarpermeabilität zu hoch (Möglichkeit der Reduktion des Lungenödems durch Negativbilanz!)

21 Knochen, Binde- und Stützgewebe

*H. Schmidt-Gayk**

21.1 Kalziumstoffwechsel, Hyper- und Hypokalzämie

21.1.1 Kalzium im Serum/Plasma

99% von allem Kalzium im Körper ist im Skelett deponiert. Das restliche 1% liegt vorwiegend im Blut oder extrazellulären Flüssigkeiten vor. Die intrazelluläre Kalziumkonzentration ist niedrig, besonders niedrig ist das ionisierte Kalzium intrazellulär, es beträgt nur 1/5.000 bis 1/10.000 des Kalziums im Blut.

Kalzium im Serum (oder Plasma) kommt in drei verschiedenen Fraktionen vor, erstens die ionisierte Fraktion (Ca^{2+}), zweitens die komplexierte Fraktion und drittens die eiweißgebundene Fraktion, siehe Abb. 21.1.

Die Summe der drei Fraktionen ist das **Gesamt-Serum-** (oder Plasma-) Kalzium, dieses wird bei einem Gesunden sehr konstant gehalten. Etwa 50% von dem Gesamtkalzium sind bei einem Gesunden **ionisiertes Kalzium**, etwa 10% sind an niedermolekulare Liganden gebunden (an Bikarbonat, Laktat, Phosphat und Zitrat, diese Fraktion wird auch als komplexiertes Kalzium bezeichnet) und 40–45% sind an Eiweiß gebunden (hauptsächlich an Albumin, weniger an Globuline).

Wie die Abbildung zeigt, steht das gebundene Kalzium im Gleichgewicht mit den freien Kalzium-Ionen. Die Kalziumbindung an Proteine ist sehr pH-abhängig, steigt der pH-Wert um 0,1 Einheit sinkt das ionisierte Kalzium um 0,05 mmol/l ab (und umgekehrt). Hyperventilation führt zur Alkalose und damit zu einem Absinken des ionisierten Kalziums und zu einer Tetanie (Krämpfe, besonders um den Mund und an den Händen und Füßen). Für das Auftreten einer Tetanie ist nicht nur ein niedriges ionisiertes Kalzium verantwortlich, sondern z. B. auch die Geschwindigkeit des Absinkens des ionisierten Kalziums im Blut, z. B. nach Entfernung eines Nebenschilddrüsenadenoms.

Die Konzentration an intrazellulärem Kalzium ist wichtig für die Nervenleitung, Muskel-

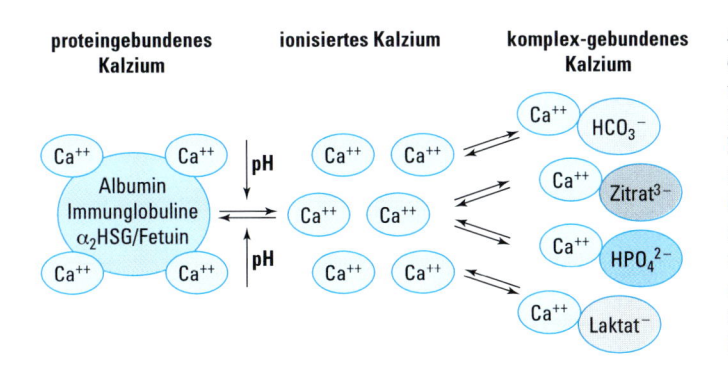

Abb. 21.1: Äquilibrium zwischen eiweißgebundenem, ionisiertem und komplexgebundenem Kalzium. Die Eiweißbindung erfolgt hauptsächlich an Albumin, weniger an Immunglobuline und $\alpha2HS$-Glykoprotein (auch als Fetuin bezeichnet, ein kalziumbindendes Eiweiß). Anstelle von komplexgebundenem Kalzium sollte besser von einer Bindung an niedermolekulare Liganden gesprochen werden.

---

* **Danksagung:** Mein Dank gilt den Herren PD Dr. Eberhard Blind, Würzburg; Dr. Klaus Herfarth, Heidelberg; Prof. Dr. Christian Herfarth, Heidelberg; Herrn Florian Huber, Heidelberg, PD Dr. Helmut Reichel, Villingen-Schwenningen; Prof. Dr. Dr.h.c.mult Eberhard Ritz, Heidelberg; Heinz Jürgen Roth, Heidelberg; PD Dr. Stephan Scharla, Berchtesgaden; Frau Ingrid Zahn, Heidelberg; und Herrn Prof. Ziegler, Heidelberg, ohne deren Unterstützung die präsentierten Ergebnisse nicht hätten gewonnen werden können.

Tabelle 21.1: Referenzbereich, Kalzium im Serum (oder Plasma, z. B. Ammoniumheparinat).

Alter	mg/dl	mmol/l
Gesamtkalzium		
Erwachsene	8,8–10,4	2,2–2,6
Kinder		
< 28 Tage	7,1–10,8	1,75–2,70
1–12 Monate	8,2–10,8	2,05–2,70
1–20 Jahre	8,6–10,6	2,14–2,65
ionisiertes Kalzium		
Erwachsene	4,6–5,4	1,15–1,35

Die Fraktion des ionisierten Kalziums am Gesamtkalzium beträgt ungefähr 47–57%.

kontraktion und für die Sekretion vieler Hormone, z. B. Insulin.

Für Routinezwecke reicht es aus, das Gesamtkalzium zusammen mit der Konzentration des Gesamteiweißes und/oder des Albumins zu bestimmen. Die Eiweiß- oder Albuminbestimmung wird anschließend benötigt, um das korrigierte Serumkalzium zu berechnen oder um zu überschlagen, ob das Gesamtkalzium bei einem normalem Eiweißgehalt auch ohne Proteinkorrektur verwendet werden kann. Tabelle 21.1 gibt den Referenzbereich an.

Auch die Bestimmung des ionisierten Kalziums ist möglich, z. B. mit ionensensitiven Elektroden. Die Messung muss jedoch, um größere pH-Verschiebungen auf dem Transport zu vermeiden, in der Nähe des Patienten durchgeführt werden, z. B. auf Intensivpflegestationen.

21.1.1.1 Präanalytische und biologische Variabilität des Serumkalziums

Die **präanalytische Variabilität** wird hauptsächlich durch die Lage und längere venöse Stauung bewirkt, z. B. durch zu langes Legen eines Stauschlauchs. Der Effekt der venösen Stauung auf die Konzentration von Kalzium, Protein, Phosphat und Magnesium im Serum ist in Tabelle 21.2 dargestellt:

Das **proteinkorrigierte Kalzium** in Tabelle 21.2 wurde nach der Formel (b) ausgerechnet:

Zwei Formeln für die Korrektur des Serumkalziums werden häufig verwendet:

a) Korrektur des Serumkalziums auf das Serumalbumin:
 korrigiertes Ca (mg/dl) = gemessenes Ca (mg/dl) – Albumin (g/dl) + 4,0
 oder angepasst auf das SI-Einheitensystem:
 korrigiertes Ca (mmol/l) = gemessenes Ca (mmol/l) – 0,025 × Albumin (g/l) + 1,0

b) Korrektur des Serumkalziums auf das Serumgesamtprotein (GP):
 korrigiertes Ca (mg/dl) = gemessenes Ca (mg/dl)/(0,6 + GP/19,4)
 dabei ist GP die Gesamteiweißkonzentration (g/dl),
 oder angepasst auf das SI-System:
 korrigiertes Ca (mmol/l) = gemessenes Ca (mmol/l)/(0,6 + GP/194)
 dabei ist GP die Gesamtproteinkonzentration (g/l)

Bei einer Gesamteiweißkonzentration von 77,6 g/l geteilt durch 194 erhält man einen Wert

Tabelle 21.2: Effekt der venösen Stauung auf die Konzentration von Kalzium, Protein, Phosphat und Magnesium.

Parameter	Basis	3 Minuten Stauung	p
Gesamtkalzium (mg/dl)	9,64	9,87	< 0,01
(mmol/l)	2,41	2,47	
Gesamtprotein (g/l)	69	73	< 0,001
korrigiertes Kalzium (mg/dl)	10,11	10,09	n. s.
(mmol/l)	2,528	2,523	
Phosphat (mg/dl)	3,22	3,19	n. s.
(mmol/l)	1,04	1,03	
Magnesium (mg/dl)	2,09	2,13	n. s.
ionisiertes Kalzium (mg/dl)	4,62	4,62	n. s.
(mmol/)	1,155	1,155	

von 0,4, d. h. bei dieser Eiweißkonzentration ist das korrigierte Kalzium gleich dem gemessenen Wert. Wir haben bessere Erfahrungen mit der Formel b, Bezug auf Gesamtprotein, gemacht als mit der Formel a, Bezug auf Albumin, dies mag an unterschiedlichen Albuminbestimmungsverfahren liegen.

Zusätzlich zu den Auswirkungen der venösen Stauung sind physiologische Veränderungen der Eiweißkonzentration durch Stehen oder Liegen für die intraindividuellen Serumkalzium-Streuungen verantwortlich. Darüber hinaus werden z.T. zu niedrige Normalbereiche bei gesunden Blutspendern publiziert, da bei diesen üblicherweise der Blutbeutel nach der Spende abgeklemmt wird und aus dem noch liegenden Verbindungsschlauch ein extra Blutröhrchen für die Bestimmung von „Normalwerten" oder Referenzwerten, z.B. des Kalziums im Serum, gesammelt wird. Nach einer Blutspende ist die Gesamteiweißkonzentration im Serum jedoch signifikant niedriger als vor der Spende.

21.1.1.2 Zirkadiane Rhythmik und saisonale Variation

Die zirkadiane Rhythmik des Serumkalziums und des ionisierten Kalziums ist in Abb. 21.2 dargestellt.

Gegen Abend findet man ein leichtes Absinken des Gesamtkalziums, des Gesamtkalziums nach Proteinkorrektur (nicht dargestellt) und des ionisierten Kalziums.

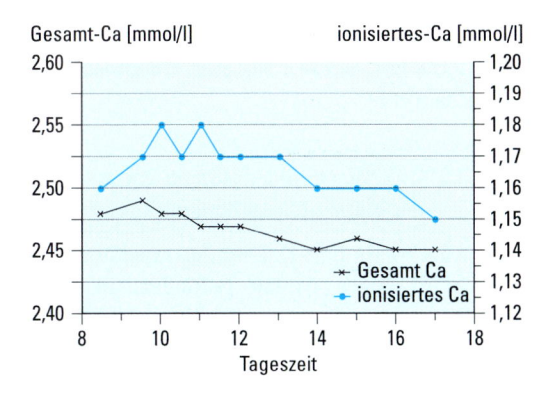

Abb. 21.2: Die zirkadiane Rhythmik von 08.30 bis 18.00 Uhr des Gesamtkalziums im Serum und des ionisierten Kalziums.

Bei Anwendung der Korrektur auf das Gesamteiweiß fanden wir ein nur minimales Absinken des proteinkorrigierten Kalziums von 09.00 bis 17.00, es sank von 2,45 auf 2,42 mmol/l. Eine saisonale Variation des Serumkalziums tritt nicht auf (Studie an über 2.000 gesunden Männern.

Im Allgemeinen ist die Bestimmung des Geamtkalziums und des Gesamtproteins ausreichend. Bei Patienten auf Intensivstationen ist die Bestimmung des ionisierten Kalziums oft wichtig, z.B. nach Gabe großer Mengen von Zitrat (multiple Transfusionen, kardiopulmonale Bypass-Operation, Lebertransplantation).

Hyper- und Hypokalzämie s. Abschnitt Parathormon und Vitamin D.

21.1.2 Kalzium im Urin

Für die Sammlung von Urinproben zur Messung von Kalzium wurden verschiedene Richtlinien erarbeitet. Insgesamt kann man sagen, dass die Proben nicht angesäuert werden sollen, wenn die Proben bis zur Messung nicht eingefroren werden. In frisch gesammeltem Urin wurde eine mittlere Kalzium-Konzentration von 2,39 mmol/l mit und ohne Ansäuerung durch Salzsäure gefunden. Daher kann man die folgende Empfehlung geben:

Wenn Elektrolyte (Natrium, Kalium, Kalzium, Magnesium, Chlorid), Glucose, Harnsäure, Harnstoff, Kreatinin, Albumin, Protein, α-Amylase oder β-N-Acetyl-Galactosidase (β-NAG) in Urinproben gemessen werden sollen, sollen die Urine ohne Additive gesammelt werden und am Tag der Beendigung der Sammlung gemessen werden. Eine Ansäuerung würde die Konzentration der Harnsäure senken und eine pH-Bestimmung im Sammelurin ausschließen.

Referenzbereich für die **Kalziumausscheidung** im 24-Std.-Urin: Eine Kalziumausscheidung im 24-Std.-Urin von 120–320 mg (3–8 mmol) wird als normal für Männer, und 100–280 mg (2,5–7 mmol) als normal für Frauen angesehen (oder 2–4 mg/kg Körpergewicht für Männer und Frauen).

21.1.2.1 Pathophysiologie der Kalziumausscheidung im Urin

Eine **erhöhte Kalziumausscheidung** im Urin wird bei vielen Patienten mit erhöhter intestinaler Kalziumabsorption und/oder erhöhter Knochenresorption (Hyperkalzämie) beobachtet. Da Parathormon die tubuläre Reabsorption von Kalzium erhöht, haben einige Patienten mit primärem Hyperparathyreoidismus (pHPT) trotz leicht erhöhtem Kalzium im Serum eine normale Kalziumausscheidung im Urin.

Kalzium im Urin ist häufig bei Rezidivsteinbildnern erhöht und es ist signifikant abhängig von der Natriumzufuhr und -ausscheidung. Salzbeladungsstudien und Populationsstudien zeigen, dass bei Gesunden für jede 100 mmol Natrium (= 6 g NaCl, Kochsalz) etwa 1 mmol Kalzium zusätzlich mehr im Urin ausgeschieden wird. Zusätzlich ist die Kalziumausscheidung im Urin von der Eiweißzufuhr abhängig und korreliert daher mit der Harnstoffausscheidung im Urin. Es besteht eine Beziehung zwischen erhöhtem Proteinverzehr und Hochregulation der Calcitriol- (1,25-Dihydroxycholecalciferol-) Synthese.

Eine hohe Nahrungskalziumaufnahme vermindert das Risiko für **Nierensteine**, vermutlich durch eine Hemmung der intestinalen Oxalatabsorption, aber eine pharmazeutische Kalziumzufuhr in hohen Dosen (1000 mg oder mehr) könnte das Risiko einer Nierensteinbildung erhöhen, da eine Hyperkalziurie für mehrere Stunden nach hohen Dosen oraler Kalziumzufuhr zu beobachten ist. Daher ist zu empfehlen, eine zusätzliche pharmazeutische Kalziumzufuhr auf 2 Dosen zu je 500 mg (z.B. eine Dosis morgens, eine abends) oder sogar auf drei Dosen aufzuteilen. Bei gesunden Personen steigt für jede 1000 mg (25 mmol) zusätzlicher oraler Kalziumaufnahme die Kalziumausscheidung im 24-Std.-Urin um 60 mg (1,5 mmol). Die Evaluierung von Patienten mit rezidivierender idiopathischer Kalziumnephrolithiasis ergab die folgenden Resultate: Der häufigste Risikofaktor war eine Hyperkalziurie, (39%), gefolgt von Hyperoxalurie (32%) und niedrigem Urinvolumen (32%), Hypozitraturie (29%), Hyperurikosurie (23%) und Hypomagnesiurie (19%).

Nach Immobilisierung, z.B. nach einer Tetraplegie, stieg die Kalziumausscheidung im 24-Std.-Urin auf Werte um 600 mg an, verursacht durch exzessive Knochenresorption. Es wird empfohlen, bei kalziumhaltigen Nierensteinen und einer Kalziumausscheidung über 5 mmol/24 Std. (= > 200 mg/24 Std.) die Kalziumausscheidung abzusenken.

Eine **niedrige Kalziumausscheidung** im Urin wird bei Niereninsuffizienz beobachtet, ferner bei Vitamin-D-Mangel und anderen Zuständen mit Hypokalzämie.

Bei folgenden Hyperkalzämien wird ein relativ niedriges Kalzium im Urin gefunden: Thiazidmedikation, M. Addison (Cortisol- und Mineralokortikoid-Mangel) und familiäre hypokalziurische Hyperkalzämie (FHH). Thiazidmedikation, M. Addison und FHH weisen eine hohe tubuläre Reabsorption von glomerulär filtriertem Kalzium (TRCa) auf (normal beträgt die TRCa 94–96%, bei pHPT oft 95–97%, bei Thiaziden und M. Addison etwa 96–98%, und bei FHH 98 bis über 99%). Die FHH weist eine Störung im Kalziumrezeptor auf. Während der pHPT oft Nierensteine bildet, haben Patienten mit FHH fast nie Nierensteine, da bei der FHH die Urinkalziumkonzentration sehr niedrig ist. Für die häufige Differenzialdiagnose pHPT vs. FHH ist es wichtig, bei einer Hyperkalzämie auch die Kalziumausscheidung im 24-Std.-Urin zu bestimmen.

Eine niedrige Kalziumausscheidung im 24-Std.-Urin ist ein empfindliches Zeichen für einen Mangel an Vitamin D, und eine hohe Kalziumausscheidung im 24-Std.-Urin ist ein empfindliches Zeichen für eine Überdosierung von Vitamin D.

21.1.2.2 Zirkadiane und saisonale Variation der Kalziumausscheidung im Urin

Das Maximum der Kalziumausscheidung im Urin wird gegen Mittag gefunden, in einer anderen Untersuchung von 10.00 bis 18.00 Uhr. Die diurnale Variation der Kalziumausscheidung im Urin bei nüchternen Personen ist der Natriumausscheidung sehr ähnlich.

Für den Nachweis einer Hyperkalziurie kann eine über-Nacht-Sammlung für Screeningzwecke vorgenommen werden. Wir fanden keine saisonale Variation der Kalziumausscheidung im Urin bei Patienten mit kalziumhaltigen Nierensteinen. Dagegen fanden Untersucher in Leeds (England) eine höhere Kalziumausscheidung in den Sommermonaten im Vergleich zu den Wintermonaten. Möglicherweise sind die Ergebnisse aus Leeds auf eine geringere Vitamin-D-Versorgung in den Wintermonaten in Leeds als in Heidelberg zurückzuführen.

21.2 Phosphatstoffwechsel, Hyper- und Hypophosphatämie

21.2.1 Phosphat im Serum oder Plasma

Phosphor liegt im Blut hauptsächlich als anorganisches und organisches Phosphat vor, letzteres nahezu vollständig in Erythrozyten. Bestimmt wird anorganisches Phosphat, das Ergebnis wird aber oft als Phosphor in mmol/l mitgeteilt (anorganisches Phosphat 1 mmol/l = anorganischer Phosphor 1 mmol/l = anorganischer Phosphor 3,1 mg/dl). In der Klinik wird meistens nur von Phosphat gesprochen, wenn **anorganisches Phosphat** in Serum oder Urin gemeint ist.

Bei Gesunden liegt die Gesamtphosphatkonzentration im Plasma bei 3,9 mmol/l, davon sind nur 0,8–1,4 mmol/l anorganisches Phosphat, der Rest sind Phospholipide und andere organische Verbindungen. Etwa 10 % des anorganischen Phosphats im Plasma sind nicht filtrierbar oder proteingebunden, und 6 % sind komplexiert mit Kalzium oder Magnesium; 84 % des Plasmaphosphats sind frei und liegen als HPO_4^{2-} und $H_2PO_4^-$ Ion vor, deren relativer Anteil hängt vom pH-Wert ab.

21.2.1.1 Referenzbereiche

Die Referenzbereiche für Plasma oder Serumphosphat morgens bei nüchternen Personen sind sehr abhängig vom Alter. Während der ersten sechs Lebensmonate liegen die Phosphatkonzentrationen bei 1,6–2,5 mmol/l (5,0–7,8 mg/dl), danach fallen die Werte signifikant ab. Im Alter von 4–8 Jahren liegen die Phosphatkonzentrationen bei 1,2–1,8 mmol/l (3,7–5,4 mg/dl), mit 10 Jahren bei 1,1–1,7 mmol/l (3,5–5,3 mg/dl). In der Kindheit findet man keine Geschlechtsunterschiede, aber während der Pubertät fallen die Phosphatkonzentrationen auf die Werte von jungen Erwachsenen ab: 0,8–1,45 mmol/l (2,5–4,5 mg/dl, männlich) und 0,9–1,4 mmol/l (2,8–4,7 mg/dl, weiblich). Die Spiegel fallen bei Männern und Frauen noch leicht ab bis zum Alter von 40–50 Jahren, danach steigen sie gering bei Frauen an. Dieser Anstieg mag auf eine gesteigerte Knochenresorption bei Frauen nach der Menopause zurückgeführt werden. Falls die Spiegel bei beiden Geschlechtern im höheren Alter abfallen, ist hierfür oft ein Mangel an Vitamin D verantwortlich.

21.2.1.2 Zirkadiane Rhythmik und Präanalytik

Proben sollten beim nüchternen Patienten morgens zwischen 07.00 und 09.00 abgenommen werden, da es zu einem Absinken von Phosphat nach der Nahrungsaufnahme kommt, vermutlich durch Insulinfreisetzung. Hyperglykämie und Hyperinsulinämie, wie sie beim oralen Glukosetoleranztest (OGTT) beobachtet werden, führen zu einer Hypophosphatämie durch eine Aufnahme von Phosphat aus der extrazellulären Flüssigkeit in die Zellen.

Zirkadiane Rhythmik: Ein mittlerer Spiegel um 1,0 mmol/l wird bei gesunden Freiwilligen morgens (07.00–10.00 Uhr) gefunden, ein Anstieg auf 1,2 mmol/l wird um 15.00–17.00 Uhr gefunden, und auf 1,3 mmol/l gegen Mitternacht. Die zirkadiane Variation des Phosphats im Serum ist zusammen mit der von Kalzium in der Abbildung 21.3 dargestellt.

Die Tagesrhythmik von Phosphat ist bei nüchternen Personen abgeschwächt.

Eine ähnliche zirkadiane Rhythmik wie bei Gesunden mit höheren Spiegeln abends und nachts wird auch bei Patienten an der Hämodialyse beobachtet, allerdings bei insgesamt höheren Spiegeln.

Serum oder Plasma sollte von den Blutzellen innerhalb von 6 Stunden nach Blutentnahme abgetrennt werden. Hämolyse ist zu vermeiden, da Phosphat aus labilen Esterverbindungen freigesetzt wird, die in Erythrozyten enthalten sind.

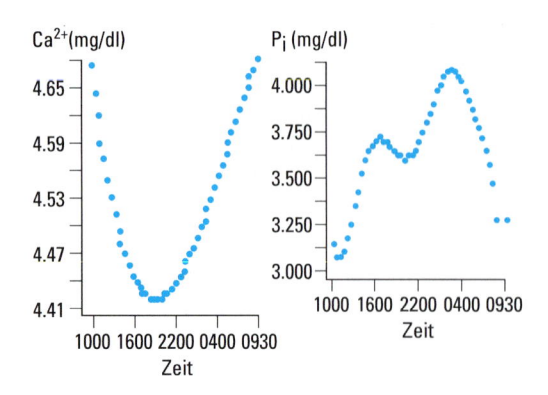

Abb. 21.3: 24-Std.-Rhythmik von Phosphat und Kalzium im Serum (Markowitz M et al., Science 1981; 213:672–4).

Plasma oder Serum kann bei 4 °C für mehrere Tage aufbewahrt werden, im gefrorenen Zustand für mehrere Monate. Die Konzentration von Phosphat im Serum ist 0,06–0,10 mmol/l höher als im Plasma, da intrazelluläres Phosphat aus Thrombozyten und Erythrozyten während der Gerinnung freigesetzt wird. Dieser Effekt wird bei Patienten mit Thrombozytose deutlich. Zitrat, Oxalat, und EDTA dürfen nicht als Antikoagulantien eingesetzt werden, da sie bei der Phosphatbestimmung (Bildung eines Phosphomolybdatkomplexes) stören. Paraproteine können erhöhte Phosphatwerte vortäuschen.

21.2.2 Phosphat im Urin

Bei gesunden Personen ist die intestinale Absorption von Phosphat linear von der Nahrungsphosphatzufuhr abhängig, etwa 2/3 (Bereich 50–75 %) des Nahrungsphosphates wird absorbiert und im Urin ausgeschieden. Die Masse des Phosphates wird durch Diffusion absorbiert, nur ein kleiner Prozentsatz wird vermittelt durch Vitamin-D-Metabolite absorbiert, hauptsächlich durch Calcitriol. Daher ist Phosphat im Urin ein wertvoller Indikator der Ernährung (Fleisch, Milchprodukte) und man findet bei Überernährung bzw. Übergewichtigen häufig mehr als die normale Ausscheidung von 25–35 mmol/24 Std.-Urin. Es gibt eine zirkadiane Rhythmik für die Phosphatausscheidung mit höheren Spiegeln nachmittags und im Schlaf (um 6 mmol/4 Std.) als morgens (um 4 mmol/4 Std.). Eine andere Untersuchung an nicht fastenden Gesunden ergab die höchste Phosphatausscheidung zwischen 16.00 Uhr und Mitternacht. Bei fastenden Personen verschwindet die zirkadiane Rhythmik der Urinphosphatausscheidung. Spontanurinproben zur Messung von Phosphat und Kalzium, bezogen auf Urinkreatinin, waren zur Diagnose einer Rachitis bei Kleinkindern nicht hilfreich. Hierzu sind 24-Std.-Sammlungen erforderlich. Da sich Vitamin D stärker auf die intestinale Kalziumabsorption auswirkt als auf die von Phosphat, ist die Hypokalziurie ein sicheres Zeichen und die Hypophosphaturie ein unsicheres Zeichen bei Rachitis beim Kind oder Mangel an Vitamin D beim Erwachsenen.

21.2.2.1 Phosphatschwelle

Das tubuläre Maximum der Phosphatreabsorption bezogen auf die glomeruläre Filtrationsrate (TmP/GFR) ist die beste Methode, die renal-tubuläre Reabsorption von Phosphat zu berechnen. TmP/GFR kann leicht aus Nüchternurinkonzentration und Nüchtern-Plasmakonzentration von Phosphat und Kreatinin mit dem

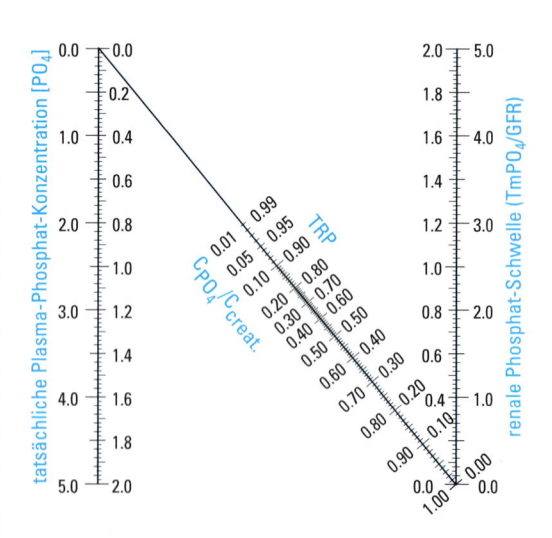

Abb. 21.4: Nomogramm zur Bestimmung des tubulären Maximums der Phosphatreabsorption bezogen auf die glomeruläre Filtrationsrate (Walton RJ, Bijvoet OLM. Lancet 1975; II: 309–10).

Nomogram von Walton and Bijvoet abgelesen werden (Abb. 21.4).

Erhöhte Parathormonspiegel, Volumenexpansion (z. B. erhöhte Natriumzufuhr) oder ein phosphaturischer Faktor bei onkogener Osteomalazie senken die tubuläre Phosphatreabsorption (senken TmP/GFR). TmP/GFR weist eine ähnliche zirkadiane Rhythmik auf wie die Serumphosphatspiegel: TmP/GFR beginnt morgens um 0,85 mmol/l und erreicht 1,0 mmol/l abends und 1,2 mmol/l um 03.00 morgens während des Schlafs.

21.3 Hormonelle Regulation des Knochen- und Kalziumstoffwechsels

21.3.1 Parathormon (PTH)

Aus den Nebenschilddrüsen wird das 84 Aminosäuren lange Peptid PTH (**"intaktes PTH"**) in Abhängigkeit vom ionisierten Kalzium, der Konzentration an 1,25-Dihydroxy-Vitamin D (Calcitriol), der Magnesium- und der Phosphatkonzentration ins Plasma abgegeben. Ein ionisiertes Kalzium unter 1,2 mmol/l stimuliert die Parathormonsekretion. Bei Calcitriolmangel wird relativ zum Serumkalzium mehr PTH sezerniert. Eine leichte Hypomagnesiämie stimuliert – wie die Hypokalzämie – die PTH-Sekretion, bei starker Hypomagnesiämie reduziert sich die PTH-Sekretion. Die Auswirkungen von Kalzium und Magnesium auf die PTH-Sekretion zeigt die Abb. 21.5.

Phosphat stimuliert die PTH-Sekretion, zum einen über eine Absenkung des ionisierten Kalziums, zum anderen auch durch direkten Effekt auf die Nebenschilddrüsen. Die Tagesrhythmik von Phosphat (Serum) zusammen mit intaktem Parathormon (EDTA-Plasma) bei Gesunden (nicht fastend) ist in der Abbildung 21.6 dargestellt.

Ein zusammenfassendes Regulationsschema des Kalzium-Phosphat-Stoffwechsels zeigt die Abb. 21.7.

Die hohe Phosphatkonzentration in der Urämie, z. B. bei Dialysepatienten, stimuliert direkt die PTH-Sekretion. Lithiumtherapie verändert den „set-point", d. h. diejenige Kalziumkonzentration, bei der die halbmaximale PTH-Sekretion erfolgt, sodass höhere Kalzium- und Parathormonspiegel bei Lithiumtherapie im Vergleich zu Gesunden beobachtet werden. Bei körperlicher Belastung werden merkwürdigerweise Anstiege des Kalzium- und des PTH-Spiegels beobachtet.

Der PTH-Spiegel bei Gesunden (**Referenzbereich** 1,5–5,0 pmol/l, entspricht etwa 15–50 ng/l) hängt deutlich von der Vitamin-D-Versorgung ab. Bei 25-OH-Vitamin-D-Spiegeln unter 25 µg/l werden bei Gesunden höhere PTH-Konzentrationen gefunden (bis 6,5 pmol/l oder 65 ng/l), es tritt also ein leichter (physiologischer ?) HPT im Winter bei vielen Personen in

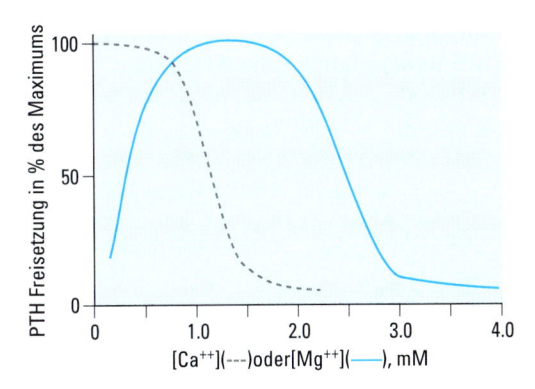

Abb. 21.5: Einfluss der Kalzium- und Magnesiumkonzentration (x-Achse) auf die PTH-Sekretion (y-Achse).

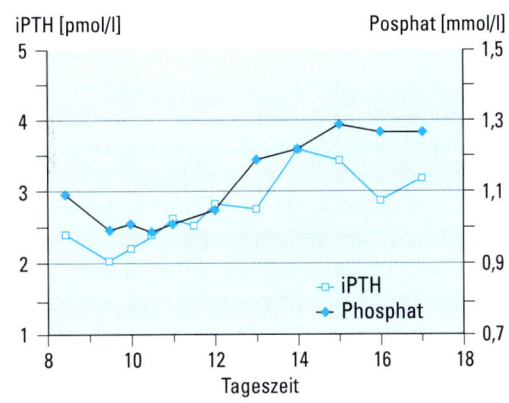

Abb. 21.6: Tagesrhythmik von Phosphat im Serum und von intaktem Parathormon (PTH) im EDTA-Plasma bei Gesunden, nicht fastend (der PTH-Anstieg gegen Abend ist bei nüchternen Personen nicht zu sehen).

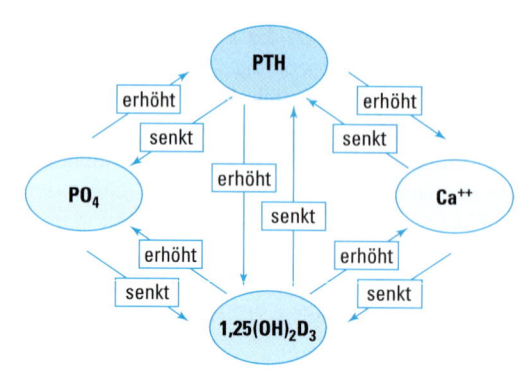

Abb. 21.7: Zusammenfassendes Regulationsschema des Kalzium- und Phosphatstoffwechsels. Mehrere Regelkreise greifen ineinander (PTH = Parathormon, Ca = Serumkalzium, P = Serum-Phosphat, 1,25 = 1,25-Dihydroxy-Vitamin D). Beispiel: PTH erhöht die Bildung von 1,25, 1,25 bremst die Bildung von PTH; PTH senkt den Serum-Phosphatspiegel, ein Anstieg des Phosphatspiegels stimuliert die PTH-Sekretion; usw.).

unseren Breiten auf (s. auch Kapitel Vitamin D). 25-OH-Vitamin-D-Spiegel unter 25 µg/l sind als unzureichende Vitamin-D-Versorgung zu werten. Möglicherweise ist die wiederholte Stimulation der Nebenschilddrüsen in jedem Winter bei manchen Personen ein Grund mit für die Entstehung einer Adenombildung.

Die Freisetzung des intakten PTH erfolgt nicht ganz gleichmäßig, es gibt eine geringe Pulsatilität bei Gesunden bis zu 0,5 pmol/l. Bei Patienten mit schwerem primärem Hyperparathyreoidismus (primärem HPT) fanden wir eine ausgeprägtere Pulsatilität. Daher ist mit einer einzelnen Blutentnahme die Diagnose eines primären HPT nicht immer zu sichern.

Das aminoterminale Ende (1–34) des intakten PTH ist für die biologische Aktivität entscheidend. Außer intaktem Parathormon können die Nebenschilddrüsen auch noch ein biologisch aktives Fragment sezernieren (PTH (1–37) wurde bei Dialysepatienten isoliert), das in dem Nachweis für intaktes PTH nicht erfasst wird. Wir fanden, dass in einigen Fällen von Hyperparathyreoidismus bei Dialysepatienten signifikante Konzentrationen an diesem biologisch aktiven Fragment in der Zirkulation vorliegen, sodass die Schwere eines Hyperparathyreoidismus durch alleinige Messung des intakten PTH in Einzelfällen unterschätzt wird.

21.3.1.1 Primärer Hyperparathyreoidismus (primärer HPT)

Beim primären HPT resultiert eine Hyperkalzämie aus den drei Angriffspunkten des PTH
– Steigerung der ossären Kalziumresorption
– Steigerung der intestinalen Kalziumabsorption (calcitriolvermittelt)
– Steigerung der tubulären Kalziumreabsorption,
siehe Abb. 21.8.

Ein primärer HPT ist eine relativ häufige Erkrankung, im Regelfall liegt eine Hyperkalzämie, Hypophosphatämie (oder Phosphatwerte im unteren Normbereich), eine gesenkte Phosphatschwelle (TmP/GFR, s. Abschnitt Phosphat), Serumchloridspiegel über 100 mmol/l (normal 95–106 mmol/l), eine leichte metabolische Azidose und ein erhöhter Spiegel an intaktem PTH vor. Bei schweren Fällen ist auch die alkalische Phosphatase erhöht als Zeichen einer ossären Beteiligung. Durch eine Hyperkalziurie können Nierensteine auftreten, durch Kalziumwerte über 3,0 mmol/l kann eine Polyurie auftreten, und bei Werten über 4,0 mmol/l kann eine hyperkalzämische Krise mit Bewusstseinsverlust und möglicher Todesfolge eintreten.

Indikation zur Messung von Parathormon: Differenzierung von Hyper- und Hypokalzämie, Niereninsuffizienz, Nephrolithiasis, Nephrokalzinose, radiologischer Verdacht auf HPT, Malabsorptionssyndrom, Adenomlokalisation bei pHPT, intraoperative Verlaufskontrolle.

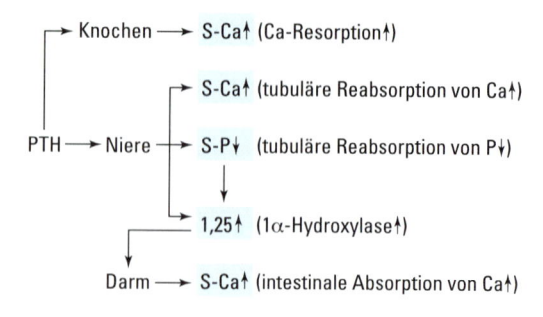

Abb. 21.8: Pathophysiologie der Hyperkalzämie bei primärem HPT.

Methode der PTH-Bestimmung: Die Messung wird heute praktisch nur noch mit immunologischen Nachweisen (Immunoassays, vorwiegend immunoluminometrische Assays, „ILMA", oder immunoradiometrische Assays, „IRMA") für das intakte PTH vorgenommen. Die früher verwendeten Nachweise (Radioimmunoassays, „RIA", für mittel-regionale oder C-terminale PTH-Fragmente waren weniger zuverlässig, auch kumulierten die Fragmente bei eingeschränkter Nierenfunktion. Die Ergebnisse der Nachweise für intaktes PTH sind relativ unabhängig von der glomerulären Filtrationsrate, da das intakte PTH überwiegend in der Leber abgebaut wird, siehe Abb. 21.9.

Abbildung 21.9 zeigt, dass intaktes PTH vorwiegend von der Leber aus der Zirkulation entfernt wird, also dort vermutlich abgebaut wird. Ob ein großes zirkulierendes Fragment von der Kettenlänge 7–84 tatsächlich im Plasma vorkommt und vorhandene ILMA oder IRMA stört, wird kontrovers diskutiert.

Untersuchungsmaterial für die PTH-Bestimmung: EDTA-Plasma, morgens nüchtern. Bei Dialysepatienten prädialytisch Blut abnehmen. EDTA-Plasma zeigt keinen Abbau von intaktem PTH bei 4–8 °C über 24 Stunden. Aus Sicherheitsgründen wird meistens empfohlen, EDTA-Plasma innerhalb von 4 Stunden nach der Blutentnahme einzufrieren. Bei Raumtemperatur erfolgt etwa 5–10 % Abbau von intaktem PTH in EDTA-Plasma innerhalb von 24 Stunden. Im Serum ist PTH weniger stabil, hier erfolgt um 20 % Abbau, nach eigenen Erfahrungen bei einigen Patienten bis zu 50 % Abbau bei Raumtemperatur innerhalb von 24 Stunden. Eine Serumprobe ist für die Immunoassays verwendbar, muss aber innerhalb von 2 Stunden nach der Blutentnahme tiefgefroren werden. Serum soll nicht bei 4 °C gelagert werden, da auch bei 4 °C keine hohe Stabilität gegeben ist.

Fehlerquelle: nur halb gefüllte EDTA-Monovetten, da eine überhöhte EDTA-Konzentration die Nachweise z.T. stört. Ferner können die Messungen durch heterophile Antikörper (z.B. HAMA, Human-anti-Maus-Antikörper) gestört werden (falsch hoch).

Für die Operation eines Patienten mit primärem HPT sollten drei erhöhte Kalziumwerte und zwei erhöhte Werte des intakten PTH vorliegen, um eine Operationsindikation abzusichern. Nach Entfernung eines Nebenschilddrüsenadenoms fallen die Spiegel an intaktem PTH rasch ab, die Halbwertszeit beträgt etwa 3 min (Abb. 21.10).

Abbildung 21.10 zeigt, dass postoperativ die Halbwertszeit von intaktem PTH bei Patienten mit Nebenschilddrüsenadenom etwa um drei Minuten beträgt. Durch eine Blutentnahme vor Anschlingen einer vergrößerten Nebenschilddrüse und weitere Blutentnahmen 5 und 10 Minuten nach Entfernung z.B. eines Adenoms kann intraoperativ geprüft werden, ob auf eine weitere Suche nach vergrößerten Nebenschilddrüsen verzichtet werden kann oder ob die Suche fortgesetzt werden muss. Die Analysezeiten liegen bei 15–20 Minuten, die Zentrifugation benötigt um 5 Minuten, sodass bei günstigem Transportweg etwa nach einer halben Stunde

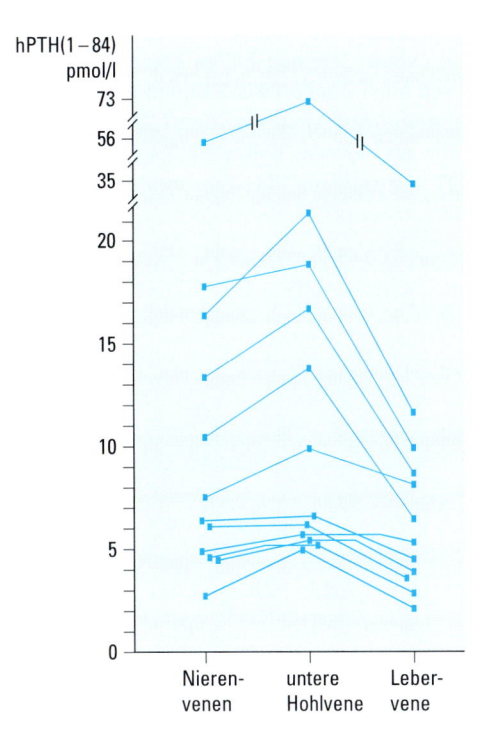

Abb. 21.9: Spiegel an intaktem PTH in der unteren Hohlvene, in den Nierenvenen und in der Lebervene bei Patienten mit primärem Hyperparathyreoidismus (Blind E, et al; J Clin Endocrinol Metab; 1988; 67, 353–360).

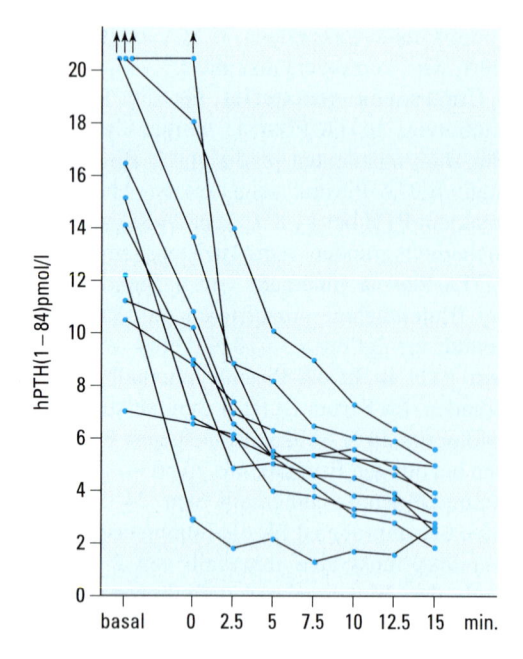

Abb. 21.10: Postoperative Verschwinderaten von intaktem PTH bei Patienten mit Nebenschilddrüsenadenom.

der Operateur über das Ergebnis informiert werden kann.

Etwa 95 % der Patienten mit pHPT zeigen erhöhte Spiegel an intaktem PTH, bei einem Teil der Patienten liegen die Spiegel im oberen Normbereich. (Bei einer Hyperkalzämie beim Nebenschilddrüsengesunden sind die Spiegel an intaktem PTH unter die Norm supprimiert).

Normokalzämischer primärer HPT: Diese Fälle können bei Hypoproteinämie oder bei Mangel an Vitamin D auftreten. Daher sollte das Gesamteiweiß und das Albumin bei einer Kalziumbestimmung mitbestimmt werden. Bei Verdacht auf diese Erkrankung sollte auch ein Mangel an Vitamin D ausgeschlossen werden, hierzu kann 25-Hydroxy-Vitamin D (25(OH)D) im Serum untersucht werden. Ein Mangel an Vitamin D oder suboptimale Werte an 25(OH)D werden bei pHPT häufig gefunden. Nach Substitution mit Vitamin D und Beseitigung eines Vitamin-D-Mangels sollte dann eine leichte Hyperkalzämie sichtbar werden und die Diagnose sichern. Nach Ausschluss eines Vitamin-D-Mangels kann bei grenzwertiger Hyperkalzämie ein Suppressionsversuch des intakten PTH durchgeführt werden: Man nimmt Blut ab für den Basalwert, gibt 1000 mg Kalzium oral (Brausetablette z. B.) und gewinnt nach 60 Minuten eine 2. Blutprobe. Beim Gesunden ist nach dieser Maßnahme das intakte PTH in der 2. Probe unter 1 pmol/l supprimiert. Ein pHPT lässt sich nicht so tief supprimieren, die PTH-Spiegel bleiben erhöht oder in der oberen Norm.

Tumorhyperkalzämie: Hier ist das intakte PTH regelmäßig supprimiert (Abb. 21.11).

Abbildung 21.11 zeigt, dass die Spiegel an intaktem Parathormon bei Patienten mit Tumorhyperkalzämie supprimiert sind. Die Kalziumspiegel lagen initial über 2,6 mmol/l und wurden dann durch Gabe eines Bisphosphonates gesenkt. Im Zuge der Absenkung des Kalziums erfolgt eine zunehmende Stimulation der Nebenschilddrüsen. Die Auswertung des ionisierten Kalziums ergab, dass oberhalb von 1,21 mmol/l die PTH-Spiegel unter die untere Norm supprimiert werden.

In extrem seltenen Fällen können jedoch Tumoren auch intaktes PTH bilden (wir sahen ein Karzinoid mit Metastasen und Tumorhyperkalzämie und extrem hohen Spiegeln an intaktem PTH und anderen PTH-Fragmenten).

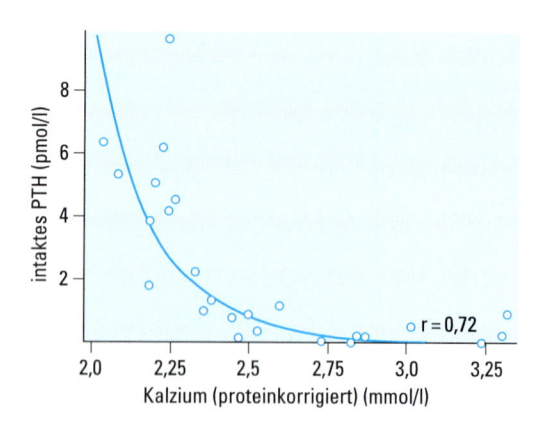

Abb. 21.11: Serumkalzium und intaktes Parathormon bei Patienten mit Tumorhyperkalzämie. Die Kalziumspiegel lagen initial über 2,6 mmol/l und wurden dann durch Gabe eines Bisphosphonates gesenkt (Scharla et al., Therapie der Tumorcalcämie mit Chlodronat, Dtsch Med Wochenschr 1987; 112(28/29): 1121–1135; Georg Thieme Verlag Stuttgart).

Familiäre Hyperkalzämie mit Hypokalziurie (FHH): Die FHH ist eine autosomal dominant vererbte Erkrankung, charakterisiert durch eine meist mäßige Hyperkalzämie und relative Hypokalziurie (das Urinkalzium ist sehr niedrig in Anbetracht der Hyperkalzämie). Es liegt eine Störung im Kalzium-Rezeptor an den Nebenschilddrüsen und den Nieren vor: die tubuläre Reabsorption von Kalzium bleibt auch nach totaler Parathyreoidektomie hoch, die Urinkalziumausscheidung niedrig (19, 20). Während der primäre HPT zu Nephrolithiasis neigt, ist diese bei FHH sehr selten.

Sekundärer Hyperparathyreoidismus (sekundärer HPT): Ein sekundärer HPT kann sich schon früh bei Patienten mit einer Niereninsuffizienz entwickeln, man findet schon bei einer Kreatininclearance von 80 ml/min ansteigende Spiegel an intaktem PTH. Ein sekundärer HPT tritt auf, da die Niere bei einem Funktionsrückgang auch den hochaktiven Metaboliten 1,25-Dihydroxycalciferol (1,25-Dihydroxy-Vitamin D, Calcitriol) entsprechend weniger bilden kann, sodass weniger Kalzium aus dem Darm aufgenommen wird und über eine Hypokalzämie die Nebenschilddrüsen stimuliert werden. Ferner werden die Nebenschilddrüsen beim Gesunden durch Calcitriol gebremst, diese Bremsung geht entsprechend beim Niereninsuffizienten zurück. Drittens scheiden die Nieren beim Gesunden Phosphat aus, etwa 25–30 mmol/24 h, und durch die verminderte Phosphatausscheidung kommt es einmal zu einer direkten Stimulation der Nebenschilddrüsen und ferner zu einer Bremsung der restlichen Calcitriolproduktion in den Nieren, siehe auch

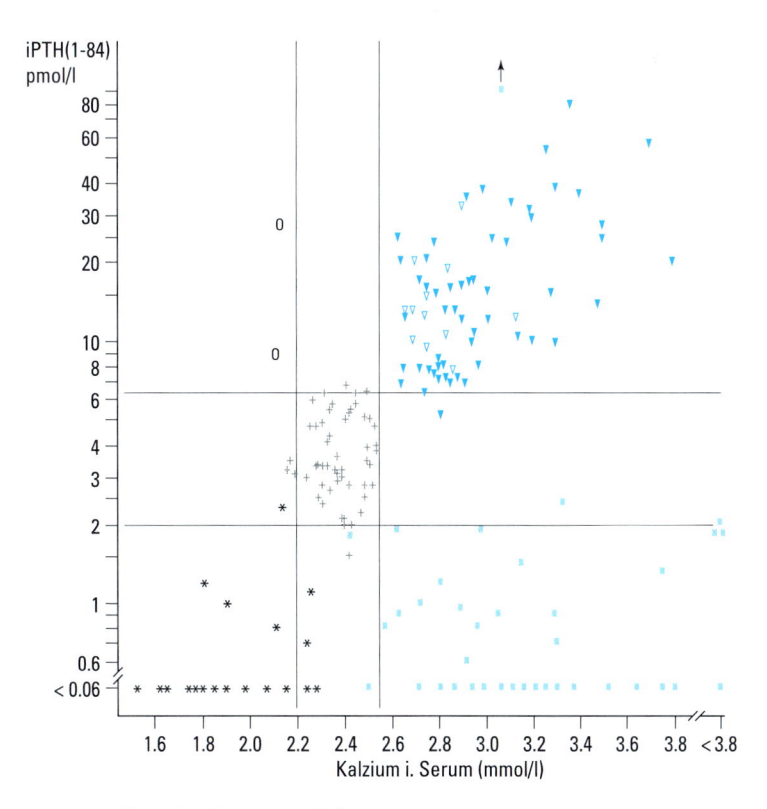

Abb. 21.12: Zusammenstellung der Werte von Kalzium im Serum und intaktem PTH im EDTA-Plasma bei Gesunden (+), Patienten mit operativ gesichertem primärem HPT (▼) und Patienten mit der wahrscheinlichen Diagnose primärer HPT (▽), Patienten mit einer Tumorhyperkalzämie (■), Hypoparathyreoidismus (*) und Pseudohypoparathyreoidismus (°).

das zusammenfassende Regulationsschema in Abb. 21.7. Bei Dialysepatienten wird bei intaktem PTH bis zum dreifachen der oberen Norm im Allgemeinen am Knochen histologisch kein Schaden beobachtet. Bei Nierengesunden und bei eingeschränkter Kreatininclearance erfolgt nach Gabe von Furosemid ein Anstieg des Parathormons, da es zu einem renalen Kalziumverlust kommt.

Eine Zusammenstellung der Werte bei Krankheiten mit Hyper- und Hypokalzämie zeigt die Abb. 21.12.

Die Abbildung 21.12 zeigt, dass die Patienten mit Tumorhyperkalzämie alle ein supprimiertes intaktes PTH haben, nur ein Patient mit Tumorhyperkalzämie (siehe Pfeil) mit einem Karzinoid produziert intaktes PTH im Karzinoidgewebe und hat daher einen hohen Spiegel an intaktem PTH.

Bei Patienten mit **Hypoparathyreoidismus** kann eine hereditäre Störung vorliegen (geschlechtsgebundene oder autosomal rezessive Vererbung) bzw. Störung der Nebenschilddrüsenanlage, z. B. mit Thymusaplasie, oder es können mehrere endokrine Störungen zugleich vorliegen, ferner kann ein Autoimmunprozess vorliegen und zu einer Zerstörung der Nebenschilddrüsen geführt haben. Ein passagerer Hypoparathyreoidismus kommt beim Neugeborenen vor, wenn die Mutter während der Schwangerschaft hyperkalzämisch war, z. B. durch einen leichten primären HPT.

Bei Patienten mit **Pseudohypoparathyreoidismus** kann der Rezeptor für Parathormon in Knochen und/oder Nieren defekt sein, dabei können Skelettanomalien vorliegen (Kleinwuchs, rundes Gesicht, kurze Metacarpalia, Adipositas, Intelligenzminderung).

21.3.2 Calcitonin (Human Calcitonin, HCT)

21.3.2.1 Physiologie

HCT ist ein 32 Aminosäuren langes Peptid, das von den C-Zellen der Schilddrüsen gebildet wird. Beim Gesunden sind die Spiegel an HCT sehr niedrig, so niedrig, dass sie auch mit den modernsten Nachweistechniken/immunoradiometrische (IRMA) oder immunoluminometrische (ILMA) „two-site sandwich assays", also zwei verschiedene Antikörper im Überschuss gegen unterschiedliche Epitope des Antigens) nicht immer erfasst werden können. Durch intravenöse Kalziuminjektion oder durch Pentagastrininjektion ist die Freisetzung auch beim Gesunden stimulierbar, siehe die Abb. 21.13, Einfluss der Kalziuminjektion:

Abbildung 21.13 zeigt, dass die intravenöse Kalziumgabe (mit einem Anstieg des Serumkalziums auf 2,9 mmol/l im Mittel) zu der stärksten Calcitoninfreisetzung führt (Anstieg um über 9 pmol/l, Bereich des Anstiegs 4,2 bis 13,5 pmol/l).

Calcitonin hemmt am Knochen die Osteoklastenaktivität, sodass es auch für die Behandlung der Osteoporose Anwendung findet. Ferner wirkt Calcitonin an der Niere.

Calcitonin wird als spezifischer und sensitiver Tumormarker in Diagnostik und Verlaufskontrolle des C-Zell-Karzinoms der Schilddrüse **(medulläres Schilddrüsenkarzinom)** eingesetzt.

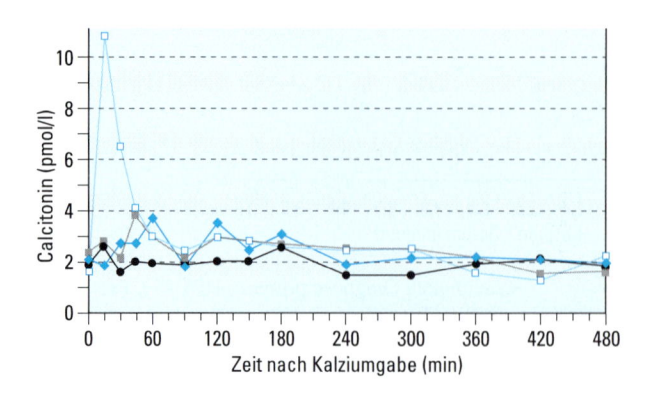

Abb. 21.13: Stimulation der Calcitoninfreisetzung beim Gesunden durch Gabe von Kalzium.
● Kontrolltag; ■ 1000 mg Kalzium oral; ◆ 2000 mg Kalzium oral; □ 180 mg Kalzium i. v.

21.3.2.2 Indikation

- Familienscreening von Patienten mit medullärem Schilddrüsenkarzinom in Verbindung mit Pentagastrintest (etwa ein Viertel der Fälle von medullärem Schilddrüsenkarzinom wird autosomal dominant vererbt)
- Postoperativer Verlauf von histologisch gesicherten C-Zell-Karzinomen (zusammen mit CEA)
- Postoperative Lokalisationsdiagnostik bei C-Zell-Karzinomen in Verbindung mit selektivem Venenkatheter
- bei Verdacht auf multiple endokrine Neoplasie (MEN), z. B. bei bilateral oder familiär auftretenden Phäochromozytomen
- bei therapierefraktären Durchfällen (bei fortgeschrittenem C-Zell-Ca zu beobachten)
- bei szintigraphisch kalten Schilddrüsenknoten
- bei nicht speichernden Schilddrüsenkarzinomen unklarer Ätiologie.

Abbildung 21.14 zeigt, dass durch den Pentagastrin-Stimulationstest postoperativ nach Entfernung der Schilddrüse und ggf. Lymphknoten sehr sensitiv festgestellt werden kann, ob im Patienten noch C-Zell-Karzinomgewebe verblieben ist.

Z. T. wird auch bei Bronchialkarzinomen paraneoplastisch ein erhöhtes Calcitonin gefunden. Da es für diesen Tumor jedoch brauchbare Marker gibt, hat sich die Messung von HCT hier nicht durchgesetzt. Bei paraneoplastischer Calcitoninproduktion (Bronchialkarzinom) wird im Gegensatz zum C-Zell-Karzinom kein betonter Anstieg der Calcitoninspiegel nach Pentagastrininjektion beobachtet.

21.3.2.3 Pentagastrintest

Patienten mit C-Zell-Ca zeigen deutlich stärkere Anstiege als Normalpersonen.

Durchführung: Verweilkanüle legen, ein Hämatologieröhrchen (EDTA) Blut abnehmen, 0,5 µg Pentagastrin (Gastrodiagnost) pro kg KG als Bolus i. v., nach 2 und 5 min wieder je ein EDTA-Röhrchen Blut abnehmen.

Gesunde zeigen Anstiege bis 20 pmol/l (Immunoradiometrischer two-site Sandwich Assay), bei C-Zell-Ca werden viel stärkere Anstiege beobachtet.

Kalziuminjektionstest: Wir beobachteten bei Gesunden ebenfalls nach Kalziuminjektion (10 ml Calcium Sandoz 10 % in 2 min i. v.) nach 15 min Spiegel bis 14 pmol/l.

Beurteilung: Patienten mit klinisch manifestem C-Zell-Ca haben präoperativ erhöhte basale HCT-Werte. Postoperativ kommt es innerhalb von Stunden zu einem Abfall des HCT. Liegt der Wert bei der Entlassung im Referenzbereich

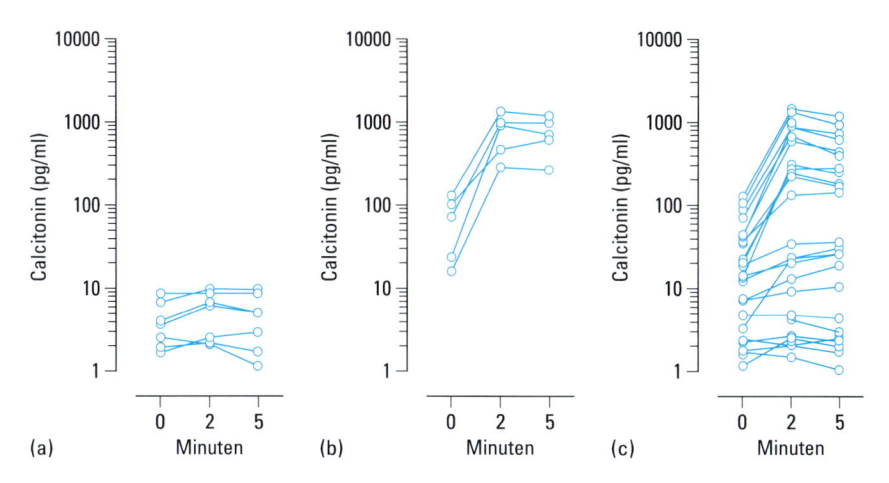

Abb. 21.14: Calcitoninspiegel vor und nach einem Pentagastrin-Stimulationstest. A: Verhalten von Gesunden; B: Patienten mit C-Zell-Ca der Schilddrüse, präoperativ; C: Patienten mit C-Zell-Ca der Schilddrüse, postoperativ (Saller B et al., Clin Lab 2002; 48:191–200).

und lässt sich nicht mehr stimulieren, ist der Patient als geheilt zu betrachten. Jährliche Kontrollen mit dem Stimulationstest sind anzuraten. Persistierend hohe Werte werden bei Tumorresten oder Metastasen gefunden. Bei jedem sporadischem C-Zell-Ca sollten Familienuntersuchungen vorgenommen werden. Heute können zusätzlich Gen-Tests auf das Vorliegen der häufigsten Mutationen durchgeführt werden. Werden C-Zell-Karzinome in einer frühen Phase durch Screening entdeckt, sind sie in nahezu 100% heilbar.

Probenmaterial: EDTA-Plasma, 1 ml, tiefgefroren. Serum ist auch möglich, aber Peptide sind in EDTA-Plasma im allgemeinen stabiler. Störmöglichkeiten: bei two-site Sandwich-Assays mit zwei monoklonalen Antikörpern können Störungen durch HAMA (Human-anti-Maus-Antikörper) auftreten. Diese können durch Messung der HAMA erkannt werden.

21.3.3 Vitamin D und D-Metabolite, Rachitis und Osteomalazie

21.3.3.1 25-Hydroxy-Vitamin D (25(OH)D, Calcidiol)

Die D-Vitamine oder Calciferole entstehen aus Provitaminen aufgrund einer durch die UV-Strahlung des Sonnenlichts katalysierten Spaltung des B-Rings im Sterangerüst. Die beiden wichtigsten D-Vitamine sind Vitamin D_3 und Vitamin D_2. Im Gegensatz zum Provitamin D_2, das mit der Nahrung aufgenommen werden muss, kann das Provitamin D_3 auch von der Leber gebildet werden.

In der Haut gebildetes Vitamin D_3 oder mit der Nahrung gemeinsam mit Vitamin D_2 aufgenommenes Vitamin D_3 wird an Vitamin-D-bindendes Protein (DBP, Gc-Globulin) im Plasma gebunden, zur Leber transportiert und dort in Position 25 hydroxyliert, es entsteht 25(OH)D. Über 95% des im Serum messbaren 25(OH)D ist $25(OH)D_3$. $25(OH)D_2$ erreicht nur bei Patienten unter Medikation mit Vitamin D_2 messbare Werte.

UV-Licht-Exposition führt bei weißhäutigen Personen zu deutlicher Vitamin-D-Bildung und Anstiegen des 25(OH)D, während eine gleichstarke UV-Bestrahlung bei schwarzhäutigen Personen zu einer geringeren Vitamin-D-Bildung führt. Der Weiße ist also an sonnenlichtarme Gegenden, der Schwarze an sonnenlichtreiche Gegenden besser angepasst. Bei Personen aus Mittelmeerländern muss im Winter in Deutschland auch schon mit einer Vitamin-D-Mangelversorgung gerechnet werden.

Eine Darstellung der Metabolite von Vitamin D_3 und Vitamin-D_3-Analoga zeigt Abbildung 21.15.

Indikation zur Messung von 25(OH)D: Verdacht auf Vitamin-D-Mangel (erniedrigte 25(OH)D-Spiegel), z. B.
– Sonnenlichtmangel
– verminderte intestinale Vitamin-D-Aufnahme durch Fett-Malabsorption
– erhöhter Stoffwechsel von Vitamin D (Barbiturate oder Antiepileptika)
– erhöhter Verlust von Vitamin D (Nephrotisches Syndrom, Peritonealdialyse)
– Hypokalzämie, Hypophosphatämie, Hypokalziurie, erhöhte alkalische Phosphatase
– röntgenologische Zeichen (Pseudofrakturen, Looser-Umbauzonen)
– verminderter Knochenmineralgehalt
– Verdacht auf Vitamin-D-Überdosierung oder
– Intoxikation (erhöhte 25(OH)D-Spiegel

Untersuchungsmaterial: Serum oder Plasma, 0,5 ml Blut morgens nüchtern entnehmen; Trübung (Hyperlipoproteinämie) kann stören.

Referenzbereiche:
25 – 70 µg/l (63 – 175 nmol/l)

Im Sommer werden höhere Spiegel als im Winter gefunden. Eine optimale intestinale Kalziumabsorption besteht nur bei 25(OH)D-Werten oberhalb von 25 µg/l (63 nmol/l).

Umrechnung in ng/ml: Die Angaben in nmol/l durch 2,5 teilen (25 nmol/l = 10 µg/l).

Bewertung: Die Konzentration von 25(OH)D spiegelt die Zufuhr von Vitamin D mit der Nahrung und seine Bildung aus den Provitaminen in der Haut durch UV-Licht wider. Bei Werten unter 5 µg/l liegt ein schwerer, bei Werten von 5 – 10 µg/l ein mittelgradiger, zwischen 10 und 25 µg/l ein leichter Vitamin-D-Mangel (suboptimale intestinale Kalziumabsorption) vor. Zwischen 25 – 70 µg/l besteht – eine normale Nierenfunktion vorausgesetzt –

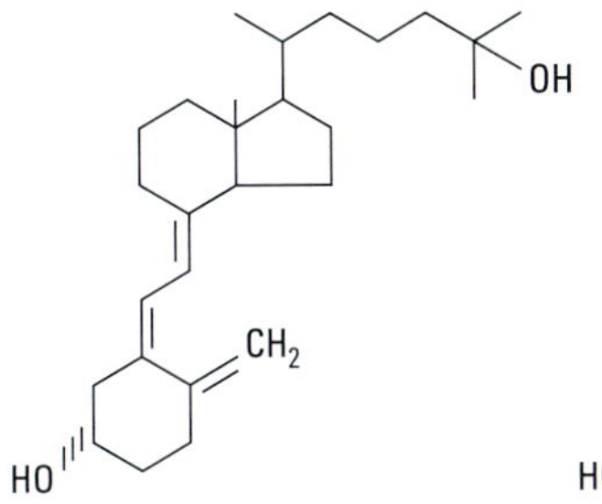

$25(OH)D_3$

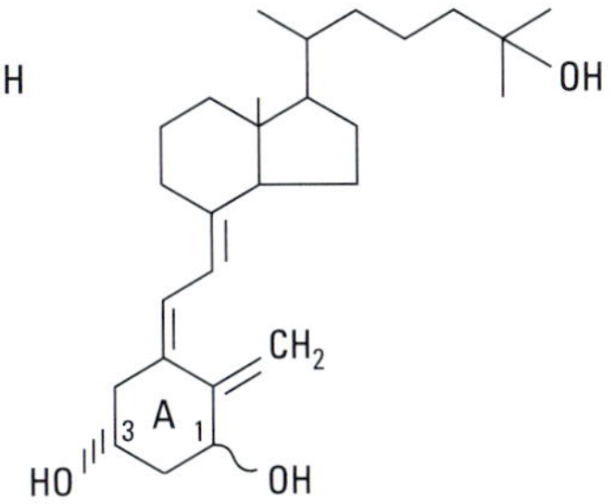

$1,25(OH)_2D_3$

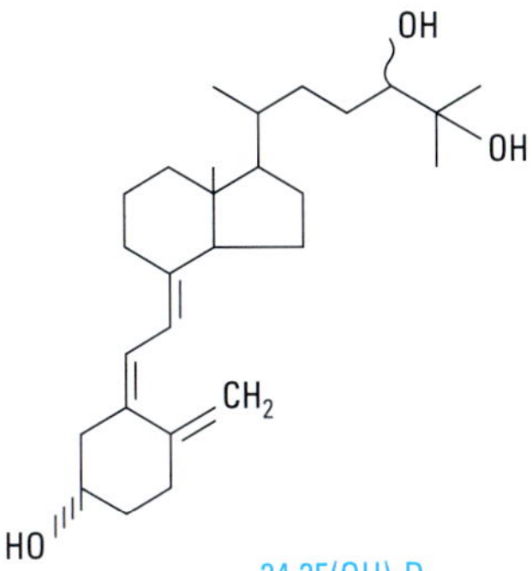

$24,25(OH)_2D_3$

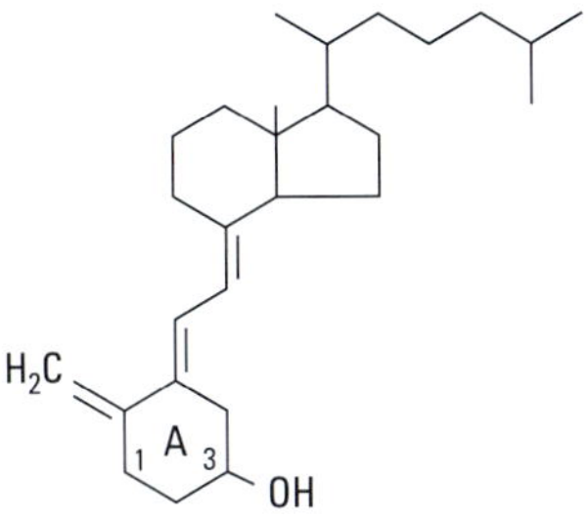

5,6-trans-D_3

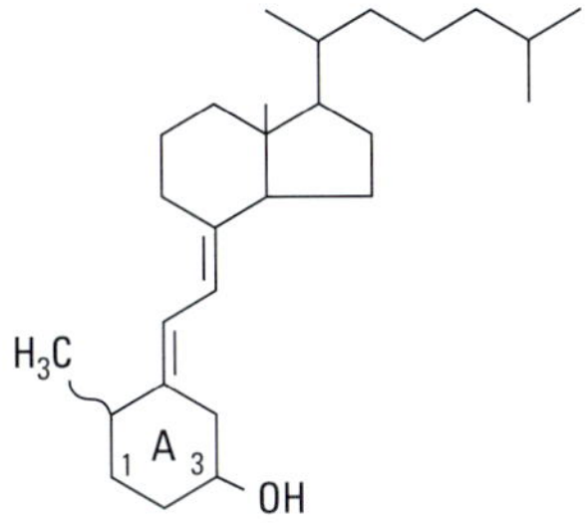

DHT_3

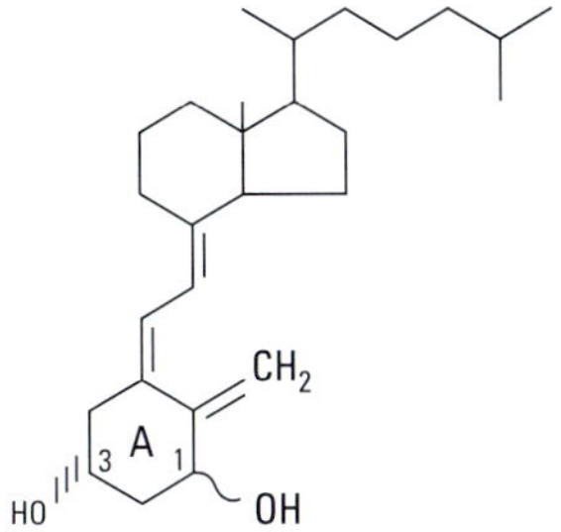

$1\alpha(OH)D_3$

Abb. 21.15: Metabolite von Vitamin D_3 und Vitamin-D_3-Analoga. Aus Vitamin D_3 wird in der Leber $25(OH)D_3$ gebildet, aus diesem in der Niere $1,25(OH)_2D_3$ (bevorzugt bei hohem Kalziumbedarf) oder $24,25(OH)_2D_3$ (bei geringem Kalziumbedarf). Dihydrotachysterol$_3$ (DHT_3, AT10®, oft eingesetzt zur Behandlung des Hypoparathyreoidismus) wird in der Leber zu der wirksamen Form $25(OH)DHT_3$ umgewandelt. 5,6-trans-D_3 (früher in der Nephrologie viel eingesetzt) wird in der Leber zu der Wirkform 5,6-trans-$25(OH)D_3$ umgesetzt: $1\alpha(OH)D_3$ (Alphacalcidol, heute in der Nephrologie viel verwendet) wird von der Leber in die Wirkform $1,25(OH)_2D_3$ umgewandelt.

eine optimale intestinale Kalziumabsorption. Werte oberhalb 25 µg/l werden in den Monaten Januar bis April auch von vielen „Gesunden" nicht erreicht. Ein Absinken des 25(OH)D in den Wintermonaten führt auch bei „Gesunden" durch Absinken der intestinalen Kalziumaufnahme zu leichtem Ansteigen des intakten Parathormons (Anstieg meistens innerhalb des Referenzbereiches, s. o.).

Erniedrigte 25(OH)D-Werte werden beobachtet bei Verdacht auf Vitamin-D-Mangel, z. B.

- Sonnenlichtmangel (Kinder im ersten Lebensjahr und zweiten Lebenswinter; Frauen und Kinder von Immigranten mit dunkler Hautfarbe; alte, ans Haus gebundene Personen; Patienten mit Schenkelhalsfrakturen; Patienten, die länger als 8–12 Wochen dem Sonnenlicht entzogen wurden; viele „Gesunde" in den Monaten Januar bis April).
- verminderter intestinaler Vitamin-D-Aufnahme durch Fett-Malabsorption (biliäre Zirrhose, Kurzdarmsyndrom, exokrine Pankreasinsuffizienz)
- erhöhter Stoffwechsel von Vitamin D (Aktivierung mikrosomaler P450-Enzyme in der Leber durch Barbiturate oder Antiepileptika. Insbesondere sollte bei Einnahme von Antiepileptika durch Kontrollen im Winter sichergestellt werden, dass die Konzentration von 25(OH)D nicht unter 25 µg/l abfällt. Gesteigerter Turnover von Vitamin D bei primärem Hyperparathyreoidismus: hier kann es durch die erhöhte Bildung von $1,25(OH)_2D$ und

24,25(OH)$_2$D aus 25(OH)D ebenfalls zu einer Erniedrigung des 25(OH)D kommen (erhöhter Substratumsatz, gilt auch für niereninsuffiziente Patienten).
- Vitamin-D-Verlust, z. B. beim nephrotischen Syndrom. Hierbei geht Transcalciferin, das Transportprotein für 25(OH)D, wegen des niedrigen Molekulargewichts (um 55.000) mit den Vitamin-D-Metaboliten im Urin verloren. Bei Peritonealdialyse geht Transcalciferin mit dem Dialysat verloren. Zusätzlich geht hier 1,25(OH)$_2$D, gebunden an Albumin, verloren.
- bei folgenden Laborbefunden: Hypokalzämie, Hypophosphatämie, Hypokalziurie, erhöhte alkalische Phosphatase, erhöhtes intaktes Parathormon. Ein Vitamin-D-Mangel muss jedoch lange Zeit (über 6 Monate) bestehen, bis z. B. Anstiege der alkalischen Phosphatase oder eine Hypokalzämie bemerkt werden (Spätzeichen).
- bei röntgenologischen Zeichen eines Vitamin-D-Mangels (Pseudofrakturen, Looser-Umbauzonen) oder vermindertem Knochenmineralgehalt.
- schwerem Leberparenchymschaden, die Synthese von 25(OH)D ist gestört (selten der Fall: die 25-Hydroxylierung ist auch in Spätstadien eines Leberversagens kaum eingeschränkt).

Erhöhungen von 25(OH)D: Überprüfung einer Vitamin-D-Therapie (Vigantol®, Dekristol®, oder entsprechende Vitamin D$_3$ enthaltende Pharmaka oder Lebertran), 25(OH)D-Therapie (Dedrogyl®).
Eine hohe Dosierung (über 10.000 IE Vitamin D$_3$ täglich) oder Überdosierung von Vitamin D$_3$ kann zu stark erhöhten Werten führen (z. B. bei Patienten mit Hypoparathyreoidismus). Intoxikationen mit Dihydrotachysterol (A.T. 10®) oder 5,6-trans-D$_3$ (Delakmin®) werden durch die Messung von 25(OH)D oder 1,25(OH)$_2$D nicht erfasst.

Hinweise und Störungen: Nach Heparininjektion, z. B. unter der Dialysetherapie, erfolgt ein Anstieg der 25(OH)D-Konzentration. Die Blutentnahme sollte vor der Dialyse erfolgen.
Stabilität: Die Probe muss für den Versand nicht eingefroren werden, falls eine Zustellung innerhalb von 48 Stunden möglich ist. Direkte Sonnenlichtexposition von Serumproben sollte vermieden werden.

21.3.3.2 1,25-Dihydroxy-Vitamin D$_3$ (1,25(OH)$_2$D$_3$, Calcitriol)

25-Hydroxy-Vitamin D$_3$ (25(OH)D$_3$, s. dort) wird nach Bildung in der Leber an ein Plasma-Transportprotein (Vitamin-D-bindendes Protein, DBP, Gc-Globulin, Transcalciferin) gebunden und zur Niere gebracht. Dort findet eine weitere Hydroxylierung zu 1,25(OH)$_2$D$_3$ (Calcitriol) statt. Dieses erfüllt die Aufgaben eines klassischen Hormons. Die Signalübermittlung erfolgt mittels spezifischer Calcitriol-Rezeptoren in den Zellen des Dünndarms, des Knochens, der Niere und zahlreichen weiteren Organen.

Außer genomisch vermittelten Wirkungen existieren auch schnelle (innerhalb von 2–6 Minuten erfolgende) nicht genomisch vermittelte Wirkungen. Die Aufgabe von Calcitriol besteht vorwiegend darin, in Zusammenarbeit mit Parathormon die Kalziumhomöostase aufrecht zu erhalten. Daneben hat Calcitriol noch zahlreiche weitere Effekte wie z. B. auf Zellteilungen, Zelldifferenzierungen, Immunsystem und Endokrinium, z. B. Insulinsekretion.

Indikation zur Messung von Calcitriol: Abklärung von Hyperkalzämien:
- bei Sarkoidose, Tuberkulose, anderen granulomatösen Erkrankungen
- Therapiekontrolle bei der Verordnung von 1α-Hydroxy-Vitamin D$_3$ (Alfacalcidol, Bondiol®, Doss®, EinsAlpha®) oder von 1,25-Dihydroxy-Vitamin D$_3$ (Calcitriol, Rocaltrol®)
- Verdacht auf Intoxikation mit hyperkalzämieerzeugenden Pflanzen, z. B. Solanum malacoxylon
- Hyperkalziurie unklarer Genese

Abklärung von Hypokalzämien:
- Vitamin-D-abhängige Rachitis, Differenzierung in Vitamin D dependent rickets Typ I (Vitamin-D-abhängige Rachitis (VDDR) Typ I, gestörte 1-Hydroxylase, niedrige Spiegel) und echte Vitamin-D-Resistenz (VDDR Typ II, Rezeptordefekt, hohe Spiegel).

Untersuchungsmaterial: Serum, 2 ml

Referenzbereiche:

Erwachsene	30– 80 ng/l	(75–200 pmol/l)
Ältere	25– 60 ng/l	(63–125 pmol/l)
Schwangere	40–130 ng/l	(100–325 pmol/l)
Kinder	40–100 ng/l	(100–250 pmol/l)

Bewertung der Calcitriolspiegel: Mit der Bestimmung von $1,25(OH)_2D_3$ können Metabolisierungsstörungen im Vitamin-D-Stoffwechsel erfasst werden, denn die Konzentration spiegelt die Aktivität der 1-Hydroxylase in der Niere wider. Diese bildet aus $25(OH)D_3$ den hochwirksamen Metaboliten $1,25(OH)_2D_3$, Calcitriol). Im Wachstum und in der Schwangerschaft werden **erhöhte Werte von Calcitriol** gemessen. Eine Hypophosphatämie stimuliert die 1-Hydroxylase-Aktivität, eine Hyperphosphatämie bremst sie. Daher erklärt sich eine vermehrte Bildung dieses Metaboliten und eine Hyperabsorption von Kalzium aus dem Darm bei Zuständen von Hypophosphatämie, z. B. Hyperparathyreoidismus, übermäßige Therapie mit Aluminiumhydroxid (Phosphatbinder).

Weiterhin werden erhöhte Calcitriolwerte bei der Sarkoidose (Morbus Boeck) und anderen granulomatösen Erkrankungen beobachtet, die Ursache hierfür ist eine extrarenale 1-Hydroxylase-Aktivität in den Granulomen, z. B. in der Lunge. Diese bilden den aktiven Metaboliten in Abhängigkeit vom Angebot an $25(OH)D$ (Boeck-Patienten werden eher im Sommer hyperkalzämisch). Bei Lymphomen mit Hyperkalzämie werden in einem Teil der Fälle erhöhte Calcitriolkonzentrationen gefunden.

Bei mäßigem $25(OH)D$-Mangel kommt es kompensatorisch zu einer Stimulation der 1-Hydroxylase, bei schwerem Mangel an der Vorstufe werden auch erniedrigte Calcitriolkonzentrationen beobachtet. Bei der Therapie einer Rachitis mit Vitamin D kommt es anfangs zu einer besonders vermehrten Calcitriolbildung (Spiegel von 100–300 ng/l).

Nach der Gabe von 1α-Hydroxy-Vitamin D bildet die Leber daraus über eine 25-Hydroxylierung Calcitriol.

Nach Nierentransplantationen kann bei gut funktionierendem Transplantat eine erhöhte Konzentration von Calcitriol gemessen werden (erhöhter „Parathormondruck" und Hypophosphatämie).

Bei Patienten mit Vitamin-D-abhängiger Rachitis Typ II (VDDR Typ II) fehlen intrazelluläre Rezeptoren für Calcitriol, bei ihnen werden stark erhöhte Werte von Calcitriol gemessen.

Bei Vitamin-D-Mangel-Rachitis können erniedrigte, normale, oder erhöhte Spiegel an Calcitriol gefunden werden, je nach Stadium oder UV-Licht-Exposition der vergangenen Tage. Bei schwerem Vitamin-D-Mangel sind Calcidiol und Calcitriol erniedrigt. Geringfügige Zufuhren von Vitamin D (z. B. einige Tage 1000 IE pro Tag oder etwas UV-Licht) führen sofort (auch bei noch subnormalem Calcidiol) zu überschießender Bildung von Calcitriol. Daher ist ein Vitamin-D-Mangel nicht immer an der Messung von Calcitriol zu erkennen.

Erniedrigte Konzentrationen von Calcitriol werden am häufigsten beobachtet bei Niereninsuffizienz (Serumcreatininwerte über 2 mg/dl, 177 µmol/l). Ferner werden erniedrigte Werte bei Vitamin-D-abhängiger Rachitis Typ I gefunden (Störung der 1-Hydroxylase). Hier wird bei niedriger Phosphatkonzentration eine inadäquate Menge von Calcitriol gebildet.

Die normalen bis erniedrigten Konzentrationen an Calcitriol bei XLH (X-gebundener Hypophosphatämie), HBD (Hypophosphatämischer Knochenerkrankung) oder Fanconi-Syndrom sind inadäquat zur Hypophosphatämie. Zusätzlich zur Störung des renalen Phosphattransports ist eine reduzierte 1-Hydroxylase-Aktivität anzunehmen.

Eine **Vergiftung mit Vitamin-D-Analoga** wie z. B. Dihydrotachysterol (DHT, siehe die Abb. 21.15, A.T. 10®) oder 5,6-trans-Cholecalciferol (Delakmin®) wird mit dem Nachweis für Calcitriol nicht erfasst (zu erwarten sind hier niedrige Calcitriol-Spiegel durch gebremste 1-Hydroxylase bei Hyperkalzämie).

Während Patienten mit Sarkoidose und primärem HPT im Sommer stärker hyperkalzämisch werden (durch vermehrte Bildung von Calcitriol durch höheres Angebot von Calcidiol), werden Patienten unter Gabe von $1\alpha(OHD)_3$ oder DHT_3 eher im Winter hyperkalzämisch, da hier die Konkurrenz der D3-25-Hydroxylierung geringer ist ($1\alpha(OHD)_3$ und DHT_3 müssen, um wirksam zu werden, wie D_3 an Position 25 hydroxyliert werden).

Der empfindlichste Indikator für eine Überdosierung aller D-Metaboliten oder -Analoga ist bei Nierengesunden eine Hyperkalziurie als Folge der erhöhten intestinalen Kalziumabsorption, und der empfindlichste Indikator für einen Mangel an Vitamin D ist eine Hypokalziurie.

Blutentnahme: Morgens nüchtern oder vor der Dialyse.

Stabilität: Postversand ohne Kühlung von Serum oder Plasma bis zu 48 Std. möglich. Die Serumproben sollen nicht direktem Sonnenlicht ausgesetzt werden.

21.3.4 Östradiol und Testosteron, Osteoporose

Zur Abschätzung eines evtl. Östrogenmangels können Östradiol (E2) und FSH im Serum untersucht werden. Gefährdet sind vor allem postmenopausale Patientinnen mit einem Östradiol unter 10 ng/l (prämenopausal normal 30–400 ng/l). Sehr tiefe E2-Spiegel unter 5 ng/l kennzeichnen postmenopausal eine Gruppe mit besonders hohem Risiko für gesteigerten Knochenabbau.

Wir haben bei Frauen nach der Menopause, die mindestens seit einem Jahr keine Regelblutung mehr aufwiesen, und bei einer prämenopausalen Kontrollgruppe Desoxypyridinolin im Urin untersucht, siehe Abbildung 21.16.

Abbildung 21.16 zeigt, dass die Abgabe von 25 μg Östradiol pro Tag über die Haut den gesteigerten **Knochenabbau nach der Menopause** ebensogut verhindert wie die orale Gabe von 1 oder 2 mg Östradiol pro Tag. Ebenso wurde gefunden, dass die Knochendichte nach 3-jähriger Substitution mit 25 μg Östradiol pro Tag transdermal um 8,1 % und nach 3-jähriger Substitution mit 50 μg Östradiol pro Tag transder-

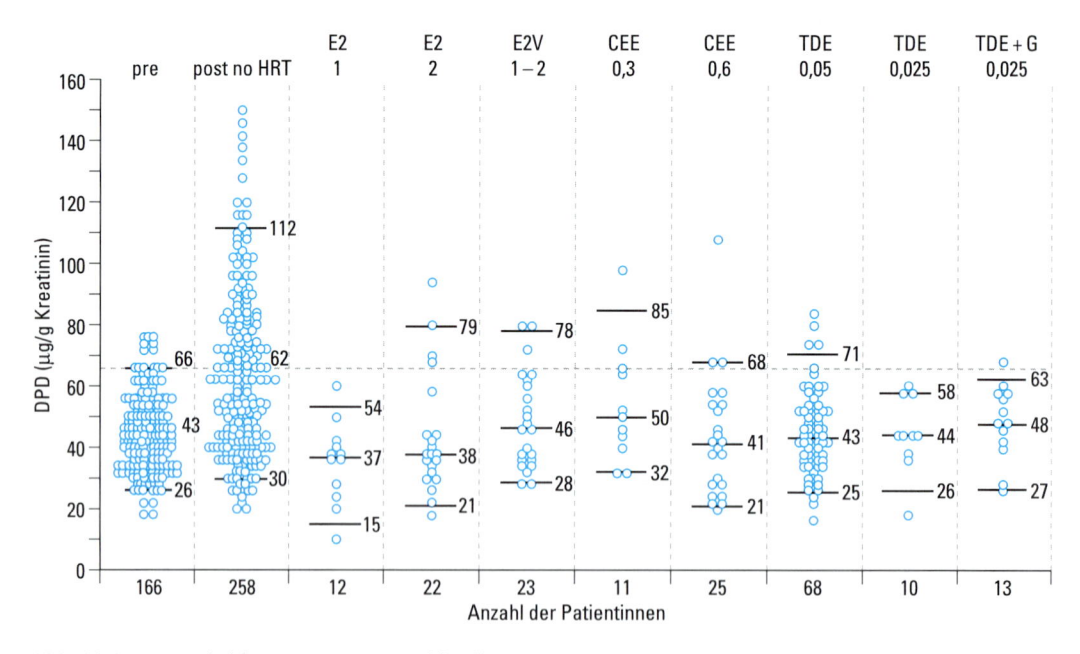

Abb. 21.16: Ausscheidung von Desoxypyridinolin im Urin (y-Achse, Marker des Knochenabbaus) bei prämenopausalen Frauen (n = 166), postmenopausalen Frauen ohne Hormonsubstitution (n = 258), 1 mg Östradiol oral pro Tag plus Gestagen 21.-28. Zyklustag (n = 12), 2 mg Östradiol oral pro Tag plus Gestagen 21.-28. Zyklustag (n = 22), 1 oder 2 mg Östradiolvalerat oral pro Tag (n = 23), 0,3 mg konjugierte Pferde- (equine) Östrogene oral pro Tag (n = 11), und 0,6 – 0,625 mg konjugierte Pferde- (equine) Östrogene oral pro Tag (n = 25), 50 μg Östradiol transdermal pro Tag (n = 68), 25 μg Östradiol transdermal pro Tag (n = 10 als Estraderm TTS® 25 und n = 13 als Estragest®). Die Zahlen neben den Symbolen sind 5. Perzentile, Mittelwert und 95. Perzentile. Die Frauen waren gebeten worden, ein Röhrchen (ca. 10 ml) vom 1. Morgenurin für diese Untersuchung abzugeben.

mal um 9,0 % zunahm. Mit empfindlichen Östradiol-Messmethoden wurde gefunden, dass schon Östradiolspiegel über 13 ng/l einen Schutz vor gesteigertem Knochenabbau bieten, und dass bei Spiegeln unter 5 ng/l der Knochenabbau stark gesteigert ist. Die niedrig dosierte transdermale Substitution führt nur zu einem Östradiolspiegel um 20 ng/l, der stark gefährdete Bereich unter 5 ng/l wird also vermieden, die untere prämenopausale Normgrenze um 30 ng/l wird aber nicht erreicht. Daher weist diese Substitution kein erhöhtes Thromboserisiko auf. Früher meinte man, dass Spiegel um 60 ng/l erzielt werden sollten, um den Knochen zu schützen, das ist nach unseren Daten nicht erforderlich. Da das Mammakarzinomrisiko unter Hormonsubstitution auch von der Höhe der Dosis abhängt, sollte auf hohe Östradioldosen verzichtet werden.

Bei Männern ist die Feststellung einer Gonadeninsuffizienz durch Messung von Testosteron, FSH und LH dadurch erschwert, dass alle drei Hormone rasche pulsatile Veränderungen zeigen. Daher sollten morgens nüchtern drei Blutproben im Abstand von 30 Minuten entnommen werden, diese können vom Labor gepoolt werden, um nur eine Messung machen zu müssen. In der ersten Probe oder dem Poolserum kann auch Prolaktin bestimmt werden, da ein erhöhtes Prolaktin die Freisetzung von FSH und LH hemmt. Für die Prolaktinbestimmung ist es wichtig, dass der Patient nüchtern ist. Anstelle der Messung des freien Testosterons im Serum bevorzugen wir die Messung von Testosteron und SHBG (sexualhormonbindendes Globulin) und Berechnung des freien Androgenindex (FAI, gilt auch für Frauen zur Beurteilung der Androgenversorgung). SHBG wird durch Testosteron, Übergewicht und Hypothyreose gesenkt.

Im Allgemeinen wird bei Männern über 50 Jahre ein Normalbereich für Testosteron von 2,3–6,0 µg/l angegeben, FSH 2–15 IU/l, LH 2–10 IU/l, Prolaktin 2,1–18 µg/l, SHBG 15–70 nmol/l.

Wichtig ist die Bestimmung des Östradiols im Serum auch bei Männern: neuerdings wurde festgestellt, dass besonders bei Spiegeln unter 13 ng/l bei Männern gehäuft Osteoporose zu finden ist. Männer haben ebenso wie Frauen Östrogenrezeptoren am Knochen. Männer und Frauen bilden aus Testosteron durch eine Aromatase Östradiol. Bei einem Mann mit genetisch bedingtem Aromatasemangel wurde eine Osteoporose gefunden.

21.4 Marker des Knochen- und Knorpelstoffwechsels

Marker des Knochenstoffwechsels sollen Aufschluss über die Aktivität der Osteoklasten und der Osteoblasten geben, ferner über das Ausmaß des Kollagenabbaus und -anbaus am Knochen. Es sollen die wichtigen Fragen beantwortet werden, ob ein „high turnover" des Knochens besteht und ob vorwiegend eine vermehrte Resorption vorliegt, also ein fortbestehender Verlust an Knochensubstanz anzunehmen ist. Besondere Bedeutung haben die Marker des Knochenstoffwechsels für ein Monitoring der Therapie. Hier zeigen die Marker relativ früh ein Ansprechen auf die Therapie an (optimaler Zeitpunkt bei Bisphosphonaten 1 Monat, bei Hormonsubstitution (z. B. Östradiol) 6 Monate nach Therapiebeginn).

Resorptionsmarker: Hierzu wurden bisher besonders Abbauprodukte des Knochenkollagens im **Urin** gemessen, die Pyridinoline (Kollagenquervernetzer, „cross-links") und Peptide aus dem Knochenkollagenabbau (CTX, C-terminale Fragmente, „CrossLaps"; NTX, N-terminale Fragmente). Alle Resorptionsmarker unterliegen einer erheblichen Tag-Nacht-Rhythmik mit hohen Werten in der Nacht und niedrigen Werten am Tag, besonders niedrige Werte werden von 12–16 Uhr beobachtet. Abbildung 21.17 gibt einen Überblick über die Marker des Knochenstoffwechsels.

Patienten mit Osteoporose und Frauen nach der Menopause bauen nachts mehr Knochen ab als tags, daher kann man gesteigerten Knochenabbau nicht nur morgens im Serum, sondern auch im 1. Morgenurin gut erkennen. Da die Osteoklasten aus dem Knochenkollagen in erster Linie quervernetzte Telopeptide und andere Peptide freisetzen, steigt Gesamt-Pyridinolin (tPYD) und **Gesamt-Desoxy-Pyridinolin (tDPD)** postmenopausal stärker an als freies

Abbildung 21.18 zeigt, dass von den postmenopausalen Frauen mit Hormonsubstitution nicht alle im Referenzbereich von DPD (gestrichelte Linie = obere Grenze der prämenopausalen Frauen) liegen.

In der letzten Zeit wurden automatisierte Nachweise für **CTX** („β-CrossLaps", β-CTX) im **Serum** und EDTA-Plasma entwickelt, die unter bestimmten Bedingungen (Blutentnahme morgens nüchtern gegen 8 Uhr bis 8 Uhr 30) sehr gute Ergebnisse liefern. Es existiert bei Personen mit normaler Ernährung eine ausgeprägte Tagesrhythmik für CTX mit hohen Spiegeln in der Nacht und niedrigen gegen Mittag. Dagegen ist bei fastenden Personen die Tagesrhythmik abgeschwächt, sodass man bei Blutentnahmen morgens gegen 08.00 bis 8 Uhr 30 bei nüchternen Personen gut reproduzierbare Werte erhält. Die Rhythmik für CTX ist in Abbildung 21.19 dargestellt.

CTX ist im EDTA-Plasma besser haltbar (48 h bei Raumtemperatur) als im Serum (24 h bei RT). Unsere so gewonnenen Ergebnisse mit der CTX-Bestimmung bei den gleichen Frauen wie in der Abbildung 21.18 sind in Abbildung 21.20 dargestellt.

Die Abbildung 21.20 zeigt, dass nach der Menopause nahezu die Hälfte der Frauen einen gesteigerten Knochenabbau aufweist. Die

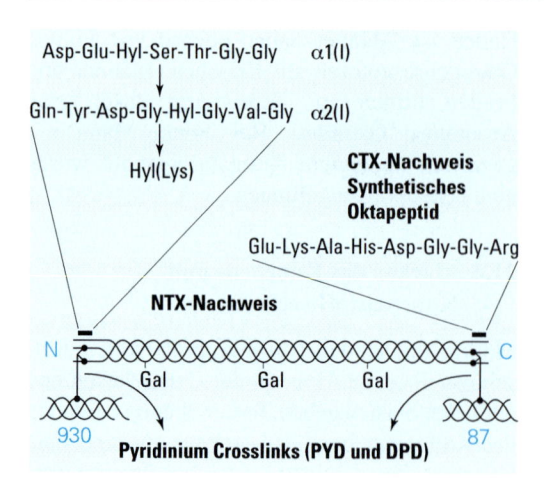

Abb. 21.17: Übersicht der Marker des Knochenstoffwechsels.

PYD (fPYD) oder freies DPD (fDPD). PYD kommt vorwiegend in Knochen und Knorpel vor, DPD nur in Knochen und Zähnen.

Als Referenzverfahren galt bisher tDPD im ersten Morgenurin, gemessen mit der HPLC-Methode nach Säurehydrolyse. Ergebnisse für so bestimmtes tDPD bei gesunden prä- und postmenopausalen Frauen zeigt Abbildung 21.18.

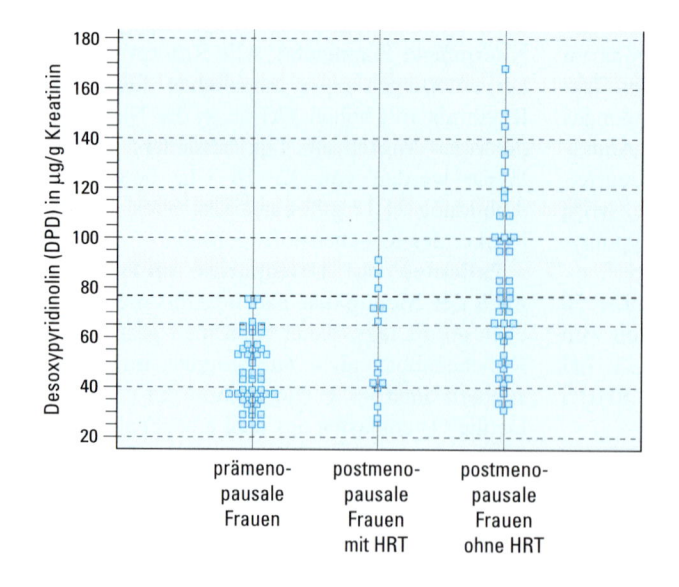

Abb. 21.18: Konzentrationen von Desoxypyridinolin (tDPD, HPLC-Methode) im ersten Morgenurin bei gesunden prä- und postmenopausalen Frauen.
HRT = Hormone Replacement Therapy = Hormonsubstitution mit Östrogenen

21.4 Marker des Knochen- und Knorpelstoffwechsels

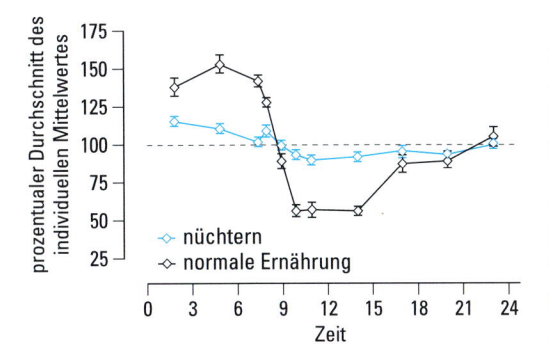

Abb. 21.19: Tagesrhythmik von CrossLaps (CTX) im Serum bei gesunden Personen mit normaler Ernährung und bei fastenden Personen (Abb. freundlicherweise überlassen von Dr. Stephan Christgau, Herlev, Dänemark).

CrossLaps-Werte der Frauen mit Hormonsubstitution liegen alle im Bereich unter 0,6 µg/l. CrossLaps „sortiert" also besser als tDPD bei den Frauen mit Hormonsubstitution. Woran liegt das? Die hier untersuchten Frauen hatten ganz überwiegend eine orale HRT. Gower et al. fanden (J Clin Endocrinol Metab 2000;85:4476–80), dass bei oraler HRT die Muskelmasse abnimmt. Dadurch könnte bei Urinmessungen das Urinkreatinin abnehmen und tDPD/Kreatinin zu hoch ausfallen. CTX im Serum oder Plasma unterliegt diesem Fehler nicht.

Bei **Dialysepatienten** und Patienten mit eingeschränkter Nierenfunktion (GFR < 50 ml/min) findet bisher als Marker für Osteoklastenaktivität ein Immunoassay für die **Tartrate-Resistant Acid Phosphatase,** Isoenzym 5b **(TRAcP 5b)** im Serum Einsatz. Die TRAcP 5b zeigt relativ wenig Tagesrhythmik, der Abbau erfolgt wie bei der BAP in der Leber. Neueste Untersuchungen zeigen allerdings auch bei Dialysepatienten eine höhere Korrelation zwischen intaktem PTH und CTX (r = 0,65) als zwischen intaktem PTH und TRAcP 5b (r = 0,55). Besonders hoch ist bei Dialysepatienten die Korrelation zwischen intaktem PTH und CTX bei einer Blutentnahme morgens bei Beginn der Frühschicht (r um 0,80). Die TRAcP 5b ist ein interessanter Marker bei Nierentransplantierten, da hier die GFR nicht immer konstant ist. CTX wird vorwiegend renal eliminiert, daher sind die Referenzbereiche von CTX bei Dialysepatienten höher.

Formationsmarker: Es werden bevorzugt die Osteoblasten-Aktivitätsmarker **Knochen-Alkalische-Phosphatase** (bone alkaline phosphatase, Bone ALP, **BAP,** „Ostase") und **Osteocalcin** (OC) im Serum gemessen, dabei liegen die Vorzüge der BAP in der besseren Stabilität, Unabhängigkeit von der Nierenfunktion, besserem Ansprechen bei M. Paget und wenig Tagesrhythmik. Ein Vorteil des Osteocalcins liegt in

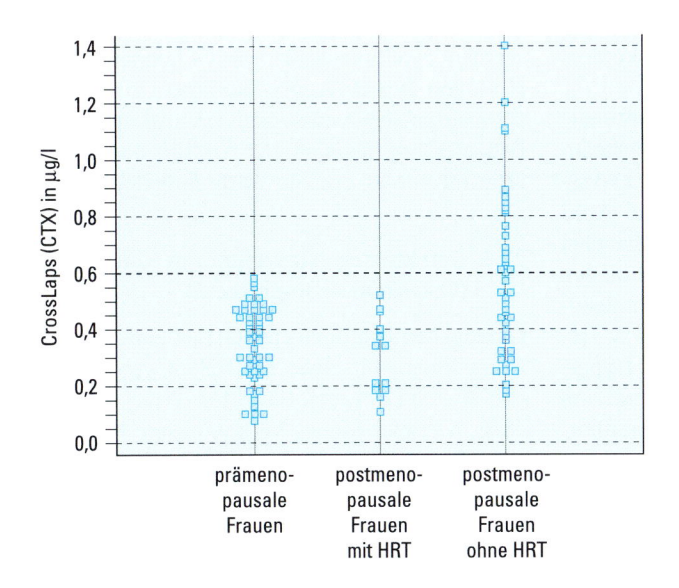

Abb. 21.20: Konzentrationen von CrossLaps (CTX, y-Achse) im EDTA-Plasma morgens nüchtern bei prä- und postmenopausalen Frauen (HRT = Hormone Replacement Therapy).

der stärkeren und schnelleren Reaktion (Suppression der Osteoblastenaktivität) bei Gabe von Glukokortikoiden.

Präanalytik: Für die Messung der TRAcP 5b und des Osteocalcins sollen die Blutproben innerhalb von 2 h nach Blutentnahme zentrifugiert, das Serum abgetrennt und eingefroren werden. Die anderen oben genannten Marker sind relativ stabil (keine relevanten Änderungen bei Lagerung über 24 h bei Raumtemperatur).

Laboruntersuchungen zur Abklärung der Ursachen bei Osteoporose: Gonadenhormone: Das Ausmaß einer **Östradiol** (E2)- oder Testosteron (T)-Unterversorgung kann durch Messung von E2, T, SHBG und FSH heute relativ gut abgesichert werden, zumal Fortschritte in der Messung sehr niedriger E2-Spiegel gemacht wurden. Es können jetzt erstmals postmenopausal tiefe Östradiolspiegel bis herunter zu 5 ng/l mit einem bestimmten Routinegerät zuverlässig gemessen werden. Sehr tiefe E2-Spiegel unter 10 ng/l kennzeichnen postmenopausal eine Risikogruppe, Spiegel oberhalb 13 ng/l schützen den Knochen bei Frauen und bei Männern. Durch niedrig dosierte (25 µg Abgabe pro Tag) E2-Pflaster kann z. B. wirksam vor Knochenabbau nach der Menopause geschützt werden, ohne dass ein Thromboserisiko auftritt. Wir fanden unter dieser Substitution Serum-Östradiolspiegel um 20 ng/l.

Auch muss an andere Ursachen gesteigerten Knochenabbaus wie Hyperthyreose, Cushing-Syndrom, Heparintherapie, Glukokortikoidgabe, multiples Myelom gedacht werden.

Vitamin-D-Versorgung: Eine suboptimale Vitamin-D-Versorgung ist im Winter sehr häufig, diese kann durch Messung von **25-Hydroxy-Vitamin D** zwischen Januar und April (25(OH)D optimal 25–70 µg/l), Ca, Phosphat und AP im Serum erkannt werden. Wir fanden die höchsten CrossLaps-Werte bei postmenopausalen Frauen mit schlechter Vitamin-D-Versorgung. Ein primärer oder sekundärer Hyperparathyreoidismus kann durch Messung von Kalzium (Ca) im Serum und intaktem Parathormon (PTH) im EDTA-Plasma erkannt werden.

Fazit zur Erfassung eines gesteigerten Knochenabbaus nach der Menopause bzw. bei Osteoporose: Da postmenopausal die Resorption stärker ansteigt als die Formation, reicht im Allgemeinen die Messung eines Resorptionsmarkers aus (z. B. CTX im EDTA-Plasma, morgens nüchtern, automatisierte Bestimmung), am besten zwischen Januar und April kombiniert mit 25(OH)D und intaktem PTH. Optimal ist die Messung eines Resorptionsmarkers und die Messung der Knochendichte: das höchste Risiko besteht bei Patienten mit niedriger Dichte und gesteigertem Abbaumarker. Gesteigerter Knochenabbau kann wirksam durch Gabe von Bisphosphonaten oder postmenopausal durch Östrogengabe (z. B. niedrig dosierte Pflaster oder Gele, hierdurch entsteht kein Thromboserisiko) gebremst werden. Eine gute Vitamin-D-Versorgung ist von großer Bedeutung.

Marker bei Knochenmetastasen: Bei Knochenmetastasen und multiplem Myelom erfolgt nicht ein regulärer Kollagenabbau wie nach der Menopause, sondern es wird das Knochenkollagen z. T. an anderen Stellen als z. B. für die CrossLaps-Bildung gespalten. Daher findet man bei Knochenmetastasen z. B. höhere Werte für die **Pyridinoline im Urin** als für CrossLaps im Serum. Es tritt bei Knochenmetastasen auch ein Kollagenabbaupeptid vermehrt auf, das mit dem Namen **ICTP** belegt wurde (Kollagen Typ I, C-terminales Peptid). Es ist also nicht ein Marker für alle Fragestellungen gleich gut geeignet.

Marker für Knorpelabbau: Neuerdings wurden Nachweise für ein C-Telopeptid des **Kollagen Typ II** (Knorpelkollagen) als Marker für Knorpelabbau entwickelt („CartiLaps"). Bei Patienten mit rheumatoider Arthritis und Osteoarthritis wurden erhöhte Werte mitgeteilt.

21.5 Defekte der extrazellulären Matrix (Osteogenesis imperfecta)

Osteogenesis imperfecta (OI) ist eine erbliche Erkrankung, mit einer Häufigkeit von etwa 1 von 20.000 Geburten. Betroffen ist das im Knochen in großer Menge vorkommende Kollagen vom Typ I. Charakteristisch für OI ist eine Osteopenie mit rezidivierenden **Frakturen** und Skelettdeformierungen. Da Typ I Kollagen auch in Zähnen, Bändern, Haut und Skleren vorkommt werden auch weitere Symptome beobachtet wie z. B. brüchige Zähne (defekte Bildung von Dentin), Kleinwuchs, blaue Skleren und Hörverlust. Die OI kommt in sehr verschieden schweren Formen vor, das Spektrum reicht von Totgeburten bis zu lebenslang völligem Fehlen von Symptomen. Selbst bei schwersten Skelettdeformierungen ist die Intelligenz normal ausgebildet.

In den letzten Jahren wurden über 250 verschiedene molekulare Defekte in den Genen nachgewiesen, die für die Bildung von Typ I Kollagen erforderlich sind. Es handelt sich um die Gene, die die zwei großen Proteine in der Kollagen-Dreifachspirale kodieren, nämlich die pro-α_1- und pro-α_2-Ketten, siehe auch die schematische Kollagenstruktur in Abbildung 21.17. Die Kollagen-Dreifachspirale wird auch als heterotrimer bezeichnet. Die Familienanamnese ist in vielen Fällen hilfreich, aber häufig treten auch neue Mutationen auf. Die Vererbung ist autosomal-dominant oder autosomal-rezessiv, je nach Typ der OI. Heute werden vier Typen unterschieden (Typ I–IV). Für einige Genotypen kann schon ein DNS-Test aus peripherem Blut durchgeführt werden.

Die **Diagnose** wird heute gesichert durch Hautbiopsie, anschließende Fibroblastenkultur und Kollagenanalyse.

Laborbefunde bei Osteogenesis imperfecta: Kalzium und Phosphat im Serum sind normalerweise unauffällig, aber **Marker des Knochenanbaus** (alkalische Phosphatase) und Marker des Knochenabbaus sind bei einigen Patienten erhöht. Die Gesamtrate des Skelett-Turnovers kann erhöht sein, dies wurde durch Tetrazyklinmarkierung in vivo nachgewiesen. Erste viel versprechende Therapieergebnisse wurden für die **Bisphosphonate** publiziert. Pathophysiologisch muss man annehmen, dass am meisten von einer Bisphosphonattherapie die Patienten profitieren, die einen erhöhten Turnover am Knochen aufweisen: die modernen Bisphosphonate hemmen vorwiegend die Knochenresorption, also kann der Knochenanbau weiterlaufen und die Knochenmasse nimmt zu und die Frakturneigung nimmt ab. Speziell für wachsende Kinder wurden gute Ergebnisse mit einem parenteralen Bisphosphonat mitgeteilt. Bei Frauen wurde ein Anstieg der Frakturinzidenz nach der Menopause beobachtet, sodass bei diesen Frauen eine Hormonsubstitution erwogen werden kann (wir hatten bei Frauen nach der Menopause (keine OI-Patientinnen) gute Ergebnisse am Knochenstoffwechsel erzielt mit niedrig dosierter transdermaler Hormonsubstitution, hierbei erfolgt eine Bremsung des Knochenabbaus und es gibt kein erhöhtes Thromboserisiko).

21.6 Mukopolysaccharidosen

Die Mukopolysaccharidosen (MPS) gehören zu den angeborenen **lysosomalen Speicherkrankheiten**. Sie sind die Folge von Defekten des schrittweisen Abbaus von Mukopolysacchariden. Mukopolysaccharide umfassen eine heterogene Gruppe von Makromolekülen, die hauptsächlich für die Struktur der extrazellulären Matrix verantwortlich sind. Sie bestehen aus unverzweigten Polysaccharidketten von sauren Zuckern und Aminozuckern, die als saure Mukopolysaccharide, Glycosaminoglykane, oder – im Falle einer Bindung an ein Eiweiß – als Proteoglykane bezeichnet werden. Die Speicherkrankheit resultiert aus einem enzymatischen Block im Abbauweg von Keratan, Heparan oder Dermatansulfat.

Keratansulfat wird hauptsächlich in Knorpel, Bandscheiben und Cornea gefunden, Dermatansulfat in Herz, Blutgefäßen und Haut, und Heparansulfat in Lunge, Arterien und allgemein in Zelloberflächen.

Die MPS zeigen einen chronisch-progressiven Verlauf, vergrößerte Organe wie Hepato- und Splenomegalie, Skelettveränderungen, Minderwuchs, und gröbere Gesichtszüge. Die Tabelle 21.3 gibt einige Charakteristika an.

Erbgang: Alle MPS werden autosomal-rezessiv vererbt, mit der Ausnahme des Hunter Syndroms, das X-gebunden vererbt wird.

Labordiagnose: Das Ausscheidungsmuster an Mukopolysacchariden gibt eine erste wichtige Information. Es kommen jedoch hierbei falsch negative Befunde vor. Weiter gibt die Histologie eine wichtige Information (erweiterte Lysosomen durch gespeichertes Material). Die definitive Diagnose kann durch Nachweis

Tabelle 21.3: Mukopolysaccharidosen.

Krankheit	Klinik	Labor	Enzymdefekt
Hurler Syndrom (MPS IH)	schwere mentale und motorische Regression	Urinausscheidung von Dermatan und Heparansulfat	α-L-Iduronidase
Scheie Syndrom (MPS IS)	mildere Form von IH. Normale Intellligenz	Urinausscheidung von Dermatan und Heparansulfat	α-L-Iduronidase
Hunter Syndrom MPS II	mentale und motorische Regression, Zwergwuchs	Urinausscheidung von Dermatan und Heparansulfat	Iduronatsulfatase
Sanfilippo Syndrom MPS III, Typen A–D	progressive mentale Retardierung, leichter Zwergwuchs	variable Urinausscheidung von Heparansulfat	4 verschiedene Defekte
Morquio Syndrom A (MPS IV A)	progressive Skelettveränderungen	variable Urinausscheidung von Keratansulfat	Galaktosamin-6-Sulfatase
Morquio Syndrom B (MPS IV B)	milder als MPS IV A	variable Urinausscheidung von Keratansulfat	β-Galaktosidase
Maroteaux-Lamy Syndrom	Wachstumsretardierung normale Intelligenz	Urinausscheidung von Dermatansulfat	Arylsulfatase B

der defekten Enzymaktivität in Leukozyten oder kultivierten Fibroblasten gestellt werden.

Pränatale Diagnose: Eine pränatale Diagnose ist möglich für alle Formen der MPS durch Nachweis der defekten Enzymaktivität in Chorionzotten oder kultivierten Amnionzellen. Heterozygote Merkmalsträger haben etwa die Hälfte der normalen Enzymaktivität, deshalb können Merkmalsträger erkannt werden. Dies gilt nur eingeschränkt für das Hunter Syndrom wegen der X-gebundenen Vererbung. Ist die spezifische Mutation bekannt, kann heute auch mit DNA-Tests die Störung erkannt werden.

21.7 Niacin (Nicotinsäure)

Niacin umfasst Nicotinsäure und ihre Derivate, es handelt sich um das Anti-Pellagra-Vitamin. Niacin ist enthalten in Vollkorn, Rindfleisch, Leber, Obst und Gemüse. Niacin ist kein essenzieller Nahrungsbestandteil, da es im Körper aus der Aminosäure Tryptophan gebildet werden kann. Der Tagesbedarf an Niacin ist daher abhängig von der Tryptophanzufuhr. Niacin ist Bestandteil der Koenzyme Nicotinamid-Adenin-Dinucleotid (NAD) und Nicotinamid-Adenin-Dinucleotid-Phosphat (NADP), die für Oxidations- und Reduktionsvorgänge benötigt werden.

Pellagra: Niacinmangel verursacht die Pellagra, diese ist charakterisiert durch die vier D's: Dermatitis, Demenz, Diarrhö, Death (Tod). Pellagra ist Folge des entsprechenden Nahrungsmangels. Hauptsächlich gemahlenes Getreide führt zu einem Niacinmangel, da Korn wenig Tryptophan enthält und durch das Mahlen Niacin verloren geht. Heute werden Getreideprodukte zum Teil mit Niacin angereichert.

Niacinmangel kann auch als Folge von Grundkrankheiten auftreten, so bei einem Karzinoidsyndrom, da hier sehr viel Tryptophan zu Serotonin umgesetzt werden kann. Ferner kann es bei einer Hartnup-Erkrankung, einer renal tubulären Störung mit Verlust einiger Aminosäuren, u. a. von Tryptophan, zu Niacinmangel kommen. Ferner kann unter Gabe von Isoniazid ein Pellagra-Bild auftreten. Isoniazid hemmt Pyridoxin, das für die Umwandlung von Tryptophan zu Niacin benötigt wird.

Laborbefund: Der Niacinstatus kann durch Messung der hauptsächlichen Urinmetabolite mit einer HPLC-Methode erfasst werden.

22 Störungen des mitochondrialen Energiestoffwechsels

M. F. Bauer, S. Hofmann, K.-D. Gerbitz

22.1 Grundlagen der mitochondrialen Energiegewinnung

Die Aufrechterhaltung zellulärer Funktionen und Strukturen hängt von der ständigen Verfügbarkeit und Zufuhr von Energie in Form von **ATP** ab. Der größte Teil des ATPs wird in Mitochondrien mithilfe der durch Verbrennung von Nährstoffen (Zellatmung) gewonnenen Energie synthetisiert. Mitochondrien werden deshalb oft als „Kraftwerke" der Zelle bezeichnet. So werden beispielsweise 34 von 36 während des kompletten Abbaus von Glukose zu CO_2 und H_2O synthetisierten ATPs in Mitochondrien generiert. Neben dem Abbauweg der Kohlenhydrate, sind auch die Fettsäureoxidation und der Aminosäureabbau ganz oder zumindest teilweise in den Mitochondrien lokalisiert und tragen zur Energiegewinnung bei.

Aufgrund der zentralen Stellung im zellulären Energiestoffwechsel, kommt den Mitochondrien eine wesentliche Bedeutung als Ausgangspunkt krankheitsverursachender Störungen zu. In erster Linie sind Organsysteme mit einem hohen Energiebedarf betroffen; dies sind insbesondere das zentrale Nervensystem, die Herz- und Skelettmuskulatur, sowie das Endokrinium. Die Mehrzahl aller mitochondrialen Erkrankungen sind auf Defekte in nukleären Genen zurückzuführen und folgt damit den Mendel'schen Erbregeln. Ein kleinerer Teil der Gendefekte wird dagegen in einzigartiger Weise strikt entlang der mütterlichen Linie an die Nachkommen weitergegeben (**maternaler Erbgang**). Der Grund dafür liegt im Vorhandensein eines autonomen, extranukleären Genoms (mtDNA), das in den Mitochondrien selbst lokalisiert ist und für einige wenige, aber essenzielle Komponenten des energiegenerierenden Systems kodiert. Zwei getrennt existierende Genome (nukleäre DNA und mtDNA) tragen somit zum Entstehen mitochondrialer Erkrankungen bei.

22.1.1 Mitochondriale Energiestoffwechselwege

Aus der Vielzahl der in den Mitochondrien lokalisierten Stoffwechselwege, sollen hier nur diejenigen besprochen werden, die unmittelbaren Bezug zur Energieversorgung der Zelle haben. Praktisch alle katabolen Abbauwege von Kohlenhydraten, Fettsäuren und einiger Aminosäuren vereinigen sich auf der Höhe der aktivierten Essigsäure (Acetyl-CoA) (Abb. 22.1) oder werden in Form der α-Ketosäuren Pyruvat, Oxalacetat und α-Ketoglutarat in den Zitratzyklus (Krebs-Zyklus) eingeschleust.

Die wichtigste und am schnellsten nutzbare Substratquelle des **Energiestoffwechsels** sind die Kohlenhydrate. Das Endprodukt des glykolytischen Abbaus der Kohlenhydrate, Pyruvat, wird unter anaeroben Bedingungen zu Laktat verstoffwechselt und unter aeroben Bedingungen in die Mitochondrien transportiert und dort zu Acetyl-CoA oxidativ decarboxyliert. Diese Reaktion erfolgt mithilfe der Pyruvatdehydrogenase (PDH), einem Multienzymkomplex aus drei verschiedenen Untereinheiten.

Auch die meisten Abbaureaktionen der Aminosäuren führen zu Intermediaten des **Zitratzyklus**. Ketogene Aminosäuren führen bei ihrem Abbau direkt zur Bildung von Acetyl-CoA bzw. Acetoacetyl-CoA (Abb. 22.2), die als Ketonkörper der Energiebereitstellung, insbesondere in Herzmuskel und Gehirn dienen. Glukogene Aminosäuren werden dagegen ebenso wie Kohlenhydrate zu Pyruvat und erst sekundär durch den Pyruvat-Dehydrogenase (PDH) Multienzymkomplex zu Acetyl-CoA umgewan-

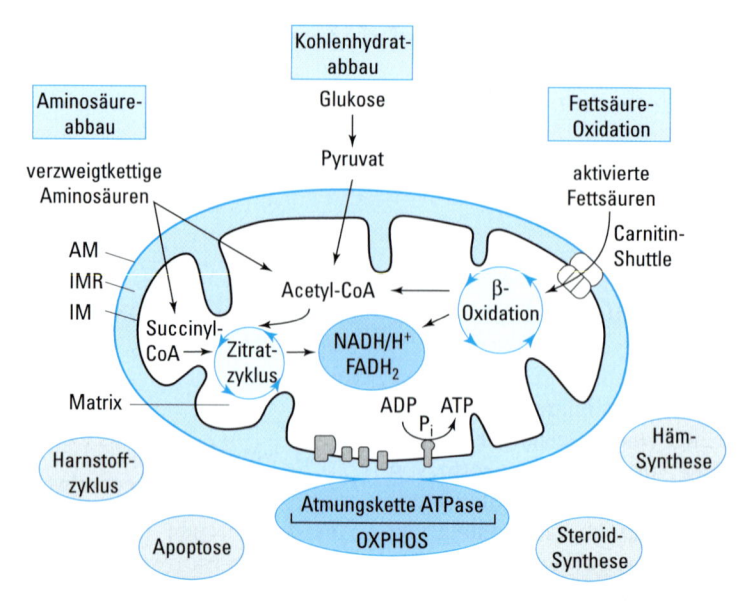

Abb. 22.1: Vernetzung der in Mitochondrien lokalisierten Abbauwege von Kohlenhydraten, Aminosäuren und Fettsäuren und ihre Kopplung an die ATP-Generierung. Weitere Stoffwechselwege sind ganz oder teilweise in den Mitochondrien lokalisiert. AM: mitochondriale Aussenmembran; IM: mitochondriale Innenmembran; IMR: Intermembranraum

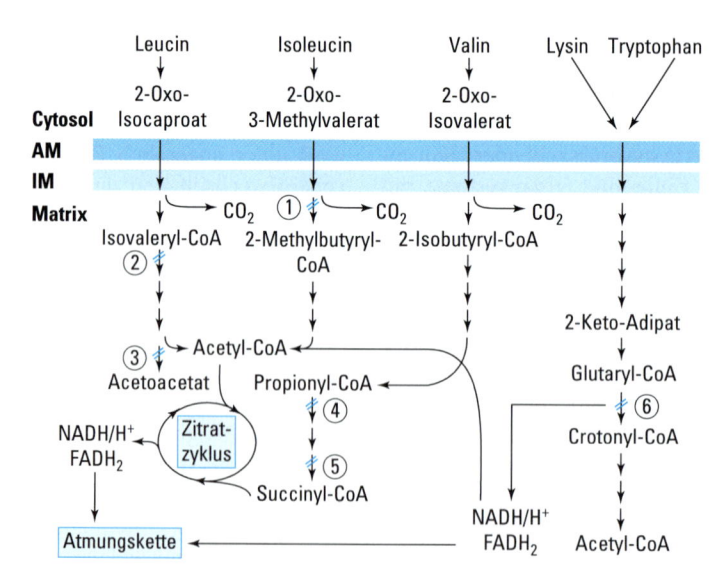

Abb. 22.2: Biochemische Schritte und Störungen der intramitochondrialen Abbaus der Aminosäuren Valin, Leucin und Isoleucin. Die Nummern entsprechen definierten Enzymdefekten des Aminosäureabbaus: 1: Ahornsirupkrankheit; 2: Isovalerian-Azidurie; 3: HMG-CoA-Lyase-Defizienz; 4: Proprionazidurie; 5: Methylmalonazidurie; 6: Glutarazidurie Typ I.

delt. Alle anderen Aminosäuren liefern Zwischenprodukte wie Oxalacetat, Fumarat, Succinyl-CoA oder α-Ketoglutarat, die unter den entsprechenden Stoffwechselbedingungen in den Zitratzyklus eingeschleust werden können.

Fettsäuren hingegen sind wichtige Energieträger, die vor allem bei kataboler Stoffwechsellage zur Deckung des Energiebedarfs herangezogen werden. Da Fettsäuren relativ reaktionsträge sind, werden vor allem die langkettigen, aus der Spaltung von Triglyceriden stammenden Fettsäuren nach dem Durchtritt durch die Plasmamembran (PM) im Cytosol durch Kopplung an Coenzym A aktiviert. Erst nach Transport über die beiden mitochondrialen Membranen unter Vermittlung des Carnitin-Palmitoyl-Transferasesystems werden sie in die β-Oxidation eingeschleust (Abb. 22.3). Voraussetzung dafür ist die Umwandlung der aktivierten Fettsäuren in die korrespondierenden Acyl-Carnitin-Verbindungen durch die in der mitochondrialen Außenmembran befindlichen CPT-I. Ein natriumabhängiger Carnitin-Transporter (OCTN2) stellt das freie Carnitin zur Verfügung. Die Translokation in die mitochondriale Matrix durch die CACT erfolgt im Austausch gegen freies Carnitin. Nach Rückkonvertierung durch die CPT-II werden die aktivierten Fettsäuren in einem zyklisch wiederkehrenden, vier Reaktionsschritte umfassenden Prozess sukzessive um jeweils eine C2-Einheit (Acetyl-CoA-Rest) verkürzt (Abb. 22.3). Die beteiligten Enzyme zeigen eine enge Substratspezifität hinsichtlich der Kettenlänge der umgesetzten Fettsäurereste. In der ersten Reaktion wird je nach Kettenlänge die Fettsäure durch eine von vier verschiedenen Acyl-CoA-Dehydrogenasen (SCAD, MCAD, LCAD, VLCAD) dehydrogeniert, der Wasserstoff auf FAD übertragen und in die Atmungskette eingeschleust. In der zweiten Reaktion wird durch 2-Enoyl-CoA Hydratasen Wasser angelagert; in der dritten Reaktion die hydroxylierten Acylreste durch substratspezifische Hydroxy-acyl-CoA-Dehydrogenasen (SCHAD, LCHAD) dehydrogeniert. Dabei dient NAD^+ als Elektronen- bzw. Protonen-Akzeptor. Im letzten Schritt werden schließlich die entstandenen 3-Keto-Acyl-CoAs durch Thiolasen um jeweils eine Acetyl-CoA-Einheit

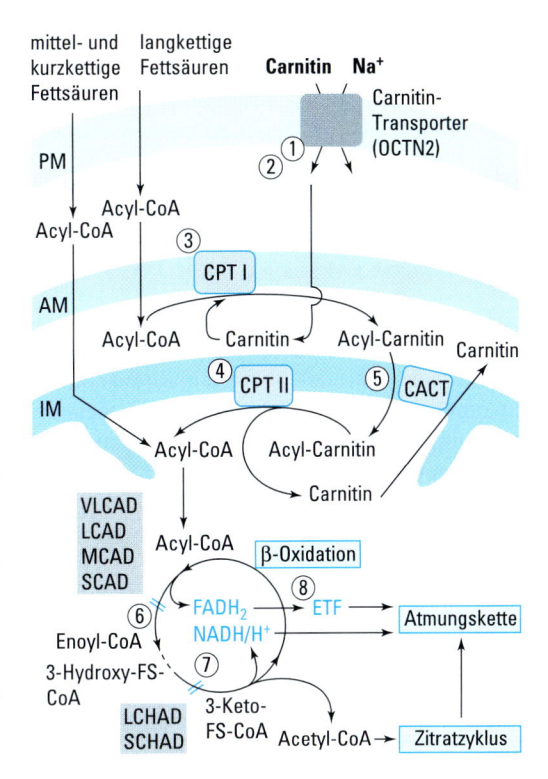

Abb. 22.3: Prinzipien und Störungen des Fettsäuretransportes und der β-Oxidation. Die Nummern entsprechen definierten Enzymdefekten des Fettsäureabbaus: 1: Systemische Carnitin-Defizienz; 2: OCTN2-Defekt; 3: Carnitin-Palmitoyl-Transferase-I (CPT-I)-Defizienz; 4: Carnitin-Palmitoyl-Transferase-II (CPT-II)-Defizienz; 5: Carnitin-Acylcarnitin Translokase (CACT)-Defizienz; 6: medium chain acyl-CoA-dehydrogenase (MCAD)-Defizienz; 8: „electron transfer flavoprotein" (ETF)-Defizienz, syn. Glutarazidurie Typ II; long chain hydrox-acyl-CoA-dehydrogenase (LCHAD)-Defekt.

verkürzt und das gekürzte Zwischenprodukt einem weiteren Zyklus der β-Oxidation unterworfen.

Die freigesetzten Acetyl-CoA-Reste aus den verschiedenen Abbaureaktionen werden direkt in den Zitratzyklus eingeschleust. In jeder Runde entstehen dabei aus einem Acetyl-CoA-Rest 2 CO_2 und reduzierte **Reduktionsäquivalente** (3 $NADH/H^+$ und ein $FADH_2$). Alleine die Reoxidation dieser Reduktionsäquivalente entlang der Atmungskette liefert eine Energieausbeute von 11 ATP pro Acetyl-CoA. Außerdem wird ein GTP durch **Substratkettenphosphorylierung** gebildet, sodass insgesamt maximal 12 ATP pro Acetyl-CoA generiert werden können.

22.1.2 Mitochondriale Energiekonservierung entlang der Atmungskette und oxidative Phosphorylierung (OXPHOS)

Die aus der Reoxidation der Reduktionsäquivalente NADH/H$^+$ und FADH$_2$ stammenden Elektronen werden über membranständige Enzymkomplexe und lösliche Elektronencarrier **(Atmungskette)** auf molekularen Sauerstoff übertragen. Die Atmungskette ist in der mitochondrialen Innenmembran lokalisiert (Abb. 22.4). Sie besteht aus den vier membranständigen Enzymkomplexen Komplex I (NADH:Ubiquinon-Oxidoreduktase), Komplex II (Succinat:Ubiquinon-Oxidoreduktase), Komplex III (Ubiquinol:Cytochrom c Reduktase) und Komplex IV (Cytochrom c Oxidase), die funktionell mit den mobilen Elektronenüberträgern Coenzym Q$_{10}$ (Ubiquinon) und Cytochrom c verbunden sind. Elektronen aus NADH/H$^+$ produzierenden Prozessen werden durch den Komplex I, solche aus FADH$_2$ entlang des Komplexes II in die Atmungskette eingeschleust (Abb. 22.4).

Die Komplexe der Atmungskette sind so angeordnet, dass ihr Redoxpotential sequentiell von NADH zum O$_2$ hin zunimmt. Die Energetik der entlang der Atmungskette ablaufenden Reaktionsschritte ist stark exergon und entspricht einer kontrolliert ablaufenden Knallgasexplosion, deren Energie dazu verwendet wird, Protonen aus dem Matrixraum in den Intermembranraum zu pumpen. An drei Stellen ist der Elektronentransfer an die Translokation von Protonen über die Innenmembran gekoppelt (Abb. 22.4): Bei der Übertragung von Elektronen von Komplex I auf Coenzyme Q, bei der Reduktion von Cytochrom c durch den Komplex III und bei der Übertragung von Elektronen auf molekularen Sauerstoff durch den Komplex IV. Dadurch entsteht ein Konzentrations- und Ladungsgefälle über der Innenmembran, das sogenannte Membranpotential $\Delta\psi$.

Unter normalen Bedingungen wird dieser elektrochemische Gradient dazu verwendet, mithilfe der **ATP-Synthase** (F$_1$/F$_0$-ATPase oder Komplex V) ATP aus ADP und anorganischem Phosphat (P$_i$) zu synthetisieren (Abb. 22.4). Dieser Vorgang wird oxidative Phosphorylierung bezeichnet. Im „entkoppelten" Zustand produzieren Mitochondrien Energie in Form von Wärme statt ATP.

22.1.3 Besonderheiten der mitochondrialen Genetik

Tierische Zellen enthalten eine sehr unterschiedliche Zahl an Mitochondrien. Sie schwankt zwischen einigen wenigen und mehreren Tausend. So findet sich beispielsweise in Muskelzellen und Neuronen eine sehr hohe Mitochondriendichte, während Spermien bestimmter Spezies mit einem einzigen Mitochondrium ihren Energiebedarf decken können.

Komplex	I	II	III	IV	V
mtDNA kodiert	7	0	1	3	2
nukleär kodiert	~35	4	10	10	12

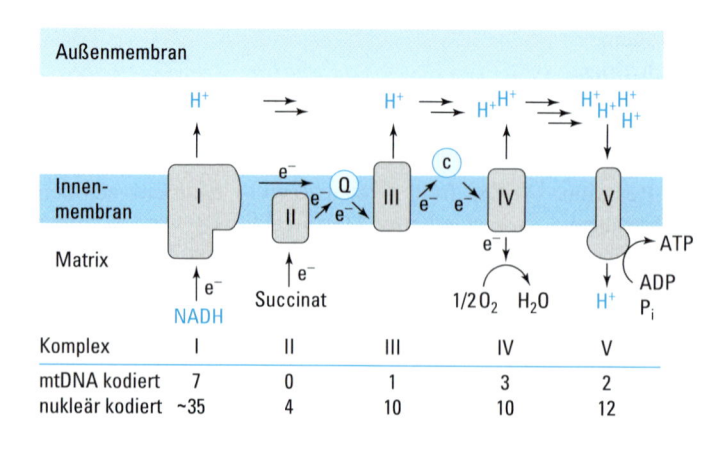

Abb. 22.4: Das energiegenerierende OXPHOS-System in der mitochondrialen Innenmembran. Die Enzyme des OXPHOX-Systems sind hochmolekulare Komplexe (I–IV), deren Untereinheiten sowohl nukleär als auch mtDNA-kodiert sind und damit der Regulation durch zwei voneinander unabhängige Genome unterliegen.
Q: Coenzym Q; c: Cytochrom c

Die **mitochondriale DNA (mtDNA)**, von der jedes Mitochondrium zwei bis zehn Kopien besitzt, ist ein zirkuläres doppelsträngiges Molekül mit einer Länge von 16569 Basenpaaren (Abb. 22.5). Die zwei Stränge sind als H- *(heavy)* und L- *(light)* Strang bezeichnet. Sie besitzen getrennte Replikationsursprünge (O_H, O_L), sowie unabhängige Promotoren für den H- und L-Strang (HSP, LSP). Der D-Loop *(displacement loop)* ist eine nicht kodierende Kontrollregion.

Im Vergleich zum Kerngenom zeichnet sich die menschliche mtDNA durch einen höchst kompakten Aufbau aus, bei dem nicht kodierende Abschnitte fast vollständig fehlen. Von den insgesamt 37 Genen auf der menschlichen mtDNA kodieren 24 für RNA-Moleküle (Abb. 22.5: 22 tRNAs und 2 rRNAs) – sie werden für die intramitochondriale Proteinbiosynthese benötigt. Die restlichen 13 Gene kodieren ausschließlich für Untereinheiten des OXPHOS Systems: die ND1- bis ND6-Gene für Untereinheiten des Komplex I, das Cyt *b*-Gen für Cytochrom *b* (Komplex III), COX1 bis COX3-Gene für katalytische Untereinheiten des Komplexes IV und die ATP6- und ATP8-Gene für Untereinheiten der ATP-Synthase (Komplex V). Sie werden an mitochondrialen Ribosomen synthetisiert und von der Matrixseite der Mitochondrien in die Innenmembran inseriert. Dort assemblieren sie mit den kernkodierten Untereinheiten der Komplexe I, III, IV und V, die nach ihrer Synthese an zytosolischen Ribosomen über spezifische Transportsysteme der mitochondrialen Außen- und Innenmembran an ihren Bestimmungsort gelangen (Abb. 22.4).

Normalerweise enthalten alle Mitochondrien menschlicher Zellen genetisch identische Kopien der mtDNA; ein Zustand, den man **Homoplasmie** nennt. Die Mutationsrate der mtDNA ist ca. 10- bis 20-mal höher als die der nukleären DNA. Aufgrund des Fehlens nicht

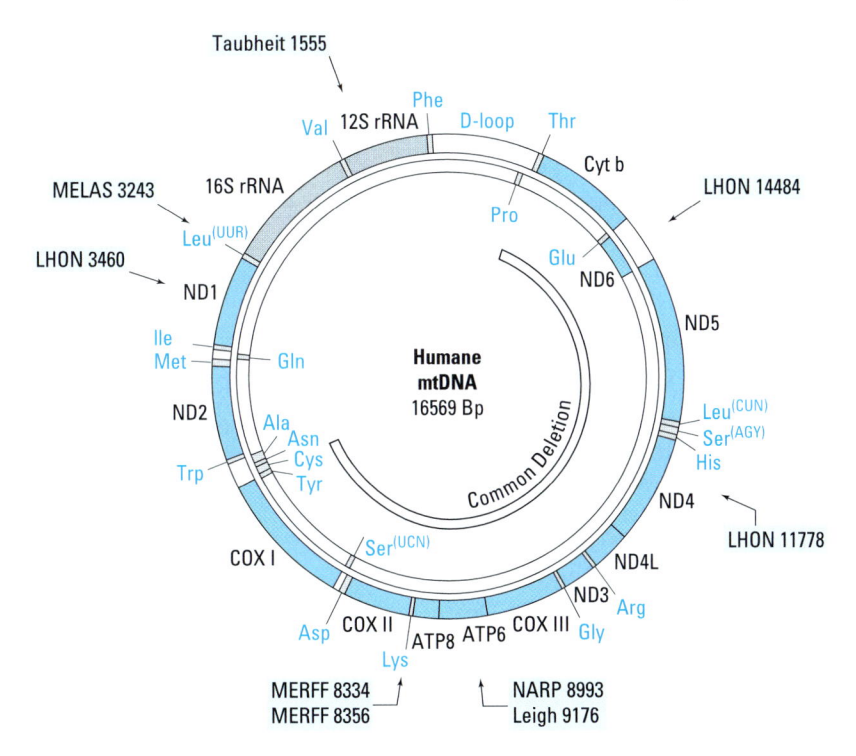

Abb. 22.5: Das menschliche mitochondriale Genom (16,595 Basenpaare) kodiert für 13 Polypeptiduntereinheiten des mitochondrialen OXPHOS-Systems *(blau)*, 2 ribosomale Untereinheiten *(blaugrau)* und 22 tRNA-Moleküle *(grau)*. Die wichtigsten pathogenen Punktmutation und Deletionen auf der mtDNA sind markiert.

kodierender Abschnitte in der mtDNA ist die Wahrscheinlichkeit, dass eine zufällige Mutation ein funktionell wichtiges Gen trifft, im Vergleich zur chromosomalen DNA deutlich erhöht. Das Auftreten einer solchen Mutation erzeugt in einer Zelle eine Gemisch von zwei mtDNA-Populationen bestehend aus Wildtyp- und mutierten mtDNA Molekülen, ein Zustand, der als **Heteroplasmie** bezeichnet wird.

Der Grad der Heteroplasmie, also das Verhältnis von mutierter mtDNA zu Wildtyp-mtDNA, das Verteilungsmuster der Mutation auf bestimmte Zelltypen oder Organe, sowie die unterschiedliche Energieabhängigkeit dieser Organe bedingen, ob sich eine Mutation als Systemerkrankung bzw. Organsymptom manifestiert oder nicht. In ähnlicher Weise, wie sich der unterschiedliche Energiebedarf von verschiedenen Zellen und Organen in ihrem Besatz an Mitochondrien widerspiegelt, weisen die Organe dabei unterschiedliche Schwellenwerte für den Grad an mutierter mtDNA auf. Der Schwellenwert für das Auftreten klinischer Symptome variiert zum Teil beträchtlich zwischen den Organen des selben Organismus. Nicht zuletzt hieraus erklären sich zum einen die bunte Symptomvielfalt mitochondrialer Erkrankungen, zum anderen die Schwierigkeiten der Diagnostik in verschiedenen Geweben und Körperflüssigkeiten.

22.2 Genetik und Pathobiochemie mitochondrialer Erkrankungen

Mitochondriale Funktionsstörungen sind mit einem breiten Spektrum an klinischen Phänotypen assoziiert, die von schweren, frühkindlichen Multisystemerkrankungen bis zu milden und spät einsetzenden organspezifischen Erkrankungen reichen. Mitochondriale Erkrankungen sind im traditionellen Sinne Defekte des energiegenerierenden Systems, insbesondere der Atmungskette und der oxidativen Phosphorylierung, die häufig unter dem Begriff **OXPHOS-Erkrankungen** zusammengefasst werden. Die primären genetischen Ursachen von Defizienzen des OXPHOS-Systems sind entweder nukleär oder mitochondrial kodiert, da beide Genome unabhängig voneinander zur Biosynthese der OXPHOS-Enzymkomplexe beitragen. Die Klassifizierung der OXPHOS-Erkrankungen kann biochemisch durch Nachweis von Enzymaktivitätsverlust eines oder mehrerer OXPHOS-Komplexe bzw. genetisch durch Nachweis einer nukleären oder mitochondrialen DNA-Mutation erfolgen. Phänotypisch steht letztlich bei allen OXPHOS-Defekten eine Störung der zellulären Energiebereitstellung im Vordergrund, deren Auswirkungen vor allem Gewebe mit hohem Energiebedarf wie das zentrale Nervensystem, der Skelettmuskel, oder das Herz betreffen (Tab. 22.1).

Der Begriff „Mitochondriale Erkrankung" hat in den letzten Jahren eine Definitonserweiterung erfahren. So wurden zunehmend Gendefekte identifiziert, die das energiegenerierende OXPHOS-System sekundär betreffen oder andere essentielle mitochondriale Funktionen beeinträchtigen. So schließt der Begriff „Mitochondriale Erkrankung" heute unter anderem Störungen des mitochondrialen Fettsäuretransportes und Abbaus, sowie einige der Aminosäureabbaustörungen ein.

Tabelle 22.1: Symptome und klinische Zeichen mitochondrialer Erkrankungen.

Organ	klinische Zeichen
ZNS	psychomotorische Retardierung
	Demenz
	mentale Retardierung
	schlaganfallsähnliche Attacken
	Ataxie
	Anfälle (generalisiert, fokal, fotosensitiv, tonisch-klonisch)
	Myoklonus
	Paraplegie
	Schluckstörungen
	Migräne
	periphere Neuropathie
	Myelopathie
	Leukodystophie
	kortikale Atrophie
	Hemiparesis, kortikale Blindheit
Auge	Ophthalmoplegie
	Retinitis pigmentosa
	Optikusatrophie
	Katarakt
	Ptosis
Ohr	sensorineurale Taubheit
	aminoglykosidinduzierte Taubheit

Tabelle 22.1: Fortsetzung.

Organ	klinische Zeichen
Muskel	Myopathie Belastungsintoleranz Myalgie Myoglobinurie belastungsinduzierte Rhabdomyolyse muskuläre Hypotonie muskuläre Atrophie
Herz	hypertrophe Kardiomyopathie dilatative Kardiomyopathie Herzreizleitungsstörungen
Endokrinium	Diabetes mellitus Hypoparathyroidismus Hypothyroidismus Hypogonadismus Kleinwuchs Infertilität
Niere	proximale Tubulopathie Glomerulopathie
GI-Trakt	Hepatopathie Gewichtsverlust Erbrechen Exokrine Pankreasdysfunktion
Blutbildendes System	sideroblastische Anämie Panzytopenie

22.2.1 MtDNA-kodierte Erkrankungen

Bei den mtDNA-assoziierten Erkrankungen handelt es sich ausschließlich um typische OXPHOS-Erkrankungen. Es wird prinzipiell zwischen Punkt- und Längenmutationen der mtDNA unterschieden. Punktmutationen in proteinkodierenden Genen führen zu einem Aminosäureaustausch und damit zu einem möglichen Funktionsverlust des betroffenen OXPHOS-Komplexes; hingegen führen Punktmutationen in Genen für rRNA- und tRNA-Moleküle zu einer generellen Beeinträchtigung der mitochondrialen Proteinbiosynthese. Deletionen der mtDNA erstrecken sich meist über weite Bereiche des mitochondrialen Genoms und verursachen den Verlust mehrerer proteinkodierender und tRNA-kodierender Gene. Weit über 100 verschiedene pathogene Mutationen der mtDNA sind heute bekannt (siehe Anhang).

22.2.1.1 Mutationen in proteinkodierenden Genen

LHON *(Leber's hereditary optic neuropathy)* stellt ein Paradigma für eine durch eine mitochondriale Punktmutation verursachte mitochondriale Erkrankung dar. Diese Patienten zeichnen sich klinisch durch einen subakuten und schmerzlosen Sehverlust, Veränderungen des Farbsehens und eine bilaterale Atrophie des *Nervus opticus* aus. Drei verschiedene Punktmutationen in Genen für Untereinheiten des Komplex I sind für 90 % aller LHON-Fälle verantwortlich (Abb. 22.5). Diese Mutationen sind relativ „mild" und manifestieren sich klinisch erst mit Erreichen eines sehr hohen Anteils an mutierter mtDNA.

Das **Leigh-Syndrom** ist eine schwere, neurodegenerative Erkrankung des Kleinkindes mit psychomotorischer Retardierung, muskulärer Hypotonie, Ataxie, einer Hirnstammsymptomatik und respiratorischer Insuffizienz. Neurologisch ist diese Erkrankung durch fokale, bilateral symmetrische spongiforme Läsionen, vor allem in der Hirnstammregion und im Thalamus, gekennzeichnet. Das Leigh-Syndrom wird in der Regel autosomal rezessiv vererbt; es kann aber auch durch Mutationen der mtDNA verursacht werden und folgt dann einem maternalen Erbgang. Die Leigh-assoziierten Mutationen an np 8993 und np 9176 im ATPase6-Gen (Abb. 22.5) liegen immer heteroplasmisch vor. Insbesondere bei der np 8993 Mutation korreliert der Heteroplasmiegrad mit der Schwere der klinischen Symptomatik, die vom milden **NARP-Syndrom** *(neurogenic muscle weakness, ataxia, retinitis pigmentosa)* bis hin zum schweren Bild des Leigh-Syndroms reicht. Eine vollständige Übersicht aller krankheitsassoziierten Mutationen findet sich auf der Internetseite der Mitomap-Datenbank (http://www.mitomap.org/).

22.2.1.2 Mutationen in mitochondrialen tRNA- und rRNA-Genen

Sogenannte „*hot spot*" Bereiche für pathogene Mutationen sind insbesondere die tRNA$^{Leu(UUR)}$, die tRNA^{Lys} und die tRNA$^{Ser(UCN)}$. Die prominentesten Beispiele für mitochondriale tRNA-

Mutationen sind die sogenannte „MELAS"-Mutation *(mitochondrial encephalopathy with lactic acidosis and stroke-like episodes)* an np 3243 in der tRNA$^{Leu(UUR)}$ sowie die „MERRF"-Mutation *(myoclonus epilepsy with ragged red fibers)* an np 8344 in der tRNA^{Lys} (Abb. 22.5). Beide Mutationen wurden ursprünglich in Assoziation mit klar definierten mitochondrialen Erkrankungsbildern beschrieben; diese Genotyp-Phänotyp-Korrelation ist jedoch in dieser Ausschließlichkeit heute nicht mehr gültig. So kann das Krankheitsbild MELAS durch verschiedenste Mutationen in der tRNA$^{Leu(UUR)}$ oder in anderen Genen verursacht werden. Dies bedeutet gleichzeitig, dass eine ausschließliche Testung der Mutation an Position 3243 bei vorliegendem Verdacht auf MELAS diagnostisch nicht mehr ausreichend ist, und durch ein umfangreicheres Screening zusätzlicher tRNA-Gene ergänzt werden muss. Mittlerweile sind Mutationen in mitochondrialen tRNA-Genen als signifikante Ursache einer ganzen Reihe von Erkrankungen bekannt, die unter dem Begriff „Mitochondriale Enzephalomyopathien" zusammengefasst werden (siehe MITOMAP-Datenbank).

22.2.1.3 Längenmutationen der mtDNA

Typische mitochondriale Erkrankungen, die mit Längenmutationen der mtDNA einhergehen, sind die **CPEO** (chronisch progrediente externe Ophthalmoplegie), das **Kearns-Sayre-Syndrom** (KSS) und das Pearson-Syndrom *(Sideroachrestische Anämie mit Panmyelophthise und exokriner Pankreasinsuffizienz)*. Die CPEO ist eine relativ benigne Erkrankung, die durch Ptosis und Schwäche der Extraokularmuskeln auffällt. Bei entsprechendem Heteroplasmiegrad der Längenmutation und je nach Organmanifestation kann es jedoch zum Vollbild des Kearns-Sayre-Syndroms kommen, einer schweren Systemerkrankung, die neben CPEO durch Retinitis pigmentosa und Kardiomyopathie mit Reizleitungsblock gekennzeichnet ist. Das Kearns-Sayre-Syndrom und viele Fälle von CPEO entstehen spontan und werden durch sogenannte *single deletions* verursacht, d. h. ein spezifischer mtDNA-Deletionstyp im Sinne von Umfang und Lokalisation wird in betroffenen Geweben eines individuellen Patienten gefunden. Die am häufigsten vorkommende Deletion, die sogenannte *common deletion*, umfasst mit 4977 bp ein Drittel des gesamten mitochondrialen Genoms und führt zum Verlust von Untereinheiten der Komplexe I, IV und V sowie von 5 tRNAs (Abb. 22.5).

22.2.2 Nukleär kodierte mitochondriale Erkrankungen

22.2.2.1 Defekte der mtDNA-Integrität

Obwohl die mtDNA für wichtige Teile ihres eigenen Translationsapparats kodiert, ist die Replikation, die Transkription/Translation, die Stabilität und die Aufrechterhaltung der mtDNA-Integrität von nukleär kodierten Faktoren abhängig. Gendefekte in diesen Faktoren sind für die sogenannten *disorders of nuclear-mitochondrial communication* verantwortlich. Diese Erkrankungen sind primär nukleär verursacht, und führen erst sekundär zu Veränderungen der mtDNA wie Deletionen oder Depletion. Sie unterscheiden sich daher phänotypisch nicht von den mtDNA-kodierten Erkrankungen. Die autosomal-dominant vererbte PEO (**adPEO**) ist die häufigste Erkrankung dieses Formenkreises. Patienten mit adPEO fallen klinisch durch eine Ophthalmoparese und belastungsabhängige Muskelschwäche auf. In verschiedenen Geweben finden sich multiple Deletionen unterschiedlichsten Heteroplasmiegrades. Bisher wurden für diese Erkrankung drei chromosomale Loci identifiziert: sie liegen auf den Chromosomen 4q, 10q und 3p. Das Chromosom 4q-gekoppelte Gen ist ANT1, welches für den muskel- und herzspezifischen ATP/ADP-Transporter in der mitochondrialen Innenmembran kodiert, während die beiden anderen Gene bisher nicht identifiziert sind. Weitere autosomal vererbte, mit mtDNA-Veränderungen assoziierte Erkrankungen sind das **MNGIE** (mitochondrial neurogastrointestinal encephalomyopathy)-Syndrom und der Formenkreis der **mtDNA-Depletions-Syndrome**. Auch hier sind bereits krankheitsverursachende Mutationen in nukleären Genen identifiziert worden.

22.2.2.2 OXPHOS-Defekte

In einer Vielzahl von Patienten mit Verdacht auf das Vorliegen einer mitochondrialen Erkrankung wird eine Defizienz eines oder mehrerer Enzymkomplexe der Atmungskette gefunden. Die meisten Atmungsketten-Erkrankungen manifestieren sich bereits im frühen Kindesalter und sind vermutlich auf Defekte nukleärer Gene zurückzuführen. Obwohl die meisten der über 80 Untereinheiten der Atmungskettenkomplexe I–IV nukleär kodiert sind, ist die Zahl der heute bekannten pathogenen Mutationen in diesen nukleären „Struktur-Genen" relativ gering und steht in keinem Verhältnis zur Zahl der biochemisch diagnostizierten Patienten mit Atmungskettendefizienzen. Neueste Untersuchungen ergaben eine steigende Zahl an nukleären Gendefekten, die die Atmungskettenkomplexe nicht direkt betreffen, sondern Faktoren, die deren Assemblierung, Stabilität und Funktionalität regulieren. So sind z. B. Mutationen im SURF1-Gen eine häufige Ursache des autosomal rezessiv vererbten Leigh-Syndroms in Kombination mit einer schwerer Komplex-IV-Defizienz. Das Surf1-Protein ist selbst keine Untereinheit des Komplex IV, ist jedoch für dessen Assemblierung und Stabilität verantwortlich. Eine Form einer fatalen hypertrophen Kardiomyopathie in Assoziation mit Enzephalopathie und schwerer Komplex IV-Defizienz wird durch Mutationen im SCO2 verursacht, ein mitochondriales Kupfertransportprotein, welches für die Assemblierung eines funktionellen Komplexes IV benötigt wird.

22.2.2.3 OXPHOS-unabhängige, mitochondriale Funktionsstörungen

Einige chromosomal vererbte, neurodegenerative Erkrankungen, deren zugrunde liegender Pathomechanismus lange Zeit unklar war, wurden erst durch die Identifizierung des Gendefekts und der Zuordnung des betroffenen Genprodukts zu einer mitochondrialen Funktion als mitochondriale Erkrankung klassifiziert. Beispiele hiefür sind die **Friedreich'sche Ataxie**, eine der häufigsten autosomal-rezessiv vererbten Ataxie-Formen. Das betroffene Genprodukt, Frataxin, spielt eine Rolle im mitochondrialen Eisen-Stoffwechsel und beeinflusst die Energiegewinnung wahrscheinlich nur sekundär. Ähnliches gilt für die autosomal-rezessiv vererbte Form der **hereditären spastischen Paraplegie** (HSP). Das Erkrankungsgen (SPG7) kodiert für Paraplegin, ein Protein, das Ähnlichkeit zu ATP-abhängigen Proteasen in Hefe-Mitochondrien aufweist, die an der Qualitätskontrolle von mitochondrialen Innenmembranproteinen beteiligt sind. Zwei weitere mitochondriale Erkrankungen, denen ein völlig neuer mitochondrialer Pathomechanismus zugrunde liegt, sind das **Mohr-Tranebjaerg-Syndrom** (MTS) und die autosomal-dominant vererbte Optikusatrophie (adOPA). MTS ist eine X-gekoppelte, neurodegenerative Erkrankung mit progressiver sensorineuraler Taubheit in Kombination mit Dystonie, kortikaler Blindheit und mentaler Retardierung. Es wird verursacht durch Mutationen in DDP1- *(deafness dystonia peptide 1)*, das als Chaperon am Import nukleär kodierter Vorstufenproteine in die mitochondriale Innenmembran beteiligt ist. MTS ist die erste mitochondriale Erkrankung, bei der eine Komponente des hochspezialisierten mitochondrialen Importsystems betroffen ist. Das Erkrankungsgen OPA1 hingegen kodiert für ein Protein, welches in die Regulation der Mitochondrienmorphologie involviert ist.

22.2.2.4 Defekte des mitochondrialen Fettsäuretransports und -abbaus

Die Störungen des mitochondrialen Fettsäurestoffwechsels können prinzipiell in Störungen des intramitochondrialen Fettsäure-Transportsystems, einschließlich der Carnitin-Mangelzustände, und **Defekte der β-Oxidation** unterteilt werden. Alle Erkrankungen sind in der Regel autosomal rezessiv vererbt und führen zur Akkumulation spezifischer Metabolite, die unter Umständen lebensbedrohliche Stoffwechselentgleisungen hervorrufen können. Einige dieser Enzymdefekte sind in Abbildung 22.3 schematisch dargestellt; eine vollständige Liste der bisher beschriebenen Defekte findet sich in Tabelle 22.2.

Die CPT-II-Defizienzen stellen die häufigsten erblichen Fettsäurestoffwechselerkrankun-

Tabelle 22.2: Biochemische Klassifikation mitochondrialer Erkrankungen.

Atmungskettendefekte
Komplex I (NADH-Ubiquinon Reduktase)-Defizienz
Komplex II (Succinat-Ubiquinon Reduktase)-Defizienz
Komplex III (Ubiquinol-Cytochrom *c* Reduktase)-Defizienz
Komplex IV (Cytochrom *c* Oxidase)-Defizienz
Multiple Atmungsketten-Komplex-Defizienzen

Defekte der oxidativen Phosphorylierung
Komplex V (ATP Synthase)-Defizienz

Fettsäureabbaudefekte
Carnitintransporter-Defizienz (primäre systemische Carnitindefizienz)
Short-chain-acyl-CoA (SCAD)-Defizienz
Medium-chain-acyl-CoA (MCAD)-Defizienz
Long-chain-acyl-CoA (LCAD)-Defizienz
Very-long-chain-acyl-CoA (VLCAD)-Defizienz
Long-chain 3-hydroxy-acyl-CoA dehydrogenase (LCHAD)-Defizienz
Trifunctional-protein-Defizienz
Multiple Acyl-CoA-Dehydrogenase (MADD)-Defizienz oder
Glutarazidurie Typ II (GA II)
Carnitin/Acylcarnitin-Translokase (CACT)-Defizienz
Carnitin-Palmitoyltransferase I (CPT I)-Defizienz
Carnitin-Palmitoyltransferase II (CPT II)-Defizienz
2,4-dienoyl-CoA-Reduktase-Defizienz

Störungen des Aminosäure-Metabolismus
Glutarazidurie Typ I (GA I)
3-Hydroxy-3-methylglutaryl-CoA (HMG-CoA)-Lyase-Defizienz
Isovalerylazidurie (IVA)
3-Hydroxyisobutyryl-CoA-Deacylase-Defizienz
α-Ketothiolase-Defizienz
3-Methylcrotonyl-CoA-Karboxylase-Defizienz
3-Methylglutaconyl-CoA-Hydratase-Defizienz
Holokarboxylase-Synthetase-Defizienz
Methylmalonazidurie-Defizienz
B12 Defekt + Homocystinurie
Propionazidurie
Hyperleuzin-Isoleuzinämie
Hypervalinämie
Ahornsirupkrankheit (*Maple syrup urine disease* – MSUD)
Ornithin-Carbamyltransferase (OCT)-Defizienz
Arginiosuccinat-Lyase-Defizienz
Arginase-Defizienz
Citrullinämie
Hyperornithinämie-Hyperammonämie-Homocitrullinämie (HHH)-Syndrom
Homocystinurie
Tyronsinämie
Phenylketonurie

Defekte des Pyruvat-Dehydrogenase (PDH)Komplexes
Pyruvatdehydrogenase (E_1)-Defizienz
Dihydrolipoamid-Acetyltransferase (E_2)-Defizienz
Dihydrolipoamid-Dehydrogenase (E_3)-Defizienz
Protein-X-Defizienz
Phospho-E-phosphatase-Defizienz

Zitratzyklus-Defekte
Alpha-Ketoglutarat-Dehydrogenase-Komplex-Defizienz
Fumarase-Defizienz
Aconitase-Defizienz

gen mit muskulärer Symptomatik dar (Abb. 22.3). Die CPT-II- Defekte können sich in zwei unterschiedlichen klinischen Erscheinungsbildern manifestieren: in einer seltenen infantilen und schweren hepatokardiomuskulären Form und häufiger in einer adulten, milderen und rein muskulären Form. CPT-II- Defekte führen zu einer im Serum nachweisbaren Akkumulation vor allem langkettiger Acylcarnitine (Abb. 22.6a und b). Dabei sind vor allem die C16:0-, C18:0-, C18:1-, C18:1-Acylcarnitine erhöht. In der Diagnostik der Defekte des **Carnitin-Palmitoyltransferase Systems** wird heute vielfach die Tandem-Massenspektrometrie (TMS) eingesetzt (siehe unten). Mit ihr kann das Acylcarnitin-Spektrum des Serums erfasst und spezifische Veränderungen den einzelnen Defekten zugeordnet werden.

Innerhalb der eigentlichen Störungen der β-Oxidation sind am häufigsten die vier verschiedenen Acyl-CoA-Dehydrogenasen betroffen (Abb. 22.3). Dies sind die SCAD *(short chain acyl-CoA-dehydrogenase)*, MCAD *(medium chain acyl-CoA-dehydrogenase)*, VLCAD *(very long chain acyl-CoA-dehydrogenase)* und LCAD *(long chain acyl-CoA-dehydrogenase)*. Da diese Enzyme ausgeprägte Substratspezifität hinsichtlich der Kettenlänge der von ihnen um-

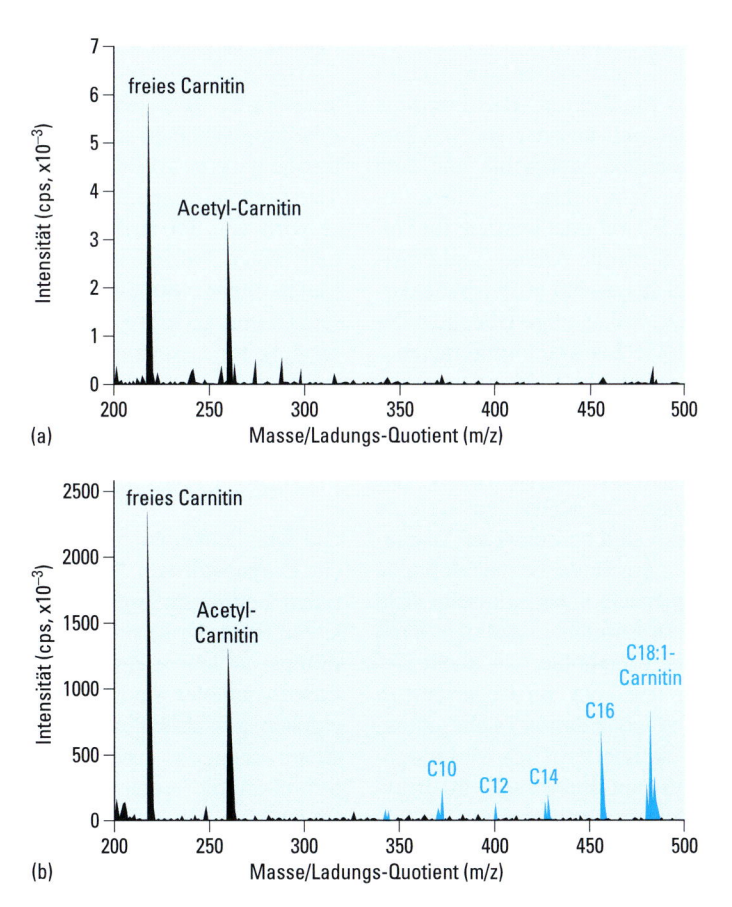

Abb. 22.6: (a) Normales Carnitinspektrum, das den Massenbereich von freiem Carnitin (m/z = 218) bis zum C18-Carnitinester (m/z = 484; m/z = Masse/Ladung, z = 1) umfasst. Ein normales Carnitinspektrum besteht zu etwa 70 % aus freiem Carnitin (218).

(b) Bei CPT-II Defizienz findet sich typischerweise eine Vermehrung von C16:0-Carnitin (316), C18:1-Carnitin (344) sowie in deutlich geringerem Maße auch der C10-, C12- und C14-Acylcarnitine.

gesetzten Fettsäuren besitzen, zeigt sich in der TMS-Diagnostik ein spezifisches Spektrum akkumulierter Acylcarnitine im Serum.

Fettsäureoxidationsstörungen weisen durch die krisenhafte Entwicklung eines fasten-induzierten Komas ein hohes Morbiditäts- und Mortalitätsrisiko auf. Bei frühzeitiger Diagnose und Therapie besteht andererseits für die meisten dieser Erkrankungen eine gute Prognose. Eine frühzeitiges Erkennen dieser Defekte ist daher geboten.

22.2.2.5 Störungen des Aminosäureabbaus

Enzymdefekte des mitochondrialen Abbaus von Aminosäuren führen häufig über die Akkumulation toxischer Metabolite zur Organschädigung. Betroffen sind dabei neben dem Gehirn oft die Leber und die Nieren. Die klinische Symptomatik ergibt sich aus der spezifischen Toxizität der angestauten Metabolite und dem Mangel an Stoffwechselprodukten, die dem Enzymblock nachfolgend gebildet würden. Im Folgenden sollen vor allem die Amino- und Organoazidurien anhand ausgewählter Beispiele dargestellt werden; eine vollständige Übersicht der beschriebenen Defekte des Aminosäuremetabolismus findet sich in Tabelle 22.2.

Die **Ahornsiruperkrankung** (Abb. 22.2) ist eine autosomal rezessiv vererbte Erkrankung, der ein Defekt in der verzweigtkettigen α-Ketosäuredehydrogenase-(BCKDH) zu Grunde liegt. Sie manifestiert sich bei schwerer Ausprägung durch eine progrediente Enzephalopathie ab dem 3.–5. Lebenstag. Das klinische Bild wird wie bei anderen Aminoazidopathien durch spezifische toxische Metabolite, vor allem Ketoisocapronsäure, verursacht. Im Gegensatz zu den klassischen Organoazidurien (siehe unten) stauen sich keine aktivierten CoA-Verbindungen an. Die Ahornsiruperkrankung wird heute im Rahmen des Neugeborenenscreening mittels Tandem-Massenspektrometrie sicher erkannt.

Im Gegensatz zu den Aminoazidopathien kommt es bei den klassischen **Organoazidurien** zum spezifischen Anhäufen von aktivierten Karbonsäuren (z.B. Propionyl-CoA) des Intermediärstoffwechsels. Die entsprechenden Carnitinester der akkumulierten Karbonsäuren können heute tandemmassenspektrometrisch erfasst und quantifiziert werden. Exemplarisch seien hier die Abbaustörungen der Aminosäuren Isoleucin, Valin, Methionin und Threonin erwähnt. Wie beim Abbau von ungeradzahligen Fettsäuren entsteht dabei als Zwischenprodukt Propionyl-CoA, welches zunächst in einer biotinabhängigen Reaktion zu Methylmalonyl-CoA carboxyliert wird. Ein Mangel an Propionyl-CoA-Carboxylase- (PCC) Aktivität verursacht die sogenannte Propionazidurie (Abb. 22.2). Sie kann durch Mutationen der PCC, einen Mangel an Holocarboxylase-Synthetase oder auch durch einen Mangel an Biotinidase entstehen. Alle diese Defekte gehen mit einer mehr oder weniger deutlichen Erhöhung des Proprionyl-Carnitins einher.

Prinzipiell können bei allen Organoazidurien krisenhafte, akut lebensbedrohliche metabolische Entgleisungen auftreten, bei denen eine sofortige wirkungsvolle Entfernung der toxischen Metabolite erfolgen muss. Die Langzeitprognose wird von der strikten lebenslangen Einhaltung einer speziellen Diät bestimmt, die die Metabolitkonzentration in den Normalbereich senken und andererseits eine ausreichende Versorgung mit essenziellen Aminosäuren sicherstellen muss.

22.3 Aktuelle Diagnostik bei Verdacht auf mitochondriale Erkrankungen

Die Möglichkeiten des Klinischen Chemikers zur Diagnostik von Störungen des mitochondrialen Energiestoffwechsels aus Körperflüssigkeiten (Blut, Urin) sind begrenzt und auf einige wenige indikative Parameter beschränkt. Diese Laborparameter sind jedoch unspezifisch und ergeben ausschließlich in Verbindung mit der entsprechenden Anamnese und klinischen Symptomatik einen Richtungshinweis. So finden sich beispielweise Kreatinkinase (CK)-Erhöhungen und die Ausscheidung von Myoglobin bei einer Vielzahl nicht mitochondrialer Myopathien, die differenzialdiagnostisch von den echten **Mitochondriopathien** abgrenzt werden müssen. Nur die Störungen des Fett- und Aminosäurestoffwechsels bilden hier eine Ausnahme; sie können heute in vielen Fällen, basierend auf den spezifischen Massenspektren der Serum-Carnitinester bzw. der akkumulierten Stoffwechselintermediate eingrenzt und einem eindeutigen Enzymdefekt zugeordnet werden (siehe unten).

Insbesondere für die Diagnostik der klassischen OXPHOS-Erkrankungen existieren keine spezifischen laborchemischen Parameter. In solchen Fällen ist die direkte Messung der Enzymaktivitäten der Atmungskettenkomplexe im Muskelhomogenat bzw. das Aufdecken eines entsprechenden Gendefektes beweisend für das Vorliegen einer OXPHOS-Erkrankung. Die Diagnostik von mitochondrialen Enzephalomyopathien wird dabei zunehmend von modernsten bildgebenden Verfahren unterstützt. So ist es neuerdings möglich mithilfe der **MR-Spektroskopie** die intrazerebrale Stoffwechseldefizienz und die Akkumulation von z. B. Laktat darzustellen und zu quantifizieren.

Die klinische, biochemische und genetische Heterogenität mitochondrialer Erkrankungen erlaubt kein standardisiertes diagnostisches Vorgehen. Die Art und Reihenfolge des klinisch-diagnostischen Untersuchungsgangs muss individuell abgestimmt werden und hängt maßgeblich von der Primärsymptomatik ab (Tab. 22.3, 22.4). Eine grundsätzliche Beeinflussung des diagnostischen Vorgehens erfolgt dabei insbesondere durch den Umstand, ob für das vermutete Krankheitsbild ein spezifischer Gendefekt beschrieben ist.

22.3.1 Klinisch-chemische Untersuchungen

Die Untersuchung der in Tabelle 22.5 dargestellten klinisch-chemischer Analyte kann diagnostisch hilfreich für die Erkennung mitochondrialer Erkrankungen sein. Besondere Aufmerksamkeit sollte der Laktatkonzentration gelten. Ein erhöhter Laktatwert findet sich bei einem Defekt der Pyruvatoxidation (z. B. bei einer PDH-Defizienz). Durch Anstauung des Metaboliten Pyruvat wird vermehrt Laktat gebildet. Auch bei Atmungskettendefizienzen findet sich eine Verschiebung des Gleichgewichts der Laktatdehydrogenase-Reaktion von Pyruvat in Richtung Laktat. Neben einer Laktaterhöhung weisen diese Patienten zudem häufig erhöhte **Laktat/Pyruvat-Quotienten** im Blut auf. Eine erhöhte Laktatkonzentration im Liquor ist ein wichtiger Indikator für eine Beteiligung des zentralen Nervensystems. Differenzialdiagnostisch gibt es eine ganze Reihe von Erkrankungen und Stoffwechselzuständen, die mit einer erhöhte Laktatkonzentration im Blut einhergehen. Die diagnostische Wertigkeit einer Laktaterhöhung ist besonders kritisch zu betrachten, da Patienten mit einem gesicherten mitochondrialen Defekt zum Teil normale Laktatkonzentrationen im Blut zeigen.

Die Konzentrationsbestimmung von Azetoacetat und 3-Hydroxybutyrat bzw. die entsprechenden Quotienten können ebenfalls diagnostisch hilfreich sein (Tab. 22.5). Manche Patienten mit einer mitochondrialen Erkrankung zeigen eine ausgeprägte Ketosis und Ketoazidurie. Ein postprandialer und nicht physiologischer Anstieg von Ketonkörpern kann darüber hinaus Indikator einer leberspezifischen OXPHOS-Erkrankung sein.

Tabelle 22.3: Diagnostisches Vorgehen bei Verdacht auf mitochondriale Erkrankung.

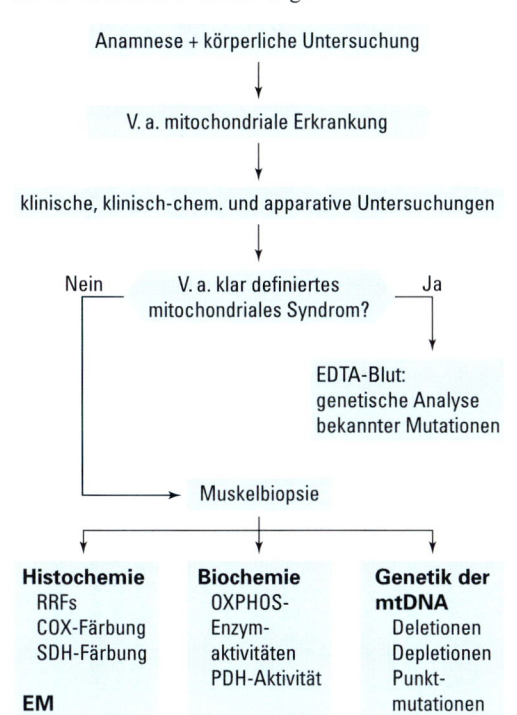

Anamnese + körperliche Untersuchung
↓
V. a. mitochondriale Erkrankung
↓
klinische, klinisch-chem. und apparative Untersuchungen
↓
V. a. klar definiertes mitochondriales Syndrom?
— Nein / Ja →
Ja → EDTA-Blut: genetische Analyse bekannter Mutationen
Nein → Muskelbiopsie

Histochemie	Biochemie	Genetik der mtDNA
RRFs	OXPHOS-	Deletionen
COX-Färbung	Enzym-	Depletionen
SDH-Färbung	aktivitäten	Punkt-
EM	PDH-Aktivität	mutationen

Tabelle 22.4: Klinische Zeichen und diagnostisches Vorgehen bei Verdacht auf mitochondriale Erkrankungen.

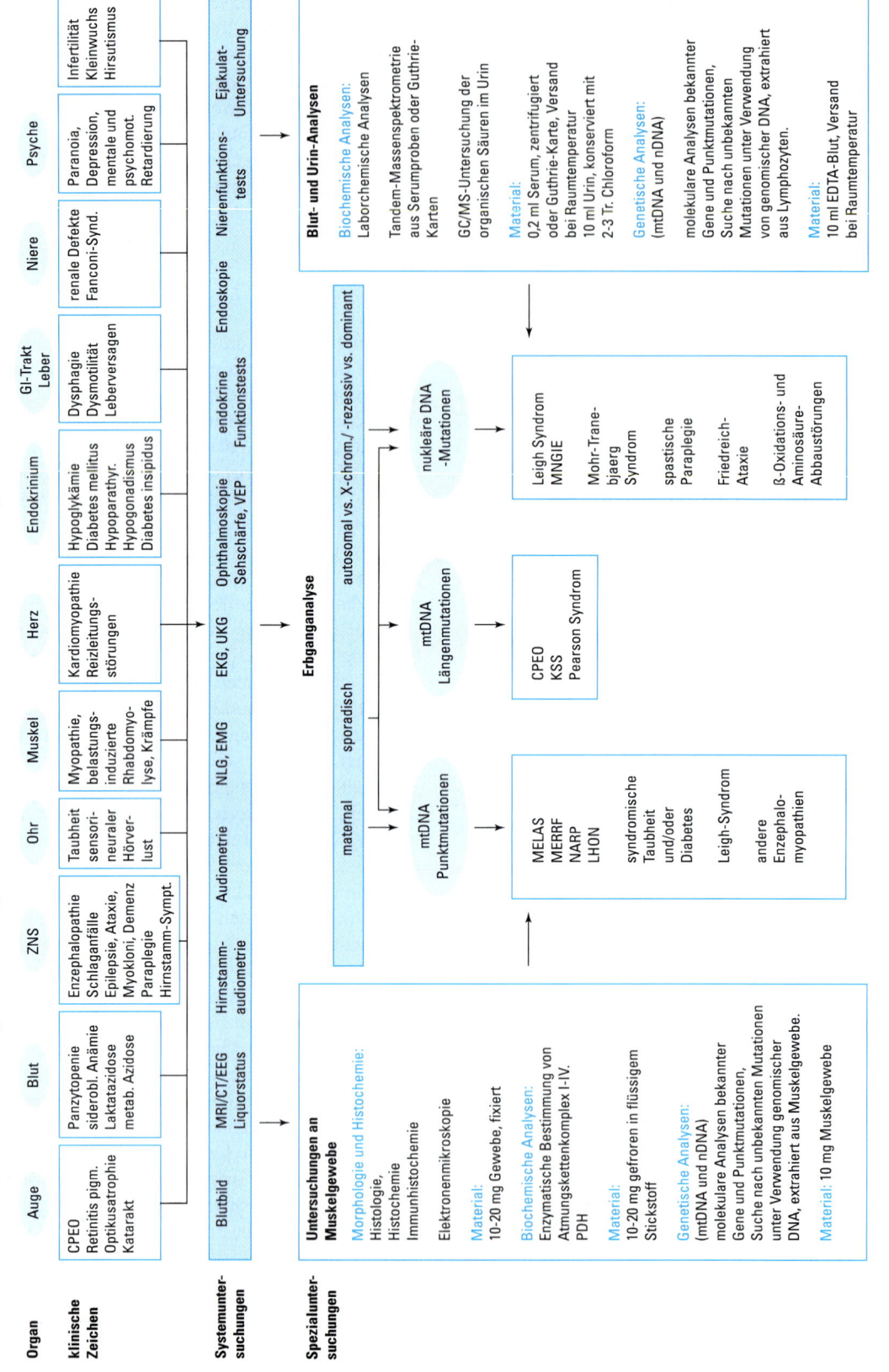

Organ	Auge	Blut	ZNS	Ohr	Muskel	Herz	Endokrinium	GI-Trakt Leber	Niere	Psyche	
klinische Zeichen	CPEO, Retinitis pigm., Optikusatrophie, Katarakt	Panzytopenie, sideroobl. Anämie, Laktatazidose, metab. Azidose	Enzephalopathie, Schlaganfälle, Epilepsie, Ataxie, Myokloni, Demenz, Paraplegie, Hirnstamm-Sympt.	Taubheit, sensori-neuraler Hörverlust	Myopathie, belastungs-induzierte Rhabdomyolyse, Krämpfe	Kardiomyopathie, Reizleitungs-störungen	Hypoglykämie, Diabetes mellitus, Hypoparathyr., Hypogonadismus, Diabetes insipidus	Dysphagie, Dysmotilität, Leberversagen	renale Defekte, Fanconi-Synd.	Paranoia, Depression, mentale und psychomot. Retardierung	Infertilität, Kleinwuchs, Hirsutismus
Systemunter-suchungen	Blutbild	MRI/CT/EEG, Liquorstatus	Hirnstammaudiometrie	Audiometrie	NLG, EMG	EKG, UKG	Ophthalmoskopie, Sehschärfe, VEP	endokrine Funktionstests	Endoskopie	Nierenfunktionstests	Ejakulat-Untersuchung

Spezialuntersuchungen

Untersuchungen an Muskelgewebe

Morphologie und Histochemie:
Histologie,
Histochemie
Immunhistochemie
Elektronenmikroskopie
Material:
10-20 mg Gewebe, fixiert

Biochemische Analysen:
Enzymatische Bestimmung von Atmungskettenkomplex I-IV.
PDH
Material:
10-20 mg gefroren in flüssigem Stickstoff

Genetische Analysen:
(mtDNA und nDNA)
molekulare Analysen bekannter Gene und Punktmutationen,
Suche nach unbekannten Mutationen unter Verwendung genomischer DNA, extrahiert aus Muskelgewebe.
Material: 10 mg Muskelgewebe

Blut- und Urin-Analysen

Biochemische Analysen:
Laborchemische Analysen
Tandem-Massenspektrometrie aus Serumproben oder Guthrie-Karten
GC/MS-Untersuchung der organischen Säuren im Urin
Material:
0,2 ml Serum, zentrifugiert oder Guthrie-Karte, Versand bei Raumtemperatur
10 ml Urin, konserviert mit 2-3 Tr. Chloroform

Genetische Analysen:
(mtDNA und nDNA)
molekulare Analysen bekannter Gene und Punktmutationen,
Suche nach unbekannten Mutationen unter Verwendung von genomischer DNA, extrahiert aus Lymphozyten.
Material:
10 ml EDTA-Blut, Versand bei Raumtemperatur

Erbganganalyse

maternal → mtDNA Punktmutationen: MELAS, MERRF, NARP, LHON; syndromische Taubheit und/oder Diabetes; Leigh-Syndrom; andere Enzephalomyopathien

sporadisch → mtDNA Längenmutationen: CPEO, KSS, Pearson Syndrom

autosomal vs. X-chrom./ -rezessiv vs. dominant → nukleäre DNA-Mutationen: Leigh Syndrom, MNGIE, Mohr-Tranebjaerg Syndrom, spastische Paraplegie, Friedreich-Ataxie, β-Oxidations- und Aminosäure-Abbaustörungen

Erhöhte Serumkonzentrationen von Ammoniak und Kreatinkinase oder erhöhte Liquorproteinkonzentrationen sind nicht spezifisch für mitochondriale Störungen. Patienten mit Kearns-Sayre-Syndrom und Leigh-Syndrom zeigen jedoch häufig erhöhte Proteinkonzentrationen im Liquor.

22.3.2 Untersuchungen am Muskelbiopsat

Die Diagnose einer OXPHOS-Erkrankung lässt sich oft nur mithilfe einer Muskelbiopsie sichern (Tab. 22.3, 22.4). Durch funktionelle Provokationsteste, laborchemische Untersuchungen und insbesondere die morphologische Skelettmuskelanalyse lässt sich eine große Zahl der differenzialdiagnostisch in Frage kommenden neuromuskulären Erkrankungen bereits im Vorfeld aussortieren. Diesen Erkrankungen liegen häufig Defekte der Glykogenolyse und der Glykolyse zugrunde. Sie führen in der Ruhesituation meist nicht zu einer Beeinträchtigung der Muskelfunktion, da alternative Wege (z. B. aerobe Fettsäureverbrennung) zur Verfügung stehen.

Ein charakteristisches histologisches Merkmal mitochondrialer Erkrankungen sind sogenannte **„ragged-red fibers" (RRFs),** die mithilfe der trichromatischen Gomori-Färbung sichtbar gemacht werden können. Sie stellen Bereiche erhöhter Mitochondrienproliferation im Skelettmuskel dar und sind vor allem bei mtDNA-kodierten Erkrankungen zu beobachten. Untersuchungen ergaben, dass RRFs einen höheren Anteil an mutierter mtDNA besitzen als normale Fasern. Die erhöhte mitochondriale Proliferation in diesen Fasern ist möglicherweise ein Kompensationsmechanismus für eine erniedrigte mitochondriale Biosynthese. Dies erklärt, warum RRFs häufig in Assoziation mit mtDNA-Depletionssyndromen, mtDNA-Deletionen oder Punktmutationen in mitochondrialen tRNA-Genen beobachtet werden. Weitere hilfreiche Untersuchungen sind der histochemische Nachweis der COX-Aktivität bzw. der immunhistochemische Nachweis der COX-Unterheiten. RRFs sind aufgrund des Fehlens der mtDNA-kodierten COX-Unterheiten I-III typischerweise histochemisch COX-„negativ".

Tabelle 22.5: Laborchemisch relevante Parameter bei Verdacht auf mitochondriale Erkrankungen.

Analyt	Konzentration im Blut/Serum	Konzentration im Urin	Konzentration im Liquor
Laktat	bis 2200 µmol/l (NaF-Plasma)	0,5–5,0 mmol/g Kreatinin (altersabhängig)	< 2200 µmol/l
Pyruvat	40–100 µmol/l (V)		60–120 µmol/l
Laktat/Pyruvat-Quotient	10–20		10–20
Azetoacetat*	5–50 µmol/l (V)		
3-Hydroxybutyrat*	245–293 µmol/l (V) Kinder 0–421 µmol/l (V)		
Azetoacetat/3-Hydroxy-Butyrat-Quotient	< 1,0 (V)		
freie Fettsäuren	0,1–0,6 mmol/l (Männer) 0,1–0,45 mmol/l (Frauen)		
Ammoniak	10–60 µmol/l (P)		
CK	m: bis 70 U/l (HP) w: bis 60 U/l (HP)		

Da die Referenzbereiche methodenabhängig sind, können die genannten Werte nur als Richtlinie gelten. Die Referenzwerte für die organischen Säuren im Urin, sowie die Aminosäuren und Acyl-Carnitine im Serum sind stark methodenabhängig und sollten der entsprechenden Fachliteratur entnommen werden.
V: Vollblut; P: EDTA-Plasma; HP: Heparin-Plasma; S: Serum.
* bei normaler Ernährung, kein Fastenzustand.

Die **Elektronenmikroskopie** ermöglicht zudem, ultrastrukturelle Veränderungen der Mitochondrien aufzudecken. Vergrößerte Mitochondrien mit abnormaler Cristae-Anordnung und/oder Mitochondrien mit sogenannten parakristallinen Einschlüsse können einen Hinweis auf das Vorliegen einer Mitochondriopathie sein.

Um Defizienzen in mitochondrialen Enzymen wie der Pyruvatdehydrogenase, der CPT II oder den Atmungskettenkomplexen I–IV direkt nachzuweisen, ist bei Vorhandensein die **Aktivitätsmessung am Muskelhomogenat** unerlässlich. In jedem Fall sollten die Enzymaktivitäten in Relation zu einem unabhängigen, nicht OXPHOS-assoziierten Markerenzym wie der Zitratsynthase gemessen werden. Isolierte Komplexdefizienzen weisen auf eine nukleäre Mutation in einem „Strukturgen" oder „Assemblierungsgen" dieses Komplexes hin (Referenzwerte in Tabelle 22.6). Multiple Komplexdefizienzen sind häufig Ausdruck einer erniedrigten Proteinbiosynthese aufgrund eines mtDNA-Defektes.

Die zunehmende Kenntnis über molekulargenetische Ursachen mitochondrialer Erkrankung eröffnet heute in vielen Fällen die Möglichkeit einer schnellen genetischen Diagnostik (Tab. 22.3, 22.4). So ist das Vorliegen einer spezifischen klinischen Symptomatik (z. B. Leigh-Syndrom, LHON, CPEO), am besten zusammen mit biochemischen Befunden (z. B. Komplex-IV-Defizienz) richtungsweisend für eine genetische Analyse eines nukleären Gens (z. B. SURF1-Gen bei Leigh-Syndrom plus Komplex-IV-Defizienz) oder der mtDNA (z. B. LHON-Mutationen bei bilateraler Optikusatrophie, mtDNA-Deletionen bei CPEO). Die Untersuchung nukleärer Mutationen kann direkt an genomischer DNA aus EDTA-Blut erfolgen. Zur Untersuchung von mtDNA-Mutationen sollte vorzugweise DNA aus Muskelgewebe herangezogen werden, da der Anteil an mutierter mtDNA (Heteroplasmie-Grad) im Blut (Leukozyten) oft wesentlich niedriger ist.

Das Fehlen eines offensichtlichen maternalen Erbgang darf nicht zum vorzeitigen Ausschließen einer mtDNA-Mutation führen. Viele mtDNA-assoziierte Erkrankungen treten offenbar spontan auf; maternale Verwandte sind klinisch unauffällig, können aber trotzdem geringe Anteile an mutierter mtDNA aufweisen. Bei einer für eine mtDNA-Erkrankung typischen Symptomkonstellation (z. B. MELAS oder Taubheit plus Myoklonusepilepsie) sollte daher in jedem Fall zunächst eine genetische mtDNA-Untersuchung aus Blutzellen vorgenommen werden.

22.3.3 Tandemmassenspektrometrie (Tandem-MS)

Die Störungen des Fettsäure- und Aminosäureabbaus konnten in der Vergangenheit nur durch aufwendige biochemische Aktivitätsmessungen der betreffenden Enzyme nachgewiesen

Tabelle 22.6: Referenzbereiche für die Enzymaktivität der Atmungskettenkomplexe und der PDH im Muskelhomogenat.

Parameter	Referenzbereich	
NADH-CoQ-Oxidoreduktase	12–26,4	U/g NCP
Succinat-Cyt c-Oxidoreduktase	6–25	U/g NCP
Cytochrom c-Oxidase (COX)	90–281	U/g NCP
Zitratsynthase (CS)	45–100	U/g NCP
NADH-CoQ-Oxidoreduktase/CS	0,17–0,56	
Succinat-Cyt c-Oxidoreduktase/CS	0,08–0,45	
Cytochrom c-Oxidase/CS	0,9–4,6	
Pyruvat-Dehydrogenase (PDH)	1,5–3,9	U/g NCP
Non-collagen protein (NCP)	> 2	g/l

Da die Referenzbereiche methodenabhängig sind, können die genannten Werte nur als grobe Richtlinie gelten.

werden. Heute stehen mit der Gaschromatographie-Massenspektrometrie (GC-MS) und der **Tandem-MS** zwei Verfahren zur Verfügung, die es erlauben, spezifische Metabolite dieser Stoffwechselwege in komplexen Matrices wie Vollblut, Serum und Urin zu identifizieren und zu quantifizieren. In vielen Fällen kann basierend auf dem charakteristischen Muster der akkumulierten Stoffwechselintermediate eine spezifische Diagnose gestellt werden. Im Hinblick auf die Zuordnung bestimmter Metabolitenmuster zu den zugrundeliegenden Stoffwechseldefekten muss auf die Fachliteratur verwiesen werden.

Da sich diese Erkrankungen häufig bereits im frühen Kindesalter manifestieren, wirkt es sich günstig aus, dass meist nur eine geringe Probenmenge (z. B. Serum 50 µl) benötigt wird. Im Notfall können die Untersuchungen innerhalb weniger Stunden durchgeführt werden. Der mit der Tandem-MS mögliche hohe Probendurchsatz legte nahe, zu untersuchen, inwieweit sich diese Methodik zum **Neugeborenen-Screening** eignet. Dabei sind die strengen Kriterien des Neugeborenen-Screenings anzulegen, die eine sehr sichere Analytik (keine falsch negativen, geringer Prozentsatz falsch positiver Befunde), eine ausreichende Häufigkeit, die Behandelbarkeit der Erkrankungen, sowie ein symptomfreies Intervall nach der Geburt voraussetzen. Basierend auf diesen Voraussetzungen wurden Krankheiten ausgewählt und in ein seit Januar 1999 in Bayern durchgeführtes Screening-Modellprojekt aufgenommen. Es umfasst zur Zeit acht Erkrankungen, die mit Tandem-MS untersucht werden (Ahornsirup-Erkrankung, Glutarazidämie Typ I, Homozystinurie, Isovalerianazidämie, MCAD-Mangel, Methylmalonazidurie, Phenylketonurie und Propionazidurie). Die bundesweite Einführung dieses erweiterten Neugeborenen-Screenings mittel Tandem-MS wird als wichtige präventivmedizinische Maßnahme angesehen.

23 Pathophysiologie und Pathobiochemie des Liquor cerebrospinalis

H. Tumani, K. Felgenhauer †

23.1 Formation des liquor cerebrospinalis und Bestimmung der intrathekalen Proteinsynthese

Für laborchemische Untersuchungen von Erkrankungen des peripheren und zentralen **Nervensystems** ist der Liquor cerebrospinalis (Liquor) unter Körperflüssigkeiten (Blut, Urin, Speichel, etc.) besonders geeignet, weil durch die direkte Nachbarschaft des Liquorraumes zum Nervensystem pathologische Prozesse erfasst werden können.

Die Liquoruntersuchung liefert neben dem Nachweis oder Ausschluss eines entzündlichen Prozesses wichtige Hinweise auf neoplastische und degenerative Erkrankungen des zentralen Nervensystems (ZNS) sowie auf die CT-negative Subarachnoidalblutung.

Die **Liquordiagnostik** besteht aus einem dreiteiligen Stufenprogramm (Tab. 23.1, Abb. 23.1): Notfalldiagnostik (Beschaffenheit, Zellzahl, Gesamtprotein, Laktat), Basisdiagnostik (Differenzialzellbild, Albumin, Immunglobuline (IgG, IgA, IgM), und Spezialdiagnostik (oligoklonale Banden, erregerspezifische Antikörper, Markerproteine für ZNS-spezifische Destruktion und Aktivität).

Um eine Aussage über eine mögliche **intrathekale Produktion** von Immunglobulinen oder erregerspezifischen Antikörpern treffen zu können, ist die parallele Untersuchung von Liquor und Blut erforderlich, da die größten Proteinfraktionen im Liquor aus dem Blut stammen. Die gebildeten Liquor-Blut-Quotienten werden schließlich in Abhängigkeit von der individuellen Blut-Liquor-Schrankenfunktion evaluiert.

Mit der verlässlichen Quantifizierung hirneigener zellspezifischer Markerproteine im Liquor und im Serum lassen sich meningeale, gliale und neuronale Proteine bestimmen, die über degenerative Prozesse im ZNS (z. B. Neuronenschaden, Gliaaktivierung) Auskunft geben können.

Für eine zuverlässige Auswertung der untersuchten Liquorgrößen ist die Interpretation der Einzelparameter im Kontext des Liquorgesamtbefundes von entscheidender Bedeutung. Mit dem integrierten Liquorbefund können zuverlässige labordiagnostische Beurteilungen geäußert werden wie Hinweis auf akute bzw. chronische Entzündung im ZNS, Nachweis eines erregerbedingten entzündlichen Prozesses, Nachweis einer Blutung, eines neoplastischen Prozesses oder Hinweis auf neurodegenerativer

Tabelle 23.1: Stufen der Liquordiagnostik.

Stufe	Parameter	Fragestellung/Information
Eilanalytik	Beschaffenheit, Zellzahl, Gesamtprotein, Laktat	akute Entzündung, bakteriell-viral, Schrankenstörung
Basisanalytik	Quotienten von Albumin, IgG, IgA, IgM oligoklonale Banden (OKB) Tumorzellen	chronische Entzündung, Schrankenstörung, Meningeosis carcinomatosa
Spezialanalytik	erregerspezifische Antikörper, ZNS-Proteine	Infekt vs. Autoimmun Neurodegeneration

Prozess, etc. In Zusammenschau der klinischen und laborchemischen Befunde erfolgt die Beurteilung, ob der Liquorbefund eine klinische Verdachtsdiagnose bestätigt oder widerlegt.

23.1.1 Gewinnung des Liquors
Die Lumbalpunktion (LP)

Die Untersuchung des Liquors begann mit der Einführung der Lumbalpunktion durch den Kieler Internisten Heinrich I. Quincke im Jahre 1895. Indikationen für eine LP sind in der Tabelle 23.2 zusammengefasst.

Der Liquor wird unter aseptischen Bedingungen gewöhnlich in der sitzenden (Abb. 23.2) oder liegenden (horizontalen) Position mit einer speziellen Kanüle (Quincke- oder Sprotte-Nadel) zwischen dem Dornfortsätzen der 3./4. oder 4./5. Lendenwirbel aus dem lumbalen Subarachnoidalraum gewonnen. Für diagnostische Zwecke werden 5–10 ml Liquor und zeitgleich 1 Monovette Serum entnommen. Das

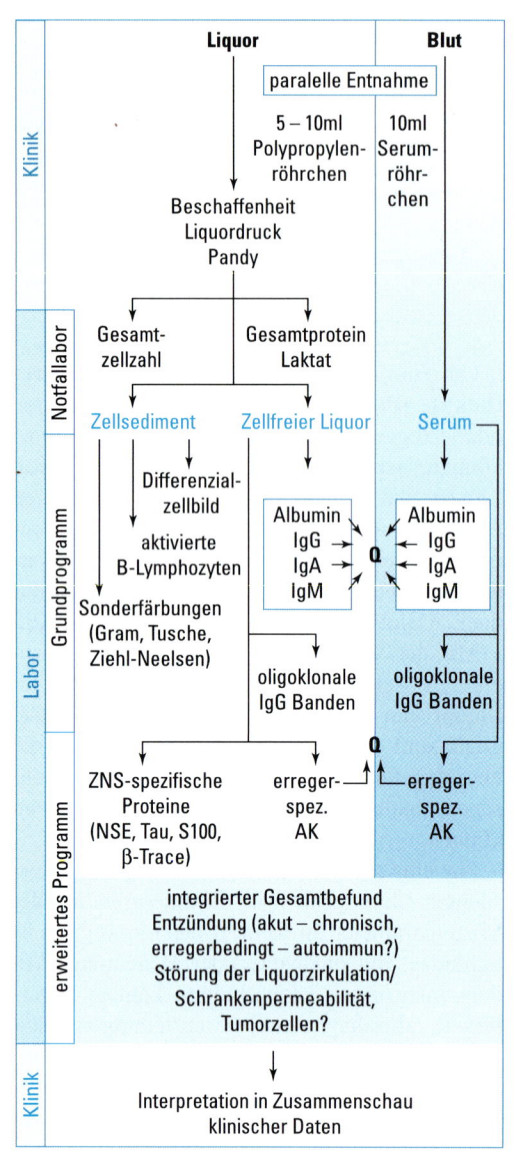

Abb. 23.1: Zusammenfassende Darstellung der gestuften Liquoranalytik im Flussdiagramm.

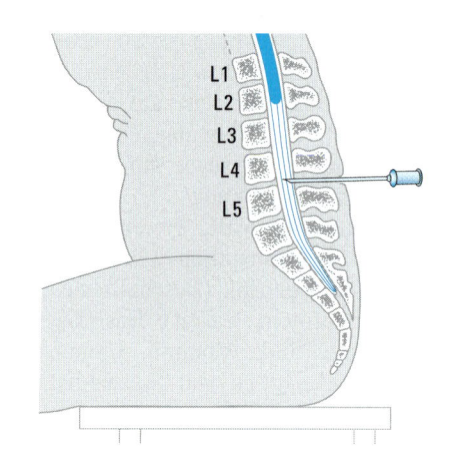

Abb. 23.2: Lumbalpunktion in sitzender Position.

Tabelle 23.2: Indikationen für Lumbalpunktion.

diagnostisch	entzündlicher ZNS-Prozess (erregerbedingt, autoimmun)?
	Blutungen (Subarachnoidalblutung)?
	Tumor mit meningealer Beteiligung?
	Nachweis spezifischer Antikörper und Erreger
	Verlaufskontrollen (ZNS-Infektionen, GBS)
	neurodegenerativer Prozess (Alzheimer-Demenz, CJK)?
therapeutisch	Normaldruck-Hydrocephalus
	Pseudotumor cerebri

Rückenmark reicht beim Erwachsenen in der Regel bis in Höhe des 1. Lendenwirbels, sodass eine Verletzung des Rückenmarks durch eine LP kaudal des 3. Lendenwirbels unwahrscheinlich wird.

Die Liquorentnahme durch Punktion der Cisterna cerebellomedullaris (Subokzipitalpunktion) wird nur noch selten durchgeführt und ist speziellen Fällen vorbehalten. Weitere Zugangswege der Liquorgewinnung sind Foramen-ovale-Punktionen und externe Ventrikeldrainagen bei neurochirurgischen Eingriffen.

Vor jeder Liquoruntersuchung sollte das Vorliegen von Kontraindikationen überprüft werden. Die LP darf nicht durch Eiterherde hindurch erfolgen. Gerinnungsstörungen sollten wegen Blutungen im Spinalraum ausgeschlossen werden. Hirndruckzeichen sollten klinisch (Vigilanzstörungen, Kopfschmerzen, Übelkeit, Erbrechen, Stauungspapille) und ggf. anhand von Computer- oder Kernspintomographie (Ödemzeichen) wegen lebensbedrohlicher Einklemmungsgefahr ausgeschlossen werden.

23.1.2 Anatomie des Liquorraumes und Transportmechanismen am Blut-Hirn-/Blut-Liquorschrankensystem

Das ZNS lässt sich in vier Kompartimente unterteilen: das vaskuläre System (1), den Extrazellulärraum (2) und den Intrazellulärraum (3) des Hirnparenchyms, sowie das Liquorkompartiment (4) (Abb. 23.3).

Die **Blut-Hirn-Schranke** trennt das vaskuläre System von dem Extrazellulärraum des Hirnparenchyms. Die **Blut-Liquor-Schranke** trennt das vaskuläre System vom Liquorkompartiment. Von Bedeutung ist, dass nicht das gesamte Hirnparenchym an den Liquorraum angrenzt (liquornahe und liquorferne Hirnregionen) und daher pathologische Prozesse in liquorfernen Hirnregionen in einer Untersuchung des lumbalen Liquors unauffällig sein können.

Die Schrankensysteme sind für die Aufrechterhaltung des cerebralen Milieus und für den Schutz des Gehirns vor der systemischen Zirkulation von großer Bedeutung. Sie sind jedoch nicht, wie zunächst vermutet wurde, komplett undurchlässig, sondern auch für Makromoleküle permeabel. Beide Schrankensysteme erlauben einen Austausch zwischen den angrenzenden Kompartimenten, wobei die Blut-Hirn- und die Blut-Liquor-Schranke sich sowohl morphologisch als auch im Hinblick auf ihre Transfereigenschaften wesentlich unterscheiden.

Morphologisch unterscheiden sich die Blut-Hirn- und die Blut-Liquor-Schranke in der Dichte der für Ausschluss oder Durchlässigkeit verantwortlichen Strukturen (**„tight-junctions"**, Fenestrationen, Pinozytosevesikel). Während die Blut-Hirn-Schranke durch die "tight-junctions" dicht versiegelt ist und keine

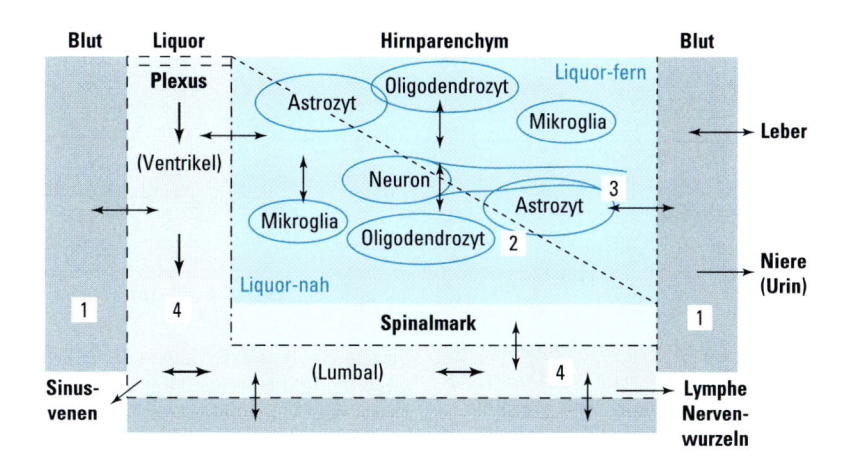

Abb. 23.3: Schematische Darstellung des Vier-Kompartimenten-Modells mit Darstellung der Liquorzirkulation und der Austauschprozesse an der Blut-Hirn- und Blut-Liquor-Schranke.

permanenten Fenestrationen zeigt, weist die Blut-Liquor-Schranke (Plexus chorioideus) zahlreiche Fenestrationen (**„gap-junctions"**) und Pinozytosevesikel auf, die zusammen einen Makrofilter für Proteine bilden.

Alle aus dem Blut stammenden Moleküle passieren die Blut-Hirn- oder die Blut-Liquor-Schranke entweder über Diffusion (passiver oder erleichterter Transport, z.B. Proteine) oder über aktiven carriervermittelten Transport (z.B. niedermolekulare hydrophile Solute wie Aminosäuren und Glukose). Respiratorische Gase (O_2, CO_2) können aufgrund ihres Partialdruck-Gradienten durch die Blut-Hirn-Schranke frei diffundieren.

Im „steady-state" korrelieren die Liquor/Serum Konzentrationsquotienten hydrophiler Moleküle mit den hydrodynamischen Molekülradien. Die von Felgenhauer aufgestellte Filtrationslinie demonstriert diese Verhältnisse im molekularen Bereich mit einem hydrodynamischen Radius von 1–100 Ångström (Abb. 23.4).

23.1.3 Produktion und Zirkulation des Liquor cerebrospinalis

Die Produktionsmenge des Liquor cerebrospinalis beträgt etwa 500 ml pro 24 Stunden. Hieraus ergibt sich ein Gesamtturnover des Liquors von 3–4 mal pro Tag (Abb. 23.5). Die Hauptquelle des Liquors ist der **Plexus chorioideus** (80%–90%). Die übrigen 10%–20% der Gesamtproduktion des Liquors stammen aus den Blutgefäßen des Gehirns und des Subarachnoidalraumes. Der im Plexus der Ventrikel gebildete Primärliquor strömt abwärts über die basalen Zisternen, teilweise kranialwärts in Richtung der **Pacchioni-Granulationen** und teilweise kaudalwärts zum Lumbalsack hin.

Die Zirkulation des Liquors wird durch die vom pulsatilen arteriellen Blutfluss generierten Druckwellen bewirkt, und durch den Druckgradienten, der aus der Produktion und Resorption des Liquors resultiert. Weiterhin können Cilia der Ependymzellen die Bewegung des Liquors beeinflussen. Der Hauptabfluss des Liquors geschieht über Verbindungen des Subarachnoidalraumes (Arachnoidalzotten, Pacchioni-Granulationen) mit den venösen Sinus, die in die Dura eingebettet sind. Diese Verbindung funktioniert

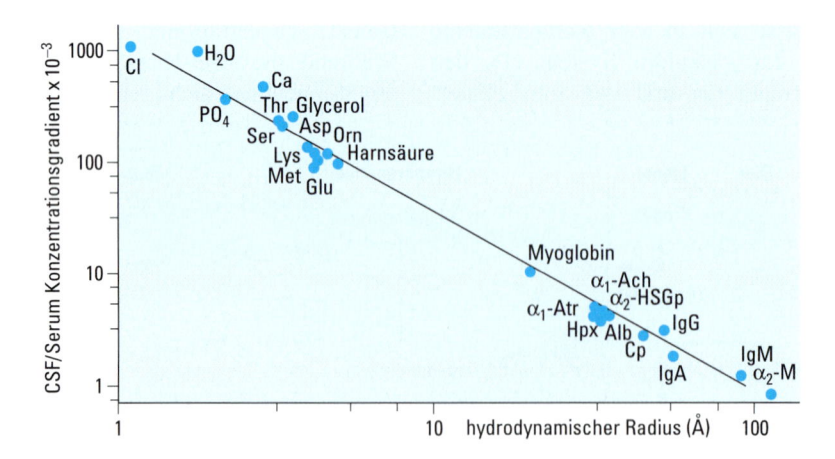

Abb. 23.4: Kennlinie der Blut-Liquor-Schranke nach Felgenhauer. Die Liquor (CSF)/Serum-Konzentrationsquotienten im „steady-state" sind gegen die hydrodynamischen Molekülradien aufgetragen (aus: Labordiagnostik neurologischer Erkrankungen; Felgenhauer K., Beuche W., Thieme Verlag, 1999). Ach: Antichymotrypsin; Hpx: Haemopexin; Alb: Albumin; HSGp: HS-Glykoprotein; α_2-M: α_2-Makroglobulin; Ig: Immunglobulin; Asp: Aspartat; Lys: Lysin; Atr: Antitrypsin; Met: Methionin; Ca: Kalzium; Orn: Ornithin; Cl: Chlorid; PO4,: Phosphat; Cp: Coeruloplasmin; Ser: Serin; Glu: Glutamat; Thr: Threonin.

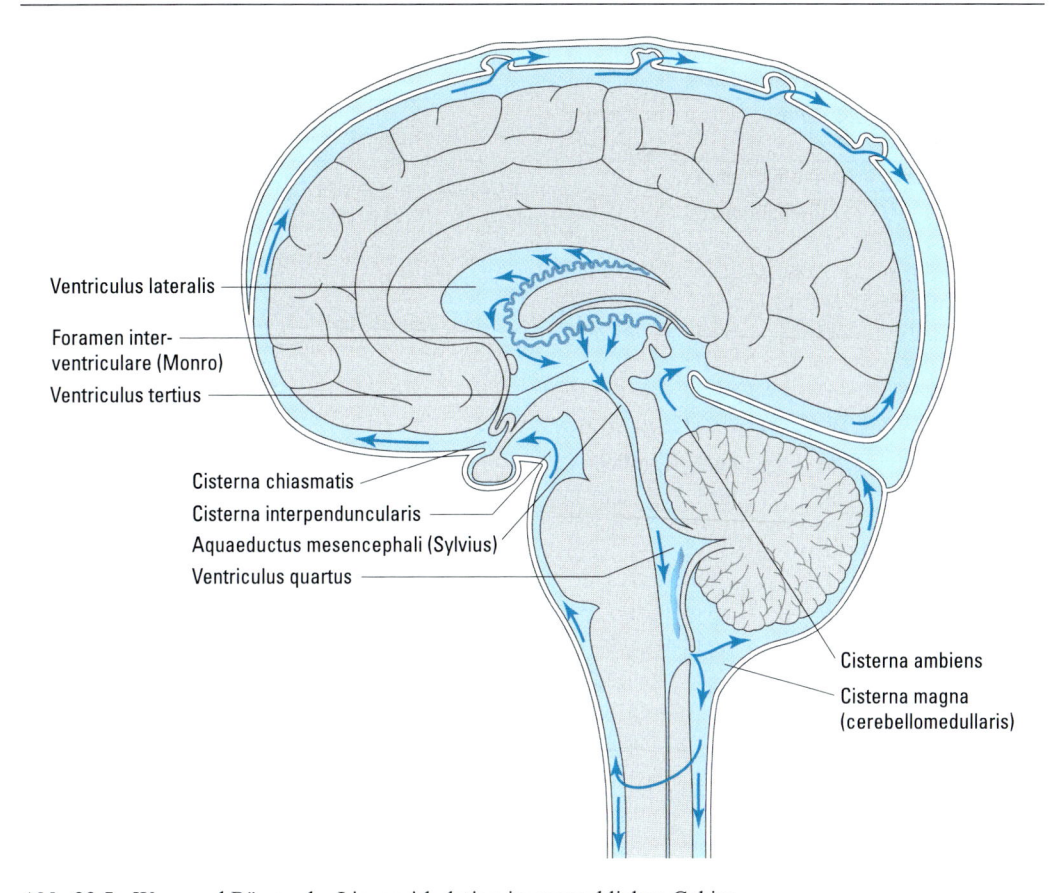

Abb. 23.5: Wege und Räume der Liquorzirkulation im menschlichen Gehirn.

wie ein Ventilmechanismus. Aufgrund des höheren hydrostatischen Druckes im Subarachnoidalraum (Liquordruck) verglichen mit den niedrigen bzw. negativen Drücken im duralen Sinus kommt ein unidirektionaler Fluss zustande. Ein Reflux von Blut in den **Subarachnoidalraum** ist nicht möglich.

Weitere bevorzugte Resorptionsorte des Liquors sind Prolongationen des Subarachnoidalraumes um bestimmte Nerven und Nervenwurzeln an den Durchtrittsstellen durch die Meningen. Günstige Regionen für den Austritt des Liquors befinden sich im Bereich des Nervus olfactorius, des Nervus opticus, des Nervus vestibulo-cochlearis sowie bestimmter spinaler Nervenwurzeln.

Entlang des rostro-kaudalen **Liquorflusses** ändern sich die Liquorproteinkonzentrationen. Für das Gesamtprotein im Liquor besteht ein zunehmender Konzentrationsgradient: Ventrikeln (256 mg/l), Cisterna magna (316 mg/l) und lumbaler Liquorraum (420 mg/l). So erklären sich die unterschiedlichen Referenzwerte für Liquorproteine in Abhängigkeit des Entnahmeortes.

23.1.4 Herkunft der Liquorproteine: Einflussfaktoren auf ihre Konzentration

Etwa 80% der **Liquorproteine** des gesunden Menschen stammen aus dem Blut, wobei bestimmte Proteine (insbesondere das Albumin) dominieren. Den übrigen Anteil machen die hirneigenen Proteine (**ZNS-Proteine**) aus, die unterschiedlichen Regionen im ZNS zugeordnet werden können. Demnach lassen sich im Liquor zwei Proteingruppen unterscheiden (Tabelle 23.3a und b):

Tabelle 23.3a: Aus dem Blut stammende Liquorproteine.

Substanz	Referenzbereiche			Besonderheit
	Liquor	Serum	Liquor/Serum Quotient	
Gesamtprotein	200–500 mg/l	70 g/l		
Albumin	150–350 mg/l	35–55 g/l	bis 8×10^{-3}	Marker für Störung der Schrankenfunktion; Bezugsparameter für Synthese von Ig im ZNS
IgG	bis 40 mg/l	8–18	bis 6×10^{-3}	Träger der humoralen Immunreaktion im ZNS Indikator für chronische oder zurückliegende ZNS-Entzündung
IgA	bis 6 mg/l	0,9–4,5	bis 4×10^{-3}	s. o.
IgM	bis 1 mg/l	0,6–2,5	bis $1,8 \times 10^{-3}$	s. o.
ICAM-1 (interzelluläres Adhäsionsmolekül)	1,5 µg/l	285 µg/l	bis 5×10^{-3}	Indikator für akute Entzündungen im ZNS; Bei MS im Schub erhöht
α_1-Glykoprotein	3,7 mg/l	70–110 mg/l		Akute-Phase-Protein
α_2-Makroglobulin	3,3 mg/l	130–380 mg/l		Zeichen für Störung der Schrankenfunktion
Transferrin	1,7–3 mg/l	210–445 mg/l		Eisentransporter
Haptoglobin	2,2 mg/l	10–220 mg/l		Akute-Phase-Protein

Tabelle 23.3b: Liquorproteine mit vorwiegend intrathekalem Anteil.

Substanz	Referenzbereich (Mittelwert)			Besonderheit
	Liquor	Serum	lokale Synthese (%)	
Transthyretin (Präalbumin)	17 mg/l	250 mg/l	93	Synthese im Plexusepithel; Transporter
Prostaglandin-D-Synthase (Beta-Trace)	15 mg/l	0,5 mg/l	> 99	Nachweis einer Liquorfistel; Enzym und Transporter
Cystatin-C (Gamma-Trace)	3 mg/l	0,5 mg/l	> 99	Proteinase-Inhibitor
Apolipoprotein E	6 mg/l	93,5 mg/l	90	Lipidtransporter
β_2-Mikroglobulin	1 mg/l	1,7 mg/l	99	ZNS-Befall bei Leukämien, Lymphomen und HIV-Infektion
Neopterin [11]	4,2 nmol/l	5,3 nmol/l	98	Mikroglia- und Makrophagenaktivierung bei ZNS-Infektion;
NSE (Neuronenspezifische Enolase)	5 µg/l	6 µg/l	> 99	Marker für Neuronenschädigung

Tabelle 23.3b: Fortsetzung.

Substanz	Referenzbereich (Mittelwert)			Besonderheit
	Liquor	Serum	lokale Synthese (%)	
GFAP (Gliafibrilläres saures Protein)	0,12 μg/l	n. n.	100	Marker für Gliaschädigung/aktivierung
Ferritin	6 μg/l	120 μg/l	97	Marker für Tumoren, Entzündungen und SAB
S-100 Protein	2,9 μg/l	0,12 μg/l	> 99	Marker für Gliaaktivierung und Melanom
MBP (Myelinbaisches Protein)	0,5 μg/l	n. n.	100	Marker für Myelinschädigung bei MS
Tau-Protein [24]	170 ng/l	n. n.	100	Marker für Neuronen- und Axonenschädigung
IL-6 (Interleukin-6)	10,5 ng/l	12 ng/l	99	Immunaktivierung
TNF-alpha (Tumornekrosefaktor-alpha)	5,5 ng/l	20 ng/l	94	Immunaktivierung
β_2-Transferrin	qualitativ	n. n.		Nachweis im Immunoblot; Marker für Liquorfistel

Liquorproteine, die ausschließlich oder überwiegend aus dem Blut stammen (Albumin, Immunglobuline, etc.) (Tab. 23.3a), und ZNS-Proteine, die entweder primär aus dem Plexus chorioideus und den **Meningen** (Hüllen des Gehirns) stammen (z. B. Beta-Trace, Cystatin-C, Transthyretin), oder die aus Zellen des Hirnparenchyms (Neuronen, Gliazellen) stammen und vorwiegend in den ventrikulären Liquor freigesetzt werden (Tau-Protein, S-100b, NSE) (Tab. 23.3b).

Die Liquorkonzentration korreliert eindeutig mit der Herkunft der Proteine. Unter den ZNS-Proteinen lässt sich eine Gruppe mit hohen Konzentration (mg/L-Bereich) abgrenzen, die überwiegend aus der unmittelbaren Nachbarschaft des freien Liquorraumes, dem Ventrikelepithel und den Leptomeningen, stammen. Davon unterscheiden sich die aus dem Parenchym stammenden Proteine mit einer um eine 3er Potenz niedrigeren Liquorkonzentration (μg/l- oder ng/l-Bereich). Diese eigentlichen Hirnproteine machen insgesamt nur eine sehr kleine Fraktion der Liquorproteine aus (< 1 %).

Im Gegensatz zu den aus dem Blut stammenden Liquorproteinen ist die Konzentration der ZNS-Proteine nicht von der Molekülgröße abhängig. Der maßgebliche Einflussfaktor ist der Syntheseort.

Die absolute Konzentration eines Proteins im Liquor, insbesondere wenn es aus dem Blut stammt (z. B. IgG), kann von sehr vielen Variablen abhängen, die meist nichts mit dem diagnostisch relevanten Prozess im ZNS zu tun haben. Zu diesen zählen: Blutkonzentration, Kapillarpermeabilität, Liquorfluss, Molekülgröße, Patientenalter, Entnahmeort (Ventrikel, Lumbalsack), Entnahmevolumen und lokale Synthese im ZNS. Diese letztere Variable (IgG-ZNS-Fraktion) gilt es von der IgG-Blut-Fraktion abzugrenzen und im Gesamt-IgG des Liquors zu quantifizieren.

23.1.5 Quantifizierung der intrathekal produzierten Proteine: Göttinger Quotientendiagramme nach Reiber und Felgenhauer

Um eine entzündliche Erkrankung des Nervensystems z. B. aufgrund eines Liquor-IgG-Befundes erkennen zu können, ist die Differenzierung des IgG nach Anteilen aus dem Blut und Anteilen aus dem ZNS erforderlich.

Wichtiger Ansatz hierfür ist die Aufstellung von Konzentrationsquotienten.

Der **Liquor/Serum-Quotient** von IgG wurde auf den Liquor/Serum Quotienten von Albumin bezogen und numerisch als **IgG-Index** nach Tibbling und Link dargestellt.

IgG-Index = IgG_{Liquor}/IgG_{Serum} :
$Albumin_{Liquor}/Albumin_{Serum}$
= $Q_{IgG} : Q_{Albumin}$

Als Referenzbereich für IgG-Index wird ≤ 0,7 angegeben.

Mit dem Liquor-zu-Serum-Quotienten wird der Einfluss der Blutkonzentration auf die Liquorkonzentration eliminiert. Albumin dient bei dieser Auswertung als Referenzprotein für die Blut-Liquor-Schrankenfunktion, da Albumin ausschließlich aus dem Blut stammt. Mit Bezug auf den Albuminquotienten wird der schrankenabhängigen Konzentrationsänderung des Liquor-IgG Rechnung getragen. Ist der IgG-Index > 0,7, so liegt eine intrathekale Synthese von IgG vor und damit ein entzündlicher Prozess im ZNS.

Eine entsprechende graphische Darstellung der Quotienten wurde eingeführt und von Reiber und Felgenhauer weiterentwickelt (Abb. 23.6).

Wesentlich an dem **Quotientendiagramm** ist, dass die **Grenzlinie**, die sowohl im normalem als auch im pathologischen QAlb-Bereich zwischen intrathekaler Synthese und passivem Transport aus dem Blut unterscheidet, nicht linear verläuft. Sie entspricht einer **Hyperbelfunktion**, und sie kann berechnet werden mit der Formel:

$Q_{Lim-IgG}$ = a/b × ($\sqrt{Q_{Alb}^2 + b^2}$) − c

Die Grenzlinie ist definiert als 0 mg/l lokale IgG-Synthese.

Die Konstanten (a, b, c) unterscheiden sich für IgG, IgA und IgM, entsprechend verlaufen die Grenzlinien unterschiedlich (Abb. 23.7).

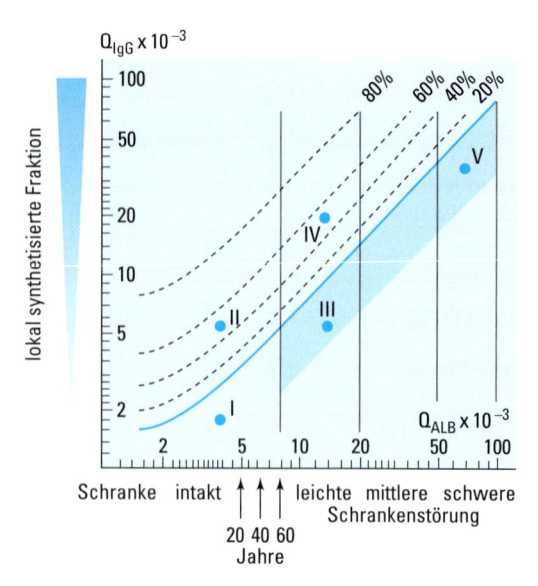

IgG	a/b: 0,93	$b^2 \times 10^6$: 6	$c \times 10^3$: 1,7
IgA	a/b: 0,77	$b^2 \times 10^6$: 23	$c \times 10^3$: 3,1
IgM	a/b: 0,67	$b^2 \times 10^6$: 120	$c \times 10^3$: 7,1

Abb. 23.6: Das Göttinger Quotientendiagramm nach Reiber und Felgenhauer mit repräsentativen Liquorbefunden (aus: Labordiagnostik neurologischer Erkrankungen; Felgenhauer K., Beuche W., Thieme Verlag, 1999).
I: Normalbereich; II: intrathekale IgG-Synthese (50 %) bei Schrankenfunktion (z. B. MS); III: Q_{Alb} leicht erhöht (leichte Schrankenfunktionsstörung, z. B. GBS); IV: lokale IgG-Synthese mit erhöhtem Q_{Alb}, (z. B. Neuroborreliose); V: Q_{Alb} stark erhöht (schwere Schrankenfunktionsstörung, z. B. eitrige Meningitis).

Liegt eine lokale Synthese vor (Werte oberhalb der Grenzlinie), so kann diese nach der umgewandelten Formel berechnet werden:

IgG_{Loc} =
[Q_{IgG} − a/b × ($\sqrt{Q_{Alb}^2 + b^2}$) + c] × IgG_{Serum}

Vorteile der Quotientendiagramme gegenüber der numerischen Berechnung sind, dass typische Befundkonstellationen auf einem Blick einer Erkrankung zugeordnet werden können: Mögliche Befundkonstellationen, die sich aus

Abb. 23.7: Göttinger Quotientendiagramme IgG, IgA und IgM mit Beispielen für typische Befundmuster zu neurologischen Erkrankungen. (aus: Labordiagnostik neurologischer Erkrankungen; Felgenhauer K., Beuche W., Thieme Verlag, 1999)

23.1 Gewinnung des Liquors

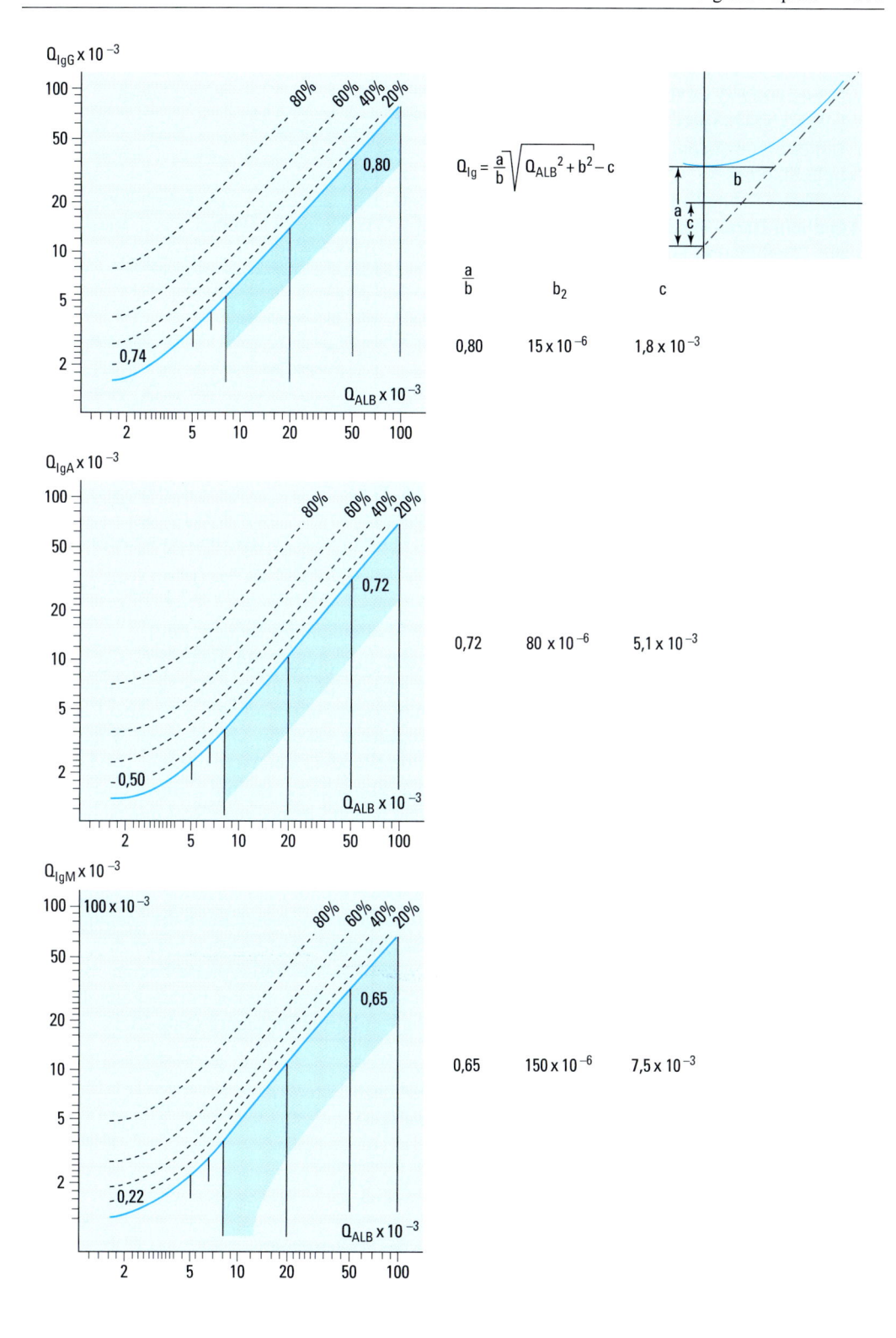

$$Q_{Ig} = \frac{a}{b}\sqrt{Q_{ALB}^2 + b^2} - c$$

$\frac{a}{b}$	b_2	c
0,80	15×10^{-6}	$1,8 \times 10^{-3}$
0,72	80×10^{-6}	$5,1 \times 10^{-3}$
0,65	150×10^{-6}	$7,5 \times 10^{-3}$

vier Einzelparametern ($IgG_{Liquor/Serum}$ und Albumin$_{Liquor/Serum}$) ergeben, sind
(1) Normalbefund, z. B. Ausschluss entzündlicher ZNS-Prozess,
(2) isolierte Entzündung im ZNS, z. B. Multiple Sklerose,
(3) isolierte Schrankenfunktionsstörung, z. B. Guillain-Barrè-Syndrom, und
(4) die Kombination aus 2 und 3, z. B. akute Neuroborreliose.

Weitere Vorteile sind, dass die Quotientendiagramme auch auf IgA und IgM übertragbar sind, sodass die drei Immunglobulin-Klassen parallel beurteilt und hierdurch die diagnostische Spezifität dieser Parameter gesteigert werden können.

23.2 Liquorparameter

23.2.1 Zytologie

Nach Beurteilung der Liquorbeschaffenheit (klar, trübe, xanthochrom) erfolgt die mikroskopische Bestimmung der Gesamtzellzahl. Bei allen akut entzündlichen Prozessen im ZNS kann mit einer **Pleozytose** im Liquor gerechnet werden. Durch die Beurteilung ihrer Art und Intensität können wichtige differenzialdiagnostische Informationen gewonnen werden (Tab. 23.4, Tab. 23.11). Die Aussagekraft der zellulären Reaktion ist abhängig von der Berücksichtigung des Krankheitsstadiums. Bei vielen Infektionen des Gehirns lassen sich drei Phasen (**neutrophile** Reaktion, **lympho-monozytäre** Sekundärreaktion, **humorale** Tertiärphase) voneinander abgrenzen (Abb. 23.8a, b). Bei einer bakteriellen Meningitis entwickelt sich rasch eine granulozytäre/neutrophile Reaktion von mehr als 1000 Zellen/µl, die in der Regel zu einer eitrig-trüben Beschaffenheit des Liquors führt.

Bei Infektionen mit Bakterien, die den Liquorraum nicht mit einbeziehen (Hirnabszess, embolische Herdenzephalitis) und bei Bakterien mit eher subakut bis chronischem Verlauf oder intrazellulärer Keimvermehrung (Mykobakterien, Spirochäten) ist in der Regel eine vorwiegend lympho-monozytäre Reaktion zu beobachten. Hier ist die Gesamtzellzahl generell deutlich niedriger als bei der bakteriellen Meningitis. Die lymphozytäre Reaktion ist weiterhin typisch für eine Virusinfektion der Meningen und des Gehirns.

Die humorale Tertiärphase beginnt in der 2. Krankheitswoche mit der intrathekalen Bildung von Antikörper im Liquor (Tab. 23.5).

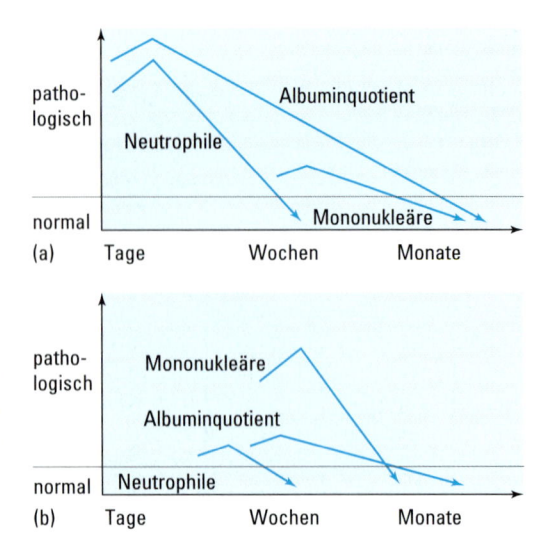

Abb. 23.8a: Prototypischer Verlauf von Liquorakutparameter bei der eitrigen Meningitis.
b: Prototypischer Verlauf von Liquorakutparameter bei der viralen Meningitis.

Tabelle 23.4: Normwerte für Routineparameter im lumbalen Liquor.

Liquordruck (horizontal):	9–11 mmHg (Horizontallage)
Farbe:	wasserklar
Zellzahl:	< 5 µl (Fuchs-Rosenthal-Zellkammer)
Differenzialzellbild:	2/3 Lymphozyten, 1/3 Monozyten
Gesamtprotein:	200–500 mg/l
Laktat	1,2–2,1 mmol/l
Glukose	700 ± 160 mg/l (> 50 % des Serumwertes)
Albuminquotient:	$5-8 \times 10^{-3}$ (altersabhängig)
oligoklonale Banden:	keine

Tabelle 23.5: Zellen im Differenzialzellbild.

akut-entzündliche Phase:	Lymphozyten, Monozyten, Granulozyten
humorale oder chronisch-entzündliche Phase:	aktivierte Lymphozyten, Plasmazellen
Blutungen:	Makrophagen, Erythro- und Siderophagen
Tumore:	Tumorzellen (primäre und sekundäre Tumore)
spezifische Infektionen:	Erregernachweis (Bakterien, Pilze, ...)

23.2.2 Erreger

Bei klinischem Verdacht auf erregerbedingte Entzündung (z. B. bakterielle Meningitis) sollte auch bei Fehlen einer zellulären Reaktion die Anzucht der Erreger auf geeigneten Nährboden erfolgen. Für die erste Notfalltherapie ist man auf direkte mikroskopische Untersuchungsbefunde angewiesen. Hier gelingt ein Erregernachweis nur bei bakteriellen Meningitiden, die durch Eitererreger mit extrazellulärer Vermehrung und hoher Keimdichte hervorgerufen werden, und die antibiotisch noch nicht vorbehandelt sind. In der Regel gelingt der Nachweis eines Erregers in der üblichen zytologischen Übersichtsfärbung nicht. Eine bessere Differenzierung kann durch die **Gramfärbung** erreicht werden, mit Hinweisen zur Bakterienmorphologie und intra- bzw. extrazellulären Lage.

ZNS-Infektionen mit Hefepilzen können durch eine direkte mikroskopische Identifikation der Erreger z. B. mit Tuschepräparat diagnostiziert werden. Bei V. a. tuberkulöse Meningitis eignet sich die **Ziehl-Neelsen-Färbung**. In dieser können allerdings nur in ca. 20 % Fälle sogenannte säurefeste Stäbchen nachgewiesen werden.

In der virologischen Diagnostik ist die Quantifizierung von Erreger, Virusbestandteilen und Antikörper möglich. Zum Virusnachweis kommen Elektronen- und Lichtmikroskopie zum Nachweis von Einschlusskörperchen, Virusisolierung und Nachweis viraler Antigene in Zellkultur, Nachweis viraler Antigene im Patientenmaterial und molekularbiologische Methoden (PCR) zum Einsatz. Zum Nachweis von viralen Antikörpern werden Immunoassays verwendet.

Der direkte Nachweis von Erreger- bzw. ihren Bestandteilen durch Mikroskopie, Latex-Agglutinationstest oder PCR-Analytik kann in der frühdiagnostischen Phase mit Ausnahme der Virusdiagnostik mit einer zu niedrigen Sensitivität verbunden sein. Daher sind für die Therapieentscheidung in der Notfallphase die unspezifischen Akuitätsparameter im Liquor (Gesamtzellzahl und Gesamtprotein im Liquor) von wesentlicher Bedeutung.

23.2.3 Glukose und Laktat

Der lumbale Liquorglukosespiegel des Gesunden beträgt etwa 50–60 % des Blutspiegels.

Bei bakteriellen Infektionen und Meningealblastomatosen fällt der Liquoranteil des Glukosespiegels auf Werte unter 50 %. Die Glukoseerniedrigung korreliert zuverlässig mit dem Laktatanstieg im Liquor. Da man beim Laktat keinen Bezug zum Blutspiegel herstellen muss, begnügt man sich in der Liquordiagnostik mit der Bestimmung des Liquorlaktats. Der Liquorlaktatspiegel beträgt 1,2–2,1 mmol/l (Tab. 23.4). Eine Laktatazidose (> 2,1 mmol/l) des Liquors findet sich bei vielen neurologischen Erkrankungen, wie beispielsweise zerebrale Massenblutungen, Insulten, malignen Erkrankungen mit großer Neigung zu anaeroben Glykolyse und besonders ausgeprägt bei bakteriellen meningitischen Erkrankungen, die mit einer hohen Zahl von Neutrophilen einhergehen (siehe Tab. 23.11, S. 591).

23.2.4 Gesamtprotein und Albuminquotient als Maß für die Blut-Liquor-Schrankenfunktion

Die orientierende Beurteilung der Blut-Liquor-Schrankenfunktion ist in der Notfalldiagnostik durch die Bestimmung des Liquorgesamteiweißes möglich. Der Liquor/Serumalbuminquotient dagegen erlaubt eine viel präzisere Aussage, da Albumin im Liquor gut messbar ist und unter keinen Umständen im ZNS produziert wird.

Für die Dysfunktion der Blut-Liquor-Schranke werden nach Felgenhauer prinzipiell zwei unterschiedliche Mechanismen angenommen: (a) gesteigerte **Kapillarpermeabilität** und (b) reduzierter Liquorturnover (reduzierter **Liquorfluss**). Nach der Diffusions/Liquorflustheorie von Reiber ist die Liquorflussgeschwindigkeit der wichtigste Modulator der Proteinkonzentration im Liquor. Nach dieser Theorie wird ein erhöhter Albuminquotient (Schrankendysfunktion) primär als reduzierter Liquorfluss interpretiert, mit dem Schrankendysfunktionen unterschiedlichster Ätiologie hinreichend erklärbar sind.

Eine intakte Blut-Liquor-Schrankenfunktion ist mit einem Liquor/Serumalbuminquotienten von kleiner als 8×10^{-3} assoziiert, wobei der Referenzbereich für die intakte Schrankenfunktion altersabhängig definiert ist (Abb. 23.6, Tab. 23.4).

Viele akut entzündliche ZNS-Erkrankungen weisen einen erhöhten Albuminquotienten auf, der sowohl durch gesteigerte Kapillarpermeabilität an der Blut-Liquor-Schranke (eitrige Meningitis) und/oder Liquorzirkulationsstörung (GBS-Polyradikulitis) bedingt sein kann. In der Tabelle 23.6 ist die Einteilung der Schweregrade der Albuminquotienterhöhungen und die Assoziation mit möglichen Erkrankungen wiedergegeben.

Als Beispiele für schwere Störungen der **Schrankenfunktion** seien die eitrige Meningitis und der Stopp-Liquor genannt, für mittelschwere Störungen die akute Neuroborreliose und die Guillain-Barré-Polyradikulitis im Verlauf, die virale Meningitis und die Polyneuropathien für leichte Störungen.

23.2.5 Intrathekale Synthese von IgG, IgA, IgM

Die Auswertung erfolgt mithilfe der empirisch abgeleiteten Quotientendiagramme, in denen Liquor/Serum-Quotienten für IgG, IgA und IgM jeweils gegen den Albuminquotienten (Parameter für die Blut-Liquor-Schrankenfunktion) aufgetragen werden. Die Interpretation der Quotientendiagramme wurde oben (siehe Abschn. 23.1.5) erläutert.

Nahezu alle entzündlichen Erkrankungen im ZNS mit humoraler Immunreaktion zeigen eine Synthese von IgG als Leitbefund. Durch die zusätzliche Untersuchung einer intrathekalen IgA- und/oder IgM-Synthese kann die differenzialdiagnostische Bedeutung der Immunglobulinbestimmung wesentlich gesteigert werden. So geht eine intrathekale Immunglobulin-Synthese mit IgA-Prädominanz besonders häufig mit tuberkulöser Meningitis oder Hirnabszess einher. Eine prädominante IgM-Synthese im Beisein einer weniger ausgeprägten IgG- und IgA-Synthese ist dagegen typisch für das Vorliegen einer Neuroborreliose, insbesondere wenn auch noch eine mittelmäßige bis starke Erhöhung des Albuminquotienten (Blut-Liquor-Schrankenfunktionsstörung) vorliegt (Tab. 23.7).

Die Veränderungen der humoralen Immunreaktion durch die Immunglobuline sind selbstverständlich unspezifisch und stellen daher keinen direkten Indiz für einen Erreger dar und müssen zusätzlich durch den Nachweis **erregerspezifischer Antikörpersynthese** im ZNS ergänzt werden. Da ein direkter Erregernachweis nicht immer gelingt und der Nachweis erregerspezifischer Antikörper sich primär bei Virusinfektionen als nützlich und bei bakteriellen Infektionen in wenigen Fällen als praktikabel er-

Tabellen 23.6: Einteilung des pathologisch erhöhten Albuminquotienten (Schrankenfunktionsstörung).

Liquor/Serum Albuminquotient (Q_{ALB}) (Normbereich $< 8 \times 10^{-3}$)	mögliche Erkrankung
bis 10×10^{-3} (leichte Störung)	Zoster-Ganglionitis, Multiple Sklerose, chronische HIV-Enzephalitis, blande virale Meningitis
bis 20×10^{-3} (mittelgradige Störung)	virale Meningitis, opportunistische Meningoenzephalitiden, Guillain-Barré-Polyradikulitis im Verlauf
über 20×10^{-3} (schwergradige Störung)	eitrige Meningitis, tuberkulöse Meningitis, HSV-Enzephalitis

Tabelle 23.7: Typische Liquorbefunde bei Meningoenzephalitis unterschiedlicher Genese. L/S, Liquor/Serum-Quotient.

Liquor	eitrige Meningitis	virale Meningitis	Neuro-Borreliose	tuberkulöse Meningitis
Beschaffenheit	trüb	klar	klar	klar
Zellzahl (/µl)	> 1000	< 1000	< 1000	< 1000
Differenzialzellbild	granulozytär	lymphozytär	lymphozytär	gemischt
Gesamtprotein (mg/l)	> 1000	< 1000	> 1000	> 1000
Laktat (mmol/l)	> 3,5	< 3,5	< 3,5	> 3,5
Glukose (L/S in %)	< 50	> 50	> 50	< 50
Albumin (L/S × 10^{-3})	> 20	< 20	> 20	> 20
Ig-Synthese im ZNS	+, nur bei kompliziertem Verlauf	IgG ab 2. Woche	IgM > IgG > IgA	IgA > IgG
Erregernachweis: Mikroskopie/Kultur PCR	bis 80 % –	+ +	unpraktikabel –	bis 80 % +
erregerspezifische Ak (Synthese im ZNS)	–	ab 2. Woche	ab 2. Woche	–

wiesen hat, kommt der Beurteilung der Immunglobuline in den Quotientendiagrammen eine wichtige Bedeutung zu (Tab. 23.7).

23.2.6 Oligoklonale IgG Banden (OKB)

Der qualitative Nachweis oligoklonaler IgG-Banden dient als wichtige Ergänzung für die Liquorproteinanalytik. OKBs treten unspezifisch bei subakut- und chronisch-entzündlichen Erkrankungen des ZNS auf. Dieser Parameter ist zum Nachweis einer **intrathekalen IgG-Produktion** empfindlicher als die quantitativen Quotientendiagramme. Während mit dieser Methode in 98 % aller Multiple Sklerose-Fälle eine Entzündung im ZNS nachweisbar ist, gelingt dieses mit den Quotientendiagrammen in nur 70 % der Fälle (Abb. 23.9).

Als Methoden kommen **Isoelektrische Fokussierung** auf Polyacrylamid- oder Agarosegelen zur Anwendung mit anschließender Färbung der aufgetrennten IgG-Banden. Ein OKB-Muster liegt dann vor, wenn mindesten 2 oder mehr Banden zur Darstellung kommen.

Es sind fünf verschiedene Befundmuster möglich, die in Abbildung 23.10 schematisch dargestellt sind.

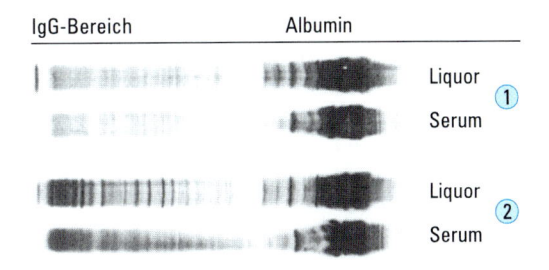

Abb. 23.9: Oligoklonale IgG Banden in der Isoelektrischen Fokussierung und Coomassie-blue Färbung. 1: Normalbefund; 2: Oligoklonale Banden nur im Liquor, z. B. bei Multipler Sklerose oder Zustand nach ZNS-Infektion.

23.2.7 Spezifischer Antikörperindex

Die intrathekale Synthese von erregerspezifischen Antikörpern lässt sich durch den Antikörperindex berechnen. Dieser ist definiert durch das Verhältnis des Liquor/Serum-Quotienten für erregerspezifische Antikörper (Q_{Spez}) zu Liquor/Serum-Quotienten für IgG (Q_{IgG}) bzw. IgM (Q_{IgM}). In Fällen einer intrathekalen Synthese für IgG bzw. IgM erfolgt eine Korrektur der Antikörperindex-Berechnung dahingehend, dass im Nenner der Quotient für IgG bzw. IgM

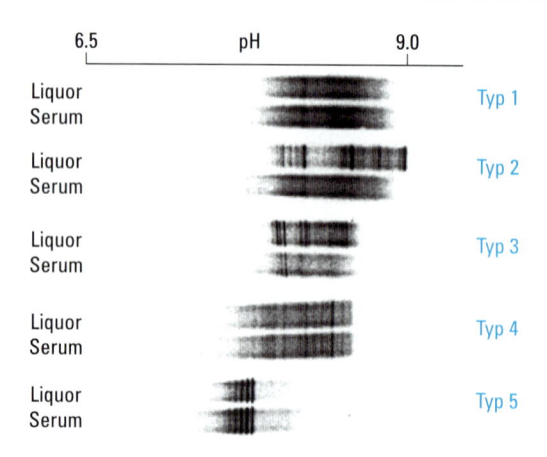

Abb. 23.10: Mögliche Befundmuster bei den OKBs. Abk.: Oli, Oligoklonal; poly, polyklonal; mono, monoklonal.
Muster 1: Normalbefund; Muster 2: OKBs isoliert im Liquor, nicht im Serum (Hinweis auf chronische Entzündung oder abgelaufene Infektion im ZNS), Muster 3: OKBs im Liquor und zusätzlich identische Banden im Liquor und im Serum (Hinweis auf bestehende chronische oder abgelaufene Entzündung in der systemischen Zirkulation und im ZNS, Muster 4: identische OKBs im Liquor und im Serum (Hinweis auf bestehende chronische oder abgelaufene Entzündung in der systemischen Zirkulation ohne Beteiligung des ZNS), Befundmuster 5: identische Monoklonale Banden im Liquor und im Serum (Gammopathie, Paraproteinämie).

durch Q_{Lim} ersetzt wird. Ein Antikörperindex ≥ 1,5 spricht für eine intrathekale erregerspezifische **Antikörpersynthese**. Damit kann die erregerbedingte Genese einer Entzündung bestätigt werden. Ein positiver Antikörperindex stellt jedoch keinen Beweis für eine frische Infektion dar, da er nach einer durchgemachten Infektion des ZNS (z. B. Neuroborreliose) mehrere Jahre anhalten kann. Nur im Beisein akuter Entzündungsparameter (Pleozytose und erhöhter Albuminquotient) ist ein positiver Antikörperindex als Hinweis für eine erregerbedingte ZNS-Entzündung zu werten.

Liegt eine **polyspezifische Immunreaktion** vor, d. h. sind multiple erregerspezifische AIs gleichzeitig pathologisch verändert, dann kann dies als Hinweis auf chronisch-entzündliche ZNS-Erkrankung (z. B. MS oder Autoimmunerkrankung des ZNS) gewertet werden.

23.3 Spezielle Erkrankungen des Nervensystems

23.3.1 Infektiös-entzündliche Erkrankungen (Meningitis, Enzephalitis, Myelitis, Radikulitis)

Unter Meningitis wird eine Infektion der Hirnhäute (Pia, Arachnoidea und Dura) und des Liquors im Subarachnoidalraum verstanden. Eine Meningitis kann sich ungehindert über den Subarachnoidalraum um das Hirn herum, in den Spinalkanal und die Ventrikel ausbreiten.

Eine diffuse Entzündung des Hirnparenchyms führt zur Enzephalitis und eine herdförmige Eiteransammlung zu einem Hirnabszess. Häufig liegt eine kombinierte **Meningoenzephalitis** vor. Entsprechend können Infektionen im Bereich des Rückenmarks und des Spinalkanals zu Arachnoiditis, Myelitis, spinalem Empyem und spinalem Epiduralabszess führen. Sind die Nervenwurzeln infiziert, wird von einer Radikulitis oder bei gleichzeitiger Beteiligung des Rückenmarks von **Radikulomyelitis** gesprochen.

Infektionen des Nervensystems können entweder hämatogen, per continuitatem oder durch direkte Einbringung eines Erregers ins Schädelinnere das ZNS und seine Hüllen invadieren. Je nach Erreger und Lokalisation verläuft die Erkrankung akut, subakut oder chronisch. Diagnostisch sind zusammen mit den klinischen Befunden die Ergebnisse der Neuroradiologie- und Liquoruntersuchungen wegweisend. In der Regel lassen sich aufgrund dieser Untersuchungen bakterielle, virale, mykotische und parasitäre Infektionen unterscheiden.

Es finden sich praktisch immer unterschiedlich ausgeprägte systemische Entzündungszeichen, und ätiologisch kommen praktisch alle infektiösen Krankheitserreger in Betracht. Für die Differenzialdiagnose und einer Behandlung einer ZNS-Infektion kommt dem Liquorbefund eine zentrale Bedeutung zu (Tab. 23.7). Das Ziel ist es, zusammen mit den klinischen und mikrobiologischen Befunden, die Art einer Infektion zu erkennen und daraus eine spezifische Behandlung abzuleiten. Bei rechtzeitiger Erkennung der ZNS-Infektion besteht eine gute Behandlungsmöglichkeit. Solange der Erreger unbekannt ist, erfolgt eine frühe, empirische Behandlung. Nach Identifizierung des Krankheitserregers erfolgt dann eine gezielte Behandlung.

23.3.1.1 Eitrige Meningitis

Allgemeines: Zu den häufigsten Erregern gehören Pneumokokken, Meningokokken, Hämophilus influenzae, Listerien, Staphylokokken, gramnegative Enterobakterien inklusive Pseudomonas aeruginosa. Die eitrige Meningitis lässt sich unterteilen in die primäre Form ohne nachweisbaren Fokus, und die sekundäre Form als Komplikation einer Infektion in der Nachbarschaft (Sinusitis, Mastoiditis, Otitis, Hirnabszess, subdurales Empyem), in der Ferne (Sepsis, Endokarditis, Pneumonie) oder durch iatrogene Einbringung (Ventrikeldrainage, paravertebrale Injektion, epidurale Anästhesie, Lumbalpunktion) oder posttraumatisch.

Pathogenese: Kolonisation der Schleimhäute, Eindringen in das ZNS hämatogen oder per continuitatem, Vermehrung der Bakterien im Subarachnoidalraum, Freisetzung von Zytokinen wie TNF-alpha durch Makrophagen, Glia und Endothelzellen, meningeale Entzündungsreaktion, Einwanderung weißer Blutzellen und Einstrom von Eiweiß aus dem Serum in den Liquorraum, Freisetzung von entzündungsaktiven Substanzen (Proteasen, freie radikalem Metaboliten der Arachidonsäure) aus eingewanderten Granulozyten, Permeabilitätssteigerung der Schrankensysteme des ZNS, Auftreten von vasogenem und später zytotoxischem Hirnödem, Liquorabflussbehinderung durch Verlegung der Subarachnoidalräume und durch Viskositätssteigerung des Liquors, Steigerung des intrakraniellen Drucks, kapilläre Minderperfusion im Hirnparenchym durch Vaskulitis oder durch Vasospasmen, ischämische irreversible Neuronenschädigung, Exitus letalis wenn die o. g. Pathomechanismen nicht rechtzeitig durchbrochen werden.

Krankheitsbild: Im Prodromalstadium allgemeines Krankheitsgefühl, Fieber, Kopfschmerzen, später Meningismus und Bewusstseinstrübung, ggf. auch hämorrhagische Exantheme der Haut.

Labordiagnostik: Erregerkultur in allen Körperflüssigkeiten inklusive Liquor, Entzündungszeichen im Blut (CRP, Procalcitonin), allgemeine Liquoranalytik mit Differenzialzellbild, Gramfärbung (Tab. 23.7).

23.3.1.2 Virale Meningitis

Allgemeines: Die Virusmeningitis (auch als aseptische Meningitis bezeichnet) führt zu Entzündungsreaktionen der Meningen, wobei im Gegensatz zu den bakteriellen Infektionen der klinische Befund und die Liquorveränderungen geringer ausgeprägt sind.

Die häufigsten Erreger sind Enteroviren, Arboviren, humanes Immundefizienzvirus (HIV) und Herpes-simplex-Viren (HSV). Seltener sind lymphozytäres Choriomeningitis-Virus (LCMV), Mumps, Adenoviren, Cytomegalievirus (CMV), Eppstein-Barr-Virus (EBV), Influenza A und B, Masern, Parainfluenza, Röteln und Varizella-Zoster-Virus (VZV).

Eine unübersehbare Anzahl von Viren kann das Nervensystem schädigen und zu akuten und auch chronischen Krankheitsbildern führen. Die klinische Präsentation hängt davon ab, ob vorwiegend die Meningen, das Hirn, das Rückenmark oder die Nervenwurzeln betroffen sind. Die genauen epidemiologischen Daten fehlen, da die meisten Virusinfektionen spontan heilen und den Gesundheitsbehörden nicht gemeldet werden.

Krankheitsbild: Kopfschmerz, Nackensteife, Photophobie, Übelkeit und Fieber; meist bestehen auch Allgemeinsymptome wie Müdigkeit, Abgeschlagenheit, Appetitmangel, Myalgien, Nausea, Bauchbeschwerden, Diarrhö oder ein Hautausschlag.

Labordiagnostik: Entzündungsparameter im Blut: BSG und Leukozyten leicht erhöht, das weiße Blutbild meist lympho-monozytär verändert. Liquorveränderungen sind gering ausgeprägt, initial kann ein granulozytäres Zellbild vorhanden sein, dann aber schon sehr früh in eine mononukleäre Pleozytose (weniger als 1000 Zellen/µl) übergehen (Tab. 23.7). Eine lokale Immunglobulinsynthese bzw. spezifische Antikörperproduktion tritt erst im weiteren Krankheitsverlauf auf (frühestens 2 Wochen nach der

Infektion) und sichert retrospektiv die Diagnose. Das ätiologische Agens bleibt gewöhnlich in mehr als 50 % der Fälle unerkannt. Einige Viren (z. B. Coxsackie, Echoviren, LCMV oder Mumps) lassen sich kultivieren oder mittels Polymerase-Kettenreaktion nachweisen. Eine HIV-Meningitis sollte bei Risikopersonen erwogen werden.

23.3.1.3 Herpes-simplex-Virus-Enzephalitis

Allgemeines: Inzidenz: 2–5/Mio. Einw./Jahr in Mitteleuropa; Altersverteilung: Höhepunkt 2. Lebensdekade; 5–10 % aller Virusenzephalitiden sind HSV-1 verursacht; Letalität beträgt 50 % aller Virusenzephalitiden.

Pathogenese: 30 % Primärinfektion, 70 % Reaktivierung; Transaxonale Penetration des Virus in das ZNS über folgende mögliche Infektionswege:
1. Rhinenzephal: vom Nervus olfactorius über Tractus olfactorius zu orbitofrontale und temporale Hirnstrukturen; Virusreplikation und Ausbreitung per continuitatem auf Insula, Gyrus cinguli, Stammganglien, Thalamus, Corpora mamillaria, Mittelhirn, Pons und Medulla.
2. Rhombenzephal: über V., VI., oder X. Hirnnerven zum Hirnstamm;
   Entzündungsreaktion im Hirnparenchym durch perivaskuläre Rundzellinfiltrate, Mikrogliaknötchen, Chromatolyse, intranukleäre und zytoplasmatische Einschlusskörperchen, Vaskulitis, Neuronenschädigung überwiegend in limbischen Arealen.

Krankheitsbild: Grippale Prodromi: Fieber, Abgeschlagenheit;
Psychotisches Stadium: Wernicke-Aphasie, Verwirrtheit, Wahrnehmungsstörungen, Situationsverkennung; Konvulsives Stadium: komplex-fokale Anfälle, Sopor, Koma.

Labordiagnostik: Liquor-Pleozytose bis einige Hundert Zellen/µl, mononukleäres Zellbild, Erythrozyten und Erythrophagen, Plasmazellen, starker Eiweißanstieg, Laktat mittelgradig erhöht (2–3,5 mmol/l), Nachweis von HSV-Genom im PCR (1–3 Tag), HSV-spezifische Antikörper (ab 2–3. Woche) (Tab. 23.11).

Zusatzdiagnostik: Kernspintomographisch hyperintense Signale in temporobasalen Hirnregionen.

23.3.1.4 Neuroborreliose

Allgemeines: Häufigste zeckenübertragene Infektionskrankheit; Erreger: Borrelia burgdorferi (Spirochäten); Infektionsrate der Vektoren: adulte Zecken 20 %, Nymphen 10 %, Larven 1 %; Klinische Manifestation beim Menschen nach Zeckenstich: 1 %; Inzidenz der Borreliose: 0,1–0,2 %.

Pathogenese: Zeckenstich; dermatogene Vermehrung (lokalisierte Infektion, Stadium 1); transneurale, hämatogene Erregerinvasion (disseminierte Infektion, Stadium 2); Wanderung von extra- nach intrazellulär (persistierende chronische Infektion, Stadium 3); Nach Infektion Freisetzung von Zytokinen, Interleukin-6, Stickstoff-Monoxid, axonale Degeneration peripherer Nerven, thrombosierende Vaskulopathie, ischämische Läsionen des ZNS.

Krankheitsbild: häufige Symptome der Neuroborreliose: radikuläre Schmerzen, periphere Paresen, periphere Fazialisparese, Sensibilitätsstörungen, Kopfschmerzen;
Seltene Symptome: Myalgien/Myositis, chronische Enzephalomyelitis, Blasenlähmung, Psychosyndrom, zerebelläre Ataxie.

Labordiagnostik: Allgemeine Liquordiagnostik, lymphozytäre Pleozytose, mittelgradige Schrankenfunktionsstörung, humorale Immunreaktion mit IgM-Prädominanz (IgM > IgG > IgA), oligoklonale Banden, borrelienspezifische IgG und IgM Antikörper im Liquor mit Nachweis der intrathekalen Synthese.

23.3.1.5 Neurotuberkulose

Allgemeines: Erreger sind Mycobacterium tuberculosis, M. africanum, M. bovis; häufigste Infektionskrankheit weltweit, 8 Mio. Erkrankte/Jahr, 3 Mio. versterben, 20 % extrapulmonale Manifestation, 5 % ZNS-Befall. Risikofaktoren: Alkoholismus, Diabetes mellitus, Malignome, AIDS, Hygiene, Ernährung.

Pathogenese: Haupteintrittspforte sind Atemwege und Lunge, Phagozytose der Mykobakterien durch Makrophagen, Resistenz der Mykobakterien gegen Makrophagenenzyme aufgrund der lipoidreichen Zellwand; Einwanderung von Granulozyten und Blutmonozyten in den Bereich der Erregerinvasion; Granulombildung als Schutz vor Tuberkulose; bei Immundefekt Aufbrechen der Granulome und Freisetzung der Mykobakterien, Erregerstreuung in andere Organe (ZNS-Tuberkulose); am häufigsten akutentzündliche verkäsende Meningitis, Belegung der basalen Zisternen durch ein gelatinöses Exsudat, ausgeprägte Vermehrung von Fibroblasten im Subarachnoidalraum und im befallenen Hirngewebe, Bildung zerebraler Tuberkel; Mögliche Komplikationen: Entwicklung eines Hydrozephalus, Vaskulitis.

Krankheitsbild: 70 % Meningitis, 30 % Tuberkulome, Enzephalopathie, Abszess, Radikulomyelitis;

Prodromalstadium: 2–8 Wochen unspezifische Symptome;

Meningitisches Stadium: Vigilanzstörung leicht, Hirnnervenparesen;

Enzephalitisches Stadium: Vigilanzstörung schwer, Herdsymptome, Tuberkulome

Labordiagnostik: allgemeine Liquoruntersuchung, lymphozytäre Pleozytose, schwergradige Schrankenfunktionsstörung, humorale Immunreaktion mit IgA-Prädominanz (IgM > IgG > IgA), oligoklonale Banden Ziehl-Neelsen-Färbung, Erregerdiagnostik (Kultur aus Liquor, Sputum, Magensaft; Erregerspezifischer DNA-Nachweis durch PCR).

Zusatzdiagnostik: Bildgebung (Rö-Thorax, MRT-Kopf/Rückenmark) zum Nachweis von Tbc-Herden.

23.3.2 Autoimmun-entzündliche Erkrankungen

23.3.2.1 Multiple Sklerose (MS)

Allgemeines: Die MS ist eine erworbene, chronisch-entzündliche Erkrankung des ZNS, bei der im Rahmen einer Autoimmunreaktion gegen Myelin und/oder Oligodendrozyten multilokuläre Demyelinisierungsherde im Gehirn und Rückenmark entstehen. Etwa jede tausendste Person in Mitteleuropa erkrankt an einer MS. Die meisten Patienten entwickeln ihre Symptome im Alter zwischen 18 und 50 Jahre.

Pathogenese: Läsionsbildung erfolgt durch einen autoimmun-vermittelten Prozess, der durch eine Konstellation aus genetischen Faktoren (erhöhte HLA DR Antigenassoziation bei MS) und Umweltfaktoren (virale Infektion, molekulare Mimikry mit bakteriellen Lipopolysacchariden, Superantigene, lokaler metabolischer Stress inklusive hormonelle Interaktion und reaktive Metaboliten) begünstigt wird. Die autoimmun-entzündliche Reaktion führt zunächst zur Demyelinisierung, später kommen axonale Schädigungen und Hirnatrophie hinzu, die für die irreversiblen Behinderungen verantwortlich sind.

Krankheitsbild: Je nach Lokalisation der Läsionen finden sich verschiedene Symptome, die bei Erstmanifestation und im Verlauf mit abnehmender Häufigkeit aufgeführt sind: Störung des Visus und der Okulomotorik, Paresen, Parästhesien, Störung der Koordination und Blasenfunktion. In der Mehrheit der Fälle (ca. 85 %) zeigt die MS im Frühstadium einen schubförmig-remittierenden Verlauf (wochenlang anhaltende Episoden neurologischer Dysfunktionen, die sich nahezu komplett zurückbilden). Ein Teil der Patienten kann für Jahrzehnte einen benignen Verlauf (anhaltende Remission oder blande Schübe) aufweisen, während der größere Teil nach wiederholten Schüben nur inkomplett remittiert und in eine schubunabhängige klinische Progression übergehen kann (sekundär chronisch progredient).

Bei einem kleinen Teil (ca. 15 %) der MS-Patienten nehmen die Symptome langsam zu, ohne dass jemals Schübe auftreten (primär chronisch progredient). Dieser Verlaufstyp ist besonders dann wahrscheinlich, wenn die ersten Symptome nach dem 40. Lebensjahr auftreten.

Labordiagnostik: Mit der Liquoruntersuchung (Nachweis oligoklonaler IgG-Banden und/oder MRZ-Reaktion) kann die chronisch-entzündliche Genese der symptomverursachenden bzw. klinisch inapparenten Entmarkungsherde bestätigt werden. Differenzialdiagnostisch müssen Erkrankungen (subakut und chronisch verlaufende Infektionen und Autoimmunerkrankungen des ZNS), die mit ähnlichem kli-

Tabelle 23.8: Profil der Liquormarker für die Diagnose einer MS.

Marker	Normbereich	bei MS	Häufigkeit (%)
Zellzahl	< 5 /µl	normal – 35 /µl	94
aktivierte B-Zellen	< 0,1 %	pathologisch	79
Albuminquotient	$< 8 \times 10^{-3}$	normal	88
IgG-Synthese im Diagramm	0 mg/l	pathologisch	73
oligoklonale IgG Banden	nicht nachw.	pathologisch	98
MRZ-Reaktion (Masern-/Röteln-/Zostervirus Antikörperindex)	< 1,5	pathologisch	94

nischem Erscheinungsbild einhergehen können, ausgeschlossen werden. Bisher existiert kein einzelner Laborparameter, der für die MS pathognomonisch wäre. Mit dem kombinierten Liquorprofil der MS, der in der Tabelle 23.8 zusammengefasst ist, kann jedoch eine sehr hohe diagnostische Spezifität erreicht werden.

Zusatzuntersuchungen: Außer der Liquoranalyse wird die Diagnose unterstützt durch Zusatzuntersuchungen wie die Magnetresonanztomographie (MRT) und evozierte Potentiale (EP) des visuellen, akustischen, sensiblen und motorischen Systems. Mit MRT und EP können multilokuläre Läsionen (auch klinisch stumme) im Gehirn und Rückenmark nachgewiesen werden.

23.3.2.2 Akute Polyneuroradikulitis, Guillain-Barré-Syndrom (GBS)

Allgemeines: Das GBS ist unter den Polyneuropathien die häufigste Ursache akut auftretender Lähmungen in der westlichen Welt. Jährliche Inzidenz 1–2/100.000 mit leichter Bevorzugung des männlichen Geschlechts.

Pathogenese: Bei 2/3 der Fälle geht eine Infektion des Respirations- oder Gastrointestinal-Trakts voraus, wobei am häufigsten Campylobacter jejuni Infektionen nachgewiesen werden (30–60%). Als immunpathologischer Mechanismus wird eine molekulare Mimikry zwischen antigenen Epitopen der Erreger (z. B. C. jejuni Lipopolysaccharide) und GM1-Gangliosiden des Myelins im peripheren Nervensystem postuliert. Durch Kreuzraktionen der Antikörper gegen Erreger mit dem Myelin kommt es folglich zu Demyelinisierung der peripheren Nerven.

Krankheitsbild: Charakterisiert durch rasch entwickelnde symmetrische Schwäche, Sensibilitätsstörungen und Erlöschen der Muskeleigenreflexe. Progressionsdauer der Symptome weniger als 4 Wochen. Monophasischer Verlauf.

Labordiagnostik: In der Liquordiagnostik ist typischerweise eine zytalbuminäre Dissoziation (leichte bis mittelschwere Schrankenfunktionsstörung je nach Stadium bei normaler oder leicht erhöhter Zellzahl) zu finden. Als Ausdruck der vorangegangenen Infektion können OKBs im Serum und identische Banden auch im Liquor vorkommen, wobei eine intrathekale Synthese nicht gefunden wird.

Nachweis von Antikörpern gegen C. jejuni und gegen das Gangliosid GM1 sprechen für die axonale Variante der GBS, der multifokalen motorischen Neuropathie.

Labordiagnostisch sind noch der Nachweis von Paraproteine und IgM anti MAG, die zur Bestätigung von weiteren Varianten (Immun-Neuropathie) bedeutsam sein können.

Zusatzdiagnostik: Elektrophysiologisch kann bereits im Frühstadium Zeichen der Demyelinisierung nachgewiesen werden mit Verlängerung der distalen motorischen Latenzen, Reduktion der Nervenleitgeschwindigkeiten, parzieller oder kompletter Leitungsblock mit verlängerten F-Wellen. Meist ist das sensible Nervensystem deutlich weniger betroffen.

Als Varianten kommen auch axonale Formen der GBS vor. Diese sind prognostisch ungünstiger und häufig mit C. jejuni Infektionen assoziiert.

23.3.2.3 Myasthene Syndrome

Allgemeines: Die myasthenen Syndrome sind Erkrankungen der neuromuskulären Erregungsleitung, die nach dem heutigen Verständnis immunvermittelt verursacht werden. Zu dieser Gruppe von Erkrankungen gehören die **Myasthenia gravis** (MG) und das **Lambert-Eaton-Syndrom** (LES).

Pathogenese: Bei MG kommt es zur Bindung von Autoantikörpern gegen Bestandteile der postsynaptischen nikotinischen Acetylcholin-Rezeptoren (AChR), wodurch die Ach-Moleküle in ihrer Funktion gehindert werden durch die Bindung an ihre Rezeptoren einen Endplattenpotential auszulösen. Die Folge ist eine Muskelschwäche.

Beim LES führt eine antikörpervermittelte Schädigung der präsynaptischen, spannungabhängigen Ca^{++}-Kanäle (voltage gated calcium channel, VGCC) zur verminderten Freisetzung von Ach, sodass durch Mangel an Ach die entsprechenden Rezeptoren nicht besetzt werden können und daraus eine Muskelschwäche resultiert.

Krankheitsbild: Das Leitsymptom der myasthenen Syndrome sind belastungsabhängige Muskelschwäche, die je nach Verlaufsform und Krankheitsstadium generalisiert, d. h. sämtliche Skelettmuskeln betreffend oder auf bestimmte Muskelgruppen beschränkt sein kann.

Außer der Muskelschwäche an Extremitäten können noch okuläre Symptome (Doppelbilder und Ptosis) sowie bulbäre Symptome (Kauschwäche, Schluckstörungen und Dysarthrophonie) auftreten.

Labordiagnostik: Die Diagnose einer MG wird gestützt durch den Nachweis von Antikörpern gegen AChR im Serum. In 90 % der generalisierten und in 60 % der okulären Form werden diese Antikörper gefunden. Der Nachweis von Titin-Antikörpern spricht für das Vorliegen eines Thymoms. Bei dem LES lassen sich Antikörper gegen VGCC im Serum nachweisen. Wird die Diagnose eines LES gestellt, so ist die Suche nach einem Tumor (am häufigsten kleinzelliges Bronchial-Ca) obligat, da LES sehr häufig tumorassoziiert vorkommt.

Zusatzdiagnostik: Bei MG werden pharmakologische (Tensilon-Test) und elektrophysiologische (Dekrement unter repetitiver Muskelreizung) Tests zur Diagnosebestätigung eingesetzt. Bei LES findet sich in der Regel anders als bei MG ein Inkrement nach elektrophysiologischer Hochfrequenzstimulation.

23.3.2.4 Vaskulitiden und Kollagenosen

Allgemeines: Nach Literaturangaben sind die zerebralen Gefäße bei den systemischen Vaskulitiden und Kollagenosen in bis zu 40 % der Fälle mitbetroffen.

Eine **primäre Vaskulitis** liegt vor, wenn sich die zugrunde liegende Autoimmunreaktion primär an der Gefäßwand abspielt. Von einer **sekundären Vaskulitis** wird gesprochen, wenn eine Kollagenkrankheit, Infektion, toxische oder neoplastische Prozesse als Ursachen der Vaskulitis identifiziert wurden. Die primäre Vaskulitis kann wiederum unterteilt werden auf der Basis der Verteilung des klinischen Bildes und des Musters der histologischen Veränderungen. Eine Übersicht über die in der Neurologie relevanten Vaskulitiden gibt die Tabelle 23.9 wieder.

Pathogenese: Die Vaskulitis des ZNS ist definiert durch eine histologisch nachweisbare

Tabelle 23.9: Klassifikation der Vaskulitiden und Häufigkeit der ZNS-Beteiligung.

Primäre Vaskulitis	ZNS-Beteiligung

Riesenzellarteriitis
  Arteriitis temporalis
  Takayasu-Arteriitis
	60 %

Polyarteriitis nodosa	50–75 %
Churg-Strauss-Syndrom	20–50 %
Isolierte Angiitis des ZNS	100 %
Wegener-Granulomatose	10–25 %
Morbus Behçet	40 %
Sekundäre Vaskulitis	**ZNS-Beteiligung**

Kollagenosen
  Lupus erythematodes (SLE)
  Sklerodermie
  Sjögren-Syndrom
	
	50–70 %
	selten
	bis 25 %

Infektion (viral, bakteriell)	häufig
Toxine (Amphetamin, Cocain)	Häufigkeit unbekannt

Entzündung der Gefäßwände assoziiert mit fibrinoiden Nekrosen mit Leukozyteninfiltration, Gefäßeinengungen, Wandschädigungen mit Aneurysmabildung und Rupturgefahr sowie Thrombosen. Sie stellt in den meisten Fällen eine Mitbeteiligung der zerebralen Gefäße bei Systemerkrankungen dar. Die genaue Ursache der systemischen Vaskulitiden ist nicht bekannt, in der Pathogenese spielen jedoch Immunkomplexablagerungen, Autoantikörper und zellulär vermittelte Immunreaktionen eine entscheidende Rolle.

Krankeitsbild: Die klinischen Symptome sind meist die Folge von multifokalen zerebralen Ischämien; sie variieren deswegen entsprechend den betroffenen Gefäßversorgungsgebieten. Als häufige Manifestationen werden folgende genannt: diffuse Kopfschmerzen, organische Psychosyndrome, Sehstörungen, zerebrale Krampfanfälle, Halbseiten- und Hirnstammsyndrome. Neben der Mononeuropathia multiplex durch den Befall der Vasa nervorum findet man auch Polyneuropathien.

Labordiagnose: Die Diagnose wird aufgrund klinischer, laborchemischer und neuroradiologischer (MRT, evtl. Angiographie, zerebrale Gefäßstenosierungen) Befunde vermutet. Die Bestätigung sollte durch eine bioptische Entnahme an einer geeigneten Stelle und histopathologische Untersuchung erfolgen.

23.3.3 Paraneoplastische Syndrome (PS)

Allgemeines: PS sind tumorassoziierte neurologische Störungen, die nicht durch direkte Wirkung des Tumors (Wachstum, Infiltration, Metastasierung) oder durch therapeutische Maßnahmen (Operation, Chemotherapie, Radiatio) bedingt sind. Etwa 0,5 bis 2 aller Tumorpatienten entwickeln PS. Die einzelnen Erkrankungen im Rahmen von PS sind nach anatomischer Lokalisation aufgeteilt: Gehirn (subakute zerebelläre Degeneration, Opsoklonus-Myoklonus Syndrom, limbische Enzephalitis, Hirnstammenzephalitis, tumorassoziierte Retinopathie), Rückenmark (Myelitis, nekrotisierende Myelopathie, Stiff-man-Syndrom), peripheres Nervensystem (subakute sensible Polyneuropathie, autonome Neuropathie, Neuromyotonie), neuromuskulärer Übergang (Lambert-Eaton-Syndrom, Myasthenia gravis mit Thymom).

Pathogenese: Tumorzellen exprimieren Antigene, die eine Ähnlichkeit mit Molekülen auf Nervenzellen haben (molekulares Mimikry); Autoimmunantwort gegen onkoneuronale Tumorantigene; Kreuzreaktivität mit neuronalen Antigenen; histopathologisch werden in den betroffenen Hirnregionen beobachtet: Neuronenverlust (pyknotische Veränderungen, Apoptose), entzündliche Infiltrate (perivaskulär und parenchymal, Lymphozyten, Makrophagen, Mikroglia) und Astrogliose.

Krankheitsbild: Je nach betroffener Region im Nervensystem können verschiedene Krankheitsbilder auftreten. Der Beginn der PS ist gewöhnlich subakut, das Auftreten meist vor Tumorentdeckung, der weitere Verlauf weist eine Progredienz auf bis zur Letalität.

Spontane Remissionen sind jedoch möglich. Der Tumor bleibt häufig okkult oder klein und zeigt in der Regel eine geringe Neigung zu Metastasierung.

Labordiagnostik: Im Liquor ergibt sich unspezifische Pleozytose und Proteinerhöhung sowie intrathekale Synthese von o. g. Autoantikörpern. Im Blut lassen sich je nach Syndrom spezifische Autoantikörper gegen onkoneuronale Antigene nachweisen.

23.3.4 Neurodegenerative Erkrankungen

Erkrankungen mit dem Leitsymptom Demenz

Demenz beschreibt ein Syndrom das gekennzeichnet ist durch eine erworbene und bleibende Beeinträchtigung kognitiver Fähigkeiten (Gedächtnis, Sprache, Abstraktions- und Rechenfähigkeit, Orientierung). Von einem dementiellen Syndrom betroffen sind etwa 15 % der Bevölkerung über dem 65. Lebensjahr. Demenzen bezeichnen syndromal, erworbene klinisch-neuropsychologische Defizite, denen verschiedenste Ätiologien zugrunde liegen können. Zu den häufigsten Demenzen zählen der Morbus Alzheimer, die Multi-Infarkt-Demenz und frontotemporale Demenz. Die derzeit viel stärker ins Blickfeld des öffentlichen Interesses gerückte Creutzfeldt-Jakob-Krankheit ist relativ selten.

Aus liquorologischer Sicht müssen insbesondere entzündlich bedingte Krankheitsbilder wie Neurolues, HIV-Enzephalopathie oder Morbus Whipple als weitere Ursachen einer Demenz ausgeschlossen werden.

23.3.4.1 Alzheimer Demenz (AD)

Allgemeines: Die AD beginnt mit dem 40. Lebensjahr und zeigt eine altersabhängig steigende Inzidenz.

Pathogenese: Gestörtes Neurotransmitter-Gleichgewicht (Mangel des Acetylcholin und Überschuss an Glutamat) im ZNS; spontane bzw. genetisch prädeterminierte Bildung neuritischer Plaques (Beta-Amyloid) im ZNS, entzündliche Reaktion, Mikrogliaaktivierung, Astrogliose, Neuronendegeneration, Hirnatrophie mit Betonung der temporalen Hirnregionen.

Krankheitsbild: Typischerweise können drei Krankheitsstadien unterschieden werden. Stadium 1 (1–3 Jahre Dauer): Störung des Kurzzeitgedächtnisses, depressive Verstimmung; Stadium 2 (2–10 Jahre Dauer): Fortschreitende Gedächtnis- und Orientierungsstörung, Zeitgitterzerfall, Persönlichkeitsveränderung mit Indifferenz, Reizbarkeit und Perseveration; Stadium 3 (8–12 Jahre): schwerste Störung sämtlicher kognitiver Fähigkeiten, Bewegungssteife, Inkontinenz, Pflegebedürftigkeit.

Labordiagnostik: Die Bestimmung von Transmittern oder von astroglialen und neuronalen Strukturproteinen wie Tau-Protein und Beta-Amyloid können abnorme Ergebnisse zeigen. Keiner dieser Parameter ist aber spezifisch. Die Sensitivität und Spezifität kann aber durch Kombination der verschiedenen Marker gesteigert werden. Zur Differenzierung zwischen Alzheimer-Demenz und nicht dementen Kontrollen konnte bei Berücksichtigung von Tau-Protein (erhöht) und β-Amyloid$_{1-42}$ (erniedrigt) eine Spezifität von 92 % und eine Sensitivität von 85 % erreicht werden. Die Erniedrigung von Beta-Amyloid$_{1-42}$ korreliert dabei invers zur ApoE4 Gendosis. Das ApoE4-Allel erhöht zwar das Risiko an AD zu erkranken, ist aber kein geeigneter diagnostischer Test.

23.3.4.2 Creutzfeldt-Jakob-Krankheit (CJK)

Allgemeines: Die CJK tritt weltweit mit einer Inzidenz von eins zu einer Million auf. Für Deutschland bedeutet dies 80 bis 100 neue Fälle pro Jahr. Ätiologisch werden drei Gruppen unterschieden: sporadische bzw. idiopathische Form, familiäre Form und die erworbene bzw. infektiöse Form. Am häufigsten ist die sporadische CJK, die bisher am besten untersucht ist. Die genetische Form macht etwa 10 % aus, und sie wird im Wesentlichen durch Punktmutationen verursacht. Außer den Mutationen kommt noch eine genetische Empfänglichkeit hinzu. Die neueste und noch seltenste Form ist die neue Variante der CJK, die überwiegend in Großbritannien vorkommt. Diese Form unterscheidet sich von der sporadischen Form, mit deutlich jüngerem Erkrankungsalter und längerer Krankheitsdauer.

Pathogenese: Spontane Entstehung proteaseresistenter Prionproteine, die zu Plaques aggregieren, begleitend findet sich histopathologisch Astrogliose, Neurodegeneration, neuronale Vakuolen (spongiforme Enzephalopathie); schließlich folgt eine Hirnatrophie mit Betonung der Basalganglien.

Krankheitsbild: Die initialen Symptome sind relativ unspezifisch: Ermüdbarkeit (59 %), organische Wesensänderung (51 %), Gewichtsverlust (45 %) und Schlafstörungen (35 %).

Im weiteren Verlauf kommen hinzu schnell fortschreitende Demenz (96), Myoklonien (89), zerebelläre Störungen (85 %), extrapyramidale und pyramidale Störungen (69 %), akinetischer Mutismus (55 %).

Labordiagnostik: Die Routineliquorparameter (Zellzahl, Zelldifferenzierung, Gesamtproteingehalt, intrathekale Immunglobulinsynthese) zeigen bei der Creutzfeldt-Jakob-Krankheit keine richtungsweisenden pathologischen Auffälligkeiten. Proteaseresistente Prionproteine, die für die Diagnose einer CJD wegweisend wären, ließen sich bisher weder im Serum noch im Liquor nachweisen. Für die Diagnose wesentlich vielversprechender ist die Identifizierung von neuronalen und astrozytären Markerproteinen, die als Surrogatmarker das Ausmaß des Zellunterganges bzw. Zellaktivierung widerspiegeln.

Tabelle 23.10: Diagnostische Wertigkeit der Liquormarker bei Creutzfeldt-Jakob-Krankheit.

Marker (Referenzwert)	Sensitivität (%)	Spezifität (%)
14-3-3 *(Western blot +)*	95	93
Tau-Protein *(> 1,5 ng/ml)*	91	94
S-100b *(> 8 ng/ml)*	84	91
NSE *(35 ng/ml)*	78	88

Für die differenzialdiagnostische Abklärung einer Creutzfeldt-Jacob-Krankheit gegen dem Morbus Alzheimer oder einer vaskulären Demenz kann insbesondere die Analyse der 14-3-3-Proteine, Tau-Protein, neuronenspezifischen Enolase als auch der Nachweis des S-100-Proteins im Liquor hilfreich sein (Tab. 23.10). Im Verlauf der Erkrankung (spätes Stadium) können die NSE- und Tau-Werte rückläufig sein. Nach Ausschluss eines Hirninfarktes, einer intrazerebralen Blutung oder eines Hirntumors können die genannten Proteine mit einer sehr hohen Sensitivität und einer hohen Spezifität eine Creutzfeldt-Jakob-Erkrankung anzeigen.

Zusatzdiagnostik: Periodische Triphasische Komplexe im EEG (65%) und Zunahme der kernspintomographischen Signalintensität in den Basalganglien.

23.3.4.3 Amyotrophe Lateralsklerose (ALS)

Allgemeines: Die ALS kommt mit einer stabilen Inzidenz und Prävalenz von 12,5/100000 bzw. 3–8/100000 weltweit vor. Der Altersgipfel für das Auftreten der Erkrankung liegt zwischen 50 und 70 Jahren. Nach Diagnosestellung liegt die Lebenserwartung durchschnittlich zwischen 1–3 Jahren.

Pathogenese: Die Ursache der ALS ist unbekannt, wobei epidemiologische Daten auf polygenetische Einflüsse und Umweltfaktoren hindeuten. Bei einem Teil der ALS-Fälle (familiäre Form) lassen sich Mutationen im Gen der Cu-Zn-Superoxiddismutase finden. Histopathologisch kommt es zur selektiven Degeneration der Vorderhornzellen, der bulbären Hirnnervenkerne und der Betz-Zellen im motorischen Cortex.

Krankheitsbild: Beginn der Erkrankung mit fokalen Paresen und Atrophien, bevorzugt der kleinen Handmuskulatur, später der kleinen Fußmuskulatur und bulbären Muskelgruppen. Rasche Ausbreitung der Paresen und Atrophien. Charakteristisch für die ALS ist das Intaktbleiben der Okulomotorik, Sensibilität und Sphinkterfunktionen. Die Patienten versterben schließlich an Versagen der respiratorischen Muskulatur.

Labordiagnostik: Die Liquoruntersuchung ergibt im Grundprogramm in der Regel einen Normalbefund: normale Zellzahl, Blut-Liquor-Schrankenfunktion, fehlende humorale Entzündungszeichen. In 10–15% der Fälle können leicht erhöhte Albuminquotienten (milde Schrankendysfunktion) vorliegen. Pathognomonische Marker im Liquor oder im Serum fehlen. Eine Abnahme der S100b-Konzentration im Liquor und im Serum wird im Krankheitsverlauf beschrieben, wobei die absoluten Konzentrationen dieses Markers im Vergleich zu gesunden Kontrollen keinen Unterschied aufweisen.

Bei ALS-Patienten wurden erhöhte Liquorspiegel von 4-Hydroxynonenal (HNE) gemessen. Dieser Marker reflektiert die bei dieser Erkrankung bekannte gesteigerte Lipidperoxidation. Andererseits ist die diagnostische Spezifität dieses Markers gering, da erhöhte HNE-Spiegel auch bei Polyradikulitis beschrieben wurden. Weitere erhöht vorgefundene Marker im Liquor sind Vertreter der peroxynitratvermittelten oxidativen Schädigung wie 3-Nitrotyrosin (3-NT) sowie Superoxiddismutase, die auch nicht spezifisch zu sein scheinen.

23.3.4.4 Parkinson-Syndrom

Allgemeines: Das Parkinsonsyndrom ist eines der häufigeren neurologischen Erkrankungen mit einer Prävalenz von 1–1,5% bei den über 60-Jährigen. Wie bei der Demenz nimmt die Prävalenz mit steigendem Alter zu. Das idiopathische Parkinsonsyndrom (IPS) ist das häufigste unter den Parkinsonsyndromen, viel seltener sind die medikamentös-induzierten und arteriosklerotischen Parkinsonsyndrome sowie die mit Systemdegeneration einhergehende Multisystematrophie (MSA), Kortikobasale

Degeneration (CBD) und progressive supranukleäre Blickparese (PSP).

Pathogenese: Die Ätiologie der IPS ist bislang nicht bekannt. Es wird eine polygenetische Verursachung angenommen. Beim IPS kommt es durch Degeneration der Substantia nigra-Neuronen zu einem Dopaminmangel im Bereich der Corpus striatum. Neuropathologisch charakteristisch ist der Nachweis von Einschlusskörperchen im Zytoplasma (Lewy-Körperchen) der verbleibenden dopaminergen Neuronen der Substantia nigra. Als pathophysiologische Prozesse werden beschrieben: gesteigerte Produktion freier Radikale, vermehrte exzitatorische Glutamattransmission, Störung der mitochondrialen Energieproduktion, gesteigerte Apoptose und entzündliche Begleitveränderungen.

Krankheitsbild: Das charakteristische Symptomentrias besteht aus Ruhetremor, Rigor und Hypokinese. Weitere Symptome können sein: gestörte Stellreflexe (Stand- und Ganginstabilität), vegetative Störungen (Seborrhö), psychische Störungen (depressive Verstimmung).

Labordiagnostik: Bei normaler Zellzahl findet man oft normale bis leicht erhöhte Gesamtproteinwerte. Wenngleich auch bei diesen Erkrankungen eine differenzialdiagnostische Aussage über den Liquor nicht möglich ist, zeigt sich in frühen Stadien des IPS, verglichen mit früher CBD und gesunden Kontrollen eine signifikante Verringerung der Homovanilinsäure. Andererseits ist der Gehalt an Neurofilament-Protein bei PSP und MSA signifikant höher als bei IPS. Der hohe Gehalt an Neurofilament-Protein weist auf eine fortgesetzte neuronale, hauptsächlich axonale Degeneration bei PSP und MSA hin. Erhöhtes Calbindin-D, als Marker für Purkinjezellen, deutet auf eine Schädigung im Kleinhirn bei MSA-Patienten hin, welches mit Dauer der Erkrankung wieder abfällt. Das Tau-Protein, ebenfalls ein Marker für axonale Degeneration, war bei Patienten mit CBD signifikant höher als bei Patienten mit PSP und Normalkontrollen. Bei MSA-Patienten konnte als Hinweis auf eine Beteiligung von Sauerstoff-Radikalen ein erniedrigter Nitrat-Spiegel detektiert werden. Konsistent mit diesen Ergebnissen wurde Tetrahydrofolat als Coenzym der NO-Synthese reduziert nachgewiesen.

23.3.5 Vaskuläre und Traumatische Erkrankungen

23.3.5.1 Hirninfarkt (Schlaganfall)

Allgemeines: In Deutschland sind pro Jahr 200.000 Patienten von einem Schlaganfall betroffen, wobei diese in etwa 85 % der Fälle auf Ischämien (Thromboembolien oder Gefäßstenosen) und in 15 % auf intrazerebrale Blutungen zurückgeführt werden können.

Pathogenese: Im Rahmen der Ischämie kann das geschädigte Hirnareal in zwei Anteile unterteilt werden: Infarktzentrum und Penumbra. Das Infarktzentrum geht innerhalb von Minuten bis wenigen Stunden in eine Nekrose über. Als Penumbra wird die Infarktrandzone bezeichnet, die aufgrund kollateraler Gefäßversorgung nicht ischämisch ist, aber einen deutlich reduzierten Blutfluss und erhöhten Sauerstoffbedarf aufweist. Die hier lokalisierten Neurone sind nur dann überlebensfähig, wenn binnen weniger Stunden der Blutfluss wiederhergestellt ist. Andernfalls gehen auch die Neurone der Penumbra in einen Zelltod über, der durch Exzitotoxizität (Glutamatfreisetzung, intrazellulärer Ca^{++}-Anstieg) und Apoptose (programmierter Zelltod) vermittelt wird.

Krankheitsbild: Das klinische Bild umfasst je nach Lokalisation und Ausprägung der Infarktzone Symptome wie arm- oder beinbetonte Halbseitenlähmungen, Störungen des Bewusstseins, der Sprache, der kognitiven oder koordinativen Funktionen.

Labordiagnostik: Meist findet sich ein Normalbefund, aber in 30 % der Fälle auch eine mäßige Proteinvermehrung und bei ausgedehnten Ischämien sind Reiz-Pleozytosen mit leicht erhöhter Zellzahl möglich. Verschiedene Proteine des Hirnparenchyms (S100, Tau-Protein NSE, MBP) werden aus dem Hirnparenchym über die gestörte Blut-Hirnschranke freigesetzt und können je nach Lokalisation und Größe der Ischämie im Liquor und/oder im Serum ansteigen. Bisher sind diese Parameter in der klinischen Praxis noch nicht etabliert.

Im Blut kann der Nachweis von erhöhten Homocystein, Phospholipidantikörper, Anti-Cardiolipin als weitere Risikofaktoren für das Auftreten von thrombogen verursachtem Schlaganfall gewertet werden. Siehe auch Vaskulitisparameter als mögliche Risikofaktoren für Schlaganfälle.

23.3.5.2 Hirntraumata (Contusio und Compressio cerebri), Hirnblutungen, ICB und SAB

Allgemeines: Die bei Hirntraumata resultierenden Liquorveränderungen können prinzipiell durch ein traumatisches Hirnödem, durch Schrankenfunktionsstörungen, Veränderungen der Liquorsekretion, traumatische Blutungen, Schädigung des Hirnparenchyms und konsekutiven Liquorresorptionsstörungen bedingt sein.

Contusio und Compressio cerebri: Bei der Contusio cerebri sind die Liquorveränderungen ausgeprägter als bei der Comotio cerebri. Sie hängen grundsätzlich von der Ausdehnung der Schädigung sowie ihrer topographischen Lage zu den Liquorräumen ab, sodass auch bei schweren kontusionellen Hirnschädigungen regelrechte Liquorbefunde (Zellzahl, Zelldifferenzierung, Gesamtprotein) möglich sind.

Bei Hirntraumata ohne Blutungen in den Subarachnoidalraum liegt in der Regel eine reine Blut-Liquor-Schrankenfunktionsstörung ohne humorale Immunreaktion vor. Es findet sich eine lymphomonozytäre Pleozytose und eine Zunahme des Gesamtproteins unterschiedlicher Ausprägung.

Nicht selten kommt es im Rahmen der Hirntraumata zu einer Blutung in die Liquorräume, wobei das Blut als Fremdkörperreiz wirkt und zu einer Reizpleozytose führt. In Abhängigkeit vom Alter der Blutung werden in Makrophagen Hämoglobinabbauprodukte nachgewiesen, die über Monate im Liquor cerebrospinalis persistieren können. Bei leichteren Schädelhirntraumata normalisiert sich das Differenzialzellbild in der Regel innerhalb von 6 Wochen.

Prozessmarker neuronalen oder glialen Ursprungs, wie die neuronenspezifische Enolase und das S100b-Protein können nach einem Hirntrauma im Liquor und Serum schlagartig ansteigen.

Subarachnoidal- und Hirnblutungen: Etwa 10 % der Subarachnoidalblutungen (SAB) können über eine Bildgebung nicht erfasst werden, sodass die Liquordiagnostik hier ihren Stellenwert beibehält.

Blutbestandteile, die nach SAB, intrazerebraler Blutung (ICB), Aneurysmaruptur, Hirnkontusion oder Hirnoperation in die Liquorräume gelangen, lösen eine leptomeningeale zelluläre Reaktion mit deutlicher Pleozytose aus. Im Rahmen dieser Reizmeningitis können stark erhöhte Zellzahlen vorkommen. Zunächst dominieren neben den Erythrozyten neutrophile Granulozyten, anschließend imponiert Phagozytosetätigkeit von Monozyten und Makrophagen. Nach etwa einer Woche liegt ein lymphomonozytäres Zellbild vor. Etwa 4 Stunden nach Einblutung beginnen monozytäre Zellen Erythrozyten zu phagozytieren. Nach 12–18 Stunden erscheinen dann Eryrthrophagen mit frisch phagozytierten Erythrozyten. Bis zum Auftreten von dunkelbraunen bis schwarzen Hämosideringranula (Abbauprodukt von Hämoglobin) im Zytoplasma der Makrophagen vergehen etwa 4 Tage.

23.3.6 Metabolische Erkrankungen

23.3.6.1 Vitamin B_{12}-Mangel

Allgemeines: In Nordeuropa tritt der Vitamin B_{12}-Mangel mit einer Prävalenz von 1–2 % auf. Durch ein frühes Erkennen des Vitamin B_{12}-Mangels und rechtzeitige Behandlung können neurologische und hämatologische Erkrankungen verhindert werden.

Pathogenese: Im Rahmen der neurologischen Manifestation kommt es zu einer kombinierten Degeneration von Hinter- und Seitensträngen, gelegentlich auch im Bereich des Nervus opticus, des Chiasmas und im Marklager des Gehirns. Im frühen Stadium wird eine Vakuolisierung der Myelinscheiden, im späteren Stadium ein Axonverlust und eine Gliose beobachtet.

Krankheitsbild: Neben den internistischen Manifestationen (hämatologisch, gastrointestinal) können symptomatische Psychosen (para-

23.3 Spezielle Erkrankungen des Nervensystems

Tabelle 23.11: Zusammenfassung der Liquor- und Serumparameter bei neurologischen Erkrankungen.

Krankheit	Zellzahl /μl (5–95% Perz.) Normal: < 4	Zellbild (Lymph., Monoz., Granuloz., Plasmaz., Sideroph.)	Lactat mmol/l (5–95% Perz.) Normal: <2,1	Albumin- L/S-Quot. × 10^{-3} Normal: < 8	Immunglob.- Synthese im ZNS (G, A, M)	Oligokl. IgG- Banden (%)	Erreger- nachweis (PCR, Kultur, Gramfärbung)	spezifische Ak-Synthese (AI), oder Ak im Blut
eitrige Meningitis	100–30 × 10^3	G >> M > L	3,5–22	20–>100	0	0	X	
virale Meningitis	10–600	L > G > M	1,5–3	< 20	19, G > M > A	0	X	X
Tbc-Meningitis	70–1700	L = G = M	4–27	20–>100	50, A >> M > G	25	X	
HSV-Enzephalitis	10–250	L >> M	1,3–3,4	< 20	8, G	11	X	X
Neuroborreliose	15–900	L > M > P	1,4–3,6	5–50	59, M > G > A	65	X	X
HIV-Enzephalitis	1–20	L >> M > P	1,5–3	< 10	38, G	54	X	X
VZV-Ganglionitis	1–420	L >> M	1,5–2,5	< 10	8, G	19	X	X
Neurosarkoidose	2–170	L >> M > P	1,5–6	5–50	50, G = A > M	66		
Multiple Sklerose	3–36	L >> M > P	1,4–2,5	< 10	70, G >> M > A	98		X
Polyradikulitis GBS	1–50	L > M	2,2–3,3	5–50	0	0		
Polyneuropathie	1–2	L > M	< 2,1	< 20	0	0		
Myasthenia gravis	1–2	L > M	< 2,1	< 10	0	0		X
Lambert-Eaton-Syndrom	1–2	L > M	< 2,1	< 10	0	0		X
paraneoplastische Syndrome	1–10	L > M	< 2,1	< 20	G			X
Alzheimer Demenz	1–2	L > M	< 2,1	< 10	0	0		
Creutzfeldt-Jakob-Krankheit	1–2	L > M	< 2,1	< 10	0	0	Prionprotein im Hirngewebe	
Epilepsie	1–4	L > M	< 2,1	< 10	0	0		
ALS	1–2	L > M	< 2,1	< 10	0	0		X
Parkinson Syndrom	1–2	L > M	< 2,1	< 10	0	0		
Hirninfarkt	2–30	L > M	< 3,5	< 10	0	0		
Hirnblutung (SAB, ICB, SHT)	3–30	L > M	< 3,5	< 20	0	0		

Tabelle 23.11: Fortsetzung.

Krankheit	Zellzahl /µl (5–95% Perz.) Normal: <4	Zellbild (Lymph., Monoz., Granuloz., Plasmaz., Sideroph.)	Lactat mmol/l (5–95% Perz.) Normal: <2,1	Albumin- L/S-Quot. ×10⁻³ Normal: <8	Immunglob.- Synthese im ZNS (G, A, M)	Oligokl. IgG-Banden (%)	Erreger- nachweis (PCR, Kultur, Gramfärbung)	spezifische Ak-Synthese (AI), oder Ak im Blut
Glioblastom	1–30	L > M	1,9–5,7	< 20	0	0		
Hirnmetastasen	3–30		3,5–13	< 30	0	0		
Lymphome	2–50		1,5–20	10–50	0			X
primäre Vaskulitis	2–10	L > M	< 2,1	< 10	0			
sekundäre Vaskulitis, Kollagenosen	2–10	L > M	< 2,1		23	32		
Adrenomyelo- neuropathie	1–2	L > M	< 2,1	< 20	42, A >> G > M	30		
funikuläre Myelose	1–2	L > M	< 2,1		0	0		

noid-halluzinatorisch) und insbesondere neurologische Symptome (Hinterstrang- und Pyramidenbahnzeichen, burning-feet-Syndrom, Polyneuropathie) auftreten.

Labordiagnostik: Die Diagnosefindung erfolgt an Hand des klinischen Bildes, sowie dem Nachweis eines Vitamin B_{12}-Mangels im Serum (< 200 pg/ml), oder bei Werten zwischen 200–300 pg/ml dem Nachweis eines erhöhten Methylmalonsäure-Spiegels als Ausdruck eines latenten Vitmin B_{12}-Mangels.

Im Liquor cerebrospinalis finden sich oft leichte Veränderungen mit einer geringen lympho-monozytären Pleozytose und mit einem normalen bis leicht erhöhten Albuminquotienten.

23.3.6.2 Adrenoleukodystrophie (ALD)

Allgemeines: Die ALD ist eine x-chromosomal vererbte Erkrankung, bei der durch Anhäufung von langkettigen Fettsäuren pathologische Veränderungen im Nervensystem, Niere, Nebenniere, Leber, Augen und Knochen auftreten können.

Labordiagnostik: Beweisend für die Diagnose ist der biochemische Nachweis von langkettigen Fettsäuren im Blut.

Im Liquor wird eine ausgeprägte intrathekale IgA-Synthese besonders bei der infantilen, rasch progredienten Form der zerebralen Adrenoleukodystrophie vorgefunden und fehlt bei Patienten mit Adrenomyeloneuropathie. Eine Blut-Liquor-Schrankenstörung findet man in 30 % (Q_{Alb} 8–20 × 10^{-3}) und eine intrathekale IgM oder IgG Synthese in 12 % bzw. 30 % der Patienten.

24 Mikroelemente (Spurenelemente und Vitamine)

J. D. Kruse-Jarres

24.1 Pathobiochemie der Spurenelemente

Spurenelemente machen im Organismus weniger als 0,01 % der Körpermasse aus. Sie haben biologisch wichtige Wirkungen und Funktionen. Im Übermaß jedoch können sie auch toxisch sein. Daneben gibt es eine große Zahl von Elementen nicht bekannter physiologischer Funktionen. Entsprechend sind manche Elemente für den Menschen nur aufgrund ihrer toxischen Wirkung von Bedeutung, beispielsweise Quecksilber, Blei oder Cadmium (sog. Schwermetalle). Hinsichtlich der biologischen Bedeutung von Spurenelementen bestehen Unterschiede zwischen Mensch und verschiedenen Tierspezies. Wenn auch bei manchen Tieren die Essentialität gewisser Elemente beschrieben wurde, so bedeutet dies noch nicht, dass dies auch für den Menschen gilt (z. B. Schwermetalle, die nur unter toxischen Gesichtspunkten für den Menschen von Bedeutung sind).

Die wichtigsten Spurenelemente, die für den Menschen eine essenzielle Bedeutung haben, sind Chrom, Kupfer, Selen und Zink. Sie sind an lebenswichtigen biologischen Prozessen beteiligt, beispielsweise an Schaltstellen des Zellstoffwechsels, bei der DNA- und RNA-Synthese, bei der Integrität von Membranen und bei der Entgiftung hochreaktiver Sauerstoffverbindungen. Die Wirkungsmechanismen der Spurenelemente bei diesen Vorgängen sind unterschiedlich, sie können unterteilt werden in

1. **katalytische** Mechanismen als feste Komponenten von Enzymen, Metalloenzymen und Metalloproteinen,
2. **regulatorische Mechanismen** bei der Freisetzung und Funktion von Hormonen, bei der Transkription von Genen sowie bei Prozessen der zellulären und humoralen Abwehr und
3. **stabilisierende** Mechanismen zur Aufrechterhaltung der Quartärstruktur von Enzymen sowie zum Schutz von Membranen und zellulären Strukturen im Rahmen des antioxidativen Schutzsystem.

Die physiologischen Funktionen der Spurenelemente sind sehr unterschiedlich: So wird dem Chrom eine Funktion als integraler Bestandteil eines Glukosetoleranzfaktors zugeschrieben, der die Wirkung von Insulin verbessert. Kupfer ist Bestandteil von Oxidoreduktasen und ist vor allem am Aufbau von Bindegewebe, bei der Energiegewinnung, beim Eisenstoffwechsel sowie bei Wachstum und Reproduktion beteiligt. Dem Selen wird aufgrund seiner Beteiligung an Funktionen als Radikalfänger von Peroxiden eine protektive und immunstimulierende, ja sogar antikarzinogene Wirkung zugesprochen. Zink spielt eine bedeutende Rolle bei über 200 biochemischen Reaktionen des Stoffwechsels, des Wachstums und der reproduktiven Entwicklung. Außerdem wirkt es antioxidativ, membranstabilisierend, immunstimulierend und möglicherweise antiatherogen. Ein Mangel an Spurenelementen führt vielfach zu allgemeinen Symptomen, wie beispielsweise Wachstumsstö-

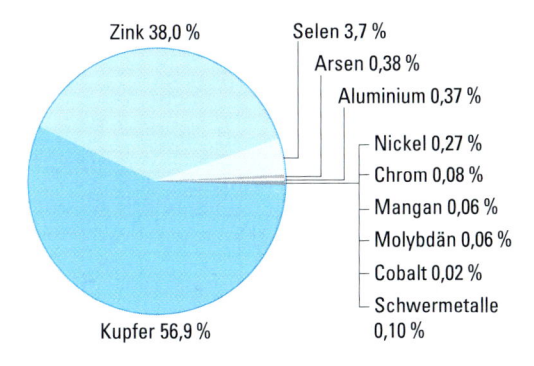

Abb. 24.1: Verteilung der Spurenelemente im menschlichen Serum.

Zink 38,0 %
Selen 3,7 %
Arsen 0,38 %
Aluminium 0,37 %
Nickel 0,27 %
Chrom 0,08 %
Mangan 0,06 %
Molybdän 0,06 %
Cobalt 0,02 %
Schwermetalle 0,10 %
Kupfer 56,9 %

Tabelle 24.1: Physiologische und pathophysiologische Bedeutung essenzieller Spurenelemente.

	Chrom	Kupfer	Selen	Zink
Beteiligung und Funktion	Baustein des (hypothetischen) Glukosetoleranzfaktors	Cytochrom-C-Oxidase, Superoxiddismutase (SOD), Tyrosinase, Lysyloxidase, Uricase, Monoaminoxidase, Phenolase, Coeruloplasmin	Glutathionperoxidasen (GSH-Px), Typ-I-Iodthyronin-Deiodase, Thioredoxinreduktase, Selenoprotein P	Oxidoreduktasen (LDH, Malat-, Alkohol-, Glutamat-DH, SOD), Transferasen (DNA-, RNA-Polymerase, Glukokinase, Tymidinkinase), Hydrolasen (AP, Karboxypeptidase), Lyasen (Enolase), Isomerasen, Ligasen (Pyruvat-Karboxylase), Einfluss auf Hormone (Thymulin, Insulin, Sexual-, Steroid-, Wachstumshormon), Integrität von Membranen und Strukturen, Humorale und zelluläre Immunität, Metallothionein
Ursachen des Mangels	Mangeldiät, Malabsorption, totale parenterale Ernährung	Mangeldiät, Malabsorption, totale parenterale Ernährung, Steroidtherapie, Hypoproteinämie, Morbus Wilson, Kwashiorkor, Menkes-Syndrom, Nephrotisches Syndrom, chronische Zink-Supplementation	Mangeldiät, Malabsorption, totale parenterale Ernährung, Verbrennungen, Störungen im Aminosäurestoffwechsel (Phenylketonurie, Ahornsirup-Krankheit)	Mangeldiät („Junk-Food"), Malabsorption, totale parenterale Ernährung, chronisch entzündliche Darmerkrankungen (Zöliakie, Morbus Crohn), Alkoholismus, Pankreasinsuffizienz, Nierenerkrankungen, Diabetes mellitus, Gewebeverletzungen, Infektionen, Acrodermatitis enteropathica, Medikamente (Chelatbildner), Kupferbelastung
Symptome bei Mangel	Gestörte Glukosetoleranz, Insulinresistenz, Hypertriglyzeridämie	Hypochrome Anämie, verminderte Pigmentierung, Osteoporose, Dermatitiden, Hyperalbuminämie, Anorexie, Wachstumsstörungen, neurologische und psychische Veränderungen	Kardiomyopathie (Keshan Disease), Skelettmyositis, Muskeldystrophie (Kashin-Beck-Krankheit), Wachstumsverzögerung, Pseudoalbinismus, Erythrozytäre Makrozytose, Krebsrisiko?, Arterioskleroserisiko?	Wachstumsverzögerung, Hypogonadismus, verzögerte Wundheilung, Infektionen, Durchfälle, Haarausfall, ekzematische Dermatiden, Anorexie, Kachexie, Geschmacks- und Geruchsstörungen, Lethargie, Depressionen
Symptome bei Intoxikationen	Chrom (VI): Durchfälle, Nierenversagen, Schleimhautveränderungen, Ulzerationen, kanzerogen?	Übelkeit, Krämpfe, Nierenversagen	Knoblauchgeruch der Atemluft, Erbrechen, Durchfall, Leberschäden, Rhythmusstörungen	Fieber, Erbrechen, Magenkrämpfe, Diarrhö, Kopfschmerzen, Lungenödem, nekrotische Pneumonie

rungen, Anämien, vermehrten Infektionen und Hautkrankheiten. Veränderungen im Haushalt von Spurenelementen können entweder primär durch Malabsorption oder Mangeldiät zustande kommen oder sekundär im Zusammenhang mit Stoffwechselerkrankungen. Tabelle 24.1 fasst die physiologische und pathophysiologische Relevanz der Spurenelemente zusammen.

24.2 Bedeutung essenzieller Spurenelemente im Einzelnen

24.2.1 Chrom

Seit im Tierexperiment gezeigt werden konnte, dass Chrom eine bestehende Insulinresistenz abzuschwächen vermag, fanden wegen der geringen Toxizität des 3-wertigen Chroms zahlreiche Untersuchungen zur Supplementation von Chrom statt. Viele Autoren berichteten nach Chromgaben von positiven Effekten auf den Glukose-, Insulin- und Lipidstoffwechsel. Chromhaltige Enzyme sind nicht bekannt. Die Essentialität des Elements liegt in seiner Beteiligung am Glukosemetabolismus als Baustein eines (hypothetischen) Glukosetoleranzfaktors [1], dessen genaue Struktur noch immer nicht aufgeklärt ist. Allerdings wurde kürzlich ein möglicher Mechanismus für die Verstärkung der Insulinwirkung beschrieben: Danach stimuliert Insulin die Beladung eines Oligopeptids mit 4 Chromionen, welches umgekehrt den Insulineffekt verstärkt. So ist in Anwesenheit von Chrom die Tyrosinkinase-Aktivität des Insulinrezeptors in der Membran von Adipozyten um ein Vielfaches erhöht [2].

Die tägliche Bedarf an Chrom liegt zwischen 50 und 200 mg. Eine ausreichende Aufnahme mit der Nahrung ist bei mitteleuropäischer Mischkost gewährleistet, jedoch nach Meinung einiger Autoren in vielen Industrienationen dennoch suboptimal [3]. Ein Chrommangel infolge einer Mangelernährung kann zu einem vorübergehenden, jedoch nach Supplementation reversiblen Anstieg von Glukose, Triglyceriden und Cholesterin im Blut führen. Bei Diabetikern findet sich zwar eine verstärkte enterale Resorption von Chrom; jedoch scheint dies auf die Insulinwirkung keine entscheidende Wirkung zu haben. Die entsprechenden Gewebskonzentrationen sind eher vermindert und die renale Ausscheidung ist beschleunigt.

24.2.2 Kupfer

Kupfer ist Bestandteil zahlreicher Oxidoreduktasen. Eine besondere Bedeutung im Stoffwechsel hat die antioxidativ wirksame, zytosolische kupfer- und zinkhaltige Superoxiddismutase (SOD). Sie katalysiert die Umsetzung von Superoxidanion-Radikalen zu Sauerstoff und Wasserstoffperoxid. Coeruloplasmin fungiert als wesentliches Transportprotein für Kupfer im Plasma, als Akute-Phase-Protein und als Radikalfänger von Superoxidanionen. Durch seine Ferroxidase-Aktivität nimmt es auch Einfluss auf die Eisen-Homöostase.

In der Regel regulieren Resorption und Exkretion den Kupfergehalt im Organismus derart restriktiv, dass daraus nur ein kleiner, jedoch relativ stabiler Körperpool resultiert. Ein Kupferdefizit äußert sich in einer verminderten Aktivität der SOD, der Glutathionperoxidase sowie der Katalase und ist dadurch mit der Entwicklung eine erhöhten oxidativen Stresses verbunden [4].

Erhöhte Kupferspiegel finden sich bei Stress, Schwangerschaft, inflammatorischen Prozessen und Stoffwechselstörungen. Kupfer kann wie Eisen die Bildung von reaktivem Sauerstoff katalysieren. Außerdem wird durch Kupferionen die Oxidation von LDL-Partikeln unter Bildung von Lipidperoxid- und Lipidoxidradikalen aufrechterhalten [5]. Damit übereinstimmend zeigten epidemiologische Studien einen Zusammenhang zwischen erhöhten Kupferkonzentrationen im Serum und einer beschleunigten Progression der Arterioklerose.

23.2.3 Selen

Selen nimmt als Bestandteil verschiedener Glutathionperoxidasen (GSH-Px) direkt am katalytischen Prozess der Reduktion von Hydro- und Lipidperoxyden mit Glutathion teil und dient damit dem Schutz vor Peroxidradikalen und der Erhaltung der Integrität von Membranen und Strukturen. Ein selenhaltiges Plasmaprotein, das sog. Selenoprotein P, scheint ebenfalls an solchen Redoxreaktionen beteiligt zu sein [6]. Des Weiteren spielt Selen bei der Umsetzung von Trijodthyronin zu Thyroxin und bei der Spermatogenese eine Rolle.

Die Aufnahme von Selen hängt stark von der geologischen Beschaffenheit der Böden ab. Es kann, trotz vereinzelt niedriger Selengehalte einiger regionaler Böden davon ausgegangen werden, dass der tägliche Selenbedarf durch die übliche Kost in Deutschland ausreichend ist [7]. Vom Risiko einer Unterversorgung betroffen sind vor allem Vegetarier und Patienten mit einem erhöhten metabolischen Bedarf. Zudem besteht ein Risiko für einen Mangel durch erhebliche renale Verluste bei Patienten mit glomerulärem Nierenschaden und Proteinurie. In einigen Ländern mit extremen Bodenbeschaffenheiten (z. B. Gebiete in Zentralchina, Finnland, Neuseeland) wurde ein Zusammenhang zwischen niedrigen Selenwerten im Blut und einem hohen Todesrisiko durch kardiovaskuläre Erkrankungen beobachtet [8].

24.2.4 Zink

In mehr als 200 Enzymen ist Zink am Kohlenhydrat-, Protein-, Lipid- und Nukleinsäurestoff-

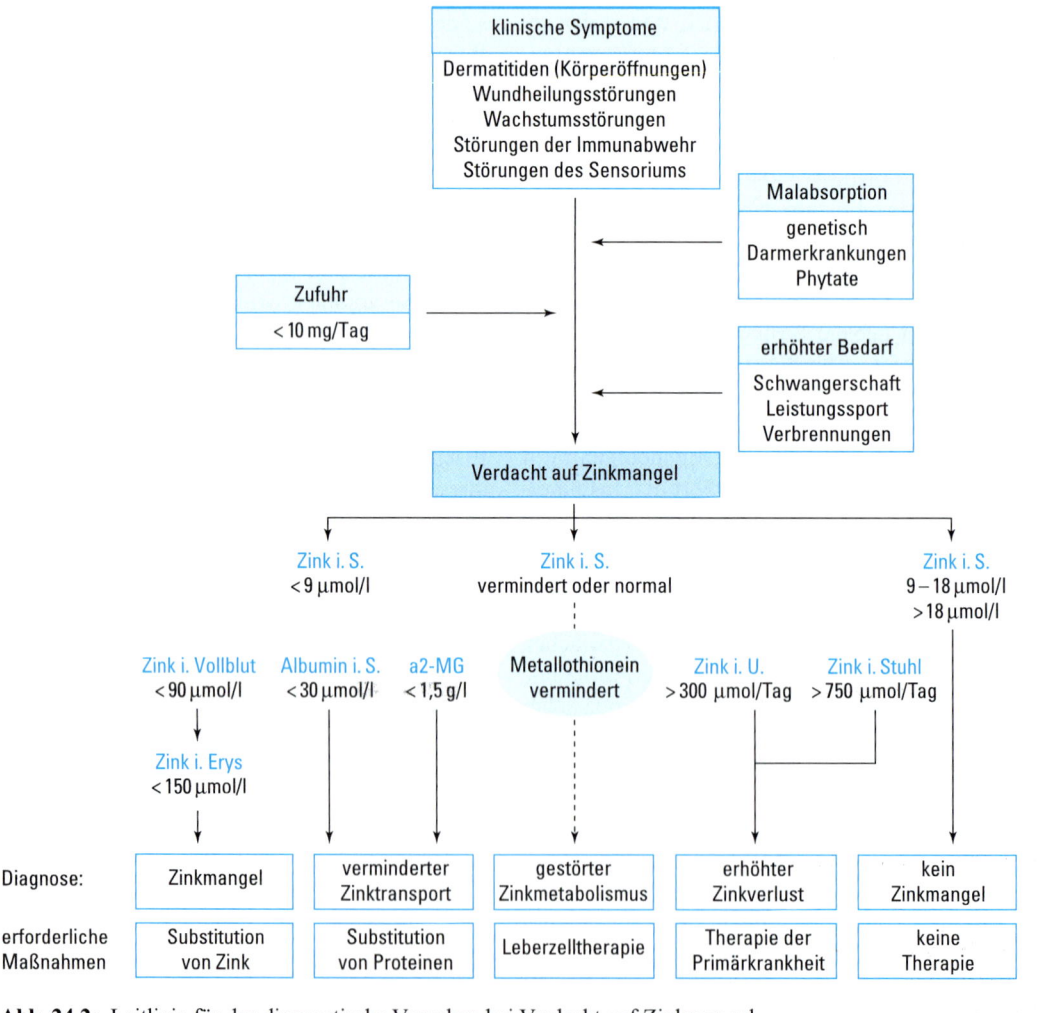

Abb. 24.2: Leitlinie für das diagnostische Vorgehen bei Verdacht auf Zinkmangel.

wechsel beteiligt [9]. Zudem kontrolliert das Element die Integrität von Biomembranen und greift regulierend in das Immunsystem ein. Zink beeinflusst dabei die zellvermittelte Immunität, die Antikörperreaktionen und -affinität, das Komplementsystem und die Phagozytenaktivität. Zink wirkt mit bei der Wundheilung entweder durch die Aktivierung des Thymushormons Thymulin und die dadurch ausgelöste Lymphozytenproliferation oder aber durch seine Funktionen bei der DNA-, Protein- und Kollagensynthese, die für das Zellwachstum unerlässlich sind. Eine wichtige Rolle spielt Zink außerdem bei der Aktivierung und Inaktivierung von Insulin.

Das Zinkangebot der Nahrung repräsentiert im Mittel in Deutschland ein bedarfsdeckendes Angebot. Ein Defizit an Zink beruht vorwiegend auf einer verminderten Zufuhr oder einer reduzierten Verfügbarkeit infolge inhibierter Resorption durch andere Elemente. Neben einem Zinkverlust mit dem Urin liegt außerdem der Grund für einen Zinkmangel in einem erhöhten Bedarf infolge von Grunderkrankungen, welche die Homöostase stören. Einfluss auf die Konzentrationen im Plasma haben weiterhin das Alter, die Zusammensetzung der Nahrung, der Proteinstatus und Akute-Phase-Reaktionen bei Infektionen [10]. Beim Menschen führt schon ein geringer Mangel an Zink zu einer verminderten, allerdings nach Zinkzufuhr reversiblen Thymulinaktivität und Reduktion des zellulären Immunsystems.

Ein Beispiel für das diagnostische Vorgehen bei Verdacht auf einen Mangel an Spurenelementen ist die Abklärung des Zinkmangels in Abbildung 24.2. Der Referenzbereich des Plasmazinks für Erwachsene (9 und 18 µmol/l) ist für Kinder und Jugendliche etwas enger (11 bis 16 µmol/l). Die tägliche Zufuhr sollte mindestens 10 mg Zink pro Tag betragen. Schwangere und Stillende haben einen bis zum Doppelten so hohen täglichen Bedarf an Zink. Mit dem Urin werden normalerweise bis zu 15 µmol/l ausgeschieden.

Eine notwendige Zinksubstitution sollte 200 mg pro Tag nicht überschreiten, da mit darüber liegenden Dosierungen Schleimhautreizungen, gastrointestinale Störungen und Beeinträchtigungen des Immunsystems verursacht werden können, soweit die Resorption des oral zugeführten Zinks als Aspartat, Glukonat, Orotat oder Sulfat eine uneingeschränkte Aufnahme zulässt. Wichtige Interaktionen insbesondere bei der Resorption bestehen mit Kupfer und Eisen, wodurch ebenso wie durch Phytate eine verminderte Aufnahme von Zink resultieren kann.

24.3 Analytik der Spurenelemente

24.3.1 Untersuchungsmaterial

Der Versorgungsstatus des menschlichen Körpers mit Spurenelementen wird zumeist durch Bestimmungen der Elemente im Serum bzw. Plasma ermittelt, da dieses Untersuchungsmaterial einfach zu gewinnen und zu verarbeiten ist. Konzentrationen im Blut, dem Transportmedium zwischen den Körperkompartimenten, spiegeln bei den gebräuchlichen klinisch-chemischen Parametern biochemische Prozesse in den Geweben und Organen wider. Leider gilt dies nicht für Spurenelemente. Gründe dafür sind eine fehlende Organspezifität, instabile Proteinbindungen und ständige Fluktuationen infolge verstärkter biochemische Restaurierungsprozesse bei akuten Prozessen in Organen und Geweben.

Das klassische Verfahren zur Beurteilung von Spurenelementen als Biomarker im experimentellen Tierversuch ist die alimentäre Depletion mit anschließender Repletion. Dabei zeigt sich am besten eine Beziehung zwischen einem Element in der Nahrungszufuhr und dem Gehalt in den Geweben bzw. Organen. Dies verbietet sich allerdings beim Menschen. Als Untersuchungsmaterialien für die Beurteilung des Versorgungsstatus kämen neben Organgewebe auch Muskelzellen in Betracht. Die Probennahme ist jedoch invasiv, ethisch nicht vertretbar und ließe sich zudem nur schwer standardisieren.

Aktivitäten von „Indikatorenzymen" werden gelegentlich zur Diagnostik eines Defizits an Spurenelementen herangezogen. Sie sind jedoch ebenso ungeeignet zur Diagnose einer Mangelversorgung wie Konzentrationsbestimmungen im Urin, da bei einer niedrigen Ausscheidung weder zwischen einer Unterversorgung im Gewebe und einer verminderten aktuellen Aufnahme unterschieden werden kann. Eine eingeschränkte Aussagekraft besitzt die Untersuchung in Haaren oder Nägeln ausschließlich bei toxikologischen Fragestellungen. Zur Erkennung einer Mangelversorgung essenzieller Elemente jedoch sind diese Probenmaterialien unbrauchbar [11].

Wirklich relevante Informationen über Bioverfügbarkeit, Essentialität und Toxizität von Spurenelementen sind nur durch Speziesanalytik (Speciation) im Plasma zu gewinnen [12, 13]. Identifizierung und Quantifizierung der Bindungsformen und Valenzzustände eines Elements durch speziespezifische Trennverfahren werden in wenigen Forschungslaboratorien durchgeführt. Die Methode ist jedoch noch nicht standardisiert und für Routinelaboratorien bislang zu aufwendig.

Zur Beurteilung des Versorgungsstatus beim Menschen wird vielfach die Analyse von Spurenelementen in Erythrozyten vorgeschlagen. Noch aussagekräftiger ist die Analyse des intrazellulären Gehalts peripherer Blutzellen [14]. Aufgrund ihrer Herkunft aus dem stoffwechselaktiven Knochenmark und ihrer unterschiedlichen Funktionen lassen ihre Merkmale Rückschlüsse auf verschiedene Versorgungszeiträume bzw. auf die Rolle der Elemente in im Organismus zu. Aber auch hier ist der Aufwand der Analytik so hoch, dass derartige Untersuchungen nur wenigen Speziallabors vorbehalten sind.

24.3.2 Präanalytik

Mit zunehmendem technischen Fortschritt in der Analytik der Spurenelemente wird eine hohe Präzision und Richtigkeit der Bestimmungen erreicht, sodass die präanalytischen Arbeitsschritte zunehmend an Bedeutung bei der Bewertung der Messergebnisse gewonnen haben. Sowohl die Vorbereitung der Probanden als auch Art und Zeitpunkt der Probengewinnung und die Verarbeitung und Lagerung des Materials bedürfen vor Beginn der eigentlichen Analytik sorgsamer Überprüfung [15]. Für einige Spurenelemente wurden Konzentrationsveränderungen während des Tagesverlaufs festgestellt. So finden sich die höchsten Zinkkonzentrationen morgens um 8 Uhr, das Minimum liegt bei etwa 20 Uhr [16]. Bei der Abnahme am stehenden Patienten sind um bis zu 20 % niedrigere Zinkwerte als am liegenden Patienten zu finden. Durch starke Stauung und Aspiration bei der Blutabnahme kann es zur Hämolyse und zur Freisetzung von Spurenelementen aus Erythrozyten kommen. Werden die Zellbestandteile der Blutprobe nicht abgetrennt, so ist pro Stunde eine ca. 6-prozentige Zunahme des Zinkgehalts im Serum feststellbar [17].

Wesentliche Quellen für Kontaminationen sind Abnahmegefäße, Kanülen und Antikoagulantien, ebenso Gummistopfen, Reagenzien, Verdünnungslösungen, Hilfsmaterialien (z. B. Pipettenspitzen) aber auch die Umgebung des Arbeitsplatzes (Staub, Desinfektionsmittel, Schweiß, Kosmetika und das Klima). Um Kontaminationen möglichst auszuschließen, müssen die Proben sorgfältig und verschlossen aufgearbeitet werden. Die Verdünnungslösungen zur Bestimmung von Chrom und Zink müssen täglich neu hergestellt werden. Probenröhrchen und Messcups sind mit einer 1 %igen Salpetersäurelösung vorzureinigen. Verunreinigungen des Materials durch Elemente aus Reagenzien und Trennmedien sind als Reagenzienleerwerte zu berücksichtigen. Zur Überprüfung der präanalytischen Störfaktoren wird die Kontamination jedes Spurenelements im gesamten Probenabnahme- und Aufbereitungssystem ermittelt. Mögliche Verunreinigungen werden als Differenz der Konzentrationen vor und nach dieser Prozedur angegeben. Sie sollten unterhalb der Nachweisgrenze liegen.

Sekundärgefäße zur Probenverarbeitung und -lagerung können außerdem durch Absorption des zu untersuchenden Elements an die Gefäßwand zu falsch niedrigen Messergebnissen führen. Durch Ansäuern der Probelösungen mit 0,2 %iger Salpetersäure wird die Adsorption von Elementen an Gefäßwände verhindert. Je niedriger die Konzentration eines Elementes im Untersuchungsmaterial ist, desto größer ist die Gefahr von Fehlmessungen im Verlauf von Probennahme und Aufbereitung in der präanalytischen Phase.

24.3.3 Methodik

Vorteile der elektrothermalen Atomabsorptionsspektroskopie sind ihre hohe Sensitivität und Präzision sowie der Bedarf sehr geringer Probenmengen. Die Hauptprobleme sind Einflüsse von seiten der Matrix und deren Verschiedenheit zu Referenz- oder Kalibrationsmaterialien. Die meisten Störeinflüsse in Form von spektralen Interferenzen werden durch die Zeeman-Untergrundkorrektur korrigiert. Bei der Bestimmung von Chrom können die Matrixunterschiede durch eine Standardadditionskalibrierung vermindert werden. Zur Analyse von Kupfer-, Selen- und Zinkkonzentrationen wird das Standardkalibrierungsverfahren eingesetzt und eine Bezugskurve direkt mit einem serumhaltigen Referenzmaterial erstellt. Die Problematik bei dieser Kalibrationsart liegt in der Vertrauenswürdigkeit der Zielwertangaben der Kalibrationsmaterialien, die besonders im Bereich der Spurenanalytik kritisch zu bewerten sind [18]. Die vom Hersteller angegebene charakteristische Masse, eine Größe für die Empfindlichkeit des Atomabsorptionspektrometers, kann jedoch bei einer Optimierung der Messprogramme durchaus für jedes Element erreicht werden. Es kann daher davon ausgegangen werden, dass die genannten Störeinflüsse bei sorgfältigem analytischem Vorgehen weitgehend kompensiert werden können.

Im Folgenden sollen für die vier wichtigsten, essenziellen Spurenelemente kurz die Methoden der Atomabsortionsspektroskopie (AAS) skizziert werden. Hinsichtlich dieser Elemente hat sich die AAS wegen ihrer Zuverlässigkeit, Praktikabilität und Wirtschaftlichkeit weitgehend durchgesetzt.

24.3.3.1 Chrom

Die Bestimmung von Chrom wird mit der elektrothermalen Atomabsorptionsspektroskopie (ET-AAS) durchgeführt. Die Proben werden in pyrolytisch beschichteten Graphitrohren atomisiert. Die Messung erfolgte ohne Untergrundkorrektur unter Einsatz einer Hohlkathodenlampe als Strahlungsquelle. Die technischen Daten des Verfahrens zeigt Tabelle 24.2.

Tabelle 24.2: Technische Parameter zur Bestimmung von Chrom.

Spektrometer	Elektrothermale Atomabsorptionsspektroskopie (ET-AAS)
Untergrundkorrektur	Deuteriumlampe „off"
Wellenlänge	357,9 nm
Spaltbreite	0,5 nm
Signalverarbeitung	Peakhöhe
Messzeit	1 Sekunde
Lampe/Lampenstrom	Hohlkathodenlampe/7 mA
Schutzgas	Argon
Graphitrohrtyp	pyrolytisch beschichtet

Die Messcups werden mit einer 1 %igen Salpetersäurelösung vorgereinigt. Alle Proben werden mit dem gleichen Temperatur- und Zeitprogramm getrocknet, mit Luftsauerstoff bei 600 °C und unter Argon bei 1.100 °C thermisch vorbehandelt und anschließend bei 2.500 °C atomisiert. Um Matrixeffekte auszuschließen, wird zur Bestimmung von Chrom eine Standardadditionkalibrierung durchgeführt. Dazu werden verschiedene Volumina einer wässrigen Chromstandardlösung entsprechend dreier Konzentrationsstufen zu einem Probenpool gegeben und gemessen.

24.3.3.2 Kupfer

Die Bestimmung der Kupferkonzentrationen im Vollblut und in den Fraktionen des Vollbluts wird mit elektrothermaler Atomabsorptionsspektroskopie (ET-AAS) unter Einsatz der Untergrundkorrektur nach Zeeman durchgeführt. Die Analytik erfolgt in pyrolytisch beschichteten Graphitrohren mit einer Hohlkathodenlampe als Strahlungsquelle. Die technischen Daten des Verfahrens zeigt Tabelle 24.3. Alle

Tabelle 24.3: Technische Parameter zur Bestimmung von Kupfer.

Spektrometer	Elektrothermale Atomabsorptionsspektroskopie (ET-AAS)
Untergrundkorrektur	Zeemaneffekt
Wellenlänge	324,8 nm
Spaltbreite	0,7 nm
Signalverarbeitung	Peakfläche
Messzeit	3 Sekunden
Lampe/Lampenstrom	Hohlkathodenlampe/15 mA
Schutzgas	Argon (maximaler Gasfluss 300 kPa)
Graphitrohrtyp	pyrolytisch beschichtet

Proben werden mit dem gleichen Temperatur- und Zeitprogramm getrocknet, anschließend bei 900 °C thermisch vorbehandelt und bei 2.000 °C atomisiert. Zur Bestimmung der Kupferkonzentration wird ein Standardkalibrierungsverfahren eingesetzt. Die Bezugskurve wird durch Bestimmung der Extinktionen von fünf verschiedenen Volumina (0, 5, 10, 15, 20 µl) einer matrixhaltigen Bezugslösung erstellt.

24.3.3.3 Selen

Die Selenkonzentrationen werden mit elektrothermaler Atomabsorptionsspektroskopie (ET-AAS) unter Einsatz der Untergrundkorrektur nach Zeeman bestimmt. Zum Einsatz kommt eine elektrodenlose Lampe als Strahlungsquelle sowie pyrolytisch beschichtete Graphitrohre mit integrierter Plattform. Als Matrixmodifier wird Palladium-Magnesium-Nitrat und als Oxidationsmittel Luft/Wasserstoffperoxid verwendet. Die technischen Parameter der Methode sind in Tabelle 24.4 zusammengestellt.

Vom Probendosierer werden 20 µl Probe in das Graphitrohr eingebracht, anschließend 10 µl Palladium-Magnesium-Nitrat-Modifier und 5 µl Wasserstoffperoxid zugegeben. Durch ein für alle Matrizes identisches Temperatur- und Zeitprogramm werden die Proben zunächst getrocknet, dann unter Luftsauerstoff bei 500 °C und unter Argon bei 1.200 °C thermisch vorbehandelt und bei 2.200 °C atomisiert.

Tabelle 24.4: Technische Parameter zur Bestimmung von Selen.

Spektrometer	Elektrothermale Atomabsorptionsspektroskopie (ET-AAS)
Untergrundkorrektur	Zeemaneffekt
Wellenlänge	196 nm
Spaltbreite	2,0 nm
Signalverarbeitung	Peakfläche
Messzeit	3 Sekunden
Lampe/Lampenstrom	Elektrodenlose Lampe/ 280 mA
Schutzgas	Argon (maximaler Gasfluss 300 kPa)
Oxidationsmittel	Luft (Gasfluss 300 kPa), Wasserstoffperoxid
Modifier	Palladium-Magnesium-Nitrat
Graphitrohrtyp	pyrolytisch beschichtet mit integrierter Plattform

Zur Bestimmung der Selenkonzentration wird eine Standardkalibrierung mit einem Kontrollmaterial durchgeführt. Das Referenzmaterial auf Serumbasis wurde dazu wie die Plasmaproben mit Verdünnungslösung verdünnt. Fünf verschiedene Volumina (0, 5, 10, 15, 20 µl) dieser Bezugslösung werden entsprechend fünf Konzentrationsstufen gemessen und die Signale dem Gehalt der verwendeten Charge des Referenzmaterials zugeordnet.

24.3.3.4 Zink

Die Analyse der Zinkkonzentrationen erfolgt mit elektrothermaler Atomabsorptionsspektroskopie (ET-AAS) unter Einsatz eines Zeeman-Untergrundkorrektur. Als Strahlungsquelle dient eine Hohlkathodenlampe und zur Atomisierung des Elements werden pyrolytisch beschichtete Graphitrohre verwendet (Tab. 24.5).

Tabelle 24.5: Technische Parameter zur Bestimmung von Zink.

Spektrometer	Elektrothermale Atomabsorptionsspektroskopie (ET-AAS)
Untergrundkorrektur	Zeemaneffekt
Wellenlänge	213,9 nm
Spaltbreite	0,7 nm
Signalverarbeitung	Peakfläche
Messzeit	10 Sekunden
Lampe/Lampenstrom	Hohlkathodenlampe/15 mA
Schutzgas	Argon (maximaler Gasfluss 300 kPa)
Graphitrohrtyp	pyrolytisch beschichtet

23.3.4 Referenzwerte für Spurenelemente (Tab. 24.6)

Üblicherweise ist in der Laboratoriumsmedizin Blut ein geeignetes Untersuchungsmaterial, weil es als Transportmedium zwischen allen Kompartimenten des Organismus Signalcharakter für biochemische Veränderungen in schwer zugänglichen Organen hat und in der Regel eine Homöostase widerspiegelt. Dieser Gesetzmäßigkeit unterliegen Spurenelemente im menschlichen Organismus leider nicht, da sie weder eine strenge Organspezifität noch spezifische Speichereigenschaften besitzen [19]. Folgerichtig stellt das Blut als Vermittler zwischen den

Tabelle 24.6: Referenzwerte für Spurenelemente.

Messgröße		Serum/Plasma	Vollblut	Urin
Chrom	Cr	8 – 14 nmol/l	60 – 85 nmol/l	< 2,5 nmol/l
Fluor	F	0,3 – 1,0 µmol/l		< 26 µmol/l
Jod	I	0,3 – 0,6 µmol/l		
Kobalt	Co	< 8,5 nmol/l	8,5 – 65 nmol/l	< 17 nmol/l
Kupfer	Cu	12 – 20 µmol/l	12 – 14 µmol/l	0,08 – 0,5 µmol/l
Mangan	Mn	< 15 nmol/l	0,1 – 0,2 µmol/l	2 – 27 nmol/l
Molybdän	Mo	< 10 nmol/l	0,01 – 0,1 µmol/l	0,1 – 0,2 µmol/l
Selen	Se	0,9 – 1,8 µmol/l	0,8 – 1,0 µmol/l	0,05 – 0,2 µmol/l
Zink	Zn	9 – 18 µmol/l	90 – 125 µmol/l	4 – 13 µmol/l

Organen zwar das Transportmedium, nicht jedoch einen jederzeit geeigneten oder gar optimalen Indikator für aktuelle Bestandsaufnahmen oder die Erkennung von Fluktuationen zwischen den verschiedenen Kompartimenten dar.

Zu der Tatsache fehlender Organspezifität kommen unterschiedlich intensive, metabolische Aktivitäten, die akut für ihre biochemischen Prozesse Spurenelemente als Katalysatoren oder Metalloproteine benötigen und aus dem Blut abziehen.

24.3.5 Zuverlässigkeit der Spurenelementanalytik

Verunreinigungen der Proben durch Spurenelemente aus den benutzten Reagenzien müssen bei der Analytik als Reagenzienleerwerte berücksichtigt werden. Zur Untersuchung von präanalytischen Kontaminationen während der Probenaufarbeitung werden jeweils 5 ml eines Plasmapools mit den zur Blutabnahme verwendeten Kanülen in Lithiumheparin-haltige Monovetten aufgezogen und in gleicher Weise wie die Proben bearbeitet. Die Verunreinigung der Proben wird als Differenz der Spurenelementkonzentration des Plasmapools vor und nach dieser Prozedur angegeben.

Die Zuverlässigkeit der Analytik von Spurenelementen mit ET-AAS wird anhand der Nachweisgrenze, der Präzision und der Richtigkeit überprüft. Die Nachweisgrenze wird als dreifache Standardabweichung von 20 Messungen des Probenleerwerts errechnet. Die Angabe der Präzision von Tag zu Tag erfolgt als Mittelwert mit zweifacher Standardabweichung der Konzentration von 20 Messungen gleichen Kontrollmaterials an aufeinanderfolgenden Tagen bzw. als Variationskoeffizient (Standardabweichung in Prozent vom Mittelwert). Veränderungen der Bezugsgeraden im Verlauf von Serienbestimmungen werden durch Mitführen eines Kontrollserums nach jeder 10. Probe ausgeschlossen. Typische Präzisions- und Richtigkeitsmerkmale der Bestimmung von Spurenelementen mit der ET-AAS sind in Tabelle 24.7 dargestellt.

Tabelle 24.7: Zuverlässigkeit der Analytik von Spurenelementen mit ET-AAS (in µmol/l).

Element	Cr	Cu	Se	Zn
Dimension	nmol/l	µmol/l	µmol/l	µmol/l
Kontamination bei der Probenvorbereitung	< 0,003	< 0,19	< 0,05	< 0,5
Nachweisgrenze	0,003	0,19	0,05	0,5
Präzision	0,0154 ± 0,00085	13,4 ± 0,31	1,50 ± 0,03	22,9 ± 0,74
Variationskoeffizient	5,5 %	2,3 %	2,0 %	1,6 %
Richtigkeitskontrolle	184,6 : 99 %	10,4 : 97 %	1,05 : 98 %	19,6 : 99 %
externe Qualitätskontrolle (Ringversuch)	149,2 : 96 %	19,3 : 102 %	0,67 : 96 %	20,2 : 98 %

24.4 Vitamine

Vitamine sind organische Verbindungen, die vom Organismus für lebenswichtige Funktionen benötigt werden, aber wie die Spurenelemente im Stoffwechsel nicht oder nicht in ausreichendem Umfang hergestellt werden können. Sie stellen Substanzen dar, die neben den Hauptbestandteilen einer Zelle wie Kohlenhydraten, Fetten, Proteinen und Nukleinsäuren gemeinsam mit den Spurenelementen in sehr geringen Konzentrationen wirksam werden und für die Funktion vieler biochemischer Prozesse unentbehrlich sind. Sie sind für den Menschen essenziell und müssen entweder als fertige Vitamine oder als Provitamine mit der Nahrung zugeführt werden. Sie sind als Cofaktoren an katalytischen oder hormonähnlich Stoffwechselfunktionen beteiligt. Dazu werden nur sehr geringe Mengen benötigt.

Der Name „Vitamin" wurde zu Beginn des 20. Jahrhunderts aus „vita" (Leben) und „Amine" gebildet in der Annahme, dass es sich bei den Vitaminen um Amine handle. Dies war jedoch nur bei dem bis dato entdeckten Thiamin der Fall, während alle anderen Vitamine den verschiedensten chemischen Gruppen, wie Kohlenhydraten, Purinen, Sterinen u. a. angehören. Sie sind jedoch durch ihre Wirkung definiert, nicht durch ihre chemische Struktur und werden in zwei große Klassen eingeteilt:

– **wasserlösliche** Vitamine (C, B_1, B_2, B_6, B_{12}, Folsäure, Biotin, Niacin und Pantothensäure) und
– **fettlösliche** Vitamine (A, D, E und K).

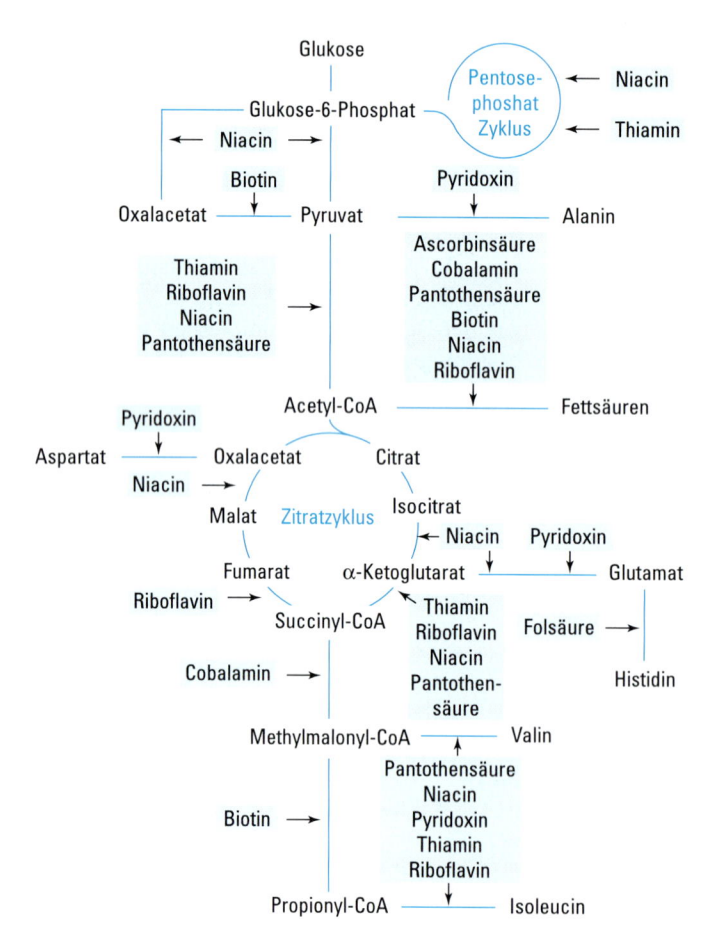

Abb. 24.3: Die Einwirkungen verschiedener Vitamine auf den Stoffwechsel (nach Vitamin Lexikon, Fischer-Verlag 1997).

Diese Gruppeneinteilung berücksichtigt sinnvollerweise die biologische Verfügbarkeit bei Prozessen wie der Resorption, dem Transport, der Verteilung, der Speicherung und der Ausscheidung in Abhängigkeit von der Löslichkeit.

24.4.1 Pathobiochemie der Vitamine

Vitamine werden von Pflanzen und Mikroorganismen synthetisiert. In den menschlichen Organismen gelangen sie mit der Nahrung oder durch Darmbakterien. In einigen Fällen können Vitaminvorstufen (Provitamine) im Organismus in ihre aktive Form umgewandelt werden. Zu Hypovitaminosen oder Avitaminosen kommt es entweder infolge falscher oder ungeeigneter Ernährung, ungenügender intestinaler Resorption, Zerstörung der Darmflora oder Zufuhr von Vitaminantagonisten [20]. Klinische Mangelerscheinungen treten am häufigsten im Zusammenhang mit Leberschäden durch Stoffwechselstörungen und Depotverluste auf (Tab. 24.8).

Häufigkeit und Schweregrad von Vitaminmangelzuständen sind in Mitteleuropa heutzutage stark rückläufig. Besondere Risikopersonen sind Schwangere und Stillende [21]. Vor allem in der zweiten Hälfte der Schwangerschaft werden erhebliche Vitaminmengen von der Mutter auf den Foeten übertragen. Dabei werden sie unabhängig von den mütterlichen Vitaminreserven aktiv durch das Plazentagewebe transportiert. Der erhöhte Vitaminbedarf während der Schwangerschaft läuft nicht parallel zu einem erhöhten Energiebedarf, wodurch es zu einem Defizit kommen kann.

Auch bei Kindern und Jugendlichen kann es vor allem in Phasen intensiven Wachstums zu einem Vitaminmangel kommen. Die wichtigste Quelle unzureichender Vitaminversorgung und eines darauf aufbauenden Vitaminmangels ist eine Fehlernährung durch Einseitigkeit und eine inkorrekte Speisenzubereitung. Längeres Warmhalten von Speisen führt z. B. bei der Folsäure zu nahezu hundertprozentigen Verlusten. Kurzes Erhitzen schadet weniger als langes Warmhalten. Beim Kochen von Speisen werden wasserlösliche Vitamine ins Kochwasser extrahiert und gehen verloren, wenn das Kochwasser nicht mitverwendet wird.

Ähnlich starke Verluste finden sich bei der Lagerung licht- und sauerstoffempfindlicher Vitamine. So verliert z. B. die Kartoffel bei der Kellerlagerung über Winter etwa 65 % ihres ursprünglichen Ascorbinsäure-Gehaltes. Durch die Lagerung von Gemüse und Obst können Vitamine durch enzymatische Vorgänge abgebaut werden. Dies kann durch Tiefgefrieren verlangsamt werden. Bei der Herstellung von Konserven werden die abbauenden Enzyme durch kurze Hitzeeinwirkung inaktiviert.

Da viele Jugendliche bereits in erheblichem Umfang Zigaretten rauchen, ist auch dadurch eine Gefährdung der Bedarfsdeckung möglich, da starkes Rauchen den Bedarf an Ascorbinsäure erheblich steigert. Bei häufigem Alkoholgenuss kommt es zu einer Nährstoffverdrängung. Der Alkohol hilft zwar in gewissem Umfang, den Energiebedarf zu decken; er enthält jedoch nur in geringem Umfang (Bier) essenzielle Nährstoffe und Vitamine.

Zu einer weiteren Risikogruppe zählen die Senioren. Bei älteren Menschen kommt es zu einem durchschnittlich um ein Viertel verminderten Energiebedarf, nicht jedoch zu einem ebenso verminderten Vitaminbedarf. Ältere Menschen, insbesondere allein versorgende Männer, laufen besonders Gefahr, gemeinsam mit anderen Mangelerscheinungen auch einen Vitaminmangel zu entwickeln.

24.4.2 Vitamine im Einzelnen (Tab. 24.8)

24.4.2.1 Retinol (Vitamin A)

Retinol gehört zu der Gruppe der fettlöslichen Vitamine. Die alte Bezeichnung für Retinol bzw. Axerophthol ist Vitamin A. Die Vorstufen (Provitamine) sind die Carotinoide. Retinol ist ein Schutzstoff für die Epithelgewebe des Ektoderms und stabilisiert insbesondere die normale Struktur der Epithelien. Es geht durch Oxidation in Retinal über, das Bestandteil des Sehpurpurs ist (Rhodopsin).

Die ausreichende Anwesenheit von Retinol ist eine wesentliche Vorbedingung für die Bildung von Sehfarbstoffen in der Retina. Von ihnen

Tabelle 24.8: Physiologische und pathophysiologische Bedeutung der Vitamine.

	Biochemische Bedeutung	Aufnahme und Speicherung	Vorkommen	Symptomatik des Mangels
Retinole (Vitamin A)	Sehvorgang, Epithelschutz, Zelldifferenzierung, Knochenwachstum, Beseitigung von Sauerstoffradikalen.	In der Leber. Voller Speicher reicht für ca. 1 Jahr.	Retinole kommen ausschließlich in tierischen Lebensmitteln vor, stammen weitgehend aus dem Abbau von Carotinoiden, die von höheren Pflanzen und Mikroorganismen synthetisiert werden. Hohe Gehalte in Lebertran, Leber, Aal.	Nachtblindheit, erfolgt von Trockenheit und Schmerzen auf der Hornhaut bis zur völligen Blindheit, Geschmacksstörungen. Häufigkeit, Schwere und Sterblichkeit verschiedener Infektionskrankheiten werden durch Retinol-Mangel potenziert.
Thiamin (Vitamin B$_1$)	Coenzym in der Pyruvatdehydrogenase, Transketolase u. a.	Aktiver Transport und Diffusion, Resorption begrenzt, keine Speicherung.	Sowohl in tierischen als auch in pflanzlichen Lebensmitteln, hauptsächlich in Vollkornprodukten, Kartoffeln, Hülsenfrüchten und Schweinefleisch.	Gewichtsabnahme, Reizbarkeit, Appetitlosigkeit, Herz-Kreislaufschwäche Neuritis, Schwäche und Gefühlsstörungen in den Beinen, Augenmuskelschwäche, Nystagmus, Koordinationsstörungen, Gedächtnisstörungen, Halluzinationen, Krämpfe, Beriberi.
Riboflavin (Vitamin B$_2$)			In tierischen und pflanzlichen Lebensmitteln, vor allem in Hefe, auch in Milch- und Milchprodukten, Kartoffeln, Getreide.	Wenig typische Erscheinungen sind Rhagaden an den Mundwinkeln und Läsionen der Haut und Schleimhaut. Entzündungen der Cornea.
Pyridoxin (Vitamin B$_6$)	Pyridoxal-5-phosphat ist u. a. Coenzym der Transaminasen.		In der Natur weit verbreitet, hoher Gehalt in Fleisch (speziell Innereien), Kartoffeln, Getreide, Hülsenfrüchten, Gemüse.	Selten. Appetitlosigkeit, Übelkeit Überempfindlichkeit gegenüber Schmerzreizen.
Pantothensäure	Das Coenzym A spielt eine zentrale Rolle im Fettstoffwechsel, bei der Cholesterinsynthese und im Kohlenhydrat- und Aminosäurestoffwechsel.		In fast allen Lebensmitteln enthalten, hoher Gehalt in Innereien, vor allem Leber, Heringen, Getreide.	Isolierter Pantothensäuremangel wurde beim Menschen nicht beobachtet, nur in Kombination mit anderen Vitamin B-Mangelzuständen (z. B. chronischer Alkoholismus, Mangelernährung, Darmerkrankungen).

Niacin	Wird im Organismus zum größten Teil für die Bildung der Coenzyme NAD und NADP benötigt, die an einer Vielzahl von enzymatischen Redox-Reaktionen beteiligt sind.	Nicotinsäure kann in kleinen Mengen aus Tryptophan synthetisiert werden. Jedoch reicht die Eigenproduktion nicht aus, sodass es im Wesentlichen mit der Nahrung zugeführt werden muss.	Geröster Kaffee enthält beträchtliche Mengen Nicotinsäure.	Eine typische Niacin-Mangelerkrankung ist die Pellagra infolge einer einseitigen Ernährung mit Mais (braune Hautpigmentierungen im Gesicht und an den Extremitäten, schwere Durchfälle, Störungen des zentralen Nervensystems mit Verwirrungszuständen und Halluzinationen).
Biotin	Biotin ist Coenzym verschiedener Enzyme (Karboxylasen, Transkarboxylasen) im Kohlenhydrat-, Fett- und Aminosäurestoffwechsel.	Na^+-abhängiger Transport von freiem Biotin. Gebundenes Biotin muss durch eine Biotinidase freigesetzt werden.	Weit verbreitet, aber in geringen Konzentrationen. Hauptquellen sind Leber, Nieren, Milch, Eier, Kartoffeln, Nüsse.	Austrocknung von Haut und Schleimhäuten, Abgeschlagenheit und Parästhesien. Bei antiepileptischer Behandlung besteht ein erhöhter Bedarf.
Folsäure	Siehe Kapitel 9.			
Cobalamin (Vitamin B_{12})	Siehe Kapitel 9.			
Ascorbinsäure (Vitamin C)	Antioxidative Wirkung (beseitigt Sauerstoffradikale), zerstört krebserregende Substanzen (Nitrosamine), spielt möglicherweise eine Rolle bei der Infektabwehr.	Geringe Speicherung: ca. 1,5 g. Der tägliche Verlust beträgt 3,2 %.	Hauptsächlich in frischem Obst und Gemüse, höchste Gehalte in Paprika, Johannisbeeren und Zitrusfrüchten.	Skorbut, Knochenschmerzen, Herzrhythmusstörungen, niedriger Blutdruck, Schwellung des Gaumens, schlechte Wundheilung.
Calciferole (Vitamin D)	Siehe Kapitel 21.			
Tocopherol (Vitamin E)	Stärkstes biologisches Antioxidans. Der Wirkmechanismus erfolgt über die Beseitigung von Sauerstoffradikalen. Essenziell für Muskelstoffwechsel und Erythrozytenstabilität, stärkt die zelluläre Immunabwehr, hemmt Entzündungen, hemmt die Thromboxan A_2-Synthese, verbessert die Durchblutung.	Fettgewebe, Nebennieren, Muskeln.	Nur in Pflanzen, hauptsächlich in Weizenkeimöl, Sonnenblumenöl, Maiskeimöl, Margarine, Mandeln, Haselnüssen etc.	Ein isolierter Tocopherol-Mangel ist selten. Beim Frühgeborenen können Blutbildungs- und Reifungsstörungen, Nerven- und Lungenschäden vorkommen.
Vitamin K (Phyllochinon)	Siehe Kapitel 11.			

hängt das Hell-Dunkel-Sehen und die Farbunterscheidung des Auges ab. Außerdem ist Retinol wesentlich bei der Bildung oberflächennaher Zellen der Haut und der Haare beteiligt. Retinol kommt ausschließlich in tierischen, sein Provitamin β-Carotin hingegen nur in pflanzlichen Produkten vor. Diese Vorstufen wandelt der menschliche Organismus in der Darmwand in das Vitamin Retinol um.

Die biologische Wirksamkeit von Retinol ist ein vielfaches größer als die von Carotin. Beide wirken jedoch als Antioxidantien gegen freie Radikale, wenn auch im Vergleich zu den Vitaminen Tocopherol und Ascorbinsäure oder dem Spurenelement Selen wesentlich abgeschwächter. Retinol und seine Metabolite sind stark empfindlich gegenüber Licht. Beim Kochen können Verluste bis zu 80 % entstehen.

Mangelerscheinungen zeigen sich zunächst in Form von Lichtscheue und Sehschwierigkeiten im Dämmerlicht. Diese Funktionsverminderung des Gesichtssinns beruht auf der Tatsache, dass nicht ausreichend Rhodopsin produziert bzw. regeneriert werden kann. Es kommt zu einer abnehmenden Lichtstärke, Nachtblindheit genannt. Diese ist häufig mit trockenen und entzündeten Konjunktiven als Folge von Veränderungen der Epithelien im Sinne von Verhornungen und verminderter Tränenflüssigkeit verbunden. An der übrigen Körperoberfläche kommt es zu Haarausfall, brüchigen Nägeln sowie trockener, schuppender Haut und Akne.

24.4.2.2 Thiamin (Vitamin B_1)

Der alte Name für Thiamin bzw. Aneurin ist Vitamin B_1. In den Zellen kommt es als Thiaminpyrophosphat vor. Es ist als Bestandteil von Enzymen bei verschiedenen Prozessen beteiligt, die für die Energieversorgung des Organismus von Bedeutung sind. Zudem spielt Thiamin im zentralen und peripheren Nervensystem bei der Erregungsübertragung und bei der Regeneration eine wichtige Rolle.

Thiamin wird nach der Resorption im Darm im Blut nur sehr locker an Transportproteine gebunden und besitzt in Form seiner Vorstufe (Vitamere) nur eine sehr geringe Speicherkapazität. Eine Speicherfunktion im eigentlichen Sinne gibt es nicht. Deswegen ist eine laufende Zufuhr durch thiaminhaltige Nahrungsmittel essenziell. Thiamin ist empfindlich gegen Sauerstoff und Schwermetalle. Durch das Kochen kommt es zu Verlusten von nahezu 50 %.

Ein Mangel kommt durch Fehlernährung (Weißbrot, geschälter Reis), chronischen Alkoholabusus, Leberfunktionsstörungen und, wie bei allen Mikroelementen, durch eine übertriebene Reduktionsdiät zustande. Ein Thiamin-Mangel wirkt sich besonders in solchen Geweben aus, die viel Pyruvat oder Laktat umsetzen. Das ist vor allem der Herzmuskel (Glykolyse und Pyruvat-Dekarboxylierung) und das Nervengewebe (Resynthese von Acetylcholin). Häufig vorkommende, geringfügige Mangelerscheinungen sind charakterisiert durch Verdauungsstörungen, Appetitmangel und zentralnervöse Störungen wie Müdigkeit, Gedächtnisschwäche oder depressive Verstimmung. Bei schweren Mängeln treten zusätzlich koronare Störungen in Form von Durchblutungsstörungen und akuter Herzinsuffizienz auf. Neurologische Störungen manifestieren sich in Form von Krämpfen, Lähmungserscheinungen, Sensibilitätsstörungen bis hin zu ausgeprägten Hirnfunktionsstörungen (Wernicke-Korsakow-Syndrom). Thiamin-Mangel führt zu der besonders in Ostasien vorkommenden Krankheit Beriberi. Verursacht wird dieser Vitaminmangel durch die Gewohnheit, nahezu ausschließlich geschälten oder polierten Reis zu verwenden, bei dem die Vitaminhaltige dunkle Samenschale abgeschliffen wird.

24.4.2.3 Riboflavin (Vitamin B_2)

Die alte Bezeichnung für Riboflavin (bzw. Laktoflavin wegen seines Vorkommens in der Milch) ist Vitamin B_2. Es ist an einer Reihe von Reaktionen beteiligt, die für den Abbau von Fettsäuren und Purinen verantwortlich sind. Dabei sind sie vielfach an der Energiegewinnung in der Atmungskette beteiligt.

Riboflavin kann nur in freier Form resorbiert werden. In Lebensmitteln ist es in der Regel in Form von verschiedenen Phosphatverbindungen vorhanden. Für die Resorption bedarf es zunächst einer Freisetzung aus dieser Verbindung, um später in den Speicherorganen wie Leber, Niere oder Herz wieder in gebundener Form deponiert zu werden. Die Speicherdauer ist allerdings begrenzt auf maximal 6 Wochen. Riboflavin ist sehr empfindlich gegenüber UV-Licht und Hitze. Beim Kochen entstehen Verluste bis zu 50 %.

Unzureichende Zufuhr, chronischer Alkoholismus und hormonelle Kontrazeptiva sind häufig der Grund für einen Mangel an Riboflavin. Dieser äußert sich durch Hautveränderungen, wie Rötungen oder Schuppen in den Augenwinkeln, Lippenrisse, brüchige und stumpfe Fingernägel, Eintrübungen der Augenlinse (Katarakt) und neurovegetative Störungen.

24.4.2.4 Pyridoxin (Vitamin B_6)

Es handelt sich um einen Sammelbegriff für Pyridoxin und Pyridoxal. Die Rolle von Pyridoxin ist sehr vielfältig und besteht in seiner Beteiligung an der Synthese von Hämoglobin und Kollagen sowie an der Bildung von Neurotransmittern wie Dopamin, Histamin und Serotonin. Außerdem ist Pyridoxin an Reaktionen beteiligt, die den Um- und Abbau von Aminosäuren wie Cystein, Serin oder Threonin betreffen.

Pyridoxin kommt in Pflanzen vor, während Pyridoxal und Pyridoxalphosphat vorwiegend aus tierischen Quellen stammt. Die Bioverfügbarkeit von tierischem Pyridoxin ist wegen der direkten Resorption aus dem Darm größer. Pyridoxin pflanzlicher Herkunft muss zum größten Teil (80 %) erst noch für die Resorption umgebaut werden. Pyridoxin gelangt durch Diffusion aus dem Dünndarm in das Blut. Es ist wie viele andere wasserlösliche Vitamine nur über einen begrenzten Zeitraum speicherfähig. Bereits nach wenigen Wochen sind die Vitamin-B_6-Reserven aufgebraucht.

Pyridoxin ist empfindlich gegenüber UV-Licht und Schwermetallen. Die Verluste beim Kochen liegen bei ca. 20 %. Hitze bindet Pyridoxal (Phosphat) an Proteine, wodurch eine verminderte Verfügbarkeit resultiert.

Ursachen für einen Pyridoxin-Mangel liegen neben einer unzureichenden Zufuhr mit der Nahrung im chronischen Alkoholabusus und in einer verminderten Resorption bei Darmerkrankungen. In solchen Fällen kommt es zu klinischen Mangelerscheinungen mit den Merkmalen von Dermatitis, Muskelkrämpfen und Sensibilitätsstörungen.

24.4.2.5 Pantothensäure (früher Vitamin B_5)

Pantothensäure (veraltet auch Vitamin B_5 genannt) besteht aus Pantoinsäure, β-Alanin und Cysteamin. Sie bildet mit ADP (Adenosin-di-Phosphat) das Coenzym A. Dieses wird unter anderem für Auf- und Abbau von Kohlenhydraten, Eiweiß und Fett benötigt, sowie für die Energiegewinnung innerhalb der Zelle. Unerlässlich ist Coenzym A auch für hormonelle Prozesse. Als Coenzym A und als Baustein von Acyl-Carrier-Proteinen ist die Pantothensäure somit wesentlich am Kohlenhydrat- und Fettsäure-Stoffwechsel beteiligt.

Pantothensäure kann von Mikroorganismen und Pflanzen synthetisiert werden und ist in fast allen pflanzlichen und tierischen Geweben vorhanden. Vermutlich kann auch die von Darmbakterien produzierte Pantothensäure resorbiert werden. Es handelt sich in vivo um ein relativ stabiles Vitamin. Allerdings wird Pantothensäure durch Erhitzen bei der Lebensmittelzubereitung zum Teil zerstört, sodass beim Kochen mit einem Verlust von ca. 30 % gerechnet werden muss.

Ein Vitaminmangel ist beim Menschen äußerst selten. Es konnten bisher nur im Tierexperiment bei Pantothensäuremangel Parästhesien, Reflexstörungen und Depigmentierungen der Haare nachgewiesen werden.

24.4.2.6 Niacin (früher Vitamin B_3)

Niacin ist der Oberbegriff von Nikotinsäure und Nikotinamid. In der Natur kommt hauptsächlich Nikotin(säure)amid vor. Der veraltete Name ist Vitamin B_3. Niacin wird im Organismus zum größten Teil für die Bildung der Coenzyme NAD (Nikkotinamid-Adenin-Dinukleotid) und NADP (Nikotinamid-Adenin-Dinukleotid-Phosphat) benötigt, die an einer Vielzahl von enzymatischen Redoxreaktionen beteiligt sind. Es nimmt daher eine zentrale Stellung im Stoffwechsel von Kohlenhydraten, Fetten und Aminosäuren ein.

Es ist ein sehr stabiles Vitamin, das selbst bei starker Erhitzung kaum Verluste aufweist.

Nikotinsäure kann in kleinen Mengen aus Tryptophan synthetisiert werden, jedoch reicht die Eigenproduktion nicht aus, sodass es im Wesentlichen mit der Nahrung zugeführt werden muss. Es wirkt gefäßerweiternd, lipidsenkend (durch Hemmung der Lipolyse) und steigert die Hautdurchblutung. Gerösteter Kaffee enthält beträchtliche Mengen Nikotinsäure.

Eine typische Niacin-Mangelerkrankung ist die Pellagra, die jedoch heute sehr selten ist und auf einer einseitigen Ernährung mit Mais zu beobachten ist. Sie ist gekennzeichnet durch dermatologische Veränderungen (z. B. braune Hautpigmentierungen im Gesicht und an den Extremitäten), gastrointestinale Störungen (schwere Durchfälle), Störungen des zentralen Nervensystems (Demenz, Verwirrungszustände, Halluzinationen). Früher wurde Nicotinsäure auch als Pellagraschutzfaktor (Vitamin PP) bezeichnet.

24.4.2.7 Biotin (früher Vitamin H)

Eine alte Bezeichnung ist Vitamin H. Biotin kommt biochemisch in zwei Formen vor (α- und β-Biotin) und gehört einem Komplex von Wachstumsfaktoren für Hefen und Bakterien an. Es spielt in allen Organismen (Bakterien, Pflanzen, in den Organen höherer Tiere und des Menschen) eine Rolle. Dabei wirkt es als Cofaktor der Karboxytransferasen bei der Übertragung von Kohlenstoff. Diese Eigenschaft macht es zu einem wichtigen Bindeglied zwischen der Glukoneogenese (Pyruvatkarboxylase) und dem Fettsäure-Stoffwechsel (Propionyl-CoA-Karboxylase). Aufgrund dieser zentralen Bedeutung im Stoffwechsel ist Biotin wesentlich beteiligt am Wachstum und an der Erhaltung von Nervengewebe.

Biotin kommt in den meisten Nahrungsmitteln vor. Außerdem wird das Vitamin von der Darmflora gebildet. Mensch und Tier können Biotin nicht selbst synthetisieren. Die Bezeichnung Vitamin H (Haut und Haar) kommt von der Beobachtung, dass Ratten eine schwere Dermatitis mit Haarausfall bekommen, wenn sie mit einer Diät gefüttert werden, die als alleinige Grundlage nur rohes Eiereiweiß enthält. Im rohen Eiklar ist das Protein Avidin enthalten, das mit Biotin einen stabilen Komplex eingeht, der auch von Proteasen nicht angegriffen werden kann. Beim Erhitzen (Kochen) wird Avidin denaturiert, weswegen das intakte Biotin vollständig zur Verfügung steht. Biotin ist allerdings sehr empfindlich gegenüber UV-Licht.

Mangelerscheinungen sind beim Menschen sehr selten. Sie kommen durch vermehrten Verzehr durch rohe Eier zustande. Außerdem kann es im Zusammenhang mit anderen Mikroelementen zu einem Mangel infolge von Störungen der Darmflora bei Darmentzündungen kommen. Es treten Hautveränderungen, Haarausfall und Rhagaden an den Mundwinkeln auf. Unspezifische Symptome sind Appetitlosigkeit, Depressionen, Erschöpfungszustände und Muskelschmerzen.

24.4.2.8 Folsäure (früher Vitamin B_9)

Folsäure ist ein wasserlösliches Vitamin aus der B-Gruppe (früher Vitamin B_9 genannt). Natürlich vorkommende Folsäure besteht zur Hälfte aus einem freien und gut resorbierbaren Anteil und zur anderen Hälfte aus einem komplexen Molekül, in welchem die Folsäure verzweigt gebunden ist. Dieser Teil muss bei der Verdauung erst abgespalten werden, damit die Folsäure in vollem Umfang aufgenommen werden kann. Die Resorption des Folats aus der Nahrung ist deswegen häufig unvollständig. (Näheres siehe auch Kapitel 9.)

24.4.2.9 Cobalamin (Vitamin B_{12})

Cobalamin wird von Bakterien produziert und kommt ausschließlich in tierischen Lebensmitteln vor. Metabolite sind Cyanocobalamin, Hydroxycobalamin, Methylcobalamin und Adensosylcobalamin. Unter Cobalamin versteht man verschiedene Verbindungen, deren Struktur durch ein zentrales Cobaltatom gekennzeichnet ist und daher auch Cobalamine genannt werden. (Näheres siehe auch Kapitel 9.)

24.4.2.10 Ascorbinsäure (Vitamin C)

Der alte und immer noch sehr gebräuchliche Name für die L-Ascorbinsäure ist Vitamin C. Als Antioxidans übt Ascorbinsäure ebenso wie die Vitamine A und E eine wichtige Zellschutzfunktion aus, indem es aggressive freie Radikale abfängt und neutralisiert. Dies geschieht vor allem dadurch, dass es die oxidationsempfindlichen SH-Gruppen in vielen Enzymen stabilisiert. Es ist allerdings kein Enzym bekannt, bei dem Ascorbinsäure die Rolle eines Coenzyms spielt.

Ascorbinsäure ist in erster Linie ein Reduktionsmittel. Grundlegende Aufgaben hat es bei allen Oxidations- und Reduktionsvorgängen der Zellatmung z. B. bei der Abdichtung der Kapillaren, bei der Aktivierung des Thrombins (Gerinnungsbeschleunigung), bei Hydroxylierungsvorgängen von Nebennierenrindenhormonen und von Dopamin zu Noradrenalin sowie beim Abbau zyklischer Aminosäuren. Es ist entscheidend für die Biosynthese der Aminosäuren Tyrosin, Lysin und Methionin.

Die Ascorbinsäure wird in den hormonbildenden Organen (z. B. Nebennierenrinde) angereichert. Durch Prolinhydroxylierung ist sie ein wichtiger biochemischer Teilfaktor der Kollagen- und Narbenbildung. Sie spielt eine bedeutende Rolle bei der Metabolisierung von Medikamenten in den Mikrosomen der Leberzellen. Ascorbinsäure ist empfindlich gegenüber Sauerstoff und Schwermetallen. Die Verluste bei starker Erhitzung (Kochen) können bis zu 100 % betragen.

Ein Mangel an Ascorbinsäure beruht nicht selten auf einer täglichen Ernährung durch eine Großküche (Kantine, Mensa) infolge längeren Warmhaltens oder bei einem eher selten vorkommenden stetigen Gebrauch von Kupfergeschirr. Ein Mangel an Ascorbinsäure führt zu Skorbut. Diese Krankheit war früher nicht selten, heutzutage jedoch eine Rarität. Die ersten Symptome sind starke Müdigkeit, Zahnfleischblutungen und verstärkter Anfälligkeit gegenüber Infektionskrankheiten. Im weiteren Verlauf treten Gelenkentzündungen und Muskelschwund auf.

24.4.2.11 Calciferol (Vitamin D)

Calciferole stellen einen Sammelbegriff für verschiedene Steroide dar, die im eigentlichen Sinn den Hormonen zuzuschreiben sind. Sie werden aus Cholesterin durch Sonneneinstrahlung in der Haut gebildet (Cholecalciferol bzw. Vitamin D_3). Das aus Pflanzen stammende Provitamin D (Ergosterin) wird ebenfalls durch Photolyse in der Haut umgewandelt und trägt die Bezeichnung Ergocalciferol bzw. Vitamin D_2. Beide haben die gleiche Wirkung. (Näheres siehe auch Kapitel 21.)

24.4.2.12 Tocopherol (Vitamin E)

Tocopherol stellt einen Sammelbegriff für Tocopherole und Tocotrienole dar, die im Organismus die gleichen Aufgaben haben. Tocopherole haben die Eigenschaft leicht zu oxidieren, wodurch sie zwar einerseits ihre biologische Funktion verlieren, jedoch andererseits wie Carotinoide und Ascorbinsäure ein Antioxidans werden, das freie Radikale zu binden vermag. Die genaue Wirkung des Vitamins ist allerdings noch nicht bekannt. Als bewiesen gilt lediglich, dass es ein antioxidativer Schutzstoff ist, freie Radikale an sich bindet und dadurch an der Stabilisation von biologischen Membranen beteiligt ist.

Die Resorption von Tocopherol ist eng mit der Fettverdauung verbunden. 50 % der Zufuhr wird vom Körper resorbiert. Das vom Körper aufgenommene Tocopherol wird vorwiegend in der Leber, im Fettgewebe und in der Muskulatur gespeichert. Die Ausscheidung erfolgt über die Galle. Tocopherol ist empfindlich gegenüber UV-Licht, Sauerstoff und Schwermetallen. Die Verluste bei Erhitzung (Kochen) können bis zu 50 % betragen.

Die Speichereigenschaften von Tocopherol im menschlichen Organismus sind gut, wenn auch sehr verzögert. Daher sind Mangelerscheinungen selten. Wenn allerdings infolge von Resorptionsstörungen z. B. bei Magen-Darm-Krankheiten die Verfügbarkeit herabgesetzt ist, so besteht ein vermehrter Bedarf. Bei eingeschränktem Schutz der Erythrozytenmembran vor Oxidation kann es bei Neugeborenen zu einer Hämolyseneigung in Fällen unzureichend substituierter Flaschenkost kommen. Gelegentlich wurden bei einem Tocopherolmangel Erwachsener Hyperkeratosen, Sehstörungen und motorische Koordinationsstörungen beschrieben.

24.4.2.13 Vitamin K (Phyllochinon)

Chemisch ist Vitamin K ein Phyllochinon. Die biochemische Bedeutung besteht in seiner Funktion als Blutgerinnungsfaktor und als Coenzym der Karboxylasen und damit in seiner Beteiligung am Knochenstoffwechsel. Vitamin K kommt vor als Vitamin K_1 (Phytomenadion pflanzlichen Ursprungs, Phyllochinon), Vitamin K_2 (Phytomenadion bakteriellen Ursprungs) und K_3 (Menadion, synthetisches Produkt). Alle sind empfindlich gegenüber UV-Licht und Schwermetallen. (Näheres siehe auch Kapitel 11.)

24.4.3 Analytik der Vitamine

Zur Bestimmung von Vitaminen ist die Kenntnis des biologischen Materials notwendig, da Vitamine in den Geweben und Körperflüssigkeiten unterschiedlich verteilt sind. So sind B_6, Biotin, Nicotinamid, Pantothensäure und Ascorbinsäure im Plasma bzw. in den Erythrozyten weitgehend gleich verteilt; hingegen kommen Thiamin, Riboflavin und Folat vorwiegend in den Erythrozyten vor. Cobalamin und die fettlöslichen Vitamine stehen in einem sehr stabilen Gleichgewicht zwischen Geweben und dem Blutplasma, weswegen ihre Bestimmung im Serum oder Plasma sinnvoll ist. Bei exakter Urinsammlung und unter Kenntnis der Nahrungszufuhr gibt die Bestimmung von Vitaminen im Urin durchaus relevante Informationen über den aktuellen Vitaminhaushalt.

Das Probenmaterial muss in der Regel vor der zumeist nicht sofort durchgeführten Analytik tiefgefroren werden. Nur die Vitamine B_1 und B_6 müssen in frischem Nativblut bestimmt werden. Farbreaktionen mit anschließender photometrischer Detektion, Hochdruckflüssigkeitschromatographie (HPLC), Chemolumineszenz-Assay und immer seltener der Radio-Immuno-Assay (RIA) sind die gebräuchlichsten Verfahren. Leider schwanken die Analysenergebnisse von Labor zu Labor sehr stark und sind interlaboritär oft nicht vergleichbar. Daher sind für jedes Labor eigene Erstellungen von Referenzbereichen notwendig. Die häufigst genannten Referenzbereiche im Serum oder Plasma sind in Tab. 24.9 aufgeführt.

Die Bestimmung von Vitaminen ist aufwendig und trotz einer Reihe von Verfahren in der Regel Speziallabors vorbehalten. Neben seltener durchgeführten indirekten Tests über erythrozytäre Enzymaktivitätsbestimmungen werden zumeist direkte Verfahren zur Bestimmung der Konzentrationen von Vitaminen in biologischem Material angewandt. Die Entscheidung für das Vorgehen hängt davon ab, ob

Tabelle 24.9: Referenzbereiche für Vitamine.

Parameter		Serum/Plasma	Kenngröße
Retinol	Vitamin A	300–700 µg/l	
Thiamin	Vitamin B_1	1,7–6,7 µg/l	
Riboflavin	Vitamin B_2	6–12 µg/l	
Pyridoxin	Vitamin B_6	5–18 µg/l	Pyridoxal-5-phosphat
Pantothensäure		0,2–2,0 mg/l	Vitamin B-Komplex
Niacin		10–100 µg/l	
Biotin		0,2–0,8 µg/l	
Folsäure		4,0–20 µg/l	
Cobalamin	Vitamin B_{12}	0,2–1,0 µg/l	
Ascorbinsäure	Vitamin C	5–15 mg/l	
Calciferole	Vitamin D	10–50 µg/l	25-Hydroxycholecalciferol
		15–60 ng/l	1,25-Dihydroxycholecalciferol
Tocopherol	Vitamin E	0,6–0,8 mg/l	Kinder
		0,8–1,2 mg/l	Erwachsene
	Vitamin K	0,13–1,2 µg/l	

Auskunft über die aktuelle Vitaminversorgung gewünscht wird, worüber der Serumwert informiert; oder ob ein länger zurückliegender Versorgungszeitraum zu beurteilen ist, worüber die Bestimmung in den Erythrozyten den besseren Hinweis gibt.

24.4.4 Präanalytik der Vitamine

Wegen der geringen Stabilität der meisten Vitamine muss bei der Aufbewahrung von Probenmaterial mit teilweise erheblichen Verlusten gerechnet werden. Daher ist für den Transport und die Aufbewahrung eine Tiefgefrierung bei −20 °C erforderlich. Vitamine können vor allem durch Licht, Hitze und Sauerstoff in unterschiedlichem Ausmaß zerstört werden.

Aufgrund der unbeständigen Vitaminkonzentrationen in Abhängigkeit von der Aufbewahrung und der multifaktoriellen Einflüsse auf die präanalytische Phase ist die Empfehlung für eine Substitution mit Vitaminen mit großen Unsicherheiten behaftet. Dies und die fehlende Gefahr vor toxischen Dosierungen führt dazu, dass Nahrungsergänzungsmittel dieser Art in großem Umfang konsumiert werden, ohne die entsprechende Analytik zu bemühen.

24.4.5 Interaktionen zwischen Mineralstoffen, Spurenelementen und Vitaminen

Beziehungen zwischen Kalzium und Phosphat sowie dem Calciferol sind am besten untersucht. Calciferol steigert die Kalzium- und Phosphatresorption aus dem Darm und ist dosisabhängig für die Mobilisation bzw. Mineralisation von Kalzium und Phosphat aus bzw. in den Knochen verantwortlich. Darüber hinaus ist Calciferol für die Rückresorption von Kalzium und Phosphat in der Niere zuständig. Durch diese Effekte des Calciferols werden Kalzium und Phosphatspiegel aufrecht erhalten, die für eine normale Knochenbildung erforderlich sind. Neben dem direkten Zusammenspiel von Calciferol und Kalzium (bzw. Phosphat) bestehen zwischen Kalzium und weiteren Vitaminen noch indirekte Zusammenhänge. So sind z. B. verschiedene Vitamine für den Aufbau der Knochengrundsubstanz verantwortlich, bevor deren Kalzifizierung durch Calciferol erfolgen kann.

Organische Phosphatverbindungen sind weiterhin dafür verantwortlich, dass bestimmte Vitamine ihre Funktionen im menschlichen Organismus überhaupt erst erfüllen können. So ist die aktive Form des Thiamins das Thiamindiphosphat, das z. B. als Coenzym der Transketolase in den sogenannten Pentosephosphatzyklus eingreift. Über seine Coenzymfunktion hinaus hat Thiamin, vermutlich in Form von Thiamintriphosphat, spezifische Funktionen im Nervensystem.

Pyridoxin erfüllt seine Aufgaben als Coenzym in unterschiedlichen Stoffwechselwegen, wobei diese ebenfalls nur in Form organischer Phosphatverbindungen (Pyridoxal-5-phosphat) möglich sind.

Der Zusammenhang von Cobalt und Cobalamin besteht darin, dass Cobalt als Zentralatom dieses Vitamins fungiert und somit als Baustein für die Vitaminsynthese unerlässlich ist. Für den Menschen ist Cobalt nur indirekt ein essenzielles Spurenelement, da der menschliche Organismus selbst das Cobalt enthaltende Cobalamin nicht synthetisiert. Dies wird nur von Mikroorganismen gebildet, die bei der Vitaminsynthese auf Cobaltquellen angewiesen sind. Je nach Tierart wird in der Darmflora oder beim Wiederkäuer in der Pansenflora Cobalamin synthetisiert, das als solches resorbiert wird und damit Bestandteil tierischer Lebensmittel ist. Zwar sind auch die Mikroorganismen in der menschlichen Darmflora zur Cobalamin-Synthese befähigt; da dies jedoch im Colon erfolgt, kann es nicht nutzbar gemacht werden. Deshalb ist der Mensch auf die Zufuhr von Cobalamin mit der Nahrung angewiesen. Rein vegetarische Kost ist nahezu frei von Cobalamin und führt bei längerfristiger einseitiger Ernährung zu einem Cobalaminmangel, der sich klinisch in Form einer megaloblastischen Anämie äußert.

Hinsichtlich der antioxidativen Wirkung bestehen zwischen Ascorbinsäure und dem Spurenelement Selen als Bestandteil der Glutathionperoxydase biochemische Zusammenhänge. Eine eher indirekte Wirkung besteht zwischen der Ascorbinsäureaufnahme und der Resorption von Eisen, da Ascorbinsäure als

Reduktionsmittel das dreiwertige Nahrungseisen in die zweiwertige Form überführt und dadurch den Eisenhaushalt beeinflussen kann. Auch Kupfer- und Manganionen wirken Prozess-beschleunigend als Oxidationskatalysatoren. Kupferionen katalysieren zudem die oxidative Zersetzung von Ascorbinsäure, während Molybdän den oxidativen Abbau der Ascorbinsäure hemmt.

Diese Beispiele zeigen, dass die Mikroelemente (Vitamine, Mineralstoffe und Spurenelemente) nicht isoliert betrachtet werden sollten, sondern erst deren Zusammenspiel das volle Verständnis für deren funktionelle Vielfalt vermittelt.

Literatur

[1] Mertz, W., Schwarz, K. (1959): Relationship of Glucose tolerance factor to impaired Glukose tolerance in rat diets. Am. J. Physiol. 196: 614–618

[2] Vincent, J. B. (1999): Mechanisms of chromium action: low-molecular-weight chromium-binding substance. J. Am. Coll. Nutr. 18/1: 6–12

[3] Anderson, R. A. (1997): Nutritional factors influencing the glukose/insulin system: Chromium. J. Am. Coll. Nutr. 16/5: 404–410

[4] Klevay, L. M. (1998): Lack of a recommended dietary allowance for copper may be hazardous to your health. J. Am. Coll. Nutr. 17/4: 322–326

[5] Leonhardt, W., Hanefeld, M., Lattke, P., Jaroß, W. (1997): Vitamin E-Mangel und Oxidierbarkeit der Low-Density-Lipoproteine bei Typ-I- und Typ-II-Diabetes: Einfluss der Qualität der Stoffwechselkontrolle. Diabetes und Stoffwechsel 6, Suppl. 2: 24–28

[6] Akesson. B., Bellew, T., Burk, R. F. (1994): Purification of selenoprotein P from human plasma. Biochim. Biophys. Acta 1204: 243–249

[7] Biesalski, H. K., Berger, M. M., Brätter, P. Brigelius-Flohe, R., Fürst, P., Köhrle, J., Oster, O., Shenkin, A., Viell, B., Wendel, A. (1997): Kenntnisstand Selen – Ergebnisse des Hohenheimer Konsensusmeetings am 2./3.12.1995. Akt. Ernähr. Med. 22: 4–31

[8] Salonen, J. T., Alfthan, G., Huttunen, J. K., Pikkarainen, J., Puska, P. (1982): Association between cardiovascular death and myocardial infarction and serum selenium in a matched-pair longitudinal study. Lancet 2/8291: 175–179

[9] Kruse-Jarres, J. D. (1997): Basic principles of zinc metabolism. In; Zinc and disease of the digestive tract. Kruse-Jarres J. D. und Schölmerich J., eds. (Kluwer Academic Publ., Dordrecht, Boston, London), pp. 3–15.

[10] Prasad, A. S. (1998): Zinc and immunity. Mol. Cell. Biochem. 188: 63–69

[11] Kruse-Jarres, J. D. (2000): Limited usefulness of essential trace element analyses in hair. Am. Clin. Lab. 19/5: 8–10

[12] Brätter, P., Blasco, I. N., Negretti de Brätter, V., Raab, A. (1998): Speciation as an analytical aid in trace element research in infant nutrition. Analyst.: 123/5: 821–826

[13] Michalke B, Schramel P. (1998): Spezies-Analytik von Spurenelementen in Medizin und Ökologie: Theorie und methodische Konzepte. J. Lab. Med. 22/5: 262–270

[14] Rükgauer-Flusche M. Methode zur Bestimmung der Spurenelementversorgung. ibidem-Verlag, Stuttgart 2000, ISBN 3-89821-046-4, 285 Seiten.

[15] Versieck J, Vanvallenberghe L. (1994): Collection, transport, and storage of biological samples for the determination of trace metals. In: Handbook on metals in clinical and analytical chemistry. Seiler, H. G., Sigel, A., Sigel H., eds. (Marcel Dekker, Inc., New York, Basel, Hong Kong), pp. 31–44.

[16] Hambidge, K. M., Jacobs Goodall, M., Stall, C., Pritts, J. (1989): Post-prandial and daily changes in plasma zinc. J. Trace Elem. Electrolytes Health Dis.: 3/1: 55–57

[17] English, J. L., Hambridge, K. M. (1988): Plasma and serum concentrations: effect of time between collection and separation. Clin. Chim. Acta 175: 211–216

[18] Dörner, K. (1991): Qualitätssicherung von Spurenelementbestimmungen im klinischen Labor. In: Brätter, P., Gramm, H-J. (Hrsg.): Mineralstoffe und Spurenelemente in der Ernährung der Menschen. Blackwell Wissenschaft, Berlin: 124–132

[19] Kirchgessner M. (1993): Homeostasis and homorhesis in trace element metabolism. In: Trace elements in man and animals. TEMA 8. Anke M., Meissner D., Mills C. F., eds. (Verlag Media Touristik, Gersdorf), pp. 4–21.

[20] Biesalski H. K., Pietrzik K. (1997) Stadien des Vitaminmangels-Versuch einer Definition. In: Vitamine, Physiologie, Pathophysiologie, Therapie. Biesalski H. K., Schrezenmeir J., Weber P., Weiß H. E., Hrsg. (Georg-Thieme Verlag, Stuttgart-New York)

[21] Pietrzik K., Prinz-Langenohl R., Thorand B. (1997) Mikronährstoffe in der Schwangerschaft. Z. Geburtsh. Neonatol. 201 (Suppl 1), 21–24

25 Metabolismus von Xenobiotika und Drug Monitoring

V. W. Armstrong, M. Schwab, M. Oellerich

25.1 Metabolismus von Xenobiotika

25.1.1 Einführung

Alle Lebewesen nehmen mit ihrer Nahrung neben den für Aufbau und Engergiegewinnung notwendigen Nährstoffen eine Vielzahl nicht verwertbarer Fremdstoffe auf, sogenannte **Xenobiotika**, worunter z. B. Alkaloide und Terpene, aber auch Arzneistoffe gerechnet werden. Die Substanzbelastung und mögliche Gesundheitsgefährdung durch Xenobiotika ist erheblich, wenn man davon ausgeht, dass in der täglichen Nahrung alleine etwa 1,5 g natürliche Pestizide (z. B. Pflanzenphenole, Flavonoide, Saponine) und natürliche Karzinogene (z. B. Aflatoxine, Pyrrolizidinalkaloide, D-Limonen) vorkommen und zum Beispiel allein im Kaffee bisher mehr als 300 verschiedene Substanzen identifiziert wurden. Die meisten dieser Substanzen sind unpolare lipophile (fettlösliche) Verbindungen, die deswegen im Gastrointestinaltrakt sehr gut resorbiert werden. Bedingt durch ihre geringe Wasserlöslichkeit können sie in der Regel nur sehr langsam in unveränderter Form renal ausgeschieden werden, was zu einer Kumulation im Organismus und damit sekundär zu einer Schädigung des Organismus führen kann.

Die biologische Bedeutung einer Vielzahl von Substanzen, die von Pflanzen synthetisiert werden und für den eigenen Energiestoffwechsel bedeutungslos sind, liegt darin begründet, dass diese Verbindungen als sog. Fraßgifte (Phytoalexine) dienen, um andere Lebewesen davon abzuhalten, sie zu verzehren. In der Regel sind Phytoalexine toxisch. Lebewesen, denen Pflanzen als Nahrung dienen, haben deshalb als Abwehrmechanismus ein biologisches System entwickelt, welches sie in die Lage versetzt, die mit der Nahrung aufgenommenen Phytoalexine durch Umwandlungsreaktionen **(Biotransformation)** schneller ausscheiden zu können. Diese bei Säugern als **fremdstoffmetabolisierende Enzyme** bezeichneten Proteine haben infolge der großen chemischen Strukturunterschiede von Phytoalexine eine breite Substratspezifität, die es ermöglicht, ebenfalls Arzneistoffe abzubauen. Man bezeichnet sie deswegen auch als **arzneimittelabbauende Enzyme.** Da Xenobiotika in der Regel oral aufgenommen werden, finden sich diese Enzyme in höchster Konzentration v. a. in der Leber bzw. in der Darmwand.

Fremdstoffmetabolisierende Enzyme werden in **Phase-I- und Phase II-Biotransformationsreaktionen** unterschieden (Abb. 25.1). Phase-I-Reaktionen sind Funktionalisierungsreaktionen, bei denen funktionelle Gruppen in das unpolare Molekül eingefügt oder bereits bestehende funktionelle Gruppen umgewandelt werden. Wichtige Phase-I-Reaktionen sind Oxidation, Reduktion, Hydrolyse und Hydratisierung. Phase-II-Reaktionen sind Konjugationsreaktionen, die durch Transferasen katalysiert werden. Hier werden funktionelle Gruppen mit sehr polaren, negativ geladenen endogenen Molekülen gekoppelt. Wichtige Phase-II-Reaktionen sind die Glukuronidierung, Sulfatierung, Methylierung, Azetylierung sowie die Konjugation mit Aminosäuren und Glutathion. Häufig ist die durch eine Phase-I-Reaktion katalysierte Einführung einer funktionellen Gruppe Voraussetzung dafür, dass die entstehenden Stoffwechselprodukte Substrate für Phase-II-Reaktionen sind. Besitzt allerdings ein Arzneimittel bereits für die Konjugation geeignete funktionelle Gruppen, kann auch ohne vorgeschaltete Phase-I-Reaktion eine direkte Konjugation erfolgen. Die entstehenden Konjugate sind sehr polar, damit gut wasserlöslich und können somit schneller renal und biliär ausgeschieden werden als die

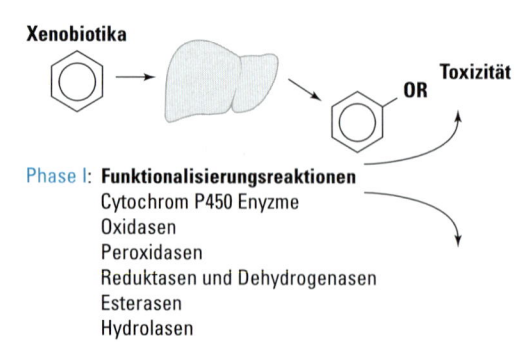

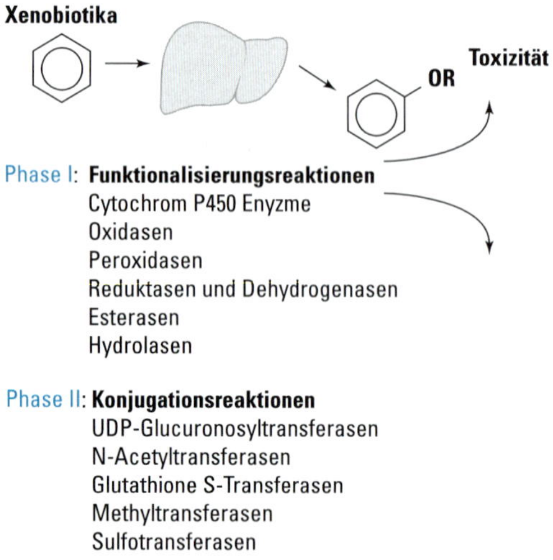

Xenobiotika

Phase I: Funktionalisierungsreaktionen
Cytochrom P450 Enyzme
Oxidasen
Peroxidasen
Reduktasen und Dehydrogenasen
Esterasen
Hydrolasen

Phase II: Konjugationsreaktionen
UDP-Glucuronosyltransferasen
N-Acetyltransferasen
Glutathione S-Transferasen
Methyltransferasen
Sulfotransferasen

Abb. 25.1: Schema des Phase I- und Phase-II-Metabolismus. In Phase I Funktionalisierungsreaktionen werden lipophile Xenobiotika entweder oxidiert, reduziert, hydrolysiert bzw. hydratisiert. Phase-II-Reaktionen sind Konjugationsreaktionen, die durch Transferasen katalysiert werden. Aufgrund einer höheren Polarität kann der konjugierte Metabolit im Gegensatz zur Ausgangssubstanz renal sehr gut eliminiert werden.

Ausgangssubstanz. In der Regel sind Phase-II-Metabolite biologisch nicht aktiv.

Phase-I- und Phase-II-Reaktionen sind somit wesentlich für die Inaktivierung (Entgiftung) und Elimination von Xenobiotika verantwortlich. Darüber hinaus können durch Phase-I-Reaktionen aber auch pharmakologisch wirksame bzw. toxische Metabolite gebildet werden. Die Ausgangssubstanz (sog. „**Prodrug**") ist somit unwirksam und der Metabolit stellt das eigentliche Wirkprinzip dar. Im Falle von Arzneistoffen wird z. B. das Alkylanz Cyclophosphamid durch Phase-I-Enzyme bioaktiviert und damit erst der zytostatisch wirksame Metabolit Phosphoramid-Mustard gebildet.

25.1.2 Phase I-Metabolismus

Das Cytochrom-P450-Enzymsystem

Für den oxidativen Phase-I-Metabolismus sind Hämproteine (Molekulargewicht 45–55 kD), die in der Membran des endoplasmatischen Retikulums der Zelle verankert sind und als **Cytochrom- P450-Enzyme** bezeichnet werden, von zentraler Bedeutung. Dabei handelt es sich um ein Elektronentransportsystem, bei dem in einem Reaktionszyklus mikrosomaler Monooxygenasen ein Sauerstoffatom aus molekularem Sauerstoff auf das Zielmolekül übertragen wird (Abb. 25.2). Der Name Cytochrom P450 (P = Pigment) leitet sich davon ab, dass das Cytochrom im reduzierten Zustand ein Kohlenmonoxid-Differenzspektrum mit einem Absorptionsmaximum bei 450 nm zeigt. Das CYP450 Enzymsystem besteht aus mikrosomalen Monooxygenasereaktionen. Mikrosomen sind subzelluläre Partikel, die aus dem glatten endoplasmatischen Reticulum bei der Aufarbeitung von Gewebe entstehen. Der Reaktionszyklus besteht aus folgenden Schritten: 1. Cytochrom P450 im oxidierten Zustand bindet das lipophile Substrat. 2. Das Flavoprotein NADPH-P450-Oxidoreduktase überträgt ein einzelnes Elektron auf das Häm-Fe^{3+}, das in Fe^{2+} übergeht. Dieser Häm-Eisen-Komplex bindet molekularen Sauerstoff als sechsten Liganden. 3. Nach Übertragung eines zweiten Elektrons durch die NADPH-P450-Oxidoreduktase oder durch Cytochrom b_5 entstehen aktivierter Sauerstoff und H_2O. Der aktivierte Sauerstoff wird auf das Substrat übertragen. 4. Als Reaktionsprodukte entstehen ein Molekül Wasser und das oxidierte

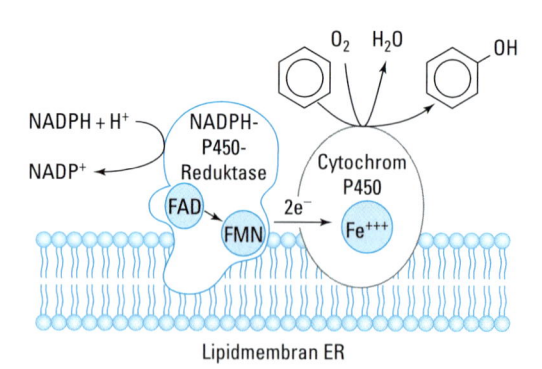

Abb. 25.2: Reaktionszyklus der Cytochrom P450 katalysierten Reaktionen. FAD: Flavin-Adenin-Dinukleotid; FMN: Flavin-Mononukleotid (aus: Forth, W., Rummel, W., Henschler, D., Starke, K., Förstermann, U.; Allgemeine und spezielle Pharmakologie; Urban & Fischer, 8. Auflage, 2001).

Substratmolekül; dabei geht Fe^{2+} wieder in Fe^{3+} über und ein neuer Zyklus kann beginnen.

Bei den Cytochrom-P450-Enzymen handelt es sich um ubiquitäre Enzyme, die in nahezu allen lebenden Organismen (Bakterien, Pflanzen, Tieren) vorkommen. Die bisher über 1000 bekannten Cytochrom-P450-Gene haben sich in der Evolution aus einem gemeinsamen Vorläufergen entwickelt, das vor 3 bis 3,5 Milliarden Jahren entstanden sein dürfte. Die Einteilung der Gene in Familien, Subfamilien und innerhalb einer Subfamilie in die entsprechenden Isoformen erfolgt aufgrund der Sequenzhomologie. Als Abkürzung für Cytochrom P450 wird dabei **CYP** verwendet. Bisher sind über 50 unterschiedliche funktionelle CYP-Gene beim Menschen identifiziert worden, die in 18 Familien und 43 Subfamilien eingeteilt werden (http://drnelson.utmem.edu/CytochromeP450.html). Die für den Arzneimittelstoffwechsel relevanten Isoformen gehören sieben Subfamilien der Genfamilien 1, 2 und 3 an (Tab. 25.1).

Tabelle 25.1: Humane Cytochrom P450 Familien und ihre Funktion.

CYP450 Familie	Funktion/typische Substrate
CYP 1–3	Arzneistoff-, Xenobiotika-, Steroidmetabolismus
CYP 4	Metabolismus von Fettsäuren, Prostaglandinen, Leukotrienen, Steroiden
CYP 5	Thromboxan A2-Synthase
CYP 7	Cholesterol 7α-Hydroxylase
CYP 8	Prostacyclin Synthase
CYP 11	Cholesterol Seitenketten-Abbau
CYP 17	Cortisol-/Aldosteron-Biosynthese
CYP 19	Steroid 17α-Hydroxylase
CYP 21	Steroidaromatase (Östrogen Biosynthese)
CYP 24	Steroid 21-Hydroxylase Vitamin D Hydroxylase (Abbau)
CYP 26	Retinolsäure Hydroxlierung
CYP 27	Cholesterol 27-Hydroxylase, Vitamin D_3 1α-Hydroxylase
CYP 46	Cholesterol 24-Hydroxylase
CYP 51	Lanosterol 14α-Demethylase

Die Leber ist das Organ mit dem höchsten P450-Enzymgehalt des Organismus. Sie enthält 90 bis 95 % des gesamten P450. 60 bis 65 % des P450-Gehaltes der Leber entfallen auf die Enzyme, die den Arzneimittelmetabolismus katalysieren. Mit durchschnittlich 30 % des P450-Gehaltes ist die CYP3A Subfamilie (z. B. CYP3A4 und 3A5) das wichtigste Cytochrom P450. Mindestens 50 bis 60 % aller therapeutisch eingesetzten Arzneistoffe sind CYP3A-Substrate. Die Isoform CYP1A2 macht etwa 10 %, die CYP2C-Familie etwa 30 %, CYP2A6, CYP2B6 und CYP2D6 zusammen etwa 10 bis 15 % und CYP2E1 ungefähr 5 % des P450-Gehaltes aus.

Charakteristisch für CYP-Enzyme ist ihre **breite Substratspezifität**, sodass Arzneistoffe mit sehr unterschiedlicher chemischer Struktur durch ein und das selbe Enzym verstoffwechselt werden können. Darüber hinaus sind die meisten CYP-Enzyme durch eine erhebliche interindividuelle Variabilität hinsichtlich Expression und Funktion charakterisiert. Für die CYP3A4-Expression in der Leber findet sich so z. B. eine Variabilität > 50fach, woraus eine bis zu 20fache unterschiedliche Arzneimittel-Clearance für CYP3A4/5-Substrate resultiert. Während für einige CYP-Enzyme genetische Ursachen als Erklärung für die Variabilität in der Expression/Funktion gefunden werden konnten (siehe Abschn. 25.1.4), wurden im Falle von CYP3A4 weder in den kodierenden Sequenzen noch im Promotorbereich relevante Mutationen identifiziert, die solche Unterschiede erklären könnten.

Neben genetischen Faktoren können aber auch Umwelt, Nahrung, Genussmittel und eine Ko-Medikation die Aktivität und Menge der CYP450-Enzyme beeinflussen. Die Zunahme der Enzymmenge wird als **Induktion** bezeichnet und ist ursächlich dafür verantwortlich, dass die Dosis gesteigert werden muss, um eine therapeutische Wirkung zu erzielen. Dabei ist festzuhalten, dass ein Arzneistoff, der zur Induktion von CYP450-Enzymen führt, nicht alle CYPs in gleicher Weise induziert und zudem das Ausmaß der Induktion interindividuell sehr unterschiedlich ist. Im Falle des CYP Isoenzyms 2D6 ist eine Induktion durch Arzneimittel bisher nicht beobachtet worden. Für andere polymorph exprimierte CYPs, wie zum Beispiel CYP2C19, kann dieses Enzym durch Rifampicin nur bei normalen Metabolisierern induziert werden. Bei defizienten Metabolisierern ist eine Induktion nicht zu beobachten, da aufgrund der Mutation kein Protein gebildet wird. Darüber hinaus kann es aber auch in der Weise zu einer Interaktion von Arzneistoffen kommen, dass zwei Substrate um ein Cytochrom-P450-Enzym konkurrieren und das Substrat mit der geringeren Affinität zum Enzym vom Substrat mit der höheren Affinität verdrängt wird **(kompetitive Hemmung)**. Bei **nicht kompetitiver Hemmung** bindet der Inhibitor an das Enzym, ist aber nicht selbst Substrat für das Enzym. Wichtig ist zudem, ob ein oder mehrere Enzyme am Metabolismus eines Arzneistoffs beteiligt sind. Wird ein Arzneistoff über mehrere Enzyme verstoffwechselt und der Hemmstoff blockiert lediglich ein Enzym, so sind die Konsequenzen wesentlich geringer als im Falle einer Substanz, die nahezu ausschließlich über ein Enzym biotransformiert wird.

Weitere Phase-I-Reaktionen

Neben den mischfunktionellen Monooxygenasen sind weitere Enzyme an der Oxidation von Arzneistoffen im Rahmen des Phase-I-Metabolismus beteiligt und dienen oftmals wesentlich der Verstoffwechslung endogener Substrate. Tabelle 25.2 fasst wichtige weitere Enzyme zusammen. Darüber hinaus spielen im Metabolismus auch **Reduktionsreaktionen** eine Rolle, die z.T. auch von mischfunktionellen Monooxygenasen (z. B. CYP450 Enzyme) übernommen werden können. Hierbei kann es zur Bildung von toxischen Radikalen kommen, die wie im Falle von Halothan, einem Narkosemittel, nach Bindung an Proteinen, Lipiden, etc. ursächlich mit einem gehäuften Auftreten einer sog. Halothan-Hepatitis bei OP-Personal in Zusammenhang gebracht wurde. Schließlich müssen **Hydrolysereaktionen** unterschieden werden, wobei neben der Hydrolyse von Estern, Thioestern und Amiden v. a. der Hydrolyse von potentiell zellschädigenden Epoxiden, sog. reaktiven elektrophilen Verbindungen, biologisch eine besondere Bedeutung zukommt.

25.1.3 Phase-II-Metabolismus

Uridindiphosphat-Glukuronosyltransferasen

Die wichtigste Konjugationsreaktion im Phase-II-Metabolismus wird durch **Uridindiphosphat-Glukuronosyltransferasen (UGT)** katalysiert, eine Superfamilie von Enzymen, die die kovalente Bindung von Glukuronsäure an funktionelle Gruppen lipophiler Verbindungen bewirkt. UGTs übertragen aktivierte Glukuronsäure auf Hydroxy-, Karboxy-, Amino- und SH-Gruppen. Als wichtige Substrate sind zahlreiche endogene Substanzen wie Bilirubin, Steroidhormone, Gallensäuren, biogene Amine und fettlösliche Vitamine bekannt. UGT-Enzyme spielen aber auch eine zentrale Rolle bei der Entgiftung und Elimination von Arzneistoffen und Umweltgiften, da die gebildeten Reaktionsprodukte in der Regel biologisch inaktiv sind und aufgrund ihrer Polarität sehr viel schneller als die Ausgangssubstanzen aus dem Organismus eliminiert werden können. UGTs (Molekulargewicht 50–60 kD) werden in vielen menschlichen Organen, wie Leber, Darm, Niere, Lunge, Prostata, Haut und Gehirn, exprimiert und sind membranständig im endoplasmatischen Retikulum lokalisiert. Sie haben entsprechend den CYP450-Enzymen ihren höchsten Gehalt in der Leber. Bisher sind 17 menschliche UGT-Isoformen identifiziert worden, die analog der Nomenklatur für CYP450-Enzyme anhand der Sequenzhomologie, in Genfamilien bzw. Subfamilien eingeteilt werden. Die 17 humanen UGT-Isoformen gehören zu den Genfamilien 1 und 2.

Tabelle 25.2: Typische Beispiele weiterer am oxidativen Phase-I-Metabolismus beteiligter Enzyme.

Alkoholdehydrogenase (ADH)
Aldehyddehydrogenase (ALDH)
Xanthinoxidase (XO)
Mono- bzw. Diaminooxidasen
Flavinhaltige Monooxygenasen (FMO)
Aromatasen

Mutationen der UGT 1A1-Isoform sind ursächlich für hereditäre Formen der unkonjugierten Hyperbilirubinämie verantwortlich, wie z. B. das **Crigler-Najjar-Syndrom Typ I und II** und das Meulengracht-Gilbert-Syndrom. Beim **Crigler-Najjar-Syndrom** Typ I liegt eine Homozygotie für zwei inaktivierende Mutationen vor, die zum völligen Funktionsverlust des Enzyms führen. Daraus resultiert eine schwere Hyperbilirubinämie, die beim Säugling zur Bilirubinenzephalopathie mit schweren neurologischen Störungen und dem Tod der betroffenen Kinder führt. Für das Meulengracht-Gilbert-Syndrom, das mit einer Häufigkeit von 2–5 % in der Bevölkerung vorkommt, sind mehrere Mutationen der UGT 1A1 beschrieben worden, die zu einer leichten Form der unkonjugierten Hyperbilirubinämie führen.

Weitere Konjugationsreaktionen

In Tabelle 25.3 sind weitere wichtige Konjugationsreaktionen zusammengefasst. Für den Arzneimittelmetabolismus nehmen v. a. die Acetylierungs- und Methylierungsreaktionen bzw. die **Glutathion-S-Transferasen** (GST) einen besonderen Stellenwert ein, da – wie unter Abschn. 25.1.4 näher ausgeführt – für die verantwortlichen Genstrukturen Mutationen mit funktioneller Auswirkung beschrieben wurden, die bei dem Einsatz entsprechender Arzneimittel bedeutsam sind.

Im Falle der GSTs handelt es sich um zytosolische Enzyme, die ubiquitär im Menschen vorkommen und ihre höchste Konzentration in Hepatozyten haben. Sie katalysieren die Konjugation einer Vielzahl von elektrophilen Verbindungen unterschiedlicher Struktur (z. B. aktivierte aliphatische/aromatische Kohlenstoffatome, organische Nitrate, Chinone) mit dem endogenen Tripeptid Glutathion. Die physiologische Funktion der Glutathionkonjugation ist als ein Schutz gegenüber potentiell toxischen, elektrophilen Metaboliten anzusehen. Darüber hinaus wirken GSTs nicht nur als Enzyme, sondern sie binden ohne entsprechende Konjugation auch endogene und exogene Substrate (z. B. Bilirubin, Tetracyclin, Penicillin).

Bei Menschen unterscheidet man derzeit 6 Familien und auch hier wurden für mehrere GST-Enzyme genetische Polymorphismen beschrieben (siehe Abschn. 25.1.4, Tab. 25.4).

25.1.4 Pharmakogenetik

Eine wichtige Determinante für interindividuelle Unterschiede in der Wirkung und dem Auftreten von Nebenwirkungen ist die Geschwindigkeit, mit der Medikamente durch arzneimittelmetabolisierende Enzyme abgebaut werden. Unterschiede in den Enzymaktivitäten bedingen z. B. nach Gabe der gleichen Dosis eine erhebliche interindividuelle Variabilität der Plasmakonzentrationen. Neben Faktoren wie Komedikation, Alter, Geschlecht, Erkrankungen, Rauch- und Alkoholkonsum sowie Zusammensetzung der Nahrung, die in die Regulation, Expression und Funktion fremdstoffmetabolisierender Enzyme eingreifen können, konnten in den vergangenen Jahren genetische Faktoren identifiziert werden, die ursächlich für eine unterschiedliche Metabolisierungskapazität von Arzneistoffen verantwortlich sind. Es konnte gezeigt werden, dass die bei manchen Patienten nach der Standarddosis eines Medikamentes

Tabelle 25.3: Relevante Konjugationsreaktionen des Phase-II-Metabolismus.

Reaktion	Enzym	funktionelle Gruppe
Sulfatierung	Sulfotransferasen	NH_2 SO_2NH_2 OH
Methylierung	Methyltransferasen	OH NH_2
Acetylierung	N-Acetyltransferasen	NH_2 SO_2NH_2 OH
Konjugation mit Aminosäuren[1]	Acyltransferasen	COOH
Konjugation mit Glutathion	Glutathion S-Transferasen	Epoxide organische Halogenide
Konjugation mit Fettsäuren		OH

[1] z. B. Arginin, Glutamin, Glycin, Ornithin, Taurin

Tabelle 25.4: Genetische Polymorphismen und seltene genetische Varianten arzneimittelmetabolisierender Enzyme.

Enzym	Häufigkeit defizienter Metabolisierer in der europäischen Bevölkerung
Phase-I-Metabolismus	
CYP 2A6	1–2 %
CYP 2C9	~ 2 %
CYP 2C19 (Mephenytoin-Polymorphismus)	2–5 %
ADH 2 (Alkoholdehydrogenase)	5–20 %
ALDH 2 (Aldehyddehydrogenase)	extrem selten, in Asien bis 50 %
FMO 3 (Flavin-Monooxygenase)/Fish Odor Syndrome	unbekannt
DPD (Dihydropyrimidin Dehydrogenase)	~ 1:100.000
Pseudo- oder Butyrylcholinesterase	~ 0,05 %
Phase-II-Metabolismus	
UGT 1A1 (Uridindiphosphat-Glucuronosyltransferase)	5–7 %
GST (Glutathiontransferasen)	GST T1 ~ 38 %, GST M1 30–60 %
NAT II (N-Acetyltransferase)	~ 50 %

auftretende abnorme Reaktionen (unerwünschte Arzneimittelnebenwirkung, UAW) auf genetische Polymorphismen bestimmter Enzyme zurückzuführen sind. Für solche nur bei bestimmten Patienten nach Gabe von Arzneimitteln auftretende klinisch relevante abnorme Reaktionen prägte der Heidelberger Humangenetiker Friedrich Vogel den Terminus **Pharmakogenetik**.

Ein genetischer Polymorphismus manifestiert sich als ein monogen vererbtes Merkmal, das in der Bevölkerung in mindestens zwei Phäno- bzw. Genotypen auftritt und dessen Allelhäufigkeit > 1 Prozent vorkommt. Bei einer Allelfrequenz < 1 Prozent spricht man von seltenen genetischen Varianten. Alle pharmakogenetischen Phänomene lassen sich im Wesentlichen auf drei Mechanismen zurückführen:

1. Medikamente werden durch **arzneimittelabbauende Enzyme** chemisch so verändert, dass sie schneller aus dem Organismus ausgeschieden werden können. In den vergangenen 20 Jahren sind eine Vielzahl von Mutationen in den Genen identifiziert worden, die die Synthese dieser arzneimittelabbauenden Enzyme kontrollieren. Mutationen, die zum Funktionsverlust dieser Enzyme führen, haben zur Folge, dass Substrate dieser Enzyme im Organismus kumulieren und daraus resultierend Nebenwirkungen auftreten können bzw. ein wirksamer Metabolit nicht gebildet wird. Individuen, die homozygote Träger solcher Mutationen sind, bezeichnet man phänotypisch als so genannte **Poor Metaboliser (PM)**.

2. An der Aufnahme von Medikamenten aus dem Darm in den Organismus, dem Übertritt aus der Blutbahn an den Wirkort (zum Beispiel Gehirn) und der Ausscheidung über die Leber und Niere sind **Transporterproteine** beteiligt. Mutationen, die die Expression und Funktion von Transporterproteinen verändern, werden Umfang und Geschwindigkeit des Transportes beeinflussen. In Abhängigkeit vom Genotyp kann trotz vergleichbarer Plasmakonzentrationen somit der Transfer von Arzneimitteln aus der Blutbahn an den Wirkort erheblich variieren.

3. Die Wirkung von Arzneimitteln erfolgt über die Bindung an **Zellstrukturen** (z. B. Rezeptoren, Ionenkanäle, Enzyme). Mutationen dieser die Arzneimittelwirkungen vermittelnden Zellstrukturen können dazu führen, dass trotz vergleichbarer Arzneimittelkonzentrationen am Wirkort keine oder nur eine abgeschwächte Arzneimittelwirkung resultiert. Eine fehlende Arzneimittelwirkung kann auch darauf zurückzuführen sein, dass die Zielstruktur für die Arzneimittelwirkung nicht vorhanden ist (z. B. fehlende Östrogenrezeptorexpression).

Polymorphismen der Cytochrom P450 Enzyme

Für alle P450 Enzyme gilt, dass deren hepatische Expression interindividuell sehr variabel ist. Ursächlich können diese Unterschiede aber bisher nur für einige CYP-Enzyme durch genetische Polymorphismen erklärt werden. Polymorphismen sind nur dann klinisch von Bedeutung, wenn mindestens 30 Prozent der Dosis eines Medikamentes durch dieses Enzym verstoffwechselt werden. Andererseits kann, wie im Falle von Prodrugs (siehe Abschn. 25.1), auch nur ein Anteil von 3 bis 20 Prozent der Dosis, für die therapeutische Wirksamkeit verantwortlich sein. Bisher wurden für die CYP450 Isoenzyme 2A6, 2B6, 2C8, 2C9, 2C18, 2C19, 2D6 und 3A5 funktionelle Polymorphismen beschrieben und näher charakterisiert.

Eine detailierte Zusammenstellung aller humaner Cytochrom-P450- Polymorphismen (z. B. CYP2C9, 2C19) ist unter der Webseite www.imm.ki.se/CYPalleles/ zu finden.

Im Folgenden wird exemplarisch der **CYP450 2D6 (Spartein/Debrisoquin)-Polymorphismus** mit seinen möglichen Konsequenzen für die Arzneimitteltherapie dargestellt. Circa 5 bis 10 % der deutschen Bevölkerung exprimieren das Enzym CYP2D6 nicht. Das die Synthese dieses Cytochroms kodierende Gen ist auf dem langen Arm des Chromosoms 22 lokalisiert und wenigstens 15 von mehr als 50 bisher identifizierten Mutationen sind dafür verantwortlich, dass CYP2D6 nicht gebildet wird. Bei homozygoten Defektallelträgern für eine dieser 15 Mutationen oder wenn zwei verschiedene Nullallele vorliegen (so genannte „compound heterozygotes") resultiert daraus der PM-Phänotyp. Darüber hinaus existieren mehrere Mutationen, bei denen ein in seinen katalytischen Eigenschaften verändertes Enzym gebildet wird. In Abbildung 25.3 sind die durch verschiedene Genotypen (Wildtyp, heterozygote und homozygote mutante Merkmalsträger) bedingten Konsequenzen für die Arzneimitteltherapie bei gleicher Dosis eines verabreichten CYP2D6-Substrates wiedergegeben. Dargestellt ist die phänotypische Ausprägung der Mutationen des CYP2D6 Gens, die über den so genannten metabolischen Quotienten (MR) nach Gabe des Testarzneimittels Spartein bestimmt wurde. Diese MR ist ein Maß für die Metabolisierungskapazität. Patienten mit einer MR > 20 sind Poor Metabolisierer (PM) und haben eine stark erniedrigte Metabolisierungskapazität. Die metabolische Clearance (CL) des Medikamentes variiert in Abhängigkeit vom Phäno-/Genotyp um den Faktor 1.000. In Abhängigkeit vom Phänotyp werden deutliche Unterschiede im CYP2D6-Gehalt der Leber beobachtet. Erhalten Patienten die gleiche Dosis eines Arzneistoffs, der überwiegend durch CYP2D6 abgebaut wird, so resultieren daraus in Abhängigkeit vom Phänotyp extreme Unterschiede in den Plasmakonzentrationen. Bei ca. 7 % der Patienten, die homozygot sind für zwei nicht funktionelle Allele, wird kein Protein gebildet (Abb. 25.3 links oben), sodass ein extrem langsamer Metabolismus daraus resultiert (PM). Bei mehr als 50 Arzneistoffen (Antiarrhythmika der Klasse I, Antidepressiva, Neuroleptika, β-Blocker, HT$_3$-Rezeptor-Antagonisten, Opioide) wird der Metabolismus weitgehend durch CYP2D6 katalysiert. Da bei PMs die Elimination der betroffenen Arzneistoffe erheblich eingeschränkt ist, kommt es zur Kumulation des Wirkstoffes und daraus resultierend zu Nebenwirkungen. So treten von der Plasmakonzentration abhängige Nebenwirkungen unter der Therapie mit Antiarrhythmika (zum Beispiel bei Propafenon nahezu komplette β-Blockade und ZNS-Nebenwirkungen) und Antidepressiva (zum Beispiel bei Nortriptylin kardiale Nebenwirkungen) nahezu ausschließlich bei defizienten Metabolisierern auf. Untersuchungen zur Phänotyp-Genotyp-Korrelation für CYP2D6 dokumentieren, dass heute mittels alleiniger Genotypisierung für CYP2D6 eine korrekte Vorhersage des PM-Phänotyps in > 99 Prozent erreicht und damit auf eine aufwendige Phänotypisierung und der Verabreichung eines spezifischen Testarzneistoffes verzichtet werden kann.

Circa 10 % der Bevölkerung zeigen phänotypisch eine herabgesetzte CYP2D6-Aktivität **(Intermediate Metaboliser, IM)**. Auch hier besteht unter Standarddosis ein erhöhtes Risiko für UAWs. Auch hier ist in circa 60 bis 80 % korrekte Vorhersage des intermediären Metabolisiererstatus mittels Genotypisierung möglich.

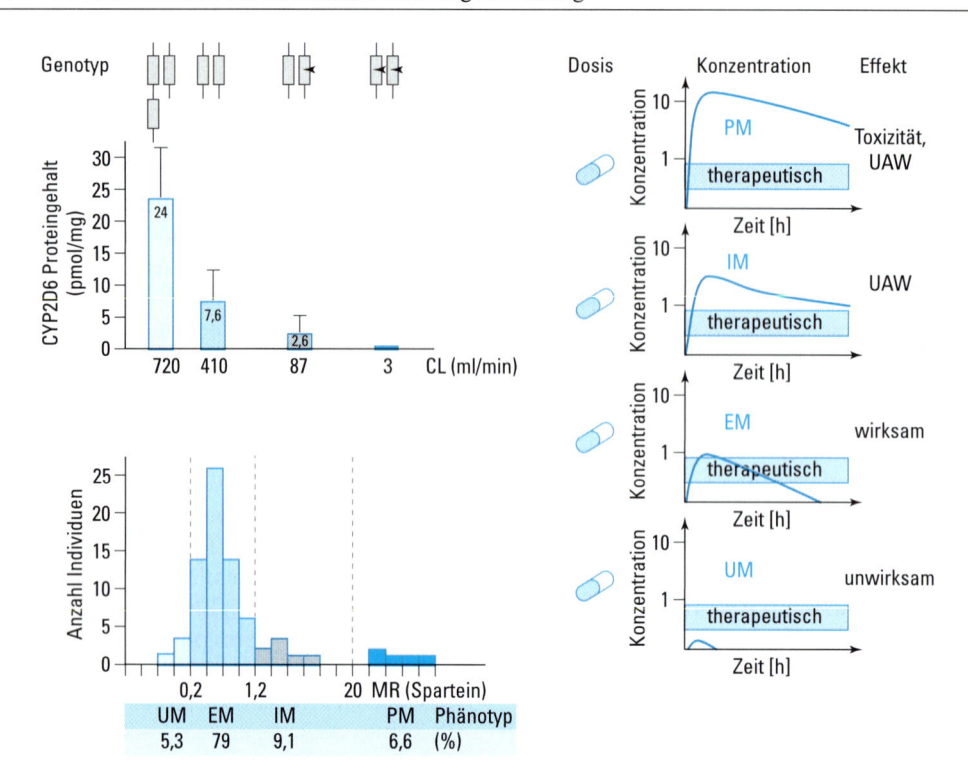

Abb. 25.3: CYP450 2D6 (Spartein/Debrisoquin)-Polymorphismus und seine Konsequenzen für Metabolismus und Wirkung von CYP2D6 Substraten. 80 % der Patienten sind normale Metabolisierer (Extensive Metaboliser, EM). Ca. 2–3 % der Patienten haben einen ultra-schnellen Metabolismus (Ultra Rapid Metaboliser, UM) aufgrund einer Genamplifikation.

Umgekehrt konnte als Ursache für eine fehlende therapeutische Wirksamkeit der Phänotyp sog. extrem schneller Metabolisierer (**Ultrarapid Metaboliser, UM**) identifiziert werden. Genetisch wird ursächlich dafür eine Genamplifikation des CYP2D6*2 Allels verantwortlich gemacht, die bei 2 bis 3 % der Bevölkerung auftritt. Unter Standarddosierung finden sich bei diesen Patienten kaum messbare Plasmakonzentrationen mit einer fehlenden therapeutischen Wirksamkeit des Arzneistoffs. Circa 80 % der Bevölkerung besitzen eine normale CYP2D6-Aktivität (**Extensive Metaboliser, EM**).

Thiopurin S-Methyltransferase

Azathioprin, 6-Mercaptopurin bzw. 6-Thioguanin werden ihrer chemischen Struktur entsprechend als Thiopurine bezeichnet und gehören pharmakologisch zu der Gruppe der Antimetabolite. Therapeutisch werden sie als Zytostatika bzw. Immunsuppressiva bei verschiedenen Erkrankungen regelhaft eingesetzt. Der Metabolismus dieser Pro-Drugs ist komplex. Das zytosolische Phase II-Enzym **Thiopurin S-Methyltransferase (TPMT)** übernimmt an mehreren Schritten die katabolische Funktion einer S-Methylierung. Für die TPMT ist ein genetischer Polymorphismus bekannt. In der kaukasischen wie in der schwarz-afrikanischen Bevölkerung ist die Enzymaktivität für die TPMT trimodal verteilt. Phänotypisch zeigen 90 % der Bevölkerung eine hohe TPMT Aktivität, ca. 10 % eine intermediäre Aktivität und 1 von 200 bis 300 Individuen eine sehr niedrige TPMT-Aktivität (Abb. 25.4). Abbildung 25.4 zeigt die TPMT-Aktivität gemessen in Erythrozyten von 1200

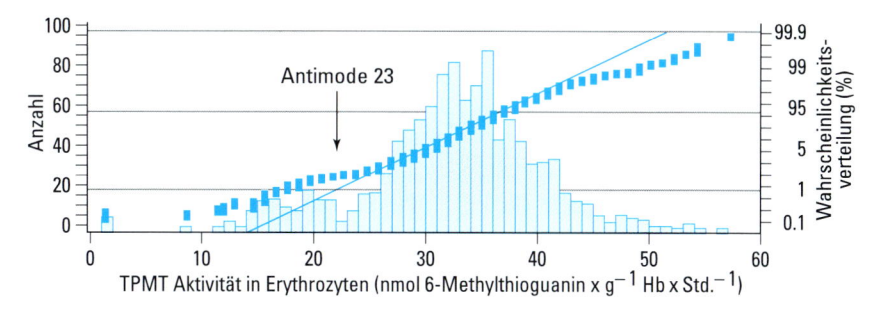

Abb. 25.4: Thiopurin S-Methyltransferase-Polymorphismus.

nichtverwandten europäischen Blutspendern. Es findet sich eine trimodale Verteilung der Aktivitätswerte: < 2 units entspricht einer TPMT-Defizienz. Der Antimode von 23 units ist als cut-off Wert zwischen intermediärer und normaler TPMT-Aktivität anzusehen.

Als genetische Ursache der unterschiedlichen TPMT-Aktivität wurden bis jetzt 10 TPMT-Allele auf Chromosom 6 charakterisiert, die für eine niedrige bzw. fehlende TPMT-Aktivität kodieren. Üblicherweise wird die TPMT-Aktivität im Zytosol von Erythrozyten bestimmt **(Phänotypisierung)**, da peripheres Blut einfach zu gewinnen ist und eine gute Korrelation zwischen der TPMT-Aktivität in Erythrozyten und Leberzytosol besteht. In seltenen Fällen kann die alleinige Phänotypisierung zu einem falschen Ergebnis führen, da nach Gabe von Fremderythrozytenkonzentraten bei anämischen Patienten, Spender- und Empfängererythrozyten vermischt werden und dadurch die konstitutionelle TPMT-Aktivität verfälscht wird. Eine Alternative zur Aktivitätsbestimmung ist die Genotypisierung für die TPMT. Eine korrekte Vorhersage des individuellen TPMT- Phänotyps kann mittels Genotypisierung für die klinisch relevanten TPMT-Mutationen, die mit einem vollständigen Aktivitätsverlust bzw. einer ausgeprägten Aktivitätserniedrigung assoziiert sind in > 95 % der Fälle erreicht werden.

Zahlreiche klinische Studien haben gezeigt, dass Patienten mit fehlender TPMT-Aktivität unter einer Standarddosierung mit Azathioprin immer mit schwersten hämatologischen Nebenwirkungen (z. B. Myelosuppression bzw. Panzytopenie) zu rechnen haben. Ursächlich wird bei Patienten mit eingeschränkter bzw. fehlender TPMT-Aktivität eine signifikant höhere Konzentration an 6-Thioguanin-Nukleotiden (6-TGN) in Erythrozyten nachgewiesen. 6-TGN sind die aktiven Metabolite von 6-Mercaptopurin (6-MP) bzw. Azathioprin, die für die immunsuppressive bzw. zytotoxische Wirkung verantwortlich gemacht werden. Die Akkumulation von 6-TGN in Blutstammzellen führt in der Folge zu einer ausgeprägten Myelosuppression. Eine frühzeitige drastische Reduktion der Thiopurin-Dosis auf 1/10 der Standarddosis in Fällen fehlender TPMT-Aktivität kann Toxizität vermeiden ohne prinzipiell auf dieses Medikament verzichten zu müssen. Dies konnte in Einzelfällen bei Kindern mit ALL und Erhaltungstherapie mit 6-MP wie auch bei Patienten mit Morbus Crohn und Azathioprintherapie gezeigt werden. Aus diesem Grund ist die Kenntnis des individuellen Phänotyps/Genotyps für die TPMT vor Beginn einer Thiopurin-Therapie sinnvoll und medizinisch indiziert.

Darüber hinaus wird ein Zusammenhang zwischen dem Ansprechen der Thiopurintherapie, der individuellen TPMT-Aktivität und Plasmakonzentrationsspiegel der gebildeten aktiven 6-TGN-Metaboliten diskutiert. Untersuchungen zum Risiko eines Leukämie Relaps bei Kindern mit ALL und Erhaltungstherapie mit 6-Mercaptopurin weisen daraufhin, dass andauernd niedrigere TGN-Konzentrationen invers mit der TPMT-Aktivität korrelieren und damit ein erhöhtes Risiko für ein ALL-Rezidiv besteht. Ob eine dosisangepasste Thiopurintherapie unter der Kenntnis des individuellen TPMT-Phänotyps und einem gleichzeitigen Monitoring für

Thiopurinmetabolite zu einer Therapieoptimierung führt, ist derzeitig nicht eindeutig zu beantworten.

Weitere Beispiele genetischer Polymorphismen

In Tabelle 25.4 sind weitere Beispiele für klinisch relevante genetische Polymorphismen arzneimittelmetabolisierender Enzyme zusammengefasst. Für alle dieser Beispiele gilt, dass neben in vitro Untersuchungen zur Funktion ergänzend in vivo Untersuchungen erforderlich sind, um die tatsächliche Relevanz für den Arzneimittelmetabolismus im Menschen richtig einschätzen zu können. Darüber hinaus, wie unter Abschn. 25.1.4 ausgeführt, können Rezeptorpolymorphismen und Mutationen in den Genen, die für Ionenkanäle bzw. weitere Enzyme kodieren, die Arzneimittelwirkung erheblich beeinflussen, wenn über diese Zellstrukturen die Wirkung vermittelt wird. In Tabelle 25.5 sind hiefür einige Beispiele zusammengefasst.

Tabelle 25.5: Beispiele für genetische Polymorphismen in Arzneimittelrezeptoren und weiteren Zielenzymen der Arzneitherapie.

Adrenorezeptoren ($\beta_1, \beta_2, \beta_3$)
Dopaminrezeptoren (D2, D3, D4)
Glukokortikoidrezeptor
Östrogenrezeptor α
Vitamin-D-Rezeptor

Angiotensin-Conversionsenzym (ACE)
Apolipoprotein E (APO E)
Endothelin
Glykoprotein IIIa Untereinheit
5-Lipoxygenase (ALOX5)

25.2 Drug Monitoring

25.2.1 Einführung

Drug Monitoring ist definiert als die Bestimmung der Serum- bzw. Blutkonzentration von Pharmaka, die zu therapeutischen Zwecken eingesetzt werden. Hierdurch soll ermöglicht werden, die Pharmakotherapie effizienter und sicherer zu gestalten. Ein Drug Monitoring ist allerdings nur für eine ausgewählte Gruppe von Medikamenten mit einem geringen **therapeutischen Index** sinnvoll, deren Dosierung nicht direkt am biologischen Effekt zu messen ist. Hierzu gehören insbesondere sogenannte „critical dose drugs", bei denen eine verhältnismäßig kleine Änderung in der systemischen Konzentration zu einer erheblichen Änderung in der **Pharmakodynamik** führen kann. Eine wesentliche Begründung für das Drug Monitoring ergibt sich aus der Tatsache, dass die Plasma- bzw. Blutkonzentrationen bestimmter Pharmaka besser mit therapeutischen bzw. toxischen Effekten korrelieren als die verabreichte Dosis. Wie aus Abbildung 25.5 hervorgeht, beeinflussen zahlreiche Faktoren die Wirkung einer bestimmten verordneten Arzneimitteldosis. Aus

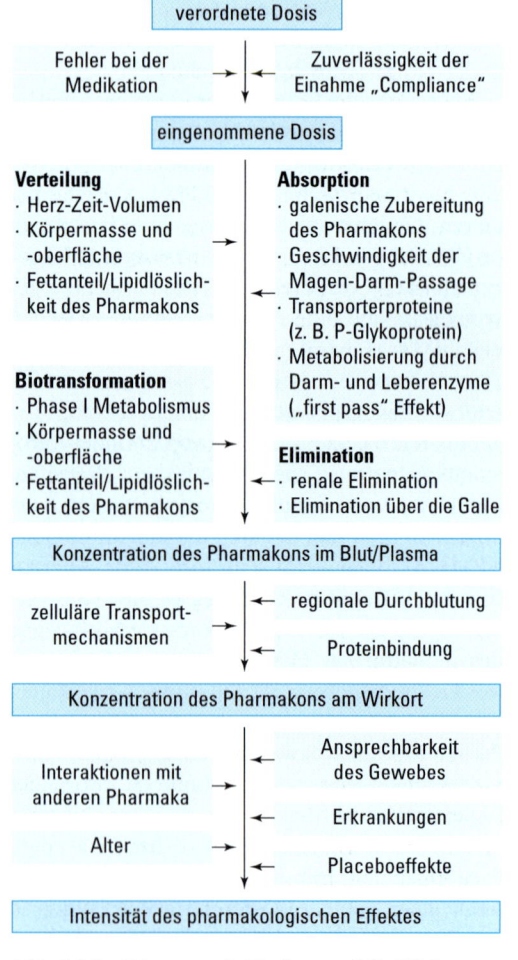

Abb. 25.5: Faktoren mit Einfluss auf die Wirkung einer bestimmten verordneten Arzneimitteldosis.

pathophysiologischer Sicht ergeben sich hieraus zwei wichtige Themenkomplexe, und zwar der Einfluss pathophysiologischer Faktoren auf die Pharmakokinetik, den Transport und die Verfügbarkeit der Substanz am Wirkort sowie die Wechselbeziehung zwischen Pharmakokinetik und pharmakodynamischem Effekt.

25.2.2 Pathophysiologische Faktoren mit Einfluss auf die Pharmakokinetik

Der Weg eines Pharmakons im Organismus wird quantitativ durch die Pharmakokinetik beschrieben. Diese umfasst drei Vorgänge:
– die **Absorption**,
– die **Verteilung**
– und die **Elimination** (Metabolisierung, Exkretion).

Diese Prozesse zeigen im Allgemeinen eine zeitliche Überlappung. Deren Zusammenwirken bestimmt letztlich die Höhe des Anteils eines Pharmakons der nach Absorption und Passage der Leber **(first pass effect)** in den Blutkreislauf und damit zur systemischen Verteilung und Wirkung gelangt. Die **Bioverfügbarkeit** eines Pharmakons beschreibt den Anteil der verabreichten Dosis, der in wirksamer Form in die Zirkulation gelangt, und die Geschwindigkeit dieses Vorgangs. Die Bioverfügbarkeit von Medikamenten kann recht unterschiedlich sein. Sie liegt beispielsweise beim **Theophyllin** bei etwa 90 %, während diese beispielsweise bei dem Immunsuppressivum **Tacrolimus** nur 27 % beträgt. Im Falle des **Ciclosporins** konnte durch eine neue Galenik (Optoral) die Bioverfügbarkeit erheblich verbessert werden. Darüber hinaus kann die Bioverfügbarkeit interindividuell für ein Pharmakon erhebliche Unterschiede aufweisen.

Zahlreiche physiologische Faktoren beeinflussen die Kinetik und damit auch die Dosierung eines Pharmakons. Die Absorption von Pharmaka ist abhängig von der Funktion des Magen-Darm-Traktes und evtl. gleichzeitig aufgenommener Nahrung. Die Höhe der verordneten Dosis hängt vom Gewicht und der Körperoberfläche ab. Bei Pharmaka, welche nur geringfügig vom Fettgewebe aufgenommen werden, ist das Sollgewicht dem Gesamtgewicht bei der Festlegung der Dosierung vorzuziehen.

Maßgeblich wird die Bioverfügbarkeit durch das intestinale P-Glykoprotein und den enzymatischen Arzneimittelabbau im Darm und der Leber beeinflusst. P-Glykoprotein ist ein plasmamembrangebundenes Glykoprotein von etwa 170 kDa, welches zur Superfamilie der ATP-bindenden Kassetten Transporter (ABC-Transporter) gehört. Es wirkt als energieabhängige Pharmaka-Efflux-Pumpe, welche die intrazelluläre Konzentration von Pharmaka vermindert. **P-Glykoprotein** wird in einem hohen Maße auf den apikalen Oberflächen verschiedener Organe einschließlich des Dünndarms und des Kolons exprimiert. Der P-Glykoproteingehalt der Gewebe zeigt signifikante interindividuelle Unterschiede; es konnte z. B. eine zwei- bis achtfache Variation im P-Glykoproteingehalt von Dünndarmbiopsien von nierentransplantierten Patienten und gesunden Personen nachgewiesen werden. Polymorphismen des **MDR-1 Gens** sind ebenfalls bekannt, welche mit einer reduzierten Expression und Aktivität von P-Glykoprotein assoziiert sind.

Eine breite Überlappung in der Substratspezifizität und Gewebeverteilung von P-Glykoprotein und CYP3A ist festgestellt worden. Tabelle 25.6 fasst verschiedene Pharmaka zusammen, welche Substrate oder Inhibitoren von P-Glykoprotein bzw. CYP3A sind. Aufgrund der beträchtlichen Überlappung in der Substratselektivität und Gewebelokalisation von CYP3A und P-Glykoprotein wird davon ausgegangen, dass diese beiden Proteine eine koordinierte Absorptionsbarriere gegen Xenobiotika darstellen. Es gibt zunehmend Hinweise darüber, dass die intestinale P-Glykoproteinaktivität ein Hauptdeterminant für die Absorption von Pharmaka darstellt. Dies wird exemplarisch am Beispiel von zwei Immunsuppressiva dargestellt. In einer Studie mit nierentransplantierten Patienten, welche das ursprüngliche Ciclosporinpräparat Sandimmun erhalten hatten, konnte 30 % der Variabilität von C_{max} (maximale Blutkonzentration gemessen nach Ciclosporingabe) auf die Variabilität der Aktivität des intestinalen P-Glykoproteins zurückgeführt werden. In einer weiteren Studie wurde die mRNA Expression des MDR-1 Gens, welches für P-Glykoprotein ko-

Tabelle 25.6: Pharmaka, welche Substrate und/oder Modulatoren, sowohl für das CYP3A als auch für das P-Glykoprotein sind.

Antiarrhythmika	Amiodaron, Lidocain, Chinidin
Antimykotika	Itraconazol, Ketoconazol
Kalziumantagonisten	Diltiazem, Felodipin, Nifedipin
HIV-Proteinase-Inhibitoren	Indinavir, Nelfinavir, Ritonavir, Saquinavir
Immunsuppressiva	Ciclosporin, Sirolimus, Tacrolimus
Zytostatika	Doxorubicin, Etoposid, Paclitaxel
Sonstige	Erythromycin, Terfenadin

diert, in der intestinalen Mukosa von lebertransplantierten Patienten quantifiziert. Es wurde eine inverse Beziehung zwischen MDR-1 mRNA Expression und dem Tacrolimus Konzentration/Dosisquotienten gefunden. Darüber hinaus war eine hohe MDR-1 mRNA Expression assoziiert mit einem geringeren Überleben des Transplantats.

Für einige Pharmaka kann ein erheblicher enzymatischer Abbau bereits bei der ersten Leberpassage (first past effect) stattfinden. In der oben erwähnten Studie, konnte beispielsweise gezeigt werden, dass für Ciclosporin 32 % der Variabilität von C_{max} auf das hepatische CYP3A-System zurückzuführen ist.

Die Aktivität mikrosomaler Enzyme, durch welche viele Pharmaka metabolisiert werden, sowie von P-Glykoprotein, kann durch bestimmte Substanzen, wie z.B. Phenobarbital und Rifampicin, induziert oder durch andere Pharmaka, wie z. B. Ketoconazol, gehemmt werden (siehe Abschn. 25.1.2). Für manche Substanzen, wie z.B. Sulfonamide ist die **Acetylierung** ein wichtiger Schritt im Rahmen der Biotransformation. Patienten mit genetisch determinierter, langsamer Acetylierung weisen ein erhöhtes Risiko für das Auftreten toxischer Nebenwirkungen auf.

Bei einer Sättigung der hepatischen Enzyme tritt das Phänomen der nicht linearen Pharmakokinetik auf. Der resultierende begrenzte Metabolismus kann zu unerwartet hohen Serumkonzentrationen betreffender Medikamente, wie z. B. **Phenytoin**, führen. Die interindividuellen Unterschiede im Dosis-/Wirkungseffekt können für Phenytoin teilweise durch den bekannten genetischen Polymorphismus von CYP2C9 erklärt werden.

Lebererkrankungen können den Metabolismus von Pharmaka entscheidend beeinflussen. Bei Pharmaka mit einer hohen hepatischen Extraktionsrate ist der Metabolismus darüber hinaus von der Leberdurchblutung abhängig. Bei Erkrankungen mit intra- und extra-hepatischer Shunt-Bildung, wie z. B. Leberzirrhose, ist der Metabolismus derartiger Pharmaka herabgesetzt. Außerdem ist bei der Leberzirrhose die hepatische Cytochrom P450 Aktivität vermindert. Lidocain, dessen Metabolismus zu Monoethylglycinxylidid sowohl von der Leberdurchblutung als auch von der Aktivität des hepatischen Cytochrom P450 Systems abhängt, konnte zum Aufbau eines dynamischen Leberfunktionstests erfolgreich eingesetzt werden. Weitere Pharmaka, deren Metabolismus bei Leberzirrhose eingeschränkt ist, sind u. a. Phenytoin, Carbamazepin, Theophyllin, Coffein.

Aus Tierversuchen ist bekannt, dass die Ausscheidung von Pharmakametaboliten über die Galle durch andere Medikamente inhibiert werden kann. So wird beispielsweise die Ausscheidung von Mycophenolsäure-Glukuronid (MPAG) in die Galle durch Ciclosporin gehemmt. Dies könnte erklären, warum die Mycophenolsäureexposition unter der Therapie mit **Mycophenolat mofetil** in Anwesenheit von Ciclosporin reduziert ist. Durch die verminderte Ausscheidung von MPAG in den Darm kommt es zu einer verminderten enterohepatischen Rezirkulation von **Mycophenolsäure**, welches im Darm durch Hydrolyse aus MPAG entsteht.

Manche Substanzen werden unverändert über die Nieren ausgeschieden. Dies gilt beispielsweise für die Aminoglykoside. Auch Digoxin wird überwiegend (~ 80 %) über die Niere ausgeschieden. Eine Niereninsuffizienz kann bei derartigen Pharmaka zu einer Akkumulation und toxischen Nebenwirkungen führen.

25.2.3 Wechselbeziehung zwischen Pharmakokinetik und Pharmakodynamik

Bei wiederholter Verabreichung einer konstanten Dosis eines Pharmakons über fünf Halbwertszeiten wird der Plateauwert **(steady state concentration)** nahezu erreicht. Die Zeitdauer bis zum Erreichen der Steady-State-Konzentration wird lediglich durch die Eliminationshalbwertszeit bestimmt. Wenn das Dosierungsintervall im Vergleich zur Eliminationshalbwertszeit kurz ist, treten nur relativ geringe Schwankungen zwischen minimalen und maximalen Steady-State Serum- bzw. Blutkonzentrationen auf. In diesem Fall ist die exakte Einhaltung des Blutentnahmezeitpunkts weniger kritisch.

Der Effekt eines Pharmakons am Wirkort kann durch verschiedene pathophysiologische Faktoren beeinflusst werden. Eine Digoxinkonzentration im therapeutischen Bereich kann zu toxischen Nebenwirkungen führen, wenn gleichzeitig eine Hypokaliämie, eine Hyperkalzämie, eine Hypomagnesiämie, eine Hypoxie oder eine Störung des Säure-Basen-Gleichgewichts vorliegt. Weiterhin gibt es Hinweise dafür, dass Multidrugtransporter, wie z. B. P-Glykoprotein und Mitglieder der Multidrug Resistance assoziierten Proteinfamilie (MRP) in kapillären Endothelzellen und Astrozyten im Gehirn von Patienten mit therapieresistenter Epilepsie überexprimiert sind.

Während bestimmte Pharmaka, wie zum Beispiel Aminoglykoside, keine **Proteinbindung** aufweisen, sind die meisten Pharmaka im Blut in unterschiedlichen Ausmaß an Serumproteine gebunden. Es wird davon ausgegangen, dass der freie Anteil des Pharmakons, welcher die Membranen passieren und ins Gewebe diffundieren kann, eher der Konzentration am Wirkort entspricht, als dessen Gesamtkonzentration im Serum. Für Pharmaka mit einer hohen Proteinbindung (> 70 %) und einer großen Variabilität der Proteinbindung reflektiert die Gesamtkonzentration nicht sicher die tatsächlich wirksame freie Konzentration. Saure Pharmaka werden im Blut gewöhnlich an Albumin gebunden, basische Pharmaka oft an saures α_1-Glykoprotein und Lipoproteine.

Es ist zu unterscheiden zwischen der freien Konzentration eines Pharmakons und dessen freier Fraktion. Die **freie Fraktion** hängt ab von der Assoziationskonstante für die Pharmakon-Protein-Interaktion und der Konzentration des freien Bindungsproteins. Die freie Fraktion ist daher unabhängig von der freien und der Gesamtkonzentration des Pharmakons. Die freie Konzentration eines Pharmakons ist dagegen abhängig von der Menge des Pharmakons im Körper und dessen Gewebebindung. In diesem Zusammenhang ist wichtig, dass die freie Konzentration unabhängig von der Gesamtkonzentration ist. Im Hinblick auf den potentiellen Einfluss einer veränderten Proteinbindung auf die **Clearance** eines Pharmakons ist festzustellen, dass für Pharmaka deren Extraktionsrate hoch ist, die Elimination durch die Perfusionsrate bestimmt wird, sodass die Clearance sich dem Wert der Organdurchblutung nähert. Da sowohl gebundenes als auch ungebundenes Pharmakon extrahiert wird, ist in diesem Fall die Clearance relativ insensitiv gegenüber Veränderungen der Proteinbindung im Blut. Im Gegensatz dazu wird bei Pharmaka mit geringer Extraktionsrate die Clearance durch die Plasmaproteinbindung beeinflusst.

Bei therapeutischen Serumkonzentrationen ist gewöhnlich nur ein kleiner Teil der verfügbaren Bindungsstellen durch das betreffende Pharmakon besetzt. Die Bindungskapazität entspricht der Maximalmenge eines Pharmakons, welche von den Serumproteinen im Gleichgewicht gebunden werden kann. Wenn in besonderen Fällen die Bindungskapazität überschritten wird, steigt die freie Fraktion des Pharmakons an. **Lidocain** zeigt eine solche konzentrationsabhängige Bindung bereits im therapeutischen Bereich.

Zahlreiche Erkrankungen können die Proteinbindung eines Pharmakons beeinflussen. Bei urämischen Patienten beispielsweise ist die Proteinbindung oft herabgesetzt. Weiterhin können Bindungsproteine vermindert sein, z. B. Albumin bei chronischen Lebererkrankungen und Nephrotischem Syndrom, oder Ansteigen, wie z. B. **saures α_1-Glykoprotein** unter Stressbedingungen. Auch eine ausgeprägte Hyperbilirubinämie kann zu einer verminderten Bindung von Pharmaka an Albumin führen. Des weiteren können erhöhte Konzentrationen von Arzneimittelmetaboliten die Muttersubstanz aus ihrer Proteinbindung verdrängen. So bewirkt beispielsweise eine erhöhte Konzentration des 7-O-Glukuronids von Mycophenolsäure bei Niereninsuffizienz eine Verdrängung der Muttersubstanz aus ihrer Albuminbindung.

Die Bestimmung der freien Konzentrationen hat routinemäßig bislang nur für Phenytoin Eingang in das Drug Monitoring gefunden. Phenytoin hat eine Plasmaproteinbindung von 89%. Wie bereits dargestellt, kann durch verschiedene Erkrankungen die Proteinbindung von Phenytoin herabgesetzt sein. Da Phenytoin eine niedrige Extraktionsrate aufweist, sind grundsätzlich Veränderungen in der Proteinbindung klinisch nicht relevant, da die Exposition hinsichtlich der freien Phenytoinkonzentration nicht von der freien Fraktion dieses Pharmakons abhängig ist. Andererseits steigt aber die Gesamtkonzentration von Phenytoin an, wenn die freie Fraktion abnimmt. Eine Missinterpretation der Gesamtphenytoinkonzentration ist für den Kliniker in solchen Fällen nur zu vermeiden, wenn die betreffende freie Phenytoinkonzentration bekannt ist.

Im Übrigen gilt, dass Veränderungen in der Plasmaproteinbindung von Pharmaka einen wichtigen Einfluss auf individuelle pharmakokinetische Parameter haben.

25.2.4 Indikationen zum Drug Monitoring

Die Hauptindikation besteht in der Therapiekontrolle und -überwachung von Pharmaka mit einem engen therapeutischen Index, deren Wirkung nicht anhand von einfachen Parametern gemessen werden kann, um die Gefahr der Über- oder Unterdosierung zu vermeiden. Das Messen von Pharmakaspiegeln zur Optimierung der Medikamentendosierung kann von besonderer Bedeutung sein bei Patienten mit eingeschränkter Nieren- oder Leberfunktion, in Fäl-

Tabelle 25.7: Therapeutische Bereiche. Die angegebenen Konzentrationen gelten für Plasma bzw. Serum.

Pharmakon	therapeutischer Bereich
Antibiotika	
Amikacin (min)	≤ 5 mg/l
Amikacin (max)	20–30 mg/l
Gentamicin (min)	≤ 2 mg/l
Gentamicin (max)	5–10 mg/l
Netilmicin (min)	≤ 3 mg/l
Netilmicin (max)	5–12 mg/l
Tobramycin (min)	≤ 2 mg/l
Tobramycin (max)	5–10 mg/l
Vancomycin (min)	5–10 mg/l
Vancomycin (max)	20–40 mg/l
Antikonvulsiva	
Carbamazepine	4–11 mg/l
Carbamazepin-Epoxid	≤ 3 mg/l
Ethosuximid	40–100 mg/l
Lamotrigin	3–14 mg/l
Phenobarbital	10–40 mg/l
Phenytoin (gesamt)	10–20 mg/l
Phenytoin (frei)	1–2 mg/l
Primidon	5–15 mg/l
Topimirat	5–20 mg/l
Valproinsäure	50–100 mg/l
Antimykotika	
Amphotericin B (min)	0,2–1,0 mg/l
Amphotericin B (max)	1,5–3,5 mg/l
Flucytosin (min)	25–50 mg/l
Flucytosin (max)	50–100 mg/l
Itraconazol	0,5–2,0 mg/l
Kardiaka	
Amiodaron	0,5–2,5 mg/l
Digitoxin	10–25 µg/l
Digoxin	0,8–2,0 µg/l
Antidepressiva	
Amitriptylin + Nortriptylin	120–250 µg/l
Clomipramin + Desmethyclomipramin	≤ 700 µg/l
Doxepin + Desmethyldoxepin	150–250 µg/l
Imipramin + Desmethylimipramin	150–250 µg/l
Fluoxetin + Desmethylfluoxetin	100–800 µg/l
Lithium	0,3–1,3 mmol/l
Sonstige	
Theophyllin	8–20 mg/l
Paracetamol	10–20 mg/l
Salicylat	150–300 mg/l

Zeitpunkt der Probennahme:
– Bei nicht gekennzeichneten Pharmaka und bei mit „min" gekennzeichneten Pharmaka unmittelbar vor der nächsten Dosis
– Bei mit „max" gekennzeichneten Pharmaka 0,5 Stunden nach Ende einer Infusion über 0,5 Stunden (Amikacin, Gentamicin, Netilmicin, Tobramycin, Amphotericin B, Flucytosin) bzw. 1 Stunde nach Ende einer Infusion (Vancomycin).

Tabelle 25.8: Therapeutische Bereiche für Immunsuppressiva. Die angegebenen Tal-Konzentrationen gelten für Vollblut.

Pharmakon	Organ	Initialtherapie[a]	Erhaltungstherapie[b]
Ciclosporin	Niere	150–225 µg/l	100–150 µg/l
	Leber	225–300 µg/l	100–150 µg/l
	Herz	250–350 µg/l	150–250 µg/l
Tacrolimus	Niere	10–15 µg/l	5–10 µg/l
	Leber	10–15 µg/l	5–10 µg/l
	Herz	10–18 µg/l	8–15 µg/l
Sirolimus	Niere	4–12 µg/l[c]	4–12 µg/l[c]
		12–20 µg/l[d]	12–20 µg/l[d]

[a] ca. ≤ 3 Monate nach Transplantation
[b] > 3 Monate nach Transplantation
[c] Tripeltherapie (Sirolimus, Steroide, Ciclosporin)
[d] Dualtherapie (Sirolimus, Steroide)

len, in denen Wechselwirkungen zwischen Medikamenten erwartet werden oder wenn pharmakokinetische Variable beträchtliche intra- und interindividuelle Schwankungen aufweisen. Bei Medikamenten mit einer **nicht linearen Pharmakokinetik**, wie z. B. Phenytoin sollte eine Dosiserhöhung wegen der Möglichkeit eines überproportionalen Anstiegs der Plasmakonzentration durch Spiegelbestimmungen kontrolliert werden. Die Kenntnis der Pharmakaspiegel ist ebenfalls von großer Bedeutung, wenn zwischen den durch Toxizität und den durch Unterdosierung hervorgerufenen Symptomen Ähnlichkeit besteht, insbesondere wenn bereits Krankheitssymptome vorhanden sind. Zum Beispiel können vorzeitig auftretende ventrikuläre Kontraktionen auf eine Digitalisintoxikation oder eine bestehende Herzerkrankung zurückzuführen sein.

Für die in den Tabellen 25.7 und 25.8 dargestellten Pharmaka wird ein Monitoring allgemein empfohlen. Weitere Medikamente, für die ein Monitoring diskutiert wird, sind verschiedene Immunsuppressiva (Mycophenolsäure, Everolimus) und HIV Proteaseinhibitoren (Amprenavir, Indinavir, Lopinavir, Nelfinavir, Ritonavir, Saquinavir).

25.2.5 Zeitpunkt der Blutentnahme

Bei einer Dauertherapie sollte die Blutentnahme nach Erreichen des Steady-State erfolgen, d. h. nach Behandlung mit einer konstanten Dosis über mindestens 5 Halbwertszeiten. Die systemische Verteilung eines Pharmakons erfolgt vereinfacht in zwei Phasen. Während der initialen Verteilung, der sog. α-**Phase** spielen die Absorption und Verteilung des Pharmakons in die verschiedenen Verteilungsräume die Hauptrolle. In dieser Phase unterliegt die Plasmakonzentration des Pharmakons starken Änderungen und korreliert in der Regel noch nicht mit der Konzentration am Wirkort. Dagegen stehen während der Gleichgewichtsphase, der sog. β-**Phase**, die Vorgänge der Elimination im Vordergrund. Die Plasmakonzentrationen des Pharmakons spiegelt in dieser Phase eher die Konzentrationen am Wirkort wider. Je nach Pharmakon und Applikationsart kann die Zeitspanne bis zur Einstellung der Eliminationsphase sehr variabel sein. Nach intravenöser Gabe ist die Zeitspanne oft 30–60 Minuten, nach oraler Gabe meist 2–4 Stunden. Bei Digoxin und Digitoxin dauert diese Verteilungsphase in der Regel > 8 Stunden. In der Praxis wird die Entnahme der Blutprobe zur Bestimmung der Plasmakonzentration eines Pharmakons, entsprechend der klinischen Fragestellung, zum Zeitpunkt der maximalen Plasmakonzentration und/oder unmittelbar vor Verabreichung der nächsten Dosis (minimale Plasmakonzentration) durchgeführt. Bei einigen Pharmaka wie z. B. Phenytoin oder Phenobarbital ist der Entnahmezeitpunkt der Blutprobe weniger wichtig, da im steady state relativ kleine Unterschiede zwischen der Maximal- und Minimalkonzentration bestehen.

25.2.6 Therapeutische Bereiche

Konzentrationsbestimmungen von Pharmaka müssen immer im Zusammenhang mit allen klinischen Daten interpretiert werden. Die Interpretation der Plasmakonzentration eines Pharmakons erfolgt dann unter Berücksichtigung der klinischen Daten anhand des sog. therapeutischen Bereiches. Die Tabellen 25.7 und 25.8 fassen die therapeutischen Bereiche häufig im Rahmen des Drug Monitoring überwachter Pharmaka zusammen. Im Unterschied zum Konzept der Referenzintervalle in der Klinischen Chemie, gibt es für die Erstellung von therapeutischen Bereichen kein allgemein akzeptiertes Konzept oder Protokoll. Da in der Literatur teilweise etwas unterschiedliche Angaben zu diesen Bereichen zu finden sind, können die in den Tabellen 25.7 und 25.8 angegebenen Bereiche nur als grobe Rahmenempfehlung gelten. Therapeutische Bereiche betreffen den Konzentrationsbereich innerhalb dessen die Wahrscheinlichkeit der gewünschten klinischen Wirkung relativ hoch und die Wahrscheinlichkeit inakzeptabler Toxizität relativ gering ist. Der Effekt eines Pharmakons am Wirkort wird von vielen Faktoren beeinflusst. So kann z. B. eine Digoxin Plasmakonzentration, die bei den meisten Patienten therapeutisch wirksam ist, bei Patienten mit **Hypokaliämie**, **Hyperkalzämie**, Störungen des **Säuren-Base-Status**, oder **Hypoxämie** zu hoch sein. Außerdem können sich die Grenzen des therapeutischen Bereiches ändern, wenn dem Patienten gleichzeitig noch andere Pharmaka mit synergistischer oder antagonistischer Wirkung verabreicht werden. Darüber hinaus sollte bei der Interpretation von Plasmakonzentrationen auch das Vorliegen pharmakologisch wirksamer Metaboliten sowie die Änderungen der Proteinbindung berücksichtigt werden.

Bei pädiatrischen Patienten ist das Drug Monitoring von besonderer Bedeutung, da sich der Metabolimus von Pharmaka mit dem Alter ändert. Beim Neugeborenen ist die Leber- und Nierenfunktion noch nicht ausgereift. Daher ist es erforderlich, eine wesentlich geringere Dosis pro kg Körpergewicht eines Pharmakons zu verabreichen, um eine vergleichbare therapeutische Konzentration des Pharmakons zu erzielen. Hepatische mikrosomale Enzyme der Phase I reifen im Allgemeinen innerhalb der ersten sechs Monate, die Phase-II-Reaktionen (z. B. Glukuronidierung, Acetylierung) dagegen erst während des dritten und vierten Lebensjahres aus. Während der ersten sechs Lebensmonate ist ein engmaschiges Monitoring erforderlich, da die hepatischen mikrosomalen Enzymaktivitäten zunehmen. Bei Kindern im Alter von sechs Monaten bis zur Pubertät beträgt die Aktivität des hepatischen mikrosomalen Enzymssystems etwa das doppelte derjenigen eines Erwachsenen. Als Beispiel beträgt die Halbwertszeit von **Theophyllin** beim unreifen Neugeborenen etwa 30 h, bei Kindern 2 bis 6 h, bevor die Werte während der Pubertät wieder zunehmen auf Werte von 6 bis 13 h wie bei Erwachsenen (Nichtrauchern).

25.2.7 Bestimmungsmethoden

Das Drug Monitoring erfordert Methoden, die das jeweilige Pharmakon spezifisch, präzise und richtig erfassen können. Die Methoden mit der höchsten Spezifizität basieren auf **Hochleistungs-Flüssigkeits-Chromatographie (HPLC)** mit Ultraviolet-, Fluoreszenz- oder massenspektrometrischer Detektion. HPLC-Verfahren eignen sich für die Entwicklung von Referenzmethoden und für Untersuchungen über Arzneimittelmetaboliten. Sie finden allerdings auch zunehmende Anwendung als Routineverfahren, insbesondere wenn keine Immunoassays zur Verfügung stehen. Durch die Anbindung der Flüssigkeitschromatographie (LC) an die **Massenspektrometrie (MS)** konnte die analytische Sensitivität und Spezifizität von HPLC-Verfahren noch weiter verbessert werden. Bedingt durch die rasch fortschreitende gerätetechnische Entwicklung auf diesem Gebiet finden sog. **LC-MS** und vor allem **LC-MS/MS** Geräte zunehmend Einsatz für die Bestimmung der Plasma- bzw. Blutkonzentrationen von Pharmaka. Mit solchen Techniken ist es auch möglich simultan, mehrere Pharmaka zu quantifizieren.

Für eine Reihe von Pharmaka stehen kommerzielle **Immunoassays** zu Verfügung. Die meisten Immunoassays basieren auf nichtradioaktiven Testsystemen. Sowohl heterogene Immunoassays, die eine Abtrennung der Hapten-Antikörper-Komplexe von den nicht gebundenen Komponenten erfordern, als auch homogene Immunoassays, wo dieser Trennschritt nicht nötig ist, sind verfügbar. Je nach Immunoassay kommen verschiedene Detektionsverfahren zum Einsatz. Es sind Fluoreszenzpolarisations-, Enzym-, Lumineszenz-, turbidimetrische und nephelometrische Immunoassays entwickelt worden. Die Vorteile der Immunoassays liegen in der einfachen Durchführbarkeit und Mechanisierung. Ihre analytische Spezifizität hängt entscheidend von der Qualität der Antikörper ab, da Metabolite der zu messenden Pharmaka auch mit den Antikörpern im Test kreuzreagieren können. Dies ist besonders problematisch, wenn es sich um pharmakologisch inaktive Metabolite handelt. Immunoassays mit monoklonalen Antikörpern sind in der Regel spezifischer als solche mit polyklonalen Antikörpern. Dennoch können Immunoassays mit monoklonalen Antikörpern unterschiedlichen Herkunft, die gegen das gleiche Pharmakon gerichtet sind, eine unterschiedliche **analytische Spezifizität** aufweisen, wie beispielsweise für Ciclosporin gezeigt wurde.

Der Einsatz von Prodrugs in der Pharmakotherapie hat besondere Implikationen für das Drug Monitoring. Prodrugs sind Analoge von pharmakologisch aktiven Substanzen, welche entwickelt wurden, um die Bioverfügbarkeit und Verträglichkeit letzterer zu verbessern. Prodrugs werden in vivo zu der eigentlich wirksamen Substanz metabolisiert. Azathioprin, Mycophenolat mofetil und Phosphenytoin sind Beispiele von Prodrugs bei denen jeweils das Monitoring der 6-TGN Nukleotide, der Mycophenolsäure oder des Phenytoins dazu benutzt werden, die Therapie zu steuern. Für das Drug Monitoring liegt das Problem darin, dass Prodrugs selbst in Immunoassays eine Kreuzreaktion zeigen können, wodurch die Interpretation pharmakokinetischer Daten und die klinische Interpretation beeinflusst werden können. Des Weiteren können Prodrugs direkt zu inaktiven Metaboliten umgesetzt werden, welche Kreuzreaktionen in den Immunoassays zur Bestimmung des aktiven Pharmakons bewirken. Aus pharmakodynamischer Sicht ist es erforderlich, den Beitrag des Prodrug, des aktiven Pharmakons und weiterer Metabolite des Pharmakons zu dessen Wirkung zu kennen.

Einige Pharmaka sind in die **Richtlinie der Bundesärztekammer** zur **Qualitätssicherung** quantitativer laboratoriumsmedizinischer Untersuchungen aufgenommen, sodass verbindliche Kriterien für die Qualitätskontrolle der Messverfahren vorliegen. Grundsätzlich sollte die Analytik aller Pharmaka, für welche ein Drug Monitoring notwendig ist, sowohl einer internen als auch einer externen Qualitätskontrolle unterliegen.

26 Toxikologie – Vergiftungen/Drogenscreening

W. R. Külpmann

26.1 Allgemeines

Vergiftungen treten vergleichsweise häufig auf. 5–8 % der Patienten in medizinischen und pädiatrischen Kliniken werden wegen Vergiftung oder Vergiftungsverdacht aufgenommen. Bis zu 50 % ist der Anteil der Patienten mit Vergiftung auf internistischen Intensivstationen. Häufig sind Patienten im Alter zwischen 20 und 30 Jahren betroffen. Im Jahre 1994 ereigneten sich nach Angaben des Statistischen Bundesamtes ca. 10.000 Todesfälle durch Vergiftungen in Deutschland. Davon waren 67 % bedingt durch Missbrauch und Abhängigkeit von Alkohol und Drogen, 18 % durch Vergiftungen mit Arzneimitteln und 15 % durch Vergiftungen mit medizinisch nicht gebräuchlichen Stoffen.

Die Prognose einer Vergiftung hat sich in den letzten Jahren deutlich verbessert durch

– Verbesserung der Detoxikationsmaßnahmen unter Einbeziehung von Hämodialyse, Hämoperfusion und Plasmapherese
– Optimierung der intensivmedizinischen Therapie.

Der Stellenwert der Analytik ergibt sich dadurch, dass viele Vergiftungen keine charakteristischen klinischen Symptome aufweisen (Tab. 26.1, 26.2, 26.3, 26.4). In einer Erhebung war die klinische Diagnose
– nur in 22 % der Fälle korrekt
– in 36 % der Fälle teilweise korrekt
– in 42 % der Fälle falsch.

Erschwerend kommt hinzu, dass in einem Drittel der Vergiftungsfälle mehr als ein Gift beteiligt ist. Insbesondere findet sich als weiterer Giftstoff häufig Ethanol.

Bei folgenden Situationen ist besonders an die Möglichkeit einer Vergiftung zu denken:

Tabelle 26.1: Leitsymptome bei medikamentösen Vergiftungen.

Untersuchung	Leitsymptom	mögliche Ursache
Pupillen	Mydriasis	Hypoxie, Hypothermie, Anticholinergika
	Miosis	Opiate, Barbiturate, Phosphorsäureester
Salivation	Hypersalivation	Cholinergika, Cholinesterasehemmer
	trockener Mund	Anticholinergika
Parästhesien	Taubheitsgefühl oder Brennen der Mundschleimhaut	Antiarrhythmika, Akonitin
Neurologischer Status	ruhiges Koma, reflexlos	Opiate, Barbiturate
	motorische Unruhe	Methaqualon, Anticholinergika, Weckamine
	Krämpfe	Analgetika (Salicylate), Opiate, Antiarrhythmika
	Muskelzuckungen	Phosphorsäureester
Kardiale Komplikationen	toxische Myokard-Depression, (Herzinsuffizenz)	Betablocker, Anticholinergika, Phosphorsäureester
	Rhythmus-Störungen	Herzglykoside, Antiarrhythmika, Tri- und tetrazyklische Antidepressiva
Atemstörungen	zentrale/periphere Atemlähmung	Hypnotika, Sedativa, motorische Endplatten blockierende Medikamente
	Lungenödem	Drogen, kardiodepressive Medikamente, Inhalationsgifte

Tabelle 26.2: Typische Vergiftungen mit Medikamenten.

Typ der Vergiftungen	häufige Symptome	empfohlene Nachweise
Sedativa/Hypnotika	alle Grade der ZNS-Depression (Benommenheit bis tiefes Koma), Hypothermie, Atemdepression (reagiert nicht auf Naloxon)	Barbiturate und andere Hypnotika, Ethanol, Benzodiazepine, trizyklische Antidepressiva, Phencyclidin, Paracetamol (Acetaminophen)
Narkoanalgetika (Opiate)	ZNS-Depression, Atemdepression (Aufhebung durch Naloxon), Miosis, Bradykardie	Opiate, Salicylate, Paracetamol (Acetaminophen), Ethanol
Stimulantien	psychotische Symptome, Tachypnoe, Tachykardie, Hypertonie, Hyperthermie Mydriasis	Amphetamine, Cocain, trizyklische Antidepressiva Phenothiazine, Phencyclidin, Ethanol, LSD, Cannabis (THC)
Anticholinergika	ZNS-Depression, Delirium, extrapyramidale Zeichen, Krämpfe, Hypotonie, Herzrhythmusstörungen, Hyperthermie	trizyklische Antidepressiva, Phenothiazine, Amphetamine, LSD, Ethanol

ZNS = Zentralnervensystem

Tabelle 26.3: Wichtige nicht medikamentöse Vergiftungen.

Vergiftung	häufige Symptome	toxikologischer Nachweis
Nahrungsmittel	Erbrechen, Diarrhö, Fieber, Augensymtome	Tierversuch auf Botulismus; bei Konservendosen: Zinn im Harn
Pilze	gastrointestinales Pilz-Syndrom, hepatorenales Pilz-Syndrom, Muscarin-Syndrom, Phalloides-Syndrom	Sporenanalyse im Mageninhalt und/oder Stuhl, Amanitin im Harn
Alkohol		Alkoholbestimmung im Serum
Paraquat (Diquat)	Latenzzeit, phasenhafter Verlauf, Haut- und Schleimhautreizung, Parenchymschäden an Leber und Niere, Lungenparenchymschaden (meist letal)	Schnelltest im Harn mit Dithionit
Phosphorsäure-ester, z. B. Parathion-Ethyl	vermehrter Speichelfluss, Miosis, Kopfschmerzen, Angstgefühl, Erbrechen Bradykardie, Erregungszustände, Krämpfe, Koma, Exitus durch Atemlähmung	Cholinesterase im Serum, p-Nitrophenol im Urin, Wirkstoffnachweis mittels Gaschromatographie im Blut
Farben, Lacke, Reinigungsmittel	Pränarkose-Kater-Syndrom, Erregungszustände, Bewusstlosigkeit, u. U. Erbrechen, Coma hepaticum, akutes Nierenversagen	Fujiwara-Reaktion im Urin Phenole im Urin, chlorierte und nicht chlorierte Kohlenwasserstoffe mittels GC im Blut, Methämoglobin im Blut
Auspuffgase	Kopfschmerzen, Schlaflosigkeit, Verwirrtheit, Unruhe, Bewusstlosigkeit, Erbrechen, zentrale Lähmung	COHb quantitativ im Blut
Brand-/Rauch-gase	Kopfschmerzen, Verwirrtheit, Unruhe Bewusstlosigkeit, zentrale Lähmung	COHb quantitativ im Blut, Zyanid quantitativ im Blut, Thiozyanat (Rhodanid) im Urin
Wohngifte	psychovegetatives Krankheitsbild (Ängstlichkeit, Apathie, Leistungsdruck, Müdigkeit), Kopfschmerzen, Husten, Augenbrennen, Hautjucken	Pentachlorphenol, Phenole, Quecksilber, Ameisensäure im Urin

GC = Gaschromatographie

Tabelle 26.4: Zuordnung der Noxen zu klinischen Befunden bei Organschäden durch akute Vergiftungen.

Klinische Befunde/Symptome	verursachende Gifte
Leberschäden	
akute Nekrose	chlorierte Kohlenwasserstoffe, Paracetamol, Paraquat, Phosphor, Pilzgift, z. B. Knollenblätterpilz
subakute Nekrose	Chlornaphthalin, Dimethylnitrosamin, Dinitrobenzol, polychlorierte Biphenyle (PCB), Tetrachlorethan
chronischer Leberschaden	Aflatoxin, Ethanol, Tetrachlorkohlenstoff, Vinylchlorid. Siehe auch unter „subakute Nekrose" genannte Substanzen.
Nierenschäden	Metalle und metallorganische Verbindungen, Lösungsmittel, Glykole, Pestizide/Herbizide
Anämie	
Blutung aus oberem Darmtrakt	Antikoagulantien, Glukokortikoide, Indometacin, nicht-steroidale Antiphlogistica, Phenylbutazon, Salicylate
Gerinnungsstörungen	
DIC*	Monoamino-Oxidase-Hemmer, Phencyclidin, Pilzgifte, (Schlangengift), Schock
verlängerte TPZ	Paracetamol, Pilzgifte (Amanitin), Tetrachlorkohlenstoff infolge Leberschädigung
verlängerte TPZ	Cumarine, Indandione (Rattengift) als Vitamin K-Antagonisten
Thrombozytenaggregation	Salicylate als Thrombozyten-Aggregationshemmer
Säure-Basen-Haushalt	
metabolische Azidose	Laktatazidose: Biguanid, Zyanid, Ethanol, Ethylenglykol, Isoniazid, Kohlenmonoxid, Methämoglobinbildner, Methanol, Paraldehyd, Salicylate
	Retentionsazidose: Analgetika, Blei, Cadmium, Lithium, Quecksilber, Toluol
metabolische Alkalose	Diuretika: Etacrynsäure, Furosemid, Thiazide
respiratorische Azidose	Störung des Atemzentrums: Narkotika, Opiate, Sedativa
	Störung der neuromuskulären Übertragung: Succinycholin, d-Tubocurarin
respiratorische Alkalose	Störung des Atemzentrums: Analgetika, Salicylate, Theophyllin

* disseminated intravascular coagulation, TPZ = Thromboplastinzeit

- Bewusstlosigkeit, besonders bei Patienten unter 50 Jahren.
- auffälligem Foetor der Atemluft
- plötzlicher Erkrankung mit Erbrechen und Durchfall
- Arrhythmie ohne Hinweis auf kardiale Erkrankung
- unklarer Symptomatik
- gleichzeitiger akuter Erkrankung mehrerer Personen eines Haushalts
- verstörten Patienten
- Suizidabsichten in der Anamnese
- Auffindung bestimmter Asservate: geleerte Arzneimittelpackungen, Gläser mit z. B. Tablettenrückständen
- Arbeit mit toxischen Substanzen
- Rauchgasexposition, Bränden

26.1.1 Analytik

Qualitative, rasche Nachweisverfahren dienen häufig einer schnellen Eingrenzung der in Frage kommenden Substanzen. Spezifische quantitative Bestimmungen im Blut oder Serum erlauben die Identifikation eines Giftes und eine Abschätzung der Schwere der Vergiftung (s. Anhang). Die Bestimmung von Ethanol ist wegen der Häufigkeit der Beteiligung bei jedem Vergiftungsverdacht Teil des Analysenspektrums. Im frühen Stadium der Vergiftung kann der Urinbefund noch negativ ausfallen. Bei manchen Vergiftungen wird mittelbar auf den Giftstoff geschlossen: z. B. CO-Hämoglobin bei CO-Vergiftung, CHE-Aktivität bei Aufnahme organischer Phosphorsäureester, Prothrombin-

Tabelle 26.5: Basisprogramm bei Verdacht auf exogene Intoxikationen.

Blutbild	Na, K, Cl, Ca
Thrombozytenzahl	Kreatinin (Harnstoff)
APTT*	Glukose
Thromboplastinzeit (TPZ)	AST (GOT), ALT (GPT), CK
Thrombinzeit	GGT
Blutgasanalyse	(Cholinesterase)
(Laktat)	Urinstatus
Ethanol	Anionenlücke
	osmotische Lücke

* Aktivierte partielle Thromboplastinzeit

zeit bei Überdosierung von Phenprocoumon. Hinweis auf eine Vergiftung kann eine stark erhöhte Anionen- oder osmotische Lücke geben (Tab. 26.5). Die Anionenlücke ist vergrößert, wenn andere Anionen als Chlorid und Bikarbonat in (absolut) hoher Konzentration (mmol/l) vorliegen. Mit dem Akronym „KUSMALE" kann man sich die häufigsten Ursachen hierfür einprägen:

K: Ketoazidose (Ketonkörper)
U: Urämie (Retention von Anionen nichtflüchtiger Säuren)
S: Salicylatvergiftung
M: Methanolvergiftung (Ameisensäure)
A: Aethanol (Laktat)
L: Laktatazidose (Laktat)
E: Ethylenglykolvergiftung (Glykolat, Glyoxylat, Oxalat)

Klinisch-chemische Untersuchungen spielen weiterhin eine wichtige Rolle
– in der Differenzialdiagnose zwischen z. B. endogen bedingtem Koma und Bewusstlosigkeit durch Vergiftung.
– bei der Überwachung der verschiedenen Organfunktionen, deren Ausfall zum Tod des Patienten führen können.
– bei der Kontrolle der therapeutischen Maßnahmen.

Bei Verdacht auf eine Vergiftung sollten vor Einleitung der Therapie asserviert werden:
– Blut, heparinisiert (ca 10 ml)
– Urin (50 – 100 ml)
– Mageninhalt oder 1. Portion der Magenspülung (50 – 100 ml)

Bei Verdacht auf Vergiftung mit leicht flüchtigen Giften, sind die Probenbehälter gasdicht zu verschließen. Der Mageninhalt kann die Substanzen noch in besonders hoher Konzentration enthalten und ist deshalb getrennt von den anderen Materialien zu asservieren. Eine bereits erfolgte Prämedikation (z. B. im Krankenwagen) ist unbedingt anzugeben. Eine Liste der vom Patienten (regelmäßig) eingenommenen Medikamenten kann hilfreich sein.

Der Hirntoddiagnostik muss die toxikologische Analyse vorangehen, mit der Substanzen ausgeschlossen werden, die Einfluss z. B. auf das EEG haben können.

Bei Drogenabhängigen werden z. T. sehr hohe Suchtstoffkonzentrationen im Blut gefunden. Sie können bei diesen Personen auf Grund der Gewöhnung im Gegensatz zu Normalpersonen mit dem Leben vereinbar sein.

26.2 Spezieller Teil

Vorbemerkung

Außer den in diesem Abschnitt behandelten Substanzen gibt es noch weitere, die ebenfalls im Zusammenhang mit Vergiftungen eine große Rolle spielen. Sie werden in folgenden Kapiteln behandelt:
– Hämatologie: CO-Hämoglobin, Methämoglobin, Eisen
– Leber und Galle: Ethanol
– Vitamine und Spurenelemente, Metalle: Aluminium, Arsen, Blei, Chrom, Thallium
– Therapeutisches Drug Monitoring: weitere Medikamente, z. B. Digitoxin, Digoxin, Lithium, tri-/tetrazyklische Antidepressiva.

26.2.1 Paracetamol (Acetaminophen)

Paracetamol (4-Hydroxy-Acetanilid) wird als Analgetikum und Antipyretikum in großem Umfang eingesetzt, zumal entsprechende Medikamente von den Apotheken ohne Rezept abgegeben werden. In anderen Staaten erhalten Kunden auf Wunsch auch Großpackungen. Die absichtliche oder auch unabsichtliche missbräuchliche Nutzung ist damit sehr erleichtert. Nach enteraler Resorption wird Paracetamol hepatisch zu N-Acetylbenzochinonimin metabolisiert. Das Derivat wird durch hepatische Umsetzung mit Glutathion, Sulfat und Glukuronsäure entgiftet und renal ausgeschieden. Bei Überdosierung reicht die vorhandene Glutathionmenge nicht aus und der Paracetamolmetabolit führt zu einer schweren Leberschädigung. Im Frühstadium der Vergiftung, d. h. bevor eine Leberschädigung eingetreten ist, kann durch Gabe von N-Acetylcystein als Antidot der Glutathionpool wieder aufgefüllt werden, sodass die Entgiftung des Iminochinonderivats wieder kurzfristig möglich ist. Da diese Behandlung als gefahrlos gilt, ist bei entsprechendem Verdacht mit ihr schon zu beginnen, bevor das Ergebnis der toxikologischen Analyse zur Verfügung steht. Zusätzlich wird der Mageninhalt abgesaugt und der Magen mehrfach gespült, um noch nicht resorbiertes Paracetamol zu entfernen. Durch p. o. Gabe von Aktivkohle wird die enterale Resorption gehemmt. Wenn diese Therapie zu spät einsetzt, kann u. U. nur noch eine Lebertransplantation das Leben des Patienten retten. Die Prognose der akuten Paracetamolintoxikation kann anhand Abbildung 26.1 abgeschätzt werden. Bei akuter Überdosierung und chronischem Paracetamolabusus können bleibende Nierenschäden auftreten.

Nachweis und Bestimmung

Verschiedene Immunoassays sind im Handel, die eine spezifische quantitative Bestimmung von Paracetamol erlauben. Chromatographische toxikologische Screeningverfahren erlauben ebenfalls den Nachweis im Plasma. Da kurz nach Einnahme die Konzentrationen noch niedrig sind (und der Einnahmezeitpunkt häufig nicht sicher bekannt ist), ist 4 Stunden nach der ersten Probennahme eine zweite Blutprobe zu gewinnen, um eine Abschätzung der Erfolgsaussichten der Therapie zu ermöglichen. Die toxikologische Analyse wird ergänzt durch klinisch-chemische Messgrößen zur Bestimmung der Leberfunktion (Plasma: Bilirubin, Cholinesterase, Transaminasen, Thromboplastinzeit).

26.2.2 Salicylate

Zu den therapeutisch peroral eingesetzten Salicylaten gehören Acetylsalicylsäure (ASS), Natriumsalicylat und Salicylamid. Die Wirkstoffe werden auch häufig in Kombinationspräparaten gemeinsam mit Paracetamol und Coffein als Analgetika und Antipyretika eingesetzt, ASS zudem als Thrombozytenaggregationshemmer. Viele Präparate unterliegen nicht der Rezeptpflicht. Aus ASS wird durch Hydrolyse in vivo rasch die Wirksubstanz Salicylsäure freigesetzt, die in der Leber in inaktive Metabolite überführt wird (Halbwertszeit $(2-3)$ h). Bei Überdosierung kann sich die Halbwertszeit stark verändern, da pro Zeiteinheit nur eine bestimmte Stoffmenge umgesetzt werden kann.

Die akute Vergiftung ist zunächst gekennzeichnet durch eine Zunahme von Atemfrequenz und -tiefe infolge einer Beeinflussung des Atemzentrums. Sauerstoffverbrauch und Glukoseumsatz steigen an, und die erhöhte Wärmeproduktion führt zu Hyperthermie. Als Ursache wird eine Entkoppelung der oxidativen Phosphorylierung angenommen. Zitronensäurezyklus und Fettstoffwechsel werden gestört, sodass die respiratorische Alkalose (s. o.) häufig in eine metabolische Azidose übergeht. Außerdem kann die Leber geschädigt werden. Schwere Vergiftungen sind gekennzeichnet durch Krämpfe, Koma und Versagen der Atmung.

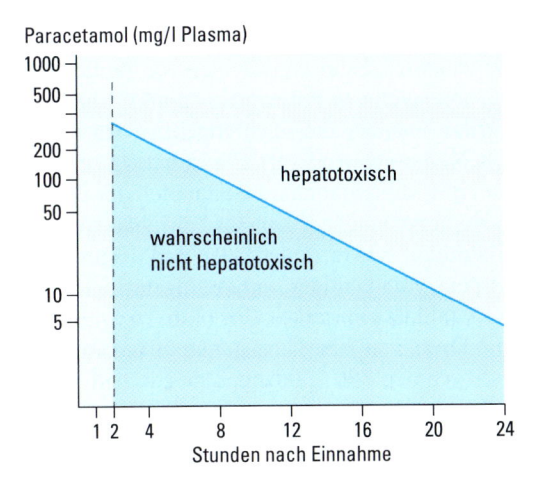

Abb. 26.1: Diagramm zur Prognose der Paracetamolvergiftung [9].

Häufig treten Exsikkose infolge Erbrechen und Nierenversagen auf. Mit Magenspülungen werden die noch nicht resorbierten Wirkstoffe entfernt, durch Gabe von Aktivkohle die Resorption gehemmt.

Die renale Ausscheidung der Salicylsäure ist bei alkalischem pH (pH > 6) erhöht, da (negativ) geladene Verbindungen schlechter tubulär resorbiert werden als neutrale. Schwerste Vergiftungen werden mit Hämodialyse behandelt.

Nachweis und Bestimmung

Salicylate können mit Fe (III) Cl$_3$ nachgewiesen und photometrisch quantitativ bestimmt werden. Häufig wird die Messung der Salicylatkonzentration im Serum auch mithilfe eines Immunoassays vorgenommen. Die Beurteilung der Schwere der Vergiftung und die Überwachung der Therapie werden zusätzlich vorgenommen anhand der Konzentrationsbestimmung folgender Analyte im Blut (Veränderungen bei Vergiftung in ( ))

- Elektrolyte (K$^+$ ↑)
- Glukose (↓)
- Blutbild (Hämatokrit ↑, Leukozyten ↑, Thrombozyten ↑)
- Laktat (↑)
- Anionenlücke (↑ u. a. wegen erhöhter Laktatkonzentration)
- Transaminasen (↑)
- Prothrombinzeit (↑)
- Blutgasanalyse und Säure-Basenhaushalt

↑ Anstieg ↓ Abfall

26.2.3 Phenothiazine

Zu den Phenothiazinen zählen u. a. Fluphenazin, Levomepromazin, Perazin, Promethazin, Thioridazin und Triflupromazin. Sie werden überwiegend als Neuroleptica eingesetzt. Sie werden zu einer großen Zahl verschiedener Metabolite abgebaut, u. a. durch Oxidation des Schwefels, aromatische Hydroxylierung, Konjugation. Die Überdosierung ist durch starke Sedierung gekennzeichnet, die schwere Vergiftung durch Atemdepression, Hypotension, Krampfanfälle und Koma. Die anticholinerge Wirkung führt zu Mydriasis und Tachyarrhythmien. Bei Vergiftung wird durch verschiedene Maßnahmen wie z. B. Magenspülung, Gabe von Aktivkohle und salinischer Abführmittel, versucht, die weitere Resorption der Pharmaka zu unterbinden.

Nachweis und Bestimmung

Zum Nachweis von Phenothiazinen/-metaboliten im Urin empfiehlt sich das Verfahren nach Forrest [1], das bei Vergiftungen positiv ausfällt, aber auch mit Imipraminmetaboliten unter Farbentwicklung reagiert. Dünnschichtchromatographisch finden sich bei Untersuchung von Urin mehrere unterschiedlich gefärbte Banden, welche verschiedene Metabolite widerspiegeln. HPLC, GC und GC-MS werden eingesetzt zur spezifischen Erfassung der einzelnen Substanzen.

26.2.4 Zyanid

Zyanid und zyanidhaltige Verbindungen werden in großem Maßstab in der Industrie eingesetzt, u. a. im Rahmen der Synthese von Verbindungen und bei der Edelmetallverarbeitung (Galvanisierung). Auf Schiffen werden sie zur Schädlingsbekämpfung (z. B. Ratten) eingesetzt.

Zyanid ist in Glykosidform in Fruchtkernen, wie z. B. in bitteren Mandeln, aber auch in Pfirsichen und Aprikosen, enthalten. Es wird aus Nitroprussidnatrium (Na$_2$Fe (CN)$_5$NO) freigesetzt, das als blutdrucksenkendes Mittel verwendet wird. Beim Verbrennen von Wolle, Seide, aber auch von Polyurethanen und Polyacrylnitrilen entsteht die leicht flüchtige Blausäure (HCN, Zyanwasserstoff). Sie ist häufig gemeinsam mit Kohlenmonoxid Bestandteil der Brandgase. Vergiftungen treten auf bei Inhalation von Blausäure, sowie oraler oder perkutaner Aufnahme zyanidhaltiger Verbindungen.

Zyanid ist ein starkes Gift (Tab. 26.6). Als letale Dosis von Blausäure gelten 50 mg, von Alkalizyaniden 200–300 mg. Der Tod tritt innerhalb weniger Minuten ein. Die Wirkung beruht auf der Bindung an Fe(III)-Cytochromoxidase, sodass intrazellulär der Elektronentransport gehemmt wird und oxidativer Stoffwechsel und O$_2$-utilisation vermindert werden. Es entwickelt

Tabelle 26.6: Zyanid: Konzentration im Blut [2]

	Zyanid (Blut) mg/l
Nichtraucher	0,005–0,04
Raucher	0,04–0,07
Symptome	0,1–1,0
leichte Vergiftung	< 2,0
schwere Vergiftung	> 3,0

sich eine zelluläre Hypoxie und eine metabolische Azidose. In vivo wird CN⁻ unter der Katalyse der Rhodanase in Form von SCN⁻ (Rhodanid) entgiftet. Die Vergiftung wird teils symptomatisch, teils unter Verwendung von Antidots behandelt.

Antidote

Methämoglobinbildner: Durch Gabe von 4-Dimethylaminophenol, Amylnitrit oder Natriumnitrit wird Hämoglobin teilweise zu Methämoglobin (MetHb) oxidiert. MetHb besitzt eine hohe Affinität zu CN⁻ und bindet kompetitiv mit Fe(III)-Cytochromoxidase Zyanid. Die Behandlung bedarf sorgfältiger Überwachung, da durch diese Maßnahme der Sauerstofftransport eingeschränkt wird. Die Therapie ist besonders gefährlich bei Vergiftung mit Brandgasen, die in der Regel zusätzlich zu Zyanid Kohlenmonoxid enthalten, sodass der Sauerstofftransport bereits eingeschränkt ist.

Hydroxycobalamin bindet CN⁻, und es bildet sich das ungiftige Cyancobalamin.

Natriumthiosulfat ($Na_2S_2O_3$) stellt für die CN⁻-Entgiftung durch Rhodanase die Schwefelatome zur Verfügung. Die Entgiftung verläuft langsam und ist bei akuter, schwerer Vergiftung nicht schnell genug wirksam.

Nachweis und Bestimmung

Für den raschen, qualitativen Nachweis einer schweren Zyanid-Vergiftung eignet sich das Draeger-Gasprüfröhrchen. Empfindliche quantitative Bestimmungen können mithilfe der Mikrodiffusion in Conway-Schalen oder Widmark-Kolben [1] und anschließender Farbreaktion durchgeführt werden. Auch Bestimmungen mit Gaschromatographie (GC), Gaschromatographie-Massenspektrometrie (GC-MS) oder CN⁻-selektiver Elektrode sind möglich. Wichtig ist, dass die Proben vor Beginn der Therapie gewonnen werden. Zur Bestimmung wird Zyanid mittels Säure aus seinen Bindungen freigesetzt, sodass auch bereits entgiftetes CN⁻, wie z. B. MetHb-Zyanid, miterfasst wird und zu einer Überdosierung der MetHb-Bildner führen würde. Bei Verdacht auf eine Zyanidvergiftung darf nicht das Analysenergebnis abgewartet werden, sondern die Therapie muss sofort nach der Probennahme einsetzen.

Der Zustand des Patienten wird überwacht mithilfe der Laktatbestimmung im Plasma sowie Blutgasanalyse und Kontrolle des Säure-Basenhaushalts.

26.2.5 Pestizide

Unter dem Begriffe werden Substanzen zusammengefasst, die zur Vernichtung von Organismen eingesetzt werden, die für den Menschen oder seine Interessen als schädlich betrachtet werden. Zu den Pestiziden gehören u. a. Fungizide, Herbizide, Insektizide und Rodentizide. Ihre toxikologische Gefährlichkeit wird grob anhand der LD_{50} für Ratten eingeteilt. Die Toxizität ist abhängig von der Art der Zufuhr (oral, perkutan, inhalativ), Zusammensetzung des Präparates (Lösungsmittel, Emulgatoren) und dem individuellen Gesundheitszustand der exponierten Person. Die „Maximale Arbeitsplatz-Konzentration" (MAK-Wert) gibt die maximal zulässige Konzentration in der Luft am Arbeitsplatz an, welche die Gesundheit im Allgemeinen nicht beeinträchtigt. Der „Biologische Arbeitsstoff-Toleranz-Wert" (BAT-Wert) gibt die maximal zulässige Konzentration einer Verbindung oder eines Abbauproduktes bzw. eines biologischen Indikators an, die im Allgemeinen auch dann die Gesundheit nicht schädigen, wenn sie regelhaft erreicht werden [3].

26.2.5.1 Carbamate

Zu den Carbamaten gehören die Insektizide Carbaryl, Carbofuran, Methomyl und Propoxur. Sie werden rasch über Lunge (Sprühnebel), Haut und Magen-Darmtrakt aufgenommen und schnell über Hydrolyse abgebaut. Die Vergiftung beruht auf einer Hemmung der Cholinesterasen, die rasch eintritt, aber im Vergleich zu Organophosphaten (s. u.) infolge der Hydrolyse rascher zurückgeht. Die durch die Carbamate verursachte Vergiftung des Organismus mit Acetylcholin wird mit Atropin behandelt. Der Einsatz von Oximen (s. Organophosphate) ist kontraindiziert.

Nachweis und Bestimmung

Der direkte Nachweis von Carbamaten kann mittels HPLC oder GC-MS geführt werden. Dünnschichtchromatographisch (DC) können Mageninhalt oder Asservate aufgetrennt und die Cholinesteraseaktivität der Banden überprüft werden. Die Identifikation erfolgt an Hand der Rf-Werte (Rf: retention factor oder auch ratio to front) Der Rf-Wert ergibt sich gemäß:

Rf: $\frac{s_x}{s_f}$

s_x: Laufstrecke der Substanz
s_f: Laufstrecke der Front des Fließmittels (mobile Phase)

Organische Phosphorsäureester werden miterfasst. Die Bestimmung der (Pseudo-) Cholinesteraseaktivität im Serum und der Erythrozyten-Acetylcholinesterase ist wegen der raschen Hydrolyse nur kurz nach Aufnahme des Carbamates aussagekräftig.

26.2.5.2 Chlorierte zyklische Kohlenwasserstoffe

Zu dieser Gruppe gehören Dichlordiphenyltrichlorethan (DDT), Aldrin und Dieldrin (die in Deutschland nicht mehr zugelassen sind) sowie die relativ wenig toxischen Verbindungen Methoxychlor und γ-Hexachlorcyclohexan (γHCH) (Lindan), das auch extern gegen Läuse- oder Krätzemilbenbefall eingesetzt wird. Lindan wird gastrointerstinal rasch resorbiert und im Fettgewebe gespeichert. Es ist ein Nervengift, das zu Krämpfen und Lähmungen führt.

Nachweis und Bestimmungen

Die Verbindungen lassen sich spezifisch mittels GC-MS nachweisen.

26.2.5.3 Paraquat

Paraquat ist ein Kontaktherbizid, das als besonders toxisch gilt. Bei oraler Zufuhr werden nur 5–10% resorbiert. Eine Metabolisierung findet kaum statt. Verschiedene Organe werden geschädigt: Lokal: Verätzung, gastrointestinal: hämorrhagische Diarrhö; Leber, Niere, Lunge.

Bei einer tödlichen Paraquatintoxikation liegt in der Regel eine Schädigung der Lunge mit Ausbildung eines akuten ARDS (Adult Respiratory Distress Syndrome) als Ursache vor. Die Paraquatwirkung wird vermittelt über die Giftung zu einem radikalischen Metaboliten, der zur Bildung von sehr reaktiven Superoxidanionen, Hydroxylradikalen und Singulettsauerstoff führt, die wiederum Strukturproteine, ungesättigte Fettsäuren und DNA angreifen.

Aus Diagrammen kann abgelesen werden, wie bei einer bestimmten Paraquatkonzentration im Serum in Abhängigkeit von Einnahme- und Blutentnahmezeitpunkt, die Prognose des Patienten zu beurteilen ist. Sie ist bei bestimmten Konstellationen trotz aller Therapiemaßnahmen infaust. Das Schwergewicht der Behandlung liegt auf der frühzeitigen Hemmung der Resorption. Bemerkenswert ist, dass eine Paraquatintoxikation über einen längeren Zeitraum symptomarm verlaufen kann.

Nachweis und Bestimmung

Paraquat entzieht sich den üblichen Suchverfahren mittels HPLC oder GC-MS. Es kann rasch mit einer einfachen Farbreaktion im Urin nachgewiesen werden. Im Serum kann Paraquat quantitativ mithilfe einer spezifischen Farbreaktion, immunchemisch oder auch speziellen chromatographischen Verfahren quantitativ bestimmt werden [4]. Bei Verdacht auf eine Vergiftung empfiehlt sich der Urinschnelltest (s. o.), der anzeigt, ob eine toxikologisch relevante Menge Paraquat resorbiert wurde.

26.2.5.4 Organophosphate

Über 100 verschiedene Organophosphate sind als Pestizide im Gebrauch, z. B. Bromophos-Ethyl, Diazinon, Parathion-Ethyl, Parathion-

Methyl, Sulfotepp. Die toxische Wirkung beruht auf der Hemmung der Acetylcholinesterase, die im Gegensatz zu den Carbamaten, bald irreversibel wird. Sie führt mittelbar zu einer Vergiftung des Organismus mit Acetylcholin:
– Parasympathische Nervenendigungen: Erhöhte Bronchialsekretion (Lungenödem), Bronchospasmus; Erbrechen, Durchfall, Miosis und Akkommodationsstarre; Brachykardie
– Motorische Endplatte: Muskelsteifigkeit, Krämpfe, Atemlähmung

Die Verbindungen sind lipophil und werden nach Inhalation perkutan oder nach oraler Zufuhr rasch resorbiert und im Organismus speziell im Fettgewebe gespeichert. Der Abbau erfolgt durch Hydrolyse und Oxidation, ein Schritt, der auch zu einer Zunahme der Toxizität führen kann (Parathion → Paraoxon). Die Metabolite werden mit dem Urin oder Stuhl ausgeschieden. Die Behandlung besteht in der Gabe von Atropin und evtl. des Antidots Pralidoxim, das Organophosphate aus seiner Bindung an die Acetylcholinesterase verdrängen kann, solange keine Veränderung des Alkylphosphat-Enzym-Komplex durch Abspaltung von Alkylresten stattgefunden hat.

Nachweis und Bestimmung

Der Nachweis einzelner Organophosphate im Serum ist mithilfe von GC-MS möglich. Im Urin sind nur Metaboliten nachweisbar. DC-Nachweis: s. Carbamate. Einen Hinweis auf eine Vergiftung ergibt die Bestimmung der (Pseudo-)Cholinesterase im Serum, die besonders aussagekräftig ist, wenn Werte vor der Vergiftung zur Verfügung stehen. Bei massiven Vergiftungen werden sehr niedrige CHE-Aktivitäten gemessen. Spezifischer ist die Bestimmung der Acetyl-Cholinesterase in Erythrozyten, die aber in der Regel nicht im klinisch-chemischen Laboratorium routinemäßig durchgeführt wird.

26.2.6 Lösungsmittel und Schnüffelstoffe

26.2.6.1 Leichtflüchtige Alkohole

Leichtflüchtige Alkohole, wie z.B. Methanol, Ethanol und Isopropanol und Ketone, wie z.B. Aceton sind häufig in Reinigungs- und Frostschutzmitteln (z.B. Autoscheibenreiniger) sowie in Desinfektionslösungen enthalten. Sie werden in der Industrie und chemischen Laboratorien in großem Umfang als Lösungsmittel eingesetzt. Toxikologisch spielen sie außerdem eine Rolle bei der Vergällung von Ethanol (s. Methanol), Zusatz von Methanol zu Wein im Rahmen krimineller Profitmaximierung sowie bei der Begleitstoffanalyse zur Identifikation der aufgenommenen Getränke (Rechtsmedizin).

Methanol

Methanol wird hepatisch unter der Katalyse der Alkoholdehydrogenase zu Formaldehyd abgebaut, das mittels Aldehyddehydrogenase zu Formiat oxidiert wird. Formiat wird überwiegend als die Verbindung angesehen, die für die toxischen Wirkungen nach Methanolaufnahme verantwortlich ist und die ausgeprägte metabolische Azidose unterhält. Zufuhr von 10 ml Methanol können bereits zur Erblindung führen, 30 ml gelten als potentiell letal. Die Methanolvergiftung wird durch Zufuhr von Ethanol als Antidot behandelt. Ethanol hat eine 10–20fach höhere Affinität zur Alkoholhydrogenase und verzögert dementsprechend den Abbau von Methanol zu Formiat. Die metabolische Azidose wird durch Zufuhr von Bikarbonat ausgeglichen.

Nachweis und Bestimmung

Der Nachweis von Methanol kann durch die Kombination der Drägerprüfröhrchen Alkohol und Formaldehyd geführt werden [4]. Die quantitative Bestimmung von Methanol und anderer leichtflüchtiger Bestandteile erfolgt mit der gaschromatographischen Dampfraumanalyse. Bei diesem Verfahren wird mit einer gasdichten Spritze eine Probe aus dem Dampfraum oberhalb einer Flüssigkeit entnommen und anschließend gaschromatographisch in ihre Komponenten aufgetrennt. Hinweis auf eine Vergiftung kann bereits eine stark vergrößerte osmotische Lücke sein. Bei 1 g Methanol/l nimmt die Osmolalität um 22 mmol/kg zu. Der Zustand des Patienten mit Methanolvergiftung wird ständig anhand von Blutgasanalysen und der Messgrößen des Säure-Basen-Haushaltes überwacht. Bei der Behandlung mit Ethanol wird eine Konzentration von 1 g/kg (1 ‰) angestrebt.

Ethanol

Siehe Kapitel 16: Leber und Galle

Isopropanol

20–50 % werden unverändert renal eliminiert. Das übrige Isopropanol wird mittels Alkoholdehydrogenase zu Azeton oxidiert, das teils abgeatmet, teils über die Nieren ausgeschieden wird. Die Wirkung von Isopropanol ähnelt der von Ethanol, die Verbindung ist jedoch doppelt so toxisch.

26.2.6.2 Aromate (BTEX)

In dieser Verbindungsgruppe werden **B**enzol, **T**oluol, **E**thylbenzol und die 3 Isomeren des **X**ylols zusammengefasst. Die Substanzen kommen in Benzin vor sowie in Lösungsmittelgemischen, die als Lackverdünner, Pinselreiniger und Entfettungsmitteln verwendet werden.

Benzol

Die Benzolaufnahme erfolgt überwiegend durch Inhalation, kann aber auch gastrointestinal und perkutan resorbiert werden. Es kann z. T. über die Lungen abgeatmet werden, ein größerer Anteil wird in der Leber über Zwischenstufen zu Phenol abgebaut, dessen Konjugate renal eliminiert werden. Bei leichter akuter Vergiftung treten Rauscherscheinungen auf, was Grundlage für die Entwicklung einer Benzolsucht sein kann. Die schwere Vergiftung ist charakterisiert durch das Auftreten von Krämpfen, Herzrhythmusstörungen und Koma. Bei chronischer Intoxikation wird die Blutbildung gestört, und es treten vermehrt chronischmyeloische und Monozytenleukämie sowie Panmyelopathie auf. Außerdem werden genetische Veränderungen beobachtet.

Toluol, Ethylbenzol, Xylol

Über schwere Vergiftungen mit Ethylbenzol gibt es keine Angaben in der Literatur. Die Vergiftungen mit Toluol und Xylol verlaufen ähnlich wie Vergiftungen mit Benzol. Allerdings enthalten die entsprechenden Präparate häufig nicht nur einen Bestandteil, sondern zusätzlich Benzol zumindest als Verunreinigung. Bei Xylolintoxikation kommt es häufig zu Funktionsstörungen von Leber, Niere und Herztätigkeit sowie über eine Reizung der Atemwege zur Ausbildung eines Lungenödems. Toluol wird oft von Schnüfflern benutzt.

Nachweis und Bestimmung

Der qualitative Nachweis kann mithilfe von Dräger-Prüfröhrchen erfolgen. Die quantitative Bestimmung der verschiedenen Aromate wird mithilfe der gaschromatographischen Dampfraumanalyse vorgenommen. Bei Verdacht auf eine chronische Intoxikation ist eine Untersuchung des Blutbildes und evtl. des Knochenmarks angezeigt.

26.2.6.3 Glykole

Ethylenglykol

Ethylenglykol (HO–CH$_2$–CH$_2$–OH) findet sich als Frostschutzmittel in der Kühlflüssigkeit von Kraftfahrzeugen und als Lösungsmittel in Haushaltsreinigern. In der Industrie wird es zusätzlich eingesetzt als Füllmittel für Hydraulik- und Bremssysteme. Ethylenglykol wird gastrointestinal rasch resorbiert und zu 20 % unverändert renal eliminiert. Es wird in der Leber unter der Katalyse der Alkoholdehydrogenase zu Glykolaldehyd oxidiert und anschließend in Glykolsäure und Glyoxylsäure überführt. Ein geringer Teil wird bis zur Oxalsäure abgebaut. Vergiftungen sind teils akzidenziell, teils suizidal. Alkoholiker nehmen das süß schmeckende und berauschende Ethylenglykol als Ersatz für Ethanol.

Die Symptome der Vergiftung entsprechen zunächst weitgehend denen einer Ethanolintoxikation, später treten Krampfanfälle auf, gefolgt von Somnolenz und Koma. Ca. 12 h nach Einnahme werden kardio-respiratorische Komplikationen beobachtet, nach 1 bis 2 Tagen kann Nierenversagen auftreten. Zur Behandlung wird als Antidot Ethanol gegeben, das kompetitiv die Alkoholdehydrogenase hemmt (s. Methanol) und somit die Bildung der toxischen Metaboliten verzögert. Die insbesondere durch Laktat bedingte metabolische Azidose wird durch Gabe von Bikarbonat ausgeglichen. Bei schweren Vergiftungen wird die Hämodialyse eingesetzt.

Nachweis und Bestimmung

Die quantitative Bestimmung erfolgt bevorzugt mit der gaschromatographischen Dampfraumanalyse. Zusätzlich kann die Bestimmung von Oxalat im Serum einen Hinweis auf die Schwere der Vergiftung geben. Im Urin finden sich Oxalatkristalle (Briefumschlagform). Mittelbare Hinweise auf eine Vergiftung sind die vergrößerte osmotische und die mit fortschreitender Metabolisierung zunehmende Anionenlücke. Zur Sicherheit sind ein entgleister Diabetes mellitus sowie eine Ethanolintoxikation auszuschließen. Der Zustand des Patienten wird überwacht mithilfe der Blutgasanalyse und der Kontrolle des Säure-Basen-Haushalts.

Diethylenglykol

Diethylenglykol (HO–CH$_2$–CH$_2$–O–CH$_2$–CH$_2$–OH) ist als Lösungsmittel in einigen Medikamenten enthalten, was gelegentlich zu Vergiftungen geführt hat. Beim „Glykol-Skandal" war Diethylenglykol dem Wein zugesetzt worden, um auf billige Weise die „Restsüße" zu erhöhen. Insgesamt ist die toxikologische Bedeutung von Diethylenglykol geringer als die von Ethylenglykol. Diethylenglykol wird größtenteils unverändert renal eliminiert. Über die Metabolisierung ist wenig bekannt, Oxalsäure wird nicht gebildet. Die akute Vergiftung ist gekennzeichnet durch blutiges Erbrechen, Diarrhö und Schädigung von Lunge, Leber, Nieren und Darm. Es entwickelt sich eine metabolische Azidose, die auf einem Anstieg der Laktatkonzentration beruht.

Nachweis und Bestimmung

Nachweis und Bestimmung von Diethylenglykol kann mithilfe der gaschromatographischen Dampfraumanalyse durchgeführt werden. Ergänzend sind Blutgase und Säure-Basen-Haushalt zu überwachen sowie diabetische Stoffwechselstörung und Ethanolintoxikation auszuschließen.

26.2.6.4 Leichtflüchtige chlorierte Kohlenwasserstoffe

Zu dieser Gruppe zählen Dichlormethan, Trichlorethen („Tri"), Tetrachlorethen („Per"), Chloroform und Tetrachlorkohlenstoff. Sie werden als Entfettungs- und Reinigungsmittel in Industrie und Haushalt eingesetzt, einige missbräuchlich zum „Schnüffeln" verwendet.

Die Ausscheidung erfolgt z. T. nach hepatischer Metabolisierung, z. T. durch Abatmung der Ausgangssubstanz. Zu Vergiftungen kommt es meist durch Inhalation, selten durch Ingestion. Die lipophilen Verbindungen reichern sich im Gehirn und Fettgewebe an. Die Substanzen wirken narkotisch und schädigen die Leber sowie in geringerem Maße die Nieren. Einige Ver-

Tabelle 26.7: Schnüffelstoffe.

Klebstoffverdünner
Klebstoffe wie Haushaltskleber, Modellbau-Plastikkleber, Fahrradschlauchkleber
Farb- und Lackverdünner
Nitroverdünner
Trichlorethylen
Nagellack und -entferner
Fleckenentferner
Schnellreinigungslösungsmittel
Lösungsmittel für Kopiergeräte
Kaltentfetter
Wachslöser
Kühlerdichtungsmittel
Filzschreiber
Feuerzeuggas
Propangas für Campingkocher
Sprays und Aerosole wie Haarspray, Möbelpolitur, Lacksprays
Reinigungssprays, Deodorantien
Chlorethyl-Wundspray
„Popper"
Kraftfahrzeugbenzin

Tabelle 26.8: Inhaltsstoffe der Lösungsmittel in Haushaltsprodukten (s. Tab. 26.7).

aliphatische Kohlenwasserstoffe	z. B. n-Hexan
cycloaliphatische Kohlenwasserstoffe	z. B. Cyclohexan
aromatische Kohlenwasserstoffe	z. B. Benzol, Toluol, Xylol, Cumol
Chlorkohlenwasserstoffe	z. B. Methylenchlorid, Chloroform, Tetrachlorkohlenstoff, 1,1,1-Trichlorethan, 1,1,2-Trichlorethylen Perchlorethylen, Chlorbenzol
Alkohole	z. B. Methanol, Ethanol, Hexanol, Methylbenzylalkohol, Cyclohexanol
Ester	z. B. Methylacetat, Ethylacetat, n-Butylacetat
Ether und Glykolether	z. B. Diethylether, Tetrahydrofuran, Methylglykol, Ethylglykol
organische Nitrite	z. B. Ethylnitrit, Isoamylnitrit, Isobutylnitrit

bindungen gelten als kanzerogen. Als besonders giftig gilt Tetrachlorkohlenstoff (Tetrachlormethan, „Tetra").

26.2.6.5 Schnüffelstoffe

Eine Vielzahl von Produkten (Tab. 26.7) wird zum Schnüffeln verwendet. Geeignet sind (vergleichsweise billige) Haushaltsprodukte, die organische Lösungsmittel (Tab. 26.8) enthalten. Die Inhalation führt zu Euphorie, bei höherer Dosierung zu Halluzinationen, Bewusstseinsstörung und Koma. Chronischer Missbrauch kann zu irreparablen Störungen des Gehirns führen. Zum Nachweis der in der Regel zahlreichen flüchtigen Bestandteile der Produkte eignet sich die gaschromatographische Dampfraumanalyse.

26.3 Drogenscreening

Unter Drogenscreening versteht man den qualitativen Nachweis von Wirkstoffen, die mit Abusus und Dependenz verbunden sind.
Im Mittelpunkt des Drogenscreening stehen folgende Substanzen bzw. Substanzgruppen:
– Barbiturate
– Benzodiazepine
– Cannabinoide
– Cocain
– Lyserysäurediethylamid (LSD)
– Methadon
– Opiate
– Weckamine (z. B. Amphetamin)

Dextropropoxyphen und Phencyclidin sowie Methaqualon gehören ebenfalls in diese Reihe, spielen aber in Deutschland z.Zt. praktisch keine Rolle und bleiben im Folgenden unberücksichtigt.

Als Untersuchungsmaterial dient überwiegend Urin, aber auch Serum, Speichel und Schweiß werden verwendet (Tab. 26.9). Der Verdacht auf das Vorliegen einer der o. a. Substanzen bzw. Substanzgruppen gründet sich auf das positive Ergebnis eines entsprechenden Immunoassays (IA) [5]. Der Verdacht gilt als bewiesen, wenn eine zweite, unabhängige Methode (z. B. Gaschromatographie-Massenspektrometrie (GC-MS)) ebenfalls zu einem positiven Ergebnis kommt. Bevorzugt werden IA, die spezifisch einen charakteristischen Metaboliten der Ausgangssubstanz nachweisen. Er liegt häufig in vergleichsweise hoher Konzentration vor und eine Verfälschung der Probe durch nachträglichen Zusatz der Ausgangsdroge hat keinen Einfluss auf das Untersuchungsergebnis. Zum Transport starker Suchtmittel (z. B. Cocain, Heroin) wird teilweise das „body packing" eingesetzt. Kondome werden mit der Droge gefüllt, verschlossen und verschluckt. Bei deren Undichtigkeit kann es zu schweren Intoxikationen kommen. Einen Hinweis auf „body packing" kann eine Röntgenaufnahme des Abdomens geben.

Besonders bei immunchemischen Gruppennachweisen, z. B. zum Nachweis von Barbituraten, Benzodiazepinen, Opiaten und Weckaminen, spielt die unterschiedliche **Kreuzreakti-**

Tabelle 26.9: Nachweisdauer von Drogen in verschiedenen Untersuchungsmaterialien.

Material	Nachweisdauer	Beurteilung
Urin	Tage/Wochen	keine Aussage über Intoxikationsgrad, Manipulation der Probe leicht möglich
Blut	Stunden	Aussage über Intoxikationsgrad
Haare	Monate	keine Aussage über aktuelle Intoxikation, Verunreinigung durch Außeneinflüsse
Nägel	Monate	keine Aussage über aktuelle Intoxikation, Verunreinigung durch Außeneinflüsse
Speichel	Stunden	evt. Aussage über aktuelle Intoxikation, Verunreinigung durch Außeneinflüsse
Schweiß	1–4 Wochen	keine Aussage über Intoxikation, Verunreinigung durch Außeneinflüsse

vität der einzelnen Substanzen einer Gruppe gegenüber den verwendeten Antikörpern eine bedeutsame Rolle [6]. Beispiel Barbiturate: Die zur Kalibrierung verwendete Substanz Secobarbital hat definitionsgemäß eine Kreuzreaktivität von 100 %. Sie möge zu einem positiven Befund bei einer Konzentration von 0,3 mg/l führen. Eine andere Substanz aus der gleichen Gruppe mit einer Kreuzreaktivität von 20 % ergibt dementsprechend einen positiven Befund erst bei einer Konzentration von 1,5 mg/l. Die Entscheidungsgrenze („cut off") von z. B. 0,3 mg/l darf also nicht so verstanden werden, dass alle Substanzen dieser Gruppe ab einer Konzentration von 0,3 mg/l nachgewiesen werden. Genauere Untersuchungen haben außerdem ergeben, dass die Kreuzreaktivität sich konzentrationsabhängig nicht vorhersehbar ändert. Die Angabe einer Konzentration ist deshalb grundsätzlich nicht möglich. Sie könnte nur angegeben werden, wenn:
– nur eine Substanz aus der Gruppe (z. B. Barbiturate) vorliegt.
– die Substanz identifiziert wurde (z. B. mittels GC-MS).
– Metabolite der Substanz nicht vorliegen oder nachweislich das Messverfahren nicht beeinflussen.
– andere störende Substanzen nicht in der Probe enthalten sind.
– die Kalibration des Messverfahrens mit der identifizierten Substanz durchgeführt wurde.

Die **Nachweisgrenze** immunchemischer Messverfahren kann bestimmt werden anhand drogenfreier Urinproben. Meist wird jedoch bei den Verfahren nicht die Nachweisgrenze angegeben, sondern die Entscheidungsgrenze, der sog. cut-off-Wert [7]. Der cut-off liegt oberhalb der Nachweisgrenze und berücksichtigt, dass häufiger Messwerte oberhalb der Nachweisgrenze gefunden werden, die aber nicht durch die gesuchten Substanzen verursacht wurden. Sie sind vielmehr bedingt durch Störfaktoren, z. B. ähnliche Verbindungen. Insbesondere bei Gruppennachweisen liegt die Entscheidungsgrenze deutlich über der Nachweisgrenze, da sie definitionsgemäß eine geringere Spezifität als Nachweisverfahren für Einzelsubstanzen besitzen. Bei der Festlegung der Entscheidungsgrenze spielen weiterhin eine Rolle
– die medizinische Bedeutung
– die Folgekosten.

Wenn die **medizinische Bedeutung** niedriger Konzentrationen bei den überwiegenden Indikationen als gering eingestuft wird, wird man die Entscheidungsgrenze vergleichsweise hoch ansetzen. Bei besonderen Indikationen, z. B. Überwachung der Drogenfreiheit bei Entzug oder zur Feststellung des Beigebrauchs bei der Methadonsubstitutionsbehandlung [8] ist der cut-off-Wert aber evtl. zu hoch angesetzt, und es müssen bereits alle Messergebnisse oberhalb der Nachweisgrenze berücksichtigt werden.

Da ein positiver immunchemischer Befund der Bestätigung durch ein zweites Analysenverfahren bedarf, soll zur Verminderung von **Folgekosten** die Zahl der falsch positiven Befunde möglichst gering sein. Die Zahl der falsch positiven Befunde steigt rasch mit fallender Entscheidungsgrenze an.

Präanalytik

Um die Einnahme von Drogen zu vertuschen, wird von den Probanden/Patienten häufig versucht, das Untersuchungsgut zu manipulieren, was bei Urinproben leichter ist als bei Blutproben. Deshalb wird es u. U. je nach „Szene" notwendig sein, eine lückenlose „chain of custody" aufzubauen, die Uringewinnung Probenidentifikation, -transport und -lagerung umfasst. Der Verdacht auf Manipulation der Urinprobe besteht bei:
- erniedrigter Kreatininkonzentration
 (Verdünnung, exzessives Trinken)
- erniedrigter Osmolalität
 (Verdünnung, exzessives Trinken)
- erniedrigter Temperatur der (angeblich) frisch gewonnenen Urinprobe
 (Abgabe einer mitgebrachten Probe)
- auffälligem pH
 (z. B. Zusatz von Seife)
- Chromatnachweis
 (z. B. Zusatz von „Urine Luck")
- Nitritnachweis
 (z. B. Zusatz von Klear, Whizzies)

Die Lagerung der Proben sollte in verschlossenen Kühlschränken erfolgen.

26.3.1 Barbiturate

In der Vergangenheit wurden ca. 50 verschiedene Barbiturate in der Therapie eingesetzt, einige als Hypnotikum, andere als Sedativum, einige zur intravenösen Narkose. Wegen häufigen Missbrauchs, z. B. Einnahme in suizidaler Absicht, wurden die Barbiturate in die Betäubungsmittelverschreibungsverordnung aufgenommen. Seitdem spielt der Abusus praktisch keine Rolle mehr. Zur Zeit werden nur noch verwendet: Phenobarbital zur Behandlung bestimmter Epilepsieformen, Thiopental und Methohexital zur Unterhaltung eines künstlichen Koma bei Patienten mit Schädelhirntrauma. Die akute Barbituratvergiftung ist gekennzeichnet durch respiratorische Azidose und Hypoxämie. Bei komatös aufgefundenen Patienten findet sich häufig auf Grund von Muskelschädigung (Hypoxämie, Mangeldurchblutung) eine stark erhöhte Kreatinkinase-Aktivität.

Nachweis und Bestimmung – Gruppennachweis

Zum Nachweis von Barbituraten im Urin stehen immunchemische Gruppennachweisverfahren zur Verfügung. Wie häufig bei Gruppennachweisverfahren werden auch in diesem Fall einige Barbiturate empfindlich nachgewiesen. Für andere Barbiturate liegt die Nachweisgrenze sehr viel höher, da die Kreuzreaktivität mit dem Antikörper gering ist. Zusätzlich werden manche Barbiturate im Organismus praktisch vollständig metabolisiert und deshalb nur in ganz geringen Mengen mit dem Urin ausgeschieden (z. B. Hexobarbital, Methohexital, Thiopental, aber nicht Pentobarbital). Ein negatives Ergebnis schließt deshalb das Vorliegen auch von höheren Barbituratkonzentrationen im Organismus nicht aus. Wegen der besonders bei Gruppennachweisen bestehenden Unspezifität bedürfen positive Ergebnisse einer Bestätigung mit einer anderen, vergleichsweise empfindlicheren und spezifischeren Methode.

Methohexital

Die Methohexital-Konzentration im Serum wird im Rahmen des Therapeutic Drug Monitoring (TDM) mittels Gaschromatographie (GC) oder Hochleistungsflüssigkeits-Chromatographie (HPLC) bestimmt. Das Medikament wird appliziert u. a. zur Unterhaltung eines künstlichen Koma bei Schädel-Hirn-Verletzten.

Phenobarbital

Die Phenobarbital-Konzentration im Serum kann mit speziellen Phenobarbital-Immunoassays quantitativ bestimmt werden. Die Messungen werden benötigt im Rahmen des TDM bei Einsatz von Phenobarbital zur Behandlung der Epilepsie. Bei Überdosierung wird ein alkalischer pH des Urins angestrebt. Phenobarbital liegt dann überwiegend als Anion vor, das im Tubulusapparat der Niere nicht reabsorbiert wird, und die renale Elimination ist deshalb beschleunigt.

Thiopental

Die Konzentration von Thiopental und seines wirksamen Metaboliten Pentobarbital wird im Serum im Rahmen des TDM mittels GC oder HPLC bestimmt. Indikation für Thiopental: s. Methohexital.

26.3.2 Benzodiazepine

Benzodiazepine stellen eine ca. 40 verschiedene Substanzen umfassende Gruppe von Pharmaka dar. Ein großer Teil wird unter die Tranquilizer gerechnet, ein kleiner Teil unter die Hypnotika. In großem Umfang werden Benzodiazepine von Opiatsüchtigen als Ausweichmittel benutzt. Sie gelten als Medikamente, die bei Überdosierung selten zum Tod führen. Die akute Vergiftung ist gekennzeichnet durch respiratorische Azidose und Hypoxämie. 7-Nitro substituierte Verbindungen sowie Benzodiazepine mit kurzer Eliminationshalbwertzeit (z. B. Midazolam) gelten als toxischer als die „klassischen" Benzodiazepine (z. B. Diazepam). Tödliche Intoxikationen treten meist in Kombination mit Ethanol auf.

Nachweis und Bestimmung

Zum Drogenscreening werden immunchemische Gruppennachweise eingesetzt, die unterschiedlich empfindlich die einzelnen Benzodiazepine nachweisen. Es muss berücksichtigt werden, dass einige Benzodiazepine ganz überwiegend in Form von Metaboliten im Urin ausgeschieden werden, z. B. Flunitrazepam als 7-Amino-Flunitrazepam (Tab. 26.10). Die Nachweisempfindlichkeit hängt dann ab von der Kreuzreaktivität gegenüber diesem Metaboliten, und nicht von der gegenüber der Muttersubstanz. Viele Benzodiazepine werden überwiegend in konjugierter Form (z. B. als Glukuronid) ausgeschieden. Die Kreuzreaktivität gegenüber diesen Verbindungen ist vermindert, sodass zur Erhöhung der Nachweisempfindlichkeit ein Hydrolyseschritt vorausgehen sollte. Einige Benzodiazipine, wie z. B. Clonazepam, Flunitrazepam, Ketazolam, Nitrazepam und Oxazolam, sind in viel geringeren Konzentrationen wirksam als die übrigen Benzodiazepine.

Tabelle 26.10: Nachweisdauer bestimmter Drogen in Urin, Blut und Haaren. Die angegebenen Zeiten sind Richtwerte. Auf die Nachweisdauer haben Einfluss, z. B. Art und Häufigkeit der Drogenzufuhr, Stoffwechsel und Organfunktionen mit Einfluss auf den Drogenmetabolismus, Flüssigkeitsaufnahme, Empfindlichkeit der Nachweisverfahren [5].

Substanz	Urin	Blut	Haare
Barbiturate			
– kurz wirksam	24 Stunden	Stunden[1]	
– lang wirksam	2–3 Wochen	Tage[1]	
Benzodiazepine			
– therapeutische Dosis	3 Tage	Stunden[1]	
– Einnahme > 1 Jahr	4–6 Wochen	Tage[1]	
Cannabinoide			
– einmalig	24–36 Stunden	12 Stunden	
– Raucher mäßig, 4x/Woche	5 Tage		
– Raucher stark, täglich	10 Tage		
– Raucher, chronisch	20 Tage		Monate
Cocainmetabolite	1–4 Tage	6 Stunden	Monate
Methadon	3 Tage	Stunden	
Opiate	2–3 Tage	12 Stunden	Monate
Weckamine	1–3 Tage	6 Stunden	Monate

[1] je nach Konzentration und Plasmahalbwertszeit

Bei einer Entscheidungsgrenze von 0,2 mg/l bezogen auf Oxazepam besteht die Gefahr, dass die Einnahme dieser stark wirksamen Benzodiazepine nicht entdeckt wird. Als Bestätigungsanalyse kann die HPLC eingesetzt werden.

26.3.3 Cannabinoide

Unter Cannabinoiden versteht man halluzinogen wirksame Drogen, die aus Indischem Hanf gewonnen werden. Als bedeutsamste Wirksubstanz wird Delta-9-Tetrahydrocannabinol (THC) angesehen, das u. a. zu 11-Nor-delta-9-THC-9-karbonsäure abgebaut wird. Die Zufuhr von THC erfolgt inhalativ beim Rauchen von Haschisch (Cannabis-Harz) oder Marihuana (Cannabis-Kraut), seltener peroral in Form von Gebäck oder Tee. Auch Haschischöl mit einem THC-Anteil von 50 % wird nur selten verwendet. Passive Aufnahme des Rauches führt nur unter besonderen Umständen (Rauchen im PKW) zu messbaren Cannabinoidkonzentrationen (> 20 µg/l). Behandlungsbedürftige Vergiftungen sind selten. Häufiger ist differenzialdiagnostisch zwischen einer endogenen oder einer durch THC bedingten Psychose zu unterscheiden. Bei chronischem Abusus werden nach Absetzen 20 Tage und länger positive Befunde erhalten (Tab. 26.10).

Nachweis und Bestimmung

Es sind kommerziell zahlreiche immunchemische Verfahren zum Nachweis von 11-Nor-Δ9-THC-9-Karbonsäure und anderen Metaboliten im Urin verfügbar. Die Entscheidungsgrenze beträgt minimal 0,02 mg/l Urin. Die Verfahren sind spezifischer als die Gruppennachweisverfahren für z. B. Barbiturate. Als Bestätigungsanalysen können GC-MS, HPLC oder auch Dünnschichtchromatographie eingesetzt werden.

26.3.4 Cocain

Cocain und seine Zubereitungen sind verkehrs- und verschreibungsfähige Arzneimittel, die aber praktisch nicht mehr verordnet werden. Stattdessen hat in den letzten Jahren der illegale Konsum stark zugenommen, zumal sich sehr schnell eine psychische Abhängigkeit entwickelt. In die Drogenszene gelangt Cocain meist nicht in reiner Form, sondern verschnitten mit z. B. Amphetamin, Lidocain, Coffein oder auch Laktose. Es wird injiziert, häufig aber auch geschnupft oder auf die Mundschleimhaut eingerieben. Cocain wird rasch zu verschiedenen Metaboliten wie Benzoylecgonin, Ecgoninmethylester, Norcocain und Ecgonin abgebaut, die im Urin ausgeschieden werden (Tab. 26.10). Trotzdem kann es vorkommen, dass trotz deutlicher klinischer Symptome einer Cocainzufuhr der Urinbefund negativ ausfällt, wenn die Urinprobe ganz kurz nach der Drogenaufnahme gewonnen wurde. Eine ein bis zwei Stunden später gewonnene Probe wird aber einen positiven Befund ergeben.

Nachweis und Bestimmung

Die immunchemischen Verfahren zum Nachweis der Cocainaufnahme beruhen durchweg auf dem vergleichsweise spezifischen Nachweis von Benzoylecgonin, einige weisen jedoch gleichzeitig auch Cocain nach. Zur Bestätigung eignen sich HPLC und GC-MS, die Cocain und seine Metabolite einzeln erfassen.

26.3.5 Lysergsäurediethylamid (LSD)

LSD, eine seit langem bekannte, stark wirksame Droge, hat in den letzten Jahren wieder an Bedeutung gewonnen. Es wird häufig zusammen mit Weckaminen („Ecstasy") eingenommen, jedoch in geringerer Menge als früher (1970–1980), ca. 0,05 bis 0,30 mg/Dosis. LSD verursacht Halluzinationen mit Aufhebung der Persönlichkeitsgrenzen. Todesfälle durch eine Intoxikation mit LSD sind selten, häufiger ist LSD mittelbar an Suiziden und tödlichen Unfällen beteiligt.

Nur geringe Mengen LSD werden unverändert im Urin ausgeschieden, überwiegend werden LSD-Metabolite in die Galle abgegeben.

Nachweis und Bestimmung

Kommerziell stehen nur wenige immunchemische Verfahren zum Nachweis im Urin zur Verfügung. Da sehr niedrige Konzentrationen erfasst werden müssen (Entscheidungsgrenze 0,5 µg/l) kommt es häufiger durch andere Substanzen, die in deutlich höherer Konzentration als LSD vorliegen trotz nur geringer Kreuzreaktivität zu falsch positiven Befunden. Zur Bestätigung sind HPLC und besonders HPLC-MS geeignet, da die sehr niedrigen Konzentrationen ein sehr empfindliches Detektionssystem benötigen.

26.3.6 Methadon

Methadon ist ein Opioid, das seit langem zur Schmerztherapie eingesetzt wird. Seit einigen Jahren wird die Substanz auch zur Substitutionsbehandlung von Heroinabhängigen eingesetzt. Sie verhindert das Auftreten von Entzugserscheinungen, wenn die Heroinzufuhr unterbrochen wird und hilft damit bei der Resozialisierung. Allerdings bleibt der „Kick", wie bei Heroinzufuhr aus, was von den Abhängigen häufig durch zusätzliche Zufuhr von Cocain oder Benzodiazepine (z. B. Flunitrazepam) zu erreichen versucht wird. Dieser „Beigebrauch" birgt die Gefahr einer nicht abschätzbaren Verstärkung der pharmakologischen Wirkung, die lebensbedrohlich sein kann [8]. Zur Erkennung des Beigebrauchs muss bei Patienten unter Methadonsubstitution unangekündigt wiederholt ein Drogenscreening unter Einschluss von Benzodiazepinen, Cannabinoiden, Cocain, Methadon, Opiaten und Weckaminen, ggf. mit Bestätigungsanalysen, durchgeführt werden. Diese Nachweise sind auch vor Beginn der Substitutionstherapie oder bei dem Arzt nicht bekannten Patienten mit (angeblicher) Methadonsubstitution vorzunehmen. Bei der Dosierung muss die lange Plasmahalbwertszeit von Methadon (24–48 h) berücksichtigt werden, welche die Gefahr der Kumulation beinhaltet. Die Plasmahalbwertszeit ist bei Niereninsuffizienz noch weiter verlängert mit noch größerer Kumulationsgefahr.

Methadon liegt in einer wirksamen L- und einer unwirksamen D-Form vor. Dementsprechend liegt die Dosis für das Razemat doppelt so hoch wie für Levomethadon (L-Polamidon®). Methadon wird in der Leber zu EDDP (2-Ethyliden-1,5-dimethyl-3,3-diphenylpyrrolidin) abgebaut. Bei chronischer Zufuhr entwickelt sich eine Toleranz, sodass bei diesen Patienten Konzentrationen auftreten, die für Ungewohnte tödlich sind (s. Anhang). Außer Methadon werden auch Buprenorphin und Dihydrocodein zur Substitution eingesetzt. In einem Modellprojekt wird langjährig abhängigen Patienten unter ärztlicher Aufsicht Heroin gegeben, u. a. zur Verringerung der Beschaffungskriminalität.

Nachweis und Bestimmung

Zahlreiche immunchemische Verfahren zum Nachweis von Methadon stehen zur Verfügung. Sie erfassen sowohl die L- als auch die D-Form. Ein Verfahren zum Nachweis von EDDP ist ebenfalls kommerziell verfügbar. EDDP im Urin ist ein sicherer Hinweis auf die Einnahme von Methadon (Compliance), während ein positiver Methadonnachweis auch durch Zusatz von Methadon zur Urinprobe bedingt sein kann. Zur Bestätigung des Verdachtes auf Methadon oder EDDP kann die GC-MS oder HPLC herangezogen werden, die z. T. auch eine Trennung der Enantiomeren erlauben.

26.3.7 Opiate

Zu den Opiaten rechnen Morphin und Morphinderivate wie Diamorphin (Heroin), Codein, Dihydrocodein und Buprenorphin. Diese Substanzen unterliegen der Betäubungsmittelverschreibungsverordnung. Heroin ist wegen der hohen Missbrauchsgefahr weder verschreibungs- noch verkehrsfähig. Die Opiate werden pharmakologisch wirksam durch Reaktion mit Opiod-Rezeptoren ebenso wie Substanzen, die nicht mit Morphin verwandt sind wie z. B. Dextropropoxyphen, Fentanyl, Methadon, Pentazocin, Tilidin oder Tramadol. Von den genannten Substanzen ist Heroin in der Drogenszene am wichtigsten. Es wird in der Regel nicht in reiner Form vertrieben, sondern verschnitten mit Noscapin, Acetylcodein oder Papaverin. Die Drogenabhängigen vermindern den Heroinanteil der Präparate darüber hinaus durch Zusatz von Coffein oder Paracetamol. Wegen der verbreiteten Zufuhr von Coffein oder Paracetamol darf jedoch aus dem Nachweis dieser Substanz nicht auf Heroinabusus geschlossen werden.

Zur i. v. Applikation („fixen") wird der „Stoff" durch Erhitzen verflüssigt. Seltener wird Heroin geraucht oder geschnupft.

Der Abusus von Opium (eingetrockneter Milchsaft des Schlafmohns), ist stark zurückgegangen und spielt in Deutschland kaum noch eine Rolle. Mohnkuchen kann Opiate in so hoher Konzentration enthalten, dass entsprechende Nachweisverfahren einen positiven Befund ergeben.

Bei Überdosierung von Opiaten wird die Atmung oberflächlich, die Atemfrequenz sinkt, respiratorische Azidose und Hypoxämie stellen sich ein, und die Pupillen zeigen eine Miosis. Der Tod tritt infolge Atemlähmung ein.

Zu Überdosierungen kommt es, wenn:
– den Abhängigen statt der üblichen Präparate mit geringem Heroinanteil solche mit hohem Anteil ausgehändigt werden.
– nach Entzug und Abklingen der Gewöhnung wieder die seinerzeit übliche Dosis appliziert wird.

Codein wird (u. a.) mittels CYP2D6 aus der Cytochrom P450-Familie zu Morphin metabolisiert, das zu Morphin-3-Glukuronid und Morphin-6-glukuromid konjugiert wird. Bei ca. 7 % der Bevölkerung liegt ein CYP2D6-Polymorphismus mit zwei nicht funktionellen Allelen vor, sodass die Umwandlung von Codein in Morphin unterbleibt und die Morphin vermittelte analgetische Wirkung bei Codeingabe nicht eintritt. Diamorphin (Diacetylmorphin, Heroin) ist im Organismus nicht stabil und wird in wenigen Minuten zu 6-Acetylmorphin (MAM) abgebaut. MAM wird mit einer Plasmahalbwertszeit von ca. 40 min in Morphin überführt.

Nachweis und Bestimmung

Eine Vielzahl von immunchemischen Verfahren zum Gruppennachweis von Morphin und Morphinderivaten sind kommerziell verfügbar. Als Entscheidungsgrenze wird in der Regel 0,3 mg Morphin/l verwendet. Dabei ist zu berücksichtigen, dass überwiegend Morphinmetabolite, wie z. B. Morphin-3β-D-Glukuronid im Urin ausgeschieden werden und die Kreuzreaktivität der Antikörper mit den Metaboliten deutlich geringer ist als mit Morphin selbst. Die Empfindlichkeit der Verfahren lässt sich deutlich erhöhen, wenn dem Immunoassay die Hydrolyse von Konjugaten vorausgeht.

Ein positiver Opiatgruppentest kann bedingt sein durch Heroinabusus, Morphingabe, Einnahme von codeinhaltigem Hustensaft oder auch Verzehr von Mohnkuchen. Bei Verdacht auf Heroinabusus ist der spezifische 6-Acetylmorphin-Nachweis zu führen, was mit einem speziellen Immunoassay und GC-MS-Bestätigung möglich ist.

Bestimmte Heroinabhängige werden weder mit D-, L-Methadon, noch mit Dihydrocodein, sondern mit Buprenorphin substituiert. Die dabei auftretenden niedrigen Buprenorphinkonzentration lassen sich nicht mit immunchemischen Opiatgruppennachweisverfahren erfassen. Es steht jedoch für diesen Zweck kommerziell ein empfindlicher Immunoassay zur Verfügung, ebenso wie die GC-MS. Opioide, die mit Morphin nicht chemisch verwandt sind, entgehen dem Opiatgruppennachweisverfahren. Dextropropoxyphen kann mit einem speziellen Immunoassay erfasst werden, andere Opioide nur mittels HPLC oder GC-MS.

26.3.8 Weckamine

Zu den Weckaminen können gerechnet werden: D-Amphetamin und D-Methamphetamin, aber auch die sog. Designerdrogen („Ecstasy") wie z. B. Methylendioxyamphetamin (MDA), Methylendioxymethamphetamin (MDMA), Methylendioxyethylamphetamin (MDE, MDEA), Methylbenzodioxazolylbutanamin (MBDB) und Benzodioxazolylbutanamin (BDB) sowie Dimethoxymethylamphetamin (DOM, STP). Die nicht verkehrsfähigen Designerdrogen sind in der Drogenszene in der Regel nicht in reiner Form im Umlauf, sondern verschnitten mit z. B. Coffein, Lidocain, Analgetika oder Laktose. Bei regelmäßiger Einnahme der Weckamine entwickelt sich eine Toleranz, sodass z. B. anstelle von wenigen Milligramm bis zu 2 g Amphetamin/die konsumiert werden. Amphetamin wird z. T. unverändert im Urin ausgeschieden. Die Ausscheidung dieser basischen Verbindung ist pH abhängig und steigt bei einem pH des Urins von 5,0 auf 60% der verabreichten Menge an, da die kationische Form tubulär schlecht reabsorbiert wird.

Die Einnahme von Designerdrogen ist bei Jugendlichen und jungen Erwachsenen weit verbreitet (Diskotheken, Technoparties) und kann u. a. zu Hyperthermie führen. Bei Hyperthermie aus ungeklärter Ursache ist deshalb die Untersuchung auf Weckamine indiziert.

Nachweis und Bestimmung

Zahlreiche immunchemische Verfahren zum Nachweis von Weckaminen im Urin sind kommerziell verfügbar. In der Regel wird jedoch nur Amphetamin empfindlich erfasst (Entscheidungsgrenze 0,3 mg/l), während auf Grund der schlechten Kreuzreaktivität mit den eingesetzten Antikörpern andere Weckamine meist sehr viel schlechter erfasst werden. Die unterschiedliche Nachweisempfindlichkeit der Messverfahren für die verschiedenen Weckamine muss bei der Bewertung der Messergebnisse bedacht werden. Andererseits können verwandte Substanzen, wie z. B. Ephedrin, Fenfluramin, Phentermin oder Ranitidin zu falsch positiven Befunden führen. Zur Bestätigung positiver immunchemischer Befunde sowie zur Abklärung fraglich negativer Befunde können HPLC und GC-MS eingesetzt werden.

26.4 Giftige Pflanzen

Die Liste giftiger Pflanzen ist lang, zumal wenn auch exotische zu berücksichtigen sind (Tab. 26.11). Die Häufigkeit von Vergiftungen ist trotzdem vergleichsweise selten. Sie gehen zurück auf kindliche Neugier bzw. Verwechslung

Tabelle 26.11: Giftige Pflanzen.

giftige Pflanze	giftiger Pflanzenteil	Inhaltsstoffe	Symptome der Vergiftung
Bilsenkraut, Schwarzes (Hyoscyamus niger)	alle Teile, besonders Samen	Hyoscyamin	s. Tollkirsche
Dieffenbachia	alle Teile, besonders Stiel	Oxalsäure, proteolytisch wirksame Bestandteile	Schmerzen im Mund, Schwellungen, Schluckbeschwerden; lokal: Augen: Hornhaut- und Conjunctivaentzündung
Eibe (Taxus baccata)	Nadeln, Samen (zerbissen)	Alkaloide	Erbrechen, Mydriasis, Tachykardie
Eisenhut, Blauer/Gelber (Aconitum napellus, A. vulparia)	alle Teile, besonders Wurzeln und Samen	herzwirksame Alkaloide, z. B. Aconitin	Brennen im Mund, Erbrechen, Muskelzuckungen, Herzrhythmusstörungen, Hypotonie
Engelstrompete (Brugmansia suaveolens; früher Datura s.)	alle Teile, besonders Blätter	Hyoscyamin, Scopolamin	s. Tollkirsche, Halluzinationen
Fingerhut, Roter (Digitalis purpurea)	Blätter, alle Teile	Herzglykoside, z. B. Digitoxin	Erbrechen, Herzrhythmusstörungen
Goldregen (Laburnum anagyroides)	alle Teile, besonders Samen	Alkaloide (Cytisin)	Erbrechen, Bewegungsstörung, Müdigkeit
Herbstzeitlose (Colchicum autumnale)	alle Teile, besonders Zwiebel	Colchicin	Erbrechen, Delir, ARDS, Rhabdomyolyse, Herzstillstand

Tabelle 26.11: Fortsetzung.

giftige Pflanze	giftiger Pflanzenteil	Inhaltsstoffe	Symptome der Vergiftung
Kartoffeln (Solanum tuberosum)	oberirdische Teile und Keime	Solanin, Solanidin	Erbrechen, Diarrhö
Maiglöckchen (Convallaria majalis)	alle Teile	Convallatoxine (= Herzglykoside)	Erbrechen, Herzrhythmusstörungen
Oleander (Nerium oleander)	alle Teile	Herzglykoside (5), u. a. Oleandrin	Erbrechen, Herzrhythmusstörungen
Robinie (Robinia pseudoacacia)	Samen, Rinde	Robin, Phasin	Erbrechen, Diarrhö
Schierling, Gefleckter (Conium maculatum)	alle Teile	Coniin u. a. Piperidinalkaloide	Erbrechen, Mydriasis, Lähmungen
Seidelbast (Daphne mezereum)	alle Teile	Daphnin	Übelkeit, Erbrechen, blutige Diarrhö
Stechapfel (Datura stramonium)	alle Teile, besonders Samen	Hyoscyamin, Scopolamin	s. Tollkirsche, Halluzinationen
Tollkirsche (Atropa belladonna)	alle Teile, besonders Samen, Wurzeln	Hyoscyamin, Scopolamin	trockene Schleimhäute, Rötung, Tachykardie Mydriasis, Hyperthermie, Krampfanfälle
Tabak (Nicotiana tabacum)	alle Teile	Nicotin	Erbrechen, Muskelzuckungen, Bewegungsstörung, Verwirrtheit, Lähmung
Wasserschierling (Cicuta verosa)	alle Teile, besonders Wurzeln	Cicutoxin	Brennen im Mund, Erbrechen, Hypotonie, Krampfanfälle, Koma sehr giftig

ARDS: Adult Respiratory Distress Syndrome

oder Suizidversuch bei Erwachsenen. Bei Jugendlichen werden Tee aus Blättern der Engelstrompete oder Stechapfelsamen als Rauschmittel verwendet. Mit Zunahme der traditionellen chinesischen Medizin in Deutschland treten vermehrt Vergiftungen mit Phytopharmaka auf durch uneindeutige Pflanzenbezeichnungen, aber auch durch Verunreinigungen mit Schwermetallzusätzen, wie z. B. Zinnober, Pflanzenschutzmittelrückständen und mikrobielle Kontamination (Aflatoxine). Manche Phytopharmaka enthalten nicht deklariert Glukokortikoide, Indometacin oder Benzodiazepine.

Zur Diagnose einer Vergiftung sind alle Bestandteile der Pflanze sowie der Mageninhalt zu asservieren. Sie werden für die makroskopische und mikroskopische Untersuchung benötigt. Die Analyse der Inhaltsstoffe ist schwierig, da eine Vielzahl von Verbindungen enthalten sind, deren Konzentration je nach Pflanzenteil und Jahreszeit stark variieren kann. Es stehen jedoch zumindest für medizinisch genutzte Substanzen (z. B. Atropin, Colchicin, Strychnin) Nachweisverfahren zur Verfügung [10].

26.5 Giftige Pilze

Zahlreiche Pilze sind ungenießbar oder giftig. In Deutschland spielen Vergiftungen mit Knollenblätterpilzen die größte Rolle. Sie enthalten als Amatoxine α- und β-Amanitin, deren letale Dosis 0,1 mg/kg Körpergewicht bei Erwachsenen beträgt, sowie das schnell wirksame, aber weniger giftige Phalloidin. Fliegen- und Pantherpilz sowie Psilocybe-Arten werden z. T. als Rauschmittel von Jugendlichen verwendet. Es muss beachtet werden, dass „Pilzvergiftungen" auch entstehen bei falscher Zubereitung (Verzehr noch roher Pilze), und durch verdorbene Pilze (Ernte erst nach Frost, mehrfaches Aufwärmen der Pilzmahlzeit, falsche Aufbewahrung, bakterielle Kontamination) sowie bei Pilzunverträglichkeit.

Die Knollenblätterpilzvergiftung verläuft in 4 Phasen:

1. Phase:	symptomlos	6–24 h nach Zufuhr
2. Phase:	schwere Gastroenteritis	12–24 h nach Zufuhr
3. Phase:	symptomarmes Intervall	
4. Phase:	Coma hepaticum durch Leberzerfall, Nierenversagen	24–48 h nach Zufuhr

Die Behandlung besteht u. a. in der Giftelimination und der Gabe des Antidots Silibinin, ggf. muss eine Lebertransplantation erwogen werden.

Nachweis

Anhand der Asservate (Pilz-, Nahrungsreste, Mageninhalt) wird makroskopisch bzw. mikroskopisch versucht, die Identität der Pilze zu ermitteln. Der Nachweis der Amanitine kann immunchemisch in Speziallaboratorien durchgeführt werden. (Information über die Giftnotrufzentralen, s. Rote Liste). Die Therapie muss bei Verdacht auch ohne Vorliegen der toxikologischen Analyse eingeleitet werden. Der Zustand des Patienten wird klinisch-chemisch mithilfe der Transaminasen- und Bilirubinbestimmung im Serum sowie besonders empfindlich anhand der Prothrombinzeit erfasst.

Anhang

Therapeutische, toxische, komatös-letale Plasma-/Serum-Konzentrationen und terminale Eliminationshalbwertzeiten (HWZ) von Arzneimitteln[1]

Substanz	Plasma-/Serum-Konzentration mg/l			HWZ (h)
	therapeutisch	toxisch (ab)	komatös-letal (ab)	
Acetyldigoxin	0,0005–0,002	0,0025–0,003	0,005	40–70
Acetylsalicylsäure	20–200	300–350	(400–) 500	0,3
Alprazolam	0,005–0,02 (–0,08)	0,1–0,4	0,1	6–22
Amikacin	15–25 (max)[a]	30		2–3
5-Aminosalicylsäure	s. Mesalazin			
Amiodaron	0,5–2,5[2]	2,5		30–120
Amitriptylin	keine Angabe[2]	0,5	1,5	17–40
plus # Nortriptylin	0,06–0,2[2]	0,5		31–45
Amobarbital	1–5	5	10	15–30
Amphetamin	0,02–0,15	0,2	0,5	7–34
Amphotericin B	0,2–3	(3–) 5–10		20–48
Antipyrin	s. Phenazon			
Aprobarbital	4–20 (–40)	30–40	50	14–54
Barbital	2–20 (–40)	20–50 (–100)	50	57–120
Benzoylecgonin	s. Cocain			
Brallobarbital	4–8	8–10	15	20–40
Bromazepam	0,08–0,2	0,3–0,4	(1–) 2	8–22
Brotizolam	0,001–0,02			4–10
Buprenorphin	0,001–0,005 (–0,01)			3–5
Butabarbital	s. Secbutabarbital			
Butalbital	1–5	10	25	20–30
Camazepam	0,1–0,6	2		20–24

Substanz	Plasma-/Serum-Konzentration mg/l			HWZ (h)
	therapeutisch	toxisch (ab)	komatös-letal (ab)	
Carbamazepin	5–10 a)	10	20	12 (–60)
plus # -10, 11-epoxid		12–15		
Chlordiazepoxid	0,4–2	3	5	6–24
Clobazam	0,1–0,6		1,5	10–50
# Norclobazam	2–15			35–133
Clonazepam	0,01–0,08	0,1	1	20–40
Clotiazepam	0,1–0,7			3–15
Cocain	0,1–0,3	0,5	1–4	0,5–1
# Benzoylecgonin	unter 0,1		1	ca. 4–5
Codein	0,025–0,25	0,5	1,8	2–4
Coffein	2–15	15	80	2–10
Cyclobarbital	2–6 (–10)	10	20	8–17
Desipramin	0,04–0,16 2)	1	3	15–48
Desmethyldiazepam	s. Nordiazepam			
Dextromethorphan	0,01–0,04	0,1	3	2–4
Dextropropoxyphen	0,05–0,3 (–0,5)	0,6	1	10–30
Diacetylmorphin	unter 0,06	0,2–2		1–2
Diazepam				
(s. a. Nordiazepam)	0,2–2 (–2,5)	1,5		20–70
anxiolytisch	0,125–0,25			
antikonvulsiv	0,2–0,5			
Digitoxin	0,01–0,025	0,03	0,04	140–200
Digoxin	0,0005–0,002	0,0025–0,003	0,005	40–70
Dihydrocodein	0,03–0,25	1	2	3–4
Dikaliumclorazepat	s. # Nordiazepam			# 25–82
Ethosuximid	40–100 2)	100	250	30–60
Flucytosin	25–70	100		3–5
Flunitrazepam	0,005–0,015	0,05	0,2	10–30
Gentamicin	5–12 (max)	12		1,5–6
Halazepam	s. Nordiazapam = #			
Heptabarbital	0,5–5	8	20	6–11
Heroin	s. Diacetylmorphin			
Hexobarbital	1–5	10–20	50	4–6
Hydrocodon	0,01–0,1	0,1	0,2	ca. 4
Hydromorphon	0,001–0,03	0,1		2–3
Ibuprofen	10–30 (–50)	100		2–3
Imipramin	0,05–0,15	1	1,5–2	6–20
plus # Desipramin	0,2–0,3	0,5		
Ketazolam	0,001–0,02			1–3
Lamotrigin	2–10	(2–) 20	52	24–36
Levomethadon	0,04–0,3	0,5	1	15–60
Levorphanol	0,007–0,02	0,1	2,7	11–30
Lidocain	1,5–5,0 a)	6	10	1–4
Lithium	0,6–0,8 mmol/l 3)	1,5–2 mmol/l		8–50
Loprazolam	0,005–0,01			6–20
Lorazepam	0,02–0,25	0,3–0,5		10–22
Lormetazepam	0,005–0,025			10–15
LSD	0,001	0,002	0,005	ca. 2–5
MDA	s. Methylendioxyamphetamin			
MDMA	s. Methylendioxymethamphetamin			
Medazepam	0,1–0,5 (–1)	0,6		50–90

Substanz	Plasma-/Serum-Konzentration mg/l			HWZ (h)
	therapeutisch	toxisch (ab)	komatös-letal (ab)	
Mephobarbital	(0,2–2)			11–67
plus # Phenobarbital	10–25 (–50)	30–50 (–100)	60–100	
Mesalazin	ca. 1			0,5–2,5
Methadon	0,05–0,5 (–1)	1	ca. 2	23–25
Methamphetamin	0,01–0,05	0,2–1	40	6–9
Methohexital	1–6 (–11)	2–20		1–3
Methylendioxyamphetamin	unter 0,4	1,5	4	
Methylendioxymethamphetamin	unter 0,35	0,5	1,26	
Midazolam	0,04–0,1 (–0,25)	1–1,5		1,5–3
Morphin	0,01–0,15	0,1	0,1–4	1–4
Nicotin	0,001–0,035	0,4	13,6	1–4
# Cotinin	0,01–0,035	1		
Nitrazepam	0,03–0,1	0,2	5	20–30
hypnotisch	0,03–0,09 (–0,2)			
anxiolytisch	0,03–0,05			
antiepileptisch	0,05–0,18			
Nordazepam	s. Nordiazepam			
Nordiazepam	0,02–0,8	1,5		20–80
Nortriptylin	0,05–0,14	0,5	1	18–56
Oxazepam	0,2–1,5	2	3–5	6–20
Oxcarbazepin	0,4–2			1–3
# Monohydroxyderivat	10–30			8–11
Oxycodon	(0,005–) 0,02–0,05	0,2	5	3–8
Paracetamol	2,5–25	70	150	2–4
Parathion		0,01–0,05	0,05–0,08	
Pentobarbital	1–5 (–10)	10	15	20–48
Pethidin	0,1–0,8	1–2	2 (–3)	3–6
# Norpethidin		0,5		
Phenacetin	1–20	50		ca. 1
Phenazon	1–25	50		10–12
Phencyclidin	0,01–0,2	0,1–0,8	0,5	1–12 (–50)
Phenobarbital	10–40	30	50	60–130
Phenytoin	5–20	20	50	10–60
Prazepam	0,2–0,7	1		1–3
Primidon	5–12	15	65	3–12–22
Procain	0,2–2,5 (–15)	20	20	–0,5
Procainamid	4–10[2)]	8	20	2–5
# N-Acetylprocainamid	6–20[2)]	20		3–7
Propallylonal	0,3–10	> 10		ca. 3
Salicylsäure	20–250	300	400	3–20
Secbutabarbital	5–10 (–15)	20	30	34–42
Secobarbital	1,5–5	7–10	10–15	15–30
Strychnin		0,075–0,1	ca. 0,5	ca. 10–15
Temazepam	0,02–1	1	8	10–25
Tetrahydrocannabinol				
(Haschischraucher)	0,04–0,2			ca. 50
(Passiv-Raucher)	0,001–0,007			
Tetrazepam	0,05–0,6			10–26
Thiopental	1–5 (–35)[b)]	10	10–15	3–8
# Pentobarbital	1–5 (–10)	10	15–25	
Tobramycin	5–12 (max)[2)]	12		2–3

Substanz	Plasma-/Serum-Konzentration mg/l			HWZ (h)
	therapeutisch	toxisch (ab)	komatös-letal (ab)	
Triazolam	0,002–0,02			2–5
Valproinsäure	40–100	120		10–20
Vancomycin	5–40	10–40		4–11
Vigabatrin	ca. 2–8 (–15)			5–8
Vinylbital	1–3	5	8	18–33
Zolpidem	0,06–0,2	0,5	1	2–5
Zopiclon	0,01–0,05	0,05	1,4	3,5–8

\# aktiver Metabolit
a) indikationsabhängig
b) bei kontinuierlicher bzw. wiederholter Gabe
1) Regenthal, R., Krüger, M., Köppel, C., Preiß, R., Anästhesiol. u. Intensivmedizin 1999; 3:129–144.
2) Bircher, J., Sommer, W. Klinisch-pharmakologische Datensammlung, 2. Aufl. Wiss. Verlagsg. Stuttgart (1999).
3) Benkert, O., Hippius, H. Psychiatrische Pharmakotherapie. Springer-Verlag, Berlin (1986).

Literatur

[1] Gibitz, H. J., Schütz, H. (Hrsg.) (1995): Einfache toxikologische Laboratoriumsuntersuchungen bei akuten Vergiftungen. Mitteilung XXIII der Senatskommission für Klinisch-toxikologische Analytik der Deutschen Forschungsgemeinschaft. VCH-Verlag, Weinheim.

[2] Meredith, T. J., Jacobsen, D., Haines, J. A., Berger, J.-C. and van Heijst, A. N. P. (Hrsg.) (1993): Antidotes for poisoning by cyanide. Cambridge University Press, Cambridge-New York-Melbourne.

[3] MAK- und BAT-Werte-Liste 2001 der Deutschen Forschungsgemeinschaft (2001). Wiley-VCH, Weinheim.

[4] Külpmann, W. R. (Hrsg.) (2002): Klinisch-toxikologische Analytik. Verfahren, Befunde, Interpretation. Wiley-VCH, Weinheim.

[5] Schütz, H. (1999): Screening von Drogen und Arzneimitteln mit Immunoassays. 3. Aufl. Wiss. Verlagsabt. Abbott, Wiesbaden.

[6] Külpmann, W. R. (1996): Nachweis und Bestimmung von Drogen im Urin mittels Immunoassays. Dt. Ärztebl. 93, A 2701-A 2702.

[7] Entscheidungsgrenzen, DIN 58985 Beuth Verlag, Berlin.

[8] Külpmann, W. R. (1994): Feststellung des Beigebrauchs bei der Methadon-Substitutionsbehandlung von I. v.-Heroinabhängigen Dt. Ärztebl. 91, A 200-A 203.

[9] Rumack, B. H., Matthew, H. (1975): Acetaminophen poisoning and toxicity. Pediatrics 55, 871–876.

[10] Ellenhorn, M. J. (1997): Ellenhorn's Medical Toxicology. Diagnosis and treatment of human poisoning. Williams and Wilkins, Baltimore.

Bildanhang

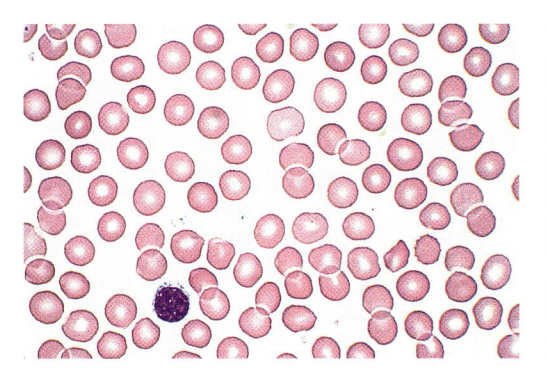

1 Normales rotes Blutbild. Die Erythrozyten zeigen die typische zentrale Delle (1200×).

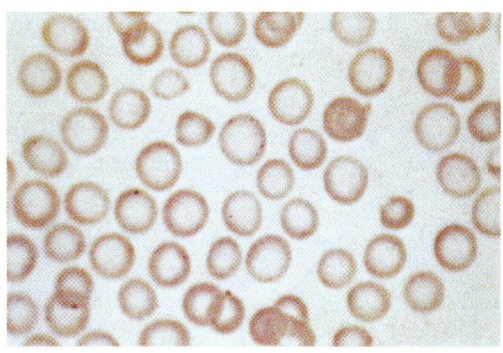

2 Anulozyten. Die große zentrale Aufhellung weist auf die mangelnde Hämoglobinisierung bei einem Eisenmangel oder einer Eisenverwertungsstörung hin (1200×).

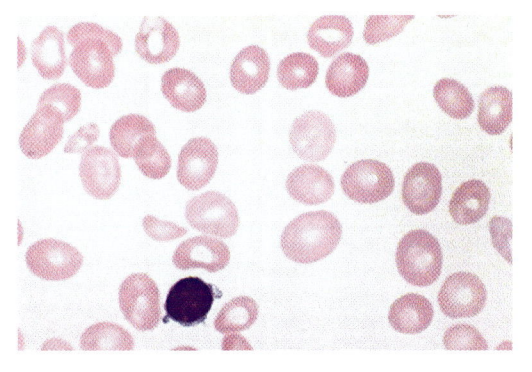

3 Makrozyten/Megalozyten. Viele Erythrozyten sind deutlich größer als der Lymphozyt; die Zellen wirken hyperchrom. Typisches Blutbild für einen Vitamin B12- oder Folsäuremangel (1200×).

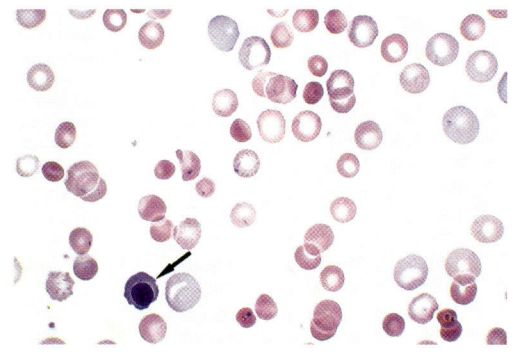

4 Deutliche Anisozytose, Polychromasie und basophile Tüpfelung als Hinweis auf eine Retikulozytose. Zusätzlich findet sich ein Normoblast. Blutbild bei einer schweren Anämie (1200×).

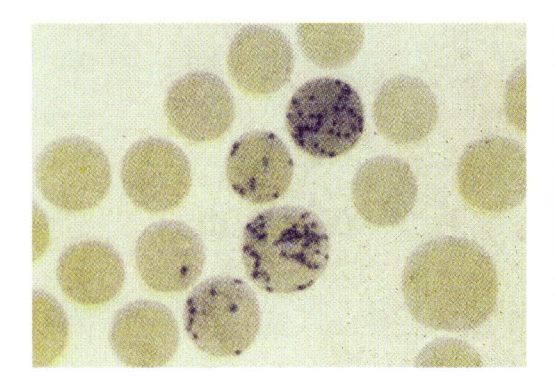

5 Retikulozyten nach Anfärbung der Substantia retikularis mit Brillantkresylblau (1600×).

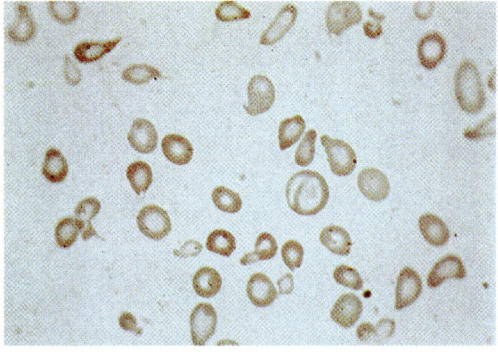

6 Poikilozytose. Diese Vielgestaltigkeit der Erythrozyten tritt v. a. bei schweren Anämien auf. Die sogenannten tear drops (Tränentropfen) treten v. a. bei der Osteomyelosklerose/-fibrose auf (1200×).

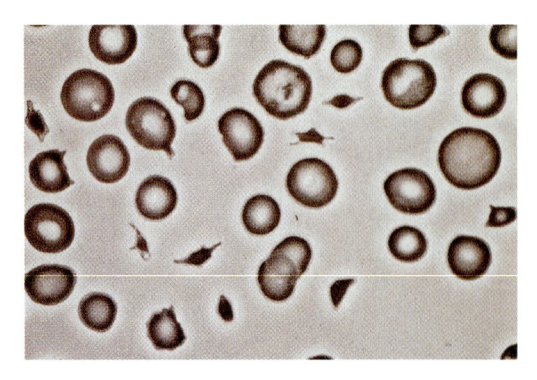

7 Fragmentozyten (Schistozyten), treten im Rahmen einer mechanischen Hämolyse auf. Sie sind Abspaltungen der Erythrozyten, die bei der Einwirkung von erhöhten Scherkräften auftreten (1200×).

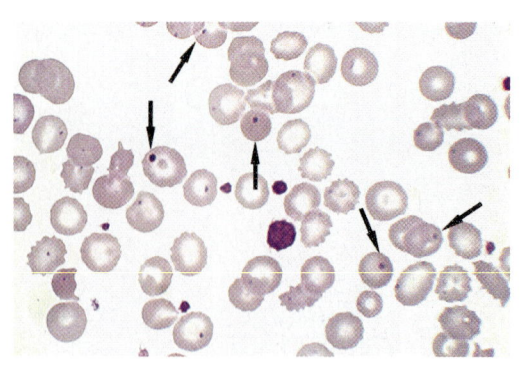

8 Jolly-Körper, treten nach Splenektomie auf. Dabei handelt es sich um Kernreste (1200×).

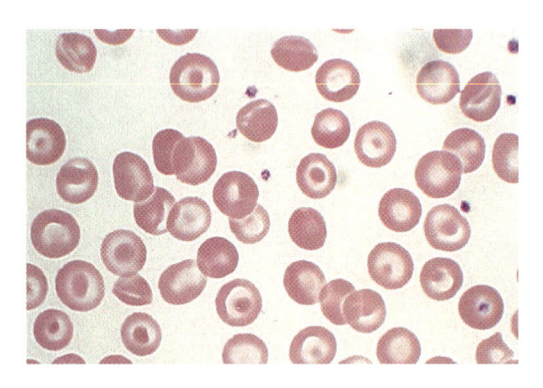

9 Targetzellen (target cells, Schießscheibenzellen), findet man oft bei Thalassämien aber auch bei anderen Hämoglobinopathien und gelegentlich bei schweren Eisenmangelanämien (1200×).

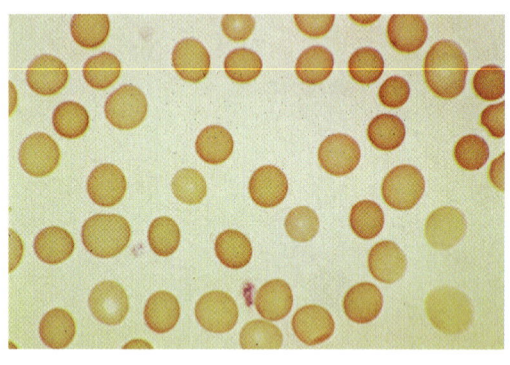

10 Kugelzellen (Sphärozyten), kommen v. a. bei der heriditären Kugelzellanämie vor, bei der ein Membrandefekt zu einer verstärkten Hämolyse führt. Die typische zentrale Delle fehlt (1200×).

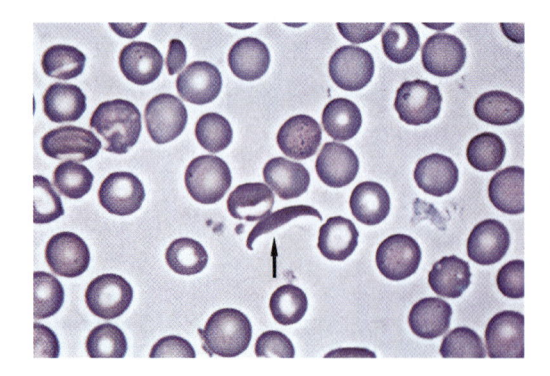

11 Sichelzellen (Depranozyten), treten im Rahmen der HbS-Erkrankung (Sichelzellanämie) auf. Im normalen Blutausstrich muss man sie unter Umständen suchen, da sie die Sichelform nur unter Sauerstoffmangel annehmen (1200×).

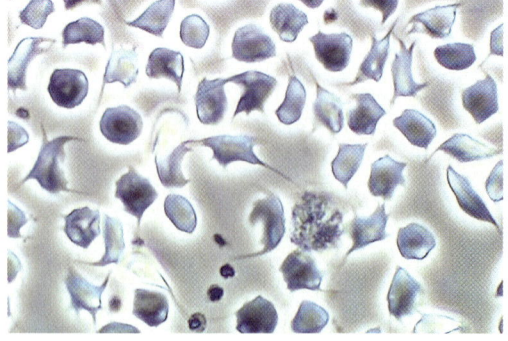

12 Sichelzellen (Depranozyten), Phasenkontrastaufnahme nach Sauerstoffentzug (1200×).

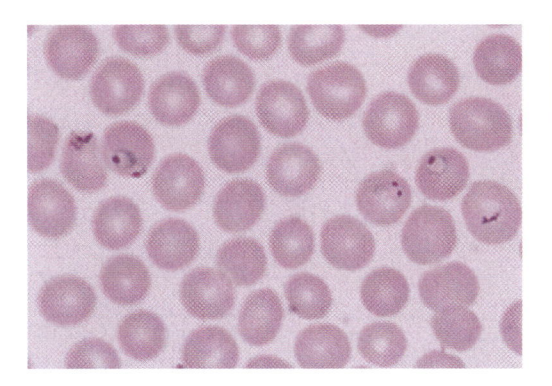

13 Malaria Tropica. Es zeigen sich die typischen feinen Trophozoiten. Mehrfachbefall, randständige Parasiten und zweikernige Parasiten vervollständigen das Bild einer Infektion mit Plasmodium falciparum (1200×).

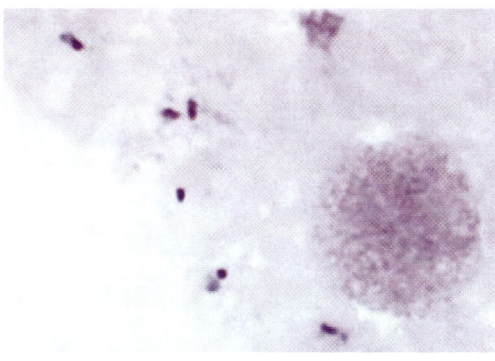

14 Malaria (Dicker Tropfen). Der „Dicke Tropfen" dient der Anreicherung der Parasiten. Bei der Färbung wird nicht fixiert, so dass die Erythrozyten zerstört werden und die Parasiten frei liegen. Da die Artdiagnose im „Dicken Tropfen" oft schwierig ist, sollte immer auch ein gefärbter (fixierter) Blutausstrich vorliegen (1600×).

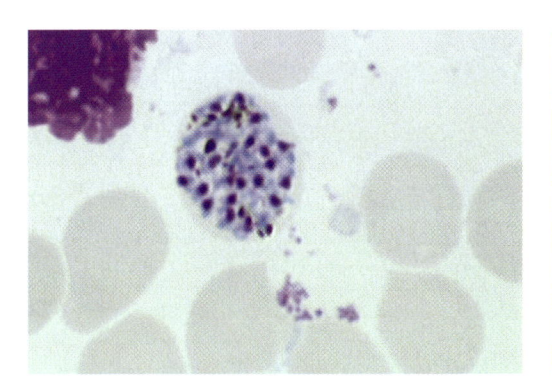

15 Malaria tertiana, Merozoit von Plasmodium vivax (1600×).

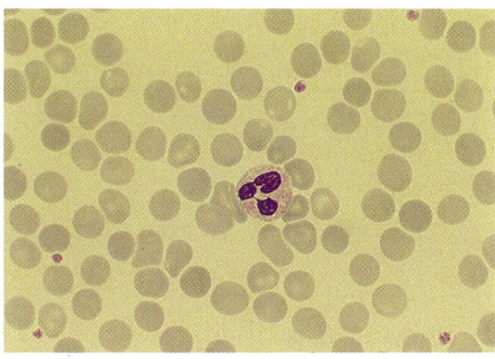

16 Neutrophiler segmentkerniger Granulozyt (1200×).

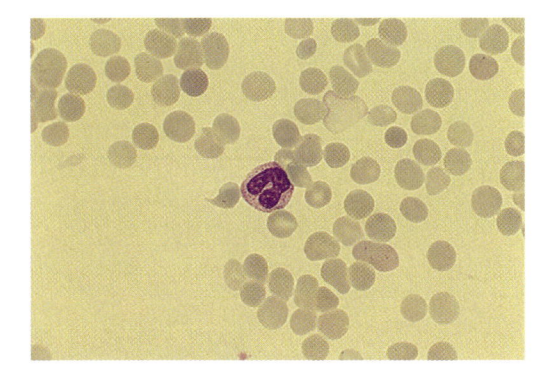

17 Neutrophiler stabkerniger Granulozyt (1200×).

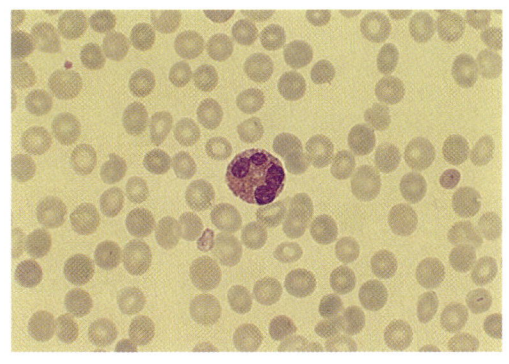

18 Eosinophiler Granulozyt (1200×).

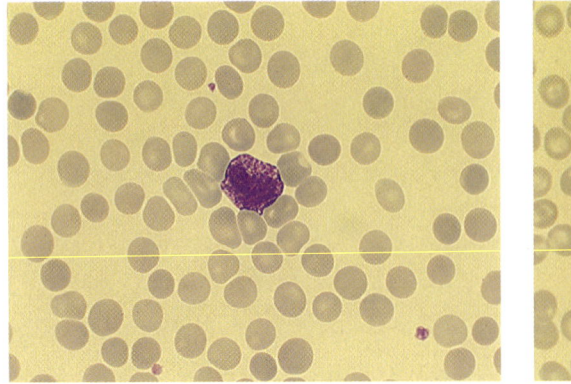

19 Basophiler Granulozyt (1200×).

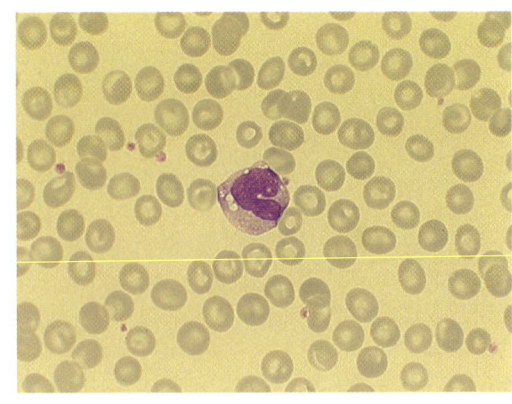

20 Monozyt (1200×).

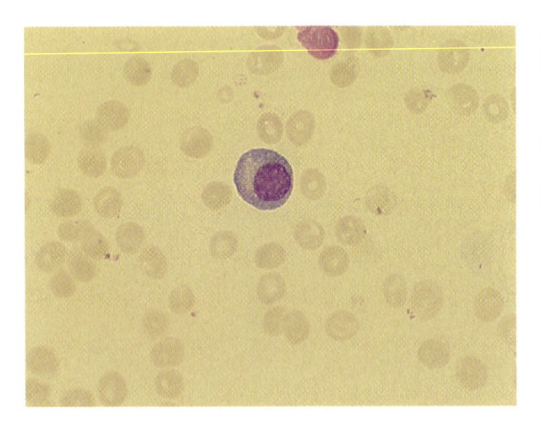

21 Plasmazelle (1200×).

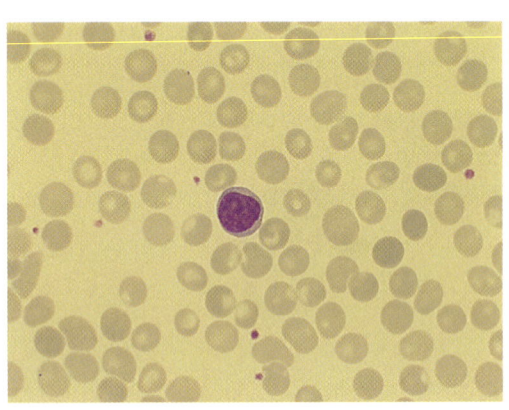

22 Lymphozyt (1200×).

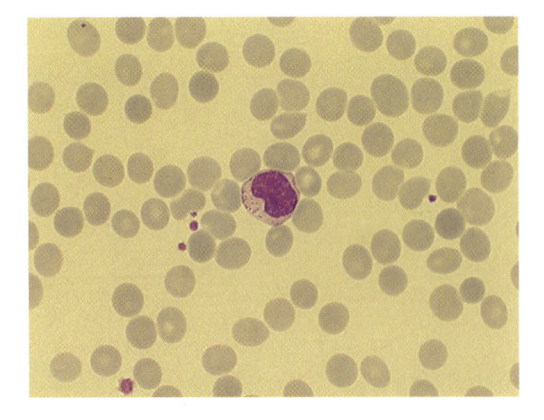

23 „LGL" (large grannular lymphocyte) (1200×).

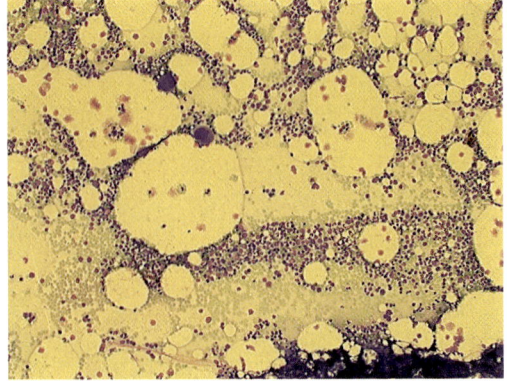

24 Knochenmarksausstrich (Übersicht).

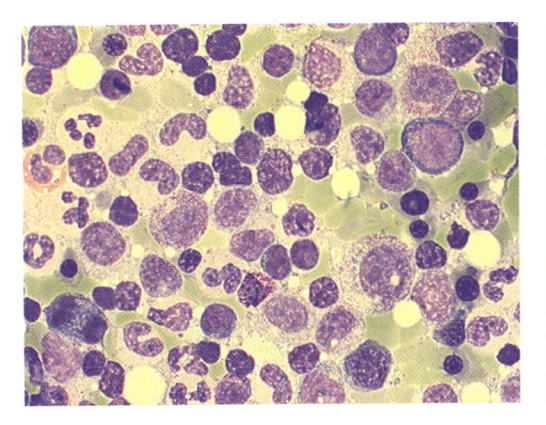

25 Knochenmarksausstrich (vergrößerter Ausschnitt, aus 1200×).

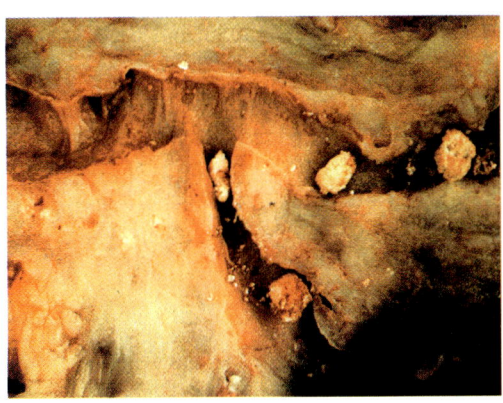

26 Erweiterte Pankreasgänge mit Steinen bei chronischer Pankreatitis, aufgeschnittenes Operationspräparat.

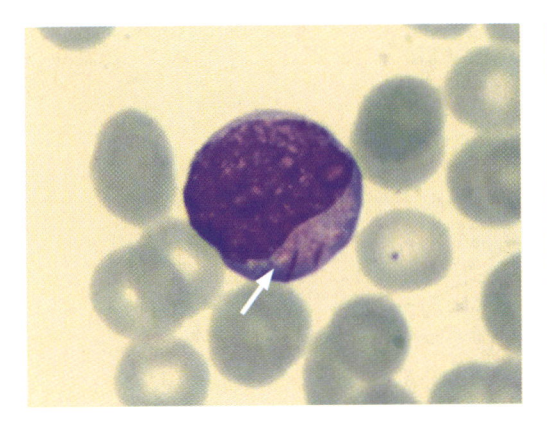

27 Zytologie eines AML-Blasten mit Auerstäbchen (weißer Pfeil) (2000×).

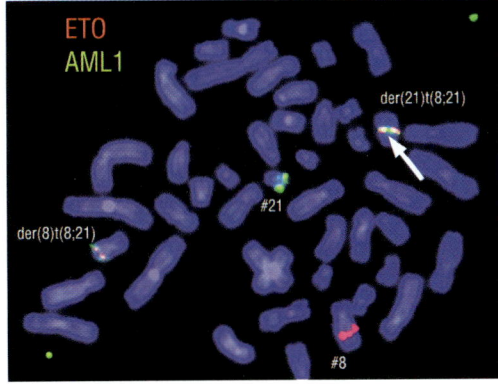

28 AML-M2 mit Translokation t (8;21), Fluoreszenz-in-situ-Hybridisierung. Man erkennt die verschieden gefärbten Chromosomen. Gensonden: rot = Chromosom 8, ETO; grün = Chromosom 21, AML1; gelb = Fusionssignal (weißer Pfeil).

Die mikroskopischen Bilder (1–15) wurden freundlicherweise von Professor P. Gutjahr, Mainz und Dr. T. Nebe, Mannheim, zur Verfügung gestellt, die Bilder 16–25 sowie 27 und 28 von Prof. Neubauer, Marburg.
Priv.-Doz. M. Siech, Ulm, danken wir für die Überlassung von Bild 26.

Sachregister

11β-Hydrosteroiddehydrogenase 135
11β-Hydroxysteroiddehydrogenase 142
17α-Hydroxypregnenolon 138
17α-Hydroxyprogesteron 138
25-Hydroxy-Vitamin D 538 539, 546
– 25(OH)D 538
– Bewertung 538
– erhöhte 25(OH)D-Werte 540
– erniedrigte 25(OH)D-Werte 539
– Indikation zur Messung 538
– Referenzbereiche 538
– Stabilität 540
– Vitamin-D-Mangel 538
3-Hydroxybutyrat 561

α1-Antitrypsin 510
α1-Proteaseinhibitor 510
α-Fetoprotein (AFP) 348
– hepatozelluläres Karzinom 348
– Keimzelltumore 348
α-Isoenzym 391
α-Thalassämie 166
α2-Antiplasmin-Plasmin-Komplex (APP) 218, 239
Abetalipoproteinämie (Basen-Kornzweig-Syndrom) 78
– mikrosomales Triglyceridtransferprotein (MTP) 70, 78
Acetaldehyd 401
– Acetaldehyd-Protein-Addukte 404
Acetylierung 626
ACTH 134
– ACTH-produzierender Hypophysentumor 136
– ACTH-Stimulationstest 140
Adenosin 279
Adenylatzyklase-System 120
Adhäsionsproteine 282
Adrenalin 145
adrenogenitale Syndrome (AGS) 138
Adrenoleukodystrophie (ALD) 593
Agranulozytose 189, 194
Akanthozyten 485
Akromegalie 124
aktivierte partielle Thromboplastinzeit (APTT) 233
Akute-Phase-Proteine 253
Akute-Phase-Reaktion 247

akutes Koronarsyndrom 447, 450
Alanin-Aminotransferase 391
Albumin, ischämiemodifiziertes 452
Aldosteron 141, 426, 472
alkalische Phosphatase 545
Alkalose 37, 108
Alkohol
– -abusus 372
– -dehydrogenase (ADH) 401
– siehe auch Ethanol
alkoholische Lebererkrankung und Leberzirrhose 401, 402, 409
Allergene 268, 272, 273
– Innenraum 272, 273
– Insektengift 272
– Nahrungsmittel 272, 273
– Pollen 272
Allergien 267
Alpha-Fetoprotein (AFP) 172
Alzheimer Demenz 587
– Beta-Amyloid 587
– Tau-Protein 587
Amenorrhö 153
– primäre 153
– sekundäre 153
Aminoazidopathien 560
Aminosäuren 37, 38, 39, 42
– Biuret-Bildung 42
– essenzielle 38
– mikromolare 42
– mitochondrialer Aminosäuren-Stoffwechsel 39
– nicht essenzielle 38
– -profile im Plasma 42
– prozentuale 42
Aminosäurenstoffwechsel 40
– Alkaptonurie 40
– angeborene Störung 40
– Cystinurie 41
– diagnostische Verfahren 41
– Enzymstörungen 41
– Homocystinurie 41
– Phenylketonurie 40
– Transportstörungen 41
– Tyrosinämie Typ I 40
– Tyrosinämie Typ II 40
Amplifikation 329

Amylase 363
amyotrophe Lateralsklerose 588
Analysenserie 15
Anämie 179, 195
– aplastische 194, 195
– bei chronischer Erkrankung (ACD) 161, 182
– Definition der 173
– Elliptozytose 181
– Erythrozytenfragmente 181
– Fanconi-Anämie 164, 195
– hämolytische 165
– Kugelzellanämie 181
– makrozytär-hyperchrome 179, 182, 183
– Medikamente 195
– megaloblastäre 164
– mikrozytär-hypochrome 179, 182
– normozytär-normochrome 179, 182
– Polychromasie 181
– siehe auch perniziöse Anämie
– siehe auch sideroplastischer Anämie
– WHO-Kriterien 174
Angina pectoris 446
Angiogenese 323, 346
Angiotensin I 141, 426
Angiotensin II 141, 426
Angiotensin-Converting-Enzym 141, 426
Antidiuretisches Hormon (ADH) 99
– Durstreiz 99
– Wasseraufnahme 99
Anti-Faktor-Xa-Aktivitätstest 240
Antikoagulantien 2
– EDTA 4, 5
– Ethylendiamintetraessigsäure (EDTA) 5
– Heparinat 4, 5
– Hirudin 4, 5
– Oxalat 5
– Zitrat 4, 5
Antikörper 264, 266, 280
– Acetylcholin-Rezeptoren 267
– ANCA (antineutrophile, zytoplasmatische) 265, 266
– antimitochondriale (AMA) 265
– Anti-SLA/LP-Antikörper 399
– antinukleäre (ANA) 263, 264, 265, 399
– Antiphospholipid-Antikörper 241
– Asialglykoprotein-Rezeptor (ASGPrR) 265
– C-ANCA zytoplasmatisch 266
– gegen Parietalzellen 184
– gegen Schilddrüsenantigene 133
– glatte Muskel-Antikörper (SMA) 399
– glatte Muskulatur (SMA) 265, 399
– herzmuskelspezifische 267
– LKM-Antikörper 265
– LKM1-Antikörper 399

– lösliches Leberantigen 265
– mikrosomale Antigene 265
– Muskelerkrankung 266
– nicht organspezifische 262
– P-ANCA perinukleär 266
– Schilling-Test 184
Antikörperindex 579
Antikörpersynthese 578
– erregerspezifische 578
Antinukleäre Antikörper (ANA) 263, 265
Antiphospholipid-Antikörper 241
Anti-Tg 132
Antithrombin 216, 238
– AT-Test 238
Anti-TPO 132
APC-Resistenz 222, 239
Apnoen 517
ApoE-Polymorphismus 77, 90, 91
– Alzheimersche Erkrankung 91
– EARS-Studie 90
– PDAY-Studie 91
Apolipoproteine 68
– -AI 68
– -AII 68
– -AIV 68
– Apo(a) 69
– -B100 68, 81, 89
– -B48 68
– -CI 68
– -CII 68, 80
– -CIII 68
– -D 68
– -E 68, 69, 72, 77, 78, 80, 90
Apoptose 341, 342, 391
– apoptotic bodies 391
– CD 95/Fas-Ligandsystem 391
– Todesrezeptoren 391
apparent-mineralocorticoid-excess-syndrome 143
Arrhythmien 449
arterielle Hypotonie 432, 433
Asialoglykoprotein Rezeptor (ASGPR) 265
Aspartat-Aminotransferase 391
Asthma Bronchiale 268, 507
Atemwegswiderstand 499
Atherosklerose 73
– Antioxidantien 75
– atherosklerotischer Plaque 72
– Endotheldysfunktion 74
– Inflammation 73
– Isoprostane 74
– LDL-Oxidation 73
– oxidierte LDL (ox-LDL) 74, 75
– Plaqueruptur 74
– Sauerstoffradikale 74

– Scavengerrezeptor 73
Atmungskette 551
– ATP-Synthase 552
– Substratkettenphosphorylierung 552
Atomabsorptionsspektroskopie 105
Atopie 269
ATP 549
Autoantikörper 262, 263, 264, 265, 266, 267
Autoimmunadrenalitis 137
Autoimmunerkrankungen 131, 138, 194, 262
– Autoimmunendokrinopathie 138
– Autoimmunität 255
– Autoimmunthyreoiditis 131
Azetoacetat 561
Azidose 37, 108
– metabolische 114
α-γ-Globulinämie 278

β-CrossLaps 544
β-CTX 544
β-Thalassämie 166
– Cooley-Anämie 166
– $\delta\beta$-Thalassämie 167
– $\delta\beta\gamma$-Thalassämie 167
BAP 545
Barbiturate 646
– Bestimmung, (Gruppen-)nachweis 646
– Methohexital 646
– Phenobarbital 646
– Thiopental 647
Basophile 186
Baxtroxobinzeit (siehe Reptilasezeit) 234
Beinvenenthrombose 441
Belastungstest 501
Bence Jones Protein 205
Benzodiazepine 647
– Bestimmung 647
– Nachweis 647
Bethesda-Einheiten (BE) 241
Bikarbonationen 108
Bilirubin 165, 392
– -stoffwechsel 412, 413, 414
Biot-Atmung 516
Biotransformation 615
Bisphosphonate 547
Blutbild 174, 178
– Differenzialblutbild 185, 281
– Erythrozytenindizes 178
– Hämoglobin 174
– MCH 178
– MCHC 178
– MCV 178
– Normalwerte 175
Blutdruck 428

Blutgas 500
– -analyse (BGA) 116
Blutgerinnung
– siehe unter Gerinnung
Blut-Hirn-Schranke 569
– Transportmechanismen 569
Blutkörperchensenkungsreaktion 258
Blut-Liquor-Schranke 569, 578
– „gap-junctions" 569
– „steady-state" 570
– „tight-junctions" 569
– Kapillarpermeabilität 578
– Liquorfluss 578
– passiver Transport 570
– Produktion 570
– Transportmechanismen 569
– Zirkulation 570
Blutmenge 7
– analytische Probenvolumen 7
– Totvolumen 7
Blutungsneigung (siehe Hämophilie) 219
Blutungstypen (Tab.) 219
Blutungszeit 229, 230
– Durchflusszytometrie 230
B-Lymphozyten 276
Bodyplethysmographie 498
BRAC1 332
BRAC2 332
Brain Natriuretic Peptide 453
bronchoalveolare Lavage (BAL) 503
Bronchospasmolystest 511
B-Typ natriuretisches Peptid (BNP) 460
Burkitt-Lymphom 345
B-Zelle 277, 280
B-Zell-Lymphome 342

C13-Atemtest 360, 361
CA 125 351
– Ovarialkarzinom 351
CA 15-3 351
– Mammakarzinom 351
CA 19-9 350
– Pankreaskarzinom 350
CA 72-4 350
– Magenkarzinom 350
Calcitonin (hCT) 354
– C-Zellhyperplasie 355
– medulläres Schilddrüsenkarzinom 354
– Pentagastrintest 354
Calcitonin 536
– Familienscreening 537
– intravenöse Kalziuminjektion 536
– Kalziuminjektionstest 537
– medulläres Schilddrüsenkarzinom 536

– MEN 537
– Pentagastrininjektion 536
– Pentagastrintest 537
– postoperativer Verlauf 537
– Probenmaterial 537
Calcitriol (1,25-Dihydroxy-Vitamin D3; 1,25(OH)2D3) 540
– Bewertung der Calcitriolspiegel 541
– Hyperkalzämien 540
– Indikation zur Messung 540
– Referenzbereiche 541
– Vergiftung mit Vitamin-D-Analoga 541
Cannabinoide 648
– Bestimmung 649
– Nachweis 649
Carbohydrate-deficient-transferrin (CDT) 184
Carcinoembryonales Antigen 349
– kolorektales Karzinom 349
Carnitin-Palmitoyltransferase System 559
CD-Antigene 192
CFTR-Gen 373
Chediak-Higashi-Syndrom 279
Chemotaxis 282
Cheyne-Stokes-Atmung 516
Chlorid 105
Cholangitis 264
– primäre 264
– sklerosierende 264, 400
Cholecystokinin (CCK) 364
Cholestase 392
– Galle 392
– Gallensäure 392
– klinisch-chemische Kenngröße 392
Cholesterin 67, 68
– -Bestimmung 87
– -ester 67, 68
– -resorption, 69
– -transfermechanismus 69
– -Zielwerte 93
Cholesterinestertransferprotein (CETP) 68, 72, 92
– Genpolymorphismus 92
– TaqIB-Polymorphismus 72, 92
Cholesterinsteine 420, 421
Chrom 596, 597, 601
chromosomale Aberrationen 328
chronisch obstruktive Lungenerkrankung (COPD) 509
chronische Bronchitis 509
chronische Granulomatose 279
Chylomikronämiesyndrom 79
– Apolipoprotein-C-II-Mangel 80
– familiäre Hyperchylomikronämie 79
– familiäre Hypertriglyceridämie 79

– familiärer Lipoproteinlipasemangel 80
– Typ V Hyperlipoproteinämie 79
Chylomikronen 68, 70
– -Remnant 70
– -Remnant-Rezeptor 70
Chymotrypsin 363
Ciclosporin 625
Clonidinhemmtest 147
Cluster of Differentiation 281
Colitis ulcerosa 384
Compliance 458
Conn-Syndrom 143
Contusio und Compressio cerebri 590
cor pulmonale 522
Corticotropin (ACTH) 427
Cortisol 134
– 11-Desoxycortisol 138
– Hypercortisolismus 136
– Hypocortisolismus 136
C-reaktive Proteine 248, 250, 252, 369, 452
Creutzfeldt-Jakob-Krankheit 587
CRH 134
– -Test 139
Crigler-Najjar-Syndrom 414
– Typ I 619
Crithidia Luciliae 264
CRP 258
CTX 543, 545
Cushing-Syndrom 136
CYFRA 21-1 352
– non-small cell lung cancer 352
Cystinsteine 473
Cytochrom-P450-Enzyme 616
– Induktion 616

δ-ALS-Synthase 170
– akute hepatische Porphyrien 170
Dampfdruckerniedrigung (Siedepunktserhöhung) 101
DDAVP (Minirin) 221
definitive Verfahren 29, 30, 31, 32
– allelspezifische Amplifikation (ASA) 29
– DNA-Fragmentnachweis 29
– Nachweis durch 31
– RFLP 30
Dekompensation der Leberzirrhose 406
– Ammoniak 407
– Aszites 406
– hepatogene Enzephalopathie 406, 407
Demenz 586
Dermatansulfat 547
Desaminase 279
Dexamethasonhemmtest 139
Diabetes mellitus 55, 267

- diabetische Ketoazidose 63
- diabetisches Fußsyndrom 65
- Gestationsdiabetes 55
- Glukokinasegen 63
- Glutamatdekarboxylase (GAD) 59
- HbA1c 58
- HLA-Gene 58
- HNF-1α 63
- Inselzell-spezifische Antikörper 59
- Insulinautoantikörer (IAA) 59
- Insulinresistenz 62
- Insulinsekretion 60
- Maturity Onset Diabetes of the Young (MODY) 62
- metabolisches Syndrom 66
- Mikroalbuminurie 65
- Nephropathie 65
- Neuropathie 65
- oraler Glukosetoleranztest 55
- pathologische Glukosetoleranz 55
- Retinopathie 65
- Typ-1-Diabetes 55
- Typ-2-Diabetes 55
- Übergewicht 60

diabetische Nephropathie 490
Diagnose 546
diagnostische Verfahren 44
- Chromatographie 44
- Dünnschichtchromatographie 44
- Kapillarelektrophorese 44
Diarrhö 381
- osmotische 381
- sekretorische 381
Differenzialblutausstrich 185
Differenzialblutbild 185, 281
Diffusion 101, 500
- Diffusionskapazität 500
- Ein-Atemzug (single breath)-Methode 500
- Steady-state-Methode 500
- -störungen 517
Digitalistherapie 461
diluted Russels-Viper-Venom-Time (dRVVT) 242
disseminierte intravasale Gerinnung (DIC) 223, 437, 439
distaler Tubulus 471
Diuretika 472
DNA
- -ChipHybridisierung 32
- -Methylierung 329
- -Polymerisation 20
- -Reparatursysteme 332
Dopamin 145
Doppelstrang-DNS 264
Drogenscreening 644
- Entscheidungsgrenze 645

- Kreuzreaktivität 645
- Nachweisdauer 645, 649
- Nachweisgrenze 645
- Praeanalytik 646
- Untersuchungsmaterial 644

Drug Monitoring 624
- critical dose drugs 624
- Pharmakodynamik 624
- therapeutischen Index 624
Dubin-Johnson 414
Dünn- und Dickdarm 381
Duodenum 357
Durchblutung 440, 441
- arterielle 440
- venöse 441
Durchblutungsreserve 440
Durchflusszytometrie 192, 281
Durstzentrum 99
D-Xylosetest 383
Dyspnoe 505

E-Cadherin 346
Ecarin Clothin Time 240
Einflussgröße 1, 2
Eisen 160, 161
- -überladung 162
- -verteilungsstörung 161
Eisenmangelanämie 165, 182
- Retikulozyten 165
Eisenverwertungsstörung 182
- C-reaktives-Protein (CRP) 182
- lösliche Transferrinrezeptor 182
eitrige Meningitis 581
EKG 451
ektope ACTH-Produktion 136
Elastase 363
Elektrophorese
- von Aminosäuren 41
- siehe auch Serum(protein)elektrophorese
- -Rocket-Immunelektrophorese 88
Endothel 210
Endothelin 428, 459
Endothelzellen 388
Energiebereitstellung 100
Energieeinsatz 108
Energiestoffwechsel 549
- Reduktionsäquivalente 551
- Zitratzyklus 549
- β-Oxidation 551
enterohepatischer Kreislauf 392, 414
Entzündung 245, 254, 255, 256, 269
- akute 245
- chronische 254, 255, 256, 269
- lokale 245

Enzephalitis 580
Enzephalomyopathien 561
Enzyme
– kardiale 450
Eosinophile 186
– kationische Protein 269, 274
eosinophiles Protein X 274
epigenetische Veränderungen 329
Epstein-Barr-Virus (EBV) 314, 316
– infektiöse Mononukleose 314
– Primärinfektion 314
Erreger 276, 277
– -diagnostik 276
– extrazelluläre 277
– fakultativ intrazelluläre 276
– fakultative 277
– intrazelluläre 276, 277
– obligate 277
Erythropoese 157, 158
– Retikulozyten 158
Erythropoetin 158, 162, 187
erythropoetische Porphyrien 170
– Morbus Günter 170
Erythrozyten 157, 164, 185, 190, 485
– Erythrozytosen 157
– Hämochromatose 157
– Porphyrien 157
– -verluste 164
Ethanol 84, 401, 402, 642
– siehe auch Alkohol
Euler-Liljestrand-Reflex 519
extrazelluläre Flüssigkeit 107
extrazelluläre Flüssigkeitskompartiment 97
extrazelluläre Matrix 392
– strukturelle Glykoproteine 392

Faktor XIII 215
Faktor-V-Leiden 222, 240
familiäre Hypercholesterinämie 76, 89
– Arcus lipoides 77
– Hautxanthome 77
– LDL-Rezeptor (Apo-B/E-Rezeptor) 68, 71, 76, 89
– Xanthelasmen 77
familiäre Hyperkalzämie 535
– Hyperkalzämie 535
– Hypokalziurie 535
familiärer Defekt des Apolipoprotein B-100, 77, 89
– Apo-B3500-Mutation 77, 89
Fehler 13
– systematischer Fehler 13
– zufällige 13
Ferritin 160, 172, 182
– Eisenverwertungsstörung 182
Fettleber 403

Fettstoffwechseldiagnostik (Allgemein) 83
– Cholesterinbestimmung 87
– Formel nach Friedewald 88
– HDL-Cholesterinbestimmung 87
– lipämisches Plasma 87
– molekulare Diagnostik 86, 89
– Präanalytik 83
– Probenart (Antikoagulation) 85
– Probenlagerung 85
– Probennahme 85
– Rocket-Immunelektrophorese 88
– Routineuntersuchung 86
– Spezialuntersuchung 86
– Triglyceridbestimmung 87
– Ultrazentrifugation 88
Fettstoffwechseldiagnostik (klinische Einflussgrößen) 84
– Apoplex 85
– Cholestase 85
– Diabetes mellitus 84
– Herzinfarkt 85
– Hypothyreose 84
– Infektionen 85
– Medikamente 85
– Schwangerschaft 85
– Tumorerkrankungen 85
Fettstoffwechselstörung 75
– Ezetimib 95
– Fibrate 94
– genetische (primäre) 75
– HMG-CoA-Reduktasehemmer 94
– LDL-Apherese (HELP) 94
– medikamentöse Therapie 93
– Nikotinäure 94
– Risikofaktoren 93
– Risikogruppen 92
– sekundäre 82
– Therapieindikationen 94
– von Fredrickson Klassifikation 75
– Zielwerte (Gesamt-, LDL- und HDL-Cholesterin) 93
Fettstoffwechselstörungen (genetische) 75
– Abetalipoproteinämie (Basen-Kornzweig-Syndrom) 78
– Apo-E-Polymorphismus 77, 90
– familiär kombinierte Hyperlipidämie 81
– familiäre Dysbetalipoproteinämie 80
– familiäre Hypercholesterinämie 76
– familiäre Hyperchylomikronämie 79
– familiäre Hypertriglyceridämie 79
– familiärer Defekt des Apolipoprotein B-100 (FDB) 77, 89
– Hyperalphalipoproteinämie (HDL-Hyperlipoproteinämie) 81

– Lipoprotein(a)-Hyperlipoproteinämie 82
– Polygenetische Hypercholesterinämie 77
– Störung des reversen Cholesterintransportes 78
– Typ V Hyperlipidämie 79
FEV1 498
Fibrinmonomere 237
Fibrinogen 215, 234
– abgeleitetes Fibrinogen 234
– Bestimmung nach Clauss 234
– Umwandlung in Fibrin 215
Fibrinolyse (Abb.) 217
Fibrinopeptid A 237
Fibrogenese 393
Fibrolyse 393
Fibronogen 253
Fibrose 392, 393
Flammemissionsphotometrie 105
Fluorcortisontest 144
Fluoreszenz-in-situ-Hybridisierung (FISH) 25
Fluoreszenzmuster 263, 264
– homogen 264
Flüssigkeitsbilanz 97, 100
Folsäure 164, 184
Formationsmarker 545
Frakturen 546
Frank-Starling-Mechanismus 457
Friedreich'sche Ataxie 557
Frühdumpingsyndrom 362
FSH 152
Furosemidtest 144

Gallensäuren
– atypische 419
– -bestimmungen 423
– -malabsorption 422
– -Pool 419
– -stoffwechsel 415, 416, 418
– -verlustsyndrome 421, 423
Gamble-Diagramm 102
Gammopathie 205
– monoklonale 205
Gastrin 357
Gefrierpunktserniedrigung (Kryoskopie) 101
Genfusion 200
Genomische DNA 19
– DANN-Doppelhelix 20
– Nukleotide 19
Genpolymorphismus
– siehe auch molekulare Fettstoffwechseldiagnostik
Gentranslokation 200
Gerinnung
– -sdiagnostik 225
– -sfaktoren 248
– -sproteine 213

– -sreferenzwerte 228
Gerinnungsteste 230, 235
– chromogene Substratteste 231
– Einzelfaktoren 235
– Koagulometrie 230
– Testprinzipien 230
Gesetz von Laplace 457
Gewebshypoxie 437
GH-produzierende Hypophysenvorderlappentumore 124
Ghrelin 123
GHRH („growth-hormone-releasing-hormone") 122
GHRIH („growth-hormone-release-inhibiting-hormone") 122
giftige Pflanzen 647, 652
– giftige Pilze 652, 653
Gilbert-Syndrom 414
glandotrope Hormone 121
glanduläre Hormone 121
glatte Muskulatur 265
Gliadinantikörper 383
glomeruläre Clearance 475
Glomerulonephritis 490
Glomerulopathien 489
– primäre Glomerulopathie 489
– Glukokortikoidhormon 134
glukokortikoidproduzierende Nebennierenindenadenom oder -karzinom 136
Glutamat-Dehydrogenase 391
Glutathion-S-Transferase 391, 414, 619
glutensensitive Enteropathie 383
Glycosaminoglykane 547
Glykogenspeicherkrankheiten 52, 53, 54
Glykolyse 444
– anaerobe 444
GnRH 147, 152
Gonadotropine (LH und FSH) 147
G-Proteine 338
G-Protein-gekoppelte Rezeptoren 119
Granulozyten 186, 191, 252, 268, 269, 273, 276, 282
– basophile 191, 268
– eosinophile 191, 269, 273
– neutrophile 252
– segmentkernige 191
– stabkernige 191
– neutrophile 276
Guanylatzyklasesystem 120
Guillain-Barre-Syndrom 584
Gynäkomastie 150

Häm 160
– Porphyrien 160
– Protoporphyrin 160
– δ-Aminolävulinsäure-Synthese 160

Hämatopoese 186
Hämaturie 467, 495
- glomeruläre 468
- postrenale 495
- prärenale 495
- renale 495
Hämochromatose 162, 171
- Hämosiderin 171
Hämoglobin 157
- Anämie 157
- freies 183
- Globin 159
- Häm 160
- HbA 159
- HbF 159
Hämoglobinopathie 160, 165, 167, 168
- Hämoglobinelektrophorese 168
- Sichelzellanämie 167
- HbS 160
- Methämoglobin 160, 167
- Sichelzellanämie 160
Hämoglobinsynthese 158
Hämolyse 2, 10, 11, 165
- Einfluss von therapeutischen Hämoglobinderivaten 10
- Hämoglobinurie 165
- hämolytische Anämie 165
- intravasale, extravasale 165
- in-vivo 11
Hämopexin 11
Hämophilie 219
Hämophilie A 222, 241
- Diagnose 241
- Plasmatauschversuch 241
- Therapiekontrolle 241
Hämophilie B 222, 241
hämorrhagische Diathese 219
Hämostase 209
- primäre (Abb.) 210
Haptoglobin 11, 165, 183
Harnstoff 476
- -produktion und Entgiftung 39
Harnwegsinfekte 492
Haupthistokompatibilitätskomplex 259
Hauptpuffersysteme 111, 112
- siehe auch Pufferung
Hauptzellen 357
Henderson-Hasselbalch 111
HEp-2-Zellen 263
Heparansulfat 547
heparininduzierte Thrombozytopenie (HIT) 221
Heparin-Kofaktor-II 216
Heparintherapie 240
hepatic stellate cells 388

Hepatitis 264, 265
- A 394, 396
- akute HBV-Infektion 293
- akute HCV-Infektion 298
- alkoholische 404
- Anti-HBe 397
- Anti-HBs 397
- autoimmune 264, 265
- B 394, 396
- C 396, 397
- chronische HBV-Infektion 296
- chronische, persistierende HCV-Infektion 298
- D 396, 398
- E 396, 398
- G 396, 398
- HBeAg 397
- HbsAg 397
- virale 286, 289
Hepatitis-A-Virus (HAV) 289, 291, 395
Hepatitis-B-Virus (HBV) 291, 292, 293, 395
Hepatitis-C-Virus (HCV) 297, 298, 395
- Genomnachweis 300
- Nachweis virusspezifischer Antikörper 298
- parenterale Übertragung 298
- Super- und Reinfektionen 301
Hepatitis-D-Virus 301, 302, 395
- Koinfektion 301
- Superinfektion 302
Hepatitis-E-Virus 302, 304, 395
- fäkal-orale Übertragung 302
- Trinkwasser 302
Hepatitis-G-Virus 395
hepatogenes Syntheseprodukt 391
hereditäre spastische Paraplegie 557
Herpes-simplex-Virus-Enzephalitis 582
Herzfrequenz 457
Herzinsuffizienz 454, 455, 456, 459, 460, 461
- natriuretische Peptide 459
Herzminutenvolumen 455
Herzzeitvolumen 502
Heuschnupfen 268
High density Lipoprotein (HDL) 68, 71, 81, 82
- -Bestimmung 87
- Hyperalphalipoproteinämie 81
- nascent HDL 71
- reverser Cholesterintransport 71
- Scavengerrezeptor-BI 72
- sekundäre Dyslipoproteinämie 82
- Tangier-Erkrankung 72, 78
- Zielwerte 93
Hirnblutungen 590
- ICB 590
- SAB 590
Hirninfarkt (Schlaganfall) 589

Hirsutismus 154
Hirudin 240
– Ecarin Clotting Time (EDT) 240
Histamin 274
HLA-B27 261
hochauflösendes Computertomogramm (HRCT) 505
Hochleistungs-Flüssigkeits-Chromatographie
  (HPLC) 630
Hochwuchs 124
Holotranscobalamin 184
Homocystein 184
Homöostase 98, 109
– Aldosteron 99
– Converting-Enzyme 99
– Mineralkortikoid 99
– Renin 99
– Volumenrezeptoren im Niederdrucksystem 99
Homoplasmie 553
– mitochondriale DNA (mtDNA) 553, 554
Hösch-Test 171
Humane Immundefizienz-Viren Typ 1 und 2, HIV-1,
  HIV-2 305, 307
– AIDS 307
– Genomnachweis 309
– Lymphadenopathie-Syndrom (LAS) 307
– Postexpositionsprophylaxe 309
– proviraler DANN 309
– Resistenz 309, 310
– Suchtest 309
– Übertragungsweg 306
– Westernblot 309
humane Leukozytenantigene (HLA) 259
humanes Choriongonadotropin 348
– Keimzelltumore 349
humanes Zytomegalievirus 310, 311, 312, 313
Hunter Syndrom 548
Hydratationsstatus 97
– Gibbs-Donnan-Gleichgewicht 97
Hydrolysereaktionen 618
Hygienehypothese 270
Hyperaldosteronismus 432
– primärer 142
– sekundärer 143
Hyperandrogenämie 154
Hyper-IgE-Syndrom 278, 279
Hypermethylierung 332
Hyperprolaktinämie 126
Hyperthyreose 129, 133
– primäre Hyperthyreose 129
– T3-Hyperthyreose 133
Hypertonie 428, 523
– Sprechstunden 429
Hyperventilation 518
Hypoglykämie 54

Hypogonadismus 126, 149, 150
Hypoparathyreoidismus 536
– Autoimmunprozess 536
– Thymusaplasie 536
Hypothalamus 99, 130
Hypo-γ-Globulinämie 280

ICTP 546
IgA 278, 280
– sekretorisch 280
IgD 278
IgE 268, 270, 272, 280
IGF-I 123
IgG 278, 280
– -Grenzlinie 574
– -Index 574
– -Quotientendiagramm 574
IgM 278, 280
ikterische Probe 12
Ikterus 2, 412
– siehe auch Bilirubin
IL-6 254
IL-8 254
Immunantwort 246
Immundefekt 275, 279
– schwer kombinierter 279
– angeborener 275
– erworbener 275
– iatrogener 275
– physiologischer 275
Immunfixation 205
Immunfluoreszenz 263
– indirekte 263
Immunität 246
– angeborene 246
– erworbene 246
Immunkomplexe 266
Immunoassays 121, 630
– („High-Dose-Hook-Effekt") 122
– analytische Spezifität 631
– kompetitive Immunoassay 121
– Sandwich-Immunoassay 122
Immunphänotypisierung 281
Impräzision 13, 15
Infektionen 270
Inhibin 147
INR 233
Insuffizienz 505
– respiratorische 505
Insulinom 54
Insulinresistenzsyndrom 62
Integrine 346
Intermediärstoffwechsel 45
– Adenosin-Tri-Phosphat (ATP) 45

- Alaninzyklus 51
- Cori-Zyklus 51
- Diabetes mellitus Typ 1 45
- Diabetes mellitus Typ 2 45
- Fruktose-1,6-biphosphonatase 47
- Glukoneogenese 47
- Glukose-6-phosphatase 47
- Glykogen 47
- Glykolyse 46
- Hexokinase-Reaktion 46
- Phosopho-Fruktokinase 46
- Phosphoenolpyruvat-Karboxykinase 47
- Pyruvatkinase 46
- Zitratzyklus 48

interstitieller, extrazellulärer Raum 97
intrathekale IgG-Produktion 579
intrathorakales Gasvolumen 499
Intrinsic factor 184
Inulin 477
Inzidentalome 138
IRE 160
IRP 160
isoelektrische Fokussierung 579
Isoenzym 5 391
ITO-Zellen 388

JAK-STAT-Signaltransduktionsweg 120

Kalium 104
- Glukosetransport 104
- Hyperglykämie 104
- Hyperkaliämie 104
- Hypokaliämie 104
- Nierenerkrankungen 104
- Pseudohyperkaliämie 104
- Umverteilung 104
Kallmann-Syndrom 150
Kalzium 525, 527
- gebundenes 525
- im Serum 525
- intrazelluläres 120
- ionisiertes 525
- komplexiertes 525
- präanalytische Variabilität 526
- proteinkorrigiertes 526
- Referenzbereich 526
- Tetanie 525
- venöse Stauung 526
- zirkadiane Rhythmik 527
Kalziumausscheidung 528
- erhöhte Kalziumausscheidung 528
- erniedrigte Kalziumausscheidung 528
- Hyperkalzämien 528
- im 24-Std.-Urin 527

- Nierensteine 528
Kaolin-Clotting-Time 242
Kardiolipinantikörper 264
Kardiomyopathien 461, 462
Karzinogen 325
Katecholamine 145, 459
Kearns-Sayre-Syndrom 556
Keratansulfat 547
Klinefelter-Syndrom 150
Knochenabbau 546, 547
Knochenmark 200
Knochenmetastasen 546
Knorpelabbau 546
Koagulometrie 230
Kohlensäure 108
Kokain 649
- Bestimmung und Nachweis 649
Kollagen Typ II 546
Kollagene 392
Kollagenosen 262, 585
- primäre Vaskulitis 585
- sekundäre Vaskulitis 585
kolloidosmotischer Druck 101
Kompartiment
- intravasales 97
- intrazelluläres 97
Komplement 251
- -defekt 279
- Spaltprodukte 251
Komplementsystem 248, 258, 276, 279, 280, 283
- alternative Aktivität 283
- alternativer Weg 248, 258
- hämolytische Aktivität 283
- klassische Aktivität 283
- klassischer Weg 249, 258
- Mannose-Bindungs-Protein 248
- Membran-Attack-Komplex 249
Kontamination 2
Kontraktilität 457
Kontrollkarte 15, 16
Kontrollprobe 13, 14, 15
- Zielwert 13
koronare Herzkrankheit 443, 444, 446
- Hibernation 449
- Stunning 449
Koronarinsuffizienz 443
Koronarthrombose 447
Krankheitsrisiko 261
- HLA – Assoziation 261
Kreatinin 475
Kreatininclearance 477
- Cockroft und Gault 478
- Cystatin C 479
- endogene 477

– Formel nach Schwartz 478
Kreislaufregulation 425
– Compliance 425
– Herzminutenvolumen 425
– Inotropie 425
– Resistance 425
Kupfer 596, 597, 601
Kupfferzellen 388
Kussmaul-Atmung 516

„Low-dose"-Dexamethasonhemmtest 139
Laborbefunde 547
Laktaseaktivität 51
Laktat 438, 445, 577
– dehydrogenase 183, 391
– Laktat/Pyruvat-Quotient 561
– zidose 115, 116
Laktosetoleranztest 52
Lambert-Eaton-Syndrom 585
Laron-Syndrom 124
Lebensstilfaktoren 84
– Alkohol 84
– Ernährungsverhalten 84
– Koffein 84
– körperliche Aktivität 84
– Lebensstiländerung 93
– Rauchen 84
– Stress 84
– Übergewicht 84
Leber
– azinus 387
– eisenindex 172
Lebererkrankung 264, 390
– akute und chronische Entzündung 390
– autoimmune 264, 398
– hereditäre metabolische Störung 390
– Leberzellkarzinom 293, 390
– toxisch-nutritive Leberschädigung 390
– toxische 411
Leberzellkarzinom, primäres 408, 409
– α1-Fetoprotein (AFP) 409, 410
– Des-γ-Carboxyprothrombin 409, 410
– p53-Gen 409
Leberzirrhose 293, 390, 404
– ADH-Polymorphismus 404
– Dekompensation der Leberzirrhose 406
– extrazelluläre Matrixproteine 405
– hepatic stellate cells 405
– Zytochrom-P450IIE1-Polymorphismus 404
Leichtketten 205
– Myelom 205
Leigh-Syndrom 555
Leitfähigkeit (relative) 485
Leukämie 185, 189, 197, 200, 204

– akute 204
– chronische 197, 204
– myeloische 197
Leukopenie 194, 195
– reaktive 194
Leukozyten 185
– -sturz 252
Leukozytosen 185
Leukozyturie 496
LH 152
Lidocain 627
Linksverschiebung 252
Lipämie 2, 12
Lipase 363
Lipide 67
– Cholesterin 67, 68
– Cholesterinester 67, 68
– freie Fettsäuren 67, 68
– Phospholipide 67, 68
– Triglyceride 67, 68, 79
Lipoprotein(a) 69, 72, 91
– -Bestimmung 88
– Genpolymorphismus 91
– Hyperlipoproteinämie 82
– Rocket-Immunelektrophorese 88
Lipoproteine 67, 68
– Apoproteine 68
– Chylomikronen 68, 70
– High density Lipoprotein (HDL) 68, 71, 81, 87
– Intermediate density Lipoprotein (IDL) 68, 70, 77
– Lipoprotein-X 85
– Low density Lipoprotein (LDL) 68, 71, 74, 76, 77, 88
– Very low density Lipoprotein (VLDL) 68, 70
– VLDL-Remnant 70
Lipoproteinstoffwechsel 69
– ABCA1 69, 72, 78
– ACAT 70
– Chylomikronen 70
– Chylomikronen-Remnant-Rezeptor 70
– endogener 69, 70
– exogener 69
– Gallensäure 71
– HDL 71
– hepatische Lipase 68, 71
– HMG-CoA-Reduktase 71
– LDL-Rezeptor 68, 71, 76, 89
– Leber-X-Rezeptor 72
– Lezithin-Cholesterin-Acyltransferase (LCAT) 68, 72
– Lipoproteinlipase 68, 80, 89
– mikrosomales Triglyceridtransferprotein (MTP) 70, 78
– Remnant-Rezeptor 71

– reverser Cholesterintransport 71
– Scavengerrezeptor 71, 72, 73
– Sterolresorption 69
– VLDL 70
– VLDL-Remnant (IDL) 70
Liquor cerebrospinalis 570
Liquor/Serum-Quotient 574
Liquordiagnostik 567
– Flussdiagramm 568
– intrathekale Produktion 567
– Stufenprogramm 567
Liquorparameter 576
– Albuminquotient 577
– Erreger 577
– Gesamtprotein 577
– Glukose und Laktat 577
– Normwerte 576
– Verlauf von Liquorakutparameter 576
– Zytologie 576
LKM-Antikörper 265
lösliche Transferrinrezeptor 182
Lösungsmittel 641
– Aromate (BTEX) 642
– Benzol 642
– Diethylenglykol 643
– Ethanol 642
– Ethylbenzol 642
– Ethylenglykol 642
– Glykole 642
– Isopropanol 642
– leichtflüchtige chlorierte Kohlenwasserstoffe 643
– Methanol 641
– Toluol 642
– Xylol 642
Low density Lipoprotein (LDL) 68, 71, 74, 76, 77, 82
– -Bestimmung 88
– familiäre Hypercholesterinämie 76
– familiärer Defekt des Apolipoprotein B-100 77
– Formel nach Friedewald 88
– oxidierte LDL (ox-LDL) 74, 75
– -Rezeptor (Apo-B/E-Rezeptor) 68, 71, 76
– sekundäre Dyslipoproteinämie 82
– small dense LDL 81
– -Zielwerte 93
Lumbalpunktion 568
Lundt-Test 376
Lungenödem 521
– toxisches 521
Lungenperfusion 521
Lungenstauung/Lungenödem 521
Lungenvolumina 497
Lupus Antikoagulans 241
Lupus Erythermatodes 262
Lyme-Borreliose 320, 321, 322

– direkter Erregernachweis 321
– Erregerreservoir 320
– Exanthema chronicum migrans (ECM) 321
– Ixodes ricinus 320
– Serologie 321
Lymphabflusses 442
Lymphfistel 442
Lymphödeme 442
Lymphome 200, 203, 204
– Hodgkin 203
– Nicht-Hodgkin 203
Lymphozyten 185, 186, 190, 281
– B-Lymphozyt 190
– -population 281, 282
– -proliferation 282
– T-Lymphozyt 190, 268
Lysergsäurediethylamid (LSD) 650
– Bestimmung 650
– Nachweis 650
lysosomale Speicherkrankheiten 547

Magen 357
– Gastrin 357
– Gastritis 358
– Hauptzellen 357
– Papsin 358
– Parietalzellen 357
– Säuresekretion 357
Magenkarzinom 361
Magensäure 357
Makroamylasämie 370
Makrophagen 186, 276
Malabsorption 51, 382
– Glykosidase 51
Malassimilation 382
– alpha1-Antitrypsin-Clearance 384
– enterale Eiweißverlustsyndrom 383
– exsudative Enteropathie 383
– siehe auch Malabsorption
Maldigestion 382
Mammakarzinom, familiäres 332, 351
Marker des Knochen- und Knorpelstoffwechsels 543
Marker des Knochenanbaus 547
Maroteaus-Lamy Syndrom 548
Massenspektrometrie (MS) 630
– LC-MS 630
– LC-MS/MS 630
Mastzellen 268, 273
– eosinophile 273
MDR-1 Gen 625
Meningen 573, 580
Menopause 546
MEOS 402
Messgröße 1

Messunsicherheit 13, 16
- systematischer Fehler 13
- zufälliger Fehler 13, 16
metabolische Insuffizienz 391
Metanephrin 145
Metastasierung 323
Methadon 650
- Bestimmung 650
- Nachweis 650
Methämoglobin 167
- HbM 167
Methyl-CpG-Bindungsproteine 330
Methylmalonat 184
Methyltransferrasen 329
M-Gradient 205
Mikropartikel 230
Mikrozirkulation 439
- Autoregulation 439
- Faraeus-Lindquist-Effekt 439
- Laborstrategien 439
Mineralsäuren 109
- diabetische Ketose 109
- Phosphorsäure 109
- Schwefelsäure 109
minimaler Flüssigkeitsumsatz 98
mitochondriale DNA (mtDNA) 549, 553
- maternaler Erbgang 549
Mohr-Tranebjaerg-Syndrom 557
molekulare Defekte 546
molekulare Diagnostik 19
- Fluoreszenzfarbstoff 35
- quantitative Verfahren 34, 35
- Quenchermolekül 35
- Real-time-PCR 34
molekulare Fettstoffwechseldiagnostik 86, 89
- Apolipoprotein B-100 Genpolymorphismus 77, 89
- Apolipoprotein E Genpolymorphismus 77, 90
- LDL-Rezeptor Genpolymorphismus 76, 89
- Lipoprotein(a) Genpolymorphismus 91
- Lipoproteinlipase Genpolymorphismus 80, 89
monoklonale Gammopathie 205
Monozyten 186
Morbus Addison 136
Morbus Basedow 129
Morbus Bechterew 513
Morbus Bruton 278
Morbus Crohn 384
Morbus Cushing 431
Morbus Whipple 383
Morquio Syndrom 548
mRNA 20
- Introns 20
- RNA-Splicing 20
mtDNA-assoziierte Erkrankungen 555

Mukopolysaccharide 547
Mukopolysaccharidosen 547
- Erbgang 547
- Labordiagnose 547
Mukoviszidose 373, 380
- CFTR-Gen 373
- Cystic-Fibrosis-Transmembrane-Conductance-Regulator (CFTR) 380
multidrug-resistance-Proteine 414, 419
multiple endokrine Neoplasie 336
multiple endokrine Neoplasie vom Typ II (MEN 2) 146
multiple Sklerose 583
Muskelbiopsie 563, 564
- „ragged-red fibers" (RRFs) 563
- COX-Aktivität 563
myastene Syndrome 585
Myasthenia Gravis 266, 585
Mycophenolat mofetil 626
Mycophenolsäure 626
Myelitis 580
Myelodysplasie 197
Myelom 203, 205
- Leichtketten 205
- multiples 203
Myokardinfarkt 447, 450, 451
Myokardischämie 443, 447
Myokarditis 453
Myositiden (Polydermatomyositis) 262

NaCl-Belastung 144
Nahrungsmittelallergien 268, 272
Natrium 102
- Hyperhydratationen 103
- Hypernatriämie 102, 103
- Hyponatriämie 102, 103
Natriumchloridresorption 99
Natrium-Jodid-Symporter 127
natriuretische Peptide 427, 460
- atriales natriuretisches Peptid (ANP) 427
- B-Typ natriuretisches Peptid (BNP) 427
Nebennierenrindeninsuffizienz 136
Nebennierenmark 145
Nephrosklerose 490
nephrotisches Syndrom 491
Nervensystem, sympathisches 426
Neuroborreliose 582
neurodegenerative Erkrankungen 586
Neurodermitis 268
Neurotransmitterhypothese 408
Neurotuberkulose 582
Neutropenie 194, 279, 282, 283
- zyklische 194, 279
Neutrophile 186

neutrophile Elastase 511
NH3 407
Niacin (Nicotinsäure) 548
– Anti-Pellagra-Vitamin 548
– Tryptophanzufuhr 548
Nicht-Parenchymzellen 388
Nicht-Rezeptor-Tyrosinkinasen 336
– ABL 336
– BCR-ABL 336
– chronisch-myeloische 336
– lymphatische Leukämie 336
– SRC-Familie 336
Nierenerkrankungen 465
Nierensteinbildung 472
Nierenversagen 467, 492
– akutes 492
– chronisches 492
NK-Zelle 277
Noradrenalin 145
Normetanephrin 145
Northern Blot 24
NSE 352
– kleinzelliges Lungenkarzinom 352

oligoklonale IgG Banden 579
Opiate 651
– Bestimmung und Nachweis 651
Organoazidurien 560
Orthopnoe 505
Orthostasetest 144
Osmolalität 97, 485
Osmorezeptoren 99
osmotischer Gradient 100
Osteocalcin 545
Osteogenesis imperfecta 546
Osteomalazie 538
– UV-Strahlung 538
– Vitamin-D-bindendes Protein (DBP, Gc-Globulin) 538
Osteoporose 542, 546
– Gonadeninsuffizienz 543
– Knochenabbau nach der Menopause 542
Östradiol 152, 542, 543, 546
– freier Androgenindex (FAI) 543
– Osteoporose 543
– SHBG (sexualhormonbindendes Globulin) 543
ovarielle Insuffizienz 153
OXPHOS-Erkrankungen 554

P53 343, 345
Paccioni-Granulationen 570
Pankreas 362
– Azinuszellen 362
– Trypsininhibitor SPINK1 363

– -karzinom 378, 379
Pankreatitis, akute 365
– alkoholinduzierte 368
– biliäre 368
– Elastasebestimmung 369
– nekrotisierende 365
– ödematöse 365
– Trypsinaktivierung 367
Pankreatitis, chronische 371
– Alkoholabusus 372
– Chymotrypsinaktivität 376
– Cystic-Fibrosis-Conductance-Regulator 372
– Elastasekonzentration 376
– Fibrogenese 374
– Fibrosierung 372
– Pankreasinsuffizienz 372
– SPINK1 373
– Trypsinogen Gen 372
Pankreolauryltest 377
Panzytopenien 193
Paracetamol 636
paraneoplastisches Syndrom 355, 586
– adrenocorticotropes Hormon (ACTH) 355
– antidiuretisches Hormon (ADH) 355
– Autoantikörper 355
– Paraproteine 355
– PTHrP („parathyroid related peptide") 355
Paraprotein 205, 355
Parathormon (PTH) 531
– biologische Aktivität 532
– intaktes 531
– Pulsatilität 532
– Referenzbereich 531
– Tagesrhythmik 531
Parenchymzellen 388
– Hepatozyten 388
Parietalzellen 357
Parkinson-Syndrom 588
– idiopathisch 588
– kortikobasale Degeneration 589
– Multisystematrophie 588
– progressive supranukleäre Blickparese 589
paroxysmale nächtliche Hämoglobinurie 196
Patientenvorbereitung 2
pCO2 (Abb. 7.9) 116
PCR 25
– Amplicon 26
– Annealingtemperatur 26
– reverse Transkriptase 25
– Taq-Polymerase 25
Pearson-Syndrom 556
Pellagra 548
– Hartnup-Erkrankung 548
– Karzinoidsyndrom 548

- Laborbefund 548
- Niacinmangel 548
Peptide 37
- Dipeptide 37
- Peptidbindung 37
- Tripeptide 37
peripher arterielle Verschlusskrankheit 440, 441
perniziöse Anämie 164
- intrinsic factor 164
- Parietalzellen 164
Pestizide 639
- Carbamate 639
- chlorierte zyklische Kohlenwasserstoffe 640
- Organophosphate 640
- Paraquat 640
P-Glykoprotein 625
Phagozytose 282
Phänotypisierung 623
Phäochromozytom 146, 431
Pharmakodynamik 627, 629
- Clearance 627
- freie Fraktion 627
- Hyperkalzämie 630
- Hypokaliämie 630
- Hypoxämie 630
- Proteinbindung 627
- Säuren-Base-Status 630
- saures α1-Glykoprotein 628
- steady state concentration 627
Pharmakogenetik 620
- CYP450 2D6 (Spartein/Debrisoquin)-Polymorphismus 621
- extensive Metaboliser EM 622
- intermediate Metaboliser, IM 621
- poor Metaboliser (PM) 620
- Transporterproteine 620
- ultrarapid Metaboliser, UM 622
Pharmakokinetik 625, 628
- Absorption 625
- Bioverfügbarkeit 625
- Elimination 625
- first pass effect 625
- Verteilung 625
- α-Phase 629
- β-Phase 629
Phenothiazine 638
- Bestimmung 638
- Nachweis 638
Phenytoin 626
Philadelphiachromosom 197
Phosphaditylinositol-3-Kinase 338, 339
Phosphat 529, 530
- anorganisches Phosphat 529
- intestinale Absorption von 531

- -schwelle 530
- Referenzbereiche 529
- zirkadiane Rhythmik 529, 530
Phosphatsteine 473
Phospholipid-Protein-Komplexe 264
pH-Wert 108
Phytosterole, Sitosterolämie 69, 95
Pit-Zellen 388
Plasma 4, 5, 6, 527
plasmatische Gerinnung 212, 213, 214
- endogenes System 212
- Faktor VII 214
- Gewebefaktor 214
- Prothrombin 214
- Prothrombinase-Komplex 214
- Tenase-Komplex 214
Plasmin 217
Plasminogen 217, 239
-aktivatoren 218
-aktivatorinhibitoren Typ 1 218, 239
Plasmozytom 203
Pleuraerkrankungen 513
Plexus chorioideus 570
Pneumotachograph 498
Pneumothorax 513
pO2 (Abb. 7.10) 116
Poliomyelitis 513
Polymerasekettenreaktion 25
- siehe auch PCR
Polyneuroradikulitis 584
polyzystische Ovarsyndrom (PCOS) 155
Porphyrien 168, 169
- erythrozytäre und hepatische 169
- δ-Aminolävulinsäure-Synthese 168
postthrombotisches Syndrom 441
Potentiometrie 105
Präanalytik 21, 23
- DNA-Qualität 21
- Nukleasen 23
- Phase 1
- Phase 2
Prader-Labhart-Willi-Syndrom 150
pränatale Diagnose 548
primär biliäre Zirrhose (PBC) 400
- antimitochondriale Antikörper (AMA) 400
primär sklerosierende Cholangitis 400
primärer Hyperparathyreoidismus (primärer HPT) 532
- Fehlerquelle 533
- Halbwertszeit 533
- HAMA 533
- Hyperkalzämie 532
- Hypophosphätämie 532
- Methode der PTH-Bestimmung 533

– Nierenfunktion 533
– normokalzämischer primärer HPT 534
– Pathophysiologie der Hyperkalzämie 532
– PTH 533
– Tumorhyperkalzämie 534
– Untersuchungsmaterial 533
Probenahme 2, 7, 12
– Reihenfolge 7
Probe
– ntransport 2
– nvorbereitung 1
Procalcitonin 254
Prodrug 616
Progesteron 152
progressive Muskeldystrophie 513
Prolaktin 125
Prolaktinome 126
Prostacyclin 428
Prostaglandin E 428
Protease-Antiproteasekonzept 510
Protein C 216, 238
Protein S 216, 238
Proteine 37, 38, 39, 40, 248
– biologische Qualität 39
– Hydratationsgleichgewicht 40
– kolloidosmotischer Druck 40
– metallbindende 248
– Proteinversorgung 38
– Pufferkapazität 40
– Volumenregulation 40
Proteinurie 467, 468, 486, 488, 494
– Albumin 487
– freie Leichtketten 486
– Gesamteiweiß 486
– glomeruläre 468
– IgG 487
– Myoglobin 486
– postrenale 488
– prärenale 486, 494
– renale Proteinurie 486
– selektive 468, 489
– tubuläre 489, 495
– tubulointerstitielle 488
– unselektive 468, 489
– α1-Mikroglobulin 487
– α2-Makroglobulin 487
Proteoglykane 392, 547
Prothrombinfragment 1+2 (F1+2) 215, 236
Prothrombinmutation G20210A 240
Prothrombinzeit 232
– INR (International normalized ratio) 233
– International sensitivity index (ISI) 233
– Prothrombin-Ratio (PR) 232, 233
Protonenpumpenblocker 357

Provokationstests 508
PSA (Prostataspezifisches Antigen) 353
– freie PSA 353
– Prostatahyperplasie 353
– Prostatakarzinom 353
Pseudohypoparathyreoidismus 536
Pseudothrombozytopenie 229
PTT (siehe APTT) 233
Pufferung 109
– Hamburger-Shift 109
– Hämoglobineigenschaft 109
– Kapazität 40, 109
Pure Red Cell Aplasia 164
Pyelonephritis 493
– akute 493
– chronische 493
Pyridinoline 543
– im Urin 546

Qualitätskontrolle 12-17, 13, 14, 15, 16, 18
– der Analytik, Richtlinie der Bundesärztekammer zur Qualitätssicherung quantitativer Labormedizinischer Untersuchungen (RILIBÄK) 15
– Bewertungsgrenzen 17
– Dokumentation 16
– externe 15, 17, 18
– Impräzision 15
– interne 15, 16
– Kontrollkarte 16
– Referenzmethodenwerte 18
– Richtlinie 15
– Richtlinie der Bundesärztekammer 16, 17
– Ringversuche 17
– systematische Abweichung 16, 18
– Toleranzgrenze 15, 17
– Unrichtigkeit 16
– YOUDEN-Diagramme 17, 18
– Zertifikat 17
– Zielwert 16, 17
Qualitätssicherung 631
Quick-Test (siehe Prothrombinzeit) 232
Quincke-Ödem 279

Rachitis 538
– UV-Strahlung 538
– Vitamin-D-bindendes Protein (DBP, Gc-Globulin) 538
Radikulitis 580
Raynaud-Syndrom 440
Rechtsherzkatheter 502
Reduktionsreaktionen 618
Referenz
– -materialien 14
– -methode 13, 14

– -wert, verfahrensabhängiger 13, 14, 15
Reifenstein-Syndrom 156
Relaxation 446
Releasing-Hormone 121
Remodeling 447, 449, 458
renale Konzentrierungsfähigkeit 485
renale Regulation 113
– Bikarbonatsekretion 113
– Natriumrücksorption 113
Renin 141, 426
Renin-Angiotensin-Aldosteronsystem (RAAS) 141, 426, 459
Reptilasezeit 234
– Dysfibrinogenämie 235
– fibrinolytische Therapie 234
Resistance 500
Resorptionsmarker 543
respiratorische Insuffizienz 520
respiratorische Regulation 112
– CO_2-Produktion 112
Retikulozyten 158, 165, 182, 183
– indirekte Bilirubin 183
– Laktatdehydrogenase 183
– -Produktionsindex 182
Retinoblastom 329
reverser Cholesterintransport 71
– ABCA1 69, 72, 78
– Störungen des 78
– Tangier-Erkrankung 72, 78
Rezeptoren 68
– Chylomikronen-Remnant-Rezeptor 68, 70
– LDL-Rezeptor (Apo-B/E-Rezeptor) 68, 71, 76, 89
– Leber-X-Rezeptor 72
– Scavengerrezeptor 71, 72, 73
– VLDL-Remnant-Rezeptor 68, 71
Rheumafaktor 257, 259, 260
rheumatoide Arthritis 256
Richtlinie der Bundesärztekammer 631
RILIBÄK 15
Ringsideroblasten 168
Ringversuche 17
Ristocetin-Cofaktor-Aktivität (vWF:RC) 235
Rotor-Syndrom 414
Routinemethoden, s. Routineverfahren
Routineverfahren 13, 14, 17, 18
Rückführbarkeit 14

Salicylate 637
– Bestimmung und Nachweis 638
Sammelrohrsystem 471
Sanfilippo Syndrom 548
Sauerstoffradikalproduktion 282
Sauerstoffsättigung 116
Säuren und Basen 107

Säuren-Basen-Puffersysteme 110
Säuresekretion 357
Scavenger Rezeptoren 389
SCC 352
– Plattenepithelkarzinom 352
Scheie Syndrom 548
Schilddrüsenautonomie 129
Schilddrüsendiagnostik 134
– Amiodarontherapie 134
– Lithiumtherapie 134
Schilddrüsenhormone 127, 128
– freie Schilddrüsen-Hormone (fT3, fT4) 128
– Thyroxin (T4) 128
– Trijodthyronin (T3) 128
Schilling-Test 184, 383
Schlafapnoesyndrom 516
Schlagvolumen 455
Schnüffelstoffe 644
– Aromate (BTEX) 642
– Benzol 642
– Diethylenglykol 643
– Ethanol 642
– Ethylbenzol 642
– Glykole 642
– Isopropanol 642
– leichtflüchtige Alkohole 641
– leichtflüchtige chlorierte Kohlenwasserstoffe 643
– Methanol 641
– Toluol 642
– Xylol 642
Schock 433
– anaphylaktischer 436
– -formen 434
– hypovolämischer 434
– kardiogener 435, 448
– Laborstrategien 437
– neurogener 437
– septischer 436
Schocklungensyndrom 522
Schrankenfunktion 578
Screeningverfahren 27, 28
– Konformationsabhängige Verfahren 27
– Spaltungsmethoden 28
– translationsabhängige Verfahren 28
Sekretin-Cerulein-(Takus)-Test 376
Sekretin-Cholezystokinin-(CCK)-Test 376
sekundäre Dyslipoproteinämie, 82
sekundärer Hyperparathyreoidismus 535
– 1,25-Dihydroxycalciferol 535
– Niereninsuffizienz 535
– Phosphat 535
Selen 596, 597, 602
Sensibilisierung 269, 272
– allergische 272

Sepsis 189, 224, 250, 251
Sequenzierungsverfahren 33, 34
– DNA-Sequenzierung 33
– MALDITOF 34
– Minisequenzierung 34
sequenzspezifische Hybridisierung 20, 31
– DNA-Sonde 20
Serotonin 274
– Mastzellen 274
Serum 4, 5, 6
Serum(protein)elektrophorese 247, 253, 258, 278
Seufzer-Atmung 516
SHBG (Sexualhormonbindendes Globulin) 148
Sheehan-Syndrom 127
Shunt-Perfusion 520
Sichelzellanämie 167
– HbC-Erkrankung 167
– HbD-Erkrankung 167
– HbS 167
– HbS/C-Erkrankung 167
– instabile Hämoglobine 167
sideroblastische Anämie 168
– Ringsideroblasten 168
Signaltransduktion 119
Sjögren-Syndrom 262
Soforttypreaktion 268
Sollwerte 13, 15
Somatostatin 122
Southern Blot 24
Spannungspneumothorax 513
Spätdumpingsyndrom 362
spezifisches Gewicht 486
Spezifität 14
Spirometrie 497
Spontanpneumothorax 513
Sprue 383
Spurenelemente 595, 599, 613
– Analytik 599
– Interaktionen 613
– Präanalytik 600
Stabilisatoren 2
Stabilität 8, 9
Stammzelle 187
Stammzelltransplantation 196
Steal-Phänomen 440
Steinanalyse 493
Stickstoffmonoxid (NO) 428
Störgröße 1, 2, 10, 11
– Ikterus 10
– Lipämie 10
– Antikörper 2
– Medikamente 2
Struma Euthyreote 129
Subarachnoidalraum 571

– Liquorproteine 571
– ZNS-Proteine 571
systematischer Fehler 13, 16
systemic inflammatory response syndrome (SIRS) 435
systemische Sklerose 262

Tachycardien 448
Tacrolismus 625
TAFI 218
Tagesrhythmik 545
Tandemmassenspektrometrie 564
– Metabolitenmuster 564
– Neugeborenen-Screening 565
Tangier-Erkrankung 72, 78
– ABCA1 69, 72, 78
Tartrate-Resistant Acid Phosphatase 545
Tatanus Toxoid 281
TBG (Thyroxin-bindendes Globulin) 128
Telomerase 325
Telopeptide 543
testikuläre Feminisierung 155
Testosteron 147, 542
– Osteoporose 543
Teststreifen 480
– Albumin 480
– Leitfähigkeit 482
– Leukozyturie 481
– Nitrit 482
TGF-β-Rezeptor 340
– Signalweg 339
Thalassämie 159, 165, 166
– α-Thalassämie 166
– β-Thalassämie 166, 167
– intermedia 165
– major 165
– minor 165
Theophyllin 625, 630
therapeutische Bereiche 630
Thiopurin S-Methyltransferase (TPMT) 622
Thrombin 215
Thrombin aktivierbarer Inhibitor der Fibrinolyse 218
– Funktionen (Tab.) 215
Thrombin-Antithrombin-Komplex 237
Thrombinzeit 234
Thrombomodulin 216
Thrombopenie 195
Thrombophilie 222
– -diagnostik 241
Thrombopoietin 211
Thrombozytopenie 220, 229
Thrombozyten 190, 211
– α-Granula 211
– -adhäsion 212

- -aggregation 212
- -funktionsstörungen 220
- -funktionsteste 228
- GPIb-V-IX 212
- GPIIb-IIIa 212
Thrombozytosen 220
Thymushypoplasie 278
Thyreoglobulin (TG) 354
- Schilddrüsenkarzinom 354
Tissue-factor-pathway Inhibitor (TFPI) 217
tissuetype-Plasminogenaktivator (t-PA) 218
Transcortin 135
Transferrin 160
Transferrinrezeptor 160, 161
- Eisenmangel 161
Transkriptionsfaktoren 188, 345
Translokationen 329
Treponema pallidium 317, 318
- Direktnachweis 318
- Frambösie 317
- Lues 317
- nicht-treponemale Tests 319
- Pinta 317
- Syphilis 317
TRH-Stimulationstest 133
Triglyceride 67, 68, 79, 82
- -Bestimmung 87
- familiäre Hyperchylomikronämie 79
- familiäre Hypertriglyceridämie 79
- sekundäre Dyslipoproteinämie 82
- Typ V Hyperlipidämie 79
Troponine 450
Trypsin 363
Tryptase 274
- Mastzell 274
TSH 132
TSH-Rezeptor-Antikörper 130
tubuläre Funktionen 469
- Kalziumabsorption 469
- niedermolekularer Substanzen 469
- Phosphatreabsorption 469
- Proteinreabsorption 469
- Reabsorption 469
tubuläre Proteinurie 470, 471
Tumorentstehung 323
- Epstein-Barr-Virus 327
- Hepatitis-B-Virus 327
- Hepatitis-C-Virus 327
- HIV-1 327
- Papillomviren 327
- Proto-Onkogene 328
- Retrovieren 328
Tumormarker 346
- „cut off" 348

- internationale Referenzpräparationen 347
- Matrix 347
- prädiktiver Wert 347
- Sensitivität 347
- Spezifität 348
Tumorsuppressorgene 332
Tyrosinämie
- Typ I 40
- Typ II 40
T-Zelle 276, 277, 280, 282

Überempfindlichkeit 267
- Typ-III-Reaktion 268
- Typ-II-Reaktion 268
- Typ-I-Reaktion 267
- Typ-IV-Reaktion 268
UDP-Glukuronyltransferase 414
Ulkus 359
- Ulcus duodeni 359
- Ulcus ventriculi 359
- Helicobacter pylori 359
- Ulkuskrankheit 359
Ullrich-Turner-Syndrom 156
Umwelthypothese 270
Unrichtigkeit 16
Uratsteine 474
Urease-Schnelltest 360
Uridindiphosphat-Glukuronosyltransferasen 618
Urin 543
Urinprobe 480
- Leitfähigkeit (relative) 485
- Leukozyturie 481
- Osmolalität 485
Urinsediment 483
- Phasenkontrastmikroskopie 484
Urobilinogen 165
Urokinase-type-Plasminogenaktivator (u-PA) 218

vagale Referenzen 99
Vanillinmandelsäure 145
Varikose 442
- primäre 442
- sekundäre 442
Vaskulitiden 585
Vaskulitis 265, 266
Vasopressin 427, 472
Ventilation 498, 500
- Fluss-Volumenkurve 498
- -sstörungen 507
Verbrauchskoagulopathie 223, 253
Vergiftungen 633, 653
- Analytik 636
- Eliminationshalbwertzeiten 653
- Häufigkeit 633

- klin.-chemische 636
- komatös-letale 653
- Leitsymptome 633, 634, 635
- Prognose 633
- therapeutische 653
- toxische 653
Verteilungsstörungen 519
Very low density Lipoprotein (VLDL) 68, 70
- -Remnant 70
- Remnant-Rezeptor 71
virale Meningitis 581
Virilisierung 154
Vitamin B12 164, 184
Vitamin B12-Mangel 590
Vitamin D 538, 539
- UV-Strahlung 538
- Vitamin-D-bindendes Protein (DBP, Gc-Globulin) 538
Vitamin-D, Metabolite von Vitamin D3 539
- siehe auch Calcitriol
- Vitamin-D3-Analoga 539
- Vitamin-D-Versorgung 546
Vitamine 595, 604, 605, 606, 608, 609, 610, 611, 612, 613
- Analytik 612
- Ascorbinsäure (Vitamin C) 611
- Biotin 610
- Calciferol (Vitamin D) 611
- Cobalamin (Vitamin B12) 610
- Folsäure 610
- Interaktionen 613
- Niacin 609
- Pantothensäure 609
- Präanalytik 613
- Pyridoxin (Vitamin B6) 609
- Riboflavin (Vitamin B2) 608
- Retinol (Vitamin A) 605
- Thiamin (Vitamin B1) 608
- Tocopherol (Vitamin E) 611
- Vitamin K 612
Vollblut 4
Volumenrezeptoren 99
von-Willebrand-Erkrankung 221, 235
von-Willebrand-Faktor 209, 215
- FVIII-Stabilisierung 215
- Multimere 216

Wachstumshormon 122
- -mangel 123

Wasser- und Elektrolytregulation 99
- antidiuretisches Hormon und Aldosteron 99
Wasserstoffionen 108
- -konzentration 107
Weckamine 652
- Nachweis und Bestimmung 652
Wiskott-Aldrich-Syndrom 279
WNT-Signalweg 339

Xenobiotika 615

Youden-Diagramm 17

Zelladhäsion 346
Zellnekrose 390
Zellzählung 175
- Coulter-Prinzip 175
- hydrodynamischen Fokussierung 175
- Lichtstreuung 176
Zentrifugation 10
- Plasma 10
- Serum 10
Zellzyklus 340
Zielwert 13–17
Zink 596, 598, 602
- Referenzwerte 603
zirkadiane Schwankungen 44
Zirrhose 264, 265
- Dekompensation 406
- primär biliäre (PBC) 265, 400
- siehe auch Leberzirrhose
- sklerosierende 265
Zonierung, metabolische 387
- Mikrodissektion 388
Zuverlässigkeit 12
Zwerchfellparese 513
Zyanid 638
- -antidote 639
- Nachweis und Bestimmung 639
Zyanose 506
- periphere 506
- zentrale 506
Zytokine 187, 253
- Erythropoetin 187
- G-CSF 187
- GM-CSF 187
- Interferone 188
- M-CSF 187
Zytostatika 194

Beweisen Sie Weitblick!

WEITBLICK BEWEISEN – MÖGLICHKEITEN NUTZEN

Wir sind mit unserer breitgefächerten Produkt- und Dienstleistungspalette die Nummer 1 auf dem In Vitro-Diagnostikamarkt. Dabei arbeiten wir eng mit Labormedizinern, Ärzten, Klinikleitung und Patienten zusammen. Die konsequenten Entwicklungen im Bereich integrierter Gesundheitslösungen bringen nicht nur dem Patienten Vorteile, sondern tragen auch den knappen Ressourcen im Gesundheitswesen Rechnung. Nutzen Sie die Flexibilität unserer Systeme, die Ihnen erlauben, ruhig und zielgerichtet in jeder Situation zu reagieren. Beweisen Sie Weitblick und sichern Sie den Nutzen und das Potenzial der heutigen Labordiagnostik durch die Zusammenarbeit mit uns als Marktführer.

www.roche.de

Roche Diagnostics

Making a positive difference to human health

Neue Parameter: BNP, HER-2/neu und Homocystein

Ihr Partner in:

Neu ! Infektionsserologie

Immunologie

Klinische Chemie

Hämatologie

Allergologie

Nukleinsäurediagnostik

Blutgas- und Notfallanalytik

Gerinnung

Harnchemie

Diabetes

Bayer HealthCare
Diagnostika

Bayer Vital GmbH
Division Diagnostika
Siemensstraße 3
D-35463 Fernwald
Telefon (0641) 4003-0
Telefax (0641) 4003-111
E-Mail: bayer.diagnostics@bayer-ag.de
www.bayervital.de/diagnostics